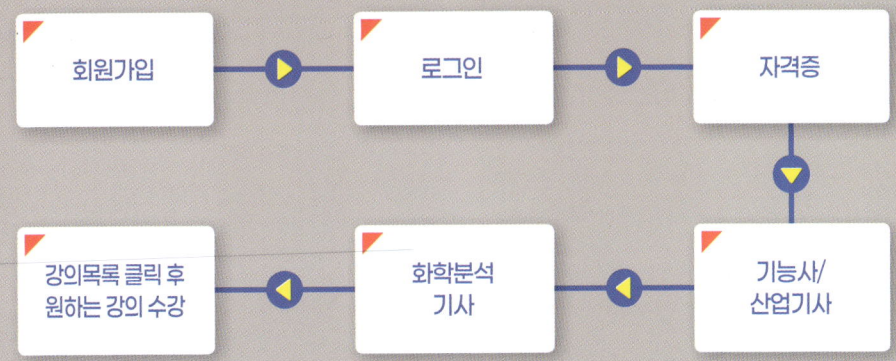

시대에듀

Win-Q

화학분석
기사 필기

시대에듀

편·저·자·약·력

박지은

[경력]
現 서울공업고등학교 바이오화공과 교사
前 청학공업고등학교 화학공업과 교사
   강서공업고등학교 스마트케미칼과 교사

[학력]
서울과학기술대학교 화학공학과 졸업

끝까지 책임진다! 시대에듀!
QR코드를 통해 도서 출간 이후 발견된 오류나 개정법령, 변경된 시험 정보, 최신기출문제, 도서 업데이트 자료 등이 있는지 확인해 보세요! 시대에듀 합격 스마트 앱을 통해서도 알려 드리고 있으니 구글 플레이나 앱 스토어에서 다운받아 사용하세요.
또한, 파본 도서인 경우에는 구입하신 곳에서 교환해 드립니다.

편집진행 윤진영 · 김지은 | **표지디자인** 권은경 · 길전홍선 | **본문디자인** 정경일

화학분석 분야의 전문가를 향한 첫 발걸음!

'시간을 덜 들이면서도 시험을 좀 더 효율적으로 대비하는 방법은 없을까?'
'짧은 시간 안에 시험을 준비할 수 있는 방법은 없을까?'

자격증 시험을 앞둔 수험생이라면 누구나 한 번쯤 들었을 법한 생각이다. 실제로도 많은 자격증 관련 카페에서 빈번하게 올라오는 질문이기도 하다. 이런 질문에 대해 대체로 기출문제 분석 → 출제경향 파악 → 핵심이론 요약 → 관련 문제 반복 숙지의 과정을 거쳐 시험을 대비하라는 답변이 일관적으로 실리고 있다.

윙크(Win-Q) 시리즈는 위와 같은 질문과 답변을 바탕으로 기획되어 발간된 도서로 PART 01 핵심이론 + 핵심예제, PART 02/03 과년도 + 최근 기출복원문제로 구성되었다. PART 01은 과거에 치러 왔던 기출문제와 Keyword를 철저하게 분석하고, 반복 출제되는 문제를 추려낸 뒤 그에 따른 핵심예제를 수록하여 빈번하게 출제되는 문제는 반드시 맞힐 수 있게 하였다. PART 02/03에서는 과년도 기출문제 및 최근 기출복원문제를 수록하여 PART 01에서 놓칠 수 있는 출제 유형의 문제에 대비할 수 있게 하였다.

본 도서는 이론에 대해 좀 더 심층적으로 알고자 하는 수험생들에게는 조금 불편한 책이 될 수 있다. 하지만 전공자라면 대부분 관련 도서를 구비하고 있을 것이고, 관련 도서를 참고하면서 공부한다면 좀 더 효율적으로 시험에 대비할 수 있다.

화학분석기사는 2006년 신설된 자격증이다. 최근 공사 기업체 등에서 화학분석기사와 관련된 내용의 시험이 증가되는 추세를 반영하여 연 1회 시험에서 2009년부터 연 2회 시험, 2019년부터 연 3회 시험으로 확대 개편된 만큼 앞으로 자격 취득에 따른 유용성이 높다고 할 수 있다.

자격증 시험의 목적은 높은 점수를 받아 합격하는 것이라기보다는 합격 그 자체에 있다. 다시 말해 60점만 넘으면 어떤 시험이든 합격이 가능하다. 효과적인 자격증 대비서로서 기존의 부담스러웠던 수험서에서 과감하게 군살을 제거하여 꼭 필요한 공부만 할 수 있도록 한 윙크(Win-Q) 시리즈가 수험준비생들에게 "합격비법노트"로서 함께하는 수험서로 자리 잡길 바란다. 수험생 여러분의 건승을 기원한다.

편저 박지은

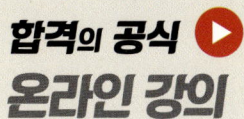 

보다 깊이 있는 학습을 원하는 수험생들을 위한
시대에듀의 동영상 강의가 준비되어 있습니다.
www.sdedu.co.kr → 회원가입(로그인) → 강의 살펴보기

시험안내

개 요

분석화학 및 기기분석 분야의 제반 환경의 발전을 위한 전문지식과 기술을 갖춰 인재를 양성하고자 자격제도를 제정하였다.

수행직무

화학 관련 산업제품이나 의약품, 식품, 소재 등의 개발, 제조, 검사를 함에 있어 제품의 품질을 유지하거나 향상시키기 위해 원재료나 제품 등의 화학성분의 조성과 함량을 분석하기 위한 분석계획 수립, 분석항목을 측정하고 자료를 분석, 종합 평가하여 결과의 보고 및 자료의 종합관리와 새로운 분석기법을 조사, 개발하는 직무를 수행한다.

진로 및 전망

모든 관련 업체에 취업이 가능하며 정부투자기관에도 활용범위가 넓다.

시험일정

구분	필기원서접수 (인터넷)	필기시험	필기합격 (예정자)발표	실기원서접수	실기시험	최종 합격자 발표일
제1회	1.12~1.15	1.30~3.3	3.11	3.23~3.26	4.18~5.6	6.12
제2회	4.20~4.23	5.9~5.29	6.10	6.22~6.25	7.18~8.5	9.11
제3회	7.20~7.23	8.7~9.1	9.9	9.21~9.28	10.24~11.13	12.18

※ 상기 시험일정은 시행처의 사정에 따라 변경될 수 있으니, www.q-net.or.kr에서 확인하시기 바랍니다.

시험요강

❶ 시행처 : 한국산업인력공단
❷ 관련 학과 : 대학의 화학과, 화학공학 등 관련 학과
❸ 시험과목
  ㉠ 필기 : 1. 화학의 이해와 환경 · 안전관리 2. 분석계획 수립과 분석화학 기초 3. 화학물질 특성분석
         4. 화학물질 구조 및 표면분석
  ㉡ 실기 : 화학분석 실무
❹ 검정방법
  ㉠ 필기 : 객관식 4지 택일형, 과목당 객관식 20문항(과목당 30분)
  ㉡ 실기 : 복합형[필답형(2시간) + 작업형(약 3시간 30분)]
❺ 합격기준
  ㉠ 필기 : 100점 만점에 과목당 40점 이상, 전 과목 평균 60점 이상
  ㉡ 실기 : 100점 만점에 60점 이상

출제기준

필기과목명	주요항목	세부항목
화학의 이해와 환경 · 안전관리	화학의 이해	• 원자 모형과 주기율표 • 화학양론 • 산과 염기 • 산화와 환원 • 유기 및 무기화합물
	환경관리	• 화학물질 특성 확인 • 분석환경 관리
	안전점검	• 안전점검 • 안전장비 사용법
분석계획 수립과 분석화학 기초	분석계획 수립	• 요구사항 파악 및 분석시험방법 조사
	이화학 분석	• 단위와 농도 • 화학평형 • 활동도 • 무게 및 부피분석법 • 산 · 염기 적정 • 킬레이트(EDTA) 적정법 • 산화 · 환원 적정법
	전기화학 기초	• 전기화학
	시험법 밸리데이션	• 신뢰성 검증 • 결과해석
화학물질 특성 분석	화학특성 분석	• 화학특성 확인 • 화학특성 분석
	크로마토그래피 분석	• 크로마토그래피 분석 실시
	질량 분석	• 원자 및 분자질량 분석 실시
	전기화학 분석	• 전기화학 분석 실시
	열 분석	• 열 분석 실시
화학물질 구조 및 표면 분석	화학구조 분석	• 화학구조 분석방법 확인
	분광 분석	• 분광 분석 기초 • 원자분광 분석 실시 • 분자분광 분석 실시
	표면 분석	• 표면 분석 실시

구성 및 특징

CHAPTER

01 화학의 이해와 환경·안전관리

PART 01 핵심이론 + 핵심예제

제1절 | 화학의 이해

1-1. 원자 모형과 주기율표

핵심이론 01 원 자

① 원자 : 화학적 방법으로 더 이상 쪼갤 수 없는 입자로, 물질을 이루는 기본 입자이다.

② 원자의 구성 입자와 성질

입 자		상대적 전하량	상대적 질량
원자핵	양성자	+1	1
	중성자	0	1
전 자		-1	1/1,837

㉠ 원자번호와 질량수
- 원자는 전기적으로 중성이다.
- 원자번호 = 양성자수 = 전자수
- 질량수 = 양성자수 + 중성자수
- 예) $^{37}_{17}Cl$
  - 질량수 : 37
  - 양성자수(= 원자번호 = 전자수) : 17
  - 중성자수 : 20

㉡ 동위원소
- 원자번호는 같지만 질량수가 다른 입자이다.
- 양성자수는 같지만 중성자수가 다르다.
- 화학적 성질은 같지만 물리적 성질은 다르다.

핵심예제

원자번호가 11이고, 질량수가 23인 나트륨 원자핵에서 중성자수는 얼마인가? [2007년 4회, 2006년 4회 유사, 2010년 2회 유사]

① 11　　② 12
③ 13　　④ 23

|해설|

중성자수 = 질량수 - 원자번호 = 23 - 11 = 12

정답 ②

2 ■ PART 01 핵심이론 + 핵심예제

PART 03 | 최근 기출복원문제

2025년 제1회 **최근 기출복원문제**

제1과목| 화학의 이해와 환경·안전관리

01 주기율표에 근거하여 제시된 설명으로 옳지 않은 것은?

① 수용액 조건에서 HF, HCl, HBr, HI 중 가장 강산은 HI이다.

② C는 O보다 전기음성도가 더 크므로 O-H 결합보다 C-H 결합이 더 큰 극성을 띠게 된다.

③ Na와 Cl은 공유결합을 통해 분자를 형성하지 않는다.

④ NH_3가 PH_3보다 물에 더 잘 녹는 이유는 PH_3와 달리 NH_3가 수소결합을 할 수 있기 때문이다.

|해설|

② O는 C보다 전기음성도가 더 크므로 O-H 결합의 극성이 C-H 결합보다 크다.

02 10wt% NaCl 수용액의 몰랄농도(m)는 얼마인가?

① 0.171m　　② 0.19m
③ 1.71m　　④ 1.9m

|해설|

10wt% → 100g 용액 중 용질 10g, 용매 90g

몰랄농도(m) = 용질의 몰 수 / 용매의 질량(kg)

$$= \frac{10g}{90g} \times \frac{1mol}{58.5g/mol} \times \frac{1,000g}{1kg}$$

= 1.90m

03 다음 중 전자가 가질 수 없는 양자수의 조합은?

① $n = 1$, $l = 1$, $m_l = 0$, $m_s = +\frac{1}{2}$

② $n = 2$, $l = 0$, $m_l = 0$, $m_s = -\frac{1}{2}$

③ $n = 3$, $l = 2$, $m_l = -2$, $m_s = +\frac{1}{2}$

④ $n = 4$, $l = 3$, $m_l = +2$, $m_s = -\frac{1}{2}$

|해설|

주양자수 $n = 1$일 때, 가능한 부양자수 l은 0뿐이다.

양자수	기 호	허용 범위	의 미
주양자수	n	1, 2, 3, …	전자껍질의 에너지 준위
부양자수	l	$0 \le l \le n-1$	오비탈의 에너지 준위 (s, p, d, f)
자기 양자수	m_l	$-l \le m_l \le l$	오비탈의 방향
스핀 양자수	m_s	$\pm\frac{1}{2}$	전자 스핀

04 제2류 위험물에 속하는 황(S)의 순도 기준(wt%)으로 옳은 것은?

① 50wt%　　② 60wt%
③ 70wt%　　④ 80wt%

|해설|

제2류 위험물 중 황(S)은 순도 60중량퍼센트(wt%) 이상인 것을 말한다.

정답 1 ② 2 ④ 3 ① 4 ②

2025년 제1회 최근 기출복원문제 ■ 943

핵심이론 + 핵심예제

필수적으로 학습해야 하는 중요한 이론들을 각 과목별로 분류하여 수록하였습니다.

시험과 관계없는 두꺼운 기본서의 복잡한 이론은 이제 그만! 시험에 꼭 나오는 이론을 중심으로 효과적으로 공부하십시오.

최근 기출복원문제

최근에 출제된 기출문제를 복원하여 가장 최신의 출제경향을 파악하고 새롭게 출제된 문제의 유형을 익혀 처음 보는 문제들도 모두 맞힐 수 있도록 하였습니다.

표준주기율표
Periodic Table of the Elements

표기법:

원자 번호
기호
원소명(국문)
원소명(영문)
일반 원자량
표준 원자량

1	2	3	4	5	6	7	8	9	10	11	12	13	14	15	16	17	18
1 **H** 수소 hydrogen 1.008 [1.0078, 1.0082]																	2 **He** 헬륨 helium 4.0026
3 **Li** 리튬 lithium 6.94 [6.938, 6.997]	4 **Be** 베릴륨 beryllium 9.0122											5 **B** 붕소 boron 10.81 [10.806, 10.821]	6 **C** 탄소 carbon 12.011 [12.009, 12.012]	7 **N** 질소 nitrogen 14.007 [14.006, 14.008]	8 **O** 산소 oxygen 15.999 [15.999, 16.000]	9 **F** 플루오린 fluorine 18.998	10 **Ne** 네온 neon 20.180
11 **Na** 소듐 sodium 22.990	12 **Mg** 마그네슘 magnesium 24.305 [24.304, 24.307]											13 **Al** 알루미늄 aluminium 26.982	14 **Si** 규소 silicon 28.085 [28.084, 28.086]	15 **P** 인 phosphorus 30.974	16 **S** 황 sulfur 32.06 [32.059, 32.076]	17 **Cl** 염소 chlorine 35.45 [35.446, 35.457]	18 **Ar** 아르곤 argon 39.95 [39.792, 39.963]
19 **K** 포타슘 potassium 39.098	20 **Ca** 칼슘 calcium 40.078(4)	21 **Sc** 스칸듐 scandium 44.956	22 **Ti** 타이타늄 titanium 47.867	23 **V** 바나듐 vanadium 50.942	24 **Cr** 크로뮴 chromium 51.996	25 **Mn** 망가니즈 manganese 54.938	26 **Fe** 철 iron 55.845(2)	27 **Co** 코발트 cobalt 58.933	28 **Ni** 니켈 nickel 58.693	29 **Cu** 구리 copper 63.546(3)	30 **Zn** 아연 zinc 65.38(2)	31 **Ga** 갈륨 gallium 69.723	32 **Ge** 저마늄 germanium 72.630(8)	33 **As** 비소 arsenic 74.922	34 **Se** 셀레늄 selenium 78.971(8)	35 **Br** 브로민 bromine 79.904 [79.901, 79.907]	36 **Kr** 크립톤 krypton 83.798(2)
37 **Rb** 루비듐 rubidium 85.468	38 **Sr** 스트론튬 strontium 87.62	39 **Y** 이트륨 yttrium 88.906	40 **Zr** 지르코늄 zirconium 91.224(2)	41 **Nb** 나이오븀 niobium 92.906	42 **Mo** 몰리브데넘 molybdenum 95.95	43 **Tc** 테크네튬 technetium	44 **Ru** 루테늄 ruthenium 101.07(2)	45 **Rh** 로듐 rhodium 102.91	46 **Pd** 팔라듐 palladium 106.42	47 **Ag** 은 silver 107.87	48 **Cd** 카드뮴 cadmium 112.41	49 **In** 인듐 indium 114.82	50 **Sn** 주석 tin 118.71	51 **Sb** 안티모니 antimony 121.76	52 **Te** 텔루륨 tellurium 127.60(3)	53 **I** 아이오딘 iodine 126.90	54 **Xe** 제논 xenon 131.29
55 **Cs** 세슘 caesium 132.91	56 **Ba** 바륨 barium 137.33	57-71 란타넘족 lanthanoids	72 **Hf** 하프늄 hafnium 178.49(2)	73 **Ta** 탄탈럼 tantalum 180.95	74 **W** 텅스텐 tungsten 183.84	75 **Re** 레늄 rhenium 186.21	76 **Os** 오스뮴 osmium 190.23(3)	77 **Ir** 이리듐 iridium 192.22	78 **Pt** 백금 platinum 195.08	79 **Au** 금 gold 196.97	80 **Hg** 수은 mercury 200.59	81 **Tl** 탈륨 thallium 204.38 [204.38, 204.39]	82 **Pb** 납 lead 207.2	83 **Bi** 비스무트 bismuth 208.98	84 **Po** 폴로늄 polonium	85 **At** 아스타틴 astatine	86 **Rn** 라돈 radon
87 **Fr** 프랑슘 francium	88 **Ra** 라듐 radium	89-103 악티늄족 actinoids	104 **Rf** 러더포듐 rutherfordium	105 **Db** 더브늄 dubnium	106 **Sg** 시보귬 seaborgium	107 **Bh** 보륨 bohrium	108 **Hs** 하슘 hassium	109 **Mt** 마이트너륨 meitnerium	110 **Ds** 다름슈타튬 darmstadtium	111 **Rg** 뢴트게늄 roentgenium	112 **Cn** 코페르니슘 copernicium	113 **Nh** 니호늄 nihonium	114 **Fl** 플레로븀 flerovium	115 **Mc** 모스코븀 moscovium	116 **Lv** 리버모륨 livermorium	117 **Ts** 테네신 tennessine	118 **Og** 오가네손 oganesson

57 **La** 란타넘 lanthanum 138.91	58 **Ce** 세륨 cerium 140.12	59 **Pr** 프라세오디뮴 praseodymium 140.91	60 **Nd** 네오디뮴 neodymium 144.24	61 **Pm** 프로메튬 promethium	62 **Sm** 사마륨 samarium 150.36(2)	63 **Eu** 유로퓸 europium 151.96	64 **Gd** 가돌리늄 gadolinium 157.25(3)	65 **Tb** 터븀 terbium 158.93	66 **Dy** 디스프로슘 dysprosium 162.50	67 **Ho** 홀뮴 holmium 164.93	68 **Er** 어븀 erbium 167.26	69 **Tm** 툴륨 thulium 168.93	70 **Yb** 이터븀 ytterbium 173.05	71 **Lu** 루테튬 lutetium 174.97
89 **Ac** 악티늄 actinium	90 **Th** 토륨 thorium 232.04	91 **Pa** 프로트악티늄 protactinium 231.04	92 **U** 우라늄 uranium 238.03	93 **Np** 넵투늄 neptunium	94 **Pu** 플루토늄 plutonium	95 **Am** 아메리슘 americium	96 **Cm** 퀴륨 curium	97 **Bk** 버클륨 berkelium	98 **Cf** 캘리포늄 californium	99 **Es** 아인슈타이늄 einsteinium	100 **Fm** 페르뮴 fermium	101 **Md** 멘델레븀 mendelevium	102 **No** 노벨륨 nobelium	103 **Lr** 로렌슘 lawrencium

참조) 표준 원자량은 2011년 IUPAC에서 결정한 새로운 형식을 따른 것으로 [ ] 안에 표시된 숫자는 2 종류 이상의 안정한 동위원소가 존재하는 경우에 지각 시료에서 발견되는 자연 존재비의 분포를 고려한 표준 원자량의 범위를 나타낸 것임. 자세한 내용은 https://iupac.org/what-we-do/periodic-table-of-elements/을 참조하기 바람.

© 대한화학회, 2018

PART 1

핵심이론 + 핵심예제

화학의 이해와 환경 · 안전관리

제1절 | 화학의 이해

1-1. 원자 모형과 주기율표

핵심이론 01 원 자

① 원자 : 화학적 방법으로 더 이상 쪼갤 수 없는 입자로, 물질을 이루는 기본 입자이다.

② 원자의 구성 입자와 성질

입 자		상대적 전하량	상대적 질량
원자핵	양성자	+1	1
	중성자	0	1
전 자		-1	1/1,837

㉠ 원자번호와 질량수

- 원자는 전기적으로 중성이다.
- 원자번호 = 양성자수 = 전자수
- 질량수 = 양성자수 + 중성자수

예 $^{37}_{17}\text{Cl}$

- 질량수 : 37
- 양성자수(= 원자번호 = 전자수) : 17
- 중성자수 : 20

㉡ 동위원소

- 원자번호는 같지만 질량수가 다른 입자이다.
- 양성자수는 같지만 중성자수가 다르다.
- 화학적 성질은 같지만 물리적 성질은 다르다.

핵심예제

원자번호가 11이고, 질량수가 23인 나트륨 원자핵에서 중성자 수는 얼마인가? [2007년 4회, 2006년 4회 유사, 2010년 2회 유사]

① 11   ② 12

③ 13   ④ 23

|해설|

중성자수 = 질량수 - 원자번호 = 23 - 11 = 12

정답 ②

① 이론적 배경

　ㄱ 돌턴의 원자설을 바탕으로 원자 모형을 발표하였다.

　ㄴ 딱딱한 공 모양의 원자 모형을 제시하였다.

② 돌턴의 원자설

　ㄱ 모든 물질은 더 이상 쪼갤 수 없는 원자로 구성되어 있다.

　ㄴ 같은 종류의 원자는 크기와 질량이 같으며, 다른 종류의 원자는 크기와 질량이 서로 다르다.

　ㄷ 화학 반응이 일어날 때 새로운 원자가 생성되거나 소멸되지는 않으며, 단지 원자들 간의 결합이 끊어지고 생성되면서 원자가 재배열될 뿐이다.

　ㄹ 화합물은 서로 다른 종류의 원자가 간단한 정수비로 결합하여 생성된다.

③ 특 징

　ㄱ 질량보존의 법칙, 일정성분비의 법칙을 설명할 수 있다.

　ㄴ 기체반응의 법칙을 설명하는 데 한계를 보인다.

　ㄷ 돌턴의 원자설 수정

　　• 원자도 특수한 방법을 쓰면 더 작은 알갱이로 쪼갤 수 있다(전자, 중성자, 양성자).

　　• 같은 종류의 원자라도 서로 질량이 다른 것이 존재한다(동위원소).

핵심예제

돌턴(Dalton)의 원자설에서 설명한 내용이 아닌 것은?

[2008년 4회, 2010년 4회]

① 물질은 더 이상 나눌 수 없는 원자로 이루어져 있다.

② 원자가전자의 수는 화학결합에서 중요한 역할을 한다.

③ 같은 원소의 원자들은 질량이 동일하다.

④ 서로 다른 원소의 원자들이 간단한 정수비로 결합하여 화합물을 만든다.

|해설|

② Lewis : 화학결합에서 원자가전자가 중요한 역할을 한다.

정답 ②

핵심이론 03 톰슨의 음극선 실험

① 이론적 배경
- ㉠ 진공 방전관을 사용하여 음극선의 흐름이 전자의 흐름이라는 것을 발견하였다.
- ㉡ 원자 속에 (−) 전하를 띤 전자가 들어 있다는 것을 주장하였다.
- ㉢ 전자를 설명할 수 있는 원자 모형을 제시하였다.

② 푸딩 모형 : 전체적으로 (+) 전하를 띤 구 속에 (+) 전하와 같은 전하량의 (−) 전하를 가진 전자가 군데군데 박혀 있는 모양의 모형이다.

③ 한계 : 러더퍼드의 α 입자 산란실험 결과에 대한 설명이 불가능하다.

핵심예제

톰슨의 원자 모형에 대한 설명으로 옳지 않은 것은?

① 돌턴 원자설의 한계점 발견
② 원자 속의 (−) 전하를 띤 전자 발견
③ 러더퍼드의 α 입자 산란실험 결과 설명 가능
④ 전체적으로 (+) 전하를 띤 구 속에 (+) 전하와 같은 전하량의 (−) 전하를 가진 전자가 군데군데 박혀 있는 모양

|해설|
러더퍼드의 α 입자 산란실험 결과에 대한 설명은 불가능하다.

정답 ③

핵심이론 04 러더퍼드의 α 입자 산란실험

① 원자의 양전하는 원자의 중심(원자핵)에 모여 있고 원자 질량의 대부분을 차지하고 있다는 것을 밝힌 실험이다.

② 가정 : 원자 내의 양전하들은 전체 부피 내에 골고루 퍼져 있으며, 전자들은 전하의 구 내에서 고정점을 중심으로 진동하고 있다고 가정한다.

③ 실험 과정 : 강력한 에너지를 갖는 α 입자(헬륨 원자핵)를 얇은 금박조각에 충돌시켜 α 입자들이 금박조각을 통과하면서 휘어지는 양을 측정한다.

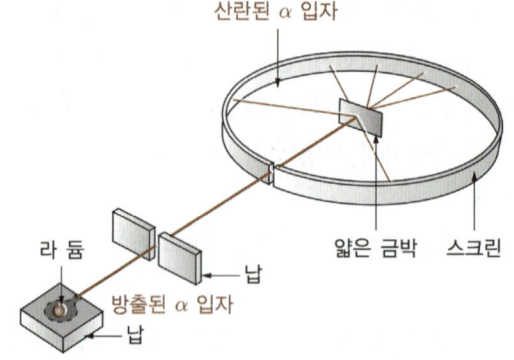

④ 실험 결과
- ㉠ 대부분의 α 입자가 금박을 그대로 투과하므로 원자의 상당부분이 비어 있다.
- ㉡ 소수의 α 입자는 산란하므로 원자의 중심부에 양전하를 띤 원자핵이 있다.

핵심예제

Rutherford의 알파 입자 산란실험을 통하여 알게 된 것은 다음 중 무엇인가? [2007년 4회, 2009년 4회, 2021년 1회]

① 전 자　　　　② 양성자
③ 원자핵　　　　④ 전 하

|해설|
러더퍼드는 산란실험을 통해 원자핵에 의해 알파 입자가 산란한다는 것을 확인하였다.

정답 ③

① 이론적 배경 : α 입자 산란실험을 통해 원자핵의 존재를 발견하였다.

② 태양계 모형

   ㉠ 원자의 중심에는 (+) 전하를 가진 작은 원자핵이 존재하고, 그 주위에 (−) 전하를 가진 전자들이 돌고 있어 원자는 전체적으로 중성을 나타낸다.

   ㉡ 원자핵과 전자의 정전기적 인력을 극복하기 위해 전자가 원자핵 주위를 돌면서 원심력과 정전기적 인력이 평형을 이룬다.

③ 특 징

   ㉠ 원자핵이 질량은 매우 크지만, 크기는 매우 작다는 것을 발견하였다.

   ㉡ 서로 다른 원자는 원자핵의 전하가 다르다는 것을 발견하였다.

   ㉢ 원자의 안정성은 설명이 불가능하다.

   ㉣ 수소 원자의 선 스펙트럼이 나타나는 이유에 대한 설명이 불가능하다.

핵심예제

러더퍼드의 원자 모형과 보어의 원자 모형의 차이점에 해당하는 것은?

① 원자의 중심부에 원자핵이 있다.

② 전자가 원자핵 주위를 원운동한다.

③ 원자핵의 (+) 전하량과 전자의 (−) 전하량이 같다.

④ 전자가 허용된 에너지 준위에 있을 때는 전자기파를 방출하지 않는다.

|해설|

④는 보어의 원자 모형에만 해당하는 내용이다.

정답 ④

① 가 정

   ㉠ 수소 원자는 핵과 그 주위를 원운동하는 한 개의 전자로 이루어져 있다.

   ㉡ 전자는 정해진 에너지 상태에서만 존재한다.

   ㉢ 허용된 원궤도를 도는 전자는 에너지를 방출 또는 흡수하지 않는다.

   ㉣ 전자가 궤도를 이동할 때는 두 궤도 사이의 에너지 차이($\Delta E = E_2 - E_1$)만큼의 에너지를 흡수 또는 방출한다.

② 전자껍질

   ㉠ 원자핵 주위의 전자는 원자핵 주위에 무질서하게 존재하는 것이 아니라 특정한 에너지를 가진 몇 개의 원 모양 궤도(Orbit)인 전자껍질을 따라 빠르게 돈다.

   ㉡ 주양자수 n에 따라 원자핵에서 가까운 것부터

      • K 전자껍질($n = 1$)

      • L 전자껍질($n = 2$)

      • M 전자껍질($n = 3$)

      • N 전자껍질($n = 4$)

③ 수소 원자의 에너지 준위

   ㉠ $E_n = -\dfrac{1,312}{n^2}$ (kJ/mol)

   여기서, 주양자수 $n = 1, 2, 3, \cdots, \infty$

   ㉡ 전자껍질의 에너지는 주양자수 n이 커질수록 증가한다.

   ㉢ 전자껍질의 에너지 : K < L < M < N < O …

   ㉣ 인접한 두 전자껍질 사이의 간격은 주양자수가 커질수록 좁아진다.

   ㉤ 수소 원자의 에너지 준위가 불연속적이므로 스펙트럼이 불연속으로 나타난다.

④ 한 계

   ㉠ 전자가 2개 이상인 원자에 대해 적용하기 어렵다.

   ㉡ 화학결합을 정량적으로 설명하기 어렵다.

수소 원자의 선 스펙트럼으로부터 알 수 있는 것은?

① 빛의 파동성
② 수소 원자의 반지름
③ 수소의 공유결합 에너지
④ 전자의 에너지 준위의 불연속성

| 해설 |

수소 원자의 선 스펙트럼 : 전자가 가질 수 있는 에너지가 불연속이면 특정 에너지 상태만 가능하며, 높은 에너지 상태에서 낮은 에너지 상태로 될 때 방출되는 에너지가 불연속적으로 나타난다.

정답 ④

핵심이론 07 수소 원자의 선 스펙트럼

① 라이먼 계열

　㉠ 자외선 영역에서 관찰된다.

　㉡ 전자가 $n \geq 2$인 전자껍질에서 $n = 1$인 K 전자껍질로 전이할 때 방출된다.

　㉢ $\dfrac{1}{\lambda} = R\left(\dfrac{1}{1^2} - \dfrac{1}{n^2}\right) (n = 2,\ 3,\ 4,\ \cdots)$

　　여기서, λ : 빛의 파장(nm)

　　　　　R : 뤼드베리 상수($= 1.097 \times 10^7\,\mathrm{m}^{-1}$)

② 발머 계열

　㉠ 가시광선 영역에서 관찰된다.

　㉡ 전자가 $n \geq 3$인 전자껍질에서 $n = 2$인 L 전자껍질로 전이할 때 방출된다.

　㉢ $\dfrac{1}{\lambda} = R\left(\dfrac{1}{2^2} - \dfrac{1}{n^2}\right) (n = 3,\ 4,\ 5,\ \cdots)$

　　여기서, λ : 빛의 파장(nm)

　　　　　R : 뤼드베리 상수($= 1.097 \times 10^7\,\mathrm{m}^{-1}$)

③ 파센 계열

　㉠ 적외선 영역에서 관찰된다.

　㉡ 전자가 $n \geq 4$인 전자껍질에서 $n = 3$인 M 전자껍질로 전이할 때 방출된다.

　㉢ $\dfrac{1}{\lambda} = R\left(\dfrac{1}{3^2} - \dfrac{1}{n^2}\right) (n = 4,\ 5,\ 6,\ \cdots)$

　　여기서, λ : 빛의 파장(nm)

　　　　　R : 뤼드베리 상수($= 1.097 \times 10^7\,\mathrm{m}^{-1}$)

7-1. 수소 원자의 전자 전이에 대한 설명으로 옳은 것은?

① $n = 3$에서 $n = 2$로 전자가 전이할 때 자외선이 방출된다.

② $n = 2$에서 $n = 3$으로 전자가 전이할 때 가시광선의 빛이 방출된다.

③ 들뜬 상태에서 $n = 1$로 전자가 전이할 때 적외선의 빛이 방출된다.

④ $n = \infty$에서 $n = 1$로 전자가 전이할 때 가장 짧은 파장의 빛이 방출된다.

7-2. 수소 원자의 전자 전이 중 빨간색의 전자기파가 방출되는 경우는?

① M 전자껍질 → K 전자껍질

② M 전자껍질 → L 전자껍질

③ N 전자껍질 → K 전자껍질

④ O 전자껍질 → L 전자껍질

7-3. 전자가 보어모델(Bohr Model)의 $n = 5$ 궤도에서 $n = 3$ 궤도로 전이할 때 수소 원자의 방출되는 빛의 파장(nm)은?(단, 뤼드베리 상수는 $1.9678 \times 10^{-2} \mathrm{nm}^{-1}$이다)   [2020년 4회]

① 434.5   ② 486.1

③ 714.6   ④ 954.6

|해설|

7-1

① $n = 3$에서 $n = 2$로 전자가 전이할 때 가시광선이 방출된다.

② $n = 2$에서 $n = 3$으로 전자가 전이할 때 가시광선에 해당하는 에너지를 흡수한다.

③ 들뜬 상태에서 $n = 1$로 전자가 전이할 때 자외선의 빛이 방출된다.

7-2

$n \geq 3$인 전자껍질에서 $n = 2$로 전자가 전이할 때 가시광선 영역의 빛이 방출된다. 빨간색은 가시광선 영역에서 파장이 가장 긴 전자기파이므로 에너지가 가장 작다. 따라서, $n = 3$인 M 전자껍질에서 $n = 2$인 L 전자껍질로 전자가 전이할 때 빨간색의 전자기파가 방출된다.

7-3

$$\frac{1}{\lambda} = R\left(\frac{1}{3^2} - \frac{1}{5^2}\right) = 1.9678 \times 10^{-2}\mathrm{nm}^{-1} \times \left(\frac{1}{3^2} - \frac{1}{5^2}\right)$$

$$\fallingdotseq 0.14 \times 10^{-2}\mathrm{nm}^{-1}$$

$\therefore \lambda \fallingdotseq 714\mathrm{nm}$

정답 7-1 ④ **7-2** ② **7-3** ③

---

① 오비탈

　㉠ 원자 내 전자는 특정한 궤도를 원운동하는 것이 아니다.

　㉡ 전자의 위치와 속도를 정확히 알 수 없고, 특정 위치에서 전자가 발견될 확률만 알 수 있다.

　㉢ 오비탈(궤도함수) : 전자가 존재하는 확률을 나타낸 함수로, 전자를 발견할 확률이 높은 공간의 모양이다.

② 오비탈의 종류

　㉠ s 오비탈

　　• 모든 전자껍질마다 1개의 s 오비탈이 존재한다.

　　• 구형 모양으로, 방향성이 없다.

　　• 주양자수 n이 커질수록 크기가 커지고, 에너지가 높아진다.

　　• $2s$ 오비탈부터 전자가 존재할 확률이 0인 마디가 존재한다.

　㉡ p 오비탈

　　• 주양자수 $n = 2$인 껍질부터 p 오비탈이 존재한다.

　　• 아령 모양이고, 방향성이 있다.

　　• 모양은 같지만 방향이 다른 3개의 p 오비탈(p_x, p_y, p_z)이 존재한다.

　㉢ d 오비탈 : 주양자수 $n = 3$인 껍질부터 5개씩 존재한다.

　㉣ f 오비탈 : 주양자수 $n = 4$인 껍질부터 7개씩 존재한다.

③ 오비탈의 표기법

전자껍질	K	L		M			K			
주양자수(n)	1	2		3			4			
오비탈의 종류	s	s	p	s	p	d	s	p	d	f
오비탈의 수 (n^2)	1	1	3	1	3	5	1	3	5	7
	1	4		9			16			
최대 허용 전자수($2n^2$)	2	8		18			32			

핵심예제

다음 원자나 이온 중 짝짓지 않은 3개의 홀전자를 가지는 것은?

[2018년 1회]

① N 　　　　② O

③ Al 　　　　④ S^{2-}

|해설|

질소의 전자배치

$_7N = 1s^2 2s^2 2p^3$

$2p$ 오비탈의 p_x, p_y, p_z에 각각 1개씩 3개의 홀전자를 가진다.

정답 ①

핵심이론 09 양자수

① 주양자수(n)

㉠ 전자껍질을 나타낸다.

㉡ $n = 1, 2, 3, \cdots$ (정수)

　예 $n = 1$: K 전자껍질

　　　$n = 2$: L 전자껍질

　　　$n = 3$: M 전자껍질

　　　$n = 4$: N 전자껍질

② 부양자수(각운동량 양자수, l)

㉠ 각운동량을 나타내고, 오비탈의 종류를 결정한다.

㉡ $l = 0, 1, 2, \cdots, (n-1)$

㉢ 개수는 $l = n - 1$이다.

　예 $l = 0$: s 오비탈

　　　$l = 1$: p 오비탈

　　　$l = 2$: d 오비탈

③ 자기양자수(m_l)

㉠ 궤도의 배향, 오비탈의 축 방향을 나타낸다.

㉡ $m_l = -l, \cdots, -1, 0, 1, \cdots, l$

㉢ 개수는 $m_l = 2l + 1$이다.

　예 $l = 0 \rightarrow m_l = 0$ (s 오비탈 1개)

　　　$l = 1 \rightarrow m_l = -1, 0, 1$ (p 오비탈 3개)

④ 스핀양자수(m_s)

㉠ 전자의 방향을 나타낸다.

㉡ $m_s = +\dfrac{1}{2}, -\dfrac{1}{2}$만 가능하다.

9-1. 다음 설명에 가장 관련 깊은 것은? [2020년 1·2회]

> 원자궤도함수의 크기 및 에너지와 관련있고, n값이 커질수록 궤도함수가 커진다.

① 주양자수
② 부양자수(각운동량 양자수)
③ 자기양자수
④ 스핀양자수

9-2. 다음 설명 중 틀린 것은? [2020년 1·2회]

① 훈트의 규칙에 따라 $_7$N에 존재하는 홀전자의 수는 3개다.
② 스핀양자수는 자전하는 전자의 자전에너지를 결정하는 것으로, -1/2, 0, +1/2의 값으로 존재한다.
③ $n = 3$인 전자껍질에 들어갈 수 있는 총전자수는 18개이다.
④ $_{12}$Mg의 원자가전자의 수는 2개이다.

|해설|

9-1
주양자수
• 원자 내 전자 오비탈의 에너지와 크기를 결정한다.
• 증가할수록 오비탈의 에너지와 크기가 커진다.
• $n = 1, 2, 3, 4, \cdots$

9-2
스핀양자수는 -1/2, +1/2의 값으로 존재한다.

정답 9-1 ① 9-2 ②

핵심이론 10 전자배치

① 쌓음의 원리
  ㉠ 전자는 에너지가 가장 낮은 오비탈부터 차례로 채워진다.
  ㉡ 수소 원자의 에너지 준위 : $1s < 2s = 2p < 3s = 3p = 3d < 4s = 4p = 4d = 4f < 5s \cdots$
  ㉢ 다전자 원자의 에너지 준위 : $1s < 2s < 2p < 3s < 3p < 4s < 3d < 4p < 5s \cdots$

② 훈트의 규칙
  ㉠ 에너지 준위가 같은 오비탈에 전자가 채워질 때, 쌍을 이루지 않은 홀전자수가 많은 전자배치가 더 안정하다.
  ㉡ 에너지 준위가 같은 오비탈에 전자가 1개씩 배치된 후, 더 이상 홀전자를 만들 수 없을 때 쌍을 이루도록 배치한다.

  $_7$N $1s^2 2s^2 2p^3$ ↑↓ | ↑↓ | ↑ ↑ ↑
  $_8$O $1s^2 2s^2 2p^4$ ↑↓ | ↑↓ | ↑↓ ↑ ↑

③ 파울리의 배타원리
  ㉠ 1개의 오비탈에는 스핀 방향이 반대인 전자가 최대 2개까지 들어갈 수 있다.
  ㉡ 한 원자 안의 어떠한 전자도 같은 양자수를 가질 수 없다. 즉, 4가지 양자수가 모두 같은 전자는 존재할 수 없다.

④ 전자배치를 쓸 때 앞에 있는 18족 기체의 기호로 내부의 전자를 나타내어 전자배치를 줄여 쓸 수 있다.

10-1. $_{17}$Cl의 전자배치를 옳게 나타낸 것은?

[2006년 4회, 2009년 4회, 2010년 4회 유사]

① $[Ar]\, 3s^2 3p^6$

② $[Ar]\, 3s^2 3p^5$

③ $[Ne]\, 3s^2 3p^6$

④ $[Ne]\, 3s^2 3p^5$

10-2. 다음 중 파울리의 배타원리를 옳게 설명한 것은?

[2018년 4회]

① 전자는 에너지를 흡수하면 들뜬 상태가 된다.

② 한 원자 안에 들어 있는 어느 두 전자도 동일한 네 개의 양자수를 가질 수 없다.

③ 부껍질 내에서 전자의 가장 안정된 배치는 평행한 스핀의 수가 최대인 배치이다.

④ 양자수는 주양자수, 각운동량 양자수, 자기양자수, 스핀양자수 4가지가 있다.

10-3. 어떤 상태에서 탄소(C)의 전자배치가 $1s^2 2s^2 2p_x{}^2$로 나타났다. 이 전자배치에 대하여 옳게 설명한 것은?

[2013년 1회, 2017년 1회]

① 들뜬 상태, 짝짓지 않은 전자 존재

② 들뜬 상태, 전자는 모두 짝지었음

③ 바닥 상태, 짝짓지 않은 전자 존재

④ 바닥 상태, 전자는 모두 짝지었음

|해설|

10-1

Cl은 원자번호 17번으로, $1s^2\, 2s^2\, 2p^6\, 3s^2\, 3p^5 = [Ne]\, 3s^2\, 3p^5$의 전자배치를 나타낸다.

10-2

파울리의 배타원리

각 오비탈에는 반드시 스핀이 반대인(스핀양자수가 다른) 2개의 전자만이 들어갈 수 있다. 즉, 한 원자 안에 들어 있는 어느 두 전자도 동일한 네 개의 양자수를 가질 수 없다.

10-3

탄소(C)의 안정한 전자배치 $= 1s^2 2s^2 2p_x{}^1 2p_y{}^1 2p_z$

$1s^2 2s^2 2p_x{}^2$ 상태는 p_x 오비탈에 전자 2개가 들어가 있으므로 전자는 모두 짝지어 있으며 들뜬 상태로 전자 간 반발력이 크다.

정답 **10-1** ④ **10-2** ② **10-3** ②

핵심이론 11 이 온

① 이온 : 원자나 분자는 전기적으로 중성이지만 전자를 얻거나(음이온), 잃어서(양이온) 전하를 띠게 되는데 이와 같은 입자를 이온이라고 한다.

② 이온의 종류

㉠ 양이온 : 원자가 전자를 잃고 (+) 전하를 띠거나, (+) 전하를 가지는 원자단이다.

㉡ 음이온 : 원자가 전자를 얻고 (−) 전하를 띠거나, (−) 전하를 가지는 원자단이다.

③ 이온의 전하수 : 잃어버린 전자수 또는 받아들인 전자수가 된다.

이온에 대한 설명 중 틀린 것은?

[2009년 2회]

① 전기적으로 중성인 원자가 전자를 얻거나 잃어버리면 이온이 만들어진다.

② 원자가 전자를 잃어버리면 양이온을 형성한다.

③ 원자가 전자를 받아들이면 음이온을 형성한다.

④ 이온이 만들어질 때 핵의 양성자수가 변해야 한다.

|해설|

이온이 만들어질 때 전자의 수가 변한다. 양이온은 전자를 잃고, 음이온은 전자를 얻는다.

정답 ④

① **주기율표** : 원소들을 원자번호순으로 배열하여 주기 율에 따라 비슷한 성질을 가지는 원소들을 같은 세로 줄에 위치하게 만들어 놓은 원소의 분류표이다.

② **족**

   ㉠ 주기율표의 세로줄에 해당한다.

   ㉡ 1~18족까지 존재한다.

   ㉢ 원자번호 1번부터 92번 우라늄까지의 원소는 대부 분 자연계에 존재하며, 원자번호 93번 이후의 원소 는 모두 핵반응으로 만든 인공 원소이다.

③ **주 기**

   ㉠ 주기율표의 가로줄에 해당한다.

   ㉡ 7주기까지 존재한다.

   ㉢ 전자껍질의 수와 같다.

   ㉣ 4주기와 5주기에는 각각 18개의 원소가 존재하고, 6주기에는 32개의 원소가 존재한다.

   ㉤ 7주기는 미완성 주기이다.

   ㉥ 6주기와 7주기 원소들 중 f 오비탈에 전자가 부분 적으로 채워지는 원소는 따로 떼어내어 분류하였다.

     • 란타넘족 : $^{57}La \sim {}^{71}Lu$, $4f$ 오비탈에 전자가 채 워지는 원소이다.

     • 악티늄족 : $^{89}Ac \sim {}^{103}Lr$, $5f$ 오비탈에 전자가 채 워지는 원소이다.

④ **전형 원소와 전이 원소**

   ㉠ 전형 원소

     • 주기율표의 1족, 2족 원소와 13~18족 원소들이다.

     • 최외각 껍질의 s 오비탈이나 p 오비탈에 전자가 채워지는 원소이다.

   ㉡ 전이 원소

     • 주기율표의 3~12족 원소이다.

     • d 오비탈이나 f 오비탈에 전자가 부분적으로 채 워지는 원소이다.

     • 여러 가지 산화수를 가진다.

     • 이온이 되었을 때 수용액에서 색깔을 띠는 것이 많다.

핵심예제

12-1. 주기율표에 대한 설명 중 틀린 것은? [2016년 1회]

① 주기율표의 수평 행을 주기(Period)라고 한다.

② 주기율표의 같은 수직 열에 있는 원소들을 같은 족(Group) 이라고 한다.

③ 네 번째와 다섯 번째 주기에는 각각 18개의 원소가 있다.

④ 여섯 번째 주기에는 28개의 원소가 있다.

12-2. 주기율표에 대한 설명 중 옳지 않은 것은? [2019년 4회]

① 주기율표란 원자번호가 증가하는 순서로 원소들을 배열하여 화학적 유사성을 한눈에 볼 수 있도록 만든 표이다.

② 주기율표를 이용하면 화학정보를 체계적으로 분류, 해석, 예측할 수 있다.

③ 원소를 족(Group)과 주기(Period)에 따라 배열하고 있다.

④ 전이금속원소는 10개로 나뉘어져 있으며, 원자번호 51~71 번을 악티늄족이라 부른다.

|해설|

12-1
여섯 번째 주기에는 32개의 원소가 있다.

12-2
④ 악티늄족은 원자번호 89~103번이다.

정답 **12-1 ④ 12-2 ④**

① 알칼리 금속(Alkali Metal)

    ㉠ 1A족에 속한 리튬(Li), 소듐(Na), 포타슘(K), 루비듐(Rb), 세슘(Cs), 프란슘(Fr)이 포함된다.

    ㉡ 매우 반응성이 높아 다른 비금속과 반응하여 쉽게 +1의 전하를 띠는 양이온을 형성한다.

② 알칼리 토금속(Alkaline Earth Metal)

    ㉠ 2A족에 속한 베릴륨(Be), 마그네슘(Mg), 칼슘(Ca), 스트론튬(Sr), 바륨(Ba), 라듐(Ra)이 포함된다.

    ㉡ 비금속과 반응하여 +2의 전하를 띠는 양이온을 형성한다.

③ 칼코젠(Chalcogen)

    ㉠ 6A족에 속한 산소(O), 황(S), 셀레늄(Se), 텔루륨(Te), 폴로늄(Po)이 포함된다.

    ㉡ 알칼리 금속과 2 : 1, 알칼리 토금속과 1 : 1로 결합하여 화합물을 만든다.

④ 할로젠(Halogen)

    ㉠ 7A족에 속한 플루오린(F), 염소(Cl), 브로민(Br), 아이오딘(I), 아스타틴(At)이 포함된다.

    ㉡ 이원자 분자를 형성하며, 금속과 반응하여 −1의 전하를 띠는 음이온을 형성한다.

⑤ 불활성 기체(Noble Gas)

    ㉠ 8A족에 속한 헬륨(He), 네온(Ne), 아르곤(Ar), 크립톤(Kr), 제논(Xe), 라돈(Rn)이 포함된다.

    ㉡ 일반적으로 단원자 기체로 존재하고, 화학적인 반응성이 거의 없다.

핵심예제

13-1. 주기율표에 대한 일반적인 설명 중 가장 거리가 먼 것은?

[2018년 1회, 2020년 3회 유사]

① 주기율표는 원자번호가 증가하는 순서로 원소를 배치한 것이다.

② 세로열에 있는 원소들이 유사한 성질을 가진다.

③ 1A족 원소를 알칼리 금속이라고 한다.

④ 2A족 원소를 전이 금속이라고 한다.

13-2. 주족원소의 화학적 성질에 대한 설명이 틀린 것은?

[2012년 1회, 2021년 1회]

① ⅠA족인 알칼리 금속(Alkali Metal)은 비교적 부드러운 금속으로 Li, Na, K, Rb, Cs 등이 포함된다.

② ⅡA족인 알칼리 토금속(Alkaline Earth Metal)에는 Be, Mg, Sr, Ba, Ra 등이 포함된다.

③ ⅥA족인 칼코젠(Chalcogen)에는 O, S, Se, Te 등이 포함되며, 알칼리 토금속(Alkaline Earth Metal)과 2 : 1 화합물을 만든다.

④ ⅦA족인 할로젠(Halogen)에는 F, Cl, Br, I가 포함되며, 물리적 상태는 서로 상당히 다르다.

|해설|

13-1

④ 주기율표의 2A족은 알칼리 토금속이다.

13-2

③ ⅥA족인 칼코젠에는 O, S, Se, Te 등이 포함되며, 알칼리 토금속과 1 : 1 화합물(예 CaO, MgO)을 만들고, 알칼리 금속과 2 : 1 화합물을 만든다.

정답 13-1 ④ 13-2 ③

① 원자반지름
ㄱ 같은 족 : 원자번호가 증가할수록 전자껍질의 수가 많아져 원자반지름은 커진다.
ㄴ 같은 주기 : 원자번호가 증가함에 따라 원자핵의 양전하수는 증가하나, 전자껍질의 증가가 없기 때문에 핵 전하와 전하 사이의 쿨롱의 인력이 커져 원자반지름은 작아진다.

② 이온반지름
ㄱ 양이온
• 원자반지름 > 이온반지름
• 핵의 전하량은 같으나 전자수가 감소하면서 전자껍질의 수가 감소한다.
ㄴ 음이온
• 원자반지름 < 이온반지름
• 핵의 전하량은 같으나 전자수가 증가하므로 전자끼리의 반발력이 증가한다.

핵심예제

O^{2-}, F, F^-를 지름이 작은 것부터 큰 순서로 옳게 나타낸 것은?
[2007년 4회, 2009년 4회, 2009년 2회 유사]

① $O^{2-} < F < F^-$
② $F < F^- < O^{2-}$
③ $O^{2-} < F^- < F$
④ $F^- < O^{2-} < F$

|해설|
• 음이온의 이온반지름은 원자반지름보다 크다. 왜냐하면 전자를 얻어 전자 간의 반발력이 증가하기 때문이다($F < F^-$).
• 1가 음이온보다 2가 음이온의 이온반지름이 더 크다. 왜냐하면 최외각 전자수는 같으나 2가 음이온의 핵의 양전하수가 더 적어 핵이 전자를 당기는 힘이 상대적으로 약해지기 때문이다($F^- < O^{2-}$).

정답 ②

① 이온화 에너지
ㄱ 기체 상태의 원자에서 최외각 전자 1개를 떼어내는 데 필요한 에너지이다.
ㄴ 이온화 에너지는 주기율표에서 오른쪽 위로 갈수록 증가한다.
• 이온화 에너지가 큼 = 전자를 떼어내기 어려움
= 양이온이 되기 어려움
• 이온화 에너지가 작음 = 전자를 떼어내기 쉬움
= 양이온이 되기 쉬움

② 전자친화도
ㄱ 기체 원자가 전자 1개를 받아들일 때 방출하는 에너지와 기체 음이온으로부터 전자 1개를 떼어내는 데 필요한 에너지이다.
ㄴ 전자친화도는 주기율표에서 오른쪽 위로 갈수록 증가한다.

③ 전기음성도
ㄱ 중성 원자가 다른 원자로부터 전자를 끄는 힘의 척도를 나타낸 값이다.
ㄴ 전기음성도는 오른쪽 위로 갈수록 증가한다.
ㄷ 전기음성도는 비금속성이 강할수록 커진다.

15-1. 3가지 원소 Mg, S, Cl에 대한 다음 질문의 답이 옳게 짝지어진 것은? [2010년 4회 유사]

> ㉠ 가장 큰 이온화 에너지를 갖는 것
> ㉡ 가장 작은 원자반지름을 갖는 것
> ㉢ 가장 큰 전기음성도를 갖는 것

① ㉠-Cl, ㉡-Cl, ㉢-Cl
② ㉠-Cl, ㉡-Cl, ㉢-Mg
③ ㉠-S, ㉡-S, ㉢-Cl
④ ㉠-S, ㉡-Mg, ㉢-Mg

15-2. 텔루륨($_{52}$Te)과 아이오딘($_{53}$I)의 이온화 에너지와 전자친화도의 크기 비교를 옳게 나타낸 것은?
[2012년 4회, 2017년 4회, 2020년 3회]

① 이온화 에너지 : Te < I, 전자친화도 : Te < I
② 이온화 에너지 : Te > I, 전자친화도 : Te > I
③ 이온화 에너지 : Te < I, 전자친화도 : Te > I
④ 이온화 에너지 : Te > I, 전자친화도 : Te < I

|해설|

15-1
㉠ 같은 주기에서 이온화 에너지는 원자번호가 증가할수록 증가한다.
㉡ 같은 주기에서 원자반지름은 원자번호가 증가할수록 감소한다.
㉢ 같은 주기에서 전기음성도는 원자번호가 증가할수록 증가한다.

15-2
- 이온화 에너지란 기체 상태의 원자에서 최외각 전자 1개를 떼어내는 데 필요한 에너지이다. 같은 주기에서 원자번호가 커질수록 원자반지름이 작아지고, 원자핵과 최외각 전자 사이의 인력이 커져 이온화 에너지는 대체로 증가한다.
- 전자친화도는 기체 원자가 전자 1개를 받아들일 때 방출하는 에너지와 기체 음이온으로부터 전자 1개를 떼어내는 데 필요한 에너지로, 전자를 얻어 형성된 음이온이 원자보다 안정할수록 그 값이 커진다. 따라서 주기율표에서 전자친화도는 대체로 같은 주기에서는 원자번호가 커짐에 따라 커지고, 같은 족에서는 원자번호가 커짐에 따라 감소한다.

정답 **15-1** ① **15-2** ①

핵심이론 16 반응성의 크기

① 금속의 이온화 경향

K > Ca > Na > Mg > Al > Zn > Fe > Ni > Sn > Pb > [H] > Cu > Hg > Ag > Pt > Au

← →

이온화 경향이 크다.　　　이온화 경향이 작다.
산화되기 쉽다.　　　　　산화되기 어렵다.
양이온이 되기 쉽다.　　　양이온이 되기 어렵다.

② 할로젠 원소의 반응성
㉠ 반응성 크기 : $F_2 > Cl_2 > Br_2 > I_2$
㉡ $2Br^- + Cl_2 \rightarrow 2Cl^- + Br_2$
㉢ $2Cl^- + Br_2 \rightarrow$ 반응이 일어나지 않는다.
㉣ $2I^- + Cl_2 \rightarrow 2Cl^- + I_2$

배의 철 표면이 녹스는 것을 방지하기 위하여 종종 마그네슘 판을 붙인다. 이 작업을 하는 이유는?
[2006년 4회, 2010년 4회, 2009년 2회 유사]

① 마그네슘이 철보다 더 좋은 산화제이므로 마그네슘이 더 산화되기 쉽다.
② 마그네슘이 철보다 더 좋은 산화제이므로 마그네슘이 더 환원되기 쉽다.
③ 마그네슘이 철보다 더 좋은 환원제이므로 마그네슘이 더 산화되기 쉽다.
④ 마그네슘이 철보다 더 좋은 환원제이므로 마그네슘이 더 환원되기 쉽다.

|해설|

금속의 이온화 경향 : Mg > Fe
이온화 경향이 큰 금속일수록 더 좋은 환원제이므로, Mg은 Fe보다 더 산화되기 쉽다. 철보다 반응성이 큰 Mg, Al, Zn 등을 사용하여 철의 부식을 방지할 수 있다.

정답 ③

① 화합물의 결합 구조를 보여 주는 도식이다.

② 루이스 구조 그리기

ㄱ 전체 최외각 전자수를 계산한다.

ㄴ Octet을 이루기 위한 전자수를 계산한다(수소의 경우는 2개의 전자만 가진다).

ㄷ 공유전자수 = ㄴ의 결과 − ㄱ의 결과

ㄹ 원자들 사이에 단일 결합을 나타낸다.

ㅁ 중심 원자가 Octet을 만족하지 못하면 이중 또는 삼중 결합을 나타낸다.

ㅂ 나머지 전자도 Octet을 만족하도록 비공유 전자쌍을 나타낸다.

핵심예제

17-1. 싸이오사이아네이트(Thiocyanate) 이온(SCN^-)의 정확한 구조는? [2006년 4회, 2009년 4회, 2013년 1회]

① :S̈=C=N̈:

② :S̈=C—N̈:

③ :S̈=C≡N:

④ :S̈=C—N̈:

17-2. 다음의 루이스 구조식 중 옳지 않은 것은? [2016년 4회]

① H—As̈—H (아래 H)

② F̈—P(=F̈)(—F̈)—F̈

③ F̈—N̈—F̈ (아래 F̈)

④ [Ï—Ï—Ï]$^-$

| 해설 |

17-1

SCN^-의 구조

SCN^-의 전체 최외각 전자수 = 6+4+5+1 = 16

Octet을 이루기 위한 전자수 = 8×3 = 24

공유전자수는 24−16 = 8이므로 공유전자는 4쌍이다.

따라서, 중심 원자가 Octet을 만족하도록 하고, 나머지 원자도 Octet을 만족하도록 비공유 전자쌍을 나타내면 :S̈=C=N̈:의 구조가 완성된다.

17-2

I_3^-의 루이스 구조식

[:Ï—Ï—Ï:]$^-$

정답 17-1 ① 17-2 ④

① 극성 결합 : HF 분자와 같이 전기음성도가 서로 다른 원자들이 전자쌍을 공유하여 형성된 결합이다.

   ⊙ 이핵 2원자 분자의 경우 : $H-F$, $H-Cl$, $H-Br$ 등

   ⓛ 전기음성도가 큰 원자쪽이 전기적으로 음성(δ^-)이 되고, 작은 원자쪽이 전기적으로 양성(δ^+)이 된다.

② 극성 분자

   ⊙ 2원자 분자 : 극성 결합이면 모두 극성 분자이다.
   ⑩ HF, HCl, HBr, HI, CO, NO 등

   ⓛ 다원자 분자 : 분자 전체의 쌍극자 모멘트의 합이 0이 아닌 비대칭 구조이면 극성이다.

③ 극성 분자의 예 : NH_3, CH_3COCH_3, CH_3Cl 등

18-1. 다음 물질의 극성에 관한 설명 중 틀린 것은?

[2007년 4회, 2010년 2회, 2009년 2회 유사]

① 물은 극성 물질이다.
② 염화수소는 극성 물질이다.
③ 암모니아는 비극성 물질이다.
④ 이산화탄소는 비극성 물질이다.

18-2. 다음 중 극성 분자인 것은?

① Cl_2 ② CH_4
③ CO_2 ④ NH_3

| 해설 |

18-1
③ 암모니아는 극성 물질이다.

18-2
① Cl_2 : 이원자 분자로 전기음성도가 동일하므로 비극성 분자이다.
②, ③ 완전 대칭 구조로 전기의 치우침 방향이 반대가 되어 힘이 서로 상쇄되므로 비극성 분자이다.

정답 18-1 ③ 18-2 ④

① 비극성 결합 : H_2, F_2 분자와 같이 같은 종류의 원소로 된 2원자 분자는 전기음성도 차가 없어 공유 전자쌍의 치우침이 없는 공유결합이다.

　㉠ 동핵 2원자 분자의 경우 : $H-H$, $F-F$, $O=O$, $N\equiv N$ 등

　㉡ 두 원자의 전기음성도가 같으므로 두 원자핵 근처의 전하 분포는 같다.

② 비극성 분자

　㉠ 2원자 분자 : 비극성 결합이면 모두 비극성 분자이다.

　　예 H_2, F_2, N_2, O_2 등

　㉡ 다원자 분자 : 분자 전체의 쌍극자 모멘트의 합이 0으로 대칭 구조이면 비극성이다.

③ 비극성 분자의 예

　㉠ 비극성 결합 : H_2, N_2, O_2 등

　㉡ 비극성 결합이고 $\mu=0$: BF_3, CH_4, C_2H_6, C_6H_6, CCl_4 등

19-1. 다음 중 비극성 분자인 것은?

① 황화수소　　　　　② 이산화탄소
③ 염화수소　　　　　④ 이산화황

19-2. 다음 중 극성 분자가 아닌 것은? [2019년 2회]

① CCl_4　　　　　② H_2O
③ CH_3OH　　　　④ HCl

| 해설 |

19-1

② CO_2 : $O=C=O$의 완전 대칭구조로 쌍극자 모멘트의 합이 0이므로 비극성 분자이다.

①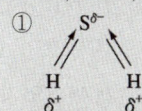

③ $\delta^+ \longrightarrow \delta^-$
　$H \longrightarrow Cl$

④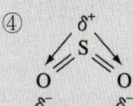

19-2

① CCl_4는 정사면체 구조로, 중앙의 C 중심을 지나는 평면을 기준으로 두 개의 Cl이 완전한 대칭구조가 되므로 비극성 분자이다.

정답 19-1 ② 19-2 ①

① 방사선

구 분	α선	β선	γ선
본 질	He^{2+}	e^-	전자기파
투과력	가장 약함	α보다 강함	가장 강함
감광, 이온화 작용	가장 강함	α보다 약함	가장 약함

② 방사성 원소의 붕괴

㉠ α붕괴 : α선은 헬륨 원자핵($_2^4He$)의 흐름이므로, 이것이 1회 붕괴하면 원자번호는 2가 되며, 질량은 4 감소된다.

㉡ β붕괴 : β선의 변화는 원자핵 내에서 전자가 방출되는 것으로, 이것이 1회 붕괴하면 원자번호만 1 증가한다. 이는 원자핵 속의 중성자 1개가 β입자를 내놓고 양성자로 변하기 때문이다.

㉢ γ붕괴 : α붕괴나 β붕괴 시에 같이 발생한다.
  • 질량수나 원자번호의 변화는 없다.
  • 불안정한 상태의 에너지를 방출하여 안정한 상태의 원자를 만드는 역할을 한다.

③ 반감기 : 방사성 물질의 최초의 수가 반으로 줄어드는 데 걸리는 시간이다.

$$m = M\left(\frac{1}{2}\right)^{\frac{t}{T}}$$

여기서, T : 반감기

m : t시간 지난 후의 질량

M : 방사성 원소의 처음 질량

t : 경과시간

④ 핵분열 : 핵반응에서 질량은 보존되어야 하므로 반응 전후의 원자번호와 질량수는 같다.

20-1. Uranium 동위원소가 중성자와 충돌하면 다음과 같은 핵분열 반응을 일으킨다고 할 때 M에 해당되는 입자는?

[2009년 2회]

$$_0^1n + _{92}^{235}U \rightarrow _{56}^{139}Ba + _{36}^{94}Kr + 3M$$

① $_0^1n$

② $_1^1P$

③ $_{-1}^0\beta$

④ $_{+1}^0\beta$

20-2. 핵이 분해하여 방사능을 방출하는 방사성 붕괴에 대한 설명으로 틀린 것은?

[2019년 2회]

① 방사성 붕괴는 일반적으로 전형적인 1차 반응 속도식을 따른다.

② 베타 입자는 방사능의 일종으로 헬륨의 핵(Nucleus)이다.

③ 감마선은 방사능 가운데 유일하게 입자가 아닌 전자기파이다.

④ 반감기(Half-life)란 방사성 붕괴를 하는 핵종의 수가 처음 값이 반이 되는 데 필요한 시간이다.

|해설|

20-1

반응 전후의 원자번호와 질량수는 같으므로 M에 해당되는 입자는 $_0^1n$이다.

20-2

② 헬륨의 핵은 알파 입자이다. 베타 입자는 전자를 나타낸다.

정답 **20-1** ① **20-2** ②

1-2. 화학양론

핵심이론 01 아보가드로의 법칙

① 아보가드로의 분자설

    ㉠ 물질은 원자의 집합체인 분자로 되어 있으며, 분자는 원자 몇 개가 결합된 것이다.

    ㉡ 같은 물질의 분자는 크기, 모양, 질량이 같다.

② 모든 기체는 온도, 압력이 같으면 종류에 관계없이 같은 부피 안에 같은 수의 분자가 존재한다.

③ $0℃$, $1atm$에서 기체 $22.4L$에는 6.02×10^{23}개의 분자가 존재한다.

④ 아보가드로수 : 6.02×10^{23}개

핵심예제

1-1. 질소 분자 1.07×10^{23}개는 몇 몰(mol)에 해당하는가?
[2007년 4회, 2009년 4회, 2006년 4회 유사, 2008년 4회 유사, 2010년 4회 유사]

① 6.85×10^{24} ② 1.67×10^{21}
③ 11.4 ④ 0.178

1-2. 아보가드로수에 대한 설명 중 옳지 않은 것은?
[2019년 1회]

① 아보가드로수는 일반적으로 6.02×10^{23}이다.

② 아보가드로수는 정확히 $12g$에 존재하는 ^{12}C 원자의 숫자로 정의한다.

③ ^{12}C 원자 한 개의 질량은 $1.99 \times 10^{-24}g$이다.

④ 아보가드로수는 실험실에서의 거시적 질량과 개별 원자와 분자들의 미시적 질량 사이의 관련성을 확립하기 위한 것이다.

|해설|

1-1

1.07×10^{23}개 $\times \dfrac{1mol}{6.02 \times 10^{23}개} ≒ 0.178mol$

1-2

③ ^{12}C 원자 한 개의 질량은 $\dfrac{12g}{6.02 \times 10^{23}개} = 1.99 \times 10^{-23}g$이다.

정답 1-1 ④   1-2 ③

핵심이론 02 몰 계산

① 몰의 정의 : 아보가드로수(6.02×10^{23}개) 만큼의 입자들로 구성된 물질의 양을 의미한다.

② 1몰의 질량 : 원자, 분자 및 이온식 양에 g 단위를 붙인 질량과 같다.

    ㉠ C : $12.0g$

    ㉡ H : $1g$

    ㉢ O : $16g$

    ㉣ N : $14g$

③ 몰질량의 단위는 g/mol이다.

핵심예제

2-1. 물질의 구성에 관한 설명 중 틀린 것은? [2008년 4회]

① 몰(mole)질량의 단위는 mol/g이다.

② 아보가드로수는 탄소 $12.0g$ 속 탄소 원자의 수에 해당한다.

③ 몰(mole)은 아보가드로수 만큼의 입자들로 구성된 물질의 양을 의미한다.

④ 분자식은 분자를 구성하는 원자의 종류와 수를 원소 기호를 사용하여 나타낸 화학식이다.

2-2. 납 원자 2.55×10^{23}개의 질량은 얼마인가?(단, 납의 몰질량은 $207.2g/mol$이다)

① $87.8g$ Pb   ② $488.2g$ Pb
③ $878.8g$ Pb   ④ $48.8g$ Pb

|해설|

2-1

몰질량은 분자, 원자, 이온 등이 1몰 있을 때의 질량으로, 단위는 g/mol이다.

2-2

2.55×10^{23}개 $\times \dfrac{1mol}{6.02 \times 10^{23}개} \times \dfrac{207.2g Pb}{1 mol} ≒ 87.8g Pb$

정답 2-1 ①   2-2 ①

핵심이론 03 몰부피

① 아보가드로의 법칙에 의해 모든 기체는 종류에 관계없이 같은 온도와 압력에서 1몰의 부피가 모두 같아야 한다.

② 0℃, 1기압의 표준 상태에서 기체 1몰이 차지하는 부피 22.4L 이다.

핵심예제

표준 상태에서 S_8 15g이 다음 반응식과 같이 완전 연소될 때 생성된 이산화황의 부피는 약 몇 L인가?(단, S_8의 몰질량은 256.48g/mol 이다) [2009년 2회, 2007년 4회 유사]

$$S_8(s) + 8O_2(g) \rightarrow 8SO_2(g)$$

① 0.47 ② 1.31
③ 4.7   ④ 10.5

|해설|

$8 \times 22.4\text{L/mol} \times \dfrac{15\text{g}}{256.48\text{g/mol}} = 10.48\text{L}$

정답 ④

핵심이론 04 질량 백분율

① 여러 원소가 결합하여 화합물을 만들 때, 각각의 원소가 화합물에서 차지하는 질량의 비율이다.

② 질량 백분율 = $\dfrac{\text{원자 Y의 원자량}}{\text{분자 X의 분자량}} \times 100$

③ 에탄올(C_2H_5OH)에 들어 있는 각 원소들의 질량 백분율

㉠ 에탄올의 몰질량
$= (12 \times 2) + (1 \times 6) + 16 = 46\text{g/mol}$

㉡ 각 원소의 질량 백분율
• C의 질량 백분율
$= \dfrac{1\text{mol } C_2H_5OH \text{ 중 C의 질량}}{C_2H_5OH \text{ 1mol의 질량}} \times 100$

$= \dfrac{24\text{g}}{46\text{g}} \times 100 = 52.17\%$

• H의 질량 백분율
$= \dfrac{1\text{mol } C_2H_5OH \text{ 중 H의 질량}}{C_2H_5OH \text{ 1mol의 질량}} \times 100$

$= \dfrac{6\text{g}}{46\text{g}} \times 100 = 13.05\%$

• O의 질량 백분율
$= \dfrac{1\text{mol } C_2H_5OH \text{ 중 O의 질량}}{C_2H_5OH \text{ 1mol의 질량}} \times 100$

$= \dfrac{16\text{g}}{46\text{g}} \times 100 = 34.78\%$

㉢ 각 원소들의 질량 백분율의 합
$= 52.17 + 13.05 + 34.78 = 100\%$

다음 중 수소의 질량 백분율(%)이 가장 큰 것은? [2010년 2회]

① HCl

② H_2O

③ H_2SO_4

④ H_2S

|해설|

② $\dfrac{2}{(2+16)} \times 100 ≒ 11\%$

① $\dfrac{1}{(1+35.5)} \times 100 ≒ 2.7\%$

③ $\dfrac{2}{\{2+32.06+(16 \times 4)\}} \times 100 ≒ 2.04\%$

④ $\dfrac{2}{(2+32.06)} \times 100 ≒ 5.9\%$

정답 ②

① 화합물 중에 포함된 원소의 종류와 원자수를 가장 간단한 정수비로 나타낸 식이다.

② 분자가 없는 실험식의 경우

　㉠ 분자가 존재하지 않는 이온결합 물질은 실험식이 화학식이 된다.

　㉡ 이온수와 전하 사이에는 다음과 같은 관계가 성립한다.

　　(양이온수 × 양이온의 전하) + (음이온수 × 음이온의 전하) = 0

③ 분자식이 있는 물질의 경우 : 분자식이 $C_2H_4O_2$인 아세트산에서 탄소, 수소 및 산소 원자수의 비가 1 : 2 : 1 이므로 실험식은 CH_2O이다.

화합물 5.325g은 탄소 3.758g, 수소 0.316g, 산소 1.251g으로 이루어져 있다. 이 화합물의 실험식을 옳게 나타낸 것은?

[2009년 4회, 2006년 4회 유사, 2010년 2회 유사, 2010년 4회 유사]

① C_2H_4O

② CH_2O

③ C_4H_4O

④ C_6H_6O

|해설|

$C : H : O = \dfrac{3.758}{12} : \dfrac{0.316}{1} : \dfrac{1.251}{16}$

$= 0.313 : 0.316 : 0.078 ≒ 4 : 4 : 1$

∴ C_4H_4O

정답 ③

① 한 분자를 구성하고 있는 원자의 종류와 수를 원소기호로 나타낸 식이다.

② 실험식 $\times n =$ 분자식

1원자 분자	헬륨(He)
2원자 분자	산소(O_2), 수소(H_2), 염화수소(HCl)
3원자 분자	물(H_2O), 이산화탄소(CO_2)
4원자 분자	암모니아(NH_3)

핵심예제

6-1. 스타이렌(Styrene)의 실험식은 CH이고, 이것의 분자량은 약 104.1g/mol이다. 이 화합물의 분자식은? [2010년 2회]

① C_2H_4 ② C_8H_8

③ $C_{10}H_{12}$ ④ C_6H_6

6-2. 벤젠을 실험식으로 옳게 나타낸 것은?

① C_6H_6 ② C_6H_5

③ C_5H_6 ④ CH

|해설|

6-1

분자식 : 한 분자를 구성하고 있는 원자의 종류와 수를 원소기호로 나타낸 것으로, 실험식에 양수를 곱한 식이다.

실험식은 CH이고 실험식양은 13이므로 $x = \dfrac{104.1}{13} = 8$이다.

∴ 분자식 $= (CH) \times 8 = C_8H_8$

6-2

벤젠의 분자식은 C_6H_6로, C와 H의 원자수의 비는 1 : 1이다. 따라서 벤젠의 실험식은 CH이다.

정답 6-1 ② 6-2 ④

핵심이론 **07** 질량-질량 문제 해결

① 반응물의 질량이 주어지고 반응식으로부터 생성되는 물질의 질량 계산 방법

   ㄱ 반응물의 질량을 몰수로 환산한다.

   ㄴ 반응식으로부터 반응물 : 생성물의 비를 확인하여 생성물의 몰수를 계산한다.

   ㄷ 생성물의 몰수를 질량으로 환산한다.

② 질량→몰 : 질량을 물질의 원자・분자량으로 나눈다.

③ 몰→질량 : 몰수를 물질의 원자・분자량으로 곱한다.

핵심예제

다음 반응식을 참고하여 12.5g CaO와 75.0g $HClO_4$의 반응식으로부터 생성되는 $Ca(ClO_4)_2$의 g수를 계산하면?(단, Ca의 원자량은 40.0amu이며, Cl의 원자량은 35.5amu이다)

[2006년 4회, 2008년 4회]

$$\_\_CaO + \_\_HClO_4 \rightarrow \_\_Ca(ClO_4)_2 + \_\_H_2O$$

① 19.9g   ② 26.7g

③ 39.9g   ④ 53.3g

|해설|

12.5g CaO $\rightarrow 12.5g \times \dfrac{1mol}{56g} \fallingdotseq 0.223mol$

75g $HClO_4 \rightarrow 75g \times \dfrac{1mol}{100.5g} \fallingdotseq 0.746mol$

$CaO + 2HClO_4 \rightarrow Ca(ClO_4)_2 + H_2O$

$CaO : HClO_4 : Ca(ClO_4)_2 = 1 : 2 : 1 = 0.223 : 0.446 : 0.223$

∴ $0.223mol \; Ca(ClO_4)_2 \rightarrow 0.223mol \times \dfrac{239g}{1mol} \fallingdotseq 53.3g$

정답 ④

핵심이론 08 질량-부피 문제 해결

① 주어진 질량을 밀도로 나누고 단위를 환산하여 부피를 구한다.

$$\text{부피}(m^3) = \text{질량}(kg) \div \text{밀도}(kg/m^3)$$

② 질량을 몰수로 환산하여 반응식으로부터 반응몰수를 구한다. 0℃, 1기압의 표준 상태에서 기체 1몰은 22.4L를 차지하므로 22.4L를 곱하여 부피를 구할 수 있다.

예 $C_3H_8 + 5O_2 \rightarrow 3CO_2 + 4H_2O$

$\quad$ 22g $\qquad\qquad$ xL

$C_3H_8 \rightarrow 22g\ C_3H_8 \times \dfrac{1mol}{44g} = 0.5mol$

$CO_2 \rightarrow 0.5mol \times 3 \times \dfrac{22.4L}{1mol} = 33.6L$

핵심예제

단풍나무의 수액은 물에 설탕이 3.0wt%로 녹아 있는 용액으로 간주할 수 있다. 설탕이 수용액에서 해리되지 않으며 단풍나무는 연간 12갤런의 수액을 생산한다고 할 때, 이 부피의 수액에 들어 있는 설탕은 약 몇 g인가?(단, 1갤런은 3.785L이고 수액의 밀도는 $1.010g/cm^3$이다) [2009년 2회]

① 1.16×10^3 $\qquad$ ② 1.38×10^3

③ 1.64×10^3 $\qquad$ ④ 1.82×10^3

|해설|

$x = 12gal \times \dfrac{3.785L}{1gal} \times \dfrac{1,000cm^3}{1L} \times \dfrac{1.010g}{cm^3} \times \dfrac{3g}{100g} ≒ 1,380g$

정답 ②

핵심이론 09 화학양론 계산

① 화학반응식의 계수비 = 몰수비 = 분자수비 = 부피비(기체) ≠ 질량비

② 한계반응물 : 화학반응에서 먼저 소비되는 반응물이다.

③ 이론 수득률 : 한계반응물이 모두 반응하여 생성물이 얻어지는 경우의 수득률이다.

④ 실제 수득률

㉠ 실험으로 인해 손실이 발생한 경우의 실제 수득률이다.

㉡ 이론 수득률보다 작은 값이다.

㉢ 실제 수득률(%) = $\dfrac{\text{실제 생성물의 양}}{\text{이론 생성물의 양}} \times 100$

살충제인 DDT($C_{14}H_9Cl_5$)의 합성반응이 다음과 같다. 225g의 클로로벤젠(C_6H_5Cl)과 157.5g의 클로랄(C_2HOCl_3)을 반응시켜 DDT를 합성할 때에 대한 다음 설명 중 틀린 것은?(단, 클로로벤젠 : 112.5g/mol, 클로랄 : 147.5g/mol, DDT : 354.5g/mol이다)

[2021년 2회]

$$2C_6H_5Cl + C_2HOCl_3 \rightarrow C_{14}H_9Cl_5 \rightarrow H_2O$$

① 이 반응의 한계시약(Limiting Reagent)은 클로로벤젠이다.
② 반응기에 남은 물질의 총질량은 372.5g이다.
③ 반응이 완전히 진행될 경우, 반응기에 남은 시약은 클로랄 10g과 DDT 354.5g이다.
④ DDT의 실제 수득량이 177.25g일 경우 수득률은 50%이다.

|해설|

$$2C_6H_5Cl + C_2HOCl_3 \rightarrow C_{14}H_9Cl_5 + H_2O$$

• 225g 클로로벤젠(C_6H_5Cl) = $\dfrac{225g}{112.5g/mol}$ = 2mol

• 157.5g 클로랄(C_2HOCl_3) = $\dfrac{157.5g}{147.5g/mol}$ ≒ 1.07mol

클로로벤젠과 클로랄은 1 : 2의 몰수비로 반응하므로, 클로로벤젠이 한계반응물이고 클로랄 10g(0.07mol)은 반응하지 않고 남는다.
② 반응기에 남은 물질은 DDT 1mol, H_2O 1mol, 그리고 미반응 클로랄 10g(0.07mol)이다.
  ∴ 354.5g + 18g + 10g = 382.5g

정답 ②

1-3. 산과 염기

핵심이론 01 산과 염기의 정의

① 아레니우스(Arrhenius)의 산·염기
  ㉠ 산 : 수용액에서 이온화하여 H^+을 내는 물질이다.
  ㉡ 염기 : 수용액에서 이온화하여 OH^-을 내는 물질이다.

② 브뢴스테드-로우리 산·염기
  ㉠ 산 : 수소 이온을 줄 수 있는 물질이다.
  ㉡ 염기 : 수소 이온을 받을 수 있는 물질이다.
  ㉢ 브뢴스테드-로우리의 산·염기에서는 산과 염기가 짝산-짝염기 쌍으로 나타난다.

③ 루이스(Lewis)의 산·염기
  ㉠ 산 : 전자쌍을 받을 수 있는 물질이다.
  ㉡ 염기 : 전자쌍을 줄 수 있는 물질이다.

④ 염 : 산과 염기가 반응하여 생기는 생성물이다.

⑤ 산·염기의 일반적인 성질
  ㉠ 산 성
    • 푸른색 리트머스 종이를 붉게 변색시킨다.
    • 염기와 반응하여 염과 물을 만든다. 이때 염기의 OH^-가 갖는 성질은 없어진다(중화).
    • 수소보다 이온화 경향이 큰 금속과 반응하여 H_2를 발생시킨다.
  ㉡ 염기성
    • 붉은색 리트머스 종이를 푸르게 변색시킨다.
    • 산과 반응하여 염과 물을 만든다. 이때 산의 H^+가 갖는 성질은 없어진다(중화).
    • 페놀프탈레인을 붉게 변색시킨다.

1-1. 다음 중 산과 염기에 대한 설명 중 틀린 것은?

[2009년 4회, 2008년 4회 유사]

① 산은 물에서 수소 이온(H^+)의 농도를 증가시키는 물질이다.
② 산과 염기가 반응하여 물과 염을 생성하는 반응을 중화 반응이라고 한다.
③ 염기성 용액에서는 H^+의 농도보다 OH^-의 농도가 더 크다.
④ 산성 용액은 푸른 리트머스 종이를 노랗게 변색시킨다.

1-2. 다음 산·염기에 대한 설명 중 옳지 않은 것은?

[2006년 4회]

① 산은 용액 중에서 H_3O^+(Hydronium Ion) 농도를 증가시키는 물질이며, 염기는 H_3O^+의 농도를 감소시키거나 OH^- (수산화 이온)의 농도를 증가시키는 물질이다.
② 다염기성 산은 여러 개의 산 해리상수를 가지며, 해리상수가 클수록 강한 산성을 나타낸다.
③ 순수한 물의 경우 물의 해리상수($pK_w = 14$)로부터 pH를 계산할 수 있다.
④ 약산의 짝염기는 강한 산으로 완충용액의 제조에 이용된다.

|해설|

1-1
산성 용액은 푸른색 리트머스 종이를 붉게 변색시키고, 염기성 용액은 붉은색 리트머스 종이를 푸르게 변색시킨다.

1-2
④ 약산의 짝염기는 강염기, 강산의 짝염기는 약염기가 된다.

정답 1-1 ④ 1-2 ④

핵심이론 02 짝산·짝염기

① $HCl + H_2O \leftrightharpoons Cl^- + H_3O^+$

　㉠ 양성자를 내어 주는 HCl은 산으로, 양성자를 받는 H_2O는 염기로 반응한다.

　㉡ 역반응을 살펴보면 H_3O^+는 산으로 양성자를 내어 주며, Cl^-는 염기로 양성자를 받는다.

　㉢ 염기는 산($H_2O \rightarrow H_3O^+$)이 되고, 산은 염기 ($HCl \rightarrow Cl^-$)가 된다.

　㉣ 이러한 산-염기의 쌍을 짝산과 짝염기라 한다.

② 짝산과 짝염기의 상관관계

　㉠ 산 $\leftrightarrow$ 짝염기 $+ H^+$

　㉡ 염기 $+ H^+ \leftrightarrow$ 짝산

　㉢ $\underset{산}{HA} + \underset{염기}{B} \leftrightharpoons \underset{짝염기}{A^-} + \underset{짝산}{HB}$

2-1. 다음 반응에서 염기-짝산과 산-짝염기 쌍을 각각 옳게 나타낸 것은? [2007년 4회, 2010년 2회, 2009년 2회 유사]

$$NH_3 + H_2O \leftrightharpoons NH_4^+ + OH^-$$

① $NH_3 - OH^-$, $H_2O - NH_4^+$
② $NH_3 - NH_4^+$, $H_2O - OH^-$
③ $H_2O - NH_3$, $NH_4^+ - OH^-$
④ $H_2O - NH_4^+$, $NH_3 - OH^-$

2-2. 산과 염기에 대한 설명 중 틀린 것은?

① 산은 양성자를 내어 주는 물질이다.
② 짝염기는 산이 양성자를 내놓을 때 생기는 화학종이다.
③ 염은 산과 염기가 반응하여 생기는 생성물이다.
④ 짝산은 염기가 양성자를 내놓을 때 생기는 화학종이다.

|해설|

2-1
산인 H_2O는 H^+를 내어 주고 OH^-의 염기가 된다. 염기인 NH_3는 H^+를 받아 NH_4^+의 산이 된다.

2-2
④ 짝산은 염기가 양성자를 받아 생기는 화학종이다.

정답 2-1 ② 2-2 ④

① 용액의 액성을 수소이온지수 pH로 나타낸 것이다.
② $pH = \log\dfrac{1}{[H^+]} = -\log[H^+]$, $pH + pOH = 14$
③ pH와 수용액의 액성
  ㉠ 산성 : $pH < 7$, $pOH > 7$
  ㉡ 중성 : $pH = 7$, $pOH = 7$
  ㉢ 염기성 : $pH > 7$, $pOH < 7$

3-1. 0.1M 질산 수용액의 pH는 얼마인가? [2008년 4회, 2007년 4회 유사, 2009년 2회 유사, 2010년 2회 유사, 2010년 4회]

① 0.1 ② 1
③ 2 ④ 3

3-2. NaOH 용액의 [OH⁻] 농도를 측정하였더니 $2.9 \times 10^{-4}M$이었다. 이 용액의 pH 값은?

① 2.9 ② 3.54
③ 10.46 ④ 11.1

|해설|

3-1
$HNO_3 + H_2O \leftrightharpoons H_3O^+ + NO_3^-$
$pH = -\log[H_3O^+] = -\log[H^+] = -\log 10^{-1} = 1$

3-2
$pOH = -\log[OH^-] = -\log(2.9 \times 10^{-4}) ≒ 3.54$
$pH + pOH = 14$이므로, $pH = 14 - 3.54 ≒ 10.46$이다.

정답 3-1 ② 3-2 ③

① 전해질과 비전해질

　㉠ 전해질 : 물에 녹아 이온화하여 전기가 통하는 물질로 강산·강염기는 강전해질, 약산·약염기는 약전해질이다.

　　• 강전해질 : $NaOH$, KOH, H_2SO_4, HCl, HNO_3 등

　　• 약전해질 : CH_3COOH, NH_4OH 등

　㉡ 비전해질 : 이온화하지 않아 전기가 통하지 않는 물질로 설탕, 포도당, 에탄올 등이 있다.

② 이온화도(Ionization Degree)와 산·염기의 세기

　㉠ 이온화도 : 전해질의 수용액에서 전해질의 전체 몰수에 대한 이온화된 몰수의 비이다.

$$\alpha = \frac{\text{이온화된 몰수}}{\text{전해질의 전체 몰수}}$$

　㉡ 이온화도가 클수록 강산성, 강염기를 나타낸다.

　㉢ 같은 물질인 경우 온도가 높을수록, 농도가 묽을수록 이온화도가 커진다.

4-1. 다음 중 약한 전해질에 해당하는 것은?　　[2008년 4회]

① HCl

② NH_3

③ $HClO_4$

④ HNO_3

4-2. 다음 물질의 산 해리상수 K_a 값이 다음과 같을 때 다음 중 산의 세기가 가장 큰 것은?

[2009년 4회, 2009년 2회 유사, 2010년 2회 유사]

> • HF : 7.0×10^{-4}, HCN : 4.9×10^{-10}
> • HNO_2 : 4.5×10^{-4}, CH_3COOH : 1.8×10^{-5}

① HF

② HCN

③ HNO_2

④ CH_3COOH

|해설|

4-1

약산·약염기는 수용액에서 이온화되는 정도가 작으므로 약전해질이다.
①·③·④는 강산으로 수용액에서 거의 100% 이온화되는 강전해질이다.

4-2

산 해리상수 K_a는 산의 세기를 나타내는 척도로, 값이 클수록 이온화가 잘되므로 산의 세기가 크다. 따라서 K_a 값이 가장 큰 HF가 산의 세기가 가장 크다.

정답 4-1 ② 4-2 ①

핵심이론 05 산과 염기의 이온화상수

① 산의 이온화상수

    ㉠ $HA + H_2O \leftrightarrows H_3O^+ + A^-$

    ㉡ $K_a = \dfrac{[H_3O^+][A^-]}{[HA]}$

    ㉢ K_a 값이 클수록 강산이다.

② 염기의 이온화상수

    ㉠ $B + H_2O \leftrightarrows BH^+ + OH^-$

    ㉡ $K_b = \dfrac{[BH^+][OH^-]}{[B]}$

    ㉢ K_b 값이 클수록 강염기이다.

핵심예제

암모니아의 염기 이온화상수 K_b 값은 1.8×10^{-5}이다. K_b 값을 나타내는 화학반응식은 어느 것인가?　　[2008년 4회]

① $NH_4^+ \rightarrow NH_3 + H^+$
② $NH_3 \rightarrow NH_2^- + H^+$
③ $NH_4^+ + H_2O \rightarrow NH_3 + H_3O^+$
④ $NH_3 + H_2O \rightarrow NH_4^+ + OH^-$

|해설|

염기의 이온화상수

$B(aq) + H_2O(l) \leftrightarrows BH^+(aq) + OH^-(aq)$

$\therefore K_b = \dfrac{[BH^+][OH^-]}{[B]}$

정답 ④

핵심이론 06 K_a와 K_b의 관계

① $K_a \times K_b = \left(\dfrac{[H_3O^+][A^-]}{[HA]} \right)\left(\dfrac{[HA][OH^-]}{[A^-]} \right)$

    $= [H_3O^+][OH^-] = K_w$

② 산의 세기가 증가하면, 그 짝염기의 세기는 감소한다.

③ 염기의 세기가 증가하면, 그 짝산의 세기는 감소한다.

④ $K_w = 1.0 \times 10^{-14}$로 일정하므로, K_a를 알거나 K_b를 알면 $K_a \times K_b = K_w$로부터 나머지 값을 구할 수 있다.

핵심예제

다음 물질의 K_a 값이 다음과 같을 때, 다음 중 염기의 세기가 가장 큰 것은?　　[2006년 4회]

HSO_4^- : 1.2×10^{-2}, HF : 7.2×10^{-4},

HCN : 6.2×10^{-10}

① HSO_4^-
② SO_4^{2-}
③ F^-
④ CN^-

|해설|

$K_a \times K_b = K_w$ 로 산의 세기가 작을수록 염기의 세기는 강하며, 산의 세기는 K_a가 클수록 크다. K_a는 $HCN < HF < HSO_4^-$ 순이므로, 염기의 세기는 $SO_4^{2-} < F^- < CN^-$의 순이다.

정답 ④

핵심이론 07 물의 자체 이온화

① 순수한 물도 적은 양이지만 자체 이온화한다.

$$2H_2O \rightleftharpoons H_3O^+ + OH^-$$

② 물의 이온곱상수(K_w) : 평형상수의 일종으로 온도가 같으면 모든 수용액에서 일정하다.

$$K_w = [H_3O^+][OH^-] = 1.0 \times 10^{-14}(25℃ \text{ 기준})$$

③ 순수한 물(중성)일 때

$$[H_3O^+] = [OH^-] = 1.0 \times 10^{-7}M$$

핵심예제

15℃에서 물의 이온곱상수 $K_w = 0.45 \times 10^{-14}$이다. 15℃에서 물속 H_3O^+의 농도(M)는?   [2006년 4회, 2010년 2회]

① 1.0×10^{-7} ② 1.5×10^{-7}

③ 6.7×10^{-8} ④ 4.2×10^{-15}

|해설|

$K_w = [H_3O^+][OH^-] = [H^+][OH^-] = 0.45 \times 10^{-14}(15℃)$

$\therefore [H_3O^+] = \sqrt{0.45 \times 10^{-14}} = 6.7 \times 10^{-8}$

정답 ③

1-4. 산화와 환원

핵심이론 01 산화·환원 정의

① 산 화

ㄱ 산소와 결합한다.

ㄴ 수소를 잃는다.

ㄷ 전자를 잃는다.

ㄹ 산화수가 증가한다.

예 $2Mg + O_2 \rightarrow 2MgO$

$H_2S + Cl_2 \rightarrow 2HCl + S$

② 환 원

ㄱ 산소를 잃는다.

ㄴ 수소와 결합한다.

ㄷ 전자를 얻는다.

ㄹ 산화수가 감소한다.

예 $N_2 + 3H_2 \rightarrow 2NH_3$

$CuO + H_2 \rightarrow Cu + H_2O$

③ 산화제와 환원제의 작용

ㄱ 산화제 : 자신은 환원되고 다른 물질을 산화시키는 물질이다.

• 산화수가 높은 금속이나 비금속 단체를 가진 화합물이다.

• 전자를 얻는 성질이 클수록 강한 산화제이다.

ㄴ 환원제 : 자신은 산화되고 다른 물질을 환원시키는 물질이다.

• 산화수가 낮은 금속이나 비금속 단체를 가진 화합물이다.

• 전자를 잃는 성질이 클수록 강한 환원제이다.

다음과 같은 반응이 일어난다고 할 때 산화되는 물질은?

[2010년 2회, 2007년 4회 유사, 2009년 4회 유사]

$$Ag^+(aq) + Fe^{2+}(aq) \rightarrow Ag(s) + Fe^{3+}(aq)$$
$$2Al^{3+}(aq) + 3Mg(s) \rightarrow 2Al(s) + 3Mg^{2+}(aq)$$

① $Ag^+(aq)$, $Al^{3+}(aq)$
② $Fe^{2+}(aq)$, $Mg(s)$
③ $Ag^+(aq)$, $Mg(s)$
④ $Fe^{2+}(aq)$, $Al^{3+}(aq)$

|해설|

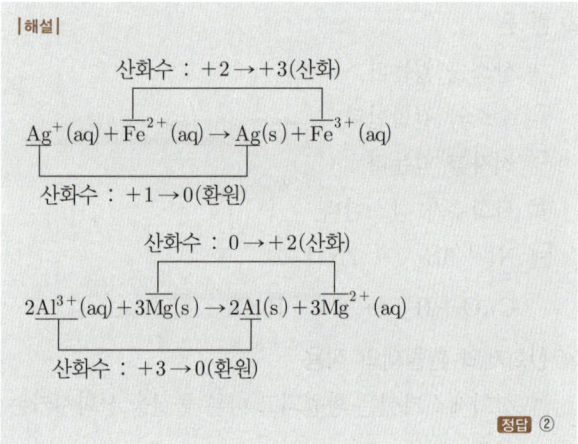

정답 ②

① 산화수

　㉠ 홑원소 물질의 산화수는 0이다.

　㉡ 화합물을 이루고 있는 각 원자들의 산화수 총합은 0이다.

　㉢ 일원자 이온의 산화수는 그 이온의 전하량과 같다.

　㉣ 다원자 이온을 구성하는 원자들의 산화수 총합은 그 이온의 전하와 같다.

　㉤ 플루오린(F)의 산화수는 −1이다.

　㉥ 수소(H)의 산화수는 +1이다.

　　※ 예외 : 금속의 수소화합물에서는 −1이다.

　㉦ 산소(O)의 산화수는 −2이다.

　　※ 예외 : H_2O_2, Na_2O_2, BaO_2 등 과산화물에서는 −1, OF_2에서는 +2이다.

　㉧ 1족 원소(수소 제외)는 +1, 2족 원소는 +2, 13족 원소는 +3, 17족 원소는 −1이다.

② 산화수와 산화·환원

　㉠ 산화 : 산화수 증가

　㉡ 환원 : 산화수 감소

③ 산화수법

　㉠ 산화수가 변한 원자를 확인한다.

　㉡ 산화수가 변한 같은 원자를 서로 연결하여 잃은 전자와 얻은 전자를 표시한다.

　㉢ 공배수가 되도록 숫자를 곱한다.

　㉣ 반응식을 완성한다.

2-1. 산화수에 관한 설명 중 틀린 것은?

[2020년 4회]

① 원소 상태의 원자는 산화수가 0이다.
② 일원자 이온의 원자는 전하와 동일한 산화수를 갖는다.
③ 과산화물에서 산소 원자는 −1의 산화수를 갖는다.
④ C, N, O, Cl과 같은 비금속과 결합할 때 수소는 −1의 산화수를 갖는다.

2-2. 산화납(PbO)의 환원반응으로 인한 납(Pb)의 산화수 변화를 옳게 나타낸 것은?

[2021년 2회]

$$PbO + CO \rightarrow Pb + CO_2$$

① $+2 \rightarrow -1$ ② $+1 \rightarrow 0$
③ $+2 \rightarrow 0$ ④ $-2 \rightarrow 0$

|해설|

2-1
일반적으로 수소 원자의 산화수는 +1이고, 예외적으로 금속의 수소화합물에서 수소의 산화수는 −1이다.

2-2
• PbO : Pb(+2), O(−2)
• Pb : Pb(0)

정답 2-1 ④   2-2 ③

핵심이론 03 반쪽반응법

① 산화 반쪽반응과 환원 반쪽반응으로 분리한다.
② 산화수가 변화하는 원자의 수를 맞춘다.
③ 산소가 부족한 쪽에 H_2O를 더하여 산소 원자의 수를 맞춘다.
④ H_2O를 더한 반대쪽에 H^+ 이온을 더하여 수소 원자의 수를 맞춘다.
⑤ 모든 원자들이 균형을 이루고 있는지 확인하여 전하 균형을 맞춘다.
⑥ 산화 반응에 의해 잃은 전자수와 환원 반응에 의해 얻은 전자수가 같도록 한다.
⑦ 두 반쪽반응을 합하여 반응식을 완성한다.

3-1. 납축전지의 전체 반응식은 다음과 같다. 산화·환원식을 이용하여 계수를 맞추고 반응식을 완결하면 $PbSO_4(s)$의 계수는 얼마인가? [2007년 4회, 2006년 4회 유사, 2009년 4회 유사]

$$Pb(s) + \underline{\quad} PbO_2(s) + \underline{\quad} H^+(aq) + \underline{\quad} SO_4^{2-}(aq)$$
$$\rightarrow \underline{\quad} PbSO_4(s) + 2H_2O$$

① 1   ② 2
③ 3   ④ 4

3-2. 반쪽반응식을 이용하여 산화·환원반응의 계수를 맞추는 방법에 대한 설명 중 틀린 것은? [2012년 1회]

① 산화 및 환원 반쪽반응의 원자량을 맞춘다.
② 산화와 환원의 반쪽반응을 모두 쓴다.
③ 계수를 사용하여 각 반쪽반응에 원자의 개수를 맞춘다.
④ 잃은 전자의 숫자와 얻은 전자의 숫자가 같도록 산화 및 환원 반쪽반응에 정수배한다.

| 해설 |

3-1
$$Pb(s) + PbO_2(s) + 4H^+(aq) + 2SO_4^{2-}(aq)$$
$$\rightarrow 2PbSO_4(s) + 2H_2O$$

3-2
반쪽반응법
• 산화 반쪽반응과 환원 반쪽반응으로 분리한다.
• 산화수가 변화하는 원자의 수를 맞춘다.
• 산소가 부족한 쪽에 H_2O를 더하여 산소원자의 수를 맞춘다.
• H_2O를 더한 반대쪽에 H^+ 이온을 더하여 수소원자의 수를 맞춘다.
• 모든 원자들이 균형을 이루고 있는지 확인하여 전하 균형을 맞춘다.
• 산화반응에 의해 잃은 전자수와 환원반응에 의해 얻은 전자수가 같도록 한다.
• 두 반쪽반응을 합하여 반응식을 완성한다.

정답 3-1 ② 3-2 ①

① 산화·환원 반응을 통한 화학 에너지를 전기 에너지로 바꾸는 장치를 전지라고 한다.
② 이온화 경향의 차가 큰 금속을 전극으로 한다.
③ 기전력 : 전류를 흐르게 하는 힘이다.

구 분	(-)극	(+)극
금 속	이온화 경향이 큰 금속	이온화 경향이 작은 금속
반 응	산화 반응	환원 반응
전 자	(-) → (+) 이동	
전 류	(+) → (-) 이동	

④ 표기법

산화전극 | 산화전지의 전해액 ‖ 환원전지의 전해액 | 환원전극

산화전극을 왼쪽에, 환원전극을 오른쪽에 쓰고 접촉면은 |로, 염다리는 ‖로 표시한다.

다음의 전기화학전지에 대한 설명으로 틀린 것은? [2021년 4회]

$$Cu \mid Cu^{2+}(0.0200M) \parallel Ag^+(0.0400M) \mid Ag$$

① 한줄 수직선(|)은 전위가 발생하는 상 경계나 전위가 발생할 수 있는 접촉면이다.
② 이중 수직선(‖)은 염다리의 양 끝에 있는 두 개의 상 경계이다.
③ 0.0400M은 은이온(Ag^+)의 농도이다.
④ 구리(Cu)는 환원전극이다.

| 해설 |

④ 구리는 산화전극이다. 전지를 표시할 때 산화전극은 왼쪽, 환원전극은 오른쪽에 표시한다.

정답 ④

① 자발적인 산화·환원 반응을 전기 에너지를 얻는 데 사용한다.

② **구성** : 구리와 아연을 황산에 넣고 도선으로 연결한 것이다.

③ **표기법** : $[(-)Zn \mid H_2SO_4 \mid Cu(+)]$

④ **전 극**

　㉠ (−)극 : 반응성이 더 큰 아연판이 (−)극이 된다.

　㉡ (+)극 : 반응성이 더 작은 구리판이 (+)극이 된다.

⑤ **반 응**

　㉠ 산화전극 : $Zn \rightarrow Zn^{2+} + 2e^-$ (산화 반응)

　㉡ 환원전극 : $2H^+ + 2e^- \rightarrow H_2$ (환원 반응)

　㉢ 전체 반응 : $Zn + 2H^+ \rightarrow Zn^{2+} + H_2$

⑥ (−)극은 아연판이 녹아 질량이 감소하고, (+)극은 수소가 발생하므로 질량이 변하지 않는다.

⑦ **분극현상** : (+)극에서 발생한 H_2 기체가 전자의 이동을 방해하여 전압이 떨어지는 현상이다.

⑧ **감극제**

　㉠ H_2를 산화시켜 분극현상을 막는다.

　㉡ 이산화망가니즈(MnO_2), 과산화수소(H_2O_2) 등을 사용한다.

5-1. 갈바니 전지(Galvanic Cell)에 대한 설명으로 틀린 것은?
[2018년 4회]

① 볼타 전지는 갈바니 전지의 일종이다.

② 전기 에너지를 화학 에너지로 바꾼다.

③ 한 반응물은 산화되어야 하고, 다른 반응물은 환원되어야 한다.

④ 연료 전지는 전기를 발생하기 위해 반응물을 소모하는 갈바니 전지이다.

5-2. 갈바니(혹은 볼타) 전지에 대한 설명 중 틀린 것은?
[2020년 1·2회]

① (+)극에서 환원이 일어난다.

② (−)극에서 산화가 일어난다.

③ 일회용 건전지는 갈바니 전지의 원리를 이용한 것이다.

④ 산화−환원반응을 통한 전기에너지를 화학에너지로 바꾼다.

|해설|

5-1, 5-2
갈바니 전지
• 자발적인 화학 반응으로부터 전기 에너지를 발생시킨다.
• 환원 : (+)극
• 산화 : (−)극
• 전자의 이동 : (−)극 → (+)극
• 전류의 이동 : (+)극 → (−)극
• 염다리 : 이온의 이동으로 전하의 축적을 상쇄하여 전기적 중성 상태를 유지하게 한다.

정답 5-1 ②　5-2 ④

① 비자발적 반응으로 전기 에너지를 화학 에너지로 바꾸는 전지이다.

② 환원전극

⊙ 전자를 내어준다.

ⓛ 음전하를 운반한다.

ⓒ (−)극이다.

③ 산화전극

⊙ 전자를 잡아당긴다.

ⓛ 양전하를 운반한다.

ⓒ (+)극이다.

핵심예제

전지에 대한 설명 중 틀린 것은? [2010년 2회]

① 볼타전지는 자발적으로 작동되는 전기화학전지이다.

② 전지에서 산화가 일어나는 전극에서는 전자를 낸다.

③ 볼타전지에서 산화가 일어나는 전극은 아연전극이다.

④ 전해전지에서 산화 · 환원반응을 일어나게 하기 위해서는 전기 에너지가 필요 없다.

|해설|

④ 전해전지는 자발적으로 작동되지 않으므로, 화학 에너지를 얻기 위해서는 전기 에너지가 필요하다.

정답 ④

1-5. 유기 및 무기화합물

핵심이론 01 이성분 화합물의 명명법

① 화학식에서 뒤에 있는 원소 이름 끝에 '−화'를 붙인 다음 앞에 있는 원소의 이름을 붙인다.

예 • ZnS : 황화아연

• CaH_2 : 수소화칼슘

② 수소를 제외한 산소나 염소 등과 같이 원소의 이름이 '−소'로 끝나는 경우에는 '−소'를 생략한다.

예 • $AgCl$: 염화은

• MgO : 산화마그네슘

③ Fe, Cu 등 하나 이상의 전하를 가지는 금속과 비금속으로 형성된 화합물은 양이온의 산화수를 원소명 뒤의 괄호 안에 로마 숫자로 나타낸다.

예 • $FeCl_2$: 염화철(Ⅱ)

• $FeCl_3$: 염화철(Ⅲ)

• Cu_2O : 산화구리(Ⅰ)

• CuO : 산화구리(Ⅱ)

④ 2개의 원소가 2개 이상의 화합물을 형성하는 경우에는 원자의 수를 일, 이, 삼 등으로 표시한다.

예 • CO : 일산화탄소

• CO_2 : 이산화탄소

• SO_2 : 이산화황

• SO_3 : 삼산화황

⑤ 산으로 작용하는 이성분 화합물은 끝에 '−산'을 붙인다.

예 • HCl : 염화수소산

• H_2S : 황화수소산

• HBr : 브로민화수소산

※ HCN은 이성분 화합물은 아니지만 시안화수소산이라고 한다.

1-1. 다음 화합물의 표기가 틀린 것은?　　　　　[2008년 4회]

① FeO : 산화철(Ⅱ)

② Fe_2O_3 : 산화철(Ⅲ)

③ $Fe(NO_3)_3$: 질산철(Ⅲ)

④ $FeBr_3$: 브로민화철(Ⅱ)

1-2. 다음은 몇 가지 수소 화합물의 이름을 나타낸 것이다. 다음과 같은 방법으로 HF의 이름을 나타낸 것으로 옳은 것은?

[2016년 4회]

- HCl : 염화수소산
- HI : 아이오딘화수소산
- H_2S : 황화수소산
- HCN : 사이안화수소산

① 탄소질화수소산

② 탄질화수소산

③ 질소탄화수소산

④ 플루오린화수소산

|해설|

1-1

하나 이상의 전하를 가지는 금속과 비금속으로 형성된 화합물은 양이온의 산화수를 원소명 뒤의 괄호 안에 로마 숫자로 나타낸다.

④ $FeBr_2$: 브로민화철(Ⅱ) (Fe의 산화수 : +2)

　 $FeBr_3$: 브로민화철(Ⅲ) (Fe의 산화수 : +3)

1-2

HF는 플루오린화수소라고 하며, 플루오린화수소산이다.

정답 1-1 ④ 1-2 ④

핵심이론 02 다원자 이온 명명법

이 온	이 름	이 온	이 름
NH_4^+	암모늄 이온	MnO_4^-	과망가니즈산 이온
NO_3^-	질산 이온	ClO_4^-	과염소산 이온
NO_2^-	아질산 이온	ClO_3^-	염소산 이온
SO_4^{2-}	황산 이온	ClO_2^-	아염소산 이온
SO_3^{2-}	아황산 이온	ClO^-	하이포아염소산 이온
PO_4^{3-}	인산 이온	CrO_4^{2-}	크로뮴산 이온
CO_3^{2-}	탄산 이온	Cr_2O_7	중크로뮴산 이온
OH^-	수산화 이온	HCO_3^-	탄산수소 이온
CN^-	사이안화 이온	CH_3COO^-	아세트산 이온

① 다원자 이온 결합 화합물의 화학식은 양이온을 먼저 쓰고, 음이온을 나중에 쓴다.

② 읽을 때는 음이온을 먼저 읽고, 양이온을 나중에 읽는다.

③ 수화물은 화합물의 이름 뒤에 '포함하는 물 분자수 + -수화물'을 붙인다.

2-1. 다원자 이온에 대한 명명 중 옳지 않은 것은?

[2019년 4회]

① CH_3COO^- : 아세트산 이온
② NO_3^- : 질산 이온
③ SO_3^{2-} : 황산 이온
④ HCO_3^- : 탄산수소 이온

2-2. 다음 무기화합물의 명칭에 해당하는 것은? [2017년 4회]

$NaHSO_3$

① 삼황산수소나트륨
② 황산수소나트륨
③ 과황산수소나트륨
④ 아황산수소나트륨

2-3. 다음 산의 명명법으로 옳은 것은? [2013년 1회, 2019년 4회]

$HClO$

① 염소산
② 아염소산
③ 과염소산
④ 하이포아염소산

|해설|

2-1
③ SO_3^{2-} : 아황산 이온, SO_4^{2-} : 황산 이온

2-2
화합물의 명칭에서 보통 O가 하나 빠질 경우 앞에 '아 –'를 붙이고, O가 하나 더 붙을 경우 '과 –'를 붙인다. H_2SO_4의 명칭은 황산 또는 황산수소인데, O가 하나 빠졌으므로 아황산수소가 되고 Na를 붙여서 아황산수소나트륨이 된다.

2-3
① $HClO_3$, ② $HClO_2$, ③ $HClO_4$

정답 **2-1** ③ **2-2** ④ **2-3** ④

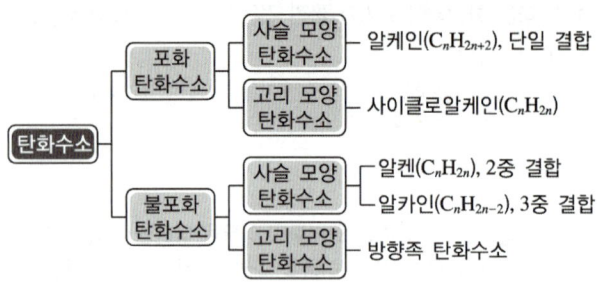

3-1. 탄화수소에 대한 설명 중 틀린 것은?

[2008년 4회, 2006년 4회 유사]

① 석유와 천연가스에서 발견된다.
② 지방족 탄화수소와 방향족 탄화수소로 분류할 수 있다.
③ 불포화 탄화수소는 두 탄소 원자 사이에 단일 결합으로만 이루어져 있다.
④ 방향족 탄화수소는 벤젠고리로 특성화된다.

3-2. 불포화 탄화수소에 속하지 않는 것은?

[2012년 1회, 2015년 1회, 2020년 3회]

① Alkane
② Alkene
③ Alkyne
④ Arene

|해설|

3-1
• 불포화 탄화수소 : 이중 결합 또는 삼중 결합 등의 불포화 결합으로 이루어진 탄화수소이다.
• 포화 탄화수소 : 단일 결합만으로 결합하여 이루어진 탄화수소이다.

정답 **3-1** ③ **3-2** ①

① 이성질체

    ㉠ 분자식은 같으나 결합 구조식이 다른 분자이다.

    ㉡ 물리적 · 화학적으로 다른 성질을 나타낸다.

② 구조 이성질체

    ㉠ 연쇄 이성질체 : 탄소 사슬의 배열이 다른 경우로, 가지의 유무와 가지의 모양에 의해 분류된다.

    ㉡ 작용기 이성질체 : 작용기가 서로 다름으로써 생기는 이성질체이다.

    ㉢ 위치 이성질체 : 작용기의 결합 위치에 의해서 생기는 이성질체이다.

③ 입체 이성질체 : 구조식은 비슷하게 보이나 입체적인 배치가 다른 이성질체이다.

    ㉠ 기하 이성질체 : 이중 결합의 탄소 원자에 결합된 원자 또는 작용기의 공간적 위치가 다른 이성질체이다(시스형, 트랜스형).

    ㉡ 광학 이성질체(거울상 이성질체) : 입체적인 배치도는 같으나 서로 거울상과 같은 관계가 있는 이성질체이다.

4-1. 이성질체에 대한 설명 중 틀린 것은?

[2006년 4회, 2010년 4회 유사]

① 동일한 분자식을 가진다.
② 실험식이 다른 물질이다.
③ 구조가 다른 물질이다.
④ 물리적 성질이 다른 물질이다.

4-2. 입체 이성질체의 대표적인 2가지 형태 중 하나에 해당하는 것은?

[2012년 4회, 2017년 1회, 2021년 2회]

① 배위 이성질체
② 기하 이성질체
③ 결합 이성질체
④ 이온화 이성질체

4-3. 다이브로모벤젠의 구조 이성질체의 숫자로 옳은 것은?

[2021년 2회]

① 5　　　　　　　　② 4
③ 3　　　　　　　　④ 2

| 해설 |

4-1

이성질체의 분자식과 실험식은 같다.

4-2

입체 이성질체

구조식은 비슷하게 보이나 입체적인 배치가 다른 이성질체로 기하 이성질체, 광학 이성질체가 있다.

4-3

다이브로모벤젠

• 육각형의 벤젠고리에 -Br기가 두 개 결합한 물질이다.
• ortho-, meta-, para-의 세 가지 구조 이성질체가 존재한다.

o-dibromobenzene　　m-dibromobenzene　　p-dibromobenzene

정답 4-1 ②　**4-2** ②　**4-3** ③

① 알코올(Alcohol)

㉠ 작용기 : -OH(하이드록시기)

㉡ 일반적으로 탄소수가 적은 경우에는 극성을 띤다.

㉢ 수소결합으로 인해 분자량이 비슷한 다른 물질보다 일반적으로 끓는점이 높다.

㉣ 하이드록시기는 물에서 이온화하지 않으므로 중성이다.

② 알데하이드(Aldehyde)

㉠ 작용기 : $-\overset{\overset{\text{O}}{\|}}{\text{C}}-\text{H}$ (포르밀기)

㉡ 카보닐기(-CO-)에 적어도 한 개의 수소가 결합된 형태이다.

㉢ 1차 알코올을 산화시켜 얻을 수 있다.

㉣ 쉽게 산화되어 카복실산이 된다.

㉤ 환원성이 있어 펠링용액과 반응하여 붉은색의 산화제일구리(Cu_2O) 침전을 만든다.

$R-CHO + [2Cu(OH)_2 + NaOH] \rightarrow RCOONa + Cu_2O + 3H_2O$

㉥ 암모니아성 질산은 용액(톨렌스 시약)을 가하면 은이 석출되는 은거울 반응을 한다.

$R-CHO + 2Ag(NH_3)_2OH \rightarrow RCOOH + 2Ag + 4NH_3 + H_2O$

㉦ 탄소수가 적은 알데하이드는 특유한 냄새가 나는 액체(폼알데하이드는 기체)로 물에 잘 녹으나, 탄소수가 많아질수록 물에 잘 녹지 않는다.

③ 케톤(Ketone)

㉠ 작용기 : $-\overset{\overset{\text{O}}{\|}}{\text{C}}-$ (카보닐기)

㉡ 특유의 냄새를 가지며, 공업용 용매로 사용된다.

㉢ 2차 알코올을 산화하여 얻을 수 있다.

④ 에테르(Ether)

㉠ 작용기 : -O-(에테르 결합)

㉡ 알코올에 진한 황산을 넣고 130℃로 가열하여 얻을 수 있다.

㉢ 물에 잘 녹지 않고 유기화합물을 잘 녹여 용매로 사용되며 휘발성, 인화성, 마취성을 가진다.

⑤ 카복실산

㉠ 작용기 : $-\overset{\overset{\text{O}}{\|}}{\text{C}}-\text{OH}$ (카복실기)

㉡ 1차 알코올을 두 번 산화하여 얻을 수 있다.

㉢ 수용액에서 약한 산성이다.

㉣ 알코올과 반응하여 에스터와 물을 생성한다.

$R-COOH + R'-OH \rightarrow R-COO-R' + H_2O$

⑥ 에스터(Ester)

㉠ 작용기 : $-\overset{\overset{\text{O}}{\|}}{\text{C}}-\text{O}-$ (에스터 결합)

㉡ 달콤한 과일 향기를 가진다.

⑦ 아민(Amine)

㉠ 작용기 : $-NH_2$(아미노기)

㉡ 암모니아의 유도체로 볼 수 있으며, 한 개 이상의 N-H 결합이 N-C 결합으로 바뀌어진 형태이다.

• 1차 아민 : 한 개의 N-C 결합이 있는 아민

• 2차 아민 : 두 개의 N-C 결합이 있는 아민

• 3차 아민 : 세 개의 N-C 결합이 있는 아민

㉢ 대부분의 아민은 불쾌한 생선 냄새를 풍긴다.

5-1. 탄화수소 유도체를 잘못 나타낸 것은?

[2012년 4회, 2015년 1회]

① R-OH : 알코올
② R-CONH₂ : 아마이드
③ R-CO-R : 케톤
④ R-CHO : 에테르

5-2. 다음 중 알코올에 대한 설명으로 틀린 것은?

[2019년 1회]

① 일반적으로 탄소의 개수가 작은 경우 극성이다.
② 작용기는 -OR(R은 알킬기)이다.
③ 수소결합을 할 수 있다.
④ 분자량이 비슷한 다른 유기 분자보다 일반적으로 끓는점이 높다.

5-3. 카복실산과 알코올을 축합반응하여 생성하는 화합물 종류는?

[2021년 2회]

① 알데하이드(Aldehyde)
② 케톤(Ketone)
③ 에스터(Ester)
④ 아마이드(Amide)

|해설|

5-1
④ R-CHO : 알데하이드
※ R-O-R′ : 에테르

5-2
② 알코올의 작용기는 -OH이다.

5-3
카복실산과 알코올의 축합반응
$R-COOH + R'-OH \rightarrow R-COO-R' + H_2O$
카복실산   알코올   에스터   물

정답 **5-1** ④ **5-2** ② **5-3** ③

---

① -OH 의 수에 따른 분류
　㉠ 1가 알코올 : 수소 원자가 -OH 로 1개 치환된 알코올이다.
　㉡ 2가 알코올 : 수소 원자가 -OH 로 2개 치환된 알코올이다.
　㉢ 3가 알코올 : 수소 원자가 -OH 로 3개 치환된 알코올이다.

② 알킬기의 수에 따른 분류
　㉠ 1차 알코올 : -OH 기가 결합되어 있는 탄소에 다른 탄소 1개가 결합된 알코올이다.
　㉡ 2차 알코올 : -OH 기가 결합되어 있는 탄소에 다른 탄소 2개가 결합된 알코올이다.
　㉢ 3차 알코올 : -OH 기가 결합되어 있는 탄소에 다른 탄소 3개가 결합된 알코올이다.

다음 작용기에 대한 설명 중 옳지 않은 것은?

[2009년 4회, 2019년 2회]

① 알코올은 -OH 작용기를 가지고 있다.
② 페놀류는 -OH기가 방향족 고리에 직접 붙어 있는 화합물이다.
③ 에테르는 -O- 로 나타내는 작용기를 가지고 있다.
④ 1차 알코올은 -OH기가 결합되어 있는 탄소원자에 다른 탄소원자가 2개 이상 결합되어 있는 것이다.

|해설|

OH가 결합한 탄소 원자에 결합된 R(알킬기)의 수에 따라 알코올을 분류할 수 있다. 1차 알코올은 -OH기가 결합되어 있는 탄소에 다른 탄소 1개가 결합된 알코올, 2차 알코올은 다른 탄소 2개, 3차 알코올은 다른 탄소 3개가 결합된 알코올이다.

정답 ④

① 벤젠의 화학식 : C_6H_6

[벤 젠]

② 벤젠 다이 치환체의 이성질체 : 3종

  ㉠ ortho- : 인접 탄소에 치환체가 결합한 것(1, 2번 탄소)

  ㉡ meta- : 하나 건넌 탄소에 치환체가 결합한 것 (1, 3번 탄소)

  ㉢ para- : 둘 건넌 탄소에 치환체가 결합한 것 (1, 4번 탄소)

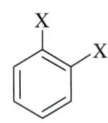 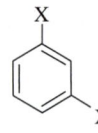 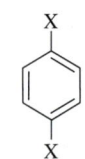

[ortho-($o-$)]   [meta-($m-$)]   [para-($p-$)]

③ 벤젠 트라이 치환체의 이성질체 : 3종

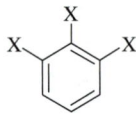 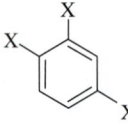 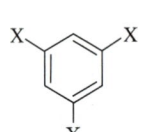

④ 페 놀

  ㉠ 벤젠 고리의 탄소 원자에 -OH기가 결합된 화합물이다.

  ㉡ 1가 페놀은 물에 조금 녹지만 에테르, 알코올 등에는 잘 녹는다.

  ㉢ 2가 이상이 되면 친수성인 -OH의 수가 많아져서 물에 대한 용해도가 커진다.

  ㉣ 수용액에서 약한 산성을 띤다.

  ㉤ 카복실산과 반응하여 에스테르를 생성한다.

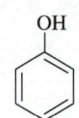

[페 놀]

⑤ 톨루엔과 자일렌

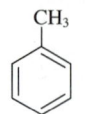 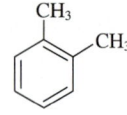 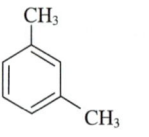 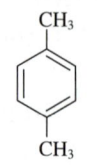

[톨루엔]   [o-자일렌]   [m-자일렌]   [p-자일렌]

⑥ 방향족 카복실산

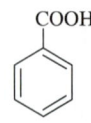 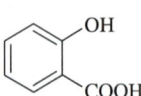

[벤조산]   [살리실산]

⑦ 기 타

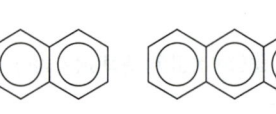 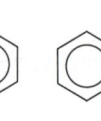

[나프탈렌]   [안트라센]   [페난트렌]

7-1. 다음 중 벤젠의 유도체가 아닌 것은?　　[2017년 1회]

① 벤조산　　　　　　② 아닐린
③ 페 놀　　　　　　④ 헵테인

7-2. 다음 화합물의 이름은?　　[2021년 1회]

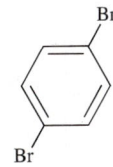

① o-dibromohexane
② p-dibromobenzene
③ m-dibromobenzene
④ p-dibromohexane

7-3. 유기화합물의 명칭이 잘못 연결된 것은?　　[2020년 4회]

① □ : 사이클로뷰테인

② 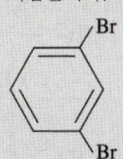 : 톨루엔

③ 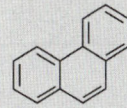 : 아닐린

④ : 페난트렌

| 해설 |

7-1

④ 헵테인은 사슬형 탄화수소이므로 고리형 탄화수소인 벤젠의 유도체가 될 수 없다.

7-2

② 벤젠고리에 두 개(di)의 -Br(bromo)이 para-형태로 결합한 화합물이다.
③ 벤젠고리에 두 개(di)의 -Br(bromo)이 meta-형태로 결합한 화합물이다.

① · ④ dibromohexane은 탄소수가 6개인 사슬모양 탄화수소에 두 개의 -Br(bromo)이 결합한 화합물이다.

7-3

④ 안트라센

페난트렌

정답 **7-1** ④　**7-2** ②　**7-3** ④

① 첨가중합

ㄱ 불포화결합을 가진 단위체들이 촉매하에서 불포화결합이 끊어지면서 첨가반응을 일으키는 중합반응이다.

ㄴ 첨가중합의 예

단량체		중합체	
에틸렌	$H_2C = CH_2$	폴리에틸렌	$-(CH_2 - CH_2)_n-$
프로필렌	$H_2C = \overset{H}{\underset{CH_3}{C}}$	폴리프로필렌	$-(\underset{CH_3}{CH} - CH_2 - \underset{CH_3}{CH} - CH_2)_n-$
염화바이닐	$H_2C = \overset{H}{\underset{Cl}{C}}$	폴리염화바이닐(PVC)	$-(CH_2 - \underset{Cl}{CH})_n-$
스타이렌	$H_2C = \overset{H}{\underset{}{C}}$	폴리스타이렌	$-(CH_2CH)_n-$

② 축합중합

ㄱ 두 분자의 단위체가 결합할 때 H_2O와 같은 간단한 분자가 빠지면서 결합하는 중합반응이다.

ㄴ 축합중합의 예

• 나일론

$n\,H_2N(CH_2)_6NH_2 + n\,HOOC(CH_2)_4COOH \longrightarrow$
헥사메틸렌다이아민　　　아디프산

나일론 66

• 폴리에스터(Polyester)

$HOCH_2CH_2O-H$　　HO
에틸렌글라이콜　　　　p-테레프탈산　　　$\longrightarrow$ ... $+ H_2O$

8-1. 다음 단위체 중 첨가중합체를 만드는 것은?

[2012년 1회, 2015년 1회, 2020년 4회]

① C_2H_6

② C_2H_4

③ $HOCH_2CH_2OH$

④ $HOCH_2CH_3$

8-2. 고분자의 생성 메커니즘(축합, 중합)이 나머지 셋과 다른 하나는?

[2020년 3회]

① 나일론(Nylon)

② PVC(PolyVinyl Chloride)

③ 폴리에스터(Polyester)

④ 단백질(Protein)

| 해설 |

8-1

첨가중합은 단위체의 이중결합 또는 삼중결합이 끊어지면서 중합하여 거대한 분자를 형성하는 반응으로, 이중결합을 가지는 단위체는 첨가중합반응을 한다.

② C_2H_4 : 에텐(에틸렌)

8-2

② 중합반응

①, ③, ④ 축합반응

PVC 생성반응

정답 8-1 ② 8-2 ②

핵심이론 09 혼성궤도함수

① sp^3 혼성궤도함수 : 1개의 s 오비탈과 3개의 p 오비탈이 혼성화되어 4개의 새로운 오비탈을 형성하는 것이다.

예 CH_4, C_2H_6, CCl_4 등

② sp^2 혼성궤도함수

㉠ 1개의 s 오비탈과 2개의 p 오비탈이 혼성화되어 3개의 새로운 오비탈을 형성하는 것이다.

㉡ 남은 1개의 p 오비탈은 π 결합 형성에 이용된다.

예 BF_3, C_2H_4 등

③ sp 혼성궤도함수

㉠ 1개의 s 오비탈과 1개의 p 오비탈이 혼성화되어 2개의 새로운 오비탈을 형성하는 것이다.

㉡ 남은 2개의 p 오비탈은 2개의 π 결합 형성에 이용된다.

예 BeF_2, C_2H_2, CO_2 등

핵심예제

혼성궤도함수(Hybrid Orbital)에 대한 설명으로 틀린 것은?

[2020년 4회]

① 탄소 원자의 한 개의 s 궤도함수와 세 개의 p 궤도함수가 혼성하여 네 개의 새로운 궤도함수를 형성하는 것을 sp^3 혼성궤도함수라 한다.

② sp^3 혼성궤도함수를 이루는 메테인은 C-H 결합각이 $109.5°$인 정사면체 구조이다.

③ 벤젠(C_6H_6)을 분자궤도함수로 나타내면 각 탄소는 sp^2 혼성궤도함수를 이루며 평면구조를 나타낸다.

④ 사이클로헥세인(C_6H_{12})을 분자궤도함수로 나타내면 각 탄소는 sp 혼성궤도함수를 이룬다.

| 해설 |

④ 사이클로헥세인(C_6H_{12})의 각 탄소는 sp^3 혼성궤도함수를 이룬다.

정답 ④

① 접두사

탄소 원자 개수	접두사	탄소 원자 개수	접두사
1	meth-	6	hex-
2	eth-	7	hept-
3	prop-	8	oct-
4	but-	9	non-
5	pent-	10	dec-

② 명명법의 일반적 체계는 '접두사 + 삽입사 + 접미사'
의 구조이다.

　㉠ 접두사 : 모체 사슬을 구성하는 탄소 원자의 수를
　　표시한다.

　㉡ 삽입사 : 모체 사슬에 있는 탄소-탄소 결합을 표시
　　한다.

-an-(-에인-)	모두 단일결합
-en-(-엔-)	하나 이상의 이중결합
-yn-(-아인-)	하나 이상의 삼중결합

　㉢ 접미사 : 화합물이 속한 계열을 표시한다.

-e	탄화수소
-ol	알코올
-al	알데하이드
-amine	아 민
-one	케 톤
-oic acid	카복실산

③ 알킬기는 탄소 개수가 같은 알케인의 이름에서 '-ane'
을 '-yl'로 바꾸어 명명한다.
　예 Methyl($-CH_3$), Ethyl($-CH_2CH_3$) 등

④ 알케인(Alkane)의 명명법

　㉠ 가지가 없는 사슬 모양 알케인의 경우, 탄소 개수
　　를 나타내는 접두사에 '-ane'을 붙인다.

　㉡ 가지 있는 사슬 모양 알케인의 경우, 가장 긴 탄소
　　원자들의 사슬을 모체 사슬로 정한다.

　㉢ 모체 사슬에 결합하고 있는 각 치환기에 이름과
　　번호를 부여한다. 번호는 치환기가 결합되어 있는
　　모체 사슬에 탄소 원자의 번호를 의미하며, 하이픈
　　(-)을 사용하여 번호와 이름을 연결한다.

$$CH_3CHCH_3 \quad (CH_3 \text{ 위})$$

[2-methylpropane]

　㉣ 치환기가 1개인 경우 : 치환기가 붙은 탄소가 가장
　　낮은 번호가 되도록 모체 사슬에 번호를 붙인다.

$$CH_3CH_2CH_2CHCH_3 \quad (CH_3 \text{ 위})$$

[2-methylpentane]　　(4-methylpentane이 아님)

　㉤ 동일한 치환기가 2개 이상 있는 경우 : 먼저 마주치
　　는 치환기가 더 낮은 번호가 되도록 모체 사슬의
　　번호를 매기고, 치환기 위치의 번호는 콤마(,)를
　　사용하여 구분한다. 치환기의 개수는 접두사
　　di-(2개), tri-(3개), tetra-(4개), penta-(5개)
　　등으로 나타낸다.

[2,4-dimethylhexane]　　(3,5-dimethylhexane이 아님)

　㉥ 2개 이상의 다른 치환기가 있는 경우 : 치환기 이름
　　을 알파벳 순서대로 나열하고 먼저 마주치는 치환
　　기가 더 낮은 번호가 되도록 모체 사슬의 번호를
　　매긴다.

[3-ethyl-5-methylheptane]

(3-methyl-5-ethylheptane이 아님)

ⓢ 동일한 길이의 모체 사슬이 2개 이상 있는 경우 : 더 많은 치환체를 가지고 있는 사슬을 모체 사슬로 정한다.

[3-ethyl-2-methylhexane] (3-isopropylhexane이 아님)

⑤ 사이클로알케인의 명명법
　　㉠ 해당하는 열린 사슬 알케인의 이름 앞에 접두사 'cyclo-'를 붙여 명명한다.
　　㉡ 고리에 있는 각 치환기의 이름을 붙인다.
⑥ 알켄의 명명법
　　㉠ 알케인의 삽입사 '-an-'을 '-en-'으로 바꾸어 명명한다.
　　㉡ 이중결합을 포함하는 가장 긴 탄소 사슬에서 이중결합 탄소에 가장 낮은 번호가 부여되도록 명명한다.
　　㉢ 이중결합의 위치는 이중결합에 포함된 첫 번째 탄소의 번호에 의해 나타낸다.
　　㉣ 가지가 달리거나 치환체가 있는 알켄은 알케인과 유사한 방법으로 명명한다.
　　㉤ 탄소 원자에 번호를 붙이고, 치환기들의 위치 및 이름을 붙인 뒤, 이중결합의 위치를 정하여 주 사슬을 명명한다.
⑦ 알카인의 명명법 : 알케인의 삽입사 '-an-'을 '-yn-' 으로 바꾸어 명명하고, 나머지 규칙은 알켄의 명명법과 같다.

10-1. 화학식과 그 명칭을 잘못 연결한 것은? [2018년 1회]

① C_3H_8-프로페인
② C_4H_{10}-펜테인
③ C_6H_{14}-헥세인
④ C_8H_{18}-옥테인

10-2. 다음 유기화합물을 옳게 명명한 것은? [2021년 4회]

$$Cl - \text{(benzene ring)} - O - CH_2 - COOH$$
(with Cl below)

① 2,4-클로로페닐아세트산
② 1,3-다이클로로벤젠아세트산
③ 2,4-다이클로로페녹시아세트산
④ 1-옥시아세트산2,4-클로로벤젠

10-3. 다음 알케인의 IUPAC 이름은 무엇인가? [2019년 2회]

$$\begin{array}{c} CH_3 \\ | \\ CH_3CH_2CH_2CH_2CH_2CCH_2CHCH_3 \\ | \\ CH_2 \quad CH_3 \\ | \\ CH_3 \end{array}$$

① Ethyl-2,4-dimethyloctane
② 2-ethyl-2,4-dimethylnonane
③ 4-ethyl-2,4-dimethyloctane
④ 4-ethyl-2,4-dimethylnonane

10-1

② C_4H_{10} – 뷰테인

　C_5H_{12} – 펜테인

10-2

③ 페녹시아세트산의 2,4번 탄소에 클로로기(–Cl)가 결합된 화합물이다.

10-3

4번 탄소에 에틸기, 2,4번 탄소에 각각 메틸기가 붙은 탄소 9개인 알케인이다.

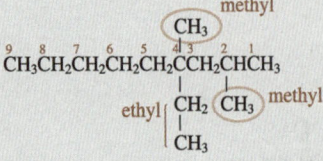

제2절 | 환경관리

2-1. 화학물질 특성 확인

핵심이론 01 유해 물질 종류

종 류	특 성	예
가연성 가스	폭발한계의 하한이 10% 이하인 가스 또는 폭발한계의 상한과 하한의 차가 20% 이상인 가스	수소, 아세틸렌, 에틸렌, 메테인, 에테인, 프로페인, 뷰테인, 기타(15℃, 1기압에서 기체 상태인 가연성 가스)
부식성 물질	금속 등을 쉽게 부식시키거나, 인체와 접촉하면 심한 상해를 입히는 물질	• 부식성 산류 : 농도 20% 이상인 염산, 질산, 황산 등, 농도 60% 이상인 인산, 아세트산, 플루오린화수소 등 • 부식성 염기류 : 농도 40% 이상인 수산화나트륨, 수산화칼륨 등
독성 물질	다음 조건의 동물시험 독성치를 나타내는 물질	• LD_{50}(경구, 쥐) : 200mg/kg 이하 • LD_{50}(경피, 쥐 또는 토끼) : 400mg/kg 이하 • LD_{50}(쥐, 4시간 흡입) : 2,000mg/kg 이하

※ 폭발한계 : 공기와 혼합된 경우 연소를 일으킬 수 있는 공기 중의 가스 농도의 한계

핵심예제

다음 중 가연성 가스로 가장 거리가 먼 것은?

① 수 소

② 에틸렌

③ 아세틸렌

④ 수산화나트륨

수산화나트륨은 부식성 염기류에 해당한다.

① 화학물질의 분류기준

　㉠ 물리적 위험성 분류기준

　　• 폭발성 물질 : 자체의 화학반응에 따라 주위환경에 손상을 줄 수 있는 정도의 온도 · 압력 및 속도를 가진 가스를 발생시키는 고체 · 액체 또는 혼합물

　　• 인화성 가스 : 20℃, 표준압력(101.3kPa)에서 공기와 혼합하여 인화되는 범위에 있는 가스와 54℃ 이하 공기 중에서 자연발화하는 가스를 말한다(혼합물을 포함한다).

　　• 인화성 액체 : 표준압력(101.3kPa)에서 인화점이 93℃ 이하인 액체

　　• 인화성 고체 : 쉽게 연소되거나 마찰에 의하여 화재를 일으키거나 촉진할 수 있는 물질

　　• 에어로졸 : 재충전이 불가능한 금속 · 유리 또는 플라스틱 용기에 압축가스 · 액화가스 또는 용해가스를 충전하고 내용물을 가스에 현탁시킨 고체나 액상입자로, 액상 또는 가스상에서 폼 · 페이스트 · 분말상으로 배출되는 분사장치를 갖춘 것

　　• 물반응성 물질 : 물과 상호작용을 하여 자연발화되거나 인화성 가스를 발생시키는 고체 · 액체 또는 혼합물

　　• 산화성 가스 : 일반적으로 산소를 공급함으로써 공기보다 다른 물질의 연소를 더 잘 일으키거나 촉진하는 가스

　　• 산화성 액체 : 그 자체로는 연소하지 않더라도, 일반적으로 산소를 발생시켜 다른 물질을 연소시키거나 연소를 촉진하는 액체

　　• 산화성 고체 : 그 자체로는 연소하지 않더라도 일반적으로 산소를 발생시켜 다른 물질을 연소시키거나 연소를 촉진하는 고체

　　• 고압가스 : 20℃, 200kPa 이상의 압력하에서 용기에 충전되어 있는 가스 또는 냉동액화가스 형태로 용기에 충전되어 있는 가스(압축가스, 액화가스, 냉동액화가스, 용해가스로 구분한다)

　　• 자기반응성 물질 : 열적(熱的)인 면에서 불안정하여 산소가 공급되지 않아도 강렬하게 발열 · 분해하기 쉬운 액체 · 고체 또는 혼합물

　　• 자연발화성 액체 : 적은 양으로도 공기와 접촉하여 5분 안에 발화할 수 있는 액체

　　• 자연발화성 고체 : 적은 양으로도 공기와 접촉하여 5분 안에 발화할 수 있는 고체

　　• 자기발열성 물질 : 주위의 에너지 공급 없이 공기와 반응하여 스스로 발열하는 물질(자기발화성 물질은 제외한다)

　　• 유기과산화물 : 2가의 -O-O- 구조를 가지고 1개 또는 2개의 수소 원자가 유기라디칼에 의하여 치환된 과산화수소의 유도체를 포함한 액체 또는 고체 유기물질

　　• 금속 부식성 물질 : 화학적인 작용으로 금속에 손상 또는 부식을 일으키는 물질

　㉡ 건강 및 환경 유해성 분류기준

　　• 급성 독성 물질 : 입 또는 피부를 통하여 1회 투여 또는 24시간 이내에 여러 차례로 나누어 투여하거나 호흡기를 통하여 4시간 동안 흡입하는 경우 유해한 영향을 일으키는 물질

　　• 피부 부식성 또는 자극성 물질 : 접촉 시 피부조직을 파괴하거나 자극을 일으키는 물질(피부 부식성 물질 및 피부 자극성 물질로 구분한다)

　　• 심한 눈 손상성 또는 자극성 물질 : 접촉 시 눈 조직의 손상 또는 시력의 저하 등을 일으키는 물질(눈 손상성 물질 및 눈 자극성 물질로 구분한다)

　　• 호흡기 과민성 물질 : 호흡기를 통하여 흡입되는 경우 기도에 과민반응을 일으키는 물질

- 피부 과민성 물질 : 피부에 접촉되는 경우 피부 알레르기 반응을 일으키는 물질
- 발암성 물질 : 암을 일으키거나 그 발생을 증가시키는 물질
- 생식세포 변이원성 물질 : 자손에게 유전될 수 있는 사람의 생식세포에 돌연변이를 일으킬 수 있는 물질
- 생식독성 물질 : 생식기능, 생식능력 또는 태아의 발생·발육에 유해한 영향을 주는 물질
- 특정 표적장기 독성 물질(1회 노출) : 1회 노출로 특정 표적장기 또는 전신에 독성을 일으키는 물질
- 특정 표적장기 독성 물질(반복 노출) : 반복적인 노출로 특정 표적장기 또는 전신에 독성을 일으키는 물질
- 흡인 유해성 물질 : 액체 또는 고체 화학물질이 입이나 코를 통하여 직접적으로 또는 구토로 인하여 간접적으로, 기관 및 더 깊은 호흡기관으로 유입되어 화학적 폐렴, 다양한 폐 손상이나 사망과 같은 심각한 급성 영향을 일으키는 물질
- 수생 환경 유해성 물질 : 단기간 또는 장기간의 노출로 수생생물에 유해한 영향을 일으키는 물질
- 오존층 유해성 물질 : 오존층 보호를 위한 특정물질의 제조규제 등에 관한 법률에 따른 특정물질

② 물리적 인자의 분류기준
  ㉠ 소음 : 소음성 난청을 유발할 수 있는 85dB(A) 이상의 시끄러운 소리
  ㉡ 진동 : 착암기, 손망치 등의 공구를 사용함으로써 발생되는 백랍병·레이노 현상·말초순환장애 등의 국소 진동 및 차량 등을 이용함으로써 발생되는 관절통·디스크·소화장애 등의 전신 진동
  ㉢ 방사선 : 직접·간접으로 공기 또는 세포를 전리하는 능력을 가진 알파선·베타선·감마선·엑스선·중성자선 등의 전자선

㉣ 이상기압 : 게이지 압력이 cm^2당 1kg 초과 또는 미만인 기압
㉤ 이상기온 : 고열·한랭·다습으로 인하여 열사병·동상·피부질환 등을 일으킬 수 있는 기온

핵심예제

산업안전보건법령상 소음으로 분류되는 기준에서 (   ) 안에 들어갈 말로 옳은 것은?

> 소음이란 소음성 난청을 유발할 수 있는 (   ) 이상의 시끄러운 소리를 말한다.

① 60dB(A)　　　　② 75dB(A)
③ 85dB(A)　　　　④ 90dB(A)

|해설|

소음이란 소음성 난청을 유발할 수 있는 85dB(A) 이상의 시끄러운 소리를 말한다.

정답 ③

① 화합반응

  ㉠ A + B $\rightarrow$ AB

   예 $H_2 + Cl_2 \rightarrow 2HCl$

     $N_2 + 3H_2 \rightarrow 2NH_3$

  ㉡ 두 종류 이상의 물질이 반응하여 한 종류의 물질이 생성되는 화학반응이다.

② 분해반응

  ㉠ AB $\rightarrow$ A + B

   예 $CaCO_3 \rightarrow CaO + CO_2$

     $H_2O \rightarrow 2H_2 + O_2$

  ㉡ 한 가지 물질이 두 종류 이상의 물질로 나누어지는 화학반응이다.

③ (단일)치환반응

  ㉠ AB + C $\rightarrow$ AC + B

   예 $2Na + 2HCl \rightarrow 2NaCl + H_2$

     $Zn + 2AgNO_3 \rightarrow 2Ag + Zn(NO_3)_2$

  ㉡ 반응물을 구성하는 성분의 일부가 다른 성분으로 바뀌는 화학반응이다.

④ 이중치환(복분해)반응

  ㉠ AB + CD $\rightarrow$ AD + CB

   예 $NaCl + AgNO_3 \rightarrow NaNO_3 + AgCl$

     $HCl + NaOH \rightarrow NaCl + H_2O$

  ㉡ 두 종류 이상의 물질이 반응하여 서로의 성분이 교환되어 새로운 두 종류의 물질이 생성되는 화학반응이다.

핵심예제

㉠과 ㉡의 설명을 모두 만족하는 화학반응은? [2020년 4회]

> ㉠ 2개의 화합물이 2개의 새로운 화합물을 생성한다.
> ㉡ 어떤 반응물질의 양이온이 다른 반응물질의 음이온과 결합한다.

① 화합반응
② 산화환원반응
③ 이중치환반응
④ 분해반응

|해설|

이중치환반응(복분해반응)
• 두 종류의 화합물이 반응할 때 그들의 성분이 교환되어 새로운 두 종류의 화합물이 생기는 반응이다.
• 일반식 : AX + BY $\rightarrow$ AY + BX
• 대표적으로 침전반응, 산-염기반응이 이에 해당한다.

정답 ③

핵심이론 04 폭발성 물질

① 화학적 폭발
   ㉠ 폭발성 물질의 폭발 : 화약의 폭발 등
   ㉡ 산화 폭발 : 가연성 가스나 인화성 액체 증기의 연소 폭발
② 분진 폭발 : 석탄, 플라스틱, 알루미늄 등의 금속분, 소맥분 등의 분말이나 가연성 미스트의 폭발 등이다.
③ 분해 폭발 : 아세틸렌, 에틸렌, 산화에틸렌, 하이드라진 등의 분해 물질의 폭발을 말한다.
④ 증기 폭발(물리적 폭발)
   ㉠ 급격한 상변화에 의한 폭발이다.
   ㉡ 주로 수증기가 많이 발생하여 일어나는 폭발이다.

핵심예제

유해 화학물질의 특성에 대한 설명으로 틀린 것은?
① 발화성 물질은 스스로 발화하거나 물과 접촉하여 발화하고 가연성 가스를 발생시키는 물질이다.
② 폭발성 물질은 가열·마찰·충격 등으로 폭발하지만 산소나 산화제 공급 없이는 폭발하지 않는다.
③ 인화성 물질은 대기압에서 인화점이 65℃ 이하인 가연성 액체이다.
④ 가연성 가스는 폭발한계 농도의 하한이 10% 이하 또는 상하한의 차이가 20% 이상인 가스이다.

|해설|

폭발성 물질 : 가열·마찰·충격 또는 다른 화학물질과의 접촉으로 인하여 산소나 산화제 공급 없이 폭발할 수 있다.

정답 ②

핵심이론 05 폭발성 물질 안전대책

① 잠재적 위험성이 큰 자기반응성 물질은 사전에 충분한 시험평가를 실시하고 그 성질에 따른 엄격한 안전관리가 이루어져야 한다.
② 화염, 불꽃 등 점화원의 접근을 차단하고 가열, 충격, 타격, 마찰 등을 피한다.
③ 직사광선 차단, 습도에 주의하고 통풍이 양호한 찬 곳에 저장한다.
④ 강산화제, 강산류, 기타 물질이 혼입되지 않도록 한다.
⑤ 가급적 적은 양으로 나누어 저장하고 용기의 파손 및 위험물의 누출을 방지한다.
⑥ 화약류의 기폭제 원료로 사용되는 미세한 분말상태의 것은 정전기에 의해서도 폭발의 우려가 있으므로 완전한 접지 등 철저한 안전대책을 강구하고 전기기계 기구는 방폭형으로 설치하여야 한다.
⑦ 폭발현상이 나타나는 위험물이기 때문에 도난방지 등의 보안에도 주의하지 않으면 안 된다.
⑧ 종류를 달리하는 위험물과는 동일한 저장소에 함께 저장하지 않도록 한다.

핵심예제

폭발성 반응을 일으키는 유해물질을 취급할 때에 관한 설명이다. 틀린 것은?   [2020년 3회]
① 과염소산은 가열, 화기접촉, 마찰에 의해 스스로 폭발할 수 있다.
② 과염소산, 질산과 같은 강한 환원제는 매우 적은 양으로도 강렬한 폭발을 일으킬 수 있다.
③ 유기질소화합물은 가열, 충격, 마찰 등으로 폭발할 수 있다.
④ 미세한 마그네슘 분말은 물과 산의 접촉으로 수소가스를 발행하고 발열반응을 일으킨다.

|해설|

② 과염소산, 질산과 같은 강산화제는 매우 적은 양으로 강렬한 폭발을 일으킬 수 있으므로 방호복, 고무장갑, 보안경 및 보안면 같은 보호구를 착용하고 취급해야 한다.

정답 ②

핵심이론 06 발화성 물질 안전대책

① 저장용기는 완전히 밀폐하여 공기와의 접촉을 방지하고 물, 수분, 물의 변형된 형태(눈, 얼음, 우박 등)의 침투 및 이의 접촉을 금하여야 한다.
② 산화성 물질과 강산류와의 혼합을 막아야 한다.
③ 용기는 금속제의 견고한 것을 이용하고, 저장용기가 파손되거나 용기가 가열되지 않도록 한다.
④ 칼륨, 나트륨 및 알칼리 금속은 등유, 경유 등의 산소가 함유되지 않은 석유류에 저장하며, 보호액의 증발을 막고 보호액 중에 물이 들어가지 않도록 한다.
⑤ 종류를 달리하는 위험물과 동일한 저장소에 저장해서는 안 된다.
⑥ 저장 또는 취급장소는 부식성 가스가 발생하는 장소, 습도가 높은 장소, 빗물이 침투되는 장소 및 습지대를 피한다.
⑦ 다른 위험물, 수용액, 함습물, 흡습성 물질, 수용성 위험물 또는 결정수를 가진 염류 등과의 저장을 피한다.
⑧ 알킬알루미늄, 알킬리튬 및 유기금속화합물류는 화기를 엄금하고 용기 내 압력이 상승되지 않도록 한다.
⑨ 알킬알루미늄과 알킬리튬을 취급하는 설비는 불활성 기체를 봉입할 수 있는 장치를 설치해야 한다.
⑩ 자연발화 위험성이 있는 물질은 불티, 불꽃 또는 고온체와의 접근을 막는다.

핵심이론 07 산화성 물질 안전대책

① 화기 및 분해를 촉진하는 물품을 엄금하고, 직사광선을 차단하며, 가열을 피하고 강환원제, 유기물질, 가연성 위험물과의 접촉을 피한다.
② 염기 및 물과의 접촉을 피한다.
③ 용기는 내산성의 것을 사용하고 용기의 파손방지, 전도방지, 용기변형 방지에 주의한다.
④ 강산화성 고체와의 혼합, 접촉을 방지한다.
⑤ 종류를 달리하는 위험물과는 동일한 저장소 내에 저장하여서는 안 된다.

핵심예제

산화성 물질을 취급하는 방법으로 옳지 않은 것은?

① 강환원제, 유기물질, 가연성 위험물과의 접촉을 피한다.
② 종류를 달리하는 위험물과는 동일한 저장소 내에 저장하여서는 안 된다.
③ 화기 및 분해를 촉진하는 물품을 엄금하고, 충분한 직사광선이 닿는 곳에 보관한다.
④ 용기는 내산성의 것을 사용하고 용기의 파손방지, 전도방지, 용기변형 방지에 주의한다.

|해설|

화기 및 분해를 촉진하는 물품을 엄금하고, 직사광선을 차단하며, 가열을 피하고 강환원제, 유기물질, 가연성 위험물과의 접촉을 피한다.

정답 ③

핵심이론 08 인화성 액체 안전대책

① 불꽃, 스파크, 고온체 등과의 접근 또는 과열을 피한다.

② 용기는 완전 밀폐해서 차가운 장소에 저장한다.

③ 취급 시 증기의 발생이 있는 경우에는 대부분의 가연성 증기는 낮은 곳에 체류하므로, 충분한 환기가 되도록 하고, 해당 증기를 감지할 수 있는 가연성 가스누출감지기 및 경보기를 설치한다. 가스누출감지와 경보기 설치 및 보수는 KOSHA GUIDE P-135(인화성 가스 검지 및 경보장치 등의 설치 및 보수에 관한 기술지침)와 KS 기준을 적용하여 관리하여야 한다.

④ 가연성 증기가 체류하는 장소에서는 스파크를 발생하는 기계기구 등을 사용하지 않으며, 전기기계기구는 방폭형으로 설치하여야 한다.

⑤ 위험물질의 유동이나 그로 인하여 정전기가 발생하는 경우에는 접지 등을 하여 정전기를 제거하도록 한다.

⑥ 유독한 증기를 발생하는 것은 특별히 주의하여야 한다.

핵심예제

인화성 액체와 함께 보관이 불가능한 물질은? [2020년 1・2회]

① 염기류
② 산화제류
③ 환원제류
④ 모든 수용액

|해설|
제4류 위험물(인화성 액체)은 산화제류와 접촉 시 혼촉발화한다.

정답 ②

핵심이론 09 독성물질의 누출방지 대책

① 실험실 내에 독성물질의 저장 및 취급량을 최소화한다.

② 독성물질을 취급 저장하는 설비의 연결부분은 누출되지 아니하도록 밀착시키고 정기적으로 연결부분의 이상 유무를 점검한다.

③ 독성물질을 폐기・처리하여야 하는 경우에는 냉각・분리・흡수・흡착・소각 등의 처리 공정을 통하여 당해 독성물질이 외부로 방출되지 않도록 한다.

④ 독성물질의 취급설비의 이상 운전으로 인하여 해당 독성물질이 외부로 방출될 때에는 저장・포집 또는 처리설비를 설치하여 완전하게 회수할 수 있도록 한다.

⑤ 독성물질을 취급하는 설비의 작동이 중지된 때에는 실험자가 쉽게 알 수 있도록 필요한 경보설비를 작업자로부터 가까운 장소에 설치한다.

⑥ 독성물질이 외부로 누출된 때에는 해당 가스를 감지할 수 있는 독성가스 누출감지기 및 경보기를 설치한다.

① 인체유해가스
  ㉠ 인체에 유해한 가스의 총칭이다.
  ㉡ 상온에서 가스상 물질로서 황산화물(SO_X), 질소산화물(NO_X), 산화물, 탄화수소, 플루오린화합물, 이산화탄소, 암모니아 등이 있다.

② 인체유해가스 발생 반응
  ㉠ 인화성 액체
    • 이황화탄소, 다이에틸에테르, 아세톤, 휘발류, 알코올, 등유, 경유 등이 있다.
    • 상온에서 액체이며 매우 인화되기 쉽다.
    • 발생 증기는 가연성이며 공기보다 무겁다.
    • 증기는 연소 하한이 낮아 공기와 약간만 혼합되어도 연소한다.
  ㉡ 유기화합물
    • 가연성 액체 또는 고체 물질이다.
    • 연소할 때 다량의 유독 가스가 발생한다.
  ㉢ 자연발화성 물질 및 금수성 물질
    • 칼륨, 나트륨, 알킬알루미늄, 알킬리튬, 알칼리금속 및 알칼리토금속, 유기금속화합물, 금속의 수소화물, 금속의 인화물, 칼슘 또는 알루미늄의 탄화물 등이 있다.
    • 물과 접촉하면 반응하여 가연성 가스가 발생한다.

핵심예제

10-1. 대부분의 유기용제는 해로운 증기를 가지고 있고 인체에 쉽게 스며들어 건강에 위험을 야기한다. 다음 설명의 유기용제는?

> 폭발할 수 있는 물질이 있는 혼합물과 결합할 때 또는 고열·충격·마찰(병마개를 따는 것처럼 작은 마찰)에도 공기 중 산소와 결합하여 불안전한 과산화물을 형성하여 매우 격렬하게 폭발할 수 있다.

① 아세톤   ② 메탄올
③ 벤 젠   ④ 에테르

10-2. 물과 접촉하면 위험한 물질로 짝지어진 것은?

[2020년 1·2회]

① K, CaC_2, $KClO_4$
② K_2O_2, $K_2Cr_2O_7$, CH_3CHO
③ K_2O_2, K, CaC_2
④ Na, $KMnO_4$, $NaClO_4$

|해설|

10-1
• 에테르는 폭발할 수 있는 물질이 있는 혼합물과 결합했을 때 또는 고열·충격·마찰(병마개를 따는 것처럼 작은 마찰)에도 공기 중 산소와 결합하여 불안전한 과산화물을 형성하여 매우 격렬하게 폭발할 수 있다. 따라서 이런 화합물은 좀 더 안전한 대체물이 있으면 가급적 사용하지 않는 것이 바람직하다.
• 과산화물을 생성하는 에테르는 공기를 완전히 차단하여 황갈색 유리병에 저장하고 암실이나 금속용기에 보관하는 것이 좋다.

10-2
물반응성 물질 : 물과의 상호작용에 의하여 자연발화하거나 인화성 가스의 양이 위험한 수준으로 발생하는 고체·액체 상태의 물질이나 그 혼합물을 말한다.
• 금속 : 리튬(Li), 나트륨(Na), 칼륨(K), 마그네슘(Mg), 칼슘(Ca), 알루미늄 분말(Al)
• 금속의 수소화물 : 수소화리튬(LiH), 수소화나트륨(NaH), 수소화칼슘(CaH_2), 수소화알루미늄 리튬($LiAlH_4$)
• 유기금속 화합물 : 뷰틸리튬(C_4H_9Li), 트라이에틸알루미늄(($C_2H_5)_4Al$), 트라이아이소뷰틸알루미늄(iso-($C_4H_9)_3Al$), 트라이메틸알루미늄(($CH_3)_3Al$)
• 금속의 인화물, 탄화물 : 인화알루미늄(AlP), 탄화칼슘(CaC_2), 탄화알루미늄(Al_4C_3)
금수성 물질 : 물과 접촉하면 격렬한 발열반응, 화재 또는 폭발 등을 일으키는 물질을 말한다.
• 제1류 위험물 중 무기과산화물류(과산화나트륨, 과산화칼륨, 과산화마그네슘, 과산화칼슘, 과산화바륨, 과산화리튬, 과산화베릴륨 등)
• 제2류 위험물 중 마그네슘, 철분, 금속분, 황화인
• 제3류 위험물(칼륨, 나트륨, 알킬알루미늄, 알킬리튬, 알칼리금속 및 알칼리토금속류, 유기금속화합물류, 금속수소화합물류, 금속인화물류, 칼슘 또는 알루미늄탄화물류 등)
• 제6류 위험물(과염소산, 과산화수소, 황산, 질산)
• 특수인화물(다이에틸에테르, 콜로디온 등)

정답 10-1 ④ **10-2** ③

※ GHS 화학물질 유해위험성 분류 및 MSDS 신규작성(Ⅱ) 참조

① NFPA 704는 미국화재예방협회(NFPA)에서 발표한 규격의 일종이다.

② 응급 상황에서 위험 물질에 대해 신속한 대응을 하기 위해 만들어진 소위 'Fire Diamond'로 표현되고, 응급상황 발생 시(장비, 처리절차, 대책 등 결정) 도움을 준다.

③ 코 드

　　㉠ 청색 : 건강에 유해한 정도

　　㉡ 적색 : 인화성

　　㉢ 황색 : (화학적) 반응성

　　㉣ 백색 : 기타 위험에 대한 정보

　　㉤ 각 분야는 0(위험하지 않음)에서 4(매우 위험)의 4가지 단계로 구분된다.

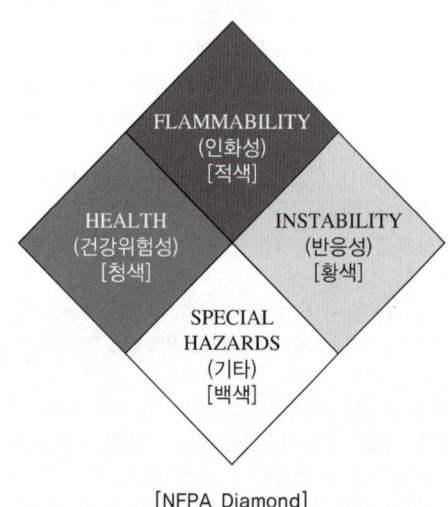

[NFPA Diamond]

④ 유해등급

　㉠ 건강 위험성(Health Hazards)

유해등급	판단기준
4	아주 짧은 노출로 사망 혹은 심각한 부상을 야기할 수 있음
3	아주 짧은 노출로 일시적 혹은 만성적 부상을 야기할 수 있음
2	만성적 접촉이 아닌 지속적·일반적 접촉으로 일시적 장애 혹은 부상을 유발할 수 있음
1	노출 시 경미한 부상을 유발할 수 있음
0	건강상 위협이 되지 않으며, 특별한 주의가 필요하지 않음

　㉡ 인화성(Flammability Hazards)

유해등급	판단기준
4	평상적인 대기환경에서 즉시 또는 완전히 증발하거나, 공기 중에 확산되어 불타게 됨(발화점 23℃ 이하인 물질)
3	일반적인 대기환경에서 연소할 수 있는 액체·고체류(발화점 23~38℃인 물질)
2	발화가 일어나려면 상대적으로 더운 환경에 위치하거나 지속적으로 가열되어야 함(발화점 38~93℃ 이하인 물질)
1	충분히 가열되었을 경우 발화함(발화점 93℃ 이상인 물질)
0	타지 않음

　㉢ 반응성(Instability Hazards)

유해등급	판단기준
4	일반적인 대기환경(기온·기압)에서 폭발할 수 있는 물질
3	반응에 직접적인 원인이 있거나, 가열되었거나, 충격을 받으면 폭발하는 물질, 물과의 반응성이 높은 물질
2	기온·기압 상승 시 화학적 변화를 수반할 수 있고, 물과 쉽게 반응하거나, 물과 혼합 시 폭발할 가능성이 있는 물질
1	일반적으로 안정적이나 기온·기압 상승 시 불안정해질 수 있는 물질
0	화기에 노출되어도 일반적으로 안정적이며, 물과 반응하지 않음

ㄹ 기 타

유해 표시 문자	의 미
₩	물과 반응할 수 있고, 반응 시 심각한 위험을 수반할 수 있음
OX or OXY	산화제
COR (ACID, ALK)	부식성, 강한 산성·염기성을 띰
BIO	생물학적 위험성
POI	독 성
☢	방사능 물질
CRY or CRYO	극저온 물질

핵심예제

분자량이 70.9인 상온에서 황록색을 띠는 기체의 NFPA 건강 위험성 코드 등급은?

[2020년 4회]

① 1등급　　　　② 2등급
③ 3등급　　　　④ 4등급

|해설|

• 분자량이 70.9인 상온에서 황록색을 띠는 기체는 염소이다.
• 염소의 NFPA 건강위험성 코드 등급은 4등급이다(기체나 연기를 한두 모금 흡입하면 사망할 수 있음).

정답 ④

핵심이론 12 GHS(Globally Harmonized System of Classification and Labelling of Chemicals, 세계조화시스템)

① 화학물질에 대한 분류 및 표지가 국제적으로 일치되지 않아 발생될 수 있는 유통 과정의 혼란을 예방하기 위하여 유엔(UN)에서 권고한 지침으로, 유해성·위험성 분류 및 경고 표시를 국제적으로 통일시키는 기준이다.

② 분 류
　㉠ 물리적 위험성(Physical Hazards)
　　• 폭발성 물질
　　• 인화성 가스
　　• 에어로졸
　　• 산화성 가스
　　• 고압가스
　　• 인화성 액체
　　• 인화성 고체
　　• 자기반응성 물질 및 혼합물
　　• 자연발화성 액체
　　• 자연발화성 고체
　　• 자기발열성 물질 및 혼합물
　　• 물반응성 물질 및 혼합물
　　• 산화성 액체
　　• 산화성 고체
　　• 유기과산화물
　　• 금속 부식성 물질
　㉡ 건강 유해성(Health Hazards)
　　• 급성독성
　　• 피부부식성/자극성
　　• 심한 눈 손상/자극성
　　• 호흡기 또는 피부 과민성
　　• 생식세포 변이원성
　　• 발암성
　　• 생식독성

- 특정 표적장기 전신독성-1회 노출
- 특정 표적장기 전신독성-반복 노출
- 흡인 유해성
ⓒ 환경 유해성(Environmental Hazards)
  - 수생환경 유해성
  - 오존층 유해성

핵심예제

UN에서 정하는 화학물질의 분류 및 표시에 관한 세계조화시스템(GHS)의 대분류가 아닌 것은?
[2020년 3회]
① 물리적 위험성(Physical Hazards)
② 화학적 위험성(Chemical Hazards)
③ 건강 유해성(Health Hazards)
④ 환경 유해성(Environmental Hazards)

|해설|

세계조화시스템(GHS)의 대분류
- 물리적 위험성(Physical Hazards)
- 건강 유해성(Health Hazards)
- 환경 유해성(Environmental Hazards)

정답 ②

핵심이론 13 GHS 그림문자

GHS01	GHS02	GHS03
폭발성	인화성 자연발화성 자기발열성 물 반응성	산화성
GHS04	GHS05	GHS06
고압가스	금속 부식성 피부 부식성/자극성 심한 눈 손상/자극성	급성 독성
GHS07	GHS08	GHS09
경 고	호흡기 과민성 발암성 변이원성 생식 독성 표적장기 독성 흡인 유해성	수생환경 유해성

13-1. 산화성 가스를 나타내는 그림문자는? [2020년 3회]

①

②

③

④

13-2. GHS 그림문자 표기 물질에 해당하는 것은?

[2020년 4회]

① 산화성 물질
② 급성 독성 물질
③ 물 반응성 물질
④ 호흡기 과민성 물질

정답 13-1 ④ 13-2 ③

핵심이론 14 MSDS(Material Safety Data Sheets, 물질안전보건자료)

① 화학물질에 대한 정보 전달의 수단과 방법의 하나이다.
② 화학물질의 유해 · 위험성, 응급조치 요령, 취급 방법 등을 설명해 주는 자료이다.
③ 화학 제품을 안전하게 사용하기 위한 설명서이다.

핵심예제

실험실에서 사용하는 모든 화학물질에는 취급할 때 알려진 유독성과 안전하게 처리할 수 있는 주의사항이 수록되어 있는 문서가 있다. 이 문서에 나타난 정보에 따라 화학약품을 취급하여야 하며 약품과 관련된 안전사고 시 대처하는 절차와 방법에 도움을 준다. 이 문서를 지칭하는 영어 약자는 무엇인가?

① SDS
② EDS
③ EDTA
④ MSDS

정답 ④

핵심이론 15 MSDS 작성 용어

① 고압가스 : 20℃, 200kPa 이상의 압력하에서 용기에 충전되어 있는 가스 또는 액화되거나 냉동액화된 가스를 말한다.

② 경고표지

　　㉠ 유해제품에 관한 적절한 문자, 인쇄 또는 그래픽 정보 요소를 관련된 대상 분야에 맞게 선택한 것이다.

　　㉡ 컨테이너, 유해제품 또는 유해제품의 포장용기에 고정, 인쇄 또는 부착된다.

③ 신호어

　　㉠ 경고표지에 유해·위험성 정도(심각성)를 나타내고, 표지를 읽는 사람에게 잠재적 유해·위험성을 경고하는 데 사용되는 단어이다.

　　㉡ '위험' 또는 '경고'를 사용한다.

④ 압축가스 : 가압하여 용기에 충전했을 때, −50℃에서 완전히 가스상인 가스이다(임계온도 −50℃ 이하의 모든 가스를 포함).

⑤ 액화가스 : 가압하여 용기에 충전했을 때, −50℃ 초과 온도에서 부분적으로 액체인 가스이다.

⑥ 유해·위험 문구

　　㉠ 유해·위험성 분류 및 구분에 따라 정해진 문구이다.

　　㉡ 적절한 유해 정도를 포함하여 제품의 고유한 유해·위험성을 나타내는 문구이다.

⑦ 인화점 : 특정 시험조건하에서 물질이 가연성 증기를 형성하여, 점화원이 가해졌을 때 인화할 수 있는 최저 온도이다.

핵심이론 16 MSDS 작성 대상 물질

① 단일물질

물리적 위험성 물질	• 폭발성 물질 • 인화성 가스 • 인화성 액체 • 인화성 고체 • 에어로졸 • 물 반응성 물질 • 산화성 가스 • 산화성 액체	• 산화성 고체 • 고압가스 • 자기반응성 물질 • 자연발화성 액체 • 자연발화성 고체 • 자기발열성 물질 • 유기과산화물 • 금속부식성 물질
건강 유해성 물질	• 급성 독성 물질 • 피부 부식성/자극성 물질 • 심한 눈 손상성/자극성 물질 • 호흡기 과민성 물질 • 피부 과민성 물질 • 발암성 물질	• 생식세포 변이원성 물질 • 생식독성 물질 • 특정표적장기 독성 물질(1회 노출) • 특정표적장기 독성 물질(반복 노출) • 흡인유해성 물질
환경 유해성 물질	• 수생환경 유해성 물질	• 오존층 유해성 물질

② 혼합물질

　　㉠ 물리적 위험성 물질인 혼합물이거나 혼합물을 구성하고 있는 단일물질에 관한 자료를 통해 혼합물의 물리적 잠재유해성을 평가한 결과 물리적 위험성이 있다고 판단된 경우에는 물질안전보건자료 작성 대상이다.

　　㉡ 건강 유해성 및 환경 유해성 물질을 포함한 혼합물

　　　• 건강 유해성 및 환경 유해성 물질을 ③에서 규정한 한계농도 이상 함유한 혼합물은 물질안전보건자료 작성 대상이다.

　　　• ③에서의 한계농도 이하의 농도에서도 화학물질의 분류에 영향을 주는 성분에 대한 정보는 물질안전보건자료에 기재한다.

③ 건강 및 환경 유해성 분류에 대한 한계농도 기준

구 분	건강 및 환경 유해성 분류		한계농도
건강 유해성	급성 독성		1%
	피부 부식성/피부 자극성		1%
	심한 눈 손상성/눈 자극성		1%
	호흡기 과민성		0.1%
	피부 과민성		0.1%
	생식세포 변이원성	1A 및 1B	0.1%
		2	1%
	발암성		0.1%
	생식독성		0.1%
	특정 표적장기 독성-1회 노출		1%
	특정 표적장기 독성-반복 노출		1%
	흡인 유해성		1%
환경 유해성	수생환경 유해성		1%
	오존층 유해성		0.1%

핵심예제

MSDS 작성 대상 물질이 되는 건강 및 환경 유해성 분류에 대한 혼합물의 한계농도가 나머지와 다른 하나는?

① 심한 눈 손상성 또는 눈 자극성 물질을 포함한 혼합물
② 호흡기 과민성 물질을 포함한 혼합물
③ 피부 과민성 물질을 포함한 혼합물
④ 오존층 유해성 물질을 포함한 혼합물

|해설|
① 심한 눈 손상성 또는 눈 자극성 물질을 1% 이상 함유한 혼합물은 MSDS 작성 대상이다.
②·③·④ 해당 물질을 0.1% 이상 함유한 혼합물은 MSDS 작성 대상이다.

정답 ①

핵심이론 17 MSDS 작성 지침

① 물질안전보건자료에는 노출에 의한 잠재적 건강영향과 안전한 취급에 관한 정보가 포함되어야 하며, 그 물질 또는 혼합물의 사용, 보관, 취급 및 긴급 시 대응방법과 관련된 물리화학적 특성 또는 건강 및 환경영향에서 유래한 유해·위험성 정보가 포함되어야 한다. 단, 혼합물 내 함유된 화학물질 중 물리적 위험성에 해당하는 화학물질의 함유량이 한계농도인 1% 미만이거나 건강 및 환경 유해성의 함유량이 한계농도 미만인 경우 해당 화학물질에 대해서는 물질안전보건자료에 관련 정보를 기재하지 않을 수 있다.

② 물질안전보건자료에 포함되는 정보는 명확하게 작성되어야 한다.

③ 물질안전보건자료의 작성은 일관적이고, 완전한 형태로 정보가 제공되도록 하여야 한다. 또한 물질안전보건자료는 근로자, 사업주, 보건 및 안전전문가, 응급조치요원, 관련 정부기관에 정보를 제공하기 위해 사용될 뿐만 아니라, 지역사회의 구성원에게도 제공될 수 있음을 고려하여야 한다.

④ 물질안전보건자료에서 사용되는 용어는 은어, 두문자어 및 약어의 사용을 피하고, 간단, 정확, 명료하여야 하며, '위험할 수도 있음', '건강에 영향 없음', '거의 모든 조건에서 안전함', '무해함' 등의 용어는 권장하지 않는다.

⑤ 특정 성질에 대한 정보는 '유의하지 않음' 또는 '기술적으로 제공되기에는 불가능함'이 될 수 있으며, 해당 용어 사용에 대한 이유가 명확히 기재되어야 한다.

⑥ 특정한 위험이 존재하지 않는다는 것을 기재하는 경우에는 물질안전보건자료에서 '관련 정보를 얻을 수 없는 경우'와 '음성의 시험결과가 있는 경우'로 구분하여야 한다.

⑦ 물질안전보건자료의 작성일은 물질안전보건자료가 공표된 날을 기준으로 작성한다.

⑧ 정해진 기재사항은 물질안전보건자료에 모두 포함되어야 한다. 정보가 이용 가능하지 않거나 부족한 경우에는 이러한 사실을 명확히 기재하여야 하며, 어떠한 공란도 포함되어서는 안 된다.

⑨ 물질안전보건자료에는 해당 분야의 전문가가 아니어도 유해한 물질 또는 혼합물의 모든 유해·위험성을 쉽게 확인할 수 있도록 취급되는 자료의 간단한 개요 및 결론이 포함되어야 한다.

⑩ 약어는 혼동을 주고 이해를 감소시키기 때문에 권장되지 않는다.

⑪ 수와 양은 제품이 공급되어지는 지역에서 사용되는 적절한 단위로 표현되어야 한다. 일반적으로는 국제단위(SI ; International System of Units)를 사용하여야 한다.

핵심예제

물질안전보건자료의 작성 지침으로 옳은 것은?

① 근로자와 사업주가 주로 사용하는 약어와 두문자어를 사용하여 작성한다.

② 정보가 이용 가능하지 않거나 부족한 경우에는 공란으로 둔 후, 추후에 밝혀진 사실로 내용을 작성한다.

③ 어떠한 경우에도 특정 성질에 대한 정보는 '유의하지 않음' 또는 '기술적으로 제공되기에는 불가능함'이라는 애매한 용어를 사용해서는 안 된다.

④ 혼합물 내 함유된 화학물질 중 물리적 위험성에 해당하는 화학물질의 함유량이 한계농도인 1% 미만이거나 건강 및 환경 유해성의 함유량이 한계농도 미만인 경우 해당 화학물질에 대해서는 물질안전보건자료에 관련 정보를 기재하지 않을 수 있다.

|해설|

① 약어는 혼동을 주고 이해를 감소시키기 때문에 권장하지 않는다.

② 정해진 기재사항은 물질안전보건자료에 모두 포함되어야 한다. 정보가 이용 가능하지 않거나 부족한 경우에는 이러한 사실을 명확히 기재하여야 하며, 어떠한 공란도 포함되어서는 안 된다.

③ 특정 성질에 대한 정보는 '유의하지 않음' 또는 '기술적으로 제공되기에는 불가능함'이 될 수 있으며, 해당 용어 사용에 대한 이유가 명확히 기재되어야 한다.

정답 ④

정의(화학물질의 분류·표시 및 물질안전보건자료에 관한 기준 제2조)

① 화학물질 : 원소와 원소간의 화학반응에 의하여 생성된 물질을 말한다.
② 혼합물 : 두 가지 이상의 화학물질로 구성된 물질 또는 용액을 말한다.
③ 제조란 다음의 어느 하나를 말한다.
　㉠ 직접 사용 또는 양도·제공을 목적으로 화학물질 또는 혼합물을 생산, 가공 또는 혼합 등을 하는 것
　㉡ 직접 사용 또는 양도·제공을 목적으로 화학물질 또는 혼합물을 직접 기획(성능·기능, 원재료 구성 설계 등)하여 다른 생산업체에 위탁해 자기명의로 생산하게 하는 것
④ 수입 : 직접 사용 또는 양도·제공을 목적으로 외국에서 국내로 화학물질 또는 혼합물을 들여오는 것을 말한다.
⑤ 용기 : 고체, 액체 또는 기체의 화학물질 또는 혼합물을 직접 담은 합성강제, 플라스틱, 저장탱크, 유리, 비닐포대, 종이포대 등을 말한다. 다만, 레미콘, 컨테이너는 용기로 보지 아니한다.
⑥ 포장 : ⑤에 따른 용기를 싸거나 꾸리는 것을 말한다.
⑦ 반제품용기 : 같은 사업장 내에서 상시적이지 않은 경우로서 공정간 이동을 위하여 화학물질 또는 혼합물을 담은 용기를 말한다.

핵심예제

화학물질의 분류·표시 및 물질안전보건자료에 관한 기준상 화학물질의 정의는?
[2022년 1회]
① 원소와 원소간의 화학반응에 의하여 생성된 물질을 말한다.
② 두 가지 이상의 화학물질로 구성된 물질 또는 용액을 말한다.
③ 순물질과 혼합물을 말한다.
④ 동소체를 말한다.

|해설|
① 화학물질이란 원소와 원소간의 화학반응에 의하여 생성된 물질을 말한다.
② 혼합물이란 두 가지 이상의 화학물질로 구성된 물질 또는 용액을 말한다.

정답 ①

화학물질 등의 분류에 관한 일반 원칙(화학물질의 분류·표시 및 물질안전보건자료에 관한 기준 [별표 1])

① 유해성·위험성 분류
　㉠ 유해성·위험성 평가 시험자료를 이용하여 분류한다.
　㉡ 사람에서의 역학 또는 경험자료를 고려하여 분류한다.
　㉢ 하나의 유해성·위험성을 평가하기 위해 여러 종류의 자료가 있는 경우에는 다음 사항을 고려하여 전문가적 판단에 근거하여 분류한다.
　• 사람 또는 동물에서의 자료가 2개 이상이면서 그 결과가 서로 다른 경우, 이들 자료의 질과 신뢰성을 평가하여 신뢰성이 우수한 사람에서의 자료를 우선 적용한다.
　• 노출경로, 작용 기전 및 대사에 관한 연구 결과, 사람에게 유해성을 일으키지 않을 것이 명확하다면 유해성 물질로 분류하지 않을 수 있다.
　• 양성 결과와 음성 결과가 모두 있는 경우 양쪽 모두를 조합하여 증거의 가중치에 따라 분류한다.
② 혼합물의 분류
　㉠ 혼합물 전체로서 시험된 자료가 있는 경우에는 그 시험결과에 따라 단일물질의 분류기준을 적용한다. 다만, 발암성, 생식세포 변이원성 및 생식독성에 대한 시험결과는 용량 및 기간, 관찰내용 및 분석방법 등이 유해성을 판단하기에 충분하여야 한다.
　㉡ 혼합물 전체로서 시험된 자료는 없지만, 유사 혼합물의 분류자료 등을 통하여 혼합물 전체로서 판단할 수 있는 근거자료가 있는 경우에는 희석·배치(Batch)·농축·내삽·유사혼합물 또는 에어로졸 등의 가교원리를 적용하여 분류한다.

- 희석 : 혼합물의 함유 성분 중 가장 낮은 독성을 가지는 물질과 독성이 같거나 낮은 물질로 혼합물을 희석하는 경우, 새로 만들어진 혼합물은 희석시키기 전의 혼합물과 동일한 등급으로 분류할 수 있다. 이 경우 희석시키는 성분이 혼합물의 다른 성분의 독성에 영향을 주지 않는 경우에 한한다.
- 배치(Batch) : 동일한 배치에서 생산된 혼합물, 같은 생산업체에서 생산 관리되는 동종(다른 제조 배치) 생산품의 독성은 동등하다고 간주할 수 있다. 다만, 배치가 달라짐에 따라 독성의 변화가 있는 경우에는 새로운 분류를 적용하여야 한다.
- 농축 : 혼합물이 '유해성·위험성 구분 1'에 해당되고, 혼합물의 구성 성분 중 '유해성·위험성 구분 1'의 성분이 증가하면 새로운 혼합물은 추가시험 없이 '유해성·위험성 구분 1'로 분류한다.
- 내삽 : 동일한 성분을 함유한 혼합물 A, B, C 3가지가 있는 경우로서 혼합물 A와 혼합물 B가 동일한 유해성·위험성 구분에 속하고, 혼합물 C가 혼합물 A 및 혼합물 B의 중간 정도에 해당하는 농도이면서 독성학적으로 같은 활성을 가지는 성분을 갖는다면 혼합물 C는 혼합물 A 및 혼합물 B와 동일한 유해성·위험성 구분으로 간주할 수 있다.
- 유사혼합물 : 구성성분 A, B로 구성된 혼합물과 구성성분 B, C로 구성된 혼합물이 있는 경우로서 성분 B의 농도가 실질적으로 같고, 성분 A와 C는 독성이 동등하면서 B의 독성에 영향을 주지 않는다면 두 혼합물은 같은 유해·위험성 구분으로 분류할 수 있다.
- 에어로졸 : 에어로졸화하기 위해 사용한 추진제가 에어로졸화 과정에서 혼합물의 독성에 영향을 주지 않는다면, 비에어로졸 상태로 실험한 경구 또는 경피독성 시험결과를 이용하여 유해성을 분류할 수 있다. 단, 에어로졸의 흡입독성은 별도로 고려하여야 한다.
ⓒ 혼합물 전체로서 유해성을 평가할 자료는 없지만, 구성성분의 유해성 평가자료가 있는 경우에는 유해성별 혼합물의 분류방법에 따른다.

핵심예제

화학물질의 분류·표시 및 물질안전보건자료에 관한 기준에서 물질안전보건자료 작성 시 혼합물의 유해성·위험성을 결정하는 방법으로 틀린 것은?(단, ATE는 급성독성추정값, C는 농도를 의미한다)   [2020년 1·2회]

① 혼합물 전체로서 시험된 자료가 있는 경우에는 그 시험결과에 따라 단일물질의 분류기준을 적용한다.
② 혼합물 전체로서 시험된 자료는 없지만, 유사혼합물의 분류자료 등을 통하여 혼합물 전체로서 판단할 수 있는 근거자료가 있는 경우에는 희석값을 대푯값으로 하여 적용·분류한다.
③ 혼합물 전체로서 유해성을 평가할 자료는 없지만, 구성성분의 유해성 평가자료가 있는 경우의 급성독성추정값 공식은 개별 성분의 농도/급성독성추정값의 조화평균이다.
④ 혼합물 전체로서 유해성을 평가할 자료는 없지만, 구성성분의 90% 미만 성분의 유해성 평가자료가 있거나 추정 가능할 경우 급성독성추정값 공식은

$$\frac{100 - C_{\text{Unknown}}}{ATE_{\text{mix}}} = \sum_n \frac{C_i}{ATE_i}$$ 이다.

|해설|

혼합물 전체로서 시험된 자료가 없지만, 유사혼합물의 분류자료 등을 통하여 혼합물 전체로서 판단할 수 있는 근거자료가 있는 경우에는 희석, 배치(Batch), 농축, 내삽, 유사혼합물 또는 에어로졸 등의 가교원리를 적용하여 분류한다.

정답 ②

화학물질 등의 분류–물리적 위험성–(1) 폭발성 물질

① 정의 : 자체의 화학반응에 의하여 주위 환경에 손상을 입힐 수 있는 온도, 압력과 속도를 가진 가스를 발생시키는 고체·액체 상태의 물질이나 그 혼합물을 말한다. 다만, 화공물질의 경우 가스가 발생하지 않더라도 폭발성 물질에 포함된다.

② 분류

구 분	구분 기준
불안정한 폭발성 물질	일반적인 방법으로 취급, 운송 및 사용하기에 열역학적으로 불안정하거나 너무 민감한 폭발성 물질과 혼합물
등급 1.1	대폭발 위험성이 있는 물질, 혼합물과 제품
등급 1.2	대폭발 위험성은 없으나 분출 위험성(Projection Hazard)이 있는 물질, 혼합물과 제품
등급 1.3	대폭발 위험성은 없으나, 화재 위험성이 있고, 약한 폭풍 위험성(Blast Hazard) 또는 약한 분출 위험성이 있는 다음과 같은 물질, 혼합물과 제품 • 대량의 복사열을 발산하면서 연소 • 약한 폭풍 또는 분출 영향을 일으키면서 순차적으로 연소
등급 1.4	심각한 위험성은 없으나, 다음과 같이 발화 또는 기폭에 의해 약간의 위험성이 있는 물질, 혼합물과 제품 • 영향은 주로 포장품에 국한되고, 주의할 정도의 크기 또는 범위로 파편의 발사가 일어나지 않음 • 외부 화재에 의해 포장품의 거의 모든 내용물이 실질적으로 동시에 폭발을 일으키지 않음
등급 1.5	대폭발의 위험성은 있지만 매우 둔감하여 정상적인 상태에서는 기폭의 가능성 또는 연소가 폭굉으로 전이될 가능성이 거의 없는 물질과 혼합물
등급 1.6	극히 둔감한 물질 또는 혼합물만을 포함하여 대폭발 위험성이 없으며, 우발적인 기폭 또는 전파의 가능성이 거의 없는 제품

③ 폭발성 물질로 분류하지 않는 경우
  ㉠ 분자 내에 폭발성과 관련 있는 화학그룹이 없는 물질
  ㉡ 폭발성과 관련 있는 화학그룹이 있고 산소를 포함하지만, 계산된 산소수지(OB, Oxygen Balance)가 −200 미만인 물질

[산소수지 계산 공식]
$$C_xH_yO_z + [x + (y/4) - (z/2)]O_2 \rightarrow xCO_2 + (y/2)H_2O$$ 에서
산소수지 $= -1{,}600[2x + (y/2) - z]/$분자량

  ㉢ 폭발성과 관련 있는 화학그룹이 있지만 발열 분해 에너지가 500J/g 미만이며, 발열 분해의 개시가 500℃ 미만인 유기물질 또는 유기물질의 균일한 혼합물
  ㉣ 무기산화성 물질의 농도가 다음에 해당하는 무기산화성 물질과 유기물질의 혼합물
    • 산화성 물질이 구분 1 또는 2에 해당하는 경우, 중량으로 15% 미만
    • 산화성 물질이 구분 3에 해당하는 경우, 중량으로 30% 미만

핵심예제

물질안전보건자료(GHS/MSDS)의 표시사항에서 폭발성 물질(등급 1.2)의 구분기준으로 옳은 것은?　　[2020년 1 · 2회]
① 대폭발의 위험성이 있는 물질, 혼합물과 제품
② 대폭발의 위험성은 없으나 발사 위험성(Projection Hazard)이 있는 물질, 혼합물과 제품
③ 대폭발의 위험성은 없으나 화재 위험성이 있고 약한 폭풍 위험성(Blast Hazard) 또는 약한 발사 위험성(Projection Hazard)이 있는 물질, 혼합물과 제품
④ 심각한 위험성은 없으나 발화 또는 기폭에 의해 약간의 위험성이 있는 물질, 혼합물과 제품

|해설|

① 등급 1.1
③ 등급 1.3
④ 등급 1.4

정답 ②

화학물질 등의 분류-물리적 위험성-(2)
인화성 가스

① 정의 : 20℃, 표준압력 101.3kPa에서 공기와 혼합하여 인화범위에 있는 가스와 54℃ 이하 공기 중에서 자연발화하는 가스를 말한다.

② 분 류

구 분		구분 기준
인화성 가스	1	20℃, 표준압력(101.3kPa)에서 다음 어느 하나에 해당하는 가스 • 공기와 13%(용적) 이하의 혼합물일 때 연소할 수 있는 가스 • 인화 하한과 관계없이 공기와 12% 이상의 인화 범위를 가지는 가스
	2	구분 1에 해당하지 않으면서 20℃, 표준압력 (101.3kPa)에서 공기와 혼합하여 인화 범위를 가지는 가스
자연발화성 가스		54℃ 이하 공기 중에서 자연발화하는 인화성 가스

핵심예제

인화성 가스에 대한 정의에서 (   ) 안에 알맞은 온도는?(GHS/ MSDS 기준)

> 인화성 가스란 20℃, 표준압력 101.3kPa에서 공기와 혼합하여 인화범위에 있는 가스와 (   ) 이하 공기 중에서 자연발화하는 가스를 말한다.

① 46℃   ② 54℃
③ 62℃   ④ 70℃

|해설|

인화성 가스란 20℃, 표준압력 101.3kPa에서 공기와 혼합하여 인화범위에 있는 가스와 54℃ 이하 공기 중에서 자연발화하는 가스를 말한다.

정답 ②

화학물질 등의 분류-물리적 위험성-(3)
에어로졸

① 정의 : 재충전이 불가능한 금속·유리 또는 플라스틱 용기에 압축가스·액화가스 또는 용해가스를 충전하고, 내용물을 가스에 현탁시킨 고체나 액상 입자로, 액상 또는 가스상에서 폼·페이스트·분말상으로 배출하는 분사장치를 갖춘 것을 말한다.

② 분 류

구 분	구분 기준
1	다음 어느 하나에 해당하는 에어로졸 • 인화성 성분의 함량이 85%(중량비) 이상이며, 연소열이 30kJ/g 이상인 에어로졸 • 착화거리 시험에서, 75cm 이상의 거리에서 착화하는 스프레이 에어로졸 • 폼(Form) 시험에서, 다음에 해당하는 폼(Form) 에어로졸 　- 불꽃의 높이가 20cm 이상이면서 불꽃 지속 시간이 2초 이상 　- 불꽃의 높이가 4cm 이상이면서 불꽃 지속 시간이 7초 이상
2	구분 1에 해당하지 않으면서 다음 어느 하나에 해당하는 에어로졸 • 스프레이 에어로졸 　- 연소열이 20kJ/g 이상 　- 연소열이 20kJ/g 미만이고 다음 어느 하나에 해당하는 경우 　　ⓐ 발화거리 시험에서, 15cm 이상의 거리에서 발화 　　ⓑ 밀폐공간 발화시험에서, 발화시간 환산 300초/m³ 이하 또는 폭연 밀도 300g/m³ 이하 • 폼(Form) 에어로졸 : 폼(Form) 시험에서 불꽃의 높이가 4cm 이상이고 불꽃 지속시간이 2초 이상
3	다음 어느 하나에 해당하는 에어로졸 • 인화성 성분의 함량이 1%(중량비) 이하이면서 연소열이 20kJ/g 미만인 에어로졸 • 구분 1과 2에 해당하지 않는 스프레이 에어로졸 또는 구분 1과 2에 해당하지 않는 폼(Form) 에어로졸

물질안전보건자료(GHS/MSDS)의 표시사항에서 에어로졸(구분 1)의 구분 기준으로 옳은 것은?

① 인화성 성분의 함량이 85%(중량비) 이상이며, 연소열이 30kJ/g 이상인 에어로졸

② 인화성 성분의 함량이 50%(중량비) 이상이며, 연소열이 20kJ/g 이상인 에어로졸

③ 인화성 성분의 함량이 25%(중량비) 이상이며, 연소열이 10kJ/g 이상인 에어로졸

④ 인화성 성분의 함량이 1%(중량비) 이하이면서 연소열이 20kJ/g 미만인 에어로졸

|해설|

에어로졸(구분 1)의 구분 기준

- 인화성 성분의 함량이 85%(중량비) 이상이며, 연소열이 30kJ/g 이상인 에어로졸
- 착화거리 시험에서, 75cm 이상의 거리에서 착화하는 스프레이 에어로졸
- 폼(Form) 시험에서, 다음에 해당하는 폼(Form) 에어로졸
  - 불꽃의 높이가 20cm 이상이면서 불꽃 지속 시간이 2초 이상
  - 불꽃의 높이가 4cm 이상이면서 불꽃 지속 시간이 7초 이상

정답 ①

핵심이론 23 화학물질 등의 분류-물리적 위험성-(4) 산화성 가스

① 정의 : 일반적으로 산소를 발생시켜 다른 물질의 연소가 더 잘 되도록 하거나 연소에 기여하는 가스를 말한다.

② 분류

구 분	구분 기준
1	일반적으로 산소를 발생시켜 다른 물질의 연소가 더 잘되도록 하거나 연소에 기여하는 가스

물질안전보건자료(GHS/MSDS)의 분류에서 산화성 가스의 정의는?

① 열적으로 불안정하여 산소의 공급이 없이도 강렬하게 발열 분해하기 쉬운 물질

② 일반적으로 산소를 발생시켜 다른 물질의 연소가 더 잘되도록 하거나 연소에 기여하는 가스

③ 자체의 화학반응에 의하여 주위 환경에 손상을 입힐 수 있는 온도, 압력과 속도를 가진 가스를 발생시키는 가스

④ 20℃, 표준압력 101.3kPa에서 공기와 혼합하여 인화범위에 있는 가스와 54℃ 이하 공기 중에서 자연발화하는 가스

정답 ②

화학물질 등의 분류-물리적 위험성-(5)
고압가스

① 정의 : 20℃, 200kPa 이상의 압력하에서 용기에 충전
되어 있는 가스 또는 액화되거나 냉동액화된 가스를
말한다.

② 분 류

구 분	구분 기준
압축가스	가압하여 용기에 충전했을 때, -50℃에서 완전히 가스상인 가스(임계온도 -50℃ 이하의 모든 가스를 포함)
액화가스	가압하여 용기에 충전했을 때, -50℃ 초과 온도에서 부분적으로 액체인 가스 • 고압액화가스 : 임계온도가 -50℃에서 65℃인 가스 • 저압액화가스 : 임계온도가 65℃를 초과하는 가스
냉동액화가스	용기에 충전한 가스가 낮은 온도 때문에 부분적으로 액체인 가스
용해가스	가압하여 용기에 충전한 가스가 액상 용매에 용해된 가스

핵심예제

물질안전보건자료(GHS/MSDS)의 고압가스 분류 중 냉동액화
가스의 구분 기준은?

① 가압하여 용기에 충전했을 때, -50℃에서 완전히 가스상인
가스
② 가압하여 용기에 충전했을 때, -50℃ 초과 온도에서 부분적
으로 액체인 가스
③ 용기에 충전한 가스가 낮은 온도 때문에 부분적으로 액체인
가스
④ 가압하여 용기에 충전한 가스가 액상 용매에 용해된 가스

정답 ③

화학물질 등의 분류-물리적 위험성-(6)
인화성 액체

① 정의 : 표준압력(101.3kPa)에서 인화점이 93℃ 이하
인 액체를 말한다.

② 분 류

구 분	구분 기준
1	인화점이 23℃ 미만이고 초기 끓는점이 35℃ 이하인 액체
2	인화점이 23℃ 미만이고 초기 끓는점이 35℃를 초과하는 액체
3	인화점이 23℃ 이상 60℃ 이하인 액체
4	인화점이 60℃ 초과 93℃ 이하인 액체

핵심예제

다음 (   ) 안에 들어갈 말은?

> GHS/MSDS에서 인화성 액체란 표준압력에서 인화점이
> (   )℃ 이하인 액체를 말한다.

① 63　　　　　　② 73
③ 83　　　　　　④ 93

|해설|

인화성 액체란 표준압력(101.3kPa)에서 인화점이 93℃ 이하인
액체를 말한다.

정답 ④

핵심이론 26 화학물질 등의 분류-물리적 위험성-(7) 인화성 고체

① 정의 : 가연 용이성 고체(분말, 과립상, 페이스트 형태의 물질로 성냥 불씨와 같은 점화원을 잠깐 접촉하여도 쉽게 점화되거나 화염이 빠르게 확산되는 물질) 또는 마찰에 의해 화재를 일으키거나 화재를 돕는 고체를 말한다.

② 분류

구 분	구분 기준
1	연소속도 시험결과 다음 어느 하나에 해당하는 물질 또는 혼합물 • 금속분말 이외의 물질 또는 혼합물 : 습윤 부분이 연소를 중지시키지 못하고, 연소시간이 45초 미만이거나 연소속도가 2.2mm/s를 초과 • 금속분말 : 연소시간이 5분 이하
2	연소속도 시험결과 다음 어느 하나에 해당하는 물질 또는 혼합물 • 금속분말 이외의 물질 또는 혼합물 : 습윤 부분이 4분 이상 연소를 중지시키고, 연소시간이 45초 미만이거나 연소속도가 2.2mm/s를 초과 • 금속분말 : 연소시간이 5분 초과, 10분 이하

핵심예제

다음에서 설명하는 물질은?(단, GHS/MSDS의 물질 분류 기준에 준한다)

> 가연 용이성 고체(분말, 과립상, 페이스트 형태의 물질로 성냥 불씨와 같은 점화원을 잠깐 접촉하여도 쉽게 점화되거나 화염이 빠르게 확산되는 물질) 또는 마찰에 의해 화재를 일으키거나 화재를 돕는 고체를 말한다.

① 발화성 고체
② 산화성 고체
③ 인화성 고체
④ 자기발열성 고체

정답 ③

핵심이론 27 화학물질 등의 분류-물리적 위험성-(8) 자기반응성 물질 및 혼합물

① 정의 : 열적으로 불안정하여 산소의 공급이 없이도 강렬하게 발열분해하기 쉬운 액체·고체 물질 또는 그 혼합물을 말한다.

② 분류

구 분	구분 기준
형식 A	포장된 상태에서 폭굉하거나 급속히 폭연하는 자기반응성 물질 또는 혼합물
형식 B	폭발성을 가지며 포장된 상태에서 폭굉도 급속한 폭연도 하지 않지만 그 포장물 내에서 열폭발을 일으키는 경향을 가지는 자기반응성 물질 또는 혼합물
형식 C	폭발성을 가지며 포장된 상태에서 폭굉도 폭연도 열폭발도 일으키지 않는 자기반응성 물질 또는 혼합물
형식 D	실험실 시험에서 다음 어느 하나의 성질과 상태를 나타내는 자기반응성 물질 또는 혼합물 • 폭굉이 부분적이고 빨리 폭연하지 않으며 밀폐상태에서 가열하면 격렬한 반응을 일으키지 않음 • 전혀 폭굉하지 않고 완만하게 폭연하며 밀폐상태에서 가열하면 격렬한 반응을 일으키지 않음 • 전혀 폭굉 또는 폭연하지 않고 밀폐상태에서 가열하면 중간 정도의 반응을 일으킴
형식 E	실험실 시험에서 전혀 폭굉도 폭연도 하지 않고 밀폐상태에서 가열하면 반응이 약하거나 없다고 판단되는 자기반응성 물질 또는 혼합물
형식 F	실험실 시험에서 공동상태(Cavitated State)하에서 폭굉하지 않거나 전혀 폭연하지 않고 밀폐상태에서 가열하면 반응이 약하거나 없는 또는 폭발력이 약하거나 없다고 판단되는 자기반응성 물질 또는 혼합물
형식 G	실험실 시험에서 공동상태하에서 폭굉하지 않거나 전혀 폭연하지 않고, 밀폐상태에서 가열하면 반응이 없거나 폭발력이 없다고 판단되는 자기반응성 물질 또는 혼합물. 다만, 열역학적으로 안정하고(50kg의 포장물에서 자기가속분해온도(SADT)가 60℃와 75℃ 사이), 액체 혼합물의 경우에는 끓는점이 150℃ 이상의 희석제로 둔화시키는 것을 조건으로 한다. 혼합물이 열역학적으로 안정하지 않거나 끓는점이 150℃ 미만의 희석제로 둔화되고 있는 경우에는 형식 F로 해야 한다.

③ 자기반응성 물질 및 혼합물로 분류하지 않는 경우

　　㉠ 폭발성 물질 또는 화약류

　　㉡ 유기과산화물

　　㉢ 분해열이 300J/g 미만인 경우

　　㉣ 50kg 포장물의 자기가속분해온도(SADT ; Self Accelerating Decomposition Temperature)가 75℃보다 높은 물질

　　㉤ 산화성 액체 또는 산화성 고체. 단, ㉠부터 ㉣까지에 해당되지 않고 가연성 물질을 5% 이상 함유하는 산화성 물질의 혼합물은 자기반응성 물질 분류절차에 따라 분류한다.

④ 분류가 필요하지 않는 경우

　　㉠ 그 분자 내에 폭발성 또는 자기반응성에 관련된 원자단이 존재하지 않는 경우

　　㉡ 단일 유기물질 또는 유기물질의 균일한 혼합물에서 추정 자기가속분해온도(SADT)가 75℃를 넘거나 발열분해에너지가 300J/g 미만

물질안전보건자료(GHS/MSDS)의 자기반응성 물질 중 다음 구분기준에 해당하는 분류는?

> 실험실 시험에서 다음 어느 하나의 성질과 상태를 나타내는 자기반응성 물질 또는 혼합물
> • 폭굉이 부분적이고 빨리 폭연하지 않으며 밀폐상태에서 가열하면 격렬한 반응을 일으키지 않음
> • 전혀 폭굉하지 않고 완만하게 폭연하며 밀폐상태에서 가열하면 격렬한 반응을 일으키지 않음
> • 전혀 폭굉 또는 폭연하지 않고 밀폐상태에서 가열하면 중간 정도의 반응을 일으킴

① 형식 A　　　　② 형식 B
③ 형식 C　　　　④ 형식 D

정답 ④

화학물질 등의 분류-물리적 위험성-(9) 자연발화성 액체

① 정의 : 적은 양으로도 공기와 접촉하여 5분 안에 발화할 수 있는 액체를 말한다.

② 분류 : 정상적인 온도에서 공기와 접촉하여 자발적으로 인화하지 않는다는 경험이 있다면 추가 시험없이 분류하지 않을 수 있다.

구 분	구분 기준
1	다음 어느 하나에 해당하는 자연발화성 액체 • 액체를 불활성 담체에 가해 공기에 접촉시키면 5분 이내 발화 • 액체를 적하한 여과지를 공기에 접촉시키면 5분 이내 여과지가 발화 또는 탄화

GHS/MSDS의 자연발화성 액체의 정의로 옳은 것은?

① 적은 양으로도 공기와 접촉하여 5분 안에 발화할 수 있는 액체

② 적은 양으로도 공기와 접촉하여 10분 안에 발화할 수 있는 액체

③ 주위에서 에너지를 공급받지 않고 공기와 반응하여 스스로 발열하는 액체

④ 그 자체로는 연소하지 않더라도, 일반적으로 산소를 발생시켜 다른 물질을 연소시키거나 연소를 촉진하는 액체

정답 ①

핵심이론 29 화학물질 등의 분류–물리적 위험성–(10) 자연발화성 고체

① 정의 : 적은 양으로도 공기와 접촉하여 5분 안에 발화할 수 있는 고체를 말한다.

② 분류 : 경험에 의해 물질 또는 혼합물이 정상적인 온도에서 공기와 접촉하여 자발적으로 인화하지 않는다는 경험이 있다면 추가 시험없이 분류하지 않을 수 있다.

구 분	구분 기준
1	공기와 접촉하면 5분 안에 발화하는 고체

핵심예제

GHS/MSDS의 자연발화성 고체의 정의로 옳은 것은?

① 적은 양으로도 공기와 접촉하여 5분 안에 발화할 수 있는 고체

② 적은 양으로도 공기와 접촉하여 10분 안에 발화할 수 있는 고체

③ 불꽃과 접촉 없이 65℃ 이상의 온도에서 스스로 발화할 수 있는 고체

④ 주위에서 에너지를 공급받지 않고 공기와 반응하여 스스로 발열하는 고체

정답 ①

핵심이론 30 화학물질 등의 분류–물리적 위험성–(11) 자기발열성 물질 및 혼합물

① 정의 : 주위에서 에너지를 공급받지 않고 공기와 반응하여 스스로 발열하는 고체·액체 물질 또는 그 혼합물을 말한다(자기발화성 물질을 제외한다).

② 분류

구 분	구분 기준
1	140℃에서 25mm 정방형 용기를 이용한 시험에서 양성인 물질 또는 혼합물
2	다음 어느 하나에 해당하는 물질 또는 혼합물 • 140℃에서 100mm 정방형 용기를 이용한 시험에서 양성이고, 140℃에서 25mm 정방형 용기를 이용한 시험에서 음성이며, 포장이 $3m^3$를 초과 • 140℃에서 100mm 정방형 용기를 이용한 시험에서 양성이고, 140℃에서 25mm 정방형 용기를 이용한 시험에서 음성이며, 120℃에서 100mm 정방형 용기를 이용한 시험에서 양성이고, 포장이 450L를 초과 • 140℃에서 100mm 정방형 용기를 이용한 시험에서 양성이고, 140℃에서 25mm 정방형 용기를 이용한 시험에서 음성이며, 100℃에서 100mm 정방형 용기를 이용한 시험에서 양성

㉠ 용적 $27m^3$의 자연연소온도가 50℃를 초과하는 물질과 혼합물은 자기발열성 물질 또는 혼합물로 분류되지 않는다.

㉡ 용적 450L의 자기발화온도가 50℃를 초과하는 물질과 혼합물은 구분 1로 분류되지 않는다.

㉢ 스크리닝시험 결과와 분류시험 결과에 어느 정도의 상관이 인정되고 적절한 안전여유가 적용될 수 있는 경우에는 자기발열성 물질의 분류절차를 적용할 필요는 없다.

30-1. GHS/MSDS의 자기발열성 물질 및 혼합물 중 구분 2에 해당하는 경우가 아닌 것은?

① 140℃에서 25mm 정방형 용기를 이용한 시험에서 양성인 물질 또는 혼합물
② 140℃에서 100mm 정방형 용기를 이용한 시험에서 양성이고, 140℃에서 25mm 정방형 용기를 이용한 시험에서 음성이며, 포장이 3m³를 초과하는 물질 또는 혼합물
③ 140℃에서 100mm 정방형 용기를 이용한 시험에서 양성이고, 140℃에서 25mm 정방형 용기를 이용한 시험에서 음성이며, 100℃에서 100mm 정방형 용기를 이용한 시험에서 양성인 물질 또는 혼합물
④ 140℃에서 100mm 정방형 용기를 이용한 시험에서 양성이고, 140℃에서 25mm 정방형 용기를 이용한 시험에서 음성이며, 120℃에서 100mm 정방형 용기를 이용한 시험에서 양성이고, 포장이 450 L를 초과하는 물질 또는 혼합물

30-2. GHS/MSDS의 자기발열성 물질 및 혼합물에 대한 설명으로 옳지 않은 것은?

① 자기발열성 물질 및 혼합물은 구분 1 또는 구분 2로 분류한다.
② 용적 27m³의 자연연소온도가 50℃를 초과하는 물질과 혼합물은 자기발열성 물질 또는 혼합물로 분류되지 않는다.
③ 용적 450L의 자기발화온도가 50℃를 초과하는 물질과 혼합물은 구분 1로 분류되지 않는다.
④ 스크리닝시험 결과와 분류시험 결과에 어느 정도의 상관이 인정되고 적절한 안전여유가 적용될 수 있는 경우에도 자기발열성 물질의 분류절차를 필수로 적용해야 한다.

|해설|

30-1
140℃에서 25mm 정방형 용기를 이용한 시험에서 양성인 물질 또는 혼합물은 구분 1에 해당한다.

30-2
스크리닝시험 결과와 분류시험 결과에 어느 정도의 상관이 인정되고 적절한 안전여유가 적용될 수 있는 경우에는 자기발열성 물질의 분류절차를 적용할 필요는 없다.

정답 30-1 ① 30-2 ④

핵심이론 31 화학물질 등의 분류-물리적 위험성-(12) 물반응성 물질 및 혼합물

① 정의 : 물과의 상호작용에 의하여 자연발화하거나 인화성 가스의 양이 위험한 수준으로 발생하는 고체 · 액체 상태의 물질이나 그 혼합물을 말한다.

② 분 류

구 분	구분 기준
1	상온에서 물과 격렬하게 반응하여 발생 가스가 자연발화하는 경향을 보이거나, 상온에서 물과 반응하여 인화성 가스의 발생 속도가 1분간 물질 1kg에 대해 10L 이상인 물질 또는 혼합물
2	상온에서 물과 반응하여 인화성 가스의 최대 발생속도가 1시간당 물질 1kg에 대해 20L 이상이며, 구분 1에 해당되지 지 않는 물질 또는 혼합물
3	상온에서는 물과 천천히 반응하여 인화성 가스의 최대 발생속도가 1시간당 물질 1kg에 대해 1L 이상이며, 구분 1과 구분 2에 해당되지 않는 물질 또는 혼합물

③ 물반응성 물질 및 혼합물로 분류되지 않는 경우
  ㉠ 화학구조가 금속 또는 금속류를 포함하지 않는 경우
  ㉡ 생산 또는 취급 경험에 의해 물과 반응하지 않는 것을 아는 경우
  ㉢ 물에 녹아 안정한 혼합물이 되는 경우

핵심예제

물질안전보건자료(GHS/MSDS)를 기준으로 하여 물반응성 물질 및 혼합물로 분류되지 않는 경우가 아닌 것은?

① 물에 녹아 안정한 혼합물이 되는 경우
② 화학구조가 금속 또는 금속류를 포함하지 않는 경우
③ 생산 또는 취급 경험에 의해 물과 반응하지 않는 것을 아는 경우
④ 상온에서 물과 반응하여 인화성 가스의 발생 속도가 1분간 물질 1kg에 대해 10L 이상인 경우

|해설|

상온에서 물과 반응하여 인화성 가스의 발생 속도가 1분간 물질 1kg에 대해 10L 이상인 경우는 물반응성 물질 및 혼합물의 구분 1로 분류된다.

정답 ④

① 정의 : 그 자체로는 연소하지 않더라도, 일반적으로 산소를 발생시켜 다른 물질을 연소시키거나 연소를 촉진하는 액체를 말한다.

② 분 류

구 분	구분 기준
1	물질(또는 혼합물)과 셀룰로스의 중량비 1:1 혼합물을 시험한 경우, 자연발화하거나 그 평균 압력상승시간이 50% 과염소산과 셀룰로스의 중량비 1:1 혼합물의 평균 압력상승시간 미만인 물질 또는 혼합물
2	물질(또는 혼합물)과 셀룰로스의 중량비 1:1 혼합물을 시험한 경우, 그 평균 압력상승시간이 염소산나트륨 40% 수용액과 셀룰로스의 중량비 1:1 혼합물의 평균 압력상승시간 이하이며, 구분 1에 해당되지 않는 물질 또는 혼합물
3	물질(또는 혼합물)과 셀룰로스의 중량비 1:1 혼합물을 시험한 경우, 그 평균 압력상승시간이 질산 65% 수용액과 셀룰로스의 중량비 1:1 혼합물의 평균 압력상승시간 이하이며, 구분 1과 구분 2에 해당되지 않는 물질 또는 혼합물

③ 산화성 액체로 분류하지 않는 경우

  ㉠ 산소, 플루오린 또는 염소를 포함하지 않는 유기물질 또는 혼합물

  ㉡ 산소, 플루오린 또는 염소를 포함하고 있으며, 이러한 원소가 탄소 또는 수소에만 화학적으로 결합되어 있는 유기물질 또는 혼합물

  ㉢ 산소 원자 또는 할로젠 원자를 포함하지 않는 무기물질 또는 혼합물

핵심예제

다음 중 GHS/MSDS 기준으로 산화성 액체로 분류하지 않는 경우를 모두 고른 것은?

> ㄱ. 산소, 플루오린 또는 염소를 포함하지 않는 유기물질 또는 혼합물
> ㄴ. 산소, 플루오린 또는 염소를 포함하고 있으며, 이러한 원소가 탄소 또는 수소를 제외한 원소에만 화학적으로 결합되어 있는 유기물질 또는 혼합물
> ㄷ. 산소 원자 또는 할로젠 원자를 포함하지 않는 무기물질 또는 혼합물

① ㄱ   ② ㄴ
③ ㄱ, ㄷ   ④ ㄴ, ㄷ

|해설|

산화성 액체로 분류하지 않는 경우
• 산소, 플루오린 또는 염소를 포함하지 않는 유기물질 또는 혼합물
• 산소, 플루오린 또는 염소를 포함하고 있으며, 이러한 원소가 탄소 또는 수소에만 화학적으로 결합되어 있는 유기물질 또는 혼합물
• 산소 원자 또는 할로젠 원자를 포함하지 않는 무기물질 또는 혼합물

정답 ③

핵심이론 33 화학물질 등의 분류-물리적 위험성-(14) 산화성 고체

① 정의 : 그 자체로는 연소하지 않더라도 일반적으로 산소를 발생시켜 다른 물질을 연소시키거나 연소를 촉진하는 고체를 말한다.

② 분 류

구 분	구분 기준	
	시험방법 1 적용	시험방법 3 적용
1	물질(또는 혼합물)과 셀룰로스의 중량비 4 : 1 또는 1 : 1 혼합물을 시험한 경우, 그 평균 연소시간이 브로민산칼륨과 셀룰로스의 중량비 3 : 2 혼합물의 평균 연소시간 미만인 물질 또는 혼합물	물질(또는 혼합물)과 셀룰로스의 중량비 4 : 1 또는 1 : 1 혼합물로 시험 시, 그 평균 연소시간이 과산화칼슘과 셀룰로스의 중량비 3 : 1 혼합물의 평균 연소속도 이상인 물질 또는 혼합물
2	물질(또는 혼합물)과 셀룰로스의 중량비 4 : 1 또는 1 : 1 혼합물을 시험한 경우, 그 평균 연소시간이 브로민산칼륨과 셀룰로스의 중량비 2 : 3 혼합물의 평균 연소시간 이하이며, 구분 1에 해당하지 않는 물질 또는 혼합물	물질(또는 혼합물)과 셀룰로스의 중량비 4 : 1 또는 1 : 1 혼합물로 시험 시, 그 평균 연소시간이 과산화칼슘과 셀룰로스의 중량비 1 : 1 혼합물의 평균 연소속도 이상이고, 구분 1에 해당하지 않는 물질 또는 혼합물
3	물질(또는 혼합물)과 셀룰로스의 중량비 4 : 1 또는 1 : 1 혼합물을 시험한 경우, 그 평균 연소시간이 브로민산칼륨과 셀룰로스의 중량비 3 : 7 혼합물의 평균 연소시간 이하이며, 구분 1과 구분 2에 해당하지 않는 물질 또는 혼합물	물질(또는 혼합물)과 셀룰로스의 중량비 4 : 1 또는 1 : 1 혼합물로 시험 시, 그 평균 연소시간이 과산화칼슘과 셀룰로스의 중량비 1 : 2 혼합물의 평균 연소속도 이상이고, 구분 1 및 2에 해당하지 않는 물질 또는 혼합물

③ 산화성 고체로 분류하지 않는 경우
  ㉠ 산소, 플루오린 또는 염소를 포함하지 않는 유기물질 또는 혼합물
  ㉡ 산소, 플루오린 또는 염소를 포함하고 있으며, 이러한 원소가 탄소 또는 수소에만 화학적으로 결합되어 있는 유기물질 또는 혼합물
  ㉢ 산소 원자 또는 할로젠 원자를 포함하지 않는 무기물질 또는 혼합물

핵심이론 34 화학물질 등의 분류-물리적 위험성-(15) 유기과산화물

① 정의 : 1개 혹은 2개의 수소 원자가 유기라디칼에 의하여 치환된 과산화수소의 유도체인 2가의 −O−O− 구조를 가지는 액체 또는 고체 유기물을 말한다.

② 분 류

구 분	구분 기준
형식 A	포장된 상태에서 폭굉하거나 급속히 폭연하는 유기과산화물
형식 B	폭발성을 가지며, 포장된 상태에서 폭굉도 급속한 폭연도 하지 않으나 그 포장물 내에서 열폭발을 일으키는 경향을 가지는 유기과산화물
형식 C	폭발성을 가지며, 포장된 상태에서 폭굉도 급속한 폭연도 열폭발도 일으키지 않는 유기과산화물
형식 D	실험실 시험에서 다음 어느 하나의 성질과 상태를 나타내는 유기과산화물 • 폭굉이 부분적이고 빨리 폭연하지 않으며 밀폐상태에서 가열하면 격렬한 반응을 일으키지 않음 • 전혀 폭굉하지 않고 완만하게 폭연하며 밀폐상태에서 가열하면 격렬한 반응을 일으키지 않음 • 전혀 폭굉 또는 폭연하지 않고 밀폐상태에서 가열하면 중간 정도 반응을 일으킴
형식 E	실험실 시험에서 전혀 폭굉도 폭연도 하지 않고, 밀폐상태에서 가열하면 반응이 약하거나 없다고 판단되는 유기과산화물
형식 F	실험실 시험에서 공동상태하에서 폭굉하지 않거나 전혀 폭연하지 않고 밀폐상태에서 가열하면 반응이 약하거나 없는 또는 폭발력이 약하거나 없다고 판단되는 유기과산화물
형식 G	실험실 시험에서 공동상태하에서 폭굉하지 않거나 전혀 폭연하지 않고, 밀폐상태에서 가열하면 반응이 없거나 폭발력이 없다고 판단되는 유기과산화물. 다만, 열역학적으로 안정하고[자기가속분해온도(SADT)]가 50kg의 포장물에서 60℃ 이상], 액체 혼합물의 경우에는 끓는점이 150℃ 이상의 희석제로 둔화시키는 것을 조건으로 한다. 혼합물이 열역학적으로 안정하지 않거나 끓는점이 150℃ 미만의 희석제로 둔화되고 있는 경우에는 형식 F로 해야 한다.

③ 유기과산화물로 분류하지 않는 경우

    ㉠ 과산화수소를 1.0% 이하 포함하고 있는 경우, 유기과산화물의 이용 가능한 산소가 1.0% 이하

    ㉡ 과산화수소를 1.0% 초과 7.0% 이하 포함하고 있는 경우, 유기과산화물의 이용 가능한 산소가 0.5% 이하

핵심예제

물질안전보건자료(GHS/MSDS)에 따른 유기과산화물 중 다음 구분 기준에 해당하는 분류는?

> 실험실 시험에서 전혀 폭굉도 폭연도 하지 않고, 밀폐 상태에서 가열하면 반응이 약하거나 없다고 판단되는 유기과산화물

① 형식 D   ② 형식 E
③ 형식 F   ④ 형식 G

|정답| ②

핵심이론 35 화학물질 등의 분류-물리적 위험성-(16) 금속부식성 물질

① 정의 : 화학적인 작용으로 금속에 손상 또는 부식을 일으키는 물질 또는 그 혼합물을 말한다.

② 분류 : 강철 또는 알루미늄에 대한 초기 시험에서 시험된 물질 또는 혼합물이 부식성으로 나타나면, 다른 금속에 대한 추가적인 시험없이 부식성 물질로 분류한다.

구 분	구분 기준
1	강철 및 알루미늄 모두에서 시험된 경우, 두 재질 중 어느 하나의 표면 부식속도가 55℃에서 1년간 6.25mm를 넘는 물질 또는 혼합물

화학물질 등의 분류–건강 유해성–(1)
급성 독성

① 정의 : 입 또는 피부를 통하여 1회 또는 24시간 이내에 수회로 나누어 투여되거나 호흡기를 통하여 4시간 동안 노출 시 나타나는 유해한 영향을 말한다.

② 단일물질의 분류 : 급성 독성은 구분 1, 2, 3, 4로 분류하는 것을 원칙으로 한다.

구 분	구분 기준

1	급성 독성 추정값(ATE)이 다음 어느 하나에 해당하는 물질
	• 경구 : ATE ≤ 5 (mg/kg 체중)
	• 경피 : ATE ≤ 50 (mg/kg 체중)
	• 흡 입
	  – 가스 : ATE ≤ 100 (ppmV)
	  – 증기 : ATE ≤ 0.5 (mg/L)
	  – 분진 또는 미스트 : ATE ≤ 0.05 (mg/L)

2	급성 독성 추정값(ATE)이 다음 어느 하나에 해당하는 물질
	• 경구 : 5 < ATE ≤ 50 (mg/kg 체중)
	• 경피 : 50 < ATE ≤ 200 (mg/kg 체중)
	• 흡 입
	  – 가스 : 100 < ATE ≤ 500 (ppmV)
	  – 증기 : 0.5 < ATE ≤ 2.0 (mg/L)
	  – 분진 또는 미스트 : 0.05 < ATE ≤ 0.5 (mg/L)

3	급성 독성 추정값(ATE)이 다음 어느 하나에 해당하는 물질
	• 경구 : 50 < ATE ≤ 300 (mg/kg 체중)
	• 경피 : 200 < ATE ≤ 1,000 (mg/kg 체중)
	• 흡 입
	  – 가스 : 500 < ATE ≤ 2,500 (ppmV)
	  – 증기 : 2.0 < ATE ≤ 10 (mg/L)
	  – 분진 또는 미스트 : 0.5 < ATE ≤ 1.0 (mg/L)

4	급성 독성 추정값(ATE)이 다음 어느 하나에 해당하는 물질
	• 경구 : 300 < ATE ≤ 2,000 (mg/kg 체중)
	• 경피 : 1,000 < ATE ≤ 2,000 (mg/kg 체중)
	• 흡 입
	  – 가스 : 2,500 < ATE ≤ 20,000 (ppmV)
	  – 증기 : 10 < ATE ≤ 20 (mg/L)
	  – 분진 또는 미스트 : 1.0 < ATE ≤ 5 (mg/L)

핵심예제

다음은 GHS/MSDS에 따른 급성 독성의 정의이다. (   ) 안에 알맞은 숫자는?

> 입 또는 피부를 통하여 1회 또는 24시간 이내에 수회로 나누어 투여되거나 호흡기를 통하여 (   ) 동안 노출 시 나타나는 유해한 영향을 말한다.

① 30분 ② 2시간
③ 4시간 ④ 8시간

|해설|

급성 독성이란 입 또는 피부를 통하여 1회 또는 24시간 이내에 수회로 나누어 투여되거나 호흡기를 통하여 4시간 동안 노출 시 나타나는 유해한 영향을 말한다.

정답 ③

화학물질 등의 분류-건강 유해성-(2)
피부 부식성/피부 자극성

① 정 의

　㉠ 피부 부식성 : 피부에 비가역적인 손상이 생기는
　　것을 말한다. 여기서 비가역적인 손상이란 피부에
　　시험물질이 4시간 동안 노출됐을 때 표피에서 진피
　　까지 눈으로 식별 가능한 괴사가 생기는 것을 말한
　　다. 또한 피부 부식성 반응은 전형적으로 궤양, 출
　　혈, 혈가피를 유발하며, 노출 14일 후 표백작용이
　　일어나 피부 전체에 탈모와 상처 자국이 생긴다.

　㉡ 피부 자극성 : 피부에 가역적인 손상이 생기는 것
　　을 말한다. 여기서 가역적인 손상이란 피부에 시험
　　물질이 4시간 동안 노출됐을 때 회복이 가능한 손
　　상을 말한다.

② 단일물질의 분류 : 피부 부식성/자극성은 구분 1, 2를
　원칙으로 하되, 필요에 따라 구분 1을 1A, 1B, 1C로
　소구분하여 사용할 수 있다.

구 분	구분 기준	
1 (피부 부식성)	실험동물 3마리를 시험물질에 노출한 후 4시간 안에 적어도 1마리의 피부에 비가역적인 손상이 생기는 경우	
	구분 1A	3분 이하로 노출한 후 1시간의 관찰 기간 내에 적어도 1마리가 피부 부식성 반응을 보이는 경우
	구분 1B	3분 초과 1시간 이하로 노출한 후 14일의 관찰 기간 내에 적어도 1마리가 피부 부식성 반응을 보이는 경우
	구분 1C	1시간 초과 4시간 이하로 노출한 후 14일의 관찰 기간 내에 적어도 1마리가 피부 부식성 반응을 보이는 경우
2 (피부 자극성)	다음 어느 하나에 해당하는 물질 • 홍반, 가피 또는 부종의 정도에 따라 매기는 피부 부식성 등급들(패치 제거 후 24, 48, 72시간마다 매기는 등급 또는 반응이 지연되는 경우 피부 반응 시작일부터 3일 연속으로 관찰하였을 때 매일 매기는 등급)의 평균값이 실험동물 3마리 중 적어도 2마리에서 2.3 이상 4.0 이하 • 14일의 관찰 기간 내에 실험동물 3마리 중 적어도 2마리에서 염증, 특히 (부분적)탈모증, 각화증, 비후(증식), 피부각질화 증상이 지속적으로 관찰되는 경우 • 실험동물 간 반응의 차이가 있어서 실험동물 1마리에는 시험물질의 노출과 관련된 아주 명확한 양성반응이 관찰됐지만, 위의 분류 구분에는 못 미치는 경우	

GHS/MSDS에 따른 피부 부식성/자극성에 대한 설명으로 옳은 것은?

① 물리적 위험성(Physical Hazards)에 따른 분류이다.
② 피부 부식성이란 피부에 가역적인 손상이 생기는 것을 말한다.
③ 피부 자극성이란 피부에 비가역적인 손상이 생기는 것을 말한다.
④ 가역적인 손상이란 피부에 시험물질이 4시간 동안 노출됐을 때 회복이 가능한 손상을 말한다.

|해설|

① 건강 유해성(Health Hazards)에 따른 분류이다.
② 피부 부식성이란 피부에 비가역적인 손상이 생기는 것을 말한다.
③ 피부 자극성이란 피부에 가역적인 손상이 생기는 것을 말한다.

정답 ④

① 정 의

　㉠ 심한 눈 손상성 : 눈에 시험물질을 노출했을 때 눈 조직 손상 또는 시력 저하 등이 나타나 21일의 관찰 기간 내에 완전히 회복되지 않는 경우를 말한다.

　㉡ 눈 자극성 : 눈에 시험물질을 노출했을 때 눈에 변화가 발생하여 21일의 관찰 기간 내에 완전히 회복되는 경우를 말한다.

② 단일물질의 분류 : 심한 눈 손상성/눈 자극성은 구분 1, 2를 원칙으로 하되, 필요에 따라 구분 2를 구분 2A 또는 2B를 사용할 수 있다.

구 분		구분 기준
1 (심한 눈 손상성)		다음 중 어느 하나에 해당하는 물질 • 실험동물 3마리 중 적어도 1마리의 각막, 홍채, 결막이 회복되지 않을 것이라 예상되는 경우 또는 일반적으로 21일의 관찰 기간 내에 완전히 회복되지 않는 경우 • 실험동물 3마리 중 적어도 2마리가 다음의 양성반응을 보이는 물질 　－ 각막 불투명도 ≥ 3 그리고/또는 　－ 홍채염 < 1.5 이때 실험동물에 시험물질을 노출한 후 24, 48, 72시간마다 증상의 정도에 따라 등급을 매기고 그 등급들의 평균값으로 판단한다.
2 (2A/2B) (눈 자극성)	2A	모든 실험동물은 21일의 관찰 기간 내에 완전히 회복되어야 하며, 실험동물 3마리 중 적어도 2마리가 다음의 양성반응을 보이는 물질 • 각막 불투명도 ≥ 1, 그리고/또는 • 홍채염 < 1, 그리고/또는 • 결막 충혈 상태 ≥ 2, 그리고/또는 • 결막 부종 상태 ≥ 2 이때 실험동물에 시험물질을 노출한 후 24, 48, 72시간마다 증상의 정도에 따라 등급을 매기고 그 등급들의 평균값으로 판단한다.
	2B	구분 2A에서 열거된 양성반응이 7일의 관찰 기간 내에 완전히 회복한다면 경미한 눈 자극(구분 2B)으로 고려될 수 있다.

GHS/MSDS 기준에 따른 심한 눈 손상성/눈 자극성의 정의이다. ( ) 안에 공통적으로 들어가는 내용은?

> • 심한 눈 손상성이란, 눈에 시험물질을 노출했을 때 눈 조직 손상 또는 시력 저하 등이 나타나 ( )일의 관찰 기간 내에 완전히 회복되지 않는 경우를 말한다.
> • 눈 자극성이란, 눈에 시험물질을 노출했을 때 눈에 변화가 발생하여 ( )일의 관찰 기간 내에 완전히 회복되는 경우를 말한다.

① 7　　　　　　　　② 14
③ 21　　　　　　　　④ 30

|해설|

• 심한 눈 손상성 : 눈에 시험물질을 노출했을 때 눈 조직 손상 또는 시력 저하 등이 나타나 21일의 관찰 기간 내에 완전히 회복되지 않는 경우를 말한다.
• 눈 자극성 : 눈에 시험물질을 노출했을 때 눈에 변화가 발생하여 21일의 관찰 기간 내에 완전히 회복되는 경우를 말한다.

정답 ③

① 정 의
  ㉠ 호흡기 과민성 : 물질을 흡입한 후 발생하는 기도의 과민증을 말한다.
  ㉡ 피부 과민성 : 물질과 피부의 접촉을 통한 알레르기성 반응을 말한다.
② 단일물질의 분류 : 호흡기 과민성 및 피부 과민성은 구분 1을 원칙으로 하되, 필요에 따라 구분 1A 또는 1B로 소구분하여 사용할 수 있다.

구 분		구분 기준
호흡기 과민성1		다음 어느 하나에 해당하는 물질은 호흡기 과민성 물질로 분류된다. • 사람에게 특정 호흡기 과민성이 일어날 수 있다는 증거가 있는 경우 • 적절한 동물 실험 결과 호흡기 과민성이 양성인 경우
	구분 1A	• 사람에게 높은 빈도로 호흡기 과민성이 일어나는 물질 또는 동물 실험 및 다른 실험에 따라 사람에게 높은 빈도로 호흡기 과민성이 일어날 가능성이 있는 물질 • 반응의 강도도 고려될 수 있다.
	구분 1B	• 사람에게 중간 또는 낮은 빈도로 호흡기 과민성이 일어나는 물질 또는 동물 실험 및 다른 실험에 따라 사람에게 중간 또는 낮은 빈도로 호흡기 과민성이 일어날 가능성이 있는 물질 • 반응의 강도도 고려될 수 있다.
피부 과민성1		다음 어느 하나에 해당하는 물질은 피부 과민성 물질로 분류된다. • 다수의 사람에게 피부 접촉을 통해 피부 과민성이 일어날 수 있다는 증거가 있는 경우 • 적절한 동물 실험 결과 피부 과민성이 양성인 경우
	구분 1A	• 사람에게 높은 빈도로 피부 과민성이 일어나는 물질 또는 동물에게 상당한 피부 과민성이 일어나 사람에게도 상당한 피부 과민성이 일어날 것으로 추정되는 물질 • 반응의 강도도 고려될 수 있다.
	구분 1B	• 사람에게 중간 또는 낮은 빈도로 피부 과민성이 일어나는 물질 또는 동물에게 중간 또는 낮은 정도의 피부 과민성이 일어나 사람에게도 중간 또는 낮은 정도의 피부 과민성이 일어날 것으로 추정되는 물질 • 반응의 강도도 고려될 수 있다.

① 정의 : 자손에게 유전될 수 있는 사람의 생식세포에서 돌연변이를 일으키는 성질을 말한다. 돌연변이란 생식세포 유전물질의 양 또는 구조에 영구적인 변화를 일으키는 것으로 형질의 유전학적인 변화와 DNA 수준에서의 변화 모두를 포함한다.
② 단일물질의 분류 : 생식세포 변이원성은 구분 1A, 1B, 2를 원칙으로 하되, 구분 1A와 1B의 소구분이 어려운 경우에만 구분 1, 2로 통합 적용할 수 있다.

구 분	구분 기준
1A	사람에서의 역학조사 연구결과 사람의 생식세포에 유전성 돌연변이를 일으키는 것에 대해 양성의 증거가 있는 물질
1B	다음 어느 하나에 해당되어 사람의 생식세포에 유전성 돌연변이를 일으키는 것으로 간주되는 물질 • 포유류를 이용한 생체 내(in Vivo) 유전성 생식세포 변이원성 시험에서 양성 • 포유류를 이용한 생체 내(in Vivo) 체세포 변이원성 시험에서 양성이고, 생식세포에 돌연변이를 일으킬 수 있다는 증거가 있음 • 노출된 사람의 정자 세포에서 이수체 발생빈도의 증가와 같이 사람의 생식세포 변이원성 시험에서 양성
2	다음 어느 하나에 해당되어 생식세포에 유전성 돌연변이를 일으킬 가능성이 있는 물질 • 포유류를 이용한 생체 내(in Vivo) 체세포 변이원성 시험에서 양성 • 기타 시험동물을 이용한 생체 내(in Vivo) 체세포 유전독성 시험에서 양성이고, 시험관 내(in Vitro) 변이원성 시험에서 추가로 입증된 경우 • 포유류 세포를 이용한 변이원성시험에서 양성이며, 알려진 생식세포 변이원성 물질과 화학적 구조활성관계를 가지는 경우

① 정의 : 암을 일으키거나 그 발생을 증가시키는 성질을 말한다.
② 단일물질의 분류 : 발암성의 구분은 구분 1A, 1B, 2를 원칙으로 하되, 구분 1A와 1B의 소구분이 어려운 경우에만 구분 1, 2로 통합 적용할 수 있다.

구 분	구분 기준
1A	사람에게 충분한 발암성 증거가 있는 물질
1B	시험동물에서 발암성 증거가 충분히 있거나, 시험동물과 사람 모두에서 제한된 발암성 증거가 있는 물질
2	사람이나 동물에서 제한된 증거가 있지만, 구분 1로 분류하기에는 증거가 충분하지 않은 물질

① 정의 : 생식기능 및 생식능력에 대한 유해영향을 일으키거나 태아의 발생·발육에 유해한 영향을 주는 성질을 말한다.
② 단일물질의 분류 : 생식독성의 구분은 구분 1A, 1B, 2, 수유독성을 원칙으로 하되, 구분 1A와 1B의 소구분이 어려운 경우에만 구분 1, 2, 수유독성으로 통합 적용할 수 있다.

구 분	구분 기준
1A	사람에게 성적기능, 생식능력이나 발육에 악영향을 주는 것으로 판단할 정도의 사람에서의 증거가 있는 물질
1B	사람에게 성적기능, 생식능력이나 발육에 악영향을 주는 것으로 추정할 정도의 동물시험 증거가 있는 물질
2	사람에게 성적기능, 생식능력이나 발육에 악영향을 주는 것으로 의심할 정도의 사람 또는 동물시험 증거가 있는 물질
수유독성	다음 어느 하나에 해당하는 물질 • 흡수, 대사, 분포 및 배설에 대한 연구에서, 해당 물질이 잠재적으로 유독한 수준으로 모유에 존재할 가능성을 보임 • 동물에 대한 1세대 또는 2세대 연구결과에서, 모유를 통해 전이되어 자손에게 유해영향을 주거나, 모유의 질에 유해영향을 준다는 명확한 증거가 있음 • 수유기간 동안 아기에게 유해성을 유발한다는 사람에 대한 증거가 있음

GHS/MSDS에 따른 생식독성 물질 중 다음 구분 기준에 해당하는 분류는?

> 다음 어느 하나에 해당하는 물질
> - 흡수, 대사, 분포 및 배설에 대한 연구에서, 해당 물질이 잠재적으로 유독한 수준으로 모유에 존재할 가능성을 보임
> - 동물에 대한 1세대 또는 2세대 연구결과에서, 모유를 통해 전이되어 자손에게 유해영향을 주거나, 모유의 질에 유해영향을 준다는 명확한 증거가 있음
> - 수유기간 동안 아기에게 유해성을 유발한다는 사람에 대한 증거가 있음

① 구분 1A   ② 구분 1B
③ 구분 2   ④ 수유독성

정답 ④

핵심이론 43 화학물질 등의 분류-건강 유해성-(8) 특정 표적장기 독성-1회 노출

① 정의 : 1회 노출에 의하여 급성독성, 피부 부식성/피부 자극성, 심한 눈 손상성/눈 자극성, 호흡기 과민성, 피부 과민성, 생식세포 변이원성, 발암성, 생식독성, 흡인 유해성 이외의 특이적이며, 비치사적으로 나타나는 특정 표적장기의 독성을 말한다.

② 단일물질의 분류

구 분	구분 기준
1	사람에 중대한 독성을 일으키는 물질 또는 실험동물을 이용한 시험의 증거에 기초하여 1회 노출에 의해 사람에게 중대한 독성을 일으킬 가능성이 있다고 판단되는 물질로, 다음 어느 하나에 해당하는 물질 • 사람에 대한 사례연구 또는 역학조사로부터 1회 노출에 의해 사람에게 중대한 독성을 일으킨다는 신뢰성 있고 질적으로 우수한 증거가 있는 경우 • 낮은 수준의 용량으로 1회 노출 동물 시험에서 나타난 중대하거나 강한 독성소견을 근거로, 1회 노출에 의해 사람에게 중대한 독성을 일으킬 것으로 추정되는 경우
2	실험동물을 이용한 시험의 증거에 기초하여 1회 노출에 의해 사람의 건강에 유해를 일으킬 가능성이 있다고 판단되는 물질로, 보통 수준의 용량으로 1회 노출 동물 시험에서 나타난 중대한 독성소견을 근거로 1회 노출에 의해 사람의 건강에 유해를 일으킬 가능성이 있다고 추정되는 물질
3	일시적으로 표적 장기에 영향을 주는 물질로, 노출 후 짧은 기간 동안 사람의 기능을 유해하게 변화시키고 구조 또는 기능에 중대한 변화를 남기지 않고 적당한 기간에 회복하는 영향으로 다음 어느 하나에 해당하는 물질 • 사람의 호흡기계 기도를 일시적으로 자극하는 것으로 알려지거나 동물 실험결과 호흡기계를 자극한다고 밝혀진 경우(호흡기 자극) • 사람에게 마취작용을 일으키는 것으로 알려지거나 동물 실험결과 마취작용을 일으킨다고 밝혀진 경우(마취영향)

핵심이론 44 화학물질 등의 분류-건강 유해성-(9)
　　　　　특정 표적장기 독성-반복 노출

① 정의 : 반복 노출에 의하여 급성 독성, 피부 부식성/피부 자극성, 심한 눈 손상성/눈 자극성, 호흡기 과민성, 피부 과민성, 생식세포 변이원성, 발암성, 생식독성, 흡인 유해성 이외의 특이적이며 비치사적으로 나타나는 특정 표적장기의 독성을 말한다.

② 단일물질의 분류

구 분	구분 기준
1	사람에 중대한 독성을 일으키는 물질 또는 실험동물에서의 시험의 증거에 기초하여 반복 노출에 의해 사람에게 중대한 독성을 일으킬 가능성이 있다고 판단되는 물질로 다음 어느 하나에 해당하는 물질 • 사람에 대한 사례연구 또는 역학조사로부터 반복 노출에 의해 사람에게 중대한 독성을 일으킨다는 신뢰성이 있고 질적으로 우수한 증거가 있는 경우 • 낮은 수준의 용량으로 반복 노출 동물 시험에서 나타난 중대하거나 강한 독성소견을 근거로, 반복 노출에 의해 사람에게 중대한 독성을 일으킬 것으로 추정되는 경우
2	실험동물을 이용한 시험의 증거에 기초하여 반복 노출에 의해 사람의 건강에 유해를 일으킬 가능성이 있다고 판단되는 물질로, 보통 수준의 용량으로 반복 노출 동물 시험에서 나타난 중대한 독성소견을 근거로 반복 노출에 의해 사람의 건강에 유해를 일으킬 가능성이 있다고 추정되는 물질

핵심이론 45 화학물질 등의 분류-건강 유해성-(10)
　　　　　흡인 유해성

① 정의 : 액체나 고체 화학물질이 직접적으로 구강이나 비강을 통하거나 간접적으로 구토에 의하여 기관 및 하부호흡기계로 들어가 나타나는 화학적 폐렴, 다양한 단계의 폐 손상 또는 사망과 같은 심각한 급성 영향을 말한다.

② 단일물질의 분류

구 분	구분 기준
1	사람에 흡인 독성을 일으키는 것으로 알려지거나 흡인 독성을 일으킬 것으로 간주되는 물질로 다음 어느 하나에 해당하는 물질 • 사람에서 흡인 유해성을 일으킨다는 신뢰성 있는 결과가 발표된 경우 • 40℃에서 동점도가 20.5mm^2/s 이하인 탄화수소
2	사람에 흡인 독성 유해성을 일으킬 우려가 있는 물질로, 구분 1에 분류되지 않으면서, 40℃에서 동점도가 14mm^2/s 이하인 물질로 기존의 동물실험결과와 표면장력, 수용해도, 끓는점 및 휘발성 등을 고려하여 흡인 유해성을 일으키는 것으로 추정되는 물질

① 정 의

　㉠ 급성 수생환경 유해성 : 단기간의 노출에 의해
　　수생환경에 유해한 영향을 일으키는 유해성을 말
　　한다.

　㉡ 만성 수생환경 유해성 : 수생생물의 생활주기에
　　상응하는 기간 동안 물질 또는 혼합물을 노출시켰
　　을 때 수생생물에 나타나는 유해성을 말한다.

② 단일물질의 분류

　㉠ 급성 수생환경 유해성

구 분	구분 기준
급성 1	급성 수생생태독성값이 다음 어느 하나에 해당하는 물질 • LC_{50}(96시간) ≤ 1 (mg/L) : 어류 • EC_{50}(48시간) ≤ 1 (mg/L) : 갑각류 • ErC_{50}(72 또는 96시간) ≤ 1 (mg/L) : 조류 또는 그 밖의 수생 식물

　㉡ 만성 수생환경 유해성 : 만성 1부터 만성 4까지
　　4단계로 구분된다.

핵심예제

다음 중 GHS/MSDS의 분류에 따른 환경 유해성에 해당하는
물질 분류로만 짝지은 것은?

　ㄱ. 생식독성
　ㄴ. 오존층 유해성
　ㄷ. 수생환경 유해성
　ㄹ. 생식세포 변이원성

① ㄱ, ㄴ　　　　　　② ㄱ, ㄹ
③ ㄴ, ㄷ　　　　　　④ ㄷ, ㄹ

|해설|

생식독성과 생식세포 변이원성은 건강 유해성의 분류에 해당한다.

정답 ③

① 정의 : 오존을 파괴하여 오존층을 고갈시키는 성질을
말하며, 오존 파괴 잠재성(Ozone Depleting Poten-
tial)은 오존에 대한 교란 정도의 비, 즉 특정화합물의
트라이클로로플루오로메테인(CFC-11)과 동등 방출
량의 비이다.

② 단일물질의 분류

구 분	구분 기준
1	오존층 보호를 위한 특정물질의 제조규제 등에 관한 법률에 따른 특정물질

③ 혼합물의 분류

구 분	구분 기준
1	오존층 보호를 위한 특정물질의 제조규제 등에 관한 법률에 따른 특정물질을 적어도 한 가지 이상 0.1% 이상을 포함한 혼합물

핵심예제

GHS/MSDS에 따른 오존층 유해성 물질 중 혼합물의 분류 기
준은?

① 오존층 보호를 위한 특정물질의 제조규제 등에 관한 법률에
따른 특정물질을 적어도 한 가지 이상 0.1% 이상을 포함한
혼합물

② 오존층 보호를 위한 특정물질의 제조규제 등에 관한 법률에
따른 특정물질을 적어도 두 가지 이상 0.1% 이상을 포함한
혼합물

③ 오존층 보호를 위한 특정물질의 제조규제 등에 관한 법률에
따른 특정물질을 적어도 한 가지 이상 1.0% 이상을 포함한
혼합물

④ 오존층 보호를 위한 특정물질의 제조규제 등에 관한 법률에
따른 특정물질을 적어도 두 가지 이상 1.0% 이상을 포함한
혼합물

정답 ①

경고표지의 부착(화학물질의 분류·표시 및 물질안전보건자료에 관한 기준 제5조)

① 물질안전보건자료대상물질을 양도·제공하는 자는 해당 물질안전보건자료대상물질의 용기 및 포장에 한글로 작성한 경고표지(같은 경고표지 내에 한글과 외국어가 함께 기재된 경우를 포함한다)를 부착하거나 인쇄하는 등 유해·위험 정보가 명확히 나타나도록 하여야 한다. 다만, 실험실에서 시험·연구목적으로 사용하는 시약으로서 외국어로 작성된 경고표지가 부착되어 있거나 수출하기 위하여 저장 또는 운반 중에 있는 완제품은 한글로 작성한 경고표지를 부착하지 아니할 수 있다.

② ①에도 불구하고 국제연합(UN)의 위험물 운송에 관한 권고(RTDG)에서 정하는 유해성·위험성 물질을 포장에 표시하는 경우에는 위험물 운송에 관한 권고(RTDG)에 따라 표시할 수 있다.

③ 포장하지 않는 드럼 등의 용기에 국제연합(UN)의 위험물 운송에 관한 권고(RTDG)에 따라 표시를 한 경우에는 경고표지에 그림문자를 표시하지 아니할 수 있다.

④ 용기 및 포장에 경고표지를 부착하거나 경고표지의 내용을 인쇄하는 방법으로 표시하는 것이 곤란한 경우에는 경고표지를 인쇄한 꼬리표를 달 수 있다.

⑤ 물질안전보건자료대상물질을 사용·운반 또는 저장하고자 하는 사업주는 경고표지의 유무를 확인하여야 하며, 경고표지가 없는 경우에는 경고표지를 부착하여야 한다.

⑥ ⑤에 따른 사업주는 물질안전보건자료대상물질의 양도·제공자에게 경고표지의 부착을 요청할 수 있다.

핵심예제

48-1. 화학물질의 분류·표시 및 물질안전보건자료에 관한 기준에 따른 경고표지 부착에 대한 설명으로 옳지 않은 것은?

① 물질안전보건자료대상물질을 양도·제공하는 자는 해당 물질안전보건자료대상물질의 용기 및 포장에 한글로 작성한 경고표지(같은 경고표지 내에 한글과 외국어가 함께 기재된 경우를 포함한다)를 부착하거나 인쇄하는 등 유해·위험 정보가 명확히 나타나도록 하여야 한다.

② 실험실에서 시험·연구목적으로 사용하는 시약으로서 외국어로 작성된 경고표지가 부착되어 있거나 수출하기 위하여 저장 또는 운반 중에 있는 완제품은 한글로 작성한 경고표지를 반드시 부착해야 한다.

③ 포장하지 않는 드럼 등의 용기에 국제연합(UN)의 위험물 운송에 관한 권고(RTDG)에 따라 표시를 한 경우에는 경고표지에 그림문자를 표시하지 아니할 수 있다.

④ 용기 및 포장에 경고표지를 부착하거나 경고표지의 내용을 인쇄하는 방법으로 표시하는 것이 곤란한 경우에는 경고표지를 인쇄한 꼬리표를 달 수 있다.

48-2. 산업안전보건법령상 물질안전보건자료(MSDS) 대상물질을 양도·제공하는 자가 이행해야 할 경고표지의 부착에 관한 내용 중 틀린 것은? [2021년 2회]

① 용기 및 포장에 경고표지를 부착할 수 없을 경우 경고표시를 인쇄한 꼬리표로 대체할 수 있다.

② UN의 위험물 운송에 관한 권고(RTDG)에 따라 드럼 등의 용기에 경고표시 할 경우 그림문자를 누락하여서는 안 된다.

③ 제공받은 위험물에 경고표지가 부착되어 있지 않을 경우 물질의 양도·제공자에게 경고표지의 부착을 요청할 수 있다.

④ 실험실에서 시험·연구목적으로 사용하는 시약은 외국어로 작성된 경고표지만 부착하여도 무방하다.

| 해설 |

48-1
실험실에서 시험·연구목적으로 사용하는 시약으로서 외국어로 작성된 경고표지가 부착되어 있거나 수출하기 위하여 저장 또는 운반 중에 있는 완제품은 한글로 작성한 경고표지를 부착하지 아니할 수 있다.

48-2
포장하지 않는 드럼 등의 용기에 국제연합(UN)의 위험물 운송에 관한 권고(RTDG)에 따라 표시를 한 경우에는 경고표지에 그림문자를 표시하지 아니할 수 있다.

정답 **48-1** ② **48-2** ②

경고표지의 작성방법(화학물질의 분류·표시 및 물질안전보건자료에 관한 기준 제6조)

① 물질안전보건자료대상물질의 내용량이 100g 이하 또는 100mL 이하인 경우에는 경고표지에 명칭, 그림문자, 신호어 및 공급자 정보만을 표시할 수 있다.

② 물질안전보건자료대상물질을 해당 사업장에서 자체적으로 사용하기 위하여 담은 반제품용기에 경고표시를 할 경우에는 유해·위험의 정도에 따른 '위험' 또는 '경고'의 문구만을 표시할 수 있다. 다만, 이 경우 보관·저장장소의 작업자가 쉽게 볼 수 있는 위치에 경고표지를 부착하거나 물질안전보건자료를 게시하여야 한다.

핵심예제

화학물질의 분류·표시 및 물질안전보건자료에 관한 기준에 따르면, 물질안전보건자료대상물질의 내용량이 100g 이하 또는 100mL 이하인 경우에는 경고표지의 내용을 일부만 작성할 수 있다. 이 경우 작성해야 하는 경고표지의 내용을 모두 고른 것은?

> A. 명 칭
> B. 그림문자
> C. 신호어
> D. 유해·위험 문구
> E. 예방조치 문구
> F. 공급자 정보

① A, D
② B, C, E
③ C, D, F
④ A, B, C, F

|해설|

물질안전보건자료대상물질의 내용량이 100g 이하 또는 100mL 이하인 경우에는 경고표지에 명칭, 그림문자, 신호어 및 공급자 정보만을 표시할 수 있다.

정답 ④

경고표지 기재항목의 작성방법(화학물질의 분류·표시 및 물질안전보건자료에 관한 기준 제6조의2)

① 명칭은 물질안전보건자료상의 제품명을 기재한다.

② 그림문자는 경고표지의 기재항목에 해당되는 것을 모두 표시한다. 다만, 다음의 어느 하나에 해당되는 경우에는 이에 따른다.

　㉠ '해골과 X자형 뼈' 그림문자와 '감탄부호(!)' 그림문자에 모두 해당되는 경우에는 '해골과 X자형 뼈' 그림문자만을 표시한다.

　㉡ 부식성 그림문자와 피부 자극성 또는 눈 자극성 그림문자에 모두 해당되는 경우에는 부식성 그림문자만을 표시한다.

　㉢ 호흡기 과민성 그림문자와 피부 과민성, 피부 자극성 또는 눈 자극성 그림문자에 모두 해당되는 경우에는 호흡기 과민성 그림문자만을 표시한다.

　㉣ 5개 이상의 그림문자에 해당되는 경우에는 4개의 그림문자만을 표시할 수 있다.

③ 신호어는 경고표지의 기재항목에 따라 '위험' 또는 '경고'를 표시한다. 다만, 물질안전보건자료대상물질이 '위험'과 '경고'에 모두 해당되는 경우에는 '위험'만을 표시한다.

④ 유해·위험 문구는 경고표지의 기재항목에 따라 해당되는 것을 모두 표시한다. 다만, 중복되는 유해·위험 문구를 생략하거나 유사한 유해·위험 문구를 조합하여 표시할 수 있다.

⑤ 예방조치 문구는 경고표지의 기재항목에 해당되는 것을 모두 표시한다. 다만, 다음의 어느 하나에 해당되는 경우에는 이에 따른다.

　㉠ 중복되는 예방조치 문구를 생략하거나 유사한 예방조치 문구를 조합하여 표시할 수 있다.

ⓛ 예방조치 문구가 7개 이상인 경우에는 예방·대응·저장·폐기 각 1개 이상(해당 문구가 없는 경우는 제외한다)을 포함하여 6개만 표시해도 된다. 이때 표시하지 않은 예방조치 문구는 물질안전보건자료를 참고하도록 기재하여야 한다.

핵심예제

50-1. 화학물질의 분류·표시 및 물질안전보건자료에 관한 기준에 따른 경고표지 기재항목의 작성방법으로 옳은 것은?

① '해골과 X자형 뼈' 그림문자와 '감탄부호(!)' 그림문자에 모두 해당되는 경우에는 '감탄부호(!)' 그림문자만을 표시한다.

② 부식성 그림문자와 피부 자극성 또는 눈 자극성 그림문자에 모두 해당되는 경우에는 눈 자극성 그림문자만을 표시한다.

③ 호흡기 과민성 그림문자와 피부 과민성, 피부 자극성 또는 눈 자극성 그림문자에 모두 해당되는 경우에는 눈 자극성 그림문자만을 표시한다.

④ 5개 이상의 그림문자에 해당되는 경우에는 4개의 그림문자만을 표시할 수 있다.

50-2. 화학물질의 분류 및 표시 등에 관한 규정 및 화학물질의 분류·표시 및 물질안전보건자료에 관한 기준상 유해화학물질의 표시 기준에 맞지 않는 것은? [2020년 3회]

① 5개 이상의 그림문자에 해당하는 물질의 경우 4개만 표시하여도 무방하다.

② '위험', '경고' 모두에 해당되는 경우 '위험'만 표시한다.

③ 대상 화학물질이름으로 IUPAC 표준 명칭을 사용할 수 있다.

④ 급성독성의 그림문자는 '해골과 X자형 뼈'와 '감탄부호' 두 가지를 모두 사용해야 한다.

50-3. 산업안전보건법령상 물질안전보건자료의 경고표시 기재항목의 작성방법으로 틀린 것은? [2021년 4회]

① 그림문자 : 5개 이상일 경우 4개만 표시 가능

② 신호어 : '위험' 또는 '경고' 표시 모두 해당하는 경우에는 '경고'만 표시 가능

③ 예방조치 문구 : 7개 이상인 경우에는 예방·대응·저장·폐기 각 1개 이상을 포함하여 6개만 표시 가능

④ 유해·위험 문구 : 해당 문구는 모두 기재하되, 중복되는 문구는 생략, 유사한 문구는 조합 가능

| 해설 |

50-1

① '해골과 X자형 뼈' 그림문자와 '감탄부호(!)' 그림문자에 모두 해당되는 경우에는 '해골과 X자형 뼈' 그림문자만을 표시한다.

② 부식성 그림문자와 피부 자극성 또는 눈 자극성 그림문자에 모두 해당되는 경우에는 부식성 그림문자만을 표시한다.

③ 호흡기 과민성 그림문자와 피부 과민성, 피부 자극성 또는 눈 자극성 그림문자에 모두 해당되는 경우에는 호흡기 과민성 그림문자만을 표시한다.

50-2

④ 해골과 X자형 뼈가 사용되는 경우에는, 감탄부호는 사용해서는 안 된다.

50-3

신호어는 '위험'과 '경고' 모두 해당되는 경우에는 '위험'만 표시한다.

정답 50-1 ④ 50-2 ④ 50-3 ②

핵심이론 51 경고표지의 양식 및 규격(화학물질의 분류·표시 및 물질안전보건자료에 관한 기준 [별표 3])

① 양 식

> (명 칭)
>
> (그림문자 예시)   (신 호 어)
>   유해·위험 문구 :
>
>
>   예방조치 문구 :
>
>
> 공급자 정보 :

② 규 격

ⓐ 용기 또는 포장의 용량별 인쇄 또는 표찰의 크기

용기 또는 포장의 용량	인쇄 또는 표찰의 규격
용량 ≥ 500L	450cm² 이상
200L ≤ 용량 < 500L	300cm² 이상
50L ≤ 용량 < 200L	180cm² 이상
5L ≤ 용량 < 50L	90cm² 이상
용량 < 5L	용기 또는 포장의 상하면적을 제외한 전체 표면적의 5% 이상

ⓑ 그림문자의 크기

- 개별 그림문자의 크기는 인쇄 또는 표찰 규격의 40분의 1 이상이어야 한다.
- 그림문자의 크기는 최소한 0.5cm² 이상이어야 한다.

핵심예제

화학물질의 분류·표시 및 물질안전보건자료에 관한 기준에 따라 경고표지를 작성할 때, 그림문자의 최소 크기는?

① 0.5cm²   ② 1.0cm²
③ 5.0cm²   ④ 10.0cm²

|해설|

그림문자의 크기는 최소한 0.5cm² 이상이어야 한다.

정답 ①

핵심이론 52 경고표지의 색상 및 위치(화학물질의 분류·표시 및 물질안전보건자료에 관한 기준 제8조)

① 경고표지 전체의 바탕은 흰색으로, 글씨와 테두리는 검정색으로 하여야 한다.

② ①에도 불구하고 비닐포대 등 바탕색을 흰색으로 하기 어려운 경우에는 그 포장 또는 용기의 표면을 바탕색으로 사용할 수 있다. 다만, 바탕색이 검정색에 가까운 용기 또는 포장인 경우에는 글씨와 테두리를 바탕색과 대비색상으로 표시하여야 한다.

③ 그림문자(GHS에 따른 그림문자를 말한다)는 유해성·위험성을 나타내는 그림과 테두리로 구성하며, 유해성·위험성을 나타내는 그림은 검은색으로 하고, 그림문자의 테두리는 빨간색으로 하는 것을 원칙으로 하되 바탕색과 테두리의 구분이 어려운 경우 바탕색의 대비 색상으로 할 수 있으며, 그림문자의 바탕은 흰색으로 한다. 다만, 1L 미만의 소량용기 또는 포장으로서 경고표지를 용기 또는 포장에 직접 인쇄하고자 하는 경우에는 그 용기 또는 포장 표면의 색상이 두 가지 이하로 착색되어 있는 경우에 한하여 용기 또는 포장에 주로 사용된 색상(검정색 계통은 제외한다)을 그림문자의 바탕색으로 할 수 있다.

④ 경고표지는 취급근로자가 사용 중에도 쉽게 볼 수 있는 위치에 견고하게 부착하여야 한다.

화학물질의 분류·표시 및 물질안전보건자료에 관한 기준에 따른 경고표지의 색상 및 위치에 대한 설명으로 옳은 것은?

[2020년 1·2회]

① 경고표지 전체의 바탕은 흰색으로, 글씨와 테두리는 검정색으로 하여야 한다.
② 예방조치 문구를 생략해도 된다.
③ 비닐포대 등 바탕색을 흰색으로 하기 어려운 경우에는 그 포장 또는 용기의 표면을 바탕색으로 사용할 수 없다.
④ 그림문자는 유해성·위험성을 나타내는 그림과 테두리로 구성하며, 유해성·위험성을 나타내는 그림은 백색으로 한다.

|해설|

② 예방조치 문구는 경고표지의 기재항목에 따라 해당되는 것을 모두 표시한다. 다만, 다음의 어느 하나에 해당되는 경우에는 이에 따른다.
  • 중복되는 예방조치 문구를 생략하거나 유사한 예방조치 문구를 조합하여 표시할 수 있다.
  • 예방조치 문구가 7개 이상인 경우에는 예방·대응·저장·폐기 각 1개 이상(해당 문구가 없는 경우는 제외한다)을 포함하여 6개만 표시해도 된다. 이때 표시하지 않은 예방조치 문구는 물질안전보건자료를 참고하도록 기재하여야 한다.
③ 비닐포대 등 바탕색을 흰색으로 하기 어려운 경우에는 그 포장 또는 용기의 표면을 바탕색으로 사용할 수 있다. 다만, 바탕색이 검정색에 가까운 용기 또는 포장인 경우에는 글씨와 테두리를 바탕색과 대비색상으로 표시하여야 한다.
④ 그림문자(GHS에 따른 그림문자를 말한다)는 유해성·위험성을 나타내는 그림과 테두리로 구성하며, 유해성·위험성을 나타내는 그림은 검은색으로 하고, 그림문자의 테두리는 빨간색으로 하는 것을 원칙으로 하되 바탕색과 테두리의 구분이 어려운 경우 바탕색의 대비색상으로 할 수 있으며, 그림문자의 바탕은 흰색으로 한다. 다만, 1L 미만의 소량용기 또는 포장으로서 경고표지를 용기 또는 포장에 직접 인쇄하고자 하는 경우에는 그 용기 또는 포장 표면의 색상이 두 가지 이하로 착색되어 있는 경우에 한하여 용기 또는 포장에 주로 사용된 색상(검정색 계통은 제외한다)을 그림문자의 바탕색으로 할 수 있다.

정답 ①

물질안전보건자료 작성항목(화학물질의 분류·표시 및 물질안전보건자료에 관한 기준제10조)

① 화학제품과 회사에 관한 정보
② 유해성·위험성
③ 구성성분의 명칭 및 함유량
④ 응급조치요령
⑤ 폭발·화재 시 대처방법
⑥ 누출사고 시 대처방법
⑦ 취급 및 저장방법
⑧ 노출방지 및 개인보호구
⑨ 물리화학적 특성
⑩ 안정성 및 반응성
⑪ 독성에 관한 정보
⑫ 환경에 미치는 영향
⑬ 폐기 시 주의사항
⑭ 운송에 필요한 정보
⑮ 법적규제 현황
⑯ 그 밖의 참고사항

53-1. 물질안전보건자료(MSDS) 구성 항목이 아닌 것은?

[2021년 1회]

① 화학제품과 회사에 관한 정보
② 화학제품의 제조방법
③ 취급 및 저장방법
④ 유해·위험성

53-2. 산업안전보건법령상 물질안전보건자료 작성 시 포함되어 있는 주요 작성항목이 아닌 것은?

[2022년 1회]

① 응급조치요령
② 법적규제 현황
③ 폐기 시 주의사항
④ 생산책임자 성명

정답 53-1 ② 53-2 ④

① 화학제품과 회사에 관한 정보

　㉠ 제품명(경고표지상에 사용되는 것과 동일한 명칭 또는 분류코드를 기재한다)

　㉡ 제품의 권고 용도와 사용상의 제한

　㉢ 공급자 정보(제조자, 수입자, 유통업자 관계없이 해당 제품의 공급 및 물질안전보건자료 작성을 책임지는 회사의 정보를 기재하되, 수입품의 경우 문의사항 발생 또는 긴급 시 연락 가능한 국내 공급자 정보를 기재)

　　• 회사명

　　• 주 소

　　• 긴급전화번호

② 유해성ㆍ위험성

　㉠ 유해성ㆍ위험성 분류

　㉡ 예방조치 문구를 포함한 경고표지 항목

　　• 그림문자

　　• 신호어

　　• 유해ㆍ위험 문구

　　• 예방조치 문구

　㉢ 유해성ㆍ위험성 분류기준에 포함되지 않는 기타 유해성ㆍ위험성(예 분진폭발 위험성)

③ **구성성분의 명칭 및 함유량** : 화학물질명, 관용명 및 이명(異名), CAS번호 또는 식별번호, 함유량(%)

　※ 대체자료 기재 승인(부분승인) 시 승인번호 및 유효기간

④ 응급조치 요령

　㉠ 눈에 들어갔을 때

　㉡ 피부에 접촉했을 때

　㉢ 흡입했을 때

　㉣ 먹었을 때

　㉤ 기타 의사의 주의사항

⑤ 폭발ㆍ화재 시 대처방법

　㉠ 적절한 (및 부적절한) 소화제

　㉡ 화학물질로부터 생기는 특정 유해성(예 연소 시 발생 유해물질)

　㉢ 화재 진압 시 착용할 보호구 및 예방조치

⑥ 누출 사고 시 대처방법

　㉠ 인체를 보호하기 위해 필요한 조치 사항 및 보호구

　㉡ 환경을 보호하기 위해 필요한 조치사항

　㉢ 정화 또는 제거 방법

⑦ 취급 및 저장방법

　㉠ 안전취급요령

　㉡ 안전한 저장 방법(피해야 할 조건을 포함함)

⑧ 노출방지 및 개인보호구

　㉠ 화학물질의 노출기준, 생물학적 노출기준 등

　㉡ 적절한 공학적 관리

　㉢ 개인 보호구

　　• 호흡기 보호

　　• 눈 보호

　　• 손 보호

　　• 신체 보호

⑨ 물리화학적 특성

　㉠ 외관(물리적 상태, 색 등)

　㉡ 냄 새

　㉢ 냄새 역치

　㉣ pH

　㉤ 녹는점/어는점

　㉥ 초기 끓는점과 끓는점 범위

　㉦ 인화점

　㉧ 증발 속도

　㉨ 인화성(고체, 기체)

　㉩ 인화 또는 폭발 범위의 상한/하한

　㉪ 증기압

　㉫ 용해도

　㉬ 증기밀도

ⓗ 비 중

㉮ n 옥탄올/물 분배계수

㉯ 자연발화 온도

㉰ 분해 온도

㉱ 점 도

㉲ 분자량

⑩ 안정성 및 반응성

　㉠ 화학적 안정성 및 유해 반응의 가능성

　㉡ 피해야 할 조건(정전기 방전, 충격, 진동 등)

　㉢ 피해야 할 물질

　㉣ 분해 시 생성되는 유해물질

⑪ 독성에 관한 정보

　㉠ 가능성이 높은 노출경로에 관한 정보

　㉡ 건강 유해성 정보

　　• 급성 독성(노출 가능한 모든 경로에 대해 기재)

　　• 피부 부식성 또는 자극성

　　• 심한 눈 손상 또는 자극성

　　• 호흡기 과민성

　　• 피부 과민성

　　• 발암성

　　• 생식세포 변이원성

　　• 생식독성

　　• 특정 표적장기 독성(1회 노출)

　　• 특정 표적장기 독성(반복 노출)

　　• 흡인 유해성

　※ ㉠ 및 ㉡을 합쳐서 노출경로와 건강 유해성 정보를
　　함께 기재할 수 있음

⑫ 환경에 미치는 영향

　㉠ 생태독성

　㉡ 잔류성 및 분해성

　㉢ 생물 농축성

　㉣ 토양 이동성

　㉤ 기타 유해 영향

⑬ 폐기 시 주의사항

　㉠ 폐기방법

　㉡ 폐기 시 주의사항(오염된 용기 및 포장의 폐기 방
　　법을 포함함)

⑭ 운송에 필요한 정보

　㉠ 유엔 번호

　㉡ 유엔 적정 선적명

　㉢ 운송에서의 위험성 등급

　㉣ 용기등급(해당하는 경우)

　㉤ 해양오염물질(해당 또는 비해당으로 표기)

　㉥ 사용자가 운송 또는 운송 수단에 관련해 알 필요가
　　있거나 필요한 특별한 안전 대책

⑮ 법적 규제현황

　㉠ 산업안전보건법에 의한 규제

　㉡ 화학물질관리법에 의한 규제

　㉢ 위험물안전관리법에 의한 규제

　㉣ 폐기물관리법에 의한 규제

　㉤ 기타 국내 및 외국법에 의한 규제

⑯ 그 밖의 참고사항

　㉠ 자료의 출처

　㉡ 최초 작성일자

　㉢ 개정 횟수 및 최종 개정일자

　㉣ 기 타

① 물질안전보건자료는 한글로 작성하는 것을 원칙으로 하되 화학물질명, 외국기관명 등의 고유명사는 영어로 표기할 수 있다.

② ①에도 불구하고 실험실에서 시험·연구목적으로 사용하는 시약으로서 물질안전보건자료가 외국어로 작성된 경우에는 한국어로 번역하지 아니할 수 있다.

③ 물질안전보건자료 항목 작성 시 시험결과를 반영하고자 하는 경우에는 해당 국가의 우수실험실기준(GLP) 및 국제공인시험기관 인정(KOLAS)에 따라 수행한 시험결과를 우선적으로 고려하여야 한다.

④ 외국어로 되어 있는 물질안전보건자료를 번역하는 경우에는 자료의 신뢰성이 확보될 수 있도록 최초 작성기관명 및 시기를 함께 기재하여야 하며, 다른 형태의 관련 자료를 활용하여 물질안전보건자료를 작성하는 경우에는 참고문헌의 출처를 기재하여야 한다.

⑤ 물질안전보건자료 작성에 필요한 용어, 작성에 필요한 기술지침은 한국산업안전보건공단이 정할 수 있다.

⑥ 물질안전보건자료의 작성단위는 계량에 관한 법률이 정하는 바에 의한다.

⑦ 각 작성항목은 빠짐없이 작성하여야 한다. 다만, 부득이 어느 항목에 대해 관련 정보를 얻을 수 없는 경우에는 작성란에 '자료 없음'이라고 기재하고, 적용이 불가능하거나 대상이 되지 않는 경우에는 작성란에 '해당 없음'이라고 기재한다.

⑧ 물질안전보건자료 기재 항목의 화학제품에 관한 정보 중 용도는 본 기준에서 정하는 용도분류체계에서 하나 이상을 선택하여 작성할 수 있다. 다만, 산업안전보건법에 따라 작성된 물질안전보건자료를 제출할 때에는 용도분류체계에서 하나 이상을 선택하여야 한다.

⑨ 혼합물 내 함유된 화학물질 중 물리적 위험성에 해당하는 화학물질의 함유량이 한계농도인 1% 미만이거나 건강 및 환경 유해성에 해당하는 화학물질의 함유량이 별표 6에서 정한 한계농도 미만인 경우 물질안전보건자료에 따른 항목에 대한 정보를 기재하지 아니할 수 있다. 이 경우 화학물질이 물리적 위험성과 건강 및 환경 유해성에 모두 해당할 때에는 낮은 한계농도를 기준으로 한다.

⑩ 물질안전보건자료 항목 중 구성 성분의 함유량을 기재하는 경우에는 함유량의 ±5퍼센트포인트(%p) 내에서 범위(하한값~상한값)로 함유량을 대신하여 표시할 수 있다.

⑪ 물질안전보건자료를 작성할 때에는 취급근로자의 건강보호목적에 맞도록 성실하게 작성하여야 한다.

55-1. 화학물질의 분류·표시 및 물질안전보건자료에 관한 기준에 따라 물질안전보건자료를 작성할 때 옳지 않은 것은?

① 물질안전보건자료는 한글로 작성하는 것을 원칙으로 하되 화학물질명, 외국기관명 등의 고유명사는 영어로 표기할 수 있다.

② 실험실에서 시험·연구목적으로 사용하는 시약으로서 물질안전보건자료가 외국어로 작성된 경우에는 한국어로 번역하지 아니할 수 있다.

③ 구성 성분의 함유량을 기재하는 경우에는 함유량의 ±10.0 퍼센트포인트(%P) 내에서 범위(하한값~상한값)로 함유량을 대신하여 표시할 수 있다.

④ 각 작성항목은 빠짐없이 작성하여야 한다. 다만, 부득이 어느 항목에 대해 관련 정보를 얻을 수 없는 경우에는 작성란에 '자료 없음'이라고 기재하고, 적용이 불가능하거나 대상이 되지 않는 경우에는 작성란에 '해당 없음'이라고 기재한다.

55-2. 물질안전보건자료의 작성원칙이 아닌 것은?

[2020년 4회]

① 한글로 작성하는 것을 원칙으로 하며, 외국 기관명 등 고유명사는 영어로 표기한다.

② 여러 형태의 자료를 활용하여 작성 시 제공되는 자료의 출처를 모두 기재할 필요가 없다.

③ 외국어로 작성된 MSDS를 번역하고자 하는 경우에는 자료의 신뢰성이 확보될 수 있도록 최초의 작성 기관명 및 시기를 함께 기재한다.

④ 함유량의 ±5% 범위 내에서 함유량의 범위로 함유량을 대신하여 표시할 수 있다.

|해설|

55-1
구성 성분의 함유량을 기재하는 경우에는 함유량의 ±5퍼센트포인트(%p) 내에서 범위(하한값~상한값)로 함유량을 대신하여 표시할 수 있다.

55-2
다른 형태의 관련 자료를 활용하여 MSDS를 작성하는 경우에는 참고문헌의 출처를 기재하여야 한다.

정답 55-1 ③ 55-2 ②

핵심이론 56 혼합물의 유해성·위험성 결정

① 물질안전보건자료를 작성할 때에는 혼합물의 유해성·위험성을 다음과 같이 결정한다.

　㉠ 혼합물에 대한 유해성·위험성의 결정을 위한 세부 판단기준은 별표 1에 따른다.

　㉡ 혼합물에 대한 물리적 위험성 여부가 혼합물 전체로서 시험되지 않는 경우에는 혼합물을 구성하고 있는 단일화학물질에 관한 자료를 통해 혼합물의 물리적 잠재유해성을 평가할 수 있다.

② 혼합물인 제품들이 다음의 요건을 모두 충족하는 경우에는 해당 제품들을 대표하여 하나의 물질안전보건자료를 작성할 수 있다.

　㉠ 혼합물인 제품들의 구성성분이 같을 것. 다만, 향수, 향료 또는 안료(이하 '향수 등'이라 한다) 성분의 물질을 포함하는 제품으로서 다음의 요건을 모두 충족하는 경우에는 그러하지 아니한다.

　　• 제품의 구성성분 중 향수 등의 함유량(2가지 이상의 향수 등 성분을 포함하는 경우에는 총함유량을 말한다)이 5% 이하일 것

　　• 제품의 구성성분 중 향수 등 성분의 물질만 변경될 것

　㉡ 각 구성성분의 함유량 변화가 10퍼센트포인트(%p) 이하일 것

　㉢ 유사한 유해성을 가질 것

③ ②에 따라 하나의 물질안전보건자료를 작성하는 제품들이 ②의 ㉠ 단서에 해당하는 경우는 물질안전보건자료의 구성 성분의 명칭 및 함유량에 따른 항목에 제품별로 구성성분을 알 수 있도록 기재하여야 하고, ②의 ㉢에 해당하는 경우는 제품별로 유해성을 구분하여 기재하여야 한다.

56-1. 화학물질의 분류·표시 및 물질안전보건자료에 관한 기준에 따르면 혼합물이 일정 요건을 모두 충족하는 경우에는 해당 제품들을 대표하여 하나의 물질안전보건자료를 작성할 수 있다. 이러한 경우 혼합물인 제품들이 충족해야 하는 요건을 모두 고른 것은?

> A. 혼합물인 제품들의 구성성분이 같을 것(다만, 향수, 향료 또는 안료 성분의 물질을 포함하는 제품의 일부는 예외 있음)
> B. 각 구성성분의 함유량 변화가 10퍼센트포인트(%p) 이하일 것
> C. 유사한 유해성을 가질 것

① A
② A, C
③ B, C
④ A, B, C

56-2. 산업안전보건법령상 물질안전보건자료의 작성에 관한 내용의 일부 중 밑줄 친 것에 해당하지 않는 것은?(단, 법령상 향수 등에 해당하는 물질에 관한 조건은 제외한다)

[2021년 2회]

> 혼합물인 제품들이 <u>다음 각 호의 요건</u>을 모두 충족하는 경우에는 해당 제품들을 대표하여 하나의 물질안전보건자료를 작성할 수 있다.

① 각 구성성분의 함량변화가 10%P 이하일 것
② 혼합물로 된 제품의 구성성분이 같을 것
③ 주성분이 90% 이상일 것
④ 유사한 유해성을 가질 것

56-1, 56-2
혼합물인 제품들이 다음 각 호의 요건을 모두 충족하는 경우에는 해당 제품들을 대표하여 하나의 물질안전보건자료를 작성할 수 있다.
• 혼합물인 제품들의 구성성분이 같을 것. 다만, 향수, 향료 또는 안료(이하 '향수 등'이라 한다) 성분의 물질을 포함하는 제품으로서 다음 각 목의 요건을 모두 충족하는 경우에는 그러하지 아니한다.
  – 제품의 구성성분 중 향수 등의 함유량(2가지 이상의 향수 등 성분을 포함하는 경우에는 총함유량을 말한다)이 5% 이하일 것
  – 제품의 구성성분 중 향수 등 성분의 물질만 변경될 것
• 각 구성성분의 함유량 변화가 10%P 이하일 것
• 유사한 유해성을 가질 것

정답 56-1 ④ 56-2 ③

2-2. 분석환경 관리

핵심이론 01 안전보건표지의 설치·부착(산업안전보건법 제37조)

① 사업주는 유해하거나 위험한 장소·시설·물질에 대한 경고, 비상시에 대처하기 위한 지시·안내 또는 그 밖에 근로자의 안전 및 보건 의식을 고취하기 위한 사항 등을 그림, 기호 및 글자 등으로 나타낸 표지(이하 '안전보건표지'라 한다)를 근로자가 쉽게 알아 볼 수 있도록 설치하거나 붙여야 한다. 이 경우 외국인근로자의 고용 등에 관한 법률 제2조에 따른 외국인근로자(같은 조 단서에 따른 사람을 포함한다)를 사용하는 사업주는 안전보건표지를 고용노동부장관이 정하는 바에 따라 해당 외국인근로자의 모국어로 작성하여야 한다.

② 안전보건표지의 종류, 형태, 색채, 용도 및 설치·부착 장소, 그 밖에 필요한 사항은 고용노동부령으로 정한다.

핵심이론 02 공정안전보고서의 작성·제출(산업안전보건법 제44조)

① 사업주는 사업장에 대통령령으로 정하는 유해하거나 위험한 설비가 있는 경우 그 설비로부터의 위험물질 누출, 화재 및 폭발 등으로 인하여 사업장 내의 근로자에게 즉시 피해를 주거나 사업장 인근 지역에 피해를 줄 수 있는 사고로서 대통령령으로 정하는 사고(이하 '중대산업사고'라 한다)를 예방하기 위하여 대통령령으로 정하는 바에 따라 공정안전보고서를 작성하고 고용노동부장관에게 제출하여 심사를 받아야 한다. 이 경우 공정안전보고서의 내용이 중대산업사고를 예방하기 위하여 적합하다고 통보받기 전에는 관련된 유해하거나 위험한 설비를 가동해서는 아니 된다.

② 사업주는 ①에 따라 공정안전보고서를 작성할 때 산업안전보건위원회의 심의를 거쳐야 한다. 다만, 산업안전보건위원회가 설치되어 있지 아니한 사업장의 경우에는 근로자대표의 의견을 들어야 한다.

산업안전보건법령에 따라 사업주가 사업장에 대통령령으로 정하는 유해하거나 위험한 설비가 있는 경우 그 설비로부터의 위험물질 누출, 화재 및 폭발 등으로 인하여 발생할 수 있는 다음과 같은 사고를 예방하기 위해 작성하여야 하며, 고용노동부장관에게 제출하여 심사 받아야 하는 것은?

> • 근로자가 사망하거나 부상을 입을 수 있는 설비에서의 누출·화재·폭발 사고
> • 인근 지역의 주민이 인적 피해를 입을 수 있는 설비에서의 누출·화재·폭발 사고

① 공정안전보고서
② 물질안전보건자료
③ 유해화학물질 진열·보관 계획서
④ 유해화학물질의 유해·위험성 시험성적서

|해설|

사업주는 사업장에 대통령령으로 정하는 유해하거나 위험한 설비가 있는 경우 그 설비로부터의 위험물질 누출, 화재 및 폭발 등으로 인하여 사업장 내의 근로자에게 즉시 피해를 주거나 사업장 인근 지역에 피해를 줄 수 있는 사고로서 대통령령으로 정하는 사고(이하 '중대산업사고'라 한다)를 예방하기 위하여 대통령령으로 정하는 바에 따라 공정안전보고서를 작성하고 고용노동부장관에게 제출하여 심사를 받아야 한다.

정답 ①

① 화학물질 또는 이를 포함한 혼합물로서 유해인자의 유해성·위험성 분류기준에 따른 분류기준에 해당하는 것(대통령령으로 정하는 것은 제외한다. 이하 '물질안전보건자료대상물질'이라 한다)을 제조하거나 수입하려는 자는 다음의 사항을 적은 자료(이하 '물질안전보건자료'라 한다)를 고용노동부령으로 정하는 바에 따라 작성하여 고용노동부장관에게 제출하여야 한다. 이 경우 고용노동부장관은 고용노동부령으로 물질안전보건자료의 기재 사항이나 작성 방법을 정할 때 화학물질관리법 및 화학물질의 등록 및 평가 등에 관한 법률과 관련된 사항에 대해서는 환경부장관과 협의하여야 한다.
  ㉠ 제품명
  ㉡ 물질안전보건자료대상물질을 구성하는 화학물질 중 유해인자의 유해성·위험성 분류기준에 따른 분류기준에 해당하는 화학물질의 명칭 및 함유량
  ㉢ 안전 및 보건상의 취급 주의 사항
  ㉣ 건강 및 환경에 대한 유해성, 물리적 위험성
  ㉤ 물리·화학적 특성 등 고용노동부령으로 정하는 사항
② 물질안전보건자료대상물질을 제조하거나 수입하려는 자는 물질안전보건자료대상물질을 구성하는 화학물질 중 유해인자의 유해성·위험성 분류기준에 따른 분류기준에 해당하지 아니하는 화학물질의 명칭 및 함유량을 고용노동부장관에게 별도로 제출하여야 한다. 다만, 다음의 어느 하나에 해당하는 경우는 그러하지 아니한다.
  ㉠ ①에 따라 제출된 물질안전보건자료에 ② 외의 부분 본문에 따른 화학물질의 명칭 및 함유량이 전부 포함된 경우

ⓛ 물질안전보건자료대상물질을 수입하려는 자가 물질안전보건자료대상물질을 국외에서 제조하여 우리나라로 수출하려는 자(이하 '국외제조자'라 한다)로부터 물질안전보건자료에 적힌 화학물질 외에는 유해인자의 유해성·위험성 분류기준에 따른 분류기준에 해당하는 화학물질이 없음을 확인하는 내용의 서류를 받아 제출한 경우

③ 물질안전보건자료대상물질을 제조하거나 수입한 자는 ①에 따른 사항 중 고용노동부령으로 정하는 사항이 변경된 경우 그 변경 사항을 반영한 물질안전보건자료를 고용노동부장관에게 제출하여야 한다.

④ ①부터 ③까지의 규정에 따른 물질안전보건자료 등의 제출 방법·시기, 그 밖에 필요한 사항은 고용노동부령으로 정한다.

핵심이론 04 공정안전보고서의 제출 대상(산업안전보건법 시행령 제43조)

① 산업안전보건법 제44조 공정안전보고서의 작성·제출에서 '대통령령으로 정하는 유해하거나 위험한 설비'란 다음의 어느 하나에 해당하는 사업을 하는 사업장의 경우에는 그 보유설비를 말하고, 그 외의 사업을 하는 사업장의 경우에는 별표 13에 따른 유해·위험물질 중 하나 이상의 물질을 같은 표에 따른 규정량 이상 제조·취급·저장하는 설비 및 그 설비의 운영과 관련된 모든 공정설비를 말한다.

ⓐ 원유 정제처리업
ⓑ 기타 석유정제물 재처리업
ⓒ 석유화학계 기초화학물질 제조업 또는 합성수지 및 기타 플라스틱물질 제조업. 다만, 합성수지 및 기타 플라스틱물질 제조업은 별표 13 제1호 또는 제2호에 해당하는 경우로 한정한다.
ⓓ 질소화합물, 질소·인산 및 칼리질 화학비료 제조업 중 질소질 비료 제조
ⓔ 복합비료 및 기타 화학비료 제조업 중 복합비료 제조(단순혼합 또는 배합에 의한 경우는 제외한다)
ⓕ 화학 살균·살충제 및 농업용 약제 제조업[농약 원제(原劑) 제조만 해당한다]
ⓖ 화약 및 불꽃제품 제조업

② ①에도 불구하고 다음의 설비는 유해하거나 위험한 설비로 보지 않는다.

ⓐ 원자력 설비
ⓑ 군사시설
ⓒ 사업주가 해당 사업장 내에서 직접 사용하기 위한 난방용 연료의 저장설비 및 사용설비
ⓓ 도매·소매시설
ⓔ 차량 등의 운송설비
ⓕ 액화석유가스의 안전관리 및 사업법에 따른 액화석유가스의 충전·저장시설
ⓖ 도시가스사업법에 따른 가스공급시설

◎ 그 밖에 고용노동부장관이 누출·화재·폭발 등의 사고가 있더라도 그에 따른 피해의 정도가 크지 않다고 인정하여 고시하는 설비

③ 산업안전보건법 제44조 공정안전보고서의 작성·제출에서 '대통령령으로 정하는 사고'란 다음의 어느 하나에 해당하는 사고를 말한다.

㉠ 근로자가 사망하거나 부상을 입을 수 있는 ①에 따른 설비(②에 따른 설비는 제외한다. 이하 ㉡에서 같다)에서의 누출·화재·폭발 사고

㉡ 인근 지역의 주민이 인적 피해를 입을 수 있는 ①에 따른 설비에서의 누출·화재·폭발 사고

산업안전보건법령에 따라 사업주는 사업장에 유해하거나 위험한 설비가 있는 경우 그 설비로부터의 위험물질 누출, 화재 및 폭발 등으로 인하여 사업장 내의 근로자에게 즉시 피해를 주거나 사업장 인근 지역에 피해를 줄 수 있는 사고를 예방하기 위하여 공정안전보고서를 작성하여 제출해야 한다. 다음 중 공정안전보고서의 제출 대상이 아닌 설비는?

① 원유 정제처리업
② 도시가스사업법에 따른 가스공급시설
③ 화학 살균·살충제 및 농업용 약제 제조업[농약 원제(原劑) 제조만 해당]
④ 질소화합물, 질소·인산 및 칼리질 화학비료 제조업 중 질소질 비료 제조

|해설|

공정안전보고서의 제출 대상이 아닌 설비
• 원자력 설비
• 군사시설
• 사업주가 해당 사업장 내에서 직접 사용하기 위한 난방용 연료의 저장설비 및 사용설비
• 도매·소매시설
• 차량 등의 운송설비
• 액화석유가스의 안전관리 및 사업법에 따른 액화석유가스의 충전·저장시설
• 도시가스사업법에 따른 가스공급시설
• 그 밖에 고용노동부장관이 누출·화재·폭발 등의 사고가 있더라도 그에 따른 피해의 정도가 크지 않다고 인정하여 고시하는 설비

정답 ②

공정안전보고서의 내용(산업안전보건법 시행령 제44조)

① 산업안전보건법에 따른 공정안전보고서에는 다음의 사항이 포함되어야 한다.
㉠ 공정안전자료
㉡ 공정위험성 평가서
㉢ 안전운전계획
㉣ 비상조치계획
㉤ 그 밖에 공정상의 안전과 관련하여 고용노동부장관이 필요하다고 인정하여 고시하는 사항

② ①의 ㉠부터 ㉣까지의 규정에 따른 사항에 관한 세부 내용은 고용노동부령으로 정한다.

산업안전보건법령에 따라 공정안전보고서를 작성할 때 포함되는 내용이 아닌 것은?

① 비상조치계획
② 안전운전계획
③ 공정위험성 평가서
④ 유해·위험성 시험성적서

|해설|

공정안전보고서의 작성 내용
• 공정안전자료
• 공정위험성 평가서
• 안전운전계획
• 비상조치계획
• 그 밖에 공정상의 안전과 관련하여 고용노동부장관이 필요하다고 인정하여 고시하는 사항

정답 ④

핵심이론 06 위험성 평가 실시내용 및 결과의 기록·보존(산업안전보건법 시행규칙 제37조)

① 사업주가 위험성 평가의 결과와 조치사항을 기록·보존할 때에는 다음의 사항이 포함되어야 한다.
　㉠ 위험성 평가 대상의 유해·위험요인
　㉡ 위험성 결정의 내용
　㉢ 위험성 결정에 따른 조치의 내용
　㉣ 그 밖에 위험성 평가의 실시내용을 확인하기 위하여 필요한 사항으로서 고용노동부장관이 정하여 고시하는 사항
② 사업주는 ①에 따른 자료를 3년간 보존해야 한다.

핵심예제

산업안전보건법령에 따르면 사업주는 다음 사항을 포함한 위험성 평가의 결과와 조치사항을 몇 년간 보존해야 하는가?

- 위험성 평가 대상의 유해·위험요인
- 위험성 결정의 내용
- 위험성 결정에 따른 조치의 내용
- 그 밖에 위험성 평가의 실시내용을 확인하기 위하여 필요한 사항으로서 고용노동부장관이 정하여 고시하는 사항

① 1년　　　　　② 2년
③ 3년　　　　　④ 4년

정답 ③

핵심이론 07 안전보건표지의 종류·형태·색채 및 용도 등(산업안전보건법 시행규칙 제38조)

① 안전보건표지의 종류와 형태는 별표 6과 같고, 그 용도, 설치·부착 장소, 형태 및 색채는 별표 7과 같다.
② 안전보건표지의 표시를 명확히 하기 위하여 필요한 경우에는 그 안전보건표지의 주위에 표시사항을 글자로 덧붙여 적을 수 있다. 이 경우 글자는 흰색 바탕에 검은색 한글고딕체로 표기해야 한다.
③ 안전보건표지에 사용되는 색채의 색도기준 및 용도는 별표 8과 같고, 사업주는 사업장에 설치하거나 부착한 안전보건표지의 색도기준이 유지되도록 관리해야 한다.
④ 안전보건표지에 관하여 법 또는 법에 따른 명령에서 규정하지 않은 사항으로서 다른 법 또는 다른 법에 따른 명령에서 규정한 사항이 있으면 그 부분에 대해서는 그 법 또는 명령을 적용한다.

핵심예제

산업안전보건법령에 따르면 안전보건표지의 표시를 명확히 하기 위하여 필요한 경우에는 그 안전보건표지의 주위에 표시사항을 글자로 덧붙여 적을 수 있다. 이 경우 글자의 형태와 색채로 옳은 것은?

① 흰색 바탕에 검은색 한글고딕체
② 흰색 바탕에 파란색 한글고딕체
③ 흰색 바탕에 빨간색 한글바탕체
④ 검은색 바탕에 흰색 한글바탕체

|해설|

안전보건표지의 표시를 명확히 하기 위하여 필요한 경우에는 그 안전보건표지의 주위에 표시사항을 글자로 덧붙여 적을 수 있다. 이 경우 글자는 흰색 바탕에 검은색 한글고딕체로 표기해야 한다.

정답 ①

안전보건표지의 설치 등(산업안전보건법 시행규칙 제39조)

① 사업주는 안전보건표지를 설치하거나 부착할 때에는 별표 7의 구분에 따라 근로자가 쉽게 알아볼 수 있는 장소·시설 또는 물체에 설치하거나 부착해야 한다.

② 사업주는 안전보건표지를 설치하거나 부착할 때에는 흔들리거나 쉽게 파손되지 않도록 견고하게 설치하거나 부착해야 한다.

③ 안전보건표지의 성질상 설치하거나 부착하는 것이 곤란한 경우에는 해당 물체에 직접 도색할 수 있다.

안전보건표지의 제작(산업안전보건법 시행규칙 제40조)

① 안전보건표지는 그 종류별로 별표 9에 따른 기본모형에 의하여 별표 7의 구분에 따라 제작해야 한다.

② 안전보건표지는 그 표시내용을 근로자가 빠르고 쉽게 알아볼 수 있는 크기로 제작해야 한다.

③ 안전보건표지 속의 그림 또는 부호의 크기는 안전보건표지의 크기와 비례해야 하며, 안전보건표지 전체 규격의 30% 이상이 되어야 한다.

④ 안전보건표지는 쉽게 파손되거나 변형되지 않는 재료로 제작해야 한다.

⑤ 야간에 필요한 안전보건표지는 야광물질을 사용하는 등 쉽게 알아볼 수 있도록 제작해야 한다.

핵심예제

산업안전보건법령에 따른 안전보건표지의 제작에 대한 설명으로 옳지 않은 것은?

① 안전보건표지는 그 표시내용을 근로자가 빠르고 쉽게 알아볼 수 있는 크기로 제작해야 한다.

② 안전보건표지 속의 그림 또는 부호의 크기는 안전보건표지의 크기와 비례해야 하며, 안전보건표지 전체 규격의 50% 이상이 되어야 한다.

③ 안전보건표지는 쉽게 파손되거나 변형되지 않는 재료로 제작해야 한다.

④ 야간에 필요한 안전보건표지는 야광물질을 사용하는 등 쉽게 알아볼 수 있도록 제작해야 한다.

|해설|

안전보건표지 속의 그림 또는 부호의 크기는 안전보건표지의 크기와 비례해야 하며, 안전보건표지 전체 규격의 30% 이상이 되어야 한다.

정답 ②

① 공정안전보고서에 포함해야 할 세부내용은 다음과 같다.

  ㉠ 공정안전자료

  • 취급·저장하고 있거나 취급·저장하려는 유해·위험물질의 종류 및 수량

  • 유해·위험물질에 대한 물질안전보건자료

  • 유해하거나 위험한 설비의 목록 및 사양

  • 유해하거나 위험한 설비의 운전방법을 알 수 있는 공정도면

  • 각종 건물·설비의 배치도

  • 폭발위험장소 구분도 및 전기단선도

  • 위험설비의 안전설계·제작 및 설치 관련 지침서

  ㉡ 공정위험성평가서 및 잠재위험에 대한 사고예방·피해 최소화 대책(공정위험성평가서는 공정의 특성 등을 고려하여 다음의 위험성평가 기법 중 한 가지 이상을 선정하여 위험성평가를 한 후 그 결과에 따라 작성해야 하며, 사고예방·피해최소화 대책은 위험성평가 결과 잠재위험이 있다고 인정되는 경우에만 작성한다)

  • 체크리스트(Check List)

  • 상대위험순위 결정(Dow and Mond Indices)

  • 작업자 실수 분석(HEA)

  • 사고 예상 질문 분석(What-if)

  • 위험과 운전 분석(HAZOP)

  • 이상위험도 분석(FMECA)

  • 결함 수 분석(FTA)

  • 사건 수 분석(ETA)

  • 원인결과 분석(CCA)

  • 위의 규정과 같은 수준 이상의 기술적 평가기법

  ㉢ 안전운전계획

  • 안전운전지침서

  • 설비점검·검사 및 보수계획, 유지계획 및 지침서

  • 안전작업허가

  • 도급업체 안전관리계획

  • 근로자 등 교육계획

  • 가동 전 점검지침

  • 변경요소 관리계획

  • 자체감사 및 사고조사계획

  • 그 밖에 안전운전에 필요한 사항

  ㉣ 비상조치계획

  • 비상조치를 위한 장비·인력 보유현황

  • 사고발생 시 각 부서·관련 기관과의 비상연락체계

  • 사고발생 시 비상조치를 위한 조직의 임무 및 수행 절차

  • 비상조치계획에 따른 교육계획

  • 주민홍보계획

  • 그 밖에 비상조치 관련 사항

② 공정안전보고서의 세부내용별 작성기준, 작성자 및 심사기준, 그 밖에 심사에 필요한 사항은 고용노동부장관이 정하여 고시한다.

① 유해성·위험성 평가의 대상이 되는 유해인자의 선정 기준은 다음과 같다.

　㉠ 제143조제1항 각 호로 분류하기 위하여 유해성·위험성 평가가 필요한 유해인자

　㉡ 노출 시 변이원성(變異原性 : 유전적인 돌연변이를 일으키는 물리적·화학적 성질), 흡입독성, 생식독성(生殖毒性 : 생물체의 생식에 해를 끼치는 약물 등의 독성), 발암성 등 근로자의 건강장해 발생이 의심되는 유해인자

　㉢ 그 밖에 사회적 물의를 일으키는 등 유해성·위험성 평가가 필요한 유해인자

② 고용노동부장관은 ①에 따라 선정된 유해인자에 대한 유해성·위험성 평가를 실시할 때에는 다음의 사항을 고려해야 한다.

　㉠ 독성시험자료 등을 통한 유해성·위험성 확인

　㉡ 화학물질의 노출이 인체에 미치는 영향

　㉢ 화학물질의 노출수준

③ ②에 따른 유해성·위험성 평가의 세부 방법 및 절차, 그 밖에 필요한 사항은 고용노동부장관이 정한다.

고용노동부장관이 노출기준을 정하는 경우에는 다음의 사항을 고려해야 한다.

① 해당 유해인자에 따른 건강장해에 관한 연구·실태조사의 결과

② 해당 유해인자의 유해성·위험성의 평가 결과

③ 해당 유해인자의 노출기준 적용에 관한 기술적 타당성

물질안전보건자료를 게시하거나 갖추어 두는 방법(산업안전보건법 시행규칙 제167조)

① 물질안전보건자료대상물질을 취급하는 사업주는 다음의 어느 하나에 해당하는 장소 또는 전산장비에 항상 물질안전보건자료를 게시하거나 갖추어 두어야 한다. 다만, ⓒ에 따른 장비에 게시하거나 갖추어 두는 경우에는 고용노동부장관이 정하는 조치를 해야 한다.
　ⓐ 물질안전보건자료대상물질을 취급하는 작업공정이 있는 장소
　ⓑ 작업장 내 근로자가 가장 보기 쉬운 장소
　ⓒ 근로자가 작업 중 쉽게 접근할 수 있는 장소에 설치된 전산장비
② ①에도 불구하고 건설공사, 안전보건규칙에 따른 임시 작업 또는 단시간 작업에 대해서는 물질안전보건자료대상물질의 관리 요령으로 대신 게시하거나 갖추어 둘 수 있다. 다만, 근로자가 물질안전보건자료의 게시를 요청하는 경우에는 ①에 따라 게시해야 한다.

핵심예제

물질안전보건자료대상물질을 취급하는 사업주가 물질안전보건자료를 게시하거나 갖추어 두어야 하는 장소가 아닌 것은?
① 작업장 내 근로자가 가장 보기 쉬운 장소
② 작업장과 가까운 곳에 위치한 근로자의 휴게 공간
③ 물질안전보건자료대상물질을 취급하는 작업공정이 있는 장소
④ 근로자가 작업 중 쉽게 접근할 수 있는 장소에 설치된 전산장비

|해설|

물질안전보건자료를 게시하거나 갖추어 두어야 하는 장소
• 물질안전보건자료대상물질을 취급하는 작업공정이 있는 장소
• 작업장 내 근로자가 가장 보기 쉬운 장소
• 근로자가 작업 중 쉽게 접근할 수 있는 장소에 설치된 전산장비

정답 ②

경고표시 방법 및 기재항목(산업안전보건법 시행규칙 제170조)

① 물질안전보건자료대상물질을 양도하거나 제공하는 자 또는 이를 사업장에서 취급하는 사업주가 경고표시를 하는 경우에는 물질안전보건자료대상물질 단위로 경고표지를 작성하여 물질안전보건자료대상물질을 담은 용기 및 포장에 붙이거나 인쇄하는 등 유해·위험정보가 명확히 나타나도록 해야 한다. 다만, 다음의 어느 하나에 해당하는 표시를 한 경우에는 경고표시를 한 것으로 본다.
　ⓐ 고압가스 안전관리법 제11조의2에 따른 용기 등의 표시
　ⓑ 위험물 선박운송 및 저장규칙 제6조제1항 및 제26조제1항에 따른 표시(같은 규칙 제26조제1항에 따라 해양수산부장관이 고시하는 수입물품에 대한 표시는 최초의 사용사업장으로 반입되기 전까지만 해당한다)
　ⓒ 위험물안전관리법 제20조제1항에 따른 위험물의 운반용기에 관한 표시
　ⓓ 항공안전법 시행규칙 제209조제6항에 따라 국토교통부장관이 고시하는 포장물의 표기(수입물품에 대한 표기는 최초의 사용사업장으로 반입되기 전까지만 해당한다)
　ⓔ 화학물질관리법 제16조에 따른 유해화학물질에 관한 표시
② ① 외의 부분 본문에 따른 경고표지에는 다음의 사항이 모두 포함되어야 한다.
　ⓐ 명칭 : 제품명
　ⓑ 그림문자 : 화학물질의 분류에 따라 유해·위험의 내용을 나타내는 그림
　ⓒ 신호어 : 유해·위험의 심각성 정도에 따라 표시하는 '위험' 또는 '경고' 문구
　ⓓ 유해·위험 문구 : 화학물질의 분류에 따라 유해·위험을 알리는 문구

ⓜ 예방조치 문구 : 화학물질에 노출되거나 부적절한
저장·취급 등으로 발생하는 유해·위험을 방지
하기 위하여 알리는 주요 유의사항

ⓗ 공급자 정보 : 물질안전보건자료대상물질의 제조
자 또는 공급자의 이름 및 전화번호 등

③ ①과 ②에 따른 경고표지의 규격, 그림문자, 신호어,
유해·위험 문구, 예방조치 문구, 그 밖의 경고표시의
방법 등에 관하여 필요한 사항은 고용노동부장관이
정하여 고시한다.

④ 법 제115조제2항 단서에서 '고용노동부령으로 정하는
경우'란 다음의 어느 하나에 해당하는 경우를 말한다.

㉠ 물질안전보건자료대상물질을 양도하거나 제공하
는 자가 물질안전보건자료대상물질을 담은 용기
에 이미 경고표시를 한 경우

㉡ 근로자가 경고표시가 되어 있는 용기에서 물질안
전보건자료대상물질을 옮겨 담기 위하여 일시적
으로 용기를 사용하는 경우

산업안전보건법령에 따라 물질안전보건자료대상물질에 표시
하는 경고표지에 포함되는 내용을 모두 고른 것은?

A. 명 칭
B. 그림문자
C. 공정위험성 평가서
D. 유해·위험 문구
E. 비상조치계획
F. 공급자 정보

① A, B, C, E
② A, B, D, F
③ B, C, D, F
④ C, D, E, F

|해설|

물질안전보건자료대상물질에 표시하는 경고표지 작성 내용

• 명칭 : 제품명
• 그림문자 : 화학물질의 분류에 따라 유해·위험의 내용을 나타
내는 그림
• 신호어 : 유해·위험의 심각성 정도에 따라 표시하는 '위험'
또는 '경고' 문구
• 유해·위험 문구 : 화학물질의 분류에 따라 유해·위험을 알리
는 문구
• 예방조치 문구 : 화학물질에 노출되거나 부적절한 저장·취급
등으로 발생하는 유해·위험을 방지하기 위하여 알리는 주요
유의사항
• 공급자 정보 : 물질안전보건자료대상물질의 제조자 또는 공급
자의 이름 및 전화번호 등

정답 ②

안전보건표지의 종류별 용도, 설치·부착 장소, 형태 및 색채(산업안전보건법 시행규칙 [별표 7])

분 류	종 류	용도 및 설치·부착 장소	색 채
금지표지	출입금지	출입을 통제해야 할 장소	바탕은 흰색, 기본모형은 빨간색, 관련 부호 및 그림은 검은색
	보행금지	사람이 걸어 다녀서는 안 될 장소	
	차량통행금지	제반 운반기기 및 차량의 통행을 금지시켜야 할 장소	
	사용금지	수리 또는 고장 등으로 만지거나 작동시키는 것을 금지해야 할 기계·기구 및 설비	
	탑승금지	엘리베이터 등에 타는 것이나 어떤 장소에 올라가는 것을 금지	
	금 연	담배를 피워서는 안 될 장소	
	화기금지	화재가 발생할 염려가 있는 장소로서 화기 취급을 금지하는 장소	
	물체이동금지	정리정돈 상태의 물체나 움직여서는 안 될 물체를 보존하기 위하여 필요한 장소	

분 류	종 류	용도 및 설치·부착 장소	색 채
경고표지	인화성물질 경고	휘발유 등 화기의 취급을 극히 주의해야 하는 물질이 있는 장소	바탕은 노란색, 기본모형, 관련 부호 및 그림은 검은색 다만, 인화성물질 경고, 산화성물질 경고, 폭발성물질 경고, 급성독성물질 경고, 부식성물질 경고 및 발암성·변이원성·생식독성·전신독성·호흡기과민성 물질 경고의 경우 바탕은 무색, 기본모형은 빨간색(검은색도 가능)
	산화성물질 경고	가열·압축하거나 강산·알칼리 등을 첨가하면 강한 산화성을 띠는 물질이 있는 장소	
	폭발성물질 경고	폭발성 물질이 있는 장소	
	급성독성물질 경고	급성독성 물질이 있는 장소	
	부식성물질 경고	신체나 물체를 부식시키는 물질이 있는 장소	
	방사성물질 경고	방사능물질이 있는 장소	
	고압전기 경고	발전소나 고전압이 흐르는 장소	
	매달린물체 경고	머리 위에 크레인 등과 같이 매달린 물체가 있는 장소	
	낙하물체 경고	돌 및 블록 등 떨어질 우려가 있는 물체가 있는 장소	
	고온 경고	고도의 열을 발하는 물체 또는 온도가 아주 높은 장소	
	저온 경고	아주 차가운 물체 또는 온도가 아주 낮은 장소	
	몸균형 상실 경고	미끄러운 장소 등 넘어지기 쉬운 장소	
	레이저광선 경고	레이저광선에 노출될 우려가 있는 장소	
	발암성·변이원성·생식독성·전신독성·호흡기과민성 물질 경고	발암성·변이원성·생식독성·전신독성·호흡기과민성 물질이 있는 장소	
	위험장소 경고	그 밖에 위험한 물체 또는 그 물체가 있는 장소	

분류	종류	용도 및 설치·부착 장소	색채
지시표지	보안경 착용	보안경을 착용해야만 작업 또는 출입을 할 수 있는 장소	바탕은 파란색, 관련 그림은 흰색
	방독마스크 착용	방독마스크를 착용해야만 작업 또는 출입을 할 수 있는 장소	
	방진마스크 착용	방진마스크를 착용해야만 작업 또는 출입을 할 수 있는 장소	
	보안면 착용	보안면을 착용해야만 작업 또는 출입을 할 수 있는 장소	
	안전모 착용	헬멧 등 안전모를 착용해야만 작업 또는 출입을 할 수 있는 장소	
	귀마개 착용	소음장소 등 귀마개를 착용해야만 작업 또는 출입을 할 수 있는 장소	
	안전화 착용	안전화를 착용해야만 작업 또는 출입을 할 수 있는 장소	
	안전장갑 착용	안전장갑을 착용해야 작업 또는 출입을 할 수 있는 장소	
	안전복 착용	방열복 및 방한복 등의 안전복을 착용해야만 작업 또는 출입을 할 수 있는 장소	
안내표지	녹십자표지	안전의식을 북돋우기 위하여 필요한 장소	바탕은 흰색, 기본모형 및 관련 부호는 녹색, 바탕은 녹색, 관련 부호 및 그림은 흰색
	응급구호표지	응급구호설비가 있는 장소	
	들 것	구호를 위한 들것이 있는 장소	
	세안장치	세안장치가 있는 장소	
	비상용기구	비상용기구가 있는 장소	
	비상구	비상출입구	
	좌측비상구	비상구가 좌측에 있음을 알려야 하는 장소	
	우측비상구	비상구가 우측에 있음을 알려야 하는 장소	
출입금지표지	허가대상유해물질 취급	허가대상유해물질 제조, 사용 작업장	글자는 흰색바탕에 흑색, 다음 글자는 적색 • ○○○제조/사용/보관 중 • 석면취급/해체 중 • 발암물질 취급 중
	석면취급 및 해체·제거	석면 제조, 사용, 해체·제거 작업장	
	금지유해물질 취급	금지유해물질 제조·사용설비가 설치된 장소	

산업안전보건법령상 연구실에서 사용하는 안전보건표지의 형태 및 색채에 관한 설명 중 옳은 것은? [2020년 3회]

① 금지표지 : 바탕-흰색, 기본모형-빨간색, 부호 및 그림-검은색

② 경고표지 : 바탕-노란색, 기본모형-검은색, 부호 및 그림-검은색

③ 지시표시 : 바탕-흰색, 부호 및 그림-녹색 또는 바탕-녹색, 부호 및 그림-흰색

④ 안내표시 : 바탕-파란색, 기본모형-흰색, 부호 및 그림-흰색

|해설|

- 금지표지 : 바탕은 흰색, 기본모형은 빨간색, 관련 부호 및 그림은 검은색
- 경고표지
  - 바탕은 노란색, 기본모형·관련 부호 및 그림은 검은색
  - 인화성 물질 경고, 산화성 물질 경고, 폭발성 물질 경고, 급성독성 물질 경고, 부식성 물질 경고 및 발암성·변이원성·생식독성·전신독성·호흡기과민성 물질 경고의 경우 : 바탕은 무색, 기본모형은 빨간색(검은색도 가능)
- 지시표지 : 바탕은 파란색, 관련 그림은 흰색
- 안내표지
  - 바탕은 흰색, 기본모형 및 관련 부호는 녹색
  - 바탕은 녹색, 관련 부호 및 그림은 흰색
- 출입금지표시
  - 글자는 흰색 바탕에 흑색
  - 다음 글자는 적색
    ⓐ ○○○제조/사용/보관 중
    ⓑ 석면취급/해체 중
    ⓒ 발암물질 취급 중

정답 ①

색 채	용 도	사용례
빨간색	금 지	정지신호, 소화설비 및 그 장소, 유해행위의 금지
	경 고	화학물질 취급장소에서의 유해·위험 경고
노란색	경 고	화학물질 취급장소에서의 유해·위험경고 이외의 위험경고, 주의표지 또는 기계방호물
파란색	지 시	특정 행위의 지시 및 사실의 고지
녹 색	안 내	비상구 및 피난소, 사람 또는 차량의 통행표지
흰 색	–	파란색 또는 녹색에 대한 보조색
검은색	–	문자 및 빨간색 또는 노란색에 대한 보조색

핵심예제

산업안전보건법령상 안전보건표지의 색채와 그 사용례를 연결한 것으로 옳은 것은?

① 빨간색 – 화학물질 취급장소에서의 유해·위험 경고
② 노란색 – 정지신호, 소화설비 및 그 장소, 유해행위의 금지
③ 녹색 – 특정 행위의 지시 및 사실의 고지
④ 파란색 – 비상구 및 피난소, 사람 또는 차량의 통행표지

정답 ①

핵심이론 **17** 환경 점검 항목

① 환경 조건
  ㉠ 시험실은 수행하는 시험에 적합하고, 시험 설비 및 부대 물품들을 충분히 수용할 수 있도록 공간을 확보한다.
  ㉡ 시험실의 온도, 습도 등의 환경 조건
    • 온도 : 20±15℃
    • 습도 : 80%RH 이하
  ㉢ 측정 2시간 전까지는 환경 조건이 만족한 상태가 되어야 한다.
② 정기 점검
  ㉠ 주변 잡음 : 연 2회
  ㉡ 시험장 감쇄량 : 연 2회
  ㉢ 전자계 균일성 : 연 2회/필요시 수시
  ㉣ 온도, 습도, 조도 및 기압 : 1회/일 또는 연속 기록
③ 유해 독극물 관리 : 유해 독극물은 시건장치가 있는 별도의 지정된 장소에 보관하여 표지 및 경고 문구를 붙인다.
④ 환경 조건의 기록 및 조치
  ㉠ 온도, 습도(필요한 경우 기압 포함)의 측정은 매주 1회를 원칙으로 한다.
  ㉡ 온도, 습도, 기압의 측정은 각 시험실 내에서 벽부터 1m 지점에서 실시한다.
  ㉢ 전기 전자 분야 해당 시험실의 시험 전압 특성 측정은 분기별 1회 실시하며, 필요시 수시로 기록한다.
  ㉣ 환경 조건에 이상이 발견된 경우 요구 환경 조건이 확보될 수 있도록 서비스 및 물품 구매 절차서에 따라 조치를 취하며, 필요시 시정 및 예방 조치 절차서에 따라 조치 및 사후 조치를 취한다.

17-1. 실험실의 일반적인 온도 환경 조건은?

① 0±15℃

② 4±15℃

③ 20±15℃

④ 25±15℃

17-2. 실험실 온도, 습도 등의 환경 조건의 측정 주기는?

① 매 일

② 매주 1회

③ 매달 1회

④ 매년 1회

|해설|

17-1

실험실의 환경 조건

• 온도 : 20±15℃

• 습도 : 80%RH 이하

17-2

온도, 습도(필요한 경우 기압 포함)의 측정은 매주 1회를 원칙으로 한다.

정답 17-1 ③ 17-2 ②

---

① 화학실험용 기구

  ㉠ 비커류에 용매 등을 넣을 때는 크리프 현상(액이 벽면을 따라 상승하여 외측으로 나오는 것) 및 증발에 의한 비산에 주의해야 한다.

  ㉡ 플라스크류는 압력 및 변형에 약하므로 직화에 의한 가열 및 감압 조작에 사용해서는 안 된다.

② 실험장치

  ㉠ 수행하려는 화학실험의 종류와 어떠한 기계적 강도가 요구되는가를 예상한다.

  ㉡ 사용으로 인하여 기계적 강도가 떨어지는 기구를 사용해야 할 때는 보호, 보강, 방어 등 적절한 조치를 강구한다.

  ㉢ 유리관은 직접 사용하여, 클램프로 고정하지 말고 부드러운 고무 등으로 고정한다.

  ㉣ 온도가 변화하면 기계적 강도가 변화하는 것에 유의하여야 한다.

  ㉤ 사용하는 약품에 따라 기계적 강도는 변화한다는 것에 유의한다.

핵심예제

실험기구 및 장치 관리에 대한 주의사항으로 옳지 않은 것은?

① 비커류에 용매 등을 넣을 때는 액이 벽면을 따라 상승하여 밖으로 나오는 크리프 현상 및 증발에 의한 비산에 주의한다.

② 플라스크류는 압력 및 열에 약해 변형되기 쉬우므로 직화에 의한 가열 및 감압 조작에 사용해서는 안 된다.

③ 사용하는 약품에 따라 기계적 강도가 변화하는 것에 유의한다.

④ 유리관은 부드러운 고무보다는 클램프로 직접 고정하는 것이 안전하다.

|해설|

유리관은 클램프로 직접 고정하지 말고 부드러운 고무 등으로 고정한다.

정답 ④

핵심이론 19 분석장비 보관 주의사항

① 분석장비의 설치 장소는 진동이 없어야 한다.
② 분석에 사용되는 유해 물질들을 안전하게 처리할 수 있어야 한다.
③ 부식 가스나 먼지가 적어야 한다.
④ 상대습도 85% 이하의 직사광선이 비치지 않는 곳이 적절하다.
⑤ 강한 자기장, 전기장, 고주파 등이 발생하는 장치가 가까이 있지 않은 곳이 좋다.
⑥ 공급전원은 지정된 전력용량 및 주파수이어야 한다.
⑦ 전원변동은 지정전압의 ±10% 내로 주파수 변동이 없어야 한다.
⑧ 대형 변압기, 고주파 가열로와 같은 것에서 전자기 유도를 받지 않아야 한다.
⑨ 접지저항은 10Ω 이하여야 한다.

핵심예제

분석장비의 보관 주의사항으로 틀린 것은?
① 분석장비의 설치 장소는 진동이 없어야 한다.
② 상대습도 85% 이하의 직사광선이 비치지 않는 곳이 적절하다.
③ 공급전원은 지정된 전력용량 및 주파수이어야 한다.
④ 접지저항은 10Ω 이상이어야 한다.

|해설|
접지저항은 10Ω 이하여야 한다.

정답 ④

핵심이론 20 위험장비 및 장치 사용 시 안전

① 가스용기
  ㉠ 가스용기는 사용할 때나 보관 중에 안전한 물체(벽이나 무거운 실험용 책상 등)에 가죽끈이나 체인으로 안전하게 고정시키며, 사용하지 않을 때에는 항상 뚜껑을 씌워 놓도록 한다.
  ㉡ 가스용기를 운반할 때에는 뚜껑을 씌워 안전한 손수레를 사용하도록 한다.
  ㉢ 가스용기 옆에서는 화기를 사용하지 않는다.
  ㉣ 가스를 사용하기 전에 가스 누출이 없음을 확인한다.
  ㉤ 용기는 정기적으로 규정된 검사를 받아야 한다.
  ㉥ 조정기를 연결하기 위해 어댑터는 쓰지 않으며, 각각 가스의 특성에 맞는 조정기를 사용하도록 한다. 그리고 모든 조정기는 정기적으로 검사를 받아야 한다.
  ㉦ 사용 가스에 맞는 배관, 조정기 및 부속품을 사용한다.
  ㉧ 가스용기는 가열로 등과 같은 열기기 근처에 놓지 않도록 한다.
  ㉨ 산소와 가연성 가스는 분리하여 저장한다.
② 진공장치
  ㉠ 내부압력을 견딜 수 있는 용기를 사용하도록 한다.
  ㉡ 용기 파열에 대비하여 방호막을 설치하도록 한다.
  ㉢ 펌프를 끄기 전에 펌프 오일이 역류하는 것을 막기 위해서 펌프와 용기 사이의 밸브를 닫도록 한다.
  ㉣ 펌프의 동력전달 부위(벨트, 축 연결부위 등)에는 방호덮개를 설치한다.

실험실장비 및 장치사용에 대한 안전사항으로 옳지 않은 것은?

① 가스용기를 운반할 때에는 뚜껑을 씌워 안전한 손수레를 사용토록 한다.
② 진공장치 펌프의 동력전달 부위(벨트, 축 연결부위 등)에는 방호덮개를 설치한다.
③ 진공장치 펌프 전원을 끄고 난 후 펌프와 용기 사이의 밸브를 닫아 펌프오일의 역류를 방지한다.
④ 가스용기는 사용할 때나 보관 중에 안전한 물체(벽이나 무거운 실험용 책상 등)에 가죽끈이나 체인으로 안전하게 고정시키며, 사용하지 않을 때에는 항상 뚜껑을 씌워 놓도록 한다.

|해설|

진공장치 펌프를 끄기 전에 펌프오일이 역류하는 것을 막기 위해서 펌프와 용기 사이의 밸브를 닫도록 한다.

정답 ③

핵심이론 21 전기 취급 안전

① 감전방지대책

ㄱ 전기기기 및 배선 등의 모든 충전부는 노출시키지 않는다.
ㄴ 전기기기를 사용할 때에는 이중 절연기기를 제외하고는 접지를 확인한다.
ㄷ 누전차단기를 설치하여 감전사고를 방지한다.
ㄹ 전기기기의 스위치 조작은 인가된 사람만 하도록 한다.
ㅁ 젖은 손으로 전기기기를 만지지 않는다.
ㅂ 불량하거나 고장난 전기제품은 사용하지 않도록 한다.
ㅅ 배선용 전선은 중간에 연결한 부분이 있는 것을 사용하지 않는다.
ㅇ 이동식 코드릴을 사용할 경우에는 접지 및 누전차단기가 부착된 코드릴을 사용한다.

② 일반적인 전기안전 작업요령

ㄱ 장비를 검사하기 전에 회로의 스위치를 끄거나 장비의 플러그를 뽑아서 전원을 끈다.
ㄴ 전기설비 작업을 할 때는 공구나 비품의 손잡이는 부도체로 된 것을 사용한다.
ㄷ 전기장치의 충전부는 전기적 절연을 한다.
ㄹ 전원에 연결된 회로배선은 임의로 변경하지 않는다.
ㅁ 작업공간은 충분히 확보하고 항상 청결하게 유지한다.
ㅂ 플러그를 전원에 연결한 채 회로변경 작업을 하지 않는다.
ㅅ 회로가 확실하게 연결되어 있지 않으면 플러그를 꽂지 않는다.
ㅇ 젖은 손이나 물건으로 회로에 접촉하면 안 된다.
ㅈ 전기설비에 연결된 접지선의 접속을 확인한다.
ㅊ 연결 코드선은 가능한 한 짧게 사용한다.

ⓒ 전기설비 근처에서는 인화성 액체 등을 사용, 저장, 취급을 하지 않는다.

ⓔ 다중 콘센트는 가능한 한 사용하지 않도록 한다.

ⓕ 배전반의 진입로와 스위치 앞에는 장애물이 없도록 하고 청결하게 유지해야 한다.

① 온도 변화 등에 의하여 누설되지 않도록 운반용기를 주의하여 밀봉, 수납한다.

② 온도 변화 등에 의하여 증기를 발생시키는 위험물의 경우 운반용기 안의 압력이 상승할 우려가 있으므로 이러한 경우 가스 배출구를 설치한 운반 용기에 수납한다.

③ 운반용기는 위험물과 위험한 반응을 일으키지 않는 적합한 재질의 운반용기로 선정한다.

④ 고체 위험물은 운반용기 내용적의 95% 이하로 수납한다.

⑤ 액체 위험물은 98% 이하로 수납하되, 55℃의 온도에서도 누설되지 않도록 충분한 공간 용적을 유지해야 한다.

⑥ 하나의 외장용기에는 다른 종류의 위험물을 같이 수납하지 않는다.

핵심예제

위험물 보관 시 주의사항으로 틀린 것은?

① 고체 위험물은 운반용기 내용적의 95% 이하로 수납한다.

② 운반용기는 위험물과 위험한 반응을 일으키지 않는 적합한 재질의 운반용기로 선정한다.

③ 액체 위험물은 98% 이하로 수납하되, 55℃의 온도에서도 누설되지 않도록 충분한 공간용적을 유지해야 한다.

④ 온도 변화 등에 의하여 증기를 발생시키는 위험물의 경우 운반 용기 안의 압력이 상승할 우려가 있으므로 이러한 경우 밀봉, 수납하여 가스가 배출되지 않도록 한다.

|해설|

온도 변화 등에 의하여 증기를 발생시키는 위험물의 경우 운반용기 안의 압력이 상승할 우려가 있으므로, 이러한 경우 가스 배출구를 설치한 운반용기에 수납한다.

정답 ④

① 분석과 실험 전에 시료를 보관하는 공간이다.

② 시료의 변질을 최대한 억제하기 위한 시설이다.

③ 최소한 3개월 분의 시료를 보관할 수 있는 공간이다.

④ **보관 온도** : 4℃(시료의 변질을 막기 위한 온도)

⑤ **독성 물질, 방사성 물질, 감염성 물질의 시료**
　　㉠ 라벨 및 보관 조건 등을 기재하여 소형 냉장고 또는 별도의 냉장 시설과 같은 별도의 공간을 확보하여 보관한다.
　　㉡ 반드시 안전장치를 설치한다.
　　㉢ 물질에 대한 사용 및 보관 기록을 유지한다.

⑥ 시료 보관 시설의 잠금장치는 내부에서도 풀 수 있어 야 한다.

⑦ **전기 공급** : 일정 기간 전기가 공급되지 않아도 최소 1시간 정도는 4℃를 유지할 수 있는 별도의 무정전 전원(UPS)을 설치한다.

⑧ **환기 시설**
　　㉠ 시료의 장기간 보관 시 변질로 인한 악취가 발생할 경우를 대비하여 설치한다.
　　㉡ 독립적으로 개폐가 가능하도록 한다.
　　㉢ 짧은 시간 내에 환기할 수 있도록 0.5m/s 이상의 풍속으로 환기해야 한다.

⑨ **상대습도** : 벽면 응축이 발생할 수 있으므로 25~30%로 조절한다.

⑩ 배수 라인을 별도로 설치하여 바닥에 물이 고이지 않게 해야 한다.

핵심예제

시료 보관 시설의 요건으로 틀린 것은?

① 별도의 배수 라인

② 약 4℃의 온도 유지

③ 상대습도 40~60%

④ 0.5m/s의 배기속도 환기시설

|해설|

상대습도는 25~30%로 조절해야 한다.

정답 ③

① 시료를 분석하기 위한 고체·액체 시약을 보관하는 공간이다.

② 실험이 이루어지는 공간과 분리된 곳
  ㉠ 시약의 균질성 및 안정성을 확보하여야 한다.
  ㉡ 오염이나 혼동을 막기 위한 시설이어야 한다.

③ 시약 여유분의 약 1.5배 이상의 공간을 확보한다.

④ 시 약
  ㉠ 종류별로 구분하여 배치한다.
  ㉡ 눈에 잘 띄는 곳에 비치한다.

⑤ 시약 보관용으로 상온, 냉장, 냉동 등의 설비를 갖춰야 한다.

⑥ 독성 물질, 방사성 물질, 감염성 물질의 시약
  ㉠ 별도의 공간에 보관한다.
  ㉡ 표기 및 보관 조건 등을 기재한다.
  ㉢ 안전장치를 설치한다.
  ㉣ 물질에 대한 기록을 보관하여야 한다.

⑦ 무기물질, 유기물질, 유기용매, 부식성 시약물질 : 실험실 안전 및 오염 방지를 위해 별도의 용기에 보관한다.

⑧ 조 명
  ㉠ 기재 사항을 볼 수 있을 정도이어야 한다.
  ㉡ 150lx 이상이어야 한다.

⑨ 통풍이 잘되도록 설비한다.

⑩ 환 기
  ㉠ 외부 공기와 원활히 접촉할 수 있도록 설비한다.
  ㉡ 최소 약 0.3~0.4m/s 이상이어야 한다.

시료 및 시약 보관 시설에 대한 설명으로 옳은 것은?

① 시료 보관 시설을 갖추기 위한 최소한의 공간은 분석량 또는 시료의 수 등을 고려하여 최소한 3개월분의 시료를 보관할 수 있는 시설을 갖추어야 한다.

② 시약 보관 시설의 최소 공간은 분석량 또는 시료의 개수 등에 있어 시약 여유분을 확보할 수 있도록 시약 여유분의 약 3배 이상 공간이 확보되어야 한다.

③ 시료 보관 시설에는 전기 공급이 일정 기간 공급되지 않아도 최소한 3시간 정도 4℃ 미만으로 유지되도록 별도의 무정전 전원을 설치하는 것이 좋다.

④ 시약 보관 시설의 조명은 시약 보관실을 개방할 경우에만 조명이 들어오게 하고 시약의 기재 사항을 알 수 있도록 최소한 75lx 이상이어야 한다.

|해설|

② 시약 보관 시설의 최소 공간은 분석량 또는 시료의 개수 등에 있어 시약 여유분을 확보할 수 있도록 시약 여유분의 약 1.5배 이상의 공간이 확보되어야 한다.

③ 시료 보관 시설에는 일정 기간 전기가 공급되지 않아도 최소한 1시간 정도 4℃ 미만으로 유지되도록 별도의 무정전 전원을 설치하는 것이 좋다.

④ 시약 보관 시설의 조명은 시약 보관실을 개방할 경우에만 조명이 들어오게 하고 시약의 기재 사항을 알 수 있도록 최소한 150lx 이상이어야 한다.

정답 ①

① 시료 분석을 위한 이화학 및 추출·정제 실험을 수행하는 공간이다.

② 시료 분석을 위한 전처리 과정에서 발생할 수 있는 오염 물질을 제어하거나 실험실 내 안정성을 확보하기 위해 필요하다.

③ 실험실 면적의 약 15% 이상을 별도로 확보해야 하며, 안전설비 또한 별도로 갖춘다.

④ 안전설비

　㉠ 시료 전처리 시 발생하는 오염물질을 배출할 수 있는 환기설비를 갖추어야 한다.

　㉡ 발생하는 가스 및 폐수 처리를 위한 오염 제어장치나 처리장치를 설비해야 한다.

⑤ 실험실 내에 전처리 시설을 설치한 경우

　㉠ 외부에서 내부를 확인할 수 있어야 한다.

　㉡ 내부에서 잠금장치를 풀 수 있도록 해야 한다.

⑥ 상호 오염 방지를 위해 유기성, 무기성 물질의 전처리 시설을 별도 설비해야 하며, 각 전처리 시설별로 적절한 환기 시설을 갖추어야 한다.

⑦ 조명 : 300lx 이상이어야 한다.

⑧ 화재 예방을 위한 소화기를 반드시 비치해야 한다.

핵심예제

전처리 시설의 조건으로 틀린 것은?

① 안전시설을 포함하여 전체 실험실 면적의 최소 15% 이상을 확보한다.

② 시설 내 후드의 흡입 속도는 0.5~0.75m/s으로 한다.

③ 조명은 300lx 이상으로 한다.

④ 유기성 및 무기성 물질 시설을 별도로 구분하여 설비한다.

|해설|
안전시설을 별도로 갖추고, 전처리 시설은 전체 실험실 면적의 최소 15% 이상을 확보한다.

정답 ①

① 시료 분석에 사용하는 유리기구를 보관하는 공간이다.

② 최소 면적은 전체 유리기구를 보관할 수 있는 공간의 약 1.5배 이상이어야 한다.

③ 조명 : 150lx 이상이어야 한다.

④ 가능한 한 종류별로 분리 보관해야 한다.

⑤ 별도의 유리기구의 보관 시설이 없는 경우는 실험실 내에 비치한다.

⑥ 미생물 실험 등에 사용한 유리기구는 감염이나 오염이 되지 않도록 별도의 보관실에서 세척한 후 건조대나 건조 시설을 갖추어 보관한다.

핵심이론 27 저울실

① 시료 분석에 필요한 시약 등의 무게를 측정하는 공간이다.

② 시약 제조 시 표준성 및 정확성을 확보하고 분석 오차를 줄이기 위해 실험이 이루어지는 곳과 다른 별도의 공간을 확보하는 것이 바람직하다. 별도의 저울실을 확보하지 못한 경우 저울을 사용할 공간을 확보하여 주변의 영향을 최소한으로 줄이는 것이 좋다.

③ 조명 : 300lx 이상이어야 한다.

④ 진동에 요동하지 않는 곳에 설치한다.
　㉠ 바닥 역시 내진에 요동하지 않는 설비가 필요하다.
　㉡ 저울 하단부에 저울대를 두어 이용한다.

⑤ 주변의 공기를 차단할 수 있는 덮개를 사용한다.

⑥ 온도와 습도
　㉠ 시약의 변질을 방지한다.
　㉡ 온도 : 약 18~20℃
　㉢ 습도 : 상대 습도 40~60%

⑦ 환 기
　㉠ 독립적으로 개폐할 수 있도록 한다.
　㉡ 작동 시 짧은 시간 내에 환기할 수 있도록 0.3m/s 이상 환기되어야 한다.

핵심이론 28 이화학 분석실

① 일정 규모 이상으로 분리하여 설치한다.

② 중앙냉난방장치 설비
　㉠ 실내 온도 : 18~28℃
　㉡ 상대 습도 : 40~60%

③ 환기 및 통풍
　㉠ 배출된 공기가 내부로 재유입되지 않아야 한다.
　㉡ 환기 횟수 : 10~15회/시간
　㉢ 환기장치 높이 : 바닥에서 약 2.5~3.0m
　㉣ 공기의 기류 속도 : 0.5m/s
　㉤ 환기로 인해 실험 수행에 지장이 없어야 하며, 실험자의 호흡에 영향이 없는 위치에 설치해야 한다.
　㉥ 환기장치 가동 시 소음이 60dB 이하가 되도록 한다.

④ 조명 : 300lx 이상이어야 한다.

⑤ 생물학적 산소요구량(BOD) 분석실
　㉠ 실내온도 : 20℃ 유지
　㉡ 상대습도 : 65% 유지
　㉢ 독립적인 환기설비를 통해 실험실 환경을 유지한다.
　㉣ 배양기의 전원이 차단되지 않도록 설비한다.

⑥ 배수설비
　㉠ 관의 재질 : 산성이나 알칼리성 물질에 잘 부식되지 않는 재질을 선택한다.
　㉡ 외부 폐기물 처리장으로 직접 이송되도록 설비한다.
　㉢ 배수설비가 되어 있지 않다면, 별도의 공간에 산성과 알칼리성 물질의 폐액통을 구분하여 처리하는 것이 좋다.

실험실은 시료 분석을 수행하는 장소로서 시료의 성격에 따라 여러 실험실 형태로 나누어진다. 각각 실험실에 대한 일반적 고려 사항으로 틀린 것은?

① 악취실험실 : 악취실험을 위한 피복이나 장비를 보관하는 별도의 공간을 두는 것이 바람직하다.

② 바이오실험실 : 시료의 유·출입 시 내부 공기가 밖으로 나가지 못하도록 이중문을 설비하여야 한다.

③ 이화학실험실 : 실험수행실 내 조명은 실험수행이 원활할 수 있도록 설비해야 하며, 최소한 150lx 이상이어야 한다.

④ 기기분석실 : 안정적인 전원을 공급하여 분석기기들을 안전하게 보호하기 위해 무정전 전원장치(UPS)를 설치하고, 정전 시 사용시간은 총 1시간 이상될 수 있도록 설비하는 것이 좋다.

|해설|

실험수행실 내 조명은 실험수행이 원활할 수 있도록 설비해야 하며, 최소한 300lx 이상이어야 한다.

정답 ③

핵심이론 29 기기 분석실

① 질소가스방과 같은 운반 가스(Carrier Gas)를 이용하여 기기를 통해 시료를 분석하는 별도의 공간이다.

② 시료 분석 항목별로 독립적으로 설비되어야 한다.

③ 분석장비 현황을 고려하여 여유 있게 공간을 배치한다.

④ 냉난방 장치 설비 : 실내 온도 18~28℃

⑤ 환기 및 통풍 : 실험실 조건과 유사하게 설비한다.

⑥ 조명 : 최소 300lx 이상이어야 한다.

⑦ 기기실 벽면에서 분석장비로 연결되는 가스 배관

　㉠ 가변성 자재를 이용하여 장비 이동 시 배관 시설을 조정할 수 있도록 한다.

　㉡ 각 라인에 가스 목록을 부착하여 사용한다.

　㉢ 각각의 배관은 외부의 가스 저장실에서부터 일괄적으로 연결한다.

　㉣ 각 가스 배관별로 배관의 스톱 밸브, 필터, 압력 게이지 등을 설치한다.

　㉤ 일반 스테인리스 관(직경 5~10mm)을 설치한다.

　㉥ 분석기기에 단독으로 가스를 연결할 경우, 가스통에 대한 안전장치를 설치해야 한다.

⑧ 전 원

　㉠ 무정전 전원장치(UPS) 또는 전압조정장치(AVR)를 설치한다.

　㉡ 정전 시 사용 시간이 총 1시간 이상이 될 수 있도록 설비한다.

⑨ 가스누출 경보장치는 조작이 용이하고 쉽게 볼 수 있는 곳에 설치한다.

원자흡광광도법에 사용하는 고압가스의 취급과 관련하여 틀린 것은?

① 고압가스통은 규격에 맞는 검사필의 것을 사용한다.
② 가스는 완전히 없어질 때까지 사용한다.
③ 가능한 한 옥외에 설치한다.
④ 아세틸렌을 사용할 경우에는 구리 또는 구리 합금의 관을 사용해서는 안 된다.

|해설|

아세틸렌 가스는 압축하거나 액화시키면 분해 폭발을 일으키므로 용기에 다공 물질과 가스를 잘 녹이는 용제(아세톤)를 넣어 용해시켜 충전한다. 아세틸렌의 압력이 일정 수준 이하로 낮아지면 아세톤이 나와서 분석기계에 손상을 줄 수 있다.

정답 ②

핵심이론 30 분석용 가스 저장 시설

① 분석기기에 사용되는 가스를 저장하는 공간이다.
② 가능한 한 실험실 외부 공간에 배치한다.
③ 외부의 열을 차단할 수 있는 지하 공간이나 음지에 설치한다.
④ 상대습도 65% 이상을 유지하도록 환기 시설을 설비한다.
⑤ 분석용 가스 저장분의 최소 약 1.5배 이상의 면적이 필요하다.
⑥ 가스별로 배관을 별도로 설비하고 가능한 한 이음매 없이 설비한다.
⑦ 가스 저장 시설의 안전 표시와 각 가스 라인을 표기하고 구분하여 사용한다.
⑧ 가스통이 넘어지는 것을 방지하기 위해 자물쇠 등 잠금장치를 별도로 설비한다.
⑨ 출입문에 위험 표지 등 경고문을 부착한다.
⑩ 가스통의 유·출입 상황을 기재하고 잠금장치를 설치한다.
⑪ 조 명
　㉠ 독립적으로 조절할 수 있도록 한다.
　㉡ 가스 라인을 쉽게 구분할 수 있도록 최소 150lx 이상이어야 한다.
　㉢ 방폭등으로 설치한다.
　㉣ 점멸 스위치는 출입구 바깥 부분에 설치한다.
⑫ 지붕과 벽 : 불연 재료를 사용한다.
⑬ 고압가스안전관리법의 기준에 맞게 설비한다.
⑭ 채 광
　㉠ 불연재료로 한다.
　㉡ 연소의 우려가 없는 장소에 채광 면적을 최소화하여 설치한다.
⑮ 환 기
　㉠ 자연배기방식으로 한다.
　㉡ 환기구를 설치할 경우 지붕 위 또는 지상 2m 이상의 높이에서 회전식이나 루프팬 방식으로 설치한다.

30-1. 분석용 가스저장시설의 운영관리에 대한 설명 중 틀린 것은?

① 분석용 가스저장시설은 가능한 한 실험실 외부 공간에 배치하되, 채광 면적을 최대화하여 설치한다.
② 적절한 습도를 유지하기 위해 상대 습도 65% 이상 유지하도록 환기시설을 설비하는 것이 바람직하다.
③ 분석용 가스 저장 시설의 최소 면적은 분석용 가스 저장분의 약 1.5배 이상이어야 하며, 가스별로 배관을 별도로 설비하고 가능한 한 이음매 없이 설비해야 한다.
④ 가스저장시설의 환기는 가능한 한 자연배기방식으로 하는 것이 바람직하다.

30-2. 실험실 환경에 대한 설명으로 틀린 것은? [2020년 4회]

① 환기장치 가동 시 실험자가 소음으로 지장을 받지 않도록 가능한 한 90dB 이하가 되도록 해야 한다.
② 분석용 가스 저장능력은 가스의 종류와 무관하게 저장분의 1.0배 이하로 하여야 한다.
③ 분석실 내 배수관의 재질은 가능한 한 산성이나 알칼리성 물질에 잘 부식되지 않는 재질을 선택하여야 한다.
④ 기기 분석실에 안정적인 전원을 공급할 수 있도록 무정전 전원 장치(UPS) 또는 전압조정장치(AVR)를 설치해야 한다.

|해설|

30-1
분석용 가스저장시설은 채광 면적을 최소화하여 설치한다.

30-2
① 환기장치 가동 시 실험자가 소음으로 인한 지장을 받지 않도록 가능한 한 60dB 이하가 되도록 해야 한다.
② 분석용 가스 저장능력은 분석용 가스 저장분의 약 1.5배 이상이어야 한다.
※ 저자의견 : 환경실험실 운영관리 및 안전관리(국립환경과학원, 2015)에 따르면 ①번의 내용 중 '90dB 이하'가 '60dB 이하'로 나와 있으므로 ①, ②번 중복정답으로 보인다.

정답 30-1 ① 30-2 ①, ②

핵심이론 31 폐기물, 폐수 처리 또는 저장 시설

① 실험실과는 별도로 외부에 설치하는 것이 바람직하다.
② 최소한 3개월 이상 폐기물을 보관할 수 있는 공간이어야 한다.
③ 재활용이 가능한 폐기물과 지정 폐기물 등 각 종류별로 별도 보관할 수 있는 공간을 배치한다.
④ 온도 및 습도
　㉠ 습기로 인한 냄새 발생이나 썩는 것을 방지하기 위해 외부와의 환기 및 통풍이 잘될 수 있도록 설비한다.
　㉡ 온도 : $10 \sim 20℃$
　㉢ 습도 : 45% 이상
⑤ 지정 폐기물
　㉠ 부식 또는 손상되지 않는 재질로 된 보관용기나 보관 시설에 보관한다.
　㉡ 지정 폐기물의 종류별로 양 및 보관 기간 등을 기재한 표지판을 설치한다.
⑥ 폐유기 용매 : 휘발되지 않도록 밀폐된 용기에 보관한다.
⑦ 독성 물질, 감염성 폐기물
　㉠ 성상별로 밀폐 포장하여 보관한다.
　㉡ 감염성 폐기물 전용용기를 사용한다.
　㉢ 보관 중인 감염성 폐기물의 종류, 양 및 보관 기간 등을 기재한 표지판을 설치한다.
⑧ 폐수의 저장 시설
　㉠ 일일 발생량을 기준으로 최소한 6개월 이상 저장할 수 있는 여유 공간에 설비한다.
　㉡ 지하나 혐오감을 주지 않는 공간에 설비한다.
　㉢ 방수처리가 완벽한 재질을 사용하여 폐수가 외부로 유출되지 않도록 한다.
　㉣ 발생되는 폐액(산, 알칼리)에 따라 저장 시설을 별도로 분리 보관할 수 있도록 설비한다.
　㉤ 악취 및 냄새가 외부로 유출되지 않도록 밀폐한다.
　㉥ 부식 또는 훼손되지 않는 재질로 설비한다.

실험실에서 발생하는 폐기물, 폐수 저장 시설의 운영관리에 대한 설명 중 틀린 것은?

① 실험실과는 별도로 외부에 설치하는 것이 바람직하다.
② 최소한 3개월 이상 폐기물을 보관할 수 있는 공간이어야 한다.
③ 온도 10~20℃, 습도는 45% 이상의 환경조건을 유지한다.
④ 유해한 증기가 외부로 유출되는 것을 막기 위해 외부와의 환기 및 통풍이 불가능하도록 한다.

|해설|

폐기물, 폐수처리 또는 저장 시설은 습기로 인한 냄새 발생이나 썩는 것을 방지하기 위해 외부와의 환기 및 통풍이 잘될 수 있도록 설비한다.

정답 ④

핵심이론 32 분석실 지원 시설(창고, 샤워 및 세척 시설)

① 시료를 분석할 때 원활한 분석과 함께 분석 요원의 안전 및 건강을 위한 시설이다.
② 샤워 시설, 세척 시설, 창고 등이 있다.
③ 창 고
　㉠ 현장 시료 채취 등에 사용하는 기기 및 장비를 두는 곳이다.
　㉡ 최소한 실험실 면적의 약 7% 이상의 공간이어야 한다.
　㉢ 환기 및 통풍이 원활하도록 설비한다.
　㉣ 분석실 온도 및 환기 조건과 유사하게 설비한다.
　㉤ 조명 : 300lx 이상이어야 한다.
④ 샤워 및 세척 시설
　㉠ 최소 $10m^2$ 이상의 면적이어야 한다.
　㉡ 분석실과 근접한 위치에 별도로 설비한다.
　㉢ 고용노동부 안전보건공단의 실험실 안전보건에 관한 기술지침에 있는 샤워 장치 기준에 맞게 설비한다.
⑤ 응급 샤워 시설
　㉠ 산, 알칼리, 기타 부식성 물질 등이 있는 곳에는 반드시 설치한다.
　㉡ 신속하게 접근 가능한 위치에 설치한다.
　㉢ 쉽게 작동할 수 있는 사슬이나 삼각형 손잡이로 한다.
　㉣ 전체적으로 몸을 씻을 수 있어야 한다.
　㉤ 전기 인입구 등에서 떨어져 있어야 한다.

분석실 지원 시설에 대한 설명으로 틀린 것은?

① 샤워 및 세척 시설은 반드시 눈감고도 도달할 수 있는 곳에 설치하는 것이 좋다.

② 응급 샤워 시설은 산, 알칼리가 있는 곳에 설치하되, 부식 방지를 위해 떨어진 곳에 설치하는 것이 좋다.

③ 장비는 장비별로 라벨링을 하고, 내부를 선반으로 구분하여 보관하는 것이 좋다.

④ 감염성이 있는 장비나 물품은 별도로 구분하여 보관하는 것이 좋다.

|해설|

응급 샤워 장치는 다량의 화기물질이 피부나 옷에 튀거나 묻었을 때 씻어내기 위한 설비이다. 그러므로 이러한 설비는 화학물질(예 산, 알칼리, 기타 부식성 물질)이 있는 곳에는 반드시 설치하여야 하며 모든 사람들이 이용할 수 있어야 한다. 응급 샤워 장치의 위치는 작업실로부터 걸어서 10초 내에 도달할 수 있는 거리(약 15m)의 넓은 곳이 좋다.

정답 ②

핵심이론 33 출입문 및 출입로

① 시료나 장비 등 무거운 장비의 운반이 용이하도록 설계한다.

② 출입로

  ㉠ 폭은 최소 2m 이상되어야 한다.

  ㉡ 장비 또는 기기의 운반을 고려하면 폭은 최소 3m 이상이어야 한다.

③ 건물의 출입문

  ㉠ 돌출이 없는 것으로 설비한다.

  ㉡ 한쪽 문 : 최소 폭 1.2m 이상

  ㉢ 양쪽 문 : 최소 폭 2m 이상

  ㉣ 높이 : 2.5~3m 정도

④ 실험실 출입문

  ㉠ 실험실 안쪽으로 열리게 설비한다.

  ㉡ 출입문의 개수는 적어도 2개 이상 설비한다.

  ㉢ 개폐 시 출입자의 힘이 크게 가해지지 않도록 최소 2~6kg의 무게로 개폐할 수 있도록 한다.

  ㉣ 주변에는 가구, 위험 물질, 분석 장비를 설치하지 않는다.

① 구 조
   ㉠ 제어풍속은 부스를 개방한 상태로 개구면에서 0.4m/s 정도로 유지되어야 한다. 다만, 부스가 없는 실험대에서 실험을 할 경우 상방향 후드의 제어풍속은 실험대 상부에서 1.0m/s 정도로 유지되어야 한다.
   ㉡ 부스 입구의 공기의 흐름방향은 입구 면에 수직이고 안쪽으로 향하여야 한다.
   ㉢ 부스 위치는 문, 창문, 주요 보행통로로부터 떨어져 있어야 한다.
   ㉣ 실험장치를 부스 내에 설치할 경우에는 전면에서 15cm 이상 안쪽에 설치하여야 하며, 부스 내 전기기계기구는 방폭형이어야 한다.

② 유지관리
   ㉠ 부스는 규정에 맞추어 설치하여야 한다.
   ㉡ 부스는 항상 양호한 상태로 유지되어야 하며, 후드나 배기장치에 이상이 생겼을 경우에는 즉시 수리를 의뢰하고 수리중이라는 표지를 붙인다.
   ㉢ 후드로 배출되는 물질의 냄새가 감지되면 배기장치가 작동되는지 점검하고, 후드의 작동상태가 양호하지 않으면 정비하도록 한다.
   ㉣ 후드 및 국소배기장치는 1년에 1회 이상 자체검사를 실시하여야 하며, 제어풍속을 3개월에 1회 측정하여 이상 유무를 확인한다.
   ㉤ 실험용 기자재 등이 후드 위에 연결된 배기덕트 안으로 들어가지 않도록 한다.
   ㉥ 부스 앞에 서 있는 작업자는 주위의 공기흐름을 변화시킬 수 있으므로 실험자를 2인 이하로 최소화한다.
   ㉦ 부득이하게 시약을 부스 내에 보관할 경우는 항상 후드의 배기장치를 켜 두어야 한다.

① 실험실 내에 시약 등 유해물질을 저장할 경우에는 강제배기장치가 설치되어 통풍이 되는 캐비닛에 저장되어야 한다.
② 유해물질의 사용 및 유지 요령
   ㉠ 유해물질은 물성이나 특성별로 저장하여야 하며 알파벳순이나 가나다순 등 이름 분류로 저장하지 않아야 한다.
   ㉡ 서로 반응할 수 있는 유해물질을 함께 두지 않아야 한다.
   ㉢ 유리상자에 저장된 것은 가능한 한 캐비닛 선반의 제일 아래에 보관한다.
③ 캐비닛의 형식
   ㉠ 가연성 물질용 캐비닛은 가연성 물질 및 인화성 액체 저장용으로 사용한다.
   ㉡ 산, 부식 물질용 캐비닛은 내부식성 재질의 것을 사용한다.
   ㉢ 실험실 외부의 가연성 및 부식성 액체를 저장할 때에는 저장 캐비닛을 별도로 설치하여 사용한다.

핵심예제

실험실에서 사용하는 유해물질 저장 캐비닛에 대한 설명으로 옳지 않은 것은?
① 유해물질은 알파벳순으로 저장하여 사용 시 찾기 쉽도록 한다.
② 가연성 물질용 캐비닛은 가연성 물질 및 인화성 액체 저장용으로 사용한다.
③ 실험실 외부의 가연성 및 부식성 액체를 저장할 때에는 저장 캐비닛을 별도로 설치하여 사용한다.
④ 실험실 내에 시약 등 유해물질을 저장할 경우에는 강제배기장치가 설치되어 통풍이 되는 캐비닛에 저장되어야 한다.

|해설|
유해물질은 물성이나 특성별로 저장하여야 하며 알파벳순이나 가나다순 등 이름 분류로 저장하지 않아야 한다.

정답 ①

핵심이론 36 개별 저장 용기

① 유해물질을 저장하는 용기를 선택할 때에는 약품과 반응하지 않는지 확인한다.

② 용기는 크기를 20L 이하로 제한한다.

③ 용기는 꼭 막을 수 있는 뚜껑, 배출구 덮개를 가지고 있어야 하며 용기 내부 압력이 상승되지 않도록 시원한 장소에 보관한다.

④ 유리용기를 구매할 때에는 폭발 위험을 최소화할 수 있도록 배기구 뚜껑 등이 부착된 것으로 한다.

핵심이론 37 실험실용 냉장고

① 일반 냉장고를 가연성 물질과 같은 특별한 위험이 있는 물질 보관용으로 사용하지 말아야 한다.

② 실험실 용도의 냉장고는 유해물질의 저장이 가능한 것을 사용한다.

③ 위험물질의 보관기간은 가능한 한 짧게 한다.

④ 냉장고는 정기적으로 점검하여야 한다.

⑤ 냉장고의 사용 및 유지 요령

　㉠ 냉장고에 저장할 수 있는 유해물질은 표지를 붙여야 한다.

　㉡ 방사능 물질을 저장할 경우에는 냉장고에 방사능 물질을 저장하고 있다는 표지를 붙인다.

　㉢ 냉장고 속에 보관되는 용기들은 완전히 밀폐되거나 뚜껑이 덮여 있어야 하며, 안전하게 놓이고, 물질표지가 붙어 있어야 한다.

　㉣ 뚜껑이 알루미늄 포일, 코르크마개, 유리마개 등으로 제작된 것은 저장을 피한다.

　㉤ 냉장고는 물이 떨어지는 것을 방지할 수 있도록 서리가 끼지 않는 것을 사용한다.

핵심예제

다음 중 시약 보관방법이 잘못된 것은?

① 가연성 용매는 실험실 밖에 저장하고 많은 양은 금속 캔에 저장하며, 저장장소에는 '가연성 물질'이라고 반드시 명시한다.

② 유해물질은 이름의 알파벳이나 가나다 순 등으로 저장하는 것이 아니라 반드시 물성이나 특성별로 저장한다.

③ 암모니아 산화물, 질소화물, 인산 저장용액은 냉장고에 '유기물질용 냉장고'라고 적어서 보관한다.

④ 실리카 저장용액은 반드시 플라스틱병에 보관한다.

|해설|

암모니아 산화물, 질소화물, 인산 저장용액은 냉장고에 '무기물질용 냉장고'라고 적어서 보관한다.

정답 ③

① 세안장치는 유해물질을 취급하는 실험실에 설치하여야 하며, 실험실 내의 모든 인원이 쉽게 접근하고 사용할 수 있도록 준비되어 있어야 한다. 이 지침에서 규정되지 않은 사항에 대해서는 KOSHA GUIDE D-44(세안설비 등의 성능 및 설치에 관한 기술지침)를 적용할 수 있다.

② 세안장치는 실험실의 모든 장소에서 10초 이내에 도달할 수 있는 위치에 확실히 알아볼 수 있는 표시와 함께 설치되어 있어야 한다.

③ 실험실 작업자들은 눈을 감은 상태에서도 가장 가까운 세안장치에 접근할 수 있어야 한다.

④ 눈 부상은 보통 피부 부상을 동반하게 되므로 세안장치는 샤워장치와 같이 설치하여, 눈과 몸을 동시에 씻을 수 있도록 한다.

⑤ 세안장치의 사용 및 유지 요령

　㉠ 물 또는 눈 세척제는 직접적으로 눈을 향하게 하는 것 보다는 코의 낮은 부분을 향하도록 하는 것이 좋다.

　㉡ 눈꺼풀은 강제적으로 열리도록 하여 눈꺼풀 뒤도 효과적으로 세척하도록 한다.

　㉢ 코의 바깥쪽에서 귀쪽으로 세척하여 씻겨진 화학물질이 거꾸로 눈 안이나 오염되지 않은 눈으로 들어가지 않도록 하여야 한다.

　㉣ 물 또는 눈 세척제로 최소 15분 이상 눈과 눈꺼풀을 씻어 낸다.

　㉤ 유해한 화학물질로 오염된 눈을 씻을 때에는 가능한 한 빨리 콘택트렌즈는 벗겨낸다.

　㉥ 피해를 입은 눈은 깨끗하고 살균된 거즈로 덮는다.

　㉦ 병원이나 구급대에 전화한다.

　㉧ 세안장치는 분기별 1회 정기적으로 점검한다.

　㉨ 수직형의 세안장치는 공기 중의 오염물질로부터 노즐을 보호하기 위한 보호커버를 설치한다.

핵심예제

실험실에서 사용하는 세안장치에 대한 설명으로 옳지 않은 것은?

① 세안장치는 분기별 1회 정기적으로 점검한다.

② 세안장치를 사용할 때는 물 또는 눈 세척제로 최소 15분 이상 눈과 눈꺼풀을 씻어 낸다.

③ 세안장치를 사용할 때는 귀쪽에서 시작하여 점차 얼굴 중심 부인 코쪽으로 옮겨가며 세척한다.

④ 세안장치는 실험실의 모든 장소에서 10초 이내에 도달할 수 있는 위치에 확실히 알아볼 수 있는 표시와 함께 설치되어 있어야 한다.

|해설|

코의 바깥쪽에서 귀쪽으로 세척하여 씻겨진 화학물질이 거꾸로 눈 안이나 오염되지 않은 눈으로 들어가지 않도록 하여야 한다.

정답 ③

핵심이론 39 샤워장치

① 유해물질을 취급하는 실험실에는 샤워장치를 설치하여야 하며, 항상 사용 가능하게 준비가 되어 있어야 한다. 이 지침에서 규정되지 않은 사항에 대해서는 KOSHA GUIDE D-44(세안설비 등의 성능 및 설치에 관한 기술지침)를 적용할 수 있다.

② 샤워장치의 사용 및 유지 요령

　㉠ 샤워장치는 신속하게 접근이 가능한 위치에 설치하고 알기 쉽도록 확실한 표시를 한다.

　㉡ 실험실 작업자들이 눈을 감은 상태에서 샤워장치에 접근할 수 있어야 한다.

　㉢ 샤워장치는 쥐고 당길 수 있는 사슬이나 삼각형 손잡이로 작동되게 한다.

　㉣ 잡아당기는 사슬이나 삼각형 손잡이는 모든 사람의 키에 맞도록 높이를 조절하고, 항상 사용이 가능하도록 분기별 1회 이상 작동시험을 하여야 한다.

　㉤ 샤워장치에서 쏟아지는 물줄기는 몸 전체로 떨어지게 할 수 있어야 한다.

　㉥ 샤워장치가 작동되는 동안 혼자서 옷을 벗고 신발이나 장신구를 벗을 수 있어야 한다.

　㉦ 샤워장치는 전기 분전반이나 전선 인입구 등에서 떨어진 곳에 위치하여야 한다.

　㉧ 샤워장치는 배수구 근처에 설치하여야 한다.

핵심이론 40 소방시설

① 경보설비

　㉠ 경보설비는 실험실 종사자들에게 위험사항을 신속히 알릴 수 있어야 한다.

　㉡ 모든 종사자들은 실험실에 가장 가까운 화재발신기의 정확한 위치를 잘 알고 있어야 한다.

　㉢ 자동화재탐지설비는 정전이 되었을 때에는 비상전원 등으로 정상작동을 하도록 조치해야 한다.

② 소화기

　㉠ 소화기는 화재의 종류에 따라서 분류되므로, 화재에 따라서 해당되는 문자나 표시를 갖춘 종류를 사용한다.

　㉡ 소화기는 적합한 표시에 의하여 확실히 구분되어야 하며 출입구 가까운 벽에 안전하게 설치되어 있어야 한다.

　㉢ 모든 소화기들에 대해 정기적으로 충전상태, 손상여부, 압력저하, 설치불량 등을 점검한다.

　㉣ 사용되었거나 손상을 입고 내부 충전상태가 불량하면 새 것으로 교체하거나 재충전한다.

③ 소방담요는 불을 끄기 위한 용도뿐만 아니라, 화상자 또는 쇼크 상태에 있는 환자를 따뜻하게 하기 위하여 사용한다.

④ 소화전

　㉠ 옥내소화전함 앞에는 물건을 두지 말아야 하며, 옥내소화전은 항상 사용 가능하도록 준비되어 있어야 한다.

　㉡ 호스는 꼬이지 않도록 관리하고, 사용 시 쉽게 펼칠 수 있어야 한다.

　㉢ 옥내소화전함 내부는 습기가 차거나 호스 내에 물이 들어있지 않도록 하여야 한다.

　㉣ 호스를 사용한 후에는 건조시킨 후 원래 위치에 보관하여야 한다.

⑤ 스프링클러설비

　　㉠ 스프링클러설비는 자동적으로 작동되므로 실험실 종사자들이 임의로 설비를 정지시키지 않도록 하여야 한다.

　　㉡ 실험실 내 용품들은 스프링클러 헤드에서 적어도 50cm 이상 떨어진 곳에 위치하도록 한다.

　　㉢ 스프링클러 헤드에 물건을 매다는 일이 없도록 한다.

핵심이론 41 실험실 안전보건관리 수칙

① 실험실에서 안전사고 및 화재·폭발을 예방하기 위하여 실험실별로 특성에 맞는 안전보건관리 규정을 작성하고, 이를 이행하여야 한다. 또한, 안전보건관리규정을 각 실험실에 게시 또는 비치하고, 이를 실험실 종사자에게 알려야 한다.

② 실험대, 실험부스, 안전통로 등은 항상 청결하게 유지하여야 한다.

③ 실험실의 전반적인 구조를 숙지하고 있어야 하며, 특히 출입구는 항상 피난이 가능한 상태로 유지하여야 한다.

④ 사고 시 연락 및 대피를 위해 출입구 벽면 등 눈에 잘 띄는 곳에 비상연락망 및 피난안내도를 부착하여야 한다.

⑤ 소화기는 눈에 잘 띄는 위치에 비치하고, 실험종사자가 소화기 사용법을 숙지하도록 교육하여야 한다.

⑥ 실험에 필요한 시약만 실험대에 놓아두고, 또한 실험실 내에 일일 사용에 필요한 최소량만 보관하여야 한다.

⑦ 시약병은 깨끗하게 유지하고, 라벨(Label)에는 물질명, 위험·경고·주의표지, 뚜껑을 개봉한 날짜를 기록해 두어야 한다.

⑧ 실험 시의 폐액이나 누출된 유해물질은 싱크대나 일반 쓰레기통에 버리지 말고 폐액 수거용기에 안전하게 버려야 한다.

⑨ 실험실의 안전점검표를 작성하여 월 1회 이상 정기적으로 실험실 내 실험장치, 시약보관상태, 소방설비 등을 점검하여야 한다.

⑩ 취급하고 있는 유해물질에 대한 물질안전보건자료(MSDS ; Material Safety Data Sheat)를 게시하고 이를 실험실 종사자가 숙지하도록 교육하여야 한다.

⑪ 실험실 내에는 금지표지, 경고표지, 지시표지 및 안내표지 등 필요한 안전보건표지를 부착하여야 한다.

핵심예제

실험실 안전보건관리 수칙으로 옳은 것은?

① 실험실의 안전점검표를 작성하여 연 1회 이상 정기적으로 안전 상태를 점검한다.
② 취급하고 있는 유해물질에 대한 물질안전보건자료(MSDS)를 게시하고 숙지한다.
③ 물품이 담긴 상자, 시약 등은 실험대에서 멀리 떨어진 출입구 근처에 쌓아둔다.
④ 유해물질이 누출되었을 경우에는 즉시 싱크대나 일반 쓰레기통에 버린다.

|해설|

① 실험실의 안전점검표를 작성하여 월 1회 이상 정기적으로 안전 상태를 점검한다.
③ 실험대, 실험부스, 안전통로 등은 항상 깨끗하게 유지한다.
④ 유해물질이 누출되었을 경우에는 싱크대나 일반 쓰레기통에 버리지 말고 폐액 수거용기에 안전하게 폐기한다.

정답 ②

핵심이론 42 실험실 안전점검의 종류

① 일상점검
  ㉠ 실험실에서 사용되는 기계·기구·전기·약품·병원체 등의 보관상태 및 보호장비의 관리실태 등을 육안으로 실시하는 점검이다.
  ㉡ 실험을 시작하기 전에 매일 1회 실시한다.

② 정기점검
  ㉠ 실험실에서 사용되는 기계·기구·전기·약품·병원체 등의 보관상태 및 보호장비의 관리실태 등을 안전점검기기를 이용하여 실시하는 세부적인 점검이다.
  ㉡ 매년 1회 이상 실시한다.

③ 특별안전점검
  ㉠ 폭발사고·화재사고 등 실험실 종사자의 안전에 치명적인 위험을 야기할 가능성이 있을 것으로 예상되는 경우에 실시하는 점검이다.
  ㉡ 실험실 관리 책임자가 필요하다고 인정하는 경우에 실시한다.

④ 정밀안전점검
  ㉠ 실험실에서 발생할 수 있는 재해를 예방하기 위하여 잠재적 위험성의 발견과 그 개선대책의 수립을 목적으로 일정 기준 또는 자격을 갖춘 자가 실시하는 조사·평가이다.
  ㉡ 2년마다 1회 이상 실시한다.

핵심예제

폭발사고, 화재사고 등 분석 및 연구 활동 종사자의 안전에 치명적인 위험을 야기할 수 있을 것으로 예상되는 경우에 실시하는 조사 행위를 무엇이라고 하는가?

① 일상점검
② 정기점검
③ 특별안전점검
④ 정밀안전점검

정답 ③

① 화학물질 취급 및 관리, 전기 사용, 장비 운전 및 시설 관련 안전점검을 실시한 결과를 작성하는 것이다.

② 포함 내용 : 점검 결과 보고서에 포함된 자료의 근거는 분석실 내 결함에 대한 증거 및 정밀 진단 분석 등을 명확히 하기 위하여 현장 사진 및 점검 장비 측정값 등 근거 자료를 삽입하고 문제점 및 개선 대책을 제시하여야 한다.

　　㉠ 포함 사항
　　　• '분석실 안전점검 및 정밀 안전진단에 관한 지침'에서 정한 내용
　　　• 점검 및 정밀 진단 분야별 지적 사항에 대한 개선 방안 작성
　　　• 분석실별 분야별 현황 조사 작성
　　　• 각 분석실별 개선 조치 사항에 대한 분야별 개선 여부 및 개선율 제시

　　㉡ 서 두
　　　• 참여자 명단
　　　• 분석실 정밀진단 및 정기점검 결과 요약문

　　㉢ 개요 : 점검 계획 및 실시와 관련된 주요 사항을 기술한다.
　　　• 정밀진단 및 정기점검의 목적
　　　• 정밀진단 및 정기점검 대상 분석실의 개요 및 현황
　　　• 정밀진단 및 정기점검의 범위 및 과업 내용
　　　• 환경점검 안전관리 현황
　　　• 사용장비, 점검수행 일정 등 주요 사항

　　㉣ 안전 평가 : 조사, 측정 결과 분석의 평가 결과를 작성한다.
　　　• 육안조사 및 측정장비에 의한 결과 분석
　　　• 위해 요소의 발견 내용 및 원인 분석·조치 개선 방안 제시
　　　• 연구실별, 점검사항별, 안전상태 등급 판정

핵심예제

안전점검 결과 보고서에 포함되는 내용이 아닌 것은?
① 현장사진 및 점검장치의 측정값 등 근거 자료
② 실험실을 사용하는 분석자 명단
③ 안전점검 문제점 및 개선 대책
④ 연구실별, 점검사항별, 안전상태 판정 등급 등 평가 결과

|해설|

점검결과보고서에 포함된 자료의 근거는 분석실 내 결함에 대한 증거 및 정밀진단분석 등을 명확히 하기 위하여 현장사진 및 점검장비 측정값 등 근거자료를 삽입하고 문제점 및 개선 대책을 제시하여야 한다.

정답 ②

① 유해물질, 방사성 물질 등을 취급하는 실험실에서 실험실 종사자는 실험복, 보안경 등의 보호장비를 착용하고 실험을 하여야 한다. 일반인이 실험실을 방문할 때에는 보안경 등 필요한 보호장비를 착용하여야 한다.

② 유해물질 등 시약은 절대로 입에 대거나 냄새를 맡지 말아야 한다.

③ 유해물질을 취급하는 실험을 할 때에는 부스(Booth)에서 실시하여야 한다.

④ 절대로 입으로 피펫(Pipet)을 빨면 안 된다.

⑤ 하절기에도 실험실 내에서 긴 바지를 착용하여야 한다.

⑥ 음식물을 실험실 내 시약 저장 냉장고에 보관하지 말고, 또한 실험실 내에서 음식물을 먹지 말아야 한다.

⑦ 실험실에서 나갈 때에는 비누로 손을 씻어야 한다.

⑧ 실험장비는 사용법을 확실히 숙지한 상태에서 작동시켜야 한다.

⑨ 주위 사람들의 안전에 대해서도 고려하여야 한다.

⑩ 불안전한 행동을 하는 사람이 있을 경우 안전한 행동을 하도록 주지시켜야 한다.

⑪ 화재 또는 사고 시에 주위사람에게 알린다.

실험실 안전 유의사항으로 옳지 않은 것은?

① 실험장비는 사용법을 확실히 숙지한 상태에서 작동시켜야 한다.

② 유해물질을 취급하는 실험을 할 때에는 부스(Booth)에서 실시하여야 한다.

③ 음식물을 실험실 내 시약 저장 냉장고에 보관 시 안전표지를 눈에 잘 띄는 곳에 부착하여 보관한다.

④ 유해물질, 방사성 물질 등을 취급하는 실험실에서 실험실 종사자는 실험복, 보안경 등의 보호장비를 착용하고 실험을 하여야 한다.

|해설|

음식물을 실험실 내 시약 저장 냉장고에 보관하지 말고, 또한 실험실 내에서 음식물을 먹지 말아야 한다.

정답 ③

핵심이론 45 실험과 관련된 위험성 평가

① 위험성 평가 : 유해 위험요인을 파악하고 해당 유해·위험요인에 의한 부상 또는 질병의 발생 가능성(빈도)과 중대성(강도)을 추정 결정하고 감소대책을 수립하여 실행하는 일련의 과정을 말한다.

② 예방은 안전에서 가장 중요한 요소이므로 어떠한 실험을 계획하거나 새로운 장비의 사용 및 유해물질을 다루기 전에 작업에 관계된 위험성과 안전조치에 대하여 알고 있어야 한다.

③ 위험성을 알지 못하는 유해물질 등을 취급하는 실험을 할 경우에는 실험 전에 위험요인 평가를 실시하여야 한다.

④ 실험에 대한 위험성과 안전조치에 대한 정보를 공개하여 실험실 내 모든 종사자가 이용할 수 있도록 한다.

핵심이론 46 사고 시 행동요령

① 사고를 대비하여 비상연락, 진화, 대피 및 응급조치요령 등에 포함된 비상조치절차를 '비상조치 계획지침'을 참조하여 작성하여야 한다.

② 사고가 발생하였을 때에는 정확하고 빠르게 대응하여야 한다.

③ 실험실 내 샤워장치, 세안장치, 완강기, 소화전, 소화기, 화재경보기 등 안전장비 및 비상구에 대하여 잘 알고 있어야 한다.

④ 사고 발생 시 행동요령

㉠ 긴급조치 후 신속히 큰소리로 다른 실험 종사자에게 알리고 즉시 안전관리책임자에게 보고하고, 관련 부서에 도움을 요청하도록 한다.

㉡ 화재나 사고를 가능한 한 초기에 신속히 진압하고, 필요시 응급조치를 취한다.

㉢ 초기 진압이 어려운 경우에는 진압을 포기하고 건물 외부로 대피하도록 한다.

㉣ 소방서, 경찰서, 병원 등에 연락하여 도움을 요청한다.

㉤ 필요시 구급요원 등에 대해 사고 진행상황에 대하여 상세히 알리도록 한다.

실험실 사고 발생 시 행동 요령으로 옳은 것은?

① 사고 진행상황을 이야기하는 것은 구급요원에게 상황을 파악하는 데 혼돈을 줄 수 있으므로 언급하지 않는다.

② 초기 진압이 어렵더라도 사고의 전파를 막기 위한 가장 중요한 요인이므로 대피 전 초기 진압에 최선을 다한다.

③ 사고가 발생하면 긴급조치 후 신속히 큰소리로 다른 실험 종사자에게 사고 사실을 알리고 즉시 안전관리책임자에게 보고한다.

④ 응급조치는 상황을 악화할 수 있으므로 상처부위에 조치를 취하지 않고 바로 병원으로 간다.

|해설|

① 필요시 구급요원 등에 대해 사고 진행상황에 대하여 상세히 알리도록 한다.

② 초기 진압이 어려운 경우에는 진압을 포기하고 건물 외부로 대피하도록 한다.

④ 화재나 사고를 가능한 한 초기에 신속히 진압하고, 필요시 응급조치를 취한다.

정답 ③

핵심이론 47 실험실 내 안전보건표지

① 금지 : 색채는 빨간색으로 정지 신호, 소화 설비 및 그 장소, 유해 행위의 금지 등에 사용한다.

② 경 고

　㉠ ◇(빨간색 마름모) : 화학물질 취급 장소에서의 유해·위험의 경고, 그 밖의 위험 경고 등

　㉡ ▲(노란색 세모) : 화학물질 취급 장소에서의 유해·위험의 경고, 주의 표지 또는 기계 방호물 등

③ 지 시

　●(파란색 동그라미) : 특정 행위의 지시 및 사실의 고지

④ 안 내

　■(녹색 네모) : 비상구 및 피난소, 사람 또는 차량의 통행 표지 등

1. 금지 표지	101 출입금지	102 보행금지	103 차량통행금지	104 사용금지	105 탑승금지	106 금연
107 화기금지	108 물체이동금지	2. 경고 표지	201 인화성물질 경고	202 산화성물질 경고	203 폭발성물질 경고	204 급성독성물질 경고
205 부식성물질 경고	206 방사성물질 경고	207 고압전기 경고	208 매달린 물체 경고	209 낙하물 경고	210 고온 경고	211 저온 경고
212 몸균형 상실 경고	213 레이저광선 경고	214 발암성·변이원성·생식 독성·전신독성·호흡기 과민성 물질 경고	215 위험장소 경고		3. 지시 표지	301 보안경 착용	302 방독마스크 착용
303 방진마스크 착용	304 보안면 착용	305 안전모 착용	306 귀마개 착용	307 안전화 착용	308 안전장갑 착용	309 안전복 착용
4. 안 내 표 지	401 녹십자표지	402 응급구호표지	403 들것	404 세안장치	405 비상용기구	406 비상구
407 좌측비상구	408 우측비상구	5. 관계자외 출입금지	501 허가대상물질 작업장 관계자외 출입금지 (허가물질 명칭) 제조/사용/보관 중 보호구/보호복 착용 흡연 및 음식물 섭취 금지	502 석면취급/해체 작업장 관계자외 출입금지 석면 취급/해체 중 보호구/보호복 착용 흡연 및 음식물 섭취 금지	503 금지대상물질의 취급 실험실 등 관계자외 출입금지 발암물질 취급 중 보호구/보호복 착용 흡연 및 음식물 섭취 금지	
6. 문자추가시 예시문	위험유해기업금지	▶ 내 자신의 건강과 복지를 위하여 안전을 늘 생각한다. ▶ 내 가정의 행복과 화목을 위하여 안전을 늘 생각한다. ▶ 내 자신의 실수로써 동료를 해치지 않도록 안전을 늘 생각한다. ▶ 내 자신이 일으킨 사고로 인한 회사의 재산과 손실을 방지하기 위하여 안전을 늘 생각한다. ▶ 내 자신의 방심과 불안전한 행동이 조국의 번영에 장애가 되지 않도록 하기 위하여 안전을 늘 생각한다.				

47-1. 안전 관련 표식 부착 관리대상이 아닌 것은?

① 위험이 따르는 시설물
② 불안전한 시설물
③ 경고를 요하는 시설물
④ 시료 저장 시설물

47-2. 다음 안전보건표지의 의미는?

① 보행금지
② 출입금지
③ 탑승금지
④ 물체이동금지

정답 47-1 ④ 47-2 ②

핵심이론 48 화학물질 및 물리적 인자의 노출기준

① **노출기준**
  ㉠ 근로자가 유해인자에 노출되는 경우 노출기준 이하 수준에서는 거의 모든 근로자에게 건강상 나쁜 영향을 미치지 아니하는 기준을 말한다.
  ㉡ 표시 방법
   • 1일 작업시간 동안의 시간가중평균노출기준(TWA ; Time Weighted Average)
   • 단시간노출기준(STEL ; Short Term Exposure Limit)
   • 최고노출기준(C ; Ceiling)

② **시간가중평균노출기준(TWA)**
  ㉠ 1일 8시간 작업을 기준으로 하여 유해인자의 측정치에 발생시간을 곱하여 8시간으로 나눈 값을 말한다.
  ㉡ TWA 환산값 $= \dfrac{C_1 T_1 + C_2 T_2 + \cdots + C_n T_n}{8}$

   여기서, C : 유해인자의 측정값(단위 : ppm, mg/m^3 또는 개/cm^3)
   T : 유해인자의 발생시간(단위 : h)

③ **단시간노출기준(STEL)**
  ㉠ 15분간의 시간가중평균노출값이다.
  ㉡ 노출농도가 시간가중평균노출기준(TWA)을 초과하고 단시간노출기준(STEL) 이하인 경우에는 1회 노출 지속시간이 15분 미만이어야 하고, 이러한 상태가 1일 4회 이하로 발생하여야 하며, 각 노출의 간격은 60분 이상이어야 한다.

④ **최고노출기준(C)**
  ㉠ 근로자가 1일 작업시간동안 잠시라도 노출되어서는 아니 되는 기준을 말한다.
  ㉡ 노출기준 앞에 'C'를 붙여 표시한다.

⑤ 노출기준 표시단위

　㉠ 가스 및 증기 : ppm

　㉡ 분진 및 미스트 등 에어로졸(Aerosol) : mg/m^3

　㉢ 석면 및 내화성 세라믹섬유 : $개/cm^3$

　㉣ 고온의 노출기준 표시단위 : 습구흑구온도지수
　(WBGT)를 사용하며, 다음의 식에 따라 산출한다.

　　• 태양광선이 내리쬐는 옥외 장소 :
　　　WBGT(℃) = 0.7 × 자연습구온도 + 0.2
　　　　　　　　　　 × 흑구온도 + 0.1 × 건구온도

　　• 태양광선이 내리쬐지 않는 옥내 또는 옥외 장소 :
　　　WBGT(℃) = 0.7 × 자연습구온도 + 0.3
　　　　　　　　　　 × 흑구온도

48-1. 빈칸에 들어갈 말로 옳은 것은?

시간가중평균노출기준(TWA)은 1일 (ㄱ)시간 작업을 기준으로 하여 유해인자의 측정치에 발생시간을 곱하여 8시간으로 나눈 값이고, 단시간노출기준(STEL)은 근로자가 1회에 (ㄴ)분간 유해인자에 노출되는 경우의 기준을 말한다.

① ㄱ : 6, ㄴ : 15　　　② ㄱ : 8, ㄴ : 15
③ ㄱ : 6, ㄴ : 50　　　④ ㄱ : 8, ㄴ : 50

48-2. 노출기준에 대한 설명으로 옳은 것은?

① 최고노출기준(C)은 근로자가 1일 작업시간 동안 잠시라도 노출되어서는 안 되는 기준이다.
② 2종 또는 그 이상의 유해인자가 혼재하는 경우에는 각 유해인자의 상가작용으로 유해성이 감소할 수 있다.
③ 화학물질이 2종 이상 혼재하는 경우, 혼재하는 물질 중 어느 한 가지라도 노출기준을 넘으면 혼합물의 산출식에 따른 계산값으로만 기준 초과를 판단한다.
④ 노출기준 이하의 작업환경에서 나타나는 직업성 질병은 작업환경의 유해인자와 상관 없다.

48-3. A 물질을 제조하는 공장의 근로자가 10시간 근무할 때 OSHA의 보정방법을 이용한 TWA-TLV(ppm)는?(단, A 물질의 TWA-TLV는 15ppm이다) [2020년 3회]

① 12　　　② 15
③ 19　　　④ 25

48-4. 화학물질 및 물리적 인자의 노출기준에 대한 설명 중 틀린 것은? [2020년 1·2회]

① 단시간노출기준(STEL)은 15분간의 시간가중평균노출값으로서 근로자가 STEL 이하로 유해인자에 노출되기 위해선 1회 노출 지속시간이 15분 미만이어야 하고, 1일 4회 이하로 발생해야 하며, 각 노출의 간격은 60분 이하이어야 한다.
② 최고노출기준(C)은 근로자가 1일 작업시간 동안 잠시라도 노출되어서는 아니 되는 기준을 말하며, 노출기준 앞에 C를 붙여 표시한다.
③ 시간가중평균노출기준(TWA)은 1일 8시간 작업을 기준으로 하여 유해인자의 측정치에 발생시간을 곱하여 8시간으로 나눈 값을 말한다.
④ 특정 유해인자의 노출기준이 규정되지 않았을 경우 ACGIH의 TLVs를 준용한다.

48-1

- 시간가중평균노출기준(TWA) : 1일 8시간 작업을 기준으로 하여 유해인자의 측정치에 발생시간을 곱하여 8시간으로 나눈 값이다.

$$\text{TWA 환산값} = \frac{C_1 T_1 + C_2 T_2 + \cdots + C_n T_n}{8}$$

여기서, C : 유해인자의 측정값(ppm, mg/m³ 또는 개/cm³)
T : 유해인자의 발생시간(h)

- 단시간노출기준(STEL) : 근로자가 1회에 15분간 유해인자에 노출되는 경우의 기준이다.

48-2

② 2종 또는 그 이상의 유해인자가 혼재하는 경우에는 각 유해인자의 상가작용으로 유해성이 증가할 수 있다.

③ 화학물질이 2종 이상 혼재하는 경우, 혼재하는 물질 중 어느 한 가지라도 노출기준을 넘는 경우 노출기준을 초과하는 것으로 한다.

④ 노출기준 이하의 작업환경에서도 직업성 질병에 이환되는 경우가 있으므로 노출기준은 직업병 진단에 사용하거나 노출기준 이하의 작업환경이라는 이유만으로 직업성 질병의 이환을 부정하는 근거 또는 반증자료로 사용하여서는 아니 된다.

48-3

시간가중평균농도(TWA-TLV)

- 1일 8시간 작업하는 동안 노출이 허용되는 유해물질의 평균농도이다.
- 1일 8시간 동안 반복 노출되어도 건강장해를 일으키지 않는 유해물질의 평균농도이다.

$$\text{OSHA 보정} = 8\text{시간 기준 TWA-TLV} \times \frac{8\text{시간}}{1\text{일 노출시간}}$$

$$= 15\,\text{ppm} \times \frac{8\text{h}}{10\text{h}} = 12\,\text{ppm}$$

48-4

'단시간노출기준(STEL)'이란 15분간의 시간가중평균노출값으로서 노출농도가 시간가중평균노출기준(TWA)을 초과하고 단시간노출기준(STEL) 이하인 경우에는 1회 노출 지속시간이 15분 미만이어야 하고, 이러한 상태가 1일 4회 이하로 발생하여야 하며, 각 노출의 간격은 60분 이상이어야 한다.

정답 48-1 ② 48-2 ① 48-3 ① 48-4 ①

핵심이론 49 노출기준 사용상의 유의사항

① 각 유해인자의 노출기준은 해당 유해인자가 단독으로 존재하는 경우의 노출기준을 말하며, 2종 또는 그 이상의 유해인자가 혼재하는 경우에는 각 유해인자의 상가작용으로 유해성이 증가할 수 있으므로 혼합물의 노출기준에 따라 산출하는 노출기준을 사용하여야 한다.

② 노출기준은 1일 8시간 작업을 기준으로 하여 제정된 것이므로 이를 이용할 경우에는 근로시간, 작업의 강도, 온열조건, 이상기압 등이 노출기준 적용에 영향을 미칠 수 있으므로 이와 같은 제반요인을 특별히 고려하여야 한다.

③ 유해인자에 대한 감수성은 개인에 따라 차이가 있고, 노출기준 이하의 작업환경에서도 직업성 질병에 이환되는 경우가 있으므로 노출기준은 직업병 진단에 사용하거나 노출기준 이하의 작업환경이라는 이유만으로 직업성 질병의 이환을 부정하는 근거 또는 반증자료로 사용하여서는 아니 된다.

④ 노출기준은 대기오염의 평가 또는 관리상의 지표로 사용하여서는 아니 된다.

화학물질 및 물리적 인자의 노출기준 사용상의 유의사항으로 옳지 않은 것은?

① 각 유해인자의 노출기준은 해당 유해인자가 단독으로 존재하는 경우의 노출기준을 말한다.

② 2종 또는 그 이상의 유해인자가 혼재하는 경우에는 각 유해인자의 상가작용으로 유해성이 감소할 수 있으므로 혼합물의 노출기준에 따라 산출된 노출기준을 사용해야 한다.

③ 유해인자에 대한 감수성은 개인에 따라 차이가 있고, 노출기준 이하의 작업환경에서도 직업성 질병에 이환되는 경우가 있으므로 노출기준은 직업병 진단에 사용하거나 노출기준 이하의 작업환경이라는 이유만으로 직업성 질병의 이환을 부정하는 근거 또는 반증자료로 사용하여서는 아니 된다.

④ 노출기준은 1일 8시간 작업을 기준으로 하여 제정된 것이므로 이를 이용할 경우에는 근로시간, 작업의 강도, 온열조건, 이상기압 등이 노출기준 적용에 영향을 미칠 수 있으므로 이와 같은 제반요인을 특별히 고려하여야 한다.

|해설|

2종 또는 그 이상의 유해인자가 혼재하는 경우에는 각 유해인자의 상가작용으로 유해성이 증가할 수 있으므로 혼합물의 노출기준에 따라 산출된 노출기준을 사용하여야 한다.

정답 ②

핵심이론 50 혼합물의 노출기준

① 화학물질이 2종 이상 혼재하는 경우에 혼재하는 물질 간에 유해성이 인체의 서로 다른 부위에 작용한다는 증거가 없는 한 유해작용은 가중되므로 노출기준은 다음 식에 따라 산출하되, 산출되는 수치가 1을 초과하지 아니하는 것으로 한다.

$$\frac{C_1}{T_1} + \frac{C_2}{T_2} + \cdots + \frac{C_n}{T_n}$$

여기서, C : 화학물질 각각의 측정치

　　　　T : 화학물질 각각의 노출기준

② ①의 경우와는 달리 혼재하는 물질 간에 유해성이 인체의 서로 다른 부위에 유해작용을 하는 경우에 유해성이 각각 작용하므로 혼재하는 물질 중 어느 한 가지라도 노출기준을 넘는 경우 노출기준을 초과하는 것으로 한다.

핵심예제

화학물질이 2종 이상 혼재하는 경우에 노출기준을 산출하는 수식은?(단, C는 화학물질 각각의 측정치, T는 화학물질 각각의 노출기준을 의미한다)

① $\dfrac{C_1}{T_1} + \dfrac{C_2}{T_2} + \cdots + \dfrac{C_n}{T_n}$

② $\dfrac{T_1}{C_1} + \dfrac{T_2}{C_2} + \cdots + \dfrac{T_n}{C_n}$

③ $\dfrac{T_1}{C_1} \times \dfrac{T_2}{C_2} \times \cdots \times \dfrac{T_n}{C_n}$

④ $\dfrac{C_1}{T_1} \times \dfrac{C_2}{T_2} \times \cdots \times \dfrac{C_n}{T_n}$

정답 ①

① 소음(충격소음 제외)의 노출기준 : 115dB(A)을 초과하는 소음 수준에 노출되어서는 안 된다.

1일 노출시간(h)	소음강도 dB(A)
8	90
4	95
2	100
1	105
1/2	110
1/4	115

② 충격소음의 노출기준

　㉠ 최대 음압수준이 140dB(A)을 초과하는 충격소음에 노출되어서는 안 된다.

　㉡ 충격소음 : 최대 음압수준에 120dB(A) 이상인 소음이 1초 이상의 간격으로 발생하는 것을 말한다.

1일 노출횟수	충격소음의 강도 dB(A)
100	140
1,000	130
10,000	120

핵심예제

환경유해인자에 노출되는 기준에 대한 설명 중 틀린 것은?

[2020년 4회]

① 소음기준은 1일 동안 노출시간이 길어지거나 노출횟수가 많아질수록 소음강도수준(dB(A))은 커진다.
② 시간가중평균노출기준(TWA)은 1일 8시간 작업을 기준으로 한다.
③ 단시간노출기준(STEL)의 단시간이란 1회 15분간 유해인자에 노출되는 것을 기준으로 한다.
④ 최고노출기준(C)은 1일 작업시간 동안 잠시라도 노출되어서는 아니 되는 기준을 말한다.

|해설|
① 소음기준은 1일 동안 노출시간이 길어지거나 노출횟수가 많아질수록 소음강도수준(dB(A))은 작아진다.

정답 ①

① 가연성 가스

　㉠ 공기와 함께 폭발성 혼합기체를 형성하여 전기 스파크 등에 의해 쉽게 화재·폭발을 일으킨다.

　㉡ 화기, 충격, 마찰, 전기설비, 정전기 등을 피하고 통풍이 잘되는 차가운 장소에 보관한다.

② 폭발성 물질

　㉠ 산소나 산화제가 없는 상태에서도 충격 등에 의해 폭발할 수 있다.

　㉡ 가열, 마찰, 충격을 피하고 화기에 접근시키지 않도록 유의한다.

③ 발화성 물질

　㉠ 물과 접촉하여 발화하거나 스스로 쉽게 발화하여 가연성 가스를 발생시킨다.

　㉡ 물이나 산화 촉진제와의 접촉을 피하고 온도가 상승하지 않도록 화기로부터 멀리 보관한다.

④ 산화성 물질

　㉠ 산화력이 강하여 가열, 충격 등에 매우 격렬하게 반응을 일으킨다.

　㉡ 마찰, 가열, 충격 등을 피하고 환원성 물질이나 유기물질과 접촉되지 않도록 관리한다.

⑤ 인화성 물질

　㉠ 인화점이 65℃ 이하인 가연성 액체로 쉽게 발화되면서 가연성 증기를 발생시켜 화재·폭발을 일으킬 수 있는 물질이다.

　㉡ 화기나 열원으로부터 멀리하고 통풍이 잘되는 차가운 장소에 뚜껑을 닫아 보관한다.

⑥ 부식성 물질

　㉠ 금속 등을 쉽게 부식시키고 사람의 몸에 접촉하면 심한 화상을 입히는 위험물질이다.

　㉡ 취급 시에 반드시 보호구를 착용하고 작업을 실시한다.

⑦ 기타 위험 요인

　㉠ 호스나 배관 등을 사용하여 인화성 물질을 탱크나 드럼, 탱크로리 등에 주입할 때에는 클램프 등의 결합부를 확실히 체결하고 누출이 없음을 확인한 후 작업한다.

　㉡ 가솔린이 남아 있는 저장탱크나 드럼, 탱크로리 등에 등유나 경유를 주입할 때에는 미리 그 내부를 세정하고 불활성 가스로 치환하여 안전한 상태로 만든 후 작업한다.

　㉢ 환기가 잘되지 않는 장소에는 가스용접 등의 작업을 할 때에는 사전에 가스 호스 및 접속부 체결상태 확인, 가스공급 밸브에 대한 오조작방지 표지판 부착, 충분한 환기 등 가스 누출에 의한 화재·폭발 예방조치 후 작업한다.

　㉣ 합성섬유, 면, 천 조작, 톱밥, 짚, 종이류와 같이 불에 타기 쉬운 물질을 다량 취급하는 장소는 용접이나 소각 등 화기를 취급하는 장소와 멀리 떨어지도록 하고 비상통로 설치 및 소화기 배치 등 화재예방 조치를 실시한다.

　㉤ 기름이나 인쇄용 잉크 등이 묻어있는 기름걸레, 천 조각, 휴지 등은 불에 타지 않는 불연성 재질로 만든 용기에 담아 뚜껑을 덮어 보관한다.

　㉥ 인화성 물질 등 위험물을 취급하는 장소에서는 화재·폭발의 위험이 있으므로 불꽃이나 아크를 발생시킬 수 있는 기계·기구, 공구 및 화기 등의 사용을 피한다.

화학물질의 위험성을 고려하여 취급할 때 주의사항으로 옳지 않은 것은?

① 가연성 가스는 화기·충격·마찰·전기설비·정전기 등을 피하고 통풍이 잘되는 차가운 장소에 보관한다.

② 인화성 물질은 통풍이 잘되는 장소에서 온도가 65℃ 이상이 되도록 관리하여 보관한다.

③ 기름이나 인쇄용 잉크 등이 묻어 있는 기름걸레, 천 조각, 휴지 등은 불에 타지 않는 불연성 재질로 만든 용기에 담아 뚜껑을 덮어 보관한다.

④ 가솔린이 남아 있는 저장탱크나 드럼, 탱크로리 등에 등유나 경유를 주입할 때에는 미리 그 내부를 세정하고 불활성 가스로 치환하여 안전한 상태로 만든 후 작업한다.

|해설|

인화성 물질은 인화점이 65℃ 이하인 가연성 액체로 쉽게 발화되면서 가연성 증기를 발생시켜 화재·폭발을 일으킬 수 있는 물질이므로, 화기나 열원으로부터 멀리하고 통풍이 잘되는 차가운 장소에 뚜껑을 닫아 보관한다.

정답 ②

① 독 성
- ㉠ 실험자는 자신이 사용하거나 타 실험자가 사용하는 물질의 독성에 대하여 알고 있어야 한다.
- ㉡ 독성물질을 취급할 때는 체내에 들어가는 것을 막는 조치를 취해야 한다.
- ㉢ 밀폐된 지역에서 많은 양을 사용해서는 안 되며 항상 부스 내에서만 사용한다.

② 산과 염기물
- ㉠ 항상 물에 산을 가하면서 희석하여야 하며, 반대의 방법은 금지한다.
- ㉡ 강산과 강염기는 공기 중 수분과 반응하여 치명적 증기를 생성시키므로 사용하지 않을 때에는 뚜껑을 닫아 놓는다.
- ㉢ 산이나 염기가 눈이나 피부에 묻었을 때 즉시 세안장치 및 샤워장치로 씻어내고 도움을 요청하도록 한다.
- ㉣ 플루오린화수소는 가스 및 용액이 맹독성을 나타내며 화상과 같은 즉각적인 증상이 없이 피부에 흡수되므로 취급에 주의를 요한다.
- ㉤ 과염소산은 강산의 특성을 띠며 유기화합물 및 무기화합물과 반응하여 폭발할 수 있으며, 가열, 화기와 접촉, 충격, 마찰에 의해 스스로 폭발하므로 특히 주의해야 한다.

③ 산화제
- ㉠ 강산화제는 매우 적은 양으로 강렬한 폭발을 일으킬 수 있으므로 방호복, 고무장갑, 보안경 및 보안면 같은 보호구를 착용하고 취급하여야 한다.
- ㉡ 많은 산화제를 사용하고자 할 경우 폭발방지용 방호벽 등이 포함된 특별계획을 수립해야 한다.

④ 금속분말
- ㉠ 초미세 금속분진들은 폐, 호흡기 질환 등을 일으킬 수 있으므로 미세분말 취급 시 방진마스크 등 올바른 호흡기 보호대책이 강구되어야 한다.
- ㉡ 실험실 오염을 방지하기 위해 가능한 한 부스나 후드 아래에서 분말을 취급한다.
- ㉢ 많은 미세분말들은 자연발화성이며 공기에 노출되었을 때 폭발할 수 있으므로 특별히 주의하여야 한다.

⑤ 석면섬유와 유사결정들은 피부에 묻지 않고 흡입하지 않도록 조심스럽게 다뤄야 한다.

핵심예제

화학약품에 대한 안전조치로 옳지 않은 것은?
① 산이나 염기가 눈이나 피부에 묻었을 때 즉시 세안장치 및 샤워장치로 씻어내고 도움을 요청하도록 한다.
② 플루오린화수소는 가스 및 용액이 독성은 없으나, 공기에 노출되어 폭발할 수 있으므로 취급에 주의를 요한다.
③ 초미세 금속분진들은 폐, 호흡기 질환 등을 일으킬 수 있으므로 미세분말 취급 시 방진마스크 등 올바른 호흡기 보호대책이 강구되어야 한다.
④ 과염소산은 강산의 특성을 띠며 유기화합물 및 무기화합물과 반응하여 폭발할 수 있으며, 가열, 화기와 접촉, 충격, 마찰에 의해 스스로 폭발하므로 특히 주의해야 한다.

|해설|
플루오린화수소는 가스 및 용액이 맹독성을 나타내며 화상과 같은 즉각적인 증상이 없이 피부에 흡수되므로 취급에 주의를 요한다.

정답 ②

① 유해물질을 손으로 운반할 경우 적절한 운반용기에 넣고 운반하여 넘어지거나 깨지지 않도록 하여야 한다.
② 바퀴가 달린 수레로 운반할 때에는 고르지 못한 평면에서 튀거나 갑자기 멈추지 않도록 고른 회전을 할 수 있는 바퀴를 가진 것이어야 한다.
③ 가연성 액체 운반 규칙
  ㉠ 증기를 발산하지 않는 내압성 보관용기로 운반한다.
  ㉡ 저장소에 보관 중에는 환기가 잘되도록 한다.
  ㉢ 점화원을 제거하도록 한다.
  ㉣ 용기를 개봉한 채로 운반하지 않는다.

핵심예제

화학물질을 운반하는 경우의 주의사항으로 옳지 않은 것은?
① 유해물질을 손으로 운반할 경우 적절한 운반용기에 넣고 운반하여 넘어지거나 깨지지 않도록 하여야 한다.
② 바퀴가 달린 수레로 운반할 때에는 고르지 못한 평면에서 튀거나 갑자기 멈추지 않도록 고른 회전을 할 수 있는 바퀴를 가진 것이어야 한다.
③ 가연성 액체를 운반할 때는 환기가 잘되도록 용기를 개봉한 채로 운반한다.
④ 가연성 액체를 운반할 때는 주변에 점화원을 제거하도록 한다.

|해설|

가연성 액체 운반 규칙
• 증기를 발산하지 않는 내압성 보관용기로 운반한다.
• 저장소에 보관 중에는 환기가 잘되도록 한다.
• 점화원을 제거하도록 한다.
• 용기를 개봉한 채로 운반하지 않는다.

정답 ③

① 화학물질의 저장
  ㉠ 모든 화학물질은 지정된 저장공간이 있어야 한다.
  ㉡ 모든 화학물질은 약품이름, 소유자, 구입날짜, 위험성, 응급절차를 나타내는 라벨을 부착하여야 한다. 증류수처럼 무해한 것도 포함한다.
  ㉢ 직사광선을 피하고 냉암소에 저장한다.
  ㉣ 다량의 위험한 물질은 법령에 의하여 소정의 저장고에 종류별로 저장하고, 독극물은 약품 선반에 잠금장치를 설치하여 보관한다.
  ㉤ 위험한 약품의 분실, 도난 시에는 사고가 일어날 우려가 있으므로 담당 책임자에게 보고한다.
② 화학물질의 취급
  ㉠ 사용한 물질의 성상, 특히 화재·폭발 중독의 위험성을 잘 조사 연구한 후가 아니면 위험한 물질을 취급해서는 안 된다.
  ㉡ 유해물질을 사용할 때는 가능한 한 소량을 사용하고, 또한 미지의 물질에 대해서는 예비시험을 할 필요가 있다.
  ㉢ 화재·폭발의 위험이 있는 실험의 경우, 폭발 방지용 방호벽 등 특별한 방호설비를 갖추고 실험에 임하여야 한다.
    • 화재 폭발의 위험이 있을 경우 방호면, 내열 보호복, 소화기 등을 구비 또는 착용한다.
    • 중독의 염려가 있을 경우 장갑, 방독면, 방독복 등을 구비 또는 착용한다.
  ㉣ 유해물질의 폐기물의 처리는 수질오염, 대기오염을 일으키지 않도록 주의하여야 한다.
  ㉤ 약품 명칭이 없는 용기의 약품은 사용하지 않는다.
  ㉥ 모든 약품의 맛 또는 냄새 맡는 행위를 절대로 금하고, 입으로 피펫을 빨지 않는다.
  ㉦ 약품이 엎질러졌을 경우에는 즉시 청결하게 조치한다.

55-1. 화학물질의 취급을 위한 일반적인 기준으로 적합하지 않은 것은?

① 증류수처럼 무해한 것을 제외한 모든 약품은 용기에 그 이름을 반드시 써 넣는다. 표시는 약품의 이름, 위험성, 예방 조치, 구입 일자, 사용자 이름이 포함되어 있어야 한다.

② 약품 명칭이 쓰여 있지 않은 용기에 든 약품은 사용하지 않는다.

③ 절대로 모든 약품에 대하여 맛을 보거나 냄새를 맡는 행위를 금하고 입으로 피펫을 빨지 않는다.

④ 약품이 엎질러졌을 때는 즉시 청결하게 조치하도록 한다. 누출 양이 적을 때는 그 물질에 대하여 잘 아는 사람이 안전하게 치우도록 한다.

55-2. 화학물질을 취급할 때 주의해야 할 사항으로 적절한 것은?

[2020년 4회]

① 모든 용기에는 약품의 명칭을 기재하는 것이 원칙이나 증류수처럼 무해한 약품은 기재하지 않는다.

② 사용할 물질의 성상, 특히 화재·폭발·중독의 위험성을 잘 조사한 후가 아니라면 위험한 물질을 취급해서는 안 된다.

③ 모든 약품의 맛 또는 냄새 맡는 행위를 절대로 금하고, 입으로 피펫을 빨아서 정확도를 높인다.

④ 약품의 용기에 그 명칭을 표기하는 것은 사용자가 약품의 사용을 빨리 하게 하려는 목적이 전부다.

|해설|

55-1
모든 용기에는 약품의 명칭을 기재해야 한다(증류수처럼 무해한 것도 포함).

55-2
① 모든 용기에는 약품의 명칭을 기재한다(증류수처럼 무해한 것도 포함).

③ 모든 약품의 맛 또는 냄새 맡는 행위를 절대로 금하고, 입으로 피펫을 빨지 않는다.

④ 약품 명칭이 없는 용기의 약품은 사용하지 않는다. 표기를 하는 것은 사용자가 즉각적으로 약품을 사용할 수 있다는 것보다는 화재, 폭발 또는 용기가 넘겨졌을 때 어떠한 성분인지를 알 수 있도록 하기 위한 것이다.

정답 55-1 ① 55-2 ②

핵심이론 56 화학물질의 안전조치

① 독 성
  ㉠ 실험자는 자신이 사용하거나 타 실험자가 사용하는 물질의 독성에 대하여 알고 있어야 한다.
  ㉡ 독성물질을 취급할 때는 피부, 호흡, 소화 등을 통해 체내에 들어가는 것을 막는 조치를 취해야 한다.
  ㉢ 밀폐된 지역에서 많은 양을 사용하지 않는다.
  ㉣ 항상 후드 내에서만 사용한다.
  ㉤ 반응 후 부산물이 생기지 않도록 처리한다.

② 산과 염기
  ㉠ 항상 물에 산을 가하면서 희석하여야 하며, 반대의 방법은 금지한다.
  ㉡ 가능한 한 희석된 산, 염기를 사용한다.
  ㉢ 강산과 강염기는 공기 중 수분과 반응하여 치명적 증기를 생성시키므로 사용하지 않을 때에는 뚜껑을 닫아 놓는다.
  ㉣ 강한 부식성이 있으므로 금속성 용기에 저장을 금지하며, 적합한 보호구(내산성)를 반드시 착용한다.
  ㉤ 산이나 염기가 눈이나 피부에 묻었을 때 즉시 15분 정도 세안장치 및 샤워장치를 이용하여 물로 씻어내고 도움을 요청하도록 한다.
  ㉥ 플루오린화수소(HF)는 가스 및 용액이 맹독성을 나타내며 화상과 같은 즉각적인 증상 없이 피부에 흡수되므로 취급에 주의를 요한다.
  ㉦ 과염소산($HClO_4$)은 강산의 특성을 띠며 유기화합물 및 무기화합물과 반응하여 폭발할 수 있으며, 가열, 화기와 접촉, 충격, 마찰에 의해 스스로 폭발하므로 특히 주의해야 한다.

③ 산화제
  ㉠ 과염소산($HClO_4$), 과산화수소(H_2O_2), 질산(HNO_3), 할로젠화합물 등이 있다.

ⓛ 강산화제는 매우 적은 양으로 강렬한 폭발을 일으킬 수 있으므로 방호복, 고무장갑, 보안경 및 보안면 같은 보호구를 착용하고 취급하여야 한다.

ⓒ 많은 산화제를 사용하고자 할 경우 폭발방지용 방호벽 등이 포함된 특별계획을 수립해야 한다.

④ 금속분말

ⓐ 초미세 금속분진들은 폐, 호흡기 질환 등을 일으킬 수 있으므로 미세분말 취급 시 방진마스크 등 올바른 호흡기 보호대책이 강구되어야 한다.

ⓛ 실험실 오염을 방지하기 위해 가능한 한 부스나 후드 아래에서 분말을 취급한다.

ⓒ 많은 미세 분말들은 자연발화성이며 공기에 노출되었을 때 폭발할 수 있으므로 특별히 주의하여야 한다.

ⓔ 대부분의 미세한 금속 분말은 물과 산의 접촉으로 수소 가스를 발생하고 발열한다.

ⓜ 특히 습기와 접촉하면 자연 발화의 위험이 있어 폭발할 수 있으므로 주의한다.

ⓗ 금속분, 유화 가루, 철분은 밀폐된 공간 내에서 부유할 때 분진 폭발의 위험이 있다.

⑤ 석면섬유와 유사결정들은 피부에 묻지 않고 흡입하지 않도록 조심스럽게 다뤄야 한다.

⑥ 유기용제

ⓐ 아세톤
  • 독성과 가연성 증기를 가지므로, 적절한 환기시설에서 보호장갑, 보안경 등 보호구를 착용한다.
  • 가연성 액체 저장실에 저장한다.

ⓛ 메탄올
  • 현기증, 신경 조직 약화, 헐떡임의 원인이 되는 해로운 증기이다.
  • 약간의 노출에도 두통, 위장 장애, 시력 장애의 원인이 된다.
  • 환기시설이 잘된 후드에서 사용한다.
  • 네오프렌 장갑을 착용한다.

ⓒ 벤 젠
  • 발암 물질이다.
  • 피부를 통해 침투한다.
  • 증기는 가연성이므로 가연성 액체와 같이 저장한다.

ⓔ 에테르 : 완전히 공기를 차단하여 황갈색 유리병에 저장하고, 암실이나 금속용기에 보관한다.

⑦ 질소를 함유한 유기질소화합물

ⓐ 질산에스터류($-ONO_2-$), 나이트로화합물($-NO_2$), 나이트로소화합물($-NO$), 아조화합물($-N=N-$), 다이아조화합물($=N_2$), 하이드라진유도체(N_2H_2), 하이드록실아민(NH_2OH) 등이 있다.

ⓛ 유기질소화합물은 가열, 충격, 마찰 등으로 폭발할 수 있다.

ⓒ 연소 속도가 매우 빨라 폭발성이 있어 화학의 원료로 많이 사용한다.

ⓔ 불안정한 물질로서 공기 중 장시간 저장 시 분해하여 분해열이 축적되는 자연발화의 위험이 있다.

⑧ 기타 : 알킬알루미늄, 알킬리튬은 물 또는 공기와 접촉하면 폭발한다.

56-1. 실험실에서 유해 화학물질에 대한 안전 조치로 틀린 것은?

① 아세톤은 강산으로 유기 화합물과 반응, 충격, 마찰에 의해 폭발할 수 있다.

② 항상 물에 산을 가하면서 희석하여야 하며, 산에 물을 가하여서는 안 된다.

③ 독성 물질을 취급할 때는 체내에 들어가는 것을 막는 조치를 취해야 한다.

④ 강산과 강염기는 수분과 반응하여 치명적인 증기를 발생시키므로 뚜껑을 닫아 놓는다.

56-2. 산과 염기의 사용에 대한 설명으로 틀린 것은?

① 항상 물을 산에 가하면서 희석한다. 반대로 하면 안 된다.

② 강산과 강염기는 공기 중 수분과 반응하면 치명적인 증기를 생성하므로, 사용하지 않을 때는 뚜껑을 닫아 놓는다.

③ 플루오린화수소(HF)의 가스 및 용액은 맹독성을 나타내며, 화상과 같은 즉각적인 증상 없이 피부에 흡수되므로 취급에 주의를 요한다.

④ 과염소산은 강산의 특성을 띠며 유기화합물, 무기화합물 모두와 폭발성 물질을 생성하며 가열, 화기와의 접촉, 충격, 마찰에 의해 또는 저절로 폭발하므로 주의해야 한다.

56-3. 산·알칼리류를 다룰 때의 취급요령을 바르게 나타낸 것은?

[2020년 3회]

① 과염소산은 유기화합물 및 무기화합물과 반응하여 폭발할 수 있으므로 주의를 한다.

② 산과 알칼리류는 부식성이 있으므로 유리용기에 저장한다.

③ 산과 알칼리류를 희석할 때 소량의 물을 가하여 희석한다.

④ 산이 눈이나 피부에 묻었을 때 즉시 염기로 중화시킨 후 흐르는 물로 씻어낸다.

|해설|

56-1

아세톤은 유기용제로 독성과 가연성 가스를 가지므로, 적절한 환기시설에서 보호장갑, 보안경 등 보호구를 착용해야 한다.

56-2

항상 산을 물에 가하면서 희석해야 하고, 반대로 하면 안 된다.

56-3

산·알칼리류 취급요령

• 희석용액을 제조할 경우에는 물에 산 또는 알칼리를 조금씩 가하면서 희석한다. 반대의 방법은 금지한다.

• 가능한 한 희석된 산, 염기를 사용한다.

• 강산과 강염기는 공기 중 수분과 반응하여 치명적인 증기를 생성하므로 사용하지 않을 때는 뚜껑을 닫아 놓는다.

• 강한 부식성이 있으므로 금속성 용기에 저장을 금하며, 적합한 보호구(내산성)를 반드시 착용한다.

• 산이나 염기가 눈이나 피부에 묻었을 때 즉시 흐르는 물에 15분 이상 씻어내고 도움을 요청한다.

• 플루오린화수소(HF)는 가스 및 용액이 극한 독성을 나타내며, 화상과 같은 즉각적인 증상 없이 피부에 흡수되므로 취급에 주의해야 한다.

• 과염소산($HClO_4$)은 강산의 특성을 띠며 유기화합물, 무기화합물과 반응하여 폭발할 수 있으며 가열, 화기와의 접촉, 충격, 마찰에 의해 스스로 폭발하므로 주의해야 한다.

정답 56-1 ① **56-2** ① **56-3** ①

① **정의** : '산화성 고체'라 함은 고체[액체(1기압 및 20℃에서 액상인 것 또는 20℃ 초과 40℃ 이하에서 액상인 것을 말한다) 또는 기체(1기압 및 20℃에서 기상인 것을 말한다) 외의 것을 말한다]로서 산화력의 잠재적인 위험성 또는 충격에 대한 민감성을 판단하기 위하여 소방청장이 정하여 고시하는 시험에서 고시로 정하는 성질과 상태를 나타내는 것을 말한다.

② **종류 및 지정수량**

위험물		위험등급	지정수량
성 질	품 명		
산화성 고체	㉠ 아염소산염류	Ⅰ	50kg
	㉡ 염소산염류		50kg
	㉢ 과염소산염류		50kg
	㉣ 무기과산화물		50kg
	㉤ 브로민산염류	Ⅱ	300kg
	㉥ 질산염류		300kg
	㉦ 아이오딘산염류		300kg
	㉧ 과망가니즈산염류	Ⅲ	1,000kg
	㉨ 중크로뮴산염류		1,000kg
	㉩ 그 밖에 행정안전부령으로 정하는 것 • 과아이오딘산염류 • 과아이오딘산 • 크로뮴, 납 또는 아이오딘의 산화물 • 아질산염류 • 차아염소산염류 • 염소화아이소시아눌산 • 퍼옥소이황산염류 • 퍼옥소붕산염류	Ⅰ 또는 Ⅱ	50kg, 300kg 또는 1,000kg
	㉪ ㉠ 내지 ㉩의 1에 해당하는 어느 하나 이상을 함유한 것		

③ **일반적인 성질**

　㉠ 대부분 무색 결정 또는 백색분말의 산화성 고체이다.

　㉡ 불연성이며 산소를 많이 함유하고 있는 강산화제이다.

　㉢ 반응성이 풍부하여 열·타격·충격·마찰 및 다른 약품과의 접촉으로 분해하여 많은 산소를 방출하여 다른 가연물의 연소를 돕는다.

　㉣ 비중은 1보다 크며 물에 녹는 것도 있고 질산염류와 같이 조해성이 있는 것도 있다.

④ **위험성**

　㉠ 가열 또는 제6류 위험물(산화성 액체)과 혼합하면 산화성이 증대된다.

　㉡ NH_4NO_3, NH_4ClO_3은 가연물과 접촉·혼합으로 분해폭발한다.

　㉢ 무기과산화물은 물과 반응하여 산소를 방출하고 심하게 발열한다.

　㉣ 유기물과 혼합하면 폭발의 위험이 있다.

　㉤ CrO_3은 물과 반응하여 강산이 되며 심하게 발열한다.

⑤ **저장 및 취급방법**

　㉠ 가열·마찰·충격 등의 요인을 피할 것

　㉡ 제2류 위험물(환원성 물질)과의 접촉을 피할 것

　㉢ 조해성이 있는 물질은 습기나 수분과의 접촉에 주의하며 용기는 밀폐하여 저장할 것

　㉣ 용기의 파손에 의하여 위험물의 누설에 주의할 것

　㉤ 환기가 좋은 찬 곳에 저장할 것

　㉥ 열원과 산화되기 쉬운 물질과 산 또는 화재 위험이 있는 곳으로부터 멀리할 것

　㉦ 다른 약품류 및 가연물과의 접촉을 피할 것

⑥ **소화방법**

　㉠ 제1류 위험물 : 물에 의한 냉각소화

　㉡ 알칼리금속의 과산화물 : 마른 모래, 팽창질석, 팽창진주암, 탄산수소염류 분말약제

Na₂O₂의 화재 시 소화방법으로 옳지 않은 것은?

① 물
② 마른 모래
③ 팽창질석
④ 탄산수소염류 분말약제

|해설|

Na₂O₂는 알칼리금속의 과산화물로 마른 모래, 팽창질석, 팽창진 주암, 탄산수소염류 분말약제의 소화방법을 이용해야 한다.

정답 ①

핵심이론 58 제2류 위험물

① 정 의

㉠ 가연성 고체라 함은 고체로서 화염에 의한 발화의 위험성 또는 인화의 위험성을 판단하기 위하여 고시로 정하는 시험에서 고시로 정하는 성질과 상태를 나타내는 것을 말한다.

㉡ 유황은 순도가 60wt% 이상인 것을 말한다.

㉢ 철분이라 함은 철의 분말로서 53μm의 표준체를 통과하는 것이 50wt% 미만인 것은 제외한다.

㉣ 금속분이라 함은 알칼리금속·알칼리토류금속·철 및 마그네슘 외의 금속의 분말을 말하고, 구리분·니켈분 및 150μm의 체를 통과하는 것이 50wt% 미만인 것은 제외한다.

㉤ 마그네슘에 해당하지 않는 것
  • 2mm의 체를 통과하지 아니하는 덩어리 상태의 것
  • 지름 2mm 이상의 막대 모양의 것

㉥ 인화성 고체라 함은 고형알코올 그 밖에 1기압에서 인화점이 40℃ 미만인 고체를 말한다.

② 종류 및 지정수량

위험물 성질	위험물 품 명		위험등급	지정수량
가연성 고체	㉠	황화린	II	100kg
	㉡	적 린		100kg
	㉢	유 황		100kg
	㉣	철 분	III	500kg
	㉤	금속분		500kg
	㉥	마그네슘		500kg
	㉦	그 밖에 행정안전부령으로 정하는 것	II 또는 III	100kg 또는 500kg
	㉧	㉠ 내지 ㉦의 1에 해당하는 어느 하나 이상을 함유한 것		
	㉨	인화성 고체	III	1,000kg

③ 일반적인 성질

　㉠ 비교적 낮은 온도에서 착화되기 쉬운 가연물이다.

　㉡ 비중은 1보다 크고 물에 녹지 않는 강력한 환원성 물질이다.

　㉢ 대단히 연소속도가 빠른 고체이다.

　㉣ 연소 시 유독가스를 발생하는 것도 있고 연소열이 크고 연소온도가 높다.

　㉤ 철분, 마그네슘, 금속분류는 물과 산의 접촉으로 발열한다.

④ 위험성

　㉠ 착화온도가 낮아 저온에서 발화가 용이하다.

　㉡ 연소속도가 빠르고 연소 시 다량의 빛과 열을 발생한다.

　㉢ 수분과 접촉하면 자연발화하고 금속분은 산, 할로겐원소, 황화수소와 접촉하면 발열·발화한다.

　㉣ 가열·충격·마찰에 의해 발화·폭발 위험이 있다.

⑤ 저장 및 취급방법

　㉠ 점화원으로부터 멀리하고 불티, 불꽃, 고온체와의 접촉을 피할 것

　㉡ 용기의 파손으로 위험물의 누설에 주의할 것

　㉢ 산화제(제1류와 제6류 위험물)와의 접촉을 피할 것

　㉣ 철분, 마그네슘, 금속분은 산 또는 물과의 접촉을 피할 것

　㉤ 통풍이 잘되는 냉암소에 보관, 저장할 것

⑥ 소화방법

　㉠ 제2류 위험물 : 물에 의한 냉각소화

　㉡ 금속분, 철분, 마그네슘 : 마른 모래, 팽창질석, 팽창진주암, 탄산수소염류 분말약제

핵심예제

위험물에 대한 소화방법으로 옳지 않은 것은?　[2020년 4회]

① 염소산나트륨과 같은 제1류 위험물의 경우 물을 주수하는 냉각소화가 효과적이다.

② 제2류 위험물인 금속분, 철분, 마그네슘, 적린, 유황은 물에 의한 냉각소화가 적당하다.

③ 제3류 위험물 중 황린은 물을 주수하는 소화가 가능하다.

④ 제4류 위험물은 일반적으로 질식소화가 적합하다.

|해설|

철분, 마그네슘, 금속분은 물과 접촉하면 수소가스를 발생하여 폭발하므로, 마른 모래 등으로 질식소화를 해야 한다.

정답 ②

① 정의 : 자연발화성 물질 및 금수성 물질이라 함은 고체
   또는 액체로서 공기 중에서 발화의 위험성이 있거나
   물과 접촉하여 발화하거나 가연성 가스를 발생하는
   위험성이 있는 것을 말한다.

② 종류 및 지정수량

위험물		위험 등급	지정수량
성질	품명		
자연 발화성 물질 및 금수성 물질	㉠ 칼륨	I	10kg
	㉡ 나트륨		10kg
	㉢ 알킬알루미늄		10kg
	㉣ 알킬리튬		10kg
	㉤ 황 린		20kg
	㉥ 알칼리금속(칼륨 및 나트륨을 제 외한다) 및 알칼리토금속	II	50kg
	㉦ 유기금속화합물(알킬알루미늄 및 알킬리튬을 제외한다)		50kg
	㉧ 금속의 수소화물	III	300kg
	㉨ 금속의 인화물		300kg
	㉩ 칼슘 또는 알루미늄의 탄화물		300kg
	㉪ 그 밖에 행정안전부령으로 정하 는 것(염소화규소화합물)	III	10kg, 20kg, 50kg 또는 300kg
	㉫ ㉠ 내지 ㉪의 1에 해당하는 어느 하나 이상을 함유한 것		

③ 일반적인 성질
   ㉠ 대부분 무기화합물이며 고체이고 일부는 액체이다.
   ㉡ I등급(칼륨, 나트륨, 알킬알루미늄, 알킬리튬)은
      물보다 가볍고 나머지는 물보다 무겁다.
   ㉢ 칼륨, 나트륨, 알킬알루미늄, 황린은 연소하고 나
      머지는 연소하지 않는다.

④ 위험성
   ㉠ 황린을 제외한 금수성 물질은 물과 반응하여 가연
      성 가스[H_2(수소), C_2H_2(아세틸렌), PH_3(포스핀)]
      를 발생한다.
   ㉡ 자연발화성 물질은 물 또는 공기와 접촉하면 폭발
      적으로 연소하여 가연성 가스를 발생한다.
   ㉢ 일부는 물과 접촉에 의해 발화한다.

   ㉣ 가열, 강산화성 물질 또는 강산류와 접촉에 의해
      위험성이 증가한다.

⑤ 저장 및 취급방법
   ㉠ 저장용기는 공기, 수분과의 접촉을 피한다.
   ㉡ 칼륨, 나트륨은 산소가 포함되지 않은 석유류(등
      유, 경유, 유동파라핀) 저장한다.
   ㉢ 가연성 가스가 발생하는 자연발화성 물질은 불티,
      불꽃, 고온체와 접근을 피한다.
   ㉣ 화재 시 소화가 어려우므로 희석제를 혼합하거나
      소량으로 분리하여 저장한다.

⑥ 소화방법
   ㉠ 물에 의한 주수소화는 절대 금한다. 단, 황린은 주
      수소화가 가능하다.
   ㉡ 소화약제 : 마른 모래, 팽창질석, 팽창진주암, 탄
      산수소염류 분말약제

59-1. 황린을 제외한 제3류 위험물 취급 시 유의사항으로 틀린 것은?

[2020년 1·2회]

① 강산화제, 강산류 등과 접촉에 주의한다.
② 대기 중에서 공기와 접촉하여 자연발화하는 때도 있다.
③ 대량의 물을 주수하여 초기 냉각소화한다.
④ 보호액 속에 저장할 때는 위험물이 보호액 표면에 노출되지 않도록 주의한다.

59-2. 반응성이 매우 큰 물질로서 항상 불활성 기체 속에서 취급해야 하는 물질은?

[2020년 1·2회]

① 트라이에틸알루미늄
② 하이드록실아민
③ 과염소산
④ 플루오린화수소

|해설|

59-1

제3류 위험물의 소화방법

• 자연발화성 물질인 황린은 다량의 물로 냉각소화를 한다.
• 금수성 물질은 물뿐만 아니라 이산화탄소나 할론소화약제를 사용하면 가연성 물질인 탄소가 발생하여 폭발할 수 있으므로 절대 사용할 수 없고 마른 모래, 탄화수소염류 분말소화약제를 사용하여 소화한다.

59-2

트라이에틸알루미늄(TEA ; Tri-Ethyl Aluminium)

• 화학식은 $(C_2H_5)_3Al$이다.
• 제3류 위험물(알킬알루미늄)에 속한다.
• 무색 투명한 액체이다.
• 공기 또는 물과 접촉하여 자연발화한다.
  – 공기와 접촉 시 반응식 : $(C_2H_5)_3Al + 21O_2 \rightarrow Al_2O_3 + 12CO_2 + 15H_2O$
  – 물과 접촉 시 반응식 : $(C_2H_5)_3Al + 3H_2O \rightarrow Al(OH)_3 + 3C_2H_6$
• 물 또는 알코올과 반응 시 에테인(C_2H_6)의 가연성 가스가 발생한다.
  – 에탄올과의 반응식 : $(C_2H_5)_3Al + 3C_2H_5OH \rightarrow (C_2H_5O)_3Al + 3C_2H_6$
• 불활성 기체하에서 취급하고, 습기를 방지해야 한다.
• 저장 시에는 용기 상부에 질소(N_2) 또는 아르곤(Ar) 등의 불연성 가스를 봉입한다.

정답 59-1 ③ 59-2 ①

핵심이론 60 제4류 위험물

① 정 의

㉠ 인화성 액체라 함은 액체(제3석유류, 제4석유류 및 동식물유류의 경우 1기압과 20℃에서 액체인 것만 해당한다)로서 인화의 위험성이 있는 것을 말한다.

㉡ 특수인화물이라 함은 이황화탄소, 다이에틸에테르 그 밖에 1기압에서 발화점이 100℃ 이하인 것 또는 인화점이 영하 20℃ 이하이고 비점이 40℃ 이하인 것을 말한다.

㉢ 제1석유류라 함은 아세톤, 휘발유 그 밖에 1기압에서 인화점이 21℃ 미만인 것을 말한다.

㉣ 알코올류라 함은 1분자를 구성하는 탄소원자의 수가 1개부터 3개까지인 포화1가 알코올(변성알코올을 포함한다)을 말한다.

㉤ 알코올류에 해당하지 않는 것
  • 1분자를 구성하는 탄소원자의 수가 1개 내지 3개의 포화1가 알코올의 함유량이 60wt% 미만인 수용액
  • 가연성 액체량이 60wt% 미만이고 인화점 및 연소점이 에틸알코올 60wt% 수용액의 인화점 및 연소점을 초과하는 것

㉥ 제2석유류라 함은 등유, 경유 그 밖에 1기압에서 인화점이 21℃ 이상 70℃ 미만인 것을 말한다. 다만, 도료류 그 밖의 물품에 있어서 가연성 액체량이 40wt% 이하이면서 인화점이 40℃ 이상인 동시에 연소점이 60℃ 이상인 것은 제외한다.

㉦ 제3석유류라 함은 중유, 클레오소트유 그 밖에 1기압에서 인화점이 70℃ 이상 200℃ 미만인 것을 말한다. 다만, 도료류 그 밖의 물품은 가연성 액체량이 40wt% 이하인 것은 제외한다.

ⓞ 제4석유류라 함은 기어유, 실린더유 그 밖에 1기압에서 인화점이 200℃ 이상 250℃ 미만의 것을 말한다. 다만, 도료류 그 밖의 물품은 가연성 액체량이 40wt% 이하인 것은 제외한다.

ⓩ 동식물유류라 함은 동물의 지육(枝肉 : 머리, 내장, 다리를 잘라 내고 아직 부위별로 나누지 않은 고기를 말한다) 등 또는 식물의 종자나 과육으로부터 추출한 것으로서 1기압에서 인화점이 250℃ 미만인 것을 말한다.

② 종류 및 지정수량

위험물			위험등급	지정수량
성 질	품 명			
인화성 액체	㉠ 특수인화물		Ⅰ	50L
	㉡ 제1석유류	비수용성액체	Ⅱ	200L
		수용성액체		400L
	㉢ 알코올류			400L
	㉣ 제2석유류	비수용성액체	Ⅲ	1,000L
		수용성액체		2,000L
	㉤ 제3석유류	비수용성액체		2,000L
		수용성액체		4,000L
	㉥ 제4석유류			6,000L
	㉦ 동식물유류			10,000L

③ 일반적인 성질
㉠ 대단히 인화하기 쉬운 인화성 액체이다.
㉡ 물보다 가볍고 물에 녹기 어렵다.
㉢ 증기는 공기보다 무겁다.
㉣ 연소범위의 하한이 낮기에 공기 중 소량 누설되어도 연소한다.

④ 위험성
㉠ 인화위험이 높으므로 화기의 접근을 피해야 한다.
㉡ 증기는 공기와 약간만 혼합되어도 연소한다.
㉢ 발화점과 연소범위의 하한이 낮다.
㉣ 전기 부도체이므로 정전기 발생에 주의한다.

⑤ 저장 및 취급방법
㉠ 화기 및 점화원으로부터 멀리 저장한다.
㉡ 정전기의 발생에 주의하여 저장 취급한다.

㉢ 증기 및 액체의 누설에 주의하여 밀폐용기에 저장한다.
㉣ 증기의 축적을 방지하기 위해 통풍이 잘되는 곳에 보관하고, 증기는 높은 곳으로 배출한다.
㉤ 인화점 이상 가열하여 취급하지 말 것(제3석유류, 제4석유류의 중질유는 인화점이 높으므로 인화점 이상 가열할 경우 제1석유류와 같은 위험성이 있다)

⑥ 소화방법
㉠ 주수소화는 유증기 발생 및 연소면 확대 우려가 있으므로 절대 금한다.
㉡ 포말, 불활성 가스(이산화탄소), 할론, 분말소화약제로 질식소화한다.
㉢ 수용성 위험물은 알코올형 포소화약제를 사용한다.
㉣ 물에 의한 분무소화(질식소화)도 효과적이다.

핵심예제

다음 중 '제4류 위험물'의 알코올류에 속하지 않는 위험물은?

① 메틸알코올
② 에틸알코올
③ 뷰틸알코올
④ 변성알코올

|해설|
알코올류라 함은 1분자를 구성하는 탄소원자의 수가 1개부터 3개까지인 포화1가 알코올(변성알코올을 포함한다)을 말한다.

정답 ③

① **정의** : 자기반응성 물질이라 함은 고체 또는 액체로서 폭발의 위험성 또는 가열분해의 격렬함을 판단하기 위하여 고시로 정하는 시험에서 고시로 정하는 성질과 상태를 나타내는 것을 말한다.

② **종류 및 지정수량**

위험물		위험 등급	지정수량
성 질	품 명		
자기 반응성 물질	질산에스터류	I	10kg
	나이트로화합물	I	10kg
	유기과산화물	II	100kg
	질산에스터류	II	100kg
	하이드록실아민	II	100kg
	하이드록실아민염류	II	100kg
	아조화합물	II	100kg
	하이드라진 유도체	II	100kg
	나이트로소화합물	I	10kg
		II	100kg
	다이아조화합물	–	종 판단 필요
	그 밖에 행정안전부령이 정하는 것	I	10kg
		–	종 판단 필요

※ 위험물안전관리법 시행령[24. 4. 30. 개정(24. 7. 31. 시행)]에서 제5류 위험물의 지정수량이 제1종은 10kg, 제2종은 100kg으로 개정되었습니다.
국가위험물통합정보시스템 등 품목에 따른 지정수량이 확립되지 않아서 기존 10kg은 10kg 그대로, 200kg은 100kg으로 수정하였습니다.

③ **일반적인 성질**

㉠ 외부로부터 산소의 공급 없이도 가열, 충격 등에 의해 연소폭발을 일으킬 수 있는 자기연소를 일으킨다.

㉡ 연소속도가 대단히 빠르고 폭발적이다.

㉢ 대부분이 유기화합물(하이드라진 유도체 제외)이므로 가열, 충격, 마찰 등으로 폭발의 위험이 있다.

㉣ 대부분이 질소를 함유한 유기질소화합물이다(유기과산화물 제외).

㉤ 모두 가연성의 액체 또는 고체물질이고 연소할 때는 다량의 가스를 발생한다.

㉥ 시간의 경과에 따라 자연발화의 위험성을 갖는다.

④ **위험성**

㉠ 외부의 산소공급 없이도 자기연소 하므로 연소속도가 빠르고 폭발적이다.

㉡ 아조화합물, 다이아조화합물, 하이드라진유도체는 고농도인 경우 충격에 민감하여 연소 시 순간적인 폭발로 이어진다.

㉢ 나이트로화합물은 화기, 가열, 충격, 마찰에 민감하여 폭발위험이 있다.

㉣ 강산화제, 강산류와 혼합한 것은 발화를 촉진시키고 위험성도 증가한다.

⑤ **저장 및 취급방법**

㉠ 점화원의 엄금, 가열, 충격, 마찰, 타격 등을 피한다.

㉡ 강산화제, 강산류, 기타 물질이 혼입되지 않도록 한다.

㉢ 용기의 파손 및 위험물의 누출을 방지한다.

㉣ 화재발생 시 소화가 곤란하므로 소분하여 저장한다.

㉤ 포장외부에 화기엄금, 충격주의 등 주의사항 표시를 한다.

⑥ **소화방법**

㉠ 화재 초기 또는 소형화재 이외는 소화가 어렵다.

㉡ 화재 초기에는 다량의 물로 주수소화한다.

㉢ 소화가 어려울 경우에는 가연물이 다 연소할 때까지 화재의 확산을 막는다.

㉣ 물질 자체가 산소를 함유하고 있으므로 질식소화는 효과적이지 않다.

다음 중 제5류 위험물의 화재 시에 가장 적당한 소화방법은?

① 물에 의한 냉각소화
② 질소에 의한 질식소화
③ 사염화탄소에 의한 부촉매소화
④ 이산화탄소에 의한 질식소화

|해설|

제5류 위험물은 가연물과 산소공급원을 동시에 포함하고 있으므로 다량의 물로 냉각소화한다.

정답 ①

핵심이론 62 제6류 위험물

① 정의 : 산화성 액체라 함은 액체로서 산화력의 잠재적인 위험성을 판단하기 위하여 고시로 정하는 시험에서 고시로 정하는 성질과 상태를 나타내는 것을 말한다.

② 종류 및 지정수량

성 질	위험물		위험등급	지정수량
		품 명		
산화성 액체	㉠	과염소산	Ⅰ	300kg
	㉡	과산화수소		300kg
	㉢	질 산		300kg
	㉣	그 밖에 행정안전부령으로 정하는 것(할로젠간화합물)		300kg
	㉤	㉠ 내지 ㉣의 1에 해당하는 어느 하나 이상을 함유한 것		300kg

③ 일반적인 성질
  ㉠ 부식성 및 유독성이 강한 강산화제이다.
  ㉡ 과산화수소를 제외하고 강산성 물질이다.
  ㉢ 산소를 많이 포함하여 다른 가연물의 연소를 돕는다.
  ㉣ 비중이 1보다 크며 물에 잘 녹는다.
  ㉤ 물과 접촉 시 발열한다.
  ㉥ 가연물 및 분해를 촉진하는 약품과 접촉하면 분해 폭발 한다.

④ 위험성
  ㉠ 자신은 불연성 물질이지만 산화성이 커 다른 물질의 연소를 돕는다.
  ㉡ 강환원제, 일반 가연물과 혼합한 것은 접촉발화하거나 가열 등에 의해 위험한 상태로 된다.
  ㉢ 과산화수소를 제외하고 물과 접촉하면 심하게 발열한다.

⑤ 저장 및 취급방법
  ㉠ 내산성 저장용기를 사용한다.
  ㉡ 용기는 밀봉하고, 파손과 위험물의 누설에 주의한다.

㉢ 물・가연물・유기물・고체의 산화제(제1류 위험물)와 접촉을 피한다.

㉣ 유출사고에는 마른 모래 및 중화제를 사용한다.

⑥ 소화방법 : 주수소화가 적합하다.

핵심예제

62-1. 위험물안전관리법 시행령상 제1류 위험물과 가장 유사한 화학적 특성을 갖는 위험물은? [2020년 1・2회]

① 제2류 위험물
② 제4류 위험물
③ 제5류 위험물
④ 제6류 위험물

62-2. 제6류 위험물의 지정수량은?

① 50kg ② 100kg
③ 200kg ④ 300kg

|해설|

62-1

- 제1류 위험물 : 산화성 고체
- 제2류 위험물 : 가연성 고체
- 제3류 위험물 : 자연발화성 물질 및 금수성 물질
- 제4류 위험물 : 인화성 액체
- 제5류 위험물 : 자기반응성 물질
- 제6류 위험물 : 산화성 액체

정답 62-1 ④ 62-2 ④

핵심이론 63 위험물 안전관리의 정의 등

① 정의(위험물안전관리법 제2조)

㉠ '위험물'이라 함은 인화성 또는 발화성 등의 성질을 가지는 것으로서 대통령령이 정하는 물품을 말한다.

㉡ '지정수량'이라 함은 위험물의 종류별로 위험성을 고려하여 대통령령이 정하는 수량으로서 ㉥의 규정에 의한 제조소 등의 설치허가 등에 있어서 최저의 기준이 되는 수량을 말한다.

㉢ '제조소'라 함은 위험물을 제조할 목적으로 지정수량 이상의 위험물을 취급하기 위하여 규정에 따른 허가(규정에 따라 허가가 면제된 경우 및 규정에 따라 협의로써 허가를 받은 것으로 보는 경우를 포함한다. 이하 ㉣ 및 ㉤에서 같다)를 받은 장소를 말한다.

㉣ '저장소'라 함은 지정수량 이상의 위험물을 저장하기 위한 대통령령이 정하는 장소로서 규정에 따른 허가를 받은 장소를 말한다.

㉤ '취급소'라 함은 지정수량 이상의 위험물을 제조 외의 목적으로 취급하기 위한 대통령령이 정하는 장소로서 규정에 따른 허가를 받은 장소를 말한다.

㉥ '제조소 등'이라 함은 ㉢ 내지 ㉤의 제조소・저장소 및 취급소를 말한다.

② 위험물안전관리법 적용 제외(위험물안전관리법 제3조) : 항공기・선박(선박법의 규정에 따른 선박을 말한다)・철도 및 궤도에 의한 위험물의 저장・취급 및 운반에 있어서는 이를 적용하지 아니한다.

① 지정수량 이상의 위험물을 저장소가 아닌 장소에서 저장하거나 제조소 등이 아닌 장소에서 취급하여서는 아니된다.

② ①의 규정에 불구하고 다음의 어느 하나에 해당하는 경우에는 제조소 등이 아닌 장소에서 지정수량 이상의 위험물을 취급할 수 있다. 이 경우 임시로 저장 또는 취급하는 장소에서의 저장 또는 취급의 기준과 임시로 저장 또는 취급하는 장소의 위치·구조 및 설비의 기준은 시·도의 조례로 정한다.

  ㉠ 시·도의 조례가 정하는 바에 따라 관할소방서장의 승인을 받아 지정수량 이상의 위험물을 90일 이내의 기간동안 임시로 저장 또는 취급하는 경우

  ㉡ 군부대가 지정수량 이상의 위험물을 군사목적으로 임시로 저장 또는 취급하는 경우

③ 제조소 등에서의 위험물의 저장 또는 취급에 관하여는 다음의 중요기준 및 세부기준에 따라야 한다.

  ㉠ 중요기준 : 화재 등 위해의 예방과 응급조치에 있어서 큰 영향을 미치거나 그 기준을 위반하는 경우 직접적으로 화재를 일으킬 가능성이 큰 기준으로서 행정안전부령이 정하는 기준

  ㉡ 세부기준 : 화재 등 위해의 예방과 응급조치에 있어서 중요기준보다 상대적으로 적은 영향을 미치거나 그 기준을 위반하는 경우 간접적으로 화재를 일으킬 수 있는 기준 및 위험물의 안전관리에 필요한 표시와 서류·기구 등의 비치에 관한 기준으로서 행정안전부령이 정하는 기준

④ ①의 규정에 따른 제조소 등의 위치·구조 및 설비의 기술기준은 행정안전부령으로 정한다.

⑤ 둘 이상의 위험물을 같은 장소에서 저장 또는 취급하는 경우에 있어서 당해 장소에서 저장 또는 취급하는 각 위험물의 수량을 그 위험물의 지정수량으로 각각 나누어 얻은 수의 합계가 1 이상인 경우 당해 위험물은 지정수량 이상의 위험물로 본다.

핵심예제

위험물안전관리법령에 따른 위험물의 저장 및 취급에 대한 설명으로 옳은 것을 모두 고른 것은?

> ㄱ. 지정수량 이상의 위험물을 저장소가 아닌 장소에서 저장하거나 제조소 등이 아닌 장소에서 취급하여서는 아니 된다.
> ㄴ. 시·도의 조례가 정하는 바에 따라 관할소방서장의 승인을 받아 지정수량 이상의 위험물을 100일 이내의 기간 동안 임시로 저장 또는 취급하는 경우에는 제조소 등이 아닌 장소에서 지정수량 이상의 위험물을 취급할 수 있다.
> ㄷ. 둘 이상의 위험물을 같은 장소에서 저장 또는 취급하는 경우에 있어서 당해 장소에서 저장 또는 취급하는 각 위험물의 수량을 그 위험물의 지정수량으로 각각 나누어 얻은 수의 합계가 2 이상인 경우 당해 위험물은 지정수량 이상의 위험물로 본다.

① ㄱ
② ㄴ
③ ㄷ
④ ㄱ, ㄴ, ㄷ

|해설|

ㄴ. 시·도의 조례가 정하는 바에 따라 관할소방서장의 승인을 받아 지정수량 이상의 위험물을 90일 이내의 기간 동안 임시로 저장 또는 취급하는 경우에는 제조소 등이 아닌 장소에서 지정수량 이상의 위험물을 취급할 수 있다.
ㄷ. 둘 이상의 위험물을 같은 장소에서 저장 또는 취급하는 경우에 있어서 당해 장소에서 저장 또는 취급하는 각 위험물의 수량을 그 위험물의 지정수량으로 각각 나누어 얻은 수의 합계가 1 이상인 경우 당해 위험물은 지정수량 이상의 위험물로 본다.

정답 ①

① 제조소 등을 설치하고자 하는 자는 대통령령이 정하는 바에 따라 그 설치장소를 관할하는 특별시장·광역시장·특별자치시장·도지사 또는 특별자치도지사(이하 '시·도지사'라 한다)의 허가를 받아야 한다. 제조소 등의 위치·구조 또는 설비 가운데 행정안전부령이 정하는 사항을 변경하고자 하는 때에도 또한 같다.

② 제조소 등의 위치·구조 또는 설비의 변경없이 당해 제조소 등에서 저장하거나 취급하는 위험물의 품명·수량 또는 지정수량의 배수를 변경하고자 하는 자는 변경하고자 하는 날의 1일 전까지 행정안전부령이 정하는 바에 따라 시·도지사에게 신고하여야 한다.

③ ① 및 ②의 규정에 불구하고 다음의 어느 하나에 해당하는 제조소 등의 경우에는 허가를 받지 아니하고 당해 제조소 등을 설치하거나 그 위치·구조 또는 설비를 변경할 수 있으며, 신고를 하지 아니하고 위험물의 품명·수량 또는 지정수량의 배수를 변경할 수 있다.

⑦ 주택의 난방시설(공동주택의 중앙난방시설을 제외한다)을 위한 저장소 또는 취급소

⑥ 농예용·축산용 또는 수산용으로 필요한 난방시설 또는 건조시설을 위한 지정수량 20배 이하의 저장소

핵심예제

위험물안전관리법령에 따라 제조소 등의 위치·구조 또는 설비의 변경없이 당해 제조소 등에서 저장하거나 취급하는 위험물의 품명·수량 또는 지정수량의 배수를 변경하고자 하는 자는 변경하고자 하는 날의 며칠 전까지 시·도지사에게 신고하여야 하는가?

① 1일 전   ② 7일 전
③ 14일 전   ④ 20일 전

|해설|

제조소 등의 위치·구조 또는 설비의 변경없이 당해 제조소 등에서 저장하거나 취급하는 위험물의 품명·수량 또는 지정수량의 배수를 변경하고자 하는 자는 변경하고자 하는 날의 1일 전까지 행정안전부령이 정하는 바에 따라 시·도지사에게 신고하여야 한다.

정답 ①

핵심이론 66 제조소 등의 폐지 및 사용 중지 등(위험물안전관리법 제11조, 제11조의2)

① 제조소 등의 폐지 : 제조소 등의 관계인(소유자·점유자 또는 관리자를 말한다)은 당해 제조소 등의 용도를 폐지(장래에 대하여 위험물시설로서의 기능을 완전히 상실시키는 것을 말한다)한 때에는 행정안전부령이 정하는 바에 따라 제조소 등의 용도를 폐지한 날부터 14일 이내에 시·도지사에게 신고하여야 한다.

② 제조소 등의 사용 중지 등

　㉠ 제조소 등의 관계인은 제조소 등의 사용을 중지(경영상 형편, 대규모 공사 등의 사유로 3개월 이상 위험물을 저장하지 아니하거나 취급하지 아니하는 것을 말한다)하려는 경우에는 위험물의 제거 및 제조소 등에의 출입통제 등 행정안전부령으로 정하는 안전조치를 하여야 한다. 다만, 제조소 등의 사용을 중지하는 기간에도 위험물안전관리자가 계속하여 직무를 수행하는 경우에는 안전조치를 아니할 수 있다.

　㉡ 제조소 등의 관계인은 제조소 등의 사용을 중지하거나 중지한 제조소 등의 사용을 재개하려는 경우에는 해당 제조소 등의 사용을 중지하려는 날 또는 재개하려는 날의 14일 전까지 행정안전부령으로 정하는 바에 따라 제조소 등의 사용 중지 또는 재개를 시·도지사에게 신고하여야 한다.

핵심예제

위험물안전관리법령상 제조소 등의 관계인은 당해 제조소 등의 용도를 폐지한 때 제조소 등의 용도를 폐지한 날로부터 며칠 이내에 시·도지사에게 신고하여야 하는가?

① 1일　　　　　　② 7일
③ 14일　　　　　④ 20일

|해설|

제조소 등의 관계인은 당해 제조소 등의 용도를 폐지한 때에는 제조소 등의 용도를 폐지한 날부터 14일 이내에 시·도지사에게 신고하여야 한다.

정답 ③

핵심이론 67 정기점검 및 정기검사(위험물안전관리법 제18조)

① 대통령령이 정하는 제조소 등의 관계인은 그 제조소 등에 대하여 행정안전부령이 정하는 바에 따라 규정에 따른 기술기준에 적합한지의 여부를 정기적으로 점검하고 점검결과를 기록하여 보존하여야 한다.

② ①에 따라 정기점검을 한 제조소 등의 관계인은 점검을 한 날부터 30일 이내에 점검결과를 시·도지사에게 제출하여야 한다.

③ ①에 따른 정기점검의 대상이 되는 제조소 등의 관계인 가운데 대통령령으로 정하는 제조소 등의 관계인은 행정안전부령으로 정하는 바에 따라 소방본부장 또는 소방서장으로부터 해당 제조소 등이 제5조제4항에 따른 기술기준에 적합하게 유지되고 있는지의 여부에 대하여 정기적으로 검사를 받아야 한다.

① 탱크안전성능검사(위험물안전관리법 제8조) : 위험물을 저장 또는 취급하는 탱크로서 대통령령이 정하는 탱크(이하 '위험물탱크'라 한다)가 있는 제조소 등의 설치 또는 그 위치·구조 또는 설비의 변경에 관하여 규정에 따른 허가를 받은 자가 위험물탱크의 설치 또는 그 위치·구조 또는 설비의 변경공사를 하는 때에는 규정에 따른 완공검사를 받기 전에 규정에 따른 기술기준에 적합한지의 여부를 확인하기 위하여 시·도지사가 실시하는 탱크안전성능검사를 받아야 한다. 이 경우 시·도지사는 규정에 따른 허가를 받은 자가 규정에 따른 탱크안전성능시험자 또는 소방산업의 진흥에 관한 법률에 따른 한국소방산업기술원(이하 '기술원'이라 한다)으로부터 탱크안전성능시험을 받은 경우에는 대통령령이 정하는 바에 따라 당해 탱크안전성능검사의 전부 또는 일부를 면제할 수 있다.

② 탱크안전성능검사의 대상이 되는 탱크 등(위험물안전관리법 시행령 제8조)
　㉠ 탱크안전성능검사를 받아야 하는 위험물탱크는 ㉡에 따른 탱크안전성능검사별로 다음의 어느 하나에 해당하는 탱크로 한다.
　　ⓐ 기초·지반검사 : 옥외탱크저장소의 액체위험물탱크 중 그 용량이 100만L 이상인 탱크
　　ⓑ 충수(充水)·수압검사 : 액체위험물을 저장 또는 취급하는 탱크. 다만, 다음의 어느 하나에 해당하는 탱크는 제외한다.
　　　• 제조소 또는 일반취급소에 설치된 탱크로서 용량이 지정수량 미만인 것
　　　• 고압가스 안전관리법에 따른 특정설비에 관한 검사에 합격한 탱크
　　　• 산업안전보건법에 따른 안전인증을 받은 탱크

　　ⓒ 용접부검사 : ⓐ에 따른 탱크. 다만, 탱크의 저부에 관계된 변경공사(탱크의 옆판과 관련되는 공사를 포함하는 것을 제외한다) 시에 행하여진 정기검사에 의하여 용접부에 관한 사항이 행정안전부령으로 정하는 기준에 적합하다고 인정된 탱크를 제외한다.
　　ⓓ 암반탱크검사 : 액체위험물을 저장 또는 취급하는 암반 내의 공간을 이용한 탱크
　㉡ 탱크안전성능검사는 기초·지반검사, 충수·수압검사, 용접부검사 및 암반탱크검사로 구분한다.

③ 탱크안전성능검사의 면제(위험물안전관리법 시행령 제9조)
　㉠ 시·도지사가 면제할 수 있는 탱크안전성능검사는 충수·수압검사로 한다.
　㉡ 위험물탱크에 대한 충수·수압검사를 면제받고자 하는 자는 위험물탱크안전성능시험자(이하 '탱크시험자'라 한다) 또는 기술원으로부터 충수·수압검사에 관한 탱크안전성능시험을 받아 완공검사를 받기 전(지하에 매설하는 위험물탱크에 있어서는 지하에 매설하기 전)에 해당 시험에 합격하였음을 증명하는 서류(이하 '탱크시험합격확인증'이라 한다)를 시·도지사에게 제출해야 한다.
　㉢ 시·도지사는 ㉡에 따라 제출받은 탱크시험합격확인증과 해당 위험물탱크를 확인한 결과 기술기준에 적합하다고 인정되는 때에는 해당 충수·수압검사를 면제한다.

위험물안전관리법령상 위험물탱크안전성능시험자 또는 기술원으로부터 면제받고자 하는 검사에 관한 탱크안전성능시험을 받아 시험에 합격하였음을 증명하는 탱크시험합격확인증을 시·도지사에게 제출하면 면제가 가능한 탱크안전성능검사는?

① 기초·지반검사
② 충수·수압검사
③ 용접부검사
④ 암반탱크검사

|해설|

- 위험물탱크에 대한 충수·수압검사를 면제받고자 하는 자는 위험물탱크안전성능시험자(이하 '탱크시험자'라 한다) 또는 기술원으로부터 충수·수압검사에 관한 탱크안전성능시험을 받아 완공검사를 받기 전(지하에 매설하는 위험물탱크에 있어서는 지하에 매설하기 전)에 해당 시험에 합격하였음을 증명하는 서류(이하 '탱크시험합격확인증'이라 한다)를 시·도지사에게 제출해야 한다.
- 시·도지사는 제출받은 탱크시험합격확인증과 해당 위험물탱크를 확인한 결과 기술기준에 적합하다고 인정되는 때에는 해당 충수·수압검사를 면제한다.

정답 ②

핵심이론 69 관계인이 예방규정을 정하여야 하는 제조소 등(위험물안전관리법 시행령 제15조)

① 지정수량의 10배 이상의 위험물을 취급하는 제조소
② 지정수량의 100배 이상의 위험물을 저장하는 옥외저장소
③ 지정수량의 150배 이상의 위험물을 저장하는 옥내저장소
④ 지정수량의 200배 이상의 위험물을 저장하는 옥외탱크저장소
⑤ 암반탱크저장소
⑥ 이송취급소
⑦ 지정수량의 10배 이상의 위험물을 취급하는 일반취급소. 다만, 제4류 위험물(특수인화물을 제외한다)만을 지정수량의 50배 이하로 취급하는 일반취급소(제1석유류·알코올류의 취급량이 지정수량의 10배 이하인 경우에 한한다)로서 다음의 어느 하나에 해당하는 것을 제외한다.
  ㉠ 보일러·버너 또는 이와 비슷한 것으로서 위험물을 소비하는 장치로 이루어진 일반취급소
  ㉡ 위험물을 용기에 옮겨 담거나 차량에 고정된 탱크에 주입하는 일반취급소

위험물안전관리법령에 따라 관계인이 예방규정을 정하여야 할 옥외탱크저장소에 저장되는 위험물의 지정수량 배수는?

① 10배 이상
② 100배 이상
③ 150배 이상
④ 200배 이상

|해설|

지정수량의 200배 이상의 위험물을 저장하는 옥외탱크저장소

정답 ④

정기점검의 대상인 제조소 등/정기검사의 대상인 제조소 등/운송책임자의 감독·지원을 받아 운송하여야 하는 위험물

① 정기점검의 대상인 제조소 등(위험물안전관리법 시행령 제16조)
   ㉠ 제15조에 해당하는 제조소 등
   ㉡ 지하탱크저장소
   ㉢ 이동탱크저장소
   ㉣ 위험물을 취급하는 탱크로서 지하에 매설된 탱크가 있는 제조소·주유취급소 또는 일반취급소

② 정기검사의 대상인 제조소 등(위험물안전관리법 시행령 제17조) : 액체위험물을 저장 또는 취급하는 500,000L 이상의 옥외탱크저장소를 말한다.

③ 운송책임자의 감독·지원을 받아 운송하여야 하는 위험물(위험물안전관리법 시행령 제19조)
   ㉠ 알킬알루미늄
   ㉡ 알킬리튬
   ㉢ ㉠ 또는 ㉡의 물질을 함유하는 위험물

핵심예제

위험물안전관리법령 기준에 따라 정기검사의 대상이 되는 제조소는?
① 액체위험물을 저장 또는 취급하는 5만L 이상의 옥내저장소
② 액체위험물을 저장 또는 취급하는 10만L 이상의 옥내저장소
③ 액체위험물을 저장 또는 취급하는 50만L 이상의 옥외탱크저장소
④ 액체위험물을 저장 또는 취급하는 100만L 이상의 옥외탱크저장소

|해설|

정기검사의 대상 제조소 : 액체위험물을 저장 또는 취급하는 500,000L 이상의 옥외탱크저장소

정답 ③

지정수량 이상의 위험물을 저장하기 위한 장소와 그에 따른 저장소의 구분(위험물안전관리법 시행령 [별표 2])

지정수량 이상의 위험물을 저장하기 위한 장소	저장소의 구분
① 옥내(지붕과 기둥 또는 벽 등에 의하여 둘러싸인 곳을 말한다)에 저장(위험물을 저장하는 데 따르는 취급을 포함한다)하는 장소. 다만, ③의 장소를 제외한다.	옥내저장소
② 옥외에 있는 탱크(④ 내지 ⑥ 및 ⑧에 규정된 탱크를 제외한다. 이하 ③에서 같다)에 위험물을 저장하는 장소	옥외탱크저장소
③ 옥내에 있는 탱크에 위험물을 저장하는 장소	옥내탱크저장소
④ 지하에 매설한 탱크에 위험물을 저장하는 장소	지하탱크저장소
⑤ 간이탱크에 위험물을 저장하는 장소	간이탱크저장소
⑥ 차량(피견인자동차에 있어서는 앞차축을 갖지 아니하는 것으로서 당해 피견인자동차의 일부가 견인자동차에 적재되고 당해 피견인자동차와 그 적재물의 중량의 상당부분이 견인자동차에 의하여 지탱되는 구조의 것에 한한다)에 고정된 탱크에 위험물을 저장하는 장소	이동탱크저장소
⑦ 옥외에 다음의 1에 해당하는 위험물을 저장하는 장소. 다만, ②의 장소를 제외한다. ㉠ 제2류 위험물 중 유황 또는 인화성 고체(인화점이 0℃ 이상인 것에 한한다) ㉡ 제4류 위험물 중 제1석유류(인화점이 0℃ 이상인 것에 한한다)·알코올류·제2석유류·제3석유류·제4석유류 및 동식물유류 ㉢ 제6류 위험물 ㉣ 제2류 위험물 및 제4류 위험물 중 특별시·광역시 또는 도의 조례에서 정하는 위험물(관세법의 규정에 의한 보세구역 안에 저장하는 경우에 한한다) ㉤ 국제해사기구에 관한 협약에 의하여 설치된 국제해사기구가 채택한 국제해상위험물규칙(IMDG Code)에 적합한 용기에 수납된 위험물	옥외저장소
⑧ 암반 내의 공간을 이용한 탱크에 액체의 위험물을 저장하는 장소	암반탱크저장소

핵심예제

위험물안전관리법령상 옥외저장소에서 저장할 수 없는 위험물은?(단, 시·도 조례에서 정하는 위험물 또는 국제해상위험물 규칙에 적합한 용기에 수납된 위험물은 제외한다)

① 유 황
② 에탄올
③ 아세톤
④ 과산화수소

| 해설 |

아세톤 : 제4류 위험물 제1석유류(인화점 : −18℃)

정답 ②

핵심이론 72 위험물을 제조 외의 목적으로 취급하기 위한 장소와 그에 따른 취급소의 구분(위험물안전관리법 시행령 [별표 3])

위험물을 제조 외의 목적으로 취급하기 위한 장소	취급소의 구분
① 고정된 주유설비(항공기에 주유하는 경우에는 차량에 설치된 주유설비를 포함한다)에 의하여 자동차·항공기 또는 선박 등의 연료탱크에 직접 주유하기 위하여 위험물(석유 및 석유대체연료 사업법의 규정에 의한 가짜석유제품에 해당하는 물품을 제외한다. 이하 ②에서 같다)을 취급하는 장소(위험물을 용기에 옮겨 담거나 차량에 고정된 5,000L 이하의 탱크에 주입하기 위하여 고정된 급유설비를 병설한 장소를 포함한다)	주유취급소
② 점포에서 위험물을 용기에 담아 판매하기 위하여 지정수량의 40배 이하의 위험물을 취급하는 장소	판매취급소
③ 배관 및 이에 부속된 설비에 의하여 위험물을 이송하는 장소. 다만, 다음의 1에 해당하는 경우의 장소를 제외한다. ㉠ 송유관 안전관리법에 의한 송유관에 의하여 위험물을 이송하는 경우 ㉡ 제조소 등에 관계된 시설(배관을 제외한다) 및 그 부지가 같은 사업소 안에 있고 당해 사업소 안에서만 위험물을 이송하는 경우 ㉢ 사업소와 사업소의 사이에 도로(폭 2m 이상의 일반교통에 이용되는 도로로서 자동차의 통행이 가능한 것을 말한다)만 있고 사업소와 사업소 사이의 이송배관이 그 도로를 횡단하는 경우 ㉣ 사업소와 사업소 사이의 이송배관이 제3자(당해 사업소와 관련이 있거나 유사한 사업을 하는 자에 한한다)의 토지만을 통과하는 경우로서 당해 배관의 길이가 100m 이하인 경우 ㉤ 해상구조물에 설치된 배관(이송되는 위험물이 별표 1의 제4류 위험물 중 제1석유류인 경우에는 배관의 안지름이 30cm 미만인 것에 한한다)으로서 해당 해상구조물에 설치된 배관이 길이가 30m 이하인 경우 ㉥ 사업소와 사업소 사이의 이송배관이 ㉢ 내지 ㉤의 규정에 의한 경우 중 2 이상에 해당하는 경우 ㉦ 농어촌 전기공급사업 촉진법에 따라 설치된 자가발전시설에 사용되는 위험물을 이송하는 경우	이송취급소
④ ① 내지 ③ 외의 장소(석유 및 석유대체연료 사업법의 규정에 의한 가짜석유제품에 해당하는 위험물을 취급하는 경우의 장소를 제외한다)	일반취급소

위험물안전관리법령에 따른 위험물취급소의 종류에 해당하지 않는 것은?

[2020년 4회]

① 이동취급소
② 판매취급소
③ 일반취급소
④ 이송취급소

|해설|

취급소의 구분 : 주유취급소, 판매취급소, 이송취급소, 일반취급소

정답 ①

핵심이론 73 예방규정의 작성 등(위험물안전관리법 시행규칙 제63조)

① 영 제15조의 어느 하나에 해당하는 제조소 등의 관계인은 다음의 사항이 포함된 예방규정을 작성하여야 한다.

㉠ 위험물의 안전관리업무를 담당하는 자의 직무 및 조직에 관한 사항

㉡ 안전관리자가 여행·질병 등으로 인하여 그 직무를 수행할 수 없을 경우 그 직무의 대리자에 관한 사항

㉢ 자체소방대를 설치하여야 하는 경우에는 자체소방대의 편성과 화학소방자동차의 배치에 관한 사항

㉣ 위험물의 안전에 관계된 작업에 종사하는 자에 대한 안전교육 및 훈련에 관한 사항

㉤ 위험물시설 및 작업장에 대한 안전순찰에 관한 사항

㉥ 위험물시설·소방시설 그 밖의 관련시설에 대한 점검 및 정비에 관한 사항

㉦ 위험물시설의 운전 또는 조작에 관한 사항

㉧ 위험물 취급작업의 기준에 관한 사항

㉨ 이송취급소에 있어서는 배관공사 현장책임자의 조건 등 배관공사 현장에 대한 감독체제에 관한 사항과 배관주위에 있는 이송취급소 시설 외의 공사를 하는 경우 배관의 안전확보에 관한 사항

㉩ 재난 그 밖의 비상시의 경우에 취하여야 하는 조치에 관한 사항

㉪ 위험물의 안전에 관한 기록에 관한 사항

㉫ 제조소 등의 위치·구조 및 설비를 명시한 서류와 도면의 정비에 관한 사항

㉬ 그 밖에 위험물의 안전관리에 관하여 필요한 사항

② 예방규정은 산업안전보건법에 따른 안전보건관리규정과 통합하여 작성할 수 있다.

③ 영 제15조의 어느 하나에 해당하는 제조소 등의 관계인은 예방규정을 제정하거나 변경한 경우에는 예방규정제출서에 제정 또는 변경한 예방규정 1부를 첨부하여 시·도지사 또는 소방서장에게 제출하여야 한다.

핵심이론 74 정기점검

① 정기점검의 횟수(위험물안전관리법 시행규칙 제64조) : 제조소 등의 관계인은 당해 제조소 등에 대하여 연 1회 이상 정기점검을 실시하여야 한다.

② 특정·준특정옥외탱크저장소의 정기점검(위험물안전관리법 시행규칙 제65조) : 옥외탱크저장소 중 저장 또는 취급하는 액체위험물의 최대수량이 50만L 이상인 것(이하 '특정·준특정옥외탱크저장소'라 한다)에 대해서는 정기점검 외에 다음의 어느 하나에 해당하는 기간 이내에 1회 이상 특정·준특정옥외저장탱크(특정·준특정옥외탱크저장소의 탱크)의 구조 등에 관한 안전점검(이하 '구조안전점검'이라 한다)을 해야 한다. 다만, 해당 기간 이내에 특정·준특정옥외저장탱크의 사용중단 등으로 구조안전점검을 실시하기가 곤란한 경우에는 관할소방서장에게 구조안전점검의 실시기간 연장신청(전자문서에 의한 신청을 포함한다)을 할 수 있으며, 그 신청을 받은 소방서장은 1년(특정·준특정옥외저장탱크의 사용을 중지한 경우에는 사용중지기간)의 범위에서 실시기간을 연장할 수 있다.

  ㉠ 특정·준특정옥외탱크저장소의 설치허가에 따른 완공검사합격확인증을 발급받은 날부터 12년

  ㉡ 최근의 정밀정기검사를 받은 날부터 11년

  ㉢ 특정·준특정옥외저장탱크에 안전조치를 한 후 구조안전점검시기 연장신청을 하여 해당 안전조치가 적정한 것으로 인정받은 경우에는 최근의 정밀정기검사를 받은 날부터 13년

③ 정기점검의 기록·유지(위험물안전관리법 시행규칙 제68조)

  ㉠ 제조소 등의 관계인은 정기점검 후 다음의 사항을 기록해야 한다.
  • 점검을 실시한 제조소 등의 명칭
  • 점검의 방법 및 결과
  • 점검연월일

- 점검을 한 안전관리자 또는 점검을 한 탱크시험자와 점검에 참관한 안전관리자의 성명
- ㉡ ㉠의 규정에 의한 정기점검기록은 다음의 구분에 의한 기간 동안 이를 보존하여야 한다.
  - ②의 규정에 의한 옥외저장탱크의 구조안전점검에 관한 기록 : 25년(②의 ㉢에 규정한 기간의 적용을 받는 경우에는 30년)
  - 위에 해당하지 아니하는 정기점검의 기록 : 3년

핵심예제

위험물안전관리법 시행규칙상 위험물 이동탱크저장소의 관계인은 해당 제조소 등에 대하여 연간 몇 회 이상 정기점검을 실시해야 하는가?(단, 구조안전점검 외의 정기점검인 경우)

① 1   ② 2
③ 3   ④ 4

|해설|

제조소 등의 관계인은 당해 제조소 등에 대하여 연 1회 이상 정기점검을 실시하여야 한다.

정답 ①

핵심이론 75 특정옥외저장탱크, 준특정 옥외저장탱크 (위험물안전관리법 시행규칙 [별표 6])

① 특정옥외저장탱크 : 옥외탱크저장소 중 그 저장 또는 취급하는 액체위험물의 최대수량이 100만L 이상의 것(이하 '특정옥외탱크저장소'라 한다)의 옥외저장탱크를 말한다.

② 준특정옥외저장탱크 : 옥외탱크저장소 중 그 저장 또는 취급하는 액체위험물의 최대수량이 50만L 이상 100만L 미만의 것(이하 '준특정옥외탱크저장소'라 한다)의 옥외저장탱크를 말한다.

③ 압력탱크 : 옥외저장탱크 중 최대 상용압력이 부압 또는 정압 5kPa을 초과하는 탱크를 말한다.

핵심예제

위험물안전관리법령상 특정옥외탱크저장소로 분류되기 위한 액체위험물 저장 또는 취급 최대수량 기준은?   [2020년 3회]

① 50,000L 이상
② 100,000L 이상
③ 500,000L 이상
④ 1,000,000L 이상

|해설|

- 특정옥외저장탱크 : 옥외탱크저장소 중 그 저장 또는 취급하는 액체위험물의 최대수량이 100만L 이상의 것의 옥외저장탱크
- 준특정옥외저장탱크 : 옥외탱크저장소 중 그 저장 또는 취급하는 액체위험물의 최대수량이 50만L 이상 100만L 미만의 것의 옥외저장탱크

정답 ④

제조소 등에서의 위험물의 저장 및 취급에 관한 기준(위험물안전관리법 시행규칙 [별표18])-저장·취급의 공통기준

① 제조소 등에서 허가 및 신고와 관련되는 품명 외의 위험물 또는 이러한 허가 및 신고와 관련되는 수량 또는 지정수량의 배수를 초과하는 위험물을 저장 또는 취급하지 아니하여야 한다.

② 위험물을 저장 또는 취급하는 건축물 그 밖의 공작물 또는 설비는 당해 위험물의 성질에 따라 차광 또는 환기를 실시하여야 한다.

③ 위험물은 온도계, 습도계, 압력계 그 밖의 계기를 감시하여 당해 위험물의 성질에 맞는 적정한 온도, 습도 또는 압력을 유지하도록 저장 또는 취급하여야 한다.

④ 위험물을 저장 또는 취급하는 경우에는 위험물의 변질, 이물의 혼입 등에 의하여 당해 위험물의 위험성이 증대되지 아니하도록 필요한 조치를 강구하여야 한다.

⑤ 위험물이 남아 있거나 남아 있을 우려가 있는 설비, 기계·기구, 용기 등을 수리하는 경우에는 안전한 장소에서 위험물을 완전하게 제거한 후에 실시하여야 한다.

⑥ 위험물을 용기에 수납하여 저장 또는 취급할 때에는 그 용기는 당해 위험물의 성질에 적응하고 파손·부식·균열 등이 없는 것으로 하여야 한다.

⑦ 가연성의 액체·증기 또는 가스가 새거나 체류할 우려가 있는 장소 또는 가연성의 미분이 현저하게 부유할 우려가 있는 장소에서는 전선과 전기기구를 완전히 접속하고 불꽃을 발하는 기계·기구·공구·신발 등을 사용하지 아니하여야 한다.

⑧ 위험물을 보호액 중에 보존하는 경우에는 당해 위험물이 보호액으로부터 노출되지 아니하도록 하여야 한다.

제조소 등에서의 위험물의 저장 및 취급에 관한 기준(위험물안전관리법 시행규칙 [별표 18])-위험물의 유별 저장·취급의 공통기준

① 제1류 위험물은 가연물과의 접촉·혼합이나 분해를 촉진하는 물품과의 접근 또는 과열·충격·마찰 등을 피하는 한편, 알칼리금속의 과산화물 및 이를 함유한 것에 있어서는 물과의 접촉을 피하여야 한다.

② 제2류 위험물은 산화제와의 접촉·혼합이나 불티·불꽃·고온체와의 접근 또는 과열을 피하는 한편, 철분·금속분·마그네슘 및 이를 함유한 것에 있어서는 물이나 산과의 접촉을 피하고 인화성 고체에 있어서는 함부로 증기를 발생시키지 아니하여야 한다.

③ 제3류 위험물 중 자연발화성 물질에 있어서는 불티·불꽃 또는 고온체와의 접근·과열 또는 공기와의 접촉을 피하고, 금수성 물질에 있어서는 물과의 접촉을 피하여야 한다.

④ 제4류 위험물은 불티·불꽃·고온체와의 접근 또는 과열을 피하고, 함부로 증기를 발생시키지 아니하여야 한다.

⑤ 제5류 위험물은 불티·불꽃·고온체와의 접근이나 과열·충격 또는 마찰을 피하여야 한다.

⑥ 제6류 위험물은 가연물과의 접촉·혼합이나 분해를 촉진하는 물품과의 접근 또는 과열을 피하여야 한다.

위험물안전관리법령에 따른 제조소 등에서 위험물의 유별 저장·취급의 공통기준 중 다음에 해당하는 위험물의 유별은?

- 산화제와의 접촉·혼합이나 불티·불꽃·고온체와의 접근 또는 과열을 피한다.
- 철분·금속분·마그네슘 및 이를 함유한 것에 있어서는 물이나 산과의 접촉을 피한다.
- 인화성 고체에 있어서는 함부로 증기를 발생시키지 아니하여야 한다.

① 제2류   ② 제3류
③ 제4류   ④ 제5류

|해설|

제2류 위험물은 산화제와의 접촉·혼합이나 불티·불꽃·고온체와의 접근 또는 과열을 피하는 한편, 철분·금속분·마그네슘 및 이를 함유한 것에 있어서는 물이나 산과의 접촉을 피하고 인화성 고체에 있어서는 함부로 증기를 발생시키지 아니하여야 한다.

정답 ①

핵심이론 78 제조소 등에서의 위험물의 저장 및 취급에 관한 기준(위험물안전관리법 시행규칙 [별표 18])—저장의 기준

① 유별을 달리하는 위험물은 동일한 저장소(내화구조의 격벽으로 완전히 구획된 실이 2 이상 있는 저장소에 있어서는 동일한 실. 이하 ②에서 같다)에 저장하지 아니하여야 한다. 다만, 옥내저장소 또는 옥외저장소에 있어서 다음의 규정에 의한 위험물을 저장하는 경우로서 위험물을 유별로 정리하여 저장하는 한편, 서로 1m 이상의 간격을 두는 경우에는 그러하지 아니한다.

ㄱ. 제1류 위험물(알칼리금속의 과산화물 또는 이를 함유한 것을 제외한다)과 제5류 위험물을 저장하는 경우

ㄴ. 제1류 위험물과 제6류 위험물을 저장하는 경우

ㄷ. 제1류 위험물과 제3류 위험물 중 자연발화성 물질(황린 또는 이를 함유한 것에 한한다)을 저장하는 경우

ㄹ. 제2류 위험물 중 인화성 고체와 제4류 위험물을 저장하는 경우

ㅁ. 제3류 위험물 중 알킬알루미늄 등과 제4류 위험물(알킬알루미늄 또는 알킬리튬을 함유한 것에 한한다)을 저장하는 경우

ㅂ. 제4류 위험물 중 유기과산화물 또는 이를 함유하는 것과 제5류 위험물 중 유기과산화물 또는 이를 함유한 것을 저장하는 경우

② 제3류 위험물 중 황린 그 밖에 물속에 저장하는 물품과 금수성 물질은 동일한 저장소에서 저장하지 아니하여야 한다.

③ 옥내저장소에서 동일 품명의 위험물이더라도 자연발화할 우려가 있는 위험물 또는 재해가 현저하게 증대할 우려가 있는 위험물을 다량 저장하는 경우에는 지정수량의 10배 이하마다 구분하여 상호 간 0.3m 이상의 간격을 두어 저장하여야 한다. 다만, 위험물 또는 기계에 의하여 하역하는 구조로 된 용기에 수납한 위험물에 있어서는 그러하지 아니한다.

④ 옥내저장소에서는 용기에 수납하여 저장하는 위험물의 온도가 55℃를 넘지 아니하도록 필요한 조치를 강구하여야 한다.

⑤ 컨테이너식 이동탱크저장소 외의 이동탱크저장소에 있어서는 위험물을 저장한 상태로 이동저장탱크를 옮겨 싣지 아니하여야 한다.

⑥ 알킬알루미늄 등, 아세트알데하이드 등 및 다이에틸에테르 등(다이에틸에테르 또는 이를 함유한 것을 말한다)의 저장기준은 제1호 내지 제20호의 규정에 의하는 외에 다음과 같다.

　㉠ 옥외저장탱크 또는 옥내저장탱크 중 압력탱크(최대 상용압력이 대기압을 초과하는 탱크를 말한다)에 있어서는 알킬알루미늄 등의 취출에 의하여 당해 탱크 내의 압력이 상용압력 이하로 저하하지 아니하도록, 압력탱크 외의 탱크에 있어서는 알킬알루미늄 등의 취출이나 온도의 저하에 의한 공기의 혼입을 방지할 수 있도록 불활성의 기체를 봉입할 것

　㉡ 옥외저장탱크 · 옥내저장탱크 또는 이동저장탱크에 새롭게 알킬알루미늄 등을 주입하는 때에는 미리 당해 탱크 안의 공기를 불활성 기체와 치환하여 둘 것

　㉢ 이동저장탱크에 알킬알루미늄 등을 저장하는 경우에는 20kPa 이하의 압력으로 불활성의 기체를 봉입하여 둘 것

　㉣ 옥외저장탱크 · 옥내저장탱크 또는 지하저장탱크 중 압력탱크에 있어서는 아세트알데하이드 등의 취출에 의하여 당해 탱크 내의 압력이 상용압력 이하로 저하하지 아니하도록, 압력탱크 외의 탱크에 있어서는 아세트알데하이드 등의 취출이나 온도의 저하에 의한 공기의 혼입을 방지할 수 있도록 불활성 기체를 봉입할 것

　㉤ 옥외저장탱크 · 옥내저장탱크 · 지하저장탱크 또는 이동저장탱크에 새롭게 아세트알데하이드 등을 주입하는 때에는 미리 당해 탱크 안의 공기를 불활성 기체와 치환하여 둘 것

　㉥ 이동저장탱크에 아세트알데하이드 등을 저장하는 경우에는 항상 불활성의 기체를 봉입하여 둘 것

　㉦ 옥외저장탱크 · 옥내저장탱크 또는 지하저장탱크 중 압력탱크 외의 탱크에 저장하는 다이에틸에테르 등 또는 아세트알데하이드 등의 온도는 산화프로필렌과 이를 함유한 것 또는 다이에틸에테르 등에 있어서는 30℃ 이하로, 아세트알데하이드 또는 이를 함유한 것에 있어서는 15℃ 이하로 각각 유지할 것

　㉧ 옥외저장탱크 · 옥내저장탱크 또는 지하저장탱크 중 압력탱크에 저장하는 아세트알데하이드 등 또는 다이에틸에테르 등의 온도는 40℃ 이하로 유지할 것

　㉨ 보랭장치가 있는 이동저장탱크에 저장하는 아세트알데하이드 등 또는 다이에틸에테르 등의 온도는 당해 위험물의 비점 이하로 유지할 것

　㉩ 보랭장치가 없는 이동저장탱크에 저장하는 아세트알데하이드 등 또는 다이에틸에테르 등의 온도는 40℃ 이하로 유지할 것

핵심예제

위험물안전관리법령상 위험물 저장의 기준에 따라 옥내저장소에서 용기에 수납하여 저장하는 위험물이 넘지 않아야 하는 온도 기준은?

① 40℃　　　　　　② 55℃
③ 60℃　　　　　　④ 65℃

|해설|

옥내저장소에서는 용기에 수납하여 저장하는 위험물의 온도가 55℃를 넘지 아니하도록 필요한 조치를 강구하여야 한다.

정답 ②

제조소 등에서의 위험물의 저장 및 취급에 관한 기준(위험물안전관리법 시행규칙 [별표 18])-취급의 기준

① 위험물의 취급 중 제조에 관한 기준은 다음과 같다.
   ㉠ 증류공정에 있어서는 위험물을 취급하는 설비의 내부압력의 변동 등에 의하여 액체 또는 증기가 새지 아니하도록 할 것
   ㉡ 추출공정에 있어서는 추출관의 내부압력이 비정상으로 상승하지 아니하도록 할 것
   ㉢ 건조공정에 있어서는 위험물의 온도가 부분적으로 상승하지 아니하는 방법으로 가열 또는 건조할 것
   ㉣ 분쇄공정에 있어서는 위험물의 분말이 현저하게 부유하고 있거나 위험물의 분말이 현저하게 기계·기구 등에 부착하고 있는 상태로 그 기계·기구를 취급하지 아니할 것
② 위험물의 취급 중 소비에 관한 기준은 다음과 같다.
   ㉠ 분사도장작업은 방화상 유효한 격벽 등으로 구획된 안전한 장소에서 실시할 것
   ㉡ 담금질 또는 열처리작업은 위험물이 위험한 온도에 이르지 아니하도록 하여 실시할 것
   ㉢ 버너를 사용하는 경우에는 버너의 역화를 방지하고 위험물이 넘치지 아니하도록 할 것
③ 알킬알루미늄 등 및 아세트알데하이드 등의 취급기준은 제1호 내지 제5호에 정하는 것 외에 당해 위험물의 성질에 따라 다음에 정하는 바에 의한다.
   ㉠ 알킬알루미늄 등의 제조소 또는 일반취급소에 있어서 알킬알루미늄 등을 취급하는 설비에는 불활성의 기체를 봉입할 것
   ㉡ 알킬알루미늄 등의 이동탱크저장소에 있어서 이동저장탱크로부터 알킬알루미늄 등을 꺼낼 때에는 동시에 200kPa 이하의 압력으로 불활성의 기체를 봉입할 것

   ㉢ 아세트알데하이드 등의 제조소 또는 일반취급소에 있어서 아세트알데하이드 등을 취급하는 설비에는 연소성 혼합기체의 생성에 의한 폭발의 위험이 생겼을 경우에 불활성의 기체 또는 수증기[아세트알데하이드 등을 취급하는 탱크(옥외에 있는 탱크 또는 옥내에 있는 탱크로서 그 용량이 지정수량의 5분의 1 미만의 것을 제외한다)에 있어서는 불활성의 기체]를 봉입할 것
   ㉣ 아세트알데하이드 등의 이동탱크저장소에 있어서 이동저장탱크로부터 아세트알데하이드 등을 꺼낼 때에는 동시에 100kPa 이하의 압력으로 불활성의 기체를 봉입할 것

핵심예제

위험물안전관리법령상 알킬알루미늄 등의 이동탱크저장소에 있어서 이동저장탱크로부터 알킬알루미늄 등을 꺼낼 때에는 동시에 몇 kPa 이하의 압력으로 불활성의 기체를 봉입하여야 하는가?

① 100 ② 200
③ 300 ④ 400

|해설|
알킬알루미늄 등의 이동탱크저장소에 있어서 이동저장탱크로부터 알킬알루미늄 등을 꺼낼 때에는 동시에 200kPa 이하의 압력으로 불활성의 기체를 봉입할 것

정답 ②

① 시약은 필요한 만큼만 시약병에 덜어서 사용하고, 남은 시약은 재사용하지 않고 폐기한다.

② 폐시약을 수집할 때는 성분별로 폐산, 폐알칼리, 폐할로겐, 폐비할로겐 유기용제, 폐유 등으로 구분하여 보관용기에 보관한다.

③ 폐시약 원액은 보관용기 자체를 변형시킬 우려가 있으므로 희석 처리하여 폐기한다.

④ 폐시약병은 내부를 세척제로 3회 이상 세척하여 냄새가 나지 않게 하고, 이물질이 없도록 하여 별도로 분리배출한다.

⑤ 시약을 취급한 기구나 용기 등을 세척한 세척수도 폐액 보관용기에 보관한다.

⑥ 폐액 보관용기에 유리병 등 이물질을 투입하지 않는다.

⑦ 폐액 보관용기는 저장량을 주기적으로 확인하고 폐수 처리장에 처리한다.

⑧ 폐수 처리 대장을 작성 및 보관한다.

⑨ 폐액 처리 중 유독 가스의 발생, 발열, 폭발 등의 위험을 충분히 조사하고, 폐액 보관용기에 버려지는 폐액은 소량으로 나누어 넣는다.

⑩ 폭발성 물질을 함유하는 폐액은 보다 조심히 취급한다.

⑪ 간단한 제거로 처리하기 어려운 폐액은 적당한 처리를 강구하여 무처리 상태로 방출되는 일이 없도록 주의한다.

⑫ 유해물질이 부착된 거름종이, 약봉지, 폐활성탄 등은 소각 등의 적당한 처리를 한 후 잔사를 보관한다.

핵심예제

실험실 폐액 처리 시 주의사항으로 틀린 것은? [2020년 4회]

① 원액 폐기 시 용기 변형이 우려되므로 별도로 희석 처리 후 폐기한다.

② 화기 및 열원에 안전한 지정 보관 장소를 정하고, 다른 장소로의 이동을 금지한다.

③ 직사광선을 피하고 통풍이 잘되는 곳에 보관하고, 복도 및 계단 등에 방치를 금한다.

④ 폐액통을 밀봉할 때에는 폐액을 혼합하여 용기를 가득 채운 후 압축 밀봉한다.

|해설|

분류한 폐액 외에 다른 폐액의 혼합을 금지하며 기타 이물질의 투입 또한 금지한다. 폐액 수집량은 용기의 2/3를 넘기지 않는다.

정답 ④

① 폐액처리 시 반드시 보호구를 착용한다.
② 폐액 보관용기를 운반할 때는 손수레와 같은 안전한 운반구 등을 이용하여 운반하고, 반드시 2인 이상이 개인 보호 장구를 착용하고 운반한다.
③ 원액 폐기 시 용기 변형이 우려되므로 별도로 희석처리 후 폐기한다.
④ 폐액은 성분별로 구분하여 폐액 보관용기에 맞게 분류한다.
⑤ 분류한 폐액 외에 다른 폐액의 혼합 금지 및 기타 이물질의 투입을 금지한다.
⑥ 폐액 유출이나 악취 차단을 위해 이중 마개로 밀폐하고, 밀폐 여부를 수시로 확인한다.
⑦ 화기 및 열원에 안전한 지정 보관 장소를 정하고, 다른 장소로의 이동을 금지한다.
⑧ 직사광선을 피하고 통풍이 잘되는 곳에 보관하고 복도 및 계단 등에 방치하면 안 된다.
⑨ 폐액 보관용기 주변은 항상 청결히 하고 수시로 정리정돈한다.
⑩ 폐액 수집량은 용기의 2/3를 넘기지 않고, 보관일은 폐기물관리법 시행규칙 별표 5의 규정에 따라 폐유 및 폐유기용제 등은 보관 시작일부터 최대 45일을 초과하지 않는다.
⑪ 폐액처리 대장을 작성하여 보관한다.

핵심예제

폐기물관리법령상 폐산·폐알칼리·폐유 및 폐유기용제 등의 최대 보관일은 보관이 시작된 날부터 최대 며칠인가?

① 30일
② 45일
③ 60일
④ 75일

|해설|

폐산·폐알칼리·폐유·폐유기용제·폐촉매·폐흡착제·폐흡수제·폐농약, 폴리클로리네이티드바이페닐 함유폐기물, 폐수처리 오니 중 유기성 오니는 보관이 시작된 날부터 45일을 초과하여 보관하여서는 아니 된다(폐기물관리법 시행규칙 [별표 1]).

정답 ②

① 화학폐기물 수집 용기는 운반 및 용량 측정이 용이한 플라스틱 용기를 사용하여야 한다.

② 수집 용기 외부에는 사용한 부서명과 장소, 전화번호, 품명, 특성 및 주의사항 등을 기록한 특정폐기물 표지를 부착한다.

③ 유해물질의 폐기물을 수집할 때는 폐산, 폐알칼리, 폐유기용제(할로젠족, 비할로젠족) 폐유 등 종류별로 구분하여 수집하여야 한다.

④ 다음 폐액은 혼합하여 보관해서는 안 된다.
　㉠ 과산화물과 유기물
　㉡ 사이안화물, 황화물, 차아염소산염과 산
　㉢ 염산, 플루오린화수소 등의 휘발성 산과 비휘발성 산
　㉣ 암모늄염, 휘발성 아민과 알칼리
　㉤ 진한 황산, 술폰산, 옥살산, 폴리인산 등의 산과 기타 산

⑤ 수집한 유해물질의 폐기물 용기는 직사광선을 피하고 통풍이 잘되는 곳을 폐기물 보관 장소로 지정하여 보관하여야 하며 복도, 계단 등에 방치하여서는 안 된다.

⑥ 유해물질의 폐기물 취급 및 보관 장소에는 금연, 화기 취급 엄금 표지와 폐기물 보관수칙을 부착한다.

⑦ 빈 시약병은 파손되지 않도록 기존 상자에 넣어 폐기물 보관 장소에 보관한다.

⑧ 수집·보관된 유해물질 폐기물 용기는 폐액의 유출이나 악취가 발생되지 않도록 2중 마개로 닫는 등 필요한 조치를 하여야 한다.

⑨ 수집된 폐기물을 운반할 때는 손수레와 같은 안전한 운반구 등을 이용하여 운반한다.

⑩ 방사성 물질을 함유한 폐기물은 별도 수집하며, 정해진 처리규정에 따라 누설되지 않도록 엄중히 처리해야 한다.

실험실에서 생성된 폐액은 정해진 폐약 절차에 의거하여 배출해야 한다. 이때 폐액은 크게 네 가지 종류로 분류하여 보관하여 서로 섞이지 않도록 하여 분리하여 보관하는 것이 기본 안전수칙이다. 네 가지 종류의 폐액을 바르게 나열한 것을 고르면?

① 액상계, 고상계, 분말계, 유기계
② 산계, 알칼리계, 유기계, 무기계
③ 휘발계, 비휘발계, 유기계, 무기계
④ 액상계, 고상계, 산계, 알칼리계

|해설|
화학폐기물을 수집할 때는 폐산, 폐알칼리, 폐유기용제(할로젠족, 비할로젠족), 폐유 등 종류별로 구분하여 수집하여야 하며, 절대로 하수구나 싱크대에 버려서는 안 된다.

정답 ②

핵심이론 83 실험실 폐기물의 처리 기준

① 폐액에 의하여 처리 중 유독가스의 발생, 발열, 폭발 등의 위험을 충분히 조사하고, 첨가하는 약재를 소량씩 넣는 등 주의하면서 처리해야 한다.

② 악취가 나는 폐액, 유독가스를 발생하는 폐액 및 인화성이 강한 폐액은 누설되지 않도록 적당한 처리를 강구하여 조기에 처리한다.

③ 폭발성 물질을 함유하는 폐액은 보다 신중하게 취급하고 조기 처리한다.

④ 간단한 제거제로는 처리가 어려운 폐액은 적절한 처리를 강구하고, 처리되지 않은 상태로 방출되는 일이 없도록 주의한다.

⑤ 처리 후에도 폐수가 유해한 경우에는 추가로 후처리할 필요가 있다.

⑥ 유해물질이 부착된 거름종이, 약봉지, 폐 활성탄 등은 적절한 처리를 한 후에 보관한다.

핵심이론 84 방사성 물질의 폐기물 처리

① **고체** : 고체 방사성 물질의 폐기물은 플라스틱 봉지에 넣고 테이프로 봉한 후 방사성 물질 폐기 전용의 금속제 통에 넣는다.

② **액체** : 액체 방사성 물질의 폐기물은 수용성과 유기성으로 분리하며 고체의 경우와 마찬가지로 액체 방사성 물질의 폐기물을 위해 고안된 통을 이용한다.

③ **기록의 유지** : 폐기물이 나온 시험번호, 방사성 동위원소, 폐기물의 물리적 형태 등으로 표시된 방사선의 양들을 기록 유지한다.

④ **처리 구분** : 하수시설이나 일반폐기물 속에 방사성 물질의 폐기물을 같이 버려서는 안 된다.

① 폐기물 : 쓰레기, 연소재(燃燒滓), 오니(汚泥), 폐유(廢油), 폐산(廢酸), 폐알칼리 및 동물의 사체(死體) 등으로서 사람의 생활이나 사업활동에 필요하지 아니하게 된 물질을 말한다.

② 생활폐기물 : 사업장폐기물 외의 폐기물을 말한다.

③ 사업장폐기물 : 대기환경보전법, 물환경보전법 또는 소음·진동관리법에 따라 배출시설을 설치·운영하는 사업장이나 그 밖에 대통령령으로 정하는 사업장에서 발생하는 폐기물을 말한다.

④ 지정폐기물 : 사업장폐기물 중 폐유·폐산 등 주변 환경을 오염시킬 수 있거나 의료폐기물(醫療廢棄物) 등 인체에 위해(危害)를 줄 수 있는 해로운 물질로서 대통령령으로 정하는 폐기물을 말한다.

⑤ 의료폐기물 : 보건·의료기관, 동물병원, 시험·검사기관 등에서 배출되는 폐기물 중 인체에 감염 등 위해를 줄 우려가 있는 폐기물과 인체 조직 등 적출물(摘出物), 실험 동물의 사체 등 보건·환경보호상 특별한 관리가 필요하다고 인정되는 폐기물로서 대통령령으로 정하는 폐기물을 말한다.

⑥ 처 분

　㉠ 중간처분 : 폐기물의 소각(燒却)·중화(中和)·파쇄(破碎)·고형화(固形化) 등

　㉡ 최종처분 : 매립하거나 해역(海域)으로 배출하는 등

⑦ 재활용 : 다음의 어느 하나에 해당하는 활동을 말한다.

　㉠ 폐기물을 재사용·재생이용하거나 재사용·재생이용할 수 있는 상태로 만드는 활동

　㉡ 폐기물로부터 에너지를 회수하거나 회수할 수 있는 상태로 만들거나 폐기물을 연료로 사용하는 활동으로서 환경부령으로 정하는 활동

⑧ 폐기물처리시설 : 폐기물의 중간처분시설, 최종처분시설 및 재활용시설로서 대통령령으로 정하는 시설을 말한다.

⑨ 폐기물감량화시설 : 생산 공정에서 발생하는 폐기물의 양을 줄이고, 사업장 내 재활용을 통하여 폐기물 배출을 최소화하는 시설로서 대통령령으로 정하는 시설을 말한다.

핵심예제

다음 설명에 해당하는 것은?(단, 폐기물관리법령을 기준으로 한다)

> 사업장폐기물 중 폐유·폐산 등 주변 환경을 오염시킬 수 있거나 인체에 위해(危害)를 줄 수 있는 해로운 물질로서 대통령령으로 정하는 폐기물을 말한다.

① 생활폐기물
② 지정폐기물
③ 재활용품
④ 최종처분폐기물

정답 ②

핵심이론 86 폐기물 관리의 기본원칙(폐기물관리법 제3조의2)

① 사업자는 제품의 생산방식 등을 개선하여 폐기물의 발생을 최대한 억제하고, 발생한 폐기물을 스스로 재활용함으로써 폐기물의 배출을 최소화하여야 한다.

② 누구든지 폐기물을 배출하는 경우에는 주변 환경이나 주민의 건강에 위해를 끼치지 아니하도록 사전에 적절한 조치를 하여야 한다.

③ 폐기물은 그 처리과정에서 양과 유해성(有害性)을 줄이도록 하는 등 환경보전과 국민건강보호에 적합하게 처리되어야 한다.

④ 폐기물로 인하여 환경오염을 일으킨 자는 오염된 환경을 복원할 책임을 지며, 오염으로 인한 피해의 구제에 드는 비용을 부담하여야 한다.

⑤ 국내에서 발생한 폐기물은 가능하면 국내에서 처리되어야 하고, 폐기물의 수입은 되도록 억제되어야 한다.

⑥ 폐기물은 소각, 매립 등의 처분을 하기보다는 우선적으로 재활용함으로써 자원생산성의 향상에 이바지하도록 하여야 한다.

핵심이론 87 유해성 정보자료의 작성·제공 의무(폐기물관리법 제18조의2)

① 사업장폐기물배출자는 환경부령으로 정하는 사업장폐기물을 배출하는 경우에는 환경부령으로 정하는 바에 따라 스스로 또는 환경부령으로 정하는 전문기관에 의뢰하여 다음의 사항을 포함한 유해성 정보자료(이하 '유해성 정보자료'라 한다)를 작성하여야 한다.

㉠ 사업장폐기물의 종류

㉡ 사업장폐기물의 물리·화학적 성질 및 취급 시 주의사항

㉢ 사업장폐기물로 인하여 화재 등의 사고 발생 시 방제 등 조치방법

㉣ 그 밖에 환경부령으로 정하는 사항

② 사업장폐기물배출자는 ①에 따라 유해성 정보자료를 작성한 후 생산공정이나 사용 원료의 변경 등 환경부령으로 정하는 중요사항이 변경된 경우에는 환경부령으로 정하는 바에 따라 그 변경내용을 반영하여 스스로 또는 환경부령으로 정하는 기관에 의뢰하여 유해성 정보자료를 다시 작성하여야 한다.

③ 사업장폐기물배출자는 해당 사업장폐기물을 위탁하여 처리하는 경우에는 수탁자에게 ① 및 ②에 따라 작성한 유해성 정보자료를 제공하여야 한다.

④ 사업장폐기물배출자와 수탁자는 ①, ② 및 ③에 따라 작성하거나 제공받은 유해성 정보자료를 사업장폐기물의 수집·운반차량, 보관장소 및 처리시설에 각각 게시하거나 비치하여야 한다.

① 특정시설에서 발생되는 폐기물

　㉠ 폐합성 고분자화합물

　　• 폐합성 수지(고체상태의 것은 제외한다)

　　• 폐합성 고무(고체상태의 것은 제외한다)

　㉡ 오니류(수분함량이 95% 미만이거나 고형물함량이 5% 이상인 것으로 한정한다)

　　• 폐수처리 오니(환경부령으로 정하는 물질을 함유한 것으로 환경부장관이 고시한 시설에서 발생되는 것으로 한정한다)

　　• 공정 오니(환경부령으로 정하는 물질을 함유한 것으로 환경부장관이 고시한 시설에서 발생되는 것으로 한정한다)

　㉢ 폐농약(농약의 제조·판매업소에서 발생되는 것으로 한정한다)

② 부식성 폐기물

　㉠ 폐산(액체상태의 폐기물로서 pH가 2.0 이하인 것으로 한정한다)

　㉡ 폐알칼리(액체상태의 폐기물로서 pH가 12.5 이상인 것으로 한정하며, 수산화칼륨 및 수산화나트륨을 포함한다)

③ 유해물질함유 폐기물(환경부령으로 정하는 물질을 함유한 것으로 한정한다)

　㉠ 광재(鑛滓)[철광 원석의 사용으로 인한 고로(高爐)슬래그(Slag)는 제외한다]

　㉡ 분진(대기오염방지시설에서 포집된 것으로 한정하되, 소각시설에서 발생되는 것은 제외한다)

　㉢ 폐주물사 및 샌드블라스트 폐사(廢砂)

　㉣ 폐내화물(廢耐火物) 및 재벌구이 전에 유약을 바른 도자기 조각

　㉤ 소각재

　㉥ 안정화 또는 고형화·고화 처리물

　㉦ 폐촉매

◎ 폐흡착제 및 폐흡수제[광물유·동물유 및 식물유{폐식용유(식용을 목적으로 식품 재료와 원료를 제조·조리·가공하는 과정, 식용유를 유통·사용하는 과정 또는 음식물류 폐기물을 재활용하는 과정에서 발생하는 기름을 말한다)는 제외한다]의 정제에 사용된 폐토사(廢土砂)를 포함한다]

④ 폐유기용제

　㉠ 할로젠족(환경부령으로 정하는 물질 또는 이를 함유한 물질로 한정한다)

　㉡ 그 밖의 폐유기용제(㉠ 외의 유기용제를 말한다)

⑤ 폐페인트 및 폐래커(다음의 것을 포함한다)

　㉠ 페인트 및 래커와 유기용제가 혼합된 것으로서 페인트 및 래커 제조업, 용적 $5m^3$ 이상 또는 동력 3마력 이상의 도장(塗裝)시설, 폐기물을 재활용하는 시설에서 발생되는 것

　㉡ 페인트 보관용기에 남아 있는 페인트를 제거하기 위하여 유기용제와 혼합된 것

　㉢ 폐페인트 용기(용기 안에 남아 있는 페인트가 건조되어 있고, 그 잔존량이 용기 바닥에서 6mm를 넘지 아니하는 것은 제외한다)

⑥ 폐유[기름성분을 5% 이상 함유한 것을 포함하며, 폴리클로리네이티드바이페닐(PCBs) 함유 폐기물, 폐식용유와 그 잔재물, 폐흡착제 및 폐흡수제는 제외한다]

⑦ 폐석면

　㉠ 건조고형물의 함량을 기준으로 하여 석면이 1% 이상 함유된 제품·설비(뿜칠로 사용된 것은 포함한다) 등의 해체·제거 시 발생되는 것

　㉡ 슬레이트 등 고형화된 석면 제품 등의 연마·절단·가공 공정에서 발생된 부스러기 및 연마·절단·가공 시설의 집진기에서 모아진 분진

　㉢ 석면의 제거작업에 사용된 바닥비닐시트(뿜칠로 사용된 석면의 해체·제거작업에 사용된 경우에는 모든 비닐시트)·방진마스크·작업복 등

⑧ 폴리클로리네이티드바이페닐 함유 폐기물
　　㉠ 액체상태의 것(1L당 2mg 이상 함유한 것으로 한정한다)
　　㉡ 액체상태 외의 것(용출액 1L당 0.003mg 이상 함유한 것으로 한정한다)
⑨ 폐유독물질[화학물질관리법의 유독물질을 폐기하는 경우로 한정하되, ①의 ㉡의 폐농약(농약의 제조·판매업소에서 발생되는 것으로 한정한다), ②의 부식성 폐기물, ④의 폐유기용제, ⑧의 폴리클로리네이티드바이페닐 함유 폐기물 및 ⑪의 수은폐기물은 제외한다]
⑩ 의료폐기물(환경부령으로 정하는 의료기관이나 시험·검사 기관 등에서 발생되는 것으로 한정한다)
⑪ 천연방사성제품폐기물[생활주변방사선 안전관리법에 따른 가공제품 중 안전기준에 적합하지 않은 제품으로서 방사능 농도가 g당 10Bq 미만인 폐기물을 말한다. 이 경우 가공제품으로부터 천연방사성핵종(天然放射性核種)을 포함하지 않은 부분을 분리할 수 있는 때에는 그 부분을 제외한다]
⑫ 수은폐기물
　　㉠ 수은함유폐기물[수은과 그 화합물을 함유한 폐램프(폐형광등은 제외한다), 폐계측기기(온도계, 혈압계, 체온계 등), 폐전지 및 그 밖의 환경부장관이 고시하는 폐제품을 말한다]
　　㉡ 수은구성폐기물(수은함유폐기물로부터 분리한 수은 및 그 화합물로 한정한다)
　　㉢ 수은함유폐기물 처리잔재물(수은함유폐기물을 처리하는 과정에서 발생되는 것과 폐형광등을 재활용하는 과정에서 발생되는 것을 포함하되, 환경분야 시험·검사 등에 관한 법률에 따라 환경부장관이 고시한 폐기물 분야에 대한 환경오염공정시험기준에 따른 용출시험 결과 용출액 1L당 0.005mg 이상의 수은 및 그 화합물이 함유된 것으로 한정한다)

⑬ 그 밖에 주변환경을 오염시킬 수 있는 유해한 물질로서 환경부장관이 정하여 고시하는 물질

핵심예제

88-1. 폐기물관리법 시행령상 지정폐기물에 해당되지 않는 것은?
[2020년 1·2회]
① 고체상태의 폐합성 수지
② 농약의 제조·판매업소에서 발생되는 폐농약
③ 대기오염방지시설에서 포집된 분진
④ 폐유기용제

88-2. 폐기물관리법령상 지정폐기물에 해당하지 않는 것은?
[2020년 3회]
① 의료폐기물
② 폐수처리 오니
③ 생활폐기물
④ 폐유기용제

정답 88-1 ① 　88-2 ③

① 공정 개선시설 : 물질정제, 물질대체에 의한 원료 변경과 해당 제조공정 일부 또는 전체 공정의 변경, 설비 변경 등의 방법으로 해당 공정에서 배출되는 폐기물의 총량을 줄이는 효과가 있는 시설

② 폐기물 재이용시설 : 제조공정에서 발생되는 폐기물을 해당 공정의 원료 또는 부원료로 재사용하거나 다른 공정의 원료로 사용하기 위하여 사업자가 같은 사업장에 설치하는 시설

③ 폐기물 재활용시설 : 제조공정에서 발생되는 폐기물을 재활용하기 위하여 같은 사업장에서 제조시설과 연속 선상에 설치하는 자원의 절약과 재활용촉진에 관한 법률의 재활용시설 중 환경부령으로 정하는 시설

④ 그 밖의 폐기물 감량화시설 : 사업장폐기물의 발생과 배출을 줄이는 효과가 있다고 환경부장관이 정하여 고시하는 시설

핵심예제

폐기물관리법령상 폐기물 감량화시설로 볼 수 없는 것은?

① 공정 개선시설
② 폐기물 파쇄시설
③ 폐기물 재활용시설
④ 폐기물 재이용시설

|해설|

폐기물 감량화시설의 종류
• 공정 개선시설
• 폐기물 재이용시설
• 폐기물 재활용시설

정답 ②

제3절 | 안전점검

3-1. 안전점검

핵심이론 01 화재의 종류

구 분	A급 화재	B급 화재	C급 화재	D급 화재
화재의 종류	일반화재	유류화재	전기화재	금속화재
원형 표시색	백 색	황 색	청 색	무 색
가연물	목재, 종이, 섬유, 석탄 등	각종 유류 및 가스	전기기기, 기계, 전선 등	Mg 분말, Al 분말 등
유효 소화효과	냉각효과	질식효과	질식, 냉각효과	질식효과
적용 소화제	• 물 • 산·알칼리소화기 • 강화액 소화기	• 포말 소화기 • CO_2 소화기 • 분말 소화기 • 증발성 액체소화기 • 할론1211 • 할론1301	• 유기성 소화기 • CO_2 소화기 • 분말 소화기 • 할론1211 • 할론1301	• 건조사 • 팽창 진주암

① 일반화재(A급 화재)
  ㉠ 보통화재라 한다.
  ㉡ 산소와 친화력이 강한 물질에 의한 화재이다.
  ㉢ 생성된 연기가 백색이며, 연소 후 재를 남긴다.
  ㉣ 다량의 물과 물을 포함하는 액체의 냉각작용이 가장 중요한 소화방법이다.
  ㉤ 특수가연물(면화류, 종이 등), 합성수지, 섬유, 나무 등 우리 생활주변에 가장 많이 존재하는 가연물에 의한 화재이다.
  ㉥ 일반화재의 예방대책
    • 화기 또는 열원이 취급·사용 시에는 화재를 일으킬 우려가 있는 가연물의 접촉을 멀리한다.
    • 가연물은 항상 지정된 장소에 저장 또는 보관한다.

② 유류화재(B급 화재)

　㉠ 액체 가연물(가연성 액체 포함)의 취급 부주의에 의한 화재이다.

　㉡ 일반적으로 생성된 연기가 황색 또는 흑색이며, 연소 후 재를 남기지 않는다.

　㉢ 공기의 차단효과인 질식작용이 가장 중요한 소화방법이다.

　㉣ 주수소화 금지한다(연소면(화재면) 확대).

　㉤ 제4류 위험물인 특수인화물류, 석유류, 알코올류, 동식물류 등의 인화성 액체와 가연성 액체에 의한 화재이다.

　㉥ 일반화재보다 위험성이 크고 연소성이 좋아 매우 위험한 화재이다.

　㉦ 유류화재의 예방대책
　　• 열기구는 본래의 사용목적 이외의 다른 용도로 사용하지 말아야 하며 열기구 주변이나 가까운 장소에 가연성 물질을 비치해서는 안 된다.
　　• 또한 한 방향으로 열기가 나가도록 되어 있는 열기구의 경우에는 가연물을 그 방향으로부터 1m 이상의 이격거리를 유지한다.
　　• 유류는 유류 이외의 다른 물질과 함께 저장해서는 아니 되며 열 또는 화기를 절대로 가까이 해서는 안 된다. 특히 가솔린 등 인화성이 높은 물질은 적당한 용도에 맞게 사용하여야 한다.
　　• 액체 가연물로부터 발생되는 증기의 양을 억제시켜야 하며 가연성 혼합기(공기 중에서 연소범위의 농도)가 형성되지 않도록 환기시설을 하거나 통풍을 양호하게 해야 한다.

③ 전기화재(C급 화재)

　㉠ 전기에 의한 기기·기구의 발열체가 발화원이 되는 화재이다.

　㉡ 생성된 연기가 청색이며, 공기의 차단효과인 질식작용이 가장 중요한 소화방법이다.

　㉢ 발생원인 : 누전, 합선(단락), 스파크, 과부하, 배선 불량, 전열기구의 과열

　㉣ 형태가 매우 다양하고 원인 규명이 곤란한 화재이다.

　㉤ 전기화재의 예방대책
　　• 적당한 용량의 전기기기·기구의 전기제품을 선택해야 한다.
　　• 전기 개폐기용 퓨즈는 적정용량의 것을 사용한다.
　　• 전열기용 전선은 비닐절연전선 대신 열에 잘 견딜 수 있는 내열 고무절연전선을 사용한다.
　　• 플러그와 콘센트는 견고하게 제조되어 있어야 하며 서로 접촉하는 부분의 연결이 잘될 수 있는 것을 선택하여 사용한다.
　　• 하나의 콘센트에 여러 가지 선을 연결하거나 다량의 전기기기·기구를 사용하지 않도록 한다.
　　• 플러그를 제거할 때에는 전선을 잡아당기지 말고 반드시 몸체를 잡고 제거한다.

④ 금속화재(D급 화재)

　㉠ 금속 및 금속의 분·박·리본 등에 의해서 발생되는 화재이다.

　㉡ 생성된 연기는 무색이다.

　㉢ 물과 반응하여 수소(H_2), 아세틸렌(C_2H_2) 등과 같은 가연성 가스를 발생하는 금수성 물질의 화재이다.

　㉣ 물 및 물을 포함한 소화약제를 사용해서 소화하는 주수소화를 금지한다(주수 시 수소가스(H_2) 발생).

　㉤ 제1류 위험물인 산화성 고체의 무기과산화물, 제2류 위험물인 가연성 고체의 철분, 마그네슘, 금속분 등, 제3류 위험물인 금수성 및 자연발화성 물질인 칼륨, 나트륨, 알킬알루미늄 등에 의한 화재이다.

　㉥ 일반 화재나 유류 화재에 비해서 발생 빈도는 적지만 적절한 소화대책도 부족하여 다른 화재에 비해 예방대책이 더 중요한 화재이다.

ⓐ 가장 적응성이 좋은 소화제는 건조사(마른 모래)이며, 특히 알킬기(C_nH_{2n+1})와 알루미늄의 유기금속화합물(R_3Al)인 알킬알루미늄 화재 시 가장 적합한 소화약제는 팽창질석이나 팽창진주암이다.

ⓞ 금속화재의 예방대책
- 금속의 가공 시 금속분(분·박·리본)의 발생을 억제한다.
- 금속의 가공 시 발생되는 열의 축적을 방지한다.
- 금속의 가공 작업장에는 금속분(분·박·리본)이 공기 중에 부유하지 않도록 환기시설을 설치한다.
- 금속의 가공 작업장에는 건조한 상태가 되지 않도록 적정한 습도를 유지한다(금수성 물질은 제외).
- 자연발화성의 금속은 보호액 또는 저장용기에 넣어 밀전하여야 한다.
- 금수성의 금속 및 금속분(분·박·리본)은 물 또는 습기와 접촉하지 않도록 하여야 한다.

1-1. 유류화재에 사용되는 소화기의 표시색은?
① 백 색　　　　　② 황 색
③ 청 색　　　　　④ 무 색

1-2. 인화성 페인트에 의한 화재가 발생하였을 때 사용하기 적절한 소화기는?
① A급 화재 표시 소화기
② B급 화재 표시 소화기
③ C급 화재 표시 소화기
④ D급 화재 표시 소화기

|해설|

1-1

구 분	A급 화재	B급 화재	C급 화재	D급 화재
화재의 종류	일반화재	유류화재	전기화재	금속화재
원형 표시색	백 색	황 색	청 색	무 색

1-2
- A급 화재(일반화재) : 가연성 나무, 옷, 종이, 고무, 플라스틱 등의 화재이다.
- B급 화재 : 가연성 액체, 기름, 그리스, 페인트 등의 화재이다.
- C급 화재 : 전기에너지, 전기기계기구에 의한 화재이다.
- D급 화재 : 가연성 금속에 의한 화재이다.

정답 1-1 ② 1-2 ②

① **물리적 폭발**

    ㉠ 물리적인 변화를 주체로 한 고압용기의 과열, 탱크의 감압 파손, 폭발적 증발 등에 의한 폭발이다.

    ㉡ 기체나 액체의 팽창, 상변화 등의 물리현상이 압력 발생의 원인이 된다.

    ㉖ 압력용기의 파열, 보일러 파열 등

② **화학적 폭발**

    ㉠ 화학반응이 관여하는 연소, 분해, 중합 등에 의한 폭발이다.

    ㉡ 물체의 연소, 분해, 중합 등의 화학반응으로 인한 압력상승이 원인이 된다.

    ㉖ 프로판·LNG 등의 가스폭발, 가연성(인화성) 액체 등의 증기폭발, 화약류의 고체폭발, 아세틸렌 등의 분해폭발, 석탄·알루미늄 분진 등이 공기 중에 부유한 상태에서 일어나는 분진폭발 등

③ **가스 폭발**

    ㉠ 인화성 액체의 증기가 산소와 반응하여 점화원에 의해 폭발하는 현상이다.

    ㉡ 조건 : 폭발범위 내에 있고 점화원(불씨, 정전기 등)이 존재해야 한다.

    ㉖ 메테인, 에테인, 프로페인, 뷰테인, 수소, 아세틸렌

④ **분무 폭발** : 고압의 유압설비 일부가 파손되어 내부의 가연성 액체가 공기 중에 분출되고 이것의 미세한 액적이 무상으로 되어 공기 중에 부유하고 있을 때 착화 에너지가 주어지면 발생하는 폭발이다.

⑤ **분진 폭발**

    ㉠ 가연성 고체의 미분이 공기 중에 부유하고 있을 때에 어떤 착화원에 의해 폭발하는 현상이다.

    ㉡ 단위용적당 발열량이 크기 때문에 역학적 파괴효과는 가스 폭발 이상이다.

    ㉢ 분진 폭발의 조건

      • 가연성 분진

      • 지연성 가스(공기)

      • 점화원의 존재

      • 밀폐된 공간

    ㉣ 예방 방법 : 불활성 가스로 완전히 치환하던가, 산소농도를 약 5% 이하로 하고, 점화원을 제거한다.

    ㉤ 분진 폭발을 일으키는 대표적인 물질 : 밀가루, 석탄가루, 먼지, 전분, 플라스틱 분말, 금속분말(Al, Mg, Zn, Ti 등) 등이 있다.

    ㉥ 분진 폭발이 일어나지 않는 물질

      • 물과 반응하여 가연성 기체를 발생하지 않는 것

      • 시멘트, 석회석, 탄산칼슘($CaCO_3$), 생석회(CaO)

⑥ **분해 폭발**

    ㉠ 분해에 의해 생성된 가스가 열팽창 되고 이때 생기는 압력상승과 이 압력의 방출에 의해 일어나는 폭발현상이다.

    ㉡ 분해폭발은 가스폭발의 특수한 경우이다.

    ㉢ 분해할 때 흡열하나 분해할 때 발열하는 에틸렌, 산화에틸렌, 아세틸렌, 과산화물 등이 대표적인 물질이다.

핵심예제

분진 폭발을 일으키는 금속분말이 아닌 것은? [2020년 1·2회]

① 마그네슘   ② 백 금

③ 타이타늄   ④ 알루미늄

|해설|

분진 폭발을 일으키는 금속분말

• 알루미늄

• 철

• 마그네슘

• 아 연

정답 ②

① 연소의 색과 온도

색	온도(℃)	색	온도(℃)
담암적색	520	황적색	1,100
암적색	700	백적색	1,300
적 색	850	휘백색	1,500 이상
휘적색	950	–	–

② 연소의 3요소

　㉠ 가연물 : 목재, 종이, 플라스틱 등과 같이 산소와 반응하여 발열반응을 하는 물질이다.

　　• 가연물의 조건

　　　– 열전도율이 작아야 한다.

　　　– 발열량이 커야 한다.

　　　– 표면적이 넓어야 한다.

　　　– 산소와 친화력이 좋아야 한다.

　　　– 활성화에너지가 작아야 한다.

　　• 가연물이 될 수 없는 물질

　　　– 산소와 더 이상 반응하지 않는 물질(CO_2, H_2O, Al_2O_3 등)

　　　– 질소 또는 질소산화물 : 산소와 반응은 하나 흡열 반응을 하기 때문이다.

　　　– 18족 원소(불활성 기체)

　㉡ 산소공급원 : 산소, 공기, 제1류 위험물, 제5류 위험물, 제6류 위험물

　㉢ 점화원 : 전기불꽃, 정전기불꽃, 충격마찰의 불꽃, 단열압축 등

③ 연소의 4요소 : 가연물, 산소공급원, 점화원 + 순조로운 연쇄반응

핵심예제

가연성 물질이 연소되기 위한 조건으로 가장 거리가 먼 것은?

[2020년 4회]

① 산소와 반응해야 한다.

② 연소반응이 지속되기 위해서 산화반응이 발열반응이어야 한다.

③ 열전도율이 커야 한다.

④ 연소반응이 지속되기 위해 반응열이 충분히 방출되어야 한다.

|해설|

열전도율은 물질이 가지고 있는 열을 다른 물질에 전달하는 것으로 열전도율이 작아야 한다.

정답 ③

① 고체의 연소

  ㉠ 표면연소 : 목탄, 코크스, 숯, 금속분 등이 열분해에 의해 가연성 가스를 발생하지 않고 그 물질 자체가 연소하는 현상이다.

  ㉡ 분해연소 : 석탄, 종이, 목재, 플라스틱 등의 연소 시 열분해에 의해 발생된 가스와 공기가 혼합하여 연소하는 현상이다.

  ㉢ 증발연소 : 황, 나프탈렌, 왁스, 파라핀 등과 같이 고체를 가열하면 열분해는 일어나지 않고 고체가 액체로 되어 일정 온도가 되면 액체가 기체로 변화하여 기체가 연소하는 현상이다.

  ㉣ 자기연소(내부연소) : 제5류 위험물인 나이트로셀룰로스(질화면) 등 그 물질이 가연물질과 산소를 동시에 가지고 있는 가연물이 연소하는 현상이다.

② 액체의 연소

  ㉠ 증발연소 : 아세톤, 휘발유, 등유, 경유와 같이 액체를 가열하면 증기가 되어 증기가 연소하는 현상이다.

  ㉡ 액적연소 : 벙커C유와 같이 가열하여 점도를 낮추어 버너 등을 사용해 액체의 입자를 안개상으로 분출하여 연소하는 현상이다.

③ 기체의 연소

  ㉠ 확산연소

    • 수소, 아세틸렌, 프로페인, 뷰테인 등 화염의 안정 범위가 넓고 조작이 용이하여 역화의 위험이 없는 연소이다.

    • 불꽃은 있으나 불티가 없는 연소이다.

  ㉡ 폭발연소 : 밀폐된 용기에 공기와 혼합가스가 있을 때 점화되면 연소속도가 증가하여 폭발적으로 연소하는 현상이다.

  ㉢ 예혼합연소 : 가연성 기체와 공기 중의 산소를 미리 혼합하여 연소하는 현상이다.

핵심예제

고체의 연소에 관한 다음 설명 중 옳지 않은 것은?

[2020년 3회]

① 표면연소는 물질 표면의 열분해로 생긴 가연성 가스가 산소와 반응하여 연소하는 것을 말한다.

② 분해연소는 물질의 열분해로 생긴 가연성 가스가 산소와 반응하여 연소하는 것을 말한다.

③ 증발연소는 물질이 용융—증발하여 생긴 기체가 산소와 반응하여 연소하는 것을 말한다.

④ 자기연소는 물질의 열분해로 산소가 발생시키면서 연소하는 것을 말한다.

|해설|

고체의 연소

• 표면연소 : 목탄, 코크스, 숯, 금속분 등이 열분해에 의하여 가연성 가스를 발생하지 않고 그 물질 자체가 연소하는 현상이다.

• 분해연소 : 석탄, 종이, 목재, 플라스틱 등의 연소 시 열분해에 의해 발생된 가스와 공기가 혼합하여 연소하는 현상이다.

• 증발연소 : 황, 나프탈렌, 왁스, 파라핀 등과 같이 고체를 가열하면 열분해는 일어나지 않고, 고체가 액체로 되어 일정 온도가 되면 액체가 기체로 변화하여 기체가 연소하는 현상이다.

• 자기연소(내부연소) : 제5류 위험물인 나이트로셀룰로스 등 그 물질이 가연물질과 산소를 동시에 가지고 있는 가연물이 연소하는 현상이다.

정답 ①

① 소화란 가연성 물질의 연소로 인한 화재 시 산소의 공급을 차단·희석시키거나 발화온도 이하로 온도를 낮추거나 가연성 물질을 화재현장으로부터 제거시키거나 연소의 연쇄반응을 차단·억제시키는 것이다.

② 화재를 소화하기 위해서는 연소의 4요소(가연물, 산소공급원, 점화원, 순조로운 연쇄반응)를 차단함으로써 가능하다.

③ 소화방법은 연소의 3요소를 차단하는 질식·냉각·제거 또는 물적·에너지 조건을 제어하는 물리적 소화방법과 화학적 제어를 통해 연소의 연쇄반응을 억제하는 화학적 소화방법이 있다.

소화방법		내 용
물리적 소화	질식소화	산소공급원을 차단
	냉각소화	점화원, 점화에너지를 차단
	제거소화	가연물 제거 또는 차단
화학적 소화	억제소화	연쇄반응 차단

① 질식소화

㉠ 산소공급원을 차단하는 소화방법이다.

㉡ 공기 중의 산소 농도를 21%에서 15% 이하로 낮추어 공기를 차단하여 소화한다.

㉢ 유화질식, 희석질식, 피복질식으로 산소공급원을 차단하여 소화한다.

㉣ 소화설비 : 포, CO_2, 할론, 분말, 불활성 기체 등

㉤ 소화방법

• 연소범위 밖으로 농도를 유지한다.
  - 차단 : 가연물이 들어 있는 용기를 밀폐하여 소화한다.
  - 유화 : 가연성 액체(제4류 위험물 중 제3석유류, 제4석유류) 화재 시 물을 무상으로 고압 방사하여 유화층을 형성시켜 유류의 증기압을 떨어뜨려 소화한다.
  - 희석 : 알코올 등과 같은 수용성 액체 위험물, 인화성 액체 표면에 작거나 중간 크기의 물방울을 완만하게 분사하여 훨씬 더 높은 인화점을 가진 용해액을 생성시켜 소화한다.
  - 피복 : 비중이 공기의 1.5배 정도로 무거운 소화약제로 가연물의 구석구석까지 침투·피복하여 소화한다.
• 불활성화 : 연소범위를 좁혀 소화한다.
  - 불활성 물질(CO_2, N_2, Ar, 수증기 등)을 첨가하여 연소범위를 좁혀 소화한다.
  - 가연성 혼합기의 산소농도를 최소 산소농도 이하로 유지하여 가연성을 불연성으로 바꾼다.
  - CO_2를 첨가하여 소화할 때 기상의 산소농도는 14~15% 이하이여야 한다.

② 냉각소화

ⓐ 점화원을 차단하는 소화방법이다.

ⓑ 발열과 방열의 균형을 깨트려 점화에너지를 차단하여 소화한다.

ⓒ 소화설비 : 옥내소화전, 스프링클러, 물분무, 할론 등

ⓓ 소화방법

  • 액체의 현열·증발잠열 이용 : 옥내, 옥외, 스프링클러, 물분무 등

  • 열용량이 큰 고체 이용 : 화염방지기

③ 제거소화

ⓐ 가연물을 없애주어 연료의 공급을 제거한다.

ⓑ 소화방법

  • 양초화재 : 양초의 가연물(화염)을 불어서 날려보낸다.

  • 유류화재 : 유류탱크 화재 시 질소폭탄으로 폭풍을 일으켜 증기를 날려보내며, 옥외소화전을 사용해서 탱크 외벽에 주수한다.

  • 전기화재 : 전원차단 및 전기 공급을 중지한다.

  • 산불화재 : 진행방향의 나무를 잘라 제거하거나 맞불로 제거한다.

핵심예제

소화효과에 대한 설명으로 옳지 않은 것은?

① 물에 의한 소화는 냉각효과이다.

② 산소공급 차단에 의한 소화는 제거효과이다.

③ 촛불을 입으로 바람을 불어 끄는 것은 제거효과이다.

④ 가연물질의 온도를 떨어뜨려서 소화하는 것은 냉각효과이다.

|해설|

산소공급 차단에 의한 소화는 질식효과이다.

정답 ②

핵심이론 07 화학적 소화방법

① 부촉매를 활용하는 소화방법이다.

② 화학적 소화는 연쇄반응을 억제하면서 동시에 질식, 냉각, 제거 등의 작용을 한다.

③ 연쇄반응 억제란 할로겐화합물 등을 첨가하여 OH^+와 같은 활성라디칼인 연쇄전달체를 포착하여, 활성화에너지를 크게 하여 연소반응을 중단시키는 작용이다. 즉, 탄화수소계의 수소 등 물질이 치환됨으로 가연성물질이 불연성물질화되어 활성화에너지가 커진다.

④ 소화설비 : 할론, 분말, 산 알칼리, 화학포, 강화액 소화기 등

⑤ 소화약제의 조건

ⓐ 소화성능이 뛰어날 것

ⓑ 연소의 4요소 중 1가지 이상을 제거할 수 있을 것

ⓒ 독성이 없어 인체에 무해할 것

ⓓ 환경에 대한 오염이 적을 것

ⓔ 저장에 안정적일 것

ⓕ 가격이 저렴하여 경제적일 것

① 장단점

장 점	단 점
• 냉각의 효과가 우수하며 무상 주수일 때는 질식, 유화효과가 있다. • 무해하여 다른 약제와 혼합하여 수용액으로 사용할 수 있다. • 저렴하고 장기보존이 가능하다. • 유체로 쉽게 펌핑 및 이송이 가능하다. • 증진 첨가제 및 주수방법이 가능하다.	• 0℃ 이하의 온도에서는 동파 및 응고현상으로 소화효과가 작다. • 소화 후 물에 의한 2차 피해의 우려가 있다. • 전기화재나 금속화재에는 적응성이 없다. • 유류화재 시 물소화약제를 방사하면 연소면 확대로 소화효과를 기대하기 어렵다.

② 일반화재뿐만 아니라 주수방법에 따라 B, C급 화재인 유류, 전기화재에도 적용 가능하다.

③ 소화효과

　㉠ 냉각작용 : 비열과 증발잠열이 높다.

　㉡ 질식작용 : 물이 기상으로 변화할 때 대기압에서의 체적이 1,760배로 증가한다. 즉, 팽창된 수증기가 연소면을 덮어 질식효과가 발생된다.

　㉢ 유화작용
　　• 가연성 액체(제4류 위험물 중 제3석유류, 제4석유류)와 같은 유류화재 시에 적용한다.
　　• 물의 미립자가 유류의 연소면을 두드려서 유류 표면에 엷은 수성막을 형성시켜 유류의 증기압을 떨어트려 소화한다.
　　• 유화효과를 높이기 위해서는 질식효과의 물방울 입자크기보다 약간 크게 하고 좀 더 고압으로 방사해야 한다.

　㉣ 희석작용
　　• 알코올 등과 같은 수용성 액체 위험물, 제6류 위험물에 적용한다.
　　• 희석작용의 목적은 인화성 액체 표면에 작은 크기, 중간 크기의 물방울을 완만하게 분사하여 훨씬 더 높은 인화점을 가지는 용해액을 생성시켜 소화하는 것이다. 인화성 액체 전체 체적에 대하여 물을 분사하는 것은 많은 물이 필요하고 넘침현상 등이 발생할 수 있으므로 바람직하지 않다.

　㉤ 타격 및 파괴효과
　　• 물의 봉상이나 적상 주수 시 연소물을 파괴해서 소화할 수 있다.
　　• 그러나 유류화재 시 봉상으로 주수하게 되면 거품이 격렬하게 발생되기 때문에 유류화재 시 봉상주수는 피해야 한다.

④ 주수방법

　㉠ 봉상주수(Stream)
　　• 물이 가늘고 긴 봉의 형태를 가지는 주수 형태로 소방용 소화전 노즐의 주수이다.
　　• 열용량이 큰 일반 고체가연물의 대규모 화재에 유효하다.
　　• 감전의 위험이 있으므로 안전거리를 유지해야 한다.

　㉡ 적상주수(Drop)
　　• 물이 물방울 형태를 가지는 주수 형태로 스프링클러설비 헤드의 주수로 살수라고도 한다.
　　• 저압으로 방출되기 때문에 물방울의 평균 직경이 0.5~6mm가 되며 실내 고체가연물 화재에 일반적으로 사용된다.
　　• 발화원에 직접 주수되어 화재를 진압하거나 발화원 주변을 적셔서 주변으로의 연소 확대를 방지한다.

　㉢ 무상주수(Spray)
　　• 물이 안개모양 형태를 가지는 주수 형태로 물분무 소화설비 헤드의 주수이다.
　　• 고압으로 방출되기 때문에 물방울의 평균 직경이 0.1~1.0mm 정도이다.
　　• 일반적으로 유류화재는 물을 사용하면 연소면이 확대되기 때문에 물의 사용이 금지되어 있지만, 중질유화재(중질의 연료유, 윤활유, 아스팔트유 등 고비점유의 화재)의 경우에는 무상으로 주수 시 급속한 증발에 의한 질식효과와 함께 유화효과가 가능하다.

• 전기전도성이 좋지 않기 때문에 전기화재에도 사용이 가능하다.

주수방법	모 양	적응화재	주소화효과	설 비
봉 상	긴 봉	A급	냉각, 타격, 파괴	옥·내외소화전
적 상	물방울	A급	냉각, 질식	스프링클러설비
무 상	안 개	A, B, C급	질식, 냉각, 유화	미분무·물분무 설비

핵심예제

물이 소화제로 많이 사용되는 가장 큰 이유는 무엇인가?

① 환원성이 있기 때문
② 공기를 차단하기 때문
③ 가열물을 제거하기 때문
④ 기화열로 가연물을 냉각하기 때문

|해설|

물은 기화열과 비열이 크기 때문에 가연물을 냉각하므로 소화제로 많이 사용된다.

정답 ④

핵심이론 09 포소화약제

① 물에 의한 소화방법으로 효과가 적거나 화재가 확대될 우려가 있는 인화성 또는 가연성 액체 위험물 화재 시 사용하는 설비이다.

② 물과 포소화약제를 일정한 비율로 혼합한 수용액을 공기로 발포시켜 형성된 미세한 기포가 연소생성물의 표면을 차단하는 질식효과와 포에 함유된 수분에 의한 냉각효과가 주소화효과이다.

③ 장단점

장 점	단 점
• 인체에 무해하고 약제 방사 후 독성가스의 발생우려가 없다. • 가연성 액체 화재 시 질식, 냉각의 소화위력을 발휘한다.	• 동절기에는 유동성을 상실하여 소화효과가 저하된다. • 단백포의 경우는 침전부패의 우려가 있어 정기적으로 교체 및 충전하여야 한다. • 약제 방사 후 약제의 잔류물이 남는다.

④ 포소화약제 구분
　㉠ 기계포
　　• 포수용액과 공기를 교반 혼합하여 공기를 핵으로 한다.
　　• 단백포, 수성막포, 합성계면활성제포, 불화단백포 등이 있다.
　㉡ 화학포 : 산성액과 알칼리성액의 두 액체의 화학반응에 의해 발생되는 탄산가스를 핵으로 한다.

⑤ 화학포 소화약제(Chemical Form) : 질식, 냉각작용
　㉠ 2가지의 소화약제가 화학반응을 일으켜 생성되는 기체(이산화탄소)를 핵으로 하는 포이다.
　㉡ A약제(탄산수소나트륨, $NaHCO_3$)와 B약제(황산알루미늄, $Al_2(SO_4)_3$)의 수용액에 발포제와 안정제 및 방부제를 첨가하여 제조한다.
　㉢ $6NaHCO_3 + Al_2(SO_4)_2 \cdot 18H_2O \rightarrow$
　　$6CO_2 + 3Na_2SO_4 + 2Al(OH)_3 + 18H_2O$
　㉣ 화학반응에 의하여 발생한 이산화탄소 가스의 압력에 의하여 포가 발생한다.

⑥ 기계포 소화약제(Mechanical Form, Air Form) : 질식, 냉각, 유화, 희석작용

  ㉠ 포소화약제와 물을 기계적으로 교반시키면서 공기를 흡입하여 발생시킨 포이다.

  ㉡ 크게 단백계와 계면활성제계로 나누어진다.
- 단백계 : 단백포, 불화단백포
- 계면활성제계 : 합성계면활성제포, 수성막포, 내알코올형포

⑦ 포소화약제의 주성분

단백포	불화단백포	합성계면 활성제포	수성막포
동식물 단백질 가수분해물질 + 제1철염	단백포 + 불화계면활성제	계면활성제 + 안정제	불소계면활성제 + 안정제

⑧ 포소화약제의 구비 조건

  ㉠ 포의 안정성이 좋아야 한다.

  ㉡ 포의 내유성, 유동성이 좋아야 한다.

  ㉢ 포의 소포성이 적어야 한다(포의 내열성이 좋아야 한다).

  ㉣ 유류와의 점착성이 좋고 유류의 표면에 잘 분산되어야 한다.

  ㉤ 독성이 없어 인체에 무해해야 한다.

⑨ 포소화약제의 적응 화재

  ㉠ 제1류(알칼리금속 제외), 제2류(금속분 제외), 제3류(금수성 제외), 제4류, 제5류, 제6류 위험물을 다루는 시설

  ㉡ 특수가연물을 저장·취급하는 장소

  ㉢ 비행기 격납고, 자동차 정비공장, 차고 등 주로 기름을 사용하는 장소

핵심예제

9-1. 수성막포소화약제에 사용되는 계면활성제는?

① 염화단백포 계면활성제

② 산소계 계면활성제

③ 황산계 계면활성제

④ 불소계 계면활성제

9-2. 포소화약제의 가장 주된 소화효과는?

① 희석소화

② 질식소화

③ 제거소화

④ 자기소화

|해설|

9-1

단백포	불화단백포	합성계면 활성제포	수성막포
동식물 단백질 가수분해물질 + 제1철염	단백포 + 불화계면활성제	계면활성제 + 안정제	불소계면활성제 + 안정제

9-2

물과 포소화약제를 일정한 비율로 혼합한 수용액을 공기로 발포시켜 형성된 미세한 기포가 연소생성물의 표면을 차단하는 질식효과와 포에 함유된 수분에 의한 냉각효과가 주소화효과이다.

정답 9-1 ④ 9-2 ②

핵심이론 10 이산화탄소소화약제

① 가장 주된 소화효과는 질식효과이며 약간의 냉각효과가 있어 보통 유류화재(B급 화재), 전기화재(C급 화재)에 주로 사용되며 밀폐상태에서 방출되는 경우 일반화재(A급 화재)에도 사용이 가능하다.

② 장단점

장 점	단 점
• 공기비중이 1.5배로 심부까지 침투가 용이하다.	• 불연성 가스에 의한 질식의 위험성이 있다.
• 증발잠열이 커서 증발 시 많은 열량을 흡수한다.	• 기화 시 급랭하여 동상의 우려가 있다.
• 기화 팽창률이 크다.	• 흰색 운무에 의해 가시도가 저하한다.
• 표면화재, 심부화재, 전기화재에 적용 가능하다.	• 온실가스로서 지구온난화 유발물질이다.
• 진화 후 소화약제에 의한 오손이 없다.	

③ 소화원리

　㉠ 질식효과 : 공기 중의 산소농도 21%를 이산화탄소소화약제를 방사하여 산소농도 15% 이하로 저하시켜 소화하는 작용이다.

　㉡ 냉각효과

　　• 이산화탄소 방출 시 주위의 기화열을 흡수하는 소화효과이다.

　　• 유류탱크 화재처럼 불타는 물질에 직접 방출하는 경우에 가장 효과적인 소화작용이다.

　　• 산소농도 저하에 따른 질식효과가 사라진 후에도 냉각된 유류는 연소에 필요한 가연성 기체를 증발시키지 못하게 하기 때문에 재연소를 방지할 수 있다.

　㉢ 피복효과 : −21℃에서 공기비중이 1이라면 이산화탄소를 약 1.5배 정도의 비중을 가지므로, 이러한 성질을 이용하여 가연물이나 화염 표면을 덮어 공기의 공급을 차단시키는 소화효과이다.

④ 이산화탄소소화약제의 적응성

　㉠ 유류화재(B급 화재), 전기화재(C급 화재)에 주로 사용되며 밀폐상태에서 방출되는 경우 일반화재(A급 화재)에도 사용이 가능하다.

　㉡ 밀폐되지 않는 경우에는 이산화탄소가 쉽게 분산되고 가연물에 침투되기가 어렵기 때문에 효과가 아주 미약하므로 심부화재에 사용하는 경우에는 재발화의 위험성이 있다. 따라서 심부화재의 경우에는 고농도의 이산화탄소를 장시간 유지시켜 줌으로써 일차적인 소화는 물론 재발화의 가능성도 제거해 줄 필요가 있다.

　㉢ 이외에도 제4류 위험물, 특수 가연물 등에도 사용된다.

⑤ 이산화탄소소화약제의 비적응성

　㉠ 제5류 위험물(자기반응성 물질)을 저장·취급하는 장소

　㉡ 금속물질(Na, K, Al, Mg 등)을 저장·취급하는 장소

　㉢ 금속의 수소화합물(LiH, NaH, CaH_2 등)을 저장·취급하는 장소

　㉣ 방출 시 인명 피해가 우려되는 밀폐된 장소

⑥ 이산화탄소소화약제의 저장방법

　㉠ 이산화탄소소화약제 저장용기는 방호구역 외의 장소에 설치할 것. 다만, 방호구역 내에 설치할 경우에는 피난 및 조작이 용이하도록 피난구 부근에 설치하여야 한다.

　㉡ 온도가 40℃ 이하이고, 온도변화가 적은 곳에 설치할 것

　㉢ 직사광선 및 빗물이 침투할 우려가 없는 곳에 설치할 것

　㉣ 방화문으로 구획된 실에 설치할 것

　㉤ 용기의 설치장소에는 해당 용기가 설치된 곳임을 표시하는 표지를 할 것

ⓑ 용기간의 간격은 점검에 지장이 없도록 3cm 이상의 간격을 유지할 것

ⓢ 저장용기의 충전비는 고압식은 1.5 이상 1.9 이하, 저압식은 1.1 이상 1.4 이하로 할 것

CO_2 소화기의 사용 시 주의사항으로 옳은 것은?

[2020년 1 · 2회]

① 모든 화재에 소화효과를 기대할 수 있음
② 모든 소화기 중 가장 소화효율이 좋음
③ 잘못 사용할 경우 동상 위험이 있음
④ 반영구적으로 사용할 수 있음

|해설|

CO_2 소화기
• 용기에 CO_2가 액화되어 충전되어 있으며, 공기보다 1.52배 무거운 가스가 방출하게 된다.
• 장점 : 자체적으로 이산화탄소를 포함하고 있으므로 별도의 추진가스가 필요 없다.
• 단점 : 피부에 접촉 시 동상에 걸릴 수 있고 작동 시 소음이 심하다.

정답 ③

① 지방족 탄화수소인 메테인(CH_4), 에테인(C_2H_6) 등의 수소 일부 또는 전부가 플루오린(F), 염소(Cl), 브로민(Br), 아이오딘(I) 등의 할로젠원소로 치환된 화합물 말하며, 할론(Halon)이라고도 한다.

② 연소의 4요소 중의 하나인 연쇄반응을 억제시켜 소화하는 부촉매효과를 이용한 것으로 화학적 소화에 해당한다.

③ 장단점

장 점	단 점
• 부촉매효과에 의한 화학적 소화이다(소화능력 양호).	• CFC 계열의 물질로 오존층 파괴 원인물질이다.
• 공기비중이 5.1배 이상으로 심부까지 침투가 용이하다.	• 사용제한으로 안정적 수급이 불가능하다.
• 전기적 부도체로 C급 화재에 효과적이다.	• 가격이 매우 고가이다.
• 저농도 소화가 가능하며 질식의 우려가 없다.	
• 금속에 대한 부식성이 적고 독성이 비교적 적다.	
• 진화 후 소화약제에 의한 오손이 없다.	

④ 상온, 상압에서 기체(Halon 1301, Halon 1211) 또는 액체(Halon 2402) 상태로 존재하나 저장하는 경우에는 액화시켜 저장한다.

⑤ 일반적으로 유류화재(B급 화재), 전기화재(C급 화재)에 적합하나 전역방출과 같은 밀폐상태에서는 일반화재(A급 화재)에도 사용할 수 있다.

⑥ Halon 명명법
ⓐ 탄소(C)를 맨 앞에 두고 할로젠원소를 주기율표 순서(F → Cl → Br → I)의 원자수만큼 해당하는 숫자를 부여한다.
ⓑ 맨 끝의 숫자가 0일 경우에는 생략한다.

Halon No.	C	F	Cl	Br	분자식	명칭
1301	1	3	0	1	CF_3Br	브로모트라이플루오로메테인
1211	1	2	1	1	CF_2ClBr	브로모클로로다이플루오로메테인
2402	2	4	0	2	$C_2F_4Br_2$	다이브로모테트라플로오로에테인

⑦ 할론소화약제의 종류

㉠ Halon 1301
- 브로모트라이플루오로메테인(Bromotrifluoro-methane, BT)
- 전체 Halon 중에서 가장 소화효과가 크고 독성이 가장 적다.
- 상온, 상압에서 기체로 존재하며 무색·무취 비전도성으로 공기보다 약 5.1배 정도 무겁다.
- 상온에서는 기체 상태이나 액화시켜서 고압용기 내에 액체 상태로 보존한다.
- 소화약제의 용도 이외에도 저온 냉매 또는 저온 유체로도 사용된다.

㉡ Halon 1211
- 브로모클로로다이플루오로메테인(Bromochlo-rodifluoromethane, BCF)
- 상온, 상압에서 기체로 존재하며 무색·무취 비전도성으로 공기보다 약 5.7배 정도 무겁다.
- 증기압이 낮아 낮은 압력에도 쉽게 액화시켜 저장할 수 있다.
- Halon 1301보다 독성이 높은 관계로 밀폐된 소규모 공간에서의 사용이 제한된다.
- A, B, C급의 소화기에 주로 사용한다.

㉢ Halon 2402
- 다이브로모테트라플루오로에테인(Dibromote-trafluoroethane)
- 상온, 상압에서 액체로 존재하며 주로 국소방출 방식으로 사용한다.

- 독성이 있기 때문에 주로 사람이 없는 옥외 시설물 등 옥외위험물 탱크에 국한되어 사용한다.

⑧ 소화원리

㉠ 가장 주된 소화효과는 부촉매소화효과이다.
- 부촉매소화
    - 연쇄반응을 억제하여 소화한다.
    - 할론소화약제가 고온의 화염에 접하게 되면 그 일부가 분해되어 유리할로젠이 발생되고, 이 유리할로젠이 가연물의 활성라디칼(H^-, OH^-)인 연쇄전달체를 포착하여, 활성화에너지를 크게 하여 연소반응을 중단시켜 소화하는 작용이다.

㉡ 질식소화
- 공기 중의 산소 농도 저하에 따른 소화이다.
- 할론소화약제가 고온의 화염에 접하게 되면 그 일부가 분해되어 불활성 가스 HF, HBr 등이 발생되며, 이 불활성 가스가 산소를 희석시켜 질식작용하는 소화효과이다.

㉢ 냉각소화
- 기체 및 액상 할로젠화합물의 열 흡수, 액상 할로젠화합물의 기화 등에 의한 소화이다.
- 할론소화약제가 저비점으로 증발 시 주위로부터 열량을 흡수하는 소화효과이다.

⑨ 할론소화약제의 적응성

㉠ 유류화재(B급 화재), 전기화재(C급 화재)에 주로 사용되며 밀폐상태에서 방출되는 전역방출 방식인 경우 일반화재(A급 화재)에도 사용이 가능하다.

㉡ 제4류 위험물, 특수 가연물 등에도 사용된다.

㉢ 부촉매 효과에 의한 화학적 소화가 되기 때문에 이산화탄소보다 심부화재에 더 효과적이다.

⑩ 할론소화약제의 비적응성

㉠ 제5류 위험물(자기반응성 물질)을 저장·취급하는 장소

ⓛ 금속물질(Na, K, Al, Mg 등)을 저장·취급하는 장소

ⓒ 금속의 수소화합물(LiH, NaH, CaH₂ 등)을 저장·취급하는 장소

핵심예제

11-1. 할론소화약제의 주된 소화효과는?

① 부촉매효과
② 희석효과
③ 파괴효과
④ 냉각효과

11-2. Halon 1211에 해당하는 물질의 분자식은?

① CBr_2FCl
② CF_2ClBr
③ CCl_2FBr
④ FC_2BrCl

|해설|

11-1
할론소화약제는 연소의 4요소 중의 하나인 연쇄반응을 억제시켜 소화하는 부촉매효과를 이용한 것으로 화학적 소화에 해당한다.

11-2
Halon No.는 C-F-Cl-Br 순서로 원소의 개수를 말한다.

정답 11-1 ① 11-2 ②

핵심이론 12 분말소화약제

① 분말소화약제는 탄산수소나트륨($NaHCO_3$), 탄산수소칼륨($KHCO_3$), 제1인산암모늄($NH_4N_2PO_4$) 등의 물질을 미세한 분말로 만들어 유동성을 높인 후 이를 가스압(주로 N_2 또는 CO_2)으로 분출시켜 소화하는 약제이다.

② 부촉매, 질식, 냉각작용 등에 의해 유류화재(B급 화재), 전기화재(C급 화재)를 소화하는 것을 기본으로 하며 여기에 방진작용을 추가하여 일반화재(A급 화재), B급, C급 화재에 모두 사용할 수 있다(제3종 분말).

③ 분말의 종류에 따라 제1종~제4종까지 분류한다.

종 류	제1종 분말	제2종 분말	제3종 분말	제4종 분말
주성분	탄산수소 나트륨	탄산수소 칼륨	제1인산 암모늄	탄산수소칼륨 과 요소의 반응 생성물
분자식	$NaHCO_3$	$KHCO_3$	$NH_4H_2PO_4$	$KHCO_3 + (NH_2)_2CO$
착 색	백 색	보라색	담홍색	회 색
적응 화재	B, C, F	B, C	A, B, C	B, C

④ 제1종 분말소화약제
  ⓐ 주성분 탄산수소나트륨의 열분해
    • 1차 분해(270℃)
      $$2NaHCO_3 \rightarrow Na_2CO_3 + H_2O + CO_2$$
    • 2차 분해(850℃ 이상)
      $$2NaHCO_3 \rightarrow Na_2O + H_2O + 2CO_2$$
  ⓑ 이산화탄소와 수증기에 의한 산소공급을 차단시키는 질식효과
  ⓒ 열분해 시 흡열반응에 의한 냉각효과
  ⓓ 열분해 반응과정에서 생성된 나트륨이온(Na^+)에 의한 부촉매효과

ⓜ 일반적인 요리용 기름이나 지방질 기름의 화재 시에 이들 물질과 결합하여 비누화 반응을 일으키는데, 이때 생성된 비누상 물질은 가연성 액체의 표면을 덮어 질식 소화효과와 함께 재발화 억제효과를 나타내어 식용유화재(F급 화재)에도 적용할 수 있다.

⑤ 제2종 분말소화약제

ㄱ 주성분 탄산수소칼륨의 열분해 : $2KHCO_3 \rightarrow K_2CO_3 + H_2O + CO_2$

ㄴ 이산화탄소와 수증기에 의한 산소공급을 차단시키는 질식효과

ㄷ 열분해 시 흡열반응에 의한 냉각효과

ㄹ 열분해 반응과정에서 생성된 칼륨이온(K^+)에 의한 부촉매효과

ⓜ 소화효과는 제1종 분말소화약제와 거의 비슷하나 소화능력은 제1종 분말소화약제보다 약 2배 우수하며, 소화능력이 우수한 이유는 칼륨(K)이 나트륨(Na)보다 반응성이 더 크기 때문이다.

⑥ 제3종 분말소화약제

ㄱ 주성분 제1인산암모늄의 열분해

• $NH_4H_2PO_4 \rightarrow NH_3 + H_3PO_4$

• $NH_4H_2PO_4 \rightarrow NH_3 + H_2O + HPO_3$

ㄴ 열분해 시 생성된 불연성 가스(NH_3, H_2O)에 의한 질식효과

ㄷ 열분해 시 흡열반응에 의한 냉각효과

ㄹ 열분해 시 유리된 NH_4^+와 분말 표면의 흡착에 의한 부촉매효과

ⓜ 반응과정에서 생성된 인산(H_3PO_4)에 의한 섬유소의 탈수 탄화효과

ⓗ 반응과정에서 생성된 메타인산(HPO_3)에 의한 방진효과

ⓢ 분말 운무에 의한 열방사의 차단효과

ⓞ 제3종 분말소화약제는 다른 분말소화약제와 달리 A급 화재에도 적용할 수 있다(ABC급에 모두 적용할 수 있어 다목적용 분말소화약제라고 함).

⑦ 제4종 분말소화약제

ㄱ $2KHCO_3 + CO(NH_2)_2 \rightarrow K_2CO_3 + NH_3 + CO_2$

ㄴ 성분이 동일한 분말 소화약제는 입자가 작아지면 작아질수록 소화효과가 커지는데, 이 약제는 단독으로도 소화력이 큰 탄산수소칼륨에 요소를 결합시킨 것으로, 입자는 보통 크기이지만 이것이 화염과 만나면 산탄처럼 미세한 입자로 분해되어서 큰 소화효과를 갖는다.

ㄷ 소화효과는 분말 소화약제 중 가장 우수하다.

ㄹ 특히 유류화재(B급 화재), 전기화재(C급 화재)에 소화효과가 뛰어나다.

⑧ 소화효과

ㄱ 질식효과, 냉각효과, 열방사 차단효과, 부촉매효과가 있으며 제3종 분말소화약제는 여기에 인산(H_3PO_4)에 의한 탈수 탄화효과와 메타인산(HPO_3)에 의한 방진효과가 추가된다.

ㄴ 질식효과 : 분말소화약제가 열에 의해 분해될 때 CO_2, NH_3, 수증기 등의 불연성 기체에 의해 공기 중의 산소농도가 저하되어 나타나는 현상이다.

ㄷ 냉각효과 : 분말소화약제가 열에 의해 분해될 때 발생되는 흡열반응과 고체분말에 의한 화염온도가 저하될 때 나타나는 현상이지만 주된 소화효과는 아니다.

ㄹ 방사열 차단효과 : 분말소화약제가 방출되면 화염과 가연물 사이에 분말의 운무를 형성하여 화염으로부터의 방사열을 차단하는 효과로 유류화재의 소화 시에 큰 효과를 나타낸다.

ⓜ 부촉매효과
- 분말 소화약제가 고온의 화염에 접하게 되면 그 일부가 분해되어 유리할로젠(Na^+, K^+, NH_4^+)이 발생되고, 이 유리할로젠이 가연물의 활성라디칼(H^-, OH^-)인 연쇄전달체를 포착하여 활성화에너지를 크게 하므로 연소반응을 중단시켜 소화하는 작용이다.
- 분말소화약제의 주소화효과이다.

ⓗ 탈수 탄화효과
- 탈수 탄화작용 : 제1인산암모늄이 열분해될 때 생성되는 인산(H_3PO_4)에 의해 종이, 목재, 섬유 등을 구성하고 있는 섬유소를 연소하기 어려운 탄소로 급속히 변화시키는 작용이다.
- 섬유소를 난연성의 탄소와 물로 분해하여 연소반응을 차단시키는 소화효과이다.

ⓢ 방진효과
- 섬유소를 탈수 탄화시킨 인산(H_3PO_4)은 다시 고온에서 2차 분해되면 최종적으로 가장 안정된 유리상의 메타인산(HPO_3)이 된다.
- 메타인산은 숯불에 융착하여 유리상의 피막을 이루어 산소의 유입을 차단하는 소화효과로 가연성 물질이 숯불형태로 연소하는 것을 방지한다.
- 재연소 방지효과가 커서 A급 화재에도 사용이 가능하다.

⑨ 분말소화약제의 적응성
ⓞ 분말소화약제는 일반적으로 유류화재(B급 화재)에 사용되며, 전기적으로 비전도성이므로 전기화재(C급 화재)에도 유효하다.
ⓛ 빠른 소화성능을 이용하여 분출되는 가스나 일반화재를 포함한 표면화재에도 사용되며, 특히 제3종 분말소화약제는 메타인산의 방진효과에 의해 일반화재(A급 화재)에도 적용이 가능하다.
ⓒ 제1종 분말소화약제는 비누화 반응을 일으켜 식용유화재(F급 화재)에도 적용할 수 있다.

ⓔ 분말소화약제의 적응 대상물
- 인화성 액체를 취급하는 장소 : 유류탱크, 도장실, 차고 등
- 인화성 액체 또는 가스 등의 분출로 인한 화재 발생의 위험이 있는 장소 : 송유관, 반응탑, 가스플랜트 등
- 전기화재가 일어날 수 있는 장소 : 변압기, 유입차단기, 전기실 등
- 종이, 섬유 등의 일반가연물로 표면연소가 일어나는 경우

⑩ 분말소화약제의 비적응성
ⓞ 분말소화약제는 방사 후 흡습하여 약알칼리 또는 약산성을 나타내기 때문에 금속을 부식시킬 수 있다. 따라서 전기화재가 일어날 수 있는 장소의 전기기기 등에 사용한 경우에는 소화 후 즉시 청소를 해 주어야 한다.
ⓛ 분말 소화약제의 비적응 대상물
- 제5류 위험물(자기반응성 물질)을 저장·취급하는 장소
- 금속물질(Na, K, Al, Mg 등)을 저장·취급하는 장소
- 정밀한 전기·전자 장비가 설비되어 있는 장소
- 소화약제가 도달될 수 없는 일반 가연물의 심부화재

12-1. 화학실험실에서 구비해야 하는 분말소화기에는 소화분말이 포함되어 있다. 다음 중 소화분말의 화학반응으로 틀린 것은?

[2020년 1·2회]

① $2NaHCO_3 \rightarrow Na_2CO_3 + CO_2 + H_2O$

② $2KHCO_3 \rightarrow K_2CO_3 + CO_2 + H_2O$

③ $NH_4H_2PO_4 \rightarrow HPO_3 + NH_3 + H_2O_2$

④ $2KHCO_3 + (NH_2)_2CO \rightarrow K_2CO_3 + 2NH_3 + 2CO_2$

12-2. 분말소화기의 종류와 소화약제의 연결로 틀린 것은?

[2020년 4회]

① 제1종 - 탄산수소나트륨

② 제2종 - 탄산수소칼륨

③ 제3종 - 제1인산암모늄

④ 제4종 - 요소와 탄산수소나트륨

|해설|

12-1

분말소화약제의 열분해반응식

• 제1종 분말소화약제
  - 1차(270℃) : $2NaHCO_3 \rightarrow Na_2CO_3 + CO_2 + H_2O$
  - 2차(850℃) : $2NaHCO_3 \rightarrow Na_2O + 2CO_2 + H_2O$
• 제2종 분말소화약제
  - 1차(190℃) : $2KHCO_3 \rightarrow K_2CO_3 + CO_2 + H_2O$
  - 2차(890℃) : $2KHCO_3 \rightarrow K_2O + 2CO_2 + H_2O$
• 제3종 분말소화약제
  - 1차(190℃) : $NH_4H_2PO_4 \rightarrow H_3PO_4 + NH_3$
  - 2차(215℃) : $2H_3PO_4 \rightarrow H_4P_2O_7 + H_2O$
  - 3차(300℃) : $H_4P_2O_7 \rightarrow 2HPO_3 + H_2O$
  - 완전분해 : $NH_4H_2PO_4 \rightarrow NH_3 + H_2O + HPO_3$
• 제4종 분말소화약제
  - $2KHCO_3 + (NH_2)_2CO \rightarrow K_2CO_3 + 2NH_3 + 2CO_2$

12-2

분말소화기

구 분	주성분	화학식	화재 적용	착 색
제1종	탄산수소나트륨	$NaHCO_3$	B, C, F급	백 색
제2종	탄산수소칼륨	$KHCO_3$	B, C급	보라색
제3종	제1인산암모늄	$NH_4H_2PO_4$	A, B, C급	담홍색
제4종	탄산수소칼륨과 요소의 반응 생성물	$KHCO_3 + (NH_2)_2CO$	B, C급	회 색

정답 12-1 ③ 12-2 ④

핵심이론 13 소화기 사용법

① 일반 소화기 사용방법

ㄱ 소화기를 불이 난 곳으로 옮긴다.

ㄴ 손잡이 부분의 안전핀을 뽑는다.

ㄷ 바람을 등지고 서서 호스를 불쪽으로 향하게 한다.

ㄹ 손잡이를 힘껏 움켜쥐고 빗자루로 쓸듯이 뿌린다.

ㅁ 소화기는 잘 보이고 사용하기에 편리한 곳에 두되, 햇빛이나 습기에 노출되지 않도록 한다.

② 소화기 설치·관리 및 점검요령

ㄱ 소화기는 다음과 같이 설치한다.

• 각 층별, 각 실별, 대상물별 방호능력단위 이상으로 설치한다.

• 소형소화기는 보행거리 20m마다 설치한다.

• 대형소화기는 보행거리 30m 이내에 설치한다.

• '소화기' 표지를 게시한다.

ㄴ 한 달에 한번 정도 거꾸로 뒤집거나 흔들어 준다(분말소화기).

ㄷ 압력게이지가 홍색부분일 때는 재충전을 한다.

ㄹ 매월 1회 이상 청소, 부식상태, 안전핀 탈락, 봉인 손상 여부, 노즐의 막힘, 연결상태, 압력계의 정상 여부를 점검해야 한다.

ㅁ 최초 생산일부터 5년이 경과되면 약제를 교환한다.

ㅂ 2년을 주기로 정밀점검을 실시한다.

① 옥내·외 소화전설비

    ㉠ 화재가 발생한 경우 관계자 또는 자체 소방대원이 직접 조작하여 화재 초기에 신속하게 소화할 수 있도록 설치하는 소화설비이다.

    ㉡ 호스 및 노즐을 통하여 방수되는 물을 이용하는 수계 설비의 대표적인 설비이다.

② **자동화재탐지설비** : 화재 초기에 발생하는 열이나 연기, 불꽃 등을 자동으로 탐지하여 경보를 발함으로써 화재를 조기에 발견하여 조기 통보, 초기 소화, 조기 피난을 할 수 있도록 하기 위한 설비이다.

③ **비상경보설비** : 화재의 발생 또는 상황을 소방 대상물의 관계인에게 경보음 또는 음향으로 통보하여 원활한 초기 소화 활동 및 피난 유도 등을 위한 목적으로 설치하는 설비이다.

④ **화재담요(Fire Blanket)**

    ㉠ 작은 화재 시 직접 불을 끄는 데 사용한다.

    ㉡ 화재 시 물에 적신 후 뒤집어쓰고 불길로부터 대피한다.

    ㉢ 화재 및 각종 재난에 의해 체력이 소모된 경우 뒤집어쓰고 체온을 유지한다.

    ㉣ 쉽게 꺼낼 수 있는 곳에 보관한다.

    ㉤ 불이 잘 붙지 않는 면을 불꽃 쪽으로 향하게 하여 접근하여 담요로 불을 덮어 소화할 수 있다.

⑤ 실내온도가 설정 온도보다 높은 경우 화재경보시스템이 자동적으로 작동되어야 하며, 가능한 한 각 실험실마다 독립적으로 가동되게 하는 것이 바람직하다.

⑥ 복도에는 화재용 스프링클러를 설비하고 분말소화기를 비치한다.

⑦ 기기분석실 등 고가의 장비가 있는 곳에 눈에 잘 띄게 이산화탄소소화기나 Halon소화기를 두어 소화기 사용으로 인한 기기 손실을 최소화할 수 있도록 하고, 그 외에는 분말소화기를 가능한 한 각 실험실마다 설비해야 한다.

⑧ 복도에는 약 10~15m 정도 간격을 두고 소화기를 비치하는 것이 바람직하다.

⑨ 화재 경보장치는 반드시 설비해야 하며 고가의 분석장비나 물에 매우 약한 분석기기 가까운 곳에 화재담요를 비치하여 화재 시 분석기기를 덮어 화재로 인한 장비 및 기기 전체가 손상되지 않도록 준비하는 것도 좋다.

⑩ 복도에는 화재예방을 위해 별도의 소화전을 설치하되 소방호스의 길이는 실험실까지 충분히 도달할 수 있는 길이여야 한다.

14-1. 실험실 소방안전설비에 대한 설명으로 틀린 것은?

① 이산화탄소소화기는 가연성 금속(리튬, 나트륨 등)에 의한 화재에 사용될 수 있다.
② 화재경보장치는 실험실 내 인원들에게 위험한 사항을 신속하게 알릴 수 있어야 한다.
③ 복도에는 화재용 스프링클러를 설비하고 약 10~15m 정도 간격을 두고 소화기를 비치하는 것이 바람직하다.
④ 화재용 담요는 화재 현장으로부터 화상을 입지 않고 탈출하기 위해 사용할 수 있다.

14-2. 다음 설명에 해당하는 실험실 소방안전설비는?

> • 작은 화재 시 직접 불을 끄는 데 사용하거나, 화재 시 물에 적신 후 뒤집어쓰고 불길로부터 대피하는 경우에 사용할 수 있다.
> • 화재 및 각종 재난에 의해 체력이 소모된 경우 뒤집어쓰고 체온 유지에 이용할 수 있다.

① 스프링클러
② 화재용 담요
③ 화재경보시스템
④ 이산화탄소소화기

|해설|

14-1
이산화탄소소화기
• 이산화탄소를 높은 압력으로 압축 액화시켜 단단한 철제용기에 넣은 것이다.
• B급, C급 화재에 사용한다.
• 고가의 분석기기와 같이 물을 뿌리면 안 되는 화재에 사용한다.
• 우수한 전기절연능력으로 소화 시 감전 및 쇼트의 위험성이 없어 변전실, 전기기기설비 소화 시에 사용하면 효과적이다.

정답 14-1 ① 14-2 ②

---

① 각 실험실에서 이루어지는 실험은 반드시 안전관리자의 승인을 받고 실험시작 전에 안전수칙을 충분히 숙지하여야 하며, 적절한 안전관련 보호장비를 착용한 후 실험하여야 한다.
② 실험실에서는 원칙적으로 침식을 할 수 없다.
③ 실험실에서는 금연, 정숙, 청결, 정리정돈을 유지하여야 한다.
④ 실험실에서는 난방용 전열기구 및 가스기구(실험용 가스기구 제외) 등을 사용할 수 없다.
⑤ 실험실 이용자는 실험 중에 자리를 이탈해서는 아니 되며, 부득이할 경우 안전관리자의 승인을 받아 안전수칙을 숙지시킨 대리인을 두어야 한다.
⑥ 실험장치의 가동 중에는 정비 및 청소를 하지 말아야 한다.
⑦ 실험장치용 장비의 밸브는 서서히 열고 서서히 잠그도록 한다.
⑧ 가연물질은 진행 중인 실험에 필요한 최소량만을 보관한다.
⑨ 모든 실험장치는 담당자 이외에는 손대지 말아야 한다.
⑩ 폭발물이나 스파크 등이 발생하는 위험한 실험의 경우에는 안전관리자의 입회하에 실험하도록 한다.
⑪ 실험장치 사용의 제한사항은 반드시 준수한다.
⑫ 인화성 물질을 사용하는 실험실에는 화기를 엄금하도록 하며, 구급 및 소방관리에 철저를 기하여야 한다(소화기, 화재경보장치, 구급약품 등).
⑬ 인화성 물질(유류, 가스 등)은 공기유통이 잘되고 사람의 접근이 많은 곳에서 격리시켜 보관하고, 통제구역 표시를 하여야 한다.
⑭ 통제구역은 임의로 출입하여서는 안 되며, 필요한 경우에는 통제구역 담당자 또는 안전관리자의 승인을 받아야 한다.

⑮ 실험실 최종 퇴실자는 전기기구의 전원차단, 인화성 물질 격리, 위험물의 안전한 정리정돈, 시건장치 등을 확인하여야 한다.

핵심예제

실험실 안전수칙으로 옳지 않은 것은?

① 실험장치의 가동 중에 수시로 정비 및 청소를 하여 먼지나 쓰레기로부터의 화재 및 사고를 예방할 것
② 인화성 물질(유류, 가스 등)은 공기유통이 잘되고 사람의 접근이 많은 곳에서 격리시켜 보관하고, 통제구역 표시를 할 것
③ 실험실 이용자는 실험 중에 자리를 이탈해서는 아니 되며, 부득이할 경우 안전관리자의 승인을 받아 안전수칙을 숙지 시킨 대리인을 두어야 함
④ 각 실험실에서 이루어지는 실험은 반드시 안전관리자의 승인을 받고 실험시작 전에 안전수칙을 충분히 숙지하여야 하며, 적절한 안전관련 보호장비를 착용한 후 실험하여야 함

|해설|
실험장치의 가동 중에는 정비 및 청소를 하지 말아야 한다.

정답 ①

핵심이론 16 화학물질용 안전장갑

① 일반구조 및 재료
  ㉠ 안전장갑에 사용되는 재료와 부품은 착용자에게 해로운 영향을 주지 않아야 한다.
  ㉡ 안전장갑은 착용 및 조작이 용이하고, 착용상태에서 작업을 행하는 데 지장이 없어야 한다.
  ㉢ 안전장갑은 육안을 통해 확인한 결과 찢어진 곳, 터진 곳, 구멍난 곳이 없어야 한다.
  ㉣ 안전장갑의 등급은 투과저항과 그 성능수준으로 한다.
② 화학물질 보호성능 표시

[정화통 외부 측면의 표시색]

종 류	표시색
유기화합물용 정화통	갈 색
할로젠용 정화통	회 색
황화수소용 정화통	
사이안화수소용 정화통	
아황산용 정화통	노란색
암모니아용 정화통	녹 색
복합용 및 겸용의 정화통	• 복합용의 경우 : 해당 가스 모두 표시(2층 분리) • 겸용의 경우 : 백색과 해당 가스 모두 표시(2층 분리)

핵심예제

유해가스별 방독면 정화통 외부 측면의 표시색으로 잘못 연결된 것은?

[2020년 3회]

① 암모니아용 – 녹색
② 아황산용 – 노란색
③ 황화수소용 – 백색
④ 유기화합물용 – 갈색

|해설|

유해가스별 방독면 정화통 외부 측면의 표시색
• 유기화합물용 : 갈색
• 할로젠용, 황화수소용, 사이안화수소용 : 회색
• 아황산용 : 노란색
• 암모니아용 : 녹색

정답 ③

① 화 상
　㉠ 열에 의한 극소 부위의 경미한 화상
　　• 얼음물에 화상 부위를 20~30분 동안 담근다.
　　• 소독 후 화상 연고를 바른다.
　　• 물집을 강제로 터뜨리지 않는다.
　㉡ 중증 화상
　　• 환자를 젖은 천이나 수건으로 싸 주고 눕혀서 안정된 상태를 유지하게 한 후 응급 구조대에 연락하여 즉시 전문가의 치료를 받게 한다.
　　• 화상 부위를 씻거나 옷이나 오염 물질을 제거하지 않는다.
　㉢ 옷에 불이 붙었을 때
　　• 바닥에 누워 구르거나 근처에 소방담요가 있다면 화염을 덮어 싸도록 한다.
　　• 불을 끈 후에는 약품에 오염된 옷을 벗고 샤워장치에서 샤워를 하도록 한다.
　　• 상처 부위를 씻고 열을 없애기 위해서 충분히 수돗물에 상처부위를 담근다.
　　• 상처 부위를 깨끗이 한 후 얼음주머니로 감싸고 충격을 받지 않도록 감싼다.
　　• 사람을 향해 소화기를 사용하지 않도록 한다.
② 화학 약품에 피부가 노출된 경우
　㉠ 화학 약품에 의하여 오염된 의류는 탈의하여 흐르는 물로 씻는다.
　㉡ 화학 약품이 묻은 부위는 적어도 15분 이상 물로 씻어 내고, 조금 묻은 경우 응급조치를 한 후 전문의에게 진료를 받는다.
　㉢ 위급한 경우 비상 샤워기, 수도 등을 이용한다.
　㉣ 얼굴에 화학 약품이 튀었을 때 보안경을 끼고 있었다면 시약이 묻은 부분은 완전히 세척하여 사용한다.

③ 화학 약품이 눈에 튄 경우

    ㉠ 물 또는 눈 세척제는 직접 눈을 향하게 하는 것보다는 코의 낮은 부분을 향하도록 하는 것이 좋다.

    ㉡ 눈꺼풀을 강제로 열리도록 하여 눈꺼풀 뒤쪽도 효과적으로 세척한다.

    ㉢ 코의 바깥쪽에서 귀 쪽으로 세척하여 씻긴 화학물질이 거꾸로 눈 안이나 오염되지 않은 눈으로 들어가지 않도록 주의한다.

    ㉣ 물 또는 눈 세척제로 최소 15분 이상 씻어낸다.

    ㉤ 유해한 화학물질로 오염된 눈을 씻을 때는 가능한 한 빨리 콘택트렌즈 등을 벗겨낸다.

    ㉥ 피해를 입은 눈은 깨끗하고 살균된 거즈로 덮는다.

④ 출혈 발생 시

    ㉠ 외부 출혈

      • 환자를 반듯이 눕히고, 신속하게 주위에 도움을 요청한다.

      • 상처 부위에 직접 압박을 가하거나 지혈대를 사용하지 않는다.

      • 가능하면 소독된 붕대를 사용하고 위생용 휴지, 깨끗한 손수건 또는 직접 손을 이용한다.

      • 5~15분 동안 지속적으로 출혈 부위에 직접 강한 압박을 가한다.

      • 출혈 부위가 손, 팔, 발 및 다리 등일 때에는 이 부위를 심장보다 높게 올려 중력을 이용하여 출혈을 줄인다.

    ㉡ 내부 출혈

      • 기침과 토사물, 대변이나 소변에 혈액이 섞여 있거나 점액성의 검붉은 대변이 나올 경우에는 즉시 의료 기관의 검사를 받는다.

      • 환자를 반듯하게 눕힌 후 숨을 깊게 쉬게 하고, 마음의 안정을 찾도록 안심시킨다.

      • 의사의 진찰이 있기 전까지 어떤 약물이나 음식물을 섭취하지 못하도록 한다.

⑤ 감 전

    ㉠ 전기가 소멸했다는 확신이 있을 때까지 감전된 사람을 건드리지 않도록 주의한다.

    ㉡ 플러그, 회로 폐쇄기 및 퓨즈 상자 등의 전원을 차단한다.

    ㉢ 감전된 사람이 철사나 전선 등에 접촉하고 있다면 마른 막대기 등을 이용하여 철사나 전선을 멀리 치운다.

    ㉣ 환자가 호흡하고 있는지 확인한다.

    ㉤ 호흡이 약하거나 멈춘 상태인 경우에는 인공호흡을 수행한다.

    ㉥ 응급 구조대에 도움을 요청한다.

    ㉦ 감전된 환자를 담요, 외투 및 재킷 등으로 덮어서 따뜻하게 한다.

    ㉧ 감전된 환자가 의사에게 검진을 받을 때까지 음료수나 음식물을 섭취하지 않도록 한다.

⑥ 약품 섭취

    ㉠ 의식이 있는 사람에 한하여 입안 세척 및 많은 양의 물 또는 우유를 마시게 하되 억지로 구토를 시키지 않는다.

    ㉡ 독극물을 섭취한 경우에는 독극물 치료센터에 도움을 청하고, 부근에 기관이 없다면 응급 구조대를 부른 후 의심되는 독극물의 종류와 용기를 가지고 간다.

    ㉢ 독극물 중독자가 의식 불명인 경우에는 환자의 호흡을 확인하여 호흡 곤란이면 머리를 뒤로 기울여 인공호흡을 실시하되, 구강 대 구강 인공호흡을 하지 않는다.

    ㉣ 독극물 중독자가 구토하는 경우에는 질식하지 않도록 구부려서 옆으로 눕힌다.

⑦ 심장 마비

　㉠ 환자가 다음과 같은 통증을 느끼면 즉시 응급조치한다.

　　• 가슴에 심한 통증

　　• 가슴에서 팔, 목 및 턱으로 전파되는 통증

　　• 발한, 오심, 구토 및 가쁜 숨

　　• 어깨에서 등으로 퍼지는 통증

　㉡ 심장 마비 환자의 생명을 위협하는 두 가지 증세

　　• 호흡이 느려지거나 멈춤

　　• 심장 박동이 느려지거나 멈춤

　㉢ 환자가 호흡을 멈춘 경우에는 즉시 인공호흡을 실시하고, 응급조치를 위한 도움을 청한다.

　㉣ 경동맥에서 맥박이 느껴지지 않는 경우에는 능숙한 전문가가 인공호흡 및 심폐 소생술을 시행한다.

⑧ 질 식

　㉠ 환자가 말을 하며 기침 및 호흡을 할 수 있으면 그냥 지켜보고, 질식 정도가 차도 없이 계속되면 응급의료 지원 요청을 한다.

　㉡ 환자가 말을 하며 기침 및 호흡을 할 수 없으면 즉시 다음 조치를 취하고, 나머지 사람이 응급의료 지원 요청을 한다.

　　• 환자를 세우거나 앉힌다.

　　• 환자의 머리를 낮추고 환자의 옆 또는 뒤에 서서 한 손으로 환자의 가슴을 지탱한다.

　　• 견갑골(목덜미 아래쪽의 날개뼈) 사이로 4회 타격을 가한다.

　　• 환자의 뒤에 서서 환자의 중앙을 팔로 감싼다.

　　• 양쪽 손을 서로 잡고 위쪽으로 밀어 넣듯 누른다.

　　• 몇 번 반복한 후 차도가 없으면 질식 상태가 없어질 때까지 무의식 상태가 되지 않도록 등을 4회 타격하고, 가슴 쪽을 4회 누른다.

　㉢ 무의식 상태의 환자인 경우

　　• 똑바로 눕힌 채 인공호흡을 한다.

　　• 환자가 공기를 들이 쉬지 않으면 환자를 움직여 환자의 가슴이 치료자의 무릎에 닿게 한 후 견갑골 사이로 4회 타격한다.

　　• 환자가 여전히 숨을 쉬지 않으면, 다시 환자를 똑바로 눕힌 채 환자 복부에 양쪽 손을 겹쳐 놓은 후 한쪽으로 치우치지 않게 누른다.

핵심예제

사고 시 대처요령으로 옳지 않은 것은?

① 화재는 바람을 등지고 가능한 한 먼 거리에서 진압한다.

② 화상을 입으면, 즉시 그리스를 바른다.

③ 전기에 의한 화상은 피부 표면으로 증상이 나타나지 않아서 피해 정도를 알아내기가 힘들뿐만 아니라 심한 합병증을 유발할 수 있으므로 즉시 의료진의 치료를 받는다.

④ 화학 약품이 눈에 들어갔거나 몸에 묻었을 경우 15분 이상 흐르는 물에 깨끗이 씻고, 응급 처리 후 전문의에게 진료를 받는다.

|해설|

그리스는 열이 발산되는 것을 막아 화상을 심하게 하므로 사용하지 않는다.

정답 ②

① 현장 파악

    ㉠ 현장의 안전 상태와 위험 요소를 파악한다.

    ㉡ 구조자 자신의 안전 여부를 확인한다.

    ㉢ 사고 상황과 부상자의 수를 파악한다.

    ㉣ 도움을 줄 수 있는 주변 인력을 파악한다.

    ㉤ 환자의 상태를 확인한다.

② 구조 요청

    ㉠ 현장 조사와 동시에 응급 구조 체계에 신고한다.

    ㉡ 의식이 없는 경우 즉시 119에 구조 요청한다.

    ㉢ 자동제세동기를 요청한다.

③ 환자 상태 파악과 기본 처치

    ㉠ 재해자가 다수일 경우 우선순위에 따라 구조한다.

    ㉡ 1차 조사 : 순환 - 기도 유지 - 호흡

    ㉢ 2차 조사 : 1차 조사에서 생명 유지와 직결되는 문제가 아닐 경우 전반적인 상태를 평가한다(골절, 외상, 변형 여부 등).

④ 환자의 안정

    ㉠ 의식이 없으면 즉시 구조 요청 및 심폐 소생술을 시행한다.

    ㉡ 주변이 위험한 환경일 경우, 안전한 위치로 환자를 이동 조치한다.

    ㉢ 의식이 있으면 따뜻한 음료를 소량씩 공급하여 체온 회복에 도움을 준다.

핵심예제

사고 시 응급조치 방법으로 적절한 것은?

① 구조자 자신의 안전보다는 주변인의 안전이 더 중요하다.

② 환자의 의식이 없어도 119에 신고하기보다는 자동제세동기를 이용해 스스로 해결하는 것이 좋다.

③ 주변이 위험한 환경일지라도, 환자를 함부로 다른 위치로 이동시키지 않는다.

④ 사고 상황과 부상자의 수를 파악하고 도움을 줄 수 있는 주변 인력을 파악한다.

| 해설 |

① 구조자 자신의 안전 여부를 확인해야 한다.

② 환자의 의식이 없는 경우 즉시 119에 구조 요청한다.

③ 주변이 위험한 환경일 경우 안전한 위치로 환자를 이동 조치한다.

정답 ④

① 화학사고가 발생한 경우 가능한 한 우의나 비닐로 직접 피부가 노출되지 않도록 하고, 수건, 마스크 등을 이용하여 코, 입을 감싸고 최대한 멀리 대피한다.

② 화학사고로 발생한 독성 가스는 대부분 공기보다 무겁기 때문에 높은 곳으로 대피해야 하며, 관계기관이 제공하는 정보에 따라 움직인다.

③ 대피 시 바람을 안고 이동한다. 만약, 대피하려고 하는 방향에서 가스가 날아오는 경우에는 바람이 불어오는 방향의 직각방향으로 이동한다.

④ 실내로 대피한 경우에는 창문 등을 닫고, 외부공기와 통하는 설비(에어컨, 환풍기 등)의 작동을 중지시킨다.

⑤ 만약 자동차를 타고 사고현장을 지나게 된다면 창문을 닫고, 에어컨 등을 반드시 꺼 외부 공기가 차량 내부로 들어오는 것을 방지한다.

⑥ 안전한 곳으로 대피한 후에는 비눗물로 샤워를 철저히 한 후 깨끗한 옷으로 갈아입는다.

⑦ 화학물질에 노출되었다면, 즉시 병원에 가서 의사의 진찰을 받는다.

① 전기 누전
 ㉠ 전선이나 전기 기구 등이 낡아 절연 불량 등의 원인으로 전류가 건물 내의 금속체를 통하여 흐르게 되는 현상이다.
 ㉡ 흐르는 전기로 인한 감전이나 저항열로 인한 화재가 발생하여 위험하다.

② 합 선
 ㉠ 전선이 낡아 (+)선과 (−)선이 맞닿은 상태로 아크와 동시에 고열이 발생하는 현상이다.
 ㉡ 전기의 양극과 음극으로 된 두 전선이 합선되면 고열과 아크로 인해 주위의 인화물질에 착화되어 화재가 발생한다.
 ㉢ 예 방
  • 용량이 큰 전기기계기구는 동시에 여러 개의 사용을 제한한다.
  • 후배선으로 피복이 벗겨져 합선되는 경우가 많으므로 전기설비 관리에 유의한다.
  • 과전류 발생 시 전기를 차단하는 정격용량의 퓨즈 또는 차단기를 사용한다.

③ 감전 사고 : 전기가 흐르고 있는 전기기기 등에 사람이 직접 접촉되어 인체에 전기가 흘러 일어나는 화상 또는 장애, 심한 경우 생명을 잃게 되는 현상이다.

④ 전기 화재 : 전기가 원인이 되어 일어나는 누전, 스파크 등에 의한 화재이다.

전기 누전으로 인한 사고를 예방하기 위한 방법은?

① 누전차단기 설치
② 용량이 큰 전기기계기구는 동시 사용 제한
③ 과전류 발생 시 전기를 차단하는 정격용량의 퓨즈 또는 차단기 사용
④ 후배선으로 피복이 벗겨져 합선되는 경우가 많으므로 전기설비 관리에 유의

|해설|

누전 예방 : 누전차단기를 설치한다.
합선 예방
• 용량이 큰 전기기계기구는 동시에 여러 개의 사용을 제한한다.
• 과전류 발생 시 전기를 차단하는 정격용량의 퓨즈 또는 차단기를 사용한다.
• 후배선으로 피복이 벗겨져 합선되는 경우가 많으므로 전기설비 관리에 유의한다.

정답 ①

핵심이론 22 전기사고 방지 방법

① 감전사고 방지
  ㉠ 전기기기 및 배선 등의 모든 충전부는 노출시키지 않는다.
  ㉡ 전기기기 사용 시에는 반드시 접지시킨다.
  ㉢ 누전차단기를 설치하여 감전사고 시의 재해를 방지한다.
  ㉣ 전기기기의 스위치 조작은 아무나 함부로 하지 않는다.
  ㉤ 젖은 손으로 전기기기를 만지지 않는다.
  ㉥ 안전기(개폐기)에는 반드시 전격 퓨즈를 사용하고, 구리선과 철선 등은 사용하지 않는다.
  ㉦ 불량하거나 고장 난 전기제품을 사용하지 않는다.
  ㉧ 배선용 전선은 중간에 연결한 접속 부분이 있는 곳을 사용하지 않는다.
② 전기 화재 예방
  ㉠ 단락 및 복잡한 접촉을 방지한다.
  ㉡ 이동 전선의 관리를 철저히 한다.
  ㉢ 전선 인출부를 보강한다.
  ㉣ 규격 전선을 보강한다.
  ㉤ 전선 스위치 차단 후 실험을 수행한다.
③ 누전 방지
  ㉠ 전선 접속부는 충분한 절연 효과가 있는 소정의 접속 기구 또는 테이프를 사용한다.
  ㉡ 변압기, 차단기 또는 탱크, 건물 벽 등을 통과하는 곳에는 절연체인 부싱을 사용한다.
  ㉢ 누전 여부를 수시로 확인하고 누전 차단기를 설치한다.
  ㉣ 전선과 움직이는 물체의 접촉을 금지한다.
  ㉤ 전기를 사용하지 않을 경우에는 전원 스위치를 차단한다.

④ 과전류 방지

　⃝ 적정 용량의 퓨즈 또는 배선용 차단기를 사용하여 확실하게 과전류를 차단시킨다.

　ⓛ 1개의 콘센트에 여러 개의 플러그를 사용하거나 문어발식 배선 사용을 금지한다.

　ⓒ 스위치 등 접촉 부분의 접촉 불량을 점검한다.

　ⓔ 고장 난 전기기기나 누전되는 전기기기의 사용을 금지한다.

　ⓜ 하나의 전선관에 많은 전선 삽입을 금지한다.

⑤ 전기 안전점검

　⃝ 전기 스위치 부근에 인화성, 가연성 용매 등을 방치하지 않는다.

　ⓛ 분전함 내부에 공구, 성냥 등 불필요한 물건을 방치하지 않는다.

　ⓒ 전동기 등의 전기장치에 스파크나 연기가 나면, 즉시 전원 스위치를 끄고 전기담당자에게 연락한다.

　ⓔ 모든 스위치는 사용처의 이름을 표시한다.

　ⓜ 전기 수리 또는 점검할 때에는 '수리 중', '점검 중' 표시를 하고 관계자 이외에는 출입을 금지한다.

　ⓗ 접지는 올바른 곳에 확실하게 접속한다.

　ⓢ 스위치, 배전반, 전동기 등 전기기구에 불이나 기타 물체가 닿지 않도록 한다.

　ⓞ 배선의 용량을 초과하는 전류 사용을 금지한다.

　ⓩ 임의로 전기 배선 접속 사용을 금지한다.

　ⓩ 결함이 있거나 작동 상태가 불량한 전기기구는 사용하지 않는다.

　ⓚ 전원에서 플러그를 뽑을 때에는 선을 잡아당기지 말고 플러그(전체)를 잡아당겨 분리한다.

핵심예제

실험실의 전기 안전점검 및 전기작업에 대한 설명으로 맞는 것은?

① 전동기 등의 전기장치에 스파크나 연기가 나면, 전원 스위치를 끄지 말고 즉시 전기담당자에게 연락한다.

② 전원으로부터 플러그를 뽑을 때에는 플러그 전체를 잡아당기지 말고 선을 잡아당겨야 한다.

③ 스위치를 끌 때에는 가급적 가죽이나 면으로 된 절연장갑을 착용하고 오른손을 사용하여 손잡이를 내린다.

④ 가능한 한 다중 콘센트를 사용하여야 안전하다.

|해설|

① 전동기 등의 전기장치에 스파크나 연기가 나면, 즉시 전원 스위치를 끄고 전기담당자에게 연락한다.

② 전원으로부터 플러그를 뽑을 때에는 선을 잡아당기지 말고 플러그 전체를 잡아당겨야 한다.

④ 다중 콘센트는 가능한 한 사용하지 않는다.

정답 ③

① 배전반 점검
  ㉠ 보통 배전반의 차단을 살펴보고 누전 부위를 찾는다.
  ㉡ 배전반 안에는 메인 누전차단기(30~50A)가 있고, 분리차단기(15~30A)가 2~7개 정도 있다.
  ㉢ 메인 누전차단기를 올린 후 분기차단기를 하나씩 올리면, 그중 '탁' 하고 내려오는 차단기 부분이 누전되었다고 볼 수 있다.

② 콘센트 라인 점검
  ㉠ 해당 라인의 플러그를 모두 뽑는다.
  ㉡ 해당 차단기를 올렸을 때 이상이 없으면 다시 플러그를 하나씩 꽂는다.
  ㉢ 그중 하나가 차단된다면, 그 차단기가 연결된 전기 제품에 이상이 있다고 볼 수 있다.

③ 플러그를 모두 뽑았는데 차단기가 내려가는 경우
  ㉠ 콘센트 커버를 열고 박스에 체결한 아래위의 피스를 풀어 콘센트를 앞으로 당겨 놓고(해당 라인 전부) 차단기를 올려 본다.
  ㉡ 이상이 없으면 콘센트 중 결로, 습기에 의해 벽체 안쪽 매입 박스의 피스를 통해 누전된 것이다. 이 경우는 물기를 제거하고 박스에 고정하지 않고 마감재에 피스를 고정하거나 여의치 않을 때는 실리콘 등으로 부착한다.
  ㉢ 전선이나 조인트 부분의 테이핑이 손상되어 동선이 매입 박스에 접촉되어 발생하는 누전이다. 이 경우에는 손상 부위를 교체하거나 테이핑을 꼼꼼하게 하여 다시 부착한다.

① 인화성 유기용매 누출
  ㉠ 인화성 유기용매의 성질
    • 온도 상승에 의해 증기가 발생한다.
    • 점화하면 증기가 점화원에 의해 순간 연소하는 유기 용매이다.
    • 알코올, 석유류, 에스터 등이 있다.
    • 화기 등에 의한 인화, 폭발의 위험이 크다.
    • 액체의 비중은 대부분 물보다 가볍고 물과 친하지 않다.
    • 증기의 비중은 1보다 커서 낮은 곳에 체류하고, 낮게 멀리 이동한다.
    • 일반적으로 정전기의 방전 불꽃에 인화되기 쉽다.
    • 액체는 유동성이 있고 화재의 확대 위험이 있다.
  ㉡ 대처 방법
    • 불꽃을 일으킬 수 있는 모든 발화원(전원, 열원)을 차단한다.
    • 유기 용매의 휘발성을 낮출 수 있는 흡수제를 사용한다.
    • 모래는 휘발성을 낮추는 데 효과가 크지 않으므로 후속 조치가 필요하다.
    • 흡수제나 부직포 등 흡착제를 사용하는 경우에는 엎질러진 약품의 외곽에서 시작해서 차츰 가운데로 향하여 뿌려 준다.
    • 흡수된 혼합물은 비닐 백에 넣어서 폐기물로 처리한다.

② 산화성 고체(제1류 위험물) 누출
  ㉠ 산화성 고체(제1류 위험물)의 성질
    • 강력한 산화제로서 연소가 잘되게 도와주는 조연성 물질이다.
    • 분해 시 산소를 방출한다.
    • 열, 충격, 마찰에 의해서 분해된다.

- 공기 중의 습기와 만나면 녹는 성질(조해성)이 있으므로 보관 시 밀폐하여 보관한다.
- 아염소산염류, 염소산염류, 아이오딘산염류, 질산염류 등이 있다.
- 가열, 직사광선, 화기를 피하여 통풍이 잘되는 서늘한 냉암소에 보관한다.

ⓛ 대처 방법
- 가연물이나 피부와 격리한다.
- 소량인 경우에는 다량의 물로 희석할 수 있으나 물과 반응하는 무기과산화물, 삼산화크로뮴, 퍼옥소붕산염류 등은 물과 폭발적으로 반응하여 발열과 함께 산소를 방출하므로 유의한다.
- 사고 물질과 반응하지 않는 재료의 도구와 용기에 담아 폐기한다.
- 폐기물도 역시 가연물과 격리시킨다.

③ 알칼리 금속 누출
ⓐ 대처 방법
- 수분과 접촉을 금지한다.
- 피부는 수은과 반응하면 화상을 입을 수 있으므로 피부에 묻었을 경우에는 마른 걸레 등으로 닦아내거나 털어낸다.
- 수집된 약품은 외부로 가져가서 서서히 태우거나 무수아이소프로필알코올을 사용하여 혼합해서 폐기한다.

④ 브로민 누출
ⓐ 대처 방법
- 싸이오황산나트륨 5~10% 수용액으로 중화시킨다.
- 폭발의 위험이 있으므로 어떠한 경우에도 암모늄 수용액의 사용을 금지한다.

⑤ 하이드라진 누출
ⓐ 하이드라진의 성질
- 인체 발암성이 높다.
- 호흡기, 피부 등에 영향을 미치는 유독성 물질이다.

ⓛ 대처 방법
- 충분한 양의 물로 씻어낸다.
- 유기물질이 조금이라도 들어 있는 흡수제의 사용을 금한다.
- 중화 세척 시에는 개인 보호 장구를 반드시 갖추고, 증기를 마시면 점막을 자극하고 적혈구를 용해하는 성질이 있으므로 주의한다.

핵심예제

인화성 유기용매가 누출된 경우 대처 방법으로 옳은 것은?
① 충분한 양의 물로 씻어낸다.
② 유기용매의 휘발성을 낮출 수 있는 흡수제를 사용한다.
③ 모래는 휘발성을 낮추는 데 가장 효과적이므로 마지막에 사용한다.
④ 흡수제나 부직포 등 흡착제를 사용하는 경우에는 엎질러진 약품의 중앙에서 시작해서 차츰 외곽으로 향하여 뿌려 준다.

|해설|

인화성 유기용매 누출 대처 방법
- 불꽃을 일으킬 수 있는 모든 발화원(전원, 열원)을 차단한다.
- 유기용매의 휘발성을 낮출 수 있는 흡수제를 사용한다.
- 모래는 휘발성을 낮추는 데 효과가 크지 않으므로 후속 조치가 필요하다.
- 흡수제나 부직포 등 흡착제를 사용하는 경우에는 엎질러진 약품의 외곽에서 시작해서 차츰 가운데로 향하여 뿌려 준다.
- 흡수된 혼합물은 비닐 백에 넣어서 폐기물로 처리한다.

정답 ②

① 화재 상황 전파

ㄱ 불을 발견하면 '불이야!'라고 큰 소리로 외쳐 주변에 알린다.

ㄴ 화재 경보 비상벨을 누른다.

② 화재 신고 : 화재 발생 장소, 주요 건축물, 화재의 종류 등 가능한 한 화재의 내용을 상세하게 설명한다.

③ 초기 진화

ㄱ 화재 신고 후 화재의 상황에 따른 조치

• 분전반이나 차단기 등 전원 스위치를 내린다.

• 석유난로 등에 의한 화재일 때는 담요나 이불에 물을 적셔 덮어서 끈다.

• 가스 화재는 용기의 밸브를 잠근다.

ㄴ 기본적인 조치 후 소화기나 물을 이용하여 불을 끌 수 있을 때까지 노력한다.

• 전기화재에는 물 사용을 금지한다.

• 기름 종류의 화재에 물을 사용하면 불을 키울 수 있으므로 유의해야 한다.

• 가스화재는 폭발성이 있으므로 갑자기 문을 열거나 전기 스위치 등을 조작하면 안 된다.

ㄷ 옥내소화전을 사용한다.

④ 대피 유도 및 긴급 피난

ㄱ 연기 특성의 이해

• 화재로 인한 인명 피해는 직접 화염에 의한 것보다 유독 가스에 의한 질식사가 훨씬 많다.

• 화재 시 발생하는 연소 가스는 1회의 호흡만으로도 의식불명이 될 수 있다.

• 연기는 짧은 시간에 쉽게 건물의 수직 부분으로 올라간다.

• 연기가 있는 층 아래에는 맑은 공기층이 있다.

ㄴ 화재 시 대피

• 엘리베이터는 절대 이용하지 말고 계단을 이용한다.

• 아래층으로 대피할 수 없을 경우에는 옥상으로 대피한다.

핵심예제

25-1. 화재 발생 시 대처요령으로 적절한 것은?

① 전기화재일 경우 즉시 물을 뿌린다.

② 엘리베이터를 이용해 아래층으로 이동한다.

③ 분전반이나 차단기 등의 전원 스위치를 내린다.

④ 아래층으로 대피할 수 없을 경우에는 현재 위치에서 대기한다.

25-2. 실험실에서 화재가 발생한 경우 적절한 조치가 아닌 것으로만 묶인 것은? [2020년 4회]

┤보기├

ㄱ. 대피한 후 119에 신고한다.

ㄴ. 화학물질의 MSDS 확인 전 초동대응을 위하여 근방의 물과 소화기로 즉각 대응한다.

ㄷ. 화재 감지기의 경보음은 종종 오작동하므로 업무에 집중한다.

ㄹ. 근방의 수건이나 천 등을 적셔서 입을 가리고 낮은 자세를 유지하며 비상통로로 탈출한다.

① ㄱ, ㄴ   ② ㄴ, ㄷ
③ ㄷ, ㄹ   ④ ㄱ, ㄹ

|해설|

25-1

① 전기화재에는 물을 사용하지 않는다.

② 엘리베이터는 절대 이용하지 말고 계단을 이용한다.

④ 아래층으로 대피할 수 없을 경우에는 옥상으로 대피한다.

25-2

ㄴ. 화재 종류에 따라 소화 방법이 다르므로, 화학물질의 MSDS를 확인 후 적절한 소화 방법으로 대응해야 한다.

정답 **25-1** ③ **25-2** ②

① 화학물질 : 원소·화합물 및 그에 인위적인 반응을 일으켜 얻어진 물질과 자연 상태에서 존재하는 물질을 화학적으로 변형시키거나 추출 또는 정제한 것을 말한다.

② 유독물질 : 유해성(有害性)이 있는 화학물질로서 대통령령으로 정하는 기준에 따라 환경부장관이 정하여 고시한 것을 말한다.

③ 허가물질 : 위해성(危害性)이 있다고 우려되는 화학물질로서 환경부장관의 허가를 받아 제조, 수입, 사용하도록 환경부장관이 관계 중앙행정기관의 장과의 협의와 화학물질의 등록 및 평가 등에 관한 법률에 따른 화학물질평가위원회의 심의를 거쳐 고시한 것을 말한다.

④ 제한물질 : 특정 용도로 사용되는 경우 위해성이 크다고 인정되는 화학물질로서 그 용도로의 제조, 수입, 판매, 보관·저장, 운반 또는 사용을 금지하기 위하여 환경부장관이 관계 중앙행정기관의 장과의 협의와 화학물질의 등록 및 평가 등에 관한 법률에 따른 화학물질평가위원회의 심의를 거쳐 고시한 것을 말한다.

⑤ 금지물질 : 위해성이 크다고 인정되는 화학물질로서 모든 용도로의 제조, 수입, 판매, 보관·저장, 운반 또는 사용을 금지하기 위하여 환경부장관이 관계 중앙행정기관의 장과의 협의와 화학물질의 등록 및 평가 등에 관한 법률에 따른 화학물질평가위원회의 심의를 거쳐 고시한 것을 말한다.

⑥ 사고대비물질

　㉠ 화학물질 중에서 급성독성(急性毒性)·폭발성 등이 강하여 화학사고의 발생 가능성이 높거나 화학사고가 발생한 경우에 그 피해 규모가 클 것으로 우려되는 화학물질이다.

　㉡ 화학사고 대비가 필요하다고 인정하여 환경부장관이 지정·고시한 화학물질을 말한다.

⑦ 유해화학물질 : 유독물질, 허가물질, 제한물질 또는 금지물질, 사고대비물질, 그 밖에 유해성 또는 위해성이 있거나 그러할 우려가 있는 화학물질을 말한다.

⑧ 유해성 : 화학물질의 독성 등 사람의 건강이나 환경에 좋지 아니한 영향을 미치는 화학물질 고유의 성질을 말한다.

⑨ 위해성 : 유해성이 있는 화학물질이 노출되는 경우 사람의 건강이나 환경에 피해를 줄 수 있는 정도를 말한다.

⑩ 화학사고 : 시설의 교체 등 작업 시 작업자의 과실, 시설 결함·노후화, 자연재해, 운송사고 등으로 인하여 화학물질이 사람이나 환경에 유출·누출되어 발생하는 모든 상황을 말한다.

핵심예제

다음 설명에 해당하는 화학물질은?(단, 화학물질관리법령을 기준으로 한다)
[2020년 3회]

> 화학물질 중에서 급성독성(急性毒性)·폭발성 등이 강하여 화학사고의 발생 가능성이 높거나 화학사고가 발생한 경우에 그 피해 규모가 클 것으로 우려되는 화학물질로서 화학사고 대비가 필요하다고 인정하여 제39조에 따라 환경부장관이 지정·고시한 화학물질

① 유독물질
② 허가물질
③ 제한물질
④ 사고대비물질

정답 ④

① 환경부장관은 유해성·위해성이 있는 화학물질을 효율적으로 관리하기 위하여 5년마다 화학물질의 관리에 관한 기본계획(이하 '기본계획'이라 한다)을 수립하여야 한다.

② 환경부장관은 기본계획을 수립하는 경우 미리 관계 중앙행정기관의 장과 협의한 후 화학물질관리위원회의 심의를 거쳐야 한다. 기본계획을 변경하려는 경우에도 또한 같다.

③ 기본계획에는 다음의 사항이 포함되어야 한다.

  ㉠ 화학물질 관리정책의 목표와 이를 달성하기 위한 전략

  ㉡ 화학물질 관리를 위한 주요 추진시책과 추진계획

  ㉢ 화학물질의 관리현황과 향후 전망

  ㉣ 화학물질 관리를 위한 각종 사업의 시행에 드는 재원조달 방안

  ㉤ 화학물질 관리와 관련한 기관 및 국제기구 등과의 협력계획

  ㉥ 화학사고에 대비한 훈련·교육

  ㉦ 화학사고 대응 및 사후조치에 관한 기관별 역할 및 공조체계

  ㉧ 화학사고 대응 및 사후조치에 필요한 자원 및 인력·장비 등의 동원 방법

  ㉨ 그 밖에 화학물질 관리 및 화학사고 대응을 위하여 필요한 사항

④ 환경부장관은 기본계획을 수립하면 지체 없이 그 내용을 관계 중앙행정기관의 장 및 지방자치단체의 장에게 통보하여야 한다.

⑤ 관계 중앙행정기관의 장 및 지방자치단체의 장은 기본계획에 따라 소관 사항에 속하는 시책을 수립·시행하여야 한다.

핵심예제

화학물질관리법령상 환경부장관은 유해성·위해성이 있는 화학물질을 효율적으로 관리하기 위하여 화학물질의 관리에 관한 기본계획을 몇 년마다 수립하여야 하는가?

① 2년
② 3년
③ 4년
④ 5년

정답 ④

유해화학물질 취급기준(화학물질관리법 제13조)

누구든지 유해화학물질을 취급하는 경우에는 다음의 유해화학물질 취급기준을 지켜야 한다.

① 유해화학물질 취급시설이 본래의 성능을 발휘할 수 있도록 적절하게 유지·관리할 것

② 유해화학물질의 취급과정에서 안전사고가 발생하지 아니하도록 예방대책을 강구하고, 화학사고가 발생하면 응급조치를 할 수 있는 방재장비(防災裝備)와 약품을 갖추어 둘 것

③ 유해화학물질을 보관·저장하는 경우 종류가 다른 유해화학물질을 혼합하여 보관·저장하지 말 것

④ 유해화학물질을 차에 싣거나 내릴 때나 다른 유해화학물질 취급시설로 옮길 때에는 해당 유해화학물질 운반자·작업자 외에 유해화학물질관리자 또는 유해화학물질관리자가 지정하는 유해화학물질 안전교육을 받은 자가 참여하도록 할 것

⑤ 유해화학물질을 운반하는 사람은 유해화학물질관리자 또는 유해화학물질 안전교육을 받은 사람일 것

⑥ 그 밖에 ①부터 ⑤까지의 규정에 준하는 사항으로서 유해화학물질의 안전관리를 위하여 필요하다고 인정하여 환경부령으로 정하는 사항

화학물질관리법령에 따른 유해화학물질 취급기준으로 옳지 않은 것은?

① 유해화학물질 취급시설이 본래의 성능을 발휘할 수 있도록 적절하게 유지·관리할 것

② 유해화학물질의 취급과정에서 안전사고가 발생하지 아니하도록 예방대책을 강구하고, 화학사고가 발생하면 응급조치를 할 수 있는 방재장비(防災裝備)와 약품을 갖추어 둘 것

③ 유해화학물질을 보관·저장하는 경우 유사한 화학적 성질을 가지는 유해화학물질끼리 혼합하여 보관·저장할 것

④ 유해화학물질을 운반하는 사람은 유해화학물질관리자 또는 유해화학물질 안전교육을 받은 사람일 것

|해설|

유해화학물질을 보관·저장하는 경우 종류가 다른 유해화학물질을 혼합하여 보관·저장하지 않아야 한다.

정답 ③

유해화학물질의 진열량·보관량 제한 등 (화학물질관리법 제15조, 시행규칙 제10 조, 제11조)

① 유해화학물질을 취급하는 자가 유해화학물질을 환경 부령으로 정하는 일정량을 초과하여 진열·보관하고 자 하는 경우에는 사전에 진열·보관계획서를 작성하 여 환경부장관의 확인을 받아야 한다.

ㄱ 유독물질 : 500kg

ㄴ 허가물질, 제한물질, 금지물질 또는 사고대비물질 : 100kg

② ①에도 불구하고 유해화학물질을 취급하는 자가 유해 화학물질의 보관·저장 시설을 보유하지 아니한 경우 에는 진열하거나 보관할 수 없다.

③ 유해화학물질을 운반하는 자가 1회에 환경부령으로 정하는 일정량을 초과하여 운반하고자 하는 경우에는 환경부령으로 정하는 바에 따라 사전에 해당 유해화학 물질의 운반자, 운반시간, 운반경로·노선 등을 내용 으로 하는 운반계획서를 작성하여 환경부장관에게 제 출하여야 한다.

ㄱ 유독물질 : 5,000kg

ㄴ 허가물질, 제한물질, 금지물질 또는 사고대비물질 : 3,000kg

④ ① 및 ②에 따른 계획서의 작성방법, 확인통보 등에 관한 구체적인 사항은 환경부령으로 정한다.

핵심예제

유해화학물질을 취급하는 자가 유해화학물질을 환경부령으로 정하는 일정량을 초과하여 진열·보관하고자 할 때 취해야 하 는 조치는?(단, 화학물질관리법령을 기준으로 한다)

① 환경부령으로 정하는 일정량을 초과하여 진열하거나 보관하 는 것은 불가능하다.

② 사전에 진열·보관계획서를 작성하여 환경부장관의 확인을 받는다.

③ 30일 이상 진열하거나 보관하는 경우에만 사전에 그 지역을 관할하는 특별시장·광역시장·특별자치시장·도지사 및 특별자치도지사와 협의하여야 한다.

④ 진열·보관이 종료되는 날로부터 20일 경과 이내에 진열· 보관보고서를 작성하여 환경부장관의 확인을 받는다.

|해설|

유해화학물질을 취급하는 자가 유해화학물질을 환경부령으로 정하는 일정량을 초과하여 진열·보관하고자 하는 경우에는 사 전에 진열·보관계획서를 작성하여 환경부장관의 확인을 받아야 한다.

정답 ②

① 유해화학물질을 취급하는 자는 해당 유해화학물질의 용기나 포장에 다음의 사항이 포함되어 있는 유해화학물질에 관한 표시를 하여야 한다. 제조하거나 수입된 유해화학물질을 소량으로 나누어 판매하려는 경우에도 또한 같다.

　㉠ 명칭 : 유해화학물질의 이름이나 제품의 이름 등에 관한 정보

　㉡ 그림문자 : 유해성의 내용을 나타내는 그림

　㉢ 신호어 : 유해성의 정도에 따라 위험 또는 경고로 표시하는 문구

　㉣ 유해·위험 문구 : 유해성을 알리는 문구

　㉤ 예방조치 문구 : 부적절한 저장·취급 등으로 인한 유해성을 막거나 최소화하기 위한 조치를 나타내는 문구

　㉥ 공급자 정보 : 제조자 또는 공급자의 이름(법인인 경우에는 명칭을 말한다)·전화번호·주소 등에 관한 정보

　㉦ 국제연합번호 : 유해위험물질 및 제품의 국제적 운송보호를 위하여 국제연합이 지정한 물질분류번호

② 유해화학물질을 취급하는 자는 유해화학물질 취급시설과 취급현장, 유해화학물질을 보관·저장 또는 진열하는 장소, 유해화학물질 운반차량에 ①에 따른 유해화학물질에 관한 표시를 하여야 한다.

③ 환경부장관은 유해화학물질 이외의 화학물질에 대한 안전관리를 위하여 필요하다고 인정하면 그 물질을 취급하는 자에게 물질별로 적절한 표시를 하도록 권고할 수 있다.

④ 유해화학물질의 표시대상 및 표시방법 등에 관하여 필요한 사항은 환경부령으로 정한다.

화학물질관리법령에 따르면 유해화학물질을 취급하는 자는 해당 유해화학물질의 용기나 포장에 유해화학물질에 관한 표시를 하여야 한다. 이에 대한 설명으로 옳지 않은 것은?

① 제조하거나 수입된 유해화학물질을 소량으로 나누어 판매하는 경우에는 해당되지 않는다.

② 제조자 또는 공급자의 이름(법인인 경우에는 명칭)·전화번호·주소 등 공급자 정보를 포함해야 한다.

③ 유해성의 내용을 나타내는 그림문자와 유해성의 정도에 따라 위험 또는 경고로 표시하는 신호어를 표시해야 한다.

④ 유해화학물질을 취급하는 자는 유해화학물질 취급시설과 취급현장, 유해화학물질을 보관·저장 또는 진열하는 장소, 유해화학물질 운반차량에 유해화학물질에 관한 표시를 해야 한다.

|해설|

제조하거나 수입된 유해화학물질을 소량으로 나누어 판매하려는 경우에도 해당 유해화학물질의 용기나 포장에 유해화학물질에 관한 표시를 하여야 한다.

정답 ①

① 유해화학물질 취급시설을 설치·운영하려는 자는 사전에 화학사고 발생으로 사업장 주변 지역의 사람이나 환경 등에 미치는 영향을 평가하고 그 피해를 최소화하기 위한 화학사고예방관리계획서(이하 '화학사고예방관리계획서'라 한다)를 작성하여 환경부장관에게 제출하여야 한다. 다만, 다음 어느 하나에 해당하는 유해화학물질 취급시설을 설치·운영하려는 자는 그러하지 아니한다.

　㉠ 연구실 안전환경 조성에 관한 법률의 연구실

　㉡ 학교안전사고 예방 및 보상에 관한 법률의 학교

　㉢ 화학사고 발생으로 사업장 주변 지역의 사람이나 환경에 미치는 영향이 크지 아니하거나 유해화학물질 취급 형태·수량 등을 고려할 때 화학사고예방관리계획서의 작성 필요성이 낮은 유해화학물질 취급시설로서 환경부령으로 정하는 기준에 해당하는 시설

② 화학사고예방관리계획서에 포함되어야 하는 내용은 다음의 내용을 포함하여 환경부령으로 정한다. 이 경우 취급하는 유해화학물질의 유해성 및 취급수량 등을 고려하여 화학사고예방관리계획서에 포함되어야 하는 내용을 달리 정할 수 있다.

　㉠ 취급하는 유해화학물질의 목록 및 유해성 정보

　㉡ 화학사고 발생으로 유해화학물질이 사업장 주변 지역으로 유출·누출될 경우 사람의 건강이나 주변 환경에 영향을 미치는 정도

　㉢ 유해화학물질 취급시설의 목록 및 방재시설과 장비의 보유현황

　㉣ 유해화학물질 취급시설의 공정안전정보, 공정위험성 분석자료, 공정운전절차, 운전책임자, 작업자 현황 및 유의사항에 관한 사항

　㉤ 화학사고 대비 교육·훈련 및 자체점검 계획

　㉥ 화학사고 발생 시 비상연락체계 및 가동중지에 대한 권한자 등 안전관리 담당조직

　㉦ 화학사고 발생 시 유출·누출 시나리오 및 응급조치 계획

　㉧ 화학사고 발생 시 영향 범위에 있는 주민, 공작물·농작물 및 환경매체 등의 확인

　㉨ 화학사고 발생 시 주민의 소산계획

　㉩ 화학사고 피해의 최소화·제거 및 복구 등을 위한 조치계획

　㉪ 그 밖에 유해화학물질의 안전관리에 관한 사항

③ ①에 따라 화학사고예방관리계획서를 제출한 자가 다음의 어느 하나에 해당하는 경우에는 환경부령으로 정하는 바에 따라 변경된 화학사고예방관리계획서를 환경부장관에게 제출하여야 한다.

　㉠ 유해화학물질의 취급량 또는 취급시설 용량이 증가하거나 새로운 유해화학물질 취급시설을 설치하는 경우

　㉡ 유해화학물질의 품목, 농도, 성상 또는 취급시설의 위치가 변경되는 등 환경부령으로 정하는 중요 사항이 변경되는 경우

　㉢ 사업장 소재지를 관할하는 지방자치단체의 장이 주민의 소산계획의 보완이 필요하다고 요청한 경우로서 환경부장관이 그 필요성을 인정하여 제출자에게 변경제출을 통지한 경우

④ 취급하는 유해화학물질의 유해성 및 취급수량 등을 고려하여 환경부령으로 정하는 기준 이상의 유해화학물질 취급시설(이하 '주요취급시설'이라 한다)을 설치·운영하는 자는 5년마다 화학사고예방관리계획서를 환경부령으로 정하는 바에 따라 작성하여 환경부장관에게 제출하여야 한다.

⑤ 환경부장관은 ①, ③ 또는 ④에 따라 제출된 화학사고예방관리계획서(변경된 화학사고예방관리계획서를 포함한다)를 환경부령으로 정하는 바에 따라 검토한 후 이를 제출한 자에게 해당 유해화학물질 취급시설의 위험도 및 적합 여부를 통보하여야 한다. 이 경우 적합통보를 받은 자는 해당 화학사고예방관리계획서를 사업장 내에 비치하여야 한다.

⑥ 환경부장관은 ⑤에 따른 적합 여부를 결정할 때 유해화학물질 취급시설의 사고위험성 등을 고려하여 환경부령으로 정하는 시설에 대하여 현장조사를 실시할 수 있다. 이 경우 해당 유해화학물질 취급시설에 대한 화학사고예방관리계획서를 제출한 자는 현장조사에 성실히 협조하여야 한다.

⑦ 환경부장관은 ⑤ 및 ⑥에 따라 화학사고예방관리계획서를 검토한 결과 이를 수정·보완할 필요가 있는 경우에는 해당 화학사고예방관리계획서를 제출한 자에게 수정·보완을 요청할 수 있다. 이 경우 요청을 받은 자는 특별한 사유가 없으면 화학사고예방관리계획서를 수정·보완하여 제출하여야 한다.

⑧ 환경부장관은 ⑤에 따른 검토를 위하여 필요하다고 인정하는 경우에는 해당 지방자치단체의 장에게 협의를 요청할 수 있다. 이 경우 협의를 요청받은 지방자치단체의 장은 화학사고예방관리계획서를 검토한 후 그 검토의견을 환경부장관에게 통보하여야 한다.

⑨ 화학사고예방관리계획서의 작성 내용·방법과 제출시기·방법, 현장조사 등에 필요한 사항은 환경부령으로 정한다.

핵심이론 32 화학사고예방관리계획서의 지역사회 고지(화학물질관리법 제23조의3)

① 주요 취급시설을 설치·운영하려는 자로서 화학사고예방관리계획서를 제출하여 적합통보를 받은 자는 취급사업장 인근 지역주민에게 다음의 정보를 알기 쉽게 명시하여 고지하여야 한다. 이 경우 고지는 ②에 따른 방법으로 매년 1회 이상 실시하여야 하며, 고지된 사항이 변경된 때에는 그 사유가 발생한 날부터 1개월 이내에 변경사항에 대하여 고지하여야 한다.

  ㉠ 취급하는 유해화학물질의 유해성 정보 및 화학사고 위험성

  ㉡ 화학사고 발생 시 대기·수질·지하수·토양·자연환경 등의 영향 범위

  ㉢ 화학사고 발생 시 조기경보 전달방법, 주민 대피 등 행동요령

② ①에 따른 고지는 ㉠~㉢의 정보를 화학물질 종합정보시스템에 등록하는 방법으로 하여야 한다. 이 경우 서면통지, 개별설명 또는 집합전달 등의 방법 중 하나 이상의 방법을 함께 사용하여야 한다.

③ 지방자치단체의 장은 ①에 따른 고지가 원활히 이행될 수 있도록 필요한 지원을 할 수 있다.

④ ①에 따라 지역주민에게 고지하여야 하는 자는 ②의 방법에 따른 고지 외에도 지역주민의 요청이 있을 경우 ①의 정보를 지역주민에게 개별적으로 통지하여야 한다.

⑤ ①부터 ④까지에 따른 화학사고예방관리계획서의 지역사회 고지에 필요한 사항은 환경부령으로 정한다.

화학물질관리법령에 따른 화학사고예방관리서에 대한 설명으로 옳은 것은?

① 화학사고 발생으로 사업장 주변 지역의 사람이나 환경에 미치는 영향이 크지 아니하더라도 유해화학물질을 소량이라도 취급하는 시설은 화학사고예방관리서를 필수로 작성하여 제출한다.

② 취급하는 유해화학물질의 유해성 및 취급수량 등을 고려하여 환경부령으로 정하는 기준 이상의 유해화학물질 취급시설을 설치·운영하는 자는 매년 1회 이상 화학사고예방관리계획서를 환경부령으로 정하는 바에 따라 작성하여 환경부장관에게 제출하여야 한다.

③ 주요 취급시설을 설치·운영하려는 자로서 화학사고예방관리계획서를 제출하여 적합통보를 받은 자는 취급사업장 인근 지역주민에게 정보를 알기 쉽게 명시하여 고지하여야 한다. 이 경우 고지는 매년 1회 이상 실시하여야 하며, 고지된 사항이 변경된 때에는 그 사유가 발생한 날부터 1개월 이내에 변경사항에 대하여 고지하여야 한다.

④ 주요 취급시설을 설치·운영하려는 자로서 화학사고예방관리계획서를 제출하여 적합통보를 받은 자는 취급사업장 인근 지역주민에게 화학사고예방관리계획서의 내용을 화학물질 종합정보시스템에 등록하는 방법으로 고지하여야 한다. 이 경우 서면통지, 개별설명 또는 집합전달 등의 방법은 생략할 수 있다.

|해설|

① 화학사고 발생으로 사업장 주변 지역의 사람이나 환경에 미치는 영향이 크지 아니하거나 유해화학물질 취급 형태·수량 등을 고려할 때 화학사고예방관리계획서의 작성 필요성이 낮은 유해화학물질 취급시설로서 환경부령으로 정하는 기준에 해당하는 시설은 화학사고예방관리계획서를 제출하지 않을 수 있다(법 제23조).

② 취급하는 유해화학물질의 유해성 및 취급수량 등을 고려하여 환경부령으로 정하는 기준 이상의 유해화학물질 취급시설을 설치·운영하는 자는 5년마다 화학사고예방관리계획서를 환경부령으로 정하는 바에 따라 작성하여 환경부장관에게 제출하여야 한다(법 제23조).

④ 주요취급시설을 설치·운영하려는 자로서 화학사고예방관리계획서를 제출하여 적합통보를 받은 자는 취급사업장 인근 지역주민에게 화학사고예방관리계획서의 내용을 화학물질 종합정보시스템에 등록하는 방법으로 고지하여야 한다. 이 경우 서면통지, 개별설명 또는 집합전달 등의 방법 중 하나 이상의 방법을 함께 사용하여야 한다.

정답 ③

핵심이론 33 취급시설 등의 자체 점검(화학물질관리법 제26조, 시행규칙 제26조)

① 유해화학물질 취급시설을 설치·운영하는 자(가동중단 또는 휴업 중인 자를 포함한다)는 주 1회 이상 해당 유해화학물질의 취급시설 및 장비 등에 대하여 환경부령으로 정하는 바에 따라 정기적으로 점검을 실시하고 그 결과를 5년간 기록·비치하여야 한다.

② ①에 따른 점검의 내용은 다음과 같다.

○ 유해화학물질의 이송배관·접합부 및 밸브 등 관련 설비의 부식 등으로 인한 유출·누출 여부

○ 고체 상태 유해화학물질의 용기를 밀폐한 상태로 보관하고 있는지 여부

○ 액체·기체 상태의 유해화학물질을 완전히 밀폐한 상태로 보관하고 있는지 여부

○ 유해화학물질의 보관용기가 파손 또는 부식되거나 균열이 발생하였는지 여부

○ 탱크로리, 트레일러 등 유해화학물질 운반 장비의 부식·손상·노후화 여부

○ 그 밖에 환경부령으로 정하는 유해화학물질 취급시설 및 장비 등에 대한 안전성 여부

• 물반응성 물질이나 인화성 고체의 물 접촉으로 인한 화재·폭발 가능성이 있는지 여부

• 인화성 액체의 증기 또는 인화성 가스가 공기 중에 존재하여 화재·폭발 가능성이 있는지 여부

• 자연발화의 위험이 있는 물질이 취급시설 및 장비 주변에 존재함에 따라 화재·폭발 가능성이 있는지 여부

• 누출감지장치, 안전밸브, 경보기 및 온도·압력 계기가 정상적으로 작동하는지 여부

• 개인보호장구가 본래의 성능을 유지하는지 여부

• 유해화학물질 저장·보관설비의 부식·손상·균열 등으로 인한 유출·누출이 있는지 여부

화학물질관리법령상 유해화학물질 취급시설 자체 점검대상의
점검 항목으로 틀린 것은? [2020년 3회]

① 유해화학물질의 이송배관·접합부 및 밸브 등 관련 설비의
부식 등으로 인한 유출·누출 여부
② 유해화학물질의 보관용기가 파손 또는 부식되거나 균열이
발생했는지 여부
③ 액체·기체 상태의 유해화학물질을 완전히 개방된 장소에
보관하고 있는지 여부
④ 물반응성 물질이나 인화성 고체의 물 접촉으로 인한 화재·
폭발 가능성이 있는지 여부

|해설|

액체·기체 상태의 유해화학물질을 완전히 밀폐한 상태로 보관
하고 있는지 여부

정답 ③

① 유해화학물질 영업자는 유해화학물질 취급시설의 안
전 확보와 유해화학물질의 위해 방지에 관한 직무를
수행하게 하기 위하여 사업 개시 전에 해당 영업자의
유해화학물질 취급량 및 종사자수 등 환경부령으로
정하는 기준에 따라 유해화학물질관리자를 선임하여
야 한다.
㉠ 유해화학물질관리 책임자 : 1명. 다만, 종업원이
10명 미만인 경우에는 유해화학물질관리 점검원
이 유해화학물질관리 책임자를 겸할 수 있다.
㉡ 유해화학물질관리 점검원
• 유해화학물질 운반업을 영위하는 자 : 유해화학
물질 운반차량 20대당 1명. 다만, 유해화학물질
운반차량의 대수가 20대 이하인 경우는 유해화
학물질관리 점검원을 선임하지 아니할 수 있다.
• 유해화학물질 운반업 외의 영업을 영위하는 자 :
다음의 구분에 따른 인원. 다만, 유해화학물질
제조업, 보관·저장업, 판매업(취급시설 없이 판
매하는 자는 제외한다)의 경우에는 종사자 500
명당 1명을, 유해화학물질 사용업의 경우에는 종
사자 5천명당 1명을 추가로 선임하여야 한다.
- 연간 유해화학물질 취급량이 1,000ton 미만
인 경우 : 1명
- 연간 유해화학물질 취급량이 1,000ton 이상
10,000ton 미만인 경우 : 2명
- 연간 유해화학물질 취급량이 10,000ton 이상
100,000ton 미만인 경우 : 3명
- 연간 유해화학물질 취급량이 100,000ton 이
상 1,000,000ton 미만인 경우 : 4명
- 연간 유해화학물질 취급량이 1,000,000ton
이상인 경우 : 5명
② 유해화학물질 영업자가 유해화학물질 취급시설 관리
를 전문으로 하는 자에게 위탁하여 관리하게 할 경우

에는 그 유해화학물질 취급시설의 관리업무를 위탁받은 자(이하 '수탁관리자'라 한다)가 ①에 따른 유해화학물질관리자를 선임하여야 한다.

③ ①이나 ②에 따라 유해화학물질관리자를 선임한 자는 유해화학물질관리자를 선임 또는 해임하거나 유해화학물질관리자가 퇴직한 경우에는 지체 없이 이를 환경부장관에게 신고하고, 해임 또는 퇴직한 날부터 30일 이내에 다른 유해화학물질관리자를 선임하여야 한다. 다만, 그 기간 내에 선임할 수 없으면 환경부장관의 승인을 받아 그 기간을 연장할 수 있다.

④ ①이나 ②에 따라 유해화학물질관리자를 선임한 자는 유해화학물질관리자가 여행 또는 질병, 그 밖의 사유로 인하여 일시적으로 그 직무를 수행할 수 없으면 대리자를 지정하여 그 직무를 대행하게 하여야 한다.

⑤ 유해화학물질관리자는 유해화학물질 취급시설 종사자에게 해당 유해화학물질에 대한 안전관리 정보를 제공하고 수탁관리자 및 취급시설 종사자가 이 법 또는 이 법에 따른 명령을 위반하지 아니하도록 지도·감독하여야 한다.

⑥ 유해화학물질 영업자, 수탁관리자 및 종사자는 유해화학물질관리자의 안전에 관한 의견을 존중하고 권고에 따라야 한다.

⑦ 유해화학물질관리자의 종류·자격·인원·직무범위 및 유해화학물질관리자의 대리자 대행 기간과 그 밖에 필요한 사항은 대통령령으로 정한다.

　㉠ 유해화학물질관리자의 종류는 다음과 같다.
　　• 유해화학물질관리 책임자
　　• 유해화학물질관리 점검원

　㉡ 유해화학물질관리자는 다음의 어느 하나에 해당하는 사람이어야 한다.
　　• 국가기술자격법에 따른 화공안전기술사·화공기술사·가스기술사·대기관리기술사·수질관리기술사·폐기물처리기술사·산업위생관리기술사 또는 표면처리기술사 자격을 소지한 사람
　　• 국가기술자격법에 따른 가스기능장·위험물기능장 또는 표면처리기능장 자격을 소지한 사람
　　• 국가기술자격법에 따른 화공기사·정밀화학기사·화약류제조기사·환경위해관리기사·화학분석기사·산업안전기사·가스기사·수질환경기사·대기환경기사·폐기물처리기사 또는 산업위생관리기사 자격을 소지한 사람
　　• 국가기술자격법에 따른 화약류제조산업기사·산업안전산업기사·수질환경산업기사·대기환경산업기사·폐기물처리산업기사·위험물산업기사·가스산업기사·산업위생관리산업기사 또는 표면처리산업기사 자격을 소지한 사람
　　• 국가기술자격법에 따른 가스기능사·환경기능사·위험물기능사·화학분석기능사 또는 표면처리기능사 자격을 소지한 사람
　　• 고등교육법에 따른 전문대학 이상의 대학에서 화학 관련 교과목을 이수한 사람으로서 유해화학물질 안전교육을 32시간 이상 받은 사람
　　• 초·중등교육법 시행령에 따른 산업수요 맞춤형 고등학교와 같은 법 시행령에 따른 특성화고등학교의 화학 관련 학과를 졸업한 사람으로서 유해화학물질 안전교육을 32시간 이상 받은 사람
　　• 화학물질 취급 현장에서 3년 이상 종사한 사람으로서 유해화학물질 안전교육을 32시간 이상 받은 사람
　　• 그 밖에 환경부장관이 위에 해당하는 사람과 동등한 자격이 있다고 인정하여 고시한 사람

　㉢ 유해화학물질관리자의 직무범위는 다음과 같다.
　　• 유해화학물질 취급기준 준수에 필요한 조치
　　• 취급자의 개인보호장구 착용에 필요한 조치
　　• 유해화학물질의 진열·보관에 필요한 조치
　　• 유해화학물질의 표시에 필요한 조치
　　• 화학사고예방관리계획서의 작성·제출, 이행 및 지역사회 고지에 필요한 조치

- 화학사고예방관리계획서의 작성·제출, 이행 및 지역사회 고지에 필요한 조치
- 유해화학물질 취급시설의 설치 및 관리기준 준수에 필요한 조치
- 유해화학물질 취급시설 등의 자체 점검에 필요한 조치
- 수급인의 관리·감독에 필요한 조치
- 사고대비물질의 관리기준 준수에 필요한 조치
- 화학사고 발생신고 등에 필요한 조치
- 그 밖에 유해화학물질 취급시설의 안전 확보와 위해 방지 등에 필요한 조치
  ㉣ 유해화학물질관리자의 대리자 대행 기간은 30일 이내로 하되, 한차례만 연장할 수 있다.

핵심예제

화학물질관리법령상 유해화학물질관리자의 직무범위에 해당하지 않는 것은? [2021년 2회]

① 유해화학물질 취급기준 준수에 필요한 조치
② 취급자의 개인보호장구 착용에 필요한 조치
③ 사고대비물질의 관리기준 준수에 필요한 조치
④ 취급자의 건강진단 등 건강관리에 필요한 조치

|해설|

유해화학물질관리자의 직무범위는 다음과 같다.
- 유해화학물질 취급기준 준수에 필요한 조치
- 취급자의 개인보호장구 착용에 필요한 조치
- 유해화학물질의 진열·보관에 필요한 조치
- 유해화학물질의 표시에 필요한 조치
- 화학사고예방관리계획서의 작성·제출, 이행 및 지역사회 고지에 필요한 조치
- 유해화학물질 취급시설의 설치 및 관리기준 준수에 필요한 조치
- 유해화학물질 취급시설 등의 자체 점검에 필요한 조치
- 수급인의 관리·감독에 필요한 조치
- 사고대비물질의 관리기준 준수에 필요한 조치
- 화학사고 발생신고 등에 필요한 조치
- 그 밖에 유해화학물질 취급시설의 안전 확보와 위해 방지 등에 필요한 조치

정답 ④

핵심이론 35 사고대비물질의 지정(화학물질관리법 제39조)

환경부장관은 화학사고 발생의 우려가 높거나 화학사고가 발생하면 피해가 클 것으로 우려되는 다음의 어느 하나에 해당하는 화학물질 중에서 대통령령으로 정하는 바에 따라 사고대비물질을 지정·고시하여야 한다.

① 인화성, 폭발성 및 반응성, 유출·누출 가능성 등 물리적·화학적 위험성이 높은 물질
② 경구(經口) 투입, 흡입 또는 피부에 노출될 경우 급성독성이 큰 물질
③ 국제기구 및 국제협약 등에서 사람의 건강 및 환경에 위해를 미칠 수 있다고 밝혀진 물질
④ 그 밖에 화학사고 발생의 우려가 높아 특별한 관리가 필요하다고 인정되는 물질

화학물질관리법령에 따라 환경부장관은 화학사고 발생의 우려
가 높거나 화학사고가 발생하면 피해가 클 것으로 우려되는 화
학물질 중에서 대통령으로 정하는 바에 따라 사고대비물질
을 지정·고시하여야 한다. 다음 중 사고대비물질로 지정되는
경우를 모두 고른 것은?

> ㄱ. 인화성 및 폭발성 등 물리적 위험성이 높은 물질
> ㄴ. 피부에 노출될 경우 급성독성이 큰 물질
> ㄷ. 화학사고 발생의 우려가 높지 않지만 일상생활 속에서
>   접촉이 잦은 물질
> ㄹ. 국제기구 및 국제협약 등에서 사람의 건강 및 환경에
>   위해를 미칠 수 있다고 밝혀진 물질

① ㄱ, ㄴ   ② ㄴ, ㄷ
③ ㄱ, ㄴ, ㄹ   ④ ㄱ, ㄷ, ㄹ

|해설|

사고대비물질의 지정
• 인화성, 폭발성 및 반응성, 유출·누출 가능성 등 물리적·화학
  적 위험성이 높은 물질
• 경구(經口) 투입, 흡입 또는 피부에 노출될 경우 급성독성이
  큰 물질
• 국제기구 및 국제협약 등에서 사람의 건강 및 환경에 위해를
  미칠 수 있다고 밝혀진 물질
• 그 밖에 화학사고 발생의 우려가 높아 특별한 관리가 필요하다
  고 인정되는 물질

정답 ③

핵심이론 36 유해화학물질의 취급기준(화학물질관리법 시행규칙 [별표 1])-취급시설 적정 유지·관리

① 부식성 유해화학물질을 취급하는 장소에서 가까운 거
리 내에 비상시를 대비하여 샤워시설 또는 세안시설을
갖추고, 정상 작동하도록 유지할 것

② 물과 반응할 수 있는 유해화학물질을 취급하는 경우
에는 보관·저장시설 주변에 설치된 방류벽, 집수시
설(集水施設) 및 집수조 등에 물이 괴어 있지 않도록
할 것

③ 폭발 위험이 높은 유해화학물질을 취급할 때 사용되는
장비는 반드시 접지(接地)하고, 정상적인 작동 여부를
점검할 것. 다만, 화학사고 발생 우려가 없는 경우에는
그렇지 않다.

④ 유해화학물질 용기는 온도, 압력, 습도와 같은 대기조
건에 영향을 받지 않도록 하고, 파손 또는 부식되거나
균열이 발생하지 않도록 관리할 것

⑤ 앞서 저장한 화학물질과 다른 유해화학물질을 저장하
는 경우에는 미리 탱크로리, 저장탱크 내부를 깨끗이
청소하고 폐액(廢液)은 폐기물관리법에 따라 처리할 것

⑥ 유해화학물질을 사용하고 남은 빈 용기는 폐기물관리
법에 따라 처리할 것

화학물질관리법령에 따른 유해화학물질의 취급기준으로 옳은 것은?

① 물과 반응할 수 있는 유해화학물질을 취급하는 경우에는 가까운 거리 내에 비상시를 대비하여 샤워시설 또는 세안시설을 갖추고, 정상 작동하도록 유지할 것
② 폭발 위험이 높은 유해화학물질을 취급할 때 사용되는 장비는 반드시 접지(接地)하고, 정상적인 작동 여부를 점검할 것
③ 유해화학물질 용기는 온도, 압력, 습도와 같은 대기조건에 따라 반응을 일으킬 수 있도록 개봉하여 사용할 것
④ 유해화학물질을 사용하고 남은 빈 용기는 유사한 성질의 유해화학물질을 보관하는 데 사용할 것

|해설|

① 물과 반응할 수 있는 유해화학물질을 취급하는 경우에는 보관·저장시설 주변에 설치된 방류벽, 집수시설(集水施設) 및 집수조 등에 물이 괴어 있지 않도록 할 것
③ 유해화학물질 용기는 온도, 압력, 습도와 같은 대기조건에 영향을 받지 않도록 하고, 파손 또는 부식되거나 균열이 발생하지 않도록 관리할 것
④ 유해화학물질을 사용하고 남은 빈 용기는 폐기물관리법에 따라 처리할 것

정답 ②

핵심이론 37 유해화학물질의 취급기준(화학물질관리법 시행규칙 [별표 1])-화학사고 예방 및 응급조치

① 유해화학물질의 취급 중에 음식물, 음료 등을 섭취하지 말 것
② 유해화학물질은 식료품, 사료, 의약품, 음식과 함께 혼합 보관하거나 운반, 접촉하지 말 것
③ 유해화학물질을 취급하는 경우 콘택트렌즈를 착용하지 말 것. 다만, 적절한 보안경을 착용한 경우에는 그렇지 않다.
④ 물과 반응할 수 있는 유해화학물질을 취급하는 경우에는 물과의 접촉을 피하도록 해당 물질을 관리할 것
⑤ 화재, 폭발 등 위험성이 높은 유해화학물질은 가연성 물질과 접촉되지 않도록 하고, 열·스파크·불꽃 등의 점화원(點火源)을 제거할 것
⑥ 유해화학물질을 제조, 보관·저장, 사용하는 장소 주변이나 하역하는 동안 차량 안 또는 주변에서 흡연을 하지 말 것
⑦ 용접·용단작업으로 인해 발생하는 불티의 비산(飛散)거리 이내에서 유해화학물질을 취급하지 말 것
⑧ 유해화학물질이 묻어 있는 표면에 용접을 하지 말 것. 다만, 화기 작업허가 등 안전조치를 취한 경우에는 그렇지 않다.
⑨ 열, 스파크 등 점화원과 접촉 시 화재, 폭발 등 위험성이 높은 유해화학물질을 담은 용기에 용접·용단작업을 실시하지 말 것. 다만, 부득이 용접·용단 작업을 실시할 경우에는 용기 내를 불활성 가스로 대체하거나 중화, 세척 등으로 안전성을 확인한 이후에 실시할 수 있다.
⑩ 밀폐된 공간에서는 공기 중에 가연성, 폭발성 기체나 유독한 가스의 존재여부 및 산소 결핍 여부를 점검한 이후에 유해화학물질을 취급할 것

⑪ 고체 유해화학물질을 호퍼(Hopper : 밑에 깔때기 출구가 있는 큰 통)나 컨베이어, 용기 등에 낙하시킬 때에는 낙하거리가 최소화될 수 있도록 할 것. 이 경우 고체 유해물질의 낙하로 인해 분진이 발생하는 때에는 분진을 포집(捕執)하기 위한 분진포집시설을 설치하여야 한다.

⑫ 고체 유해화학물질을 용기에 담아 이동할 때에는 용기 높이의 90% 이상을 담지 않도록 할 것

⑬ 인화성을 지닌 유해화학물질은 그 물질이 반응하지 않는 액체나 공기 분위기에서 취급할 것

⑭ 유해화학물질을 계량하고 공정에 투입할 때 증기가 발생하는 경우에는 해당 증기를 포집하기 위한 국소배기장치를 설치하고, 작업 시 상시 가동할 것

⑮ 용기에 들어 있는 유해화학물질을 공정에 모두 투입한 경우에는 용기에서 증기 등이 발생하지 않도록 밀봉(密封)하여 두거나 국소배기장치가 설치된 곳에 둘 것

⑯ 유해화학물질이 발생하는 반응, 추출, 교반(휘저어 섞음), 혼합, 분쇄, 선별, 여과, 탈수, 건조 등의 공정은 밀폐 또는 격리된 상태로 이루어지도록 할 것

⑰ 유해화학물질이 유출된 경우에는 유출된 유해화학물질이 넓은 지역으로 퍼지지 않도록 차단하는 조치를 할 것

⑱ 유해화학물질이 유출·누출된 경우에는 다른 사람과 차량의 접근을 통제할 것

⑲ 유해화학물질을 취급하는 경우 개인보호장구를 착용할 것

화학물질관리법령에 따라 화학사고 예방 및 응급조치를 위한 유해화학물질의 취급기준으로 옳지 않은 것은?

① 유해화학물질을 취급하는 경우 보안경 대신 콘택트렌즈를 착용할 수 있다.
② 유해화학물질이 유출·누출된 경우에는 다른 사람과 차량의 접근을 통제한다.
③ 고체 유해화학물질을 용기에 담아 이동할 때에는 용기 높이의 90% 이상을 담지 않는다.
④ 유해화학물질을 제조, 보관·저장, 사용하는 장소 주변이나 하역하는 동안 차량 안 또는 주변에서 흡연을 하지 않는다.

|해설|

유해화학물질을 취급하는 경우 콘택트렌즈를 착용하지 않아야 한다. 다만, 적절한 보안경을 착용한 경우에는 그렇지 않다.

정답 ①

유해화학물질의 취급기준(화학물질관리법 시행규칙 [별표 1])-보관·저장

① 종류가 다른 화학물질을 같은 보관시설 안에 보관하는 경우에는 화학물질 간의 반응성을 고려하여 칸막이나 바닥의 구획선 등으로 구분하여 상호 간에 필요한 간격을 둘 것
② 폭발성 물질과 같이 불안정한 물질은 폭발반응을 방지하는 방법으로 보관할 것
③ 고체 유해화학물질은 밀폐한 상태로 보관하고 액체, 기체인 경우에는 완전히 밀폐상태로 보관할 것

유해화학물질의 표시대상 및 방법(화학물질관리법 시행규칙 제12조)

① 유해화학물질을 취급하는 자가 유해화학물질에 관한 표시를 해야 할 대상은 다음과 같다.
   ㉠ 유해화학물질 보관·저장시설과 진열·보관 장소
   ㉡ 유해화학물질 운반차량(컨테이너, 이동식 탱크로리 등을 포함한다)
   ㉢ 유해화학물질의 용기·포장
   ㉣ 유해화학물질 취급시설(모든 취급시설이 화학물질안전원장이 정하여 고시하는 규모 미만으로서, 화학사고예방관리계획서의 제출 의무가 없는 사업장의 취급시설은 제외한다)을 설치·운영하는 사업장
② 유해화학물질에 관한 표시를 하는 경우에는 유해성 항목에 따라 구분하여 표시하여야 한다.
③ 위에서 규정한 사항 외에 유해화학물질에 관한 표시에 필요한 사항은 국립환경과학원장이 정하여 고시한다.

① 양 식

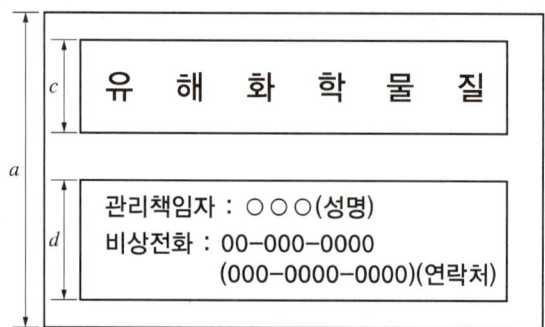

물질명	국제연합번호	그림문자

② **양식크기** : $a = 50cm$ 이상, $b = (3/2)a$, $c = (1/4)a$, $d = (1/4)a$

③ **글자크기** : 유해화학물질 등 글자의 높이는 테두리 전체 높이의 65% 이상이 되도록 해야 한다.

④ **색상** : 바탕은 흰색, 테두리는 검정색, 글자는 빨간색, 관리책임자와 비상전화의 글자는 검정색으로 해야 한다.

⑤ **표시위치** : 유해화학물질의 보관·저장시설 또는 진열·보관 장소의 입구 또는 쉽게 볼 수 있는 위치에 부착해야 한다.

유해화학물질을 보관·저장·진열한 시설 또는 장소에 이를 표시하는 방법으로 옳지 않은 것은?(단, 화학물질관리법령을 기준으로 한다)

① 글자크기 : 유해화학물질 등 글자의 높이는 테두리 전체 높이의 65% 이상이 되도록 해야 한다.

② 색상 : 바탕은 흰색, 테두리는 검정색, 글자는 빨간색으로 해야 한다.

③ 색상 : 관리책임자와 비상전화의 글자는 파란색으로 해야 한다.

④ 표시위치 : 유해화학물질의 보관·저장시설 또는 진열·보관 장소의 입구 또는 쉽게 볼 수 있는 위치에 부착해야 한다.

|해설|

관리책임자와 비상전화의 글자는 검정색으로 해야 한다.

정답 ③

① 일반 작성 원칙

　㉠ 표시 방법은 한글로 작성하는 것을 원칙으로 한다.

　㉡ 명칭은 물질명(또는 일반명) 및 고유번호(또는 CAS번호)를 기재한다. 혼합물인 경우에는 제품이름(또는 혼합물의 이름) 및 유해화학물질의 함량(%)을 기재한다.

　㉢ 두 가지 이상의 유해성·위험성이 있는 경우 해당하는 모든 그림문자를 표시해야 한다. 다만, 다음에 해당되는 경우에는 이에 따른다.

　　• '해골과 X자형 뼈' 그림문자와 '감탄부호(!)' 그림문자가 모두 해당되는 경우에는 '해골과 X자형 뼈'의 그림문자만을 표시한다.

　　• 부식성 그림문자와 피부자극성 또는 눈자극성 그림문자에 모두 해당되는 경우에는 부식성 그림문자만을 표시한다.

　　• 호흡기과민성 그림문자와 피부과민성, 피부자극성 또는 눈자극성 그림문자가 모두 해당되는 경우에는 호흡기과민성 그림문자만을 표시한다.

　㉣ 신호어는 '위험' 또는 '경고'를 표시하되, 모두 해당되는 경우에는 '위험'만을 표시한다.

　㉤ 유해위험문구는 모두 표시하는 것을 원칙으로 하되, 의미가 중복되는 문구는 생략이 가능하며, 유사한 유해위험문구와 조합하여 표시할 수 있다.

　㉥ 예방조치문구는 모두 표시하는 것을 원칙으로 하되, 중복되는 예방조치문구를 생략하거나 유사한 예방조치문구와 조합하여 표시할 수 있다. 다만, 예방조치문구가 7개 이상인 경우 가장 엄격한 예방조치문구를 포함하여 6개만 표시할 수 있다.

　㉦ 유해위험문구와 예방조치문구는 해당 문구를 표시하되 코드번호를 함께 표시할 수 있다.

　◎ 공급자 정보에는 제조자 또는 공급자의 명칭 및 연락처 등을 표시한다.

② 양 식

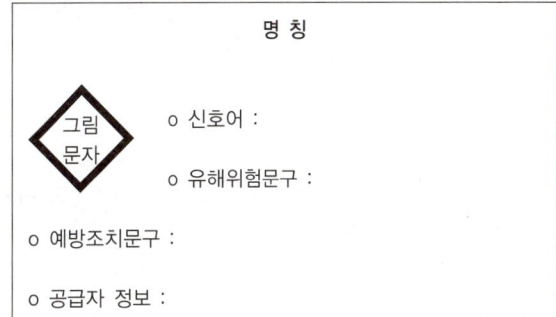

③ 규 격

　㉠ 용기의 용량별 크기

용기·포장의 용량	크 기
5L 미만	용기·내부 포장의 상하면적을 제외한 전체 표면적의 5% 이상
5L 이상 50L 미만	90cm^2 이상
50L 이상 200L 미만	180cm^2 이상
200L 이상 500L 미만	300cm^2 이상
500L 이상	450cm^2 이상

　㉡ 그림문자의 크기는 전체 크기의 40분의 1 이상으로 하되, 최소한 0.5cm^2 이상이어야 한다.

　㉢ 유해화학물질의 내용량이 100g 이하 또는 100mL 이하인 경우에는 명칭, 그림문자, 신호어 및 공급자 정보만을 표시할 수 있다.

　㉣ 전체 크기의 바탕은 흰색 또는 용기·포장 자체의 표면색으로 하고, 글자(그림문자는 제외한다)와 테두리는 검정색으로 한다. 다만, 용기·포장 자체의 표면색이 검정색에 가까운 경우에는 글자와 테두리를 바탕색과 대비되는 색상으로 해야 한다.

　㉤ 1L 미만의 소량 용기로서 용기에 직접 인쇄하려는 경우에는 그 용기 표면의 색상이 두 가지 이하로 착색되어 있는 경우만 용기에 주로 사용된 색상(검정색계통은 제외한다)을 그림문자의 바탕색으로 할 수 있다.

화학물질관리법령에 따라 용기·포장에 유해화학물질을 표시하는 경우에 대한 설명으로 옳지 않은 것은?

① 전체 크기의 바탕은 흰색 또는 용기·포장 자체의 표면색으로 하고, 글자(그림문자는 제외한다)와 테두리는 검정색으로 한다.

② 용기·포장 자체의 표면색이 검정색에 가까운 경우에는 글자와 테두리를 바탕색과 대비되는 색상으로 해야 한다.

③ 그림문자의 크기는 전체 크기의 40분의 1 이상으로 하되, 최소한 $0.5cm^2$ 이상이어야 한다.

④ 유해화학물질의 내용량이 100g 이하 또는 100mL 이하인 경우에는 그림문자를 생략할 수 있다.

|해설|

유해화학물질의 내용량이 100g 이하 또는 100mL 이하인 경우에는 명칭, 신호어, 그림문자, 신호어 및 공급자 정보만을 표시할 수 있다.

정답 ④

핵심이론 42 유해화학물질 표시를 위한 유해성 항목 (화학물질관리법 시행규칙 [별표 3])

① 물리적 위험성

㉠ 폭발성 물질 : 자체의 화학반응에 의하여 주위환경에 손상을 입힐 수 있는 온도, 압력과 속도를 가진 가스를 발생시키는 고체·액체물질이나 혼합물을 말한다.

㉡ 인화성 가스 : 20℃, 표준압력 101.3kPa에서 공기와 혼합하여 인화범위에 있는 가스와 54℃ 이하 공기 중에서 자연발화하는 가스를 말한다.

㉢ 에어로졸 : 재충전이 불가능한 금속·유리 또는 플라스틱 용기에 압축가스·액화가스 또는 용해가스를 충전하고 내용물을 가스에 현탁시킨 고체나 액상 입자로, 액상 또는 가스상에서 폼·페이스트·분말상으로 배출하는 분사장치를 갖춘 것을 말한다.

㉣ 산화성 가스 : 일반적으로 산소를 공급함으로써 공기와 비교하여 다른 물질의 연소를 더 잘 일으키거나 연소를 돕는 가스를 말한다.

㉤ 고압가스 : 200kPa 이상의 게이지 압력 상태로 용기에 충전되어 있는 가스 또는 액화되거나 냉동 액화된 가스를 말한다.

㉥ 인화성 액체 : 인화점이 60℃ 이하인 액체를 말한다.

㉦ 인화성 고체 : 쉽게 연소되는 고체(분말, 과립상 또는 페이스트 형태의 물질로 성냥불씨와 같은 점화원을 잠깐만 접촉하여도 쉽게 점화되거나, 화염이 빠르게 확산되는 물질을 말한다)나 마찰에 의해 화재를 일으키거나 화재를 돕는 고체를 말한다.

㉧ 자기반응성(自己反應性) 물질 및 혼합물 : 열적(熱的)으로 불안정하여 산소의 공급이 없어도 강하게 발열 분해하기 쉬운 액체·고체물질이나 혼합물을 말한다.

㉨ 자연발화성 액체 : 적은 양으로도 공기와 접촉하여 5분 안에 발화할 수 있는 액체를 말한다.

ⓒ 자연발화성 고체 : 적은 양으로도 공기와 접촉하여 5분 안에 발화할 수 있는 고체를 말한다.

ⓚ 자기발열성(自己發熱性) 물질 및 혼합물 : 자연발화성 물질이 아니면서 주위에서 에너지를 공급받지 아니하고 공기와 반응하여 스스로 발열하는 고체·액체물질이나 혼합물을 말한다.

ⓣ 물반응성 물질 및 혼합물 : 물과의 상호작용에 의하여 자연발화성이 되거나 인화성 가스를 위험한 수준의 양으로 발생하는 고체·액체물질이나 혼합물을 말한다.

ⓟ 산화성 액체 : 그 자체로는 연소하지 않더라도 일반적으로 산소를 발생시켜 다른 물질을 연소시키거나 연소를 돕는 액체를 말한다.

ⓗ 산화성 고체 : 그 자체로는 연소하지 않더라도 일반적으로 산소를 발생시켜 다른 물질을 연소시키거나 연소를 돕는 고체를 말한다.

㉮ 유기과산화물 : 1개 또는 2개의 수소 원자가 유기 라디칼에 의하여 치환된 과산화수소의 유도체인 2개의 -O-O- 구조를 갖는 액체나 고체 유기물질을 말한다.

㉯ 금속부식성 물질 : 화학적인 작용으로 금속을 손상 또는 파괴시키는 물질이나 혼합물을 말한다.

② 건강 유해성

ⓐ 급성독성 물질 : 입이나 피부를 통하여 1회 또는 24시간 이내에 수 회로 나누어 투여하거나 4시간 동안 흡입노출시켰을 때 유해한 영향을 일으키는 물질을 말한다.

ⓑ 피부 부식성 또는 자극성 물질 : 최대 4시간 동안 접촉시켰을 때 비가역적(非可逆的)인 피부손상을 일으키는 물질(피부 부식성 물질) 또는 회복 가능한 피부손상을 일으키는 물질(피부 자극성 물질)을 말한다.

ⓒ 심한 눈 손상 또는 눈 자극성 물질 : 눈 앞쪽 표면에 접촉시켰을 때 21일 이내에 완전히 회복되지 않는 눈 조직 손상을 일으키거나 심한 물리적 시력감퇴를 일으키는 물질(심한 눈 손상 물질) 또는 21일 이내에 완전히 회복 가능한 어떤 변화를 눈에 일으키는 물질(눈 자극성 물질)을 말한다.

ⓓ 호흡기 또는 피부 과민성 물질 : 호흡을 통하여 노출되어 기도에 과민 반응을 일으키거나 피부 접촉을 통하여 알레르기 반응을 일으키는 물질을 말한다.

ⓔ 생식세포 변이원성(變異原性) 물질 : 자손에게 유전될 수 있는 사람의 생식세포에 돌연변이를 일으킬 수 있는 물질을 말한다.

ⓕ 발암성 물질 : 암을 일으키거나 암의 발생을 증가시키는 물질을 말한다.

ⓖ 생식독성 물질 : 생식 기능, 생식 능력 또는 태아 발육에 유해한 영향을 일으키는 물질을 말한다.

ⓞ 특정 표적장기(標的臟器) 독성 물질(1회 노출) : 1회 노출에 의하여 특이한 비치사적(非致死的 : 죽음에 이르지 않는 정도) 특정 표적장기 독성을 일으키는 물질을 말한다.

ⓩ 특정 표적장기(標的臟器) 독성 물질(반복 노출) : 반복 노출에 의하여 특정 표적장기 독성을 일으키는 물질을 말한다.

ⓨ 흡인 유해성 물질 : 액체나 고체 화학물질이 입이나 코를 통하여 직접적으로 또는 구토로 인하여 간접적으로 기관(氣管) 및 더 깊은 호흡기관(呼吸器官)으로 유입되어 화학폐렴, 다양한 폐 손상이나 사망과 같은 심각한 급성 영향을 일으키는 물질을 말한다.

③ 환경 유해성

ⓐ 수생환경 유해성 물질 : 단기간 또는 장기간 노출에 의하여 물 속에 사는 수생생물과 수생생태계에 유해한 영향을 일으키는 물질을 말한다.

ⓑ 오존층 유해성 물질 : 몬트리올 의정서의 부속서에 등재된 모든 관리대상 물질을 말한다.

① 유해화학물질 취급시설의 설치를 마친 자 또는 유해화학물질 취급시설을 설치·운영하는 자는 검사 결과 유해화학물질 취급시설의 구조물이나 설비가 침하(沈下)·균열·부식(腐蝕) 등으로 안전상의 위해가 우려된다고 인정되는 경우에는 검사 결과를 받은 날부터 20일 이내에 안전진단을 실시해야 한다.

② 유해화학물질 취급시설을 설치한 후 취급시설별로 환경부령으로 정하는 기간이 지난 경우에서 '환경부령으로 정하는 기간'이란 다음의 구분에 따른 기간을 말한다.

   ㉠ 가위험도 유해화학물질 취급시설 : 화학사고예방관리계획서 검토결과서(이하 '검토결과서'라 한다)를 받은 날부터 매 4년

   ㉡ 나위험도 유해화학물질 취급시설 : 검토결과서를 받은 날부터 매 8년

   ㉢ 다위험도 유해화학물질 취급시설 : 검토결과서를 받은 날부터 매 12년

③ 유해화학물질 취급시설의 설치를 마친 자 또는 유해화학물질 취급시설을 설치·운영하는 자는 유해화학물질 취급시설을 설치한 후 취급시설별로 환경부령으로 정하는 기간이 지난 경우에는 ②에 따른 기간이 만료되는 날부터 60일 이내에 ①에 따른 안전진단을 실시해야 한다.

④ ① 및 ③에 따른 안전진단을 실시한 자는 안전진단결과신고서에 안전진단결과보고서를 첨부하여 지방환경관서의 장에게 제출하여야 한다. 이 경우 지방환경관서의 장은 근로자의 보호를 위하여 안전 조치가 필요하다고 인정되는 경우에는 지방고용노동관서의 장에게 관련 내용을 통보하여야 한다.

핵심예제

화학물질관리법령에 따라 검사 결과 취급시설의 구조물이 균열·부식 등으로 안전상의 위해가 우려된다고 인정되는 경우 검사 결과를 받은 날로부터 며칠 이내에 특별 안전진단을 받아야 하는가?   [2020년 4회]

① 10일   ② 15일
③ 20일   ④ 30일

|해설|

유해화학물질 취급시설의 설치를 마친 자 또는 유해화학물질 취급시설을 설치·운영하는 자는 검사 결과 유해화학물질 취급시설의 구조물이나 설비가 침하(沈下)·균열·부식(腐蝕) 등으로 안전상의 위해가 우려된다고 인정되는 경우 검사 결과를 받은 날부터 20일 이내에 안전진단을 실시해야 한다.

정답 ③

사고대비물질의 관리기준(화학물질관리법 시행규칙 [별표 9])

나이트로벤젠, 황산, 질산, 산화질소, 나이트로메테인, 질산암모늄, 헥사민, 과산화수소, 염소산칼륨, 질산칼륨, 과염소산칼륨, 과망가니즈산칼륨, 염소산나트륨, 질산나트륨, 사린, 염화사이안 취급자 및 도난·전용 위험 등이 있어 환경부장관이 고시한 사고대비물질의 취급자는 다음의 사항을 준수해야 한다.

① 해당 사고대비물질을 인계하는 자는 인수자의 신분증을 확인하여 해당 사항을 화학물질 관리대장에 기록하고 보존해야 한다.

② 취급시설 및 판매시설의 출입자와 방문차량을 확인하여 해당 사항을 화학물질 관리대장에 기록하고 보존해야 한다.

③ 해당 사고대비물질에 대한 취급시설 운영자·관리자 또는 관계자가 아닌 사람의 접근을 엄격히 차단하고 저장·보관시설, 진열·보관장소 및 운반차량에 경보장치 또는 잠금장치 등 물리적인 보안장치를 설치하여 정상적으로 작동하도록 관리해야 한다.

④ 해당 사고대비물질을 청소년에게 판매해서는 안 된다. 다만, 실험 등의 용도로 사용하려는 경우로서 보호자의 동의서를 제출하는 때는 제외하며, 5년간 동의서를 보존해야 한다.

⑤ 해당 사고대비물질을 도난당하거나 분실한 때에는 그 내용을 즉시 경찰서, 국가정보원 또는 화학물질안전원에 신고해야 한다.

핵심예제

다음 중 화학물질관리법령상 사고대비물질별 수량 기준에 따라 가장 적은 규정수량을 가지는 물질은?

① Formaldehyde
② Hydrogen Cyanide
③ Methylhydrazine
④ Phosgene

|해설|

유해화학물질별 수량 기준(시행규칙 [별표 3의2])
사고대비물질별 수량 기준

(단위 : ton)

사고대비물질[영문명]	하위 규정수량	상위 규정수량
포르말린 또는 폼알데하이드[Formalin ; Formaldehyde] 및 이를 1% 이상 함유한 혼합물	2	400
메틸하이드라진[Methylhydrazine] 및 이를 1% 이상 함유한 혼합물	1	20
사이안화수소[Hydrogen Cyanide] 및 이를 1% 이상 함유한 혼합물	0.6	3
포스겐[Phosgene] 및 이를 1% 이상 함유한 혼합물	0.3	1.5

정답 ④

① 표시의 위치(제7조)

㉠ 유해화학물질의 용기·포장에는 단면 또는 여러 면에 표시를 인쇄하여 부착하거나 직접 표시한다.

㉡ 표시는 용기·포장을 정상적으로 놓았을 때 수평으로 읽을 수 있어야 한다. 명칭, 그림문자, 신호어, 유해·위험문구, 예방조치문구, 공급자 정보 등 표시사항의 위치는 필요한 경우 변경할 수 있다.

② 명칭(제8조)

㉠ 명칭에는 다음 내용이 포함되어야 한다.

• 유해화학물질의 이름(또는 일반명) 및 고유번호(또는 CAS번호)

• 혼합물인 유해화학물질의 경우는 제품이름 또는 혼합물의 이름 및 유해화학물질의 함량(%)

㉡ 혼합물인 유해화학물질의 표시에 유해화학물질이 아닌 구성성분으로 인해 급성독성, 피부 부식성, 심한 눈 손상, 생식세포 변이원성, 발암성, 생식독성, 피부 과민성, 호흡기 과민성 또는 표적장기 독성에 관한 유해성을 표시하는 경우, 해당 화학물질의 명칭을 기재할 수 있다.

㉢ 유해화학물질의 이름을 기재하기 어려운 경우에 CAS번호로 대신 기재할 수 있다.

③ 그림문자(제9조)

㉠ 그림문자는 흰 배경 위에 검은 심벌을 두고, 분명히 보이는 충분한 폭의 적색 테두리로 둘러싸야 한다.

㉡ 그림문자의 모양은 1개의 정점에서 바로 세워진 마름모 형태여야 한다.

㉢ 해골과 X자형 뼈가 사용되는 경우에는, 감탄부호는 사용해서는 안 된다.

㉣ 부식성 심벌이 사용되는 경우에는, 피부 또는 눈 자극성을 나타내는 감탄부호는 사용해서는 안 된다.

㉤ 호흡기 과민성에 관한 건강 유해성 심벌이 사용되는 경우에는, 피부 과민성 또는 피부/눈 자극성을 나타내는 감탄부호는 사용해서는 안 된다.

㉥ 물리적 위험성에 관한 그림문자의 우선순위는 '유엔 위험물 운송에 관한 권고 모델 규칙'에 의한다.

④ 신호어(제10조)

㉠ 위험 : 보다 심각한 유해성 구분을 나타냄

㉡ 경고 : 상대적으로 심각성이 낮은 유해성 구분을 나타냄

㉢ 신호어로 '위험'이 사용되는 경우, '경고'는 생략한다.

⑤ 예방조치문구(제12조)

㉠ 선택한 예방조치문구가 7개 이상인 경우, 유해성의 심각성을 고려하여 최대 6개까지 나타낼 수 있다.

㉡ 선택한 예방조치문구가 서로 중복되거나 유사한 경우, 이를 조합하여 기재할 수 있다.

핵심예제

화학물질의 분류 및 표시 등에 관한 규정 및 화학물질의 분류·표시 및 물질안전보건자료에 관한 기준상 유해화학물질의 표시 기준에 맞지 않는 것은?   [2020년 3회]

① 5개 이상의 그림문자에 해당하는 물질의 경우 4개만 표시하여도 무방하다.

② '위험', '경고' 모두에 해당되는 경우 '위험'만 표시한다.

③ 대상 화학물질이름으로 IUPAC 표준 명칭을 사용할 수 있다.

④ 급성독성의 그림문자는 '해골과 X자형 뼈'와 '감탄부호' 두 가지를 모두 사용해야 한다.

|해설|

해골과 X자형 뼈가 사용되는 경우에는, 감탄부호는 사용해서는 안 된다.

정답 ④

3-2. 안전장비 사용법

핵심이론 01 개인보호장구

① 근로자의 신체 일부 또는 전체에 착용하여 외부의 유해·위험 요인을 차단하거나 그 영향을 감소시켜 산업재해를 예방하거나 피해의 정도를 줄여 주는 기구이다.

② 실험복
- ㉠ 피부 보호를 위한 최소한의 보호 장비
- ㉡ 1인당 한 벌씩 보유한다.
- ㉢ 실험복에 묻어 있는 화합물 등이 다른 사람에게 옮겨져서 사고 나지 않도록 주의한다.
- ㉣ 실험복은 실험실 안에서만 착용하고 식당이나 실험실 바깥에서는 절대로 착용하지 않는다.
- ㉤ 열과 산 등에 약한 합성 섬유로 된 것은 피하고, 면으로 된 것을 사용한다.
- ㉥ 실험복이 몸에 꽉 끼거나 크지 않게 잘 맞는 것을 착용한다.

③ 보안경
- ㉠ 화합물이나 유리 파편 등으로부터 눈을 보호하는 장비이다.
- ㉡ 화학 약품 취급 시 반드시 착용한다.
- ㉢ 화합물이나 파손 위험이 있는 유리 기구를 다룰 때 꼭 착용한다.
- ㉣ 기존 안경을 착용하는 실험자의 경우 안경 위에 고글을 착용하거나 도수 있는 플라스틱 렌즈를 가진 보안경을 제작하여 착용한다.
- ㉤ 콘택트렌즈를 착용하면 화합물이 렌즈와 망막 사이에 낄 경우 위험할 수 있으므로 대신 안경이나 고글을 착용한다.

④ 보안면
- ㉠ 안면 전체를 보호할 필요가 있을 경우 착용한다.
- ㉡ 진공 유리 기구를 다루거나 후드 안에서 폭발 위험이 있는 실험을 수행할 때 착용한다.

⑤ 보호장갑
- ㉠ 손을 보호하기 위해 착용한다.
- ㉡ 폴리에틸렌 장갑
  - 장점 : 사용 시 손을 편하게 한다.
  - 단점 : 대부분의 유기 용매가 쉽게 투과되기 때문에 유기 용매 취급 시 피부 보호에 도움이 되지 않는다.
- ㉢ 강산이나 부식성 화합물을 다룰 때는 두꺼운 합성고무 장갑을 착용한다.
- ㉣ 액체 질소나 드라이아이스 등의 극저온 물질을 다룰 때는 두꺼운 가죽장갑을 착용한다.
- ㉤ 뜨거운 물체를 만질 때는 열에 견딜 수 있는 장갑을 착용한다.
- ㉥ 고무장갑 착용 전에 구멍이나 찢김이 확인되면 즉시 폐기한다.
- ㉦ 장갑에 묻은 오염 물질이 다른 곳을 오염시키지 않도록 주의한다.
- ㉧ 유리 기구를 세척할 때 유리가 깨져 손을 베이는 경우가 많이 발생하므로 세척용 장갑 안에 목장갑을 착용하여 사고를 예방한다.

⑥ 귀마개와 이어머프
- ㉠ 85dB 이상의 과도한 소음이 발생하는 곳에서는 반드시 착용한다.
- ㉡ 초음파를 사용하는 실험실에서는 반드시 헤드폰 모양의 이어머프를 착용한다.

⑦ 방독면
- ㉠ 유기 용제, 산·알칼리성 화학물질의 가스와 증기 독성을 제거해 호흡기를 보호하기 위해 사용한다.
- ㉡ 유독가스가 발생하는 실험을 퓸 후드(Fume Hood) 밖에서 수행해야 할 경우에는 반드시 착용한다.
- ㉢ 올바른 정화통이 부착된 방독면을 착용한다.

⑧ 안전화

  ㉠ 발 보호를 위해 착용한다.

    • 중량물의 떨어짐이나 끼임 등의 위험에서 발과 발등을 보호한다.

    • 날카로운 물체에 찔릴 위험으로부터 발바닥을 보호한다.

    • 감전 예방과 정전기에 의한 인체 대전을 방지하기 위해 사용한다.

    • 각종 화학물질로부터 발을 보호한다.

  ㉡ 안전화는 훼손이나 변형하지 않고, 특히 뒤축을 꺾어 신지 않도록 주의한다.

  ㉢ 장화는 구멍이나 찢김이 있으면 즉시 폐기한다.

  ㉣ 내부가 항상 건조하도록 관리하며, 가죽제 안전화는 물에 젖지 않도록 주의한다.

  ㉤ 화학물질에 노출되었으면 물에 씻어 말린다.

핵심예제

1-1. 실험실에서 사용하는 개인보호장구에 대한 설명으로 틀린 것은?

① 대부분의 실험은 보안경만 사용해도 되지만, 특수한 화학물질 취급 시에는 약품용 보안경 또는 안전마스크를 착용하여야 한다.

② 이어머프(귀덮개)는 85dB 이상의 높은 소음에 적합하고 귀마개는 90~95dB 범위의 소음에 적합하다.

③ 천으로 된 마스크는 작은 먼지는 보호할 수 있으나 화학약품에 의한 분진으로부터는 보호하지 못하므로 독성실험 시 사용해서는 안 된다.

④ 실험실에서 혼자 작업하는 것은 좋지 않으며, 적절한 응급조치가 가능한 상황에서만 실험을 해야 한다.

1-2. 실험복 및 개인보호구 착의 순서로 옳은 것은?

[2020년 4회]

① 긴 소매 실험복 → 마스크 → 보안면 → 실험장갑

② 긴 소매 실험복 → 보안면 → 실험장갑 → 마스크

③ 마스크 → 긴 소매 실험복 → 보안면 → 실험장갑

④ 실험장갑 → 긴 소매 실험복 → 마스크 → 보안면

|해설|

1-1

이어머프(귀덮개)는 95dB 이상의 높은 소음에 적합하고, 귀마개는 80~95dB 범위의 소음에 적합하다.

1-2

실험실 복장 착·탈의 순서 : 긴 소매 실험복 → 마스크, 호흡보호구 → 고글/보안면 → 실험장갑

정답 1-1 ② 1-2 ①

분석계획 수립과 분석화학 기초

제1절 | 분석계획 수립

1-1. 요구사항 파악 및 분석시험방법 조사

핵심이론 01 화학분석의 일반적 단계

① 질문 구성
② 분석과정 선택하기 : 화학 문헌조사를 통해 적절한 실험과정을 찾거나 측정을 위한 독창적 실험과정을 개발한다.
③ 시료채취 : 분석할 대표 물질을 선택하는 과정이다.
④ 시료준비
  ㉠ 대표 시료를 녹여 화학분석에 적합한 시료로 바꾸는 과정이다.
  ㉡ 농도가 낮으면 분석 전에 농축시키고, 분석을 방해하는 화학종을 제거한다.
⑤ 분 석
  ㉠ 동일한 몇 개의 분취량에 들어 있는 분석물질의 농도를 측정한다.
  ㉡ 반복 측정은 분석의 불확정도를 평가하고 시료 한 개를 측정할 때 발생하는 큰 오차를 막아준다.
⑥ 보고와 해석
  ㉠ 반드시 한계를 첨부하고, 명료하고 완전하게 작성된 결과보고를 한다.
  ㉡ 대상 독자에 적합한 보고서를 작성한다.
⑦ 결론 도출
  ㉠ 보고서를 작성한 분석자는 실험 정보를 이용해서 결론을 내리는 작업에 참여해서는 안 된다.
  ㉡ 보고서를 명료하게 작성할수록 보고서를 이용하는 사람이 잘못 해석할 가능성이 줄어든다.

핵심예제

화학분석의 일반적 단계를 설명한 내용 중 틀린 것은?

[2020년 4회]

① 시료채취는 분석할 대표 물질을 선택하는 과정이다.
② 시료준비는 대표 시료를 녹여 화학분석에 적합한 시료로 바꾸는 과정이다.
③ 분석은 분취량에 들어 있는 분석물질의 농도를 측정하는 과정이다.
④ 보고와 해석은 대략적으로 작성하고, 결론 도출에서 명료하고 완전하며 책임질 수 있는 자료를 작성한다.

|해설|
④ 보고와 해석은 한계를 첨부하여 명료하고 완전하게 작성한다.

정답 ④

① 시험분석 : 주어진 물체 또는 물질이 화학적으로 어떤 조성을 가지고 있는지, 각각의 성분이 얼마나 존재하는지 알아보는 것이다.

② 시료(검체, Sample) : 시험분석의 대상이다.

③ 정성분석과 정량분석

    ㉠ 정성분석 : 시료 중에 포함되어 있는 물질종을 밝혀내는 조작이다.

        • 건식법 : 시료를 고온에서 반응시켜 분석하는 방법이다.

        • 습식법 : 시료를 용매에 녹여 용액으로 만든 다음 반응시켜 분석하는 방법이다.

    ㉡ 정량분석 : 시료 중의 각 성분의 존재량을 결정하는 조작이다.

        • 부피분석 : 시료에 화학양론적으로 반응하는 표준용액을 적정제로 가하고 반응이 정량적으로 끝날 때까지 소비된 부피를 측정하여 정량하고자 하는 물질의 양을 측정하는 방법이다.

        • 무게분석 : 시료용액에 적당한 침전제를 가하여 구하고자 하는 성분을 침전으로 만들고 여과, 건조한 후 무게를 측정하여 정량하고자 하는 물질의 양을 측정하는 방법이다.

        • 기기분석 : 과학적인 원리를 이용한 기기를 사용하여 분석하는 방법이다.

핵심예제

화학분석에 대한 설명으로 옳지 않은 것은?

① 정성분석에는 건식법과 습식법이 있다.

② 일반적으로 정량분석 후에 정성분석이 이루어진다.

③ 정량분석에는 부피분석법, 무게분석법, 기기분석법 등이 있다.

④ 기기분석이 발달하면서 미량 분석이나 고전적 방법으로는 불가능하던 과제의 화학분석도 가능하게 되었다.

|해설|

일반적으로 정성분석 후에 정량분석이 이루어진다.

정답 ②

① **고전분석법** : 침전법, 추출법 또는 증류법을 이용하여 시료에서 관심을 두는 성분을 분리해 내고, 분리된 성분들을 시약과 반응시켜 색깔, 끓는점, 녹는점, 일련의 용매에서의 용해도, 향기, 광학 활성도, 굴절률 등을 이용하여 식별할 수 있는 생성물을 만들어 분석하는 방법이다.

ㄱ) **무게법** : 분석물 또는 분석물에서 만들어진 어떤 화합물의 질량을 측정하는 방법이다.
- **침전법** : 침전을 이용하여 분석하는 방법이다.
- **휘발법** : 시료를 휘발시켜 무게를 측정함으로써 분석하는 방법이다.

ㄴ) **적정법** : 분석물과 완전히 반응하는 데 필요한 표준 시약의 부피 또는 무게를 측정하여 분석하는 방법이다.

② **기기분석법** : 분석물들의 물리적 성질, 즉 빛의 흡수 또는 방출, 전도도, 전극 전위, 형광, 질량 대 전하비 등을 측정하여 여러 가지 무기, 유기 및 생화학 물질을 분석하는 방법이다.

ㄱ) **분광법** : 자외선/가시선 분광법, 적외선 분광법, 원자 흡수 분광법, 핵자기 공명 분광법, X선 분광법, 형광 분광법 등

ㄴ) **전기 화학 분석법** : 전위차법, 전압 전류법, 전기량법 등

ㄷ) **크로마토그래피법** : 고성능 액체 크로마토그래피법, 기체 크로마토그래피법, 초임계 유체 크로마토그래피법, 이온 크로마토그래피법 등

시료에서 관심을 두는 성분을 분리해 내고, 분리된 성분들을 시약과 반응시켜 색깔, 끓는점, 녹는점, 일련의 용매에서의 용해도, 향기, 굴절률 등을 이용하여 식별할 수 있는 생성물을 만들어 분석하는 고전적 방법에 해당하는 분석법은?

① 적정법
② 자외선/가시선 분광법
③ 전압 전류법
④ 이온 크로마토그래피법

|해설|

②, ③, ④는 기기분석법에 해당하는 분석 방법이다.

정답 ①

핵심이론 04 시료 채취

① 일반적인 절차
  ㉠ 시료 채취 스케줄 확인
  ㉡ 별도의 운송 박스 준비
  ㉢ 라벨 작성 및 시료 수집
  ㉣ 현장에서의 온도 체크를 위한 시료 수집
  ㉤ 시료 여과
  ㉥ 시료용기 봉합 및 포장
  ㉦ 현장 기록부 및 양식 작성
  ㉧ 온도 체크
  ㉨ 실험실 운송

② 시료 채취 규칙
  ㉠ 시료는 대표할 수 있는 장소에서 수집되어야 한다.
  ㉡ 일회용 장갑을 사용하고, 새 것과 사용하지 않은 장갑은 시료 채취 지점에서 분리해 놓아야 한다. 또 위험한 물질을 채취할 경우에는 고무장갑을 이용한다.
  ㉢ 혼합 시료의 경우 시료를 섞기 위해 볼(Bowl)이나 약주걱(Spatula)을 사용한다.
  ㉣ 미량 유기물질과 중금속 분석에는 스테인리스, 유리, 테플론 제품의 막대를 사용한다.

핵심이론 05 분석 시료 채취 방법

① 유류 또는 부유물이 함유된 시료
  ㉠ 침전물이 혼입되지 않도록 채취한다.
  ㉡ 시료 채취용기를 시료로 3회 이상 씻은 다음 사용한다.
  ㉢ 채취량 : 3~5L
  ㉣ 용존가스, 환원제, 휘발성 유기물질, 유류 및 수소이온 농도 등을 측정하기 위한 시료는 운반 중 공기와의 접촉이 없도록 용기에 가득 채운다.

② 해 수
  ㉠ 채취용기 : 무색 경질의 유리병 또는 폴리에틸렌병을 사용한다.
  ㉡ 10% 질산용액으로 2~3회 잘 씻은 후 채취하고자 하는 물로 5회 이상 씻은 다음 사용한다.

③ 지하수 : 고여 있는 물을 충분히 퍼낸 다음 새로 나온 물을 채취한다.

④ 폐 수
  ㉠ 채취 지점 : 최초 방류 지점 또는 외부 배출 수로
  ㉡ 하천의 경우 합류 이전의 각 지점과 합류 이후 충분히 혼합된 지점에서 각각 채수한다.

⑤ 폐기물 : 1회에 100g 이상 채취한다.

핵심예제

시료 채취 방법으로 옳지 않은 것은?
① 해수 – 10% 질산용액으로 2~3회 잘 씻은 후 채취하고자 하는 물로 5회 이상 씻은 다음 사용한다.
② 지하수 – 고여 있는 부분의 물을 채취한다.
③ 폐수 – 하천의 경우 합류 이전의 각 지점과 합류 이후 충분히 혼합된 지점에서 각각 채수한다.
④ 폐기물 – 1회에 100g 이상 채취한다.

|해설|
지하수는 고여 있는 물을 충분히 퍼낸 다음 새로 나온 물을 채취한다.

정답 ②

① 대표성 시료 샘플링 방법

ㄱ 유의적 샘플링(Judgmental Sampling)
- 전문적인 지식을 바탕으로 주관적인 선택에 따른 채취 방법이다.
- 선행 연구나 정보가 있을 경우 또는 현장 방문에 의한 시각적 정보, 현장 채수 요원의 개인적인 지식과 경험을 바탕으로 채취 지점을 선정하는 방법이다.
- 연구 기간이 짧고, 예산이 충분하지 않을 때, 과거 측정 지점에 대한 조사자료가 있을 때, 특정 지점의 오염 발생 여부를 확인하고자 할 때 선택한다.

ㄴ 임의적 샘플링(Random Sampling)
- 시료군 전체에 대해 임의적으로 시료를 채취하는 방법이다.
- 넓은 면적 또는 많은 수의 시료를 대상으로 할 때 임의적으로 선택하여 시료를 채취하는 방법이다.
- 시료군에서 연구 목적에 적합하다고 판단되는 시료를 대상으로 하며, 선행 시료와 관계없이 다음 시료의 채취 지점을 선택해야 한다.
- 시료가 우연히 발견되는 것이 아니라 폭넓게 모든 지점(장소)에서 발생할 수 있다는 전제를 가지고 있으나 그다지 추천하지 않는 방법이다.

ㄷ 계통 표본 샘플링(Systematic Sampling)
- 시료군을 일정한 패턴으로 구획하여 선택하는 방법이다.
- 시료군을 일정한 격자로 구분하여 시료를 채취하며 '계통적 격자 샘플링(Systematic Grid Sampling)'이라고도 한다.
- 시료 채취 지점은 격자의 교차점 또는 중심에서 채취한다.
- 채취 지점이 명확하여 시료 채취가 쉽고, 현장 요원이 쉽게 찾을 수 있다.
- 구획 구간의 거리를 정하는 것이 매우 중요하며, 시·공간적 영향을 고려하여 충분히 작은 구간으로 구획하는 것이 좋다.

ㄹ 층별 임의 샘플링(Stratified Random Sampling)
- 시료군을 기준에 따라 중복되지 않도록 구분하여 계층을 나눈 후 나누어진 계층별로 임의적으로 시료 채취를 수행한다.
- 일반적으로 시료군은 시·공간적으로 구분한다(낮과 밤, 주중과 주말, 계절별, 깊이별, 연령별, 성별, 지형적 구분, 지리적 구분, 토지 이용별, 바람 방향별 등).

ㅁ 혼합 채취 방법(Composite Sampling) : 시료 채취 지점에서 각각 다른 시간대에 채취한 시료를 혼합하는 방법이다.

ㅂ 조사용 샘플링(Search Sampling) : 예비 조사용으로 일시적 샘플링을 말한다.

ㅅ 횡단면 샘플링(Transect Sampling) : 시료 채취 지역을 일정한 방향으로 진행하면서 시료를 채취하는 방법이다.

② 대시료 채취 방법

ㄱ 구획법
- 모아진 대시료를 네모꼴로 얇고 균일한 두께로 편다.
- 이것을 가로 4등분, 세로 5등분하여 20개의 덩어리로 나눈다.
- 20개의 각 부분에서 균등한 양을 취한 후 혼합하여 하나의 시료로 만든다.

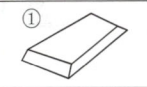 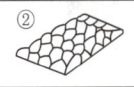 

ⓛ 교호 삽법

- 분쇄한 대시료를 단단하고 깨끗한 평면 위에 원뿔형으로 쌓는다.
- 원뿔을 장소를 바꾸어 다시 쌓는다.
- 원뿔에서 일정한 양을 취하여 장방형으로 도포하고 계속해서 일정한 양을 취하여 그 위에 입체로 쌓는다.
- 육면체의 측면을 교대로 돌면서 각각 균등한 양을 취하여 두 개의 원뿔을 쌓는다.
- 하나의 원뿔은 버리고, 나머지 원뿔은 앞의 조작을 반복하면서 적당한 크기까지 줄인다.

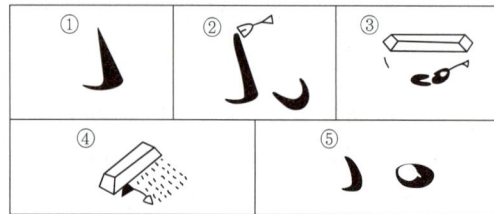

ⓒ 원뿔 4분법

- 분쇄한 대시료를 단단하고 깨끗한 평면 위에 원뿔형으로 쌓아 올린다.
- 장소를 바꾸어 앞의 원뿔을 다시 쌓는다.
- 원뿔의 꼭지를 수직으로 눌러서 평평하게 만들고, 이것을 부채꼴로 사등분한다.
- 마주 보는 두 부분을 취하고 반은 버린다.
- 반으로 줄어든 시료를 앞의 조작을 반복하여 적당한 크기까지 줄인다.

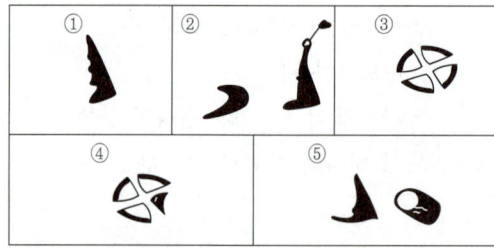

① 한국산업표준(KS ; Korean Industrial Standard)
  ㉠ 산업표준화법에 의거하여 우리나라에서 제정한 국가 규격이다.
  ㉡ 제품의 종류, 형상, 품질, 생산 방법, 시험·검사·측정방법 및 산업 활동과 관련된 서비스 제공방법·절차 등을 통일하고, 단순화하기 위한 기준이다.
  ㉢ 크게 세 가지로 구분한다.
    • 제품표준 : 제품의 향상·치수·품질 등을 규정한 것이다.
    • 방법표준 : 시험·분석·검사 및 측정방법, 작업표준 등을 규정한 것이다.
    • 전달표준 : 용어·기술·단위·수열 등을 규정한 것이다.
  ㉣ 총 21개 부문(A~X) 중의 한 부문을 나타내는 알파벳 기호와 규격의 고유 번호인 아라비아숫자 네 자리로 구성되어 있다.

② 미국재료시험협회(ASTM ; American Society for Testing Materials)
  ㉠ 표준화의 대상을 규격, 방법, 정의로 대별하고, 이를 다시 정시 규격과 가규격으로 구분한다.
  ㉡ 규격 번호와 함께 기호를 붙여 품종 내용을 표시한다.

③ 일본 공업 규격(JIS ; Japanese Industrial Standard)
  : 분류 번호가 네 자리 숫자로 된 규격 번호로 되어 있으며, 총 18개 부문 중의 한 부문을 나타내는 알파벳 기호와 규격의 고유 번호인 아라비아숫자 네 자리로 구성되어 있다.

④ 국제 표준화 기구(ISO ; International Organization for Standardization)

⑤ 영국 국가 규격(BS ; British Standard)

⑥ 독일 국가 규격(DIN ; Deutsche Industries Normen)

한국산업표준(Korean Industrial Standard)에 대한 설명으로 옳지 않은 것은?

① 산업표준화법에 의거하여 우리나라에서 제정한 국가 규격이다.
② 제품표준이란 제품의 향상·치수·품질 등을 규정한 것이다.
③ 방법표준이란 시험·분석·검사 및 측정방법, 작업표준 등을 규정한 것이다.
④ 총 26개(A~Z) 부문 중의 한 부문을 나타내는 알파벳 기호와 아라비아숫자로 구성되어 있다.

|해설|
총 21개 부문(A~X) 중의 한 부문을 나타내는 알파벳 기호와 규격의 고유 번호인 아라비아숫자 네 자리로 구성되어 있다.

정답 ④

① 표준물질 : 기기의 교정이나 측정 기기의 평가 또는 재료의 값을 부여하는 데 사용하기 위하여 하나 또는 그 이상의 특정값에 충분히 균일하고 잘 확정되어 있는 재료 또는 물질이다.

② 인증 표준물질 : 인증서가 수반되는 표준물질이다.

③ 일차 표준물질

　㉠ 일차 측정법에 의해 만들어지며 국제 핵심 비교를 통하여 국제적 동등성을 확보하거나 국가 측정 표준과의 소급성 구축과 같이 특정한 목적으로 만들어져 사용되는 인증 표준물질이다.

　㉡ 표준물질이 없는 경우 일차 표준물질을 이용하여 이차 표준물질을 제조한다.

④ 상용 표준물질

　㉠ 일차 측정법 또는 일차 표준물질에 의해 국가 측정 표준과 소급성이 확립된 표준물질이다.

　㉡ 측정 및 분석 현장에서 사용할 수 있도록 생산, 판매되는 인증 표준물질이다.

⑤ 표준의 특성

　㉠ 호환성

　㉡ 기준성

　㉢ 통일성

　㉣ 반복성

　㉤ 객관성

　㉥ 고정성과 진보성

　㉦ 경제성

표준물질에 대한 설명으로 옳지 않은 것은?

① 인증 표준물질은 인증서가 수반되는 표준물질이다.

② 일차 표준물질은 일차 측정법에 의해 만들어진다.

③ 표준물질이 없는 경우 일차 표준물질을 이용하여 이차 표준물질을 제조한다.

④ 상용 표준물질은 현장에서 제조할 수 있으며, 판매할 수 없는 표준물질이다.

|해설|

상용 표준물질은 측정 및 분석 현장에서 사용할 수 있도록 생산, 판매되는 인증 표준물질이다.

정답 ④

① 표준화(표정, Standardization) : 표준용액의 정확한 농도를 측정하는 것이다.

② 적정용액의 표준화

  ㉠ 일차 표준물질(Primary Standards) : 정확도와 순도의 관계성이 입증된 물질이다.

  ㉡ 일차 표준물질의 반응성을 이용하여 분석자가 제조한 적정용액의 질량농도를 정확히 측정하는 것이다.

③ 일차 표준물질이 되기 위한 조건

  ㉠ 고순도(99.9% 이상)이어야 한다.

  ㉡ 정제하기 쉬워야 한다.

  ㉢ 흡수, 풍화, 공기 산화 등의 성질이 없고, 오랫동안 보관하여도 변질되지 않아야 한다.

  ㉣ 공기 중이나 용액 내에서 안정해야 한다.

  ㉤ 물, 산, 알칼리에 잘 용해되어야 한다.

  ㉥ 반응이 정량적으로 진행되어야 한다.

  ㉦ 비교적 큰 화학식 양을 가져서 측량오차를 최소화한다.

④ 일차 표준물질을 이용한 표준용액의 특성

  ㉠ 한 번의 측정으로 그 농도를 결정할 수 있을 만큼 매우 안정해야 한다.

  ㉡ 적정 시약이 첨가되는 시간을 최소화하기 위하여 분석물과 빠르게 반응해야 한다.

  ㉢ 만족할 만한 종말점을 얻기 위해 분석물과 거의 완전히 반응해야 한다.

  ㉣ 간단한 균형 반응식으로 설명할 수 있도록 분석물과 선택적으로 반응하여야 한다.

⑤ 일차 표준물질

  ㉠ 산-염기 적정

   • 염기 적정용액용 일차 표준물질

    – 프탈산수소칼륨(Potassium Hydrogen Phthalate, $C_8H_5O_4K$) : 주로 사용

    – 설퍼민산(Sulfamic Acid, $HOSO_2NH_2$)

    – 아이오딘산수소칼륨(Potassium Hydrogen Diiodate, $KH(IO_3)_2$)

   • 강산 적정용액용 일차 표준물질 : 탄산나트륨(Sodium Carbonate, Na_2CO_3)

  ㉡ 침전법 적정의 질산은(Silver Nitrate, $AgNO_3$), 질산제이수은(Mercuric Nitrate, $Hg(NO_3)_2$) 일차 표준물질 : 염화나트륨(Sodium Chloride, $NaCl$) 또는 염화칼륨(Potassium Chloride, KCl)

  ㉢ 착화물 적정의 EDTA(Ethylene Diamine Tetraacetic Acid) 일차 표준물질 : 탄산칼슘(Calcium Carbonate, $CaCO_3$)

  ㉣ 산화-환원 적정

   • 과망가니즈산칼륨(Potassium Permanganate, $KMnO_4$) : 옥살산나트륨(Sodium Oxalate, $Na_2C_2O_4$)

   • 싸이오황산나트륨(Sodium Thiosulfate, $Na_2S_2O_3$) : 다이크로뮴산칼륨(Potassium Dichromate, $K_2Cr_2O_7$)

   • 아이오딘 용액 : 삼산화비소(Arsenic Oxide, As_2O_3)

  ㉤ 최종 규정 농도는 3번의 실험을 통한 결괏값의 평균을 사용한다.

핵심예제

9-1. 다음 중 부피 및 질량 적정법에서 기준물질로 사용되는 일차 표준물질(Primary Standard)의 필수 조건으로 가장 거리가 먼 것은?

① 대기 중에서 안정해야 한다.

② 적정 매질에서 용해도가 작아야 한다.

③ 가급적 큰 몰질량을 가져야 한다.

④ 수화된 물이 없어야 한다.

9-2. 일차 표준물질을 이용한 표준용액의 특성으로 옳지 않은 것은?

① 한 번의 측정으로 그 농도를 결정할 수 있을 만큼 매우 안정해야 한다.
② 만족할 만한 종말점을 얻기 위해 분석물과 거의 완전히 반응해야 한다.
③ 간단한 균형 반응식으로 설명할 수 있도록 분석물과 선택적으로 반응하여야 한다.
④ 분석물과 다른 물질을 구별하기 위해 충분한 시간을 두고 분석물과 느리게 반응해야 한다.

9-3. 착화물 적정 중 EDTA(Ethylene Diamine Tetraacetic Acid)의 표준화를 위해 사용되는 일차 표준물질은?

① KCl
② $CaCO_3$
③ $KMnO_4$
④ $Na_2S_2O_3$

9-4. 산화-환원 적정 시 과망가니즈산칼륨의 표준화에 사용하는 일차 표준물질은?

① 염화칼륨
② 탄산나트륨
③ 옥살산나트륨
④ 다이크로뮴산칼륨

|해설|

9-1
일차 표준물질(Primary Standard)의 필수 조건
• 순수한 상태로 얻어지며 정제가 쉽고 일정 조성을 가져야 한다.
• 가열 건조 시 안정하여야 하며, 가급적 결정수가 없어야 한다.
• 흡수, 풍화, 공기 산화 등의 성질이 없고 오랫동안 보관하여도 변질되지 않아야 한다.
• 측량오차를 감소시키기 위해 몰질량이 커야 한다.
• 용해도가 크고, 잘 녹아야 한다.
• 반응이 정량적으로 일어나야 한다.

9-2
적정시약이 첨가되는 시간을 최소화하기 위하여 분석물과 빠르게 반응해야 한다.

9-3
착화물 적정의 EDTA(Ethylene Diamine Tetraacetic Acid)는 탄산칼슘(Calcium Carbonate, $CaCO_3$)을 일차 표준물질로 사용한다.

정답 9-1 ② 9-2 ④ 9-3 ② 9-4 ③

핵심이론 10 중금속 표준물질 제조

① **카드뮴(Cd)** : 4mL 진한 HNO_3에 카드뮴 금속 0.100g을 녹인 후 진한 HNO_3 5mL를 첨가하고, 증류수를 가하여 1,000mL로 만든다.

② **칼슘(Ca)** : 증류수에 $CaCO_3$ 0.2497g을 넣고 50% HNO_3으로 녹인다. 여기에 진한 HNO_3 10mL를 첨가하고, 증류수를 가하여 1,000mL로 만든다.

③ **크로뮴(Cr)** : 증류수에 CrO_3 0.1923g을 녹이고, 10mL 진한 HNO_3을 첨가한 후 증류수를 가하여 1,000mL로 만든다.

④ **구리(Cu)** : 2mL 진한 HNO_3에 구리 금속 0.100g을 녹이고 10mL 진한 HNO_3을 첨가한 후 증류수를 가하여 1,000mL로 만든다.

⑤ **철(Fe)** : 10mL 50% HCl과 3mL 진한 HNO_3의 혼합물에 철 와이어 0.100g을 녹이고 5mL 진한 HNO_3을 첨가한 후 증류수를 가하여 1,000mL로 만든다.

⑥ **납(Pb)** : 소량의 HNO_3에 $Pb(NO_3)_2$ 0.1598g을 녹이고, 증류수를 가하여 1,000mL로 만든다.

⑦ **마그네슘(Mg)** : 50% HNO_3 소량에 MgO 0.1658g을 녹이고, 10mL 진한 HNO_3을 첨가한 후 증류수를 가하여 1,000mL로 만든다.

⑧ **망가니즈(Mn)** : 1mL 진한 HNO_3을 혼합한 10mL 진한 HCl에 망가니즈 금속 0.100g을 녹이고, 증류수를 가하여 1,000mL로 만든다.

⑨ **니켈(Ni)** : 10mL의 뜨거운 진한 HNO_3에 니켈 금속 0.100g을 녹이고, 냉각 후 증류수를 가하여 1,000mL로 만든다.

⑩ **칼륨(K)** : 증류수에 0.1907g의 KCl을 녹인 후 증류수를 가하여 1,000mL로 만든다.

⑪ **나트륨(Na)** : 증류수에 NaCl 0.2542g을 녹이고 10mL 진한 HNO_3을 첨가한 후 증류수를 가하여 1,000mL로 만든다.

⑫ 주석(Sn) : 100mL 진한 HCl에 주석 금속 1.000g을 녹이고, 증류수를 가하여 1,000mL로 만든다.

⑬ 아연(Zn) : 10mL 50% HCl에 아연 금속 1.000g을 녹이고, 증류수를 가하여 1,000mL로 만든다.

핵심예제

분석 작업 표준 지침서에 따라 표준 시료를 제조하는 다음의 설명 중 적합하지 않은 것은?(단, 표준 저장용액은 100mg/L의 농도를 조제하는 것을 기준으로 한다)   [2020년 3회]

① 카드뮴(Cd)의 표준 저장용액은 4mL 진한 HNO₃에 카드뮴 금속 0.100g을 녹인 후 진한 HNO₃ 5mL를 첨가하고, 증류수를 가하여 1,000mL로 만든다.

② 철(Fe)의 표준 저장용액은 10mL의 50% HCl과 5mL의 진한 HNO₃의 혼합물에 철 와이어 0.150g을 녹이고, 5mL 진한 HNO₃을 첨가한 후 증류수를 가하여 1,000mL로 만든다.

③ 납(Pb)의 표준 저장용액은 소량의 HNO₃에 Pb(NO₃)₂ 0.1598g을 녹이고, 증류수를 가하여 1,000mL로 만든다.

④ 나트륨(Na)의 표준 저장용액은 증류수에 NaCl 0.2542g을 녹이고, 10mL 진한 HNO₃을 첨가한 후 증류수를 가하여 1,000mL로 만든다.

|해설|
철(Fe) : 10mL 50% HCl과 3mL 진한 HNO₃의 혼합물에 철 와이어 0.100g을 녹이고, 5mL 진한 HNO₃을 첨가한 후 증류수를 가하여 1,000mL로 만든다.

정답 ②

핵심이론 11 표준물질 첨가

① 미지시료에 아는 양의 분석물질을 첨가시킨 다음 증가된 신호로부터 원래 미지시료 중에 분석물질이 얼마나 함유되어 있는가를 측정한다.

② 분석물질의 농도에 대한 감응이 직전성을 가져야 한다.

③ 시료의 조성이 잘 알려져 있지 않거나 복잡하여 분석 신호에 영향을 줄 때 효과적이다.

④ 표준물질 첨가 계산

㉠ $\dfrac{[X]_i}{[X]_f + [S]_f} = \dfrac{I_X}{I_{X+S}}$

여기서, $[X]_i$: 미지 분석시료의 농도

$[X]_f$: 미지 분석시료에 표준물질을 첨가한 용액의 농도

$[S]_f$: 첨가한 표준물질의 농도

I_X : 미지 분석시료의 방출 세기

I_{X+S} : 미지 분석시료에 표준물질을 첨가한 용액의 방출 세기

㉡ $[X]_f = [X]_i \left(\dfrac{V_i}{V_i + V_S} \right)$, $[S]_f = [S]_i \left(\dfrac{V_S}{V_i + V_S} \right)$

여기서, V_i : 미지 분석시료의 초기 부피

V_S : 첨가한 표준물질의 부피

미지시료에 농도 등을 알고 있는 물질을 첨가시킨 다음 증가된 신호로부터 원래 미지시료 중에 분석물질이 얼마나 함유되어 있는가를 측정하는 방법으로 시료의 매트릭스를 동일하게 만들기 어렵거나 불가능할 때 사용하는 분석법은? [2020년 3회]

① 표준물첨가법
② 내부표준법
③ 외부표준법
④ 내부첨가법

|해설|

② 내부표준법 : 농도를 알고 있는 표준물질을 미지시료와 분석 시료 모두에 동일한 양을 첨가하여 측정한 신호로부터 내부표 준물질의 신호를 비교하는 방법으로, 미지시료를 취급하는 과정에서 시료의 손실이 일어날 가능성이 있을 때 유용한 분석법이다.

③ 외부표준법 : 시료에 직접 표준물질을 가하는 것이 아니라 용매에 분석하고자 하는 물질과 동일한 표준물질을 다른 양으 로 첨가하여 서로 다른 농도를 갖는 표준용액을 제조된 표준물 질의 농도에 대한 기기의 신호로부터 검정곡선 관계식을 얻는 방법이다.

정답 ①

핵심이론 12 단일 용액에 대한 표준물질첨가법의 그 래프 처리 방법

① 표준용액은 진한 농도로 제조해야 작은 부피를 첨가할 수 있고, 시료의 매트릭스가 크게 변화하지 않는다.

② 첨가된 표준물질은 분석신호의 세기를 2~5배 정도 증가시켜야 하며 선형 범위 안에 들어와야 한다.

③ 단일 용액에 대한 연속적 표준물질첨가법

㉠ $I_{X+S}\left(\dfrac{V_i + V_S}{V_i}\right) = I_X + \dfrac{I_X}{[X]_i}[S]_i\left(\dfrac{V_s}{V_i}\right)$

㉡ x축 : $[S]_i\left(\dfrac{V_s}{V_i}\right)$

㉢ y축 : $I_{X+S}\left(\dfrac{V_i + V_S}{V_i}\right)$

④ y축 값은 보정된 감응값이다.

⑤ x절편의 표준 불확정도

$$u_x = \frac{s_y}{|m|}\sqrt{\frac{1}{n} + \frac{\overline{y}^2}{m^2\sum(x_i - \overline{x})^2}}$$

여기서, s_y : y의 표준편차

$|m|$: 최소 제곱 직선의 기울기 절댓값

n : 데이터의 개수

$\overline{y}$: y데이터의 평균값

x_i : 각각의 x값

$\overline{x}$: x데이터의 평균값

단일-용액 표준물첨가법(Standard Addition to a Single Solution)에 관한 설명 중 틀린 것은?(단, x축 : $[S]_i^* \dfrac{V_S}{V_0}$, y축 : $I_{S+X}^* \dfrac{V}{V_0}$인 그래프를 기준으로 한다)

[2020년 1 · 2회]

① 표준물을 첨가할 때마다 분석물 신호를 측정한다.
② 매트릭스를 변화시키지 않도록 가능한 한 작은 부피의 표준물을 첨가한다.
③ 묽힘을 고려하여 검출기 감응을 보정한 후 y축에 도시한다.
④ 보정된 감응 대 묽혀진 표준물 부피 그래프의 y절편이 미지 분석물의 농도이다.

|해설|
보정된 감응 대 묽혀진 표준물 부피 그래프의 x절편이 미지 분석물의 농도이다.

정답 ④

핵심이론 13 내부 표준물질

① 내부 표준물질이란 분석물질과 다른 화합물로서, 미지시료에 첨가하는 알고 있는 양의 화합물을 말한다.
② 분석물질의 신호와 내부 표준물질의 신호를 비교하여 분석물질이 얼마나 들어 있는지 알아낸다.
③ 좋은 내부 표준물질의 조건
　㉠ 미지시료 내의 분석물질과 다른 물질들 간의 신호와 잘 분리되는 분석 신호를 나타낸다.
　㉡ 화학적으로 안정하다.
　㉢ 미지시료의 성분들과 반응을 일으키지 않는다.
④ 분석할 시료의 양 또는 기기의 감응을 조절하기 어려워 매 측정마다 조금씩 변할 때 유용하다.
⑤ 분석물질과 내부 표준물질에 대한 검출기의 상대적 감응은 넓은 범위의 조건에서 대체로 일정하다.
⑥ 분석하기 전 시료의 제조 단계 중에 시료의 손실이 일어날 수 있을 때에 유용하다.
⑦ 알고 있는 표준물질을 미지시료에 첨가하면 어떤 처리 중에도 같은 분율만큼 손실될 것이므로, 표준물질 대 분석물질의 비는 일정하게 유지된다.
⑧ 표준물질과 분석물질의 아는 혼합물을 준비하고, 그 두 화학종에 대한 검출기의 상대적 감응을 측정한다.
⑨ 감응인자(F)

$$\frac{A_X}{[X]_f} = F\left(\frac{A_S}{[S]_f}\right)$$

　여기서, A_X : 분석물질 신호의 면적
　　　　　$[X]_f$: 분석물질의 농도
　　　　　A_S : 표준물질 신호의 면적
　　　　　$[S]_f$: 표준물질의 농도

⑩ 표준물질 첨가와 내부 표준물질의 비교

표준물질 첨가	내부 표준물질
• 첨가되는 표준물질은 분석물질과 같은 물질이다. • 매트릭스에 의해 유발되는 감도(교정곡선의 기울기)의 계통오차를 보정한다.	• 첨가되는 표준물질은 분석물질과 다른 물질이다. • 측정 간 편차로 인해 유발되는 우연오차를 보정한다. • 화학적으로 유사한 내부표준물질은 매트릭스에 의해 유발된 감도에 대한 계통오차를 보정하기도 한다.

핵심예제

내부표준에 관한 다음 설명 중 옳은 내용을 모두 고른 것은?

[2021년 2회]

가. 감응인자는 아는 양의 분석물과 내부표준을 함유한 혼합을 사용하여 얻은 분석물과 내부표준의 검출기 감응을 사용하여 계산한다.
나. 기기 감응과 분석되는 시료의 양이 시간에 따라 변하는 경우에 유용하다.
다. 검출기 감응은 농도에 반비례한다.
라. 분석물과 내부표준의 검출기 감응비는 농도 범위에 걸쳐 일정하다고 가정한다.

① 다
② 가, 나
③ 가, 나, 라
④ 옳은 설명이 없다.

|해설|

다. 검출기 감응은 넓은 범위에서 대체로 일정하다.

정답 ③

핵심이론 14 시약 및 초자 기구 사용법

① 시약의 조제 및 사용법

㉠ 분석에 사용되는 물은 증류수 또는 이와 동등한 순도의 물을 사용하되, 적합한 용매 등으로 분석 방해 물질을 제거하여 사용한다.

㉡ 잔류 농약 분석용 시약은 잔류 농약 시험용 또는 이와 동등한 규격의 시약을 사용하되, 각종 시험법에 따라 시험할 때 크로마토그램 등에 방해 피크가 나타나지 않아야 한다.

㉢ 정제용 흡착제는 시료, 목적 성분 및 흡착제의 특성 등을 고려하여 적절한 정제용 흡착제를 사용하고, 보관 시에는 대기 중의 불순물 등에 오염되지 않도록 밀봉하는 등의 필요한 조치를 하여 보관한다.

㉣ 표준물질은 4℃ 정도의 냉암소에 흡습되지 않게 보관하여야 하며, 사용할 때는 실온에 일정 시간(30분 정도) 방치한 후 사용한다.

㉤ 표준 원액은 100~1,000ppm의 농도로 조제하되, 물질별 용해도, 조제 후의 분해 여부, 시험 조작 및 저장 등을 감안하여 적절한 용매를 선택하여 조제한다. 조제된 표준 원액은 성분 및 함량의 변화가 없도록 보관하며, 시약명, 조제 농도, 사용 용매, 조제 월일, 조제자 등을 기재한 표찰을 붙인다.

㉥ 표준용액은 표준 원액을 단계적으로 희석하여 적절한 농도로 조제하되, 분석할 때마다 조제하여야 하며, 조제 후 농도 적합 여부에 대한 실험을 한 후 사용하여야 한다.

㉦ 기타 시약은 분석 목적에 맞게 제조된 전용 시약(잔류 농약 분석용 시약 등) 또는 특급 시약을 사용하되 가급적 동일한 순도 및 규격을 사용하고, 시약의 특성에 따라 알맞은 온도, 습도, 보관 장소 등을 고려하여 보관 관리한다.

◎ 분석용 가스는 각 분석 방법이 정하는 순도 이상으로 사용하되, 별도의 규정이 없으면 고순도(99.999% 이상)용을 사용한다.

② 초자 기구

　　㉠ 각종 시험법별로 적정한 초자 기구를 사용하되 필요시 내열 유리, 실레인 처리된 제품을 사용할 수 있다.

　　㉡ 분석용 초자 기구는 기기분석용과 전처리용으로 구분하여 사용, 보관한다.

　　㉢ 초자 기구의 세척은 먼저 수돗물로 잘 헹구고 초음파 세척기 등을 사용하여 실험실용 세제로 세척한 다음 아세톤 등의 용매로 세척하고, 다시 증류수로 세척하여 건조한 후 사용한다. 특히, 피펫 등 오염될 가능성이 크거나 농도가 높은 시약 또는 시료를 취급한 경우에는 사용 후 즉시 세척하여야 한다.

핵심예제

분석에 사용하는 시약 및 초자 기구의 주의사항에 대한 설명으로 옳은 것은?

① 표준물질은 20℃ 정도의 실온에 흡습되지 않게 보관한다.
② 표준용액은 일주일치 분량을 미리 조제하여 보관 후 사용한다.
③ 조제된 시약에는 시약명, 농도, 사용 용매, 조제 월일, 조제자 등을 라벨에 기입하여 부착해야 한다.
④ 분석용 초자 기구는 전처리용과 기기분석용을 함께 사용해도 무방하다.

|해설|

① 표준물질은 4℃ 정도의 냉암소에 흡습되지 않게 보관하여야 하며, 사용할 때는 실온에 일정 시간(30분 정도) 방치한 후 사용한다.
② 표준용액은 표준 원액을 단계적으로 희석하여 적절한 농도로 조제하되 분석할 때마다 조제하여야 하며, 조제 후 농도 적합 여부에 대한 실험을 한 후 사용하여야 한다.
④ 분석용 초자 기구는 기기분석용과 전처리용으로 구분하여 사용, 보관한다.

정답 ③

핵심이론 15 시약 저장을 위한 일반적인 기준

① 모든 화학물질은 특별한 저장 공간이 있어야 한다.
② 모든 화학물질에는 물질이름, 소유자, 구입날짜, 위험성, 응급절차를 나타내는 라벨을 부착해야 한다.
③ 일반적으로 위험한 물질은 직사광선을 피하고 시원한 곳에 저장하며, 이종물질을 혼입하지 않도록 함과 동시에 화기, 열원으로부터 격리해야 한다.
④ 다량의 위험한 물질은 법령에 의하여 소정의 저장고에 종류별로 저장하고, 또한 독극물은 약품 선반에 잠금장치를 설치하여 보관한다.
⑤ 특히 위험한 약품의 분실, 도난 시는 사고가 일어날 우려가 있으므로 담당책임자에게 보고해야 한다.

① 접시 위의 하중과 균형을 맞추기 위하여 전자기힘을 이용한다.

② **가독성(Readability)** : 표시할 수 있는 질량의 최소량 이다.

③ 저울 오류

    ㉠ 성급한 측정 : 저울 창이 열림, 가열 또는 냉각 상태 의 물체

    ㉡ 정전기 : 정전기 방지용 솔을 이용하여 물체와 저 울을 가볍게 두드려 제거

    ㉢ 측정값이 계속 낮아지는 경우 : 액체의 증발

    ㉣ 측정값이 계속 높아지는 경우 : 흡습성 물질에 의 한 수분 흡수

① 아래쪽에 있는 잠금 꼭지(밸브)를 통하여 옮겨진 액체 의 부피를 측정할 수 있도록 눈금이 매겨져 있는 정밀 하게 제작된 유리관이다.

② 0mL 표시는 윗부분에 표시되어 있다.

③ 뷰렛의 작동

    ㉠ 뷰렛을 새 용액으로 씻는다.

    ㉡ 사용하기 전에 공기 방울을 제거한다.

    ㉢ 액체를 천천히 흘린다.

    ㉣ 종말점 근처에서는 한 방울보다 적은 양을 떨어뜨 린다.

    ㉤ 오목한 메니스커스의 밑바닥을 읽는다.

    ㉥ 눈금 간격의 1/10까지 읽는다.

    ㉦ 시차 오차를 피한다.

    ㉧ 눈금을 읽을 때 눈금의 폭을 고려한다.

④ 뷰렛 벽에 방울이 많이 남아 있으면 세제와 뷰렛 솔로 뷰렛을 씻어야 한다. 완전히 씻기지 않을 경우 과산화 이황산염-황산으로 만든 세척 용액을 이용한다.

⑤ 질량은 부피보다 더 정밀하게 측정할 수 있으므로, 적정에서 부피를 측정하는 대신 뷰렛이나 주사기 혹은 피펫으로 공급되는 시약의 질량을 측정하는 경우에 더 높은 정밀도를 얻을 수 있다.

① 플라스크의 목에 표시된 눈금의 중심과 메니스커스의 밑바닥이 일치할 때, 20℃에 있는 특정 부피의 용액이 담기도록 교정된 기구이다.

② TC20℃ : 20℃에서 표시된 부피를 담도록(To Contain) 매겨진 눈금 → 플라스크

③ TD : 해당 온도에서 표시된 부피를 옮기도록(To Deliver) 매겨진 눈금 → 피펫, 뷰렛

④ 부피플라스크의 사용

ㄱ 액체의 최종 부피보다 작은 액체를 넣고 플라스크를 흔들면서 원하는 질량의 시약을 녹인다.

ㄴ 액체를 좀 더 가하고 다시 흔들어 섞는다.

ㄷ 플라스크 속에 있는 액체를 완전히 잘 섞은 다음 최종 부피로 묽힌다.

ㄹ 서로 다른 두 가지 액체가 섞이면 약간의 부피 변화가 일어날 수 있으므로, 전체 부피는 섞은 두 용액의 부피의 합과 다를 수 있다.

분석용 초자기구에 대한 설명 중 옳은 것은?　　[2021년 1회]

> 가. 100mL, TC20℃라고 쓰여 있는 부피플라스크의 눈금에 용액을 맞추면 용기에 포함된 용액의 부피가 20℃에서 100mL이다.
> 나. 10mL, TD20℃의 Transfer Pipet에 들어 있는 부피는 10mL이다.
> 다. 피펫으로 용액을 비커에 옮길 때, 용액이 피펫 끝에 조금이라도 남아 있으면, 오차가 생기므로 가급적 모두 비커에 옮기도록 하여야 한다.
> 라. 부피플라스크 및 피펫의 검정은 무게를 달아서 한다.

① 가, 다　　　　　　　　② 가, 라
③ 가, 나, 라　　　　　　④ 가, 나, 다, 라

|해설|

• TC(To Contain) : 해당 온도에서 부피 측정용기에 해당 부피를 담을 수 있음을 의미한다.
• TD(To Deliver) : 해당 온도에서 부피 측정용기를 이용해 해당 부피를 옮길 수 있음을 의미한다.
나. 10mL Transfer Pipet에 TD20℃이라고 적혀있다면, '20℃에서 10mL를 옮길 수 있음'을 의미한다.
다. Transfer Pipet의 경우 마지막 방울은 비커에 옮기지 않는다.

정답 ②

① 일정한 부피의 액체를 옮기는 데 사용한다.

② 옮김용 피펫(Transfer Pipet)의 사용

　㉠ 눈금을 약간 초과한 양의 액체를 뽑아 올린다.

　㉡ 피펫에 남아 있는 다른 시료로부터의 미량 성분을 제거하기 위하여 처음 한두 번 뽑아 올린 액체는 버린다.

　㉢ 눈금을 통과하도록 액체를 취한 다음, 피펫 윗부분의 구멍을 집게손가락으로 막으면서 피펫 필러를 떼어낸다.

　㉣ 피펫 필러를 떼어 내는 동안 피펫 끝을 용기 바닥에 가볍게 누르고 있으면 손가락으로 구멍을 막는 동안 액체가 유출되어 눈금 아래로 내리는 것을 방지할 수 있다.

　㉤ 깨끗한 휴지로 피펫 바깥쪽에 묻어 있는 과량의 액체를 닦는다.

　㉥ 받는 용기로 피펫을 옮겨 피펫 끝을 그 용기의 벽에 붙인 채 중력으로 액체를 흘린다.

　㉦ 액체를 다 흘려 내린 후에도 남은 액체가 완전히 나오도록 피펫 끝을 몇 초 동안 더 비커의 벽에 대고 기다린다.

　㉧ 마지막 방울은 옮기지 않는다.

③ 마이크로피펫의 사용

　㉠ 깨끗한 팁을 포장 용기나 디스펜서에 보관한다.

　㉡ 피펫 윗부분에 있는 원형 손잡이로 원하는 부피를 맞춘다.

　㉢ 피펫 윗부분에 튀어나온 막대 피스톤을 첫번째 정지 지점까지 누르고 시약 용액에 3~5mm 깊이로 담근 다음, 막대 피스톤을 천천히 놓으면서 액체를 뽑아 올린다.

　㉣ 팁을 액체 용액에 몇 초 동안 담가 두어 액체를 팁 안에 완전히 빨아들이게 한다.

　㉤ 팁이 용기 벽에 닿지 않도록 주의하면서 팁을 수직으로 들어 올린다.

　㉥ 액체를 옮기기 위하여 용기의 벽에 마이크로피펫 팁을 갖다 대고 천천히 첫번째 정지 지점까지 막대 피스톤을 아래로 누른다.

　㉦ 액체가 배출되도록 몇 초간 기다린 후에 피펫 팁에 있는 마지막 방울이 모두 나오도록 첫번째 정지 지점보다 더 아래로 막대 피스톤을 누른다.

④ 마이크로피펫의 허용오차가 벗어나는 평균 시간이 2년이라면, 실험실에서 쓰는 마이크로피펫의 95%가 제대로 작동하도록 확신하려면 2개월마다 한 번씩 교정해야 한다.

⑤ 마이크로피펫 관련 오차 줄이기

　㉠ 제작 회사가 추천하는 팁을 사용한다.

　㉡ 옮기기 전에 액체를 3회 빨아들이고 배출함으로써 피펫 팁을 적시고, 안쪽을 증기로 평형에 이르게 한다.

　㉢ 액체와 피펫은 동일한 온도여야 한다. 낮은 온도의 액체는 정해진 양보다 더 작은 부피가, 높은 온도의 액체는 정해진 양보다 더 많은 부피가 옮겨진다. 부피가 작을수록 오차는 커진다.

　㉣ 마이크로피펫은 해수면 압력에서 교정된다. 고도가 높으면 교정에서 벗어난다. 옮겨진 액체의 질량을 측정해서 교정할 수 있다.

핵심이론 20 부피 측정용 유리 기구의 교정

① 최상의 정확도를 얻기 위하여 특정한 유리 기구에 실제로 들어 있거나 옮겨진 물의 질량을 측정하여 교정한다.

② 용기에 들어 있거나 옮겨진 물의 질량을 측정하고, 물의 밀도를 이용하여 질량을 부피로 환산한다.

③ 열팽창에 대한 보정

$$\frac{c'}{d'} = \frac{c}{d}$$

여기서, c', d' : 온도 T'에서의 농도와 밀도
c, d : 온도 T에서의 농도와 밀도

핵심예제

25mL 피펫으로 물을 취한 후 병에 옮겨 측정한 질량이 35.225g이었다. 빈 병의 질량이 10.313g이고 실험실 온도가 20℃라면, 피펫으로 옮긴 물의 부피는?(단, 20℃에서 물 1g의 부피는 1.0029mL이다)

① 24.984mL
② 25.000mL
③ 25.016mL
④ 25.984mL

|해설|

피펫 속 물의 질량 = 35.225g − 10.313g = 24.912g
∴ 피펫으로 옮긴 물의 부피 = 24.912g × 1.0029mL/g
　　　　　　　　　　　≒ 24.984mL

정답 ①

제2절 | 이화학 분석

2-1. 단위와 농도

핵심이론 01 SI 단위

① 기본 SI 단위

물리량	질 량	길 이	시 간	온 도	물질의 양	전 류	광 도
표 기	kg	m	s	K	mol	A	cd

② 접두어

접두어	테 라	기 가	메 가	킬 로	헥 토	데 카
표 기	$T(10^{12})$	$G(10^9)$	$M(10^6)$	$k(10^3)$	$h(10^2)$	$da(10^1)$
접두어	데 시	센 티	밀 리	마이크로	나 노	피 코
표 기	$d(10^{-1})$	$c(10^{-2})$	$m(10^{-3})$	$\mu(10^{-6})$	$n(10^{-9})$	$p(10^{-12})$

③ SI 유도 단위

물리량	기 호	다른 단위 표시	SI 기본 단위
주파수	Hz		
힘	N		$kg \cdot m/s^2$
압 력	Pa	N/m^2	$kg/m \cdot s^2$
에너지, 일, 열량	J	$N \cdot m$	$kg \cdot m^2/s^2$
일률, 전력	W	J/s	$kg \cdot m^2/s^3$
전하량	C		$A \cdot s$

1-1. 기본적인 SI 단위들로부터 유도된 압력의 단위는 파스칼 (Pa)이다. 이것을 SI 기본 단위항으로 옳게 표시한 것은?

[2008년 4회, 2012년 1회]

① $m \cdot kg/s^2$
② $kg/m \cdot s^2$
③ $m^2 \cdot kg/s^2$
④ $s/kg \cdot m^2$

1-2. 다음 중 국제단위계(SI)의 기본 단위가 아닌 것은?

[2013년 4회, 2019년 1회]

① 줄(J)
② 킬로그램(kg)
③ 초(s)
④ 몰(mol)

|해설|

1-1

$$Pa = N/m^2 = (kg \cdot m/s^2)/m^2 = kg/m \cdot s^2$$

1-2

국제단위계(SI)의 기본 단위

- 길이 : 미터(m)
- 질량 : 킬로그램(kg)
- 시간 : 초(s)
- 전류 : 암페어(A)
- 열역학 온도 : 켈빈(K)
- 물질량 : 몰(mol)
- 광도 : 칸델라(cd)

정답 **1-1** ② **1-2** ①

---

① 길이 : $1ft = 0.3048m = 30.48cm = 12in.$

② 부피 : $1L = 1,000mL = 0.001m^3 = 1,000cm^3$

③ 압력 : $1atm = 1.01325 \times 10^5 Pa(N/m^2)$
$$= 1.01325bar = 760mmHg$$
$$= 10.33mH_2O = 14.7psi$$

④ 일 : $1cal = 4.184J = 4.184N \cdot m$

다음 중 압력의 크기가 작은 값부터 큰 순서대로 옳게 표시된 것은?

[2007년 4회, 2009년 2회 유사, 2009년 4회 유사]

① $1atm < 1Pa < 1mmHg < 1bar$
② $1Pa < 1mmHg < 1bar < 1atm$
③ $1mmHg < 1bar < 1atm < 1Pa$
④ $1Pa < 1atm < 1mmHg < 1bar$

|해설|

atm을 기준으로 각 단위를 환산한다.

- $1Pa \times \dfrac{1atm}{101,325Pa} ≒ 9.87 \times 10^{-6}atm$

- $1mmHg \times \dfrac{1atm}{760mmHg} ≒ 1.31 \times 10^{-3}atm$

- $1bar \times \dfrac{1atm}{1.01325bar} ≒ 0.987atm$

∴ $1Pa < 1mmHg < 1bar < 1atm$

정답 ②

물리량	단위 표시
주파수	Hz
힘	N
압력	Pa
일	J
일률	W
전기량	C
기전력	V
전기저항	Ω
전기용량	F

핵심예제

3-1. 다음 중 단위를 잘못 나타낸 것은?

[2009년 2회, 2015년 4회]

① 주파수 : Hz   ② 힘 : N
③ 일률 : J   ④ 전기량 : C

3-2. 다음 중 단위를 잘못 나타낸 것은?

① 전류 : A/s   ② 압력 : Pa
③ 전위차 : V   ④ 전기용량 : F

3-3. 물리적 양의 단위를 틀리게 나타낸 것은?　[2013년 4회]

① 주파수 : 헤르츠(Hertz)
② 힘 : 뉴턴(Newton)
③ 전기량 : 암페어(Ampere)
④ 온도 : 켈빈(Kelvin)

|해설|

3-1
③ 일률 : W(J/s)

3-2
① 전류 : C/s

3-3
• 전기량 : 쿨롱(Coulomb)
• 전류 : 암페어(Ampere)

정답 3-1 ③　3-2 ①　3-3 ③

핵심이론 04 서로 비슷한 것끼리 녹는 규칙

① 분자 간에 작용하는 힘의 종류와 크기가 비슷한 물질들끼리 서로 잘 녹는다.
② 서로 비슷한 것끼리 잘 녹으므로 극성 용매에는 극성 물질이, 비극성 용매에는 비극성 물질이 잘 녹는다.
③ 대부분의 비극성 물질
　㉠ 비극성 물질끼리 잘 녹는다.
　　예 펜테인과 헥세인
　㉡ 물에 대한 용해도가 작다.
④ 대부분의 극성 물질
　㉠ 극성 물질끼리 잘 녹는다.
　㉡ 대부분 Hydroxy기($-OH$)를 가지고 있어 물에 잘 녹는다.
　　예 메탄올, 에탄올, 에틸렌글리콜

4-1. 다음 각 쌍의 2개 물질 중에서 물에 더욱 잘 녹을 것이라고 예상되는 물질을 1개씩 옳게 선택한 것은?

[2007년 4회, 2009년 4회, 2019년 2회]

- CH_3CH_2OH와 $CH_3CH_2CH_3$
- $CHCl_3$와 CCl_4

① CH_3CH_2OH, $CHCl_3$
② CH_3CH_2OH, CCl_4
③ $CH_3CH_2CH_3$, $CHCl_3$
④ $CH_3CH_2CH_3$, CCl_4

4-2. 어떤 미지의 물질이 물에는 쉽게 녹는데 벤젠에는 잘 안 녹는다면 이 물질은 어떤 성질을 나타내는가? [2012년 1회]

① 극성도 아니고 비극성도 아니다.
② 극성이다.
③ 극성이고 동시에 비극성이다.
④ 비극성이다.

|해설|

4-1

극성 물질은 극성 용매에 잘 녹고, 비극성 물질은 비극성 용매에 잘 녹는다. 물은 극성 용매이므로 보기에서 극성 물질을 찾으면 된다. $CH_3CH_2CH_3$(프로페인)과 CCl_4(사염화탄소)는 공유전자쌍이 (+), (−) 어느 쪽으로도 치우지지 않고 균형을 이루고 있는 비극성 분자이다.

4-2

② 물은 극성, 벤젠은 비극성이므로 물에는 잘 녹고 벤젠에는 잘 녹지 않는 물질은 극성이다.
서로 비슷한 것끼리 녹이는 규칙(Like Dissolves Like Rule) : 극성물질은 극성 용매에 잘 녹고, 비극성 물질은 비극성 용매에 잘 녹는다.

정답 **4-1** ① **4-2** ②

핵심이론 05 용해도

① 용해도

ⓐ 용매 100g을 포화시키는 데 필요한 용질의 g수이다.

ⓑ 일반적으로 고체의 용해도는 온도 상승에 따라 증가하나, 기체의 용해도는 온도 상승에 따라 감소한다.

※ 예외 : $CaSO_4$, $Ca(OH)_2$ 등

② 결정성장

ⓐ 핵심생성 : 용액 중의 분자들이 무질서하게 서로 부딪쳐 작은 응집체를 형성하는 과정이다.

ⓑ 입자성장 : 핵에 더 많은 분자들이 모여 결정을 생성하는 과정이다.

ⓒ 핵심생성의 속도는 입자의 성장 속도보다 상대 과포화도에 더 크게 의존한다.

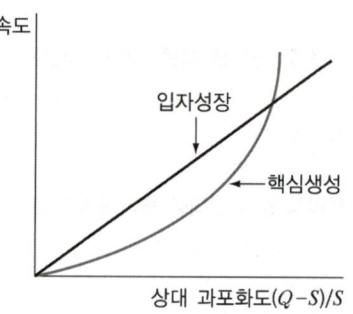

침전과정에서 결정성장에 대한 설명 중 틀린 것은?

[2007년 4회, 2019년 4회]

① 침전물의 입자 크기를 증가시키기 위하여 침전물이 생성되는 동안에 상대 과포화도를 최소화하여야 한다.
② 핵심생성(Nucleation)이 지배적이라면 침전물은 매우 작은 입자로 구성된다.
③ 입자성장(Particle Growth)이 지배적이면 침전물은 큰 입자들로 구성한다.
④ 핵심생성(Nucleation) 속도는 상대 과포화도가 감소함에 따라 직선적으로 증가한다.

|해설|

④ 입자성장(Particle Growth) 속도는 상대 과포화도에 따라 직선적으로 증가하며, 핵심생성(Nucleation) 속도는 입자의 성장속도보다 상대 과포화도에 더 크게 의존한다.

정답 ④

① 일정한 온도에서 일정한 양의 용매에 용해되는 기체의 질량은 그 기체의 압력에 비례한다. 이 법칙은 용해도가 작은 기체에 대하여 낮은 압력에서만 적용된다. 헨리의 법칙에 의해 압력이 1atm에서 2atm, 3atm으로 증가하면 기체의 용해도(질량)도 2배, 3배 증가한다. 그러나 보일의 법칙에 의해 기체의 부피는 압력에 반비례하여 1/2배, 1/3배 감소하므로, 결국 용해되는 기체의 부피는 압력에 관계 없이 일정하다고 할 수 있다.
② 헨리의 법칙이 적용되는 기체는 물에 녹기 어려운 기체이다.
예 H_2, CO_2, O_2, N_2
③ 헨리의 법칙이 적용되지 않는 기체는 물에 잘 녹는 극성 분자이다.
예 NH_3, HCl, SO_2

'액체 속에 들어 있는 기체의 용해도는 용액에 가해지는 기체의 압력에 비례한다.'는 어떤 법칙인가? [2009년 2회, 2016년 1회]

① Hess의 법칙
② Raoult의 법칙
③ Henry의 법칙
④ Nernst의 법칙

|해설|

① 헤스의 법칙 : 화학 반응에서 방출 또는 흡수되는 열량은 그 반응의 처음 상태와 마지막 상태만 같으면 그 경로에 관계없이 일정하다(총열량 불변의 법칙).
② 라울의 법칙 : 분자 모양이 비슷한 두 가지 물질 A, B로 구성된 용액에서 A의 부분 압력은 순수한 증기압력에 몰분율을 곱한 것과 같다.
④ Nernst의 법칙 : $E = E° + \dfrac{0.0591}{n} \log Q$

정답 ③

① 포화용액 : 일정량의 용매에 용질이 최대한으로 녹는 용액이다(용해 속도 = 석출 속도).
② 불포화용액 : 아직 용질이 더 녹을 수 있는 용액이다(용해 속도 > 석출 속도).
③ 과포화용액 : 용질이 한도 이상으로 녹아 있는 용액이다(용해 속도 < 석출 속도).

핵심예제

7-1. 다음 설명 중 틀린 것은? [2006년 4회, 2010년 2회]
① 특별한 조건에서 용액의 최대 용해도를 초과한 용액을 과포화되었다고 한다.
② 어떤 주어진 온도에서 최대로 녹을 수 있는 용질의 양을 포함하는 용액을 포화되었다고 한다.
③ 일반적으로 고체화합물의 용해도는 용액의 온도가 올라가면 감소한다.
④ 용액의 농도가 용액의 최대 용해도보다 작을 때는 불포화되었다고 한다.

7-2. 염화나트륨 과포화용액에 용질로 사용한 염화나트륨을 약간 더 넣어주거나 염화나트륨 과포화용액을 잘 저어주면 그 용액은 어떻게 되는가? [2012년 1회]
① 염화나트륨 과포화용액이 그대로 있다.
② 염화나트륨 포화용액이 된다.
③ 염화나트륨 불포화용액이 된다.
④ 용매가 증발하여 감소한다.

|해설|

7-1
일반적으로 고체화합물의 용해도는 용액의 온도가 올라가면 증가하고, 기체화합물의 용해도는 용액의 온도가 올라가면 감소한다.

7-2
② 과포화용액은 불안정한 상태이므로 소량의 용질을 넣어주거나 과포화용액을 잘 저어주면 포화용액이 된다.

정답 **7-1** ③ **7-2** ②

① 용액 1L 중에 녹아 있는 용질의 몰수로, 단위는 mol/L 또는 M으로 나타낸다.
② 몰농도(M)

$$= \frac{\text{용질의 몰수}}{\text{용액의 부피(L)}}$$

$$= \frac{\text{용질의 질량(g)}}{\text{용질 1몰의 질량(g/mol)}} \times \frac{1,000}{\text{용액의 부피(mL)}}$$

예 $0.1M$ $BaCl_2$ 용액 : 1L의 용액 속에 $BaCl_2$가 0.1mol 포함되어 있다.
③ 강전해질의 몰농도를 포말농도(F)로 표시할 수 있다.

8-1. 2M NaOH 30mL에는 몇 mg의 NaOH가 존재하는가?(단, Na의 원자량은 23이다) [2008년 4회, 2006년 4회 유사, 2007년 4회 유사, 2009년 2회 유사, 2009년 4회 유사, 2010년 4회 유사]

① 1,200 ② 1,800
③ 2,400 ④ 3,600

8-2. 20wt% NaOH 용액으로 1M NaOH 용액 100mL를 만들려고 할 때 다음 중 가장 옳은 방법은?

① 20% 용액 20g에 60g의 물을 가한다.
② 20% 용액 20mL에 물을 가해 100mL로 만든다.
③ 20% 용액 20g에 물을 가해 100mL로 만든다.
④ 20% 용액 20mL에 80mL의 물을 가한다.

|해설|

8-1

$$x\text{mol NaOH} = \frac{2\text{mol}}{1,000\text{mL}} \times 30\text{mL} = 0.06\text{mol}$$

NaOH의 분자량 $= 23 + 16 + 1 = 40$이므로

0.06mol의 NaOH는 $0.06\text{mol} \times \dfrac{40\text{g}}{1\text{mol}} \times \dfrac{1,000\text{mg}}{1\text{g}} = 2,400\text{mg}$

이다.

8-2

1M NaOH 용액 100mL를 만들기 위해 필요한 NaOH의 양

$$= \frac{1\text{mol}}{1,000\text{mL}} \times \frac{40\text{g}}{1\text{mol}} \times 100\text{mL} = 4\text{g}$$

20% 용액에서 4g을 얻기 위한 용액량은

$$x \times 20\text{wt}\% = 4\text{g}$$

$$x = 4 \times \frac{100}{20} = 20\text{g}$$

∴ 20% 용액 20g에 물 100mL를 가한다.

정답 8-1 ③ 8-2 ③

---

① 용매(물) 1kg 속에 녹아 있는 용질의 몰수로서 m으로 표시한다.

② 몰랄농도(m)

$$= \frac{용질의\ 몰수(\text{mol})}{용매의\ 질량(\text{kg})} = \frac{용질의\ 질량(\text{g})/분자량}{용매의\ 질량(\text{g})/1,000}$$

③ 몰랄농도와 몰농도의 차이 : 몰농도와 몰랄농도 사이의 중요한 차이는 이들 양에 대한 온도의 영향, 즉 몰랄농도는 온도에 의존하지 않지만 몰농도는 영향을 받는다는 것이다.

9-1. 순도가 96wt%인 진한 황산용액의 몰랄농도는 약 몇 m인가?(단, 황산의 분자량은 98이다) [2008년 4회, 2010년 2회, 2010년 4회]

① 20 ② 135
③ 200 ④ 245

9-2. 몰랄농도가 3.24m인 K_2SO_4 수용액 내 K_2SO_4의 몰분율은?(단, 원자량은 K가 39.10, O는 16.00, H는 1.008, S는 32.06이다)

① 0.36 ② 0.036
③ 0.551 ④ 0.0551

|해설|

9-1

96wt% 진한 황산용액 → 100g 용액 중 용질 96g, 용매 4g

몰랄농도(m) $= \dfrac{용질의\ 몰수}{용매\ 1\text{kg}} = \dfrac{96\text{g}}{4\text{g}} \times \dfrac{1\text{mol}}{98\text{g}} \times \dfrac{1,000\text{g}}{1\text{kg}}$

≒ 245m

9-2

• K_2SO_4의 몰수 : 3.24m $K_2SO_4 = \dfrac{3.24\text{mol } K_2SO_4}{1\text{kg } H_2O}$

• H_2O의 몰수 : $1\text{kg } H_2O \times \dfrac{1\text{mol } H_2O}{18.016\text{g } H_2O} \times \dfrac{10^3\text{g}}{1\text{kg}}$

≒ 55.506mol

∴ 몰분율 $= \dfrac{K_2SO_4의\ 몰수}{총몰수} = \dfrac{3.24\text{mol}}{(55.506 + 3.24)\text{mol}}$

≒ 0.0551mol

정답 9-1 ④ 9-2 ④

---

① 용액 1L 속에 녹아 있는 용질의 g 당량수로서 N으로 표시한다.

② 노르말농도(N)

$$= \frac{\text{용질의 g 당량수(mol)}}{\text{용액의 부피}}$$

$$= \frac{\text{용질의 무게}}{\text{용질 1g 당량}} \times \frac{1,000}{\text{용액의 부피(mL)}}$$

핵심예제

10-1. 0.1M의 과망가니즈산칼륨이 황산철(Ⅱ)을 적정하기 위하여 산성 용액에서 사용되었다면 과망가니즈산칼륨의 노르말농도(N)는 얼마인가?   [2006년 4회, 2009년 4회 유사]

① 0.1   ② 0.3
③ 0.4   ④ 0.5

10-2. Ba(OH)₂ 용액 200mL을 중화하기 위하여 0.2M HCl 용액 100mL이 필요하였다. Ba(OH)₂ 용액의 노르말농도는 몇 N인가?

① 0.01   ② 0.05
③ 0.1   ④ 0.5

|해설|

10-1

$$\underset{+7}{MnO_4^-} + 5Fe^{2+} + 8H^+ \leftrightarrows \underset{+2}{Mn^{2+}} + 5Fe^{3+} + 4H_2O$$

$$+5 : 5당량$$

$$\therefore \text{노르말농도(N)} = \frac{\text{용질의 g 당량수}}{\text{용액 1L}} \text{이므로}$$

$$0.1M \times 5당량 = 0.5N이다.$$

10-2

$$NV = N'V'$$

$$x \cdot 200mL = 0.2N \cdot 100mL$$

$$\therefore x = 0.1N$$

정답 **10-1** ④ **10-2** ③

2-2. 화학평형

핵심이론 **01** 평형상수의 정의

① 화학평형의 법칙
   ㉠ 평형 상태에서 반응 물질의 농도의 곱과 생성 물질의 농도의 곱의 비는 온도가 일정하면 항상 일정하다.
   ㉡ $aA + bB \leftrightarrows cC + dD$ 의 반응이 평형 상태에 있을 때

$$K = \frac{[C]^c[D]^d}{[A]^a[B]^b}$$

② 평형상수의 성질
   ㉠ K 값은 촉매와 압력, 농도에 무관하고 온도에만 의존한다.
   ㉡ K 값이 크면 정반응 쪽으로 평형이 치우치고, 작으면 역반응 쪽으로 치우친다.
   ㉢ 평형상수의 크기는 반응 속도와 관계가 없다.

1-1. 다음 중 화학평형에 대한 설명으로 옳은 것은?

[2006년 4회, 2014년 4회, 2017년 1회]

① 화학평형상수는 단위가 없으며, 보통 K로 표시하고 K가 1보다 크면 정반응이 유리하다고 정의하며, 이때 Gibbs 자유 에너지는 양의 값을 가진다.

② 평형상수는 표준 상태에서의 물질의 평형을 나타내는 값으로 항상 양의 값이며, 온도에 관계없이 일정하다.

③ 평형상수의 크기는 반응 속도와는 상관이 없다. 즉, 평형상수가 크다고 해서 반응이 빠름을 뜻하지 않는다.

④ 물질의 용해도곱(Solubility Product)은 고체 염이 용액 내에서 녹아 성분 이온으로 나뉘는 반응에 대한 평형상수로, 흡열반응은 용해도곱이 작고, 발열반응은 용해도곱이 크다.

1-2. 어떤 반응의 평형상수를 알아도 예측할 수 없는 것은?

[2014년 4회]

① 평형에 도달하는 시간
② 어떤 농도가 평형조건을 나타내는지 여부
③ 주어진 초기농도로부터 도달할 수 있는 평형의 위치
④ 반응의 진행 정도

|해설|

1-1

① K 값이 크면 정반응 쪽으로 평형이 치우치고, 이때 Gibbs 자유 에너지는 음의 값을 가진다.

② 평형상수는 온도의 함수이다.

④ 용해도곱은 흡열·발열반응과 상관없고, 용해도곱도 평형상수의 일종이므로 온도에 의존한다.

1-2

평형상수

화학반응이 어떠한 특정온도에서 정반응 속도와 역반응 속도가 같을 때를 화학평형이라고 하며, 이때 반응물과 생성물의 농도관계를 나타낸 수를 평형상수라 한다. 평형상수는 온도의 함수로, 다른 요인에 의해서는 바뀌지 않는다.

정답 1-1 ③ 1-2 ①

평형농도가 주어지지 않은 경우 반응비를 이용하여 평형농도를 구한다.

예 일정 온도에서 용기에 A를 $a$mol, B를 $b$mol을 넣고 반응시켜서 다음과 같은 반응이 일어났을 때 B가 c몰 반응한 후 평형에 도달하였다고 가정하자.

반응식이 $2A + B \rightleftharpoons 2C + D$일 경우

구 분	2A	B	2C	D
초 기	$a$mol	$b$mol		
반 응	$-2c$mol	$-c$mol		
생 성			$2c$mol	$c$mol
평 형	$(a-2c)$mol	$(b-c)$mol	$2c$mol	$c$mol

평형상수 $K = \dfrac{[C]^2[D]}{[A]^2[B]}$ 에서 농도를 대입하면

$$K = \frac{(2c)^2 \cdot c}{(a-2c)^2 \cdot (b-c)} \text{ 이다.}$$

일정온도에서 1.0mol의 SO_3을 1.0L 반응용기에 담았다. 반응이 평형에 도달하여 다음과 같은 평형을 유지할 때, SO_2의 mol수가 0.60mol로 측정되었다. 평형상수 값은 약 얼마인가?

[2009년 4회, 2008년 4회 유사, 2010년 4회 유사, 2014년 1회]

$$2SO_3(g) \rightleftharpoons 2SO_2(g) + O_2(g)$$

① 0.36 ② 0.45
③ 0.54 ④ 0.68

|해설|

구 분	SO_3	SO_2	O_2
초 기	1.0mol	0mol	0mol
반 응	-0.60mol		
생 성		0.60mol	0.30mol
평 형	0.40mol	0.60mol	0.30mol

$$\therefore \ K = \frac{[SO_2]^2[O_2]}{[SO_3]^2} = \frac{0.60^2 \cdot 0.30}{0.40^2} \fallingdotseq 0.68$$

정답 ④

① 엔탈피

    ㉠ 표준 엔탈피 변화($\Delta H°$)는 모든 반응물과 생성물이 표준상태에 있을 때 흡수하는 열을 말한다.

    ㉡ $\Delta H > 0$이면 흡열반응, $\Delta H < 0$이면 발열반응이다.

② Gibbs 에너지

    ㉠ $K > 1$, $\Delta G° < 0$이면 반응은 자발적이다.

    ㉡ $K < 1$, $\Delta G° > 0$이면 반응은 비자발적이다.

③ $Q < K$이면 반응은 오른쪽으로 진행하고, $Q > K$이면 반응은 왼쪽으로 진행한다.

핵심예제

$A + B \rightleftarrows C + D$ 반응의 평형상수는 1.0×10^3이다. 반응물과 생성물의 농도가 [A] = 0.010M, [B] = 0.10M, [C] = 1.0M, [D] = 10.0M로 변했다면 평형에 도달하기 위해서 반응은 어느 방향으로 진행되는가?

① 왼쪽으로 반응이 진행된다.

② 오른쪽으로 반응이 진행된다.

③ 이미 평형에 도달했으므로 정지 상태가 된다.

④ 온도를 올려 주면 오른쪽으로 반응이 진행된다.

|해설|

$Q = \dfrac{1.0 \times 10.0}{0.010 \times 0.10} = 1 \times 10^4$으로 평형상수보다 크므로 반응은 왼쪽으로 진행된다.

정답 ①

---

① 평형 이동의 법칙 : 가역 반응이 평형 상태에 있을 때 농도, 온도, 압력 중 어느 한 조건을 변화시키면 반응은 그 변화를 감소시키려는 방향으로 진행하여 새로운 평형 상태에 도달한다.

② 일정 온도에서 압력과 평형 이동

    ㉠ 압력을 증가시키면 반응은 압력이 감소하는, 즉 기체의 몰수가 감소하는 방향으로 진행된다.

    ㉡ 압력을 낮추면 반응은 압력이 증가하는, 즉 기체의 몰수가 증가하는 방향으로 진행된다.

③ 일정 압력에서 온도와 평형 이동

    ㉠ 온도를 높이면 온도가 낮아지는 흡열반응쪽으로 평형이 이동한다.

    ㉡ 온도를 낮추면 온도가 높아지는 발열반응쪽으로 평형이 이동한다.

④ 농도와 평형 이동

    ㉠ 반응 물질의 농도를 증가시키면 평형은 오른쪽으로 이동하여 정반응이 일어난다.

    ㉡ 생성 물질의 농도를 증가시키면 평형은 왼쪽으로 이동하여 역반응이 일어난다.

⑤ 촉매와 평형 이동 : 반응 속도에는 영향을 미치지만 화학 반응의 평형을 이동시키지는 못한다.

4-1. 성분 이온 중 한 가지 이상이 용액 중에 들어 있는 경우 그 염의 농도가 감소하는 현상을 공통이온효과라고 한다. 다음 중 공통이온효과와 가장 관련이 있는 원리(법칙)는?

[2006년 4회]

① 파울리(Pauli)의 배타원리
② 비어(Beer)의 법칙
③ 패러데이(Faraday) 법칙
④ 르샤틀리에(Le Chatelier) 원리

4-2. 질소와 수소가 생성되는 암모니아의 반응은 다음과 같다. 이 계가 일정 부피의 용기에서 평형에 있다. 만약에 용기의 부피를 감소시키면 어떻게 되는가?

[2006년 2회, 2009년 2회 유사, 2009년 4회 유사]

$$2NH_3(g) \leftrightharpoons 3H_2(g) + N_2(g)$$

① 평형이 왼쪽으로 이동
② 평형이 오른쪽으로 이동
③ 평형이 이동하지 않음
④ 평형이 양쪽으로 이동

|해설|

4-1
르샤틀리에의 원리는 가역 반응이 평형 상태에 있을 때 농도, 온도, 압력 중 어느 한 조건을 변화시키면 반응은 그 변화를 감소시키려는 방향으로 진행하여 새로운 평형 상태에 도달한다는 것으로, 약전해질의 전리는 공통되는 이온을 함유한 강전해질을 가하여 주면 현저하게 감소되는 공통이온효과와 관련 있다.

4-2
$PV = k$로 용기의 부피가 감소하면 압력은 증가한다. 용기의 압력이 증가되면 반응은 압력이 감소하는, 즉 기체 몰수가 감소하는 방향으로 진행된다. 따라서 평형은 왼쪽으로 이동한다.

정답 4-1 ④ 4-2 ①

핵심이론 05 용해도곱

① 용해도곱 : 포화용액에서 양이온과 음이온의 농도의 곱으로, 일정한 온도에서 일정한 값을 가진다.

② 2원 전해질에서의 용해도곱

$$MA \leftrightharpoons M^+ + A^-$$

$$K_{sp} = [M^+][A^-]$$

$$[M^+] = [A^-] = \sqrt{K_{sp}}$$

$$\therefore K_{sp} = [A^-]^2$$

③ 3원 전해질에서의 용해도곱

$$M_2A \leftrightharpoons 2M^+ + A^{2-}$$

$$K_{sp} = [2A^{2-}]^2[A^{2-}] = 4[A^{2-}]^3$$

$$[A^{2-}] = \sqrt[3]{\frac{K_{sp}}{4}}$$

$$\therefore K_{sp} = 4 \times [A^{2-}]^3$$

④ 공통이온효과
　㉠ 르샤틀리에 원리와 관계있다.
　㉡ 성분 이온들 중의 하나가 이미 용액 중에 들어 있으면 그 염은 덜 녹는다.

5-1. CaF_2의 용해도는 2.0×10^{-4}M이다. 용해도곱상수 K_{sp}는?

[2008년 4회, 2009년 2회 유사]

① 3.2×10^{-8}

② 8.0×10^{-12}

③ 3.2×10^{-11}

④ 8.0×10^{-8}

5-2. 다음 화학평형식에 대한 설명으로 틀린 것은?

[2014년 1회, 2017년 1회]

$$Hg_2Cl_2(s) \rightleftharpoons Hg_2^{2+}(aq) + 2Cl^-(aq)$$

① 이 반응을 나타내는 평형상수는 K_{sp}라고 하며 용해도상수 또는 용해도곱상수라고도 한다.

② 이 용액에 Cl^- 이온을 첨가하면 용해도는 감소한다.

③ 온도를 증가시키면 K_{sp}는 변한다.

④ 이 용액에 Cl^- 이온을 첨가하면 K_{sp}는 감소한다.

|해설|

5-1
$CaF_2 \rightleftharpoons Ca^{2+} + 2F^-$

$[Ca^{2+}] = L_m$, $[F^-] = 2L_m$으로 두면

$K_{sp} = [Ca^{2+}][F^-]^2 = (L_m) \times (2L_m)^2 = 4L_m^3$
$\quad = 4 \times (2.0 \times 10^{-4})^3 = 3.2 \times 10^{-11}$

5-2
용해도곱상수(K_{sp})는 이온농도에 비례한다.

정답 5-1 ③ 5-2 ④

2-3. 활동도

핵심이론 01 이온세기

① 이온 사이의 상호작용 정도를 나타내는 양이다.

② 전해질 용액을 구성하고 있는 각 이온의 농도와 전하의 제곱을 곱하여 합한 것의 절반값이다.

예 0.10M $NaNO_3$의 이온세기

$$NaNO_3 \rightleftharpoons Na^+ + NO_3^-$$

∴ 이온세기

$$= \frac{1}{2}\left[\{0.1 \times 1^2 \times 1\} + \{0.1 \times (-1)^2 \times 1\}\right]$$

$$= \frac{1}{2}(0.1 + 0.1) = 0.1M$$

1-1. 염의 용해도에서 0.10M Na_2SO_4 용액의 이온세기(Ionic Strength)는?

[2006년 4회, 2008년 4회, 2009년 2회, 4회, 2010년 2회, 4회]

① 0.10M

② 0.20M

③ 0.25M

④ 0.30M

1-2. 다음 용액 중 이온세기를 잘못 나타낸 것은?

① 0.10M $NaNO_3$의 이온세기는 0.10M이다.

② 0.10M Na_2SO_4의 이온세기는 0.20M이다.

③ 0.020M KBr의 이온세기는 0.020M이다.

④ 0.030M $ZnSO_4$의 이온세기는 0.12M이다.

|해설|

1-1
$Na_2SO_4 \rightleftharpoons 2Na^+ + SO_4^{2-}$

∴ 이온세기 $= \frac{1}{2}\left[\{0.1 \times (+1)^2 \times 2\} + \{0.1 \times (-2)^2 \times 1\}\right]$

$\qquad = \frac{1}{2}(0.2 + 0.4) = 0.30M$

1-2
②의 이온세기
$= \frac{1}{2}\left[\{0.1 \times (+1)^2 \times 2\} + \{0.1 \times (-2)^2 \times 1\}\right]$
$= 0.30M$

정답 1-1 ④ 1-2 ②

핵심이론 02 활동도 개념

① 실제 기체나 액체에서 측정되는 열역학적 값을 갖는 이상 기체나 이상 액체의 분자나 이온의 농도이다.

② 활동도 = 활동도계수 × 몰농도

③ 활동도는 농도와 온도의 함수이다.

핵심예제

활동도(Activity)가 0.24M인 0.30M 용액의 활동도계수(Activity Coefficient)는?

[2007년 4회]

① 0.24 ② 0.3

③ 0.8   ④ 1.25

|해설|

활동도 = 활동도계수 × 몰농도

$$\therefore \ 활동도계수 = \frac{활동도}{몰농도} = \frac{0.24}{0.30} = 0.8$$

정답 ③

핵심이론 03 활동도계수

① $A_c = [c]\gamma_c$

② 활동도계수 $= 1 \rightarrow A_c = [c]$ (이상적)

$$K = \frac{C_C^c D_D^d}{A_A^a B_B^b} = \frac{[C]^c\gamma_C^c[D]^d\gamma_D^d}{[A]^a\gamma_A^a[B]^b\gamma_B^b} = \frac{[C]^c[D]^d}{[A]^a[B]^b}$$

③ 활동도계수는 무차원이다.

④ 활동도계수는 자신이 참여하는 화학평형에 영향을 주는 척도를 나타내는 것으로, 묽은 용액에서 효과가 높아진다. 따라서 이온세기가 최소인 묽은 용액에서 활동도계수는 1이 된다.

⑤ 이온의 전하가 커질수록 활동도계수가 1에서 벗어나는 정도가 커지므로 보정의 필요성이 증가한다.

핵심예제

이온세기와 활동도, 활동도계수에 대한 설명으로 옳은 것은?

[2009년 4회, 2009년 2회 유사]

① 활동도계수의 단위는 mol/L이다.

② 이온의 전하가 커질수록 활동도 보정은 필요 없게 된다.

③ 일반적으로 이온세기가 증가할수록 활동도계수는 감소한다.

④ 활동도계수는 이온이 갖는 전하 크기에 무관하다.

|해설|

③ 활동도계수는 자신이 참여하는 화학평형에 영향을 주는 척도를 나타내는 것으로, 묽은 용액에서 효과가 높아진다. 따라서 이온세기가 최소인 묽은 용액에서 활동도계수는 1이 된다.

① 활동도계수는 무차원이고, mol/L는 몰농도의 단위이다.

②·④ 이온의 전하가 커질수록 활동도계수가 1에서 벗어나는 정도가 더욱 커지므로 보정의 필요성이 증가한다.

정답 ③

2-4. 무게 및 부피분석법

① 침전법, 휘발법, 추출법 등의 방법을 통해 분석 대상 성분물질을 얻은 다음 이 성분 물질을 항량(동일한 조건하에서 1시간 더 건조하거나 강열할 때 전후의 무게차가 0.3mg 이하)으로 만든 후에 그 성분 물질의 화학식 등으로써 물질의 농도 또는 양을 결정하는 분석법이다.

② 침전법 : 목적 성분을 적당한 침전시약에 의해 난용성의 화합물로 침전시킨 뒤 분리한 후, 이 침전을 그대로 두거나 다른 적당한 물질로 변화시켜 무게를 재는 방법으로 무게분석 중 가장 많이 사용된다.

　　예 Cl^-를 정량하기 위해 침전시약으로 $AgNO_3$를 가해 $AgCl$로 침전시킨 뒤 여과, 세척, 건조 후 무게를 잰다.

③ 휘발법 : 정량 목적의 성분 또는 기타의 성분이 휘발성이거나, 가열하거나 산과 같은 시약을 첨가함으로써 휘발성 물질로 변화될 때 휘발한 성분 또는 잔류물질을 칭량하여 원래의 성분량을 산출한다.

④ 추출법 : 혼합물 중의 목적 성분을 적당한 용매로 분리, 다른 성분과 분리하는 방법이다.

핵심예제

칼슘 이온 Ca^{2+}을 무게분석법을 활용하여 정량하고자 한다. 이때 효과적으로 사용할 수 있는 음이온은? [2009년 2회]

① $C_2O_4^{2-}$ 　　　　② SO_4^{2-}

③ Cl^- 　　　　④ SCN^-

|해설|

Ca^{2+}는 $C_2O_4^{2-}$와 염기성 용액에서 침전물을 생성하므로 무게분석법을 활용하여 정량할 수 있다.

정답 ①

① 함량(%) $= \dfrac{a}{S} \times 100$

　여기서, a : 구하는 성분의 양

　　　　　 S : 시료의 양

② a는 휘발법 및 추출법의 경우에는 매우 간단하나 침전법의 경우에는 최후의 칭량치에서 계산에 의해 구해야 한다.

$$a = W \times F$$

　여기서, W : 칭량치

　　　　　 F : 환산계수

핵심예제

2.0mg의 유기물 시료를 연소시켜 4.4mg의 이산화탄소(CO_2) 기체를 얻었다. 이 유기물 중 탄소(C)의 무게 백분율(%)은?

[2006년 4회]

① 30 　　　　② 40

③ 50 　　　　④ 60

|해설|

$$4.4mg\ CO_2 \times \frac{1mmol}{44mg\ CO_2} \times \frac{12mg\ C}{1mmol} = 1.2mg\ C$$

$$\therefore \text{C의 무게 백분율} = \frac{1.2mg\ C}{2.0mg} \times 100 = 60\%$$

정답 ④

① 정량하려고 하는 물질의 미지의 양을 포함하는 용액에 농도를 알고 있는 표준용액을 가하여 화학반응을 종료시키고, 그 부피를 측정하여 표준물질의 양에서 구하는 물질의 함량을 산출하는 방법이다.

② 표준용액

    ㉠ 농도를 정확히 알고 있는 적정 용액으로, 적정에서 기준물질로 사용한다.

    ㉡ 일차 표준물질 : 순도가 높고 용액을 만들었을 때 오차가 작아 예상한 농도와 거의 동일한 농도의 용액을 만들 수 있는 물질이다.

    ㉢ 표준물질의 조건

        • 순수한 상태로 얻기 쉽고, 값이 싸며 건조 정제하기 쉬워야 한다.

        • 조해성이나 풍해성이 없으며 대기 중에서 안정하여 CO_2, O_2와 반응하지 않아야 한다.

        • 시약의 순도를 정확하게 알 수 있어야 한다.

        • 적정 시 종말점 검출이 쉽고 예민해야 한다.

③ 반응 형식에 따른 부피분석의 분류

    ㉠ 중화법 적정

    ㉡ 침전법 및 착화합물법 적정

    ㉢ 킬레이트 적정

    ㉣ 산화·환원법 적정

④ 적정 조작에 따른 부피분석의 분류

    ㉠ 직접 적정법 : 미지의 농도의 용액을 표준용액으로 직접 적정하는 방법으로, 표준용액의 소비량에서 그 농도가 산출된다.

    ㉡ 역적정법 : 미지 농도의 용액에 일정 과잉량의 표준용액을 가하여 반응이 완료한 뒤 그 과잉량을 다른 표준용액으로 적정하는 방법이다.

핵심예제

부피분석의 한 가지 방법으로 용액 중의 어떤 물질에 대하여 표준용액을 과잉으로 가하여, 분석 물질과 반응이 완결된 다음 미반응의 표준용액을 다른 표준용액으로 적정하는 방법은?

[2010년 2회, 2010년 4회 유사]

① 정적정법
② 후적정법
③ 직접 적정법
④ 역적정법

정답 ④

① A 의 양(mol) $= V(L) \times C_A(mol/L)$

② A 의 부피(mL) $= m(g) \times 1/d(mL/g)$

핵심예제

4-1. 20℃ 에서 빈 플라스크의 질량은 10.2634g이고, 증류수로 플라스크를 완전히 채운 후에 질량은 20.2144g이었다. 20℃ 에서 물 1g의 부피가 1.0029mL 일 때, 이 플라스크의 부피를 나타내는 식은? [2010년 2회]

① $(20.2144 - 10.2634) \times 1.0029$

② $(20.2144 - 10.2634) \div 1.0029$

③ $1.0029 + (20.2144 - 10.2634)$

④ $1.0029 \div (20.2144 - 10.2634)$

4-2. 비중이 1.185인 진한 HCl 500mL를 희석하여 비중이 1.120인 묽은 HCl을 만들려면 물은 얼마나 필요한가?(단, 비중이 1.185인 HCl 함유량은 38%, 비중이 1.120인 HCl 함유량은 25%이다)

① 309mL   ② 304mL

③ 299mL   ④ 294mL

|해설|

4-1
• 증류수의 질량 $= (20.2144 - 10.2634)$g

• 증류수 1g당 부피 $= 1.0029$mL

∴ $(20.2144 - 10.2634)$g $\times \dfrac{1.0029mL}{1g}$ 하면 부피를 알 수 있다.

4-2
• 500mL 중 HCl의 무게 : $500mL \times \dfrac{1.185g}{mL} \times 0.38 = 225.15g$

• 필요한 물의 양 : $225.15g \times \dfrac{mL}{1.120g} \times \dfrac{1}{0.25} ≒ 804.11mL$

∴ 첨가할 물의 양 $= 804.11 - 500 ≒ 304.11mL$

정답 **4-1** ① **4-2** ②

2-5. 산·염기 적정

① 산·염기 적정곡선 : 첨가된 적정용액의 부피 대 pH의 작도이다.

② 당량점 : 적정곡선에서 염기의 화학량과 산의 화학량이 같은 점이다.

③ 산·염기 적정 : 농도나 정체를 모르는 산(또는 염기) 용액의 농도와 K_a 값을 결정하는 데 사용한다.

④ 당량점에서의 pH : 생성되는 염의 가수분해에 따라서 결정된다.

  ㉠ 센 산 + 센 염기 : 당량점 pH = 7

  ㉡ 약한 산 + 센 염기 : 당량점 pH > 7

  ㉢ 센 산 + 약한 염기 : 당량점 pH < 7

  ㉣ 약한 산 + 약한 염기 : 보통 이용하지 않는다.

⑤ 중화적정 산과 염기는 같은 당량수로 완전히 중화한다.
  $NV = N'V'$

핵심예제

HCl 용액을 표준화하기 위해 사용한 Na_2CO_3 가 완전히 건조되지 않아서 물이 포함되어 있다면, 이것을 사용하여 제조된 HCl 표준용액의 농도는? [2009년 2회, 2010년 2회]

① 참값보다 높아진다.

② 참값보다 낮아진다.

③ 참값과 같아진다.

④ 참값의 $\dfrac{1}{2}$ 이 된다.

|해설|

적정 시 $NV = N'V'$ 가 성립하므로 Na_2CO_3 가 완전히 건조되지 않고 물이 포함되어 있는 경우 V' 는 커진다. 따라서, HCl 표준용액의 농도도 참값보다 높아진다.

정답 ①

① $NV = N'V'$

② 강산-강염기 적정

$HNO_3(aq) + NaOH(aq) \rightarrow H_2O(l) + NaNO_3(aq)$

0.2M 50.0mL 0.1M xmL

  ㉠ NaOH 첨가 전 : HNO_3는 강산이므로 완전히 해리된다.

    pH : 산의 농도

  ㉡ 당량점 이전 : 0.1M NaOH 10.0mL 첨가한 경우

	반응 전	반응 후
H^+	$0.2M \times 50mL$ $= 10.0mmol$	$10.0 - 1.0 = 9.0mmol$
$+$		
OH^-	$0.1M \times 10.0mL$ $= 1.0mmol$	$1.00 - 1.0 = 0.0mmol$
$\downarrow$		
H_2O		

    pH : 남아 있는 $[H^+]$

    $pH = -\log[H^+]$

  ㉢ 당량점 : 0.1M NaOH 100mL 첨가한 경우

    pH = 7(중성)

  ㉣ 당량점 이후 : 0.1M NaOH 150mL 첨가한 경우

	반응 전	반응 후
H^+	$0.2M \times 50mL$ $= 10.0mmol$	$10.0 - 10.0 = 0.0mmol$
$+$		
OH^-	$0.1M \times 150.0mL$ $= 15.0mmol$	$15.0 - 10.0 = 5.0mmol$
$\downarrow$		
H_2O		

    pH : 남아 있는 $[OH^-]$

    $[H^+][OH^-] = 1.0 \times 10^{-14}$

    $pH = -\log[H^+]$

③ 약산-강염기 적정

$CH_3COOH(aq) + NaOH(aq) \rightarrow H_2O(l) + CH_3COONa(aq)$

0.1M 50.0mL 0.1M xmL

  ㉠ 당량점 이전 : 0.1M NaOH 10.0mL 첨가한 경우

	반응 전	반응 후
OH^-	$0.1M \times 10.0mL$ $= 1.0mmol$	$1.0 - 1.0 = 0.0mmol$
$+$		
CH_3COOH	$0.1M \times 50.0mL$ $= 5.0mmol$	$5.0 - 1.0 = 4.0mmol$
$\downarrow$		
CH_3COO^- $+ H_2O(l)$	0mmol	1.0mmol

    $n_{CH_3COOH} = \dfrac{0.1 \times 50 - 0.1 \times 10}{50 + 10} = \dfrac{4}{60}$

    $n_{NaOH} = \dfrac{0.1 \times 10}{50 + 10} = \dfrac{1}{60}$

    $pH = pK_a + \log\dfrac{[염기]}{[산]} = pK_a + \log\dfrac{1/60}{4/60}$

  ㉡ 반 당량점 : 0.1M NaOH 25.0mL 첨가한 경우

    [염기] = [산]

    $pH = pK_a + \log\dfrac{[염기]}{[산]} = pK_a$

  ㉢ 당량점 : 0.1M NaOH 50mL 첨가한 경우(당량점의 경우 pH > 7)

    $CH_3COO^- + H_2O(l) \leftrightarrows CH_3COOH + OH^-$

    $K_b = \dfrac{[CH_3COOH][OH^-]}{[CH_3COO^-]}$

    $= \dfrac{x \times x}{0.050 - x} = \dfrac{x^2}{0.050}$

㉣ 당량점 이후 : 0.1M NaOH 60.0mL 첨가한 경우

	반응 전	반응 후
OH^-	$0.1M \times 60.0mL$ $= 6.0mmol$	$6.0 - 5.0 = 1.0mmol$
$+$		
CH_3COOH	$0.1M \times 50.0mL$ $= 5.0mmol$	$5.0 - 5.0 = 0.0mmol$
$\downarrow$		
CH_3COO^- $+ H_2O(l)$	$0mmol$	$5.0mmol$

pH : 남아 있는 $[OH^-]$

$$[OH^-] = \frac{여분의\ OH^-(mmol)}{용액의\ 총부피(mL)}$$

$$[H^+][OH^-] = 1.0 \times 10^{-14}$$

$$pH = -\log[H^+]$$

핵심예제

순수한 Na_2CO_3가 녹아 있는 용액을 0.1M HCl 용액으로 적정하였더니 제2종말점까지 40.0mL가 소비되었다. 용액 속의 Na_2CO_3의 양은 약 몇 g인가?(단 Na_2CO_3의 화학식 양은 105.99g/mol 이다) [2009년 4회]

① 0.212
② 0.424
③ 0.636
④ 0.848

| 해설 |

$HCl \rightarrow 0.1mol/L \times 0.04L = 0.004mol$

Na^+는 2당량이므로, 용액 속의 Na_2CO_3는 0.002mol 존재한다.

$\therefore\ 0.002mol \times \dfrac{105.99g}{1mol} ≒ 0.212g$

정답 ①

핵심이론 03 산과 염기의 해리상수

① 산 해리상수

$$HA \rightleftharpoons H^+ + A^-$$

$$K_a = \frac{[H^+][A^-]}{[HA]}$$

② 염기 해리상수

$$B + H_2O \rightleftharpoons BH^+ + OH^-$$

$$K_b = \frac{[BH^+][OH^-]}{[B]}$$

③ K_a와 K_b의 관계

$$HA \rightleftharpoons H^+ + A^- \qquad K_a = \frac{[H^+][A^-]}{[HA]}$$

$$\underline{A^- + H_2O \rightleftharpoons HA + OH^- \qquad K_b = \frac{[HA][OH^-]}{[A^-]}}$$

$$H_2O \rightleftharpoons H^+ + OH^-$$

$$K_a \cdot K_b = \frac{[H^+][A^-]}{[HA]}\frac{[HA][OH^-]}{[A^-]} = K_w$$

핵심예제

약한 염기 0.05mol을 1.00L의 물에 녹여 pH를 측정하였더니 9.0이었다. 이 염기의 염기 해리상수 K_b는? [2009년 4회]

① 2.0×10^{-6}
② 2.0×10^{-9}
③ 5.0×10^{-12}
④ 2.0×10^{-17}

| 해설 |

$B + H_2O \rightleftharpoons BH^+ + OH^-$

$pH = 9,\ pOH = 14 - pH = 14 - 9 = 5$

$OH = 1 \times 10^{-5}$

$\therefore\ K_b = \dfrac{[BH^+][OH^-]}{[B]} = \dfrac{(1 \times 10^{-5})^2}{0.05} = 2.0 \times 10^{-9}$

정답 ②

① 완충용액

　　㉠ 소량의 산이나 염기를 가해도 pH가 거의 일정하게
　　　유지되는 용액이다.

　　㉡ 약전해질 용액과 그 공통이온을 포함한 염과의 혼
　　　합용액이다.

② 완충용액의 pH는 이온세기와 온도에 의존한다.

③ 완충용량은 산이나 염기가 가해졌을 때 완충용액이
　pH 변화에 얼마나 잘 저항하느냐의 척도로, 이 값이
　클수록 pH 변화에 잘 견딘다.

④ pH = pK_a일 때 완충용량은 최대이다.

핵심예제

다음 각각의 용액에 1M의 HCl을 2mL씩 첨가하였다. 어떤
용액이 가장 작은 pH 변화를 보이겠는가?

[2009년 4회, 2006년 4회 유사, 2009년 2회 유사]

① 0.1M NaOH 15mL

② 0.1M CH_3COOH 15mL

③ 0.1M NaOH 30mL와 0.1M CH_3COOH 30mL의 혼
　합용액

④ 0.1M NaOH 30mL와 0.1M CH_3COOH 60mL의 혼
　합용액

|해설|

완충용액이란 소량의 산이나 염기를 가해도 pH가 거의 일정하게
유지되는 용액으로, 약전해질 용액과 그 공통이온을 포함한 염과
의 혼합 용액이다. 완충용액에서 pH 변화는 가장 작다.
약산인 CH_3COOH에 NaOH를 넣으면 중화반응으로 CH_3COO^-가
생성되어 약산과 약산의 짝염기가 같이 있는 셈이 되므로 ③·④
번은 완충용액이다. ③번은 H^+와 OH^-가 동일한 양이므로 반응
후 약산에 해당하는 물질(CH_3COOH)이 없어지지만 ④번은 약산
이 존재하고 그 짝염기인 CH_3COO^-도 존재하므로 완충용액의
역할을 수행한다.

정답 ④

① 　　　　$HAc \rightleftarrows H^+ + Ac^-$
　　$a - [H^+]$　$[H^+]$　$[H^+]$

② $NaAc \leftrightarrows Na^+ + Ac^-$
　　b　　　　b　　　b

　　$1 - \alpha$　　α　　　α

③ $K_a = \dfrac{[H^+][Ac^-]}{[HAc]}$

　　　$= \dfrac{[H^+]\{[H^+] + \alpha b\}}{a - [H^+]} = \dfrac{[H^+]b}{a}$

　　$\therefore [H^+] = K_a \dfrac{a}{b}$

④ Henderson-Hasselbalch식

　　$pH = pK_a + \log\dfrac{[염]}{[산]}$

핵심예제

아세트산의 산 해리상수가 1.75×10^{-5}일 때, pH 6.3의 완충
용액을 만들기 위한 아세트산과 아세트산나트륨의 비율(아세
트산/아세트산나트륨)은 얼마인가? [2006년 4회, 2007년 4회 유사]

① 6.3/1.75　　　　　　② 6.3/17.5

③ 63/1.75　　　　　　④ 6.3/175

|해설|

$pH = pK_a + \log\dfrac{[염]}{[산]}$

$pK_a = -\log(1.75 \times 10^{-5}) ≒ 4.76$

$\log\dfrac{[염]}{[산]} = pH - pK_a = 6.3 - 4.76 ≒ 1.54$

$\dfrac{[염]}{[산]} = \dfrac{[아세트산나트륨]}{[아세트산]} = 10^{1.54}$

$\therefore$ 아세트산나트륨이 아세트산에 비해 비율이 10배 이상 크므로
　정답은 ④번이다.

정답 ④

2-6. 킬레이트(EDTA) 적정법

핵심이론 01 금속, 킬레이트 착물 개념

① 금속이온이 둘 이상의 전자공여기를 가진 배위자와 결합된 배위화합물은 중심 금속이온이 배위자에 의해서 둘러싸인 모양을 가진다. 이와 같은 배위화합물을 금속 킬레이트 화합물이라 하고, 그 배위자를 킬레이트라고 한다.

② 킬레이트는 2가 이상의 금속이온과 1 : 1의 비율로 결합하여 안정한 구조를 가진다.

③ 금속이온은 전자쌍을 주는 리간드로부터 전자쌍을 받으므로 Lewis 산이다.

④ 리간드는 금속이온에 전자쌍을 주므로 Lewis 염기이다.

⑤ 여섯 자리 리간드가 한 자리 리간드보다 금속과 강하게 결합한다.

핵심예제

EDTA에 대한 설명 중 옳지 않은 것은? [2006년 4회,
2007년 4회 유사, 2008년 4회 유사, 2009년 4회 유사, 2010년 4회 유사]

① EDTA는 이온의 전하와는 상관없이 금속이온과 강하게 1 : 1로 결합한다.

② EDTA 적정법은 물의 경도를 측정할 때 널리 사용된다.

③ EDTA는 Li^+, Na^+, K^+와 같은 1가 양이온들과도 안정한 착물을 형성한다.

④ EDTA 적정 시 금속 지시약은 EDTA보다는 금속이온과 약하게 결합해야 한다.

|해설|
③ EDTA는 2가 이상의 금속이온과 1 : 1의 비율로 결합하여 매우 안정한 구조를 가진다.

정답 ③

핵심이론 02 형성상수

① 수용액 중에서 금속이온 M과 킬레이트 시약 Y가 반응하여 수용성의 금속 킬레이트 화합물을 생성할 경우

$$M^{n+} + Y^{4-} \leftrightarrows MY^{n-4}$$

형성상수 $K_f = \dfrac{[MY^{n-4}]}{[M^{n+}][Y^{4-}]}$

② 조건형성상수

㉠ $[Y^{4-}] = \alpha_{Y^{4-}} \times c_{EDTA}$

$$K_f{'} = \alpha_{Y^{4-}}K_f = \dfrac{[MY^{n-4}]}{[M^{n+}]c_{EDTA}}$$

여기서, K_f : 형성상수

$K_f{'}$: 조건형성상수

$\alpha_{Y^{4-}}$: 전체 EDTA 화학종의 농도에 대한 Y^{4-}의 농도비

㉡ 조건형성상수는 전체 EDTA 농도를 사용한다.

㉢ 낮은 pH에서는 금속과 결합하는 Y^{4-}의 양이 적어져서 금속과 EDTA 착물이 형성되는 정도는 더 적어진다.

핵심예제

Pb^{2+}와 EDTA와의 형성상수(Formation Constant)가 1.0×10^{18}이다. pH 10에서 EDTA 중 Y^{4-}의 분율이 0.3일 때 pH 10에서 조건부 형성상수(Conditional Formation Constant)는 얼마인가?(단, 육양성자 형태의 EDTA를 H_6Y^{2+}으로 표현할 때, Y^{4-}는 EDTA에서 수소가 완전히 해리된 상태이다) [2008년 2회]

① 3.0×10^{17}　　　　② 3.3×10^{13}

③ 3.0×10^{-19}　　　④ 3.3×10^{-18}

|해설|
$$K_f{'} = \alpha_{Y^{4-}} \cdot K_f = 1.0 \times 10^{18} \times 0.3 = 3.0 \times 10^{17}$$

정답 ①

① EDTA 적정은 킬레이트 시약을 사용하여 금속이온을 정량하는 방법으로, 이것은 금속 킬레이트 화합물의 생성반응을 이용한 것이다.

② 킬레이트 적정에는 킬레이트 시약, 완충액, 금속지시약 등이 필요하다.

　㉠ 킬레이트 시약 : 킬레이트 적정 중 가장 중요한 것은 EDTA를 사용하는 EDTA 적정이다. EDTA는 사염기산으로 H_4Y로 표시되며 4~6배위자이다.

　㉡ 완충액 : EDTA와 금속이온이 안정한 킬레이트 화합물을 만드는 데는 최적의 pH가 있다. 따라서 pH를 일정하게 유지하기 위해 완충액을 가해야 한다.

　㉢ 금속지시약 : 킬레이트 적정의 종점을 결정하기 위해서 보통 금속지시약을 이용한다. 이것은 중화지시약이 수소이온농도 $[M^{n+}]$와 반응해서 변색하는 색소이다.

　　• 색소 자신이 금속이온과 반응하여 킬레이트 화합물을 형성할 능력이 있어야 한다.

　　• 생성된 킬레이트 화합물의 안정도상수는 킬레이트 시약과 금속이온으로 생성된 킬레이트 화합물의 안정도상수보다 작아야 한다.

EDTA 적정에 사용되는 금속이온 지시약으로만 되어 있는 것은?　[2006년 4회, 2010년 4회, 2007년 4회 유사]

① 페놀프탈레인, 메틸오렌지
② 페놀프탈레인, EBT(Eriochrome Black T)
③ EBT(Eriochrome Black T), 자일레놀 오렌지(Xylenol Orange)
④ 자일레놀 오렌지(Xylenol Orange), 메틸오렌지

|해설|

산・염기 지시약 : 페놀프탈레인, 메틸오렌지
금속이온 지시약 : EBT(Eriochrome Black T), 자일레놀 오렌지(Xylenol Orange)
산・염기 지시약은 색소 분자에 Proton이 붙거나 떨어져서 변색하는 성질을 이용하여 수소이온농도를 알 수 있고, 금속이온 지시약은 색소에 금속이온이 붙거나 떨어질 때 나타나는 변색에 의해 금속이온농도를 알 수 있다.

정답 ③

① 당량점 이전의 용액에는 과량의 M^{n+}가 남아 있으며, MY^{n-4}는 무시한다.

② 당량점에서는 용액 속의 금속과 EDTA가 같은 양으로 존재하며, MY^{n-4}를 녹인 용액과 같은 상태라고 할 수 있다.

③ 당량점 이후에는 과량의 EDTA가 존재하며, 모든 금속이온은 MY^{n-4}의 형태로 존재한다. 측정된 EDTA의 농도는 당량점 이후 첨가된 EDTA의 농도와 같다.

핵심예제

0.1M 금속 M^{n+} 용액 50mL를 0.1M EDTA(Ethylene-diaminetetraacetic Acid, H_4Y)로의 적정 과정에 대한 설명 중 옳은 것은?   [2006년 4회, 2009년 4회]

① 적정 초기에 과량의 MY^{n-4}가 존재한다.

② 당량점에서는 $[M^{n+}] = [EDTA]$로 이 용액은 MY^{n-4}를 녹인 용액과는 다른 상태이다.

③ 당량점 이후에 모든 금속이온은 M^{n+} 형태로 존재하며, 이 때 유리 EDTA의 농도는 적정에 참가한 EDTA의 농도와 같다.

④ 금속이온지시약법을 적정의 종말점 검출 방법으로 사용할 수 있다.

|해설|

④ 금속이온지시약법, 수은 전극법, pH 전극법, 이온선택성 전극법 등이 적정의 종말점 검출 방법으로 이용된다.

정답 ④

0.01M Ca^{2+} 50.00mL를 pH 10에 있어서 0.01M EDTA로 적정할 때(1 : 1의 몰비로 반응)

① 적정 전 : $[Ca] = 0.01$, $pCa = 2.00$

   40mL EDTA를 가했을 때 :

   $\dfrac{(50-40) \times 0.01}{90} = 1.1 \times 10^{-3}$, $pCa = 2.95$

② 당량점 : Ca−EDTA의 농도

   $\dfrac{50 \times 0.01}{100} = 5 \times 10^{-3}$

   pH 10일 때의 Ca−EDTA의 킬레이트 형성상수

   $= \dfrac{[Ca-EDTA]}{[Ca][EDTA]} = 10^{10.2}$

   Ca와 EDTA는 1 : 1로 반응하므로

   $[Ca] = [EDTA]$이다.

   따라서 $\dfrac{5 \times 10^{-3} - [Ca]}{[Ca]^2} = 10^{10.2}$,

   $[Ca] = 10^{-4.167}$,

   $pCa = 4.167$

③ 당량점 이후 EDTA 20mL를 과잉했을 때 :

   EDTA 농도는 $\dfrac{20 \times 0.01}{120} = 1.7 \times 10^{-3}$

   Ca−EDTA의 농도는 $\dfrac{50 \times 0.01}{120} = 4.2 \times 10^{-3}$,

   $\dfrac{4.2 \times 10^{-3} - [Ca]}{[Ca]\{1.7 \times 10^{-3} + [Ca]\}} = 10^{10.2}$, $Ca = 10^{-9.8}$,

   $pCa = 9.8$

Mn^{2+}가 들어 있는 시료용액 50mL를 0.1M EDTA 용액 100mL와 반응시켰다. 모든 Mn^{2+}와 반응하고 남은 여분의 EDTA를 금속지시약을 사용하여 0.1M Mn^{2+} 용액으로 적정하였더니 당량점까지 50mL가 소비되었다. 시료용액에 들어 있는 Mn^{2+}의 농도는 몇 M인가?

[2008년 4회, 2010년 2회, 2009년 2회 유사]

① 0.1   ② 0.2
③ 0.3   ④ 0.4

|해설|

• 전체 EDTA의 몰수

$$\frac{0.1mol}{L} \times \frac{1L}{1,000mL} \times 100mL = 0.01mol$$

• 당량점 이후의 Mg^{2+}의 몰수

$$\frac{0.1mol}{L} \times \frac{1L}{1,000mL} \times 50mL = 0.005mol$$

따라서, 여분의 EDTA 몰수는 0.005mol이다.
Mn^{2+}와 반응한 EDTA의 몰수
$= 0.01 - 0.005 = 0.005mol(Mn^{2+} : EDTA = 1 : 1)$
∴ Mn^{2+}의 농도 : $0.005mol/0.05L = 0.1M$

정답 ①

핵심이론 06 당량점과 종말점

① 당량점 : 분석 물질과 적정액이 정확하게 화학양론적으로 가해진 점이다.
② 종말점 : 적정이 끝나는 지점으로 당량점이 지난 후 용액의 성질이 변하여 사람이 이를 인식할 수 있는 점이다.
③ 적정오차 : 당량점과 종말점의 차이이다.
④ 모든 적정의 종말점과 당량점이 정확히 일치할 수는 없으며, 종말점이 당량점에 가까울수록 오차가 작은 실험을 했다고 할 수 있다.

분석 물질과 화학양론적으로 반응하는 데에 필요한 적정시약의 부피를 측정하는 부피분석에 대한 설명 중 틀린 것은?

[2007년 4회, 2008년 4회]

① 부피분석은 적정법을 사용하며, 적정법으로 산-염기, 산화-환원, 착물형성 적정 등이 있다.
② 모든 적정의 종말점은 정확히 당량점과 일치한다.
③ 적정에서 용액의 성질 변화가 검출되는 점을 종말점이라고 한다.
④ 표준용액은 적정법 분석에 사용되는 농도를 알고 있는 용액이다.

|해설|

모든 적정의 종말점과 당량점이 정확히 일치할 수는 없으며, 종말점이 당량점에 가까울수록 오차가 작은 실험을 했다고 할 수 있다.

정답 ②

2-7. 산화 · 환원 적정법

핵심이론 01 산화 · 환원 적정

① 산화는 전자를 잃는(산화수가 증가하는) 반응이고, 환원은 전자를 얻는(산화수가 감소하는) 반응이다.
② 산화제 · 환원제 1g 당량은 반응할 때 1mol의 전자를 방출하는 환원제의 양 또는 1mol의 전자를 받아들이는 산화제의 양이다.
③ 산화제 또는 환원제의 표준용액으로 행하는 적정을 산화 · 환원 적정이라고 한다.
④ 산화제와 환원제는 같은 g 당량수로 반응하므로, 반응의 종점을 알 수 있으면 적정에 의해 정량할 수 있다.
⑤ 산화 · 환원 지시약
  ㉠ 지시약은 산화 · 환원 적정의 종말점을 검출하는 데 이용한다.
  ㉡ 분석하고자 하는 이온과 결합했을 때 산화된 상태와 환원된 상태의 색이 달라야 한다.
  ㉢ 지시약의 산화 · 환원 전위가 적정되는 용액의 산화 · 환원 전위와 여기에 가하는 표준액의 산화 · 환원 전위 중간에 있을 때, 당량점에서 전위의 급변에 의해 예민하게 변색한다.

핵심예제

다음 산화 · 환원 지시약에 대한 설명 중 틀린 것은?

[2006년 4회, 2008년 4회, 2010년 4회 유사]

① 분석하고자 하는 이온과 결합했을 때 산화된 상태와 환원된 상태의 색이 달라야 한다.
② 당량점에서의 전위와 지시약의 표준환원전위($E°$)가 비슷한 것을 사용해야 한다.
③ 변색범위는 주로 $E = E° \pm \dfrac{1}{n}$ Volt이다(단, $E°$는 표준환원전위, n는 전자수이다).
④ 지시약은 주로 이중결합들이 콘주게이션(Conjugation)된 유기물이다.

|해설|

산화 · 환원 지시약의 변색범위는 주로 $E = E° \pm \dfrac{0.0591}{n}$ Volt이다.

정답 ③

① 과망가니즈산칼륨 적정은 $KMnO_4$ 표준액을 사용하는 적정이다.

② $KMnO_4$는 매우 강한 산화제이며 수용액 중에서 비교적 안정하며 환원성 물질을 적정할 수 있다.

③ $KMnO_4$ 액은 산성 또는 염기성에 따라 산화 능력이 다르다. 이 중에서 주로 사용하는 것은 강산성 용액에서의 산화 반응이다.

④ 산성 용액에서 $KMnO_4$를 반응시키면

$$MnO_4^- + 5e + 8H^+ \rightarrow Mn^{2+} + 4H_2O$$ 의 반응이 일어난다. 반응의 종점은 $KMnO_4$ 자체 색인 자주색에 의해 알 수 있으므로 지시약은 따로 필요하지 않다. $KMnO_4$의 적가에서 적자색의 MnO_4^-는 거의 무색의 Mn^{2+}가 되지만 당량점 이후에는 MnO_4^-에 의해 자주색이 된다.

옥살산($H_2C_2O_4$)은 뜨거운 산성 용액에서 과망가니즈산이온(MnO_4^-)과 다음과 같이 반응한다. 이 반응에서 지시약 역할을 하는 것은?

[2007년 4회, 2006년 4회 유사, 2009년 2회 유사, 2010년 2회 유사]

$$5H_2C_2O_4 + 2MnO_4^- + 6H^+ \rightarrow 10CO_2 + 2Mn^{2+} + 8H_2O$$

① $H_2C_2O_4$ ② MnO_4^-
③ CO_2 ④ H_2O

|해설|

산성용액하에서 $H_2C_2O_4$와 MnO_4^-를 반응시키면 $5H_2C_2O_4 + 2MnO_4^- + 6H^+ \rightarrow 10CO_2 + 2Mn^{2+} + 8H_2O$가 되고, 생성된 Mn^{2+}로 용액은 무색이 된다. 당량점 이후에는 $H_2C_2O_4$와 더 이상 반응을 하지 않으므로 과량으로 들어간 MnO_4^-의 자체 색인 자주색이 되고, 이로 종말점을 확인할 수 있다.

정답 ②

① 중크로뮴산칼륨 적정은 $K_2Cr_2O_7$ 표준액을 사용하는 적정법으로, 산성용액에서 오렌지 색깔의 중크로뮴산이온은 크로뮴이온 Cr^{3+}으로 환원되는 산화제이다.

② $K_2Cr_2O_7$은 $KMnO_4$보다 산화력이 약하므로 2N 이하의 HCl을 산화하지 않는다.

③ $K_2Cr_2O_7$은 표준시약으로서 쉽게 구입할 수 있고, 결정수를 함유하지 않아서 가열할 때 안정하고 건조 정제하기 쉬우므로 1차 표준액으로 조제하는 것이 가능하다.

④ 표준용액은 장시간 보존이 가능하다.

⑤ $K_2Cr_2O_7$은 산성용액에서 $Cr_2O_7^{2-} + 14H^+ + 6e^-$ $\rightarrow 2Cr^{3+} + 7H_2O$의 반응을 한다.

⑥ $KMnO_4$ 적정과 달리 $Cr_2O_7^{2-}$의 색이 연하기 때문에 지시약이 필요하다.

⑦ 지시약의 산화환원전위가 적정되는 용액의 산화환원전위와 여기에 가하는 표준액의 산화환원전위의 중간에 있을 때, 당량점에서 전위의 급변에 의해서 예민하게 변색한다.

중크로뮴산 적정에 대한 설명으로 틀린 것은? [2009년 2회]

① 중크로뮴산이온이 분석에 응용될 때 초록색의 크로뮴(III)이온으로 환원된다.

② 중크로뮴산 적정은 일반적으로 염기성용액에서 이루어진다.

③ 중크로뮴산칼륨 용액은 안정하다.

④ 시약급 중크로뮴산칼륨은 순수하여 표준용액을 만들 수 있다.

|해설|

$$Cr_2O_7^{2-} + 14H^+ + 6e \leftrightarrows 2Cr^{3+} + 7H_2O$$
중크로뮴산 적정은 일반적으로 산성용액에서 이루어진다.

정답 ②

핵심이론 04 아이오딘 적정

① 아이오딘 적정은 적정 종점이 명료하기 때문에 정밀도가 좋다.

② 아이오딘 산화 적정
- ㉠ 아이오딘 I_2의 산화 작용을 이용해서 아이오딘 표준액으로 직접 적정하는 방법
- ㉡ 직접 아이오딘 적정

③ 아이오딘 환원 적정
- ㉠ 아이오딘화물이온 I^-(아이오딘화칼륨, KI)의 환원 작용을 이용해서 유리된 I_2를 싸이오황산나트륨으로 적정하는 방법
- ㉡ 간접 아이오딘 적정

④ 종점의 결정 : I_2 용액 중에 $Na_2S_2O_3$ 표준액을 적가하였을 때 I_2의 엷은 갈색이 퇴색되어 가므로 무색용액의 적정에서는 지시약을 사용하지 않고 종점을 결정할 수가 있지만 그다지 명료하지는 않다. 종점을 명료하게 하기 위하여 전분용액을 지시약으로 사용한다. 아이오딘과 전분이 반응해서(아이오딘전분반응) 짙은 청색을 띠지만 I_2가 완전히 I^-로 변하면 청색이 사라지므로 이 점을 종점으로 한다.

핵심예제

다음 중 아이오딘 적정법에서 일반적으로 사용하는 지시약으로서 아이오딘과 반응하여 짙은 청색을 발현하는 것은?

[2009년 4회, 2007년 4회 유사]

① 페놀프탈레인
② 브로모크레졸 그린
③ 에리오크로뮴 블랙 T
④ 녹말(Starch)

|해설|
나선형의 분자 구조로 속이 빈 관 모양을 한 녹말에 아이오딘 분자가 들어가면 짙은 청색이 발현된다.

정답 ④

핵심이론 05 역적정

① 시료용액에 일정량의 표준용액을 과량 가하여 충분히 반응시켜 반응이 완료된 후 과잉량을 다른 적당한 표준액으로 적정하는 방법이다.

② 대개의 금속이온은 직접 적정법으로 적정할 수 있다. 그러나 정량 목적의 금속이온에 의해서 예민하게 변색하는 지시약이 없는 경우, 적정의 최적 pH 범위에서 목적의 금속이온이 수산화물을 침전할 경우, 킬레이트 시약과 금속이온의 반응 속도가 느릴 경우에는 역적정법을 사용한다.

핵심예제

역적정이 EDTA 적정에서도 사용되어 과량의 EDTA를 금속 시료용액에 첨가하고 남아 있는 EDTA를 역적정한다. 이때 사용되는 역적정 금속이온으로 가장 적당한 것은?

[2006년 4회]

① $Ca^{2+}(K_f = 5.0 \times 10^{10})$
② $Cu^{2+}(K_f = 6.3 \times 10^{18})$
③ $Mg^{2+}(K_f = 4.9 \times 10^8)$
④ $Mn^{2+}(K_f = 6.2 \times 10^{13})$

|해설|
금속이온의 EDTA 착물의 안정도가 너무 커서 적당한 지시약이 존재하지 않을 경우에는 과잉량의 EDTA를 가하고, Zn^{2+}, Mg^{2+}으로 역적정한다.

정답 ③

3-1. 전기화학

핵심이론 01 전기화학 기초

① 전기화학 개요

  ㉠ 산화 : 전자를 잃는다.

  ㉡ 환원 : 전자를 얻는다.

② 전기전하

  ㉠ $q = n \cdot (\text{mol}) \cdot F$

   여기서, q : 전하

      n : 분자당 단위전하

      F : 패러데이 상수($= 9.6485 \times 10^4 \text{C/mol}$)

  ㉡ 전하의 단위는 쿨롱(C)이다.

③ 전기전류($1\text{A} = 1\text{C/s}$) : 회로에 초당 흐르는 전하의 양이다.

④ 전압($1\text{V} = 1\text{J/C}$) : 1C의 전하가 전위차가 1V인 점들 사이를 이동할 때 얻거나 잃는 양이다.

핵심예제

1-1. 다음 전기화학에 관한 설명으로 옳은 것은?

[2007년 4회, 2010년 4회]

① 전자를 잃었을 때 산화되었다고 하며, 산화제는 전자를 잃고 자신이 산화된다.

② 전자를 얻게 되었을 때 산화되었다고 하며, 환원제는 전자를 얻고 자신이 산화된다.

③ 볼트(V)의 크기는 쿨롱(C)당 줄(J)의 양이다.

④ 갈바니 전지(Galvanic Cell)는 자발적인 화학반응으로부터 전기를 발생시키는 영구기관이다.

1-2. 다음 중 산화 전극(Anode)에서 일어나는 반응이 아닌 것은?

① $Ag^+ + e^- \rightarrow Ag(s)$

② $Fe^{2+} \rightarrow Fe^{3+} + e^-$

③ $Fe(CN)_6^{4-} \rightarrow Fe(CN)_6^{3-} + e^-$

④ $Ru(NH_3)_6^{2+} \rightarrow Ru(NH_3)_6^{3+} + e^-$

|해설|

1-1

①·② 전자를 잃었을 때 산화되었다고 하며, 전자를 얻었을 때 환원되었다고 한다. 산화제는 전자를 얻고 자신이 환원되는 것, 환원제는 전자를 잃고 자신이 산화되는 것이다.

④ 갈바니 전지는 두 개의 반쪽전지를 연결하여 자발적인 화학반응에 의하여 전류가 흐르도록 구성한 전지로, 영구적이지 못하다.

1-2

①은 전자를 얻어 환원된 것으로 환원 전극(Cathode)에서 일어나는 반응이다.

정답 1-1 ③ 1-2 ①

① 전류 : 단위시간당 흐르는 전하의 양이다.
② 단위 : A (암페어)
③ $1A = 1C/s$

핵심예제

다음 중 전류의 정의를 옳게 설명한 것은?　　[2008년 4회]

① 단위시간당 수행한 일의 양
② 단위시간당 흐르는 전하의 양
③ 한 점에서 다른 점으로 전하가 움직일 때 필요한 일의 양
④ 전자 1mol의 전하량

|해설|

② 전류(A, C/s)
① 일률(W, J/s)
③ 전압(V, J/C)
④ 패러데이(F, 96,485C/mol)

정답 ②

① 제1법칙 : 같은 전해질을 전기 분해할 때 소모되거나 석출되는 물질의 양은 통해 준 전하량(Q)에 비례한다.

　㉠ $Q(C) = I(A) \times t(s)$

　㉡ 전하량의 단위 : 전하량(Q)의 단위는 C이며, 1A 의 전류를 1초 동안 통했을 때의 전기량이다.

　㉢ 1패러데이 : 전자 1mol의 전하량으로 96,500C 의 전하량과 같다.

　　$1F = 1.602 \times 10^{-19}C \times 6.02 \times 10^{23} = 96,500C$로 전기 분해 시 물질 1g 당량을 생성 또는 소모시킬 때 필요한 전하량이다.

② 제2법칙 : 전기 분해하는 물질이 다를 때 같은 전기량 에 의해 석출되는 각 물질의 양은 화학당량에 비례한 다. 즉, 1F의 전기량을 통했을 때 얻어지는 물질의 양은 전자 1mol이 이동한 만큼의 물질이 석출된다.

　예 $Ag^+ + e^- (1F) \rightarrow Ag(1mol)$: 1F에 의해 Ag 1mol이 석출된다.

핵심예제

황산구리(II) 수용액을 통하여 2A의 전류를 약 몇 초간 흘려 주어야 1.36g의 구리가 석출되는가?(단, 1F는 96,500C/mol 이며, 구리의 원자량은 63.5이다)

[2008년 4회, 2010년 2회, 2010년 4회 유사]

① 736　　　　　　　② 1,033
③ 2,065　　　　　　④ 2,567

|해설|

$CuSO_4 \leftrightarrows Cu^{2+} + SO_4^{2-}$
Cu는 2당량이므로 1mol의 Cu를 생성하기 위해서는 2mol의 전하가 필요하다.
$Q = I \cdot t$
$\therefore t = \dfrac{Q}{I} = \dfrac{96,500C/mol \cdot 2mol \cdot 1.36g}{2C/s \cdot 63.5g} \fallingdotseq 2,065s$

정답 ③

① $q = n \cdot (mol) \cdot F$

② 전기 분해하는 물질이 다를 때, 같은 전기량에 의해 석출되는 각 물질의 양은 화학당량에 비례한다. 즉, 1F의 전기량을 통했을 때 얻어지는 물질의 양은 전자 1mol이 이동한 만큼의 물질이 석출된다.

　예 $Ag^+ + e^-(1F) \rightarrow Ag(1mol)$: 1F에 의해 Ag 1mol이 석출된다.

핵심예제

4-1. 황산알루미늄을 용융 전기 분해하여 1g의 알루미늄을 얻어내는데 필요한 전기량은?(단, 알루미늄의 원자량은 27이다)

① $\dfrac{1}{18}F$　　　　② $\dfrac{1}{27}F$

③ $\dfrac{1}{9}F$　　　　④ $\dfrac{1}{3}F$

4-2. $AgNO_3$와 $CuSO_4$의 수용액에 각각 같은 양의 전기량을 통했을 때 Cu가 63.5g이 석출되었다면 Ag는 몇 g이 석출되는가?

① 63.5g　　　　② 108g
③ 127g　　　　④ 216g

|해설|

4-1

$Al^{3+} + 3e^- \rightarrow Al$이므로

$3F : 27g = x : 1g$

$\therefore x = \dfrac{1}{9}F$

4-2

Cu 1g 당량 $= \dfrac{63.5}{2} = 31.75g$

Cu 63.5g $= 2g$ 당량 $= 2F$

Ag 2F가 필요하므로

$\therefore 108 \times 2 = 216$

정답 4-1 ③　4-2 ④

① 반쪽전지 반응이 얼마나 잘 일어나는지를 알려주는 척도이다.

$\Delta G° = -RT \ln K = nFE°$

② 산화전극의 전위를 0V로 정한 표준수소전극의 전기화학전지전위이다.

③ $E = E_+ - E_-$

④ 표준수소전극에서 수소이온의 활동도는 1이고, 수소의 부분압력은 1atm이다. 이 전극의 전위는 모든 온도에서 0.0V로 정한다.

핵심예제

5-1. 단극 전위차는 물질의 종류 혹은 동일 물질이라도 온도와 용액의 농도에 따라 다르므로, 그 물질이 이온 농도 1M의 용액에 접할 때 표준수소전극에 대하여 나타내는 전위차로서 다른 것과 비교하는 전위차를 무엇이라고 하는가?　　[2007년 4회]

① 복극 전위차　　　　② 표준 전위차
③ 단극 전위차　　　　④ 보통 전위차

5-2. 구리이온을 전기석출하기 위하여 0.800A를 15.2분 동안 유지하였다. 음극에서 석출된 구리의 질량과 양극에서 발생한 산소의 질량을 계산한 것은?(단, 구리 원자량은 63.5g, 산소 원자량은 16.0g이다)

① 구리 질량 = 2.40g, 산소 질량 = 0.0605g
② 구리 질량 = 2.40g, 산소 질량 = 0.605g
③ 구리 질량 = 0.240g, 산소 질량 = 0.605g
④ 구리 질량 = 0.240g, 산소 질량 = 0.0605g

|해설|

5-2

전기분해에 의해 석출되는 화학물질의 양은 전기량에 비례한다.

$0.800C/s \times 15.2min \times 60 = 729.6C$

$729.6C \times \dfrac{1mol}{96,485C} ≒ 7.56 \times 10^{-3} mol$

구리와 산소는 2당량이므로

구리 : $7.56 \times 10^{-3} mol \times \dfrac{31.75g}{mol} ≒ 0.24g$

산소 : $7.56 \times 10^{-3} mol \times \dfrac{8g}{1mol} ≒ 0.0605g$

정답 5-1 ②　5-2 ④

① 산화제 : 다른 물질을 산화시키고 자신은 환원된다.

② 환원제 : 다른 물질을 환원시키고 자신은 산화된다.

③ $E°$의 값이 클수록 환원이 잘 일어나 산화제로서 작용한다.

④ $E°$의 값이 작을수록 산화가 잘 일어나 환원제로서 작용한다.

핵심예제

6-1. $Cd(s) + 2Ag^+ \leftrightarrows Cd^{2+} + 2Ag(s)$의 화학반응에서 반쪽 반응식과 그에 따른 표준환원전위 $E°$가 다음과 같을 때 산화제(Oxidizing Agent)는 무엇인가?

[2009년 2회, 2006년 4회 유사, 2008년 4회 유사]

$$Ag^+ + e^- \leftrightarrows Ag(s), \ E° = 0.799V$$
$$Cd^{2+} + 2e^- \leftrightarrows Cd(s), \ E° = -0.402V$$

① $Cd(s)$　　　　　　② Ag^+

③ Cd^{2+}　　　　　　④ $Ag(s)$

6-2. 다음의 자료를 참조하여 가장 강력한 산화제와 가장 강력한 환원제는 어떤 것인가?

$$Ag^+ + e^- = Ag(s), \ E° = 0.799V$$
$$2H^+ + 2e^- = H_2(g), \ E° = 0.000V$$
$$Cd^{2+} + 2e^- = Cd(s), \ E° = -0.402V$$

① 가장 강력한 산화제 : Ag^+, 가장 강력한 환원제 : $Ag(s)$

② 가장 강력한 산화제 : H^+, 가장 강력한 환원제 : $H_2(g)$

③ 가장 강력한 산화제 : Cd^{2+}, 가장 강력한 환원제 : $Ag(s)$

④ 가장 강력한 산화제 : Ag^+, 가장 강력한 환원제 : $Cd(s)$

|해설|

6-1

$E°$의 값이 클수록 환원이 잘 일어나 산화제로 작용하며, Ag^+가 전자를 얻어 환원되므로 산화제로 작용한다.

6-2

$E°$의 값이 클수록 환원이 잘 일어나 산화제로서 작용하고, $E°$의 값이 작을수록 산화가 잘 일어나 환원제로서 작용한다. 또한 반응식에서 왼쪽 물질이 전자를 얻어 환원되므로 왼쪽 물질이 산화제로, 오른쪽 물질이 환원제로 작용한다.

정답 6-1 ②　6-2 ④

① $E = E° - \dfrac{RT}{nF}\ln Q$

$\quad = E° - \dfrac{0.0591}{n}\log Q$

② 평형상태 : $E = 0,\ Q = K$

$\quad \therefore E° = \dfrac{0.0591}{n}\log K$

핵심예제

다음 반응에서 평형상수 K는 1.6×10^{37}일 때 이 반응의 표준전극전위 $E°$는 몇 V인가?　　　　　[2007년 4회]

$$Cu^{2+}(aq) + Zn(s) \rightarrow Cu(s) + Zn^{2+}(aq)$$

① 0.10 　　　　　　　② 1.10
③ 0.70 　　　　　　　④ 1.70

|해설|

$E = E° - \dfrac{RT}{nF}\ln Q$

$\quad = E° - \dfrac{0.0591}{n}\log Q$

평형 상태 : $E = 0,\ Q = K$

$\therefore E° = \dfrac{0.0591}{n}\log K$

$\quad = \dfrac{0.0591}{2}\log(1.6 \times 10^{37}) ≒ 1.10$

정답 ②

① $E = E° + \dfrac{RT}{nF}\ln \dfrac{[\text{Ox}]}{[\text{Red}]}$

여기서, R : 기체상수

$\quad\quad\quad T$: 절대온도

$\quad\quad\quad F$: 패러데이

$\quad\quad\quad n$: 반응에 관여한 전자수

$\quad\quad\quad [\text{Ox}]$: 산화형의 농도

$\quad\quad\quad [\text{Red}]$: 환원형의 농도

② 25℃에서 상용대수식으로 나타내면

$\quad E = E° + \dfrac{0.0591}{n}\log \dfrac{[\text{Ox}]}{[\text{Red}]}$

핵심예제

주석이온(Sn^{2+}) 0.1M과 주석이온(Sn^{4+}) 0.01M의 혼합용액에서 백금전극에 의하여 측정되는 전위(E)를 구하는 식으로 옳은 것은?(단, $E°$는 $Sn^{4+} + 2e^- \rightarrow Sn^{2+}$에서의 표준환원전위이다)　　　[2007년 4회, 2010년 2회 유사]

① $E = E°$

② $E = E° + \dfrac{0.05916}{2}$

③ $E = E° + 0.05916$

④ $E = E° - \dfrac{0.05916}{2}$

|해설|

$E = E° + \dfrac{0.0591}{n}\log \dfrac{[\text{Ox}]}{[\text{Red}]}$

$\quad = E° + \dfrac{0.0591}{2}\log \dfrac{0.01}{0.1}$

$\quad = E° - \dfrac{0.0591}{2}$

정답 ④

① 자발적인 화학반응으로부터 전기를 발생시킨다.

② 산화 : $Zn(s) \rightarrow Zn^{2+}(aq) + 2e^-$ [(−)극]

③ 환원 : $Cu^{2+}(aq) + 2e^- \rightarrow Cu(s)$ [(+)극]

④ 전자의 이동 : (−)극 → (+)극

⑤ 전류의 이동 : (+)극 → (−)극

⑥ 염다리 : KCl 같은 반응과 무관한 것으로 이루어져 있으며, 이온의 이동으로 전하의 축적을 상쇄하여 전기적 중성 상태를 유지하게 한다.

9-1. 다음 갈바니 전지의 Line Diagram에 대한 설명으로 옳은 것은? [2006년 4회, 2009년 4회, 2009년 2회 유사, 2010년 4회 유사]

$$Zn(s) \mid ZnCl_2(aq) \parallel CuSO_4(aq) \mid Cu(s)$$

① $Zn(s)$에서 환원 반응이 일어난다.

② 가운데의 두 개의 실선(∥)은 상 경계(Phase Boundary)를 나타낸다.

③ 전자는 $Zn(s)$에서 도선을 따라 $Cu(s)$으로 흐른다.

④ 오른쪽 Cu^{2+} 용액은 산화된다.

9-2. 갈바니 전지를 선 표시법으로 옳게 나타낸 것은?

① $Cd(s) \parallel CdCl_2(aq) \mid AgNO_3(aq) \parallel Ag(s)$

② $Cd(s) \mid CdCl_2(aq) \parallel AgNO_3(aq) \mid Ag(s)$

③ $Cd(s), \ CdCl_2(aq), \ AgNO_3(aq), \ Ag(s)$

④ $Cd(s), \ CdCl_2(aq) \mid AgNO_3(aq), \ Ag(s)$

| 해설 |

9-1

③ 전자는 (−)극에서 (+)극으로 흐르므로 도선을 따라 $Zn(s)$에서 $Cu(s)$로 흐른다.

① $Zn(s)$에서 산화 반응이 일어난다.

② 가운데의 두 수직선(∥)은 염다리를 의미한다.

④ 오른쪽 Cu^{2+} 용액은 환원된다.

9-2

선 표시법

• 산화전극 | 산화전지의 전해액 ∥ 환원전지의 전해액 | 환원전극

• 전지를 표시할 때는 산화전극을 왼쪽에, 환원전극을 오른쪽에 쓰고 접촉면은 | 로, 염다리는 ∥ 로 표시한다.

정답 9-1 ③ 9-2 ②

4-1. 신뢰성 검증

핵심이론 01 밸리데이션(Validation)

① 공정, 시설 또는 시스템이 의도한 대로 적절히 기능하고 있는지를 확인하기 위하여 이들을 체계적으로 조사·검토하여 문서화하는 것이다.

② 어느 특정한 공정, 방법, 기계설비 또는 시스템이 미리 설정되어 있는 판정기준에 적합한 결과를 얻는다는 것을 검증하고 이를 문서화하는 것이다.

③ 어떤 조작, 공정, 기계설비, 원재료, 동작 또는 시스템이 실제로 기대되는 결과(Expected Result)를 얻는다는 것을 검증(Proving)하고 문서화(Documented)된 행위이다.

④ 사전에 설정된 규격과 품질특성에 부합하는 제품을 특정 공정이 일관되게 생산할 것이라는 점을 상당한 수준으로 보증하는 증거문서를 확립하는 절차이다.

⑤ 미국 FDA 공정 밸리데이션 지침
  ㉠ 품질, 안정성 및 유효성은 제품 중에 설계되어야 한다.
  ㉡ 품질은 최종 제품의 건사, 시험만으로는 보증할 수 없다.
  ㉢ 제조공정의 각 단계는 최종 제품이 모든 품질 및 설계 규격에 합치되도록 관리되어져야 한다.

핵심예제

어느 특정한 공정, 방법, 기계설비 또는 시스템이 미리 설정되어 있는 판정기준에 적합한 결과를 얻는다는 것을 검증하고 이를 문서화하는 것을 지칭하는 용어는?

① GHS
② 밸리데이션(Validation)
③ 표준작업지침서(SOP)
④ 물질안전보건자료(MSDS)

정답 ②

핵심이론 02 실시 대상에 따른 밸리데이션

① 공정 밸리데이션(Process Validation)
  ㉠ 어떤 공정이 미리 설정한 규격과 품질특성(예 역가, 순도, 안정성, 안전성 등)에 적합한 제품을 일관되게 생산할 수 있다는 것을 확실하게 보증할 수 있고 그 결과를 문서화하는 것이다.
  ㉡ 공정 밸리데이션을 실시하기 전에 제조설비나 기기에 대해서 적격성 확인을 해야 한다.

② 시험방법 밸리데이션(Method Validation)
  ㉠ 의약품의 분석에 사용하는 시험법이 그 의도에 부합된다는 것, 즉 시험법의 오차로 인한 판정오류의 확률이 허용되는 정도라는 것을 과학적으로 입증하는 것이다.
  ㉡ 주된 목적은 선정된 시험법이 재현성이 있고 의도한 목적에 부합되는 신뢰성이 있는 결과를 얻는다는 것을 보증하는 것이다.

③ 컴퓨터 밸리데이션(Computer Validation) : 컴퓨터와 관련해서 일어날 수 있는 문제점(예 프로그램 논리, 보안관리 등)을 방지하는 대책이 취해졌는지를 확인하는 것이다.

④ 세척 밸리데이션(Cleaning Validation)
  ㉠ 교차오염(Cross-contamination)을 방지하기 위해서 작업 전후의 세척이 철저하게 이루어져야 한다.
  ㉡ 대상으로 하는 물질, 그 한도, 검체채취 및 측정방법, 세척을 위한 설비이다.
  ㉢ 세척 밸리데이션의 시험법 : 직접표면분석법, 적정법, 전도도, 효소법, 광현미경검사, 중량분석, pH, TLC, HPLC, TOC(Total Organic Carbon), UV Spectrophotometry, FT-IR(Fourier Transform IR), CZE(Capillaryzone Electrophoresis), ELISA(EnzymeLinked Immunosorbent), AA/IC(Atomic Absorption/Ion Chromatography)

⑤ 제조지원시스템 밸리데이션(Support System Valida-
tion)

㉠ 제조용수시스템, 공조시스템, 청정환경 등이 포함
된다.

㉡ 제조용수시스템의 밸리데이션 실시방법

- 사용하는 원수로부터 용도에 적합한 제조용수를
얻기 위한 시스템을 결정한다.
- 기기, 공정관리, 모니터링을 위한 기술을 선정
한다.
- 적격성 평가(DQ, IQ, OQ, PQ)를 실시하여 결과
를 확인하고 문서화한다.

㉢ 공조시스템의 밸리데이션 실시방법

- 의약품의 특성, 제형, 규격, 제조방법 및 설비를
결정한다.
- 공정에 공급하는 공기의 청정도 및 관리방법을
결정한다.
- 이것을 토대로 하여 전체의 공조시스템이 결정
되고 밸리데이션 계획이 수립되며, 국제규격에
맞는 청정도의 확립과 공조설비의 적격성 평가
(DQ, IQ, OQ, PQ)를 실시한다.

핵심예제

다음에서 설명하는 밸리데이션은?

- 어떤 공정이 미리 설정한 규격과 품질특성에 적합한
제품을 일관되게 생산할 수 있다는 것을 확실하게 보증할
수 있는지 확인하고 그 결과를 문서화하는 밸리데이션
- 해당 밸리데이션을 실시하기 전에 제조설비나 기기에
대해서 적격성 확인을 해야 함

① 공정 밸리데이션
② 세척 밸리데이션
③ 컴퓨터 밸리데이션
④ 시험방법 밸리데이션

|해설|

공정 밸리데이션(Process Validation)
- 어떤 공정이 미리 설정한 규격과 품질특성(예 역가, 순도, 안정
성, 안전성 등)에 적합한 제품을 일관되게 생산할 수 있다는
것을 확실하게 보증할 수 있고 그 결과를 문서화하는 것이다.
- 공정 밸리데이션을 실시하기 전에 제조설비나 기기에 대해서
적격성 확인을 해야 한다.

정답 ①

① 예측적 밸리데이션(Prospective Validation) : 의약품의 제조에 있어 공업화연구의 결과나 유사품목에 대한 과거의 제조실적 등을 토대로 하여 품질에 영향을 미치는 변동요인(예 원료 및 자재의 물성, 공정조건 등. 이하 '변동요인'이라 함)을 특정하여 그 변동요인에 대한 허용조건이 품질기준에 적합한 의약품을 항상 일정하게 제조하는 데 타당하다는 것을 검증하는 것이다.

② 동시적 밸리데이션(Concurrent/Ongoing Validation)
  ㉠ 실제로 의약품을 생산하면서 실시하는 것이다.
  ㉡ 변동요인이 허용조건 내에 있다는 것을 공정관리 등에 의해서 확인하는 것이다.
  ㉢ 생산량이 매우 적은 경우에 적용한다.

③ 재밸리데이션(Revalidation)
  ㉠ 공정의 변경 또는 제조작업환경의 변화가 있는 경우에 공정의 성질과 제품의 품질에 나쁜 영향을 미치지 않는다는 것을 확인하기 위하여 실시한다.
  ㉡ 변경 시 재밸리데이션, 정기적 재밸리데이션으로 구분한다.
    • 변경 시 재밸리데이션(Validation after Change) : 의약품의 품질에 영향을 미치는 원료, 자재, 제조방법, 공정관리방법, 설비·기기 및 지원시스템(작업환경, 공조설비, 제조용수 등)에 변경이 있을 때 실시한다.
    • 정기적 재밸리데이션(Periodic Revalidation)

④ 회고적 밸리데이션(Retrospective Validation)
  ㉠ 기업에 새롭게 Validation이 도입되었을 때 또는 정기적 재밸리데이션의 실시시기 및 실시항목을 정하기 위하여 기존 제품의 제조기록 및 시험 데이터를 통계학적 방법으로 해석하는 것이다.
  ㉡ 처방, 제조방법, 시설에 변경이 없다는 것을 전제로 하여 과거의 제조실적을 검토한다.

밸리데이션을 실시하는 시기가 아닌 것은?

① 해당 제조소에서 새로 의약품의 제조를 개시할 때
② 의약품의 품질에 크게 영향을 미치는 제조공정의 변경이 있을 때
③ 의약품의 제조관리 및 품질관리를 위해서 필요하다고 인정할 때
④ 완성된 의약품을 관리하는 관리자가 변경될 때

|해설|

밸리데이션을 실시하는 경우
• 새로운 품목의 의약품 제조를 처음하는 경우
• 의약품의 품질에 영향을 미치는 기계·설비를 설치하는 경우
• 의약품의 품질에 영향을 미치는 제조공정을 변경하는 경우
• 제조환경을 변경하는 경우

정답 ④

① 새로운 분석법을 개발할 때 수행된다.
② 시험시료(Study Sample)와 동일한 생체시료를 가지고 수행해야 한다.
③ 대체 생체시료를 사용하고자 할 경우에는 그 타당성을 입증하여야 한다.
④ 전체 밸리데이션에서 입증하여야 할 항목들은 선택성, 생체시료효과, 캐리오버, 최저 정량한계, 검정곡선, 정확성, 정밀성, 회수율, 희석의 타당성 및 안정성이다.

핵심예제

전체 밸리데이션(Full Validation)에 대한 설명으로 옳지 않은 것은?

① 새로운 분석법을 개발할 때 수행해야 한다.
② 시험시료(Study Sample)와 다른 생체에서 얻은 새로운 시료를 사용하여 수행해야 하며, 시험시료와 동일한 생체시료를 사용하는 것은 금지된다.
③ 대체 생체시료를 사용하고자 할 경우에는 그 타당성을 입증하여야 한다.
④ 전체 밸리데이션에서 입증하여야 할 항목들은 선택성, 생체시료효과, 캐리오버, 최저 정량한계, 검정곡선, 정확성, 정밀성, 회수율, 희석의 타당성 및 안정성이다.

|해설|
시험시료(Study Sample)와 동일한 생체시료를 가지고 수행해야 한다.

정답 ②

① 이미 밸리데이션된 생체시료 분석법에서 변경이 있는 경우에 실시한다.
② 시험 내 정확성 및 정밀성 시험만 필요한 경우에서부터 전체 밸리데이션이 필요한 경우까지를 포함한다.
③ 일반적으로 부분 밸리데이션이 필요한 경우
　㉠ 실험실 또는 시험자의 변경
　㉡ 분석법의 변경(예 검출기 변경 등)
　㉢ 생체시료 채취 시 항응고제의 변경(예 헤파린에서 EDTA로 변경 등)
　㉣ 생체시료의 변경(예 사람 혈장에서 사람 뇨로 변경 등)
　㉤ 시료 전처리 과정의 변경
　㉥ 보관조건의 변경
　㉦ 농도 범위의 변경(예 검정곡선용 표준시료의 농도 변경 등)
　㉧ 기기 또는 소프트웨어 제어장치의 변경
　㉨ 시료 용량이 제한된 경우(예 소아 관련 임상 연구 등)
　㉩ 희귀한 생체시료인 경우
　㉪ 타 약물의 공존 시 분석물질의 선택성을 증명해야 하는 경우

핵심예제

부분 밸리데이션이 필요한 경우가 아닌 것은?

① 생체시료가 변경되는 경우
② 농도 범위가 변경되는 경우
③ 다른 시험방법으로 대체하는 경우
④ 실험실 또는 시험자가 변경되는 경우

|해설|
다른 시험방법으로 대체하는 경우에는 새로운 시험방법에 대해 전체 밸리데이션을 실시해야 한다.

정답 ③

① 두 개 이상의 분석법에 의해서 얻어진 밸리데이션 평가항목을 비교하는 것이다.
② 시험 내 또는 시험 간에 서로 다른 분석법으로 시험결과를 얻거나 서로 다른 기관(또는 실험실) 간에 동일한 분석법이 적용되어 시험결과를 얻을 경우, 해당 시험결과를 비교해야 하며 이때 해당 시험에 사용된 분석법에 대한 교차 밸리데이션이 수행한다.
③ 교차 밸리데이션은 시료분석 이전에 수행하는 것이 바람직하다.
④ 동일한 품질관리시료나 동일한 시험시료를 이용하여 분석한다.
⑤ 품질관리시료를 사용하는 경우 서로 다른 분석법에 의해 얻어진 평균 정확성은 각 분석법별로 15% 이내여야 한다.
⑥ 시험시료를 사용하는 경우 얻어진 두 값의 차이가 평균값의 20% 이내여야 하며 최소 67% 이상의 시료가 만족해야 한다.

핵심예제

교차 밸리데이션에 대한 설명으로 옳지 않은 것은?

① 두 개 이상의 분석법에 의해서 얻어진 밸리데이션 평가항목을 비교하는 것이다.
② 시료분석보고서 작성 이후에 수행하는 것이 바람직하다.
③ 동일한 품질관리시료나 동일한 시험시료를 이용하여 분석한다.
④ 시험시료를 사용하는 경우 얻어진 두 값의 차이가 평균값의 20% 이내여야 하며 최소 67% 이상의 시료가 만족해야 한다.

|해설|

교차 밸리데이션은 시료분석 이전에 수행하는 것이 바람직하다.

정답 ②

① 재밸리데이션은 시험방법이 특이성을 유지하며 의약품의 생체이용률과 활성 및 의약품의 확인, 함량, 품질, 순도, 역가를 계속적으로 보증할 수 있음을 증명하기 위하여 실시한다.
② 다른 시험방법으로 대체하는 경우(예 적정법을 액체크로마토그래프법으로 대체)에는 새로운 시험방법에 대해 전체 밸리데이션(Full Validation)을 실시한다.
③ 재밸리데이션이 필요한 경우
  ㉠ 원료의약품의 합성방법 변경
  ㉡ 완제의약품의 조성 변경(주성분의 함량 변경)
  ㉢ 시험방법의 과정 변경
④ 재밸리데이션의 정도는 변경의 특성에 따라 결정된다.

핵심예제

의약품 제조에서 시험법 재밸리데이션이 필요한 경우가 아닌 것은? [2021년 1회]

① 시험방법이 변경된 경우
② 주성분의 함량이 변경된 경우
③ 원료의약품의 합성방법이 변경된 경우
④ 원개발사의 밸리데이션 자료를 확보한 경우

|해설|

재밸리데이션(Revalidation) : 공정의 변경 또는 제조작업환경의 변화가 있는 경우에 공정의 성질과 제품의 품질에 나쁜 영향을 미치지 않는다는 것을 확인하기 위하여 실시한다.
재밸리데이션이 필요한 경우
• 원료의약품의 합성방법 변경
• 완제의약품의 조성 변경(주성분의 함량 변경)
• 시험방법의 과정 변경

정답 ④

① 공정 밸리데이션은 제품의 품질에 영향을 미치는 중요 공정에 대하여 실시하여야 한다.

② 예측적 밸리데이션

 ㉠ 각 공정의 잠재적 위험요인을 조사·분석하여 그 확률과 정도를 검토해서 실시계획을 세운다.

 ㉡ 실시계획에 따라 제조공정을 단계별로 나누어 실시하여야 한다.

③ 동시적 밸리데이션 : 부득이한 사유로 예측적 밸리데이션을 실시하지 못하는 경우에 동시적 밸리데이션을 실시할 수 있는 경우는 다음과 같다.

 ㉠ 적용대상이 드물고 대체의약품이 없어 긴급한 도입이 요구되는 의약품인 경우

 ㉡ 희귀질환자치료용 의약품인 경우

 ㉢ 연간 생산하는 제조단위가 1개 이하 의약품인 경우

 ㉣ 마 약

 ㉤ 제조소 이전으로 인하여 이미 밸리데이션을 실시한 의약품의 공급 차질이 우려되는 경우

 ㉥ 보건복지부장관이 지정한 의약품 등 기타 식품의약품안전처장이 인정하는 경우

④ 회고적 밸리데이션

 ㉠ 회고적 밸리데이션 실시대상 제조단위는 이미 제조된 모든 제조단위를 대표할 수 있어야 한다.

 ㉡ 회고적 밸리데이션의 추가적인 자료를 얻기 위하여 보관 중인 검체로 시험을 실시할 수 있다.

 ㉢ 이미 실시한 예측적 밸리데이션 결과의 적절성 검증을 위하여 실시할 수 있다.

⑤ 재밸리데이션

 ㉠ 변경 시 재밸리데이션

  • 원자재, 제조방법, 제조공정, 기계·설비, 제조환경 등을 변경하거나 일탈 및 기준일탈로 인하여 제품의 품질에 영향을 미치는 경우 예측적 밸리데이션을 실시하여야 한다.

• 다만, 제품의 품질에 미치는 영향이 경미한 경우에는 동시적 밸리데이션을 실시할 수 있다.

 ㉡ 정기적 재밸리데이션 : 이미 밸리데이션이 완료된 제조공정에 대하여 공정이 계속적으로 유효한지에 대해 정기적으로 밸리데이션을 실시하여야 한다.

핵심예제

부득이한 사유로 예측적 밸리데이션을 실시하지 못하는 경우에 동시적 밸리데이션을 실시할 수 있는 경우가 아닌 것은?

① 희귀질환자치료용 의약품인 경우
② 연간 생산하는 제조단위가 1개 이하 의약품인 경우
③ 제조소 이전으로 인하여 이미 밸리데이션을 실시한 의약품의 공급 차질이 우려되는 경우
④ 대체의약품이 개발되어 있어 이를 이용한 밸리데이션의 결과를 동일하게 적용할 수 있는 경우

|해설|

예측적 밸리데이션을 실시하지 못하는 경우에 동시적 밸리데이션을 실시할 수 있는 경우
• 적용대상이 드물고 대체의약품이 없어 긴급한 도입이 요구되는 의약품인 경우
• 희귀질환자치료용 의약품인 경우
• 연간 생산하는 제조단위가 1개 이하 의약품인 경우
• 마 약
• 제조소 이전으로 인하여 이미 밸리데이션을 실시한 의약품의 공급 차질이 우려되는 경우
• 보건복지부장관이 지정한 의약품 등 기타 식품의약품안전처장이 인정하는 경우

정답 ④

① 기계, 설비 또는 시스템은 공정 밸리데이션 실시 전 적격성 평가를 완료한 후 실시하여야 한다.

② 공정 밸리데이션 실시 순서
    ㉠ 실시대상의 선정 및 목적 설정
    ㉡ 목표로 하는 품질기준의 확인
    ㉢ 공정의 특성 확인 및 가동조건의 결정
    ㉣ 실시계획서의 작성
    ㉤ 제조 및 시험시설의 교정 및 적격성 평가
    ㉥ 밸리데이션 실시
    ㉦ 실시결과의 수집·정리 및 분석
    ㉧ 결과의 종합평가 및 문서화

③ 공정 밸리데이션을 생략할 수 있는 경우
    ㉠ 비무균제제로서 밸리데이션을 실시한 품목과 제형, 주성분, 제조공정 및 제조시설이 동일한 품목
    ㉡ 무균제제로서 무균성 공정 밸리데이션을 실시한 품목과 제형, 제조공정 및 제조시설이 동일한 품목
    ㉢ 연속 제조공정(One-line)으로서 제조공정 단계를 나누기 어려운 품목

핵심예제

공정 밸리데이션 실시 순서 중 빈 칸에 해당하는 단계를 순서대로 나타낸 것은?

실시 대상의 선정 및 목적 설정 → 실시 계획서의 작성 → (A) → (B) → (C) → 결과의 종합 평가 및 문서화

① 시험시설의 교정 및 적격성 평가 → 밸리데이션 → 실시 결과의 수집·정리 및 분석
② 밸리데이션 → 시험시설의 교정 및 적격성 평가 → 실시 결과의 수집·정리 및 분석
③ 밸리데이션 → 실시 결과의 수집·정리 및 분석 → 시험시설의 교정 및 적격성 평가
④ 시험시설의 교정 및 적격성 평가 → 실시 결과의 수집·정리 및 분석 → 밸리데이션

|해설|

공정 밸리데이션 실시 순서
㉠ 실시대상의 선정 및 목적 설정
㉡ 목표로 하는 품질기준의 확인
㉢ 공정의 특성 확인 및 가동조건의 결정
㉣ 실시계획서의 작성
㉤ 제조 및 시험시설의 교정 및 적격성 평가
㉥ 밸리데이션 실시
㉦ 실시결과의 수집·정리 및 분석
㉧ 결과의 종합평가 및 문서화

정답 ①

① 매질(Matrix) : 시험 측정항목을 포함하는 고유한 환경 매체 또는 기질이다.

② 매질첨가(Matrix Spike)

    ㉠ 시험 항목의 알고 있는 농도를 분석하고자 하는 시료에 첨가하는 것이다.

    ㉡ 이 첨가는 시료의 전처리나 시험·검사 이전에 수행해야 한다.

    ㉢ 주어진 시료매질(Sample Matrix)이 측정항목의 시험에 대한 간섭현상이 존재하는지, 전처리와 시험 방법상에 문제가 없는지를 설명하는 데 사용된다.

③ 바탕시료(Blank Sample)

    ㉠ 실험과정의 바탕값 보정과 실험과정 중 발생할 수 있는 오염을 파악하기 위해서 바탕시료를 측정한다.

    ㉡ 용도에 따라서 다양한 바탕시료가 필요하다.

    ㉢ 방법바탕시료(Method Blank Sample), 현장바탕시료(Field Blank Sample), 기구바탕시료(Equipment Blank Sample), 세척바탕시료(Rinsate Blank Sample), 운반바탕시료(Trip Blank Sample), 전처리바탕시료(Preparation Blank Sample), 매질바탕시료(Matrix Blank Sample), 검정곡선바탕시료(Calibration Blank Sample) 등이 있다.

④ 반복시료(Replicate Sample)

    ㉠ 둘 또는 그 이상의 시료를 같은 지점에서 동일한 시각에 동일한 방법으로 채취된 것이다.

    ㉡ 동일한 방법으로 독립적으로 분석된다.

    ㉢ 반복시료를 분석한 결과로 시료의 대표성을 평가한다.

    ㉣ 시료가 만약 단지 2개만 채취되었다면, 이를 이중시료(Duplicate Sample)라고 한다.

    ㉤ 반복(또는 이중)시료는 현장에서의 자연적인 차이와 현장 시료채취 방법상의 차이를 찾는데 사용할 수 있다.

⑤ 이중시료(Duplicate Sample)

    ㉠ 한 개의 시료를 두 개(또는 그 이상)의 시료로 나누어 동일한 조건에서 측정하여 그 차이를 확인하는 것으로 분석의 오차를 평가한다.

    ㉡ 이중시료는 사용 목적에 따라 현장이중시료(Field Duplicate Sample), 눈가림현장이중시료(Blind Field Duplicate Sample)로 구분된다.

    • 현장이중시료(Field Duplicate Sample) : 시료 분석에 있어서 반복성을 평가할 수 있는 시료로서 같은 지역에서 같은 시간대에 수집한 시료 또는 같은 시간에 준비되고 분석되는 같은 시료의 나눔을 말한다.

    • 눈가림현장이중시료(Blind Field Duplicate Sample) : 동일한 시각에 동일한 장소에서 채취된 이중시료이지만 별도의 시료로서 관리·분석되지 않기 때문에 분석자는 이것이 이중시료라는 것을 인식하지 못하며, 따라서 분석자의 분석 정밀도를 평가할 수 있는 시료이다.

⑥ 분할시료(Split Sample)

    ㉠ 하나의 시료가 각각의 다른 분석자 또는 분석실로 공급되기 위해 둘 또는 그 이상의 시료용기에 나누어진 것이다.

    ㉡ 분석자 간 또는 실험실 간의 분석 정밀도를 평가하거나 시험방법의 재현성(Reproductivity)을 평가하기 위해 사용한다.

    • 현장분할시료(Field Split Sample) : 시료채취 현장에서 분리되는 것으로, 분석의 정확도와 시료채취의 정확도를 위해 분석한다.

    • 실험실분할시료(Lab Split Sample) : 분석실에서 분리되는 것으로, 분석 정확도를 위해 분석한다.

⑦ 첨가시료(Spiked Sample)

㉠ 관심을 갖고 있는 항목의 물질을 첨가한, 농도를 알고 있는 시료이다.

㉡ 첨가물질의 회수율(%)은 분석 정밀도 계산에 이용된다.

- 시약첨가시료(Reagent Spike Sample) : 분석하고자 하는 물질이 없는 물(Analyte-free Water)에 분석하고자 하는 물질을 추가한 시료이다.
- 현장첨가시료(Field Spiked Sample) : 시료매질로부터 간섭물질을 포함한 분석시스템의 수행 내용을 검증하기 위해 사용한다.

핵심예제

다음에서 설명하는 시료는?

- 하나의 시료가 각각의 다른 분석자 또는 분석실로 공급되기 위해 둘 또는 그 이상의 시료용기에 나누어진 시료를 말한다.
- 분석자 간 또는 실험실 간의 분석 정밀도를 평가하거나 시험방법의 재현성을 평가하기 위해 사용된다.

① 이중시료(Duplicate Sample)
② 분할시료(Split Sample)
③ 현장첨가시료(Field Spiked Sample)
④ 시약첨가시료(Reagent Spike Sample)

|해설|

분할시료(Split Sample)
- 하나의 시료가 각각의 다른 분석자 또는 분석실로 공급되기 위해 둘 또는 그 이상의 시료용기에 나누어진 것이다.
- 분석자 간 또는 실험실 간의 분석 정밀도를 평가하거나 시험방법의 재현성(Reproductivity)을 평가하기 위해 사용한다.
- 시료채취 현장에서 분리되어지는 것을 현장분할시료(Field Split Sample)라 하고, 분석실에서 분리된 것을 실험실분할시료(Lab Split Sample)라 한다.
- 현장분할시료는 분석의 정확도와 시료채취의 정확도를 위해 분석하며, 실험실분할시료는 분석 정확도를 위해 분석한다.

정답 ②

핵심이론 11 바탕시료(Blank Sample)

① 방법바탕시료(Method Blank Sample)

㉠ 측정하고자 하는 물질이 전혀 포함되어 있지 않은 것이 증명된 시료이다.

㉡ 시험·검사 매질에 시료의 시험방법과 동일하게 같은 용량, 같은 비율의 시약을 사용하고 시료의 시험·검사와 동일한 전처리와 시험절차로 준비하는 바탕시료이다.

㉢ 매질, 실험절차, 시약 및 측정장비 등으로부터 발생하는 오염물질을 확인할 수 있다.

㉣ 분석시료의 시험·검사 시 시약, 수행절차, 오염을 확인하며, 방법검출한계보다 반드시 낮은 농도여야 한다.

㉤ 수질시료에는 시약바탕시료(Reagent Blank) 또는 실험실바탕시료(Laboratory Blank)를 방법바탕시료로 사용한다.

② 시약바탕시료(Reagent Blank Sample)

㉠ 시료를 사용하지 않고 추출, 농축, 정제 및 분석과정에 따라 모든 시약과 용매를 처리하여 측정한 것이다.

㉡ 실험절차, 시약 및 측정장비 등으로부터 발생하는 오염물질을 확인할 수 있다.

③ 현장바탕시료(Field Blank Sample)

㉠ 현장에서 만들어지는 깨끗한 시료이다.

㉡ 분석의 모든 과정(채취, 운송, 분석)에서 생기는 문제점을 찾는데 사용한다.

㉢ 현장바탕시료와 일반시료를 동일한 방법으로 같이 다룬다.

㉣ 현장바탕시료가 분석될 때는 분석결과가 분석하고자 하는 물질이 없는 것으로 나타나야 하며, 아울러 모든 현장의 시료보다 5배 정도 낮은 값으로 측정되어야 한다.

㉤ 시료 한 세트당 1개 정도가 있으면 된다.

ⓑ 만약 분석에 분해나 희석과 같은 전처리 과정이 들어간다면 현장바탕시료에서도 같은 전처리 과정을 거쳐 분석되어야 하며, 이는 전처리 과정에서의 오염을 확인하는 데 사용된다.

④ 기구바탕시료(Equipment Blank Sample)/세척바탕시료(Rinsate Blank Sample)

ⓐ 시료채취 기구의 청결함을 확인하기 위해 사용되는 깨끗한 시료로서 동일한 시료채취 기구의 재이용으로 인하여 먼저 시료에 있던 오염물질이 시료채취 기구에 남아 있는지를 평가하는 데 이용한다.

ⓑ 시료채취를 위한 채취 도구 또는 장비는 표준작업절차서(SOPs)에 따라서 세척 후 측정 성분이 포함되지 않은 용매(액체, 기체, 고체)를 채취 기구에 담거나 또는 씻어 내어 운반용기에 담아 밀봉하여 청결한 상태를 유지해야 한다.

ⓒ 세척 상태가 불안하면 시료의 교차오염이 발생할 수 있다.

ⓓ 시료군별 1개 준비한다.

⑤ 운송바탕시료(Trip Blank Sample) 또는 용기바탕시료(Container Blank Sample)

ⓐ 시료채취 후 보관용기에 담아 운송 중에 용기로부터 오염되는 것을 확인하기 위한 바탕시료이다.

ⓑ 준비방법 : 측정 성분이 포함되지 않은 용매(액체, 기체, 고체)를 용기에 가득 담고 밀봉 후 시료채취지점을 방문하여 모든 시료채취가 완료된 후 실험실에 가져와 일반시료와 같이 분석한다.

ⓒ 주로 휘발성 유기화학물질 분석을 위한 시료의 교차오염을 확인하기 위한 것이며, 다른 항목에 대해서는 시료에 대한 용기의 영향을 평가할 수 있다.

ⓓ 일반적으로 운반바탕시료는 매일 1개씩 준비한다.

⑥ 전처리바탕시료(Preparation Blank Sample)

ⓐ 시료전처리바탕시료(Sample Preparation Blank) 또는 시료보관바탕시료(Sample Bank Blank)라고도 표현한다.

ⓑ 교반, 혼합, 분취 등 시료를 분석하기 위한 다양한 전처리 과정에 대한 바탕시료이다.

ⓒ 전처리에 사용되는 기구(교반기, 믹서 등)에서 발생할 수 있는 오염을 확인하기 위한 바탕시료이다.

ⓓ 준비방법 : 전처리 기구를 사용 후 표준작업절차서에 따라서 세척을 한 후 측정 성분이 포함되지 않은 용매(액체, 기체, 고체)로 헹구어 준비한 다음 시료와 같은 방법으로 측정한다.

ⓔ 전처리를 실시한 경우 1일 1회 준비한다.

⑦ 검정곡선바탕시료(Calibration Blank) 또는 기기바탕시료(Instrument Blank)

ⓐ 분석장비의 바탕값(Background Level)을 평가하기 위한 것이다.

ⓑ 측정 성분이 포함되지 않은 용매를 시료와 같은 용량의 산(전처리)을 주입하여 측정한다.

ⓒ 잡음과 같은 바탕값 평가에 사용할 수 있으며, 검출한계(LOD ; Limit Of Detection) 평가에도 사용할 수 있다.

ⓓ 검정곡선 작성 시마다 준비하며, 시료분석 중간에 분석기기의 오염과 잔류량 평가(Memory Effect)에 사용할 수 있다.

⑧ 바탕시료로부터 얻을 수 있는 정보

바탕시료	시료 오염원							
	용기	채취기구	전처리	운반 및 보관	전처리장비	교차오염	시약	분석기기
기구/세척	∨	∨		∨		∨		
현장	∨		∨	∨		∨		
운반	∨			∨		∨		
전처리					∨		∨	∨
기기								∨
시약							∨	∨
방법					∨		∨	∨

시료분석 시의 정도관리 요소 중 바탕값(Blank)의 종류와 내용이 옳게 연결된 것은?
[2020년 4회]

① 현장바탕시료(Field Blank Sample)는 시료채취 과정에서 시료와 동일한 채취과정의 조작을 수행하는 시료를 말한다.
② 운송바탕시료(Trip Blank Sample)는 시험 수행과정에서 사용하는 시약과 정제수의 오염과 실험절차의 오염, 이상 유무를 확인하기 위한 목적에 사용한다.
③ 정제수 바탕시료(Reagent Blank Sample)는 시료채취과정의 오염과 채취용기의 오염 등 현장 이상 유무를 확인하기 위함이다.
④ 시험바탕시료(Method Blanks)는 시약 조제, 시료 희석, 세척 등에 사용하는 시료를 말한다.

|해설|

① 현장바탕시료는 현장에서 만들어지는 깨끗한 시료로, 분석의 모든 과정(채취, 운송, 분석)에서 생기는 문제점을 찾는 데 사용된다.
② 운송바탕시료(Trip Blank Sample) : 시료채취 후 보관용기에 담아 운송 중에 용기로부터 오염되는 것을 확인하기 위한 바탕시료이다.
③ 정제수 바탕시료(Reagent Blank Sample)
 • 시료를 사용하지 않고 추출, 농축, 정제 및 분석 과정에 따라 모든 시약과 용매를 처리하여 측정한 것이다.
 • 실험절차, 시약 및 측정 장비 등으로부터 발생하는 오염물질을 확인할 수 있다.
④ 시험바탕시료(Method Blanks)
 • 측정하고자 하는 물질이 전혀 포함되어 있지 않은 것이 증명된 시료이다.
 • 시험·검사 매질에 시료의 시험방법과 동일하게 같은 용량, 같은 비율의 시약을 사용하고 시료의 시험·검사와 동일한 전처리와 시험절차로 준비하는 바탕시료이다.
 • 매질, 실험절차, 시약 및 측정 장비 등으로부터 발생하는 오염물질을 확인할 수 있다.

정답 ①

핵심이론 12 시험방법 밸리데이션(Method Valida-tion)

① 분석방법의 한계점과 분석에 영향을 미칠 수 있는 요소들을 파악하고 검토·검증하는 과정이다.
② 분석방법에 근거가 되는 가설을 검증하고 분석방법에 관련된 요소들을 확인하여 문서화함으로써 분석방법이 설정한 분석목적에 적합한가를 보여주는 과정이다.
③ 특이성(선택성), 정확성, 정밀성, 정량한계, 검출한계, 직선성, 범위, 완건성 등의 파라미터를 검증하는 과정을 포함한다.

핵심예제

ICH에서 공지한 대표적인 밸리데이션 항목에 포함되지 않는 것은?
[2020년 4회]

① 재현성　　　　② 특이성
③ 직선성　　　　④ 정량한계

|해설|

ICH에서 공지한 대표적인 밸리데이션 항목
 • 정확성
 • 정밀성
　– 반복성
　– 실험실 내 정밀성
 • 특이성
 • 검출한계
 • 정량한계
 • 직선성
 • 범위

정답 ①

① 실험실은 국제적으로 인정된 체계로 운영되어야 한다.
② 밸리데이션 과정은 밸리데이션을 직접 수행하지 않을 사람, 즉 제3자의 검토가 있어야 한다.
③ 실험방법의 선택 시에는 분석방법을 일반적인 기준에 따라서 평가하여 결정해야 한다.
④ 밸리데이션 보고서의 항목
  ㉠ 밸리데이션이 적용되는 분석물질, 시료 Matrix 및 참고문헌
  ㉡ 측정 농도 범위
  ㉢ 사용한 실험기구, 시약 등의 정보
  ㉣ 밸리데이션 과정과 계획수립에 이용된 참고문헌
  ㉤ 실험결과에 영향을 미치는 요소 정의 및 산출방법에 대한 요약
  ㉥ 검증을 위한 실험결과 자료
  ㉦ 검토된 영향요소의 확인방법
  ㉧ 분석방법의 이용목적
  ㉨ 불확도의 산출

① 시험방법(Analytical Procedure)
  ㉠ 분석을 하기 위해 필요한 상세히 기술된 일련의 시험과정이다.
  ㉡ 확인시험, 순도시험, 정량시험 등에 사용된 분석대상물질, 검체, 표준품, 시약 및 시액, 분석장비의 사용, 검정곡선 작성, 계산식의 이용 등을 포함한다.
② 시험방법 밸리데이션은 가장 일반적인 4종류의 시험방법을 대상으로 한다.
  ㉠ 확인시험
  ㉡ 불순물 정량시험
  ㉢ 불순물 한도시험
  ㉣ 원료의약품 또는 완제의약품 중 활성성분 또는 완제약품 중 기타 특정성분의 정량시험
③ 확인시험(Identification Test)
  ㉠ 검체 중 분석대상물질을 확인하는 시험이다.
  ㉡ 일반적으로 검체의 물리화학적 특성(예 스펙트럼, 크로마토그래피상의 동태, 화학적 반응성 등)을 표준품의 특성과 비교하는 방법을 이용한다.
④ 순도시험(Purity Test)
  ㉠ 검체 중 유연물질, 중금속, 잔류용매 등 불순물의 존재 정도를 정확하게 측정하는 시험이다.
  ㉡ 정량시험과 한도시험이 있다.
  ㉢ 검체의 순도 특성을 정확히 확인하기 위한 것이다.
  ㉣ 정량시험과 한도시험에 요구되는 밸리데이션 파라미터는 서로 다르다.
⑤ 정량 또는 역가시험(Assay : Content or Potency)
  ㉠ 검체 중에 존재하는 분석대상물질의 양 또는 역가를 정확하게 측정하는 시험이다.
  ㉡ 원료 또는 제제 중의 주요성분(주성분, 유효성분, 생리활성성분)이나 특정성분(예 안정제 또는 보존제 등 첨가제)의 함량을 측정한다.
  ㉢ 용출시험 중의 정량분석 과정도 포함한다.

시험방법 밸리데이션의 대상 시험방법 중에서 검체에 포함된 분석대상 물질을 확인하는 시험으로 밸리데이션 파라미터 중 특이성 항목을 평가해야 하는 시험방법은?

① 역가시험
② 확인시험
③ 순도시험
④ 불순물 한도시험

|해설|

확인시험(Identification Test)
• 검체 중 분석대상 물질을 확인하는 시험이다.
• 일반적으로 검체의 물리화학적 특성을 표준품의 특성과 비교하는 방법을 이용한다.

정답 ②

핵심이론 15 시험방법 밸리데이션을 생략할 수 있는 경우

① 대한민국약전에 실려 있는 품목
② 식품의약품안전처장이 인정하는 공정서 및 의약품집에 실려 있는 품목
③ 식품의약품안전처장이 기준 및 시험방법을 고시한 품목
④ 밸리데이션을 실시한 품목과 제형 및 시험방법은 동일하나 주성분의 함량만 다른 품목
⑤ 원개발사의 시험방법 밸리데이션 자료, 시험방법 이전을 받았음을 증빙하는 자료 및 제조원의 실험실과의 비교시험 자료가 있는 품목

15-1. 의약품 제조 및 품질관리에 관한 규정상 시험방법 밸리데이션을 생략할 수 있는 품목으로 틀린 것은? [2020년 1 · 2회]

① 대한민국약전에 실려 있는 품목
② 식품의약품안전처장이 기준 및 시험방법을 고시한 품목
③ 밸리데이션을 실시한 품목과 주성분의 함량은 동일하나 제형만 다른 품목
④ 원개발사의 시험방법 밸리데이션 자료, 시험방법 이전을 받았음을 증빙하는 자료 및 제조원의 실험실과의 비교시험 자료가 있는 품목

15-2. 의약품의 시험방법 밸리데이션을 생략할 수 없는 경우는? [2020년 3회]

① 대한민국약전에 실려 있는 품목
② 식품의약품안전처장이 인정하는 공정서 및 의약품집에 실려 있는 품목
③ 식품의약품안전처장이 기준 및 시험방법을 고시한 품목
④ 원개발사 기준 및 시험방법이 있는 품목

|해설|

15-1, 15-2

시험방법 밸리데이션 생략 가능 품목
• 대한민국약전에 실려 있는 품목
• 식품의약품안전처장이 인정하는 공정서 및 의약품집에 실려 있는 품목
• 식품의약품안전처장이 기준 및 시험방법을 고시한 품목
• 밸리데이션을 실시한 품목과 제형 및 시험방법은 동일하나 주성분의 함량만 다른 품목
• 원개발사의 시험방법 밸리데이션 자료, 시험방법 이전을 받았음을 증빙하는 자료 및 제조원의 실험실과의 비교시험 자료가 있는 품목

정답 15-1 ③ 15-2 ④

---

① 정확성(Accuracy) : 측정값이 이미 알고 있는 참값이나 표준값에 근접한 정도이다.

② 정밀성(Precision)

㉠ 균일한 검체를 여러 번 채취하여 정해진 조건에 따라 측정하였을 때 각각의 측정값들 사이의 근접성(분산 정도)이다.

㉡ 정밀성은 반복성(병행정밀성), 실험실 내 정밀성 및 실험실 간 정밀성의 세 가지로 검토한다.

• 반복성(병행정밀성, Repeatability 또는 Intra-assay Precision) : 동일 실험실 내에서 동일한 시험자가 동일한 장치와 기구, 동일제조번호와 시약, 기타 동일 조작 조건하에서 균일한 검체로부터 얻은 복수의 검체를 짧은 시간차로 반복분석 실험하여 얻은 측정값들 사이의 근접성이다.

• 실험실 내 정밀성(Intermediate Precision) : 동일 실험실 내에서 다른 실험일, 다른 시험자, 다른 기구 또는 장비 등을 이용하여 분석 실험하여 얻은 측정값들 사이의 근접성이다.

• 실험실 간 정밀성(재현성, Reproducibility) : 서로 다른 실험실에서 하나의 동일한 검체로부터 얻은 측정값들 사이의 근접성이며, 일반적으로 표준화된 시험방법을 사용한 공동연구에 적용한다.

㉢ 정밀성의 표현 : 분산, 표준편차, 변동계수

③ 특이성(Specificity) 또는 선택성(Selectivity)

㉠ 불순물, 분해물, 배합성분 등의 혼재 상태에서 분석대상물질을 선택적으로 정확하게 측정할 수 있는 능력이다.

㉡ 시험방법의 특이성이 부족할 경우 다른 보조적인 시험방법으로 보완될 수 있다.

㉢ 시험방법의 식별능력을 나타내는 것으로 선택성(Selectivity)이라고도 한다.

④ 검출한계(Detection Limit)
　　㉠ 검체 중에 존재하는 분석대상물질의 검출 가능한 최소량이다.
　　㉡ 반드시 정량가능할 필요는 없다.
⑤ 정량한계(Quantitation Limit)
　　㉠ 적절한 정밀성과 정확성을 가진 정량값으로 표현할 수 있는 검체 중 분석대상물질의 최소량이다.
　　㉡ 분석대상물질을 미량으로 함유하는 검체의 정량시험이나 특히 불순물, 분해생성물 결정에 사용되는 정량시험의 밸리데이션 파라미터이다.
⑥ 직선성(Linearity) : 검체 중 분석대상물질의 양(또는 농도)에 비례하여 일정 범위 내에 직선적인 측정값을 얻어낼 수 있는 능력이다.
⑦ 범위(Range)
　　㉠ 적절한 정밀성, 정확성 및 직선성을 충분히 제시할 수 있는 검체 중 분석대상물질 양(또는 농도)의 하한 및 상한값 사이의 영역이다.
　　㉡ 반드시 검정곡선의 유용범위와 동일하지 않을 수 있다.
⑧ 완건성(Robustness)
　　㉠ 시험방법의 일부 조건이 의도적으로 변경되었을 때 측정값이 영향을 받지 않는지에 대한 척도이다.
　　㉡ 시험방법이 통상 사용되는 동안 그 시험방법을 얼마나 신뢰할 수 있는지에 대한 지표이다.
⑨ 감도(Sensitivity)
　　㉠ 농도의 미소변화를 기록할 수 있는 시험법의 성능이다.
　　㉡ 검정곡선의 기울기에 해당한다.
　　㉢ 분석대상성분의 농도(또는 양)의 변화에 따른 측정신호값의 변화에 대한 비율이다.
　　㉣ 최저 정량한계에서 추출한 시료의 신호 대 잡음비를 계산한다.
　　㉤ 시험방법의 감도가 클수록 분석대상성분 농도의 미세한 변화를 확인하기가 더 용이하다.

⑩ 견뢰성(Ruggedness)
　　㉠ 정상적인 시험조건(시험실, 시험자, 시험기기, 시약 로트, 분석 소요시간, 분석온도, 분석날짜 등)의 변화하에서 동일한 시료를 분석하여 얻어지는 시험결과의 재현성의 정도이다.
　　㉡ 시험법이 시험변수 및 환경변수의 영향을 받는 정도이다.

16-1. 견뢰성(Ruggedness)의 정의는?(단, USP(United States Pharmacopeia)를 기준으로 한다) [2020년 3회]

① 동일한 시험실, 시험자, 장치, 기구, 시약 및 동일 조건하에서 균일한 검체로부터 얻은 복수의 시료를 단기간에 걸쳐 반복시험하여 얻은 결괏값들 사이의 근접성
② 측정값이 이미 알고 있는 참값 또는 허용 참조값으로 인정되는 값에 근접하는 정도
③ 정상적인 시험 조건의 변화하에서 동일한 시료를 시험하여 얻어지는 시험결과의 재현성의 정도
④ 시험방법 중 일부 조건이 작지만 의도된 변화에 의해 영향을 받지 않고 유지될 수 있는 능력의 척도

16-2. 다음이 설명하는 밸리데이션 항목은?

> • 분석법을 개발하는 단계에서 평가
> • 분석 조건을 고의로 변동시켰을 때의 분석법의 신뢰성 확보
> • 시험방법 중 일부 조건이 약간이라도 의도적으로 변경되었을 때 시험 결괏값에 얼마나 영향을 미치는지에 대한 척도

① 특이성
② 직선성
③ 완건성
④ 검출한계

|해설|

16-1
③ 견뢰성(Ruggedness) : 정상적인 시험조건(시험실, 시험자, 시험기기 등)의 변화하에서 동일한 시료를 분석하여 얻어지는 시험결과의 재현성의 정도이다. 즉, 시험법이 시험변수 및 환경변수의 영향을 받는 정도를 말한다.
① 반복성(병행정밀성, Repeatability)
② 정확성(Accuracy)
④ 완건성(Robustness)

정답 16-1 ③ 16-2 ③

핵심이론 17 시험방법 밸리데이션의 실시

① 시험방법 밸리데이션을 위해서는 우선 시험방법의 적정성에 관한 종합적이고 신뢰성 있는 실험계획을 수립하고 밸리데이션 과정에서 얻어진 모든 데이터 및 밸리데이션 파라미터를 이용하여 그 적정성 여부를 평가한다.
② 밸리데이션의 과정에서 얻어진 모든 관련 데이터 및 밸리데이션 파라미터를 산출하기 위해 사용된 계산공식이 제출되어야 하며 적절히 설명되어야 한다.
③ 시험방법별로 설정되어야 할 밸리데이션 파라미터

분석법 종류 / 밸리데이션	확인시험	순도시험 정량시험	순도시험 한도시험	정량시험 • 용출시험 중 정량시험에 한함 • 함량시험/효능시험
정확성	-	+	-	+
정밀성 반복성	-	+	-	+
정밀성 실험실 내 정밀성	-	+	-	+
특이성	+	+	+	+
검출한계	-	-	+	-
정량한계	-	+	-	-
직선성	-	+	-	+
범위	-	+	-	+

㉠ − : 일반적으로 평가할 필요가 없는 것
㉡ + : 일반적으로 평가가 필요한 것
㉢ 실험실 간 정밀성(재현성, Reproducibilty)이 평가되는 경우 실험실 내 정밀성(Intermediate Precision)은 필요하지 않다.
㉣ 한 가지 분석법으로 특이성을 입증할 수 없는 경우 다른 분석법을 추가로 사용하여 특이성을 입증할 수 있다.

④ 밸리데이션 수행 시에 사용하는 표준품은 순도를 포함하여 물리·화학·생물학적 특성이 명확히 설명되어야 한다.
⑤ 어느 정도 수준의 순도를 가진 표준품이 요구되는지는 시험방법의 사용목적에 따른다.

확인시험(Identification)의 밸리데이션에서 일반적으로 필요한 평가 파라미터는? [2020년 1 · 2회]

① 정확성
② 특이성
③ 직선성
④ 검출한계

|해설|

확인시험의 밸리데이션에서는 특이성이 평가되어야 한다.

정답 ②

① 정확성은 시험방법이 규정하는 모든 범위에서 입증되어야 한다.

　㉠ 일련의 시험 또는 측정결과인 경우, 정확도는 우연오차(Random Error)와 계통오차(Systemic Error) 또는 편향성으로 이루어진다.

　㉡ 시험법인 경우 정확도는 진도와 정밀도의 조합을 의미한다.

② 원료의약품 정량시험

　㉠ 순도를 이미 알고 있는 분석검체(예 표준품)에 밸리데이션하려는 시험방법을 적용한다.

　㉡ 밸리데이션하려는 시험방법에 의한 시험결과와 정확성이 알려진 다른 시험방법에 의한 시험결과를 비교한다.

　㉢ 정확성은 정밀성, 직선성 및 특이성을 입증함으로써 추론할 수 있다.

③ 완제의약품 정량시험

　㉠ 완제의약품성분의 혼합물에 분석하려는 원료의약품의 기지량을 첨가하고 이것을 검체로 하여 밸리데이션하려는 시험방법을 적용한다.

　㉡ 확보 불가능한 완제의약품성분의 검체가 있는 경우에는 완제의약품에 기지량의 분석대상물질을 첨가하거나, 완제의약품을 밸리데이션하려는 시험방법으로 측정한 결과와 정확성이 알려진 기존의 시험방법으로 측정한 결과를 비교한다.

　㉢ 정확성은 정밀성, 직선성 및 특이성을 입증함으로써 추론할 수 있다.

④ 불순물 정량시험

　㉠ 기지량의 불순물을 첨가한 원료의약품 또는 완제의약품 등의 검체를 정량함으로써 평가한다.

　㉡ 특정 불순물 또는 분해생성물을 확보하는 것이 불가능한 경우에는 밸리데이션하려는 시험방법에 의한 시험결과를 정확성이 알려진 기존의 시험방법에 의한 시험결과와 비교한다.

⑤ 제출자료
　　㉠ 정확성은 규정된 범위를 포함하여 최소한 3가지 농도에 대해서 시험방법의 전 조작을 적어도 9회 반복 측정한 결과로부터 평가해야 한다(예 3가지 종류의 농도에 대해서 시험방법의 전 조작을 각 농도당 3회씩 반복 측정한다).
　　㉡ 기지량의 분석대상물질을 첨가한 검체를 정량하는 경우에는 회수율(%)로 나타낸다.
　　㉢ 참값과 비교하는 경우에는 평균값과 참값으로 인증된 값과의 차이를 신뢰구간과 함께 기재한다.
⑥ 회수율로 나타낼 때 분석대상물질은 함량 및 순도 등이 잘 규명된 표준품을 사용해야 하며, 생체시료효과(Matrix Effect)를 고려해야 한다.
　　㉠ 생체시료효과(Matrix Effect)로 인해 완제의약품 중의 주성분 이외의 첨가제에 의해 분석대상성분의 검출을 방해하거나 회수율에 영향을 주기도 하므로, 매트릭스(Matrix)가 존재하는 시료의 분석에서는 특이성이 높은 시험방법이 정확성 또한 높다는 것을 보증할 수 없다.
⑦ 정확도의 평가 : 정제수 또는 시료 매질로부터 %회수율(%R)을 측정한다.

18-1. 정확성(Accuracy)에 대한 설명으로 옳은 것은?

[2020년 3회]

① 측정값이 일반적인 참값(True Value) 또는 표준값에 근접한 정도
② 여러 번 채취하여 얻은 시료를 정해진 조건에 따라 측정하였을 때 각각의 측정값들 사이의 근접성
③ 시험방법의 신뢰도를 평가하는 지표
④ 분석대상물질을 선택적으로 평가할 수 있는 능력

18-2. ICH Guideline Q2(R1)에 의거한 정확성 검증을 위해 측정해야 하는 최소 반복 횟수는?

[2020년 3회]

① 1　　　　　　　　② 3
③ 6　　　　　　　　④ 9

|해설|

18-1
② 정밀성
③ 완건성
④ 특이성

18-2
정확성은 규정된 범위를 포함하여 최소한 3가지 종류의 농도에 대해서 시험방법의 전 조작을 적어도 9회 반복 측정한 결과로부터 평가해야 한다.

정답 18-1 ①　18-2 ④

핵심이론 19 시험방법 밸리데이션 방법-정밀성

① 함량시험 및 불순물의 정량시험을 밸리데이션할 때 정밀성 평가가 포함된다.

② 이중/반복시료의 분석에 따라 확인한다.

③ 반복성(병행정밀성, Repeatabilty 또는 Intra-assay Precision)

　㉠ 평가방법 1 : 규정된 범위를 포함한 농도에 대해 시험방법의 전체 조작을 적어도 9회 반복하여 측정한다(예 3가지 종류의 농도에 대해서 각각 3회씩 반복 측정한다).

　㉡ 평가방법 2 : 시험농도의 100%에 해당하는 농도로 시험방법의 전체 조작을 적어도 6회 반복 측정한다.

　㉢ 정량시험에 규정되어 있는 범위(80~120%)와 같이 농도범위가 비교적 좁은 경우, 정밀성은 시료 중 분석대상물질 농도에 상관없이 일정한 경우에는 위의 두 가지 방법 모두 사용 가능하다.

　㉣ 순도시험이나 서방성 제제의 용출시험과 같이 범위가 넓은 경우, 즉 정밀성의 농도의존성이 의심되는 경우에는 범위의 상한, 하한 및 중앙부근의 농도에서 ㉠을 이용하여 정밀성을 평가한다.

④ 실험실 내 정밀성(중간 정밀도, Intermediate Precision)

　㉠ 평가가 필요한 대표적인 변동요인 : 시험일, 시험자, 시험장비 등

　㉡ 변동요인들 각각에 대해 개별적으로 시험을 실시할 필요는 없다.

　㉢ 실험실 내 정밀성을 평가하기 위한 시험횟수는 일반적으로는 서로 다른 분석자가 각각 장비나 분석일을 다르게 하여 한번에 시험을 실시한다.

　㉣ 분석횟수는 반복성에서 규정하는 방법대로 9회 혹은 6회 반복한 결과를 평가한다.

⑤ 실험실 간 정밀성(재현성, Reproducibility)

　㉠ 실험실 간 실험의 평균값으로 평가한다.

　㉡ 시험방법의 표준화할 필요가 있을 경우 재현성을 평가한다.

　㉢ 공동연구에 사용되는 시험방법을 표준화 할 경우에도 실험실 간 정밀성 평가가 필요하다.

　㉣ 평가에 영향을 줄 수 있는 인자 : 장비나 경험 및 숙련도의 차이, 지식수준의 차이 등

　㉤ 반복성에서 평가하였던 방법을 이용하여 표준편차, 상대표준편차 등으로 평가한다.

　㉥ 실험실 간 정밀성 자료는 허가 시 제출자료에 포함되지 않다.

⑥ 제출자료 : 조사된 정밀성 평가 자료별로 표준편차, 상대표준편차(변동계수) 및 신뢰구간을 기재한다.

⑦ 하나의 시험기관으로 제한된 재현성 조건에 대한 정밀도를 나타낼 때는 '시험기관 간 재현성(Intra-laboratory Reproducibility)', '시험기관 내 재현성(Within-laboratory Reproducibility)', '중간 정밀도(intermediate Precision)' 등의 용어를 사용한다.

⑧ 정밀성의 표현 : 상대표준편차(RSD)나 변동계수(CV)의 계산으로 나타낸다.

19-1. 재현성에 관한 내용이 아닌 것은? [2020년 1·2회]

① 연구실 내 재현성에서 검토가 필요한 대표적인 변동요인은 시험일, 시험자, 장치 등이다.

② 연구실 간 재현성은 실험실 간의 공동실험 시 분석법을 표준화할 필요가 있을 때 평가한다.

③ 연구실 간 재현성이 표현된다면 연구실 내 재현성은 검증할 필요가 없다.

④ 재현성을 검증할 때는 분석법의 전 조작을 6회 반복 측정하여 상대표준편차값이 3% 이내가 되어야 한다.

19-2. 이화학분석에 관련된 설명 중 틀린 것은? [2020년 1·2회]

① 시험에 필요한 유리기구를 세척, 건조해야 하며, 이때 이전에 사용한 시약 또는 분석대상물질이 남아 있지 않도록 분석이 완료된 후 철저히 세척해야 한다.

② 분석결과의 통계처리는 일반적으로 평균, 표준편차 및 상대표준편차가 많이 이용된다.

③ 정확성은 측정값이 참값에 근접한 정도를 말한다.

④ 정밀성은 데이터의 입출력과 흐름을 추적하고 조작을 방지하는 시스템을 말한다.

19-3. 약전에 수재(收載)되어 있는 분석법의 정밀성 평가항목이 아닌 것은? [2020년 4회]

① 반복성   ② 직선성

③ 실내 재현성   ④ 실간 재현성

|해설|

19-1
④ 분석법의 전 조작을 적어도 6회 반복 측정하여 상대표준편차값 1.0% 이내가 되어야 한다.

19-2
정밀성은 각각의 측정값들 사이의 근접성(분산 정도)을 말한다.

19-3
정밀성의 평가항목
• 반복성
• 실내 정밀성
• 실간 정밀성

정답 **19-1** ④   **19-2** ④   **19-3** ②

핵심이론 20 시험방법 밸리데이션 방법-특이성(선택성)

① 확인시험, 순도시험 및 정량시험의 밸리데이션에는 특이성이 평가되어야 한다.

② 한 가지 분석법으로 특이성을 입증할 수 없는 경우 다른 분석법을 추가로 사용하여 특이성을 입증할 수 있다.

③ 최소 6가지 이상의 서로 다른 기원의 적절한 생체시료로 수행한다. 다만, 확보가 어려운 생체시료의 경우 6가지보다 적은 수의 생체시료를 사용할 수 있다.

④ 확인시험

   ㉠ 구조적으로 유사한 화합물들이 존재할 가능성이 있는 경우 이를 식별할 수 있어야 한다.

   ㉡ 분석대상물질을 함유한 검체에서 기존의 표준물질과 비교 시 양성의 시험결과를 얻고, 분석대상물질을 포함하지 않은 검체에서는 음성의 시험결과를 얻음으로써 확인한다.

   ㉢ 양성의 반응을 얻을 수 없다는 것을 확인하기 위해 분석대상물질과 구조적으로 유사한 물질 또는 분석대상물질과 밀접한 관련성이 있는 물질의 확인시험을 적용할 수도 있다.

⑤ 정량시험과 순도시험(불순물 표준품 보유 시)

   ㉠ 정량시험

     • 불순물 또는 첨가제가 존재하는 상황에서 분석대상물질에 특이적이어야 한다.

     • 순수물질에 적당한 농도의 불순물 또는 첨가제를 첨가했을 때의 정량시험 결과가 이러한 물질을 첨가하지 않을 때의 시험결과와 비교하여 영향을 받지 않는다는 것을 보여줌으로써 특이성을 입증한다.

   ㉡ 순도시험 : 순수물질에 적당한 농도의 불순물을 첨가하여 이들 불순물이 서로 분리되거나 불순물이 검체 중에 존재하는 다른 성분으로부터 분리되는 것을 제시함으로써 특이성을 입증한다.

⑥ 정량시험과 순도시험(불순물 표준품 미보유 시)

    ㉠ 불순물 또는 분해생성물을 포함한 검체에 대하여 계획한 시험방법으로 측정한 결과와 이미 입증된 다른 시험방법으로 측정한 결과를 비교함으로써 특이성을 입증한다.

    ㉡ 정량시험 : 2개의 정량시험 결과를 비교한다.

    ㉢ 순도시험 : 불순물 프로파일을 비교한다.

⑦ 크로마토그램상의 분석대상물질의 피크가 다른 성분들로부터 유래하지 않는다는 것을 입증하기 위해서는 다이오드 어레이(Diode Array)나 질량분석기(MS) 등을 검출기로 이용하는 피크순도시험이 유용하다.

⑧ 크로마토그래프법의 특이성 평가

    ㉠ 크로마토그래프법에서는 특이성을 입증하기 위해 대표성 있는 크로마토그램을 제시하여야 하며 개개의 성분들이 크로마토그램에 적절하게 표시되어야 한다.

    ㉡ 크로마토그래프법에서는 성분이 서로 분리되고 있음을 나타내는 분리한계(Critical Separation)가 평가되어야 한다.

    ㉢ 특이성을 나타내기 위해서 서로 가장 근접하게 용리하는 2개 성분의 분리도를 이용하여 분리한계를 나타낼 수 있다.

    ㉣ 대한약전 기체 및 액체크로마토그래프법에서 피크가 완전히 분리한다는 것은 분리도 1.5 이상을 의미하므로 이것을 피크분리의 기준으로 이용할 수 있다.

⑨ 간섭물질의 반응은 일반적으로 분석물질의 최저 정량한계의 20% 이하, 내부표준물질의 5% 이하여야 한다.

특이성에 대한 설명으로 옳은 것은?

① 확인시험의 밸리데이션에는 특이성의 평가가 제외된다.

② 동일한 생체시료를 이용하여 최소 6번 반복 분석하여 수행한다.

③ 시험방법의 일부 조건이 의도적으로 변경되었을 때 측정값이 영향을 받지 않는 지에 대한 척도이다.

④ 한 가지 분석법으로 특이성을 입증할 수 없는 경우 다른 분석법을 추가로 사용하여 특이성을 입증할 수 있다.

|해설|

① 확인시험에서는 특이성의 평가가 필요하다.

② 최소 6가지 이상의 서로 다른 기원의 적절한 생체시료로 수행한다. 다만, 확보가 어려운 생체시료의 경우 6가지보다 적은 수의 생체시료를 사용할 수 있다.

③ 특이성은 불순물, 분해물, 배합성분 등의 혼재 상태에서 분석대상물질을 선택적으로 정확하게 측정할 수 있는 능력을 말한다.

정답 ④

① 시각적 평가에 근거하는 방법

   ㉠ 기기를 사용하지 않는 시험방법 뿐 아니라 기기 분석법에 대해서도 시각적으로 평가 가능하다.

   ㉡ 기지량의 분석대상물질을 함유한 검체를 분석하고 그 분석대상물질을 확실히 검출할 수 있는 최저의 농도를 확인함으로써 결정한다.

② 신호 대 잡음(Signal to Noise)에 근거하는 방법

   ㉠ 바탕선에 잡음이 나타나는 시험방법에 적용한다.

   ㉡ 기지의 저농도 분석대상물질을 포함한 검체를 측정한 신호를 공시험 검체의 신호와 비교하고 해당 분석대상물질이 타당하게 검출된 최저 농도를 설정함으로써 신호 대 잡음비를 결정한다.

   ㉢ 일반적으로 3~2 : 1의 신호 대 잡음비가 산출되는 분석대상물질의 최저 농도가 검출한계로 적당하다.

   ㉣ 신호 대 잡음비 : $S/N = \dfrac{2H}{h}$

③ 반응의 표준편차와 검정곡선의 기울기에 근거하는 방법

   ㉠ 검출한계 $LOD = \dfrac{3.3\,\sigma}{S}$

   여기서, σ : 반응의 표준편차

   　　　　S : 검정곡선의 기울기

   ㉡ 기울기(S) 산출방법 : 분석대상물질의 검정곡선으로부터 산출한다.

   ㉢ 표준편차(σ) 산출방법

   • 공시험 검체의 표준편차에 근거하는 방법 : 적당한 수의 공시험 검체를 분석하여 이 측정값의 표준편차를 계산함으로써 시험방법의 기본 반응 정도를 측정한다.

   • 검정곡선에 근거하는 방법 : 검출한계에 근접한 분석대상물질을 함유하는 검체를 사용하여 검정곡선을 작성하고, 회귀직선에서 잔차의 표준편차 또는 회귀직선에서 y절편의 표준편차를 표준편차(σ)로 이용한다.

④ 제출자료

   ㉠ 검출한계 및 검출한계를 구할 때 사용한 방법을 기재한다.

   ㉡ 시각적 평가 또는 신호 대 잡음비에 의해 검출한계를 결정할 경우에는 그 타당성을 입증할 수 있는 크로마토그램을 함께 제출한다.

   ㉢ 계산(Calculation) 또는 외삽(Extrapolation)에 의해 검출한계를 산출하였을 경우에는 검출한계 농도 혹은 그 부근 농도로 조제한 적당한 수의 검체에 대한 분석을 실시하여 제출값의 타당성을 입증한다.

핵심예제

A라는 회사의 세척검체 시험법 밸리데이션 절차를 수립하고자 할 때, 다음 중 밸리데이션 항목에 대한 설명으로 옳지 않은 것은?

[2020년 3회]

① 분석 대상물의 선택성(Selectivity)을 확인하는 방법으로 특이성을 검증할 수 있다.

② 범위는 직선성, 정확성 및 정밀성 시험 결과로 산정할 수 있다.

③ 검출한계는 Signal to Noise가 2 : 1 이상인지 확인한다.

④ 직선성은 선형회귀분석을 실시하여 상관계수 R의 값으로 확인할 수 있다.

|해설|

③ 일반적으로 3~2 : 1의 신호 대 잡음비가 산출되는 분석대상물질의 최저 농도를 검출한계로 한다.

정답 ③

① 시각적 평가에 근거하는 방법

ㄱ 기기를 사용하지 않는 시험방법 뿐 아니라 기기 분석법에 대해서도 시각적으로 평가 가능하다.

ㄴ 기지농도의 분석대상물질을 함유한 검체를 분석하고 정확성과 정밀성이 확보된 분석대상물질을 정량할 수 있는 최저 농도를 설정하는 것이다.

② 신호 대 잡음(Signal to Noise)에 근거하는 방법

ㄱ 바탕선에 잡음이 나타나는 시험방법에 적용한다.

ㄴ 기지의 저농도 분석대상물질을 포함한 검체의 신호와 공시험 검체의 신호를 비교하여 설정함으로써 신호 대 잡음비를 계산한다.

ㄷ 일반적으로 정량한계를 산출하는 신호 대 잡음비는 10 : 1이다.

③ 반응의 표준편차와 검정곡선의 기울기에 근거하는 방법

ㄱ 정량한계 $LOQ = \dfrac{10\sigma}{S}$

여기서, σ : 반응의 표준편차

S : 검정곡선의 기울기

ㄴ 기울기(S) 산출방법 : 분석대상물질의 검정곡선으로부터 산출한다.

ㄷ 표준편차(σ) 산출방법

• 공시험 검체의 표준편차에 근거하는 방법 : 적당한 수의 공시험 검체를 분석하고 이 측정값의 표준편차를 분석함으로써 시험방법의 기본 반응 정도를 측정한다. 공시험 검체로는 일반적으로 이동상을 이용한다.

• 검정곡선에 근거하는 방법 : 정량한계에 근접한 분석대상물질을 포함한 검체를 사용하여 검정곡선을 작성하고, 회귀직선에서 잔차의 표준편차 또는 회귀직선에서 y절편의 표준편차를 표준편차(σ)로 이용한다.

④ 제출자료

ㄱ 정량한계와 함께 정량한계를 구할 때 사용한 방법을 기재한다.

ㄴ 계산된 정량한계는 정량한계 혹은 그 부근 농도로 조제된 적당한 수의 검체에 대해 분석을 실시하여 그 값의 타당함을 입증한다.

ㄷ 일반적으로 회수율, 평균회수율, 표준편차 또는 상대표준편차로 평가한다.

핵심예제

검정곡선에서 y절편의 표준편차가 0.1, 기울기가 0.1일 때의 정량한계는? [2020년 1·2회]

① 10   ② 1

③ 0.1   ④ 3.3

|해설|

$$정량한계(LOQ) = 10 \times \frac{검정곡선의\ 기울기}{검정곡선의\ 표준편차}$$

$$\therefore\ LOQ = 10 \times \frac{0.1}{0.1} = 10$$

정답 ①

① 시험방법에서 정하는 범위(Range)에 대해 직선성이 평가되어야 한다.

② 방 법
  ㉠ 표준원액을 희석하여 원료의약품의 각 농도에 대해서 직접적으로 직선성을 증명한다.
  ㉡ 분석하고자 하는 물질의 표준품을 이용하여 표준품 원액을 조제하고, 이를 각 농도별로 희석하여 직선성을 평가한다.
  ㉢ 검체의 구성성분을 포함하는 혼합물을 만들고 여기에 각 농도에 해당하는 표준품을 적절한 방법으로 첨가하여(칭량 혹은 희석) 이를 가지고 검증하는 방법도 있다.
  ㉣ 완제의약품 성분의 혼합물에서 각각 성분의 중량별로 분리하여 직선성을 평가한다.

③ 응답값(y)과 농도(x)의 관계식을 직선 모델인 $y = a + bx$의 함수로 그래프를 작성하여 시각적으로 직선성을 평가한다.

④ 최소자승법에 의한 회귀직선의 계산과 같은 적합한 통계학적 방법을 이용해 측정 결과를 평가한다.

⑤ 상관계수(Corelation Coeficient), y절편, 회귀직선의 기울기 및 잔차제곱의 합 및 그래프를 제출한다.

⑥ 직선성을 입증하기 위해서는 적어도 5개 농도의 검체 사용을 권장한다.

⑦ 선형회귀분석
  ㉠ 결정계수의 값이 1에 가까울수록 직선성을 가진다고 판정한다.
  ㉡ 회귀분석의 표준오차($s_{y/x}$)는 직선의 정확성을 나타낸다.
  ㉢ 잔차(Residual) : 비직선적인 양상에 대한 증거로 검토한다.

⑧ 관계가 직선적이지 않다면 비직선형의 원인을 밝혀내거나 시험방법에서 직선성을 나타내는 범위로 측정을 제한한다.

핵심예제

23-1. 다음 중 선형회귀분석을 이용한 직선성 밸리데이션에서 가장 직선성을 가지는 것으로 평가되는 경우는?

① 결정계수의 값이 0에 가까운 경우
② 결정계수의 값이 0.5에 가까운 경우
③ 결정계수의 값이 1에 가까운 경우
④ 표준오차값이 0에 가까운 경우

23-2. 직선성을 입증하기 위해 권장되는 검체의 최소 농도 개수는?

① 3   ② 5
③ 7   ④ 9

|해설|

23-1
결정계수의 값이 1에 가까울수록 직선성을 가진다고 판정한다.

23-2
직선성을 입증하기 위해서는 적어도 5개 농도의 검체 사용을 권장한다.

정답 23-1 ③ 23-2 ②

① 생체시료 내의 물질이 직접 또는 간접적으로 분석물질 또는 내부표준물질의 반응에 미치는 영향을 말한다.
② 시료 중의 구성성분에 의한 생체시료효과(Matrix Effect)가 없는 경우에는 분석대상물질의 표준품으로만 직선성을 평가할 수 있으나, 생체시료효과가 있는 경우에는 매트릭스(Matrix)를 포함하는 표준액을 이용하여 직선성을 평가하여야 한다.
③ 생체시료효과상수(MF ; Matrix Factor)를 계산하여 평가한다.
④ 생체시료효과상수는 생체시료의 유무에 따른 분석결과의 비율로 계산한다.
⑤ 생체시료효과는 품질관리시료를 분석하여 평가한다.
⑥ 6개의 서로 다른 기원의 생체시료를 가지고 낮은 농도(최저 정량한계의 최대 3배)와 높은 농도(최고 정량한계 부근)의 품질관리시료를 측정하고, 이때 구한 농도값의 변동계수(CV ; Coefficient of Variation)는 15% 이내여야 한다.
⑦ 구하기 힘든 생체시료의 경우 6개보다 적은 수의 생체시료를 사용할 수 있다.
⑧ 생체시료효과는 대부분 시료처리 방법, 분석조건 변경 등을 통해 감소시킬 수 있다.
⑨ 생체시료효과가 나타나지 않는다면 검정표준을 분석대상성분의 단순용액으로 준비하는 것이 바람직하고, 생체시료효과가 의심되는 경우에는 전형적인 시료 추출용액에 분석대상성분의 표준물을 첨가하여 조사한다.
⑩ 표준물의 첨가가 부가적인 매질효과를 보정하지는 않는다.

생체시료효과에 대한 설명 중 틀린 것은?　　　[2020년 4회]

① 생체시료효과란 생체시료 내의 물질이 직접 또는 간접적으로 분석물질 또는 내부표준물질의 반응에 미치는 영향을 말한다.
② 생체시료효과를 분석하기 위해서는 6개의 서로 다른 생체시료를 가지고 분석하나, 구하기 힘든 생체시료의 경우 6개보다 적은 수를 사용할 수 있다.
③ 생체시료효과상수를 계산하기 위한 실험 데이터를 활용하기 위해서는 품질관리시료의 농도값의 변동계수가 20% 이내여야 한다.
④ 생체시료효과상수는 생체시료의 유무에 따른 분석결과의 비율로서 계산한다.

|해설|

③ 생체시료효과상수를 계산하기 위한 실험 데이터를 활용하기 위해서는 품질관리시료의 농도값의 변동계수가 15% 이내여야 한다.

생체시료효과(Matrix Effect)
• 생체시료 내의 물질이 직접 또는 간접적으로 분석물질 또는 내부표준물질의 반응에 미치는 영향을 말한다.
• 생체시료효과상수(MF ; Matrix Factor)를 계산하여 평가할 수 있다.
• 생체시료효과상수는 생체시료의 유무에 따른 분석결과의 비율로 계산할 수 있다.
• 분석·평가
 – 품질관리시료를 분석하여 평가한다 : 6개의 서로 다른 기원의 생체시료를 가지고 낮은 농도(최저 정량한계의 최대 3배)와 높은 농도(최고 정량한계 부근)의 품질관리시료를 측정하고, 이때 구한 농도값의 변동계수(CV)는 15% 이내여야 한다.
 – 분석물질의 생체시료효과상수를 내부표준물질의 생체시료효과상수로 나누어 구한 내부표준물질 표준화 생체시료효과상수(IS Normalized MF)로도 평가할 수 있다 : 평가기준은 6개의 생체시료에서 구한 내부표준물질 표준화 생체시료효과상수의 변동계수가 15% 이내여야 한다.
 – 구하기 힘든 생체시료의 경우 6개보다 적은 수의 생체시료를 사용할 수 있다.
 – 대부분 시료처리 방법, 분석조건 변경 등을 통해 감소시킬 수 있다.

정답 ③

① 일반적으로 범위는 직선성 평가를 통해 결정된다.
② 규정하는 범위 내 또는 그 범위의 하한 및 상한 농도를 포함한 검체를 이용하여 시험방법의 직선성, 정확성 및 정밀성을 확인함으로써 범위의 타당성을 입증한다.
③ 최소로 규정하는 범위
　　㉠ 원료의약품 또는 완제의약품의 정량시험 : 일반적으로 시험농도의 80~120%
　　㉡ 함량 균일성 시험 : 정량분무흡입제 등과 같이 제형의 특성에 근거하여 더 넓은 범위를 규정하여야 하는 경우를 제외하고는, 적어도 시험농도의 70~130%
　　㉢ 용출시험 : 완제의약품의 기준 및 시험방법 중 설정된 용출시험기준 범위의 ±20%
　　㉣ 불순물의 정량시험 : 불순물의 보고수준부터 설정된 기준의 120%까지
　　㉤ 활성이 특히 강하거나 독성 및 예기치 못한 약리작용을 나타내는 것으로 알려진 불순물의 검출/정량한계는 그 불순물이 관리되어야 할 한도를 고려하여 설정되어야 한다.
　　㉥ 정량시험과 순도시험이 하나의 시험으로 동시에 행해져 100% 표준품만 사용하는 경우 : 불순물의 보고수준부터 함량시험기준의 120%까지

핵심예제

시험법이 정밀성, 정확성, 직선성이 적절한 수준임이 밝혀진 상태에서 검체 내 시험 대상물의 양 또는 농도의 상한 및 하한 농도 사이의 구간을 범위(Range)라고 정의한다. 다음 중 최소로 규정하는 범위로 틀린 것은? [2020년 4회]

① 원료의약품의 정량시험 : 시험농도의 80~120%
② 완제의약품의 정량시험 : 시험농도의 90~110%
③ 함량 균일성 시험 : 시험농도의 70~130%
④ 용출시험 : 용출시험기준 범위의 ±20%

|해설|

최소로 규정하는 범위
• 원료의약품 또는 완제의약품의 정량시험 : 일반적으로 시험농도의 80~120%
• 함량 균일성 시험 : 정량분무흡입제 등과 같이 제형의 특성에 근거하여 더 넓은 범위를 규정하여야 하는 경우를 제외하고는, 적어도 시험농도의 70~130%
• 용출시험 : 완제의약품의 기준 및 시험방법 중 설정된 용출시험기준 범위의 ±20%
• 불순물의 정량시험 : 불순물의 보고수준부터 설정된 기준의 120%까지

정답 ②

① 시험방법을 개발하는 단계에서 평가되어야 한다.

② 완건성의 평가방법은 개발하려고 하는 시험방법의 형태에 따라 다르다.

③ 표준화된 시험방법에서 시험조건을 변동할 수 있도록 설정해 놓은 범위보다 더 넓은 범위를 의도적으로 변동시켜서 검토한다.

④ 대표적인 변동요인

    ㉠ 시험용액의 안정성

    ㉡ 추출 시간

⑤ 액체크로마토그래피의 경우 대표적인 변동요인

    ㉠ 이동상의 pH 범위

    ㉡ 이동상 조성의 변경 범위

    ㉢ 칼럼의 변경(입도, 길이, 지름 등)

    ㉣ 온도(칼럼오븐온도)

    ㉤ 유량(유속)

⑥ 기체크로마토그래피의 경우 대표적인 변동요인

    ㉠ 칼럼의 변경(길이, 충진물질 등)

    ㉡ 온도(칼럼오븐온도)

    ㉢ 유량(유속)

⑦ 측정값이 분석조건 변경에 따라 영향을 받기 쉬운 경우라면 분석조건을 적절히 관리하거나 시험방법 중에 주의 문구를 포함시킬 필요가 있다.

핵심예제

밸리데이션의 시험방법을 개발하는 단계에서 고려되어야 하는 평가항목이며, 분석조건을 의도적으로 변동시켰을 때의 시험방법의 신뢰성을 나타내는 척도로서 사용되는 평가항목은?

[2020년 3회]

① 정량한계   ② 정밀성
③ 완건성   ④ 정확성

|해설|

완건성

• 시험방법을 개발하는 단계에서 고려되어야 하는 평가항목이다.

• 시험방법의 조건 중 일부가 의도적으로 변경되었을 때 측정값이 영향을 받지 않는지에 대한 척도를 말한다.

• 분석조건을 의도적으로 변동시켰을 때의 시험방법의 신뢰성을 나타낸다.

• 측정값이 분석조건 변경에 따라 영향을 받기 쉬운 경우라면, 분석조건을 적절히 관리하거나 시험방법 중에 주의 문구를 포함시킬 필요가 있다.

• 완건성을 평가함에 따라 시스템적합성에 관한 일련의 매개변수를 확립할 수 있다.

• 완건성의 대표적인 변동요인
  - 시험용액의 안정성
  - 추출 시간

• 액체크로마토그래피의 경우 대표적인 변동요인
  - 이동상의 pH 범위
  - 이동상 조성의 변경 범위
  - 칼럼의 변경(입도, 길이, 지름 등)
  - 온도(칼럼오븐온도)
  - 유량(유속)

• 기체크로마토그래피의 경우 대표적인 변동인자
  - 칼럼의 변경(길이, 충진물질 등)
  - 온도(칼럼오븐온도)
  - 유량(유속)

정답 ③

① 범위를 선정한다 : 예상 농도와 분석기기의 검출한계 값을 고려하여 하한값과 상한값을 설정한다.

② 선정된 범위 내의 검정곡선을 작성한다 : 검정곡선 작성을 위한 표준물질을 3~7개 농도로 선정하여 측정한다.

③ 정밀도와 정확도를 측정한다 : 검정곡선 범위 내의 3개 농도에 대해서 각각 3회 이상 측정하여 검정곡선에 의한 정확도와 3회 반복에 대한 정밀도를 평가하여 전체 평균을 산출한다.

④ 검출한계(LOD ; Limit Of Detection), 정량한계(LOQ ; Limit Of Quantification)를 측정한다 : 바탕시료와 낮은 농도의 표준물질에 대한 신호 대 잡음비를 산출하거나 아주 낮은 농도 시료를 7회 이상 반복 측정하여 산출한다.

⑤ 특이성에 대해 검토한다 : ICP, AAS, 크로마토그래프를 적용하는 항목에 대해 분석하고자 하는 성분 이외의 다른 물질의 간섭을 검토하여 특이성을 확인한다.

⑥ 시료와 유사한 매질의 인증표준물질을 확보하여 정확도를 평가하고 시험방법에 대한 정확도를 평가한다.

목 적	요구되는 분석과정	필요한 시료
기기에 대한 검증	• 교정(Calibration) • 교정검증 (Calibration Verification)	• 바탕시료(Blanks) • 표준물질(Standards) • 인증표준물질(CRM)
시험방법에 대한 분석자의 능력 확인	• 방법검출한계(MDL) • 정확도(Accuracy) • 정밀도(Precision)	• 시약첨가시료 (Reagent Spikes) • 반복시료(Replicates) • 이중시료(Duplicates)

시료분석 능력 확인	• 정확도
	• 정밀도
		• 바탕시료(현장, 운송, 시험)
		• 매질첨가시료
		  (Matrix Spikes),
		  매질첨가이중시료
		  (Matrix Spike Duplicates)
		• 반복시료(Replicates),
		  이중시료(Duplicates)
		• 대체표준물질 첨가
		  (Surrogate Spikes)

정도보증	• 관리차트
	  (Control Chart)
		• 정도관리시료
		  (QC Sample)
		• 실험실정도관리시료
		  (Laboratory Quality
		  Control Sample)

시험방법에 대한 분석자의 능력을 확인할 수 있는 시료가 아닌 것은?

① 방법바탕시료(Method Blank Sample)
② 반복시료(Replicate Sample)
③ 이중시료(Duplicate Sample)
④ 시약첨가시료(Reagent Spike Sample)

|해설|

시험방법에 대한 분석자의 능력 확인
- 시약첨가시료(Reagent Spike Sample)
- 반복시료(Replicate Sample)
- 이중시료(Duplicate Sample)
※ 방법바탕시료(Method Blank Sample)
  - 측정하고자 하는 물질이 전혀 포함되어 있지 않은 것이 증명된 시료이다.
  - 시험·검사 매질에 시료의 시험방법과 동일하게 같은 용량, 같은 비율의 시약을 사용하고 시료의 시험·검사와 동일한 전처리와 시험절차로 준비하는 바탕시료이다.
  - 매질, 실험절차, 시약 및 측정장비 등으로부터 발생하는 오염물질을 확인할 수 있다.

정답 ①

핵심이론 29 세척 밸리데이션

① 세척 밸리데이션은 연속 제조한 3개 제조단위에 대하여 실시하여야 한다.

② 세척 밸리데이션은 기계·설비 등에 잔류하는 잔류물(전 작업의 의약품, 세척제 등)에 대하여 분석 가능하고 증명 할 수 있는 범위 내에서 허용 한계를 설정하여야 한다.

③ 세척 밸리데이션을 실시하는 경우 잔류물이나 오염물질을 검출할 수 있는 밸리데이션된 시험방법을 사용하여야 한다.

④ 세척 밸리데이션은 의약품과 직접 접촉하는 기계·설비 표면에 대하여 실시하여야 한다.

⑤ 세척 밸리데이션은 제조공정 종료 후 기계 및 설비 세척을 시작하기 전까지 허용될 수 있는 기간과 세척 완료 상태가 유지될 수 있는 유효기간에 대한 사항을 포함하여야 한다.

⑥ 세척 밸리데이션을 생략할 수 있는 경우
  ㉠ 공용 기계 및 설비를 사용하고 세척방법이 동일한 품목 중에서 함량, 독성, 용해도, 세척 난이도 등을 고려한 최악의 조건에 해당하는 품목을 선정하여 밸리데이션을 실시한 경우 그 이외의 품목
  ㉡ 밸리데이션을 실시한 품목과 제형 및 기계, 설비가 동일하고 주성분의 함량이 적은 품목

다음 중 세척 밸리데이션에 대한 설명으로 옳지 않은 것은?

① 세척 밸리데이션은 연속 제조한 3개 제조단위에 대하여 실시하여야 한다.

② 세척 밸리데이션을 실시하는 경우 잔류물이나 오염물질을 검출할 수 있는 밸리데이션된 시험방법을 사용하여야 한다.

③ 밸리데이션을 실시한 품목과 제형은 다르지만 기계, 설비가 동일하고 주성분의 함량이 많은 품목은 세척 밸리데이션을 생략할 수 있다.

④ 세척 밸리데이션은 제조공정 종료 후 기계 및 설비 세척을 시작하기 전까지 허용될 수 있는 기간과 세척 완료 상태가 유지될 수 있는 유효기간에 대한 사항을 포함하여야 한다.

|해설|

세척 밸리데이션을 생략할 수 있는 경우

• 공용 기계 및 설비를 사용하고 세척방법이 동일한 품목 중에서 함량, 독성, 용해도, 세척 난이도 등을 고려한 최악의 조건에 해당하는 품목을 선정하여 밸리데이션을 실시한 경우 그 이외의 품목

• 밸리데이션을 실시한 품목과 제형 및 기계, 설비가 동일하고 주성분의 함량이 적은 품목

정답 ③

4-2. 결과해석

핵심이론 01 밸리데이션 평가 관련 용어

① 검정곡선(Calibration Curve) : 실험적 반응 수치와 분석물질 농도 간의 상관관계를 나타낸다.

② 검정곡선용 표준시료(Calibration Standard)

　㉠ 이미 알고 있는 농도의 분석물질을 생체시료에 첨가한 시료이다.

　㉡ 검정곡선을 작성하는 데 사용한다.

　㉢ 검정곡선으로부터 품질관리시료 및 시험시료 내 분석물질의 농도가 결정된다.

③ 검출한계(LOD ; Limit Of Detection) : 생체시료 분석법 과정으로 배경 노이즈와 확실하게 구분되어지는 분석물질의 최저 농도이다.

④ 검체(Incurred Sample) : 검체검증을 위해 시험시료로부터 선택한 시료이다.

⑤ 내부표준물질(Internal Standard) : 목표로 하는 분석물질의 정량시험을 위해 이미 알고 있는 일정 농도로 검정곡선용 표준시료와 시험시료에 첨가하는 시험물질이다.

　예 구조적으로 유사한 유도체, 안정하다고 알려진 물질

⑥ 시료(Sample) : 공시료, 시험시료, 그리고 전처리시료 등을 포함한 일반적인 용어이다.

　㉠ 공시료(Blank Sample) : 분석시료나 내부표준물질을 가하지 않은 생체시료를 전처리한 시료이다.

　㉡ 시험시료(Study Sample) : 임상시험으로부터 얻은 분석대상이 되는 생물학적 시료이다.

　㉢ 영시료(Zero Sample) : 공시료에 내부표준물질만 첨가한 시료이다.

　㉣ 전처리시료(Processed Sample) : 분석을 위해 다양한 기법(예 추출, 희석, 농축)으로 처리된 시료이다.

ⓜ 품질관리시료(QC Sample ; Quality Control Sample) : 생체시료에 분석물질을 첨가한 시료로서, 생체시료 분석법의 성능을 검사하고 각각의 분석배치에서 분석되는 시험시료 분석 결과의 타당성 평가에 사용한다.

⑦ 시스템 적합성(System Suitability) : 분석 배치를 시험하기 전에 표준품을 분석함으로써 기기 성능(예 감도, 피크 유지시간 등)을 평가한다.

⑧ 안정성(Stability) : 주어진 기간 동안 특정 조건하에서 주어진 생체시료 내 분석물질의 안정성을 말한다.

⑨ 재현성(Reproducibility) : 서로 다른 실험실 간 또는 단기간동안 동일 조건에 따라 측정하였을 때의 정밀성을 말한다.

⑩ 정량범위(Quantification Range)
  ㉠ 농도-반응 관계를 이용해서 정확도와 정밀도를 가지고 신뢰성 있고 재현성 있게 정량할 수 있는 농도 범위이다.
  ㉡ 최고 정량한계와 최저 정량한계를 포함한다.

⑪ 최고 정량한계(ULOQ ; Upper Limit Of Quantification) 및 최저 정량한계(LLOQ ; Lower Limit Of Quantification)
  ㉠ 최고 정량한계(ULOQ) : 적절한 정밀성과 정확성을 가진 정량값으로 표현할 수 있는 시료 내 분석물질의 최고량이다.
  ㉡ 최저 정량한계(LLOQ) : 적절한 정밀성과 정확성을 가진 정량값으로 표현할 수 있는 시료 내 분석물질의 최소량이다.

⑫ 표준물질
  ㉠ 표준품(Reference Standard) : 분석물질을 정량하기 위하여 표준으로 사용되는 물질로서, 주로 검정곡선용 시료와 품질관리시료 조제에 사용한다.
  ㉡ 표준원액(Stock Solution) : 표준품을 일정한 농도(예 1mg/mL)로 녹인 용액이다.
  ㉢ 표준용액(Working Solution) : 표준원액을 희석한 용액으로, 주로 검정곡선용 시료와 품질관리시료 조제에 사용한다.

⑬ 희석의 타당성(Dilution Integrity) : 희석 과정이 분석물질의 농도를 측정하는 데 영향을 주지 않음을 입증하는 것이다.

⑭ 회수율(Recovery) : 시료 전처리 과정을 통해 분석물질이 회수되는 정도이다.

① 정확도를 잃지 않으면서 과학적 표기방법으로 측정 자료를 표시하는 데 필요한 최소한의 자릿수이다.

② 측정 결과를 산출할 때 반올림 등에 의하여 처리되지 않는 부분이다.

③ 오차를 반영하여도 신뢰할 수 있는 숫자를 자릿수로 나타낸 것이다.

④ 일반적으로 유효숫자의 부분을 따로 떼어서 정수 부분은 한 자리인 소수로 쓰고, 소수점의 위치는 10의 거듭제곱으로 나타낸다.

⑤ 유효숫자를 결정하기 위한 법칙

　㉠ 0이 아닌 정수는 항상 유효숫자이다.

　㉡ 소수자리 앞에 있는 숫자 '0'은 유효숫자에 포함되지 않는다. 즉, 0.0025란 수에서 '0.00'은 유효숫자가 아닌 자릿수를 나타내기 위한 것이므로, 이 숫자의 유효숫자는 2개이다.

　㉢ 0이 아닌 숫자 사이에 있는 '0'은 항상 유효숫자이다. 즉, 1.008이란 수는 4의 유효숫자를 가지고 있다.

　㉣ 끝부분에 있는 0은 숫자에 소수점이 있는 경우에만 유효숫자로 인정한다.

핵심예제

정밀 저울로 시료의 무게를 측정한 결과 0.00670g이었다. 측정값의 유효숫자의 자릿수는?

① 5자리　　　　　② 4자리
③ 3자리　　　　　④ 2자리

|해설|

유효숫자
• 0이 아닌 정수는 항상 유효숫자이다.
• 소수자리에 앞에 있는 숫자 '0'은 유효숫자에 포함되지 않는다.
• 끝부분에 있는 0은 숫자에 소수점이 있는 경우에만 유효숫자로 인정한다.

정답 ③

---

① 덧셈과 뺄셈

　㉠ 소수점 자리에 의한 제한

　㉡ 가장 적은 소수점 자릿수에 따라 반올림한다.

② 곱셈과 나눗셈

　㉠ 유효숫자 개수에 의한 제한

　㉡ 유효숫자 개수가 가장 적은 측정값과 유효숫자가 같도록 한다.

③ 대수와 음의 대수

　㉠ n의 대수 : $n = 10^a \Leftrightarrow \log n = a$

　㉡ 대수는 가수와 지표로 구성된다.

　　예 $\log 339 = 2.530 \rightarrow$ 지표 = 2, 가수 = 0.530

　　　$\log(3.39 \times 10^{-5}) = -4.470 \rightarrow$ 지표 = -4, 가수 = 0.470

　㉢ $\log x$의 가수에 있는 유효숫자의 수 = x의 유효숫자의 수

　　예 $\log(5.403 \times 10^{-8}) = -7.2674$

　㉣ 10^x의 유효숫자의 수 = x의 가수에 있는 자릿수

　　예 $10^{6.142} = 1.39 \times 10^6$

핵심예제

3-1. 유효숫자 표기방법에 의한 계산 결괏값이 유효숫자 2자리인 것은?

[2020년 1·2회]

① $(7.6 - 0.34) \div 1.95$
② $(1.05 \times 10^4) \times (9.92 \times 10^6)$
③ $850,000 - (9.0 \times 10^5)$
④ $83.25 \times 10^2 + 1.35 \times 10^2$

3-2. 'log(1324)'를 유효숫자를 고려하여 올바르게 표기한 것은?

[2020년 3회]

① 3.12
② 3.121
③ 3.1219
④ 3.12189

3-3. 유효숫자를 고려하여 다음을 계산할 때, 얻어지는 값은?

[2020년 4회]

$$2.15 + 1.244 =$$

① 3
② 3.4
③ 3.39
④ 3.394

|해설|

3-1
②, ④번의 유효숫자는 3개, ③번의 유효숫자는 1개이다.

3-2
log(1234)의 유효숫자가 4개이므로, 계산 결괏값의 소수점 뒤가 4자리가 되도록 한다.
∴ log(1234) = 3.1219

3-3
수학 계산에 필요한 유효숫자 규칙 : 덧셈이나 뺄셈의 경우, 계산에 이용되는 가장 낮은 정밀도의 측정값과 같은 소수 자리를 갖는다.
2.15 + 1.244 = 3.394
2.15와 소수 자리를 맞추면, 3.39이다.

정답 3-1 ① **3-2** ③ **3-3** ③

핵심이론 04 오 차

① 절대오차 = 측정값 − 참값

② 오차 백분율(%) = $\dfrac{오차}{참값} \times 100\%$

③ 발생 원인에 따른 오차

㉠ 개인오차(Personal Error)
- 측정자 개인차에 따라 일어나는 오차이다.
  예 버릇, 습관, 편견, 선입관, 심리적 오차, 기록의 잘못, 눈금을 잘못 읽음, 실험의 숙련도 등
- 계통오차에 속한다.

㉡ 기기오차(Instrument Error)
- 측정 장치의 불완전성, 잘못된 검정 및 전력 공급기의 불안정성에 의해 발생한다.
  예 흔들림 오차, 지시오차
- 측정기가 나타내는 값에서 나타내야 할 참값을 뺀 값이다.
- 표준기의 수치에서 부여된 수치를 뺀 값이다.
- 검출이 가능하며 검정을 통해 보정이 가능하다.
- 계통오차에 속한다.

㉢ 환경오차 : 외부의 영향에 의한 오차이다.
  예 온도, 습도, 진동, 기압 등

㉣ 방법오차(Method Error)
- 분석의 기초원리가 되는 반응과 시약의 비이상적인 화학적 또는 물리적 행동으로 발생하는 오차이다.
- 느린 반응속도, 반응의 불완결성, 화학종의 불안정성, 대부분의 시약의 비선택성, 측정과정을 방해하는 부반응 등이 원인이다.
- 검출이 어렵다.
- 계통오차에 속한다.

㉤ 검정허용 오차(Verification Tolerance, Acceptance Tolerance) : 계량기 등의 검정 시에 허용되는 공차(규정된 최댓값과 최솟값의 차)이다.

ⓗ 분석오차(Analytical Error) : 시험·검사에서 수반되는 오차이다.

측정자 개인의 습관이나 버릇에서 비롯되어 발생하는 오차는?

① 개인오차
② 방법오차
③ 기기오차
④ 환경오차

|해설|

개인오차(Personal Error)
• 측정자 개인차에 따라 일어나는 오차이다.
  예 버릇, 습관, 편견, 선입관, 심리적 오차, 기록의 잘못, 눈금을 잘못 읽음, 실험의 숙련도 등
• 계통오차에 속한다.

정답 ①

핵심이론 05 분석오차

① 측정오차
  ㉠ 같은 실험 배치(Batch) 내에서의 무게나 부피 측정 오차로 기인한다.
  ㉡ 반복적 분석 시에 나타난다.

② 실험실 오차
  ㉠ 실험실 간의 분석 결괏값의 차이이다.
  ㉡ 실험실 간 사용하는 표준물질의 차이, 실험방법 프로토콜 이용 시 차이, 분석 장비 및 사용하는 시약의 차이 또는 실험실 환경, 기후적 차이 등으로 인해서 발생한다.
  ㉢ 실험실 간 분석능력 평가 또는 정도관리 등에서 확연히 나타난다.
  ㉣ 분석오차에 가장 크게 영향을 미치는 요소이다.
  ㉤ 실험실 간 분석능력 평가로부터 산출된 반복성과 불확도를 실험실 내 밸리데이션 자료와 비교하여 산출한다.

③ 실행오차
  ㉠ 분석물질 및 시약의 변화, 분석 장비의 재밸리데이션 및 실험실 환경(온도, 습도 등)의 변화로 인해 발생한다.
  ㉡ 적절한 물질을 반복 측정하여 예측한다.

④ 분석방법 오차
  ㉠ 분석방법 간의 차이이다.
  ㉡ 인증표준물질(CRM ; Certified Reference Material)을 반복 분석하여 얻은 결괏값을 검토하여 확인한다.
  ㉢ 인증표준물질이 없을 경우 분석능력평가의 참값을 대체 사용한다.
  ㉣ 시료에 분석물질을 첨가하여 회수율 정보를 이용한다.

⑤ 시료오차

   ㉠ 분석시료 Matrix의 차이로 발생하는 오차이다.

   ㉡ 분석물질의 농도에 따라서 결괏값의 분포가 달라지는 경우이다.

   ㉢ 대표성을 갖는 시료물질을 사용하여 참값과 결괏값의 차이를 비교하여 확인한다.

핵심이론 06 오차의 종류

① 계통오차(Systematic Error, 가측오차)

   ㉠ 반복적인 측정에서 일정하게 유지되거나 예측 가능한 방식으로 나타나는 측정오차 성분이다.

   ㉡ 측정오차에서 측정상의 우연 오차(Random Measurement Error)를 뺀 값이다.

   ㉢ 실험 설계를 잘못하거나 장비의 결함에서 발생하는 오차이다.

   ㉣ 실험을 정확히 똑같은 방법으로 다시 수행하면 재현이 가능하다.

   ㉤ 동일한 측정 조건에서 항상 같은 크기와 같은 부호를 가진다.

   ㉥ 주로 측정기, 측정 방법 및 측정물의 불완전성과 환경의 영향에 의해 생기는 오차이다.

   ㉦ 원인을 규명할 수 있고, 어떤 수단에 의해 보정이 가능한 오차이다.

   ㉧ 계통오차에 따라 측정값은 편차가 생긴다.

   ㉨ 계통오차의 주요 특징은 재현성이다.

   ㉩ 계통오차 검출방법

     • 인증표준물질과 같은 조성을 알고 있는 시료를 분석한다.

     • 분석할 성분이 들어 있지 않은 바탕시료를 분석한다.

     • 같은 양을 측정하기 위하여 여러 가지 다른 방법을 이용한다.

     • 같은 시료를 각기 다른 실험실에서 다른 실험자가 같은 방법 또는 다른 방법을 이용하여 분석한다.

② 우연오차(Random Error, 불가측 오차)

   ㉠ 측정할 때 조절하지 않은 또는 조절할 수 없는 변수의 효과로 발생하는 오차이다.

   ㉡ 완전히 없앨 수는 없으나 더 나은 실험으로 줄이는 것은 가능하다.

ⓒ 측정자와 관계없이 우연적으로, 필연적으로 생기는 오차이다.

ⓔ 재현 불가능한 것으로 원인을 알 수 없어 보정할 수 없는 오차이다.

ⓜ 측정 횟수가 많아질수록 전체합에 의해 오차가 상쇄되어 0에 가까워진다.

ⓑ 우연오차로 인해 측정값은 분산이 생긴다.

핵심예제

화학분석 결과의 정확한 판정을 위해 필요한 유효숫자와 오차에 대한 설명 중 옳은 것은? [2020년 1 · 2회]

① 어떤 값에 대한 유효숫자의 수는 과학적인 표시법으로 값을 기록하는 데 필요한 최대한의 자릿수이다.

② 곱셈과 나눗셈에서 유효숫자의 수는 일반적으로 자릿수가 가장 큰 숫자에 의해서 제한된다.

③ 우연(불가측)오차는 주로 정밀도(재현성)에 영향을 주며, 약간의 우연오차는 항상 존재한다.

④ 계통(가측)오차는 주로 정확도에 영향을 미치며, 제거할 수 없는 오차이다.

|해설|

① 어떤 값에 대한 유효숫자의 수는 과학적인 표시법으로 값을 기록하는 데 필요한 최소한의 자릿수이다.

② 덧셈과 뺄셈에서 유효숫자의 수는 일반적으로 자릿수가 가장 큰 숫자에 의해서 제한된다.

④ 계통(가측)오차는 보정이 가능한 오차이다.

정답 ③

핵심이론 07 오차를 줄이기 위한 시험법

① 공시험(Blank Test)

ⓐ 시료를 사용하지 않고 기타 모든 조건을 시료분석법과 같은 방법으로 실험하는 방법이다.

ⓑ 시약 중의 불순물로 인한 오차, 지시약 오차, 기타 조작 중 일어나는 여러 가지 계통오차의 대부분을 효과적으로 제거할 수 있다.

② 조절시험(Control Test)

ⓐ 시료와 가급적 같은 성분을 함유한 대조 시료를 만들어 시료분석법과 같은 방법으로 여러 번 실험한 다음, 기지 함량값과 실제로 얻은 분석값의 차만큼 시료 분석값을 보정한다.

ⓑ 보정값이 함량에 비례할 때에는 비례 계산하여 시료 분석값을 보정한다.

③ 회수시험(Recovery Test)

ⓐ 시료와 같은 공존 물질을 함유하는 기지 농도의 대조 시료를 분석함으로써 공존 물질의 방해 작용 등으로 인한 분석값의 회수율을 검토하는 방법이다.

ⓑ 소변, 혈청, 생체 조직 등과 같이 공존 물질의 성분이 복잡할 때에는 시료에 일정량의 목적 성분을 추가하여 분석하고, 추가량에 대응하는 분석값의 증가량을 검토하는 방법을 이용한다.

④ 맹시험(Blind Test)

ⓐ 실용분석에서는 분석값이 어느 범위 내에서 서로 비슷하게 될 때까지 실험을 되풀이하는 것이 보통이다.

ⓑ 이때 얻어지는 처음 분석값은 조작에 익숙하지 못하여 흔히 오차가 크게 나타나므로 맹시험이라고 하며 버리는 경우가 많다.

ⓒ 때로는 그 결과에 따라 시험량, 시액 농도 등을 보다 합리적으로 개선할 수 있으며, 따라서 일종의 예비시험에 해당한다.

⑤ 평행시험(Parallel Test)

　　㉠ 같은 시료를 같은 방법으로 여러 번 되풀이하는 시험이다.

　　㉡ 우연오차가 있는 매회 측정값으로부터 그 평균값과 표준편차 등을 얻기 위한 수단이다.

　　㉢ 계통오차를 제거하는 방법은 아니다.

핵심예제

7-1. 전처리과정에서 발생 가능한 오차를 줄이기 위한 시험법 중 시료를 사용하지 않고 기타 모든 조건을 시료분석법과 같은 방법으로 실험하는 방법은?　　　　[2020년 1·2회]

① 맹시험
② 공시험
③ 조절시험
④ 회수시험

7-2. 다음의 설명에 해당하는 시험법은?　　　[2020년 3회]

> 대부분의 실용 분석에서는 분석값이 어느 범위 내에서 서로 비슷하게 될 때까지 실험을 되풀이한다. 이때 얻어지는 처음의 분석값은 조작에 익숙하지 못하여 흔히 오차가 크게 나타나므로 그 결과를 버리는 경우가 많다. 때로는 그 결과에 따라 시험량과 시액 농도 등을 보다 합리적으로 개선할 수 있으므로 일종의 예비시험에 해당한다.

① Blank Test
② Control Test
③ Recovery Test
④ Blind Test

7-3. 평균값과 표준편차를 얻기 위한 시험으로 계통오차를 제거하지 못하는 시험법은?　　　[2020년 4회]

① 공시험
② 조절시험
③ 맹시험
④ 평행시험

|해설|

7-1, 7-2, 7-3

오차를 줄이기 위한 시험법

• 공시험 : 시료를 사용하지 않고 기타 모든 조건을 시료 분석법과 같은 방법으로 실험하는 것이다.

• 조절시험 : 시료와 가급적 같은 성분을 함유한 대조 시료를 만들어 시료 분석법과 같은 방법으로 여러 번 실험한 다음, 기지 함량값과 실제로 얻은 분석값의 차이만큼 시료분석값을 보정한다.

• 회수시험 : 시료와 같은 공존 물질을 함유하는 기지 농도의 대조 시료를 분석함으로써 공존 물질의 방해 작용 등으로 인한 분석값의 회수율을 검토하는 방법이다.

• 맹시험 : 예비시험에 해당한다.

• 평행시험 : 같은 시료를 같은 방법으로 여러 번 되풀이하는 시험으로 계통오차를 제거하는 방법은 아니다.

정답 **7-1** ② **7-2** ④ **7-3** ④

① SHARP EL-509 모델 기준

　㉠ 평균, 표준편차 구하기

MODE + 1	통계모드(STAT)로 전환
0	SD(독립변수 통계분석) 모드
M+	숫자 데이터 입력 후 Enter 기능
RCL	데이터를 모두 입력한 후 평균, 표준편차를 확인할 때 사용
RCL + 4	평균($\overline{x}$)
RCL + 5	표준편차(s)

　㉡ 회귀직선식 계산

MODE + 1	통계모드(STAT)로 전환
1	LINE(선형회귀) 모드
STO	x값 데이터 입력 후 Enter 기능
M+	y값 데이터 입력 후 Enter 기능
RCL	데이터를 모두 입력한 후 y절편, 기울기, 상관계수를 확인할 때 사용
RCL + (	a값 = y절편
RCL +)	b값 = 기울기
RCL + ÷	r값 = 상관계수
회귀직선식	$y = bx + a$

② CASIO fx-570ES PLUS 모델 기준

　㉠ 평균, 표준편차 구하기

MODE + 3	통계모드(STAT)로 전환
1	SD(독립변수 통계분석) 모드(1-VAR)
=	숫자 데이터 입력 후 Enter 기능
AC	데이터를 모두 입력한 후 입력창을 빠져 나올 때 사용
SHIFT + 1 + 4	데이터를 모두 입력한 후 평균, 표준편차를 확인할 때 사용(Var)
2 + =	평균($\overline{x}$)
4 + =	표준편차(s)

　㉡ 회귀직선식 계산

MODE + 3	통계모드(STAT)로 전환
2	선형회귀(A+Bx) 모드
◁ ▷	x, y값 데이터 입력 기능
=	값 데이터 입력 후 Enter 기능
AC	데이터를 모두 입력한 후 입력창을 빠져 나올 때 사용
SHIFT + 1 + 5	데이터를 모두 입력한 후 y절편, 기울기, 상관계수를 확인할 때 사용(Reg)
1 + =	A값 = y절편
2 + =	B값 = 기울기
3 + =	r값 = 상관계수
회귀직선식	$y = Bx + A$

밸리데이션 항목 중 Linearity시험 결과의 해석으로 틀린 것은?

[2020년 1·2회 유사]

No.	농도(mg/mL)	Retention Time (min)	Peak Area
1	1.5	4.325	151.2
2	1.1	4.318	109.1
3	1.0	4.323	100.9
4	0.9	4.321	90.2
5	0.5	4.324	50.5

① Retention Time의 RSD% : 0.06%
② y절편 : 81.5
③ 기울기 : 100.46
④ 상관계수 : 0.9995

|해설|

- y절편(a) : -0.0815
- 기울기(b) : 100.46
- 상관계수(r) : 0.9998

공학용 계산기 사용법

㉠ MODE 누르고 숫자 1 을 눌러 통계모드(STAT)로 전환한다.
㉡ Linearity 결과를 구하기 위해 숫자 1 을 입력한다(LINE).
㉢ 주어진 데이터를 입력하고 STO , M+ 를 누른다.
㉣ RCL 버튼을 누르고 (를 입력하여 y절편(a)을 확인한다.
㉤ RCL 버튼을 누르고) 를 입력하여 기울기(b)를 확인한다.
㉥ RCL 버튼을 누르고 ÷ 를 입력하여 상관계수(r)를 확인한다.
※ SHARP EL-509 모델 기준

정답 ②, ④

핵심이론 09 QA/QC 관련 수식

통 계	용 어	계 산	정 의
평 균	$\bar{x}$	$\dfrac{1}{n}\sum_{i=1}^{n} x_i$	서로 더하여 평균한 값
중앙값		• n이 짝수 : $\dfrac{n}{2}$번째와 $\dfrac{n+2}{2}$번째의 평균값 • n이 홀수 : $\dfrac{n+1}{2}$번째 측정값	일련의 측정값 중 최솟값과 최댓값의 중앙에 해당하는 크기를 가진 측정값
표준편차	s	$\sqrt{\dfrac{\sum_{i=1}^{n}(x_i-\bar{x})^2}{n-1}}$	자료의 상관 분산 측정
편차율	$\%D$	$\dfrac{x_1-x_2}{x_1}\times 100$	2개 관측값의 차이 측정
상대 표준 편차	$\%RSD$	$\dfrac{s}{\bar{x}}\times 100$	관찰값을 수정하기 위한 상대표준편향
상대 차이 백분율	RPD	$\dfrac{|x_1-x_2|}{\bar{x}}\times 100$	관찰값을 수정하기 위한 변이성 측정
회수율	$\%R$	$\left(\dfrac{x_{meas.}}{x_{true}}\right)\times 100$	순수 매질에 첨가한 성분 회수율
		$\dfrac{(첨가시료의\ 농도값 - 시료의\ 농도값)}{첨가하는\ 알고\ 있는\ 농도값}$	시료 매질에 첨가한 성분 회수율
상한 관리 기준	UCL	$\bar{x}+3s$	정도관리 평균 회수율의 +3배 편차
하한 관리 기준	LCL	$\bar{x}-3s$	정도관리 평균 회수율의 -3배 편차
상한 위험 기준	UWL	$\bar{x}+2s$	정도관리 평균 회수율의 +2배 편차
하한 위험 기준	LWL	$\bar{x}-2s$	정도관리 평균 회수율의 -2배 편차
관측 범위	R	$R=|x_{\max}-x_{\min}|$	측정값의 최댓값과 최솟값의 차

정도관리에 대한 설명 중 틀린 것은?

[2020년 3회]

① 상대차이백분율(RPD)은 측정값의 변이 정도를 나타내며, 두 측정값의 차이를 한 측정값으로 나누어 백분율로 표시한다.

② 방법검출한계(Method Detection Limit)는 99% 신뢰수준으로 분석할 수 있는 최소 농도를 말하는데, 시험자나 분석기기 변경처럼 큰 변화가 있을 때마다 확인해야 한다.

③ 중앙값은 최솟값과 최댓값의 중앙에 해당하는 크기를 가진 측정값 또는 계산값을 말한다.

④ 회수율은 순수 매질 또는 시료 매질에 첨가한 성분의 회수 정도를 %로 표시한다.

|해설|

① 상대차이백분율(RPD)은 측정값의 변이 정도를 나타내며, 두 측정값의 차이를 두 측정값의 평균으로 나누어 백분율로 표시한다.

정답 ①

---

① 결괏값을 어느 정도나 신뢰할 것인지에 대한 불확실한 정도를 정량적, 수치적으로 표현한 것이다.

② 결괏값과 관련하여 결괏값을 합리적으로 추정한 값의 분산 상태를 나타내는 척도이다.

③ 시험방법이 아니라 시험결과의 특성이다.

④ 충분히 타당성 있는 이유에 의해 측정량에 영향을 미칠 수 있는 값들의 분포를 특성화한 파라미터이다.

⑤ 시험 결과 및 결과에 대한 측정 불확도는 동일한 단위로 표현할 것을 권장한다.

⑥ 시험방법을 통해 얻은 결과가 사용자에게 가장 중요한 수치, 예를 들면 품질관리기준이나 규제 한계와 같은 특정한 농도들에서 측정 불확도를 추정하는 것이 바람직하다.

⑦ 측정에서 불확도 산출 근거와 기준을 제시하여 교정의 신뢰성을 확보하기 위한 목적으로 평가한다.

⑧ 불확도 = $\sqrt{\dfrac{\sum(측정값 - 평균값)^2}{(n-1)}}$

여기서, n : 측정 횟수

⑨ 불확도 요인

  ㉠ 측정량에 대한 불완전한 정의

  ㉡ 측정량의 정의에 대한 불완전한 실현

  ㉢ 환경 조건에 대한 불완전한 측정값

  ㉣ 장비/기구의 부정확한 값

  ㉤ 아날로그 기기에서의 개인적인 판독 차이

  ㉥ 기기의 분해능과 검출 한계

  ㉦ 표준물질의 부정확한 값

  ㉧ 외관상 같은 조건이지만 반복 측정에서 나타나는 변동

⑩ 불확도의 분류

  ㉠ A형 표준 불확도

    • 반복 측정 결과를 통계적으로 처리하는 방법이다.

    • 정규분포 또는 t형 분포로 해석한다.

- A형 표준 불확도의 계산

  추정 표준 불확도 $\mu = \dfrac{s}{\sqrt{N}}$

  여기서, s : 추정 표준편차

  $\quad\quad\,\, N$: 측정 횟수

  ㉡ B형 표준 불확도

  - 반복 측정 및 통계적 처리 방법 외의 방법으로 균등 분포에 근거하여 기댓값을 측정한다.
  - B형 표준 불확도의 계산(직사각형 분포)

    $\dfrac{\alpha}{\sqrt{3}}$

    여기서, α : 상한과 하한의 사이의 반범위 값

  ㉢ 표준 불확도의 합성

    합성표준불확도 $= \sqrt{a^2 + b^2 + c^2 + \cdots}$

핵심예제

측정 불확도의 요인으로 볼 수 없는 것은?

① 기기의 분해능과 검출 한계
② 측정량에 대한 완전한 정의
③ 장비 또는 기구의 부정확한 값
④ 아날로그 기기에서의 개인적 판독 차이

|해설|

측정 불확도의 요인

- 측정량에 대한 불완전한 정의
- 측정량의 정의에 대한 불완전한 실현
- 환경 조건에 대한 불완전한 측정값
- 장비/기구의 부정확한 값
- 아날로그 기기에서의 개인적인 판독 차이
- 기기의 분해능과 검출 한계
- 표준물질의 부정확한 값
- 외관상 같은 조건이지만 반복 측정에서 나타나는 변동

정답 ②

핵심이론 11 절대 불확정도/상대 불확정도

① 절대 불확정도(Absolute Uncertainty)

  ㉠ 측정에 따르는 불확정도의 한계에 대한 표현이다.

  ㉡ 만약 검정된 뷰렛을 읽는 데 추정된 불확정도가 ±0.02mL라면, 읽기와 관련된 절대 불확정도는 ±0.02mL이다.

② 상대 불확정도(Relative Uncertainty)

  ㉠ 절대 불확정도를 관련된 측정의 크기와 비교하여 나타낸 것이다.

  ㉡ 상대 불확정도 $= \dfrac{\text{절대 불확정도}}{\text{측정의 크기}}$

핵심예제

검정된 뷰렛을 12.35±0.02mL이라고 읽었을 때 상대 불확정도 값은?

① 0.0002mL
② 0.002mL
③ 0.02mL
④ 0.2mL

|해설|

상대 불확정도 $= \dfrac{\text{절대 불확정도}}{\text{측정의 크기}}$ 이므로

뷰렛을 12.35±0.02mL이라고 읽었을 때의 상대 불확정도는 $\dfrac{0.02\,\text{mL}}{12.35\,\text{mL}} = 0.002$ 이다.

정답 ②

① 덧셈과 뺄셈 : 절대 불확정도를 이용한다.

$$e_4 = \sqrt{e_1^2 + e_2^2 + e_3^2}$$

예 $1.76(\pm 0.03) + 1.89(\pm 0.02) - 0.59(\pm 0.02) = 3.06(\pm e_4)$

$e_1 = 0.03, \; e_2 = 0.02, \; e_3 = 0.02$

$$e_4 = \sqrt{e_1^2 + e_2^2 + e_3^2}$$
$$= \sqrt{(0.03)^2 + (0.02)^2 + (0.02)^2} = 0.04$$

∴ $3.06(\pm 0.04)$

② 곱셈과 나눗셈 : 모든 불확정도를 상대 불확정도의 백분율로 변환시켜 이용한다.

$$\%e_4 = \sqrt{(\%e_1)^2 + (\%e_2)^2 + (\%e_3)^2}$$

예 $\dfrac{1.76(\pm 1.7\%) \times 1.89(\pm 1.1\%)}{0.59(\pm 3.4\%)} = 5.64 \pm e_4$

$$\%e_4 = \sqrt{(\%e_1)^2 + (\%e_2)^2 + (\%e_3)^2}$$
$$= \sqrt{(1.7)^2 + (1.1)^2 + (3.4)^2} = 4.0\%$$

상대 불확정도를 절대 불확정도로 변환한다.

$4.0\% \times 5.64 = 0.23$

∴ $5.64(\pm 0.23)$

③ 지수와 대수

㉠ $y = x^a \rightarrow \%e_y = a \times (\%e_x)$

㉡ $y = \log x \rightarrow e_y = \dfrac{1}{\ln 10}\dfrac{e_x}{x} \approx 0.43429\dfrac{e_x}{x}$

㉢ $y = \ln x \rightarrow e_y = \dfrac{e_x}{x}$

㉣ $y = 10^x \rightarrow \dfrac{e_y}{y} = (\ln 10)e_x \approx 2.3026\,e_x$

㉤ $y = e^x \rightarrow \dfrac{e_y}{y} = e_x$

함 수	불확정도
$y = x_1 + x_2$	$e_y = \sqrt{(e_{x_1})^2 + (e_{x_2})^2}$
$y = x_1 - x_2$	$e_y = \sqrt{(e_{x_1})^2 + (e_{x_2})^2}$
$y = x_1 \cdot x_2$	$\%e_y = \sqrt{(\%e_{x_1})^2 + (\%e_{x_2})^2}$
$y = \dfrac{x_1}{x_2}$	$\%e_y = \sqrt{(\%e_{x_1})^2 + (\%e_{x_2})^2}$
$y = x^a$	$\%e_y = a \times (\%e_x)$
$y = \log x$	$e_y = \dfrac{1}{\ln 10}\dfrac{e_x}{x} \approx 0.43429\dfrac{e_x}{x}$
$y = \ln x$	$e_y = \dfrac{e_x}{x}$
$y = 10^x$	$\dfrac{e_y}{y} = (\ln 10)e_x \approx 2.3026\,e_x$
$y = e^x$	$\dfrac{e_y}{y} = e_x$

핵심예제

어떤 산의 pH가 5.53 ± 0.02이라 할 때 이 산의 수소이온의 농도(M)와 불확정도는?

[2020년 3회]

① $(2.7 \pm 0.3) \times 10^{-6}$

② $(2.8 \pm 0.2) \times 10^{-6}$

③ $(3.0 \pm 0.1) \times 10^{-6}$

④ $(2.8 \pm 0.2) \times 10^{-7}$

|해설|

- $[H^+] = 10^{-pH} = 10^{-(5.53 \pm 0.02)}$
- 10^x에 대한 불확정도

$\dfrac{e_y}{y} = (\ln 10)e_x \fallingdotseq 2.3026\,e_x$

$= 2.3026 \times 0.02 = 0.046052$

$y = 10^{-5.53} = 2.951 \times 10^{-6}$

$e_y = 2.951 \times 10^{-6} \times 0.046052 = 1.35 \times 10^{-7}$

∴ $[H^+] = 10^{-5.53} \pm 1.35 \times 10^{-7} = (3.0 \pm 0.1) \times 10^{-6}$

정답 ③

① 이미 알고 있는 분석물질의 농도와 기기의 반응과의 관계를 나타낸다.
② 검정곡선용 표준시료는 시험시료와 동일한 생체시료를 사용하여 생체시료에 이미 알고 있는 농도의 분석물질을 첨가하여 조제하며, 검정곡선은 배치별로 작성한다.
③ 검정곡선은 일반적으로 공시료, 영시료(Zero Sample), 그리고 최저 정량한계를 포함한 최소 6가지 이상 농도의 검정곡선용 표준시료로 구성된다.
④ 검정곡선을 그릴 때에는 공시료와 영시료를 제외하여 농도-반응 관계를 적절히 기술하는 가장 간단한 모델이 사용되어야 한다.
⑤ 검정곡선으로부터 역계산한 검정곡선용 표준시료의 정확성은 최저 정량한계에서 이론값의 20% 이내여야 하며, 최저 정량한계를 제외하고는 이론값의 15% 이내여야 하고, 이때 최소 75% 이상의 검정곡선용 표준시료가 적합하여야 한다.
⑥ 반복분석을 하는 경우에는 검정곡선의 농도별로 최소 50% 이상의 검정곡선용 표준시료가 각 평가기준(±15% 이내, 최저 정량한계는 ±20% 이내)을 만족해야 한다.
⑦ 검정곡선용 표준시료가 기준을 만족하지 못하는 경우에는 이를 제외하고 검정곡선을 재작성한다.

① 시료의 농도와 지시값과의 상관성을 검정곡선식에 대입하여 작성하는 방법이다.
② 절 차
  ㉠ 검정곡선은 직선성이 유지되는 농도범위 내에서 제조농도 3~5개를 사용한다.
  ㉡ 제조한 n개의 검정곡선 작성용 표준용액을 분석하여 농도와 지시값의 자료를 각각 얻는다.
  ㉢ n개의 시료에 대하여 농도와 지시값 쌍을 각각 (x_1, y_1), $\cdots$, (x_n, y_n)이라 하고, 농도에 대한 지시값의 검정곡선을 도시한다.
  ㉣ 검정곡선 작성용 표준용액의 농도와 지시값의 상관성을 1차식으로 표현하는 경우 검정곡선식 : $y = ax + b$

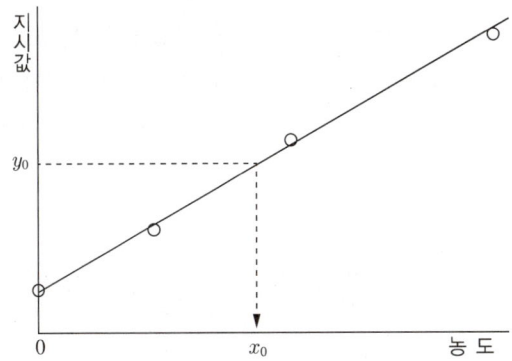

① 시료와 동일한 매질에 일정량의 표준물질을 첨가하여 검정곡선을 작성하는 방법이다.

② 매질효과가 큰 시험분석방법에서 분석대상 시료와 동일한 매질의 표준시료를 확보하지 못한 경우에 매질효과를 보정하여 분석할 수 있는 방법이다.

③ 절 차

  ㉠ 분석대상 시료를 n개로 나눈 후 분석하려는 대상 성분의 표준물질을 0배, 1배, …, $n-1$배로 각각의 시료에 첨가한다.

  ㉡ n개의 첨가 시료를 분석하여 첨가 농도와 지시값의 자료를 각각 얻는다.

  ㉢ 이때 첨가 시료의 지시값은 바탕값을 보정(바탕시료 및 바탕선의 보정 등)하여 사용하여야 한다.

  ㉣ n개의 시료에 대하여 첨가 농도와 지시값 쌍을 각각 (x_1, y_1), …, (x_n, y_n)이라 하고, 첨가 농도에 대한 지시값의 검정곡선을 도시한 경우 시료의 농도 : $|x_0|$

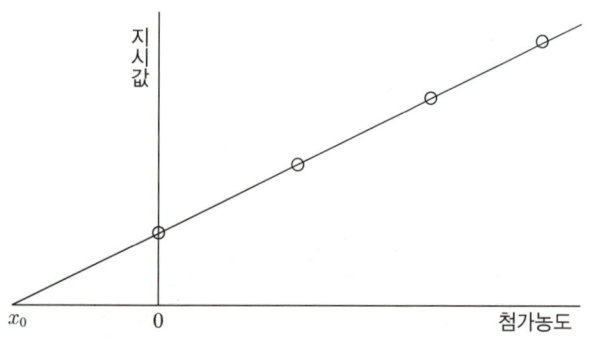

검정곡선 작성방법에 대한 내용 중 옳은 것을 모두 고른 것은?

[2020년 1 · 2회]

> A : 표준물첨가법은 매트릭스를 보정해 줄 수 있으므로 항상 정확한 값을 얻을 수 있다.
> B : 표준검량법은 표준물과 매트릭스가 맞지 않을 경우, 시료의 매트릭스를 제거하거나 표준물에 매트릭스를 매칭시켜 작성한다.
> C : 표준검량법은 표준물첨가법에 비하여 시료 개수가 많은 경우, 측정시간이 더 오래 걸린다.
> D : 내부표준물법은 시료측정 사이에 발생되는 시료 양이나 기기감응세기의 변화를 보정할 때 유용하다.

① A, B, C ② A, D
③ B, D ④ B, C, D

|해설|

- A : 표준물첨가법은 매트릭스 영향을 보정하여 검정곡선을 작성하므로 정확한 값이 아니다.
- C : 표준물첨가법은 미지시료에 표준물질을 첨가하여 검정곡선을 작성하므로, 시료 개수가 많은 경우 측정시간이 오래 걸린다.

표준물첨가법
- 시료와 동일한 매질에 일정량의 표준물질을 첨가하여 검정곡선을 작성하는 방법이다.
- 매질효과가 큰 시험 분석방법에서 분석대상 시료와 동일한 매질의 표준시료를 확보하지 못한 경우에 매질효과를 보정하여 분석할 수 있는 방법이다.

정답 ③

① 검정곡선 작성용 표준용액과 시료에 동일한 양의 내부
표준물질을 첨가하여 시험분석 절차, 기기 또는 시스
템의 변동으로 발생하는 오차를 보정하기 위해 사용하
는 방법이다.

② 시험 분석하려는 성분과 물리·화학적 성질은 유사하
나 시료에는 없는 순수물질을 내부표준물질로 선택
한다.

③ 내부표준물질로는 분석하려는 성분에 동위원소가 치
환된 것을 많이 사용한다.

④ 절 차

　㉠ 동일한 양의 내부표준물질을 분석대상 시료와 검
정곡선 작성용 표준용액에 각각 첨가한다.

　㉡ 내부표준물질의 농도는 분석대상 성분의 기기 지
시값과 비슷한 수준이 되도록 한다.

　㉢ 분석기기를 이용하여 시료와 검정곡선 작성용 표
준용액의 내부표준물질과 측정 성분의 지시값을
각각 구한다.

　㉣ 검정곡선 작성을 위하여 가로축에 성분 농도(C_x)
와 내부표준물질 농도(C_s)의 비(C_x/C_s)를 취하
고, 세로축에는 분석 성분의 지시값(R_x)과 내부표
준물질 지시값(R_s)의 비(R_x/R_s)를 취하여 그림
과 같이 작성한다.

　㉤ 시료를 분석하여 얻은 분석 성분의 지시값($R_x{}'$)과
내부표준물질 지시값($R_s{}'$)의 비($R_x{}'/R_s{}'$)를 구
한 후 검정곡선에 대입하여 분석 성분 농도($C_x{}'$)와
내부표준물질 농도($C_s{}'$)와의 비($C_x{}'/C_s{}'$)를 구
한다.

　㉥ 분석 성분 농도($C_x{}'$)와 내부표준물질 농도($C_s{}'$)
의 비($C_x{}'/C_s{}'$)에 첨가한 내부표준물질 농도($C_s{}'$)
를 곱하여 시료의 농도($C_x{}'$)를 구한다.

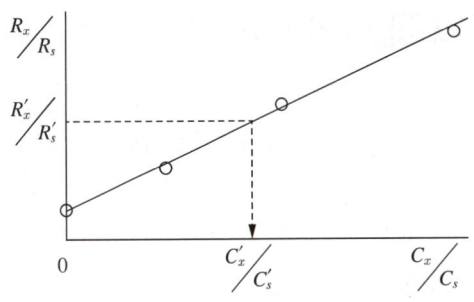

핵심예제

정량분석을 위해 분석물질과 다른 화학적으로 안정한 화합물
을 미지시료에 첨가하는 것은? [2020년 1·2회]

① 절대검정곡선법
② 표준첨가법
③ 내부표준법
④ 분광간섭법

|해설|

내부표준법 : 모든 시료, 바탕 분석의 검정 표준물에 일정량의
내부표준물을 가한다.

정답 ③

① 검정곡선을 작성하고 얻어진 검정곡선의 결정계수 (R^2) 또는 감응계수(RF ; Response Factor)의 상대표준편차가 일정 수준 이내이어야 하며, 결정계수나 감응계수의 상대표준편차가 허용범위를 벗어나면 재작성하여야 한다.

② 감응계수 : 검정곡선 작성용 표준용액의 농도(C)에 대한 반응값(R ; Response)이다.

$$감응계수 = \frac{R}{C}$$

③ 검정곡선은 분석할 때마다 작성하는 것이 원칙이다.

④ 분석 과정 중 검정곡선의 직선성을 검증하기 위하여 각 시료군(시료 20개 이내)마다 1회의 검정곡선 검증을 실시한다.

⑤ 검증은 방법검출한계의 5~50배 또는 검정곡선의 중간 농도에 해당하는 표준용액에 대한 측정값이 검정곡선 작성 시의 지시값과 10% 이내에서 일치하여야 한다.

핵심예제

검정곡선 검증에 대한 설명으로 옳지 않은 것은?

① 분석 과정 중 검정곡선의 직선성을 검증하기 위하여 1달마다 1회의 검정곡선 검증을 실시한다.

② 감응계수는 검정곡선 작성용 표준용액의 농도에 대한 반응값으로 계산한다.

③ 검정곡선의 결정계수가 분석시험의 허용 범위를 벗어나면 검정곡선을 재작성해야 한다.

④ 검정곡선 검증은 일반적으로 검정곡선의 중간 농도에 해당하는 표준용액의 측정값이 검정곡선 작성 시 지시값의 90~110%이어야 한다.

|해설|

분석 과정 중 검정곡선의 직선성을 검증하기 위하여 각 시료군(시료 20개 이내)마다 1회의 검정곡선 검증을 실시한다.

정답 ①

① 내부표준물질(IS ; Internal Standard)

㉠ 시료를 분석하기 직전에 바탕시료, 검정곡선용 표준물질, 시료 또는 시료추출물에 첨가되는 농도를 알고 있는 화합물이다.

㉡ 대상 분석물질의 특성과 유사한 크로마토그래피 특성을 가져야 한다.

㉢ 머무름시간(Retention Time), 상대적 감응(Relative Response), 그리고 각 시료 중에 존재하는 분석물의 양(Amount of Analyte)을 점검하기 위해서 사용한다.

㉣ 내부표준물질법(Internal Standard Methode)에 의해 정량할 때, 내부표준물질의 감응과 비교하여 모든 분석물질의 감응을 측정한다.

㉤ 내부표준물질 감응은 검정곡선의 감응에 비해 ±30% 이내에 있어야 한다.

② 대체표준물질(Surrogate)

㉠ 분석하고자 하는 물질과 화학적 조성, 추출, 크로마토그래피가 유사한 유기화합물이다.

㉡ GC, GC/MS로 분석하는 미량유기물질의 분석에 이용한다.

㉢ 모든 바탕시료, 표준물질, 시료에 주입되어 각 시료에 대한 시험방법의 효율을 모니터하기 위하여 시료의 전처리부터 추출과 분석에 이르기까지 전반적인 과정을 조사할 수 있다.

핵심예제

표준물질에 관한 설명으로 옳지 않은 것은?

① 내부표준물질은 분석 대상물질과 비슷한 화학적 성질을 가져야 한다.
② 내부표준물질은 바탕시료, 표준물질 또는 시료에 첨가되는 농도를 알고 있는 화합물이다.
③ 대체표준물질은 분석 대상물질의 정량을 위하여 바탕시료, 검정곡선용 표준물질, 시료 또는 시료 추출물에 첨가한다.
④ 대체표준물질은 일반 환경에서 통상적으로 검출되는 물질은 아니며, GC, GC/MS로 분석하는 미량유기물질의 분석에 이용된다.

|해설|

대체표준물질은 모든 바탕시료, 표준물질, 시료에 주입되어 각 시료에 대한 시험방법의 효율을 모니터하기 위한 시료이다.

정답 ③

핵심이론 19 캐리오버(Carry-over)

① 시료를 연속하여 측정할 때 분석기기 내에서 바로 전에 주입된 시료의 잔류된 분석물질 또는 내부표준물질이 다음 시료 주입 시에 나타나는 반응이다.
② 캐리오버 시험은 고농도의 시료나 최고 정량한계 농도의 검정곡선용 표준시료 주입 후 공시료(Blank Sample)를 주입하여 수행한다.
③ 공시료에서 분석물질은 최저 정량한계의 20% 이하, 내부표준물질은 5% 이하여야 한다.
④ 밸리데이션이나 시험시료 분석 시 캐리오버를 피할 수 없을 때에는 높은 농도로 예상되는 시료 주입 후에 공시료를 주입하는 방법 등을 고려하여야 한다.

핵심예제

다음에서 설명하는 것은?

- 시료를 연속하여 측정할 때 분석기기 내에서 바로 전에 주입된 시료의 잔류된 분석물질 또는 내부표준물질이 다음 시료 주입 시에 나타나는 반응
- 밸리데이션이나 시험시료 분석 시 높은 농도로 예상되는 시료 주입 후에 공시료를 주입하는 방법 등을 고려하여야 함

① 상대불확정도　　　② 캐리오버
③ 생체시료효과　　　④ 희석의 타당성

|해설|

캐리오버(Carry-over)
- 시료를 연속하여 측정할 때 분석기기 내에서 바로 전에 주입된 시료의 잔류된 분석물질 또는 내부표준물질이 다음 시료 주입 시에 나타나는 반응이다.
- 캐리오버 시험은 고농도의 시료나 최고 정량한계 농도의 검정곡선용 표준시료 주입 후 공시료(Blank Sample)를 주입하여 수행한다.
- 밸리데이션이나 시험시료 분석 시 캐리오버를 피할 수 없을 때에는 높은 농도로 예상되는 시료 주입 후에 공시료를 주입하는 방법 등을 고려하여야 한다.

정답 ②

① 기기검출한계(IDL ; Instrument Detection Limit)

　㉠ 시험분석 대상물질을 기기가 검출할 수 있는 최소한의 농도 또는 양이다.

　㉡ S/N비의 2~5배 농도 또는 바탕시료를 반복 측정 분석한 결과의 표준편차의 3배한 값이다.

② 방법검출한계(MDL ; Method Detection Limit)

　㉠ 시료와 비슷한 매질 중에서 시험분석 대상을 검출할 수 있는 최소한의 농도이다.

　㉡ 제시된 정량한계 부근의 농도를 포함하도록 준비한 n개의 시료를 반복 측정하여 얻은 결과의 표준편차(s)에 99% 신뢰도에서의 t-분포값을 곱한 것이다.

$$방법검출한계 = t_{(n-1, \alpha=0.01)} \times s$$

여기서, $t_{(n-1, \alpha=0.01)}$는 다음의 표에서 구한다.

자유도 $(n-1)$	2	3	4	5	6	7	8	9
t-분포값	6.96	4.54	3.75	3.36	3.14	3.00	2.90	2.82

핵심예제

7회 측정하여 계산된 농도가 다음과 같을 때, 99% 신뢰수준(Student t Value = 3.14)에서 0보다 분명히 큰 최소 농도로 정의된 방법검출한계(MDL)는 얼마인가?

0.154mg/L	0.178mg/L	0.166mg/L	0.130mg/L
0.117mg/L	0.178mg/L	0.166mg/L	

① 0.0237　　　　　　② 0.074
③ 0.156　　　　　　④ 0.49

|해설|

• 표준편차 s = 0.0237
• 방법검출한계 = 3.14 × s = 3.14 × 0.0237 = 0.074

정답 ②

① 정량한계(LOQ ; Limit Of Quantification)

　㉠ 시험분석 대상을 정량화할 수 있는 측정값이다.

　㉡ 제시된 정량한계 부근의 농도를 포함하도록 시료를 준비하고 이를 반복 측정하여 얻은 결과의 표준편차(s)를 10배한 값이다.

$$정량한계 = 10 \times s$$

② 최저 정량한계(LLOQ ; Lower Limit Of Quantification)

　㉠ 정확성과 정밀성이 입증된 범위에서 분석물질을 정량할 수 있는 가장 낮은 농도, 즉 감도(Sensitivity)를 말한다.

　㉡ 일반적으로 검정곡선의 가장 낮은 농도를 의미한다.

　㉢ 최저 정량한계에서 분석물질의 신호(Signal)는 공시료와 비교할 때 최소 5배 이상이어야 한다.

정확성(정확도, Accuracy) 평가

① 정확성

　㉠ 시험분석 결과가 참값에 얼마나 근접하는가를 나타내는 척도이다.

　㉡ 동일한 매질의 인증시료를 확보할 수 있는 경우에는 표준작업절차서(SOP)에 따라 인증표준물질을 분석한 결괏값(C_M)과 인증값(C_C)의 상대 백분율로 계산한다.

　㉢ 인증시료를 확보할 수 없는 경우에는 해당 표준물질을 첨가하여 시료를 분석한 분석값(C_{AM})과 첨가하지 않은 시료의 분석값(C_S)의 차를 첨가 농도(C_A)의 상대 백분율 또는 회수율로 계산한다.

　㉣ 정확도(%) $= \left(\dfrac{C_M}{C_C} \right) \times 100$

　　　　　　 $= \left(\dfrac{(C_{AM} - C_S)}{C_A} \right) \times 100$

② 품질관리시료로서 평가할 수 있으며 품질관리시료는 검정곡선용 표준시료와 독립적인 표준원액에서 준비하는 것이 바람직하다.

③ 시험 내(Within-run) 및 시험 간(Between-run) 정확성을 평가하여야 한다.

　㉠ 시험 내 정확성

　　• 최저 정량한계, 저농도(최저 정량한계의 3배 정도의 농도), 중간농도(검정곡선의 중간 정도의 농도) 및 고농도(검정곡선의 최고 정량한계 부근으로서 적어도 최고 정량한계의 75% 이상의 농도)를 포함한다.

　　• 검정곡선 범위 내 최소 4가지 농도에 대해 최소 5번 반복 분석하여 평가한다.

　　• 평균값은 최저 정량한계에서 이론값의 20% 이내여야 하며, 최저 정량한계를 제외하고는 이론값의 15% 이내여야 한다.

　㉡ 시험 간 정확성

　　• 최저 정량한계, 저농도, 중간농도 및 고농도 품질관리시료를 최소 서로 다른 2일 이상에 걸쳐 최소 3번 반복 분석하여 평가한다.

　　• 평균값은 최저 정량한계에서 이론값의 20% 이내여야 하고, 최저 정량한계를 제외하고는 이론값의 15% 이내여야 한다.

핵심예제

두 실험자가 토양에서 추출한 염화이온을 함유한 수용액을 질산은 용액으로 각각 세 번씩 적정하여 다음의 결과를 얻었다. 참값이 36.90mg_{Cl^-}/$g_{시료}$일 때 다음의 보기 중 옳은 것은?

[2020년 3회]

단위 : mg_{Cl^-}/$g_{시료}$

측 정	실험자 1	실험자 2
1	35.98	35.99
2	30.11	36.40
3	32.88	36.29

① 실험자 1이 더 정확한 분석을 실시하였다.
② 실험자 1의 표준편차 값이 더 작다.
③ 실험자 2가 더 정확히 실험하였으나 정밀진 못하다.
④ 실험자 2가 더 정확하고 정밀한 분석을 실시하였다.

공학용 계산기 사용법 : 평균과 표준편차 계산

㉠ MODE 누르고 숫자 1 을 눌러 통계모드(STAT)로 전환한다.
㉡ 평균과 표준편차를 구하기 위해 숫자 0 을 입력한다(SD).
㉢ 주어진 데이터를 입력하고 M+ 를 누른다(3번 반복).
㉣ RCL 버튼을 누르고 숫자 4 를 입력하여 평균을 확인한다.
㉤ RCL 버튼을 누르고 숫자 5 를 입력하여 표준편차를 확인한다.

구 분	실험자 1	실험자 2
평 균	32.99	36.23
표준편차	2.94	0.21
오차(참값－평균)	3.91	0.67

• 정확도(Accuracy) : 측정값이 참값에 얼마나 근접하고 있는가를 나타낸다.
• 정밀도(Precision) : 같은 양을 여러 번 측정할 때, 이들 측정값들이 서로 얼마나 근접하고 있는가를 나타낸다.
① 실험자 2의 오차가 더 작으므로, 더 정확한 분석을 실시하였다.
② 실험자 2의 표준편차 값이 더 작다.
③ 실험자 2의 표준편차가 더 작으므로, 더 정밀한 분석을 실시하였다.
※ SHARP EL-509 모델 기준

정답 ④

핵심이론 23 정확성(Accuracy) 표현방법

① 절대 오차
   ㉠ 참값과 측정값의 차이이다.
   ㉡ 절대 오차 = 참값 – 측정값
   ㉢ 평균 오차 = 참값 – 측정값들의 평균

② 상대 오차
   ㉠ 절대 오차나 평균 오차를 참값의 비로 나타낸 값이다.
   ㉡ 상대 오차 백분율
   $$= \frac{\text{절대 오차 또는 평균 오차}}{\text{참값}} \times 100$$

③ 상대 정확도
   ㉠ 측정값이나 평균값을 참값에 대한 백분율로 나타내는 방법이다.
   ㉡ 상대 정확도 $= \dfrac{\text{측정값 또는 평균값}}{\text{참값}} \times 100$

④ 회수율(%R)
   ㉠ 생체시료로부터 분석과정을 통해 분석물질이 회수되는 정도이다.
   ㉡ $\% R = \dfrac{\text{측정값}}{\text{참값}} \times 100$

⑤ 표준물질 분석
   ㉠ 정제수에 정량한계의 10배 농도가 되도록 표준물질을 동일하게 첨가한 시료를 4개 이상 준비한다.
   ㉡ 시료 분석 방법과 동일하게 분석하여 평균값과 표준편차를 계산한다.
   ㉢ 정확도(%) $= \dfrac{\text{분석한 결괏값의 평균 농도}}{\text{주입 농도}} \times 100$

분석 결과의 정확도를 평가하기 위한 방법이 아닌 것은?

① 회수율 측정
② 상대표준편차 계산
③ 공인된 방법과 비교
④ 표준물질 분석

|해설|

상대표준편차는 정밀도를 평가하기 위한 방법이다.

정답 ②

핵심이론 24 정밀성(정밀도, Precision) 평가

① 정밀성
  ㉠ 하나의 시료로부터 여러 번 채취하여 얻은 시료를 정해진 조건에 따라 측정하였을 때 각각의 측정값들 사이의 근접성을 나타낸다.
  ㉡ 시험 분석 결과의 반복성을 나타내는 값이다.
  ㉢ 반복 시험하여 얻은 결과를 상대표준편차로 나타내며, 연속적으로 n회 측정한 결과의 평균값($\overline{x}$)과 표준편차(s)로 계산한다.

② 최저 정량한계, 저농도, 중간농도 및 고농도 품질관리 시료에 대하여 시험 내 및 시험 간 정밀성을 평가한다.

③ 일반적으로 정확성을 입증하기 위한 시험결과를 사용하여 평가한다.

④ 시험 내 정밀성
  ㉠ 최저 정량한계, 저농도, 중간농도, 고농도 품질관리시료를 검정곡선 범위 내 최소 4가지 농도에 대해 최소 5번 반복 분석하여 평가한다.
  ㉡ 변동계수는 최저 정량한계에서 20% 이내여야 하고, 최저 정량한계를 제외하고는 15% 이내여야 한다.

⑤ 시험 간 정밀성
  ㉠ 최저 정량한계, 저농도, 중간농도, 고농도 품질관리시료를 최소 서로 다른 2일 이상에 걸쳐 최소 3번 반복 분석하여 평가한다.
  ㉡ 변동계수는 최저 정량한계에서 20% 이내여야 하고, 최저 정량한계를 제외하고는 15% 이내여야 한다.

24-1. 표준편차에 대해 올바르게 설명한 것은? [2020년 4회]

① 표준편차가 작을수록 정밀도가 더 크다.

② 표준편차가 클수록 정밀도가 더 크다.

③ 표준편차와 정밀도는 상호 관계가 없다.

④ 표준편차는 정확도와 가장 큰 상호 관계를 갖는다.

24-2. 분석결과의 정밀성과 가장 밀접한 것은? [2020년 4회]

① 검출한계

② 특이성

③ 변동계수

④ 직선성

|해설|

24-1

표준편차는 정밀도와 큰 상호 관계를 가지며, 표준편차가 작을수록 정밀도가 더 크다.

표준편차

• 측정값이 평균으로부터 얼마나 분산되어 있는지를 나타낸다.

• 표준편차가 클수록 측정값들이 널리 퍼져 있음을 의미한다.

정밀도 : 실제 참값과 반복 시험·검사한 결과의 일치도, 즉 재현성을 의미한다.

정확도 : 시험 분석 결과가 참값에 얼마나 근접하는가를 나타내는 척도이다.

24-2

정밀성은 일련의 측정에 대하여 표준편차, 변동계수 등으로 표현한다.

정답 24-1 ① 24-2 ③

핵심이론 25 정밀성(Precision) 표현방법

① 분산(Variance) : 표준편차의 제곱이다.

$$s^2 = \frac{\sum_{i=1}^{N}(x_i - \overline{x})^2}{N-1}$$

② 표준편차(Standard Deviation)

㉠ 모집단의 표준편차 : $\sigma = \sqrt{\dfrac{\sum_{i=1}^{N}(x_i - \mu)^2}{N}}$

여기서, N : 모집단을 이루고 있는 반복 데이터의 수

μ : 모집단의 평균

㉡ 표본의 표준편차 : $s = \sqrt{\dfrac{\sum_{i=1}^{N}(x_i - \overline{x})^2}{N-1}}$

여기서, N : 표본을 이루고 있는 반복 데이터의 수

$\overline{x}$: 표본의 평균

㉢ 일반적으로 $N \geq 20$이면 $\overline{x} \rightarrow \mu$ 수렴하고 $s \rightarrow \sigma$에 수렴한다.

③ 평균의 표준 오차(Standard Error)

㉠ 각 평균의 표준편차이다.

㉡ 평균을 계산하는 데 사용된 데이터의 수 N의 제곱근에 반비례한다.

$$s_m = \frac{s}{\sqrt{N}}$$

④ 상대표준편차(RSD ; Relative Standard Deviation) : 표준편차를 그 무리의 데이터 평균으로 나눈 것이다.

$$RDS = \frac{s}{x}, \ \% \, RSD = \frac{s}{x} \times 100$$

⑤ 변동계수(CV ; Coefficient of Variance) : 백분율로 나타낸 상대표준편차이다.

$$CV(또는 \% \, RSD) = \frac{s}{x} \times 100$$

⑥ 퍼짐(Spread) 또는 영역(Range)

㉠ 한 무리의 반복 측정한 결과의 정밀도를 나타내는 데 사용된다.

ⓒ 그 무리의 가장 큰 값과 가장 작은 값 사이의 차이
이다.

$$W = x_{(가장 \ 큰 \ 값)} - x_{(가장 \ 작은 \ 값)}$$

핵심예제

25-1. 평균값이 4.74이고, 표준편차가 0.11일 때 분산계수(CV)는?

[2020년 1·2회]

① 0.023%
② 2.3%
③ 4.3%
④ 43.09%

25-2. 반복 데이터의 정밀도를 나타내는 것으로 관련이 적은 것은?

[2020년 3회]

① 표준편차
② 절대 오차
③ 변동계수
④ 분 산

25-3. 특정 화합물의 분석 시 재현성을 확인하기 위해 6회 반복하여 측정한 값이 다음과 같을 때, 상대표준편차(%)는?

[2020년 3회]

측정값 : 97.5, 98.5, 99.5, 100.5, 101.5, 102.5

① 1.71
② 1.83
③ 1.87
④ 1.90

25-4. 정밀도를 나타내기 위한 방법이 아닌 것은?

① 변동계수(Coefficient of Variance)
② 분산(Variance)
③ 상대 오차(Relative Error)
④ 표준편차(Standard Deviation)

25-5. 정밀도와 정확도를 표현하는 방법을 바르게 짝지은 것은?

① 정밀도 : 상대표준편차, 정확도 : 변동계수
② 정밀도 : 중앙값, 정확도 : 회수율
③ 정밀도 : 중앙값, 정확도 : 변동계수
④ 정밀도 : 상대표준편차, 정확도 : 회수율

25-6. 시험분석 결과 반복성을 나타내는 것으로 반복 시험하여 얻은 결과를 상대표준편차(RSD ; Relative Standard Deviation)로 나타낸 것은?

① 정확도
② 정밀도
③ 근삿값
④ 분해도

| 해설 |

25-1

$$분산계수(CV) = \frac{표준편차}{평균} \times 100$$

$$\therefore CV = \frac{0.11}{4.74} \times 100 ≒ 2.32\%$$

25-2, 25-4

정밀도를 나타내는 방법

• 표준편차
• 평균의 표준 오차
• 분 산
• 상대표준편차
• 변동계수
• 퍼짐(Spread) 또는 영역(Range)

25-3

공학용 계산기 사용법 : 평균과 표준편차 계산

ⓐ MODE 누르고 숫자 1 을 눌러 통계모드(STAT)로 전환한다.
ⓑ 평균과 표준편차를 구하기 위해 숫자 0 을 입력한다(SD).
ⓒ 주어진 데이터를 입력하고 M+ 를 누른다(6번 반복).
ⓓ RCL 버튼을 누르고 숫자 4 를 입력하여 평균을 확인한다.
ⓔ RCL 버튼을 누르고 숫자 5 를 입력하여 표준편차를 확인한다.

• 평균 $\overline{x} = 100$
• 표준편차 $s ≒ 1.87$

$$\therefore 상대표준편차 \ RSD = \frac{s}{\overline{x}} \times 100 = \frac{1.87}{100} \times 100 ≒ 1.87$$

※ SHARP EL-509 모델 기준

25-5

• 정밀도는 일반적으로 상대표준편차(RSD ; Relative Standard Deviation)나 변동계수(CV ; Coefficient of Variation)의 계산에 의해 표현된다.
• 정확도는 시험·검사결과가 얼마나 참값에 근접하는가를 나타내는 척도이며, 정제수 또는 시료 매질로부터 %회수율(%R)을 측정하여 평가한다.

25-6

정밀도 : 실제 참값과 반복 시험·검사한 결과의 일치도, 즉 재현성을 의미한다.

정답 **25-1** ② **25-2** ② **25-3** ③ **25-4** ③ **25-5** ④ **25-6** ②

핵심이론 26 희석의 타당성(Dilution Integrity)

① 시료의 농도가 최고 정량한계 농도를 초과하거나 분석에 사용되는 시료의 양이 충분하지 못한 경우에 동일한 생체시료를 가하여 희석하여도 분석에는 영향이 없음을 입증하는 것이다.

② 최고 정량한계 농도를 초과하는 시료를 생체시료로 희석하여 각 희석배수마다 5번 이상 반복 분석하여 평가하며 희석한 시료의 농도는 검정곡선 범위 이내여야 한다.

③ 정확성과 정밀성은 15% 이내여야 하며, 시험시료의 희석배수는 희석의 타당성이 입증된 희석배수 범위 이내여야 한다.

핵심이론 27 재분석 사유

① 검정곡선 시료의 측정 결과가 허용 범위를 만족하지 못한 경우
  ㉠ 정량 한계 농도에서의 S/N값이 5 미만일 경우

$$S/N = \frac{2H}{h}$$

  여기서, H : 규정된 표준액으로 얻은 크로마토그램에서, 피크의 최댓값부터 1/2 높이에서 너비의 20배와 같은 거리에 걸쳐 관찰되는 시그널의 외삽선까지를 측정한 분석 대상 물질에 해당하는 피크의 높이

  h : 주입 후나 공시험액 적용 후 얻은 크로마토그램에서 기준선 노이즈의 범위

  ㉡ 정량 한계 농도에서의 정확성이 80~120%를 벗어날 경우

  ㉢ 결정계수 R^2이 0.99 미만일 경우
   • 결정계수(R^2) = 회귀 제곱 합 / 총제곱 합
   • 결정계수의 값이 0에 가까울수록 회귀선은 쓸모가 없으며, 클수록 쓸모 있는 회귀식이 된다.

② 시료의 측정 결과가 허용 범위를 만족하지 못한 경우
  ㉠ 시료 중 33% 초과가 정확성 85~115% 기준을 벗어난 경우
  ㉡ 시료 중 67% 이상이 정확성 85~115% 기준을 만족하였으나 동일 농도에서 50% 초과하여 벗어난 경우

③ 한 배치 내에서 내부 표준 물질의 평균 면적값의 변동계수가 허용 범위를 벗어난 경우
  ㉠ HPLC/MS/MS와 HPLC/ECD의 경우 변동계수(CV) 30% 이상인 경우
  ㉡ HPLC/UV와 HPLC/FLD의 경우 변동계수(CV) 20% 이상인 경우
  ㉢ 시료 전처리 과정 중 유도체화 과정이 포함된 경우 변동계수(CV) 40% 이상인 경우

④ 분석된 결과가 검정곡선의 상한값을 벗어난 경우
⑤ 희석 시료의 측정 결과가 허용 범위를 만족하지 못한 경우
　ㄱ 희석 시료 중 33% 초과가 정확성 85~115% 기준을 벗어난 경우
　ㄴ 희석 시료 중 67% 이상이 정확성 85~115% 기준을 만족하였으나 동일 농도에서 50%를 초과하여 벗어난 경우
⑥ 측정 시료의 전처리 과정에 기술적인 실수 또는 분석 장비의 고장 등이 발생한 경우
⑦ 시료의 측정 과정이 기술적인 실수로 판단된 경우
⑧ 분석 물질의 유지 시간이 그 배치 평균값의 ±20% 내에 들지 못한 경우

핵심예제

다음 중 재분석이 필요한 경우가 아닌 것은?

① 정량 한계 농도에서의 S/N값이 5 이상일 경우
② 결정계수 R^2이 0.99 미만일 경우
③ 분석된 결과가 검정곡선의 상한값을 벗어난 경우
④ 측정 시료의 전처리 과정에 기술적인 실수 또는 분석 장비의 고장 등이 발생한 경우

|해설|
정량 한계 농도에서의 S/N값이 5 미만일 경우 재분석이 필요하다.

정답 ①

---

① 요약 정보
② 분석법 작업 절차에 관한 기술
③ 분석법 밸리데이션 실험에 사용한 표준품 및 표준물질에 관한 자료 : 제조원, 제조번호, 사용(유효)기한, 시험성적서, 안정성, 보관 조건 등
④ 밸리데이션 항목(정확성, 정밀성, 회수율, 선택성, 정량한계, 검정곡선 및 안정성) 및 판정 기준
⑤ 밸리데이션 항목을 평가하기 위해 수행된 실험에 관한 기술과 그 결과
⑥ 크로마토그램 등 시험기초자료
⑦ 표준작업지침서, 시험계획서 등
⑧ 참고문헌

핵심예제

밸리데이션 결과보고서에 포함되는 내용이 아닌 것은?

① 분석법 작업 절차에 관한 기술
② 밸리데이션 항목(정확성, 정밀성, 회수율, 선택성, 정량한계, 검정곡선 및 안정성) 및 판정 기준
③ 표준작업지침서
④ 밸리데이션 수행 담당자의 능력을 입증하는 자료

정답 ④

---

① 정의 및 특징

   ⊙ 특정 업무를 표준화된 방법에 따라 일관되게 실시할 목적으로 해당 절차 및 수행 방법 등을 상세하게 기술한 문서이다.

   ⓛ 특별한 업무를 수행하는 자에게 그 '표준작업'에 대한 상세한 지침을 제공하여 일관되게 업무를 수행하도록 하는 문서이다.

   ⓒ 품질관리(Quality Control)가 필요한 모든 업무에 필요하다.

   ⓡ 특히 여러 업무가 유기적으로 행해지고 여러 상황에서 각기 다른 자료가 얻어지는 복잡한 업무인 임상시험에서는 반드시 필요하다.

   ⓜ 분석담당자 이외의 직원이 분석할 수 있도록 자세한 시험방법을 기술한 문서이다.

   ⓗ 모든 직원에 의해 쉽게 이용 가능하여야 하고, 컴퓨터 속에 파일로 저장하여 이용 가능하다.

② 목 적

   ⊙ 임상시험과 관련된 업무를 표준화된 방법에 따라 일관되게 수행할 수 있도록 해당 절차 및 수행 방법 등을 전달하기 위함이다.

   ⓛ 시험자에게 업무 수행에 필요한 모든 정보를 제공하기 위함이다.

   ⓒ 업무 절차의 정확하고 일관적인 이행을 보장하기 위함이다.

   ⓡ 결과의 검증에서 특정 절차의 과정 단계를 설명하기 위함이다.

   ⓜ 시험자의 안전과 사고 예방을 보장하기 위함이다.

   ⓗ 생산성을 개선하고 시험 계획의 수립에 기여하기 위함이다.

   ⓢ 정해진 규정에 따른 업무 진행이 가능하게 하기 위함이다.

   ⓞ 최초 업무 수행 시 교육을 위한 도구로 사용하기 위함이다.

③ 표준작업절차서의 포함 내용

   ⊙ 시험방법개요(분석항목 및 적용 가능한 매질)

   ⓛ 검출한계

   ⓒ 간섭물질(Matrix Interference)

   ⓡ 시험·검사장비(보유하고 있는 기기에 대한 조작절차)

   ⓜ 시약과 표준물질(사용하고 있는 표준물질 제조방법, 설정 유효기한)

   ⓗ 시료관리(시료보관방법 및 분석방법에 따른 전처리방법)

   ⓢ 정도관리 방법

   ⓞ 시험방법 절차

   ⓩ 결과분석 및 계산

   ⓣ 시료 분석결과 및 정도관리 결과 평가

   ⓚ 벗어난 값(Outlier)에 대한 시정조치 및 처리절차

   ⓔ 실험실환경 및 폐기물관리

   ⓟ 참고자료

   ⓗ 표, 그림, 도표와 유효성 검증 자료

시험방법에 대한 표준작업절차서(SOP)에 포함되지 않는 것은?

① 시약과 표준물질
② 시험방법
③ 시료채취 장소
④ 시료보관

|해설|

표준작업절차서의 포함 내용
- 시험방법개요(분석항목 및 적용 가능한 매질)
- 검출한계
- 간섭물질(Matrix Interference)
- 시험·검사장비(보유하고 있는 기기에 대한 조작절차)
- 시약과 표준물질(사용하고 있는 표준물질 제조방법, 설정 유효기한)
- 시료관리(시료보관방법 및 분석방법에 따른 전처리방법)
- 정도관리 방법
- 시험방법 절차
- 결과분석 및 계산
- 시료 분석결과 및 정도관리 결과 평가
- 벗어난 값(Outlier)에 대한 시정조치 및 처리절차
- 실험실환경 및 폐기물관리
- 참고자료
- 표, 그림, 도표와 유효성 검증 자료

정답 ③

핵심이론 30 표준작업지침서(SOP)의 작성

① 첫 페이지에 다음을 기록한다.
 ㉠ 제목(Title or Topic) : SOP의 주제를 알 수 있도록 한줄에서 두줄 정도로 한다.
 ㉡ SOP 번호 : 각 SOP는 제3자가 쉽게 알아 볼 수 있는 번호 체계를 가지고 있어야 한다.
 ㉢ 배포 날짜 : SOP가 효력을 나타내는 날짜로, 이는 SOP의 승인날 또는 그 이후이어야 한다.
 ㉣ 기타 사항 : 개정이력, 마지막 검토 날짜, 다음 검토 날짜, SOP의 작성자, 부서장(Department Head)에 의한 승인 서명 및 날짜 등

② 목적(Purpose)

③ 정책 또는 기본원칙(Policy) : 해당 SOP의 이론적 근거, 관련 규정 등을 기록한다.

④ 범위(Scope) : SOP가 적용되는 사람, 과제, 상황에 대한 설명을 포함한 범위(Scope) 등을 기록한다.

⑤ 절차(Procedures)
 ㉠ 해당 업무의 절차 및 수행방법 등을 알기 쉽게 상세하게 기술한다.
 ㉡ 과정의 항목들은 목차에 기록된 순서에 따라 설명되는데 일반적으로 시간적으로 일어나는 순서에 기준한다.
 ㉢ 문장은 명확하고, 간결하며, 간략하고 SOP 주제에 맞아야 하며 내용은 특정 절차를 완료하기 위한 설명에 관한 것이므로 애매하거나 혼동되어서는 안 된다.
 ㉣ 따라야 할 과정에 관한 문장은 '해야만 한다.', '할 것이다.'와 같은 단어를 사용하여 단정적으로 끝나야 하며, '할 수도 있다.'라는 단어는 조건을 말할 때 사용될 수 있다.
 ㉤ SOP하에서 수행되는 모든 과정을 자세하게 설명해야 하며 언제, 어디서, 누구에 의해 수행되는지에 대한 설명이 기본적으로 있어야 한다. 과정 설명 시 각 단계는 일련번호를 매겨서 설명하면 좋다.

ⓗ 새롭거나 특별한 용어가 있을 경우는 정의(또는 설명)해 주어야 하며 만약 약어를 사용할 경우 괄호 안에 병기해야 한다.

ⓢ 특정 양식 또는 지식이 사용되어질 경우 구체화하여 설명해야 한다.

ⓞ SOP의 적용을 위해 필요한 양식은 각 SOP의 첨부 부분에 삽입한다.

⑥ 참고(References)

⑦ 첨부(Attachments)

핵심예제

표준작업지침서에 대한 설명으로 옳지 않은 것은?

① 특정 업무를 표준화된 방법에 따라 일관되게 실시할 목적으로 해당 절차 및 수행 방법 등을 상세하게 기술한 문서이다.

② 시험자에게 업무 수행에 필요한 모든 정보를 제공하고 업무 절차의 정확하고 일관적인 이행을 보장한다.

③ 작성할 때에는 전문 용어와 약어를 사용하여 전문성 있게 작성한다.

④ 조직 변화나 외부 환경의 변경이 있을 경우에는 즉시 반영해야 한다.

|해설|

표준작업지침서는 읽는 사람이 순차적으로 무엇을 해야 하는지 알기 쉽게 작성해야 하며, 사용할 사람의 수준과 능력에 맞게 작성되어야 한다.

정답 ③

핵심이론 31 표준작업지침서(SOP) 작성 주의사항

① 읽는 사람이 순차적으로 무엇을 해야 하는지 알기 쉽게 작성되어야 하며, 실시하는 사람들이 가능한 한 동일한 품질을 제공할 수 있어야 한다.

② 점검자나 관계 당국이 아니라 그것을 사용할 사람의 수준과 능력에 맞게 작성되어야 한다.

③ 명확하고 이해하기 쉽게 충분히 자세해야 하며 이용하기 쉬워야 한다.

④ 임상시험 업무에 대한 SOP뿐만 아니라 SOP의 분포 규정, 번호 체계, 검토, 서명, 재수정에 대한 절차를 규정하는 Master SOP를 작성하여 운용하는 것이 좋다.

⑤ 여러 국가에서 사용해야 하는 경우 International SOP는 기본적으로 임상시험에 대한 품질과 임상시험 수행에 대한 유연성을 동시에 확보할 수 있도록 작성해야 한다.

⑥ SOP에는 시험의뢰자 또는 시험기관이 수행하는 분석 시험과 관련된 모든 활동들을 관련 규정 및 각종 가이드라인에 준하여 기록해야 한다.

⑦ 화학물질 분석과 관련된 모든 직원은 가장 최신의 SOP에 따라 업무를 수행해야 하며, 조직 변화나 외부 환경의 변경이 있을 경우에는 즉시 이를 SOP에 반영해야 한다.

⑧ 시험 의뢰자가 시험수탁기관에 화학물질 분석을 의뢰할 경우 의뢰자의 SOP와 시험수탁기관의 SOP가 서로 순응해야 한다.

⑨ 각 페이지마다 SOP 고유번호를 기록하고 매 페이지마다 SOP의 유효일을 기록한다.

⑩ 보안을 위지하기 위해 SOP의 표지에 '본 내용은 기밀 사항'임을 표시한다.

표준작업절차서에 대한 설명으로 틀린 것은?

① 제조사로부터 제공되거나 시험기관 내부적으로 작성될 수 있다.
② 표준작업절차서는 문서 유효일자와 개정번호와 승인자의 서명 등이 포함되어야 한다.
③ 표준작업절차서는 분석담당자 이외 직원이 분석할 수 있도록 자세한 시험방법을 기술한 문서이다.
④ 표준작업절차서는 모든 직원이 쉽게 이용 가능하여야 하지만, 컴퓨터에 파일로 저장한 형태는 인정되지 않는다.

|해설|

컴퓨터 속에 파일로 저장하여 이용 가능하다.

정답 ④

핵심이론 32 밸리데이션 문서

① 밸리데이션 종합계획서
  ㉠ 밸리데이션 방침
  ㉡ 밸리데이션 조직
  ㉢ 밸리데이션 대상 및 그에 대한 설명
  ㉣ 밸리데이션 실시계획서 양식
  ㉤ 밸리데이션 실시계획 및 일정
  ㉥ 변경관리
  ㉦ 기타 참고문헌
② 밸리데이션 실시계획서
  ㉠ 밸리데이션 목적
  ㉡ 밸리데이션 종류(예 예측적, 동시적 등) 및 항목(예 멸균공정 등)
  ㉢ 원료약품 및 그 분량, 기계, 설비, 공정흐름도, 상세한 공정 및 중요공정의 변수 등
  ㉣ 검체채취에 관한 사항, 시험항목 및 허용기준
  ㉤ 실시방법 및 판정기준
  ㉥ 실시기간
  ㉦ 실시 담당자의 성명
  ㉧ 기타 밸리데이션 실시 기준 근거 등 필요한 사항
③ 밸리데이션 결과보고서
  ㉠ 개요 및 기술적 고려사항
  ㉡ 실시결과
  ㉢ 실시계획서와 다른 사항이 있을 때 그에 대한 설명
  ㉣ 부적합에 대한 조치
  ㉤ 결 론

① 동일한 시험방법 수행에 의해 측정항목을 반복하여 측정 분석한 결과를 시간에 따라 표현한 것이다.

② 통계적으로 계산된 평균선과 한계선도 함께 나타낸다.

③ 시간에 따른 정확도와 정밀도를 평가하고 편차를 확인할 수 있다.

④ 항목별 시험방법의 적용 시 한 개의 시료군(Batch)에 대해 정도관리시료(실험실첨가시료(LFS))는 2회 이상, 대체표준물질(Surrogate), 내부표준물질(Initial Standard)은 적용이 가능하다면 모든 시료에 적용하여 평가한다.

⑤ 가장 최근의 시험·검사 회수율 결과를 새 관리기준의 자료로 사용한다.

⑥ 관리기준

　　㉠ 상한관리기준 = $m + 3s$

　　㉡ 하한관리기준 = $m - 3s$

⑦ 경고기준

　　㉠ 상한경고기준 = $m + 2s$

　　㉡ 하한경고기준 = $m - 2s$

⑧ 통계학에서의 상·하한 경고선

　　㉠ 95% 신뢰수준에서의 상·하한 경고수준

$$= \overline{x} \pm \frac{2\sigma}{\sqrt{n}}$$

　　㉡ 99% 신뢰수준에서의 상·하한 경고수준

$$= \overline{x} \pm \frac{3\sigma}{\sqrt{n}}$$

여기서, $\overline{x}$: 자료의 평균

　　　σ : 자료의 표준편차

　　　n : 자료의 개수

핵심예제

33-1. 시료를 반복 측정하여 다음의 결과를 얻었다. 이 결과에 대한 90% 신뢰구간을 올바르게 계산한 것은?(단, One Side Student의 t값은 90% 신뢰구간 : 1.533, 95% 신뢰구간 : 2.132이다)

[2020년 3회]

> 12.6, 11.9, 13.0, 12.7, 12.5

① 12.5 ± 0.04
② 12.5 ± 0.4
③ 12.5 ± 0.02
④ 12.5 ± 0.2

33-2. 시료를 측정한 결과가 다음과 같을 때 상한경고기준과 상한관리기준을 계산하면?

번 호	측정값	번 호	측정값
1	0.25	7	0.64
2	0.34	8	0.51
3	0.78	9	0.65
4	0.57	10	0.77
5	0.47	11	0.35
6	0.82	–	

① 상한경고기준 = 0.945, 상한관리기준 = 1.138
② 상한경고기준 = 1.045, 상한관리기준 = 1.338
③ 상한경고기준 = 1.245, 상한관리기준 = 1.438
④ 상한경고기준 = 1.445, 상한관리기준 = 1.638

33-1
공학용 계산기 사용법 : 평균과 표준편차 계산

㉠ [MODE] 누르고 숫자 [1]을 눌러 통계모드(STAT)로 전환한다.

㉡ 평균과 표준편차를 구하기 위해 숫자 [0]을 입력한다(SD).

㉢ 주어진 데이터를 입력하고 [M+]를 누른다(5번 반복).

㉣ [RCL] 버튼을 누르고 숫자 [4]를 입력하여 평균을 확인한다.

㉤ [RCL] 버튼을 누르고 숫자 [5]를 입력하여 표준편차를 확인한다.

• 평균 $\bar{x} ≒ 12.5$
• 표준편차 $s ≒ 0.4037$

주어진 t값이 One Side Student t값이므로

∴ 90% 신뢰구간 : $\bar{x} \pm t \cdot \dfrac{s}{\sqrt{n}}$

$$= 12.5 \pm 2.132 \times \frac{0.4037}{\sqrt{5}} ≒ 12.5 \pm 0.4$$

※ SHARP EL-509 모델 기준

33-2
• 상한경고기준 $= m + 2s$
• 상한관리기준 $= m + 3s$

평균 $m = 0.56$, 표준편차 $s = 0.19$이므로

∴ 상한경고기준 $= m + 2s = 0.56 + 2 \times 0.19 = 0.94$
　상한관리기준 $= m + 3s = 0.56 + 3 \times 0.19 = 1.13$

정답 33-1 ② 33-2 ①

핵심이론 34 분석 결과 보고서

① 분석 결과 보고서 : 원료, 반제품, 완제품의 정해진 규격에 적합한지의 여부를 확인하기 위해 정해진 시험 방법에 따라 시험한 결과가 정해진 규격에 적합한지의 여부를 판정하는 문서이다.

② 구성 요소

㉠ 품 명

㉡ 제조 번호

㉢ 제조 일자 : 원료의 경우 원료 제조사의 제조 일자를 기재하고, 제품의 경우 제품 제조 일자를 기재한다.

㉣ 의뢰 번호, 접수 번호, 시험 번호

㉤ 시험 일자

㉥ 채취 일자, 채취 장소, 채취자, 채취 방법

㉦ 시험 담당자

㉧ 시험 항목

㉨ 시험 기준

㉩ 시험 결과

㉪ 판정자, 판정 결과

핵심예제

화학물질의 분석에서 원료, 반제품, 완제품의 정해진 규격에 적합한지 여부를 확인하기 위해 정해진 시험 방법에 따라 시험한 결과가 정해진 규격에 적합한지 여부를 판정하는 문서는?

① 분석 의뢰서
② 분석 계획서
③ 분석 노트
④ 분석 결과 보고서

정답 ④

① 시험·검사 결괏값의 수치와 단위는 한 칸 띄어 쓴다.

예 12g (✕) → 12 g (○), 3m (✕) → 3 m (○)

② ℃와 %도 단위이므로 수치와 한 칸 띄어 쓴다.

예 20℃ (✕) → 20 ℃ (○), 100% (✕) → 100 % (○)

③ 약어를 단위로 사용하지 않으며 복수인 경우에도 바뀌지 않는다. 단, 구두법상 문장의 끝에 오는 마침표는 예외로 한다.

예 초 : sec (✕) → s (○)

　　시간 : hr (✕) → h (○), 5 hr (✕) → 5 h (○)

④ 접두어 기호와 단위 기호는 붙여 쓰며, 접두어 기호는 소문자로 쓴다.

예 밀리리터 : mL, 센티미터 : cm, 킬로미터 : km

⑤ 범위로 표현되는 수치에는 단위를 각각 붙인다.

예 10~20% (✕) → 10 % ~ 20 % (○)

　　20±2℃ (✕) → 20 ℃ ± 2 ℃ (○) 또는 (20 ± 2) ℃ (○)

⑥ 부피를 나타내는 단위 리터(Liter)는 'L' 또는 'l'로 쓴다.

예 5 L (○) 또는 5 l (○)

※ 시험·검사에서는 숫자 '1'과의 혼돈을 피하기 위해 'l' 보다는 'L'로 표기하는 것을 권장한다.

⑦ ppm, ppb, ppt 등은 특정 국가에서 사용하는 약어이므로 정확한 단위로 표현하거나 백만 분율, 십억 분율, 일조 분율 등의 수치로 표현한다.

예 5 ppb (✕) → 5 μg/kg (○) 또는 5×10^{-9} (○)

　　2 ppt (✕) → 2 ng/kg (○) 또는 2×10^{-12} (○)

⑧ 영문장에서는 접두어와 단위 명칭 사이를 한 칸 띄지도 않고 연자 부호(Hyphen)를 넣지도 않는다. 'megohm', 'kilohm', 'hectare' 의 세 가지 경우는 접두어 끝에 있는 모음이 생략 된다. 이외의 모든 단위 명칭은 모음으로 시작되어도 두 모음을 모두 써야 하며 발음도 모두 해야 한다.

예 kilo-meter (✕) → kilometer (○)

⑨ 복합 단위의 배수를 형성할 때는 한 개의 접두어를 사용하여야 하며, 두 개나 그 이상의 접두어를 나란히 붙여 쓸 수 없다. 이때 접두어는 통상적으로 분자에 있는 단위에 붙여야 하며, kg이 분모에 올 경우는 예외로 한다.

예 1 mμm (✕) → 1 nm (○), kJ/g (○) 또는 MJ/kg (○)

핵심예제

측정 분석 결과의 기록 방법에 대한 표기로 틀린 것은?

① 24.2±0.3 ℃

② 28 mm

③ 84 J/(kg·K)

④ 2 mg/L

|해설|

범위로 표현되는 수치에는 각각 단위를 붙인다.

24.2±0.3 ℃ (✕) → 24.2 ℃ ± 0.3 ℃ 또는 (24.2 ± 0.3) ℃

정답 ①

화학물질 특성분석

제1절 | 화학특성 분석

1-1. 화학특성 확인 및 분석

핵심이론 01 화합물의 물리적 특성

① 인장 특성
- ㉠ 재료가 인장 하중에 의해 파단될 때의 최대 응력이다.
- ㉡ 최대 하중을 시험편 원래의 단면적으로 나눈 값이다(kg/cm^2).
- ㉢ 인장 강도
  - 항복점(재료가 받는 최고점에서의 힘)에서의 인장 강도
  - 파단점(재료가 끊어지는 시점에서의 힘)에서의 인장 강도

② 굴곡 특성
- ㉠ 재료를 휘게 하는 굴곡력을 가했을 때 발생하는 응력의 변화와 관련된 물성이다.
- ㉡ 굴곡 강도 : 굴곡력을 적용할 때 로드(Load)가 더 이상 증가하지 않는 최댓값이다.
- ㉢ 굴곡 탄성률 : 굴곡력 대 로드(Load) 곡선상에서 초기 직선 구간의 기울기로 산출한 값이다.

③ 충격 특성
- ㉠ 충격 강도 : 충격적인 하중에 의해서 재료를 파괴하는 데 필요한 에너지를 재료의 단위 면적 또는 단위 폭으로 나눈 수치이다(kJ/m^2).
- ㉡ 아이조드 충격 강도 : 시편의 중간 부위에 흠집을 낸 후 수직으로 세워 놓고 윗부분에 충격을 가해 파괴되는 데 소모되는 에너지이다.

④ 압축 특성
- ㉠ 압축 강도 : 압축에 의해 파괴될 때까지의 최대 하중을 시험편의 원단 면적으로 나눈 값이다(kg/cm^2).
- ㉡ 파괴되지 않는 경우 규정 변형치에 대한 하중을 원단 면적으로 나눈 값으로 나타낸다.

⑤ 인열 특성
- ㉠ 인열 : 시편에 90°로 야기되는 응력 집중으로 시작하여 파열되는 순간까지의 현상이다.
- ㉡ 인열 강도 : 파단될 때까지의 최대 강도이다.

다음에서 설명하는 화합물의 물리적 특성은?

> ⊙ 압축에 의해 파괴될 때까지의 최대 하중을 시험편의
>   원단 면적으로 나눈 값
> ⓒ 시편의 중간 부위에 흠집을 낸 후 수직으로 세워 놓고
>   윗부분에 충격을 가해 파괴되는 데 소모되는 에너지

① ⊙ 굴곡 탄성률 　　ⓒ 인장 강도
② ⊙ 압축 강도 　　　ⓒ 아이조드 충격 강도
③ ⊙ 인열 강도 　　　ⓒ 충격 강도
④ ⊙ 충격 강도 　　　ⓒ 아이조드 충격 강도

|해설|

• 굴곡 탄성률 : 굴곡력 대 로드 곡선상에서 초기 직선 구간의 기울기로 산출한 값이다.
• 인장 강도 : 재료가 인장 하중에 의해 파단될 때의 최대 응력이다.
• 압축 강도 : 압축에 의해 파괴될 때까지의 최대 하중을 시험편의 원단 면적으로 나눈 값이다.
• 아이조드 충격 강도 : 시편의 중간 부위에 흠집을 낸 후 수직으로 세워 놓고 윗부분에 충격을 가해 파괴되는 데 소모되는 에너지이다.
• 충격 강도 : 충격적인 하중에 의해서 재료를 파괴하는 데 필요한 에너지를 재료의 단위 면적 또는 단위 폭으로 나눈 수치이다.
• 인열 강도 : 시편에 90°로 야기되는 응력 집중으로 시작하여 파단될 때까지의 최대 강도이다.

정답 ②

핵심이론 02 화합물의 화학적 특성

① 내화학성
  ⊙ 물질이 화학적 물질이나 처리에 견디는 정도이다.
  ⓒ 용매의 극성이 재료의 극성과 일치하면 기계적 물성의 손실은 다른 용매에서 보다 커진다.
  ⓒ 내화학성은 일반적으로 사용 온도에 따라 달라진다.

② 내후성
  ⊙ 기능성 고분자가 옥외에서 사용될 경우 기후(일광이나 비바람) 노출을 견디는 성질이다.
  ⓒ 측정 방법
    • 옥외 폭로 시험 : 재료가 옥외에서 일광, 폭우 등의 자연 조건에 노출되어 일정 시간이 경과한 후의 변화 물성과 최초 물성과의 비교하는 시험이다.
    • 인공 촉진 내후성 시험 : 웨더-오미터법, 자외선 시험기법이 있다.

③ 용해도
  ⊙ 물질이 용매에 녹는 정도이다.
  ⓒ 용해도는 용질과 용매의 화학 구조 및 분자 간 인력에 의해 결정된다.
  ⓒ 친수성기인 수산기, 카복실기, 아미노기, 설폰기 등을 갖는 화합물은 극성 용매에 녹는다.
  ② 소수성기인 알킬기와 페닐기 등으로 된 화합물은 비극성 용매에 녹는다.
  ⑩ 고분자는 일단 팽윤된 후 녹으며, 가교 구조가 많을수록 용해성이 떨어진다.

다음 시험으로 측정되는 화합물의 화학적 특성은?

> 옥외 폭로 시험 : 재료가 옥외에서 일광, 폭우 등의 자연 조건에 노출되어 일정 시간이 경과한 후의 변화 물성과 최초 물성과의 비교하는 시험

① 내화학성
② 내후성
③ 용해도
④ 비카트 연화 온도

|해설|

내후성
- 기능성 고분자가 옥외에서 사용될 경우 기후(일광이나 비바람) 노출을 견디는 성질이다.
- 옥외 폭로 시험(재료가 옥외에서 일광, 폭우 등의 자연 조건에 노출되어 일정 시간이 경과한 후의 변화 물성과 최초 물성과의 비교하는 시험)으로 측정한다.

정답 ②

① 유리 전이 온도(T_g ; Glass Transition Temperature)

  ㉠ 유리 전이 : 비정질 고분자 또는 준결정 고분자의 비결정 영역에서 점성이 있는 상태 또는 고무상의 상태에서 딱딱하고 상대적으로 깨지기 쉬운 상태로 바뀌는 가역적 변화 또는 그 반대 방향으로의 변화이다.

  ㉡ 유리 전이 온도 : 유리 전이가 일어나는 온도 범위의 중간 지점이다.

  ㉢ 결정성을 늘리면 유리 전이 온도가 올라가는데, 가소제를 첨가하거나 공중합에 의하여 떨어뜨릴 수 있다.

② 비카트 연화 온도(VST ; Vicat Softening Temperature)

  ㉠ 연화 온도
    - 재료가 사용될 수 있는 최고 한계 온도를 나타내는 척도이다.
    - 일정 하중에서 임의의 양만큼 변형이 발생하는 온도이다.

  ㉡ 비카트 연화 온도 : 하중(10N, 50N)과 승온 속도(50℃/h, 120℃/h)의 4종류의 시험 방법에서 시편의 표면에서 침상 입자가 1mm 침투하였을 때의 온도이다.

③ 선 열팽창 계수(CLTE ; Coefficient of Linear Thermal Expansion)

  ㉠ 재료의 온도에 따른 길이의 변화를 나타내는 물성이다.

  ㉡ 단위 길이당 온도 1℃ 변화 시 재료의 길이 변화율로 환산하여 나타낸다.

④ 열 안정성

  ㉠ 온도 변화에 따른 재료의 무게 변화를 측정하여 얻어지는 특성이다.

  ㉡ 열 중량 분석기(TGA)를 통하여 온도-무게 변화량의 곡선을 얻는다.

온도 변화에 따른 재료의 무게 변화를 측정할 수 있는 분석 방법은?

① TGA   ② MS

③ HPLC   ④ SEM

|해설|

열 안정성
• 온도 변화에 따른 재료의 무게 변화를 측정하여 얻어지는 특성이다.
• 열 중량 분석기(TGA)를 통하여 온도-무게 변화량의 곡선을 얻는다.

정답 ①

제2절 | 크로마토그래피 분석

2-1. 크로마토그래피 분석 실시

핵심이론 01 선택계수(Selectivity Coefficient)

① 두 분석 물질 간의 상대 이동 속도를 나타낸다.

② 두 화학종 A와 B에 대한 관의 선택인자

$$\alpha = \frac{K_B}{K_A}$$

여기서, K_B : 더 세게 붙잡혀 있는 화학종 B의 분포 상수

K_A : 더 약하게 붙잡혀 있거나 더 빠르게 용리되는 화학종 A의 분포상수

③ α는 항상 1보다 크다.

핵심예제

선택계수(Selectivity Coefficient, α)는 다음 중 무엇을 나타내는가?   [2007년 4회]

① 두 분석 물질 간의 상대적인 이동 속도
② 분석 물질의 띠 넓어짐의 정도
③ 이동상의 이동 속도
④ 분석 가능한 물질의 최대수

정답 ①

① 단 높이 $H = \dfrac{L}{N}$

　여기서, L : 관의 충전길이

　　　　　N : 칼럼단수

② 칼럼단수 $N = 16\left(\dfrac{t_R}{W}\right)^2$

　여기서, t_R : 두 개의 시간 측정값

　　　　　W : 봉우리 밑 너비

③ 단수가 클수록, 단 높이가 작을수록 관의 효율은 증가한다.

④ 관의 분리능 $R_s = \dfrac{2[(t_R)_B - (t_R)_A]}{W_A + W_B}$

⑤ 분리능 R_s는 $\sqrt{N}$에 비례한다.

핵심예제

30cm의 칼럼을 이용하여 물질 A와 B를 분리할 때 머무름 시간이 각각 16.40분과 17.63분이었다. A와 B의 봉우리 밑 너비는 1.11분과 1.21분이었다. 칼럼의 성능을 나타내는 칼럼의 평균단수(N)와 단 높이(H)는 각각 얼마인가?

[2009년 2회, 2010년 2회 유사, 2010년 4회 유사]

① $N = 3.44 \times 10^3$, $H = 8.7 \times 10^{-3}$cm

② $N = 1.72 \times 10^3$, $H = 8.7 \times 10^{-3}$cm

③ $N = 3.44 \times 10^3$, $H = 19.4 \times 10^{-3}$cm

④ $N = 1.72 \times 10^3$, $H = 19.4 \times 10^{-3}$cm

|해설|

$N = 16\left(\dfrac{t_R}{W}\right)^2$

$N_1 = 16\left(\dfrac{16.40}{1.11}\right)^2 ≒ 3,493$, $N_2 = 16\left(\dfrac{17.63}{1.21}\right)^2 ≒ 3,397$

$N_{av} = \dfrac{(3,493 + 3,397)}{2} ≒ 3,445 ≒ 3.44 \times 10^3$

$H = \dfrac{L}{N} = \dfrac{30}{3.440 \times 10^3} ≒ 8.7 \times 10^{-3}$cm

정답 ①

① 크로마토그래피관의 효율

$$H = A + \dfrac{B}{u} + C_S\,u + C_M\,u$$

　여기서, H : 단 높이(cm)

　　　　　u : 이동상의 선형속도(cm/s)

　　　　　A : 다중흐름통로계수

　　　　　B : 세로확산계수

　　　　　C_S : 정지상에 대한 질량이동계수

　　　　　C_M : 이동상 중의 질량이동계수

② H에 영향을 주는 변수

　㉠ 다중통로항(A) : 한 흐름경로에서 다른 흐름경로로 분자를 이동하게 하는 보통의 확산에 의하여 부분적으로 상쇄되지 않는 한 용매 속도와는 무관하다.

　㉡ 세로확산항(B/u) : 흐름 속도가 빠를 경우 분석물이 칼럼 내에 머무르는 시간이 짧아지고, 띠의 중앙에서 양쪽 가장자리로 확산이 일어날 시간이 부족해지기 때문에 세로방향 확산이 단 높이에 기여하는 정도는 흐름 속도에 반비례한다.

　㉢ 정지상 질량이동항($C_S\,u$)

　㉣ 이동상 질량이동항($C_M\,u$)

핵심예제

Van Deemter 도시로부터 얻을 수 있는 가장 유용한 정보는?

[2008년 4회, 2010년 2회, 2006년 4회 유사, 2010년 4회 유사]

① 이동상의 적절한 유속(Flow Rate)

② 정지상의 적절한 온도(Temperature)

③ 분석물질의 머무름 시간(Retention Time)

④ 선택계수(α, Selectivity Coefficient)

정답 ①

① 지연 인자

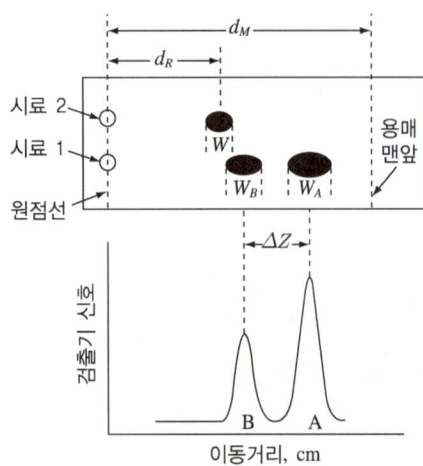

지연 인자 $R_F = \dfrac{\text{시료가 이동한 거리}}{\text{용매가 이동한 거리}} = \dfrac{d_R}{d_M}$

② 머무름 인자

머무름 인자 $k_A = \dfrac{t_R - t_M}{t_M}$ ··· Ⓐ

지연 인자 $R_F = \dfrac{d_R}{d_M}$ ··· Ⓑ

$t_M = \dfrac{d_R}{u}$, $t_R = \dfrac{d_M}{u}$ 을 Ⓐ식에 대입하면

$k_A = \dfrac{d_M - d_R}{d_R}$ 이 된다.

우변항 분자, 분모에 d_M을 나누면,

$k_A = \dfrac{1 - \dfrac{d_R}{d_M}}{\dfrac{d_R}{d_M}} = \dfrac{1 - R_F}{R_F}$ 가 된다.

얇은 막 크로마토그래피에서 시료 전개 시점부터 전개 용매가 이동한 거리가 7cm, 용질 A가 이동한 거리가 4.5cm 라면 지연인자(R_F)값은 얼마인가? [2007년 4회, 2009년 2회, 2010년 2회]

① 0.56   ② 0.64

③ 2.5   ④ 4.5

|해설|

지연인자 $R_F = \dfrac{\text{시료가 이동한 거리}}{\text{용매가 이동한 거리}} = \dfrac{4.5}{7} \fallingdotseq 0.64$

정답 ②

① 얇은 막 크로마토그래피(TLC)

　　㉠ 유리, 플라스틱 또는 금속을 사용하여 그 표면에 평평하고 비교적 얇은 층으로 물질을 도포시킨 크로마토그래피이다.

　　㉡ 특 징

　　　• 분석이 신속하다.

　　　• 좋은 분리능을 갖고 감도도 좋다.

　　　• 동시 병렬 분석이 가능하다.

　　　• 판 위에는 시료의 모든 성분이 확실하게 나타나 있다.

　　　• HPLC의 분리 작업의 최적 조건을 얻는 데 사용된다.

　　　• 특수 시약들로 전개판 위의 화학종의 위치를 알아내는 데 유효하다.

② 종이 크로마토그래피(PC)

핵심예제

얇은 막 크로마토그래피(TLC)에 대한 설명으로 틀린 것은?

[2009년 4회]

① 관 액체 크로마토그래피의 분리 작업의 최적 조건을 얻는 데 도움을 준다.

② 제약산업에서 생산품 순도 판별에 경제적으로 이용된다.

③ TLC 방법으로 물질의 분리는 가능하나 회수는 불가능하며, 감도가 일반적으로 낮다.

④ 분리된 화학종의 위치를 확인하는 시약이 다양하다.

|해설|

얇은 막 크로마토그래피는 좋은 분리능을 갖고 감도도 좋다.

정답 ③

---

① 기체 크로마토그래피 : 기체화된 시료 성분들이 칼럼에 부착되어 있는 액체 또는 고체 정지상과 기체 이동상 사이에서 분배되는 과정을 거쳐 분리한다.

② 기체 크로마토그래피의 분류

　　㉠ 기체-고체 크로마토그래피(GSC) : 고체 정지상에 분석물이 물리적으로 흡착됨으로써 머물게 되는 현상을 이용한다.

　　　• 응용에 제한 : 활성 또는 극성 분자가 반영구적으로 머물러 있고, 용리 봉우리에서 심한 꼬리 끌기가 나타난다.

　　　• 분포상수가 GLC보다 커서 공기, Hydrogen Sulfide, Carbon Disulfide, 질소산화물, 일산화탄소, 이산화탄소 같이 기체-액체 칼럼에는 머물지 않는 화학종들을 분리하는 데 유용하다.

　　　• 충전 칼럼과 열린관 칼럼을 모두 사용한다.

　　㉡ 기체-액체 크로마토그래피(GLC) : 비활성 고체 충전물의 표면 또는 모세관 내부 벽에 고정시킨 액체 정지상과 기체 이동상 사이에서 분석물이 분배되는 과정을 거쳐 분리한다.

핵심예제

기체-액체 크로마토그래피(GLC)는 기체 크로마토그래피의 가장 흔한 형태로 이동상으로 기체를 고정상으로 액체를 사용하는 경우를 일컫는다. 이때 이동상과 고정상 사이에서 분석물의 어떤 상호 작용이 분리에 기여하는가?

[2010년 2회]

① 분배(Partition)

② 흡착(Adsorption)

③ 흡수(Absorption)

④ 이온 교환(Ion Exchange)

|해설|

기체-액체 크로마토그래피(GLC)는 비활성 고체 충전물의 표면 또는 모세관 내부 벽에 고정시킨 액체 정지상과 기체 이동상 사이에서 분석물이 분배되는 원리를 이용하여 분석물을 분리한다.

정답 ①

① 주사기
- ㉠ GC 기기에 시료를 주입하는 가장 일반적인 방법이다.
- ㉡ 바늘의 길이가 2~3in.로 길고, 5~25μL의 부피를 가진다.
- ㉢ 열린관 칼럼을 사용할 경우 보통 0.5~2.0μL 부피의 액체 시료를 주입한다.
- ㉣ 코어링(Coring) : 바늘의 지름이 너무 넓어 주입기 입구를 밀봉하는 셉텀(Septum)의 구멍을 뚫는 현상이다.

② 자동 시료 주입기

③ 고체상 미량 추출법(SPME)

④ 분할 주입
- ㉠ 전처리를 하지 않은 혼합물이나 고농축된 용액에 적합하다.
- ㉡ GC 칼럼은 제한된 용량을 가지고 있어 효율적으로 물질을 분리하기 위해 시료 주입량을 줄여야 한다.
- ㉢ 시료 분할기는 시료 중 일부만 칼럼의 입구에 주입되게 하고, 나머지는 폐기관에 버릴 수 있게 되어 있다.
- ㉣ 정량분석을 위한 시료의 양 조절에 사용한다.

⑤ 비분할 주입
- ㉠ 시료 농도가 매우 낮은 경우에 적합하다.
- ㉡ 분석물이 칼럼 선단에서 퍼지지 않도록 칼럼의 초기 오븐 온도는 분석물이 칼럼에 들어가기 시작하는 경우보다 낮아야 한다.
- ㉢ 칼럼 온도는 칼럼을 지나면서 증가하도록 설정한다.

핵심예제

기체 크로마토그래피법에서의 시료의 주입 방법은 크게 분할 주입과 비분할 주입으로 나뉜다. 다음 중 분할 주입(Split Injection)에 대한 설명이 아닌 것은? [2010년 2회, 2017년 1회]

① 열적으로 안정하다.
② 기체 시료에 적합하다.
③ 고농도 분석 물질에 적합하다.
④ 불순물이 많은 시료를 다룰 수 있다.

|해설|

분할 주입은 고농도 분석 물질 및 기체 시료에 적합하다. 분리도가 좋고 불순물이 많은 시료를 다룰 수 있으나, 열적으로 불안정하여 350℃ 이상의 온도를 유지해야 한다.

정답 ①

① 이상적인 검출기의 특성

　㉠ 적당한 감도를 가져야 한다.

　㉡ 안정성과 재현성이 좋아야 한다.

　㉢ 10의 수 제곱승의 분석물 질량 범위에 걸쳐 직선적인 감응을 나타내어야 한다.

　㉣ 실온부터 적어도 400℃ 까지의 온도 범위를 가지고 있어야 한다.

　㉤ 흐름 속도와 무관하게 짧은 시간에 감응을 해야 한다.

　㉥ 신뢰도가 높아야 하고 사용하기 편리해야 한다.

　㉦ 모든 용질에 대한 감응이 비슷하거나 하나, 그 이상의 분석물 종류에 대하여 선택적인 감응을 보여야 하며 예측할 수 있어야 한다.

　㉧ 시료를 파괴해서는 안 된다.

② 대표적인 기체 크로마토그래피 검출기

형 태	응용할 수 있는 시료
불꽃 이온화(FID)	탄화수소물
열전도도(TCD)	일반 검출기
전자 포획(ECD)	할로젠 화합물
질량 분석계(MS)	어떤 화학종에도 적용
열이온(TID)	질소와 인화합물
전해질 전도(Hall)	할로젠, 황, 질소를 포함한 화합물
광 이온화	UV 빛에 의한 이온화 화합물
Fourier 변환 IR(FTIR)	유기화합물

핵심예제

할로젠 화합물, 과산화물, 퀴논 및 나이트로기와 같은 전기음성도가 큰 작용기를 포함하는 분자에 특히 예민하게 반응하는 가스 크로마토그래피 검출기는?

[2007년 4회, 2009년 4회 유사, 2010년 4회 유사]

① ECD　　　　　　② FID
③ AED　　　　　　④ TCD

정답 ①

① 면적 표준화법

　㉠ 모든 피크의 면적을 더한다.

　㉡ 각 피크의 면적을 총면적에 대한 비율로 나타낸다.

　㉢ 면적 비율이 전체에 대한 구성비율과 같은지 확인한다.

② 외부 표준물법 : 피크 면적을 무게로 나누어 절대 감응인자를 얻고, 피크의 면적을 절대 감응인자로 나누어 주입된 시료 성분의 절대량을 확인한다.

③ 내부 표준물법

　㉠ 각 피크의 면적을 성분량으로 나누어 감응인자를 얻고, 감응인자를 내부 표준물질의 감응인자로 나누어 상대 감응인자를 얻는다.

　㉡ 각 피크의 면적을 상대 감응인자로 나누어 보정 면적을 얻는다.

　㉢ 각 보정 면적을 내부 표준물질로 나누어 내부 표준물질에 대한 성분의 상대량을 얻는다.

　㉣ 각 상대량과 내부 표준물질의 실제량을 곱하여 각 성분의 실제량을 얻는다.

핵심예제

크로마토그램에서 얻어진 봉우리를 주는 성분에 대한 기기의 감도인자를 알고 각 봉우리의 면적의 합에 대한 분석 성분 봉우리의 면적비로 함량을 분석하는 방법은?　　[2010년 2회]

① 표준물 첨가법(Standard Addition Method)
② 내부 표준물법(Internal Standard Method)
③ 면적 표준화법(Area Normalization Method)
④ 표준물 검정곡선법(Standard Calibration Curve Method)

정답 ③

① 흡착 크로마토그래피(액체-고체)

　㉠ 잘게 나누어진 실리카와 알루미나를 정지상으로 사용한다.

　㉡ 정지상의 Silanol 그룹과 시료의 극성 작용기와의 상호작용을 이용하여 비극성 물질을 분리한다.

② 분배 크로마토그래피(액체-액체)

　㉠ 액체 크로마토그래피 중 가장 널리 이용된다.

　㉡ 시료가 이동상과 정지상 액체의 용해도 차이에 따라 분배됨으로써 분리한다.

③ 이온교환 크로마토그래피

　㉠ 비교적 낮은 이온 교환 용량을 가지고 있는 칼럼에서 이온들을 분리한다.

　㉡ 분석하고자 하는 시료에 있는 이온종과 정지상의 전하(시료와 반대 전하를 가짐)의 상호작용을 이용하여 분리한다.

④ 크기 배제 크로마토그래피(Gel 크로마토그래피)

　㉠ 고분자 화학종을 분리하는 데 적합하다.

　㉡ 시료를 크기별로 분리 : 크기가 작은 시료는 정지상의 작은 구멍까지 다 거쳐서 나오게 되므로 칼럼을 빠져나오는 데 시간이 오래 걸린다.

핵심예제

액체 크로마토그래피 방법 중 가장 널리 이용되는 방법으로써 고체 지지체 표면에 액체 정지상 얇은 막을 형성하여 용질이 정지상 액체와 이동상 사이에서 나뉘어져 평형을 이루는 것을 이용한 크로마토그래피법은?

[2010년 2회]

① 흡착 크로마토그래피
② 분배 크로마토그래피
③ 이온교환 크로마토그래피
④ 분자배제 크로마토그래피

정답 ②

① 고성능 액체 크로마토그래피에서 분리 효율을 높이기 위해 사용한다.

② 극성이 다른 2~3가지 용매를 선택하여 조성을 단계적으로 변화하며 사용하는 방법이다.

③ 모든 시료 성분들이 초기에는 칼럼의 상부에 머무른다. 기울기 용리가 시작되면 이동상의 용리세기가 증가한다. 제일 먼저 용출되는 성분의 값이 작아지면서 성분이 칼럼 밖으로 다 나올 때까지 이동 속도는 빨라진다. 나머지 성분에 대해서도 이러한 형태의 이동이 뒤따른다.

④ Peak들이 동등해지고 전체적인 분리를 더욱 신속하게 한다.

⑤ 감도가 높다.

⑥ 기울기 용리에서는 시료 내의 모든 용질에 대한 최대 분리능과 감도를 모두 얻을 수 있다.

핵심예제

고성능 액체 크로마토그래피에서 분리 효율을 높이기 위하여 사용하는 방법으로 극성이 다른 2~3가지 용매를 선택하여 그 조성을 연속적 혹은 단계적으로 변화하며 사용하는 방법은?

[2009년 2회, 2006년 4회 유사]

① 기울기 용리(Gradient Elution)
② 온도 프로그램(Temperature Programming)
③ 분배 크로마토그래피(Partition Chromatography)
④ 역상 크로마토그래피(Reversed-phase Chromatography)

|해설|

② 기체 크로마토그래피에서 칼럼의 온도를 계속적 또는 단계적으로 증가시켜 분리에 필요한 최적 조건을 얻는 방법이다.

③ 두 개의 서로 섞이지 않는 액체를 이동상, 고정상으로 하여 이들 친화성의 차이를 이용해 성분 분리를 하는 방법이다.

④ 분배 크로마토그래피 중 이동상으로 극성, 정지상으로 비극성 용매를 사용한 크로마토그래피이다.

정답 ①

① 시료 주입으로부터 피크의 최고점까지 걸린 시간이다.
② 정지상과 이동상에서 소요된 시간의 합이다.
③ 머무름 인자 : 정지상과 이동상에서 하나의 분석물이 소요하는 시간의 비율이다.
④ 머무름 지수
　㉠ 주어진 온도와 칼럼에서 Normal-알켄 화합물들에 대한 한 분석물의 머무름을 측정한다.
　㉡ Normal-알켄 화합물에 대한 머무름 지표
　　＝ 탄소수×100
⑤ 혼합가스가 물질을 통과하면서 머무름 시간이 짧은 성분부터 시간차를 두고 나온다. 따라서 성분의 머무름 시간을 알고 있으면 혼합가스의 성분 분석이 가능하고, 피크와 면적으로부터 정량분석이 가능하다.

핵심예제

비극성 정지상의 GC에서 다음 3가지 물질, 즉 Propanol(끓는점=97℃), Butanol(끓는점=117℃), Pentanol(끓는점=138℃)을 분리했다. 다음 설명 중 옳은 것은?

[2006년 4회, 2010년 2회]

① Propanol의 머무름 시간이 가장 짧다.
② Butanol의 머무름 시간이 가장 짧다.
③ Pentanol의 머무름 시간이 가장 짧다.
④ 머무름 시간은 3가지 물질 모두 동일하다.

|해설|
시료 분자의 극성이 클수록 머무름 시간이 감소한다. 따라서 극성이 가장 큰 Propanol의 머무름 시간이 가장 짧다.

정답 ①

핵심이론 **13** 고성능 액체 크로마토그래피(HPLC) 검출기

① 칼럼에서 분리되어 검출기의 Cell을 통과하는 이동상과 분석 성분들을 일정한 시간 간격을 두고 측정하여 전기적 신호로 바꾸어 주는 장치이다.
② 검출기를 통과한 시료의 양에 따라 전기적 신호의 크기가 달라지며, 신호의 크기로 정량분석이 가능하다.
③ 굴절률(RI) 검출기
　㉠ 보편적, 비파괴적, 농도 검출기이다.
　㉡ 상대적으로 민감하지 않으며, 온도 조절이 필요하다.
　㉢ 빛이 시료가 흐르는 두 개의 구획을 가진 셀을 통과할 때 두 개 구획의 다른 매질에서 발생하는 굴절률 차이를 인지하여 검출한다.
　㉣ 등용매 HPLC 분리에서만 사용할 수 있다.
　㉤ 복잡한 탄수화물 혼합물의 분리에 사용된다.
④ 증발 광산란 검출기(ELSD)
　㉠ 보편적, 파괴적, 질량 흐름 검출기이다.
　㉡ 민감하며, 보조 가스가 필요하다.
　㉢ 등용매 분리나 기울기 용리 모두 사용 가능하다.
　㉣ 굴절률 검출기보다 비싸고, 이동상으로 완충 용액을 사용할 수 없다.
　㉤ 이동상 용출액의 액체 방울로의 분무-증발-광산란 과정을 통해 분석물의 질량에 비례하는 감응을 얻는다.
⑤ 자외선-가시선(UV-VIS) 흡수 검출기
　㉠ 비파괴, 농도 검출기이다.
　㉡ 화합물에 대한 감도는 넓은 범위로 모두 다르다.
　㉢ 완충용액을 포함하여 등용매 용리와 기울기 용리에서 사용 가능하다.
　㉣ 검출기 중 가장 널리 사용되는 것으로 이중결합, 삼중결합, 방향족 화합물 등의 불포화 결합을 갖는 물질의 빛에 대한 흡광도를 측정하여 성분 농도를 알 수 있다.

⑥ 형광 검출기

㉠ 특정 화합물을 검출하며, 화합물 감도는 개별로 다르고, 비파괴 및 농도 검출기이다.

㉡ UV-VIS 흡수 검출기보다 신호 대 잡음비 감도가 더 좋으며, 배경 잡음이 적다.

㉢ 완충 용액을 포함하여 등용매 용리와 기울기 용리에서 사용 가능하다.

㉣ 빛이 시료를 통과하면 시료는 들뜬 상태가 되었다가 바닥 상태로 돌아오며 빛을 방출한다. 시료는 분자 구조가 형광성을 띠거나 형광 유도체를 만들었을 때 이용하며, 시료가 방출하는 빛은 시료의 농도에 비례한다.

㉤ 아미노산이나 펩타이드의 형광 유도체를 크로마토그래피에서 고감도로 검출하는 데 사용한다.

⑦ 전기화학 검출기(ECD)

㉠ 특정 화합물을 검출하며 화합물에 대한 감도는 모두 다르고, 파괴 검출이며, 작동 형태에 따라 농도 또는 질량 흐름 검출기이다.

㉡ 일부 완충염을 포함하는 등용매 RP-HPLC에서 주로 사용한다.

㉢ 정상 HPLC 분리에는 적합하지 않다.

㉣ 검출기의 작업전극과 시료 사이의 전기화학 반응을 탐지한다.

㉤ 전압전류 검출기의 3개 전극
• 작업전극 : 산화-환원 반응에서 전자들이 전달된다.
• 보조전극 : 작업전극으로부터 전류가 흐른다.
• 기준전극 : 보조전극에 대하여 상대적으로 작업전극의 전위를 유지하고 조절하기 위해서 기준으로 작용한다.

⑧ 전도도 검출기

㉠ 모든 양이온, 음이온 용액에 보편적으로 사용되며, 비파괴 및 농도 검출기이다.

㉡ 화합물의 감도는 크기 순서에 따라 다르다.

㉢ 주로 완충염이 없는 등용매 용리 RP-HPLC에서 사용할 수 있다.

㉣ 이온 크로마토그래피에서 가장 선호하는 검출기이다.

㉤ 작은 양이온, 음이온의 검출에 유용하다.
• 무기 이온 : Cl^-, ClO_4^-, NO_3^-, PO_4^{3-}, Na^+, NH_4^+ 등
• 작은 유기 음이온 : 아세테이트, 옥살레이트, 시트레이트 등
• 작은 유기 양이온 : 다이-, 트라이-, 테트라-알킬 암모늄 이온 등

⑨ 전하 검출기(QD)

㉠ 용액의 양이온, 음이온에 보편적으로 사용되며, 파괴 분석이고 농도에 민감한 검출기이다.

㉡ 약하게 해리된 화학종에 대하여 좀 더 선형적인 감응을 나타낸다.

⑩ HPLC 검출기 비교

검출기 \\ 구분	굴절률	증발광산란	UV-VIS 흡수	형광	전기화학	전도도
검출한계	100	1	1	0.01~0.1	0.01	1
선택성	없음	없음	보통	매우 높음	높음	낮음
견고성	우수	우수	매우 우수	우수	미약	우수
기울기 용리	불가	가능	가능	가능	불가	가능
마이크로 시스템 적용	불가	불가	제한적	높음	높음	높음

핵심예제

다음 그림은 액체 크로마토그래피에서 널리 이용되는 검출기의 구조이다. 어떤 검출기인가?

[2009년 2회]

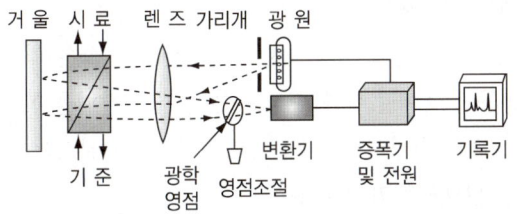

① 적외선 흡수 검출기
② 형광 검출기
③ 굴절률 검출기
④ 전기화학 검출기

정답 ③

핵심이론 14 분배 크로마토그래피

① 시료가 이동상과 정지상 액체의 용해도 차이에 따라 분배됨으로써 분리한다.

② 정상 크로마토그래피

  ㉠ 극성 칼럼에 비극성 이동상을 사용하는 방법이다.

  ㉡ 비극성이 큰 물질이 가장 먼저 용리되어 나오며(이동상에 대한 용해도가 높다), 이동상의 극성을 증가시켰을 때 머무름 시간이 길어진다.

③ 역상 크로마토그래피

  ㉠ 비극성 칼럼에 극성 이동상을 사용하는 방법이다.

  ㉡ 극성 물질이 가장 먼저 용리되어 나오며, 시료의 비극성을 증가시켰을 때 머무름 시간이 길어진다.

  ㉢ 역상 크로마토그래피의 장점

    • 같은 종류의 칼럼과 이동상으로 비이온성, 이온성 화합물을 분리할 수 있다.

    • 역상 크로마토그래피 칼럼은 비교적 안정하다.

    • 이동상은 저렴하고 쉽게 구할 수 있다.

    • 시료의 비극성이 증가할수록 머무름 시간이 증가하므로 혼합물의 용리 순서를 쉽게 알 수 있다.

핵심예제

$n-hexane$, $n-hexanol$, Benzene이 역상 HPLC에서 분리될 경우 용리 순서를 빨리 나오는 것부터 옳게 예측된 것은?

[2007년 4회, 2009년 2회 유사, 2009년 4회 유사]

① $n-hexane > n-hexanol > Benzene$
② $n-hexanol > n-hexane > Benzene$
③ $Benzene > n-hexanol > n-hexane$
④ $n-hexanol > Benzene > n-hexane$

|해설|

역상 HPLC는 비극성 칼럼에 극성 이동상을 가진 것으로, 극성 물질이 이동상에 대한 용해도가 높아 가장 먼저 용리되어 나온다. 따라서 극성이 큰 순서를 나타내면 $n-hexanol > Benzene > n-hexane$이다.

정답 ④

① 칼럼에 충진된 이온 교환 수지에 분석하고자 하는 이온들이 통과하면서 이온 자신이 가지는 전하수, 수화되는 정도, 편극 능력에 따라 교환되는 정도가 달라지면서 분리가 된다.

② 최신의 HPLC는 알칼리 및 알칼리 토금속의 양이온과 할로젠화이온, 아세트산 및 질산 음이온과 같은 용리된 이온 화학종을 검출할 수 있는 감도 좋고 일반적인 검출법이 없어 개발이 지연되었다. 이것은 용리된 이온을 전기전도도법으로 검출하게 되면서 개선되었다.

③ 음이온 교환 수지 : 분석하고자 하는 음이온과 수산화 이온 사이에서 교환이 이루어진다. 분석하고자 하는 음이온이 수산화 이온과 교환되는 정도에 따라 칼럼을 통과하는 속도가 결정되는데, 이온 교환 반응이 잘 일어날수록 이온 교환 수지에 대한 흡착력이 커서 용출 속도가 느리다.

④ 양이온 교환 수지 : 분석하고자 하는 양이온과 이온 교환 수지의 수소이온 사이에서의 교환이 이루어진다.

⑤ 억제 원리 : 억제제는 이동상의 전도도 값은 낮추어 주고, 분석 이온의 전도도는 높여 주어 신호 대 잡음비를 증가시킨다. 억제제는 분석 칼럼과 상반되는 이온 수지로 충전된다.

핵심예제

농도 mg/L 이하의 염소이온, 플루오린이온 및 질산성 질소 등의 무기 음이온들을 동시에 분리 및 분석하고자 한다. 다음 중 가장 적합한 분석시스템은?

[2008년 4회]

① 분광광도계
② 액체 크로마토그래피/굴절률 검출기
③ 기체 크로마토그래피/전자포획 검출기
④ 이온 크로마토그래피/전기전도도 검출기

정답 ④

핵심이론 **16** 크기 배제 크로마토그래피(SEC)/젤 투과 크로마토그래피(GPC)

① 정지상으로 다공성 물질을 사용하고, 이동상으로 액체를 사용한다.

② 다공성 물질의 지름 차이로 큰 분자는 작은 지름의 동공에 들어갈 수 없기 때문에 분자가 칼럼을 통과하는 속도에 차이가 생기고, 이를 통해 큰 분자는 작은 분자보다 빨리 용리된다.

③ 이상적으로는 분석물과 다공성 칼럼 입자 사이의 결합 상호작용은 없다.

④ 배제 한계와 투과 한계 사이의 크기를 가지는 분자들을 분리할 수 있으므로, 피크 머무름 시간에 상·하한선이 있다.

⑤ 장 점
  ㉠ 시료가 분해되지 않도록 실온에서 수행한다.
  ㉡ 고분자량 화합물을 처리하기 적합하다.
  ㉢ 좋은 선택성을 가지며, 시료 손실이나 칼럼의 비활성화가 최소이다.

⑥ 단 점
  ㉠ 수용할 수 있는 피크 수에 한계가 있다.
  ㉡ 시료 피크가 분리되기 위해서는 적어도 ±10%의 분자량 차이가 있어야 한다.

크기별 배제(Size Exclusion) 크로마토그래피에 대한 설명으로 틀린 것은?

[2013년 1회, 2021년 1회]

① 분리시간이 비교적 짧고 시료 손실이 없다.
② 이성질체와 같이 비슷한 크기의 시료 분리에 적합하다.
③ 거대 중합체나 천연물의 분자량 또는 분자량 분포를 측정할 수 있다.
④ 분석물과 정지상(Stationary Phase) 사이에 화학적, 물리적 상호작용이 일어나지 않는다.

|해설|

② 이성질체, 동족체의 분리에 주로 사용되는 것은 흡착 크로마토그래피이다.

정답 ②

---

① 액체도 기체도 아닌 초임계 유체를 크로마토그래피 이동상으로 사용하여 GC 또는 HPLC로 쉽게 분리되지 않는 화합물들을 분리할 수 있다.
② 압력 변화는 머무름 인자에 영향을 미쳐 GC의 온도 프로그래밍, LC의 기울기 용리와 유사한 효과를 낸다.
③ 이동상
　㉠ 가장 일반적으로 사용되는 이동상은 CO_2이다.
　㉡ 그 외에 C_2H_5, C_3H_8, CCl_2F_2, CH_3OCH_3, THF 등이 사용된다.
④ GC 또는 LC에서 사용하는 검출기를 사용한다.
⑤ 장점
　㉠ 추출 시간이 빠르다.
　㉡ 초임계 유체의 용매 세기는 압력 변화에는 크게 영향을 받지 않지만 온도 변화에는 영향을 받는다.
　㉢ 초임계 유체들은 기체 상태로 존재하므로 분석물 회수가 쉽다.
　㉣ 추출한 후 대기 중으로 증발되도록 하면 쉽게 처분할 수 있다.

초임계 유체 크로마토그래피에 대한 설명으로 틀린 것은?

[2019년 2회, 2020년 1 · 2회]

① 초임계 유체에서는 비휘발성 분자가 잘 용해되는 장점이 있다.
② 비교적 높은 온도를 사용하므로 분석물들의 회수가 어렵다.
③ 이산화탄소가 초임계 유체로 널리 사용된다.
④ 초임계 유체 크로마토그래피는 기체와 액체 크로마토그래피의 혼성방법이다.

|해설|

초임계 유체들은 기체 상태로 존재하므로 분석물 회수가 쉽다.

정답 ②

3-1. 원자 및 분자질량 분석 실시

핵심이론 01 질량분석기

① 질량 스펙트럼은 시료를 빠르게 움직이는 이온으로 만들어 질량 대 전하비에 따라 분리한다.

② 기기 부분장치

　㉠ 도입계 : 시료를 질량분석기로 보내 기체이온으로 만든다.

　㉡ 이온발생장치 : 시료 성분을 전자, 이온, 분자 혹은 광자로 충돌시켜 이온으로 바꾸어 준다.

　㉢ 질량분석기 : 광학 분광계의 회절발과 같은 기능을 한다.

　㉣ 검출기 : 이온 다발을 전기적 신호로 바꾼다.

　㉤ 신호처리장치

　㉥ 판독장치

　㉦ 출력장치(신호처리장치, 판독장치)를 제외한 다른 부분장치는 낮은 압력을 유지해야 한다. 전자를 포함하여 하전된 입자들이 대기에 있는 부분 장치와 접촉되어 있으면 결국에는 파괴되기 때문이다.

③ 질량분석법 이용

　㉠ 시료 물질의 원소 조성에 대한 정보

　㉡ 유기물, 무기물 및 생화학 분자의 구조에 대한 정보

　㉢ 복잡한 혼합물의 정성 및 정량 분석에 대한 정보

　㉣ 고체 표면의 구조와 조성에 대한 정보

　㉤ 시료에 존재하는 원소의 동위원소비에 대한 정보

핵심예제

다음 중 질량분석계에서 질량분석관(Mass Analyzer)의 역할과 유사한 분광계의 기기장치는?　　[2008년 4회, 2009년 4회]

① 광 원　　　　　　② 원자화장치
③ 회절발　　　　　　④ 검출기

|해설|

질량분석관은 광학 분광계의 회절발과 같은 기능을 한다. 그러나 회절발은 각 이온들을 파장에 따라 분리하고, 질량분석관은 특정 질량의 이온을 질량 대 전하비에 따라 빠르게 분리할 수 있다는 점이 다르다.

정답 ③

① 분해능 : 두 질량 간의 차를 식별 분리할 수 있는 능력이다.

② $R = \dfrac{m}{\Delta m}$

여기서, Δm : 겨우 분리된 가까운 두 봉우리 사이의 질량 차이

m : 첫번째 봉우리의 명목상의 질량(두 봉우리의 평균길이도 가끔 사용)

③ 두 봉우리 사이의 골짜기 높이가 그들 높이의 수 %를 넘지 않으면 두 봉우리가 분리되었다고 생각한다.

예 4,000의 분해능을 갖는 분석기는 m/z 값이 400.0과 400.1인 봉우리를 분리해 낸다.

핵심예제

2-1. 질량분석기로 $CH_3CH_2^+(m = 29.03858)$와 $HCO^+(m = 29.00218)$ 질량피크를 분리하려면 최소로 필요한 분해능은 약 얼마인가?

[2006년 4회, 2007년 4회, 2008년 4회, 2009년 2회, 2010년 2회]

① 13.6   ② 27.5
③ 800   ④ 1.25×10^3

2-2. 분자량이 50.00과 50.01인 물질을 질량분석기에서 분리하기 위하여 최소한 어느 정도의 분해능을 가진 질량분석기를 사용해야 하는가?

① 100.5   ② 1,000.5
③ 5,000.5   ④ 10,000.5

|해설|

2-1

$R = \dfrac{m}{\Delta m} = \dfrac{29.00218}{(29.03858 - 29.00218)} \fallingdotseq 800$

2-2

$R = \dfrac{m}{\Delta m} = \dfrac{\frac{1}{2} \times (50.01 + 50.00)}{(50.01 - 50.00)} = 5,000.5$

정답 2-1 ③ 2-2 ③

① 한 이온의 원자량 또는 분자량 m을 그 이온의 전하 z로 나누어 얻는다.

② 질량분석계에서 대부분의 이온은 1가 전하를 가지므로 질량 대 전하비는 대개 질량이라고도 한다.

핵심예제

다음 분자 $^{12}C\,^1H_4^+$의 질량 대 전하비를 계산한 것 중 옳은 것은?(단, 원자량은 각각 C는 12.011, H는 1.008이다)

[2008년 4회]

① 8.022   ② 13.019
③ 15.324   ④ 16.043

|해설|

질량 대 전하비

질량 대 전하비 $\left(\dfrac{m}{z}\right) = \dfrac{\text{이온의 원자량 또는 분자량}}{\text{이온의 전하}}$

$= \dfrac{12.011 + (1.008 \times 4)}{+1} = 16.043$

정답 ④

핵심이론 04 동위원소

① 질량 대 전하비가 분자이온 봉우리보다 더 큰 봉우리로 나타난다.
② 이런 봉우리들은 같은 화학적 조성을 갖지만 다른 동위원소 조성을 가진 이온에서 생긴 것이다.
③ 봉우리의 크기는 동위원소의 상대 자연존재비에 달려 있다.
④ 플루오린, 인, 아이오딘은 단일 동위원소만 존재한다.
⑤ 흔히 보는 원소들의 자연 중에 존재하는 동위원소의 비

원 소	가장 많은 동위원소	가장 많은 동위원소에 대한 상대 존재 백분율	
Hydrogen	^1H	^2H	0.015
Carbon	^{12}C	^{13}C	1.08
Nitrogen	^{14}N	^{15}N	0.37
Oxygen	^{16}O	^{17}O	0.04
		^{18}O	0.20
Sulfur	^{32}S	^{33}S	0.80
		^{34}S	4.40
Chlorine	^{35}Cl	^{37}Cl	32.5
Bromine	^{79}Br	^{81}Br	98.0
Silicon	^{28}Si	^{29}Si	5.1
		^{30}Si	3.4

핵심예제

질량분석계로 분석할 경우 상대세기(Abundance)가 거의 비슷한 두 개의 동위원소를 갖는 할로젠 원소는 어느 것인가?

[2006년 4회, 2010년 4회, 2010년 2회 유사]

① Cl(Chlorine)
② Br(Bromine)
③ F(Fluorine)
④ I(Iodine)

|해설|
② $^{79}Br : ^{81}Br = 1 : 1$
① $^{35}Cl : ^{37}Cl = 3 : 1$
③ㆍ④ F, I의 자연적으로 발생하는 동위원소는 더 이상 없다.

정답 ②

핵심이론 05 전자(충격) 이온화(EI ; Electron Ionization)

① 전자충격에 의해 질량분석을 위한 이온들이 만들어진다. 이 경우 시료는 분자 증기를 만들기에 충분한 온도만큼 뜨거워지고, 이렇게 만들어진 분자들은 큰 에너지를 가진 전자빔에 의해 부딪혀 이온화된다.
② 유기 분자의 GC-MS 분석에 흔히 사용되는 방법이다.
③ 가열된 텅스텐 또는 다른 금속 필라멘트로부터 전자가 방출되고, 이 전자는 50~100V의 전위차에 의해 산화 전극으로 가속된다.
④ 전위차는 70V가 표준값으로 흔하게 사용된다.
⑤ 양이온과 음이온을 동시에 만들기 때문에 음이온 질량분석에도 사용 가능하다.
⑥ 음이온은 분자가 산 작용기를 포함하거나, 전기음성도가 큰 원자를 지니고 있을 경우에 형성된다.
⑦ 충돌-산물 봉우리
  ㉠ 토막난 후 충돌 : $ABCD \cdot ^+ + ABCD \rightarrow (ABCD)_2 \cdot ^+ \rightarrow BCD \cdot + ABCDA^+$
  ㉡ 분자 간 충돌은 분자이온보다 질량수가 큰 봉우리를 생성할 수 있다.
⑧ 장 점
  ㉠ 사용하기 편리하다.
  ㉡ 높은 이온전류를 발생한다.
  ㉢ 토막내기 과정이 잘 일어나 많은 봉우리가 생겨 분석물 확인이 편리하다.
⑨ 단 점
  ㉠ 토막내기 과정으로 어미-이온 봉우리가 없어져 분자량을 알 수 없다.
  ㉡ 시료를 기화해야 한다.
  ㉢ 이온화가 일어나기 전에 어떤 분석물의 열분해가 일어날 수 있다.

분자질량분석법의 이온화 방법 중 사용하기 편리하고 이온전류를 발생시키므로 매우 예민한 방법이지만, 열적으로 불안정하고 분자량이 큰 바이오 물질들의 이온화원에는 부적당한 방법은?

[2021년 4회]

① Electron Ionization(EI)
② Electro Spray Ionization(ESI)
③ Fast Atom Bombardment(FAB)
④ Matrix-Assisted Laser Desorption Ionization(MALDI)

정답 ①

핵심이론 06 화학적 이온화(CI ; Chemical Ionization)

① EI보다 약한 이온화원이다.

② 분석물의 조각이 적게 만들어져서 EI보다 단순한 질량 스펙트럼이 얻어진다.

③ 시료의 기체 원자가 과량의 시약 기체를 전자로 때려 생긴 양이온들과의 충돌에 의해 이온화된다.

④ 시약기체 : 메테인, 프로페인, 아이소뷰테인, 암모니아

⑤ 일반적으로 사용되는 시약 : 메테인

  ㉠ 메테인은 강한 에너지 전자와 반응하면 CH_4^+, CH_3^+, CH_2^+ 등의 이온이 된다. 이 이온은 다른 메테인 분자와 신속히 반응한다.

   • $CH_4^+ + CH_4 \rightarrow CH_5^+ + CH_3$

   • $CH_3^+ + CH_4 \rightarrow C_2H_5^+ + H_2$

  ㉡ 시료 분자 MH와 CH_5^+나 $C_2H_5^+$ 간의 충돌이 일어나 양성자 또는 수소화이온의 이전이 일어난다.

   • $CH_5^+ + MH \rightarrow MH_2^+ + CH_4$ 양성자 이동

   • $C_2H_5^+ + MH \rightarrow MH_2 + C_2H_4$ 양성자 이동
     – 양성자의 이동으로 $(MH+1)^+$ 이온을 내준다.

   • $C_2H_5^+ + MH \rightarrow M^+ + C_2H_6$ 수소화이온의 이동
     – 수소화이온의 이동으로 분석 물질보다 질량이 하나 작은 $(MH-1)^+$ 이온을 만든다.

  ㉢ 어떤 화합물의 경우에는 $(MH+29)^+$ 봉우리가 생기는데, 이것은 분석 물질에 $C_2H_5^+$ 이온이 결합하여 생긴 것이다.

메테인 분자의 일반적인 시료 분자 MH가 CH_5^+ 또는 $C_2H_5^+$ 와 충돌로 인하여 질량 스펙트럼상에서 볼 수 없는 이온의 종류는?

[2009년 4회, 2008년 4회 유사]

① $(M-1)^+$ ② $(M+1)^+$

③ $(M+29)^+$ ④ $(M+16)^+$

정답 ④

핵심이론 07 전기 분무 이온화(ESI)

① 대기압 상태에서 작동하는 이온화원이다.

② LC를 MS와 접목시키는 데 사용되어 약학 화학, 생화학, 임상 모니터링 등의 분야에서 비휘발성 고분자 화합물의 혼합물을 분리하고 질량을 분석하는 데 사용된다.

③ 금속 모세관을 통과하는 액체에 강한 전기장을 가해 액체를 양이나 음으로 하전된 작은 방울 형태로 전기 분무한다. 작은 액체 방울과 분석 이온들은 작은 구멍과 스키머를 통과하는 과정에서 분석 이온이 고진공 영역에서 가속되어 m/z에 따라 분석될 수 있게 된다.

④ 스키머(Skimmer)는 이온을 모으고, 가열된 질소나 아르곤 기체는 이온에서 용매를 제거하는 역할을 한다.

⑤ 표준 ESI 설계에서 금속 모세관에 흐르는 액체의 유속은 $1{\sim}10\,\mu\mathrm{L/min}$이다.

⑥ 단백질과 같은 생체 고분자 물질을 조각내기 반응이 전혀 없거나 아주 조금 생기게 한 후, 다중 전하 이온 (M^{n+} 또는 $(M+nH)^{n+}$)으로 이온화하여 분해능을 높일 수 있다.

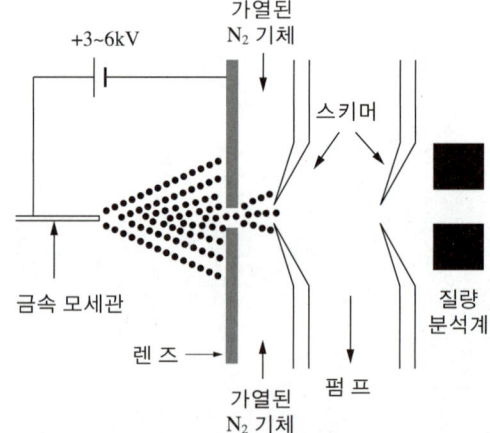

핵심예제

일반적인 질량분석기의 이온화장치와 다르게 상압에서 작동하는 이온화원은?

[2022년 1회]

① 화학 이온화(CI)
② 탈착 이온화(DI)
③ 전기 분무 이온화(ESI)
④ 이차 이온 질량분석(SIMS)

|해설|

③ 전기 분무 이온화(ESI)는 상온, 상압에서 작동한다.

정답 ③

핵심이론 08 탈착 이온화(DI ; Desorption Ionization)

① 고체로부터 직접 이온화하기 때문에 단백질 또는 고분자 물질과 같이 열적 안정도가 낮은 큰 분자의 분석이 가능하다.

② 고체 시료를 흡착시키거나 지지체에 놓고 이온 또는 양자의 충격으로 이온화하는 방법이다.

③ 이차 이온 질량분석(SIMS ; Secondary Ion MS) : 거대 분자 분석과 표면분석에 사용된다.

④ 레이저 탈착 이온화

　㉠ 고체 시료 표면에 펄스 레이저를 집중적으로 쪼여서 이온화하는 방법이다.

　㉡ CO_2 레이저와 같은 적외선 레이저나 Nd-YAG와 같은 자외선 레이저를 사용한다.

　㉢ 고체 속의 함유물 혹은 다중 층을 분석할 수 있다.

　㉣ 순간적인 신호를 나타내기 때문에 비행시간(TOF) 질량분석계 또는 푸리에 변환(FT) 질량분석기 등과 같이 동시 분석이 가능한 검출장치를 이용해야 한다.

⑤ 매트릭스-보조 레이저 탈착 이온화(MALDI)

　㉠ 분자량이 큰 분석물질을 매트릭스(분자량이 작은 유기 물질)와 섞은 후 레이저를 가해주는 방법이다.

　㉡ 조각화 없이 분자량 100,000Da 이상의 분석 시료를 탈착시키고 이온화할 수 있다.

　㉢ 펩타이드, 단백질, 올리고당 등의 큰 생체 분자와 합성 고분자 등의 질량분석 연구에 적합하다.

　㉣ 매트릭스의 역할 : 레이저로부터 흡수되는 거대한 에너지를 흩어지게 해서 분석시료를 조각화·최소화시킨다.

　㉤ 매트릭스의 조건

　　• 해당 레이저 파장에서 매트릭스는 레이저를 흡수하고 분석물은 거의 흡수하지 않아야 한다.

　　• 진공 상태에서 안정해야 하며, 화학적으로 반응성을 가지지 않는다.

⑥ 빠른 원자충격(FAB ; Fast Atom Bombardment)

  ㉠ 빠르게 움직이는 중성의 비활성 원자를 이용하여 이온화한다.

  ㉡ 시료를 글리세롤과 같은 비휘발성 용매에 용해한 후 금속 탐침에 얇은 층으로 펼치고, 탐침은 진공 연동장치를 통과하여 질량분석기 안으로 주입된다.

  ㉢ 대표적인 충격 원자는 아르곤이며, 제논이 효과적 이지만 값이 비싸다.

  ㉣ 장 점

    • 기기가 간단하고 감도가 매우 좋다.

    • 상온에서 일어나는 과정이며, 기화 과정이 필요 없어 큰 분자나 열적으로 불안정한 분자를 분석 하는 데 유용하다.

    • 신호는 연속적으로 나타나며, 오랜 시간 동안 안 정적으로 관찰할 수 있다.

    • 글리세롤 용매로부터 튕겨 나간 분석물만 없어 지고 나머지는 다른 분석을 위해 회수할 수 있다.

⑦ 무기물 질량분석을 위한 이온화원

  ㉠ 고체 시료 : 글로 방전(GD), 스파크 이온화원

  ㉡ 용액 시료 : 유도결합 플라스마(ICP)

⑧ 글로 방전과 스파크 이온화원

  ㉠ 금속 또는 고체 시료에 존재하는 원소를 알아내는 원자질량분석기에 주로 사용된다.

  ㉡ 시료는 환원전극으로 작용한다.

  ㉢ 전극 사이에 전압이 가해지면 아르곤 기체는 플라 스마를 형성하며 이온화되고, 아르곤 이온은 환원 전극 표면과 충돌하여 환원전극 표면에 존재하는 원자를 튀어나오게 한다.

  ㉣ 플라스마로 튀어나온 시료 원자는 들뜬 아르곤에 의해 이온화되고, 음으로 하전된 전극을 통하여 질량분석계로 이동된다.

⑨ ICP 이온화원

  ㉠ 주로 액체 시료에 사용하고, 고체 시료는 산에 용 해시켜 묽힌 후 분석한다.

  ㉡ 아르곤 ICP 이온화원은 플라스마에 도입된 원소로 부터 이온을 만든다.

  ㉢ 금속성 혹은 비금속성의 대부분 원소에서 단일 전 하를 지닌 양이온이 형성된다.

  ㉣ 장 점

    • 이온화 효율이 높다.

    • 질량 스펙트럼이 간단해서 쉽게 분석물을 확인 할 수 있고, 동위원소 비율을 관찰할 수 있다.

핵심예제

분자질량분석법에서 사용되는 이온화장치는 크게 기체-상이 온화장치와 탈착식 이온화장치(Desorption Source)로 나누어 진다. 탈착 이온화장치에 적용되는 시료에 대한 설명으로 틀린 것은?   [2010년 2회, 2008년 4회 유사, 2009년 4회 유사]

① 비휘발성 시료에 적용이 가능하다.

② 열에 불안정한 시료에 적용할 수 있다.

③ 액체 시료를 증발시키지 않고 직접 이온화시킨다.

④ 일반적으로 1,000 이하의 분자량을 갖는 시료에 적용이 가 능하다.

정답 ④

① 이온원에서 만들어진 이온을 고전압으로 계속 가속
   한다.
② 자기장 영향 아래에서 움직이는 이온은 자기장을 변화
   시킴에 따라 다른 m/z값을 가진 이온이 비행관을 통
   과하면서 분리된다.
③ $K_E = \dfrac{1}{2}mv^2 = zeV$
④ 운동량 $mv = Bzer$
⑤ 운동량을 분석하여 B 측정

→ 질량분석 $\dfrac{m}{z} = \dfrac{B^2 r^2 e}{2V}$

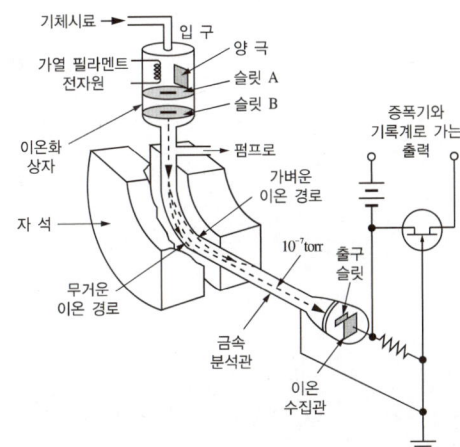

핵심예제

자기장 부채꼴 분석계에서 자기장의 세기가 0.1T(0.1W/m²),
곡면 반지름이 0.1m, 가속전위가 100V라면 이온 수집관에 도
달하는 +1가로 하전된 물질의 원자량은?   [2020년 1·2회]

① 40.16   ② 44.16
③ 48.16   ④ 52.16

|해설|

자기장 부채꼴 질량분석기

$\dfrac{m}{z} = \dfrac{B^2 \cdot r^2 \cdot e}{2V}$

• $e = 1.60 \times 10^{-19}\,\mathrm{C}$

• $m = \dfrac{(0.1\,\mathrm{W/m^2})^2 \times (0.1\,\mathrm{m})^2 \times (1.60 \times 10^{-19}\,\mathrm{C})}{2 \times 100\,\mathrm{V}}$

  $= 8.0 \times 10^{-26}\,\mathrm{kg} = 8.0 \times 10^{23}\,\mathrm{g}$

∴ 원자량 $= (8.0 \times 10^{-23}) \times (6.02 \times 10^{23}) = 48.16\,\mathrm{g/mol}$

정답 ③

① 시료는 전자, 이차 이온, 레이저 펄스 등에 의하여 이온을 생성한다.

② 전기장 펄스로 이온을 가속시킨다.

③ 각각의 이온이 지닌 속도 차이에 따라 표류관에서 분리된다.

이온의 속도 $v = \sqrt{\dfrac{2zV}{m}}$

여기서, V : 가속전압

④ 속도는 질량에 반비례하므로, 가벼운 입자는 무거운 입자보다 먼저 수집관에 도달한다.

⑤ 이온의 비행시간 $t = L\sqrt{\dfrac{m}{2zV}}$

여기서, L : 표류관의 길이

⑥ 검출기는 주로 전자증배관 검출기를 사용한다.

⑦ 이온화 에너지와 출발 위치의 변동이 피크를 넓게 하므로, 1,000보다 작은 분해능을 가진다.

⑧ 장점 : 비휘발성이나 열에 예민한 시료의 경우 직접 이온화장치에 쉽게 접근하여 도입할 수 있다.

⑨ 단점 : 분해능, 재현성 또는 질량 확인의 용이성이 자기장이나 사중극자 기기보다 좋지 않다.

⑩ 리플렉트론(Reflectron)

　㉠ 이온 비행의 방향을 바꾸고 이온의 에너지를 모아서 TOF 질량분석기의 분해능을 향상시킨다.

　㉡ 감도가 줄어드는 단점이 있다.

핵심예제

질량분석기의 분해능에 관한 설명 중 틀린 것은?

[2013년 4회, 2020년 3회]

① 사중극자 질량분석기는 Unit Mass 분해능을 가지고 있다.

② Sector Mass는 고분해능으로 0.001amu 근처까지 실질적으로 분해하여 측정할 수 있다.

③ TOF는 이동시간에 따른 분해를 하므로, 시간 분해능이 좋아져서 실질적으로 100,000 이상의 분해능으로 측정할 수 있다.

④ FT 질량분석기는 고분해능으로 일반적으로 1,000,000 정도까지의 분해능을 얻을 수 있다.

|해설|

TOF는 이온화 에너지와 출발 위치의 변동이 피크를 넓게 하므로, 1,000보다 작은 분해능을 가진다.

정답 ③

① 이온을 분리하는 데 자기장을 사용하지 않는다.

② 시간에 따라 전기장을 변화시키면서 이온을 분리한다.

③ 원 리

    ㉠ 네 개의 평행 금속봉 가운데로 이온을 이동시킨다.

    ㉡ 각 금속봉에 교류와 직류를 함께 걸어준다.

    ㉢ 이들의 비를 일정하게 유지하면서 증가시킨다.

    ㉣ 특정 m/z 값을 갖는 이온들만 변환기에 도달하고, 나머지는 막대에 부딪혀 중성 분자로 변한다.

④ 분해능

    ㉠ 이온의 진동수에 의해 결정된다.

    ㉡ 금속봉의 길이를 증가시키거나 걸어주는 라디오파(RF)의 진동수를 증가시키면 분해능이 증가하여 큰 분자를 측정할 수 있다.

    ㉢ 분해능은 대략 1,000이고, m/z 범위는 1~1,000 Da이다.

⑤ 금속봉의 지름을 증가시키면 감도는 증가하지만 검출 질량 범위는 감소한다.

⑥ 특 징

    ㉠ 자기장 부채꼴 질량분석기에 비해서 질량 범위와 분해능이 좋지 않지만 빠르다.

    ㉡ 크로마토그래피 등과 같이 순식간에 사라지는 이온원에 결합하여 사용하는 데 적합하다.

    ㉢ 상용적으로 사용되는 가장 흔한 질량분석계이다.

핵심예제

질량분석법에서는 질량 대 전하의 비에 의하여 원자 또는 분자 이온을 분리하는데, 고진공 속에서 가속된 이온들을 직류 전압과 RF 전압을 일정 속도로 함께 증가시켜 주면서 통로를 통과하도록 하여 분리하며 특히 주사시간이 짧은 장점이 있는 질량분석기는? [2019년 4회, 2020년 3회]

① 이중 초점 분석기(Double Focusing Spectrometer)

② 사중극자 질량분석기(Quadrupole Mass Spectrometer)

③ 비행시간 분석기(Time-Of-Flight Spectrometer)

④ 이온-포착분석기(Ion-Trap Spectrometer)

정답 ②

① 특징 : 신호 대 잡음비 개선, 빠른 속도, 감도 증진, 높은 분리능 등이 있다.

② Fourier 변환 심장부

　㉠ 이온이 한동안 일정한 궤도를 회전할 수 있는 이온포착기로 되어 있다.

　㉡ 이온 사이클로트론 공명현상을 이용할 수 있게 설계되어 있다.

핵심예제

이온 사이클로트론 공명현상을 이용할 수 있게 설계되어 있는 질량분석기는?

[2010년 2회]

① 사중극자 질량분석기
② 자기장 섹터분석기
③ 비행–시간 질량분석기
④ Fourier 변환 질량분석기

|해설|

④ Fourier 변환의 심장부는 이온이 한동안 일정한 궤도를 회전할 수 있는 이온포착기로 되어 있으며, 이것은 이온 사이클로트론 공명현상을 이용할 수 있게 설계되어 있다.

정답 ④

---

① 이중초점 질량분석기

　㉠ 같은 질량 대 전하비를 갖고 조금씩 다른 방향 분포를 가진 발생 장치로부터 나오는 이온의 다발이 자기장에 의해서 한곳으로 모인다.

　㉡ m/z를 갖는 하나의 이온만이 주어진 가속전압과 자기장 세기에 해당하는 교차점에서 이중초점이 맞추어진다.

② 이온포착(Ion Trap) 질량분석기

　㉠ 양이온이 전기장 혹은 자기장에서 생성된 이온을 한동안 잡아둔다.

　㉡ 주파수 전압을 증가시켜 질량 순서에 따라 포집된 이온을 연속적으로 방출한다.

핵심예제

질량분석계의 질량분석관(Analyzer)의 형태가 아닌 것은?

[2006년 4회, 2007년 4회, 2009년 2회, 2009년 4회, 2010년 4회, 2008년 4회 유사]

① 사중극자형(Quadrupole)
② 비행시간형(TOF)
③ 매트릭스 지원 탈착형(MALDI)
④ 이온포착형(Ion Trap)

정답 ③

4-1. 전기화학 분석 실시

핵심이론 01 전기분석화학

① 전기화학전지를 구성하는 분석물 용액의 전기적 성질을 이용하는 정량분석법이다.

② 전기화학전지

　　㉠ 두 개의 금속전도체와 전해질 용액으로 구성된다.

　　㉡ 두 전극은 외부에서 금속 도선에 연결되어야 한다.

　　㉢ 두 전해질 용액은 한쪽에서 다른 쪽으로 이온이 움직일 수 있게 접촉되어 있어야 한다.

　　㉣ 전자이동은 두 전극에서 각각 일어날 수 있어야 한다.

③ 산화전극과 환원전극

　　㉠ 환원전극 : 환원이 일어나는 전극이다(Cathode).

　　㉡ 산화전극 : 산화가 일어나는 전극이다(Anode).

④ 용액구조 : 전기이중층

⑤ 전류 흐름을 위한 전지에서의 질량 이동 : 대류, 전기이동, 확산

⑥ 전지의 간단한 표시법 : 산화전극 | 산화전지의 전해액 ‖ 환원전지의 전해액 | 환원전극

핵심예제

다음 전기분석화학에 대한 설명 중 틀린 것은? [2007년 4회]

① 물질의 환원 반응은 양극에서 일어난다.

② 농도 분극은 전극 표면의 시료 물질 농도와 용액 농도의 차이에 기인하여 발생한다.

③ 과전압은 전류가 흐르는 반응용기의 용액이 갖는 저항을 극복하기 위하여 필요한 전압이다.

④ 작업전극에서 시료 물질의 산화 반응이 일어날 때, 기준 전극에서는 시료 물질의 환원 반응이 수반된다.

|해설|

물질의 환원 반응은 환원전극(Cathode)에서, 산화 반응은 산화전극(Anode)에서 일어난다.

정답 ①

① 일정 전위에서 전기화학전지에 흐르는 전류를 측정한다.

② 전류를 일정하게 유지하거나 0에 가까울 때 전지전위를 측정한다.

③ 액간 접촉전위

　　㉠ 조성이 다른 두 전해질 용액이 또 다른 하나에 접촉하면 경계면에 전위차가 생기는 현상이다.

　　㉡ 양이온과 음이온의 확산 속도가 달라 경계면에서 이들의 분포 상태가 달라져 발생한다.

　　㉢ 두 용액 사이에 진한 전해질 용액(염다리)을 삽입하면 줄일 수 있다.

　　㉣ 염다리의 효율은 염다리 속의 염의 농도가 증가할수록, 염을 구성하는 이온들의 이동도가 서로 비슷할수록 높아진다.

핵심예제

액간 접촉전위(Liquid Junction Potential)에 대한 설명 중 틀린 것은? [2007년 4회, 2009년 4회, 2010년 2회 유사]

① 양이온과 음이온의 확산 속도가 다르기 때문에 발생한다.

② 조성이 다른 전해질 용액이 접촉할 때, 경계면에서 발생한다.

③ 전극에 전기 이중층(Electric Double Layer)이 생기는 이유이다.

④ 두 용액 사이에 진한 전해질 용액을 포함한 염다리(Salt Bridge)를 사용하여 줄일 수 있다.

정답 ③

① $E = E° + \dfrac{RT}{nF}\ln\dfrac{[\text{Ox}]}{[\text{Red}]}$

　　여기서, R : 기체상수

　　　　　T : 절대온도

　　　　　F : 패러데이

　　　　　n : 반응에 관여한 전자수

　　　　　$[\text{Ox}]$: 산화형의 농도

　　　　　$[\text{Red}]$: 환원형의 농도

② 25℃에서 상용대수식으로 나타내면

　　$E = E° + \dfrac{0.0591}{n}\log\dfrac{[\text{Ox}]}{[\text{Red}]}$

3-1. 0.010M의 Cd^{2+} 용액에 담근 카드뮴 전극으로 만든 반쪽전지의 전위는 몇 V인가?

[2008년 4회, 2010년 2회]

$$Cd^{2+} + 2e^- \leftrightarrows Cd(s) \quad E° = -0.403V$$

① -0.462
② -0.403
③ -0.344
④ -0.284

3-2. 0.1M Cu^{2+}가 $Cu(s)$로 99.99% 환원되었을 때 필요한 환원전극전위는 몇 V인가?

$$Cu^{2+} + 2e^- \leftrightarrows Cu(s) \quad E° = 0.339V$$

① 0.043
② 0.19
③ 0.25
④ 0.28

|해설|

3-1

Nernst Equation

$$E = E° + \frac{0.0591}{n}\log\frac{[Ox]}{[Red]}$$

$$= E° + \frac{0.0591}{2}\log\frac{0.010}{1}$$

$$= -0.403 + \frac{0.0591}{2} \times -2 = -0.462$$

3-2

Cu^{2+}가 Cu로 99.99% 환원되었으므로

$$E = E° + \frac{0.0591}{n}\log\frac{[Ox]}{[Red]}$$

$$= 0.339 + \frac{0.0591}{2}\log\frac{0.1 \times 0.01}{99.99} = 0.339 - 0.147 = 0.19$$

정답 **3-1** ① **3-2** ②

핵심이론 04 기준전극

① 측정하려는 분석물의 농도 또는 다른 이온 농도와 무관한 일정값의 전극전위이다.

② 이상적인 기준전극

　㉠ 분석물 용액에 감응하지 않는다.

　㉡ 표준수소전극에 대하여 정확하고 일정한 전위를 갖는다.

　㉢ 전극은 간단하고 만들기 쉬워야 한다.

　㉣ 작은 전류를 흘려도 일정한 전위를 유지해야 한다.

　㉤ 반응이 가역적(작은 전류가 흐른 뒤에 초기 전위로 되돌아감)이어야 한다.

　㉥ 시간과 온도에 관계없이 고정된 전위를 제공해야 한다.

　㉦ 장기적 안정성을 가져야 한다.

　㉧ Nernst식을 항상 만족시켜야 한다.

③ 포화칼로멜전극(SCE ; Saturated Calomel Electrode)

　㉠ Hg_2Cl_2(칼로멜)의 포화용액과 이 용액 속에서 칼로멜과 접촉하고 있는 금속 수은으로 구성된다.

　㉡ 용액 중의 수은은 칼로멜로 포화된 염화포타슘 용액과 접촉하며, 이때 수은 이온의 농도는 용해도 평형을 통해 조절된다.

　㉢ 반쪽전지 반응 : $Hg_2Cl_2(s) + 2e^- \leftrightarrow 2Hg(l) + 2Cl^-$

④ 은/염화은(Ag/AgCl)전극

　㉠ 염화은 반죽으로 코팅된 금속 은이 KCl과 AgCl로 포화된 수용액에 침지된 형태로 구성된다.

　㉡ 반쪽전지 반응 : $AgCl(s) + e^- \leftrightarrow Ag(s) + Cl^-$

　㉢ 은 이온의 활동도는 염화이온 활동도를 갖는 수용액과 접촉하는 AgCl에 대한 용해도곱에 의존한다.

이상적인 기준전극이 가지는 성질로 틀린 것은? [2016년 1회]

① 비가역적이고 Nernst식에 따라야 한다.
② 온도가 주기적으로 변해도 과민반응을 나타내지 않아야 한다.
③ 시간이 지나도 일정 전위를 유지해야 한다.
④ 작은 전류 후에도 원래 전위로 되돌아와야 한다.

|해설|

기준전극은 가역적이고 Nernst식을 따라야 한다.

정답 ①

핵심이론 05 **전위차법**

① 전류가 흐르지 않는 상태의 전기화학전지의 전위를 측정하는 데 근거한 방법이다.
② 전위차법 분석을 할 수 있는 전지 형태
   기준전극｜염다리｜분석물 용액｜지시전극
③ 전지의 전체 전압과 기준전극 전위 간의 차이를 계산하면 지시전극의 전위가 된다.

$$E\,(\text{전체}) = E\,(\text{지시전극}) - E\,(\text{기준전극})$$

④ 전위차법에서 사용되는 일반적인 기준전극
   ㉠ 포화칼로멜전극(SCE)
   ㉡ 은/염화은전극
⑤ 전위차법에서 사용되는 지시전극 : 유리전극

전위차법(Potentiometry)에서 주로 사용하는 기준전극(Reference Electrode)이 아닌 것은?

[2008년 4회, 2009년 2회, 2009년 4회 유사, 2010년 4회 유사]

① 유리전극(Glass Electrode)
② 칼로멜전극(Calomel Electrode)
③ 표준수소전극(Standard Hydrogen Electrode)
④ 은/염화은전극(Silver/Silver Chloride Electrode)

|해설|

① 유리전극은 전위차법에서 지시전극으로 쓰인다.

정답 ①

① 막전극 : 대부분 선택성이 크기 때문에 이온선택성 전극이라고 한다.

② 이온-선택성 막의 성질

　　㉠ 최소 용해도

　　㉡ 전기전도도

　　㉢ 분석물에 대한 선택적 반응성 : 이온 교환, 결정화, 착물 형성

③ 대표적인 막지시전극 : pH 측정용 유리전극

④ 유리전극으로 pH를 측정할 때 영향을 주는 오차

　　㉠ 알칼리 오차 : 유리전극은 염기성 용액에서 수소이온의 농도뿐 아니라 알칼리 금속이온의 농도에도 감응한다.

　　㉡ 산 오차 : pH가 0.5보다 작은 용액에서 알칼리 오차의 부호와는 반대인 오차를 나타낸다.

　　㉢ 탈수 : 전극이 탈수되면 불안정한 기능을 하고 오차를 일으킨다.

　　㉣ 낮은 이온세기

　　㉤ 접촉전위의 변화

　　㉥ 표준 완충용액의 pH 오차

　　㉦ 온도 변화에 따른 오차

전위차법 이용 시 지시전극으로서 사용되지 않는 것은?

[2009년 4회, 2008년 4회 유사, 2009년 2회 유사, 2010년 4회 유사]

① 칼로멜전극　　　　　② 유리전극

③ 액체막전극　　　　　④ 효소전극

|해설|

① 칼로멜전극은 전위차법에서 기준전극으로 사용된다.

정답 ①

---

① 시료용액에 담근 지시전극의 전위를 하나 이상의 분석물의 표준용액에 담근 전극의 전위와 비교한다.

② 지시전극은 항상 환원전극으로, 기준전극은 항상 산화전극으로 취급한다.

③ 전지의 전위는 지시전극의 전위, 기준전극 전위, 액간접촉전위의 합으로 표시된다.

$$E_{cell} = E_{ind} - E_{ref} + E_j$$

7-1. 다음 Line Diagram의 전지에서 이론적인 전위(V)는?

[2006년 4회, 2009년 2회 유사]

$$
\begin{array}{c}
\text{SCE} \parallel \text{Zn}^{2+}(1.0\text{M}) \mid \text{Zn} \\
\text{SCE(포화칼로멜전극)}, \ E_{sat} = 0.244\text{V} \\
\text{Zn}^{2+} + 2e^- \leftrightarrows \text{Zn}, \ E° = -0.763\text{V}
\end{array}
$$

① -1.066　　　　　② -1.007

③ -0.948　　　　　④ -0.519

7-2. 다음 선 표시법으로 나타낸 전지의 전위 값은?(단, $Fe^{3+} + e^- \rightarrow Fe^{2+}$, $E°$는 0.771V이고, $E_{S.C.E}$의 값은 0.244V 이다)

$$\text{S.C.E} = \text{Fe}^{2+}(0.2\text{M}), \ \text{Fe}^{3+}(0.1\text{M}) \mid \text{Pt(s)}$$

① 0.226V　　　　　② 0.509V

③ 0.527V　　　　　④ 0.753V

|해설|

7-1

$E_{전지} = E_{오른쪽} - E_{왼쪽} = 환원전극 - 산화전극$

　　$= -0.763 - 0.244 = -1.007$

7-2

$E_{appl} = E - E_{S.C.E} = E° + \dfrac{0.0591}{n} \log \dfrac{[\text{Ox}]}{[\text{Red}]} - E_{S.C.E}$

　　$= 0.771 + \dfrac{0.0591}{1} \log \dfrac{[\text{Fe}^{3+}]}{[\text{Fe}^{2+}]} - 0.244$

　　$= 0.771 - 0.0178 - 0.244 = 0.509\text{V}$

정답 7-1 ② **7-2** ②

① 비파괴성이다.
② 감응시간이 짧다.
③ 직선적 감응의 범위가 넓다.
④ 색이나 혼탁도에 영향을 받지 않는다.

핵심예제

이온선택성 전극방법의 특징이 아닌 것은?
[2006년 4회, 2007년 4회, 2010년 2회]

① 직선적 감응의 넓은 범위
② 파괴성
③ 짧은 감응시간
④ 색깔이나 혼탁도에 영향을 받지 않음

정답 ②

① 서로 다른 해리도를 갖는 산 또는 염기성 용액의 혼합물을 적정하여 각 화합물의 당량점을 측정할 수 있다.
② 지시약을 전위차법과 병행하면 종말점을 더 쉽게 찾을 수 있다.
③ 알맞은 지시약이 없는 경우, 착색 용액이나 비용매 중에서 적정 당량점을 찾을 수 있다.
④ 용해도곱상수(K_{sp})를 이용하여 당량점에서의 농도를 계산하고, Nernst식을 이용하여 전위를 계산할 수 있다.
⑤ 당량점에서 관찰되는 전압
E (당량점) $= E$ (용액 중 이온) $- E$ (기준전극)
⑥ 전위차 적정곡선

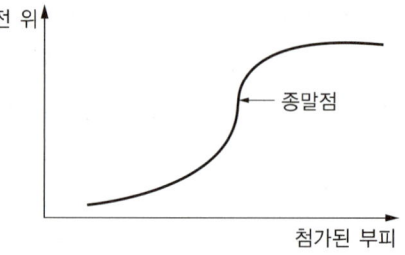

핵심예제

전위차 적정을 하기 위하여 0.100M NaSCN 용액 50.0mL 를 0.200M $AgNO_3$ 용액으로 적정하였고, 사용된 기준전극 은 S. C. E.이다. $AgNO_3$ 25.0mL이 소비되었을 때 측정되 는 셀의 전위는 몇 V인가?(단, $Ag^+ + e^- \rightarrow Ag(s)$, $E° = 0.799V$ S. C. E., $E° = 0.241V$, $AgSCN(s) \rightarrow Ag^+ + SCN^-$, $K_{sp} = 1.1 \times 10^{-12}$이다) [2012년 4회]

① 0.103V   ② 0.203V
③ 0.303V   ④ 0.403V

|해설|

• 용액 중 SCN^- 몰수 = $0.100M \times 0.05L = 0.5 \times 10^{-2}$mol
• 가해준 Ag^+ 몰수 = $0.200M \times 0.025L = 0.5 \times 10^{-2}$mol
당량점에서 $[Ag^+] = [SCN^-]$이고,
$K_{sp} = [Ag^+][SCN^-] = 1.1 \times 10^{-12}$이므로
$[Ag^+] = \sqrt{1.1 \times 10^{-12}} \fallingdotseq 1.05 \times 10^{-6}M$
Nernst식에 대입하면,

$$E(Ag) = E° + \frac{0.0591}{1} \log[Ag^+]$$
$$= 0.799 + 0.0591 \log(1.05 \times 10^{-6})$$
$$\fallingdotseq +0.445V$$

$\therefore E = E(Ag) - E(SCE) = +0.445V - 0.241V \fallingdotseq 0.204V$

정답 ②

핵심이론 **10** 일정전위 전기량법

① 작업전극의 전위를 시료 중에 존재하는 다른 성분은 반응하지 않고 분석물만을 정량적으로 반응하게 하는 일정전위로 유지시킨다.

② 기기장치
  ㉠ 전 지
  ㉡ 일정전위기 : 작업전극의 전위를 기준전극에 대해 서 일정하게 유지시켜 주는 장치이다.
  ㉢ 적분장치

③ 응용 : 무기 화합물에 들어 있는 원소들을 정량할 수 있다.

핵심예제

전기분해 시 사용되는 일정전위기(Potentiostat)에 대한 설명 으로 틀린 것은? [2009년 4회]

① 전기분해의 선택성을 높일 수 있다.
② 작업전극에 흐르는 전류를 일정하게 유지시키는 장치이다.
③ 작업전극의 전위를 기준전극에 대해 일정하게 유지한다.
④ 주로 작업전극, 기준전극, 보조전극의 3전극계를 사용한다.

|해설|

② 분석물이 완전히 반응하였음을 알리는 지시계 신호가 있을 때까지 일정한 전류를 유지시키는 장치를 일정전류계라 한다.

정답 ②

① 분석물이 완전히 반응하였음을 알리는 지시계 신호가 있을 때까지 일정한 전류를 유지시킨다.

② 반응이 완결된 종말점에 도달할 때까지 사용되는 전기량은 전류의 크기와 반응 시간으로 계산한다.

③ 전위차법, 전류법, 전기전도도법, 지시약 변색법이 종말점 검출법으로 이용된다.

④ 전기량법 적정용 전지

  ㉠ 산화전극 반응 : $H_2O \rightarrow \frac{1}{2}O_2 + 2H^+ + 2e^-$

  ㉡ 환원전극 반응 : $2e^- + 2H_2O \rightarrow H_2 + 2OH^-$

⑤ 응용 : 중화적정, 침전법과 착화법 적정, 생물학적 액체에서 Cl^-의 전기량법 적정, 산화-환원법 적정에 사용된다.

미지시료 산의 전기량법 적정(Coulometric Titration)에 그림에 있는 장치가 사용된다. 이 실험과 관련된 다음 설명 중 옳지 않은 것은?

[2007년 4회]

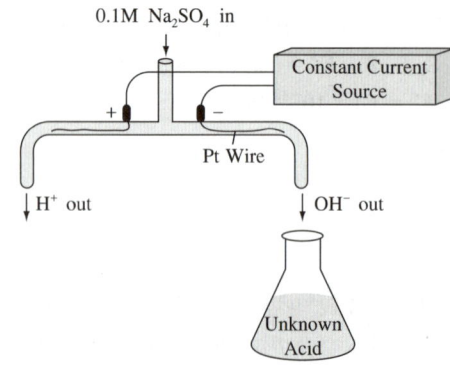

① 음극에서 수소 기체가 발생한다.

② 적정 반응은 $H^+ + OH^- \leftrightarrow H_2O$이다.

③ 황산나트륨은 산화·환원 반응에 참여한다.

④ 종말점을 찾기 위해 pH 전극이나 지시약을 사용할 수 있다.

|해설|

③ 황산나트륨은 산화·환원 반응에 참여하지 않는다.

• 산화 : $H_2O \rightarrow \frac{1}{2}O_2 + 2H^+ + 2e^-$

• 환원 : $2e^- + 2H_2O \rightarrow H_2 + 2OH^-$

정답 ③

① **전압전류법** : 지시전극(작업전극)이 편극된 상태에서 걸어준 전위의 함수로 전류를 측정함으로써 분석물에 대한 정보를 얻는 전기분석법이다.

② 전위차법 측정은 편극되지 않은 상태에서 전류가 흐르지 않게 하여 전위를 측정하고, 전압전류법은 완전히 농도 편극된 상태에서 전기화학전지에 흐르는 전류를 측정한다.

③ 전압전류법에 이용되는 들뜸 전위신호

이 름	파 형	전압전류법 형태
직선주사		유체역학 전압전류법 폴라로그래피
제곱파		제곱파 전압전류법
시차펄스		시차펄스 전압전류법
삼각형		순환 전압전류법

핵심예제

전압전류법에 이용되는 들뜸 전위신호가 아닌 것은?

[2009년 2회, 2010년 4회 유사]

① 선형주사
② 시차펄스
③ 네모파
④ 원형주사

정답 ④

① 적하수은전극을 이용하여 시료용액을 전기분해하고 이때 흐르는 전류를 외부에서 걸어 준 전위에 대하여 도시한 전류-전압 곡선을 해석하여 용액 중에 있는 화학종의 정성분석과 정량분석을 하는 방법이다.

② 작업전극은 적하수은전극을 사용하고, 보조전극은 일반적으로 Pt 전선을 사용한다.

③ 기준전극은 작업전극의 전위를 제어하기 위해 사용된다.

④ 전류는 작업전극과 보조전극 사이를 흐르고, 기준전극으로는 분석 결과에 영향을 미치지 않도록 극미량의 전류만 흐른다.

⑤ 분석 원리

　㉠ 분석 물질이 수은 방울 표면에서 산화·환원된다(주로 환원반응-수은은 매우 쉽게 산화).

　㉡ 기준전극 : 전위가 정확히 알려져 있고 작은 전류가 흐르는 동안 일정한 전위를 유지한다.

　㉢ 지시전극 : 화학 반응에 관여하지 않고 전자 전달만 하는 역할을 한다.

　㉣ 작업전극 : 분석하고자 하는 물질이 반응하는 전극이다.

　㉤ 분석물질의 농도가 높으면 전류도 증가하고, 분석물질의 농도가 낮으면 전류는 감소한다.

⑥ 장 점

　㉠ 수은전극에서 수소 기체의 발생에 대한 과전압이 크다(수소이온의 방해를 받지 않고 금속이온 환원전극으로 사용할 수 있다).

　㉡ 수은 방울이 계속 새로 생성되어 적하된다(항상 깨끗한 전극 표면이 시료용액과 접촉한다).

　㉢ 다른 전극보다 재현성이 좋다.

⑦ 단 점

　㉠ 수은은 쉽게 산화되므로 산화전극으로 사용하기 곤란하다.

ⓛ 잔류전류로 인해 확산전류의 정확한 측정이 방해 받는다.

⑧ 폴라로그램

  ㉠ 잔류전류 : 원하는 산화-환원 반응으로 생기는 전류 이외에 몇몇 원인에 의해 흐르는 미소전류이다.

  ㉡ 한계전류 : 미소전극 주위 이온이 모두 전해되었을 때 나타나는 전류이다.

  ㉢ 확산전류 : 한계전류 - 잔류전류

  ㉣ 반파전위 : 확산전류의 절반이 되는 전류에서의 전위이다.

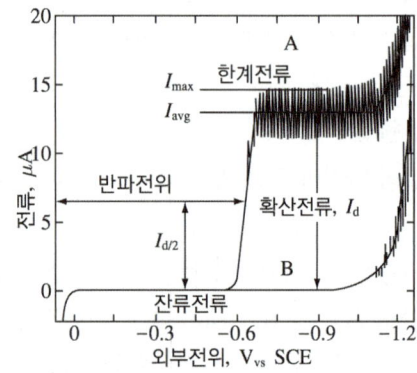

⑨ 전류극대 현상을 막기 위해서 메틸레드, 젤라틴, 트리톤 X-100을 사용한다.

핵심예제

전압전류법의 일종인 폴라로그래피법에 사용하는 적하수은전극의 장점이 아닌 것은?   [2008년 4회, 2009년 2회]

① 수소의 환원에 대한 과전압이 크다.
② 새로운 수은전극표면이 계속 생긴다.
③ 재현성 있는 평균 전류를 얻을 수 있다.
④ 수은이 쉽게 산화되지 않아서 효과적이다.

|해설|
④ 수은은 쉽게 산화되어 산화전극으로 사용하기 곤란하다.

정답 ④

핵심이론 14 순환전압전류법

① 전극 표면에서 어떠한 반응이 일어나고 있는지를 직접적으로 파악 가능하다.

② 산화-환원 반응 메커니즘 연구에 이용한다.

③ (+)전위와 (-)전위를 교대로 준다.

④ 6.0mM의 $K_3Fe(CN)_6$와 1.0M의 KNO_3에서의 순환전압전류곡선

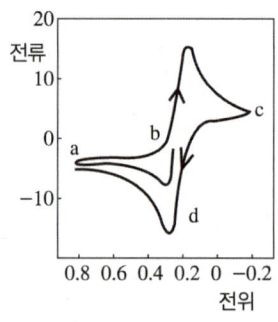

  ㉠ a - b : 산화 또는 환원될 수 있는 화학종이 없기 때문에 전류를 관찰할 수 없다.

  ㉡ b : $Fe(CN)_6^{3-} + e^- \leftrightharpoons Fe(CN)_6^{4-}$로 환원되면서 환원전류가 나타난다.

  ㉢ c : 주사 방향이 바뀐다.

  ㉣ c - d : 전위가 증가하여도 $Fe(CN)_6^{3-}$가 환원된다. 그러나 전위가 충분히 커지면 더 이상 $Fe(CN)_6^{3-}$가 환원되지 않아 전류는 0이 된다. 그 다음 정방향 주사를 하는 동안 전극 표면 가까이에 축적된 $Fe(CN)_6^{4-}$가 다시 산화되므로서 산화전류가 흐른다.

  ㉤ d - a : 축적된 $Fe(CN)_6^{4-}$가 산화전극반응으로 소모되면서 감소한다.

다음 그래프는 1.0M KNO_3와 6.0mM의 $K_3Fe(CN)_6$가 녹아 있는 용액에 백금전극을 이용하여 얻은 순환전압전류곡선이다. b 지점에서 일어나는 전기화학 반응은? [2009년 2회]

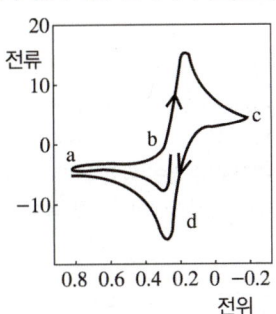

① $Fe^{2+} \leftrightarrows Fe^{4+} + 2e^-$

② $Fe(CN)_6^{4-} \leftrightarrows Fe(CN)_6^{2-} + 2e^-$

③ $Fe^{3+} + e^- \leftrightarrows Fe^{2+}$

④ $Fe(CN)_6^{3-} + e^- \leftrightarrows Fe(CN)_6^{4-}$

|해설|

b 지점에서 $Fe(CN)_6^{3-}$이 $Fe(CN)_6^{4-}$로 환원되면서 환원전류가 나타나고, 이때의 반응은 $Fe(CN)_6^{3-} + e^- \leftrightarrows Fe(CN)_6^{4-}$이다.

정답 ④

① 저어 주는 용액에서 분석물을 미소전극에 석출시킨다. 일정 시간이 지난 후에 전기분해를 중지하고, 저어 주는 것을 멈추고 석출된 분석물을 전압전류법 중의 한 방법으로 정량한다. 분석과정의 단계 동안 분석물은 미소전극에서 다시 용해되어 벗겨져 나온다.

② 산화전극벗김법 : 미소전극이 석출단계 동안에는 환원전극으로, 벗김단계 동안에는 산화전극으로 작용한다.

③ 환원전극벗김법 : 미소전극이 석출단계 동안에는 산화전극으로, 벗김단계 동안에는 환원전극으로 작용한다.

④ 석출단계는 분석물을 전기화학적으로 예비 농축시키는 단계로, 미소전극 내부 표면의 분석물 농도는 벌크 용액에서의 농도보다 훨씬 크다. 예비농축의 결과로 벗김법은 모든 전압전류법 중에서 검출 한계가 가장 낮다.

벗김법(Stripping Method)이 다른 전압전류법보다 감도가 좋은 가장 큰 이유는? [2010년 2회]

① 매우 빠른 속도로 측정할 수 있으므로

② 전위를 변화시키면서 전류를 측정하므로

③ 전기분해 과정을 통해 분석물이 농축되므로

④ 적하전극에서 일반적인 작용기들이 산화나 환원되기 때문에

정답 ③

① 미세전극 : 전극의 크기가 $20\mu m$ 이하이고, 직경이 $30nm$, 길이가 $2\mu m$인 전극이다.

② 미세전극의 장점

　㉠ 패러데이 과정의 정류 상태는 마이크로초에서 밀리초 정도로 매우 빠르게 얻어진다. 따라서 빠른 전기화학 반응의 중간체를 연구할 수 있다.

　㉡ 충전전류는 전극 면적 A에 비례하고 패러데이전류는 A/r에 비례하므로 전체 전류에 대한 충전전류의 상대기여도는 미세전극의 크기에 따라 감소한다.

　㉢ 충전전류는 미세전극에서 작기 때문에 전위는 매우 빠르게 주사된다.

　㉣ 전류가 매우 작기 때문에 IR 강하는 미세전극의 크기가 감소할수록 감소한다.

　㉤ 미세전극 정류상태 조건에서 작동될 때 전류의 신호 대 잡음비는 역동적 조건에서보다 더 크다.

　㉥ 흐름계에서 미세전극 표면의 용액은 계속 새로워지므로 δ가 최소가 되고 패러데이전류는 최대가 된다.

　㉦ 아주 작은 전류 때문에 정상 액체 크로마토그래피와 같은 높은 저항을 갖는 비수용매에서의 전압전류법 측정이 가능하다.

전압전류법에서 사용되는 미세전극은 크기가 작아서 생체세포나 혈액 등에 직접 사용할 수 있으며, 앞으로도 많은 연구가 예상되는 전극이다. 미세전극의 장점에 대한 설명으로 가장 거리가 먼 것은?

[2010년 2회]

① 전류의 면적이 작기 때문에 전류가 아주 작게 흐른다.
② 옴 손실이 적기 때문에 저항이 큰 용액이나 비수용매에 유용하다.
③ 빠른 전압의 주사로 수명이 짧은 화학종의 연구가 가능하다.
④ 일반적인 전극보다 패러데이전류가 높아서 검출 한계를 낮춘다.

정답 ④

① 중화반응

$$H^+ + Cl^- + Na^+ + OH^- \rightarrow Na^+ + Cl^- + H_2O$$

② Na^+, Cl^- : 구경꾼 이온, H^+, OH^- : 알짜 이온

③ 전 류

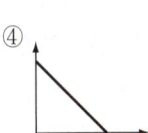

　　　　　NaOH 부피

　㉠ 수용액 속에서 이온의 전기전도도 비율

　　　$H^+ : OH^- :$ 기타 이온 $= 4 : 2 : 1$

　　　따라서 HCl의 전기전도도는 Cl^- 보다 H^+ 의 영향이, NaOH의 전기전도도는 Na^+ 보다 OH^- 의 영향이 크다.

　㉡ HCl에 NaOH를 넣으면 중화반응에 의해 H^+ 가 줄어들어 전기전도도가 점점 떨어지다가, 중화점에 이르면 전기전도도는 Na^+, Cl^- 에 의존하므로 전기전도도가 가장 낮다. 중화점 이후 OH^- 가 증가하여 전기전도도는 높아진다.

핵심예제

HCl을 NaOH로 적정 시 Conductance의 변화를 바르게 나타낸 것은?(단, Y축은 Conductance, X축은 가한 NaOH의 양이다)　　　[2006년 4회, 2007년 4회, 2008년 4회]

① 　　　　　　　　　　②

③ 　　　　　　　　　　④

|해설|

H^+ 의 이온전도율이 높아 적정 초기의 전도도는 높게 나타난다. 반응이 진행됨에 따라 H_2O, NaCl이 생성되고, Na^+, Cl^- 는 H^+ 에 비해 이온전도율이 낮아 중화점에서 전도율이 가장 낮게 나타난다. 중화점 이후에는 OH^- 에 의해 전도율이 다시 상승한다.

정답 ③

5-1. 열분석 실시

핵심이론 01 열분석

① 시료가 가열될 때 발생하는 물리적 변화나 화학 반응은 시료 물질의 특성과 가열 환경에 의존하므로, 반응이 일어나는 온도와 반응열을 측정하면 물질에 대한 정보를 얻을 수 있다.

② 열분석은 온도에 따르는 물리적 성질의 변화를 연구하는 데 이용되는 분석기술이다.

③ 열분석 방법

방 법	원 리	얻는 정보
TGA	• 비활성 또는 반응성 환경에서 온도와 시간에 따른 무게 변화를 측정한다.	열안정도, 산화안정도, 반응속도, 분해, 일반적인 수명, GC나 IR 또는 MS와 연결하여 화학적 조성이나 구조 확인을 하는 EGA
DTA	• 특정 대기하에서 시간과 온도의 함수로 시료와 기준 물질 사이의 온도차를 관찰한다. • 물리적 또는 화학적 변화 과정에서 물질이 흡수 또는 방출하는 열을 정성적 또는 반정량적으로 측정한다.	DSC와 동일 (열용량과 ΔH 결과는 정성적이거나 반정량적임)
DSC	• 특정 대기하에서 시간과 온도의 함수로 시료와 기준 물질 사이의 온도차를 관찰한다. • 물리적 또는 화학적 변화 과정에서 물질이 흡수 또는 방출하는 열을 정량적으로 측정한다.	유리 전이, 상전이 또는 녹는 온도, 반응열, 열용량, 결정화도, 노화, 분해, 열이력

핵심예제

열분석은 물질의 특이한 물리적 성질을 온도의 함수로 측정하는 기술이다. 열분석 종류와 측정방법을 연결한 것 중 잘못된 것은?

[2013년 1회, 2016년 1회]

① 시차주사열량법(DSC) – 열과 전이 및 반응온도
② 시차열분석(DTA) – 전이와 반응온도
③ 열무게(TGA) – 크기와 점도의 변화
④ 방출기체분석(EGA) – 열적으로 유도된 기체생성물의 양

|해설|

열무게(TGA)
조절된 환경 조건하에서 시료의 온도를 증가시키면서 시료의 무게를 시간 또는 온도의 함수로 연속적으로 기록한다.

정답 ③

① 조절된 환경 조건하에서 시료의 온도를 증가시키면서 시료의 무게를 시간 또는 온도의 함수로 기록한다.

② 시간의 함수로 무게 또는 무게 백분율을 도시한 것을 열분석도, 열분해곡선이라고 한다.

③ 물질의 무게가 감소하는 것은 시료가 분해하거나 증발하기 때문이다.

④ 물질의 무게가 증가하는 것은 시료가 대기 중의 성분을 흡수하거나 산화와 같은 화학 반응이 일어남을 의미한다.

⑤ 기기장치

　㉠ 열저울 : 1mg 이하부터 100g까지의 질량 범위를 갖는 시료에 대한 정량적인 정보를 제공해 주며, 일반적인 형태는 1mg에서 100mg까지의 범위를 가진 것이다.

　㉡ 전기로 : TGA에서 사용되는 전기로의 온도 범위는 실온부터 1,000℃ 정도까지이다.

　㉢ 시료 잡이 : 백금, 알루미늄 또는 알루미나로 만들어지며, 시료 접시의 부피는 400~500μL 이상까지이다.

　㉣ 비활성 환경기체를 넣어 주기 위한 기체 주입장치

　㉤ 기기장치를 조절하고, 데이터를 얻고 처리해 주기 위한 컴퓨터

⑥ TGA는 온도에 따른 분석물의 질량 변화를 측정하는 것이기 때문에 주로 정량적인 정보를 얻을 수 있으나, 이것은 분해 반응과 산화 반응, 기화, 승화 및 탈착 등과 같은 물리적 변화에 주로 한정되어 있다.

핵심예제

다음 중 열법무게측정(TG)에 대한 설명 중 틀린 것은?

[2009년 4회]

① 시료의 무게를 시간 또는 온도의 함수로 연속적으로 기록한다.

② 시간의 함수로 무게 또는 무게 백분율을 도시한 것을 열분석도라고 한다.

③ 열무게 측정에 사용되는 대부분의 전기로의 온도 범위는 1,000~1,200℃ 정도이다.

④ 비활성 환경기류를 만들기 위한 기체 주입장치가 필요하다.

정답 ③

핵심이론 03 $CaC_2O_4 \cdot H_2O$의 열분해 열분석도

① 중합체 연구에서 열분석도는 여러 종류의 중합체 물질의 분해 메커니즘에 대한 정보를 제공해 준다.

② 순수한 $CaC_2O_4 \cdot H_2O$의 온도를 5℃/분 속도로 증가시키면서 얻은 열분석도

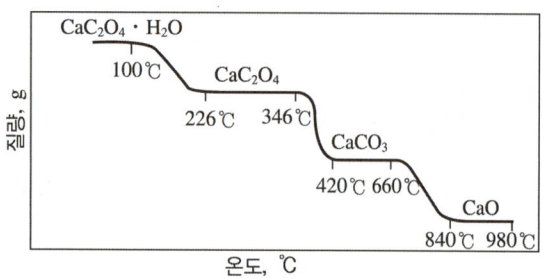

ⓐ TGA를 사용하여 순수한 화학종으로 만드는 데 필요한 열적 조건을 알 수 있다.

ⓑ 질량 변화가 없는 수평 영역은 칼슘 화합물이 안정하게 존재하는 온도 영역이다.

핵심예제

열무게분석법(TGA)을 이용하여 시료 $CaC_2O_4 \cdot H_2O$를 비활성 기체 속에서 5℃/min 상승시키면서 980℃까지 온도를 올렸을 때 서모그램상에 나타나는 수평 영역은 여러 칼슘 화합물의 안정한 온도 영역을 나타낸다. 두 번째 높은 온도(420~600℃)에서 나타나는 수평 영역은 어떤 화합물을 나타내는가?

[2006년 4회, 2008년 4회 유사, 2009년 2회 유사]

① $CaC_2O_4 \cdot H_2O$
② $CaCO_3$
③ CaO
④ CaC_2O_4

정답 ②

핵심이론 04 시차열분석법(DTA ; Differential Thermal Analysis)

① 시료와 비활성 기준물질을 조절된 온도 프로그램으로 가열하면서 두 물질 간의 온도차(ΔT)를 온도의 함수로 측정하는 방법이다.

② 물질이 상변화와 같은 물리적 변화나 화학 반응을 하면 물질의 열과 관련된 엔탈피 변화가 수반된다.

③ 엔탈피 변화가 수반되는 물리적 또는 화학적 변화를 측정할 수 있다.

④ **흡열변화의 예** : 녹음, 증발, 승화, 결정 상태 사이의 변화, 탈수, 분해, 산화-환원, 고체상 반응 등

⑤ **발열변화의 예** : 응고, 분해, 산화-환원, 화학적 흡착 등

⑥ 이론적으로 DTA 피크 면적은 관련 과정의 엔탈피 변화에 비례한다.

⑦ 응용

ⓐ 주로 정성분석에 이용된다.

ⓑ 시료의 분해나 기화를 확인할 수 있다.

ⓒ 물질의 특성 연구나 소결화, 융화, 합금의 미세 구조를 변화시키기 위한 열처리 등을 연구하는 데 이용된다.

ⓓ 합성 고무의 형태를 결정하거나 고분자의 구조 변화를 연구하는 데 이용된다.

핵심예제

시료와 기준물질의 온도를 프로그램하여 변화시킬 때, 두 물질 간의 온도차(ΔT)를 측정하여 분석하는 열분석법은?

[2021년 4회]

① Thermal Gravimetric Analysis(TGA)
② Differential Thermal Analysis(DTA)
③ Differential Scanning Calorimetry(DSC)
④ Isothermal DSC

정답 ②

① 시차온도곡선

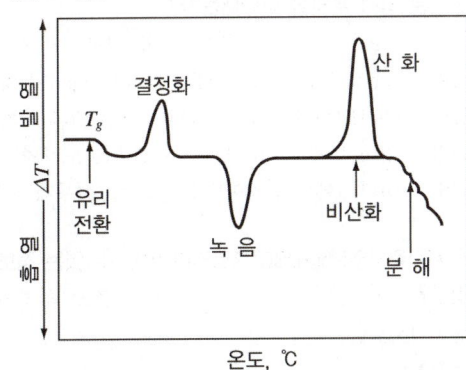

- ㉠ 유리전이온도(T_g) : 유리질 무정형 중합체가 고무처럼 말랑해지는 특성적 온도로, 전이 과정에서는 열을 방출하거나 흡수하지 않으므로 엔탈피의 변화가 없어 봉우리가 나타나지 않는다. 그러나 고무질과 유리질의 열용량이 달라 기준선이 살짝 낮아진다.
- ㉡ 결정화 : 특정 온도로 가열되면 무정형 중합체가 미세결정으로 결정화되기 시작하면서 열을 방출한다.
- ㉢ 녹음 : 흡열 과정에 의한 것으로 발열 과정에서 형성된 미세결정이 녹으면서 생기는 것이다.
- ㉣ 산화 : 발열 반응에 기인한 것으로, 공기나 산소의 존재하에 가열할 때만 나타난다.
- ㉤ 분해 : 중합체가 흡열 분해하여 다른 물질을 생성할 때 나타난다.

② 시차열분석도에서의 봉우리 면적

$$dH = qk/m \int_{\alpha}^{\beta} dTdt$$

여기서, q : 기기의 기하학적 구조에 따른 정수

k : 시료의 열전도도

m : 시료의 질량

∴ 봉우리 면적(H)는 q, k, m의 함수이다.

시간주사열량법을 사용하여 산소분위기에서 고분자 물질을 분석하여 다음 그림과 같은 결과를 얻었다. 실험 결과를 설명한 내용 중 옳지 않은 것은? [2007년 4회, 2006년 4회 유사]

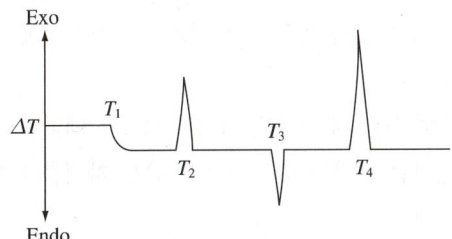

① T_1은 고분자 물질의 유리전이온도이다.
② T_2는 고분자의 결정화 과정에서 나타나는 발열 과정이다.
③ T_3은 결정화된 고분자의 녹는 과정을 나타내는 흡열 과정이다.
④ T_4는 고분자 물질이 고온에서 분해되어 다양한 생성물을 생성하는 발열 과정이다.

정답 ④

① 기준물질과 시료 사이의 열흐름의 차이를 시료의 온도에 대하여 측정하는 분석법이다.

② 엔탈피 변화와 열용량을 DTA보다 정확하게 측정할 수 있다.

③ DSC와 DTA의 근본적 차이 : DSC는 에너지 차이를 측정하는 열량법이고, DTA는 온도 차이를 기록하는 것이다.

④ 측정 속도가 빠르고 간단하며, 쉽게 사용할 수 있어 가장 널리 사용되는 열분석이다.

⑤ 응용

   ㉠ 정량적 응용 : 결정형 물질의 용융열과 결정화 정도를 결정한다.

   ㉡ 정성적 응용 : 열법분석 하나만으로는 정성분석을 할 수 없지만 유리전이온도와 녹는점이 물질을 정성적으로 분류하는 데 유용하다.

   ㉢ 유리전이온도 : 유리질 상태에서 고무질 형태로 변하는 온도인 T_g에서 중합체의 부피, 열흐름 및 열용량이 변화된다. 따라서 열용량의 변화는 DSC에 의해 쉽게 측정된다.

   ㉣ 결정성과 결정화 속도

     • 열을 방출하는 속도, 즉 결정화 속도는 DSC로 측정할 수 있다.

     • 결정성 분율 $= (\Delta H_f)_{시료} / (\Delta H_f)_{결정}$

   ㉤ 반응 속도 : 중합체 형성 반응과 같은 화학반응은 발열 반응이어서 DSC로 쉽게 측정할 수 있다.

핵심예제

6-1. 시차주사열량법(DSC) 곡선과 시차열분석법(DTA) 곡선의 Y축은 각각 무엇을 나타내는가?

[2008년 4회, 2009년 4회, 2010년 2회]

① DSC $= \Delta T$(온도 차이), DTA $= mW$(에너지 차이)

② DSC $= mW$(에너지 차이), DTA $= \Delta T$(온도 차이)

③ DSC $= mg$(무게 차이), DTA $= \Delta T$(온도 차이)

④ DSC $= mW$(에너지 차이), DTA $= mg$(무게 차이)

6-2. 시차주사열량법(DSC)으로부터 얻을 수 있는 정보가 아닌 것은?

[2006년 4회, 2010년 4회]

① 유리전이온도

② 결정화도

③ 수분 함량

④ 시료의 순도

정답 **6-1** ② **6-2** ③

① 열흐름 DSC
  ㉠ 한 개의 가열로를 이용하여 기준물질과 시료를 동시에 가열한다.
  ㉡ 온도를 선형으로 변화시키면서 기준물질과 시료로 전달되는 미분 열흐름을 측정한다.
  ㉢ 열을 원판을 통하여 두 접시를 거쳐 시료와 기준물질에 전달하고, 둘 사이의 열 차이를 Constantan 판과 Chromel 원판을 접촉시키도록 만든 Chrome-Constatan 열전기쌍으로 측정한다.

② 전력보상 DSC
  ㉠ 두 개의 서로 다른 가열기를 사용하여 시료와 기준물질을 가열한다.
  ㉡ 시료와 기준물질 사이에 온도차가 발생하면 가열기가 작동하여 시료와 기준물질이 동일한 온도를 유지하게 한다.
  ㉢ 전체 실험 과정에서 시료와 기준물질을 동일한 온도로 유지시키고, 공급되는 전력의 차이를 시료와 기준물질의 평균온도에 대하여 도시한다.
  ㉣ 정확도 및 정밀도, 감도가 매우 높은 방법이다.

핵심예제

전력보상 시차주사열계량법(Power Compensated Differential Scanning Calorimetry)의 기기장치로서 이용되지 않는 것은?
[2009년 4회]

① 콘스탄탄 열전기판(Constantan Thermoelectric Disk)
② 평균온도 조정회로(Average Temperature Control Circuit)
③ 시차온도회로(Differential Temperature Control Circuit)
④ 시차증폭기(Differential Amplifier)

|해설|
콘스탄탄 열전기판은 열흐름 DSC의 기기장치이다.

정답 ①

① 단열 환경에서 적정 시약이 가해질 때 발생하는 온도변화를 측정한다.
② 적정곡선의 기울기가 갑자기 변하는 점이 종말점이다.
③ 혼합열, 평형상수 결정 및 중화반응, 산화-환원 반응, 착물형성 반응을 이용한 정량분석에 이용된다.
④ TT 적정곡선

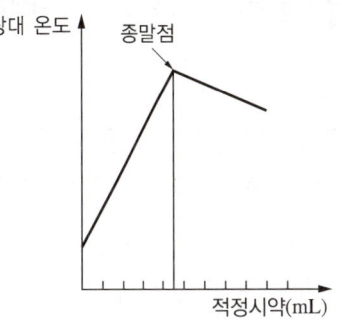

핵심예제

열분석법에 대한 설명 중 옳지 않은 것은?
[2012년 1회]

① 열적정법에서는 용액의 온도를 변화시키면서 필요한 적정액의 부피를 측정한다.
② 열무게법(Thermogravimetry)에서는 시료의 온도를 증가시키면서 질량변화를 측정한다.
③ 시차열법분석(Differential Thermal Analysis)에서는 시료와 기준물질 사이의 온도 차이를 온도의 함수로서 측정한다.
④ 시차주사열량법(Differential Scanning Calorimetry)에서는 온도를 변화시킬 때, 시료와 기준물질 사이의 온도를 동일하게 유지시키는 데 필요한 열입력을 측정한다.

|해설|

열분석법
• 열무게법(TGA) : 조절된 환경 조건하에서 시료의 온도를 증가시키면서 시료의 무게를 시간 또는 온도의 함수로 연속적으로 기록한다.
• 시차열법분석(DTA) : 시료물질과 기준물질을 조절된 온도 프로그램으로 가열하면서 이 두 물질의 온도 차이를 온도함수로 측정하는 방법이다.
• 시차주사열량법(DSC) : 시료물질과 기준물질 사이의 열흐름 차이를 측정하는 방법으로, 측정 속도가 빠르고 쉽게 사용이 가능하다.

정답 ①

화학물질 구조 및 표면분석

제1절 | 화학구조분석

1-1. 화학구조분석 방법 확인

핵심이론 01 유기 화합물 및 무기 화합물의 구조분석 방법

① 유기 화합물 구조분석 방법

구 분	항 목	
분석시료	생체 시료, 의약품, 식품, 환경 시료, 천연물, 합성 고분자, 석유 제품	
분석법	분리분석법	HPLC, LC-MS, GC, GC-MS 등
	분광학적 분석법	NMR, IR, UV-VIS 분광법, 형광 분광법 등

② 무기 화합물 구조분석 방법

구 분	항 목	
분석시료	반도체, 전자 재료, 세라믹, 금속, 합금, 환경, 생체 시료 등	
분석법	분리분석법	IC, CE 등
	분광학적 분석법	AAS, ICP, XRD, NMR 등

핵심예제

다음 중 유기 화합물의 분리분석에 사용할 수 있는 분석법은?

① IC
② AAS
③ HPLC
④ UV-VIS 분광법

|해설|

유기 화합물의 분리분석법 : HPLC, LC-MS, GC, GC-MS 등이 있다.

정답 ③

핵심이론 02 분석 대상 물질의 분석 방법

① 화합물의 작용기, 성분 및 결합 구조분석

ⓖ IR : 유기 화합물 및 고분자와 IR 영역에 감응하는 일부 비금속 화합물(P, S, Si, 할로젠) 검출이 가능하다.

ⓛ UV-VIS
  • 유기 발생단 및 조색단을 가진 화합물을 관찰한다.
  • 대상 물질로는 유기 물질 및 고분자 성분, 용액(유기 용매, 수용액), 금속 성분 등이 있다.

ⓒ NMR : 유기물의 분자종 및 탄소와 수소의 성분 함량을 확인하는 데 활용된다.

ⓔ MS
  • 분자의 질량을 측정하는 기기이다.
  • 물질의 질량을 질량 대 전하의 비로 측정한다.
  • 분자식 결정에 유용하다.

ⓜ XPS : 금속 재료, 반도체, 세라믹 및 고분자 소재의 연구에 활용된다.

ⓗ ICP
  • 중금속 분석에 활용된다.
  • 섬유 조제, 염료, 안료 등의 중금속 분석에 활용된다.
  • 전자 전기 제품의 중금속 시험 분석에 활용된다.
  • 폐수 및 슬러지 등 환경 시료의 중금속 및 미량 원소 분석에 활용된다.
  • 폐촉매, 폐전기 전자 제품 내에 함유되어 있는 유기 금속 및 미량 금속 원소 분석에 활용된다.

ⓢ AAS
  • 알칼리 및 알칼리 토금속 분석에 활용된다.
  • 폐수 및 슬러지 등 환경 시료의 중금속 및 미량원소 분석에 활용된다.

◎ SEM-EDS
- 분석 대상 시료의 표면 형상 관찰 및 구성 원소를 평가하는 장비이다.
- 무기물의 함유 여부와 상대적인 함유량 비교 분석이 가능하다.

② 혼합물의 분리 및 구조분석
㉠ GC
- 휘발성 유기 화합물의 분리분석에 이용된다.
- 소량의 시료를 사용해도 검출 감도 및 정량의 정도가 높다.
㉡ HPLC
- 비휘발성 유기 화합물의 분리분석에 이용된다.
- 검출 감도가 매우 높다.
- 유기산(아세트산, 말릭산, 폼산 등), 알코올류의 함량 시험에 활용된다.
㉢ IC
- 음이온 분석에 활용된다.
- 각종 수용성 매질(공업용수 및 폐수 등)에 존재하는 미량 음이온 분석 등의 분야에 활용된다.

③ 열적 특성 분석
㉠ DSC : 고분자 시료의 유리 전이 온도, 결정화 온도, 녹는점, 순도, 비열, 결정화도, 열경화도 등을 측정하는 데 활용된다.
㉡ TGA : 고분자의 열분해 온도, 고분자 구조의 확인, 용매나 수분의 조성, 열안정성 측정에 활용된다.

④ 응집 구조분석
㉠ XRD : 화합물의 결정 구조를 파악하는 데 활용된다.
㉡ GPC : 고분자 물질의 수 평균 분자량, 중량 평균 분자량, 분산도 및 분자량 분포 곡선을 산출하는 데 활용된다.

2-1. 화학물의 열적 특성 분석에 사용되는 분석 방법으로만 짝지어진 것은?

① DSC, TGA
② XRD, GPC
③ DCS, XPS
④ TGA, NMR

2-2. 시차주사열량법(DSC)은 전이 엔탈피와 온도 혹은 반응열을 측정할 수 있어 아주 유용하다. 다음 중 DSC의 응용 분야로서 가장 거리가 먼 것은?

① 상전이 과정 측정
② 결정화 온도 측정
③ 고분자물 경화 여부 측정
④ 휘발성 유기성분 분석

2-3. 재료의 결정 구조를 파악하기 위한 X선 분석 방법은?

① DSC ② SEM-EDS
③ XPS ④ XRD

| 해설 |

2-1
열적 특성 분석 방법
- DCS : 고분자 시료의 유리 전이 온도, 결정화 온도, 녹는점, 순도, 비열, 결정화도, 열경화도 등을 측정하는 데 활용된다.
- TGA : 고분자의 열분해 온도, 고분자 구조의 확인, 용매나 수분의 조성, 열안정성 측정에 활용된다.

2-2
DSC의 응용 분야
- 유리 전이 온도 결정
- 결정성과 결정화 속도로부터 중합체의 성질 결정
- 반응 속도 측정

2-3
① DSC : 고분자 시료의 유리 전이 온도, 결정화 온도, 녹는점, 순도, 비열, 결정화도, 열경화도 등을 측정하는 데 활용된다.
② SEM-EDS : 분석 대상 시료의 표면 형상 관찰 및 구성 원소를 평가하는 데 활용된다.
③ XPS : 금속 재료, 반도체, 세라믹 및 고분자 소재의 연구에 활용한다.

정답 2-1 ① 2-2 ④ 2-3 ④

① 유기 화합물 분석

㉠ 가장 첫번째로 IR 분석을 고려한다.
- 유기 분자 및 작용기 분석이 용이하여 가장 광범위하게 사용한다.
- 적외선에 의한 진동 또는 회전 운동에 의해 쌍극자 모멘트의 알짜 변화가 있는 분자에 유효하다.

㉡ 분석 시료의 주원자핵에 근거하여 분석하고자 할 때는 NMR 분석을 고려한다. 분석하고자 하는 시료의 주원자핵에 따라 ^{13}C, ^{19}F, ^{31}P NMR을 사용하여 분석한다.

㉢ 발색단 및 조색단을 가지고 있는 화합물일 경우 UV-VIS 분광법을 사용하여 보다 정확한 분석을 고려한다.
- 주로 C=C, C=O 이중결합 및 C≡C 삼중결합과 비공유 전자쌍 같은 발색단을 포함하거나 조색단(수산기, 할로젠 원자, 아미노기, 알콕시기)을 포함하는 화학종 분석 시 활용된다.
- 자외선 또는 가시광선을 흡수하면 전자 전이가 일어나는 화학종에서 사용된다.

㉣ 분자식을 결정하고자 할 때는 MS를 고려한다.
- 미지 시료에 들어 있는 원소의 정량 및 정성분석을 통하여 분자의 분자량과 분자식을 파악할 수 있다.

㉤ 표면 분석을 실시하고자 할 때는 XPS 및 SEM-EDS 분석을 고려한다.

㉥ 시료의 결정 구조를 확인하고자 할 때는 XRD 분석을 고려한다.

㉦ 상전이 온도를 평가하고자 할 때는 DSC 분석을 실시한다.

② 유기 혼합물 분석

㉠ 기체 혼합물 및 휘발성 액체의 경우 GC 분석을 고려한다.

㉡ 비휘발성 액체 혼합물의 경우는 HPLC 분석을 고려한다.

㉢ 각 성분별 조성 및 분자 구조 확인을 위해 추가로 MS 분석을 고려한다.

③ 무기물 및 금속 분석

㉠ 무기 음이온 분석에는 UV-VIS 흡수분광법 사용을 고려한다.

㉡ 반도체, 세라믹스 및 금속 소재 분석에는 XPS 분석을 고려한다.

㉢ 보편적인 금속 소재 분석에는 ICP 분석을 고려한다.

㉣ 알칼리 금속, 알칼리 토금속 분석 등에는 AAS 분석을 고려한다.

㉤ 시료의 결정 구조를 확인하고자 할 때는 XRD 분석을 고려한다.

④ 고분자 및 복합 소재 분석

㉠ 고분자 소재의 분자량 분석에는 GPC 분석을 고려한다.

㉡ 유무기 복합 소재의 경우에는 IR 분석을 고려한다.

㉢ 금속 복합 소재의 경우에는 IR 및 IC 분석을 고려한다.

핵심예제

분자량이 큰 글루코스 계열의 혼합물을 분리하고자 할 때 가장 적합한 크로마토그래피는?

① 젤 투과 액체 크로마토그래피
② 이온 교환 크로마토그래피
③ 분배 액체 크로마토그래피
④ 흡착 액체 크로마토그래피

|해설|

젤 투과 액체 크로마토그래피 : 고분자 화학종의 분리에 적합하다.

정답 ①

① 여과법

  ㉠ 고체와 액체 혼합물을 적당한 여과 방법을 통하여 고상과 액상으로 분리하는 방법이다.

  ㉡ 용해성 차이를 이용하여 유동성 혼합물을 여과지에 투과시켜 고체와 액체로 분리 조작하는 방법이다.

  ㉢ 종 류

    • 보통 여과(자연 여과) : 원액 자체의 무게에 의한 압력으로 여과한다.

    • 가압 여과 : 압축 공기 등이 들어 있는 가스봄베나 압축기에 의해 가압하여 여과한다.

    • 감압 여과(흡입 여과) : 진공 펌프 등으로 감압하여 여과한다.

    • 원심 여과 : 원심력을 이용하여 여과한다.

② 증류법 : 휘발성(끓는점) 차이를 이용하여 증기압이 높은 물질을 더 빠르게 증발시켜 응축시키는 방법이다.

③ 원심 분리법

  ㉠ 분별 원심법

    • 균일한 용액 매체를 사용하는 보통 원심 분리법이다.

    • 여러 종류의 시료를 한 번에 처리 가능하다.

    • 비교적 작은 원심력으로 단시간에 분리 가능하다.

    • 침강계수가 비슷한 입자 간에는 부적합하다.

  ㉡ 밀도 구배 원심법

    • 원심관 내에 밀도 기울기를 만들고, 이 속에서 원심 분리하여 두 종류로 분리할 수 있다.

    • 세 종류의 혼합물 분리도 가능하다.

④ 재결정법

  ㉠ 온도에 따른 용해도 차이를 이용한다.

  ㉡ 용액에서 고체를 천천히 결정화하여 석출하는 방법이다.

  ㉢ 불순물을 분석 대상 물질과 용해도 차이에 의해서 분리하는 방법이다.

⑤ 용매 추출법 : 각종 원소가 포함된 혼합 시료에 대해 서로 혼합되지 않는 두 액상 간의 분배계수 차이를 이용하여 용매로 추출 분리하는 방법이다.

⑥ 공기 액화 분리법 : 차가운 공기를 이용하여 기체를 액화시키는 방법이다.

⑦ 투석 : 반투과막(투석막)을 이용하여 고분자 물질과 저분자 물질로 분리하는 방법이다.

⑧ 이온 교환 수지

  ㉠ 미세한 3차원 구조의 고분자에 이온 교환기를 결합시킨 것이다.

  ㉡ 극성, 비극성 용액 중에 녹아 있는 이온성 물질을 교환, 정제하는 방법이다.

⑨ 흡착 : 2개 상의 계면에 특성 성분 물질이 농축되는 현상을 이용하여 흡착 물질을 흡착제에 부착시켜 분리하는 방법이다.

⑩ 크로마토그래피

  ㉠ 이동상의 혼합물 유체를 정지상의 칼럼을 따라 이동시켜 혼합물의 여러 성분들이 각각 다른 속도로 이동하며 분리가 일어나는 현상을 이용하는 방법이다.

  ㉡ 종 류

    • 액체 크로마토그래피

      – 이동상이 액체인 크로마토그래피이다.

      – 액체 혼합물의 분리에 활용된다.

    • 기체 크로마토그래피

      – 이동상이 기체인 크로마토그래피이다.

      – 휘발성 기체 혼합물의 분리에 활용된다.

화학물질의 분리 방법으로 옳지 않은 것은?

① 증류법 – 끓는점 차이를 이용하여 증기압이 낮은 물질을 더 빠르게 증발시켜 분리

② 재결정법 – 온도에 따른 용해도 차이를 이용하여 분리

③ 용매 추출법 – 각종 원소가 포함된 혼합 시료에 대해 서로 혼합되지 않는 두 액상 간의 분배계수 차이를 이용하여 용매로 추출 분리

④ 흡착 – 흡착 물질을 흡착제에 부착시켜 분리

|해설|

증류법은 끓는점 차이를 이용하여 증기압이 높은 물질을 더 빠르게 증발시켜 분리하는 방법이다.

정답 ①

제2절 | 분광분석

2-1. 분광분석 기초

핵심이론 01 기기분석 검정법

① 분석법 감응과 분석물 농도 간의 관계를 정하는 것으로 화학 표준물을 사용한다.

② 검정법의 종류

　㉠ 표준물과 비교 : 직접비교, 적정법

　㉡ 외부표준물검정법

　　• 외부표준물을 시료와 별도로 준비한다.

　　• 기기와 분석물용액의 기질성분에 의한 간섭이 없는 과정을 검정하는 데 사용한다.

　　• 기질 농도의 분석물을 포함하고 있는 일련의 외부표준물을 준비한다.

　　• 검정은 알고 있는 분석물의 농도의 증가에 따른 감응신호 측정으로 이루어진다.

　㉢ 표준물첨가법

　　• 시료의 양이 제한되어 있을 때, 같은 양의 시료용액에 표준용액을 각각 일정량씩 더해 가면서 첨가하는 방법이다.

　　• 반드시 기기 반응이 농도에 비례해야 한다.

　㉣ 내부표준물법

　　• 모든 시료, 바탕 분석의 검정 표준물에 일정량의 내부표준물을 가한다.

　　• 검정곡선은 표준 분석성분의 신호 대 내부표준물의 신호의 비를 표준 분석성분의 농도에 대해 도시한다.

다음 중 측정된 분석 신호와 분석 농도를 연관짓기 위한 검정법이 아닌 것은? [2008년 4회, 2010년 4회]

① 검정곡선법
② 표준물첨가법
③ 내부표준물법
④ 연속광원보정법

정답 ④

핵심이론 02 기기분석의 잡음 원인

① 열적잡음(Johnson 잡음)

ㄱ 전자 또는 하전체가 저항, 커패시터, 복사선변환기, 전기화학전지 속에서 열적진동을 하기 때문에 생긴다.

ㄴ $\overline{v}_{rms} = \sqrt{4kTR\Delta f}$

여기서, $\overline{v}_{rms}$: ΔfHz 의 주파수 띠 너비 사이에 나타나는 잡음전압의 근평균 제곱

k : Boltzmann 상수($= 1.38 \times 10^{-23}$J/K)

T : 절대온도(K)

R : 저항소자의 Ohm 단위의 저항

Δf : 띠 너비

ㄷ 열적잡음은 띠 너비를 줄이면 감소시킬 수 있다. 그러나 띠 너비가 줄어 듦에 따라 기기는 신호 변화에 더 느리게 감응하여 신뢰도 있는 측정을 하는 데 오랜 시간이 걸린다.

② 깜박이 잡음

ㄱ 관찰되는 신호의 주파수에 역비례하는 크기를 가진다.

ㄴ 깜박이 잡음이 언제 어디에서도 있을 수 있다는 것은 주파수 의존성으로부터 알 수 있다.

③ 산탄잡음

④ 환경잡음

분석기기에서 발생하는 잡음 중 열적잡음(Thermal Noise)에 대한 설명으로 틀린 것은? [2009년 2회]

① 온도가 올라가면 증가한다.
② 저항이 커지면 증가한다.
③ 백색잡음(White Noise)이라고도 한다.
④ 주파수를 낮추면 감소한다.

|해설|

④ 열적잡음은 주파수와 관련이 없으며, 띠 너비를 줄이면 감소시킬 수 있다.

정답 ④

① 측정 신호는 관심을 갖고 있는 분석물에 관한 정보인 신호와 원하지 않는 여분의 정보인 잡음으로 이루어져 있다.

② 잡음을 줄이는 하드웨어 장치
  ㉠ 접지와 가로막기
  ㉡ 시차 및 기기장치 증폭기
  ㉢ 아날로그 필터 : 저주파 통과 필터를 이용하면 신호와 함께 들어오는 고주파 성분인 열적잡음을 효과적으로 제거할 수 있다.
  ㉣ 변 조
  ㉤ 동시화 복조기
  ㉥ 맞물린 증폭기

③ 소프트웨어 방법 : 종합적 평균법
  ㉠ $\left(\dfrac{S}{N}\right)_n = \dfrac{nS_i}{\sqrt{n}\,N_i} = \sqrt{n}\left(\dfrac{S}{N}\right)_i$

  ㉡ S/N은 수집된 데이터 수의 제곱근에 비례한다.

신호 대 잡음비(Signal-to-Noise Ratio)를 5배 증가시키려면 몇 회 반복측정을 하여야 하는가? [2010년 2회, 2009년 4회 유사]

① 5회   ② 25회
③ 125회   ④ 3,125회

|해설|

$\left(\dfrac{S}{N}\right)_n = \sqrt{n}\left(\dfrac{S}{N}\right)_i$ 이므로 신호 대 잡음비를 5배 증가시키려면 25회 반복측정을 하여야 한다.

정답 ②

① 분광기(Spectroscope) : 사람의 눈으로 원자 방출선을 확인할 수 있도록 만든 광학기기이다.

② 광도계(Photometer) : 일반적으로 빛의 광도를 측정하는 장치로, 육안으로 볼 수 없으며 광원, 필터, 광전변환기, 신호처리장치 및 판독장치로 이루어져 있다.

③ 분광계(Spectrometer) : 파장이나 주파수 함수로써 복사선 세기에 대한 정보를 제공하는 기기이다.

④ 다중형(Multiplex) : 복사선을 분산시키거나 거르지 않고 측정하고자 하는 파장을 얻어 스펙트럼 정보를 얻을 수 있다.

핵심예제

다음 광학기기 및 장치 등과 관련된 용어에 대한 설명으로 옳은 것은? [2007년 4회, 2009년 4회 유사]

① 광도계(Photometer)는 한 가지 또는 그 이상의 색 비교 표준물을 사용하여 육안을 검출기로 사용하는 흡수 측정기기이다.

② 분광기(Spectroscope)는 파장이나 진동수의 함수로써 복사선의 세기에 대한 정보를 제공해 주는 기기이다.

③ 다중공용형(Multiplex) 기기는 원하는 파장을 얻기 위하여 복사선을 거르거나 분산시키지 않고서 스펙트럼의 정보를 얻는 기기이다.

④ 분광계(Spectrometer)는 원자 방출선을 육안으로 확인하는 데 사용되는 기기이다.

|정답| ③

① 선 스펙트럼
  ㉠ 기체 상태의 멀리 떨어진 원자 입자가 빛을 방출할 때 나타난다.
  ㉡ 개개 원자의 들뜸으로 생기는 좁고 선명한 봉우리이다.

② 띠 스펙트럼
  ㉠ 기체 상태의 라디칼이나 작은 분자들이 존재할 때 형성된다.
  ㉡ 분자의 바닥 상태 에너지 준위에 수많은 양자화된 진동준위가 겹쳐져서 생성된다.
  ㉢ 분자 방출에서 복사선 띠는 열이나 전기 에너지에 의해 들뜬 한 분자에 의해 방출되는 메커니즘을 보인다.

③ 연속 스펙트럼
  ㉠ 고체를 백열 상태로 가열했을 때 발생한다.
  ㉡ 온도가 높을수록 에너지 봉우리는 짧은 파장쪽으로 이동한다.
  ㉢ 열적으로 들뜨는 광원이 자외선과 같은 에너지를 방출하려면 매우 높은 온도가 필요하다.

자외선 또는 가시선 영역의 스펙트럼으로서 진공 상태에서 잘 분리된 각각의 원자 입자에 빛을 쪼일 때 주로 나타나는 스펙트럼은?

[2008년 4회, 2010년 4회 유사]

① 띠 스펙트럼
② 선 스펙트럼
③ 연속 스펙트럼
④ 흑체복사 스펙트럼

|해설|

방출 스펙트럼
- 선 스펙트럼 : 자외선 또는 가시선 영역의 스펙트럼은 기체 상태에서 서로 멀리 떨어져 있는 각각의 원자 입자에서 빛을 방출함으로서 생기는 좁고 선명한 봉우리로 나타난다.
- 띠 스펙트럼 : 작은 분자 또는 라디칼에 의해 생기며 몇몇 선들이 너무 조밀하게 모여 있어 완전히 분리되지 않는 밀집된 선들로 되어 있다.
- 연속 스펙트럼 : 고체를 백열 상태로 가열하였을 때 발생하며, 가열된 고체는 적외선, 가시선 또는 긴 파장의 자외선 영역의 중요한 광원으로 쓰인다.

정답 ②

---

① 광전압전지
  ㉠ 복사에너지가 반도체층과 금속판의 경계면에서 전류를 발생시킨다.
  ㉡ 가시선 영역의 복사선을 검출하고 측정하는 데 사용되는 간단한 장치이다.
② 진공 광전관 : 복사선이 광감응 고체 표면에서 전자를 방출한다.
③ 광전증배관
  ㉠ 하나의 광전자 방출 표면을 가지고 있으며 여기서 나오는 전자가 닿을 때 전자 다발을 방출하는 활성 표면도 여러 개 존재한다.
  ㉡ 자외선이나 가시선에서 매우 감도가 좋고, 매우 빠른 감응시간을 가진다.
④ 광전도 검출기 : 반도체에 복사선이 흡수되면 전자와 구멍(Hole)을 생성하여 전도도를 증가시킨다.
⑤ 규소 다이오드 검출기
  ㉠ 광자가 쪼여지면 전자 – 홀 쌍을 만들고 역방향 바이어스가 걸려 있는 pn 접촉을 가로질러 전도도를 증가시킨다.
  ㉡ 진공 광전관보다 감도가 좋으나, 광전증배관보다는 감도가 좋지 못하다.
⑥ 전하 이동 변환기 : 규소 결정에 광자를 쪼일 때 생기는 전하를 모아 측정한다.

다음 광자 변환기(Photon Detector) 중 자외선 영역에서 가장 좋은 감도를 나타내며, 매우 빠른 감응시간을 가지고 있는 것은?

[2006년 4회]

① 규소 다이오드 검출기(Silicon Diode Detector)
② 광전압전지(Photo Boltaic Cell)
③ 전하─쌍 장치(Charge─Coupled Device)
④ 광전증배관(Photomultiplier Tube)

| 해설 |

- 규소 다이오드 검출기 : 광자가 쪼여지면 전자─홀 쌍을 만들고 역방향 바이어스가 걸려 있는 pn 접촉을 가로질러 전도도를 증가시킨다. 진공 광전관보다 감도가 좋으나, 광전증배관보다 감도가 좋지 못하다.
- 광전압전지 : 가시선 영역의 복사선을 검출하고 측정하는 데 사용되는 간단한 장치로, 복사에너지가 반도체층과 금속판과의 경계면에서 전류를 발생시킨다.

정답 ④

핵심이론 07 전자기 복사선

① 전자기 복사선의 파동 성질

㉠ $\nu_i = \nu\lambda_i$

㉡ 복사선 빛살의 진동수는 광원에 의하여 결정되므로 변하지 않고 일정하다. 그러나 복사선의 속도는 통과하는 매질의 조성에 따라 달라지므로, 복사선의 파장은 매질에 따라 달라진다.

② 전자기 스펙트럼

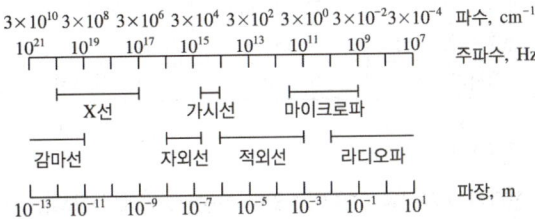

핵심예제

전자기 복사선의 파장이 긴 것부터 짧아지는 순서대로 옳게 나열된 것은?

[2009년 4회]

① 라디오파 > 적외선 > 가시선 > 자외선 > 마이크로파 > X선
② X선 > 자외선 > 가시선 > 적외선 > 마이크로파 > 라디오파
③ 마이크로파 > X선 > 적외선 > 가시선 > 자외선 > 라디오파
④ 라디오파 > 마이크로파 > 적외선 > 가시선 > 자외선 > X선

정답 ④

핵심이론 08 전자기 복사선에 기초한 일반 분광법

분광법 종류	보통 파장범위	양자 전이의 형태
감마선 방출	$0.005 \sim 1.4 \text{Å}$	핵
X선 흡수, 방출, 형광 및 회절	$0.1 \sim 100 \text{Å}$	내부 전자
진공자외선 흡수	$10 \sim 180 \text{nm}$	결합 전자
자외선과 가시선 흡수, 방출 및 형광	$180 \sim 780 \text{nm}$	결합 전자
적외선 흡수와 Raman 산란	$0.78 \sim 300 \mu\text{m}$	분자의 회전/진동
마이크로파 흡수	$0.75 \sim 375 \text{mm}$	분자 회전
전자스핀 공명	3cm	자기장 내에서 전자스핀
핵자기 공명	$0.6 \sim 10 \text{m}$	자기장 내에서 핵스핀

핵심예제

전자기 복사선을 이용하는 일반 분광광도법에 사용되는 분광법의 종류와 그 파장범위가 옳지 않게 짝지어진 것은?

[2010년 2회]

① 전자스핀 공명 $- 3\text{mm}$
② 핵자기 공명 $- 0.6 \sim 10\text{m}$
③ X선 흡수, 방출, 형광 및 회절 $- 0.1 \sim 100 \text{Å}$
④ 자외선과 가시선 흡수, 방출 및 형광 $- 180 \sim 780\text{nm}$

|해설|

① 전자스핀 공명 $- 3\text{cm}$

정답 ①

핵심이론 09 빛의 에너지

Einstein 식 : $E = h\nu = \dfrac{hc}{\lambda}$

여기서, h : Planck 상수$(= 6.6254 \times 10^{-34} \text{J} \cdot \text{s})$

$\quad\quad \nu$: 빛의 주파수(s^{-1})

$\quad\quad \lambda$: 파장

$\quad\quad c$: 빛의 속도$(= 2.998 \times 10^8 \text{m/s})$

핵심예제

1몰(mol)의 분자가 파장이 600nm인 가시광선을 흡수했을 때 증가하는 에너지의 양은 약 몇 J/mol인가?(단, 빛의 속도는 2.998×10^8m/s, 플랑크상수는 6.626×10^{-34}J · s로 한다)

[2007년 4회, 2009년 2회, 2010년 2회, 2010년 4회]

① 1.19×10^5
② 1.99×10^5
③ 3.31×10^5
④ 5.52×10^5

|해설|

$$E = h\nu = h\frac{c}{\lambda}$$

$$= 6.626 \times 10^{-34} \text{J} \cdot \text{s} \times \frac{2.998 \times 10^8 \text{m/s}}{600\text{nm}} \times \frac{10^9 \text{nm}}{\text{m}}$$

$$\times \frac{6.02 \times 10^{23}}{\text{mol}}$$

$$\fallingdotseq 1.99 \times 10^5 \text{J/mol}$$

정답 ②

① 빛이 어떤 물질을 통과하면 반사, 굴절, 산란, 흡수 등에 의해 그 세기가 변하게 되며, 흡수된 빛의 양은 시료에 가해 준 빛의 세기 대 시료를 통과하여 나온 빛의 세기와의 비율로 표시한다.

② 물질마다 흡수되는 파장이 다르므로 여러 파장을 측정하여 물질의 성분을 확인할 수 있다.

③ 흡수 스펙트럼의 Peak의 넓이로부터 물질의 농도를 알 수 있다.

④ Lambert-Beer 법칙

　㉠ $A = abc = \varepsilon bc$

　　여기서, a : 흡수계수

　　　　　　b : 시료의 두께

　　　　　　c : 시료의 농도

　　　　　　ε : 몰흡수계수

　㉡ 흡광도 $A = \log \dfrac{I_0}{I_t} = -\log T$

　　투광도 $T = \dfrac{I_t}{I_0}$

　　여기서, I_t : 투과광의 강도

　　　　　　I_0 : 입사광의 강도

　　　　　　T : 투과도

핵심예제

몰흡광계수(Molar Absorptivity)가 300M^{-1}cm^{-1}인 0.005M 용액이 1.0cm 시료용기에서 측정되는 흡광도(Absorbance) 및 투과도(Transmittance)는?

[2006년 4회, 2007년 4회, 2008년 4회, 2010년 2회, 2010년 4회 유사]

① 흡광도 = 1.5, 투과도 = 0.0316%
② 흡광도 = 1.5, 투과도 = 3.16%
③ 흡광도 = 15, 투과도 = 3.16%
④ 흡광도 = 15, 투과도 = 0.0316%

|해설|

Lambert-Beer 법칙
$A = abc = \varepsilon bc = 300M^{-1}cm^{-1} \times 0.005M \times 1.0cm = 1.5$
$A = -\log T$이므로 $T = 10^{-1.5} \fallingdotseq 0.0316 \fallingdotseq 3.16\%$이다.

정답 ②

핵심이론 11 회 절

① 복사선의 평행한 빛살이 날카로운 가로막기를 지나거나 좁은 구멍을 통과할 때 구부러지는 과정이다.
② 모든 형태의 전자기 복사선에서 나타난다.
③ 평면유리나 오목한 금속판에 다수의 평행선을 등간격으로 새긴 회절격자에 빛을 비추면 투과 또는 반사된 빛이 파장별로 나뉘게 된다.

핵심예제

Grating(격자)을 이용하여 파장을 분리하는데 이때 사용되는 빛의 물리적 성질은?

① 회 절　　　　② 반 사
③ 굴 절　　　　④ 산 란

|해설|

회절격자는 평면유리나 오목한 금속판에 다수의 평행선을 등간격으로 새긴 것으로, 이것에 빛을 비추면 투과 또는 반사된 빛이 파장별로 나뉘어서 스펙트럼을 얻을 수 있다.

정답 ①

핵심이론 12 단색화장치

① 단색화장치의 부분장치
　㉠ 네모꼴 광학상을 만드는 입구슬릿
　㉡ 평행한 빛살을 만드는 평행화 렌즈 또는 거울
　㉢ 복사선을 그의 성분 파장으로 분산시키는 프리즘 또는 회절발
　㉣ 입구슬릿의 상을 다시 만들어 초점면이라고 하는 평면 위에 모아지도록 하는 초점장치
　㉤ 초점면에서 원하는 스펙트럼 띠를 분리해 내는 출구슬릿
② 프리즘
　㉠ UV 영역 : 석영 프리즘
　㉡ 가시광선, 근적외선 영역 : 규산염 유리 프리즘
　㉢ IR 영역 : NaCl이나 KBr 프리즘
③ 에셀레트(Echellette) 회절발
　㉠ 에셀레트형 회절발의 회절 메커니즘
$$n\lambda = d(\sin i + \sin r)$$
　여기서, n : 회절차수
　　　　　λ : 회절되는 파장
　　　　　d : 홈 사이 거리
　　　　　i : 입사각
　　　　　r : 반사각
　㉡ 에셀레트 회절발은 홈의 밀도가 비교적 작은데 자외선 또는 가시선 복사선에 대하여 mm당 300 또는 그 이상의 홈수를 갖는다.
　㉢ 입사각을 크게 하기 위해 에셀레트 회절발의 홈경 사각을 에셀레트 회절발보다 상당히 크게 만들어, 홈의 넓은 면보다는 좁은 면을 사용한다.
　㉣ 각 r와 회절차수 n을 크게 하여 높은 분해능을 얻는다.

핵심예제

1mm당 1,450개의 홈을 가지고 있는 Echellette 회절발에 법선에 대하여 48°의 입사각으로 다색광을 비추었다. 반사각 +10°에서 나타나는 복사선의 1차 반사에 대한 파장(nm)을 계산한 값은?

[2006년 4회]

① 374   ② 513

③ 632   ④ 748

|해설|

에셀레트형 회절발의 회절 메커니즘

$n\lambda = d(\sin i + \sin r)$

여기서, n : 회절차수

λ : 회절되는 파장

d : 홈 사이 거리

i : 입사각

r : 반사각

$d = \dfrac{1mm}{1,450개\ 홈} \times \dfrac{10^6 nm}{1mm} ≒ 689.7nm/홈$

$∴\ \lambda = 689.7(\sin 48° + \sin 10°) ≒ 632nm$

정답 ③

핵심이론 13 단색화장치의 분해능

① 단색화장치의 분해능(R) : 파장 차이가 매우 작은 인접 파장의 상을 분리할 수 있는 능력이다.

$$R = \frac{\lambda}{\Delta\lambda}$$

여기서, λ : 두 상의 평균 파장

$\Delta\lambda$: 두 상의 평균 파장의 차이

② 회절발의 분해능

㉠ $R = \dfrac{\lambda}{\Delta\lambda} = nN$

여기서, n : 회절차수

N : 입구슬릿으로부터 오는 복사선이 쪼여질 수 있는 회절발의 홈수

㉡ 회절발이 길수록, 홈의 간격이 작을수록, 회절차수가 클수록 분해능이 더 좋다.

핵심예제

나트륨은 589.0nm와 589.6nm에서 강한 스펙트럼띠(선)를 나타낸다. 두 선을 구분하기 위해 필요한 분해능은?

[2009년 4회]

① 0.6   ② 491.2

③ 589.3   ④ 982.2

|해설|

$R = \dfrac{\lambda}{\Delta\lambda} = \dfrac{(589.0 + 589.6)}{(589.6 - 589.0)} \times \dfrac{1}{2} ≒ 982.2$

정답 ④

핵심이론 14 광학기기 구성장치

① **흡수법** : 외부 전자기 복사선광원으로 분석물 화학종을 들뜨게 하여 파장에 따른 흡수된 빛의 양을 측정한다.

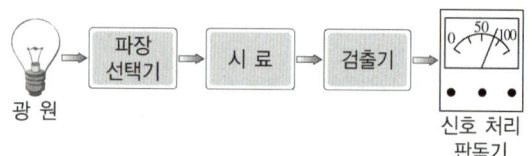

② **형광법** : 형광 측정장치는 들뜸과 방출 파장을 선택하기 위해 두 개의 파장 선택기가 필요하고, 선택된 복사선 광원이 시료에 입사하며 90°각도에서 발생하는 방출 복사선을 측정한다.

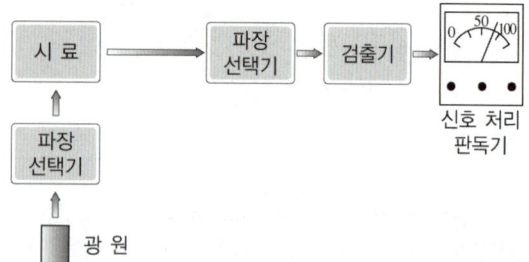

③ **방출법** : 방출법에서는 광원을 따로 주지 않고 자신이 가진 고유의 빛으로 복사선을 측정한다.

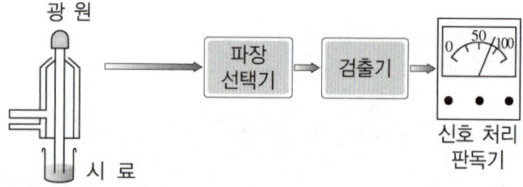

핵심예제

다음 중 광학기기의 구성장치가 아닌 것은?

[2008년 4회, 2010년 4회 유사]

① 분리용 관
② 복사선 검출기
③ 안정한 복사 에너지 광원
④ 제한된 스펙트럼 영역을 제공하는 장치

|해설|

광학기기의 구성장치 : 광원, 시료용기, 제한된 스펙트럼 영역을 제공하는 장치, 검출기

정답 ①

핵심이론 15 푸리에 변환(FT ; Fourier Transform) 분광기

① 주파수 전 영역에 대한 스펙트럼을 한 번에 얻을 수 있다.
② Jacquinot 장점 : 슬릿이 없고 광학 부품도 더 적어서 분산형 기기에 비하여 더 많은 양의 복사선이 검출기에 도달할 수 있어 신호의 세기가 더 크기 때문에 S/N 비가 더 좋은 결과를 얻는다.
③ Fellgett 장점 : 모든 파장에 대한 정보를 동시에 측정하기 때문에 스펙트럼을 얻기 위해 필요한 모든 정보를 얻는 데 필요한 시간이 매우 단축된다.
④ 측정 시간이 짧으므로 신호 평균을 위하여 여러 번 측정을 반복하는 것이 용이하다.
⑤ 파장의 정확도와 재현성이 매우 높다.

핵심예제

FT(푸리에 변환) 분광법은 적외선 분광광도법이나 NMR에서 많이 사용된다. 분산형 기기와 비교하였을 때 FT 분광법의 장점이 아닌 것은? [2013년 1회, 2014년 1회, 4회 유사, 2019년 4회 유사]

① 신호/잡음비가 증가된다.
② 주파수가 더 정확하다.
③ 빠른 시간에 측정된다.
④ 회절발의 성능이 우수하다.

|해설|

FT 분광법의 특징
• Scanning 시간이 짧다.
• 감도가 높고 신호/잡음비가 증가된다.
• 주파수의 정밀도가 우수하다.
• Tracking Error가 발생하지 않는다.

정답 ④

2-2. 원자분광 분석 실시

핵심이론 01 원자분광법의 개요

① 원자흡수분광법 : 불꽃이나 전기적 가열에 의해 시료 용액으로부터 기체 상태의 중성 원자를 만들고, 복사선을 투과시켜 최외각 전자를 들뜨게 하여 흡수 스펙트럼을 얻어 분석원소를 정량하는 방법이다.
② 원자방출분광법 : 하나의 들뜸 조건으로 원소를 들뜨게 한 다음 흡수한 빛을 방출하는 양을 정량하는 방법이다.
③ 원자형광분광법 : 중성 원자를 들뜨게 하여 발생되는 형광을 분석하는 방법이다.
④ 자외선–가시선 분자흡수분광법 : 시료를 원자화시킨 스펙트럼을 분석하는 방법으로, 최외각 전자수에 따라 스펙트럼의 파장이 다르다.

1-1. 원자분광법의 원리에 대한 설명 중 틀린 것은?

[2007년 4회]

① 원자흡수분광법은 중성 원자가 빛 에너지를 흡수하는 데 기초를 둔 원자분광법의 하나이다.
② 원자방출분광법은 시료에 에너지를 가하여 들뜨게 한 후 방출된 스펙트럼을 분광하여 분석하는 방법이다.
③ 원자형광분광법은 중성 원자에 빛 에너지를 가하여 들뜨게 함으로써 발생되는 형광을 분광하여 분석하는 방법이다.
④ 자외선-가시선 영역의 원자분광법은 원자 내의 최내각 전자와 전자파 간의 거동을 이용하여 분석하는 방법이다.

1-2. 다음 원자분광법 중 광원이 시료가 아닌 분광법은?

① 아르곤 플라스마법
② 원자방출법
③ 아크법
④ 원자흡수법

|해설|

1-1
자외선-가시선 영역의 원자분광법은 원자 내의 최외각 전자와 전자파 간의 거동을 이용하여 분석하는 방법이다.

1-2
①·②·③ 방출분광법
방출분광법에서는 광원을 따로 주지 않고 자신이 가진 고유의 빛으로 복사선을 측정한다.

정답 1-1 ④ 1-2 ④

방 법	시료 형태
기체 분무화	용액이나 슬러지
초음파 분무화	용 액
전열 증기화	고체, 액체, 용액
수소화물 생성법	몇 가지 원소용액
직접 주입	고체, 가루
레이저 증발	고체, 금속
스파크 증발이나 아크 증발	전도성 고체
글로 방전 튕김	전도성 고체

다음 중 전도성 고체를 원자분광기에 도입하여 사용하기에 가장 적합한 방법은?

[2006년 4회, 2008년 4회 유사, 2009년 4회 유사, 2010년 2회 유사]

① 전열 증기화
② 레이저 증발
③ 초음파 분무법
④ 스파크 증발법

|해설|

① 고체, 액체, 용액 형태의 시료를 도입한다.
② 고체, 금속 형태의 시료를 도입한다.
③ 용액 형태의 시료를 도입한다.

정답 ④

---

① 원자선의 선 너비가 좁으면 스펙트럼선이 겹쳐서 방해가 일어날 가능성을 줄여 주기 때문에 원자선 너비는 원자분광법에서 고려해야 할 사항이다.

② 원자선 너비에 영향을 주는 변수

　㉠ 불확정성 효과 : 하나 또는 둘 모두의 전이 상태 수명이 한정되어 있어 전이 시간에 오차가 생기고, 이로 인해 불확정성 원리에 의해 선 넓힘이 일어난다.

　㉡ 도플러(Doppler) 효과 : 빠르게 움직이는 원자에 의해 흡수되거나 방출되는 복사선의 파장은 원자의 움직임이 검출기 쪽을 향하는 경우 감소하고, 원자들이 검출기로부터 멀어지면 증가한다.

　㉢ 같은 종류의 원자와 다른 원자들과의 충돌에 기인하는 압력효과 : 가열된 매질 속에서 방출하거나 흡수하는 화학종이 다른 원자나 이온들과 충돌하면서 일어난다.

　㉣ 전기장과 자기장 효과

3-1. 원자분광법에서 선 넓힘의 원인이 아닌 것은?

[2007년 4회, 2009년 2회, 2010년 4회]

① 불확정성 효과
② Doppler 효과
③ 용매 효과
④ 압력 효과

3-2. 원자 기체의 흡광도 또는 방출된 복사선을 이용한 분석방법인 원자분광법에서 유효선 너비의 넓힘 원인으로 틀린 것은?

① 도플러 효과
② 같은 종류의 원자와 다른 원자들과의 충돌에 기인하는 압력 효과
③ 전기장과 자기장 효과
④ 중성 원자 튕김 효과

|해설|

3-1, 3-2
원자선 너비의 선 넓힘 원인
• 불확정성 효과
• 도플러 효과
• 같은 종류의 원자와 다른 원자들과의 충돌에 기인하는 압력 효과
• 전기장과 자기장 효과

정답 **3-1** ③ **3-2** ④

① 원자흡수선이 좁고, 전자 전이 에너지가 각 원소마다 독특하기 때문에 매우 높은 선택성을 갖는다.

② 속 빈 음극등(HCL ; Hollow Cathode Lamp)

   ㉠ 원자흡수분광법(AAS)에서 가장 흔히 사용되는 광원이다.

   ㉡ 아르곤 또는 네온 기체로 충전된 유리 실린더에 양극과 음극이 밀봉되어 있다.

   ㉢ 음극에 사용된 금속의 스펙트럼을 방출한다.

   ㉣ 스펙트럼선이 좁고 높은 선택성을 가진다.

③ 무전극 방전등(EDL ; Electrodeless Discharge Lamp) : 비소, 저마늄, 셀레늄 같은 휘발성 원소들에 대해서 사용한다.

④ 광원변조 : 원자흡수기기에서는 불꽃 자체에서 방출하는 복사선으로 인해 생기는 방해를 제거해야 한다. 이런 방출 복사선의 대부분은 단색화장치에 의해서 제거된다. 그러나 분석물 원자와 불꽃 기체 화학종의 들뜨기와 방출 때문에 불꽃에는 단색화장치가 선택한 파장을 방출하는 복사선이 존재한다. 따라서 이 불꽃 방출선을 제거하기 위해서는 광원의 출력을 일정한 주파수로 변조시켜야 한다.

⑤ 원자흡수분광법의 검출기로는 광전자 증배관(Photomultiplier Tube)을 보편적으로 사용한다.

핵심예제

원자흡수분광기에 가장 많이 사용하는 광원은? [2010년 2회]

① 레이저
② 텅스텐 램프
③ 속 빈 음극관
④ D_2 램프

| 해설 |

원자흡수 측정에서 가장 흔히 사용되는 광원은 속 빈 음극등이다.

정답 ③

① 불꽃 원자화기(Flame Atomizer)

   ㉠ 불꽃을 생성하기 위하여 산화 기체와 연료 기체를 혼합한다.

   ㉡ 불꽃의 종류

     • 공기-아세틸렌 불꽃 : 공기를 산화제로, 아세틸렌을 연료로 사용한다.

     • 아산화질소-아세틸렌 불꽃 : 아산화질소를 산화제로, 아세틸렌을 연료로 사용하고, 공기-아세틸렌 불꽃보다 온도가 높다.

   ㉢ 많은 시료가 폐기통으로 빠져나가고, 개개의 원자가 불꽃의 빛살 진로에 머무는 시간이 짧아 시료 효율이 떨어져 시료가 많을 때 사용한다.

   ㉣ 재현성의 측면에서는 효율이 좋으나, 감도면에서는 성능이 떨어진다.

   ㉤ 액체 형태로 시료를 도입해야 하므로 시료를 수용액의 형태로 전처리해야 한다는 단점이 있다.

② 전열 원자화기(ETA ; ElectroThermal Atomizer)

   ㉠ 흑연로 원자화기(GFAAS)는 가장 많이 사용하는 전열 원자화기이다.

   ㉡ 원자가 빛 진로에 평균적으로 머무는 시간이 길어 감도가 높고, 적은 양의 시료로도 좋은 결과를 도출할 수 있다.

   ㉢ 상대정밀도가 높다.

   ㉣ 측정 농도 범위가 좁아 불꽃이나 플라스마 원자화 장치가 적당한 검출 한계를 나타내지 못할 경우에 사용한다.

   ㉤ 시료를 용액 형태로 전처리하지 않고 직접 원자화할 수 있지만, 오차가 불꽃원자화법보다 크다는 단점이 있다.

   ㉥ 전열원자화 가열 순서 : 건조 → 회화 → 원자화

③ 차가운 증기 원자화 : 수은(Hg) 정량에 이용한다.

④ 수소화물 생성 원자화 : As, Se, Sb를 포함한 휘발성 수소화물을 형성하는 원소 검출에 이용한다.

불꽃원자흡수분광법(FAAS)의 감도는 전열원자흡수분광(ET AAS)에 비하여 좋지 않다. 그 이유로 가장 적절한 것은?

[2007년 4회, 2010년 2회 유사, 2010년 4회 유사]

① FAAS의 원자화 온도가 ETAAS보다 낮기 때문이다.
② FAAS에 의해 원자화시킬 때 ETAAS에서의 중성 원자수보다 들뜬 원자수가 많기 때문이다.
③ FAAS에서는 시료가 연소 기체에 의해 수만 배 희석되지만 ETAAS에서는 극소량의 시료라 해도 대부분 원자화되기 때문이다.
④ FAAS는 불꽃으로 가열하기 때문에 신호 대 잡음비가 크지만, ETAAS는 전기로 가열하여 신호 대 잡음비가 작기 때문이다.

|해설|

③ ETAAS는 전체 시료가 짧은 시간에 원자화되고 원자가 빛 진로에 평균적으로 머무는 시간이 1초 이상이므로 감도가 높다.

정답 ③

핵심이론 06 원자분광법의 원자화장치 형태

원자화장치 형태	대표적인 원자화 온도(℃)
불 꽃	1,700~3,150
전열증발화(ETV)	1,200~3,000
유도쌍 아르곤 플라스마(ICP)	4,000~6,000
직류 아르곤 플라스마(DCP)	4,000~6,000
마이크로-유도 아르곤 플라스마(MIP)	2,000~3,000
글로 방전 플라스마(GD)	비 열
전기 아크	4,000~5,000
전기 스파크	40,000

핵심예제

다음 중 원자분광법의 원자화방법이 아닌 것은? [2009년 2회]

① 불 꽃
② 전열증발화
③ 전기 아크
④ 초음파 분무화

|해설|

④ 초음파 분무화는 원자분광법의 시료 도입 방법으로, 균일한 에어로졸 생성이 가능하여 용액 시료의 도입에만 사용된다.

정답 ④

핵심이론 07 원자흡수법의 원자화 발생 과정

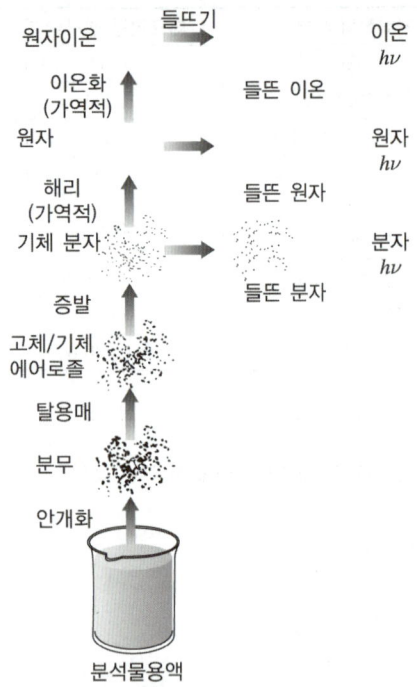

원자이온	들뜨기 →	이온 $h\nu$
이온화 (가역적) ↑	들뜬 이온	
원자 →		원자 $h\nu$
해리 (가역적) ↑	들뜬 원자	
기체 분자 →		분자 $h\nu$
	들뜬 분자	
증발 ↑		
고체/기체 에어로졸		
탈용매 ↑		
분무		
안개화 ↑		
분석물용액		

다음은 원자흡수법에서 원자화가 일어나는 과정을 나열한 것이다. 이 중 잘못 구성된 것은?   [2008년 4회]

① 분석용액 → 분무 → 고체-기체 에어로졸 → 기체 분자 ↔ 원자 → 들뜬 원자 → $h\nu$ 원자

② 분석용액 → 분무 → 고체-기체 에어로졸 → 기체 분자 → 들뜬 분자 → $h\nu$ 분자

③ 분석용액 → 분무 → 고체-기체 에어로졸 → 기체 분자 ↔ 원자 ↔ 원자이온 → 들뜬 이온 → $h\nu$ 이온

④ 분석용액 → 분무 → 고체-기체 에어로졸 → 기체 분자 ↔ 원자 ↔ 원자이온 → 들뜬 원자 → $h\nu$ 원자

정답 ④

핵심이론 08 원자흡수분광법(AAS)에 사용되는 불꽃에 사용되는 가스

연 료	산화제	온도(℃)
천연가스	공 기	1,700~1,900
천연가스	산 소	2,700~2,800
수 소	공 기	2,000~2,100
수 소	산 소	2,550~2,700
아세틸렌	공 기	2,100~2,400
아세틸렌	산 소	3,050~3,150
아세틸렌	산화이질소	2,600~2,800

원자흡수분광법(AAS)에 사용되는 불꽃에 사용되는 가스를 짝 지은 것이다. 이 중 사용되지 않는 것은?

[2006년 4회, 2008년 4회, 2010년 4회]

① 천연가스-공기
② 아세틸렌-산화이질소
③ 수소-공기
④ 수소-산화이질소

|해설|

AAS에 사용되는 불꽃에 사용되는 가스는 수소-공기, 수소-산소이다.

정답 ④

① 화학적 방해

　㉠ 표준 용액과 비교할 때 시료의 일부 화학 성분이 시료의 분무 효율에 영향을 주는 경우에 발생한다.

　㉡ 분석물과 반응하여 휘발성이 작은 화합물을 만들어 분석물이 원자화되는 효율을 감소시키는 음이온에 의해 발생한다.

　㉢ 휘발성이 작은 화학종이 생성되어 발생한다.

　㉣ 화학적 방해 상쇄 방법

　　• 표준과 시료의 매트릭스를 일치시킨다.

　　• 해방제(Releasing Agent) 사용 : 방해 음이온과 분석물 이온보다 훨씬 더 안정한 화합물을 형성하는 다른 금속 이온을 첨가한다.

　　　예 칼슘(Ca) 정량을 위해 과량의 란타넘(La)을 첨가한다.

　　• 더 높은 온도의 불꽃으로 전환한다.

② 매트릭스 방해

　㉠ 시료 용액을 만들기 위해 사용된 시료 매트릭스와 용매가 원자화 과정을 방해하여 발생한다.

　㉡ 유기 용매의 경우 용매가 급속하게 증발하여 불꽃 온도를 증가시키고, 고온에서 더 많은 자유 원자가 생성되고 흡광도 신호가 증가하게 된다.

③ 이온화 방해

　㉠ 원자화 과정 중 바닥 상태 원자의 생성에서 멈추지 않고, 들뜬 상태의 원자와 이온이 생성되어 원자 상태의 모집단이 감소하여 흡광 신호가 감소하는 것이다.

　㉡ 저온 불꽃에서도 쉽게 이온화되는 알칼리 금속 및 알칼리 토금속에서 주로 발생한다.

　㉢ 알칼리 금속과 알칼리 토금속을 제외하고는 아산화질소-아세틸렌 불꽃보다 온도가 낮은 공기-아세틸렌 불꽃에서는 발생하지 않는다.

　㉣ 이온화 방해 방지 방법 : 이온화 억제제를 사용한다[쉽게 이온화되는 포타슘(K), 루비듐(Rb), 세슘(Cs) 첨가].

핵심예제

9-1. 원자흡수분광법에서 휘발성이 적은 화합물 생성 등으로 인하여 화학적 방해가 발생한다. 이러한 방해를 방지하는 방법에 해당되지 않는 것은?　　[2019년 2회]

① 높은 온도의 불꽃 사용
② 보호제(Protective Agent)의 사용
③ 해방제(Releasing Agent)의 사용
④ 이온화 활성제(Ionization Activator)의 사용

9-2. 불꽃에서 분석 원소가 이온화되는 것을 방지하기 위한 이온화 억제제로 가장 적당한 것은? [2009년 4회, 2008년 4회 유사]

① Al　　　　　　　② K
③ La　　　　　　　④ Sr

|해설|

9-1
화학적 방해를 방지하는 방법
• 높은 온도의 불꽃을 사용한다.
• 해방제를 사용한다(우선적으로 방해물질과 반응하여 분석물질과 작용하는 것을 방지).
• 보호제를 사용한다(분석물질과 안정하고 휘발성이 있는 화학종 형성).
• 이온화 억제제를 사용한다.

9-2
이온화 방해란 높은 온도의 불꽃에 의해 분석 원소가 이온화를 일으켜 중성 원자가 덜 생기는 방해로, 분석 원소보다 이온화를 잘 일으키는 원소를 가해 줌으로써 해결할 수 있다. K은 가장 이온화가 잘되어 이온화 방해를 막을 수 있다.

정답 9-1 ④ 9-2 ②

① 방해 화학종의 흡수선 또는 방출선이 분석선에 너무 가까이 있거나 겹쳐져서 단색화장치에 의해 분리가 불가능한 경우에 나타난다.

② 두 선 바탕 보정

구 분	실제 파장	검출 파장	
λ_1	10	5	→ 5가 잘 나오는 파장
λ_2	10	5	→ 항상 10이 나오는 파장

∴ λ_2는 원래 파장보다 파장이 반으로 줄었으므로 보정하여 사용해야 한다.

③ 연속 광원 바탕 보정 : 중수소등과 또 다른 광원을 번갈아 연속으로 비추어 준 후 두 광원에서 나온 흡광도의 차이를 이용한 보정법이다.

④ Zeeman 바탕 보정 : 원자 증기에 센 자기장을 걸어 원자의 전자 에너지 준위의 분리가 일어나는 현상을 이용하는 바탕 보정법으로, 보정 시 속 빈 음극등·회전편광판·흑연로·자석·광전증배관·전자회로가 필요하다.

⑤ Smith–Hieftje 바탕 보정 : 높은 전류가 흘러 넓게 된 들뜬 화학종의 방출선 띠를 정확한 흡수봉우리 파장에 해당하는 중앙에서 최솟값을 갖게 하는 보정법이다.

핵심예제

원자분광법에서 사용하는 바탕 보정 방법이 아닌 것은?
[2010년 2회, 2006년 4회 유사, 2007년 4회 유사]

① Zeeman 바탕 보정
② Doppler 바탕 보정
③ 중수소 램프 바탕 보정
④ 빛살 토막내기 바탕 보정

정답 ②

① 원자흡수분광법
  ㉠ 중성 원자 상태의 원자를 분석하는 것으로, 원자가 중성 원자로 되는 과정이 잘 일어나지 않거나 중성 원자가 너무 빨리 이온이 되는 화학적 방해가 일어난다.
  ㉡ 원자흡수선이 좁아 1번에 1개의 원소만 검출 가능하므로 한 원소를 정량하는 데 사용된다.
  ㉢ 방출분광법에 비해 간단하고 값싼 장치를 이용하며, 유지비가 적게 들고 정밀도는 다소 높다. 또한 덜 숙련된 작동자에게서도 좋은 결과를 얻을 수 있다.

② 원자방출분광법
  ㉠ 높은 온도를 가하여 중성 원자 상태를 거치지 않고 한 번에 이온으로 들뜨게 하여 방출하는 파장을 측정하는 것으로, 원소 상호 간의 화학적 방해가 작다.
  ㉡ 흡수분광법은 한 번에 한 원소만 들뜨게 하지만, 방출분광법은 한 번에 여러 원소를 들뜨게 할 수 있다.
  ㉢ 감도는 떨어지지만 선택성이 좋아 정량분석에 사용되지 않고 정성분석에 사용된다.

다음 중 불꽃원자흡수분광법이 방출분광법보다 감도가 더 좋은 이유를 가장 잘 설명한 것은?　[2006년 4회]

① 도플러 효과 때문에 흡수선의 선 폭이 방출선보다 항상 훨씬 더 넓기 때문

② 보통의 불꽃보다 속 빈 음극방전등이 복사선 출력이 훨씬 더 크기 때문

③ 흡수법에 사용되는 검출기가 방출법에 사용되는 검출기보다 감도가 훨씬 더 좋기 때문

④ 불꽃 온도에서 바닥 상태 원자의 수가 들뜬 상태 원자의 수보다 훨씬 더 많기 때문

|해설|

불꽃 온도에서 바닥 상태 원자의 수가 들뜬 상태 원자의 수보다 훨씬 많기 때문에 불꽃원자흡수분광법의 감도가 더 좋다.

정답 ④

핵심이론 12 유도결합 플라스마 원자방출분광법(ICP-AES)의 플라스마

① 플라스마는 높은 에너지를 가지며 이온화된 비활성 기체이다.

② 플라스마 광원

　㉠ 유도결합 플라스마(ICP) : 아르곤 ICP가 가장 널리 사용된다.

　㉡ 직류 플라스마(DCP)

　㉢ 헬륨 마이크로파 유도 플라스마(MIP)

③ ICP 광원의 성능이 검출 한계면에서 DCP 광원보다 더 좋으나, DCP가 구입비와 유지비가 적게 든다.

원자방출분광법(AES)의 플라스마 광원 중 가장 중요하고 널리 사용되는 광원은?　[2016년 4회]

① 직류 플라스마

② 아크 플라스마

③ 유도결합 플라스마

④ 마이크로파 유도 플라스마

|해설|

③ 유도결합 플라스마 : 대부분의 방출법 분석 시 사용하는 방법으로 원소 상호 간의 온도가 매우 높고, 중성원자의 상태를 거치지 않고 한 번에 원소를 들뜨게 하기 때문에 불꽃·전열화 원자흡수법보다 화학적 방해와 매트릭스 효과가 작다.

정답 ③

① 분석 시료는 주로 액체이고, 분무기(Nebulizer)와 분무 체임버(Spray Chamber) 조합으로 주입된다.

② 분무기(Nebulizer) : 액체를 에어로졸로 변환하여 플라스마로 이동시킨다.

  ㉠ 압축 공기를 이용한 분무기는 큰 물방울을 제거하기 위해 분무 체임버를 통과시켜야 한다.

   • 동심원 형태 분무기(Concentric Nebulizer)

   • 직교류 형태 분무기(Cross-Flow Nebulizer)

   • Babington 분무기

  ㉡ 미세 집중 분무기 : ICP 토치 시료 모세관으로 직접 용액을 주입하는 방법으로, 분무 체임버가 필요 없다.

③ 분무 체임버(Spray Chamber) : 탈용매화, 원자화, 들뜸이 효율적이지 않은 크기가 큰 에어로졸을 제거한다.

④ 고체 시료 도입 방법

  ㉠ 전열 증기화 방법 : 고체와 액체 시료 도입 방법이다.

  ㉡ 스파크 어블레이션(Spark Ablation)

  ㉢ 레이저 어블레이션(Laser Ablation)

핵심예제

유도결합 플라스마 토치에 시료를 도입하는 방법이 아닌 것은?

[2008년 4회, 2006년 4회 유사]

① 압력주입법
② 교차 흐름 분무기법
③ 초음파 분무기법
④ 전열 증기화법

|해설|

②・③ 액체 시료 도입 방법이다.
④ 고체 시료 도입 방법이다.

정답 ①

---

① 원자들이 불꽃법에서 사용하는 온도보다 높은 온도에 머무르게 되면 원자화가 더 잘 이루어지고 화학적 방해도 거의 없다.

② 플라스마 단면에서의 온도 분포가 균일하면 자체 흡수와 자체 반전 효과가 나타나지 않는다.

③ 아르곤의 이온화로 생긴 전자 농도가 시료 성분의 이온화로 생기는 전자 농도에 비해 커서 이온화에 의한 방해 효과가 작다.

핵심예제

14-1. 원자화 방법 중 불꽃 원자화 광원과 비교한 플라스마 원자화 광원의 장점에 대한 설명으로 가장 옳은 것은?

[2007년 4회]

① 원자 및 분자 밀도가 높다.
② 원자화 온도가 높아 원자화 효율이 좋다.
③ 전자 밀도가 낮다.
④ 시료 원자가 플라스마 관찰 영역에 도달할 때 체류 시간이 짧다.

14-2. 유도결합 플라스마(ICP) 원자방출분광법은 불꽃/전열화 원자흡수법과 비교하여 여러 가지 장점을 가지고 있다. 다음 설명 중 옳지 않은 것은?

① 동시 다 원소 분석에 용이하다.
② 플라스마의 높은 온도로 인하여 원소 상호 간의 방해가 작다.
③ 아르곤의 이온화로 분석물의 이온화에 의한 방해가 작다.
④ 화학적 방해와 매트릭스 효과가 불꽃/전열화 원자흡수법보다 크다.

|해설|

14-1
원자들이 불꽃법에서 사용하는 온도보다 높은 온도에 머무르게 되면 원자화가 더 잘 이루어지고 화학적 방해도 거의 없다.

14-2
유도결합 플라스마(ICP) 원자방출분광법은 원소 상호 간의 온도가 매우 높고, 중성 원자의 상태를 거치지 않고 한 번에 원소를 들뜨게 하기 때문에 화학적 방해와 매트릭스 효과가 불꽃/전열화 원자흡수법보다 작다.

정답 14-1 ② 14-2 ④

핵심이론 15 X선분광법

① X선
  ㉠ 자외선에 비해 파장이 짧고 높은 에너지를 가진다.
  ㉡ 물질 내 전자의 감속 또는 내부 전자의 전이 과정에 의해 발생한다.
② Na보다 큰 원자번호를 갖는 주기율표상 모든 원소들의 정성 및 정량분석에 사용된다.
③ 원자의 최내각 궤도함수(K 껍질)를 포함하는 전자 전이를 분석하는 방법이다.
④ 방출, 흡수, 형광, 회절에 기초한다.
⑤ Duane-Hunt 법칙
  ㉠ 전자의 에너지가 모두 X선으로 전환될 때 복사선의 최소 파장이다.
  ㉡ $\lambda_{min} = 12,398/V$
    여기서, λ_{min} : 복사선의 단파장 한계(Å)
    V : 전압(V)

핵심예제

X선분광법에 대한 설명으로 틀린 것은? [2019년 4회]

① 방사성 광원은 X선분광법의 광원으로 사용될 수 있다.
② X선 광원은 연속 스펙트럼과 선 스펙트럼을 발생시킨다.
③ X선의 선 스펙트럼은 내부 껍질 원자 궤도함수와 관련된 전자 전이로부터 얻어진다.
④ X선의 선 스펙트럼은 최외각 원자 궤도함수와 관련된 전자 전이로부터 얻어진다.

|해설|

X선 광자의 흡수는 원자로부터 최내각 전자 하나를 제거하여 들뜬 이온을 생성한다. 이 과정에서 복사선의 전체 에너지는 전자의 운동 에너지와 들뜬 이온의 위치 에너지 사이에 분배된다. 양자 에너지가 전자를 원자의 바로 주위로 제거하는 데 필요한 에너지와 정확히 같을 때(즉, 제거된 전자의 운동 에너지가 0이 될 때) 흡수가 일어날 가능성이 가장 크다.

정답 ④

핵심이론 16 X선 회절

① X복사선이 물질을 통과할 때 복사선이 물질의 원자 내에 있는 전자와 상호작용하여 산란을 일으킨다. X선이 결정 내의 질서정연한 환경에서 산란되면 산란중심 간의 거리가 복사선의 파장과 같은 거리를 가지므로, 산란된 복사선 사이에서 보강간섭과 상쇄간섭이 일어난다. 이 결과, 복사선이 회절된다.
② Bragg 법칙 : 빛의 회절·반사에 관한 법칙이다.
  ㉠ 주기적인 구조를 가진 물질에 대해 일정한 파장의 빛을 여러 각도에서 비춰 주면, 어느 각도에서는 반사가 일어나지만 다른 각도에서는 반사가 거의 일어나지 않는다.
  ㉡ 다음 만족하는 입사각에서만 X선이 물질로부터 반사된다.
    $$n\lambda = 2d\sin\theta$$
    여기서, d : 주기 구조의 폭
    θ : 결정면과 입사된 빛 사이의 각도
    λ : 빛의 파장
    n : 정수

핵심예제

X선 파장이 고체 시료에서 원자 사이의 거리와 같은 정도이기 때문에 일어나는 현상과 이에 기반된 분광법이 옳게 짝지어진 것은? [2010년 2회]

① 방출, X선회절법
② 산란, X선회절법
③ 방출, X선형광분광법
④ 산란, X선형광분광법

|해설|

X복사선은 물질을 통과할 때 복사선이 물질의 원자 내에 있는 전자와 상호작용하여 산란을 일으킨다. X선이 결정 내에서 산란될 때 산란중심 간의 거리가 복사선의 파장과 같은 거리를 가지므로, 산란된 복사선 사이에서 보강간섭과 상쇄간섭이 일어난다. 이 결과, 복사선이 회절된다.

정답 ②

① X선 광원
　ㄱ X선 관(X-ray Tube)
　ㄴ 이차 형광 광원
　ㄷ 방사성 동위원소 광원

② 장 점
　ㄱ 스펙트럼이 비교적 단순하여 스펙트럼선 방해 가능성이 작다.
　ㄴ 비파괴 분석법이어서 시료에 손상을 주지 않는다.
　ㄷ 분석 과정이 수분 이내로 빠르다.

③ 단 점
　ㄱ 감도가 좋지 않다.
　ㄴ 부분적으로 Auger 방출이라고 하는 경쟁 과정이 형광 세기를 감소시키기 때문에 가벼운 원소를 측정할 때는 사용하지 않는다[원자번호가 23(바나듐) 이하인 경우].

17-1. X선형광법(XRF)에 대한 설명으로 틀린 것은?
[2010년 2회, 2007년 4회 유사, 2009년 2회 유사]

① 실험 과정이 빠르고 편리하다.
② 원자번호가 작은 가벼운 원소 측정에 편리하다.
③ 비파괴 분석법이어서 시료에 손상을 주지 않는다.
④ 스펙트럼이 비교적 단순하여 스펙트럼선 방해 가능성이 작다.

17-2. 다음 X선형광분석법의 특징에 대한 설명 중 틀린 것은?
[2008년 4회]

① 비파괴 분석법이다.
② 다중 원소의 분석이 가능하다.
③ 오제(Auger) 방출로 인한 증강효과로 감도가 높다.
④ 스펙트럼이 비교적 간단하여 스펙트럼선 방해가 작다.

|해설|

17-1
원자번호가 작은 가벼운 원소를 측정할 때는 사용하지 않는다.

17-2
Auger 방출로 인해 형광 세기가 감소되므로, 가벼운 원소 측정 시 X선형광법을 이용하지 않는다.

정답 17-1 ② 17-2 ③

① **산란효과** : 복사선과 얻어진 형광의 일부가 시료를 투과하면서 산란이 일어난다. X선 형광 측정에서 검출기에 도달하는 선의 알짜 세기는 X선 형광을 발생하는 원소의 농도뿐만 아니라 매트릭스 원소들의 농도 및 질량 흡수계수의 영향을 받는다.

② **흡수효과** : 분석 원소보다 빛살을 더 세게 또는 낮게 흡수하는 원소들이 매트릭스에 포함되어 있으면 분석 원소의 무게분율의 값이 변한다.

③ **증강효과** : 입사 빛살에 의해 들떠서 특성 방출 스펙트럼을 내는 원소가 시료에 포함되어 있을 때 나타나는 현상으로, 분석선의 이차 들뜸을 유발한다.

④ 외부표준물에 의한 검정, 내부표준물의 사용, 시료와 표준물의 묽힘 등의 방법으로 매트릭스 효과를 감소시킬 수 있다.

핵심예제

다음 중 X선형광분광법에서 나타나는 매트릭스(Matrix) 효과가 아닌 것은?　　　　　　　　　　　　　[2006년 4회]

① 증강효과
② 흡수효과
③ 반전효과
④ 산란효과

정답 ③

① 결정성 고체나 반결정성 물질의 분석에 유용한 방법이다.

② 순수한 단결정 물질의 정확한 결정구조를 알 수 있고, 순수 결정성 분말의 정성·정량분석이 가능하다.

③ 비파괴법이고, 결정성 고체 내의 원자배열과 간격을 알 수 있다.

④ 유리와 비결정성 고분자는 정렬되지 않은 구조를 가지므로 X선 회절을 나타내지 않는다.

⑤ **X선분말회절법** : 고체에 존재하는 화합물에 대한 정성·정량분석이 가능하다.

핵심예제

X선회절법으로 알 수 있는 정보가 아닌 것은?　　　　[2021년 1회]

① 결정성 고체 내의 원자배열과 간격
② 결정성·비결정성 고체화합물의 정성분석
③ 결정성 분말 속의 화합물의 정성·정량분석
④ 단백질 및 비타민과 같은 천연물의 구조 확인

|해설|

② X선회절법은 결정질 화합물의 정성분석에 이용된다.

정답 ②

2-3. 분자분광 분석 실시

핵심이론 01 분자흡수분광법의 개요

① 분자분광을 이용하는 기기
- ㉠ 자외선-가시선(UV-VIS) 흡수분광법
- ㉡ 형광 및 인광광도법
- ㉢ 적외선(IR) 흡수분광법
- ㉣ 핵자기공명(NMR)분광법

② Beer 법칙
- ㉠ 흡수 분석물의 농도는 흡광도에 직선으로 관계된다.

$$A = -\log T = \log \frac{P_0}{P} = \varepsilon bc$$

- ㉡ 한 계
  - 겉보기 화학편차 : 분석 성분이 해리하거나 화합하거나 용매와 반응하여 분석성분과 다른 흡수 스펙트럼을 내는 생성물을 만들 때 편차가 발생한다.
  - 다색 복사선에 대한 겉보기 기기편차 : Beer 법칙은 단색 복사선에서만 확실하게 적용된다.
  - 미광 복사선의 존재하에서의 기기편차 : 회절발, 렌즈나 거울, 필터 및 창의 표면에서 일어나는 산란과 반사의 결과로 편차가 발생한다.
  - 불일치 셀 : 분석물과 바탕용액을 포함한 셀이 통과거리와 광학특성에서 동일하지 않으면 절편 k가 검정곡선에 나타난다.

③ 흡광도 측정에 대한 슬릿 너비의 효과 : 복잡한 스펙트럼을 분해하기 위해서는 슬릿 너비가 큰 값으로 증가할수록 상세 구조의 스펙트럼이 사라지므로 좁은 슬릿 너비를 사용하여야 한다.

① $A = \varepsilon bc$, $\varepsilon = \dfrac{A}{bc}$

$A = -\log T$

여기서, A : 몰흡광도

b : 셀 거리

c : 농도

T : 투광도

② $\varepsilon = 8.7 \times 10^{19} PA$

여기서, P : 에너지 흡수 전이확률

A : cm^2 단위로 나타낸 화학종의 표면면적

③ 몰흡광계수는 화학종의 표면면적과 에너지 흡수 전이가 일어날 확률에 의존한다.

핵심예제

2×10^{-5}M $KMnO_4$ 용액을 1.5cm 의 셀에 넣고 520nm 에서 투광도를 측정하였더니 0.60를 보였다. 이때 $KMnO_4$의 몰흡광계수는 약 몇 L/cm · mol 인가?

[2007년 4회, 2009년 2회 유사, 2010년 4회 유사]

① 1.35×10^{-4} ② 5.0×10^{-4}

③ 7,395 ④ 20,000

|해설|

$A = \varepsilon bc$, $\varepsilon = \dfrac{A}{bc}$

$A = -\log T = -\log 0.60 = 0.22$

$\therefore \varepsilon = \dfrac{0.22}{1.5cm \times (2 \times 10^{-5} mol/L)} = 7,395 L/cm \cdot mol$

정답 ③

핵심이론 **03** 자외선–가시선 분광법(UV–VIS)의 기기

① 광원 : 중수소 및 수소등, 텅스텐 필라멘트등, 광–방출 다이오드, 제논 아크등

② 단색화장치(파장 선택기)

③ 검출기

㉠ 장벽층 광전지

㉡ 광전자 증배관

㉢ 반도체 검출기 : 다이오드 및 다이오드 어레이 시스템

④ 시료 셀

㉠ 석영 및 용융 실리카 : 자외선, 가시광선 영역에서 사용한다.

㉡ 플라스틱 용기 : 가시광선 영역에서 사용한다.

㉢ 규소유리 : 350~2,000nm 사이의 영역에서 사용한다.

핵심예제

UV/VIS에 사용되는 시료 셀의 종류와 사용 파장을 짝지은 것 중 틀린 것은?

[2009년 4회]

① 석영 셀 : 160~3,500nm

② 규산염유리 : 380~2,000nm

③ 코렉스유리(파이렉스) : 220~2,000nm

④ 플라스틱 : 200~3,500nm

|해설|

플라스틱 용기는 가시선 영역에서 사용된다.

정답 ④

① 부피 변화에 대해 보정한 흡광도를 적가액 부피의 함수로 도시하여 얻는다.

② 곡선은 기울기가 다른 두 개의 선형 영역으로 구성되는데, 하나는 적정 초기, 다른 것은 당량점을 지나서 존재한다.

③ 광도법 적정곡선

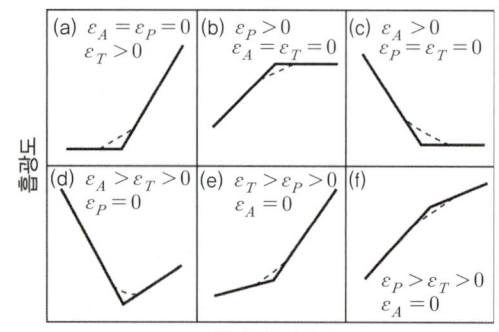

여기서, ε_A : 분석 성분 몰흡광계수

ε_P : 생성물 몰흡광계수

ε_T : 적정 시약 몰흡광계수

광도법 적정에서 시료(Analyte), 적정액(Titrant), 생성물(Product)의 몰흡광계수를 각각 ε_a, ε_t, ε_p로 표시한다. 다음 중 $\varepsilon_a = \varepsilon_t = 0$이고, $\varepsilon_p > 0$인 경우의 적정곡선을 가장 잘 나타낸 것은?(단, 흡광도는 증가된 부피에 대하여 보정되어 표시한다)

[2009년 2회, 2008년 4회 유사]

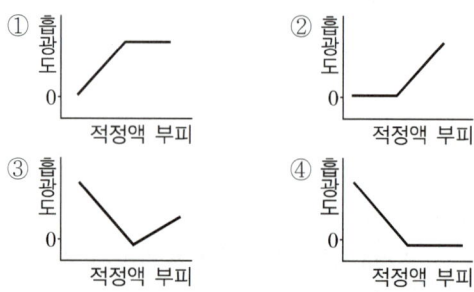

|해설|

① 시료의 몰흡광계수(ε_a)가 0이므로 흡광도는 0에서 시작하고, 생성물의 몰흡광계수(ε_p)가 0보다 크므로 반응이 진행되어 생성물이 생길수록 흡광도는 증가한다. 적정액의 몰흡광계수(ε_t)가 0이므로 적정이 완료된 후에는 적정액의 부피가 증가하더라도 흡광도가 변하지 않는다.

정답 ①

① 발광분광기는 복사선 광원이 시료에 입사되고 90°각도에서 발생하는 방출 복사선을 측정한다.
② 분석 성분의 분자가 들뜬 후 방출 스펙트럼을 내어 정성 및 정량분석을 한다.
③ 검출 한계가 흡수분광법보다 1~3승 더 낮고, 좋은 감도를 가진다.
④ 선형 농도 측정범위가 흡수법에 비해 매우 넓다.
⑤ 감도가 좋아 발광법으로 정량분석할 때 시료 매트릭스로부터 심각한 방해를 받기 쉽다. 따라서 크로마토그래피나 전기영동과 함께 사용한다.
⑥ 많은 화학종들이 자외선-가시선 영역에서 광 발광을 나타내기보다는 흡수하므로, 흡수법만큼 정량분석에 널리 사용되지는 않는다.

핵심예제

흡수분광법과 비교하였을 때 분자발광(Luminescence)법의 가장 큰 장점은 무엇인가? [2006년 4회, 2010년 4회]

① 검출 한계는 몇 ppb 정도로 낮은 범위이다.
② 모체효과(매트릭스, Matrix) 방해가 작다.
③ 선형 농도 측정 범위가 작다.
④ 흡수법보다 정량분석에 널리 응용한다.

|해설|

① 분자발광법은 검출 한계가 흡수분광법보다 1~3승 낮고, 좋은 감도를 가진다.

정답 ①

① **양자 수득률** : 들뜬 전체 분자수에 대한 발광 분자수의 비로, 형광을 매우 잘 방출하는 분자의 양자 수득률은 최적 조건에서 1에 가깝고 형광을 거의 내지 않는 화학종의 수득률은 0에 가깝다.
② **형광과 전이 형태**
  ㉠ 250nm 이하의 자외선을 흡수하는 경우에는 형광을 거의 방출하지 않는다.
  ㉡ $\sigma^* \to \sigma$ 전이에 해당하는 형광은 거의 나타나지 않는다.
  ㉢ 에너지가 적은 $\pi^* \to \pi$와 $\pi^* \to n$ 과정에 해당하는 경우에만 형광이 나타난다.
③ **양자효율과 전이 형태** : 형광은 가장 작은 전이 에너지가 $n \to \pi^*$ 형인 화합물보다 $\pi \to \pi^*$ 형인 화합물에서 더 많이 발생하므로, $\pi \to \pi^*$ 전이의 양자효율이 더 크다.
④ **형광과 분자 구조**
  ㉠ 지방족과 지방족 고리화합물의 카보닐 구조, 이중결합 구조를 갖는 화합물은 형광을 발생한다.
  ㉡ Pyridine, Furan, Thiophene, Pyrrole과 같은 간단한 헤테로 화합물은 형광을 발생하지 않지만 Quinoline, Isoquinoline, Indole 같은 접합 고리 구조를 갖는 화합물은 일반적으로 형광을 발생한다.
⑤ **구조적 단단하기의 영향**
  ㉠ 단단한 구조를 갖는 분자에서 형광이 더 잘 발생한다.
  ㉡ Fluorene은 메틸렌기가 다리결합하여 단단하기가 증가되었기 때문에 Biphenyl보다 형광이 더 잘 발생한다.
⑥ 온도와 용매의 영향
⑦ 형광에 대한 pH 효과
⑧ 형광 세기에 대한 농도 효과

형광(Fluorescence)에 대한 설명으로 가장 적절한 것은?

[2010년 2회, 2008년 4회 유사, 2009년 2회 유사]

① $\sigma^* \rightarrow \sigma$ 전이에서 주로 발생한다.
② Pyridine, Furan 등 간단한 헤테로 고리화합물은 접합 고리 구조를 갖는 화합물보다 형광을 더 잘 발생한다.
③ 전형적으로 형광은 수명이 약 $10^{-10} \sim 10^{-5}$s 정도이다.
④ 250nm 이하의 자외선을 흡수하는 경우에 형광을 방출한다.

|해설|

① $\sigma^* \rightarrow \sigma$ 전이에서 형광은 거의 나타나지 않는다.
② 간단한 헤테로 화합물은 형광을 발생하지 않고, 접합 고리구 조를 갖는 화합물이 일반적으로 형광을 발생한다.
④ 250nm 이하의 자외선을 흡수하는 경우에는 형광을 거의 방출 하지 않는다.

정답 ③

① 공통점 : 광자를 흡수함으로써 들뜬다.
② 형 광
    ㉠ 전자스핀이 변하지 않고 전자 에너지 전이가 일어 난다.
    ㉡ 발광이 거의 순간적으로($< 10^{-5}$s) 없어지는 수명 을 갖는다.
③ 인 광
    ㉠ 전자스핀이 변화하며 에너지 전이가 일어난다.
    ㉡ 복사선을 조사해 준 다음에도 쉽게 검출할 수 있는 몇 초 또는 더 긴 시간 동안 발광이 계속된다.

다음 형광에 대한 설명 중 틀린 것은?

[2007년 4회]

① 광원 깜박이잡음이 관찰된다.
② 전자스핀이 변하지 않으면서 전자 에너지 전이가 일어난다.
③ 발광은 거의 순간적으로(10^{-5}s) 없어진다.
④ 묽은 원자증기에서 관찰된다.

정답 ①

핵심이론 08 적외선분광법(IR)의 개요

① 주로 분자의 정성분석에 사용한다.
② 분자 화학종들의 IR 흡수, 방출 및 반사 스펙트럼은 분자가 진동 또는 회전 에너지 상태에서 다른 에너지 상태로 전이되면서 일어나는 에너지 변화로 인해 생긴다.
③ 적외선을 흡수하기 위해서는 진동과 회전 시 쌍극자모멘트의 알짜 변화가 일어나야 한다.
④ 적외선 분광법에서 일반적으로 사용하는 파수의 단위는 cm^{-1}이다.
⑤ 적외선분광법은 고체, 액체, 기체상의 시료를 모두 측정할 수 있다.

핵심예제

IR을 흡수하려면 분자는 어떤 특성을 가지고 있어야 하는가?

[2010년 2회, 2006년 4회 유사]

① 분자 구조가 사면체이면 된다.
② 공명 구조를 가지고 있으면 된다.
③ 분자 내에 π 결합이 있으면 된다.
④ 분자 내에서 쌍극자모멘트의 변화가 있으면 된다.

|해설|
쌍극자모멘트의 변화가 있는 진동모드에서 IR 흡수가 일어난다.

정답 ④

핵심이론 09 적외선분광법(IR)에서 진동 방식의 수

① 이원자 분자(예 CO, HCl) : 원자 사이의 결합각이 없어 굽힘 진동은 일어나지 않아 신축진동만 일어난다.
② 다원자 분자
  ㉠ 분자의 운동 = 진동 + 회전 + 병진
  ㉡ 진동 방식의 수
    • 비직선형 : $(3n-6)$개
    • 직선형 : $(3n-5)$개

핵심예제

9-1. 암모니아(NH_3) 분자는 적외선 스펙트럼에서 몇 가지의 기준진동 방식이 가능한가?　[2007년 4회, 2010년 2회 유사]

① 3　　　　　　　　② 4
③ 5　　　　　　　　④ 6

9-2. 물(H_2O) 분자의 진동(Vibration) 방식(Mode)과 적외선 흡수 스펙트럼에 대한 다음 설명 중 옳은 것은?

① 물의 진동 방식은 2가지이고, 적외선 스펙트럼의 흡수대는 2개가 나타난다.
② 물의 진동 방식은 3가지이고, 적외선 스펙트럼의 흡수대는 3개가 나타난다.
③ 물의 진동 방식은 3가지이고, 적외선 스펙트럼의 흡수대는 2개가 나타난다.
④ 물의 진동 방식은 2가지이고, 적외선 스펙트럼의 흡수대는 3개가 나타난다.

|해설|

9-1, 9-2
진동 방식의 수
• 비직선형 다원자 분자 : $3n-6$
• 직선형 다원자 분자 : $3n-5$
NH_3와 물분자는 비직선형 다원자 분자이다. 따라서 NH_3는 $4 \times 3 - 6 = 6$가지의 진동 방식을 가지며, 물 분자는 $3 \times 3 - 6 = 3$가지의 진동 방식을 가지고 흡수대는 3개가 나타난다.

정답 9-1 ④ 9-2 ②

적외선분광법(IR)에서 분자운동의 진동 방식

① 신축운동 : 원자들 사이의 결합 길이 변화(신축진동 에너지가 굽힘진동 에너지보다 크다)
② 굽힘진동 : 원자들 사이의 결합각 변화
③ 신축운동에서의 주파수

　㉠ $\bar{\nu} = \dfrac{1}{2\pi c}\sqrt{\dfrac{k}{m}}$

　㉡ 분자가 신축운동을 일으킬 때 주파수는 결합 세기에 비례하며, 질량에 반비례한다.
④ 진동 에너지

　㉠ $\Delta E \propto h\nu = \dfrac{h}{2\pi c}\sqrt{\dfrac{k}{m}}$: 결합 세기와 환산질량에 의존한다.

　㉡ 작용기는 서로 다른 k, m 값을 가지므로 특성적인 IR 스펙트럼이 나타난다. 따라서 IR은 정성분석에 사용된다.

　㉢ k, m 값에 따른 ν 값 변화

$$C \equiv C \qquad C = C \qquad C - C$$
$$k \text{ 증가} \longleftarrow$$
$$C - H \qquad C - C \qquad C - O \qquad C - Cl$$
$$\longrightarrow m \text{ 증가}$$

핵심예제

적외선 흡수 스펙트럼에서 흡수봉우리의 파수는 화학결합에 대한 힘 상수의 세기와 유효 질량에 의존한다. 다음 중 흡수 파수가 가장 클 것으로 예상되는 신축진동은?
[2010년 2회]

① $\equiv C - H$ 　　　　② $= C - H$
③ $- C - H$ 　　　　④ $- C \equiv C -$

|해설|

파수 $\bar{\nu} = \sqrt{\dfrac{k}{m}}$

• 힘 상수의 세기(k) : $C \equiv C > C = C > C - C$
• 유효 질량(m) : $C - H < C - C < C - O < C - Cl$
∴ ①의 파수가 가장 클 것이다.

정답 ①

적외선분광법(IR)의 기기

① 적외선 광원의 조건
　㉠ 원하는 파장 영역에서 연속적이어야 한다.
　㉡ 넓은 파장 범위를 가져야 한다.
　㉢ 긴 시간 동안 일정한 양의 빛을 생성해야 한다.
② 광 원
　㉠ 중적외선 광원 : 네른스트 발광체(Nernst Glower), 글로바(Globar), 가열된 코일
　㉡ 근적외석 광원 : 수정-할로젠 램프
　㉢ 적외선 레이저 광원 : 파장 가변 기체상 레이저, 고체상 다이오드 레이저
③ 검출기
　㉠ 골레이 검출기(Golay Detector)
　　• 자외선, 가시광선, 적외선, 마이크로파를 포함하는 넓은 파장 범위에서 선형 감응을 보인다.
　　• 다른 검출기에 비해 반응시간이 빠르다.
　　• 현대 IR에서는 잘 사용되지 않는다.
　㉡ 파이로 전기 검출기(Pyroelectric Detector)
　　• 온도에 따라 전기적 양극성이 바뀌는 열전기 물질을 사용한다.
　　• 대부분의 Fourier 변환 적외선분광기는 초전기 검출기를 사용한다.
　㉢ 광자 검출기(Photon Detector) : 빛이 가해지면 전도체로 바뀌는 반도체를 이용한다.

FT-IR 검출기로 주로 사용되는 검출기는? [2020년 3회]

① 골레이(Golay) 검출기
② 볼로미터(Bolometer)
③ 열전기쌍(Thermocouple) 검출기
④ 초전기(Pyroelectric) 검출기

|해설|

초전기 검출기(파이로전기 검출기, Pyroelectric Detector)
• 특별한 열적 및 전기적 성질을 가지고 있는 절연체인 파이로전기 물질의 단결정 웨이퍼로 구성되어 있다.
• 간섭계로부터 나오는 시간함수신호의 변화를 추적할 수 있도록 충분히 빠른 감응시간을 가진다.
• 이로 인하여 대부분의 Fourier 변환 적외선분광기는 초전기 검출기를 사용한다.

정답 ④

핵심이론 12 적외선 Fourier 변환분광법

① 빠른 시간 내에 정확한 IR 스펙트럼을 얻기 위해 도입되었다.

② 장 점
  ㉠ 기기의 분해능이나 검출기에 도달하는 빛의 양을 제한하는 슬릿이 없어 낮은 농도의 시료도 분석이 가능하다.
  ㉡ 측정 시간이 신속하여 짧은 시간 내에 여러 번 반복 측정이 가능하다.
  ㉢ 측정 파수의 정밀도가 우수하다.
  ㉣ 열분해 또는 변질될 우려가 없다.

③ 단 점
  ㉠ 각기 다른 주파수의 모든 성분이 동시에 최곳값을 갖지 않아 간섭도의 비대칭성이 나타난다.
  ㉡ 검출기가 비싸다.

핵심예제

원적외선 영역의 몇몇 광원에서 나오는 복사선의 세기는 아주 약하여 높은 회절차수들의 빛이 검출기에 들어오지 못하도록 사용되는 차수 분류필터에 의해서 더욱 약해진다. 이런 문제를 해결하기 위하여 사용된 기기를 무엇이라고 하는가?

[2010년 2회, 2010년 4회 유사]

① Fourier 변환분광계
② Plasma 분광계
③ 분자형광분광계
④ 분자발광분광계

|해설|

Fourier 방법을 이용하면 원적외선 영역의 광원에서 오는 약한 신호를 주위의 잡음으로부터 분리시킬 수 있다.

정답 ①

① 물질의 구조 확인
  ㉠ 작용기에 따라 특정 파장에서 스펙트럼이 나타나므로 스펙트럼을 분석하여 물질의 구조를 확인할 수 있다.
  ㉡ 정성분석
    • $3,600 \sim 1,250cm^{-1}$ 범위의 작용기 주파수 영역을 조사하여 어떤 작용기가 존재할 가능성이 큰 가를 결정한다.
    • $1,200 \sim 600cm^{-1}$의 지문 영역은 분자의 구조와 성분의 작은 차이가 흡수봉우리에 큰 영향을 주므로 이 영역을 조사하여 물질에 어떤 작용기가 존재하는지를 확인할 수 있다.
  ㉢ 작용기 주파수
    • 유기 작용기가 IR을 흡수하는 대략의 주파수는 원자의 질량과 결합상수로부터 확인할 수 있다.
    • $O - H : 3,650 \sim 3,590cm^{-1}$
    • $C = O : 1,760 \sim 1,690cm^{-1}$
    • $C - O : 1,300 \sim 1,050cm^{-1}$
    • $C = C : 1,680 \sim 1,610cm^{-1}$
② 반응 속도 및 반응 과정의 연구 : 작용기에 따른 흡수 피크의 소멸 및 생성 과정으로 반응의 완결 및 속도 메커니즘을 확인한다.
③ 수소결합의 검정
④ 정량분석 및 순도 측정
  ㉠ 적외선 스펙트럼이 매우 복잡하고, 흡수띠봉우리가 좁고, 사용하는 용매의 제한으로 표준 시료의 제조가 어려워 IR은 정량분석에 잘 이용되지 않는다.
  ㉡ Lambert-Beer 법칙을 정량분석에 이용한다.

핵심예제

적외선흡수분광법에서 흡수봉우리의 파수(cm^{-1})가 가장 큰 작용기는?

[2009년 2회]

① C = O   ② C - O
③ O - H   ④ C = C

정답 ③

핵심이론 14 핵자기공명분광법(NMR)의 개요

① NMR은 원자의 핵과 자기장과의 관계로 분자 구조를 밝힌다.

② NMR에서는 일반적으로 ^1H, ^{13}C, ^{19}F, ^{31}P의 핵을 사용한다.

③ 진동수 4~600MHz의 낮은 에너지를 가지는 라디오파를 이용한다.

④ 원자핵은 회전하는 스핀 운동을 하고 스핀을 가지는 핵에서 허용된 스핀 상태는 양자화되어 있다. $+I$로 부터 $-I$까지의 정수로 $2I+1$개의 스핀 상태가 있다.

⑤ 외부 자기장이 있을 때와 없을 때의 Proton 스핀 상태
  ㉠ 외부 자기장이 없을 때 : 동일 에너지 스핀 상태를 가진다.
  ㉡ 외부 자기장이 있을 때 : 서로 다른 에너지를 가진 두 상태로 갈라진다.

핵심예제

다음 중 핵자기공명(NMR)분광법에서 일반적으로 사용하는 핵종이 아닌 것은? [2008년 4회, 2009년 2회 유사]

① ^1H　　　　　　② ^{13}C
③ ^{19}F　　　　　　④ ^{32}S

|해설|

NMR 분광법에서는 일반적으로 ^1H, ^{13}C, ^{19}F, ^{31}P의 핵을 사용한다.

정답 ④

핵심이론 15 자기장에서의 에너지 준위

① $E = -\dfrac{\gamma m h}{2\pi} B_0$

② $m = +1/2$일 때, $E_{+1/2} = -\dfrac{\gamma h}{4\pi} B_0$

　　$m = -1/2$일 때, $E_{-1/2} = \dfrac{\gamma h}{4\pi} B_0$

③ $\Delta E = \dfrac{\gamma h}{4\pi} B_0 - \left(-\dfrac{\gamma h}{4\pi} B_0 \right) = \dfrac{\gamma h}{2\pi} B_0$

④ $\Delta E = h\nu_0$를 대입하면, $\nu_0 = \dfrac{\gamma B_0}{2\pi}$

15-1. 양성자의 자기모멘트 배열을 반대방향으로 변화시키는 데 100MHz의 라디오 주파수가 필요하다면 양성자 NMR의 자석의 세기는 약 몇 T인가?(단, 양성자의 자기회전비율은 $3.0 \times 10^8 T^{-1}s^{-1}$ 이다) [2009년 2회]

① 2.1

② 4.1

③ 13.1

④ 23.1

15-2. 양성자 NMR 기기는 4.69T의 자기장 세기를 갖는 자석을 사용한다. 이 자기장에서 수소핵이 흡수하는 주파수는 몇 MHz인가?(단, 양성자의 자기회전비는 $2.68 \times 10^8 radian T^{-1}s^{-1}$ 이다)

① 50

② 100

③ 120

④ 200

|해설|

15-1

자기장에서의 에너지 준위

$E = \dfrac{\gamma h}{2\pi} B_0 = h\nu_0$

$\therefore B_0 = \dfrac{2\pi \cdot \nu_0}{\gamma} = \dfrac{2\pi \times (100 \times 10^6)}{3.0 \times 10^8} \fallingdotseq 2.1T$

15-2

자기장에서의 에너지 준위

$E = \dfrac{\gamma h}{2\pi} B_0 = h\nu_0$

$\therefore \nu_0 = \dfrac{\gamma B_0}{2\pi} = \dfrac{(2.68 \times 10^8 T^{-1}s^{-1}) \times 4.69T}{2\pi} \fallingdotseq 2 \times 10^8 Hz$

$\fallingdotseq 200MHz$

정답 15-1 ① 15-2 ④

핵심이론 16 화학적 이동

① 핵 주위의 전자밀도가 대단히 큰 물질을 기준으로 시료의 전자밀도, 구조적 차이에 의해 공명흡수선의 위치가 기준 물질보다 얼마나 달라지는가의 차이를 측정함으로써 물질의 성분을 파악한다.

② 대표적 기준물질 : TMS[TetraMethylSilane, $Si(CH_3)_4$]를 가장 많이 사용한다.

　㉠ 화학적으로 안정하다.

　㉡ 대부분의 유기 용매와 잘 혼합된다.

　㉢ 예민한 단일 흡수선을 나타낸다.

　㉣ 휘발성이 커서 혼합된 미량의 시료를 쉽게 회수가능하다.

　㉤ 공명흡수선의 위치가 다른 유기화합물보다 높은 자기장으로 나타난다.

　㉥ 자기적으로 등방성 구조이다.

③ 화학적 이동 δ : Proton 공명이 TMS에서 얼마나 떨어진 곳에서 일어나는지를 기기의 기본 작동진동수의 ppm으로 나타낸 것이다.

$$화학적\ 이동(ppm) = \frac{화학적\ 이동(Hz)}{자기장(MHz)}$$

핵자기공명(NMR)분광기에서 ^{13}C를 사용하는 이유에 대한 설명으로 틀린 것은? [2009년 2회, 2008년 4회 유사]

① ^{13}C의 자연계 존재비가 매우 낮다.

② ^{13}C 핵의 자기회전비율이 수소보다 작아서 ^{13}C 핵은 Proton보다 낮은 주파수에서 공명한다.

③ 탄소 간 동종핵의 스핀-스핀 짝지음이 일어나지 않는다.

④ ^{13}C는 화학적 이동이 없기 때문에 이용한다.

|해설|

화학적 이동이 거의 없어 양성자 연구를 하는 데 일반적으로 이용되는 것은 사메틸실레인[TMS, $Si(CH_3)_4$]이다.

정답 ④

① **전기음성도 효과** : 인접하고 있는 원자단의 전기음성도가 커질수록 전자밀도의 감소로 가로막기 효과가 약해진다.

② 가로막기 효과가 작아질수록 더 낮은 자기장에서 스펙트럼이 일어난다.

③ **스핀-스핀 분리**
　㉠ 수소가 인접한 탄소에 붙어 있는 수소를 감지하기 때문에 생긴다.
　㉡ 한 무리에 들어 있는 양성자끼리는 상호작용하지 않는다.
　㉢ 양성자들이 이웃에 있는 양성자에 의해 분리되는 선의 수는 $n+1$이다.
　㉣ 두 개 화학결합 이상 떨어진 기능기의 양성자에게서 거의 영향을 받지 않는다.
　㉤ 양쪽의 양성자에 의해 영향을 받을 경우 $(n+1)(m+1)$개로 선이 분리된다.

④ **짝지음상수** : 핵이 이웃한 핵의 스핀 상태에 의해 얼마나 강하게 영향을 받는가의 척도이다.

핵심예제

다음 ^1H−핵자기 공명(NMR) 스펙트럼의 화학적 이동(Chemical Shift)에 대한 설명 중 옳지 않은 것은? [2008년 4회]
① 외부 자기장 세기가 클수록 화학적 이동(δ, ppm)은 커진다.
② 가로막기가 작을수록 낮은 자기장에서 봉우리가 나타난다.
③ 300MHz NMR로 얻은 화학적 이동(Hz)은 200MHz NMR로 얻은 화학적 이동(Hz)보다 크다.
④ 화학적 이동은 편재 반자기 전류 효과 때문에 나타난다.

|해설|
① 외부 자기장의 세기가 클수록 화학적 이동은 작아진다.

정답 ①

① **자석**
　㉠ 강하고 안정적이며, 균일한 장을 생성해야 한다.
　㉡ 초전도 솔레노이드 자석을 주로 사용한다.

② **라디오파(RF) 발신기**

③ **시료관(Tube)**
　㉠ 라디오파(RF)가 투과해야 하고, 내구성이 있으며, 화학적으로 비활성이어야 한다.
　㉡ 유리 또는 파이렉스 관을 주로 사용한다.

④ **시료 탐침기(Probe)**
　㉠ 시료 용기를 놓는 공간이다.
　㉡ 자기장 내에 시료 용기를 고정시키며, 스펙트럼을 획득하는 동안 시료 용기를 회전시키는 공기 터빈과 NMR 신호를 송출하고 검출하는 코일을 포함한다.
　㉢ ^1H, ^{13}C, ^{19}F 등과 같은 핵종별로 각각의 탐침기가 필요하다.

⑤ **신호 적분기와 컴퓨터**

핵심예제

NMR 기기를 이루는 중요한 4가지 구성에 해당되지 않는 것은? [2019년 4회]
① 균일하고 센 자기장을 갖는 자석
② 대단히 작은 범위의 자기장을 연속적으로 변화할 수 있는 장치
③ 라디오파(RF) 발신기
④ 전파 송신기

정답 ④

핵심이론 19 탄소-13 NMR

① 양성자 NMR과 비교한 탄소-13 NMR의 장점
　㉠ 주위에 대한 것보다 분자의 골격에 대한 정보를 제공한다.
　㉡ 봉우리의 겹침이 양성자 NMR보다 적다.
　㉢ 탄소 간 동종 핵의 스핀-스핀 짝지음이 일어나지 않는다.
　㉣ ^{13}C와 ^{12}C간의 이종핵 스핀 짝지음이 일어나지 않는다.
② ^{13}C NMR에 이용되는 양성자 짝풀림
　㉠ 넓은 띠 짝풀림
　㉡ 공명 비킴 짝풀림
　㉢ 펄스법을 이용한 짝풀림
　㉣ 핵의 Overhauser 효과

핵심예제

탄소-13 NMR 스펙트럼에서 양성자 짝풀림(Proton Decoupling)을 위해 이용되지 않는 방법은?　[2010년 2회]

① 펄스 짝풀림(Pulsed Decoupling)
② 넓은 띠 짝풀림(Broadband Decoupling)
③ 공명 없는 짝풀림(Off-Resonance Decoupling)
④ 동핵 스핀 짝풀림(Homonuclear Spin Decoupling)

　　　　　　　　　　　　　　　　　정답 ④

제3절 | 표면분석

3-1. 표면분석 분석 실시

핵심이론 01 표면분석

① 고체 물질의 표면층의 물리·화학적 특성을 분석하는 방법이다.
② X선, 입자, 전자 또는 다른 화학종 등으로 시료 표면을 충격하는 것이 기초이다.
③ 1차살(Primary Beam)이 표면을 충격하면 X선, 입자, 전자 등과 같은 2차살(Secondary Beam)이 방출된다.
④ 2차살의 특성을 통해 표면에 대한 정보를 얻을 수 있다.
⑤ 표면분석을 위한 분광학적 기법

명 칭		1차살	2차살
XPS	X선 광전자 분광법	X선	전 자
AES	Auger 전자 분광법	전 자	전 자
ISS	이온 산란 분광법	이 온	이 온
SIMS	이차 이온 질량분석법	이 온	이 온
EPMA	전자 탐침 미량분석법	전 자	X선

핵심예제

표면분석장치 중 1차살과 2차살 모두 전자를 이용하는 것은?
　　　　　　　　　　　　　　　　　[2020년 1·2회]

① Auger 전자 분광법
② X선 광전자 분광법
③ 이차 이온 질량분석법
④ 전자 미세 탐침 미량분석법

|해설|

Auger 전자 분광법(AES ; Auger Electron Spectroscopy) : 시료의 표면에 전자 또는 X선을 조사하여 방출하는 물질에 오제 전자를 분광해 고체 표면을 분석하는 방법이다.
• 첫번째 단계 : X선이나 전자살에 시료 물질을 노출시켜 전자적으로 들뜬 이온을 생성한다.
• 두번째 단계 : Auger 전자가 방출된다.

　　　　　　　　　　　　　　　　　정답 ①

핵심이론 02 X선 광전자 분광법(XPS)

① 에너지를 정확히 알고 있는 X선 빛살이 초고진공 상태에 있는 시료 표면에 입사되면 내부 껍질의 전자들이 방출되며, 방출된 광전자의 에너지를 측정한다.

② 방출된 전자의 결합에너지는 전자 오비탈의 에너지와 전자가 방출된 원소에 의존하므로, 존재하는 원소를 확인하는 데 이용된다.

③ 기 기
　㉠ 단파장 X선을 제공하는 복사선 광원 : Al과 Mg 양극을 사용한 약한 X선 양극관을 주로 사용한다.
　㉡ 시료 집게
　㉢ 시료에서 방출된 전자를 에너지에 따라 분리하는 에너지 분석기
　㉣ 전자 검출기 : 단일 채널 및 다중 채널 검출기를 사용한다.

④ 이온총
　㉠ 외부 오염물 층의 시료 표면을 청소한다.
　㉡ 표면으로부터 원자를 튕겨내 깊이 단면도 분석을 얻는다.

⑤ XPS와 관련된 전자는 에너지가 낮으므로 계의 다른 원자나 분자와 충돌하지 말아야 하며, 이를 위해 매우 높은 진공 시스템을 사용한다.

⑥ 깊이 분석도(Depth Profiling) : 이온원을 사용해서 가장 바깥의 표면 원자를 튕겨내 제거하고 표면 아래의 깊이에 따른 시료 조성을 검사하는 것이다.

핵심이론 03 Auger 전자 분광법(AES)

① XPS와 유사하지만 한 단계가 아닌 두 단계 과정을 거친다.
　㉠ 첫번째 단계 : X선이나 전자살에 시료 물질을 노출시켜 전자적으로 들뜬 이온을 생성한다.
　㉡ 두번째 단계 : Auger 전자가 방출된다.

② Auger 전자
　㉠ K 껍질의 전자 하나가 충돌에 의해 방출된다.
　㉡ L 껍질의 전자 하나가 K 껍질로 내려감과 동시에 L 껍질의 두번째 전자(Auger 전자)로 에너지가 전달된다.
　㉢ 두번째 전자가 Auger 전자로 방출된다.

③ Auger 화학적 이동은 XPS 화학적 이동보다 더 크다.

④ 기 기
　㉠ XPS의 기기와 유사하다.
　㉡ XPS의 기기와 가장 큰 차이점은 광원으로 X선 광자가 아닌 전자총 또는 장방출원으로부터 나오는 집속 전자살이 사용된다는 점이다.

⑤ 고체 표면의 원소 조성 확인과 표면 성분을 정량할 수 있다.

핵심이론 04 | 이온 산란 분광법(ISS)

① 원 리
  ㉠ 이온살이 시료에 조사되어 표면과 충돌하면 표면의 시료 원자에 의해 이온이 산란된다.
  ㉡ 충돌 이온의 일부는 원자들과 단일 탄성 충돌 후에 산란된다.
  ㉢ 운동량 보존에 의해 주어진 각도로 산란된 이온의 에너지는 표면 원자의 질량 및 충돌 이온의 에너지에만 의존하게 된다.
  ㉣ 산란된 이온의 에너지를 측정함으로써, 표면의 산란시킨 원자의 질량을 결정할 수 있다.

② 표면분석기술 중 가장 표면에 민감하다.

③ 충격 이온보다 원자번호가 큰 모든 원소를 측정할 수 있다.

④ 표면의 원소 및 동위원소 조성을 정성 및 정량적으로 측정할 수 있다.

⑤ 기 기
  ㉠ 이온원
  ㉡ 진공 시스템
  ㉢ 에너지 분석기
  ㉣ 검출기

⑥ 응 용
  ㉠ 표면 반응 메커니즘 연구
  ㉡ 촉매 거동 및 표면의 흡착 과정 연구
  ㉢ 동위원소 대체 반응 연구

핵심이론 05 | 이차 이온 질량분석법(SIMS)

① 원 리
  ㉠ 표면이 이온화된 비활성 기체살(1차 이온살)로 충격된다.
  ㉡ 1차 이온의 직접 충격 또는 간접 에너지 전달에 의해 고체의 화학결합이 파괴되고, 이로 인해 중성분자 뿐만 아니라 이온들도 표면에서 튕겨져 나온다(2차 이온 발생).
  ㉢ 2차 이온은 양 또는 음으로 하전된다.
  ㉣ 2차 이온의 질량 대 전하비가 측정되고, 2차 이온세기 대 질량 대 전하비의 스펙트럼을 얻는다.

② 동적 SIMS
  ㉠ 높은 세기의 1차 이온살을 사용한다.
  ㉡ 높은 튕김 비율, 많은 2차 이온 생성을 초래해 검출한계가 낮다.
  ㉢ 표면층 제거율이 높기 때문에 파괴적 기법이다.

③ 정적 SIMS
  ㉠ 낮은 세기의 1차 이온살을 사용한다.
  ㉡ 매우 얇거나 비파괴적 분석이 요구되는 시료의 연구에 사용된다.
  ㉢ 2차 이온 생성이 낮기 때문에 감도는 동적 SIMS에 비해 좋지 않다.

④ 기 기
  ㉠ 1차 이온원
    • O_2^+와 같이 전기음성도가 큰 1차 이온을 사용하면 2차 양이온 생성을 증가시킨다.
    • Cs^+와 같이 전기 양성적인 1차 이온을 사용하면 2차 음이온의 생성을 증가시킨다.
  ㉡ 시료 집게
  ㉢ 2차 이온 추출 광학장치
  ㉣ 질량분석기
    • 이중 집속 자기장 부채꼴 기기
    • TOF 질량분석기

- 사중극자 질량분석기

ㅁ 이온 검출기

고체 표면의 원소 성분을 정량하는 데 주로 사용되는 원자 질량 분석법은? [2015년 4회, 2020년 1·2회]

① 양이온 검출법과 음이온 검출법
② 이차 이온 질량분석법과 글로 방전 질량분석법
③ 레이저 마이크로 탐침 질량분석법과 글로 방전 질량분석법
④ 이차 이온 질량분석법과 레이저 마이크로 탐침 질량분석법

|해설|

고체 표면의 원소 성분 정량에는 이차 이온 질량분석법과 레이저 마이크로 탐침 질량분석법을 사용한다.

정답 ④

전자 탐침 미량분석법(EPMA)

① 고에너지 전자살을 이용하여 고체 시료의 표면을 충격하여 내부 껍질 전자를 제거하고 X선 광자 방출을 야기한다.
② 방출된 X선 광자는 존재하는 원조의 특징적 파장을 갖는다.
③ EPMA는 방출된 X선을 구별하기 위해 파장 분산형 또는 에너지 분산형 X선 분광기를 사용한다.
④ 표면의 원소 분석 및 마이크론 크기 형상의 원소 분석이 신속하고 정확하다.
⑤ 화학종이나 산화 상태에 대한 정보는 얻을 수 없다.

화학분석기사

PART 2

과년도 + 최근 기출복원문제

제1과목 | 일반화학

01 어떤 염의 물에 대한 용해도가 70℃에서 60, 30℃에서 20이다. 70℃의 포화 용액 100g을 30℃로 식힐 때 나타나는 현상으로 옳은 것은?

① 70℃에서 포화 용액 100g에 녹아 있는 염의 양은 60g이다.

② 30℃에서 포화 용액 100g에 녹아 있는 염의 양은 20g이다.

③ 70℃의 포화 용액을 30℃로 식힐 때 불포화 용액이 형성된다.

④ 70℃의 포화 용액을 30℃로 식힐 때 석출되는 염의 양은 25g이다.

해설

① 70℃에서 포화 용액 100g에 녹아 있는 염의 양
   $160 : 60 = 100 : x$
   $x = 37.5g$

② 70℃의 포화 용액을 30℃로 냉각시킬 때
   $120 : 20 = 100 : x$
   $x = 16.67g$
   30℃에서 녹아 있는 염의 양은 16.67g이다.

④ $160 : 120 = 100 : x$
   $x = 75g$
   석출되는 염의 양은 100 - 75 = 25g이다.

02 다음 분자는 σ-결합과 π-결합이 각각 얼마나 있는가?

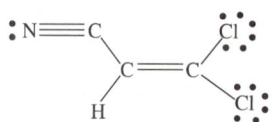

① σ-결합 : 6, π-결합 : 3

② σ-결합 : 7, π-결합 : 2

③ σ-결합 : 8, π-결합 : 1

④ σ-결합 : 9, π-결합 : 0

해설

• π-결합(파이결합) : 분자 내에 서로 이웃하고 있는 원자의 각각의 전자 궤도의 중첩에 의한 화학결합

• σ-결합(시그마결합) : 결합 축과 같은 방향을 가진 오비탈이 겹쳐져 일어나는 공유 결합

• 단일결합 : σ-결합이 1개

• 이중결합 : σ-결합이 1개, π-결합이 1개

• 삼중결합 : σ-결합이 1개, π-결합이 2개

그림은 삼중결합 1개와 이중결합 1개, 단일결합 4개로 이루어져 있으므로 σ-결합 : 6개, π-결합 : 3개이다.

03 다음 중 질량이 가장 큰 것은?

① 273K, 1atm에서 이상기체인 He 0.224L

② 탄소 원자 0.01몰

③ 산소 원자 0.01몰

④ 이산화탄소 분자 0.01몰 내에 들어 있는 총 산소 원자

해설

④ CO_2 0.01몰 내에 들어 있는 총 산소 원자의 질량은 0.01 × 2 × 16 = 0.32g이다.

① 273K, 1atm에서 He 0.224L는 0.01몰이므로 질량은 0.01 × 4 = 0.04이다.

② 탄소 원자 0.01몰의 질량은 0.01 × 12 = 0.12g이다.

③ 산소 원자 0.01몰의 질량은 0.01 × 16 = 0.16g이다.

04 섭씨 100도, 1기압에서 산소 1L와 수소 1L를 온도와 압력이 유지되는 용기에서 반응시켰다. 반응이 끝난 후 생성된 수증기의 부피와 용기 속에 포함된 기체의 총 부피는 각각 몇 L인가?

① 1, 1.5   ② 1.5, 2

③ 2, 2.5   ④ 2.5, 3

> **해설**
> 수소와 산소 및 생성되는 수증기의 부피비는 2:1:2의 정수비가 성립한다. 수소 1L와 산소 0.5L가 반응하여 수증기 1L가 만들어지고 산소 0.5L가 남는다. 그러므로 생성된 수증기의 부피는 1L이고 용기 속 총 기체의 부피는 1.5L이다.

05 다음 중 불포화 탄화수소에 속하지 않는 것은?

① Alkane   ② Alkene

③ Alkyne   ④ Arene

> **해설**
> **탄화수소의 분류**
>
>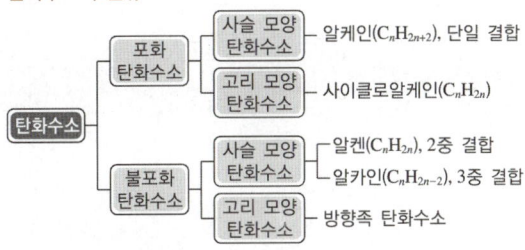

06 강산인 0.1M 질산 수용액의 pH는 얼마인가?

① 0.1   ② 1

③ 2   ④ 3

> **해설**
> $HNO_3 + H_2O \rightleftharpoons H_3O^+ + NO_3^-$
> $\therefore$ pH $= -\log[H_3O^+] = -\log[H^+] = -\log 10^{-1} = 1$

07 뷰테인(C_4H_{10}) 1몰을 완전연소시킬 때 발생하는 이산화탄소와 물의 질량비에 가장 가까운 것은?

① 2.77 : 1   ② 1 : 2.77

③ 1.96 : 1   ④ 1 : 1.96

> **해설**
> **뷰테인의 완전연소 반응식** : $C_4H_{10} + 6.5O_2 \rightarrow 4CO_2 + 5H_2O$
> • CO_2 4mol의 질량 = 4mol $\times$ 44g/mol = 176g
> • H_2O 5mol의 질량 = 5mol $\times$ 18g/mol = 90g
> $\therefore$ CO_2와 H_2O의 질량비 = 176 : 90 $\fallingdotseq$ 1.96 : 1

08 다음 중 짝산-짝염기 쌍인 것은?

① HCl $-$ OCl^-

② H_2SO_4 $-$ SO_4^{2-}

③ NH_4^+ $-$ NH_3

④ H_3O^+ $-$ OH^-

> **해설**
> **짝산-짝염기** : 양성자의 이동에 의해 산과 염기로 되는 한 쌍의 물질
> ① HCl $-$ Cl^-
> ② H_2SO_4 $-$ HSO_4^-

09 11.99g의 염산이 녹아 있는 5.48M 염산 용액의 부피는 몇 mL인가?(단, 염산의 분자량은 36.45이다)

① 12.5   ② 17.8

③ 30.4   ④ 60.0

> **해설**
> 먼저, 몰수를 구하면
> $11.99g \times \dfrac{1mol}{36.45} \fallingdotseq 0.3289mol$
>
> 용액의 부피(L) $= \dfrac{\text{용질의 몰수(mol)}}{\text{몰농도(M)}}$ 이므로,
>
> 부피(L) $= \dfrac{0.3289mol}{5.48M} = 0.06L = 60.0mL$

10 비중이 1.8이고, 순도가 96%인 황산 용액의 몰농도를 구하면 약 몇 M인가?

① 5.4   ② 17.6

③ 18.4   ④ 35.2

> **해설**
>
> $M = \dfrac{용질의\ 몰수(mol)}{용액의\ 부피(L)}$
>
> $= 1.8g \times \dfrac{1mol}{98g} \times 1,000 \times 0.96 ≒ 17.6M$

11 다음 단위체 중 첨가중합체를 만드는 것은?

① C_2H_6 ② C_2H_4

③ $HOCH_2CH_2OH$ ④ $HOCH_2CH_3$

> **해설**
>
> 첨가중합은 단위체의 이중결합 또는 삼중결합이 끊어지면서 중합하여 거대한 분자를 형성하는 반응으로, 이중결합을 가지는 단위체는 첨가중합반응을 한다.
> ② C_2H_4 : 에텐(에틸렌)
>
> $$\begin{matrix} H\!-\!\! & & \!\!-\!H \\ & C = C & \\ H\!-\!\! & & \!\!-\!H \end{matrix}$$

12 다음은 질산을 생성하는 Ostwald 공정을 나타낸 화학반응식이다. 균형이 맞추어진 화학반응식의 반응물과 생성물의 계수 a, b, c, d가 옳게 나열된 것은?

$$aNH_3 + bO_2 \rightarrow cNO + dH_2O$$

① $a = 2$, $b = 3$, $c = 2$, $d = 3$

② $a = 6$, $b = 4$, $c = 5$, $d = 6$

③ $a = 4$, $b = 5$, $c = 4$, $d = 6$

④ $a = 1$, $b = 1$, $c = 1$, $d = 1$

> **해설**
>
> 질산생성의 화학반응식 : $4NH_3 + 5O_2 \rightarrow 4NO + 6H_2O$

13 탄화수소유도체를 잘못 나타낸 것은?

① R-OH : 알코올

② $R-CONH_2$: 아마이드

③ R-CO-R : 케톤

④ R-CHO : 에테르

> **해설**
>
> ④ R-CHO : 알데하이드
> ※ R-O-R′ : 에테르

14 황의 산화수(Oxidation Number)가 틀린 것은?

① $CaSO_4$: +4

② SO_3^{2-} : +4

③ SO_3 : +6

④ SO_2 : +4

> **해설**
>
> ① $CaSO_4 \rightarrow 2 + x + (-2 \times 4) = 0$
> ∴ $x = +6$

15 다음과 같은 전자 배치를 갖는 원소는?

$$1s^2 2s^2 2p^6 3s^2 3p^3$$

① Al   ② Si

③ P   ④ S

> **해설**
>
> 전자의 개수를 계산하면 $2 + 2 + 6 + 2 + 3 = 15$이므로 주기율표 15족 3주기에 속하는 P가 정답이다.

16 메타-다이나이트로벤젠의 구조를 옳게 나타낸 것은?

① NO₂
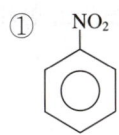

② NO₂ NO₂

③ NO₂ / NO₂

④ NO₂ / NO₂

③ meta-다이나이트로벤젠 : NO₂ / NO₂

② ortho-다이나이트로벤젠 : NO₂ NO₂

④ para-다이나이트로벤젠 : NO₂ / NO₂

17 C₇H₁₆의 IUPAC(국제순수응용연합)의 명명법에 따른 이름은?

① 펜테인   ② 헵테인
③ 헥테인   ④ 옥테인

해설
② 탄소가 7개인 포화 탄화수소(C₇H₁₆)를 헵테인이라고 한다.

18 용해도에 대한 설명으로 틀린 것은?

① 용해도란 특정온도에서 주어진 양의 용매에 녹을 수 있는 용질의 최대량이다.
② 일반적으로 고체물질의 용해도는 온도 증가에 따라 상승한다.
③ 일반적으로 물에 대한 기체의 용해도는 온도 증가에 따라 감소한다.
④ 외부압력은 고체의 용해도에 큰 영향을 미친다.

해설
고체의 용해도는 외부압력에 크게 영향을 받지 않는 반면, 기체의 용해도는 압력에 비례한다.

19 원자반지름이 작은 것부터 큰 순서로 나열된 것은?

① P < S < As < Se
② S < P < Se < As
③ As < Se < P < S
④ Se < As < S < P

해설
• ₁₅P, ₁₆S : 2주기 원소
• ₃₃As, ₃₄Se : 3주기 원소
원자반지름은 주기가 클수록 크고, 같은 주기에서는 원자번호가 클수록 작다.
따라서, S < P < Se < As 순이다.

20 아세톤의 다른 명칭으로서 옳은 것은?

① Dimethylketone
② 1-propanone
③ Propanal
④ Methylethylketone

해설
① Dimethylketone : 아세톤(CH₃COCH₃)
③ Propanal : 프로피온알데하이드

21 20℃에서 빈 플라스크의 질량은 10.2634g이고, 증류수로 플라스크를 완전히 채운 후에 질량은 20.2144g이었다. 20℃에서 물 1g의 부피가 1.0029mL일 때, 이 플라스크의 부피를 나타내는 식은 무엇인가?

① $(20.2144 - 10.2634) \times 1.0029$

② $(20.2144 - 10.2634) \div 1.0029$

③ $1.0029 + (20.2144 - 10.2634)$

④ $1.0029 \div (20.2144 - 10.2634)$

해설
• 증류수의 질량 = $(20.2144 - 10.2634)$g
• 증류수 1g당 부피 = 1.0029mL
∴ $(20.2144 - 10.2634)$g$\times \dfrac{1.0029\text{mL}}{1\text{g}}$ 하면 부피를 알 수 있다.

22 0.010M $AgNO_3$ 용액에 H_3PO_4를 첨가 시, Ag_3PO_4 침전이 생기기 시작하려면 PO_4^{3-} 농도는 얼마보다 커야 하는가?(단, Ag_3PO_4의 $K_{sp} = 1.3 \times 10^{-20}$이다)

① 1.3×10^{-22} ② 1.3×10^{-20}

③ 1.3×10^{-18} ④ 1.3×10^{-14}

해설
Ag_3PO_4의 $K_{sp} = 1.3 \times 10^{-20}$이므로
$K_{sp} = (0.010\text{M})^3 [PO_4^{3-}] = 1.3 \times 10^{-20}$
∴ PO_4^{3-} 농도는 1.3×10^{-14}보다 커야 한다.

23 CaF_2의 용해와 관련된 반응식에서 과량의 고체 CaF_2가 남아있는 포화된 수용액에서 $Ca^{2+}(aq)$의 몰농도에 대한 설명으로 옳은 것은?(단, 용해도의 단위는 mol/L이다)

$$CaF_2(s) \rightleftharpoons Ca^{2+}(aq) + 2F^-(aq), \quad K_{sp} = 3.9 \times 10^{-11}$$
$$HF(aq) \rightleftharpoons H^+(aq) + F^-(aq), \qquad K_a = 6.8 \times 10^{-4}$$

① KF를 첨가하면 몰농도가 감소한다.

② HCl을 첨가하면 몰농도가 감소한다.

③ KCl을 첨가하면 몰농도가 감소한다.

④ H_2O를 첨가하면 몰농도가 증가한다.

해설
② HCl는 전해질이므로 몰농도는 증가한다.
③ KCl은 전해질이므로 몰농도는 증가한다.
④ H_2O는 아무런 영향을 미치지 않는다.

24 어떤 아민의 pK_b가 5.80이라면, 0.2M 아민 용액의 pH는 얼마인가?

① 2.25 ② 4.25

③ 10.75 ④ 11.75

해설
$NH_2^- + H_2O \rightleftharpoons NH_3 + OH^-$
$pK_b = -\log K_b = 5.80$이므로,
$\log K_b = -5.80$
$K_b = 10^{-5.80} = 1.58 \times 10^{-6}$
$\dfrac{[OH^-]^2}{0.2} = 1.58 \times 10^{-6}$이므로
$[OH^-] = 5.63 \times 10^{-4}$이다.
$pH = 14 - pOH$
$\quad = 14 - \{-\log(5.63 \times 10^{-4})\}$
$\quad = 10.75$

25 MnO_4^- 이온에서 망가니즈(Mn)의 산화수는 얼마인 가?

① −1   ② +4

③ +6   ④ +7

해설

$Mn + (-2 \times 4) = -1$

$\therefore Mn = +7$

26 0.1000M HCl 용액 25.00mL를 0.1000M NaOH 용액으로 적정하고 있다. NaOH 용액 25.10mL가 첨가되었을 때의 용액의 pH는 얼마인가?

① 11.60   ② 10.30

③ 3.70   ④ 2.40

해설

$NaOH\ mol = \dfrac{0.100M \times 0.1mL}{25mL + 25.1mL} \fallingdotseq 2 \times 10^{-4} mol$

$pOH = -\log(2 \times 10^{-4}) \fallingdotseq 3.7$

$pH = 14.0 - 3.7 = 10.30$

$\therefore pH = 10.30$

27 염화나트륨 5.8g을 메스플라스크에 넣은 후 물을 넣어 녹인 후 100mL까지 물을 채웠다. 염화나트륨 의 몰농도는 몇 M인가?(단, 염화나트륨의 분자량 은 58g/mol이다)

① 0.10M   ② 1.0M

③ 3.0M   ④ 10.0M

해설

$\dfrac{5.8g}{0.1L} \times \dfrac{1mol}{58g} = 1mol/L = 1.0M$

28 25℃에서 0.028M의 NaCN 수용액의 pH는 얼마 인가?(단, HCN의 $K_a = 4.9 \times 10^{-10}$이다)

① 10.9   ② 9.3

③ 3.1   ④ 2.8

해설

$pK_a = -\log(4.9 \times 10^{-10} \times 0.028) \fallingdotseq 10.9$

29 플루오린화칼슘(CaF_2)의 용해도곱은 3.9×10^{-11} 이다. 이 염의 포화용액에서 칼슘 이온의 몰농도는 몇 M인가?

① 2.1×10^{-4} ② 3.4×10^{-4}

③ 6.2×10^{-6} ④ 3.9×10^{-11}

해설

$K_{sp} = x \times (2x)^2 = 4x^3$

$4x^3 = 3.9 \times 10^{-11}$

$\therefore x = 2.1 \times 10^{-4}$

30 다음 중 전지를 선 표시법으로 가장 옳게 나타낸 것은?

① $Cd(s)\ |\ Cd(NO_3)_2(aq)\ \|\ AgNO_3(aq)\ |\ Ag(s)$

② $Cd(s)\ ,\ Cd(NO_3)_2(aq)\ \|\ AgNO_3(aq)\ ,\ Ag(s)$

③ $Cd(s)\ |\ Cd(NO_3)_2(aq)\ ,\ AgNO_3(aq)\ |\ Ag(s)$

④ $Cd(s)\ ,\ Cd(NO_3)_2(aq)\ |\ AgNO_3(aq)\ ,\ Ag(s)$

해설

전지의 표시법

산화전극 ㅣ 산화전지의 전해액 ‖ 환원전지의 전해액 ㅣ 환원전극 전지를 표시할 때는 산화전극을 왼쪽에, 환원전극을 오른쪽에 쓰 고 접촉면은 ㅣ로, 염다리는 ‖로 표시한다.

31 탄산($pK_{a1}=6.4$, $pK_{a2}=10.3$) 용액을 수산화나트륨 용액으로 적정할 때, 첫 번째 종말점의 pH에 가장 가까운 것은?

① 6 ② 7
③ 8 ④ 10

해설

$H_2CO_3 \rightleftharpoons H^+ + HCO_3^-$
$HCO_3^- \rightleftharpoons H^+ + CO_3^{2-}$

$pH = \frac{1}{2}(pK_{a1} + pK_{a2})$
$\quad\ = \frac{1}{2}(6.4 + 10.3)$
$\quad\ = 8.35 ≒ 8$

32 0.10M KNO_3와 0.10M Na_2SO_4 혼합용액의 이온세기는 얼마인가?

① 0.40 ② 0.35
③ 0.30 ④ 0.25

해설

이온세기 : $I = 0.5\sum mz^2$
여기서, m : 각 이온의 농도, z : 각 이온의 전하이다.
혼합용액의 이온은 K^+, NO_3^-, $Na^+ \times 2$, SO_4^{2-}이므로
$I = 0.5[(0.1 \times 1^2) + \{0.1 \times (-1)^2\} + \{(0.1 \times 2) \times 1^2\} + \{0.1 \times (-2)^2\}] = 0.40$

33 다음의 증류수 또는 수용액에 고체 $Hg_2(IO_3)_2(K_{sp}=1.33 \times 10^{-18})$를 용해시킬 때, 용해된 Hg_2^{2+}의 농도가 가장 큰 것은?

① 증류수
② 0.10M KIO_3
③ 0.20M KNO_3
④ 0.30M $NaIO_3$

해설

IO_3 이온 화합물을 용해시키면 Hg_2^{2+}가 줄어들고, $Hg_2(IO_3)_2$는 KNO_3에 가장 잘 녹기 때문에 ③번의 농도가 가장 클 것이다.

34 Cd^{2+} 이온이 4분자의 암모니아(NH_3)와 반응하는 경우와 2분자의 에틸렌다이아민($H_2NCH_2CH_2NH_2$)과 반응하는 경우에 대한 설명으로 옳은 것은?

① 엔탈피 변화는 두 경우 모두 비슷하다.
② 엔트로피 변화는 두 경우 모두 비슷하다.
③ 자유에너지 변화는 두 경우 모두 비슷하다.
④ 암모니아와 반응하는 경우가 더 안정한 금속 착물을 형성한다.

해설

② 두 경우의 엔트로피 변화는 다르다.
③ 엔탈피 변화는 두 경우 모두 비슷하고 엔트로피 변화는 다르기 때문에, 자유에너지 변화는 다르다.
④ 에틸렌다이아민과 반응하는 경우 더 안정한 금속 착물을 형성한다.

35 EDTA의 pK_1부터 pK_6까지의 값은 0.0, 1.5, 2.0, 2.66, 6.16, 10.24이다. 다음 EDTA의 구조식은 pH가 얼마일 때, 주요 성분인가?

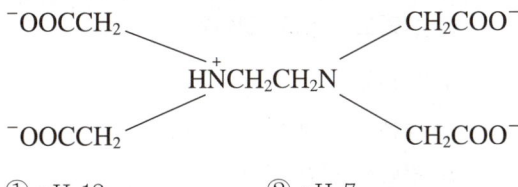

① pH 12   ② pH 7

③ pH 3   ④ pH 1

해설

pH에 따른 EDTA의 구조변화

pH 6.16일 때 : HY^{3-}

pH 10.24일 때 : Y^{4-}

HY^{3-}의 형태이므로 보기 중 pH 6.16과 가장 가까운 값인 pH 7이 정답이다.

36 갈바니 전지에 대한 설명 중 틀린 것은?

① 갈바니 전지에서는 산화·환원 반응이 모두 일어난다.

② 염다리를 사용할 수 있다.

③ 자발적인 화학반응이 전기를 생성한다.

④ 자발적 반응이 일어나는 경우 일반적으로 전위차 값을 음수로 나타낸다.

해설

갈바니 전지에서 자발적 반응의 전위차 값은 항상 양수로 나타난다. 계산된 전위차 값이 음수이면 반대방향으로 자발적 반응이 일어난다.

37 활동도 계수의 특성에 대한 다음 설명 중 틀린 것은?

① 너무 진하지 않은 용액에서 주어진 화학종의 활동도 계수는 전해질의 성질에 의존한다.

② 대단히 묽은 용액에서는 활동도 계수는 1이 된다. 이러한 경우에 활동도와 농도는 같다.

③ 주어진 이온세기에서 이온의 활동도 계수는 이온 화학종의 전하가 증가함에 따라 1에서 벗어나게 된다.

④ 한 화학종의 활동도 계수는 화학종이 포함된 평형에서 그 화학종이 평형에 미치는 영향의 척도이다.

해설

농도가 낮은 용액에서 한 화학종의 활동도 계수는 전해질의 성질에 무관하며 이온세기에만 의존한다.

38 난용성 고체염인 $BaSO_4$로 포화된 수용액에 관한 설명으로 틀린 것은?

① $BaSO_4$ 포화수용액에 황산 용액을 넣으면 $BaSO_4$가 석출된다.

② $BaSO_4$ 포화수용액에 소금물을 첨가 시에도 $BaSO_4$가 석출된다.

③ $BaSO_4$의 K_{sp}는 온도의 함수이다.

④ $BaSO_4$ 포화수용액에 $BaCl_2$ 용액을 넣으면 $BaSO_4$가 석출된다.

해설

② $BaSO_4$에 소금물 첨가 시에 $BaSO_4$가 석출되지 않는다.

※ $BaSO_4 + 2NaCl \rightarrow BaCl_2 + Na_2SO_4$

39 다음 중 부피 및 질량 적정법에서 기준물질로 사용되는 일차표준물질(Primary Standard)의 필수 조건으로 가장 거리가 먼 것은?

① 대기 중에서 안정해야 한다.
② 적정매질에서 용해도가 작아야 한다.
③ 가급적 큰 몰질량을 가져야 한다.
④ 수화된 물이 없어야 한다.

해설
일차표준물질(Primary Standard)의 필수 조건
• 순수한 상태로 얻어지며 정제가 쉽고 일정 조성을 가져야 한다.
• 가열 건조 시 안정하여야 하며, 가급적 결정수가 없어야 한다.
• 흡수, 풍화, 공기 산화 등의 성질이 없고 오랫동안 보관하여도 변질되지 않아야 한다.
• 측량 오차를 감소시키기 위해 몰질량이 커야 한다.
• 용해도가 크고, 잘 녹는 것이어야 한다.
• 반응이 적량적으로 일어나는 것이어야 한다.

40 0.150M 아질산(HNO_2)수용액 중 하이드로늄 이온(H_3O^+)농도는 약 몇 M인가?(단, 아질산의 수용액 중 산해리 상수는 5.1×10^{-4}이다)

① 0.171　　　　② 0.150
③ 0.00875　　　④ 0.00226

해설
$$K_a = \frac{[H_3O^+][NO_2^-]}{[HNO_2]}$$
$$= \frac{x^2}{0.15} = 5.1 \times 10^{-4}$$
$$\therefore \ x \fallingdotseq 8.7 \times 10^{-3} = 0.00875$$

41 유도 결합 플라스마(ICP) 방출 분광법의 특징에 대한 설명으로 틀린 것은?

① 고분해능
② 높은 세기의 미광 복사선
③ 정밀한 세기 읽기
④ 빠른 신호 획득과 회복

해설
유도 결합 플라스마(ICP) 방출 분광법은 미량분석에 대한 높은 분석감도 및 정확성이 매우 뛰어나며, 대부분의 유기 및 무기화합물에 대한 광범위한 정성·정량분석이 가능하다. 높은 세기의 미광 복사선은 적어야 한다.

42 다음 중 에너지가 가장 작은 전자기복사파는?

① 가시광선
② 마이크로파
③ 근적외선
④ 자외선

해설
마이크로파는 전자복사선 중 가장 파장이 길고 진동수가 가장 낮다. 전자파는 일반적으로 파장이 짧을수록 높은 에너지를 가지므로 보기 중에서 마이크로파가 가장 에너지가 작은 전자기파이다.
※ 전자기 복사선 파장의 크기
　라디오파 > 마이크로파 > 적외선 > 가시광선 > 자외선 > X선

43 2.5μm의 파장을 가진 적외선 파수는 얼마인가?

① $2,500cm^{-1}$

② $3,000cm^{-1}$

③ $4,000cm^{-1}$

④ $4,500cm^{-1}$

> **해설**
>
> 파수(cm^{-1}) = $\dfrac{1}{파장}$(cm)이므로
>
> $\dfrac{1}{2.5\mu m} = 0.4\mu m^{-1}$
>
> $\dfrac{1}{0.4\mu m} \times \dfrac{10^4 \mu m}{1cm} = 4,000cm^{-1}$

44 분자의 형광 및 인광에 대한 설명으로 틀린 것은?

① 형광은 들뜬 단일항 상태에서 바닥의 단일항 상태로의 전이이다.

② 인광은 들뜬 삼중항 상태에서 바닥의 단일항 상태로의 전이이다.

③ 인광은 일어날 가능성이 낮고 들뜬 삼중항 상태의 수명은 꽤 길다.

④ 인광에서 스핀이 짝을 이루지 않으면 분자는 들뜬 단일항 상태에 있다.

> **해설**
>
> 분자에 있는 전자쌍 중 하나가 들뜨면 전자의 에너지 상태는 단일항 상태 또는 삼중항 상태로 된다. 들뜬 단일항 상태의 경우 전자의 스핀은 짝을 이루고 있지만, 삼중항 상태에서는 두 개의 전자스핀이 짝을 이루지 않는다.

45 푸리에(Fourier)변환 적외선 기기가 분산형 적외선 기기보다 좋은 점이 아닌 것은?

① 산출량(Throughput)

② 정밀한 파장 선택

③ 더 간단한 기계적 설계

④ IR 방출의 제거를 하지 않음

> **해설**
>
> **푸리에 분광법의 특징**
> - 측정시간이 신속하다.
> - 감도가 높다.
> - 우수한 주파수의 정밀도
> - Tracking Error가 발생하지 않는다.
> - 기기가 간단하다.

46 찬-증기 원자흡수분광법(CVAAS)에 대한 설명으로 옳은 것은?

① 알킬수은 화합물은 전처리 없이 CVAAS로 직접 정량할 수 있다.

② CVAAS 분석을 위해 산류에 의한 전처리를 할 때에는 열판 위의 열린 상태에서 전처리하면 안 된다.

③ CVAAS는 수은(Hg) 증기 외에 수소화물도 생성시킬 수 있으므로 수소화물 생성법의 한 종류라고 말할 수 있다.

④ 유기물을 전처리 시 $KMnO_4$나 $(NH_4)_2S_2O_8$ 등을 사용하는 데 유기물 분해 후의 여분의 강산화제는 제거하지 않아도 CVAAS 분석에 영향이 없다.

> **해설**
>
> ① 알킬수은 화합물의 정량은 전처리 과정이 필요하다.
> ③ 찬증기 원자흡수분광법(CVAAS)은 수은(Hg) 증기 외에 수소화물을 생성할 수 없다.
> ④ 유기물 분해 후의 여분의 강산화제는 제거해야 한다.

47 물분자의 기준진동의 자유도는 얼마인가?

① 2　　　　② 3

③ 4　　　　④ 5

48 형광의 세기에 영향을 주는 변수가 아닌 것은?

① 양자 효율

② 에너지 전이형태

③ 전자쌍 효과

④ 온도 및 용매의 극성 증가

49 불꽃 분광법과 비교한 플라스마 광원 방출 분광법의 특징에 대한 설명으로 옳은 것은?

① 플라스마 광원의 온도가 불꽃보다 낮기 때문에 원소 상호 간 방해가 적다.

② 높은 온도에서 분해가 용이한 불안정한 원소를 낮은 농도에서 분석할 수 있다.

③ 하나의 들뜸 조건에서 동시에 여러 원소들의 스펙트럼을 얻을 수 있다.

④ 내화성 화합물을 생성하는 원소나 아이오딘, 황과 같은 비금속을 제외하고 적용범위가 넓다.

50 분광분석의 일반적인 순서로 옳은 것은?

① 시약준비 → 흡광도 측정 → 검정곡선 작성 → 시료 및 표준용액 발색 → 정량

② 시약준비 → 시료 및 표준용액 발색 → 흡광도 측정 → 검정곡선 작성 → 정량

③ 시약준비 → 검정곡선 작성 → 시료 및 표준용액 발색 → 흡광도 측정 → 정량

④ 시약준비 → 흡광도 측정 → 시료 및 표준용액 발색 → 검정곡선 작성 → 정량

51 적외선 흡수 스펙트럼에서 흡수 봉우리의 파수는 화학결합에 대한 힘 상수의 세기와 유효질량에 의존한다. 다음 중 흡수 파수가 가장 클 것으로 예상되는 신축 진동은?

① $\equiv C-H$　　② $=C-H$

③ $-C-H$　　④ $-C\equiv C-$

해설

파수 $\bar{\nu} = \sqrt{\dfrac{k}{m}}$

- 힘 상수의 세기(k) : $C\equiv C > C=C > C-C$
- 유효 질량(m) : $C-H < C-C < C-O < C-Cl$
∴ ①의 파수가 가장 클 것이다.

52 원자 형광분광기 중 전극 없이 방전등 또는 속 빈 음극등을 들뜸 광원으로 사용하는 비분산 시스템에 대한 설명으로 틀린 것은?

① 단색화 장치를 사용하여 원하는 파장의 스펙트럼을 주사해야 한다.
② 비분산 시스템은 광원, 원자화장치 및 검출기만으로 구성될 수 있다.
③ 비분산 시스템은 다성분 원소분석에 쉽게 응용할수 있다.
④ 높은 에너지 산출과 다중 방출선에서 나오는 에너지의 동시수집으로 감도가 높다.

해설
① 한 원소의 원자만 들뜨기 때문에 단색화 장치나 필터가 필요 없다.

53 적외선 분광의 지문영역의 범위로 옳은 것은?

① $3,600 \sim 1,250\,cm^{-1}$

② $3,200 \sim 2,900\,cm^{-1}$

③ $1,800 \sim 1,300\,cm^{-1}$

④ $1,200 \sim 600\,cm^{-1}$

해설
지문영역
물질 감식에 이용되는 영역으로서 분자의 구조와 성분의 차이에 의해 이 영역의 흡수봉우리 모양과 분포에 큰 변화가 생긴다. 범위는 $1,200 \sim 600\,cm^{-1}$에 해당한다.

54 광학기기 부분장치 중 광전 검출기로 사용되는 진공 광전관(Vacuum Phototube)은 어떠한 원리를 이용하여 복사선의 세기를 측정하는가?

① 인광효과
② 광전효과
③ 회절효과
④ 브라운효과

해설
광전효과
금속 등의 물질에 일정한 진동수 이상의 빛을 비추었을 때, 물질의 표면에서 전자가 튀어나오는 현상이다. 광전관은 광전효과에 의해 음극에서 빛 에너지를 흡수하여 광전자를 방출하며 양극에서 방출된 광전자를 모아서 전류를 만들게 된다.
※ 진공 광전관은 광자변환기의 일종으로 고진공 중에서의 외부 광전 효과를 이용한 수광기이다.

55 단색화 장치의 하나인 슬릿은 인접 파장을 분리하는 역할을 하는 데 이것의 너비를 넓게 할 때 나타나는 현상이 아닌 것은?

① 빛의 양이 너무 많아져 S/N비가 커진다.
② 공명선의 구별이 어려워진다.
③ 분석 검정선이 굽어진다.
④ 정확도가 증가한다.

해설
• 슬릿 폭이 넓어질 때 : 입사 · 방출 시의 빛의 양이 많아져 신호의 크기가 커지지만 정확도는 낮아진다.
• 슬릿 폭이 좁아질 때 : 신호의 크기가 작아지는 대신 정확도는 향상된다.

56 몰흡광계수(Molar Absorptivity)의 값이 300M^{-1}cm^{-1}인 0.005M 용액이 1.0cm 시료용기에서 측정되는 흡광도(Absorbance)와 투광도(Transmittance)는?

① 흡광도 = 1.5, 투광도 = 0.0316%
② 흡광도 = 1.5, 투광도 = 3.16%
③ 흡광도 = 15, 투광도 = 3.16%
④ 흡광도 = 15, 투광도 = 0.0316%

해설
Lambert-Beer 법칙
$A = abc = \varepsilon bc = 300\text{M}^{-1}\text{cm}^{-1} \times 0.005\text{M} \times 1.0\text{cm} = 1.5$
$A = -\log T$이므로 $T = 10^{-1.5} ≒ 0.0316 ≒ 3.16\%$이다.

57 플라스마 원자 발광 분광법으로 정량분석 시 유의사항에 대한 설명으로 틀린 것은?

① 표준용액이 변질되거나 오염되지 않아야 한다.
② 표준용액과 시료 용액의 조성이 달라야 한다.
③ 표준시료를 사용한 분석법의 신뢰성 점검이 필요하다.
④ 분광 간섭이 없는 분석선을 선택하여 사용하여야 한다.

해설
표준용액과 시료 용액의 조성이 다를 경우 분석하고자 하는 원소의 농도 검출에 방해가 생겨 분석 원소의 농도 값에 영향을 미치게 된다.

58 적외선(IR) 흡수 분광법에 대한 설명으로 틀린 것은?

① 에너지 전이에 필요한 에너지 크기의 순서는 $E_{회전전이} < E_{진동전이} < E_{전자전이}$이다.
② IR에서는 주로 분자의 진동(Vibration)운동을 관찰한다.
③ CO_2 분자는 IR Peak를 나타내지 않는다.
④ 정성 및 정량, 유기물 및 무기물에 모두 이용된다.

해설
③ CO_2 분자는 쌍극자 모멘트가 생기기 때문에 IR Peak를 나타낸다.

59 다음은 복사선의 성질을 설명한 것이다. 어떤 현상을 말하는가?

> 밀도가 다른 두 가지 투명한 매질 사이의 경계면을 어느 한 각도로 복사선이 통과할 때 두 매질에서의 복사선의 속도차이 때문에 빛살의 급격한 방향 변화가 관찰된다.

① 산 란 ② 굴 절
③ 반 사 ④ 흡 수

해설
② 굴절 : 매질에 따라서 파동의 진행 속력이 달라지기 때문에 서로 다른 매질의 경계면을 통과하는 파동의 진행 방향이 바뀌게 되는 현상을 굴절이라고 한다.

60 다음 [보기]의 분광기 중 기기의 광원과 검출기가 90°를 유지하여야 하는 것으로만 나열된 것은?

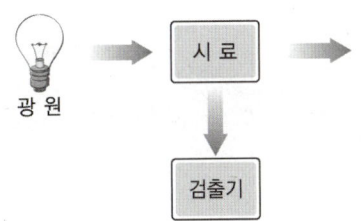

광 원

┤보기├
A. Atomic Absorption 분광기
B. UV−Visible 분광기
C. I.R 분광기
D. Raman 분광기
E. 형광 및 인광−분광기

① A, B ② B, C
③ B, D ④ D, E

해설
형광 및 인광 분광기와 Raman 분광기는 시료에서 나온 방출·산란된 빛을 측정하기 때문에 광원과 검출기가 직각을 유지하여야 한다.

61 크로마토그래피에서 봉우리 넓힘에 기여하는 요인에 대한 설명으로 틀린 것은?

① 충전입자의 크기는 다중 통로 넓힘에 영향을 준다.
② 이동상에서의 확산계수가 증가할수록 봉우리 넓힘이 증가한다.
③ 세로확산은 이동상의 속도에 비례한다.
④ 충전 입자의 크기는 질량이동계수에 영향을 미친다.

해설
③ 세로확산 : 자연적 확산을 의미하며 이동상의 속도에 반비례한다.

62 Mg^{2+}와 Ca^{2+}를 분석하기에 가장 적합한 크로마토그래피는?

① 이온교환 크로마토그래피
② 크기배제 크로마토그래피
③ 기체 크로마토그래피
④ 분배 크로마토그래피

해설
이온교환 크로마토그래피
이온교환체를 고정상으로 이용하는 크로마토그래피법이다. 양이온 크로마토그래피와 음이온 크로마토그래피로 구분되며 무기음이온, 양이온, 유기산, 아미노산 등의 분석에 적합하다.
분석 성분
• 음이온 : Cl^-, NO_3^-, HPO_4^{2-}, SO_4^{2-} 등을 분석
• 양이온 : Na^+, K^+, NH_4^+, Mg^{2+}, Ca^{2+} 등을 분석

63 전위차법의 기준전극으로서 갖추어야 할 조건이 아닌 것은?

① 비가역적이어야 한다.
② Nernst식에 따라야 한다.
③ 시간에 따라 일정전위를 나타내야 한다.
④ 작은 전류가 흐른 후에 원래의 전위로 돌아와야 한다.

해설

전위차법의 기준전극 조건
• 가역적이어야 한다.
• 용액의 농도와 관계없이 전위가 일정해야 한다.
• 전류가 흐른 후에도 본래 전위로 돌아가야 한다.
• 온도 변화에 대한 영향이 작아야 한다.

65 폴라로그래피에 대한 설명으로 틀린 것은?

① 폴라로그래피의 질량이동은 확산에 의해서만 일어난다.
② 확산전류는 분석물의 농도에 비례하므로 정량분석이 가능하다.
③ 폴라로그래피에서 사용하는 적하수은 전극은 새로운 수은전극 표면이 계속적으로 생성된다.
④ 수은은 쉽게 산화되지 않으므로 적하수은 전극은 산화 전극으로 널리 사용된다.

해설

폴라로그래피의 단점
• 수은이 쉽게 산화되기 때문에 산화 전극으로서의 사용이 어렵다.
• 확산전류의 정확한 측정이 어렵다.

64 전자포획검출기(ECD)로 검출할 수 있는 화합물은?

① 메틸아민
② 에틸알코올
③ 헥세인
④ 다이클로로메테인

해설

전자포획검출기는 할로젠 원소(F, Cl, Br, I)를 가진 화합물에 대해 선택성을 가지는 검출기이며 다이클로로메테인의 분자식은 CH_2Cl_2로 유기 할로젠 화합물에 속한다.

66 질량 스펙트럼에서 기준 봉우리란 무엇을 의미하는가?

① 각 봉우리 값의 평균값을 나타내는 봉우리
② 가장 높은 값을 나타내는 봉우리
③ 가장 낮은 값을 나타내는 봉우리
④ 최대 봉우리와 최소 봉우리의 차이 값을 갖는 봉우리

해설

② 기준 봉우리는 질량 스펙트럼에서 가장 높은 부분을 의미한다.

67 열무게법(TG)에서 전기로를 질소와 아르곤으로 환경기류를 만드는 주된 이유는?

① 시료의 환원 억제
② 시료의 산화 억제
③ 시료의 확산 억제
④ 시료의 산란 억제

해설
② 습기(H_2O) 혹은 산소 등으로 인한 분해·산화 반응을 억제하기 위해 질소와 아르곤을 전기로에 넣어 준다.

69 다음 중 질량 분석법에서 m/z비에 따라 질량을 분리하는 장치가 아닌 것은?(단, m은 질량, z는 전하이다)

① 사중극자(Quadrupole) 분석기
② 이중 초점(Double Focusing) 분석기
③ 전자 증배관(Electron Multiplier) 분석기
④ 자기장 부채꼴 분석기(Magnetic Sector Analyzer)

해설
질량 분리 장치
• 자기장 부채꼴 분석기
• 이중 초점 분석기
• 사중극자 분석기

68 다음 중 질량 분석계에서 질량 분석관(Mass Analyzer)의 역할과 유사한 분광계의 기기장치는?

① 광 원
② 원자화장치
③ 회절발
④ 검출기

해설
질량 분석관은 광학 분광계의 회절발과 같은 기능을 한다. 그러나 회절발은 각 이온들을 파장에 따라 분리하고, 질량 분석관은 특정 질량의 이온을 질량 대 전하비에 따라 빠르게 분리할 수 있다는 점이 다르다.

70 기체 크로마토그래피의 검출기로 사용하는 것이 적합하지 않은 것은?

① 질량 분석기(Mass Spectrometer)
② 전기 화학 검출기(Electrochemical Detector)
③ 불꽃 이온화 검출기(Flame Ionization Detector)
④ 열전도도 검출기(Thermal Conductivity Detector)

해설
전기 화학 검출기는 이온 크로마토그래피에 적합하다.

71 기준전극을 사용할 때 주의사항에 대한 설명으로 틀린 것은?

① 전극용액의 오염을 방지하기 위하여 기준전극 내부 용액의 수위를 시료의 수위보다 낮게 유지시켜야 한다.

② 염화이온, 수은, 칼륨, 은 이온을 정량할 때는 염다리를 사용하면 오차를 줄일 수 있다.

③ 기준전극의 염다리는 질산칼륨이나 황산나트륨 같이 전극전위에 방해하지 않는 물질을 포함하면 좋다.

④ 기준전극은 셀에서 IR 저항을 감소시키기 위하여 가능한 작업전극에 가까이 위치시킨다.

> **해설**
> ① 기준전극 내부 용액의 높이는 시료 용액의 높이보다 높아야 한다.

72 시료를 처리하여 크로마토그래피로 분석하고자 한다. 다음 중 퍼지-트랩 기구에 대한 설명으로 틀린 것은?

① 액체나 고체로부터 휘발성 물질의 농축

② 분석물질의 100%를 시료로부터 얻는 방법

③ 퍼지기체가 3중의 흡착제가 들어 있는 흡착관을 통과

④ 휘발성 액체정지상으로 입힌 용융실리카로 화합물의 흡착

> **해설**
> ④ 트랩을 통해 비활성가스로 흡착된다.

73 머무름 인자(k, Retention Factor)를 가장 잘 나타낸 것은?

① 이동상의 속도(Velocity)

② 분석물질의 이동상과 정지상 사이의 분배(Distribution)

③ 분석물질이 칼럼을 통과하는 이동 속도(Migration Rate)

④ 분석물질의 분리 정도

> **해설**
> 머무름 인자는 정지상과 이동상에서 하나의 분석물이 소요하는 시간의 비율로 칼럼에서 용질의 이동 속도를 나타내는 데 널리 쓰이는 중요한 요소이다.

74 $MgC_2O_4 \cdot 2H_2O$(148.36g/mol)를 500℃까지 가열하면 MgO(40.30g/mol)로 변한다. $MgC_2O_4 \cdot 2H_2O$가 들어 있는 시료 2.50g을 500℃까지 가열하였더니 1.04g이 되었다면 시료 중 $MgC_2O_4 \cdot 2H_2O$의 %는?(단, 시료 중에 들어 있는 다른 물질들은 500℃까지 가열해도 안정하다)

① 42% ② 60%
③ 70% ④ 80%

> **해설**
> $MgC_2O_4 \cdot 2H_2O \rightarrow MgO + C_2O_3 \cdot 2H_2O$
> $C_2O_3 \cdot 2H_2O$의 분자량 = 108g/mol
> 분해된 $C_2O_3 \cdot 2H_2O$의 무게 = 2.50g − 1.04g = 1.46g
> 분해된 $C_2O_3 \cdot 2H_2O$의 몰수 = 1.46g ÷ 108g/mol = 0.0135mol
> 분해된 $C_2O_3 \cdot 2H_2O$의 몰수는 첫 $MgC_2O_4 \cdot 2H_2O$의 몰수이다.
> 첫 $MgC_2O_4 \cdot 2H_2O$의 무게 = 0.0135mol × 148.36g/mol
> = 2.00286g
>
> 그러므로 $\dfrac{2.00286}{2.50} \times 100 \fallingdotseq 80\%$

75 분배 크로마토그래피에 대한 설명으로 틀린 것은?

① 정상 크로마토그래피는 낮은 극성의 이동상을 사용한다.

② 역상 크로마토그래피는 높은 극성의 이동상을 주로 사용한다.

③ 결합상 충전물에 결합된 피막이 비극성 성질을 가지고 있으면 역상으로 분류한다.

④ 정상분리의 주된 장점은 물을 이동상으로 사용할 수 있다는 것이다.

> **해설**
> ④ 정상분리는 이동상이 비극성, 정지상이 극성이다.

76 분자 질량분석법은 시료의 종류 및 형태에 따라 다양한 이온화 방법이 사용된다. 이온화 방법이 옳지 않게 짝지어진 것은?

① 전자충격(EI) – 빠른 전자

② 화학이온화(CI) – 기체 이온

③ 장이온화(FI) – 빠른 이온살

④ 장탈착(FD) – 높은 전위전극

> **해설**
> ③ 장이온화 – 높은 전압

77 기체크로마토그래피의 칼럼 중 충진된 칼럼(Packed Column)과 열린 관 칼럼(Open Tubular Column)을 비교할 때, 열린 관 칼럼의 장점이 아닌 것은?

① 분석 시간이 짧아진다.

② 고압펌프가 필요 없다.

③ 주입할 수 있는 시료 용량이 커진다.

④ 분해능이 좋아진다.

> **해설**
> 충진 칼럼은 많은 양의 시료를 취급할 수 있고 사용이 편리하다. 반면, 열린 관 칼럼은 충진 칼럼에 비해 시료 주입 용량이 적다는 단점이 있다.

78 순환전압전류법(Cyclic Voltammetry)은 특정 성분의 전기 화학적인 특성을 조사하는 데 기본적으로 사용된다. 순환전압전류법에 대한 설명으로 옳은 것은?

① 지지전해질의 농도는 측정시료의 농도와 비슷하게 맞추어 조절한다.

② 한 번의 실험에는 한 종류의 성분만을 측정한다.

③ 전위를 한쪽 방향으로만 주사한다.

④ 특정성분의 정량 및 정성이 가능하다.

> **해설**
> ① 지지전해질의 농도를 측정시료의 농도보다 크게 한다.
> ② 중간체도 존재한다.
> ③ 시료의 구성성분에 따라 주사는 음의 방향 또는 양의 방향이 될 수 있다.

79 다음 표를 참고하여 $C_{12}H_{24}$(분자량, M = 168)에 대해 M^+에 대한 $(M+1)^+$봉우리 높이의 비 $\dfrac{(M+1)^+}{M^+}$는 얼마인가?

원 소	가장 많은 동위원소	가장 많은 동위원소에 대한 존재 백분율	
탄 소	^1H	^2H	0.015
수 소	^{12}C	^{13}C	1.08

① 13.32%
② 14.52%
③ 16.73%
④ 18.59%

해설

$\dfrac{(M+1)^+}{M^+}$확률 $= (12 \times 1.08) + (24 \times 0.015)$

$\qquad\qquad = 13.32\%$

80 $Cd \mid Cd^{2+}(0.0100M) \parallel Cu^{2+}(0.0100M) \mid Cu$ 전지의 저항이 3.0Ω이라고 가정하고 0.15A 전류를 생성시키려고 할 때 필요한 전위는 약 몇 V인가?(단, Cd^{2+}의 표준환원전위 = $-0.403V$이고, Cu^{2+}의 표준환원전위 = $0.337V$이다)

① 0.29
② 0.37
③ 0.59
④ 0.74

해설

$E° = 0.337V - (-0.403V) = 0.74V$
$V = IR = (0.15A \times 3.0\Omega) = 0.45V$
$E° - V = 0.74V - 0.45V = 0.29V$

제1과목 | 일반화학

01 화학 평형에 대한 다음 설명 중 옳은 것은?

① 화학 평형이란 더 이상의 반응이 없음을 의미한다.
② 반응물과 생성물의 양이 같다는 것을 의미한다.
③ 정반응과 역반응의 속도가 같다는 것을 의미한다.
④ 정반응과 역반응이 동시에 진행되는 비가역반응이다.

해설
화학 평형 상태란 가역반응에서 정반응 속도와 역반응 속도가 같아져서 외관상 반응이 정지된 것처럼 보이는 상태로, 평형에 도달하는 시간은 평형상수 K와는 무관하고 반응 속도에 의해 결정된다.

02 에틸알코올(C_2H_5OH)의 융해열이 4.81kJ/mol이라고 할 때 이 알코올 8.72g을 얼렸을 때의 ΔH는 약 몇 kJ인가?

① +0.9
② −0.9
③ +41.9
④ −41.9

해설
$$\frac{4.81\text{kJ}}{1\text{mol}} \times \frac{1\text{mol}}{46\text{g}} \times 8.72\text{g} ≒ 0.9\text{kJ}$$
엔탈피(ΔH)는 (−)값을, 반응열(Q)은 (+)값을 갖는다.
$\Delta H = -0.9\text{kJ}$

03 다음 유기 화합물의 명명이 잘못된 것은?

① $CH_3CHClCH_3$: 2-chloropropane
② $CH_3-CH(OH)-CH_3$: 2-propanol
③ $CH_3-O-CH_2CH_3$: Methoxyethane
④ CH_3-CH_2-COOH : Propanone

해설
CH_3-CH_2-COOH는 프로피온산(Propionic Acid)이다.

04 아연-구리 전지에 대한 설명 중 틀린 것은?

① 볼타 전지(또는 갈바니 전지)의 대표적인 예이다.
② 구리 이온이 산화되고 아연이 환원된다.
③ 염다리를 사용한다.
④ 질량이 증가하는 쪽은 구리 전극 쪽이다.

해설
② 아연이 전자를 방출하여 산화되고 구리이온이 전자를 받아 환원된다.

05 다음 중 무기 화합물에 해당하는 것은?

① C_6H_{10}
② $NaHCO_3$
③ $C_{12}H_{22}O_{11}$
④ CH_3NH_2

해설
• 무기 화합물 : $NaHCO_3$, CO, CO_2, CS_2 등
• 유기 화합물 : C_6H_{10}, $C_{12}H_{22}O_{11}$, CH_3NH_2 등

06 16.0M인 H_2SO_4 용액 8.00mL를 용액의 최종 부피가 0.125L가 될 때까지 묽혔다면, 묽힌 후 용액의 몰농도는 약 얼마가 되겠는가?

① 102M   ② 10.2M

③ 1.02M   ④ 0.102M

해설

처음 용액의 H_2SO_4의 몰수를 계산하면,

$\dfrac{16mol}{L} \times 0.008L = 0.128mol$이다.

최종 부피가 0.125L가 될 때까지 묽혔다면 몰농도는

$M = \dfrac{0.128mol}{0.125L} = 1.02M$가 된다.

07 3.5몰의 물을 전기 분해하면 산소 기체(O_2) 몇 g이 생성되겠는가?

① 16   ② 32

③ 56   ④ 64

해설

H_2O를 전기 분해하면, $H_2 + \dfrac{1}{2}O_2$로 분해된다.

이때 1 : 0.5의 비를 가지므로
3.5 : x = 1 : 0.5
x = 1.75mol이므로
산소(g)는 1.75mol $\times$ 32g/mol = 56g이다.

08 $_{17}Cl$의 전자배치를 옳게 나타낸 것은?

① $[Ar]3s^2 3p^6$

② $[Ar]3s^2 3p^5$

③ $[Ne]3s^2 3p^6$

④ $[Ne]3s^2 3p^5$

해설

Cl은 원자번호 17번으로, $1s^2\,2s^2\,2p^6\,3s^2\,3p^5 = [Ne]\,3s^2\,3p^5$의 전자배치를 나타낸다.

09 주기율표상에서 나트륨(Na)부터 염소(Cl)에 이르는 3주기 원소들의 경향성을 옳게 설명한 것은?

① Na으로부터 Cl로 갈수록 전자 친화력은 약해진다.

② Na으로부터 Cl로 갈수록 1차 이온화 에너지는 커진다.

③ Na으로부터 Cl로 갈수록 원자 반경은 커진다.

④ Na으로부터 Cl로 갈수록 금속성이 증가한다.

해설

주기율표에서 왼쪽에서 오른쪽으로, 아래에서 위로 갈수록 전자 친화력, 이온화 에너지는 커지고 원자 반경과 금속성은 작아진다.

10 산성비의 발생과 가장 관계가 없는 반응은?

① $Ca^{2+}(aq) + CO_3{}^{2-}(aq) \rightarrow CaCO_3(s)$

② $S(s) + O_2(g) \rightarrow SO_2(g)$

③ $N_2(g) + O_2(g) \rightarrow 2NO(g)$

④ $SO_3(g) + H_2O(l) \rightarrow H_2SO_4(aq)$

해설

$CaCO_3$을 이용한 산성화된 토양 중화
$CaCO_3 + H_2O \rightarrow Ca(OH)_2 + CO_2(g)$

11 다음 반응에서 HCO_3^- 이온은 어떤 작용을 하는가?

$$2HCO_3^- \rightleftharpoons H_2CO_3 + CO_3^{2-}$$

① 오직 Brønsted-Lowry Acid로만 작용한다.
② 오직 Brønsted-Lowry Base로만 작용한다.
③ Brønsted-Lowry Acid 및 Brønsted-Lowry Base로 작용한다.
④ 오직 Brønsted-Lowry Acid도 Brønsted-Lowry Base도 아니다.

해설
Brønsted-Lowry Acid은 수소 이온을 얻은 상태 Brønsted-Lowry Base는 수소 이온을 잃은 상태이다. HCO_3^-는 두 상태 모두 가능하기 때문에 ③이 정답이다.

12 노말 알케인(Normal Alkane)의 일반식은?

① C_nH_{2n+1} ② C_nH_{2n}
③ C_nH_{2n+2} ④ C_nH_{2n-2}

해설
③ C_nH_{2n+2} : 알케인
① C_nH_{2n+1} : 알킬기
② C_nH_{2n} : 알켄
④ C_nH_{2n-2} : 알카인

13 벤젠을 실험식으로 옳게 나타낸 것은?

① C_6H_6 ② C_6H_5
③ C_5H_6 ④ CH

해설
벤젠의 분자식은 C_6H_6로, C와 H의 원자수의 비는 1:1이다. 따라서 벤젠의 실험식은 CH이다.

14 다음 중 산과 염기에 대한 설명으로 옳은 것은?

① 산은 붉은 리트머스 시험지를 푸르게 변화시킨다.
② 염기는 용액 내에서 수소 이온(H^+)을 생성하는 물질이다.
③ 산은 pH 값이 7 이상인 물질이다.
④ 산과 염기가 반응하면 염과 물이 생성된다.

해설
① 푸른색이 아니라 붉은색으로 변화시킨다.
② 수산화 이온(OH^-)을 생성한다.
③ 산의 pH 값은 7 이하이다.

15 백금 원자 1개의 질량은 몇 g인가?(단, 백금의 원자량은 195.09g/mol이다)

① 3.24×10^{-23}
② 3.24×10^{-22}
③ 1.62×10^{-23}
④ 1.62×10^{-22}

해설
$$\frac{195.09}{6.02 \times 10^{23}} \times 1개 \ Pt = 3.24 \times 10^{-22}$$

16 몰(mole)에 대한 설명으로 틀린 것은?

① 1몰은 아보가드로수만큼의 입자수를 의미한다.
② 1몰의 물질은 그램 단위의 원자량과 동일한 질량을 갖는다.
③ 1몰 산소 기체의 질량은 그 원소의 원자량과 같다.
④ 표준 온도와 압력(STP)상태에서 기체 1몰은 22.4L의 부피를 차지한다.

해설
③ 산소 원자는 O이고, 산소 분자는 O_2이다. 산소 기체 1몰의 분자량은 32g, 원자량은 16g이기 때문에 동일하지 않다.

17 일정한 온도와 압력에서 진행되는 다음 연소 반응에 관련된 내용을 설명한 것으로 틀린 것은?

$$C(s) + O_2(g) \rightarrow CO_2(g)$$

① 0.5몰의 탄소가 0.5몰의 산소와 반응하여 0.5몰의 이산화탄소를 만든다.

② 1g의 탄소가 1g의 산소와 반응하여 1g의 이산화탄소를 만든다.

③ 이 반응에서 소비된 산소가 1몰이었다면, 생성된 이산화탄소의 몰수는 1몰이다.

④ 이 반응에서 1L의 산소가 소비되었다면, 생성된 이산화탄소의 부피는 1L이다.

해설
모든 기체는 같은 부피 속에 같은 수의 분자가 들어 있으므로 탄소와 산소의 반응은 $12g(C) + 32g(O_2) = 44g(CO_2)$이다.

18 3.0M $AgNO_3$ 200mL를 0.9M $CuCl_2$ 350mL에 가했을 경우, 생성되는 AgCl(분자량 = 143g)의 양은?

① 8.58g

② 45.1g

③ 85.8g

④ 451g

해설
3.0M $AgNO_3$ 200mL의 몰은 $\dfrac{3.0\text{mol}}{L} \times 0.2L = 0.6\text{mol}$

$AgNO_3$는 한계 반응물이며 2 : 1로 반응하므로 $\dfrac{0.6\text{mol}}{2} = 0.3\text{mol}$ 이 된다.

0.9M $CuCl_2$ 350mL의 몰은 $\dfrac{0.9\text{mol}}{L} \times 0.35L = 0.315\text{mol}$

그러므로 생성되는 AgCl의 양은 $2 \times 0.3\text{mol} \times \dfrac{143g}{1\text{mol}} = 85.8g$

19 뷰테인이 공기 중에서 완전 연소하는 화학 반응식은 다음과 같다. 괄호 안에 들어갈 계수들 중 a의 값은 얼마인가?

$$C_4H_{10} + (a)O_2 \rightarrow (b)CO_2 + (c)H_2O$$

① 5

② $\dfrac{11}{2}$

③ 6

④ $\dfrac{13}{2}$

해설
$2C_4H_{10} + 13O_2 \rightarrow 8CO_2 + 10H_2O$이므로
$C_4H_{10} + \dfrac{13}{2}O_2 \rightarrow 4CO_2 + 5H_2O$이다.

20 주어진 온도에서 $N_2O_4(g) \rightleftarrows 2NO_2(g)$의 계가 평형 상태에 있다. 이때 계의 압력을 증가시키면 반응이 어떻게 진행되겠는가?

① 정반응과 역반응의 속도가 함께 빨라져서 변함 없다.

② 평형이 깨어지므로 반응이 멈춘다.

③ 정반응으로 진행된다.

④ 역반응으로 진행된다.

해설
르샤틀리에의 법칙(Le Chatelier's Principle)
가역반응이 평형 상태에 있을 때 농도, 온도, 압력 중 어느 한 조건을 변화시키면, 반응은 그 변화를 감소시키려는 방향으로 진행하여 새로운 평형상태에 도달한다. 압력이 증가하면 부피를 늘리거나 몰수를 감소하는 역방향으로 평형이 이동한다.

21 진한 염산에 HCl(분자량 36.46)이 무게비로 37.0 wt% 있다. 이 염산의 밀도가 1.19g/mL라면 몰농도는 약 얼마인가?

① 6.1M
② 12.1M
③ 18.1M
④ 24.1M

해설

몰농도$(M) = \dfrac{mol}{L}$ 이므로

$M = \dfrac{1mol}{36.46g} \times 0.37 \times \dfrac{1.19g}{mL} ≒ 0.0121$

L단위로 환산해 주면 12.1M이다.

22 KH_2PO_4와 KOH로 구성된 혼합 용액의 전하 균형식으로 옳은 것은?

① $[H^+] + [K^+] = [OH^-] + [H_2PO_4^-] + 2[HPO_4^{2-}] + 3[PO_4^{3-}]$

② $2[H^+] + [K^+] = [OH^-] + [H_2PO_4^-] + 2[HPO_4^{2-}] + 3[PO_4^{3-}]$

③ $[H^+] + [K^+] = [OH^-] + [H_2PO_4^-] + [HPO_4^{2-}] + [PO_4^{3-}]$

④ $2[H^+] + [K^+] = [PO_4^{3-}]$

해설

$KH_2PO_4 \rightarrow K^+ + H_2PO_4^-$
$H_2PO_4^- \rightarrow H^+ + HPO_4^{2-}$
$HPO_4^{2-} \rightarrow H^+ + PO_4^{3-}$
$KOH \rightarrow K^+ + OH^-$
KH_2PO_4와 KOH로 구성된 혼합 용액에서 해리할 수 있는 이온은 $[H^+]$, $[K^+]$, $[OH^-]$, $[H_2PO_4^-]$, $[HPO_4^{2-}]$, $[PO_4^{3-}]$이고, 각 전하수만큼 곱해야 한다.
즉, 전하 균형식은
$[H^+] + [K^+] = [OH^-] + [H_2PO_4^-] + 2[HPO_4^{2-}] + 3[PO_4^{3-}]$이다.

23 아이오딘화 반응에 대한 설명 중 틀린 것은?

① 아이오딘을 적정액으로 사용한다는 것은 I_2에 과량의 I^-가 첨가된 용액을 사용함을 의미한다.
② 아이오딘화 적정의 지시약으로 녹말 지시약을 사용할 수 있다.
③ 간접 아이오딘 적정법에서는 환원성 분석물질을 미량의 I^-에 가하여 아이오딘을 생성시킨 다음 이것을 적정한다.
④ 환원성 분석 물질이 아이오딘으로 직접 측정되었을 때, 이 방법을 직접 아이오딘 적정법이라 한다.

해설

③ 간접 아이오딘 적정법에서는 산화성 분석물질을 미량의 I^-에 가하여 아이오딘을 생성시킨 다음 이것을 적정한다. 이는 주로 황산구리, 과산화수소, 표백 중의 염소를 분석하는 데 쓰인다.
※ 간접아이오딘 적정법 : 아이오딘화물이온 I^-(아이오딘화칼륨, KI)의 환원작용을 이용해서 유리된 I_2를 싸이오황산나트륨으로 적정하는 방법

24 표준 수소 전극에서의 반응 및 표준 전위($E°$)를 가장 옳게 나타낸 것은?(단, A는 각 성분의 활동도이다)

① $2H^+(A=1) + 2e^- \rightleftharpoons H_2(A=2)$ $E° = 0.0V$
② $2H^+(A=2) + 2e^- \rightleftharpoons H_2(A=1)$ $E° = 1.0V$
③ $2H^+(A=1) + 2e^- \rightleftharpoons H_2(A=1)$ $E° = 0.0V$
④ $2H^+(A=2) + 2e^- \rightleftharpoons H_2(A=2)$ $E° = 1.0V$

해설

표준 수소 전극에서 수소이온의 활동도는 1이고, 수소의 부분압력은 1atm이다. 또 이 전극의 전위는 모든 온도에서 0.0V로 정한다.

25 다음 수용액들의 농도는 모두 0.1M이다. 이온세기 (Ionic Strength)가 가장 큰 것은?

① NaCl   ② Na_2SO_4

③ $Al(NO_3)_3$ ④ $MgSO_4$

> **해설**
> ③ $Al(NO_3)_3 \rightarrow Al^{3+} + 3NO_3^-$
>
> 이온세기 $= \dfrac{1}{2}\left[(0.1 \times 3^2 \times 1) + \{0.1 \times (-1)^2 \times 3\}\right]$
>
> $= \dfrac{1}{2}(0.9 + 0.3) = 0.6$
>
> ① $NaCl \rightarrow Na^+ + Cl^-$
>
> 이온세기 $= \dfrac{1}{2}\left[(0.1 \times 1^2 \times 1) + \{0.1 \times (-1)^2 \times 1\}\right] = 0.1$
>
> ② $Na_2SO_4 \rightarrow 2Na^+ + SO_4^{2-}$
>
> 이온세기 $= \dfrac{1}{2}\left[(0.1 \times 1^2 \times 2) + \{0.1 \times (-2)^2 \times 1\}\right]$
>
> $= \dfrac{1}{2}(0.2 + 0.4) = 0.3$
>
> ④ $MgSO_4 \rightarrow Mg^{2+} + SO_4^{2-}$
>
> 이온세기 $= \dfrac{1}{2}\left[(0.1 \times 2^2 \times 1) + \{0.1 \times (-2)^2 \times 1\}\right]$
>
> $= \dfrac{1}{2}(0.4 + 0.4) = 0.4$

26 25℃에서 0.050M 트라이메틸아민(Trimethyla-mine) 수용액의 pH는 얼마인가?(단, 25℃에서 $(CH_3)_3NH^+$의 K_a값은 1.58×10^{-10}이다)

① 5.55   ② 7.55

③ 9.25   ④ 11.25

> **해설**
> $K_w = K_a \times K_b = 10^{-14}$이므로
>
> $K_b = \dfrac{K_w}{K_a} = \dfrac{10^{-14}}{1.58 \times 10^{-10}} \fallingdotseq 6.329 \times 10^{-5}$이다.
>
> pH를 구하면 $K_b = \dfrac{[OH^-]^2}{0.05} = 6.329 \times 10^{-5}$이므로
>
> $[OH^-] \fallingdotseq 1.779 \times 10^{-3}$
>
> $pOH = -\log(1.779 \times 10^{-3}) \fallingdotseq 2.75$
>
> $pH = 14 - 2.75 = 11.25$

27 무게 분석법에서 결정을 성장시키는 방법으로 틀린 것은?

① 용해도를 증가시키기 위해 온도를 서서히 올린다.

② 침전제를 가급적 빨리 가한다.

③ 침전제를 가할 때 잘 저어준다.

④ 가급적 침전제의 농도를 낮게 하여 침전시킨다.

> **해설**
> ② 침전제는 서서히 가해야 한다.

28 침전 적정에서 종말점을 검출하는 데 일반적으로 사용하는 방법이 아닌 것은?

① 전 극   ② 지시약

③ 빛의 산란   ④ 리트머스 시험지

> **해설**
> ④ 리트머스 시험지는 리트머스 용액에 적셔서 건조시킨 시험지로 용액의 pH 판정에 이용된다.

29 Fe^{3+}을 포함하는 시료 10mL를 0.02M EDTA 20mL와 반응시켰다. 이때 Fe^{3+}는 모두 착물을 형성했고 EDTA는 과량으로 남게 된다. 과량의 EDTA는 0.05M Mg^{2+} 용액 3mL로 역적정하였다. 원래 시료 용액 중에 있는 Fe^{3+}의 몰농도는?

① 0.025M   ② 0.050M

③ 0.25M   ④ 0.50M

> **해설**
> $EDTA\ mol = \dfrac{0.02mol}{L} \times 0.02L = 4 \times 10^{-4}mol$
>
> $Mg^{2+} = \dfrac{0.05mol}{L} \times 0.003L = 1.5 \times 10^{-4}mol$
>
> Fe^{3+}의 몰농도를 계산하면,
>
> $M = \dfrac{(4 \times 10^{-4}mol) - (1.5 \times 10^{-4}mol)}{0.01L}$
>
> $= 0.025M$

30 활동도 계수의 특성에 대한 설명으로 가장 거리가 먼 것은?

① 용액이 무한히 묽어짐에 따라 주어진 화학종의 활동도 계수는 1로 수렴한다.

② 농도가 높지 않은 용액에서 주어진 화학종의 활동도 계수는 전해질의 종류에 따라서만 달라진다.

③ 주어진 이온세기에서 같은 전하를 가진 이온들의 활동도 계수는 거의 같다.

④ 전하를 띠지 않는 분자의 활동도 계수는 이온세기에 관계없이 대략 1이다.

해설
② 활동도 계수는 농도와 온도에 민감하기에 농도가 높지 않은 용액이어도 달라진다.

31 pH 10인 완충 용액에서 0.036M Ca^{2+}용액 50.0mL를 0.0720M EDTA로 적정할 경우 당량점에서의 칼슘 이온의 농도 $[Ca^{2+}]$는 얼마인가?(단, 조건 형성 상수(Conditional Formation Constant) $K_f{}'$ 값은 1.34×10^{10}이다)

① 0.0240M

② 1.34×10^{-6}M

③ 1.64×10^{-6}M

④ 1.79×10^{-12}M

해설
Ca^{2+} mol $= \dfrac{0.036mol}{L} \times 0.05L = 1.8 \times 10^{-3}mol$

당량점에서 요구되는 EDTA 양은

$1.8 \times 10^{-3}mol \times \dfrac{L}{0.072mol} = 0.025L$

당량점에서의 CaY^{2-}의 몰농도는 $\dfrac{1.8 \times 10^{-3}mol}{(0.05+0.025)L} = 0.024M$ 이다.

$K_f{}' = \dfrac{0.024-x}{x^2} \approx \dfrac{0.024}{x^2} = 1.34 \times 10^{10}$

$\therefore x = 1.34 \times 10^{-6}$

32 다음 반응에 대한 화학 평형 상수 K를 옳게 나타낸 것은?

$$Zn(s) + 2H^+(aq) \rightleftharpoons Zn^{2+}(aq) + H_2(g)$$

① $K = \dfrac{P_{H_2} \times [Zn]}{[H^+]}$

② $K = \dfrac{P_{H_2} \times [Zn^{2+}]}{[H^+]^2}$

③ $K = \dfrac{[H^+]^2}{P_{H_2} \times [Zn]}$

④ $K = \dfrac{P_{H_2}}{[H^+] \times [Zn]}$

해설
$K = \dfrac{[C]^c[D]^d}{[A]^a[B]^b}$ 이다.

Solid는 평형 상수에 포함되지 않으므로

$\therefore K = \dfrac{P_{H_2}[Zn^{2+}]}{[H^+]^2}$

33 다음 평형 반응에 대한 K_b는 얼마인가?(단, HCN의 K_a 값은 6.20×10^{-10}이다)

$$CN^- + H_2O \rightleftharpoons HCN + OH^-$$

① 1.61×10^{-5}

② 1.54×10^{-6}

③ 1.73×10^{-5}

④ 1.45×10^{-6}

해설
$K_w = K_a \times K_b = 10^{-14}$ 이므로

$K_b = \dfrac{K_w}{K_a} = \dfrac{10^{-14}}{6.2 \times 10^{-10}} \fallingdotseq 1.61 \times 10^{-5}$ 이다.

34 Mn²⁺가 들어 있는 시료 용액 50mL를 0.1M EDTA 용액 100mL와 반응시켰다. 모든 Mn²⁺와 반응하고 남은 여분의 EDTA를 금속 지시약을 사용하여 0.1M Mg²⁺ 용액으로 적정하였더니 당량점까지 50mL가 소비되었다. 시료 용액에 들어 있는 Mn²⁺의 농도는 몇 M인가?

① 0.1 ② 0.2
③ 0.3 ④ 0.4

• 전체 EDTA의 몰수

$$\frac{0.1 \text{mol}}{\text{L}} \times \frac{1\text{L}}{1,000\text{mL}} \times 100\text{mL} = 0.01\text{mol}$$

• 당량점 이후의 Mg²⁺의 몰수

$$\frac{0.1 \text{mol}}{\text{L}} \times \frac{1\text{L}}{1,000\text{mL}} \times 50\text{mL} = 0.005\text{mol}$$

따라서, 여분의 EDTA 몰수는 0.005mol이다.
Mn²⁺와 반응한 EDTA의 몰수
$= 0.01 - 0.005 = 0.005\text{mol}(\text{Mn}^{2+} : \text{EDTA} = 1:1)$
∴ Mn²⁺의 농도 : $0.005\text{mol}/0.05\text{L} = 0.1\text{M}$

36 F⁻는 Al³⁺에 가리움제(Masking Agent)로 작용하지만 Mg²⁺에는 반응하지 않는다. 어떤 미지 시료에 Mg²⁺와 Al³⁺이 혼합되어 있다. 이 미지 시료 20.0mL를 0.0800M EDTA로 적정하였을 때 50.0mL가 소모되었다. 같은 미지 시료를 새로 20.0mL 취하여 충분한 농도의 KF를 5.00mL 가한 후 0.0800M EDTA로 적정하였을 때는 30.0mL가 소모되었다. 미지 시료 중의 Al³⁺농도는?

① 0.080M ② 0.096M
③ 0.104M ④ 0.120M

처음 적정할 때 EDTA의 mol은

$$\text{EDTA mol} = \frac{0.08 \text{mol}}{\text{L}} \times 0.05\text{L} = 4 \times 10^{-3} \text{mol}$$

KF를 가한 시료를 적정할 때는

$$\text{EDTA mol} = \frac{0.08 \text{mol}}{\text{L}} \times 0.03\text{L} = 2.4 \times 10^{-3} \text{mol}$$

Al³⁺의 몰농도는

$$\frac{(4 \times 10^{-3} \text{mol}) - (2.4 \times 10^{-3} \text{mol})}{0.02\text{L}} = 0.08\text{M}$$

35 강산이나 강염기로만 되어 있는 것은?

① HCl, HNO₃, NH₃
② CH₃COOH, HF, KOH
③ H₂SO₄, HCl, KOH
④ CH₃COOH, NH₃, HF

• 강산 : H₂SO₄(황산), HCl(염산), HNO₃(질산)
• 강염기 : KOH(수산화칼륨)
• 약산 : CH₃COOH(아세트산)
• 약염기 : NH₃(암모니아)

37 0.01M 염산 수용액의 pH는?

① 0.01 ② 0.1
③ 2 ④ −2

$\text{pH} = -\log[\text{H}^+] = -\log 0.01 = 2$

38 산화–환원 지시약의 색깔이 변하는 전위 범위는? (단, n은 반응에 참여하는 전자의 수이다)

① $E = E° \pm (0.05916/n)\text{V}$

② $E = E° \pm 1.0\text{V}$

③ $E = E° \pm 0.05916\text{V}$

④ $E = E° \pm 0.05916n\text{V}$

39 다음 중 단위를 잘못 나타낸 것은?

① 주파수 : Hz

② 힘 : N

③ 일률 : J

④ 전기량 : C

> **해설**
> ③ 일률 : W(J/s)

40 미지 시료 내 특정 물질의 양을 분석하는 방법으로 적정이 사용된다. 적정 요건으로 틀린 것은?

① 적정에서의 반응은 느려도 크게 상관없다.

② 반응은 화학양론적이어야 한다.

③ 부반응이 없어야 한다.

④ 반응이 진행되어 당량점 부근에서 용액의 어떤 성질에 현저한 변화가 일어나야 한다.

> **해설**
> ① 적정에서의 반응은 빠르고 완전하게 반응해야 한다.

41 유기 분자의 구조 및 작용기에 대한 정보를 적외선 (IR) 흡수 분광 스펙트럼으로부터 얻을 수 있다. 적외선 흡수 분광법에 대한 설명으로 틀린 것은?

① 결합 전자 전이가 허용된 결합만 흡수 피크로 나타난다.

② 쌍극자 모멘트의 변화가 있어야 흡수 피크로 나타난다.

③ 적외선 흡수 측정을 위하여 간섭계를 사용한 Fourier 변환 분광기를 주로 사용한다.

④ 파이로 전기 검출기는 특별한 열적 및 전기적 성질을 가진 황산트라이글리신 박편으로 만든다.

> **해설**
> 적외선은 에너지가 적어 전자 전이를 잘 일으킨다.

42 ICP(유도 결합 플라스마) 분광법에서 통상 사용되는 토치는 보통 3가지 도입이 일어나는 관으로 구성된다. 다음 중 그 구성이 아닌 것은?

① 산화제 도입구

② 냉각 기체 도입구

③ 플라스마 기체 도입구

④ 시료 에어로졸 도입구

> **해설**
> ① 산을 제거한 후 관에 도입하므로 산화제 도입구는 필요 없다.

43 X선 회절 기기에서 토파즈(격자 간격 $d = 1.356 Å$)가 회절 결정으로 사용되는 경우 Ag의 K_{a1}선인 $0.497 Å$을 관찰하기 위해서는 측각기(Goniometer) 각도를 몇 도에 맞추어야 하는가?(단, 2θ 값을 계산한다)

① 10.6 ② 14.2
③ 21.1 ④ 28.4

$n\lambda = 2d\sin\theta$
이때 n은 1, λ는 $0.497 Å$, d는 $1.356 Å$ 이므로
$0.497 Å = 2 \times 1.356 Å \sin\theta$
$\therefore 2\theta \fallingdotseq 21.1$

44 들뜬 단일항 상태와 들뜬 삼중항 상태에 대한 설명 중 틀린 것은?

① 모든 전자스핀이 짝지어 있는 분자의 전자상태를 단일항 상태라고 하며, 이 분자가 자기장에 놓이는 경우에도 전자의 에너지 준위는 분리되지 않는다.
② 분자에 있는 전자쌍 중의 전자 하나가 보다 높은 에너지 준위로 들뜨면 전자의 에너지 상태는 단일항 상태 또는 삼중항 상태로 된다.
③ 들뜬 단일항 상태의 경우 들뜬 전자의 스핀은 바닥상태의 전자처럼 여전히 짝지어 있지만 삼중항 상태에서는 두 개의 전자스핀이 짝짓지 않고 평행하게 존재한다.
④ 전자스핀의 변화와 함께 일어나는 단일항–삼중항 상태의 전이는 단일항–단일항 상태 전이보다 일어날 가능성이 더 크므로 들뜬 삼중항 상태에서의 전자 수명이 길다.

④ 단일항–삼중항 상태의 전이는 단일항–단일항 상태 전이보다 일어날 가능성이 적다.

45 Lambert-Beer 법칙을 나타내는 다음 수식의 각 요소에 대한 설명 중 틀린 것은?

$$A = \varepsilon bc$$

① ε는 몰 흡광 계수이다.
② c는 빛의 속도를 나타낸다.
③ b는 시료의 두께를 나타낸다.
④ A는 흡광도를 나타내며 상수항이다.

② $A = \varepsilon bc$에서 c는 시료의 농도를 의미한다.

46 기기 부분 장치의 표면에서 생기는 산란과 반사에 의해 주로 발생하는 떠돌이 빛(Stray Light)은 Beer의 법칙에서 어긋나는 요인이 된다. 떠돌이 빛에 의한 영향으로 옳은 것은?

① 흡광도가 클 때 더 큰 오차를 나타낸다.
② 흡광도가 작을 때 더 큰 오차를 나타낸다.
③ 흡광도와 관계없이 일정한 오차를 나타낸다.
④ 겉보기 흡광도가 실제 흡광도보다 항상 크게 나타난다.

① 흡광도가 크면 더 많은 떠돌이 빛이 포함되어 측정 시 흡수 정확도가 감소하여 오차를 유발한다.

47 전형적인 분광기기의 구성 장치가 아닌 것은?

① 분리용 관
② 복사선 검출기
③ 안정한 복사 에너지 광원
④ 제한된 스펙트럼 영역을 제공하는 장치

해설
광학기기의 구성장치
· 안정한 복사에너지 광원
· 시료를 담는 투명한 용기
· 측정을 위해 제한된 스펙트럼 영역을 제공하는 장치
· 복사에너지를 유용한 신호로 변환시키는 복사선 검출기
· 변환된 신호를 기록 장치에 나타나도록 하는 신호처리장치 및 판독장치

48 원자 흡수 분광법을 이용하여 특별하게 수은(Hg)을 정량하는 데 사용되는 가장 적합한 방법은?

① 찬 증기 원자화법
② 불꽃 원자화 장치법
③ 흑연로 원자화 장치법
④ 금속 수소화물 발생법

해설
수은은 실온에서 상당한 증기압을 갖는 유일한 원소로 찬 증기 원자화법은 수은 정량에만 이용하는 원자화 방법이다.

49 불꽃을 사용하는 원자화 장치에서 공기-아세틸렌가스 대신 산화이질소-아세틸렌가스를 사용하게 되면 주로 어떤 효과가 기대되는가?

① 불꽃의 온도가 감소한다.
② 불꽃의 온도가 증가한다.
③ 가스 연료의 비용이 줄어든다.
④ 시료의 분무 효율이 증가한다.

해설
공기-아세틸렌가스보다 산화이질소-아세틸렌가스가 더 온도가 높기 때문에 온도가 증가할 것이다.

50 원자 분광법의 시료 도입 방법 중 고체 시료에 전처리 없이 직접 사용할 수 있는 방법은?

① 기체 분무화법
② 수소화물 생성법
③ 레이저 증발법
④ 초음파 분무화법

해설
③ 레이저 증발법은 전처리 단계가 필요 없다.

51 적외선 흡수 분광법에서 지문 영역은?

① $1,200{\sim}600\text{cm}^{-1}$
② $1,800{\sim}1,200\text{cm}^{-1}$
③ $2,800{\sim}1,800\text{cm}^{-1}$
④ $3,600{\sim}2,800\text{cm}^{-1}$

해설
지문영역
물질 감식에 이용되는 영역으로서 분자의 구조와 성분의 차이에 의해 이 영역의 흡수봉우리 모양과 분포에 큰 변화가 생긴다. 적외선 흡수 분광법에서 지문영역의 범위는 $1,200{\sim}600\text{cm}^{-1}$에 해당한다.

52 유도 결합 플라스마 광원인 토치(Torch)의 불꽃에서 온도 분포를 적절하게 나타낸 것은?

① 유도 코일 근처에서 온도가 가장 낮다.
② 불꽃의 제일 앞쪽에서 온도가 가장 높다.
③ 불꽃의 앞 끝으로부터 유도 코일로 갈수록 온도는 높아진다.
④ 불꽃의 제일 앞 끝과 유도 코일의 중간 지점 근처에서 온도가 가장 높다.

해설
③ 토치의 불꽃은 앞 끝에서 유도 코일로 갈수록 온도가 높아진다.

53 여러 가지의 전자 전이가 일어날 때 흡수하는 에너지(ΔE)가 가장 작은 것은?

① $n \rightarrow \pi^*$ ② $n \rightarrow \sigma^*$
③ $\pi \rightarrow \pi^*$ ④ $\sigma \rightarrow \sigma^*$

해설
흡수하는 에너지 크기
$\sigma \rightarrow \sigma^* > n \rightarrow \sigma^* > \pi \rightarrow \pi^* > n \rightarrow \pi^*$

54 다이아몬드 기구에 의해 많은 수의 평행하고 조밀한 간격의 홈을 가지도록 만든 단단하고, 광학적으로 평평하고, 깨끗한 표면으로 구성된 장치는?

① 간섭 필터   ② 회절발
③ 간섭 쐐기   ④ 광전 증배관

해설
회절발
빛을 회절시켜 스펙트럼을 얻기 위해 이용되는 기구로 보통 다이아몬드 각선기를 사용하여 수많은 매우 가는 선을 새긴다.

55 공기 중에서 파장 500nm, 진동수 6.0×10^{14}Hz, 속도 3.0×10^8m/s, 광자(Photon)의 에너지 4.0×10^{-19}J인 빛이 굴절률 1.5인 투명한 액체 속을 통과할 때의 설명으로 옳지 않은 것은?

① 파장은 500nm이다.
② 속도는 2.0×10^8m/s이다.
③ 진동수는 6.0×10^{14}Hz이다.
④ 광자의 에너지는 4.0×10^{-19}J이다.

해설
파장(λ) $= \dfrac{2\pi v}{\nu}$ 이므로

$\lambda = \dfrac{2\pi(2 \times 10^8 \text{m/s})}{6.0 \times 10^{14}\text{s}^{-1}} \fallingdotseq 2,094\text{nm}$

∴ 파장은 약 2,094nm 이다.

56 분자 발광 분광법에서 사용되는 용어에 대한 설명 중 틀린 것은?

① 내부 전환 – 들뜬 전자가 복사선을 방출하지 않고 더 낮은 에너지의 전자상태로 전이하는 분자 내부의 과정
② 계간 전이 – 다른 다중성의 전자 상태 사이에서 교차가 일어나는 과정
③ 형광 – 들뜬 전자가 계간 전이를 거쳐 삼중항 상태에서 바닥상태로 떨어지면서 발광
④ 외부 전환 – 들뜬 분자와 용매 또는 다른 용질 사이에서의 에너지 전이

해설
③ 형광은 들뜬 단일항 상태에서 바닥의 단일항 상태로의 전이이다.
※ 삼중항 상태에서 바닥의 단일항 상태로 떨어지면서 발광하는 것은 인광이다.

57 $ClCH_2^a CH^b(CH_3^c)_2$ 분자의 고분해능 ^1H-핵자기 공명 분광 1차 스펙트럼에서 a, b 및 c 수소 봉우리의 다중도는?

① 2, 9, 2
② 9, 8, 5
③ 2, 9, 8
④ 2, 21, 2

58 단색 X선 빛살의 광자가 K-껍질 및 L-껍질의 내부 전자를 방출시켜 스펙트럼을 얻음으로써 시료 원자의 구성에 대한 정보와 시료 구성 성분의 구조와 산화 상태에 대한 정보를 동시에 얻을 수 있는 전자 스펙트럼법은?

① Auger 전자 분광법(AES)
② X선 광전자 분광법(XPS)
③ 전자 에너지 손실 분광법(EELS)
④ 레이저 마이크로탐침 질량 분석법(LMMS)

59 분자의 에너지는 병진(Translation), 진동(Vibration), 회전(Rotation), 전자(Electronic) 에너지 등으로 구분된다. 이들 중 연속적 변화를 나타내는 것은?

① 진동 에너지
② 전자 에너지
③ 병진 에너지
④ 회전 에너지

60 ^{13}C-NMR의 특징에 대한 설명으로 틀린 것은?

① H-NMR보다 검출이 매우 용이하다.
② 분자 골격에 대한 정보를 얻을 수 있다.
③ 화학적 이동이 넓어서 봉우리의 겹침이 적다.
④ 탄소들 사이의 짝지음이 잘 일어나지 않는다.

61 질량 분석법에서 이온화 방법에 대한 설명으로 옳은 것은?

① 화학 이온화 방법을 사용하면 $(M-1)^+$ 봉우리를 관찰할 수 없다.

② 전자충격 이온화 방법은 약한 이온원으로 분자 이온 봉우리 관찰이 용이하다.

③ 장이온화법은 센 이온원으로 분자 이온 봉우리를 관찰하기 힘들다.

④ 매트릭스-지원 레이저 탈착/이온화법의 경우 고질량($m/z > 10,000$) 고분자를 관찰하는 데 많이 사용된다.

해설
① $(M-1)^+$, $(M+1)^+$, $(M+29)^+$ 세 가지 봉우리를 관찰할 수 있다.
② 불안정한 분자의 경우에는 분자 이온 봉우리가 생기지 않는다.
③ 장이온화법은 봉우리 관찰이 용이하다.

62 용액 속에서 전해 반응으로 생성시킨 I₂를 이용하면 그 용액 속에 함께 존재하는 H₂S(aq)의 농도를 분석할 수 있다. 50.0mL의 H₂S(aq) 시료에 KI 4g을 가한 후 52.6mA의 전류로 812초 동안 전해하였더니 당량점에 도달하였다. H₂S시료 용액의 농도는? (단, 원소의 원자량은 S = 32.066, K = 39.098, I = 126.904, H = 1.007이다)

$$H_2S + I_2 \rightarrow S(s) + 2H^+ + 2I^-$$

① 0.443mM   ② 0.885mM

③ 4.43mM   ④ 8.85mM

해설
$Q = 0.0526A \times 812s = 42.7112C$
H₂S의 몰농도는
$$M = \frac{42.7112C}{2e^-} \times \frac{e^-}{96,500C} \times \frac{1}{0.05} \fallingdotseq 4.43 \times 10^{-3}M$$
mM으로 환산하면 정답은 4.43mM이다.

63 유도 결합 플라스마 질량 분석법에서의 방해 작용이 아닌 것은?

① 떠돌이 빛 방해

② 이중하전 이온 방해

③ 다원자 이온 방해

④ 동중핵 이온 방해

해설
떠돌이 빛은 적외선에서의 방해 작용에 해당한다.

64 질량 분석법의 질량 스펙트럼에서 알 수 있는 가장 유효한 정보는?

① 분자량

② 중성자의 무게

③ 음이온의 무게

④ 자유 라디칼의 무게

해설
질량 분석법의 이용
• 시료 물질의 원소 조성에 대한 정보
• 유기물, 무기물 및 생화학 분자의 구조에 대한 정보
• 복잡한 혼합물의 정성 및 정량 분석에 대한 정보
• 고체 표면의 구조와 조성에 대한 정보
• 시료에 존재하는 원소의 동위원소비에 대한 정보

65 기체 크로마토그래피법에서 시료 주입법에 대한 설명으로 가장 옳은 것은?

① 분할 주입법은 고농도 시료나 기체 시료에 좋으며, 정량성도 매우 좋다.

② 분할 주입법은 분리도가 떨어지며, 불순물이 많은 시료를 다룰 수 있다.

③ 비분할 주입법은 희석된 용액에 적합하고 주입되는 동안 휘발성 화합물이 손실되므로 정량 분석으로 좋지 않다.

④ On-column 주입법은 정량 분석에 가장 적합하고 분리도가 높으나, 열에 민감한 화합물에는 좋지 않다.

> **해설**
> **비분할 주입법**
> 미량인 시료의 분석에 적절한 방법이다. 끓는점이 낮은 용매에 희석된 시료를 용매의 끓는점보다 낮은 칼럼 온도로 주입한다. 손실의 위험 때문에 휘발성 화합물 정량 분석으로는 적절하지 않다.
> **분할 주입법**
> 고농도 분석물질 및 기체시료에 적합하다. 분리도가 좋고 불순물이 많은 시료를 다룰 수 있으나, 열적으로 불안정하여 350℃ 이상의 온도를 유지해야 한다.

66 열 분석법인 DTA(시차열법 분석)와 DSC(시차주사열량법)에서 물리·화학적 변화로서 흡열 봉우리가 나타나지 않는 경우는?

① 녹음이나 용융

② 탈착이나 탈수

③ 증발이나 기화

④ 산소의 존재하에서 중합 반응

> **해설**
> ④ 산소의 존재하에서 중합 반응은 흡열 봉우리가 아닌 발열 봉우리가 나타난다.

67 황산구리 수용액을 전기 분해하면 음극에서는 구리가 석출되고, 양극에서는 산소가 발생한다. 0.5A의 전류로 1시간 동안 전기 분해했을 때, 양극에서 발생하는 산소의 부피(mL)는 표준 상태에서 약 얼마인가?(단, 두 전극의 반쪽 반응은 다음과 같다)

$$Cu^{2+} + 2e^- \rightarrow Cu(s)$$
$$2H_2O \rightarrow 4e^- + O_2(g) + 4H^+$$

① 56

② 104

③ 112

④ 224

> **해설**
> $Q = 0.5A \times 3,600s = 1,800C$
> 먼저 몰질량을 구하면,
> $$\frac{1,800C}{2e^-} \times \frac{e^-}{96.500C} \fallingdotseq 9.326 \times 10^{-3}mol$$
> $$H_2O(g) = (9.326 \times 10^{-3})mol \times 18g/mol$$
> $$\fallingdotseq 0.168g$$
> $2H_2O : O_2 = (2 \times 18g) : 22.4L$
> $0.168g : x$
> $\therefore \ x = 104mL$

68 전기량법은 전극에서 충분히 산화 및 환원 반응이 일어나도록 시간을 주는 방법으로, 이러한 방법 중 많은 양의 분석에 적당한 방법은?

① 전기 무게 분석법

② 일정 전위 전기량법

③ 일정 전류 전기량법

④ 전기량 적정법

69 기체-고체 크로마토그래피(GSC)는 기체 크로마토그래피의 일종으로 이동상으로 기체를, 고정상으로 고체를 사용하는 경우를 일컫는다. 이때 이동상과 고정상 사이에서 분석물의 어떤 상호 작용이 분리에 기여하는가?

① 분배(Partition)

② 흡착(Adsorption)

③ 흡수(Absorption)

④ 이온 교환(Ion Exchange)

해설

기체-고체 크로마토그래피(GSC)는 고체 정지상에 분석물이 물리적으로 흡착됨으로써 머물게 되는 현상을 이용한다.

70 선택 인자(Selectivity Factor, α)의 변화 요인으로 가장 거리가 먼 것은?

① 칼럼의 온도 변화

② 시료의 주입량 변화

③ 이동상의 조성 변화

④ 정지상의 조성 변화

해설

선택인자는 칼럼 내에서 두 가지 성분의 분리도를 설명할 수 있다.
선택 인자의 변화 요인
• 이동상 조성을 변경
• 칼럼 온도 변경
• 정지상 조성 변경
• 특별한 화학적 효과 적용

71 질량 분석법은 여러 가지 성분의 시료를 기체 상태로 이온화한 다음 자기장 혹은 전기장을 통해 각 이온을 질량/전하의 비에 따라 분리하여 질량 스펙트럼을 얻는 방법이다. 질량 분석기의 기기 장치 중 진공으로 유지되어야 하는 부분이 아닌 것은?

① 이온화 장치

② 질량 분리기

③ 검출기

④ 신호 처리기

해설

④ 신호처리기는 출력장치이므로 진공으로 유지될 필요가 없다.

72 유기 화합물의 혼합 용액을 기체 크로마토그래피로 분리하여 다음과 같은 데이터를 얻었다. 화합물의 머무름 지수를 표시한 것 중 가장 거리가 먼 것은?

화합물명	$t_R - t_m$	화합물명	$t_R - t_m$
n-Butane	2.21	n-Hexane	7.61
2-Butene	2.67	n-Heptane	14.08
n-Pentane	4.10	Toluene	16.32

① n-Butane, 400

② 2-Butene, 431

③ Toluene, 726

④ n-Heptane, 761

해설

$t_R - t_m$은 이동상과 용질의 이동 시간을 나타낸다. 물질들이 왼쪽에서 오른쪽으로 갈수록 이동시간이 증가하므로 머무름 지수도 증가한다.

73 길이 30.0cm의 분리관을 사용하여 용질 A와 B를 분석하였다. 용질 A와 B의 머무름 시간은 각각 13.40분과 16.40분이고 봉우리 너비(4τ)는 각각 1.25분과 1.38분이었으며 머물지 않는 화학종은 1.40분 만에 통과하였다. 선택 인자(α)는 얼마인가?

① 0.80　　　　　② 1.25
③ 10.72　　　　　④ 11.88

해설

상대속도인자는 $\dfrac{(t_R)_B - t_M}{(t_R)_A - t_M}$ 이다.

여기서, $t_M = 1.4$, $(t_R)_A = 13.4$, $(t_R)_B = 16.4$이므로

각각 대입하여 계산하면 $\dfrac{16.4 - 1.4}{13.4 - 1.4} = 1.25$이다.

74 Pt 산화 전극을 사용하여 Fe^{2+}를 전기량법으로 적정하려고 한다. 이에 대한 설명으로 틀린 것은?

① Fe^{2+}의 농도가 감소하면서 일정 전류를 위해서는 전지 전위를 증가시켜야 한다.
② 정전류기(Galvanostats)를 사용하여 일정 전류를 유지한다.
③ 물의 전기 분해가 일어나면 물을 더 첨가하여 농도가 묽어짐을 방지한다.
④ 분석 물질을 100% 전류 효율로 산화시키거나 환원시키기 위해서 보조 시약을 사용한다.

해설

③ 물의 전기분해가 진행될수록 수용액의 농도는 진해진다.

75 금속 Zn 전극과 0.1M $ZnCl_2$수용액 그리고 Cl_2와 0.1M HCl 및 탄소 막대 전극을 이용하여 다음과 같이 전지를 구성하였다. 이에 대한 설명으로 틀린 것은?

$Zn(s) \rightarrow Zn^{2+} + 2e^-$	$E° = -0.763V$
$Cl_2(g) + 2e^- \rightarrow 2Cl^-$	$E° = 1.359V$

① 환원 전극(Cathode) 반응은 $Cl_2(g) + 2e^- \rightarrow 2Cl^-$ 이다.
② 산화 전극(Anode) 반응은 $Zn(s) \rightarrow Zn^{2+} + 2e^-$ 이다.
③ 이 전지의 표준 전위는 0.596V이다.
④ 이 전지의 반응은 $Zn(s) + Cl_2(g) \rightarrow Zn^{2+}(aq) + 2Cl^-(aq)$이다.

해설

전지 전위의 계산은 $E = E° \pm \dfrac{0.0591}{n} \log \dfrac{[\text{Ox}]}{[\text{Red}]}$ 이다.

이때 $E°$를 먼저 구하면,
$E° = E_+ - E_-$
$\quad = 1.359 - (-0.763) = 2.122V$
그러므로 표준 전위는
$E = 2.122 - \dfrac{0.05916}{2} \log \dfrac{0.1}{0.1}$
$\quad = 2.122V$

76 기체 크로마토그래피 분리법에 사용되는 운반 기체로 부적당한 것은?

① He　　　　　② N_2
③ Ar　　　　　④ Cl_2

해설

기체 크로마토그래피 분리법에서는 운반 기체로 불활성 기체를 사용한다. 불활성 기체는 He, Ne, Ar, Kr, Xe, Rn, N_2 등을 말한다. Cl_2는 불활성 기체가 아니다.

77 고성능 액체 크로마토그래피에서 분리효율을 높이기 위하여 사용하는 방법으로 극성이 다른 2∼3가지 용매를 선택하여 그 조성을 연속적 혹은 단계적으로 변화하며 사용하는 방법은?

① 기울기 용리(Gradient Elution)
② 온도 프로그램(Temperature Programming)
③ 분배 크로마토그래피(Partition Chromatography)
④ 역상 크로마토그래피(Reversed-phase Chromatography)

해설
② 기체 크로마토그래피에서 칼럼의 온도를 계속적 또는 단계적으로 증가시켜 분리에 필요한 최적 조건을 얻는 방법이다.
③ 두 개의 서로 섞이지 않는 액체를 이동상, 고정상으로 하여 이들 친화성의 차이를 이용해 성분 분리를 하는 방법이다.
④ 분배 크로마토그래피 중 이동상으로 극성, 정지상으로 비극성 용매를 사용한 크로마토그래피이다.

78 크로마토그래피에서 관의 분리능을 향상시키기 위한 방법으로 가장 거리가 먼 것은?

① 이론단의 수를 높인다.
② 선택 인자를 크게 한다.
③ 용량 인자를 크게 한다.
④ 이동상의 유속을 빠르게 한다.

해설
④ 유속이 빠를 경우 충분한 상호작용이 이루어지지 못한다.

79 고체 표면의 원소 성분을 정량하는 데 주로 사용되는 원자 질량 분석법은?

① 양이온 검출법과 음이온 검출법
② 이차 이온질량분석법과 글로 방전질량분석법
③ 레이저 마이크로 탐침 질량 분석법과 글로 방전질량분석법
④ 이차 이온질량분석법과 레이저 마이크로 탐침질량분석법

해설
고체 표면의 원소 성분 정량에는 이차 이온질량분석법과 레이저 마이크로 탐침질량분석법이 적절하다.

80 C, Cl 원자를 한 개씩 함유하는 화합물에서 M, M＋1, M＋2, M＋3 봉우리들의 상대적 크기로 가장 타당한 것은?(단, M은 분자 봉우리를 나타내며, 동위 원소 존재비는 $Cl^{35} : Cl^{37} = 75 : 25$, $C^{12} : C^{13} = 99 : 1$이다)

① M : M＋1 : M＋2 : M＋3 = 99 : 1 : 25 : 1
② M : M＋1 : M＋2 : M＋3 = 99 : 1 : 25 : 0.33
③ M : M＋1 : M＋2 : M＋3 = 99 : 1 : 33 : 1
④ M : M＋1 : M＋2 : M＋3 = 99 : 1 : 33 : 0.33

해설
M의 존재비는 $75 \times 99 = 7,425$
M＋1의 존재비는 $75 \times 1 = 75$
M＋2의 존재비는 $25 \times 99 = 2,475$
M＋3의 존재비는 $25 \times 1 = 25$
즉, $\dfrac{7,425}{75} : \dfrac{75}{75} : \dfrac{2,475}{75} : \dfrac{25}{75}$
∴ $99 : 1 : 33 : 0.33$

제1과목┃ 일반화학

01 다음 반응에서 1.5몰 Al과 3.0몰 Cl_2를 섞어 반응시켰을 때 $AlCl_3$ 몇 몰을 생성하는가?

$$2Al(s) + 3Cl_2(g) \rightarrow 2AlCl_3(s)$$

① 2.3몰　　　　② 2.0몰

③ 1.5몰　　　　④ 1.0몰

해설

$$
\begin{array}{cccc}
2Al & + & 3Cl_2 & \rightarrow & 2AlCl_3 \\
2mole & & 3mole & & 2mole \\
1.5mole & & 2.25mole & & 1.5mole
\end{array}
$$

∴ $AlCl_3$는 1.5mole 생성된다.

02 다음 화합물의 이름은?

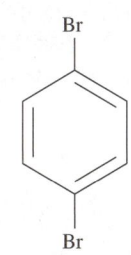

① ortho−dibromohexane

② para−dibromobenzene

③ meta−dibromobenzene

④ para−dibromohexane

해설

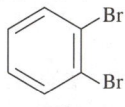 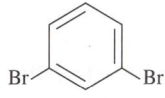 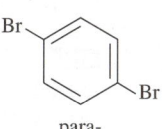

ortho− 　　meta− 　　para−
dibromobenzene 　dibromobenzene 　dibromobenzene

03 다음 식들 중 잘못 표현된 것은?

① $K_w = [H_3O^+][OH^-]$

② $pH + pOH = pK_w$

③ $pH = -\log[H_3O^+]$

④ $K_a = K_w \times K_b$

해설

K_a와 K_b의 관계 : $K_w = K_a \times K_b$

04 지방족 탄화수소에 대한 설명 중 틀린 것은?

① 알케인(Alkane)은 불포화탄화수소이다.

② 알켄(Alkene)은 불포화탄화수소이다.

③ 알카인(Alkyne)은 불포화탄화수소이다.

④ 알카인(Alkyne)은 삼중결합을 갖고 있다.

해설

① 알케인(C_nH_{2n+2}) : 포화탄화수소

• 포화탄화수소 : 단일결합만으로 결합하여 이루어진 탄화수소

• 불포화탄화수소 : 이중결합 또는 삼중결합 등의 불포화결합으로 이루어진 탄화수소

05 '액체 속에 들어 있는 기체의 용해도는 용액에 가해지는 기체의 압력에 비례한다.'는 어떤 법칙인가?

① Hess의 법칙
② Raoult의 법칙
③ Henry의 법칙
④ Nernst의 법칙

해설
① 헤스의 법칙 : 화학 반응에서 방출 또는 흡수되는 열량은 그 반응의 처음 상태와 마지막 상태만 같으면 그 경로에 관계없이 일정하다(총열량 불변의 법칙).
② 라울의 법칙 : 분자 모양이 비슷한 두 가지 물질 A, B로 구성된 용액에서 A의 부분 압력은 순수한 증기압력에 몰분율을 곱한 것과 같다.
④ Nernst의 법칙 : $E = E^\circ + \dfrac{0.0591}{n} \log Q$

06 포도당의 분자식은 $C_6H_{12}O_6$이다. 각 원소의 질량백분율이 옳게 짝지어진 것은?

① C – 40%
② H – 12%
③ O – 46%
④ O – 64%

해설
질량백분율 $= \dfrac{\text{원자 Y의 원자량}}{\text{분자 X의 분자량}} \times 100$

• C $= \dfrac{12 \times 6}{180} \times 100 = 40\%$

• H $= \dfrac{1 \times 12}{180} \times 100 = 6.6\%$

• O $= \dfrac{16 \times 6}{180} \times 100 = 53.33\%$

07 할로젠(Halogen) 원소의 원자가전자수는?

① 1
② 3
③ 5
④ 7

해설
원자가전자란 실제 반응에 참여하는 전자를 뜻하며, 할로젠의 원자가전자수는 7개이다.

08 다음 표의 ㉠, ㉡, ㉢에 들어갈 숫자를 순서대로 나열한 것은?

기 호	양성자수	중성자수	전자수	전 하
$^{238}_{92}U$	㉠			0
$^{40}_{20}Ca^{2+}$		㉡		2+
$^{51}_{23}V^{3+}$			㉢	3+

① 238, 20, 20
② 92, 20, 20
③ 92, 40, 23
④ 238, 40, 23

해설
㉠ 92
㉡ 중성자수 = 질량수 – 양성자수 = 40 – 20 = 20
㉢ 전자수 = 양성자수 = 원자번호이며, 전자수 23에 3+가의 양전하이므로 전자 3개를 잃어 23 – 3 = 20이다.

09 물은 비슷한 분자량을 갖는 메테인 분자에 비해 끓는점이 훨씬 높다. 다음 중 이러한 물의 특성과 가장 관련이 깊은 것은?

① 수소결합
② 배위결합
③ 공유결합
④ 이온결합

해설
수소결합은 물 분자 사이의 강한 인력에 의한 결합으로, 이를 끊어내기 위해서는 많은 에너지가 필요하다. 따라서 물은 비슷한 분자량을 갖는 다른 물질들에 비해 끓는점이 높다.

10 다음의 화학반응식에서 평형이동에 관한 설명 중 틀린 것은?

$$2CO(g) + O_2(g) \rightleftharpoons 2CO_2(g) + 열$$

① CO를 첨가할 경우 평형은 오른쪽으로 이동한다.
② O_2를 제거할 경우 평형은 왼쪽으로 이동한다.
③ 반응계를 냉각할 경우 평형은 오른쪽으로 이동한다.
④ 압력이 증가하면 평형은 왼쪽으로 이동한다.

해설
④ 압력이 증가하면 부피가 줄어드는 방향으로 변화하기 때문에 평형이 오른쪽으로 이동한다.

11 다음 중 1g의 분자 속에 포함된 분자개수가 가장 많은 것은?

① H_2O 　　② NH_3
③ C_2H_2 　　④ HCN

12 S_8 분자 6.41g과 같은 개수의 분자를 가지는 P_4 분자의 질량은?(단, S 원자량은 32.07, P 원자량은 30.97이다)

① 3.10g 　　② 3.81g
③ 6.19g 　　④ 6.41g

해설
$$S_8 = \frac{6.41g}{256.56g/mol} \fallingdotseq 0.0250mol$$
$$P_4 = 0.0250mol \times 123.88g/mol \fallingdotseq 3.10g$$

13 산, 염기에 대한 설명으로 틀린 것은?

① Brønsted-Lowry산은 양성자 주개(Proton Donor)이다.
② 염기는 물에서 수산화 이온을 생성한다.
③ 강산(Strong Acid)은 물에서 완전히 또는 거의 완전히 이온화되는 산이다.
④ Lewis산은 비공유 전자쌍을 줄 수 있는 물질이다.

해설
Lewis산은 비공유 전자쌍을 받을 수 있는 물질이다.

14 이산화탄소에 대한 설명으로 틀린 것은?

① 공기보다 가벼우며 오존층을 파괴하는 물질이다.
② 고체상태의 이산화탄소를 드라이아이스라 부른다.
③ 지구온난화에 관련된 온실기체이다.
④ 탄소가 연소되면서 다량 발생하며 화학적으로 안정한 기체이다.

해설
이산화탄소는 오존층을 파괴하지 않는다.

15 암모니아의 염기 이온화 상수 K_b값은 1.8×10^{-5}이다. K_b값을 나타내는 화학반응식은?

① $NH_4^+ \rightleftharpoons NH_3 + H^+$
② $NH_3 \rightleftharpoons NH_2^- + H^+$
③ $NH_4^+ + H_2O \rightleftharpoons NH_3 + H_3O^+$
④ $NH_3 + H_2O \rightleftharpoons NH_4^+ + OH^-$

해설
염기의 이온화 상수
$$B(aq) + H_2O(l) \rightleftharpoons BH^+(aq) + OH^-(aq)$$
$$\therefore K_b = \frac{[BH^+][OH^-]}{[B]}$$

16 주기율표에 대한 설명 중 틀린 것은?

① 주기율표의 수평 행을 주기(Period)라고 한다.
② 주기율표의 같은 수직 열에 있는 원소들을 같은 족(Group)이라고 한다.
③ 네 번째와 다섯 번째 주기에는 각각 18개의 원소가 있다.
④ 여섯 번째 주기에는 28개의 원소가 있다.

해설
여섯 번째 주기에는 32개의 원소가 있다.

17 Li, Ba, C, F의 원자반지름(pm)이 72, 77, 152, 222 중 각각 어느 한 가지씩의 값에 대응한다고 할 때 그 값이 옳게 연결된 것은?

① Ba – 72pm
② Li – 152pm
③ F – 77pm
④ C – 222pm

해설
원자반지름
• 같은 족 : 원자번호가 증가할수록 커진다(전자껍질 수 증가).
• 같은 주기 : 원자번호가 증가할수록 감소한다(핵의 전하량 증가로 핵과 전자 간의 인력이 커진다).
① Ba – 222pm
③ F – 72pm
④ C – 77pm

18 탄소와 수소로만 이루어진 탄화수소 중 탄소의 질량 백분율이 85.6%인 화합물의 실험식은?

① CH
② CH_2
③ CH_3
④ C_2H_3

해설
$C : H = \dfrac{85.6}{12.01} : \dfrac{14.4}{1.008} ≒ 7.13 : 14.3 ≒ 1 : 2$
∴ CH_2

19 시트르산(Citric Acid)은 몇 개의 카복실(Carboxyl) 작용기를 갖고 있는가?

① 0개
② 1개
③ 2개
④ 3개

해설
시트르산은 카복실기 3개, 하이드록실기 1개로 구성된다.

20 다음 원소 중에서 전자친화도가 가장 큰 원소는?

① Li
② B
③ Be
④ O

해설
전자친화도의 크기 : Li < Be < B < O (같은 주기)
전자친화도
• 같은 족 : 원자번호가 증가할수록 전자친화도는 감소한다.
• 같은 주기 : 원자번호가 증가할수록 전자친화도는 증가한다.

21 중크로뮴산 적정에 대한 설명으로 틀린 것은?

① 중크로뮴산 이온이 분석에 응용될 때 초록색의 크로뮴(Ⅲ) 이온으로 환원된다.

② 중크로뮴산 적정은 일반적으로 염기성 용액에서 이루어진다.

③ 중크로뮴산칼륨 용액은 안정하다.

④ 시약급 중크로뮴산칼륨은 순수하여 표준용액을 만들 수 있다.

> **해설**
> $Cr_2O_7^{2-} + 14H^+ + 6e \leftrightarrows 2Cr^{3+} + 7H_2O$
> 중크로뮴산 적정은 일반적으로 산성용액에서 이루어진다.

22 0.020M Na_2SO_4과 0.010M KBr 용액의 이온 세기(Ionic Strength)는 얼마인가?(단, 시료는 완전 해리된다고 가정한다)

① 0.010 ② 0.030

③ 0.060 ④ 0.070

> **해설**
> $Na_2SO_4 \rightleftarrows 2Na^+ + SO_4^{2-}$
> $\frac{1}{2}[0.02 \times (+1)^2 \times 2 + 0.02 \times (-2)^2 \times 1] = \frac{1}{2}(0.04 + 0.08)$
> $= 0.06$
> $KBr \rightleftarrows K^+ + Br^-$
> $\frac{1}{2}[0.01 \times (+1)^2 + 0.01 \times (-1)^2] = \frac{1}{2}(0.01 + 0.01) = 0.01$
> 따라서, $0.06 + 0.01 = 0.07$이므로 정답은 0.07이다.

23 약산을 강염기로 적정할 때 일어나는 현상에 대한 설명으로 틀린 것은?

① 높은 농도의 약산 적정 시 당량점 근처에서 pH 변화폭이 크다.

② 약산을 강염기로 적정할 때 당량점에서 pH는 7보다 크다.

③ 약산의 해리상수가 클 경우 당량점 근처에서 pH 변화 폭이 크다.

④ 약산의 해리상수가 작을 경우 반응완결도가 높다.

> **해설**
> ④ 약산의 해리상수가 작을 경우 반응완결도는 낮아진다.

24 다음은 Potassium Tartrate의 용해도가 첨가물의 농도에 따라 어떻게 변화되는가를 나타내는 그림이다. 그림의 (a), (b), (c)는 각각 어떤 첨가물로 예상할 수 있는가?(단, 첨가물은 NaCl, Glucose, KCl이다)

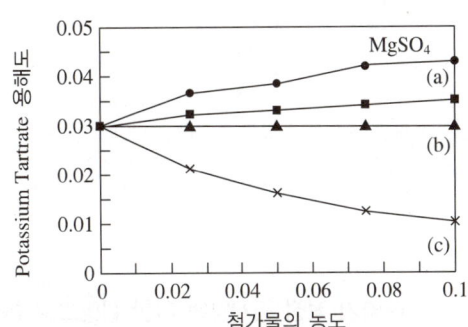

	(a)	(b)	(c)
①	NaCl	Glucose	KCl
②	NaCl	KCl	Glucose
③	KCl	NaCl	Glucose
④	Glucose	KCl	NaCl

> **해설**
> 전해질인 $MgSO_4$의 농도가 클수록 Potassium Tartrate의 용해도는 높아진다. 따라서 전해질인 NaCl이 (a)곡선, 비전해질인 Glucose가 (b)곡선임을 알 수 있다. 또한 약전해질의 전리는 공통되는 이온을 함유한 강전해질을 가하였을 때 현저히 감소하므로 (c)는 KCl임을 알 수 있다.

25 Pb^{2+}와 EDTA와의 형성상수(Formation Constant) 가 1.0×10^{18}이다. pH 10에서 EDTA 중 Y^{4-}의 분율 이 0.3일 때 pH 10에서 조건부(Conditional) 형성 상수는 얼마인가?(단, 육양성자 형태의 EDTA를 H_6Y^{2+}으로 표현할 때, Y^{4-}는 EDTA에서 수소가 완 전히 해리된 상태이다)

① 3.0×10^{17}

② 3.3×10^{13}

③ 3.0×10^{-19}

④ 3.3×10^{-18}

해설

$K_f' = \alpha_{Y^{4-}} \cdot K_f = 1.0 \times 10^{18} \times 0.3 = 3.0 \times 10^{17}$

여기서, K_f : 형성상수

K_f' : 조건형성상수

$\alpha_{Y^{4-}}$: 전체 EDTA 화학종의 농도에 대한 Y^{4-}의 농도비

26 산-염기 적정 지시약에 대한 설명으로 틀린 것은?

① 티몰 블루는 pH 0.7에서 붉은색이고 pH 2.7에서 노란색이다.

② 지시약이란 서로 다른 색깔을 띠는 여러 가지 양성자성 화학종의 산 혹은 염기이다.

③ 지시약의 변색 범위는 pH = $pK \pm 1$이다.

④ 지시약은 그 색깔 변화가 당량점에서의 이론적 pH보다 약 1.0 정도 높거나 낮은 것을 선택하는 것이 바람직하다.

해설

지시약은 당량점에서 정확하고 예민하게 변색해야 한다.

27 산·염기 적정에 관한 설명으로 옳은 것은?

① 약산의 해리상수 K_a의 양의 대수인 pK_a는 양의 값을 가지며, pK_a가 큰 값일수록 강산이다.

② 유기산의 pK_a가 큰 값일수록 해리분율이 크다.

③ 약산을 강염기로 적정 시에 당량점의 pH는 7.00 이며, 종말점의 pH는 7보다 큰 값으로 산성을 나타낸다.

④ 이양성자산(K_{a1}, K_{a2})을 강염기로 적정할 때, 적당한 K_{a1}/K_{a2}값인 경우 2개의 당량점을 관찰 할 수 있다.

해설

① pK_a는 작은 값일수록 강산이다.

② pK_a가 작은 값일수록 강산이라 이온화가 잘 되어 해리분율이 크다.

③ 약산을 강염기로 적정하면 pH가 7.00보다 큰 곳에서 당량점이 생기며 pH가 7보다 클 경우 염기성을 나타낸다.

28 A + B $\rightleftharpoons$ C + D 반응의 평형상수는 1.0×10^3이다. 반응물과 생성물의 농도가 [A] = 0.010M, [B] = 0.10M, [C] = 1.0M, [D] = 10.0M로 변했다면 평 형에 도달하기 위해서 반응은 어느 방향으로 진행 되는가?

① 왼쪽으로 반응이 진행된다.

② 오른쪽으로 반응이 진행된다.

③ 이미 평형에 도달했으므로 정지 상태가 된다.

④ 온도를 올려 주면 오른쪽으로 반응이 진행된다.

해설

$Q = \dfrac{1.0 \times 10.0}{0.010 \times 0.10} = 1 \times 10^4$으로 평형상수보다 크므로 반응은 왼쪽으로 진행된다.

29 반쪽반응 $aA + ne^- \rightleftharpoons bB$에 대해 반쪽전지 전위 E를 나타내는 Nernst식을 바르게 표현한 것은?

① $E = E° - \dfrac{RT}{nF} \ln\left(\dfrac{[B]^b}{[A]^a}\right)$

② $E = E° + \dfrac{RT}{nF} \ln\left(\dfrac{[B]^b}{[A]^a}\right)$

③ $E = E° - \dfrac{nF}{RT} \ln\left(\dfrac{[B]^b}{[A]^a}\right)$

④ $E = E° + \dfrac{nF}{RT} \ln\left(\dfrac{[B]^b}{[A]^a}\right)$

30 산화·환원 적정에서 사용되는 $KMnO_4$에 대한 설명으로 틀린 것은?

① 진한 자주색을 띤 산화제이다.
② 매우 안정하여 일차표준물질로 사용된다.
③ 강한 산성 용액에서 무색의 Mn^{2+}로 환원된다.
④ 산성 용액에서 자체 지시약으로 작용한다.

해설
$KMnO_4$(과망가니즈산칼륨)은 미량의 이산화망가니즈를 포함하고 있어 순수한 상태가 아니기 때문에 일차표준물질로 사용할 수 없다. 과망가니즈산칼륨 용액은 일반적으로 $Na_2C_2O_4$과 같은 일차표준물질을 사용하여 표정(표준화)한다.

31 시료에 들어 있는 철(Fe)을 정량하기 위하여 침전법에 의한 무게 분석을 수행하였다. 분석 시료는 0.50g이며 이 시료를 사용하여 제조한 Fe^{3+}용액으로부터 얻어진 $Fe(OH)_3$의 침전을 연소시켜 Fe_2O_3의 재로 변화시켰다. 얻어진 Fe_2O_3의 무게가 0.150g이라면 시료에 들어있는 철의 함량(w/w)은 얼마가 되겠는가?(단, 철과 산소의 원자량은 각각 55.85와 16이다)

① 11% ② 21%
③ 31% ④ 41%

32 우리가 흔히 먹는 식초는 아세트산(Acetic Acid, CH_3COOH)을 4~8% 정도 함유하고 있다. 다음 완충 용액의 pH값은 얼마인가?(단, CH_3COOH의 $K_a = 1.8 \times 10^{-5}$, $pK_a = 4.74$, 완충 용액은 0.50M CH_3COOH/0.25M CH_3COONa이다)

① 4.04 ② 4.44
③ 4.74 ④ 5.04

해설
$$pH = pK_a + \log\dfrac{[CH_3COO^-]}{[CH_3COOH]}$$
$$= 4.74 + \log\dfrac{0.25}{0.5} = 4.74 - 0.30 = 4.44$$

33 약산(HA)과 이의 나트륨염(NaA)으로 이루어진 완충용액에 대한 설명으로 틀린 것은?

① 완충용액의 pH는 약산의 해리상수인 pK_a값에 의하여 결정된다.
② 완충용액의 pH는 용액의 부피에 무관하며 희석하여도 pH 변화가 거의 없다.
③ 완충용액의 완충용량은 약산(HA)과 나트륨염(NaA)의 농도에 무관하다.
④ 완충용액의 완충용량은 $\left|\log\dfrac{C_{NaA}}{C_{HA}}\right|$ 값이 작을수록 크다.

해설
완충용량이란 뚜렷한 pH 변화를 일으키지 않는 범위에서 완충용액이 수용할 수 있는 산이나 염기의 양을 말하므로 산과 염기의 농도와 관련이 있다.

34 과산화수소 수용액 25.0mL를 증류수로 희석하여 500mL로 만들었다. 희석용액 25.0mL를 취해 200mL 증류수와 3.0M H_2SO_4 20.0mL와 섞은 후 0.020M $KMnO_4$로 적정하였을 때 당량점은 25.0mL이었다. 과산화수소의 몰농도는 얼마인가?

① 0.020M
② 0.050M
③ 0.50M
④ 1.0M

35 표준전극전위($E°$)에 대한 설명 중 틀린 것은?

① 반쪽반응의 표준전극전위는 온도의 영향을 받는다.
② 표준전극전위는 균형 맞춘 반쪽반응의 반응물과 생성물의 몰수와 관계가 있다.
③ 반쪽반응의 표준전극전위는 전적으로 환원반응의 경우로만 나타난다. 즉, 상대환원전위가 된다.
④ 표준전극전위는 산화전극 전위를 임의로 0.000V로 정한 표준수소전극인 화학전지의 전위라는 면에서 상대적인 양이다.

해설
표준전극전위($E°$)의 특성
• 표준전극전위는 산화전극(기준전극)전위를 임의로 0.000V로 정한 표준수소전극인 전기화학전지의 전위라는 면에서 상대적인 양이다.
• 표준전극전위는 표준수소전극에 대하여 반쪽반응의 모든 반응물과 생성물의 활동도가 1인 상태에서 반응물과 생성물이 평형 활동도를 갖는 상태로 진행시키려는 상대적인 힘이다.
• 표준전극전위는 세기성질이므로 균형 잡힌 반쪽 반응의 반응물과 생성물의 몰수와 무관하다.
• 반쪽반응의 표준전극전위는 온도의 영향을 받는다.

36 다음의 두 평형에서 전하 균형식(Charge Balance Equation)을 옳게 표현한 것은?

$$HA^- \rightleftharpoons H^+ + A^{2-}$$
$$HA^- + H_2O \rightleftharpoons H_2A + OH^-$$

① $[H^+] = [HA^-] + [A^{2-}] + [OH^-]$
② $[H^+] = [HA^-] + 2[A^{2-}] + [OH^-]$
③ $[H^+] = [HA^-] + 4[A^{2-}] + [OH^-]$
④ $[H^+] = 2[HA^-] + [A^{2-}] + [OH^-]$

해설
위 반응식에서 화학종은 $[HA^-]$, $[H^+]$, $[A^{2-}]$, $[H_2A]$, $[OH^-]$이고, 여기서 $[H_2A]$는 중성이므로 제외한다. 또 $[A^{2-}]$는 전하가 2배이므로 다른 물질보다 두 배의 전하를 내어놓는다. 따라서 ×2를 해야 한다. 전체 용액이 전지적으로 중성이라 생각하면 용액 속에 존재하는 양이온의 농도와 음이온의 농도는 같다.
따라서, $[H^+] = [HA^-] + 2[A^{2-}] + [OH^-]$이다.

37 $Cd(s) + 2Ag^+ \rightleftharpoons Cd^{2+} + 2Ag(s)$의 화학반응에서 반쪽반응식과 그에 따른 표준환원전위 $E°$가 다음과 같을 때 상대적으로 산화력이 큰 산화제(Oxidizing Agent)에 해당하는 것은?

$$Ag^+ + e^- \rightleftharpoons Ag(s), \quad E° = 0.799V$$
$$Cd^{2+} + 2e^- \rightleftharpoons Cd(s), \quad E° = -0.402V$$

① $Cd(s)$
② Ag^+
③ Cd^{2+}
④ $Ag(s)$

해설
$E°$의 값이 클수록 환원이 잘 일어나 산화제로 작용하며, Ag^+가 전자를 얻어 환원되므로 산화제로 작용한다.

38 어떤 삼양성자산(Triprotic Acid)의 수용액에서 다음과 같은 평형을 가질 때 pH 9.0에서 가장 많이 존재하는 화학종은?

$H_3A \rightleftharpoons H_2A^- + H^+$	$pK_{a1} = 2.0$
$H_2A^- \rightleftharpoons HA^{2-} + H^+$	$pK_{a2} = 6.0$
$HA^{2-} \rightleftharpoons A^{3-} + H^+$	$pK_{a3} = 10.0$

① H_3A ② H_2A^-

③ HA^{2-} ④ A^{3-}

[해설]

이온화과정 $H_3A \xrightarrow{pK_{a1}} H_2A^- \xrightarrow{pK_{a2}} HA^{2-} \xrightarrow{pK_{a3}} A^{3-}$

㉠ H_3A와 H_2A^- 비교

$$pH = pK_{a1} + \log\frac{[H_2A^-]}{[H_3A]}$$

$$9 = 2 + \log\frac{[H_2A^-]}{[H_3A]}$$

$$\log\frac{[H_2A^-]}{[H_3A]} = 7$$

$\dfrac{[H_2A^-]}{[H_3A]} = 10^7 \rightarrow [H_2A^-]$가 $[H_3A]$보다 10^7배 더 많이 존재한다.

㉡ H_2A^-와 HA^{2-} 비교

$$pH = pK_{a2} + \log\frac{[HA^{2-}]}{[H_2A^-]}$$

$$9 = 6 + \log\frac{[HA^{2-}]}{[H_2A^-]}$$

$$\log\frac{[HA^{2-}]}{[H_2A^-]} = 3$$

$\dfrac{[HA^{2-}]}{[H_2A^-]} = 10^3 \rightarrow [HA^{2-}]$가 $[H_2A^-]$보다 10^3배 더 많이 존재한다.

㉢ HA^{2-}와 A^{3-} 비교

$$pH = pK_{a3} + \log\frac{[A^{3-}]}{[HA^{2-}]}$$

$$9 = 10 + \log\frac{[A^{3-}]}{[HA^{2-}]}$$

$$\log\frac{[A^{3-}]}{[HA^{2-}]} = -1$$

$\dfrac{[A^{3-}]}{[HA^{2-}]} = \dfrac{1}{10} \rightarrow [HA^{2-}]$가 $[A^{3-}]$보다 10배 더 많이 존재한다.

∴ ㉠, ㉡, ㉢에 의하여 가장 많이 존재하는 화학종은 $[HA^{2-}]$이다.

39 부피법에 의한 적정분석에 대한 설명으로 틀린 것은?

① 표준용액 또는 표준적정시약은 알려진 농도를 갖고 있는 시약으로서 부피분석을 수행하는 데 사용된다.

② 종말점이란 적정에 있어 분석물의 양과 정확히 일치하는 양의 표준시약이 가해진 지점이다.

③ 역적정은 분석물과 표준시약 사이의 반응속도가 느리거나 표준시약이 불안정할 때 자주 사용한다.

④ 부피분석은 화학조성과 순도가 정확하게 알려진 일차표준물질에 근거한다.

[해설]

② 종말점 : 적정이 끝나는 지점을 말한다. 실험자가 적정이 완료되었다고 판단하여 적정을 멈추는 지점을 종말점이라고 한다.

40 난용성 염포화용액 성분의 M^{y+}와 A^{x-}를 포함하는 용액에서 두 이온의 농도 곱을 용해도곱(용해도적, Solubility Product ; K_{sp})이라고 한다. 이 값은 온도가 일정하면 항상 일정한 값을 갖는다. 이때 $[M^{y+}]^x$와 $[A^{x-}]^y$의 곱이 K_{sp}보다 클 때 용액에서 나타나는 현상은?

① 농도곱이 K_{sp}와 같아질 때까지 침전한다.

② 농도곱이 K_{sp}와 같아질 때까지 용해된다.

③ K_{sp}와 무관하게 항상 용해되어 침전하지 않는다.

④ 주어진 용액의 상태는 포화이므로 침전하지 않는다.

[해설]

용해도적은 반응이 평형을 이루었을 때의 상수값(K_{sp})으로 농도곱이 K_{sp}와 같아질 때까지 침전이 형성된다.

41 전자기복사파의 양자역학적 성질은?

① 회 절   ② 산 란
③ 반 사   ④ 흡 수

> **해설**
> ①, ②, ③번은 전자기복사파의 파동성과 관련 있다.

42 수은은 실온에서 증기압을 갖는 유일한 금속원소이다. 다음 원자화방법 중 수은 정량에 응용 가능한 것은?

① 전열 원자화
② 찬 증기 원자화
③ 글로 방전 원자화
④ 수소화물 생성 원자화

> **해설**
> ② 찬 증기 원자화법은 수은 정량에 이용되는 원자화방법이다.

43 나트륨(Na) 기체의 전형적인 원자흡수스펙트럼을 옳게 나타낸 것은?

① 선(Line) 스펙트럼
② 띠(Band) 스펙트럼
③ 선과 띠의 혼합 스펙트럼
④ 연속(Continuous) 스펙트럼

> **해설**
> 개개 원자의 들뜸으로 생기는 스펙트럼은 선 스펙트럼으로 기체상태의 멀리 떨어진 원자 입자가 빛을 방출할 때 나타난다.

44 Rayleigh 산란에 대하여 가장 바르게 나타낸 것은?

① 콜로이드 입자에 의한 산란
② 굴절률이 다른 두 매질 사이의 반사 현상
③ 산란복사선의 일부가 양자화 된 진동수만큼 변화를 받을 때의 산란
④ 복사선의 파장보다 대단히 작은 분자들에 의한 산란

> **해설**
> Rayleigh 산란 : 빛의 파장보다 더 작은 입자들에 의한 산란을 말한다. 미립자의 지름이 빛의 파장보다도 작을 때 일어나며, 푸른 빛이나 빨간 빛으로 보인다.

45 Fourier 변환 적외선 흡수분광기의 장점이 아닌 것은?

① 신호/잡음비 개선
② 일정한 스펙트럼
③ 빠른 분석속도
④ 바탕보정 불필요

> **해설**
> Fourier 변환분광법의 장점
> • 기기의 분해능이나 검출기에 도달하는 빛의 양을 제한하는 슬릿이 없어 낮은 농도의 시료도 분석이 가능하다.
> • 측정 시간이 신속하여 짧은 시간 내에 여러 번 반복 측정이 가능하다.
> • 측정 파수의 정밀도가 우수하다.
> • 열분해 또는 변질될 우려가 없다.

46 형광의 방출에 대한 설명으로 틀린 것은?

① $\pi^* \rightarrow \pi$ 전이에서 형광이 잘 나타난다.

② $\sigma^* \rightarrow \sigma$ 전이에 해당하는 형광은 거의 나타나지 않는다.

③ C_6H_5I가 $C_6H_5CH_3$보다 형광의 상대적 세기가 강하다.

④ 산성 고리 치환체를 갖는 방향족 화합물의 형광은 pH의 영향을 받는다.

> **해설**
> C_6H_5I의 형광의 상대세기는 0이고 $C_6H_5CH_3$는 1.7이므로 $C_6H_5CH_3$의 세기가 더 강하다.

47 물(H_2O) 분자의 진동(Vibration) 방식(Mode)과 적외선 흡수스펙트럼에 대한 설명으로 옳은 것은?

① 진동방식은 3가지이고 적외선 스펙트럼의 흡수대는 2개가 나타난다.

② 진동방식은 3가지이고 적외선 스펙트럼의 흡수대는 3개가 나타난다.

③ 진동방식은 4가지이고 적외선 스펙트럼의 흡수대는 3개가 나타난다.

④ 진동방식은 4가지이고 적외선 스펙트럼의 흡수대는 4개가 나타난다.

> **해설**
> **진동방식의 수**
> • 비직선형 다원자 분자 : $3n-6$
> • 직선형 다원자 분자 : $3n-5$
> 물 분자는 비직선형이므로 진동방식은 $9-6=3$가지이고 흡수대는 3개가 나타난다.

48 분자흡수분광법의 가시광선 영역에서 주로 사용되는 복사선의 광원은?

① 중수소등
② 니크롬선등
③ 속 빈 음극등
④ 텅스텐 필라멘트등

> **해설**
> 가시광선 영역에서는 주로 텅스텐 필라멘트등을 사용한다.
> **분자흡수분광법의 광원** : 중수소 및 수소등, 텅스텐 필라멘트등, 광-방출 다이오드, 제논 아크등

49 어떤 회절발의 분리능은 5,000이다. 이 회절발로 분리할 수 있는 $1,000cm^{-1}$에 가장 인접한 선의 파수의 차이는 얼마인가?

① $0.1cm^{-1}$
② $0.2cm^{-1}$
③ $0.5cm^{-1}$
④ $5.0cm^{-1}$

50 플라스마 방출 분광법에서 플라스마 속에 고체와 액체를 도입하는 방법인 전열 증기화에 대한 설명으로 틀린 것은?

① 전열 원자화와 비슷하게 시료를 전기로에서 증기화한다.

② 증기는 아르곤 흐름에 의해 플라스마 토치 속으로 운반된다.

③ 전기로는 시료 도입은 물론 시료 원자화를 위해 주로 사용한다.

④ 관측되는 신호는 전열 원자흡수법에서 얻는 것과 유사한 순간적인(Transient) 봉우리이다.

> **해설**
> ③ 전기로는 원자화에 사용되지 않고 시료 도입에만 사용된다.

51 고분해능 NMR을 이용한 $CH_3\underline{CH_2}CH_2Cl$의 스펙트럼에서 밑줄 친 $-CH_2$기의 이론상 갈라지는 흡수봉우리(다중선)의 수는?

① 4   ② 6
③ 12   ④ 24

해설
오른쪽 H가 3개이므로 4중으로 갈라지고 왼쪽 H가 2개이므로 한 번 더 3중으로 갈라져 12개의 봉우리로 나뉘게 된다.

52 ^{13}C NMR의 스펙트럼은 ^1H NMR보다 일반적으로 약 몇 배의 ppm 차이를 두고 봉우리가 나타나는가?

① 5배   ② 20배
③ 50배   ④ 200배

해설
^1H NMR의 봉우리는 약 6~10ppm 내외의 낮은 값에서 나타나고 ^{13}C NMR는 약 140~200ppm 내외의 높은 값에서 나타나므로 평균 약 20배의 차이가 난다고 할 수 있다.

53 플라스마 광원의 방출분광법에는 3가지 형태의 높은 온도 플라스마가 있다. 그 종류가 아닌 것은?

① 흑연 전기로(GFA)
② 유도쌍 플라스마(ICP)
③ 직류 플라스마(DCP)
④ 마이크로파 유도 플라스마(MIP)

해설
방출분광법의 플라스마 광원
• 유도쌍 플라스마
• 직류 플라스마
• 마이크로파 유도 플라스마

54 $CH_3CH_2CH_3$에서 서로 다른 환경을 가진 수소는 몇 가지인가?

① 1
② 2
③ 3
④ 같은 환경을 가진 수소가 없다.

55 X선형광법의 장점이 아닌 것은?

① 비파괴 분석법이다.
② 스펙트럼이 비교적 단순하다.
③ 가벼운 원소에 대하여 감도가 우수하다.
④ 수 분 내에 다중원소의 분석이 가능하다.

해설
Auger 방출로 인해 형광 세기가 감소되므로, 가벼운 원소 측정 시 X선형광법을 이용하지 않는다.

56 복사선 에너지를 전기신호로 변환시키는 변환기와 관련이 가장 적은 것은?

① 섬광 계수기
② 속 빈 음극등
③ 반도체 변환기
④ 기체-충전 변환기

해설
② 속 빈 음극등은 원자흡수분광법과 관련이 있다.

57 아스피린을 펠릿법으로 적외선 흡수 스펙트럼을 측정하기 위해서 필요한 물질은?

① KBr ② Na_2CO_3
③ $NaHCO_3$ ④ NaOH

해설
고체시료를 취급하는 데는 KBr 펠릿(Pellet)이 가장 널리 사용된다.

58 전도성 고체를 원자분광기에 도입하여 사용하기에 가장 적합한 방법은?

① 전열 증기화
② 레이저 증발법
③ 초음파 분무법
④ 스파크 증발법

해설
① 고체, 액체, 용액 형태의 시료를 도입한다.
② 고체, 금속 형태의 시료를 도입한다.
③ 용액 형태의 시료를 도입한다.

59 다음에서 설명하고 있는 장치는?

기준접촉은 측정접촉과 같은 상자 내에 들어있도록 하고 비교적 큰 열용량을 갖도록 설계되어 있으며, 입사복사선으로부터 조심스럽게 가려져 있다. 분석 물질 신호가 토막나기 때문에 두 접촉 사이의 온도 차이만 중요하므로 기준접촉은 일정 온도로 유지시킬 필요는 없다.

① 열전기쌍
② 전자증배관
③ Faraday컵
④ 단일채널 검출기

해설
① 열전기쌍 : 두 금속이 연결된 접점의 온도를 다르게 할 때 온도 차에 비례하여 전류가 흐르는 원리이다.

60 Bragg식에 의하면 X선이 시료에 입사되면 입사각과 시료의 내부 결정구조에 따라 회절현상이 발생한다. 파장이 1.315 Å 인 X선을 사용하여 구리 시료로부터 1차 Bragg 회절 Peak를 측정한 2θ 는 50.5°이다. 구리금속 내부의 회절면 사이의 거리는 얼마인가?

① 0.771 Å ② 0.852 Å
③ 1.541 Å ④ 3.082 Å

해설
Bragg's Law
$2d\sin\theta = n\lambda(n$은 정수$)$
여기서, d : 결정 격자 간격
　　　　θ : 입사각
　　　　λ : X선의 파장
　　　　n : 차수

61 1차 이온화 과정에서 생성된 이온들 중에서 한 분자 이온을 선택한 후 2차 이온화시킴으로써 화학구조 분석, 화학반응 연구, 대사체 규명 등에 가장 유용하게 활용되는 연결(Hyphenated) 질량분석법은?

① GC/MS　　　　② ICP/MS

③ LC/MS　　　　④ MS/MS

해설

보통은 1차 이온화를 통해서 이온을 전하대 질량비로 검출한다. 하지만 MS/MS는 1차 이온화로 생성된 이온을 CID에서 비활성 기체로 쏘아 2차 이온화를 한다. 이렇게 처음 이온화된 이온을 또 다시 이온화하여 검출하는 방법을 MS/MS라고 한다.

62 질량이동(Mass Transfer) 메커니즘 중 전지 내의 벌크용액에서 질량이동이 일어나는 주된 과정으로서 정전기장 영향 아래에서 이온이 이동하는 과정을 무엇이라고 하는가?

① 확산(Diffusion)

② 대류(Convection)

③ 전도(Conduction)

④ 전기이동(Migration)

해설

④ 전기이동 : 콜로이드 용액 또는 현탁액에 전극을 넣고 직류 전압을 가할 때 콜로이드 입자 또는 미세 입자가 어느 한쪽의 극으로 이동하는 현상을 말한다.

63 질량분석계로 분석할 경우 상대세기(Abundance)가 거의 비슷한 2개의 동위원소를 갖는 할로젠 원소는?

① Cl(Chlorine)

② Br(Bromine)

③ F(Fluorine)

④ I(Iodine)

해설

② $^{79}Br : ^{81}Br = 1 : 1$

① $^{35}Cl : ^{37}Cl = 3 : 1$

③, ④ F, I의 자연적으로 발생하는 동위원소는 더 이상 없다.

64 기체 또는 액체 크로마토그래피에 응용되는 직접적인 물리적 현상으로 가장 거리가 먼 것은?

① 흡 착

② 이온교환

③ 분 배

④ 끓는점

해설

기체 또는 액체 크로마토그래피에 흡착, 이온교환, 분배현상은 응용되나 끓는점과는 관련이 없다.

65 다음의 특징을 가지는 질량분석기는?

> - 기기에서는 전자의 이차이온 또는 레이저광자의 짧은 펄스로 시료에 주기적 충격을 주어 양이온을 생성한다.
> - 검출기는 주로 '전자증배관'을 사용한다.
> - 기기가 간단하고 튼튼하다.
> - 이온원에 쉽게 접근시킬 수 있다.
> - 사실상 무제한의 질량범위를 갖고 데이터 획득속도가 빠르다.

① Sector 질량분석기

② 사중극자 질량분석기

③ 이중초점 질량분석기

④ Time-of-Flight 질량분석기

해설
이온화된 시료가 전기장 내에서 일정 거리를 이동하는 시간에서 분자량을 측정하는 비행시간(Time-of-Flight) 질량분석기에 대한 설명이다.

66 전위차법의 일반적 원리에 대한 설명으로 틀린 것은?

① 기준전극은 측정하려는 분석물의 농도와 무관하게 일정 값의 전극전위를 가진다.

② 지시전극은 분석물의 활동도에 따라 전극전위가 변한다.

③ 일반적으로 수소전극을 기준전극으로 사용한다.

④ 염화포타슘은 염다리를 위한 이상적인 전해물이다.

해설
전위차법은 일반적으로 칼로멜, 은 염화은을 주로 기준전극으로 쓴다.

67 다음 반쪽전지의 전극전위는 얼마인가?

> $HCl(3.12M) \mid H_2(0.920atm) \mid Pt$

① 0.0303V

② 0.0313V

③ 0.333V

④ −0.0314V

68 적하수은전극(Dropping Mercury Electrode)을 사용하는 폴라로그래피(Polarography)에 대한 설명으로 옳지 않은 것은?

① 확산전류(Diffusion Current)는 농도에 비례한다.

② 수은이 항상 새로운 표면을 만들어 내어 재현성이 크다.

③ 수은의 특성상 환원반응보다 산화반응의 연구에 유용하다.

④ 반파전위(Half-wave Potential)로부터 정성적 정보를 얻을 수 있다.

해설
③ 수은은 쉽게 산화되어 산화전극으로 사용하기 곤란하기 때문에 산화반응의 연구에 적합하지 않다.

69 기체 크로마토그래피-질량검출기(GC-MS)로 음료수에 함유된 카페인(m/z 194)의 양을 측정하기 위하여, 내부표준물질로 Caffeine-D₃(m/z 197)를 넣고, 머무름 시간이 거의 비슷한 두 이온 피크의 면적을 측정하고자 한다. 분석물질 Caffeine의 내부표준물질 Caffeine-D₃에 대한 검출감도 F는 1.04이었다. 음료수 1.000mL에 1.11g/L 농도의 Caffeine-D₃ 표준용액을 0.050mL 가하여 화학처리를 한 다음 GC-MS로 분석한 결과, Caffeine과 Caffeine-D₃의 피크 면적이 각각 1,733과 1,144이었다. 이 음료수에 포함된 Caffeine의 농도(mg/L)는?

① 81mg/L   ② 77mg/L

③ 53mg/L   ④ 38mg/L

70 표준수소전극으로 −0.121V로 측정된 전위는 포화칼로멜 기준전극(E = 0.241V)으로 측정한다면 얼마의 전위로 측정되겠는가?(단, 기준전극은 모두 산화전극으로 사용되었다)

① −0.362V   ② −0.121V

③ 0.121V   ④ 0.362V

> **해설**
> 산화전극 − 환원전극 = −0.121 − 0.241 = −0.362V

71 이상적인 기준전극이 가지는 성질로 틀린 것은?

① 비가역적이고 Nernst식에 따라야 한다.
② 온도가 주기적으로 변해도 과민반응을 나타내지 않아야 한다.
③ 시간이 지나도 일정 전위를 유지해야 한다.
④ 작은 전류 후에도 원래 전위로 되돌아와야 한다.

> **해설**
> 기준전극은 가역적이고 Nernst식을 따라야 한다.

72 열분석은 물질의 특이한 물리적 성질을 온도의 함수로 측정하는 기술이다. 열분석 종류와 측정방법을 연결한 것 중 잘못된 것은?

① 시차주사열량법(DSC) − 열과 전이 및 반응온도
② 시차열분석(DTA) − 전이와 반응온도
③ 열무게(TGA) − 크기와 점도의 변화
④ 방출기체분석(EGA) − 열적으로 유도된 기체생성물의 양

> **해설**
> **열무게(TGA)**
> 조절된 환경 조건하에서 시료의 온도를 증가시키면서 시료의 무게를 시간 또는 온도의 함수로 연속적으로 기록한다.

73 물질 A와 B를 분리하기 위해 10cm 관을 사용하였다. A와 B의 머무름 시간은 각각 5분과 11분이고 이동상의 평균이동속도는 5cm/분이었다. A와 B의 밑변의 봉우리 너비가 1분과 1.1분일 때 이 관의 분리능은 얼마인가?

① 3.25 ② 5.71
③ 7.27 ④ 9.82

해설

$$분리능 = \frac{2[(t_R)_B - (t_R)_A]}{W_A + W_B} = \frac{2(11-5)}{1+1.1} = 5.71$$

74 시차열법분석으로 벤조산 시료 측정 시 대기압에서 측정할 때와 200psi에서 측정할 때 봉우리가 일치하지 않은 이유를 가장 잘 설명한 것은?

① 높은 압력에서 시료가 파괴되었기 때문이다.
② 높은 압력에서 밀도의 차이가 생겼기 때문이다.
③ 높은 압력에서 끓는점이 영향을 받았기 때문이다.
④ 모세관법으로 측정하지 않았기 때문이다.

해설

그림은 대기압(A)에서와 200psi(B)에서 벤조산의 DTA 곡선이다. 첫 번째 봉우리인 녹는점은 압력의 영향을 받지 않아 두 곡선이 일치하지만 두 번째 봉우리인 끓는점은 압력에 영향을 받아 높아진다. 때문에 200psi에서의 끓는점과 대기압에서의 끓는점은 일치하지 않는다.

75 다음 기체 크로마토그래피의 검출기 중 비파괴 검출기는?

① 열이온 검출기(TID)
② 원자 방출 검출기(AED)
③ 열전도도 검출기(TCD)
④ 불꽃 이온화 검출기(FID)

해설

열전도도 검출기는 열전도도차를 이용한 순수기체 분석, 무기물 분석에 적합한 비파괴형 검출기이다.

76 기체 크로마토그래피(GC)의 이동상 기체로 일반적으로 사용되지 않는 것은?

① 질 소 ② 헬 륨
③ 수 소 ④ 산 소

해설

가장 일반적으로 사용되는 이동상 기체는 헬륨, 수소, 질소, 아르곤 등이 있다. 이동상 기체는 비활성이고 불순물이 없이 순수해야 한다.

77 다음 중 분리분석법이 아닌 것은?

① 크로마토그래피
② 추출법
③ 증류법
④ 폴라로그래피

해설

④ 폴라로그래피는 전해분석법에 해당한다.

78 질량분석법의 특징에 대한 설명으로 틀린 것은?

① 시료의 원소조성에 관한 정보

② 시료 분자의 구조에 대한 정보

③ 시료의 열적 안정성에 관한 정보

④ 시료에 존재하는 동위원소의 존재비에 대한 정보

80 Van Deemter 도시로부터 얻을 수 있는 가장 유용한 정보는?

① 이동상의 적절한 유속(Flow Rate)

② 정지상의 적절한 온도(Temperature)

③ 분석물질의 머무름 시간(Retention Time)

④ 선택 계수(α, Selectivity Coefficient)

79 고성능 액체 크로마토그래피에 사용되는 검출기의 이상적인 특성이 아닌 것은?

① 짧은 시간에 감응해야 한다.

② 용리 띠가 빠르고 넓게 퍼져야 한다.

③ 분석물질의 낮은 농도에도 감도가 높아야 한다.

④ 넓은 범위에서 선형적인 감응을 나타내어야 한다.

제1과목 | 일반화학

01 다음의 루이스 구조식 중 옳지 않은 것은?

①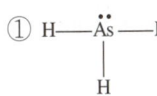

②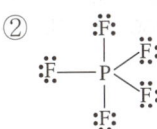

③ :F—N—F:
      |
      :F:

④ [:I— I —I:]⁻

> **해설**
> I_3^-의 루이스 구조식
> $[\ddot{I}—\ddot{I}—\ddot{I}]^-$

02 S, Cl, F를 원자반지름이 작은 것부터 큰 것 순서로 배열한 것은?

① Cl, S, F   ② Cl, F, S

③ F, S, Cl   ④ F, Cl, S

> **해설**
> 원자반지름은 주기가 클수록 크고, 같은 주기에서는 원자번호가 클수록 작아지기 때문에 F < Cl < S이다.

03 다음 중 산의 세기가 가장 강한 것은?

① HClO   ② HF

③ CH₃COOH   ④ HCl

> **해설**
> ④ 강산
> ①, ②, ③ 약산

04 적정 실험에서 0.5468g의 KHP(프탈산 수소칼륨, KHC₈H₄O₄, 몰질량 : 204.2g)를 완전히 중화하기 위해서 23.48mL의 NaOH 용액이 소모되었다. NaOH 용액의 농도는 얼마인가?

① 0.3042M   ② 0.2141M

③ 0.1141M   ④ 0.0722M

> **해설**
> KHP + NaOH → KNaP + H₂O
> KHP와 NaOH는 1 : 1의 몰수비로 반응한다.
> $KHP의 \; 몰수 = 0.5468g \times \dfrac{1mol}{204.2g} = 0.00268mol$
> $0.00268mol = 0.02348L \times x$
> $\therefore \; x = 0.1141M$

05 인산(H₃PO₄)은 P₄O₁₀(s)과 H₂O(l)을 섞어서 만든다. P₄O₁₀(s) 142g과 H₂O(l) 180g이 섞였을 때 생성되는 인산은 몇 g인가?(단, P₄O₁₀, H₂O, H₃PO₄의 분자량은 각각 284, 18, 98이다. 다음 화학반응식의 반응계수는 맞추어지지 않은 상태이다)

$$P_4O_{10}(s) + H_2O(l) \rightarrow H_3PO_4(aq)$$

① 98   ② 196

③ 980   ④ 1,960

> **해설**
> $142g \; P_4O_{10} \rightarrow 142g \times \dfrac{1mol}{284g} = 0.5mol$
> $180g \; H_2O \rightarrow 180g \times \dfrac{1mol}{18g} = 10mol$
> $P_4O_{10}(s) + 6H_2O(l) \rightarrow 4H_3PO_4(aq)$
> $P_4O_{10} : H_2O : H_3PO_4 = 1 : 6 : 4 = 0.5 : 3 : 2$
> $\therefore \; 2mol \; H_3PO_4 \rightarrow 2mol \times \dfrac{98g}{1mol} = 196g$

06 암모니아 용액의 수산화 이온의 농도가 5.0×10^{-6}M일 때 하이드로늄 이온의 농도를 계산하면 얼마인가?

① 5.0×10^{-6}M

② 2.0×10^{-6}M

③ 5.0×10^{-9}M

④ 2.0×10^{-9}M

$pH = -\log[H^+]$, $pOH = -\log[OH^-]$이고 $pH + pOH = 14$
$pH - \log(5.0 \times 10^{-6}) = 14$
$pH = 14 - 5.3 = 8.7$
$pH = -\log[H^+] = -\log(2.0 \times 10^{-9}) = 8.70$이므로
하이드로늄 이온의 농도는 2.0×10^{-9}M이다.

07 다음과 같은 이온반응이 염기성 용액에서 일어날 때, 그 이온반응식이 올바르게 완결된 것은?

$$I^-(aq) + MnO_4^-(aq) \rightarrow I_2(aq) + MnO_2(s)$$

① $6I^-(aq) + 4H_2O(l) + 2MnO_4^-(aq)$
$\rightarrow 3I_2(aq) + 2MnO_2(s) + 8OH^-(aq)$

② $6I^-(aq) + 2MnO_4^-(aq)$
$\rightarrow 3I_2(aq) + 2MnO_2(s) + 2O_2(g)$

③ $4I^-(aq) + 2H_2O(l) + 2MnO_4^-(aq)$
$\rightarrow 2I_2(aq) + 2MnO_2(s) + 8H^+(aq)$

④ $2I^-(aq) + 2H_2O(l) + 2MnO_4^-(aq)$
$\rightarrow 3I_2(aq) + 2MnO_2(s) + 2OH^-(aq) + H_2(g)$

$MnO_4^-(aq) + 4H_2O + 3e^- \rightarrow MnO_2(s) + 2H_2O + 4OH^-$이므로
여기에 당량을 맞추어주면
$6I^-(aq) + 4H_2O(l) + 2MnO_4^-(aq)$
$\rightarrow 3I_2(aq) + 2MnO_2(s) + 8OH^-(aq)$

08 다음 각 산 또는 염기에 대하여 필요한 짝산 또는 짝염기가 틀리게 작성된 것은?

① H_2O가 염기로 작용할 때 짝산은 H_3O^+이다.

② HSO_3^-가 산으로 작용할 때 짝염기는 SO_3^{2-}이다.

③ HCO_3^-가 산으로 작용할 때 짝염기는 H_2CO_3이다.

④ NH_3가 염기로 작용할 때 짝산은 NH_4^+이다.

③ HCO_3^-가 염기로 작용할 때 짝산은 H_2CO_3이다.

09 다음 화합물의 명명법으로 옳은 것은?

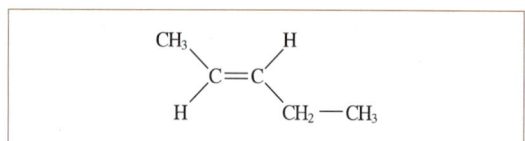

① 1-펜텐
② 트랜스-2-펜텐
③ 시스-2-펜텐
④ 시스-1-펜텐

[시스-2-펜텐] [트랜스-2-펜텐]

10 질량백분율 10.0% NaCl 수용액의 몰랄농도는 얼마인가?(단, NaCl의 몰질량은 58.44g/mol이다)

① 0.171m
② 1.71m
③ 0.19m
④ 1.9m

질량백분율 10% NaCl 수용액 → 100g 용액 중 용질 10g, 용매 90g

$$\text{몰랄농도}(m) = \frac{\text{용질의 mol수}}{\text{용매 1kg}}$$

$$= \frac{10g}{90g} \times \frac{1mol}{58.44g/mol} \times \frac{1,000g}{1kg} = 1.90m$$

11 물질의 상태에 대한 설명으로 틀린 것은?

① 고체에서 기체로 상변화가 일어나는 과정을 승화(Sublimation)라 하며, 기체에서 고체로 상변화하는 과정을 증착(Deposition)이라 한다.

② 고체, 액체, 기체가 공존하여 평형을 이루는 온도, 압력 조건을 임계점(Critical Point)이라 하며 이러한 상태의 물질은 초임계유체(Supercritical Fluid)라 부른다.

③ 온도가 증가하면 액체의 증기압이 지수함수적으로 증가한다. 온도 변화에 따른 증기압 변화를 증발열과 관련지어 예측하는 방정식을 클라우지우스-클라페이론식(Clausius-Clapeyron Equation)이라 한다.

④ 물은 낮은 몰질량(18.02g/mol)에도 불구하고 높은 끓는점을 가지며, 다른 물질과는 달리 액체상에 비해 고체상의 밀도가 더 낮다. 이러한 특이성은 물분자의 큰 극성 및 수소결합에 근원이 있다.

해설
임계점이란 액체와 기체가 공존하여 평형을 이루어 액체와 기체의 상태를 서로 구분할 수 없는 온도 및 압력 조건을 말하며, 이러한 상태의 물질을 초임계유체라고 부른다.

12 탄소가 완전연소하여 CO_2가 되는 반응이 있다. 탄소의 1몰을 100% 과잉공기와 반응시켰을 때 생성된 CO_2의 부피 백분율(vol%)은 얼마인가?(단, 공기 중 산소의 함량은 21vol%이다)

$$C + O_2 \rightarrow CO_2$$

① 100vol%

② 24.2vol%

③ 10.5vol%

④ 3.8vol%

13 카보닐기 양쪽에 두 개의 탄소 원자가 결합하고 있는 화합물은 무엇인가?

① 알코올　　　　② 페 놀
③ 에테르　　　　④ 케 톤

해설
④ 케톤 : 카보닐기에 탄소가 결합된 화합물(R-CO-R')이다.

14 알케인(Alkane)류 탄화수소에 대한 다음 설명 중 틀린 것은?

① 알케인류의 탄소 원자는 다른 원자와 sp^3 궤도함수를 통해 결합된다.

② 사슬형 알케인류 탄화수소의 탄소 결합각은 모두 109.5°이다.

③ 사슬형 알케인류 탄화수소의 탄소-탄소 단일 결합각은 자유회전이 불가능하다.

④ 사슬형 알케인류 탄화수소가 가질 수 있는 회전 이성질체를 형태(Conformation)이성질체라고 부른다.

해설
③ 사슬형 알케인류 탄화수소의 탄소-탄소 단일 결합각은 자유회전이 가능하다.

15 분자의 전하량 보존의 법칙을 엄격히 지키면서 분자 내의 원자에 간편한 가상적인 전하량을 부여할 수 있는데 이를 산화수라 부른다. 이에 대한 설명 중 옳지 않은 것은?

① 중성분자에서 원자들의 산화수의 합은 0이어야 하며, 이온인 경우 산화수 합은 이온의 전하량과 같다.

② 화합물에서 알칼리금속 원자의 산화수는 +1, 알칼리토금속은 +2이다.

③ 수소는 화합물에서 예외 없이 항상 +1이다.

④ 플루오린은 항상 −1이나, 산소나 다른 할로젠 원소와 결합하는 할로젠 원소는 예외로 양의 산화수를 가질 수 있다.

> **해설**
> ③ 수소는 화합물에서 +1의 산화수를 가지지만 LiH와 같은 금속 수소화물에서는 −1의 산화수를 가진다.

16 수소와 질소로부터 암모니아를 합성하는 반응에서 질소기체 7.0g을 충분한 양의 수소와 반응시켰을 때 생성되는 암모니아 기체의 부피는 표준상태에서 몇 L인가?

$N_2 + 3H_2 \rightarrow 2NH_3$

① 22.4   ② 11.2

③ 5.6   ④ 4.48

> **해설**
> $N_2 + 3H_2 \rightarrow 2NH_3$
> 1 : 3 : 2 반응을 하고 N_2의 분자량은 28.02g/mol이므로 표준상태에서의 아보가드로의 법칙에 따라
> $$x = \frac{7g}{28.02g/mol} \times 2 \times 22.4L \coloneqq 11.19L$$

17 N_2 분자가 가지고 있는 3중결합은 어떠한 결합인가?

① 두 개의 Bonding과 한 개의 Anti−Bonding 시그마결합

② 1개의 파이결합과 2개의 시그마결합

③ 두 개의 Bonding과 한 개의 Anti−Bonding 파이결합

④ 1개의 시그마결합과 2개의 파이결합

> **해설**
>
>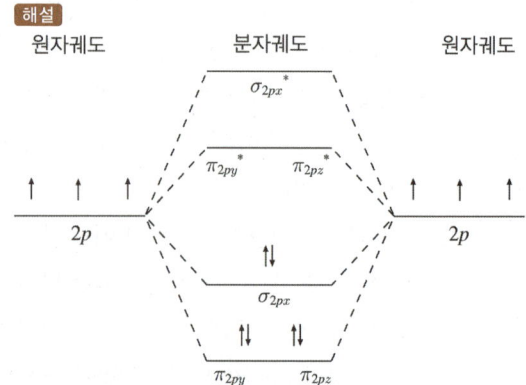
>
> $_7N = 1s^22s^22p^3 \rightarrow p$오비탈의 3개의 전자가 결합성 전자이며 N이 2개이므로 비금속 공유결합을 형성하며 결합성(Bonding) 전자는 6개, 반결합성(Anti−bonding) 전자는 0개로 3중결합을 하게 된다.
> • 시그마결합 : $s-s$, $s-p$, $p-p$ 사이의 강한 결합
> • 파이결합 : $p-p$ 사이의 약한 결합

18 다음은 몇 가지 수소 화합물의 이름을 나타낸 것이다. 다음과 같은 방법으로 HF의 이름을 나타낸 것으로 옳은 것은?

• HCl : 염화수소산	• HI : 아이오딘화수소산
• H_2S : 황화수소산	• HCN : 사이안화수소산

① 탄소질화수소산   ② 탄질화수소산

③ 질소탄화수소산   ④ 플루오린화수소산

> **해설**
> HF는 플루오린화수소라고 하며, 플루오린화수소산이다.

19 MnO_4^-에서 Mn의 산화수는 얼마인가?

① +2 ② +3

③ +5 ④ +7

> **해설**
> Mn의 산화수 $+ O_4$의 산화수 $= -1$
> $x + (-2 \times 4) = -1$
> $\therefore x = +7$

21 완충용액에 대한 설명으로 틀린 것은?

① 완충용액의 pH는 이온세기와 온도에 의존하지 않는다.

② 완충용량이 클수록 pH 변화에 대한 용액의 저항은 커진다.

③ 완충용액은 약염기와 그 짝산으로 만들 수 있다.

④ 완충용량은 산과 그 짝염기의 비가 같을 때 가장 크다.

> **해설**
> ① 활동도 계수가 이온세기에 따라 달라지므로 완충용액의 pH도 이온세기에 따라 달라진다. 또한 온도에 따라서도 pH값이 현저히 달라진다.

20 35℃에서 염화칼륨의 용해도는 40g이다. 만약 35℃에서 20g의 물속에 KCl이 5g 녹아 있다면 이 용액은 어떤 상태인가?

① 불포화 ② 포 화

③ 과포화 ④ 초임계

> **해설**
> 용해도 $= \dfrac{\text{용질의 g수}}{\text{용매의 g수}} \times 100$
>
> 용해도 $= \dfrac{5g}{20g} \times 100 = 25$이므로 불포화상태이다.

22 0.050mol 트리스와 0.050mol 트리스염화수소를 녹여 만든 500mL 용액의 pH는 얼마인가?(단, $pK_a(BH^+) = 8.075$이다)

① 1.075

② 5.0

③ 7.0

④ 8.075

> **해설**
> 농도가 같으므로 pH값은 변화가 없다.

23 산화 – 환원적정에서 산화제 자신이 지시약으로 작용하는 산화제는?

① 아이오딘(I_2)

② 세륨 이온(Ce^{4+})

③ 과망가니즈산 이온(MnO_4^-)

④ 중크로뮴산 이온($Cr_2O_7^{2-}$)

해설

산성용액에서 $KMnO_4$를 반응시키면 $MnO_4^- + 5e^- + 8H^+ \rightarrow Mn^{2+} + 4H_2O$의 반응이 일어난다. 반응의 종점은 $KMnO_4$ 자신의 자주색에 의해 알 수 있으므로 지시약은 따로 필요하지 않다. $KMnO_4$의 적가에서 적자색의 MnO_4^-는 거의 무색의 Mn^{2+}가 되지만 당량점 이후에는 MnO_4^-에 의해 자주색이 된다.

24 다음 산 중에서 가장 약한 산은?

① 염산(HCl)

② 질산(HNO_3)

③ 황산(H_2SO_4)

④ 인산(H_3PO_4)

해설

염산, 황산, 질산 등은 강산이고 아세트산, 붕산, 인산 등 대부분의 산은 약산이다.

25 적정법(Titration)을 이용하기 위한 반응 조건으로 가장 거리가 먼 것은?

① 반응이 빨라야 한다.

② 평형상수 K가 작아야 한다.

③ 반응이 정량적이어야 한다.

④ 적당한 종말점 검출법이 있어야 한다.

해설

적정의 필수조건으로 평형상수는 커야 한다.

26 침전적정에 대한 설명으로 옳은 것은?

① 분석물질의 용해도곱이 작을수록 당량점이 뚜렷이 나타난다.

② 분석물질의 농도가 높고 용해도곱이 클수록 당량점이 뚜렷이 나타난다.

③ 분석물질의 농도가 낮을수록 당량점이 뚜렷이 나타난다.

④ 분석물질의 농도와 무관하게 용해도곱이 크면 당량점이 뚜렷이 나타난다.

해설

용해도곱의 간격이 크면 클수록, 용해도곱이 작을수록 잘 침전하므로 당량점이 더욱 뚜렷하게 나타난다.

27 일정량의 금속 아연을 포함하고 있는 시료용액 25.0mL를 pH 10에서 EBT 지시약과 0.02M EDTA 표준용액을 사용하여 킬레이트 적정법으로 아연을 정량하였다. 이때 EDTA 표준용액 33.3mL를 적가하였을 때 당량점에 도달하였다면 시료용액에 포함된 금속 아연의 양은 얼마인가?(단, Zn의 원자량은 63.58이다)

① 0.1269g

② 0.0846g

③ 0.0662g

④ 0.0423g

28 염화나트륨 과포화용액에 용질로 사용한 염화나트륨을 약간 더 넣어주거나 염화나트륨 과포화용액을 잘 저어주면 그 용액은 어떻게 되는가?

① 용매가 증발하여 감소한다.
② 염화나트륨 포화용액이 된다.
③ 염화나트륨 불포화용액이 된다.
④ 염화나트륨 과포화용액 그대로 있다.

② 과포화용액은 불안정한 상태이므로 소량의 용질을 넣어주거나 과포화용액을 잘 저어주면 포화용액이 된다.

29 Maleic Acid($pK_1 = 1.9$, $pK_2 = 6.3$) 0.10M 수용액 10.0mL에 같은 농도의 NaOH 수용액 15.0mL를 가했을 때의 pH값으로 가장 가까운 것은?

① 1.9   ② 4.1
③ 6.3   ④ 9.7

30 무게(중량) 분석을 하기 위하여 침전을 생성시킬 때 고려해야 할 사항으로 가장 거리가 먼 것은?

① 침전의 손실이 없게 해야 한다.
② 침전의 용해도를 크게 해야 한다.
③ 여과하기 쉬운 침전을 생성시켜야 한다.
④ 조성이 일정하고, 순수한 침전을 생성시켜야 한다.

② 침전의 용해도를 작게 해야 한다.

31 EDTA에 대한 설명으로 틀린 것은?

① EDTA는 이양성자계이다.
② EDTA는 널리 사용하는 킬레이트제이다.
③ EDTA 1몰은 금속이온 1몰과 반응한다.
④ 주기율표상의 대부분의 원소를 EDTA를 이용하여 분석할 수 있다.

① EDTA는 육양성자계로 H_6Y^{2+}로 표현한다.

32 다음 산-염기의 적정반응 중 지시약을 사용하여 종말점을 구하기가 가장 힘든 경우는?

① 0.01M HCl(aq) + 0.1M NH_3(aq)
② 0.01M HCl(aq) + 0.1M NaOH(aq)
③ 0.01M CH_3COOH(aq) + 0.1M NaOH(aq)
④ 0.001M CH_3COOH(aq) + 0.001M NH_3(aq)

33 어떤 용액에 다음과 같은 5종의 이온들이 존재한다면 이 용액의 Charge Balance를 옳게 나타낸 것은?

$$H^+,\ OH^-,\ K^+,\ HSO_4^-,\ SO_4^{2-}$$

① $[K^+] = [HSO_4^-] + [SO_4^{2-}]$
② $[K^+] = [HSO_4^-] + 2[SO_4^{2-}]$
③ $[H^+] + [K^+] = [OH^-] + [HSO_4^-] + [SO_4^{2-}]$
④ $[H^+] + [K^+] = [OH^-] + [HSO_4^-] + 2[SO_4^{2-}]$

양이온과 음이온의 균형을 표시해 주어야 한다.
양이온은 H^+, K^+이고 음이온은 H^-, HSO_4^-, SO_4^{2-}이다.
여기서, SO_4^{2-}는 전하가 두 배이므로
$[H^+] + [K^+] = [OH^-] + [HSO_4^-] + 2[SO_4^{2-}]$이다.

34 EDTA 적정에서 종말점 검출방법으로 사용할 수 없는 것은?

① 금속 이온 지시약
② 유리 전극
③ 빛의 산란
④ 이온 선택성 전극

해설
빛의 산란은 종말점 검출방법으로 사용할 수 없다.

36 먹는 물 기준 벤젠 함유량은 10ppb이라고 할 때 10ppb는 물 1L당 벤젠의 함유량이 몇 mg인가? (단, 먹는 물의 밀도는 1g/mL이다)

① 10
② 1
③ 0.1
④ 0.01

해설
$$\frac{x\text{g}}{물\ 1{,}000\text{g}} \times 10^9 = 10$$
$$x = \frac{10 \times 1{,}000}{10^9} = 10^{-5}\text{g} = 10^{-2}\text{mg} = 0.01\text{mg}$$

35 다음의 2가지 반응에서 산화제(Oxidizing Agent)는 각각 무엇인가?

$$Ag^+(aq) + Fe^{2+}(aq) \rightarrow Ag(s) + Fe^{3+}(aq)$$
$$2Al^{3+}(aq) + 3Mg(s) \rightarrow 2Al(s) + 2Mg^{2+}(aq)$$

① $Fe^{2+}(aq)$, $Al^{3+}(aq)$
② $Ag^+(aq)$, $Al^{3+}(aq)$
③ $Fe^{2+}(aq)$, $Mg(s)$
④ $Ag^+(aq)$, $Mg(s)$

해설
산화제란 자신은 환원되고 다른 물질을 산화시키는 것을 말한다. Ag^+와 Al^{3+}이 환원되고 다른 물질은 산화되었으니 이들이 산화제이다.

37 산화·환원 지시약에 대한 설명으로 틀린 것은?

① 메틸렌블루는 산·염기 지시약으로도 사용되며, 환원형은 푸른색을 띤다.
② 다이페닐아민설폰산의 산화형은 붉은 보라색이며, 환원형은 무색이다.
③ 페로인(Ferroin)의 환원형은 붉은색을 띤다.
④ 페로인(Ferroin)의 변색은 표준 수소전극에 대해 대략 1.1~1.2V 범위에서 일어난다.

해설
메틸렌블루는 산화·환원 지시약으로도 사용되며 산화형은 자색, 환원형은 무색을 띤다.

38 pH = 10.0인 용액을 만들기 위하여 0.5M HCl 용액 100mL에 몇 g의 Na_2CO_3(106.0g/mol)을 첨가하여야 하는가?(단, H_2CO_3의 1차 및 2차 해리상수는 각각 4.45×10^{-7}, 4.69×10^{-11}이다)

① 5.5　　　　② 7.8
③ 10.5　　　④ 21.0

39 순도 100%의 벤조산 20g은 약 몇 밀리몰(mmol)인가?(단, 벤조산의 몰질량은 122.1g/mol이다)

① 0.164　　　② 1.64
③ 16.4　　　④ 164

해설
$20g \div 122.1g/mL \times 1,000 = 164mmol$

40 다음 반쪽반응에 대해 Nernst식을 이용하여 pH = 3.00이고 $P(AsH_3) = 1.00mbar$일 때 반쪽전지전위 E를 구하면 몇 V인가?

$$As(s) + 3H^+ + 3e^- \rightleftarrows AsH_3(g), \quad E° = -0.238V$$

① −0.592
② −0.415
③ −0.356
④ −0.120

제3과목 | 기기분석 Ⅰ

41 유기분자 $CH_3COOCH_2 \equiv CH$의 적외선 흡수스펙트럼을 얻은 후 관찰 결과에 대한 설명으로 틀린 것은?

① 3,300~2,900cm^{-1} 영역의 흡수대
　→ C≡C–H 구조의 존재를 나타낸다.
② 3,000~2,700cm^{-1} 영역의 흡수대
　→ –CH$_3$, –CH$_2$– 구조의 존재를 암시한다.
③ 2,400~2,100cm^{-1} 영역의 흡수대
　→ –C–O– 구조의 존재를 암시한다.
④ 1,900~1,650cm^{-1} 영역의 흡수대
　→ C=O 구조의 존재를 나타낸다.

42 분석기기에서 발생하는 잡음 중 열적잡음(Thermal Noise)에 대한 설명으로 틀린 것은?

① 저항이 커지면 증가한다.
② 주파수를 낮추면 감소한다.
③ 온도가 올라가면 증가한다.
④ 백색 잡음(White Noise)이라고도 한다.

해설
② 열적잡음은 주파수와 관련이 없으며, 띠 너비를 줄이면 감소시킬 수 있다.

43 1.50cm의 셀에 들어 있는 3.75mg/100mL A(분자량 : 220g/mol) 용액은 480nm에서 39.6%의 투광도를 나타내었다. A의 몰흡광계수는?

① 1.57×10^2　　② 1.57×10^3
③ 1.57×10^4　　④ 1.57×10^5

44 자외선·가시광선 흡수분광법에서 흡수봉우리의 세기와 위치에 영향을 주는 요소로 가장 거리가 먼 것은?

① 용매 효과(Solvent Effect)
② 입체 효과(Steric Effect)
③ 도플러 효과(Doppler Effect)
④ 콘주게이션 효과(Conjugation Effect)

해설
③ 도플러 효과 : 파동을 발생시키는 파원과 그 파동을 관측하는 관측자 중 하나 이상이 운동하고 있을 때 발생하는 효과로, 흡수분광법에서 흡수봉우리의 세기와 위치에 영향을 주는 요소는 아니다.

45 홑빛살 분광광도계와 비교할 때 겹빛살 분광광도계의 가장 중요한 장점은?

① 최대 슬릿 폭을 사용할 수 있다.
② 더 좁은 슬릿 폭을 사용할 수 있다.
③ 아주 빠른 응답시간을 사용할 수 있다.
④ 광원세기의 느린 변화와 편류를 상쇄해 준다.

해설
겹빛살 분광광도계
홑빛살 분광광도계 보다 시간차에 의한 측정오차를 줄이고, 측정 방법을 다양화할 수 있게 만들어진 분광광도계로 광원의 세기의 느린 변화와 편류를 상쇄하는 장점이 있다.

46 원자방출분광법(AES)의 플라스마 광원 중 가장 중요하고 널리 사용되는 광원은?

① 직류 플라스마
② 아크 플라스마
③ 유도결합 플라스마
④ 마이크로파 유도 플라스마

해설
③ 유도결합 플라스마 : 대부분의 방출법 분석 시 사용하는 방법으로 원소 상호 간의 온도가 매우 높고, 중성원자의 상태를 거치지 않고 한 번에 원소를 들뜨게 하기 때문에 불꽃·전열화 원자흡수법보다 화학적 방해와 매트릭스 효과가 작다.

47 원자흡수분광법에서 바탕보정을 위해 사용하는 방법이 아닌 것은?

① Zeeman 효과 사용 바탕보정법
② 광원 자체반전(Self-reversal) 사용 바탕보정법
③ 연속광원(D_2 Lamp) 사용 바탕보정법
④ 선형회귀(Linear Regression) 사용 바탕보정법

해설
원자흡수분광법에서 보정을 위해 사용하는 방법은 Zeeman, 연속 광원, 광원 자체반전에 의한 보정법이 있다.

48 레이저 발생 메커니즘에 대한 설명 중 옳은 것은?

① 레이저를 발생하게 하는 데 필요한 펌핑은 레이저활성 화학종이 전기방전, 센 복사선의 쪼임 등과 같은 방법에 의해 전자의 에너지 준위를 바닥상태로 전이시키는 과정이다.

② 레이저 발생의 바탕이 되는 유도방출은 들뜬 레이저 매질의 입자가 자발 방출하는 광자와 정확하게 똑같은 에너지를 갖는 광자에 의하여 충격을 받는 경우이다.

③ 레이저에서 빛살증폭이 일어나기 위해서는 유도방출로 생긴 광자수가 흡수로 잃은 광자수보다 적어야 한다.

④ 3단계 또는 4단계 준위 레이저 발생계는 레이저가 발생하는 데 필요한 분포상태반전(Population Inversion)을 달성하기 어렵기 때문에 빛살증폭이 일어나기 어렵다.

> **해설**
> 레이저는 빔을 발생시키는 원리에 따라 종류가 다르지만 대체로 들뜬 매질 입자에서 방출되는 광자와 같은 에너지를 가지는 광자의 충격에 의해 발생한다.

49 미지의 나노크기의 작은 고체 입자시료의 표면에 코팅되어 있는 물질을 확인하고자 FT-IR을 이용하려고 한다. 이때 실험을 올바로 진행하여 좋은 분석결과를 얻기 위한 시료의 측정 및 준비에 관한 다음 설명 중 틀린 것은?

① Attenuated Reflectance Cell을 이용하여 측정할 수 있다.

② 분말 입자를 Nujol이나 KBr에 묻혀서 측정한다.

③ Diffused Reflectance IR을 사용할 수 있다.

④ 표면에 붙은 시료를 적당한 용매로 추출하여 액체 셀에 넣어 측정한다.

> **해설**
> 분말입자를 Nujol이나 Mull과 섞어 측정한다.

50 X선 형광분광법에서 나타나는 매트릭스(Matrix) 효과가 아닌 것은?

① 증강 효과　　　　② 흡수 효과
③ 반전 효과　　　　④ 산란 효과

> **해설**
> X선 형광분광법에서 나타나는 매트릭스 효과
> 증강 효과, 흡수 효과, 산란 효과

51 광자 변환기(Photon Transducer)의 종류가 아닌 것은?

① 광전압전지
② 광전증배관
③ 규소 다이오드 검출기
④ 볼로미터(Bolometer)

> **해설**
> ④ 볼로미터(Bolometer) : 열효과형 광검출기의 일종으로 복사선에 의한 온도의 측정에 이용된다.

52 다음 분자 중 적외선 흡수분광법으로 정량분석이 불가능한 것은?

① CO_2　　　　　　② NH_3
③ O_2　　　　　　④ NO_2

> **해설**
> O_2, N_2와 같은 동종이원자 분자들은 진동이나 회전을 하는 동안 쌍극자 모멘트의 알짜변화가 일어나지 않기 때문에 적외선을 흡수하지 못해 흡수분광법으로 정량분석할 수 없다.

53 유도결합 플라스마 분광법이 원자흡수분광법보다 동시다원소(Simultaneous Multi-elements) 분석에 더 잘 적용되는 주된 이유는?

① 플라스마의 온도가 불꽃의 온도보다 높기 때문이다.
② 방출분광법이어서 광원(램프)을 사용하지 않기 때문이다.
③ 불활성 기체인 아르곤을 사용하기 때문이다.
④ 스펙트럼선 간의 방해 영향이 작기 때문이다.

해설
유도결합 플라스마 분광법은 램프를 사용하지 않고 유도결합 플라스마 자체가 광원이기 때문에 동시다원소 분석에 잘 적용된다.

54 Nuclear Magnetic Resonance(NMR)에서 주로 사용되는 빛의 종류는?

① UV
② VIS
③ Microwave
④ Radio Frequency

해설
NMR은 파장이 긴 Radio Frequency를 주로 사용한다. 파장의 길이는 에너지와 반비례하여 에너지가 낮은 빛을 사용하여 분석한다.

55 500nm의 가시복사선의 광자 에너지는 약 몇 J인가?(단, Plank 상수는 6.63×10^{-34} J · s, 빛의 속도는 3.00×10^8 m/s이다)

① 1.00×10^{-19}
② 1.00×10^{-10}
③ 4.00×10^{-19}
④ 4.00×10^{-10}

해설
$$E = h\nu = h\frac{c}{\lambda}$$
$$= (6.63 \times 10^{-34} \text{J} \cdot \text{s}) \times (3.00 \times 10^8 \text{m/s}) \times \frac{1}{500 \text{nm}} \times \frac{10^9 \text{nm}}{1 \text{m}}$$
$$= 4.00 \times 10^{-19}$$

56 가시선이나 자외선 영역에서 주로 사용되는 시료용기의 재질은?

① Quartz(석영)
② NaCl(염화나트륨)
③ KBr(브로민화칼륨)
④ TlI(아이오딘화탈륨)

해설
석영 또는 용융 실리카는 자외선 영역(350nm 이하)과 가시선, 적외선 영역($3\mu m$)에서 투명하여 가시선이나 자외선 영역에서 주로 사용되는 시료용기이다.

57 불꽃원자흡수분광법에서 N_2O–C_2H_2 불꽃으로 몰리브덴을 분석하고자 할 때 칼슘염의 화학적 방해를 제거하기 위해 사용되는 해방제는?

① Al
② Sr
③ La
④ EDTA

해설
칼슘염의 화학적 방해에 사용되는 해방제는 Al이다.

58 단색화장치의 구성요소가 아닌 것은?

① 광 원   ② 회절발
③ 슬 릿   ④ 프리즘

해설
단색화 장치의 부분장치
• 네모꼴 광학성을 만드는 입구슬릿
• 평행한 빛살을 만드는 평행화 렌즈 또는 거울
• 복사선을 그의 성분 파장으로 분산시키는 프리즘 또는 회절발
• 입구슬릿의 상을 다시 만들어 초점면이라고 하는 평면 위에 모여 지도록 하는 초점장치
• 초점면에서 원하는 스펙트럼 띠를 분리해내는 출구슬릿

59 투광도 측정에서 나타나는 불확정도의 근원으로 가장 거리가 먼 것은?

① 전도도검출기 잡음
② 제한된 눈금의 분해능
③ 암전류와 증폭기 잡음
④ 열검출기의 Johnson 잡음

해설
불확정도의 근원
• 제한된 눈금 분해능
• 열검출기에서 오는 Johnson 잡음
• 암전류와 증폭기 잡음

60 1,000mg Hg/L의 표준용액 100mL를 염화수은(HgCl₂)으로부터 조제할 때 소요되는 HgCl₂의 양(mg)은?(단, 수은의 원자량은 200.6이고, HgCl₂의 화학식량은 271.6이다)

① 73.9   ② 135.4
③ 200.6   ④ 271.6

해설
$2HgCl_2 \rightleftharpoons 2Hg + 2Cl_2$

$x = \dfrac{1,000 \times 100 \times 271.6}{1,000 \times 200.6} = 135.4 \text{mg}$

61 0.1M Cu^{2+}가 Cu(s)로 99.99% 환원되었을 때 필요한 환원전극전위는 몇 V인가?

$$Cu^{2+} + 2e^- \rightleftharpoons Cu(s), \quad E° = 0.339V$$

① 0.043   ② 0.19
③ 0.25   ④ 0.28

해설
Cu^{2+}가 Cu로 99.99% 환원되었으므로

$E = E° + \dfrac{0.0591}{n} \log \dfrac{[Ox]}{[Red]}$

$= 0.339 + \dfrac{0.0591}{2} \log \dfrac{0.1 \times 0.01}{99.99} = 0.339 - 0.147 = 0.19$

62 다음 [보기]의 특징을 가지는 이온화 방법은?

┤보기├
• 분자량이 크고 극성인 화학종을 이온화시킨다.
• 글리세롤 용액 매트릭스를 사용한다.
• 큰 에너지의 아르곤 등을 사용하여 시료를 이온화시킨다.
• 분자량이 크거나 열적으로 불안정한 시료에 대해서도 적용이 가능하다.

① 전기분무 이온화
② 전자충격 이온화
③ 빠른 원자충격 이온화
④ 매트릭스 지원 레이저 탈착/이온화

해설
빠른 원자충격 이온화법에 대한 설명으로, 유기나 생화학 화합물 등 분자량이 크거나 열적으로 불안정한 시료의 이온 조각과 많은 양의 분자이온을 얻을 수 있다.

63 기체-액체 크로마토그래피(GLC)는 기체 크로마토그래피의 가장 흔한 형태로 이동상으로 기체를, 고정상으로 액체를 사용하는 경우는 일컫는다. 이때 이동상과 고정상 사이에서 분석물의 어떤 상호작용이 분리에 기여하는가?

① 분배(Partition)

② 흡착(Adsorption)

③ 흡수(Absorption)

④ 이온교환(Ion Exchange)

64 크로마토그래피의 분리능에 영향을 미치는 인자로서 가장 거리가 먼 것은?

① 머무름 인자

② 정지상의 속도

③ 충진물 입자의 지름

④ 정지상 표면에 입힌 액체막 두께

65 액체 크로마토그래피에서 사용되는 검출기 중 특별하게 감도가 좋고, 단백질을 가수분해하여 생긴 아미노산을 검출하는 데 널리 사용되는 검출기는?

① 형광 검출기

② 굴절률 검출기

③ 적외선 검출기

④ UV/VIS 흡수 검출기

66 전압전류법에 이용되는 들뜸 전위신호가 아닌 것은?

① 선형주사 　② 시차펄스

③ 네모파 　④ 원형주사

67 기체 크로마토그래피(GC)에서 정성적인 목적을 위해 머무름 지수(Retention Index)를 사용한다. 다음에 주어진 머무름 데이터를 이용하여 미지시료의 머무름 지수를 계산한 것은?

시 료	보정 머무름 시간(s)
n-butane	100
n-pentane	316
미지 시료	200

① 430 　② 460

③ 530 　④ 560

68 전기분석법에서 전류흐름을 위한 전지에서의 질량이동 과정에 해당하지 않는 것은?

① 접촉(Junction)

② 대류(Convection)

③ 확산(Diffusion)

④ 이동(Migration)

69 자기장 부채꼴 분석기의 슬릿에서 나오는 질량 m, 전하 z인 이온의 병진 또는 운동에너지 KE를 바르게 나타낸 것은?(단, v는 가속된 이온의 속도이다)

① $\frac{1}{2}mv$

② $\frac{1}{2}mv^2$

③ $\frac{1}{2}vm^2$

④ $\frac{1}{2}m^2v^2$

해설

운동에너지$(KE) = \frac{1}{2}mv^2$

70 폴라로그램으로부터 얻을 수 있는 정보에 대한 설명으로 틀린 것은?

① 확산전류는 분석물질의 농도와 비례한다.
② 반파전위는 금속의 리간드의 영향을 받지 않는다.
③ 확산전류는 한계전류와 잔류전류의 차이를 말한다.
④ 반파전위는 금속이온과 착화제의 종류에 따라 다르다.

해설

반파전위는 금속의 영향을 받는다.

71 시차주사열량(DSC)법으로 얻을 수 없는 정보는?

① 순 도
② 결정화 정도
③ 유리전이 온도
④ 열팽창과 수축 정도

해설

시차주사열량(DSC)법의 응용
• 유리전이 온도
• 결정성과 결정화 속도
• 반응 속도
• 시료의 순도

72 전압-전류법의 특징에 대한 설명으로 틀린 것은?

① 전압-전류법(Voltammetry)은 전압을 변화시키면서 전류를 측정하는 방법이다.
② 순환 전압-전류법을 이용하여 화합물의 산화-환원 거동을 연구할 수 있다.
③ 삼각파형의 전압을 작업 전극에 걸어 주어 전류를 전압의 함수로 측정한다.
④ 전압-전류법은 일정 전위에서의 전류량을 측정한다.

해설

전압전류법 : 지시전극(작업전극)이 편극된 상태에서 걸어준 전위의 함수로 전류를 측정한다.

73 열무게분석법 기기장치에서 필요하지 않은 것은?

① 분석저울
② 전기로
③ 기체 주입장치
④ 회절발

해설

열무게분석법 기기장치
• 열저울
• 전기로
• 시료잡이
• 기체 주입장치
• 컴퓨터

74 다음 그림은 메틸브로마이드(CH_3Br)의 질량 스펙트럼이다(최고분해능 $m/z = 1$). M 피크는 $C^{12}H_3Br^{79}$ 화학종에 해당한다. 다음 설명 중 옳은 것은?

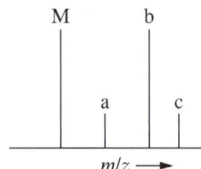

① 피크 a는 큰 피크 M의 위성피크로서, M 피크의 간섭 잡음 때문에 생긴 것이다.

② 피크가 4개인 것은 브로민의 동위원소가 4개이기 때문이다.

③ 피크 c는 M+3피크라 불린다. 동위원소 중 가장 큰 것들의 기여로 나타난다.

④ M과 b의 크기가 같은 것은 탄소와 브로민 중 동위원소인 C^{13}과 Br^{81} 함량이 각각 1/2씩 되기 때문이다.

> **해설**
> 질량 스펙트럼은 여러 가지 반응에 의해 형성되는 양이온들에 의한 피크로 구성되며, 동위원소의 피크가 같이 나타난다. 피크 c의 경우 동위원소 중 가장 큰 것에 의해 나타난 것이다.

75 시료물질과 기준물질을 조절된 온도 프로그램으로 가열하면서 이 두 물질에 흘러들어간 열량(열흐름)의 차이를 시료온도의 함수로 측정하는 열분석법은?

① 습식 회화법

② 열무게 측정(TG)법

③ 시차열법분석(DTA)법

④ 시차주사열량(DSC)법

> **해설**
> ④ 시차주사열량(DSC)법 : 시료물질과 기준물질 사이의 열흐름 차이를 측정하는 방법으로, 측정 속도가 빠르고 쉽게 사용이 가능하다.

76 액체 크로마토그래피에서 머물지 않는 물질이 빠져나오는 시간이 120s, 물질 A의 머무름 시간(Retention Time)이 180s, 물질 B의 머무름 시간이 270s일 때, 크로마토그래피 관에서 물질 A에 대한 물질 B의 선택인자(Selectivity Factor) α의 값은 얼마인가?

① 0.4 ② 0.75

③ 2.5 ④ 3.0

77 다음 중 전위차법에서 주로 사용되는 지시전극은?

① 은-염화은전극

② 칼로멜전극

③ 표준수소전극

④ 유리전극

> **해설**
> 유리전극은 전위차법에서 지시전극으로 쓰인다.

78 비행시간 질량분석계에 대한 설명으로 틀린 것은?

① 기기장치가 비교적 간단한 편이다.

② 가장 널리 사용되는 질량분석계이다.

③ 검출할 수 있는 질량범위가 거의 무제한이다.

④ 가벼운 이온이 무거운 이온보다 먼저 검출기에 도달한다.

> **해설**
> 기체 크로마토그래피가 가장 흔하게 사용되는 질량분석계이다.

79 이온선택성 전극의 장점에 대한 설명 중 틀린 것은?

① 파괴성
② 짧은 감응시간
③ 직선적 감응의 넓은 범위
④ 색깔이나 혼탁도에 영향을 비교적 받지 않음

해설
이온선택성 전극방법의 특징
• 비파괴성이다.
• 직선적 감응의 범위가 넓다.
• 감응시간이 짧다.
• 색이나 혼탁도에 영향을 받지 않는다.

80 크로마토그래피에서 봉우리의 띠넓힘을 줄이는 방법으로 가장 적합한 것은?

① 지름이 큰 충진관을 사용한다.
② 이동상인 액체의 온도를 높인다.
③ 액체 정지상의 막두께를 줄인다.
④ 고체 충진제의 입자 크기를 크게 한다.

해설
봉우리의 띠넓힘을 줄이기 위해서는 지름이 작은 충진관을 사용하고, 이동상인 액체의 온도를 줄이고, 충진제 입자 지름을 작게 해야 한다.

2017년 제1회 과년도 기출문제

제1과목 | 일반화학

01 다음 반응에서 산화된 원소는?

$$Zn + H_2SO_4 \rightarrow ZnSO_4 + H_2$$

① Zn
② H
③ S
④ O

해설
① Zn : 0 → +2(산화)
② H : +1 → 0(환원)
③ S : 변화 없음
④ O : 변화 없음

02 Na_2CO_3 용액에 HCl 용액을 첨가하면 다음과 같은 반응이 진행된다. 이 반응에 근거하여 Na_2CO_3 용액의 몰농도와 노르말농도 사이의 관계를 옳게 나타낸 것은?

$$Na_2CO_3 + 2HCl \rightarrow H_2CO_3 + 2NaCl$$

① 0.10M = 0.20N
② 0.10M = 0.10N
③ 0.10M = 0.05N
④ 0.10M = 0.01N

해설
Na_2CO_3는 2당량이므로
노르말농도 = 몰농도 × 당량수 = 0.10 × 2 = 0.20N

03 메테인의 연소반응이 다음과 같을 때 CH_4 24g과 반응하는 산소의 질량은 얼마인가?

$$CH_4 + 2O_2 \rightarrow CO_2 + 2H_2O$$

① 24g
② 48g
③ 96g
④ 192g

해설
$24g\ CH_4 \rightarrow 24g \times \dfrac{1mol}{16g} = 1.5mol$

CH_4와 O_2는 1 : 2의 비로 반응하므로 반응하는 O_2의 몰수는 3mol 이다. 이것을 질량으로 바꾸면

$3mol\ O_2 \rightarrow 3mol \times \dfrac{32g}{1mol} = 96g$

∴ 반응하는 O_2의 질량은 96g이다.

04 화학평형에 대한 설명으로 틀린 것은?

① 동적평형에 있는 계에 자극이 가해지면 그 자극의 영향을 최대화하는 방향으로 평형이 변화한다.
② 정반응이 발열반응이면 반응온도를 낮추면 평형 상수가 증가한다.
③ 평형상태에 있는 기체 반응혼합물을 압축하면 반응은 기체분자의 수를 감소시키는 방향으로 진행된다.
④ 촉매는 반응혼합물의 평형조성에 영향을 주지 않는다.

해설
르샤틀리에의 원리(Le Chatelier's Principle)
어떤 반응이 동적평형에 있는 상태일 때 자극이 가해지면 그 자극의 영향을 최소화하는 방향으로 평형이 변화된다.

05 용액에 관한 설명으로 틀린 것은?

① 휘발성 용매에 비휘발성 용질이 녹아 있는 용액의 끓는점은 순수한 용매보다 높아진다.

② 용액은 둘 또는 그 이상의 물질로 이루어진 혼합물이다.

③ 몰랄농도는 용액 1kg당 포함된 용질의 몰수를 나타낸다.

④ 몰농도는 용액 1L당 포함된 용질의 몰수를 나타낸다.

해설
몰랄농도
용매 1kg당 포함된 용질의 몰수

06 철근이 녹이 슬 때 질량은 어떻게 되겠는가?

① 녹슬기 전과 질량 변화가 없다.

② 녹슬기 전에 비해 질량이 증가한다.

③ 녹이 슬면서 일정 시간 질량이 감소하다가 일정하게 된다.

④ 녹슬기 전에 비해 질량이 감소한다.

해설
$3Fe + 2O_2 \rightarrow Fe_3O_4$(사산화삼철)
사삼화삼철의 생성으로 철근의 질량은 증가한다.

07 다음 방향족 화합물 구조의 명칭에 해당하는 것은?

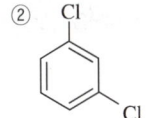

① ortho-dichlorobenzene

② meta-dichlorobenzene

③ para-dichlorobenzene

④ delta-dichlorobenzene

해설

② 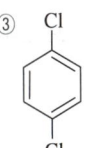 ③

08 입체이성질체의 대표적인 2가지 형태 중 하나에 해당하는 것은?

① 배위이성질체

② 기하이성질체

③ 결합이성질체

④ 이온화이성질체

해설
입체 이성질체
구조식은 비슷하게 보이나 입체적인 배치가 다른 이성질체로 기하이성질체, 광학이성질체가 있다.

09 산과 염기에 대한 다음 설명 중 틀린 것은?

① 산은 수용액 중에서 양성자(H^+, 수소 이온)를 내놓는 물질을 지칭한다.

② 양성자를 주거나 받는 물질로 산과 염기를 정의하는 것은 브뢴스테드에 의한 산염기의 개념이다.

③ 산과 염기의 세기는 해리도를 통해 가늠할 수 있다.

④ 아레니우스에 의한 산의 정의는 물에서 해리되어 수산화 이온을 내놓는 물질이다.

> **해설**
> ④ 아레니우스 산은 물에서 해리되어 수소 이온을 내놓는 물질이다.

10 탄화수소 화합물에 대한 설명으로 틀린 것은?

① 탄소–탄소 결합이 단일결합으로 모두 포화된 것을 Alkane이라 한다.

② 탄소–탄소 결합에 이중결합이 있는 탄화수소 화합물을 Alkene이라 한다.

③ 탄소–탄소 결합에 삼중결합이 있는 탄화수소 화합물을 Alkyne이라 한다.

④ 가장 간단한 Alkyne 화합물은 프로필렌(C_3H_4)이다.

> **해설**
> 가장 간단한 Alkyne 화합물은 아세틸렌(에타인, C_2H_2)이다.

11 이온반지름의 크기를 잘못 비교한 것은?

① $Mg^{2+} > Ca^{2+}$ ② $F^- < O^{2-}$

③ $Al^{3+} < Mg^{2+}$ ④ $O^{2-} < S^{2-}$

> **해설**
> 전하량이 같을 경우 원자크기가 큰 이온의 크기가 더 크므로 $Mg^{2+} < Ca^{2+}$가 된다.

12 황산칼슘($CaSO_4$)의 용해도곱(K_{sp})이 2.4×10^{-5}이다. 이 값을 이용하여 황산칼슘($CaSO_4$)의 용해도를 구하면?(단, 황산칼슘의 분자량은 136.2g이다)

① 1.414g/L   ② 1.114g/L

③ 0.667g/L   ④ 0.121g/L

> **해설**
> $CaSO_4 \rightleftharpoons Ca^{2+} + SO_4^{2-}$
> $[Ca^{2+}] = x$이면, $[SO_4^{2-}] = x$이므로
> $K_{sp} = [Ca^{2+}][SO_4^{2-}] = x^2 = 2.4 \times 10^{-5}$
> $x = 0.004899M = 0.004899mol/L$이고, g/L 단위로 환산하면
> $0.004899mol/L \times \dfrac{136.2g}{1mol} = 0.667g/L$

13 Lewis 구조 가운데 공명구조를 가지는 화합물을 옳게 나열한 것은?

① H_2O, HF   ② H_2O, O_3

③ O_3, NO_3^- ④ H_2O, HF, O_3, NO_3^-

> **해설**
> O_3와 NO_3^-의 공명구조
>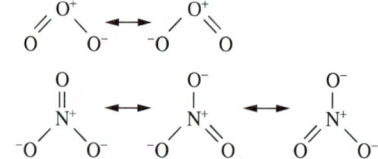

14 다음 중 벤젠의 유도체가 아닌 것은?

① 벤조산   ② 아닐린

③ 페 놀   ④ 헵테인

> **해설**
> ④ 헵테인은 사슬형 탄화수소이므로 고리형 탄화수소인 벤젠의 유도체가 될 수 없다.

15 0.120mol의 HC₂H₃O₂와 0.140mol의 NaC₂H₃O₂가 들어 있는 1.00L 용액의 pH를 계산하면 얼마인가?(단, $K_a = 1.8 \times 10^{-5}$이다)

① 3.82 ② 4.82

③ 5.82 ④ 6.82

해설

$$pH = pK_a + \log\frac{[A^-]}{[HA]}$$

$pK_a = -\log(1.8 \times 10^{-5}) = 4.745$, $[HA] = 0.120 \text{mol/L}$,

$[A^-] = 0.140 \text{mol/L}$

$$pH = 4.745 + \log\frac{0.140}{0.120} = 4.812 \fallingdotseq 4.82$$

16 어느 실험과정에서 한 학생이 실수로 0.20M NaCl 용액 250mL를 만들었다. 그러나 실제 실험에 필요한 농도는 0.005M이었다. 0.20M NaCl 용액을 가지고 0.005M NaCl 100mL를 만들려면, 100mL 부피 플라스크에 0.20M NaCl을 얼마나 넣어야 하는가?

① 2mL ② 2.5mL

③ 4mL ④ 5mL

해설

0.005M NaCl 100mL에 들어 있는 NaCl의 몰수와 0.20M NaCl x mL가 들어 있는 100mL의 몰수는 같아야 한다.

$MV = M'V'$

$0.005 \times 100 = 0.20 \times x$

$x = 2.5 \text{mL}$

17 0℃, 1atm에서 0.495g의 알루미늄이 모두 반응할 때 발생되는 수소 기체의 부피는 약 몇 L인가?

$$2Al(s) + 6HCl(aq) \rightarrow 2AlCl_3(aq) + 3H_2(g)$$

① 0.033 ② 0.308

③ 0.424 ④ 0.616

해설

$2Al(s) + 6HCl(aq) \rightarrow 2AlCl_3(aq) + 3H_2(g)$

$27 \times 2 \text{g}$ ⟶ $3 \times 22.4 \text{L}$

0.495g ⟶ x

$$\therefore x = \frac{3 \times 22.4 \times 0.495}{27 \times 2} = 0.616$$

18 어떤 물질의 화학식이 C₂H₂ClBr로 주어졌고, 그 구조가 다음과 같을 때에 대한 설명으로 틀린 것은?

① (1)과 (2)는 동일 구조이다.

② (2)와 (4)는 동일 구조이다.

③ (2)와 (3)은 기하 이성질체 관계이다.

④ (3)과 (4)는 동일 구조이다.

해설

② (2)와 (4)는 시스와 트랜스형의 기하 이성질체 관계이다.

19 다음 중 실험식이 다른 것은?

① CH_2O ② $C_2H_6O_2$

③ $C_6H_{12}O_6$ ④ $C_3H_6O_3$

해설
실험식 : 화합물에 포함된 원소의 종류와 원자의 수를 가장 간단한
정수비로 표현한 식
② CH_3O
①, ③, ④ CH_2O

---

20 어떤 상태에서 탄소(C)의 전자 배치가 $1s^2 2s^2 2p_x^2$
로 나타났다. 이 전자배치에 대하여 옳게 설명한
것은?

① 들뜬 상태, 짝짓지 않은 전자 존재
② 들뜬 상태, 전자는 모두 짝지었음
③ 바닥 상태, 짝짓지 않은 전자 존재
④ 바닥 상태, 전자는 모두 짝지었음

해설
탄소(C)의 안정한 전자배치 $= 1s^2 2s^2 2p_x^1 2p_y^1 2p_z$
$1s^2 2s^2 2p_x^2$ 상태는 p_x 오비탈에 전자 2개가 들어가 있으므로 전자
는 모두 짝지어 있으며 들뜬 상태로 전자 간 반발력이 크다.

---

21 화학평형상수 값은 다음 변수 중에서 어느 값의 변
화에 따라 변하는가?

① 반응물의 농도   ② 온 도
③ 압 력   ④ 촉 매

해설
평형상수 값은 촉매, 압력, 농도에 무관하고 온도에만 의존한다.

---

22 다음 각각의 용액에 1M의 HCl을 2mL씩 첨가하였
다. 어떤 용액이 가장 작은 pH 변화를 보이겠는가?

① 0.1M NaOH 15mL
② 0.1M CH_3COOH 15mL
③ 0.1M NaOH 30mL와 0.1M CH_3COOH 30mL의
    혼합용액
④ 0.1M NaOH 30mL와 0.1M CH_3COOH 60mL의
    혼합용액

해설
완충용액이란 소량의 산이나 염기를 가해도 pH가 거의 일정하게
유지되는 용액으로, 약전해질 용액과 그 공통이온을 포함한 염과
의 혼합 용액이다. 완충용액에서 pH 변화는 가장 작다.
약산인 CH_3COOH에 NaOH를 넣으면 중화반응으로 CH_3COO^-가
생성되어 약산과 약산의 짝염기가 같이 있는 셈이 되므로 ③·④번
은 완충용액이다. ③번은 H^+와 OH^-가 동일한 양이므로 반응 후
약산에 해당하는 물질(CH_3COOH)이 없어지지만 ④번은 약산이
존재하고 그 짝염기인 CH_3COO^-도 존재하므로 완충용액의 역할
을 수행한다.

---

23 HCl 용액을 표준화하기 위해 사용한 Na_2CO_3가 완전히 건조되지 않아서 물이 포함되어 있다면 이것을 사용하여 제조된 HCl 표준용액의 농도는?

① 참값보다 높아진다.

② 참값보다 낮아진다.

③ 참값과 같아진다.

④ 참값의 $\frac{1}{2}$이 된다.

해설

적정 시 $NV = N'V'$가 성립하므로 Na_2CO_3가 완전히 건조되지 않고 물이 포함되어 있는 경우 V'는 커진다. 따라서, HCl 표준용액의 농도도 참값보다 높아진다.

24 금속착화합물(Metal Complex)에서 금속이온과 리간드 사이의 결합 형태는 무엇인가?

① 금속결합 ② 이온결합

③ 수소결합 ④ 배위결합

해설

배위결합

원자 사이에 공유되는 전자쌍이 한쪽 원자에서만 제공하여 이루어진 공유결합을 말하며, 중심금속이온이 전자쌍을 받고 리간드가 고립 전자쌍을 가지는 중심금속이온과 리간드 사이의 결합을 설명하는 데 자주 쓰인다.

25 다음 중 $KMnO_4$와 H_2O_2의 산화 · 환원 반응식을 바르게 나타낸 것은?

① $MnO_4^- + 2H_2O_2 + 4H^+ \rightarrow MnO_2 + 4H_2O + O_2$

② $2MnO_4^- + 2H_2O_2 \rightarrow 2MnO + 2H_2O + 2O_2$

③ $2MnO_4^- + 5H_2O_2 + 6H^+ \rightarrow 2Mn^{2+} + 8H_2O + 5O_2$

④ $2MnO_4^- + 5H_2O_2 \rightarrow 2Mn^{2+} + 5H_2O + \frac{13}{2}O_2$

26 산화 · 환원 지시약에 대한 설명 중 틀린 것은?(단, $E°$는 표준환원전위, n은 전자수이다)

① 지시약은 주로 이중 결합들이 콘주게이션(Conjugation)된 유기물이다.

② 변색범위는 주로 $E = E° \pm \frac{1}{n}(V)$이다.

③ 당량점에서의 전위와 지시약의 표준환원전위($E°$)가 비슷한 것을 사용해야 한다.

④ 분석하고자 하는 이온과 결합했을 때 산화된 상태와 환원된 상태의 색이 달라야 한다.

해설

산화 · 환원 지시약의 변색범위는 $E = E° \pm \frac{0.0591}{n}(V)$이다.

27 25℃에서 100mL의 물에 몇 g의 Ag_3AsO_4가 용해될 수 있는가?(단, 25℃에서 Ag_3AsO_4의 $K_{sp} = 1.0 \times 10^{-22}$, Ag_3AsO_4의 분자량 : 462.53g/mol이다)

① $6.42 \times 10^{-4}g$ ② $6.42 \times 10^{-5}g$

③ $4.53 \times 10^{-9}g$ ④ $4.53 \times 10^{-10}g$

해설

$Ag_3AsO_4 \rightleftharpoons 3Ag^+ + AsO_4^{3-}$

AsO_4^{3-}의 용해되는 농도를 x라고 하면 Ag^+는 $3x$만큼 용해된다.

$K_{sp} = [Ag^+]^3[AsO_4^{3-}] = (3x)^3 \times x = 27x^4$

$1.0 \times 10^{-22} = 27x^4$, $x = 1.387 \times 10^{-6}mol$

위의 값은 물 1L 기준이므로 100mL는 $1.387 \times 10^{-7}mol$이다.

$1.387 \times 10^{-7}mol \times 462.53g/mol = 6.42 \times 10^{-5}g$

28 증류수에 $Hg_2(IO_3)_2$로 포화시킨 용액에 KNO_3와 같은 염을 첨가하면 용해도가 증가한다. 이를 설명할 수 있는 요인으로 가장 적합한 것은?

① 가리움 효과
② 착물형성
③ 르샤틀리에의 원리
④ 이온세기

해설
④ 이온세기는 이온 사이의 상호작용 정도를 나타내는데, 용해도가 증가하는 것은 이온의 상호작용이 증가하는 것이므로 이온세기와 관계가 있다.

29 EDTA(Etylenediaminetetraacetic Acid, H_4Y)를 이용한 금속 M^{n+} 적정으로 조건 형성상수(Conditional Formation Constant) K_f'에 대한 설명으로 틀린 것은?(단, K_f는 형성상수이다)

① EDTA(H_4Y) 화학종 중 $[Y^{4-}]$의 농도 분율을 $a_{Y^{4-}}$로 나타내면 $a_{Y^{4-}} = [Y^{4-}]/[EDTA]$이고 $K_f' = a_{Y^{4-}}K_f$이다.
② K_f'는 특정한 pH에서 MY^{n-4}의 형성을 의미한다.
③ K_f'는 pH가 높을수록 큰 값을 갖는다.
④ K_f'를 이용하면 해리된 EDTA의 각각의 이온농도를 계산할 수 있다.

해설
④ Y^{4-}의 이온농도는 계산할 수 있지만 다른 이온들은 계산할 수 없다.
조건형성상수
• $K_f' = K_f a_{Y^{4-}} = \dfrac{[MY^{n-4}]}{[M^{n+}][EDTA]}$
• 착물형성에 관여하지 않는 EDTA는 모두 한 형태로 존재하는 것으로 취급할 수 있어서 편리하다.
• 낮은 pH에서 금속과 결합하는 Y^{4-}의 양이 적어져서 금속-EDTA 착물이 형성되는 정도는 더 작아진다.

30 0.10M NaCl 용액 속에 PbI_2가 용해되어 생성된 Pb^{2+}(원자량 207.0g/mol) 농도는 약 얼마인가? (단, PbI_2의 용해도곱상수는 7.9×10^{-9}이고 이온세기가 0.10M일 때 Pb^{2+}과 I^-의 활동도계수는 각각 0.36과 0.75이다)

① 33.4mg/L
② 114.0mg/L
③ 253.0mg/L
④ 443.0mg/L

해설
$$PbI_2 \rightarrow \underset{x}{Pb^{2+}} + \underset{2x}{2I^-}$$
$$K_{sp} = [Pb^{2+}][I^-]^2 = (x \times 0.36)(2x \times 0.75)^2$$
$$7.9 \times 10^{-9} = (x \times 0.36)(2x \times 0.75)^2$$
$$x = 2.14 \times 10^{-3}$$
$[Pb^{2+}]$는 x만큼 용해되어 있으므로
$$[Pb^{2+}] = 2.14 \times 10^{-3} mol/L$$
$$\frac{2.14 \times 10^{-3} mol}{L} \times \frac{207.0g}{mol} \times \frac{1,000mg}{1g} = 443 mg/L$$

31 다음 표에서 약 염기성 용액을 강산 용액으로 적정할 때 적합한 지시약과 적정이 끝난 후 용액의 색깔을 옳게 나타낸 것은?

지시약	변색범위(pH)	산성용액에서 색깔	염기성용액에서 색깔
메틸레드	4.8~6.0	빨 강	노 랑
페놀레드	6.4~8.0	노 랑	빨 강
페놀프탈레인	8.0~9.6	무 색	빨 강

① 메틸레드, 빨강
② 메틸레드, 노랑
③ 페놀프탈레인, 빨강
④ 페놀레드, 빨강

해설
약염기를 강산으로 적정하면 당량점의 pH는 산성측에 나타난다. 따라서 산성에서 색이 변하는 메틸레드가 지시약으로 적합하다.

32 다음 중 질량의 SI 단위는?

① mg   ② g

③ kg   ④ ton

해설

기본 SI 단위

물리량	질 량	길 이	시 간	온 도	물질의 양	전 류	광 도
표 기	kg	m	s	K	mol	A	cd

33 EDTA 적정 시 pH가 높은 경우에는 EDTA를 넣기 전에 수산화물인 $M(OH)_n$의 침전물이 형성되는 경우가 있으며 이런 경우에는 많은 오차가 발생한다. 다음 중 이를 방지하기 위한 가장 적절한 방법은?

① pH를 낮춘다.
② 적정 전에 용액을 끓인다.
③ 침전물을 거른 후 적정한다.
④ 암모니아 완충용액을 가한다.

해설

④ EDTA와 안정한 착물을 만드는 경우에는 약한 산성상태에서도 적정이 가능하지만 안정도가 낮은 금속이온의 경우에는 반응액의 pH를 10 정도로 유지하여야 하는 데 이때에는 금속이온이 수산화물 또는 알칼리성 산화물로 되어 침전하게 된다. 그러므로 킬레이트 적정 시에는 이러한 침전반응을 방지하고 반응액의 pH를 알칼리성으로 유지하기 위하여 암모니아-암모늄 완충용액을 사용한다. 이때 생성되는 금속 암모니아 착물은 EDTA 착물보다 안정도가 낮기 때문에 EDTA의 킬레이트 생성 반응을 방해하지 않는다.

34 다음과 같은 선표기법으로 나타내어진 전기화학전지에 관한 설명으로 틀린 것은?

$$Cd(s) \mid Cd(NO_3)_2(aq) \parallel AgNO_3(aq) \mid Ag(s)$$

① $Cd(s)$는 산화되었다.
② $Ag^+(aq)$는 환원되었다.
③ 두 개의 염다리가 쓰였다.
④ 이 전지에서 전자는 $Cd(s)$로부터 나와서 $Ag(s)$로 이동한다.

해설

③ 전지를 표시할 때는 산화전극을 왼쪽에, 환원전극을 오른쪽에 쓰고 접촉면은 │로, 염다리는 ‖으로 표시한다. 따라서 두 개의 염다리가 쓰인 것은 아니다.

35 $2.00\mu mol$의 Fe^{2+} 이온이 Fe^{3+} 이온으로 산화되면서 발생한 전자가 1.5V의 전위차를 가진 장치를 거치면서 수행할 수 있는 최대 일의 양은 약 몇 J인가?

① 29J   ② 2.9J

③ 0.29J   ④ 0.029J

해설

$W = Q \times V$
$Q = F \times n$이므로, $W = F \times n \times V$
$F = 96,500C/mol$, $n = 2.00\mu mol$, $V = 1.5V$
$W = \dfrac{96,500C}{mol} \times 2.00 \times 10^{-6} mol \times 1.5V = 0.29J$

36 다음의 표준환원전위를 참고할 때 다음 중 가장 강한 산화제는?

화학반응	$E°(V)$
$Na^+ + e^- \rightleftarrows Na(s)$	-2.71
$Ag^+ + e^- \rightleftarrows Ag(s)$	$+0.80$

① Na^+ ② Ag^+

③ $Na(s)$ ④ $Ag(s)$

해설

$E°$값이 클수록 환원이 잘 일어나 강한 산화제로 작용한다.

37 칼슘이온 Ca^{2+}을 무게분석법을 활용하여 정량하고자 한다. 이때 효과적으로 사용할 수 있는 음이온은?

① $C_2O_4^{2-}$ ② SO_4^{2-}

③ Cl^- ④ SCN^-

해설

Ca^{2+}는 $C_2O_4^{2-}$와 염기성 용액에서 침전물을 생성하므로 무게분석법을 활용하여 정량할 수 있다.

38 20.00mL의 0.1000M Hg_2^{2+}를 0.1000M Cl^-로 적정하고자 한다. Cl^-를 40.00mL 첨가하였을 때, 이 용액 속에서 Hg_2^{2+}의 농도는 약 얼마인가?(단, $Hg_2Cl_2(s) \rightleftarrows Hg_2^{2+}(aq) + 2Cl^-(aq)$, $K_{sp} = 1.2 \times 10^{-18}$이다)

① $7.7 \times 10^{-5}M$

② $1.2 \times 10^{-6}M$

③ $6.7 \times 10^{-7}M$

④ $3.3 \times 10^{-10}M$

39 다음 중 화학평형에 대한 설명으로 옳은 것은?

① 화학평형상수는 단위가 없으며, 보통 K로 표시하고 K가 1보다 크면 정반응이 유리하다고 정의하며, 이때 Gibbs 자유에너지는 양의 값을 가진다.

② 평형상수는 표준상태에서의 물질의 평형을 나타내는 값으로 항상 양의 값이며, 온도에 관계없이 일정하다.

③ 평형상수의 크기는 반응속도와는 상관이 없다. 즉, 평형상수가 크다고 해서 반응이 빠름을 뜻하지 않는다.

④ 물질의 용해도곱(Solubility Product)은 고체염이 용액 내에서 녹아 성분 이온으로 나뉘는 반응에 대한 평형상수로 흡열반응은 용해도곱이 작고, 발열반응은 용해도곱이 크다.

해설

① K 값이 크면 정반응 쪽으로 평형이 치우고, 이때 Gibbs 자유 에너지는 음의 값을 가진다.

② 평형상수는 온도의 함수이다.

④ 용해도곱은 흡열·발열반응과 상관없고, 용해도곱도 평형상수의 일종이므로 온도에 의존한다.

40 일차 표준물질(Primary Standard)에 대한 설명으로 틀린 것은?

① 순도가 99.9% 이상이다.

② 시약의 무게를 재면 곧바로 사용할 수 있을 정도로 순수하다.

③ 일상적으로 보관할 때 분해되지 않는다.

④ 가열이나 진공으로 건조시킬 때 불안정하다.

해설

④ 가열이나 건조 시 안정해야 한다.

41 NMR 기기에서 표준물로 사용되는 것은?

① 아세토나이트릴

② 테트라메틸실레인(TMS)

③ 폴리스타이렌-다이비닐벤젠

④ 8-하이드록시퀴놀린(8-HQ)

해설

테트라메틸실레인(TMS) : NMR에서 1개의 흡수선이 나타나고, 화합물 중 가장 고자장이어서 NMR의 표준물질로 많이 사용한다.

43 다음 ^{1}H-핵자기공명(NMR)스펙트럼의 화학적 이동(Chemical Shift)에 대한 설명 중 옳지 않은 것은?

① 외부자기장 세기가 클수록 화학적 이동(δ, ppm)은 커진다.

② 가리움이 적을수록 낮은 자기장에서 봉우리가 나타난다.

③ 300MHz NMR로 얻은 화학적 이동(Hz)은 200MHz NMR로 얻은 화학적 이동(Hz)보다 크다.

④ 화학적 이동은 편재 반자기 전류효과 때문에 나타난다.

해설

① 외부자기장의 세기가 클수록 화학적 이동은 작아진다.

42 어떤 금속(M)-리간드(L) 착화합물의 해리는 다음과 같이 진행된다(전하 생략). M농도가 2.30×10^{-5}M이고 과량의 L을 가하여 모든 M이 착물(ML_2)로 존재할 때 흡광도(A)가 0.780이었다. 같은 양의 M을 화학양론적 양의 L과 혼합한 용액의 흡광도(A)가 0.520이었다면 이때 착화합물의 해리도(%)는 얼마인가?

$ML_2 > M + 2L$

① 66.5   ② 33.5

③ 16.8   ④ 1.68

44 원자 X선 분광법 중 고체 시료에 들어 있는 화합물에 대한 정성 및 정량적인 정보를 제공해 주고, 결정성 물질의 원자 배열과 간격에 관한 정보를 제공해 주는 방법은?

① X선 형광법

② X선 회절법

③ X선 흡수법

④ X선 방출법

해설

결정성 물질의 원자 배열과 간격에 관한 정보를 제공해 주는 방법은 X선 회절법이다.

45 어떤 분자가 S_1 상태로부터 형광 빛을 내놓고(Fluoresce), T_1 상태로부터 인광 빛을 내놓는다(Phosphoresce). 다음 설명 중 옳은 것은?

① 형광파장이 인광파장보다 짧다.
② 형광파장보다 인광파장이 흡수파장에 가깝다.
③ 한 분자에서 나오는 빛이므로 잔광시간(Decay Time)은 유사하다.
④ 인광의 잔광시간이 형광의 잔광시간보다 일반적으로 짧다.

해설

① 형광이 인광보다 더 큰 에너지를 발산하므로 형광의 파장이 더 짧다.
② 형광파장이 인광파장보다 흡수파장에 가깝다.
③, ④ 인광의 잔광시간이 형광의 잔광시간보다 일반적으로 길다.

형광과 인광의 비교
• 형 광
  – 전자스핀이 변하지 않고 전자에너지 전이가 일어난다.
  – 발광이 거의 순간적으로($< 10^{-5}$초) 없어지는 수명을 갖는다.
• 인 광
  – 전자스핀이 변화하며 에너지 전이가 일어난다.
  – 복사선을 조사하여준 다음에도 쉽게 검출할 수 있는 몇 초 또는 더 긴 시간 동안 발광이 계속된다.

46 분광분석기기에서 단색화 장치에 대한 설명으로 가장 거리가 먼 것은?

① 연속적으로 단색광의 빛을 변화하면서 주사하는 장치이다.
② 분석하려는 성분에 맞는 광을 만드는 역할을 한다.
③ 필터, 회절발 및 프리즘 등을 사용한다.
④ 슬릿은 단색화장치의 성능특성과 품질을 결정하는 데 중요한 역할을 한다.

해설

② 단색화 장치는 특정 파장을 가진 단색광을 추출하는 역할을 한다.

47 빛의 흡수와 발광(Luminescence)을 측정하는 장치에서 두드러진 차이를 보이는 분광기 부품은?

① 광 원
② 시료 용기
③ 검출기
④ 단색화 장치

해설

분광기기의 구성
• 안정한 복사에너지 광원
• 시료를 담는 용기
• 측정을 위해 제한된 스펙트럼 영역을 제공하는 장치
• 복사에너지를 유용한 신호(전기신호)로 변환시키는 복사선 검출기
• 변환된 신호를 계기눈금, 컴퓨터 화면, 디지털 계기 또는 다른 기록장치에 나타나도록 하는 신호처리장치 및 판독장치

48 NMR 스펙트럼의 1차 스펙트럼 해석에 대한 규칙의 설명으로 틀린 것은?

① 동등한 핵들은 다중 흡수 봉우리를 내주기 위하여 서로 상호작용하지 않는다.
② 짝지움 상수는 네 개의 결합길이보다 큰 거리에서는 짝지움이 거의 일어나지 않는다.
③ 띠의 다중도는 이웃 원자에 있는 자기적으로 동등한 양성자의 수(n)에 의해 결정되며, n으로 주어진다.
④ 짝지움 상수는 가해 준 자기장에 무관하다.

해설

③ 띠의 다중도는 이웃 원자에 있는 자기적으로 동등한 양성자의 수(n)에 의해 결정되며, ($n+1$)으로 주어진다.

45 ① 46 ② 47 ④ 48 ③ 정답

49 불꽃 원자화와 비교한 유도결합 플라스마 원자화에 대한 설명으로 옳은 것은?

① 이온화가 적게 일어나서 감도가 더 높다.
② 자체흡수효과가 많이 일어나서 감도가 더 높다.
③ 자체반전효과가 많이 일어나서 감도가 더 높다.
④ 고체상태의 시료를 그대로 분석할 수 있다.

> **해설**
> **ICP 원자화 방법**
> • 원자들이 불꽃법에서 사용하는 온도보다 높은 온도에 머무르게 됨으로써 원자화가 더 잘 이루어지고 화학적 방해도 거의 없다.
> • 플라스마 단면에서의 온도분포가 균일하여 자체흡수와 자체반전 효과가 나타나지 않는다.
> • 아르곤의 이온화로 생긴 전자농도가 시료성분의 이온화로 생기는 전자농도에 비해 커서 이온화에 의한 방해효과가 작다.

51 형광(Fluorescence)에 대한 설명으로 가장 옳은 것은?

① $\sigma^* \rightarrow \sigma$ 전이에서 주로 발생한다.
② Pyridine, Furan 등 간단한 헤테로 고리화합물은 접합고리구조를 갖는 화합물보다 형광을 더 잘 발생한다.
③ 전형적으로 형광은 수명이 약 $10^{-10} \sim 10^{-5}$s 정도이다.
④ 250nm 이하의 자외선을 흡수하는 경우에 형광을 방출한다.

> **해설**
> ① $\sigma^* \rightarrow \sigma$ 전이에서 형광은 거의 나타나지 않는다.
> ② 간단한 헤테로 화합물은 형광을 발생하지 않고, 접합 고리구조를 갖는 화합물은 일반적으로 형광을 발생한다.
> ④ 250nm 이하의 자외선을 흡수하는 경우에는 형광을 거의 방출하지 않는다.

50 원자 분광법에서 용액 시료의 도입 방법이 아닌 것은?

① 초음파 분무기
② 기체 분무기
③ 글로 방전법
④ 수소화물 발생법

> **해설**
> **용액 시료의 도입 방법**
> • 기압식 분무기
> • 초음파 분무기
> • 전열 증기화 장치
> • 수소화물 생성법

52 광학기기의 구성이 각 분광법과 바르게 짝지어진 것은?

① 흡수분광법 : 시료 → 파장선택기 → 검출기 → 기록계 → 광원
② 형광분광법 : 광원 → 시료 → 파장선택기 → 검출기 → 기록계
③ 인광분광법 : 광원 → 시료 → 파장선택기 → 검출기 → 기록계
④ 화학발광법 : 광원과 시료 → 파장선택기 → 검출기 → 기록계

53 불꽃, 전열, 플라스마 원자화 장치의 특징에 대한 설명으로 틀린 것은?

① 플라스마의 경우 원자화 온도는 보통 4,000~6,000℃ 정도이다.

② 불꽃원자화는 재현성은 좋으나 시료효율, 감도는 좋지 않다.

③ 전열원자화 장치가 불꽃 원자화 장치보다 많은 양의 시료를 필요로 한다.

④ 전열원자화 장치의 경우 중앙에 구멍이 있는 원통형 흑연관에서 원자화가 일어난다.

해설
③ 많은 시료가 폐기통으로 빠져나가고, 개개의 원자가 불꽃의 빛살 진로에 머무는 시간이 짧아 시료 효율이 떨어져 시료가 많을 때 사용하는 불꽃원자화 장치와는 달리 전열원자화 장치는 원자가 빛 진로에 평균적으로 머무는 시간이 길어 감도가 높고, 적은 양의 시료로 좋은 결과를 도출할 수 있다.

54 순수한 화합물 A를 녹여 정확히 10mL의 용액을 만들었다. 이 용액 중 1mL를 분취하여 100mL로 묽힌 후 250nm에서 0.50cm의 셀로 측정한 흡광도가 0.432이었다면 처음 10mL 중에 있는 시료의 몰농도는?(단, 몰 흡광계수(ε)는 $4.32 \times 10^3 M^{-1} cm^{-1}$이다)

① 1×10^{-2}M
② 2×10^{-2}M
③ 1×10^{-3}M
④ 2×10^{-4}M

해설
$A = \varepsilon bc$
1mL를 분취하여 100mL로 묽혔을 때의 몰농도
$c = \dfrac{A}{\varepsilon b} = \dfrac{0.432}{4.32 \times 10^3 M^{-1} cm^{-1} \times 0.50 cm} = 2 \times 10^{-4} M$
10mL 중 1mL를 분취하여 100mL로 묽혔으므로 부피는 100배 증가하고, 몰농도는 원래의 10^{-2}이 된다. 따라서 10mL 중에 있는 시료의 몰농도는 2×10^{-2}M이다.

55 IR 변환기의 종류가 아닌 것은?

① Thermocouple
② Pyroelectric Detector
③ PhotoDiode Array(PDA)
④ Photo-conducing Detector

해설
적외선 검출기의 종류
• 열의 전기변환 효과를 이용 : 열전쌍(Thermocouples), 열전변환기(Thermopiles)
• 저항의 변화를 이용 : 저항온도계(Bolometer), 미세저항온도계(Microbolometer)
• 파이로 전기 검출기(Pyroelectric Detector)
• 광전도 검출기(Photoconductive Detector)
• 광전압 검출기(Photovoltaic Detector)

56 원자분광법에서 원자선 너비는 여러 가지 요인들에 의해서 넓힘이 일어난다. 선 넓힘의 원인이 아닌 것은?

① 불확정성 효과
② 지만(Zeeman) 효과
③ 도플러(Doppler) 효과
④ 원자들과의 충돌에 의한 압력 효과

해설
원자선 너비의 선 넓힘 원인
• 불확정성 효과
• 도플러 효과
• 같은 종류의 원자와 다른 원자들과의 충돌에 기인하는 압력 효과
• 전기장과 자기장 효과

57 양성자와 ^{13}C 원자 사이에 짝풀림을 하는 여러 가지 방법이 있다. ^{13}C NMR에 이용하는 짝풀림이 아닌 것은?

① 넓은 띠 짝풀림
② 공명 비킴 짝풀림
③ 펄스 배합 짝풀림
④ 자기장 잠금 짝풀림

해설

탄소-13 NMR 양성자 짝풀림
• 넓은 띠 짝풀림
• 공명 비킴 짝풀림
• 펄스법을 이용한 짝풀림
• 핵의 Overhauser 효과

58 다음 보기에서 삼중결합 진동모드를 관찰할 수 있는 분자는?

┤보기├
ⓐ CHCH
ⓑ CH₃CCH
ⓒ CH₂CHCH₃

① ⓐ
② ⓑ
③ ⓐ, ⓑ
④ ⓐ, ⓑ, ⓒ

해설

분자 내에 삼중결합과 쌍극자모멘트가 있어야 삼중결합 진동모드를 관찰할 수 있다.
ⓐ 삼중결합은 있지만 쌍극자모멘트가 없다.
ⓑ 삼중결합과 쌍극자모멘트가 있다.
ⓒ 쌍극자모멘트는 있지만 삼중결합이 없다.

59 나트륨 D라인의 파장은 589nm이다. 이 광선이 굴절률 1.09인 매질을 지날 때 ㉠ 이 광선의 에너지, ㉡ 주파수(Frequency)를 각각 구한 값으로 옳은 것은?(단, 플랑크상수 $h = 6.627 \times 10^{-34}$J·s, 광속 $c = 2.99 \times 10^8$m/s이다)

① ㉠ 3.66×10^{-19}J   ㉡ 6.04×10^{14}Hz
② ㉠ 3.66×10^{-19}J   ㉡ 5.54×10^{14}Hz
③ ㉠ 3.36×10^{-19}J   ㉡ 5.08×10^{14}Hz
④ ㉠ 3.36×10^{-19}J   ㉡ 4.66×10^{14}Hz

해설

$$E = h\nu = h\frac{c}{\lambda}$$

$$= 6.627 \times 10^{-34} \text{J·s} \times \frac{2.99 \times 10^8 \text{m/s}}{589\text{nm}} \times \frac{10^9 \text{nm}}{1\text{m}}$$

$$= 3.36 \times 10^{-19} \text{J}$$

$$E = h\nu \rightarrow \nu = \frac{E}{h} = \frac{3.36 \times 10^{-19}}{6.627 \times 10^{-34}} \fallingdotseq 5.08 \times 10^{14} \text{Hz}$$

60 0.5nm/mm의 역선 분산능을 갖는 회절발 단색화 장치를 사용하여 480.2nm와 480.6nm의 스펙트럼선을 분리하려면 이론상 필요한 슬릿너비는 얼마인가?

① 0.2mm
② 0.4mm
③ 0.6mm
④ 0.8mm

해설

$$\Delta\lambda_{eff} = \frac{1}{2}(480.6 - 480.2) = 0.2$$

$$w = \frac{\Delta\lambda_{eff}}{D^{-1}} = \frac{0.2}{0.5} = 0.4$$

61 전위차 적정법에 대한 설명으로 틀린 것은?

① 서로 다른 해리도를 갖는 산 또는 염기성 용액의 혼합물을 적정하여 각 화합물의 당량점을 측정할 수 있다.

② 알맞은 지시약이 없는 경우, 착색용액이나 비용매 중에서 적정 당량점을 찾을 수 있다.

③ 전위차법은 침전적정법, 착화적정법에 응용할 수 있다.

④ 지시약을 전위차법과 함께 사용하면 종말점 예상이 어려워진다.

> **해설**
> 지시약을 전위차법과 병행할 경우 적정의 종말점 예상이 쉬워진다.

62 기체크로마토그래피법에서의 시료의 주입방법은 크게 분할주입과 비분할주입으로 나뉜다. 다음 중 분할주입(Split Injection)에 대한 설명이 아닌 것은?

① 열적으로 안정하다.

② 기체시료에 적합하다.

③ 고농도 분석물질에 적합하다.

④ 불순물이 많은 시료를 다룰 수 있다.

> **해설**
> 분할주입은 고농도 분석물질 및 기체시료에 적합하다. 분리도가 좋고 불순물이 많은 시료를 다룰 수 있으나, 열적으로 불안정하여 350℃ 이상의 온도를 유지해야 한다.

63 다음 이성질체 혼합물 중 키랄 정지상 관으로만 분리가 가능한 혼합물질은?

① 구조 이성질체 혼합물

② 거울상 이성질체 혼합물

③ 부분 입체이성질체 혼합물

④ 시스-트랜스 이성질체 혼합물

64 용액 중 이온들이 전극표면으로 이동하는 주요 과정이 아닌 것은?

① 확 산　　　　② 전기이동

③ 대 류　　　　④ 화학반응성

> **해설**
> 이온들이 전극표면으로 이동하는 주요 과정에는 확산, 전기이동, 대류가 있다.

65 카드뮴 전극이 0.0150M Cd^{2+}용액에 담그어진 경우 반쪽 전지의 전위를 Nernst식을 이용하여 구하면 약 몇 V인가?

$$Cd^{2+} + 2e^- \rightleftharpoons Cd(s), \ (E° = -0.403V)$$

① −0.257　　　　② −0.311

③ −0.457　　　　④ −0.511

> **해설**
> **Nernst Equation**
> $$E = E° + \frac{0.0591}{n}\log\frac{[\text{Ox}]}{[\text{Red}]}$$
> $$= -0.403 + \frac{0.0591}{2}\log\frac{0.015}{1}$$
> $$= -0.457$$

66 Van Deemter 식으로부터 얻을 수 있는 가장 유용한 정보는 무엇인가?

① 이동상의 적절한 유속(Flow Rate)을 알 수 있다.
② 정지상의 적절한 온도(Temperature)를 알 수 있다.
③ 선택계수(α, Selectivity Coefficient)를 알 수 있다.
④ 분석물질의 머무름 시간(Retention Time)을 알 수 있다.

해설
① Van Deemter 식 $H = A + \dfrac{B}{u} + C_S u + C_M u$ 으로부터 이동상의 유속 u를 알 수 있다.

67 유도결합 플라스마(ICP) 원자방출 광원장치는 원자 방출 및 질량분석기와 결합하여, 금속의 정성 및 정량에 많이 사용되고 있다. 이 ICP에 대한 설명으로 틀린 것은?

① 무전극으로 광원을 발생시켜, 기존의 다른 방출 광원보다 오염가능성이 작다.
② 불활성 기체를 사용하여 광원을 발생시켜, 산화물 분자들의 간섭을 줄였다.
③ 상대적으로 이온이 많이 발생하여, 쉽게 이온화되는 원소들에 의한 영향이 크다.
④ 고온으로서 원자화 및 여기상태로 만드는 효율이 높다.

해설
유도결합 플라스마
• 원자화가 고온에서 이루어져 이온화에 대한 방해효과가 거의 없다. 그 이유는 아르곤의 이온화로 생긴 전자농도가 시료 성분의 이온화로 생기는 전자농도에 비해 엄청나게 크기 때문이다.
• 화학적으로 비활성인 환경에서 원자화가 일어나 분석물이 산화물을 형성하지 못하므로 원자의 수명이 길어진다.
• 자체흡수와 자체반전 효과가 나타나지 않는다.

68 기체크로마토그래피 검출기 중 니켈-63(^{63}Ni)과 같은 β선 방사체를 사용하며, 할로젠과 같은 전기음성도가 큰 작용기를 지닌 분자에 특히 감도가 좋고 시료를 크게 변화시키지 않는 검출기는?

① 불꽃 이온화 검출기(FID ; Flame Ionization Detector)
② 전자 포착 검출기(ECD ; Electron Capture Detector)
③ 원자 방출 검출기(AED ; Atomic Emission Detector)
④ 열전도도 검출기(TCD ; Thermal Conductivity Detector)

해설
② 전자 포착 검출기는 할로젠 원소에 대한 감응선택성이 우수한 검출기이다.

69 분자량이 50.00과 50.01인 물질을 질량분석기에서 분리하기 위하여 최소한 어느 정도의 분리능을 가진 질량분석기를 사용해야 하는가?

① 100.5
② 1,000.5
③ 5,000.5
④ 10,000.5

해설
$$R = \frac{m}{\Delta m} = \frac{(50.00 + 50.01) \times \frac{1}{2}}{50.01 - 50.00} = 5,000.5$$

70 시차주사 열량법(DSC ; Differential Scanning Calorimetry)에서 시료온도를 일정한 속도로 변화시키면서 시료와 기준으로 흘러 들어오는 열 흐름의 차이가 측정되는 기기장치는?

① 전력-보상 DSC기기(Power-compensated DSC Instrument)
② 열-플럭스 DSC기기(Heat-flux DSC Instrument)
③ 변조 DSC기기(Modulated DSC Instrument)
④ 시차 열 분석기기(Differential Thermal Analytical Instrument)

해설
열-플럭스 DSC기기 : 시료물질과 기준물질에 흘러 들어간 열 흐름의 차이를 측정하는 열분석기기이다.

71 열무게 측정장치의 구성이 아닌 것은?

① 단색화장치 ② 온도 감응장치
③ 저 울 ④ 전기로

해설
열무게 측정장치의 구성
• 열저울 : 1mg 이하부터 100g까지의 질량 범위를 갖는 시료에 대한 정량적인 정보를 제공해 주며, 일반적인 형태는 1mg에서 100mg까지의 범위를 가진 것이다.
• 전기로 : TGA에서 사용되는 전기로의 온도 범위는 실온부터 1,000℃ 정도까지이다.
• 시료 잡이 : 백금, 알루미늄 또는 알루미나로 만들어지며, 시료 접시의 부피는 400~500 μL 이상까지이다.
• 비활성 환경기체를 넣어주기 위한 기체 주입장치
• 기기장치를 조절하고, 데이터를 얻고 처리해 주기 위한 컴퓨터

72 HPLC의 검출기에 대한 설명으로 옳은 것은?

① UV 흡수 검출기는 254nm의 파장만을 사용한다.
② 굴절률 검출기는 대부분의 용질에 대해 감응하나 온도에 매우 민감하다.
③ 형광검출기는 대부분의 화학종에 대해 사용이 가능하나 감도가 낮다.
④ 모든 HPLC 검출기는 용액의 물리적 변화만을 감응한다.

해설
HPLC는 온도에 민감하여 일반적으로 온도를 일정하게 유지하며 측정한다.

73 전위차법에서 지시전극은 분석물의 농도에 따라 전극전위의 값이 변하는 전극이다. 지시전극에는 금속 지시전극과 막 지시전극이 있다. 다음 중 막 지시전극에 해당하는 것은?

① 은/염화은 전극
② 산화-환원 전극
③ 유리전극
④ 포화칼로멜전극

해설
대표적인 막 지시전극으로는 pH 측정용 유리 전극이 있다.

74 전자충격법에 의한 질량분석법으로 물질을 분석할 때 분자 이온의 안정도가 가장 작을 것이라고 생각 되는 것은?

① $CH_3CH_2CH_3$

② CH_3CH_2OH

③ CH_3CHO

④ CH_3COCH_3

75 액체 크로마토그래피에서 분리효율을 높이고 분리 시간을 단축시키기 위해 기울기 용리법(Gradient Elution)을 사용한다. 이 방법에서는 용매의 어떤 성질을 변화시켜 주는가?

① 극 성   ② 분자량

③ 끓는점   ④ 녹는점

76 다음 그래프는 항생제 클로람페니콜(RNO_2) 2mM 용액의 순환전압전류곡선이다. 0.0V에서 주사를 시작하여 피크 A를 얻었고, 이어서 B와 C를 순서 대로 얻었다. 이 피크들이 나타나는 이유는 다음과 같다. 다음 설명 중 틀린 것은?

> • 피크 A는 RNO_2가 4전자-환원으로 RNHOH가 생성될 때 나타난다.
> • 피크 B는 RNHOH가 2전자-산화로 RNO가 생성될 때 나타난다.
> • 피크 C는 피크 B와 반대로 RNO가 RNHOH로 환원될 때 나타난다.

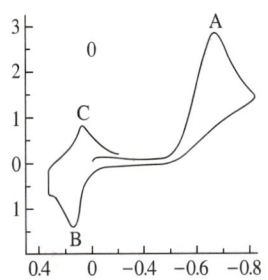

① 피크 A의 반응은 비가역반응이다.

② 0.4V에서 주사를 시작하면 피크 C가 첫 번째로 나타난다.

③ 반대 방향으로 주사를 시작하면, 피크 B는 나타나지 않는다.

④ 10회 전압 순환동안 피크 B의 크기는 변하지 않는다.

77 10cm 관에 물질 A와 B를 분리할 때 머무름 시간은 각각 10분과 12분이고, A와 B의 봉우리 너비는 각각 1.0분과 1.1분이다. 관의 분리능을 계산하면?

① 1.5   ② 1.9

③ 2.1   ④ 2.5

해설

분리능 $R_s = \dfrac{2[(t_R)_B - (t_R)_A]}{W_A + W_B} = \dfrac{2(12-10)}{1+1.1} = 1.9$

78 백금(Pt)전극을 써서 수소이온을 발생시키는 전기량 적정법으로 염기수용액을 정량할 때 전해용액으로서 적당한 것은?

① 0.10M $Ce_2(SO_4)_3$ 수용액

② 0.01M $FeSO_4$ 수용액

③ 0.08M $TiCl_3$ 수용액

④ 0.10M $NaCl$ 또는 Na_2SO_4 수용액

79 벗김 분석(Stripping Method)이 감도가 좋은 이유는?

① 전극을 커다란 수은방울을 사용하기 때문이다.

② 농축단계에서 사전에 전극에 금속이온을 농축하기 때문이다.

③ 전극에 높은 전위를 가하기 때문이다.

④ 전극의 전위를 빠른 속도로 주사하기 때문이다.

해설

벗김 분석(Stripping Method) : 벗김법은 분석물을 전기화학적으로 예비농축시키는 단계인 석출단계가 있다. 일반적으로 수은과 백금 등의 전극에 낮은(환원할 수 있는) 전위로 금속이온을 석출시킨 후에, 다시 높은(산화할 수 있는) 전위로 올려 전해 용출시켜 정성·정량분석을 하는 방법을 이용하며 10^{-10}M 정도의 금속이온까지 정량이 가능할 정도로 감도가 매우 좋다.

80 모세관 전기이동을 이용하여 시료를 분리하는 주요 원인은 다음 중 어느 것인가?

① 전기삼투와 전기이동

② 모세관 내부에 충전된 고정상에 의한 분리효과

③ 고전압에 의한 분리관 내 수소이온 농도의 기울기에 의한 분리

④ 모세관에 연결된 고전압 전극의 힘에 의하여 끌려가는 힘

해설

모세관 전기이동법의 원리

• 전기삼투 : 모세관 내의 용액이 산화 → 환원전극으로 이동

• 전기이동 : 전기장 영향에서의 이온의 이동

2017년 제4회 과년도 기출문제

제1과목 | 일반화학

01 존재 가능한 다른 구조의 다이브로모벤젠(Dibro-mobenzene)은 몇 가지 종류인가?

① 2

② 3

③ 4

④ 5

해설
다이브로모벤젠은 벤젠의 육각형 중 두 곳에 Br이 붙어 있는 구조로 ortho, meta, para의 3가지 구조가 가능하다.

02 화학식 $C_4H_{10}O$로 존재할 수 있는 알코올의 구조이성질체는 몇 개인가?

① 3개

② 4개

③ 5개

④ 7개

해설

C – C – C – C – OH

C – C – C – OH (위에 C)

C – C – C (아래 OH, 가운데 위 C)

C – C – C – OH (위에 C)

03 3.84몰(mol)의 Na_2CO_3이 완전히 녹아 있는 수용액에서 나트륨이온(Na^+)의 몰(mol)수로 옳은 것은?

① 1.92mol

② 3.84mol

③ 5.76mol

④ 7.68mol

해설
$Na_2CO_3 \rightarrow 2Na^+ + CO_3^{2-}$
Na^+는 Na_2CO_3가 녹는 양의 2배만큼 생성되므로
$3.84mol \times 2 = 7.68mol$

04 ^{222}Rn에 관한 내용 중 틀린 것은?(단, ^{222}Rn의 원자번호는 86이다)

① 양성자수 = 86

② 중성자수 = 134

③ 전자수 = 86

④ 질량수 = 222

해설
② 중성자수 = 질량수 – 양성자수 = 222 – 86 = 136

05 용해도에 대한 설명 중 틀린 것은?

① 일정 압력하에서 물 속에서 기체의 용해도는 온도가 증가함에 따라 증가한다.

② 액체 속 기체의 용해도는 기체의 부분압력에 비례한다.

③ 탄산음료를 차갑게 해서 마시는 것은 기체의 용해도를 증가시키기 위함이다.

④ 잠수부들이 잠수할 경우 받는 압력의 증가로 인해 혈액 속의 공기의 양은 증가한다.

해설
① 기체의 용해도는 온도가 증가함에 따라 감소한다.

06 몰질량이 162g/mol이며 백분율 질량 성분비가 탄소 74.0%, 수소 8.7%, 질소 17.3%인 화합물의 분자식은?(단, 탄소, 수소, 질소의 원자량은 각각 12.0amu, 1.0amu, 14.0amu이다)

① $C_{11}H_{16}N$ ② $C_{10}H_{14}N_2$

③ $C_9H_{26}N_4$ ④ $C_8H_{24}N_3$

해설

탄소 : 수소 : 질소 $= \dfrac{74.0}{12.0} : \dfrac{8.7}{1.0} : \dfrac{17.3}{14.0} = 6.12 : 8.7 : 1.24$

6.12 : 8.7 : 1.24에서 1.24로 나눠주면 4.94 : 7.02 : 1

∴ 약 5 : 7 : 1이므로 이에 해당하는 $C_{10}H_{14}N_2$이 화합물의 분자식이다.

※ 몰질량으로 검산

$(12.0 \times 10) + (1.0 \times 14) + (14.0 \times 2) = 162$

07 수크로스($C_{12}H_{22}O_{11}$) 684g을 물에 녹여 전체 부피를 4.0L로 만들었을 때 이 용액의 몰농도(M)는?

① 0.25 ② 0.50

③ 0.75 ④ 1.00

해설

몰농도(M) $= \dfrac{\text{용질의 몰수(mol)}}{\text{용액의 부피(L)}}$

수크로스($C_{12}H_{22}O_{11}$)의 분자량

$= 12 \times 12 + 1 \times 22 + 16 \times 11 = 342\text{g/mol}$

∴ 몰농도 $= \dfrac{1}{4.0\text{L}} \times \dfrac{684\text{g}}{342\text{g/mol}} = 0.5\,\text{M}$

08 암모니아 56.6g에 들어 있는 분자의 개수는?(단, N 원자량 : 14.01g/mol, H 원자량 : 1.008g/mol 이다)

① 3.32×10^{23}개 분자

② 17.03×10^{24}개 분자

③ 6.78×10^{23}개 분자

④ 2.00×10^{24}개 분자

해설

암모니아의 분자식은 NH_3이므로

분자량 $= 14.01 \times 1 + 1.008 \times 3 = 17.034\text{g}$

몰수 $= \dfrac{\text{질량}}{\text{분자량}} = \dfrac{56.6}{17.034} = 3.32\text{mol}$

분자의 개수 $= 3.32 \times 6.02 \times 10^{23} = 2.00 \times 10^{24}$

09 용액 내의 Fe^{2+}의 농도를 알기 위해 적정 실험을 하였는데, 이 과정에 대한 설명 중 옳은 것은?

① 농도가 알려진 NH_4^+ 용액으로 색이 자주빛으로 변할 때까지 철 용액에 한 방울씩 떨어뜨린다.

② 농도가 알려진 NH_4^+ 용액으로 색이 무색으로 변할 때까지 철 용액에 한 방울씩 떨어뜨린다.

③ 농도를 아는 MnO_4^- 용액으로 색이 자주빛으로 변할 때까지 철 용액에 한 방울씩 떨어뜨린다.

④ 농도를 아는 MnO_4^- 용액으로 색이 무색으로 변할 때까지 철 용액에 한 방울씩 떨어뜨린다.

해설

산화 · 환원 적정

Fe^{2+}가 Fe^{3+}로 산화되는 것을 이용하여 Fe^{2+}의 농도를 알 수 있다. 이때 산화제로 $KMnO_4$를 이용한다. 산성용액에서 Fe^{2+}와 $KMnO_4$를 반응시키면 $MnO_4^- + 5Fe^{2+} + 8H^+ \rightarrow Mn^{2+} + 5Fe^{3+} + 4H_2O$가 되어 MnO_4^-의 적자색이 사라진다. Fe^{2+}가 모두 산화되어 Fe^{3+} 이온으로 바뀌면 미량으로 들어간 MnO_4^- 용액으로 색이 자주색으로 변하고 이로 종말점을 확인할 수 있다.

10 다음 중 원자의 크기가 가장 작은 것은?

① K

② Li

③ Na

④ Cs

같은 족에서는 원자번호가 클수록 전자 껍질의 수가 많아져 원자의 크기가 커진다. 따라서 1족 중에 가장 원자번호가 작은 Li의 원자 크기가 가장 작다.

11 N의 산화수가 +4인 것은?

① HNO_3

② NO_2

③ N_2O

④ NH_4Cl

② NO_2 : $O = -2$이므로, $N = +4$

① HNO_3 : $O = -2$, $H = +1$이므로, $N = +5$

③ N_2O : $O = -2$이므로, $N = +1$

④ NH_4Cl : $Cl = -1$, $H = +1$이므로, $N = -3$

12 용액의 조성을 기술하는 방법에 대한 설명 중 틀린 것은?

① 질량 퍼센트 : 용액 내에서 각 성분 물질의 질량 퍼센트로 정의한다.

② 몰농도 : 용액 1L당 용질의 몰수로 정의한다.

③ 몰랄농도 : 용매 1kg당 용질의 몰수로 정의한다.

④ 몰분율 : 혼합물에서 한 성분의 몰분율이란 그 성분의 몰수를 해당 성분을 제외한 나머지 성분 전체의 몰수로 나눈 것이다.

④ 혼합물에서 한 성분의 몰분율이란 그 성분의 몰수를 전체 몰수로 나눈 것이다.

$$X_i = \frac{n_i}{\sum_{k=1}^{m} n_k} = \frac{n_i}{n_1 + n_2 + n_3 + \cdots n_m}$$

13 메테인 2.80g에 들어 있는 메테인 분자수는 얼마인가?

① 1.05×10^{22} 분자

② 1.05×10^{23} 분자

③ 1.93×10^{22} 분자

④ 1.93×10^{23} 분자

$$2.80g \times \frac{1mol}{16g} \times \frac{6.02 \times 10^{23}}{1mol} = 1.05 \times 10^{23}$$

14 산과 염기에 대한 설명 중 틀린 것은?

① 산은 물에서 수소이온(H^+)의 농도를 증가시키는 물질이다.

② 산과 염기가 반응하여 물과 염을 생성하는 반응을 중화반응이라고 한다.

③ 염기성 용액에서는 H^+의 농도보다 OH^-의 농도가 더 크다.

④ 산성용액은 푸른 리트머스 시험지를 노랗게 변색시킨다.

산성용액은 푸른색 리트머스 시험지를 붉게 변색시키고, 염기성용액은 붉은색 리트머스 시험지를 푸르게 변색시킨다.

15 다음 반응이 일어난다고 할 때 산화되는 물질은?

> • $Ag^+(aq) + Fe^{2+}(aq) \rightarrow Ag(s) + Fe^{3+}(aq)$
> • $2Al^{3+}(aq) + 3Mg(s) \rightarrow 2Al(s) + 3Mg^{2+}(aq)$

① $Ag^+(aq),\ Al^{3+}(aq)$

② $Fe^{2+}(aq),\ Mg(s)$

③ $Ag^+(aq),\ Mg(s)$

④ $Fe^{2+}(aq),\ Al^{3+}(aq)$

해설

산화수 : $+2 \rightarrow +3$(산화)

$Ag^+(aq) + Fe^{2+}(aq) \rightarrow Ag(s) + Fe^{3+}(aq)$

산화수 : $+1 \rightarrow 0$(환원)

산화수 : $0 \rightarrow +2$(산화)

$2Al^{3+}(aq) + 3Mg(s) \rightarrow 2Al(s) + 3Mg^{2+}(aq)$

산화수 : $+3 \rightarrow 0$(환원)

16 어떤 온도에서 다음 반응의 평형 상수는 50이다. 같은 온도에서 x몰의 $H_2(g)$와 2.5몰의 $I_2(g)$를 반응시켜 평형에 이르렀을 때 4몰의 $HI(g)$가 되었고, 0.5몰의 $I_2(g)$가 남아 있었다. x의 값은 얼마인가?

> $H_2(g) + I_2(g) \rightleftarrows 2HI(g)$

① 1.64   ② 2.64

③ 3.64   ④ 4.64

해설

문제의 내용을 표로 나타내면 다음과 같다.

	$H_2(g)$	+	$I_2(g)$	$\rightleftarrows$	$2HI(g)$
초기 몰수	x		2.5		0
반응 몰수	2		2		4
최종 몰수	$x-2$		0.5		4

$$K = \frac{[HI]^2}{[H_2][I_2]} = \frac{4^2}{(x-2) \times 0.5} = 50$$

$$\therefore\ x = 2.64$$

17 Alkene에 해당하는 것은?

① C_6H_{14}

② C_6H_{12}

③ C_6H_{10}

④ C_6H_6

해설

알켄족은 C_nH_{2n}의 구조식을 가진다.

18 다음 무기화합물의 명칭에 해당하는 것은?

> $NaHSO_3$

① 삼황산수소나트륨

② 황산수소나트륨

③ 과황산수소나트륨

④ 아황산수소나트륨

해설

화합물의 명칭에서 보통 O가 하나 빠질 경우 앞에 '아–'를 붙이고, O가 하나 더 붙을 경우 '과–'를 붙인다. H_2SO_4의 명칭은 황산 또는 황산수소인데, O가 하나 빠졌으므로 아황산수소가 되고 Na를 붙여서 아황산수소나트륨이 된다.

19 0.40M NaOH와 0.10M H_2SO_4를 1 : 1의 부피로 섞었을 때, 이 용액의 pH는 얼마인가?

① 10   ② 11
③ 12   ④ 13

해설
H_2SO_4는 한 분자당 2개의 H^+가 생성되므로 중화반응 후 남는 OH^-의 농도는 $0.40 - (0.10 \times 2) = 0.20M$이다. 근데 부피가 2배로 되므로 0.1M이다.
$pOH = -\log[OH^-] = -\log 0.1 = 1$
$pH + pOH = 14$이므로
$pH = 13$

20 텔루륨(Te)과 아이오딘(I)의 이온화 에너지와 전자 친화도의 크기 비교를 옳게 나타낸 것은?

① 이온화 에너지 : Te < I, 전자친화도 : Te < I
② 이온화 에너지 : Te < I, 전자친화도 : Te > I
③ 이온화 에너지 : Te > I, 전자친화도 : Te > I
④ 이온화 에너지 : Te > I, 전자친화도 : Te < I

해설
• 이온화 에너지란 기체 상태의 원자에서 최외각 전자 1개를 떼어내는데 필요한 에너지이다. 같은 주기에서 원자번호가 커질수록 원자반지름이 작아지고, 원자핵과 최외각 전자 사이의 인력이 커져 이온화 에너지는 대체로 증가한다.
• 전자친화도는 기체 원자가 전자 1개를 받아들일 때 방출하는 에너지와 기체 음이온으로부터 전자 1개를 떼어내는 데 필요한 에너지로, 전자를 얻어 형성된 음이온이 원자보다 안정할수록 그 값이 커진다. 따라서 주기율표에서 전자친화도는 대체로 같은 주기에서는 원자번호가 커짐에 따라 커지고, 같은 족에서는 원자번호가 커짐에 따라 감소한다.

제2과목 | 분석화학

21 부피 분석법인 적정법을 이용하여 정량분석을 할 경우 다음 중 가장 옳은 설명은?

① 적정 실험에서 측정하고자 하는 당량점과 실험적인 종말점은 항상 일치한다.
② 적정 오차는 바탕 적정(Blank Titration)을 통해 보정할 수 있다.
③ 역적정 실험 시에는 적정 시약(Titrant)을 시료에 가하면서 지시약의 색이 바뀌는 부피를 직접 관찰한다.
④ 무게 적정(Gravimetric Titration) 실험 시에는 적정 시약의 부피를 측정한다.

해설
① 적정 실험에서 당량점과 종말점은 일치하지 않아서 적정 오차가 존재한다.
③ 역적정법은 미지농도의 용액에 일정 과잉량의 표준용액을 가하여 반응이 완료한 뒤 그 과잉량을 다른 표준용액으로 적정하는 방법이다.
④ 무게 적정은 적정 시약의 무게를 측정한다.

22 다음 화학평형식에 대한 설명으로 틀린 것은?

$$Hg_2Cl_2(s) \rightleftharpoons Hg_2^{2+}(aq) + 2Cl^-(aq)$$

① 이 반응을 나타내는 평형상수는 K_{sp} 라고 하며 용해도상수 또는 용해도곱상수라고도 한다.
② 이 용액에 Cl^- 이온을 첨가하면 용해도는 감소한다.
③ 온도를 증가시키면 K_{sp} 는 변한다.
④ 이 용액에 Cl^- 이온을 첨가하면 K_{sp} 는 감소한다.

해설
용해도곱상수(K_{sp})는 이온농도에 비례한다.

23 금속 킬레이트에 대한 설명으로 옳은 것은?

① 금속은 루이스(Lewis) 염기이다.

② 리간드는 루이스(Lewis) 산이다.

③ 한 자리(Monodentate) 리간드인 EDTA는 6개의 금속과 반응한다.

④ 여러 자리(Multidentate) 리간드가 한 자리(Monodentate) 리간드보다 금속과 강하게 결합한다.

> **해설**
> ①, ② 루이스 산은 전자쌍을 받을 수 있는 것, 루이스 염기는 전자쌍을 줄 수 있는 것이다. 따라서 금속은 리간드로부터 전자를 받는 루이스산, 리간드는 루이스 염기이다.
> ③ EDTA는 1개의 금속이온과 1 : 1의 비율로 결합하여 매우 안정한 구조를 가진다.

24 H^+와 OH^-의 활동도계수는 이온 세기가 0.050M일 때는 각각 0.86과 0.81이었고, 이온 세기가 0.10M일 때는 각각 0.83과 0.76이었다. 25℃에서 0.10M KCl 수용액에서 H^+의 활동도는?

① 1.00×10^{-7}

② 1.05×10^{-7}

③ 1.10×10^{-7}

④ 1.15×10^{-7}

> **해설**
> $K_w = [H^+]\gamma_{H^+}[OH^-]\gamma_{OH^-}$
> $1.0 \times 10^{-14} = x \times 0.83 \times x \times 0.76$
> $x^2 = 1.585 \times 10^{-14}$
> $x = 1.259 \times 10^{-7}$
> H^+의 활동도 $= [H^+]\gamma_{H^+} = 1.259 \times 10^{-7} \times 0.83$
> $\qquad = 1.045 \times 10^{-7} ≒ 1.05 \times 10^{-7}$

25 Cd^{2+} 이온이 4분자의 암모니아(NH_3)와 반응하는 경우와 2분자의 에틸렌다이아민($H_2NCH_2CH_2NH_2$)과 반응하는 경우에 대한 설명으로 옳은 것은?

① 엔탈피 변화는 두 경우 모두 비슷하다.

② 엔트로피 변화는 두 경우 모두 비슷하다.

③ 자유에너지 변화는 두 경우 모두 비슷하다.

④ 암모니아와 반응하는 경우가 더 안정한 금속 착물을 형성한다.

> **해설**
> ② 두 경우의 엔트로피 변화는 다르다.
> ③ 엔탈피 변화는 두 경우 모두 비슷하고 엔트로피 변화는 다르기 때문에, 자유에너지 변화는 다르다.
> ④ 에틸렌다이아민과 반응하는 경우 더 안정한 금속 착물을 형성한다.

26 다음 중 가장 센 산화력을 가진 산화제는?(단, $E°$는 표준환원전위이다)

① 세륨 이온(Ce^{4+}), $E° = 1.44V$

② 크로뮴산 이온(CrO_4^{2-}), $E° = -0.12V$

③ 과망가니즈산 이온(MnO_4^-), $E° = 1.507V$

④ 중크로뮴산 이온($Cr_2O_7^{2-}$), $E° = 1.36V$

> **해설**
> ③ $E°$의 값이 클수록 환원이 잘 일어나 강한 산화제로 작용한다.

27 산화환원 적정에서 과망가니즈산칼륨($KMnO_4$)은 산화제로 작용하며 센 산성 용액(pH 1 이하)에서 다음과 같은 반응이 일어난다. 과망가니즈산칼륨을 산화제로 사용하는 산화환원적정에서 종말점을 구하기 위한 지시약으로서 가장 적절한 것은?

$$MnO_4^- + 8H^+ + 5e^- \rightleftarrows Mn^{2+} + 4H_2O, \ E^\circ = 1.507V$$

① 페로인
② 메틸렌 블루
③ 과망가니즈산칼륨
④ 다이페닐아민설폰산

28 EDTA 적정의 종말점을 검출하기 위한 방법이 아닌 것은?

① 금속이온 지시약
② 유리전극
③ 이온선택성 전극
④ 가리움제

> **해설**
> 금속이온지시약법, 수은 전극법, pH전극법, 이온선택성 전극법 등이 EDTA 적정의 종말점 검출방법으로 이용된다.

29 Fe^{2+} 이온을 Ce^{4+}로 적정하는 반응에 대한 설명으로 틀린 것은?

① 적정반응은 $Ce^{4+} + Fe^{2+} \rightarrow Ce^{3+} + Fe^{3+}$이다.
② 전위차법을 이용한 적정에서는 반당량점에서의 전위는 당량점의 전위(V_e)의 약 1/2이다.
③ 당량점에서 $[Ce^{3+}] = [Fe^{3+}]$, $[Fe^{2+}] = [Ce^{4+}]$이다.
④ 당량점 부근에서 측정된 전위의 변화는 미세하여 정확한 측정을 위해 산화-환원 지시약을 사용해야 한다.

> **해설**
> ④ 당량점에서는 전위의 급변에 의해 지시약이 예민하게 변색한다.

30 난용성 고체염인 $BaSO_4$로 포화된 수용액에 대한 설명으로 틀린 것은?

① $BaSO_4$ 포화수용액에 황산 용액을 넣으면 $BaSO_4$가 석출된다.
② $BaSO_4$ 포화수용액에 소금물을 첨가 시에도 $BaSO_4$가 석출된다.
③ $BaSO_4$의 K_{sp}는 온도의 함수이다.
④ $BaSO_4$ 포화수용액에 $BaCl_2$ 용액을 넣으면 $BaSO_4$가 석출된다.

> **해설**
> ② $BaSO_4$에 소금물 첨가 시에 $BaSO_4$가 석출되지 않는다.
> ※ $BaSO_4 + NaCl \rightarrow BaCl_2 + Na_2SO_4$

31 산(Acid)에 대한 일반적인 설명으로 옳은 것은?

① 알코올은 산성용액으로 알코올의 특징을 나타내는 OH의 H가 쉽게 해리된다.
② 페놀은 중성용액으로 OH의 H는 해리되지 않는다.
③ 물속에서 H^+는 H_3O^+로 존재한다.
④ 다이에틸에테르는 산성 용액으로 H가 쉽게 해리된다.

> **해설**
> ③ 일반적으로 산은 H^+가 존재하는 것을 의미하며, 수용액 상태에서 H^+는 H_3O^+의 형태로 존재한다.

32 무게분석을 위하여 침전된 옥살산칼슘(CaC_2O_4)을 무게를 아는 거름도가니로 침전물을 거르고, 건조시킨 다음 붉은 불꽃으로 강열한다면 도가니에 남는 고체성분은 무엇인가?

① CaC_2O_4 ② $CaCO_2$

③ CaO ④ Ca

해설
고체성분은 CaO만 남는다.

33 전하를 띠지 않는 중성분자들은 이온세기가 0.1M 보다 작을 경우 활동도계수(Activity Coefficient)를 얼마라고 할 수 있는가?

① 0   ② 0.1

③ 0.5   ④ 1

해설
중성분자의 활동도계수는 이온세기에 관계없이 대략 1이다.

34 뉴스에서 A제과회사의 과자에서 발암물질로 알려진 아플라톡신이 기준치 10ppb보다 높은 14ppb가 검출되어 전량 폐기했다고 밝혔다. 이 과자 1kg에서 몇 mg의 아플라톡신이 검출되었는가?

① 14g   ② 1.4mg

③ 0.14mg   ④ 0.014mg

해설
$ppb = \dfrac{ppm}{1,000} \rightarrow 10^{-9}$ 이므로
14ppb인 1kg의 과자에서는 $14 \times 10^{-9}kg$의 아플라톡신이 검출된다.
$14 \times 10^{-9}kg = 14 \times 10^{-6}g = 14 \times 10^{-3}mg = 0.014mg$

35 다음 반응에서 $\Delta H° = -75.2kJ/mol$, $\Delta S° = -132$ $J/K \cdot mol$일 때의 설명으로 옳은 것은?(단, $\Delta H°$ 와 $\Delta S°$ 각각 표준엔탈피 변화와 표준엔트로피 변화를 의미하며 온도에 관계없이 일정하다고 가정한다)

$$HCl(g) \rightleftarrows H^+(aq) + Cl^-(aq)$$

① 특정 온도보다 낮은 온도에서 자발적으로 진행될 가능성이 크다.
② 특정 온도보다 높은 온도에서 자발적으로 진행될 가능성이 크다.
③ 온도에 관계없이 항상 자발적으로 일어난다.
④ 온도에 관계없이 자발적으로 일어나지 않는다.

해설
① $\Delta G = \Delta H - T\Delta S$에서 ΔG가 음수이면 자발적인 반응이며, ΔH가 음수, ΔS가 음수이다. $\Delta H > T\Delta S$이어야 하므로, 특정온도보다 낮은 온도에서 자발적으로 반응이 진행될 가능성이 크다.

36 전지의 두 전극에서 반응이 자발적으로 진행되려는 경향을 갖고 있어 외부 도체를 통하여 산화전극에서 환원전극으로 전자가 흐르는 전지 즉, 자발적인 화학반응으로부터 전기를 발생시키는 전지를 무슨 전지라 하는가?

① 전해 전지   ② 표준 전지
③ 자발 전지   ④ 갈바니 전지

해설
산화반응과 환원반응이 동시에 일어나면서 발생하는 화학적 에너지를 전기적 에너지로 변환한 것을 볼타 전지, 갈바니 전지 또는 다니엘 전지라고 한다.

37 0.1M의 Fe^{2+} 50mL를 0.1M의 Tl^{3+}로 적정한다. 반응식과 각각의 표준환원전위가 다음과 같을 때 당량점에서 전위(V)는 얼마인가?

$$2Fe^{2+} + Tl^{3+} \rightarrow 2Fe^{3+} + Tl^+$$
$$Fe^{3+} + e^- \rightarrow Fe^{2+} \quad E° = 0.77V$$
$$Tl^{3+} + 2e^- \rightarrow Tl^+ \quad E° = 1.28V$$

① 0.94
② 1.02
③ 1.11
④ 1.20

해설

Nernst 식

$$E_{eq} = E° + \frac{0.0591}{n}\log\frac{[Ox]}{[Red]}$$

$$E_{eq} = 0.77 + \frac{0.0591}{1}\log\frac{[Fe^{3+}]}{[Fe^{2+}]} \quad \cdots \text{㉠}$$

$$E_{eq} = 1.28 + \frac{0.0591}{2}\log\frac{[Tl^{3+}]}{[Tl^+]} \quad \cdots \text{㉡}$$

$2Fe^{2+} + Tl^{3+} \rightarrow 2Fe^{3+} + Tl^+$로부터 당량점에서는
$2[Tl^+] = [Fe^{3+}]$, $2[Tl^{3+}] = [Fe^{2+}]$이 성립함을 알 수 있다.
㉠의 식에 $[Fe^{3+}]$ 대신 $2[Tl^+]$를, $[Fe^{2+}]$ 대신 $2[Tl^{3+}]$를 대입하면

$$E_{eq} = 0.77 + 0.0591\log\frac{2[Tl^+]}{2[Tl^{3+}]}$$

㉡의 식에 $\times 2$를 하면

$$2E_{eq} = 2.56 + 0.0591\log\frac{[Tl^{3+}]}{[Tl^+]}$$ 가 된다.

두 식을 더하면

$$3E_{eq} = 3.33 + 0.0591\log\frac{2[Tl^+][Tl^{3+}]}{2[Tl^{3+}][Tl^+]}$$ 이 되고,

$\log 1 = 0$이므로
$$\therefore E_{eq} = 1.11V$$

38 녹말과 같은 고유 지시약을 제외한 일반 산화환원 지시약의 색깔 변화에 대한 설명으로 가장 옳은 것은?

① 산화환원 적정 과정에서 적정곡선의 모양이 거의 수직 상승하는 범위에 의존한다.
② 산화환원 적정에 참여하는 분석물과 적정시약의 화학적 성질에 의존한다.
③ 산화환원 적정 과정에서 생기는 계의 전극 전위의 변화에 의존한다.
④ 산화환원 적정 과정에 변하는 용액의 pH 변화에 의존한다.

39 25℃에서 0.028M의 NaCN 수용액의 pH는 얼마인가?(단, HCN의 $K_a = 4.9 \times 10^{-10}$이다)

① 10.9
② 9.3
③ 3.1
④ 2.8

해설
$$pK_a = -\log(4.9 \times 10^{-10} \times 0.028) \fallingdotseq 10.9$$

40 초산(CH_3COOH) 6g을 물에 용해하여 500mL 용액을 만들었다. 이 용액의 몰농도(mol/L)는 얼마인가?(단, 초산의 분자량은 60g/mol이다)

① 0.1M
② 0.2M
③ 0.5M
④ 1.0M

해설
$$\text{초산의 몰수} = \frac{6}{60} = 0.1\text{mol}$$

$$\text{몰농도} = \frac{0.1\text{mol}}{0.5\text{L}} = 0.2\text{mol/L} = 0.2\text{M}$$

41 원자스펙트럼의 선넓힘을 일으키는 요인으로 가장 거리가 먼 것은?

① 온 도   ② 압 력
③ 자기장   ④ 에너지준위

> **해설**
> 선너비에 영향을 주는 인자는 온도, 압력, 자기장 및 전기장의 존재이다.

42 원자분광법에서 원자선 너비가 중요한 주된 이유는?

① 원자들이 검출기로부터 멀어져 발생되는 복사선 파장의 증폭을 방지할 수 있다.
② 다른 원자나 이온과의 충돌로 인한 에너지 준위의 변화를 막을 수 있다.
③ 원자의 전이 시간의 차이로 발생되는 선 좁힘 현상을 제거할 수 있다.
④ 스펙트럼선이 겹쳐서 생기게 되는 분석방해를 방지할 수 있다.

> **해설**
> 스펙트럼선이 겹쳐서 분석에 방해가 일어날 수 있으므로 원자선 너비는 좁을수록 좋다.

43 230nm 빛을 방출하기 위하여 사용되는 광원으로 가장 적절한 것은?

① Tungsten Lamp   ② Deuterium Lamp
③ Nernst Glower   ④ Globar

> **해설**
> ② Deuterium Lamp : 200~360nm
> ① Tungsten Lamp : 360~800nm
> ③ Nernst Glower : 800nm 이상
> ④ Globar : 800nm 이상

44 IR Spectrophotometer에 일반적으로 가장 많이 사용되는 파수의 단위는?

① nm   ② Hz
③ cm^{-1} ④ rad

> **해설**
> IR Spectrophotometer에서 많이 사용하는 파수의 단위는 cm^{-1}이다.

45 적외선 흡수분광기의 시료용기에 사용할 수 있는 재질로 가장 적합한 것은?

① 유 리   ② 소 금
③ 석 영   ④ 사파이어

> **해설**
> 적외선 흡수분광기의 시료용기로 사용할 수 있는 재질은 NaCl, KBr 같은 이온성 물질이다. 유리나 플라스틱은 적외선을 흡수하므로 사용할 수 없다.

46 원자분광법에서 시료 도입 방법에 따른 시료 형태로서 틀린 것은?

① 직접 주입 – 고체
② 기체 분무화 – 용액
③ 초음파 분무화 – 고체
④ 글로 방전 튕김 – 전도성 고체

> **해설**
> **원자분광법의 시료 도입 방법**
>
> | 방 법 | 시료 형태 |
> |---|---|
> | 기체분무화 | 용액이나 슬러리 |
> | 초음파 분무화 | 용 액 |
> | 전열 증기화 | 고체, 액체, 용액 |
> | 수소화물 생성법 | 몇 가지 원소용액 |
> | 직접 주입 | 고체, 가루 |
> | 레이저 증발 | 고체, 금속 |
> | 스파크나 아크증발 | 전도성 고체 |
> | 글로 방전 튕김 | 전도성 고체 |

47 UV−B를 차단하기 위한 햇볕차단제의 흡수 스펙트럼으로부터 280nm 부근의 흡광도가 0.38이었다면 투과되는 자외선 분율은?

① 42% ② 58%
③ 65% ④ 73%

해설
Lambert−Beer 법칙
$A = -\log T$
$0.38 = -\log T$, $T = 0.42 = 42\%$

50 원자흡수분광법에서 스펙트럼 방해를 제거하는 방법이 아닌 것은?

① 연속광원보정
② 보호제를 이용한 보정
③ Zeeman 효과를 이용한 보정
④ 광원 자체반전에 의한 보정

해설
스펙트럼 방해를 제거하는 방법
• 연속 광원 보정법
• 두 선 보정법
• Zeeman 효과에 의한 바탕 보정법
• 광원 자체반전에 의한 바탕 보정법

48 530nm 파장을 갖는 빛의 에너지보다 3배 큰 에너지의 빛의 파장은 약 얼마인가?

① 177nm ② 226nm
③ 590nm ④ 1,590nm

해설
$E = h\nu = h\dfrac{c}{\lambda}$ 에서 h, c는 상수이므로, E가 3배 커지면 λ는 1/3배가 되어야 한다.
파장 $\lambda = \dfrac{530\text{nm}}{3} = 177\text{nm}$

51 Beer의 법칙에 대한 실질적인 한계를 나타내는 항목이 아닌 것은?

① 단색의 복사선
② 매질의 굴절률
③ 전해질의 해리
④ 큰 농도에서 분자 간의 상호작용

해설
Beer 법칙의 한계
• 겉보기 화학편차 : 분석성분이 해리하거나 화합하거나 용매와 반응하여 분석성분과 다른 흡수스펙트럼을 내는 생성물을 만들 때 발생
• 다색 복사선에 대한 겉보기 기기편차 : Beer 법칙은 단색 복사선에서만 확실하게 적용
• 미광 복사선의 존재하에서의 기기편차 : 회절발, 렌즈나 거울, 필터 및 창의 표면에서 일어나는 산란과 반사의 결과로 발생
• 불일치 셀 : 분석물과 바탕용액을 포함한 셀이 통과 거리와 광학특성에서 동일하지 않으면 절편 k가 검정선에 나타남

49 원적외선 영역의 파장(μm) 범위는?

① 0.78~2.5 ② 2.5~15
③ 2.5~50 ④ 50~1,000

해설
일반적으로 원적외선의 파장 영역은 50~1,000μm이다.

52 적외선흡수분광법에서 적외선을 가장 잘 흡수할 수 있는 화학종은?

① O_2 ② HCl

③ N_2 ④ Cl_2

해설

진동, 회전 운동을 할 때 쌍극자 모멘트의 변화가 있어야 적외선을 흡수할 수 있다. O_2, N_2, Cl_2와 같은 화학종은 진동, 회전 시 쌍극자 모멘트의 변화가 없으므로 적외선을 흡수할 수 없다.

53 IR을 흡수하려면 분자는 어떤 특성을 가지고 있어야 하는가?

① 분자구조가 사면체이면 된다.
② 공명구조를 가지고 있으면 된다.
③ 분자 내에 π 결합이 있으면 된다.
④ 분자 내에서 쌍극자 모멘트의 변화가 있으면 된다.

해설

쌍극자 모멘트의 변화가 있는 진동모드에서 IR 흡수가 일어난다.

54 분산형 적외선(Dispersive IR) 분광기와 비교할 때, Fourier 변환 적외선(FTIR) 분광기에서 사용되지 않는 장치는?

① 검출기(Detector)
② 광원(Light Source)
③ 간섭계(Interferometer)
④ 단색화 장치(Monochromator)

해설

FTIR의 구성
• 광 원
• 간섭계
• 시료부
• 검출기

55 원자 X선 분광법에 이용되는 X선 신호변환기 중 기체충전변환기에 속하지 않는 것은?

① 증강 계수기
② 이온화 상자
③ 비례 계수기
④ Geiger 관

해설

기체충전변환기
• Geiger 관
• 비례 계수기
• 이온화 상자

56 양성자의 자기 모멘트 배열을 반대방향으로 변화시키는데 100MHz의 라디오 주파수가 필요하다면 양성자 NMR의 자석의 세기는 약 몇 T인가?(단, 양성자의 자기회전비율은 $3.0 \times 10^8 T^{-1} s^{-1}$이다)

① 2.1   ② 4.1

③ 13.1   ④ 23.1

해설

자기장에서의 에너지 준위

$$E = \frac{\gamma h}{2\pi} B_0 = h\nu_0$$

$$\therefore B_0 = \frac{2\pi \cdot \nu_0}{\gamma} = \frac{2\pi \times (100 \times 10^6)}{3.0 \times 10^8} \fallingdotseq 2.1\text{T}$$

57 NMR기기에서 자석은 자기장과 관련이 있으므로 중요한 부품이다. 감도와 분해능이 자석의 세기와 질에 따라서 달라지므로 자장의 세기를 정밀하게 조절하는 것이 중요하다. 다음 중 NMR기기에서 사용되는 초전도자석 장치의 특징이 아닌 것은?

① 자기장이 균일하고 재현성이 높다.

② 초전도자석의 자기장이 일반 전자석보다 세다.

③ 전자석보다 복잡한 구조로 되어 있으므로 작동비가 많이 든다.

④ 초전도성을 유지하기 위해서 Nb/Sn이나 Nb/Ti 합금선으로 감은 솔레노이드를 사용한다.

> **해설**
> 초전도석 자석은 안정도가 크고 작동비가 싸고 전자석에 비하여 단순하고 부피가 작다.

58 공장 인근의 해수에는 약 10mg/L 정도의 납(Pb)을 함유하고 있다. 유도결합플라스마방출분광법(ICP-AES)으로 해수 시료를 분석하고자 할 때 가장 적절한 분석 방법은?

① ICP-AES로 분석하기 좋은 농도 범위이므로 전처리하지 않고 직접 분석한다.

② 해수에 염산(HCl)을 가하여 증발·농축시킨 후 질산으로 유기물을 분해시켜 ICP-AES로 분석한다.

③ 해수 중의 유기물을 질산(HNO_3)으로 분해시키고 NaCl(소금)매트릭스로부터 납(Pb)을 분리 후 분석한다.

④ 해수 중에는 NaCl이 3% 정도 함유되어 있지만 Pb를 정량하는 데 거의 영향을 주지 않으므로 유기물을 황산으로 분해시킨 후 직접 분석한다.

> **해설**
> ③ 시료용액을 고주파 유도코일에 의해 형성된 플라스마에 도입하여 여기된 원자가 바닥상태로 이동할 때 방출하는 발광선 및 발광강도를 측정하여 원소를 분석한다.

59 핵자기공명 분광학에서 이용하는 파장은?

① 적외선

② 자외선

③ 라디오파

④ Microwave(마이크로웨이브)

> **해설**
> 진동수 4~600MHz의 라디오파를 이용한다.

60 나트륨은 589.0nm와 589.6nm에서 강한 스펙트럼 띠(선)를 나타낸다. 두 선을 구분하기 위해 필요한 분해능은?

① 0.6 ② 491.2
③ 589.3 ④ 982.2

> **해설**
> $$R = \frac{\lambda}{\Delta\lambda} = \frac{(589.0 + 589.6)}{(589.6 - 589.0)} \times \frac{1}{2} \fallingdotseq 982.2$$

61 그림은 어떤 시료의 얇은 층 크로마토그램이다. 이 시료의 지연인자(Retardation Factor) R_f 값은?

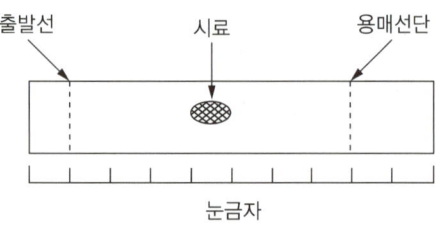

출발선　　　　시료　　　　용매선단

눈금자

① 0.10　　　　　　② 0.20
③ 0.30　　　　　　④ 0.50

해설
지연인자

$$R_F = \frac{시료가\ 이동한\ 거리}{용매가\ 이동한\ 거리} = \frac{d_R}{d_M} = \frac{3.5}{7} = 0.5$$

62 질량분석기에서 사용하는 시료도입장치가 아닌 것은?

① 직접 도입장치
② 배치식 도입장치
③ 펠릿식 도입장치
④ 크로마토그래피 도입장치

해설
시료를 질량분석기 내부에 효율적으로 보내 주는 역할을 하는 시료도입장치에는 직접 도입장치, 배치식 도입장치, 크로마토그래피 도입장치 등이 사용된다.

63 원자질량분석장치 중에서 가장 상업화가 많이 되어 쓰이는 것은 ICP-MS이다. 이들 장치에 대한 설명으로 가장 바르게 설명한 것은?

① Ar을 이용한 사중극자 ICP-MS에서는 Fe, Se 등의 주 동위원소들이 간섭 없이 고감도로 측정이 잘된다.
② ICP와 결합된 Sector 질량분석장치는 고분해능이면서, Photon Baffle이 필요 없어 고감도 기능을 유지한다.
③ Ar 플라스마는 고온이므로 모두 완전히 분해되어 측정되므로 OH_2^+ 등의 Polyatomic 이온에 의한 간섭이 없다.
④ Ar ICP는 고온의 플라스마이므로, F 등의 할로겐 원소들도 완전히 이온화시켜 측정할 수 있다.

64 갈바니전지에서 전류가 흐를 때 전위가 달라지는 요인으로 가장 거리가 먼 것은?

① 저항 전위
② 압력 과전압
③ 농도편극 과전압
④ 전하이동편극 과전압

65 초미립 세라믹 분말이나 세라믹 분말로 만들어진 소재 및 부품들에 존재하는 금속원소들을 분석 시, 시료를 단일 산이나 혼합 산으로 녹일 때 잘 녹지 않는 시료들이 많다. 이러한 경우에 시료를 전처리 없이 직접 원자화 장치에 도입할 수 있는 방법은 여러 가지가 있다. 다음 중 고체 분말이나 시편을 녹이지 않고 직접 도입하는 방법이 아닌 것은?

① 전열 가열법
② 레이저 증발법
③ Fritted Disk 분무법
④ 글로방전법

해설
시료를 용해시키거나 분해시키지 않고 직접 원자화장치에 고체 시료를 도입하는 방법
• 원자화장치 안에 고체시료의 직접 도입
• 시료의 전열 증기화와 원자화 영역으로 증기의 이동
• 아크/스파크나 레이저에 의한 고체 증발과 이로 인해 생긴 증기의 원자화장치로 이동
• 미세 분말 고체 시료가 액체 매질에서 고체 서스펜션으로 되어 있는 에어로졸로서 원자화장치로 운반하는 슬러리 분무
• 글로방전

66 일반적으로 사용되는 기체크로마토그래피의 검출기 중 보편적으로 사용되는 검출기가 아닌 것은?

① Refractive Index Detector(RI)
② Flame Ionization Detector(FID)
③ Electron Capture Detector(ECD)
④ Thermal Conductivity Detector(TCD)

해설
기체크로마토그래피의 검출기
• 불꽃 이온화 검출기(FID ; Flame Ionization Detector)
• 열전도도 검출기(TCD ; Thermal Conductivity Detector)
• 전자 포착 검출기(ECD ; Electron Capture Detector)
• 불꽃 광도 검출기(FPD ; Flame Photometric Detector)
• 황 화학발광 검출기(SCD ; Sulfur Chemiluminescence Detector)
• 광이온화 검출기
• 질량 분석계
• Fourier 변환 적외선 분광계

67 액체크로마토그래피에 쓰이는 다음 용매 중 극성이 가장 큰 용매는?

① 물(Water)
② 톨루엔(Toluene)
③ 메탄올(Methanol)
④ 아세토나이트릴(Acetonitrile)

해설
①~④번 모두 쌍극자 모멘트를 갖고 있고, 물과 에탄올만 수소결합을 한다. 그런데 에탄올은 한 분자당 1개의 수소결합을 하고, 물은 한 분자당 2개의 수소결합을 한다. 따라서 물의 극성이 가장 크다.

68 질량분석기의 이온화장치(Ionization Source) 중 시료 분자 및 이온의 부서짐 및 토막내기(Fragmentation)가 가장 많이 일어나는 것은?

① 장 이온화(Field Ionization)
② 화학 이온화(Chemical Ionization)
③ 전자충격 이온화(Electron Impact Ionization)
④ 기질 보조 레이저 탈착 이온화(Matrix Assisted Laser Desorption Ionization)

해설
③ 전자충격이온화법은 사용하기 편리하고 높은 이온전류를 발생한다. 또한 토막내기 과정이 잘 일어나 많은 봉우리가 생겨 분석물을 확인하는 데 편리하다. 그러나 토막내기 과정으로 어미-이온 봉우리가 없어져 분자량을 알 수가 없고, 시료를 기화해야 하며 이온화가 일어나기 전에 어떤 분석물은 열 분해가 일어날 수 있다는 단점이 있다.

69 폴리에틸렌에 포함된 카본블랙을 정량하고자 한다. 가장 알맞은 열분석법은?

① TGA
② DSC
③ DTA
④ TMA

70 다음 괄호 안에 알맞은 용어는?

> 최신 열무게 측정기기(TGA)는 (　　), 전기로, 기체 주입장치, 마이크로컴퓨터/마이크로 프로세스로 구성되어 있다.

① 시린저
② 검출기
③ 정교하게 제작된 온도계
④ 감도가 매우 좋은 분석저울

해설

열무게 측정장치의 구성
- 열저울 : 1mg 이하부터 100g까지의 질량 범위를 갖는 시료에 대한 정량적인 정보를 제공해 주며, 일반적인 형태는 1mg에서 100mg까지의 범위를 가진 것이다.
- 전기로 : TGA에서 사용되는 전기로의 온도 범위는 실온부터 1,000℃ 정도까지이다.
- 시료 잡이 : 백금, 알루미늄 또는 알루미나로 만들어지며, 시료 접시의 부피는 400~500μL 이상까지이다.
- 비활성 환경기체를 넣어주기 위한 기체 주입장치
- 기기장치를 조절하고, 데이터를 얻고 처리해 주기 위한 컴퓨터

71 GLC에 사용되는 고체지지체 물질(Solid Support)의 조건으로 적합하지 않은 것은?

① 단단해서 쉽게 깨지지 않아야 한다.
② 입자 모양과 크기가 불균일하여야 한다.
③ 단위체적당 큰 비표면적을 가져야 한다.
④ 액체 정지상을 쉽고 균일하게 도포할 수 있어야 한다.

해설

고체지지체 물질의 조건
- 작고 균일한 구형 입자
- 우수한 기계적 강도
- 단위체적당 큰 비표면적
- 고온에서 비활성
- 액체 정지상으로 쉽고 균일하게 도포

72 다음 전지의 전위는?

> $Zn \mid Zn^{2+}(1.0M) \parallel Cu^{2+}(1.0M) \mid Cu$
> $Zn^{2+} + 2e^- \rightarrow Zn \ E° = -0.763V$
> $Cu^{2+} + 2e^- \rightarrow Cu \ E° = 0.337V$

① -1.10V
② -0.427V
③ 0.427V
④ 1.10V

해설

염다리(∥)를 기준으로 왼쪽이 산화전극, 오른쪽이 환원전극이다. 산화는 전자를 잃는 것이므로 Zn의 반응은 반대로 진행된다. 산화·환원전극의 반응식은 다음과 같다.

산화전극	$Zn \rightarrow Zn^{2+} + 2e^-$	$E° = 0.763V$
환원전극	$Cu^{2+} + 2e^- \rightarrow Cu$	$E° = 0.337V$
총반응식	$Zn + Cu^{2+} \rightarrow Zn^{2+} + Cu$	$E° = 1.10V$

따라서, 전지의 전위는 1.10V이다.

73 전기분석법이 다른 분석법에 비하여 갖고 있는 특징에 대하여 설명한 것 중 옳지 않은 것은?

① 기기장치가 비교적 저렴하다.
② 복잡한 시료에 대한 선택성이 있다.
③ 화학종의 농도보다 활동도에 대한 정보를 제공한다.
④ 전기화학측정법은 한 원소의 특정 산화상태에 따라 측정된다.

75 순환 전압-전류법(Cyclic Voltammetry)에 대한 설명으로 틀린 것은?

① 두 전극 사이에 정주사(Forward Scan) 방향으로 전위를 걸다가 역주사(Reverse Scan) 방향으로 원점까지 전위를 낮춘다.
② 작업전극의 표면적이 같다면, 전류의 크기는 펄스 차이 폴라로그래피 전류와 거의 같다.
③ 가역반응에서는 양극봉우리 전류와 음극봉우리 전류가 거의 같다.
④ 가역반응에서는 양극봉우리 전위와 음극봉우리 전위의 차이는 $0.0592/n(V)$이다.

> **해설**
> 펄스 차이 폴라로그래피에서 전류는 시료의 전기분해에 의해 형성되며, 순환 전압-전류법에서 전류는 외부에서 입력값이므로 그 원리가 다르다.

74 다음 중 기준전극으로 주로 사용되는 전극은?

① Cu/Cu^{2+} 전극
② $Ag/AgCl$ 전극
③ Cd/Cd^{2+} 전극
④ Zn/Zn^{2+} 전극

> **해설**
> 일반적으로 칼로멜전극과 Ag/AgCl 전극이 많이 사용된다.

76 액체 크로마토그래피에서 주로 이용되는 기울기 용리(Gradient Elution)에 대한 설명으로 틀린 것은?

① 용매의 혼합비를 분석 시 연속적으로 변화시킬 수 있다.
② 분리시간을 크게 단축시킬 수 있다.
③ 극성이 다른 용매는 사용할 수 없다.
④ 기체크로마토그래피의 온도변화 분석과 유사하다.

> **해설**
> 기울기 용리는 고성능 액체 크로마토그래피에서 분리 효율을 높이기 위해 사용하며, 극성이 다른 2~3가지 용매를 선택하여 그 조성을 단계적으로 변화하며 사용하는 방법이다.

77 질량분석계의 질량분석 장치를 이용하는 방법에 해당되지 않는 분석기는?

① 원도 질량 분석기
② 사중극자 질량 분석기
③ 이중 초점 질량 분석기
④ 자기장 부채꼴 질량 분석기

해설
질량분석계의 질량분석 장치
• 자기장 부채꼴 질량 분석기
• 이중 초점 질량 분석기
• 사중극자 질량 분석기
• 비행–시간 질량 분석기
• 이온 포집 분석기

78 아주 큰 분자량을 갖는 극성 생화학 고분자의 분자량에 대한 정보를 알 수 있는 가장 유용한 이온화법은?

① 장이온화(FI)
② 화학이온화(CI)
③ 전자충격이온화(EI)
④ 매트릭스지원 탈착 이온화(MALDI)

해설
매트릭스 지원 탈착 이온화(MALDI) : 고분자 물질에 대해 시료의 분해없이 기화/이온화가 가능한 방법으로 일반적으로 질량이 크고 열에 불안정한 생체고분자나 합성고분자에 이상적인 방법

79 이온교환 크로마토그래피를 이용하여 음이온, 할로젠화물, 알칼로이드, 비타민 B 복합물 및 지방산을 분리하는 데 가장 적절한 이온–교환 수지는?

① 강산성 양이온 – 교환수지
② 약산성 양이온 – 교환수지
③ 강염기성 음이온 – 교환수지
④ 약염기성 음이온 – 교환수지

해설
이온교환 크로마토그래피
이온교환체를 고정상으로 이용하는 크로마토그래피법이다. 양이온 크로마토그래피와 음이온 크로마토그래피로 구분되며 무기음이온, 양이온, 유기산, 아미노산 등의 분석에 적합하다.
분석 성분
• 음이온 : Cl^-, NO_3^-, HPO_4^-, SO_4^{2-} 등을 분석
• 양이온 : Na^+, K^+, NH_4^+, Mg^{2+}, Ca^{2+} 등을 분석

80 2.00mmol의 전자가 2.00V의 전위차를 가진 전지를 통하여 이동할 때 행한 전기적인 일의 크기는 약 몇 J인가?(단, Faraday 상수는 96,500C/mol이다)

① 193J   ② 386J
③ 483J   ④ 965J

해설
$W = C \times V$, $C = F \times n$이므로
$W = F \times n \times V$
$F = 96,500C/mol$, $n = 2 \times 10^{-3}mol$, $V = 2.00V$
$W = 96,500C/mol \times 2 \times 10^{-3}mol \times 2.00V = 386J$

2018년 제1회 과년도 기출문제

제1과목 | 일반화학

01 다음과 같은 반응에서 압력을 증가시키면 어떻게 되는가?

$$3H_2(g) + N_2(g) \rightleftarrows 2NH_3(g)$$

① 평형이 왼쪽으로 이동
② 평형이 오른쪽으로 이동
③ 평형이 이동하지 않음
④ 평형이 양쪽으로 이동

해설
용기의 압력이 증가되면 반응은 압력이 감소하는, 즉 기체 몰수가 감소하는 방향으로 진행된다. 따라서 평형은 오른쪽으로 이동한다.

02 1.00g의 아세틸렌이 완전히 연소할 때 생성되는 이산화탄소의 부피는 표준상태에서 몇 L인가?(단, 모든 기체는 이상기체라고 가정한다)

① 1.225L
② 1.725L
③ 2.225L
④ 2.725L

해설
아세틸렌의 연소반응식
$2C_2H_2 + 5O_2 \rightarrow 4CO_2 + 2H_2O$
∴ 아세틸렌 1몰 반응 시 이산화탄소는 2몰이 생성된다.
아세틸렌 1.00g 몰수 → $1.00g \times \dfrac{1mol}{26g} = 0.0385\,mol$
생성되는 이산화탄소의 몰수 → $0.0385\,mol \times 2 = 0.077\,mol$
∴ 생성되는 이산화탄소의 부피 $= 0.077\,mol \times \dfrac{22.4\,L}{1\,mol}$
$= 1.725\,L$

03 화학식과 그 명칭을 잘못 연결한 것은?

① C_3H_8 - 프로페인
② C_4H_{10} - 펜테인
③ C_6H_{14} - 헥세인
④ C_8H_{18} - 옥테인

해설
② C_4H_{10} - 뷰테인
C_5H_{12} - 펜테인

04 질산(HNO_3) 23g이 물 200g에 녹아 있다. 이 질산 용액의 몰랄농도는 약 얼마인가?

① 1.243m
② 1.825m
③ 2.364m
④ 2.992m

해설
$\dfrac{23\,g}{0.2\,kg} \times \dfrac{1\,mol}{63\,g} = 1.825m$

정답 1 ② 2 ② 3 ② 4 ②

05 다음 반응에 대한 평형상수 K_c를 옳게 나타낸 것은?

$$NH_4NO_3(s) \rightleftharpoons N_2O(g) + 2H_2O(g)$$

① $K_c = \dfrac{[N_2O(g)][H_2O(g)]^2}{[NH_4NO_3(s)]^2}$

② $K_c = \dfrac{[N_2O(g)][H_2O(g)]^2}{[NH_4NO_3(s)]^3}$

③ $K_c = [N_2O(g)][H_2O(g)]^2$

④ $K_c = \dfrac{[N_2O(g)][H_2O(g)]^2}{[NH_4NO_3(s)]}$

해설

$K_c = \dfrac{[N_2O][H_2O]^2}{[NH_4NO_3]}$

고체는 순수물질로 농도가 일정하므로 평형상수식에 나타내지 않는다.

$\therefore K_c = [N_2O][H_2O]^2$

06 원자에 대한 설명 중 틀린 것은?

① 수소 원자(H)는 1개의 중성자와 1개의 양성자 그리고 1개의 전자로 이루어져 있다.

② 수소 원자에서 전자가 빠져나가면 수소이온(H^+)이 된다.

③ 수소 원자에서 전자가 빠져나간 것이 양성자이다.

④ 탄소의 경우처럼 수소 역시 동위원소들이 존재한다.

해설

① 일반적으로 수소 원자(H)는 0개의 중성자와 1개의 양성자 그리고 1개의 전자로 이루어져 있다.

07 NaBr과 Cl_2가 반응하여 NaCl과 Br_2를 형성하는 반응의 두 반쪽반응은?

① (산화) : $Cl_2 + 2e^- \rightarrow 2Cl^-$

　(환원) : $2Br^- \rightarrow Br_2 + 2e^-$

② (산화) : $2Br^- \rightarrow Br_2 + 2e^-$

　(환원) : $Cl_2 + 2e^- \rightarrow 2Cl^-$

③ (산화) : $Br^- \rightarrow Br + e^-$

　(환원) : $Cl + e^- \rightarrow Cl^-$

④ (산화) : $Br + 2e^- \rightarrow Br^{2-}$

　(환원) : $2Cl^- \rightarrow Cl_2 + 2e^-$

해설

08 40.9% C, 4.6% H, 54.5% O의 질량백분율 조성을 가지는 화합물의 실험식에 가장 가까운 것은?

① CH_2O

② $C_3H_4O_3$

③ $C_6H_5O_6$

④ $C_4H_6O_3$

해설

$C : H : O = \dfrac{40.9}{12} : \dfrac{4.6}{1} : \dfrac{54.5}{16} = 3.41 : 4.6 : 3.41 = 3 : 4 : 3$

$\therefore C_3H_4O_3$

09 다음 중 물에 대한 용해도가 가장 낮은 물질은?

① CH_3CHO ② CH_3COCH_3

③ CH_3OH ④ CH_3Cl

해설

비극성일수록 물에 대한 용해도가 낮다.

10 $CH_3COOCH_2CH_3$를 특성기에 따라 분류하면 다음 중 무엇에 해당하는가?

① 카복실산류 ② 에스터류

③ 알데하이드류 ④ 에테르류

해설

에스터 : R–COO–R′
① 카복실산 : R–COOH
③ 알데하이드 : R–CHO
④ 에테르 : R–O–R′

11 아이소프로필알코올(Isopropyl Alcohol)을 옳게 나타낸 것은?

① $CH_3–CH_2–OH$

② $CH_3–CH(OH)–CH_3$

③ $CH_3–CH(OH)–CH_2–CH_3$

④ $CH_3–CH_2–CH_2–OH$

해설

① 에탄올
③ 2–부탄올
④ 1–프로판올

12 다음 중 산 – 염기 반응의 쌍이 아닌 것은?

① $C_2H_5OH + HCOOH$

② $CH_3COOH + NaOH$

③ $CO_2 + NaOH$

④ $H_2CO_3 + Ca(OH)_2$

해설

폼산과 에탄올의 반응식

$HCOOH + C_2H_5OH \rightarrow HCOOC_2H_5 + H_2O$

카복실산과 알코올은 탈수축합반응으로 에스터와 물이 생성된다.

13 25℃에서 에틸알코올(C_2H_5OH) 30.0g을 물 100.0g 에 녹여 만든 용액의 증기압(mmHg)은 얼마인가? (단, 25℃에서 순수한 물의 증기압은 23.8mmHg 이고 순수한 에틸알코올에 대한 증기압은 61.2mmHg 이다)

① 24.5mmHg ② 27.7mmHg

③ 36.8mmHg ④ 52.3mmHg

해설

라울의 법칙

$$P = P_A + P_B = x_A \cdot P_A^0 + x_B \cdot P_B^0$$

• C_2H_5OH 30.0g → $30.0g \times \dfrac{1\,mol}{46\,g} = 0.652\,mol$

• H_2O 100.0g → $100.0g \times \dfrac{1\,mol}{18\,g} = 5.556\,mol$

∴ 전체 몰수 = 0.652mol + 5.556mol = 6.208mol

• C_2H_5OH 몰분율 → $\dfrac{0.652}{6.208} = 0.105$

• H_2O 몰분율 → 1 − 0.105 = 0.895

∴ $P = 0.105 \times 61.2\,mmHg + 0.895 \times 23.8\,mmHg$
$= 27.73\,mmHg$

14 주기율표에 대한 일반적인 설명 중 가장 거리가 먼 것은?

① 주기율표는 원자번호가 증가하는 순서로 원소를 배치한 것이다.
② 세로열에 있는 원소들이 유사한 성질을 가진다.
③ 1A족 원소를 알칼리금속이라고 한다.
④ 2A족 원소를 전이금속이라고 한다.

해설
④ 주기율표의 2족은 알칼리토금속이다.

15 질량백분율이 37%인 염산의 몰농도는 약 얼마인가?(단, 염산의 밀도는 1.188g/mL이다)

① 0.121M　　② 0.161M
③ 12.1M　　④ 16.1M

해설
37 wt% 용액 100g 기준 → 물 63g + HCl 37g

$$몰농도 = \frac{용질의\ 몰수}{용액의\ 부피(L)}$$

· 37 wt% 용액 100g 부피 $= 100\,g \times \dfrac{mL}{1.188\,g} \times \dfrac{1L}{1,000\,mL}$

$$= 0.084L$$

$$\therefore\ \frac{37\,g}{0.084\,L} \times \frac{1\,mol}{36.5\,g} = 12.1M$$

16 다음의 반응에서 산화되는 물질은 무엇인가?

$$Cl_2(g) + 2Br^-(aq) \rightarrow 2Cl^-(aq) + Br_2(L)$$

① Br^-　　② Cl_2
③ Br_2　　④ $Cl_2,\ Br_2$

해설
산화수 : 0 → −1(환원)

$$Cl_2(g) + 2Br^-(aq) \rightarrow 2Cl^-(aq) + Br_2(L)$$

산화수 : −1 → 0(산화)

17 이온에 대한 설명 중 틀린 것은?

① 전기적으로 중성인 원자가 전자를 얻거나 잃어버리면 이온이 만들어진다.
② 원자가 전자를 잃어버리면 양이온을 형성한다.
③ 원자가 전자를 받아들이면 음이온을 형성한다.
④ 이온이 만들어질 때 핵의 양성자 수가 변해야 한다.

해설
이온이 만들어질 때 전자의 수가 변한다. 양이온은 전자를 잃고, 음이온은 전자를 얻는다.

18 다음 원자나 이온 중 짝짓지 않은 3개의 홀전자를 가지는 것은?

① N　　② O
③ Al　　④ S^{2-}

해설
① N : $1s^2 2s^2 2p^3$ → $2p$ 오비탈의 p_x, p_y, p_z에 각각 1개씩 3개의 홀전자를 가진다.
② O : $1s^2 2s^2 2p^4$ → 2개의 홀전자를 가진다.
③ Al : $1s^2 2s^2 2p^6 3s^2 3p^1$ → 1개의 홀전자를 가진다.
④ S^{2-} : $1s^2 2s^2 2p^6 3s^2 3p^6$ → 홀전자가 없다.

19 유기화합물의 작용기 구조를 나타낸 것 중 틀린 것은?

① 케톤 : $>C=O$

② 아민 : $-\overset{|}{\underset{|}{C}}-\overset{|}{N}-$

③ 알데하이드 : $-\overset{O}{\overset{||}{C}}-H$

④ 에스터 : $-\overset{O}{\overset{||}{C}}-O-$

20 물질의 구성에 관한 설명 중 틀린 것은?

① 몰(mole) 질량의 단위는 g/mol이다.
② 아보가드로수는 수소 12.0g 속의 수소 원자의 수에 해당한다.
③ 몰(mole)은 아보가드로수만큼의 입자들로 구성된 물질의 양을 의미한다.
④ 분자식은 분자를 구성하는 원자의 종류와 수를 원소 기호를 사용하여 나타낸 화학식이다.

21 킬레이트적정법에서 사용하는 금속지시약이 가져야 할 조건이 아닌 것은?

① 금속지시약은 금속이온과 반응하여 킬레이트화합물을 형성할 수 있어야 한다.
② 금속지시약이 금속이온과 반응하여 형성하는 킬레이트화합물의 안정도상수는 킬레이트 표준용액이 금속지시약과 반응하여 형성하는 킬레이트화합물의 안정도상수보다 작아야 한다.
③ 적정에 사용하는 금속지시약의 농도는 가능한 한 진하게 해야 하고, 금속이온의 농도는 작게 해야 한다.
④ 금속지시약과 금속이온이 만드는 킬레이트화합물은 분명하게 특이한 색깔을 띠어야 한다.

22 20.00mL의 0.1000M Hg_2^{2+}를 Cl^-로 적정하고자 한다. 반응을 완결시키는 데 필요한 0.1000M Cl^-의 부피(mL)는 얼마인가?(단, $Hg_2Cl_2(s) \rightleftarrows Hg_2^{2+}$ (aq) + $2Cl^-$(aq), $K_{sp} = 1.2 \times 10^{-18}$이다)

① 10mL　　　　② 20mL
③ 30mL　　　　④ 40mL

23 다음 중 부피분석에 해당하지 않는 것은?

① 젤 투과에 의한 단백질 분석

② EDTA를 사용하는 납 이온 분석

③ 아이오딘에 의한 아스코브산의 정량

④ 과망가니즈산칼륨에 의한 옥살산의 정량

해설

부피 분석 : 정량분석 방법 중 하나로 용량분석이라고도 한다. 주로 지시약 등으로 반응의 종말점을 확인하여 정량하며, 조작이 간편하여 널리 이용된다.

① 젤 투과에 의한 단백질 분석은 정성분석에 더 가까운 방법이다.

24 HBr(분자량 80.9g/mol)의 질량백분율이 46.0% 인 수용액의 밀도는 1.46g/mL이다. 이 용액의 몰 농도(mol/L)는 얼마인가?

① 3.89mol/L

② 5.69mol/L

③ 8.30mol/L

④ 39.2mol/L

해설

$$몰농도 = \frac{용질의\ 몰수}{용액의\ 부피(L)}$$

$$0.46 \times \frac{mol}{80.9\,g} \times \frac{1.46\,g}{mL} \times \frac{1{,}000\,mL}{1\,L} = 8.30\,mol/L$$

25 용해도곱(Solubility Product)은 고체 염이 용액 내에서 녹아 성분 이온으로 나뉘는 반응에 대한 평형 상수로 K_{sp}로 표시된다. PbI_2는 다음과 같은 용해 반응을 나타내고, 이때 K_{sp}는 7.9×10^{-9}이 다. 0.030M NaI를 포함한 수용액에 PbI_2를 포화 상태로 녹일 때, Pb^{2+}의 농도는 몇 M인가?(단, 다 른 화학반응은 없다고 가정한다)

$$PbI_2(s) \rightleftharpoons Pb^{2+}(aq) + 2I^-(aq),\ K_{sp} = 7.9 \times 10^{-9}$$

① 7.9×10^{-9} ② 2.6×10^{-7}

③ 8.8×10^{-6} ④ 2.0×10^{-3}

해설

	$PbI_2(s)$	$\rightleftharpoons$	Pb^{2+}	+	$2I^-$
처음 농도	고체		0		0.030
농도 변화	고체		$+x$		$+2x$
마지막 농도	고체		x		$0.03+2x$

$$K_{sp} = [Pb^{2+}][I^-]^2 = x(0.030+2x)^2 = 7.9 \times 10^{-9}$$

공통이온효과에 의해, 성분 이온들 중 하나가 이미 용액 중에 들어 있으면 그 염의 용해도는 감소한다.

따라서, $2x \ll 0.030$

$x \cdot 0.030^2 = 7.9 \times 10^{-9}$

$\therefore x = 8.8 \times 10^{-6}$

26 25℃ 0.10M KCl 용액의 계산된 pH 값에 가장 근접 한 값은?(단, 이 용액에서의 H^+와 OH^-의 활동도계 수는 각각 0.83과 0.76이다)

① 6.98 ② 7.28

③ 7.58 ④ 7.88

해설

$$K_a \cdot K_b = [H^+] \times 0.83 \times [OH^-] \times 0.76 = 10^{-14}$$

$[H^+] = [OH^-]$이므로

$$[H^+] = \sqrt{\frac{10^{-14}}{0.83 \times 0.76}} = 1.25 \times 10^{-7}$$

$\therefore$ pH $= -\log([H^+] \times 0.83) = 6.98$

542 ■ PART 02 과년도 + 최근 기출복원문제

23 ① 24 ③ 25 ③ 26 ① **정답**

27 0.3M La(NO₃)₃ 용액의 이온세기를 구하면 몇 M인가?

① 1.8   ② 2.6

③ 3.6   ④ 6.3

해설

$La(NO_3)_3 \rightleftharpoons La^{3+} + 3NO_3^-$

이온세기 $= \frac{1}{2}[(0.3 \times (+3)^2 \times 1) + (0.3 \times (-1)^2 \times 3)]$

$= \frac{1}{2}(2.7 + 0.9) = 1.8$

28 유해물질인 벤젠(분자량 = 78.1)이 하천에 무단 방출되어 이를 측정한 결과 15ppb가 존재하는 것으로 보고되었다. 이 농도를 몰농도로 바꾸면 약 얼마인가?

① 1.9×10^{-6}M   ② 1.9×10^{-7}M

③ 1.9×10^{-10}M   ④ 1.9×10^{-13}M

해설

$15\,\text{ppb} = \frac{15\,\text{mg}}{1,000\,\text{L}} \times \frac{1\,\text{g}}{1,000\,\text{mg}} \times \frac{\text{mol}}{78.1\,\text{g}} = 1.9 \times 10^{-7}\,\text{mol/L}$

29 표준 수소전극의 표준환원전위 $E° = 0.0$V, 은-염화은 전극의 표준환원전위 $E° = 0.197$V, 포화 칼로멜전극의 표준환원전위 $E° = 0.241$V이다. 어떤 분석용액을 기준전극으로 은-염화은 전극을 사용하여 전압을 측정하였더니 0.284V이었다. 기준전극을 포화 칼로멜전극으로 바꿔 사용하였을 때 측정되는 전압은 몇 V인가?

① 0.240V   ② 0.241V

③ 0.284V   ④ 0.288V

해설

$0.284\,\text{V} - (0.241\,\text{V} - 0.197\,\text{V}) = 0.240\,\text{V}$

30 금이 왕수에서 녹을 때 미량의 금이 산화제인 질산에 의해 이온이 되어 녹으면 염소 이온과 반응해서 제거되면서 계속 녹는다. 이때 금 이온과 염소 이온 사이의 반응은?

① 산화-환원   ② 침 전

③ 산-염기   ④ 착물형성

해설

왕수는 질산 1, 염산 3의 비율로 섞은 것으로 다음과 같은 반응식으로 반응한다.

$HNO_3 + 3HCl \rightleftharpoons Cl_2 + NOCl$(염화나이트로실) $+ 2H_2O$

NOCl이 생기므로 강력한 산화용해성을 지니며 금 이온과 염소 이온 사이에서는 착화합물을 형성한다.

31 부피분석의 한 가지 방법으로 용액 중의 어떤 물질에 대하여 표준용액을 과잉으로 가하여, 분석물질과의 반응이 완결된 다음 미반응의 표준용액을 다른 표준용액으로 적정하는 방법은?

① 정적정법   ② 후적정법

③ 직접적정법   ④ 역적정법

32 다음 반응에서 염기-짝산과 산-짝염기 쌍을 각각 옳게 나타낸 것은?

$$NH_3 + H_2O \rightleftharpoons NH_4^+ + OH^-$$

① NH_3-OH^-, H_2O-NH_4^+

② NH_3-NH_4^+, H_2O-OH^-

③ H_2O-NH_3, NH_4^+-OH^-

④ H_2O-NH_4^+, NH_3-OH^-

해설

산인 H_2O는 H^+를 내어 주고 OH^-의 염기가 된다. 염기인 NH_3는 H^+를 받아 NH_4^+의 산이 된다.

33 활동도 및 활동도계수에 대한 설명으로 옳은 것은?

① 활동도는 농도나 온도에 관계없이 일정하다.

② 이온세기가 매우 작은 묽은 용액에서 활동도계수는 1에 가까운 값을 갖는다.

③ 활동도는 활동도계수를 농도의 제곱으로 나눈 값이다.

④ 이온의 활동도계수는 전하량과 이온세기에 비례한다.

해설
① 활동도는 농도와 온도의 함수이다.
③ 활동도는 활동도계수와 농도의 곱으로 나타낸다.
④ 일반적으로 이온세기가 증가할수록 활동도계수는 감소한다.

34 염산의 표준화를 위하여 사용하는 탄산나트륨을 완전히 건조하지 않았다면 표준화된 염산의 농도는 완전히 건조한 (무수)탄산나트륨을 사용하여 표준화했을 때의 염산 농도에 비해 어떻게 되는가?

① 높게 된다.

② 낮게 된다.

③ 같은 농도를 갖는다.

④ 탄산나트륨에 있는 물의 양과 무관하다.

해설
적정 시 $NV = N'V'$ 성립
Na_2CO_3가 완전히 건조되지 않고 물이 포함되어 있으므로 V'는 높아진다. 따라서, HCl 표준용액의 농도도 높아진다.

35 $Ba(OH)_2$ 용액 200mL을 중화하기 위하여 0.2M HCl 용액 100mL이 필요하였다. $Ba(OH)_2$ 용액의 노르말 농도(N)는?

① 0.01　　　　　② 0.05

③ 0.1　　　　　④ 0.5

해설
$NV = N'V'$
$x \cdot 200\,mL = 0.2\,N \cdot 100\,mL$
$\therefore x = 0.1N$

36 산화환원 적정 시 MnO_4^-와 Mn^{2+} 또는 Fe^{2+}와 Fe^{3+}가 용액 중에 함께 존재하는 경우와 같이 때로는 분석물질을 적정하기 전에 산화상태를 조절할 필요가 있다. 산화상태를 조절하는 방법이 아닌 것은?

① Jones 환원관을 이용한 예비 환원

② Walden 환원관을 이용한 예비 환원

③ 과황산이온($S_2O_8^{2-}$)을 이용한 예비 산화

④ 센 산 또는 센 염기를 이용한 예비 산화/환원

해설
분석물질의 산화상태 조절 방법
• 예비 산화
  − 과황산이온($S_2O_8^{2-}$)
  − 산화은(Ⅱ)(AgO)
  − 비스무트산나트륨($NaBiO_3$)
  − 과산화수소(H_2O_2)
• 예비 환원
  − 염화주석($SnCl_2$)
  − 염화크로뮴(Ⅱ)($CrCl_2$)
  − Jones 환원관
  − Walden 환원관

37 산화전극(Anode)에서 일어나는 반응이 아닌 것은?

① $Ag^+ + e^- \rightarrow Ag(s)$

② $Fe^{2+} \rightarrow Fe^{3+} + e^-$

③ $Fe(CN)_6^{4-} \rightarrow Fe(CN)_6^{3-} + e^-$

④ $Ru(NH_3)_6^{2+} \rightarrow Ru(NH_3)_6^{3+} + e^-$

해설
산화·환원전극
• 산화반응 : Anode전극, (−)극
• 환원반응 : Cathode전극, (+)극
①은 전자를 얻어 환원된 것으로, 환원전극(Cathode전극)에서 일어나는 반응이다.

38 전극전위에 대한 설명 중 틀린 것은?

① 전극전위의 크기는 이온 물질의 산화제로서의 상대적인 세기를 나타낸다.

② 전극전위의 값이 양(+)인 것은 표준수소전극과 짝을 이루었을 때 환원전극으로서 자발적인 반응을 나타낸다.

③ 표준전극전위는 반응물과 생성물의 활동도가 1에서 평형상태의 활동도를 갖는 상태로 진행시키려는 상대적인 힘이다.

④ 표준전극전위의 값은 완결된 반쪽반응(Half Reaction)에서 보여 주는 반응물과 생성물의 몰수에 달려 있다.

해설
표준전극전위는 세기성질이기 때문에 균형잡힌 반쪽반응의 반응물과 생성물의 몰수와 무관하다.

39 퀴리가 라듐을 발견하였을 때 염화라듐($RaCl_2$)에 들어 있는 염소의 양을 재어서 라듐의 원자량을 결정했다. 염소의 양을 측정하는 데 사용할 수 있는 가장 적당한 방법은?

① 무게분석

② 산염기 적정

③ EDTA 적정

④ 산화, 환원 적정

해설
무게분석 : 분석대상의 성분물질을 얻은 다음, 이 성분물질을 항량으로 만든 후에 그 성분물질의 화학식 등으로써 물질의 농도 또는 양을 결정하는 분석법

40 메틸아민(Methylamine)은 약한 염기로, 염 해리상수(K_b) 값은 다음과 같은 평형식에서 구할 수 있다. 메틸아민의 짝산인 메틸암모늄이온(Methyl-ammonium Ion)의 산해리상수(K_a)를 구하기 위한 화학평형식으로 옳은 것은?

$$CH_3NH_2 + H_2O \rightleftharpoons CH_3NH_3^+ + OH^-,\ K_b = 4.4 \times 10^{-4}$$

① $CH_3NH_2 \rightleftharpoons CH_3N^-H + H^+$

② $CH_3NH_3^+ \rightleftharpoons CH_3NH_2 + H^+$

③ $CH_3NH_3^+ + OH^- \rightleftharpoons CH_3NH_2 + H_2O$

④ $CH_3NH_2 + OH^- \rightleftharpoons CH_3N^-H + H_2O$

해설

$$K_b = \frac{[CH_3NH_3^+][OH^-]}{[CH_3NH_2]}$$

$$K_w = K_a \cdot K_b$$

$$K_a = \frac{K_w}{K_b} = \frac{[OH^-][H^+][CH_3NH_2]}{[CH_3NH_3^+][OH^-]} = \frac{[H^+][CH_3NH_2]}{[CH_3NH_3^+]}$$

$$\therefore CH_3NH_3^+ \rightleftharpoons CH_3NH_2 + H^+$$

41 자외선-가시광선(UV-Visible) 흡수분광법에서 주로 관여하는 에너지준위는?

① 전자에너지준위(Electronic Energy Level)

② 병진에너지준위(Translation Energy Level)

③ 회전에너지준위(Rotational Energy Level)

④ 진동에너지준위(Vibrational Energy Level)

해설

자외선-가시광선(UV-Visible) 흡수분광법은 원자 내의 최외각 전자와 전자파 간의 거동을 이용하여 분석하는 방법이다.

42 적외선 흡수스펙트럼을 나타낼 때 가로축은 주로 파수(cm^{-1})를 쓰고 있다. 파장(μm)과의 관계는?

① 파수 = 10,000/파장

② 파수 × 파장 = 1,000

③ 파수 × 파장 = 100

④ 파수 = 1,000,000/파장

해설

$$파수(cm^{-1}) = \frac{10^4}{파장(\mu m)}$$

43 다음 스펙트럼 영역 중 에너지가 가장 낮은 영역은?

① Visible Spectrum

② Far IR Spectrum

③ IR Spectrum

④ Near IR Spectrum

해설

전자기 스펙트럼

파장이 길수록 낮은 에너지를 가진다.

44 불꽃 원자화(Flame Atomizer) 방법과 비교한 전열 원자화(Electrothermal Atomizer) 방법의 특징에 대한 설명으로 틀린 것은?

① 감도가 불꽃원자화에 비하여 뛰어나다.

② 적은 양의 액체시료로도 측정이 가능하다.

③ 고체 시료의 직접 분석이 가능하다.

④ 측정농도 범위가 10^6 정도로서 아주 넓고 정밀도가 우수하다.

해설

④ 전열 원자화 방법은 측정농도 범위가 보통 10^2 정도로 좁다.

45 이상적인 변환기의 성질이 아닌 것은?

① 높은 감도

② 빠른 감응시간

③ 높은 신호 대 잡음비

④ 반드시 Nernst식에 따라야 함

46 적외선흡수분광법에서 흡수봉우리의 파수(cm^{-1})가 가장 큰 작용기는?

① C=O

② C-O

③ O-H

④ C=C

47 핵자기공명분광법에 대한 설명으로 틀린 것은?

① 시료를 센 자기장에 놓아야 한다.

② 화학종의 구조를 밝히는 데 주로 사용된다.

③ 흡수과정에서 원자의 핵이 관여하지 않는다.

④ 4~900MHz 정도의 라디오 주파수 영역의 전자기 복사선의 흡수를 측정한다.

48 적외선분광법에서 물 분자의 이론적 진동방식 수는?

① 2개   ② 3개

③ 4개   ④ 5개

49 분광분석기의 구성 중 검출기로 이용되는 것은?

① Cuvette(큐벳)

② Grating(회절발)

③ Chopper(토막기)

④ Photomultiplier Tube(광전증배관)

50 500nm 파장의 빛은 어느 영역에 해당하는가?

① 적외선

② 자외선

③ 가시광선

④ 방사선

51 원자분광법에서의 고체 시료의 도입에 대한 설명으로 틀린 것은?

① 미세 분말 시료를 슬러리로 만들어 분무하기도 한다.

② 원자화장치 속으로 시료를 직접 수동으로 도입할 수 있다.

③ 시료 분해 및 용해 과정이 없어서 용액 시료 도입보다 정확도가 높다.

④ 보통 연속신호 대신 불연속 신호가 얻어진다.

해설

고체 시료의 도입은 시료를 분해하고 용해시키는 데 걸리는 시간을 줄일 수 있는 장점이 있는 대신 재현성이 적고, 더 많은 오차를 가지므로 용액 시료의 도입 방법만큼 많이 사용되지 않는다.

52 불꽃에서 분석원소가 이온화되는 것을 방지하기 위한 이온화억제제로 가장 적당한 것은?

① Al ② K

③ La ④ Sr

해설

이온화 방해 : 높은 온도의 불꽃에 의해 분석원소가 이온화를 일으켜 중성 원자가 덜 생기는 방해로, 분석원소보다 이온화를 잘 일으키는 원소를 가해 줌으로써 해결할 수 있다. K은 이온화가 잘되어 이온화 방해를 막을 수 있다.

53 1.0cm 두께의 셀(Cell)에 몰흡광계수가 5.0×10^3L/mol·cm인 표준시료를 2.0×10^{-4}M 용액을 넣고 측정하였다. 이때 투과도는 얼마인가?

① 0.1 ② 0.4

③ 0.6 ④ 1.0

해설

흡광도 $A = \varepsilon bc$
$= (5.0 \times 10^3 \text{L/mol} \cdot \text{cm}) \times 1.0\text{cm} \times (2.0 \times 10^{-4}\text{M})$
$= 1.0$

$A = -\log T$

∴ 투광도 $T = 10^{-A} = 10^{-1.0} = 0.1$

54 분자의 쌍극자 모멘트의 알짜 변화를 주로 이용하는 분석은?

① 적외선 흡수

② X선 흡수

③ 자외선 흡수

④ 가시광선 흡수

해설

① 적외선분광법은 적외선을 흡수하여 쌍극자 모멘트의 알짜 변화가 일어나 이를 통해 분자의 구조를 확인하는 방법이다.

55 적외선분광법에서 사용되는 광원 중 광검출과 라이더(Lidar)와 같은 원격제어 감응을 하는 용도로 널리 사용되는 광원은?

① Globar 광원
② 수은 아크 광원
③ 텅스텐 필라멘트등
④ 이산화탄소 레이저 광원

해설
이산화탄소 레이저 광원
• 대기오염물의 농도 측정, 수용액 중 흡광 화학종을 정량하기 위한 광원
• 100개 정도의 밀접한 불연속선으로 구성된 $1,100 \sim 900 cm^{-1}$ 영역의 복사선 띠를 방출

56 원자흡수분광법에서는 매트릭스에 의한 방해가 있을 수 있다. 매트릭스 방해를 보정하는 방법으로 가장 거리가 먼 것은?

① 복사선 완충제를 사용하는 방법
② 보조광원(중수소등이나 자외선등)을 사용하여 보정하는 방법
③ 서로 이웃에 있는 두 가지 스펙트럼의 세기를 측정하여 보정하는 2선 보정법
④ Zeeman 효과와 Smith Hieftje 바탕 보정법

해설
① 스펙트럼 방해의 보정 방법에 해당한다.

57 매트릭스 효과가 있을 가능성이 있는 복잡한 시료를 분석하는 데 특히 유용한 분석법은?

① 내부표준법
② 외부표준법
③ 표준물첨가법
④ 표준검정곡선 분석법

해설
③ 표준물첨가법은 시료 매트릭스에 의한 화학적 방해나 스펙트럼 방해를 부분적으로 또는 전체적으로 상쇄하는 데 도움을 준다.

58 염소(Cl)를 포함한 수용성 유기화합물 중의 카드뮴(Cd)을 유도결합플라스마방출분광법(ICP-AES)으로 정량할 때 가장 올바른 조작은?

① 물에 용해하므로 일정량을 용해한 후 직접 정량한다.
② 유기물을 700℃에서 연소시킨 후 질산 처리하여 Cd을 정량한다.
③ 질산과 황산으로 유기물을 분해시키고 황산을 제거한 후 Cd을 정량한다.
④ 물에 용해시킨 후 질산을 100mL당 2mL의 비율로 가하여 산농도를 조절하고 Cd을 정량한다.

해설
유기물을 분해할 때 질산과 황산을 주로 이용한다. ICP-AES 분석에서 가장 좋은 산류는 질산, 가장 나쁜 산류는 황산과 인산이므로 황산을 제거한 후 Cd을 정량해야 한다.

59 X선 분광법에서 복사선 에너지를 전기신호로 변환시키는 검출기가 아닌 것은?

① 기체–충전변환기
② 섬광계수기
③ 광전증배관
④ 반도체변환기

> **해설**
> 광전증배관은 형광 측정법과 관계가 있다.

60 원자흡수분광법(Atomic Absorption)에서 사용하는 광원으로 가장 적당한 것은?

① 수은등(Mercury Lamp)
② 전극등(Electron Lamp)
③ 방전등(Discharge Lamp)
④ 속 빈 음극등(Hollow Cathode Lamp)

> **해설**
> 원자흡수 측정에서 가장 흔히 사용되는 광원은 속 빈 음극등이다.

제4과목 | 기기분석 Ⅱ

61 분자질량법에 사용되는 이온원의 종류와 이온화 도구가 잘못 짝지어진 것은?

① 전자 충격 – 빠른 전자
② 장 이온화 – 높은 전위 전극
③ 전자 분무 이온화 – 높은 전기장
④ 빠른 원자 충격법 – 빠른 이온살

> **해설**
> ④ 빠른 원자 충격법 – 빠른 원자(고에너지의 제논 또는 아르곤 원자)

62 일반적으로 열분석법은 온도 프로그램으로 가열하면서 물질 또는 그 반응 생성물의 물리적 성질을 온도 함수로 측정하는 분석법이다. 고분자 중합체를 시차열법분석(DTA)을 통해 분석할 때 흡열반응 피크(Peak)로 측정할 수 있는 것은?

① 유리 전이 과정 ② 녹는 과정
③ 분해 과정 ④ 결정화 과정

> **해설**
>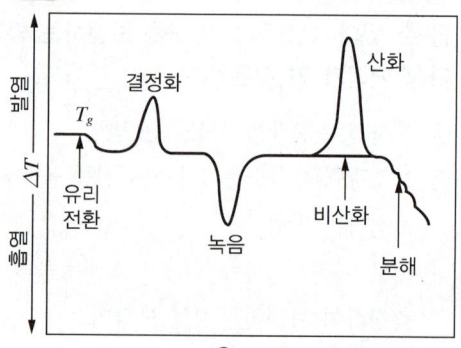
> ② 녹는 과정 : 흡열반응의 결과로 생긴 피크
> ①, ③ 유리 전이 과정, 분해 과정 : 피크가 나타나지 않음
> ④ 결정화 : 발열반응의 결과로 생긴 피크

63 얇은 층 크로마토그래피(TLC)에 대한 설명으로 틀린 것은?

① 얇은 층 크로마토그래피(TLC)의 응용법은 기체 크로마토그래피와 유사하다.
② 시료의 점적법은 정량 측정을 할 경우 중요한 요인이다.
③ 최고의 분리 효율을 얻기 위해서는 점적의 지름이 작아야 한다.
④ 묽은 시료인 경우에는 건조시켜 가면서 3~4회 반복 점적한다.

해설
① 얇은 층 크로마토그래피(TLC)의 응용법은 액체 크로마토그래피와 유사하다.

64 질량분석기로 $C_2H_4^+$(MW = 28.0313)과 CO^+(MW = 27.9949)의 봉우리를 분리하는 데 필요한 분리능은 약 얼마인가?

① 770
② 1,170
③ 1,570
④ 1,970

해설
질량분석기의 분리능

$$R = \frac{m}{\Delta m}$$

여기서, Δm : 겨우 분리된 가까운 두 봉우리 사이의 질량 차이
　　　m : 첫 번째 봉우리의 명목상의 질량

$$\therefore \ R = \frac{m}{\Delta m} = \frac{27.9949}{28.0313 - 27.9949} \fallingdotseq 770$$

65 질량분석계로 분석할 경우 상대세기(Abundance)가 거의 비슷한 두 개의 동위원소를 갖는 할로젠 원소는?

① Cl(Chlorine)
② Br(Bromine)
③ F(Fluorine)
④ I(Iodine)

해설
② $^{79}Br : {}^{81}Br = 1 : 1$
① $^{35}Cl : {}^{37}Cl = 3 : 1$
③, ④ F, I의 자연적으로 발생하는 동위원소는 더 이상 없다.

66 다음 특성을 가진 이온화 방법은?

- 분자량이 크고 극성인 화학종을 이온화시킨다.
- 글리세롤 용액 매트릭스를 사용한다.
- 큰 에너지의 아르곤을 사용하여 시료를 이온화시킨다.
- 매트릭스로부터 만들어지는 이온 덩어리의 형성으로 인한 기본 잡음이 있다.

① 전자 충격 이온화
② 전기 분무 이온화
③ 빠른 원자 충격 이온화
④ 매트릭스지원 레이저 탈착/이온화

해설
빠른 원자 충격 이온화법에 대한 설명으로, 유기화합물이나 생화학 화합물 등 분자량이 크거나 열적으로 불안정한 시료의 이온 조각과 많은 양의 분자 이온을 얻을 수 있다.

67 길이 3.0m의 분리관을 사용하여 용질 A와 B를 분석하였다. 용질 A와 B의 머무름시간은 각각 16.80분과 17.36분이고 봉우리너비(4τ)는 각각 1.12분과 1.24분이었으며 머물지 않는 화학종은 1.10분만에 통과하였다. 분해능을 1.50으로 하기 위해서는 관의 길이를 약 몇 m로 해야 하는가?

① 10m ② 20m

③ 30m ④ 40m

해설

• 분해능 $R_s = \dfrac{2[(t_R)_B - (t_R)_A]}{W_A + W_B} = \dfrac{2(17.36 - 16.80)}{1.12 + 1.24} = 0.47$

• 칼럼단수 $N = 16\left(\dfrac{t_R}{W}\right)^2$ 에서

$N_A = 16\left(\dfrac{16.80}{1.12}\right)^2 = 3{,}600$, $N_B = 16\left(\dfrac{17.36}{1.24}\right)^2 = 3{,}136$

$N_{av} = \dfrac{3{,}600 + 3{,}136}{2} = 3{,}368$

• 단 높이 $H = \dfrac{L}{N} = \dfrac{3.0\,\text{m}}{3{,}368} = 8.9 \times 10^{-4}\,\text{m}$

• 분해능 R_s는 $\sqrt{N}$에 비례하므로,

$\dfrac{(R_s)_1}{(R_s)_2} = \dfrac{\sqrt{N_1}}{\sqrt{N_2}}$

$\dfrac{0.47}{1.50} = \dfrac{\sqrt{3{,}368}}{\sqrt{N_2}}$ ∴ $N_2 = 34{,}305$

• 관의 길이 $L = N \times H = 34{,}305 \times (8.9 \times 10^{-4}) = 30\text{m}$

69 백금 환원전극을 사용하여 용액 안에 있는 Sn^{4+} 이온을 Sn^{2+} 이온으로 5.00mmol/h의 일정한 속도로 환원시키려고 한다. 이 전극에 흘려야 하는 전류는 약 몇 mA인가?(단, 패러데이 상수 $F = 96{,}500$C/mol이고, Sn의 원자량은 118.70이며 다른 산화 – 환원과정은 일어나지 않는다)

① 134 ② 268

③ 536 ④ 965

해설

$Q = I \cdot t$

$I = \dfrac{Q}{t} = \dfrac{96{,}500\,\text{C}}{\text{mol}} \times \dfrac{5.00\,\text{mmol}\,Sn^{2+}}{\text{h}} \times \dfrac{2\,\text{mmol}\,e^-}{1\,\text{mmol}\,Sn^{2+}}$

$\times \dfrac{1\,\text{h}}{3{,}600\,\text{s}} \times \dfrac{1\,\text{mol}}{1{,}000\,\text{mmol}} = 0.268\text{A} = 268\,\text{mA}$

68 이산화탄소의 질량스펙트럼에서 분자이온이 나타나는 질량 대 전하(m/z) 비는 얼마인가?

① 44 ② 28

③ 16 ④ 12

해설

질량 대 전하비 = $\dfrac{\text{이온의 분자량}}{\text{이온의 전하}}$

70 고고학적인 유물의 시대를 결정하고자 할 때 가장 유용하게 사용될 수 있는 분석법은?

① 질량분석법

② 원자흡수분광법

③ 전기화학분석법

④ 자외선-가시선 분자흡수 분광법

해설

질량분석법의 이용

• 시료 물질의 원소 조성에 대한 정보

• 유기물, 무기물 및 생화학 분자의 구조에 대한 정보

• 복잡한 혼합물의 정성 및 정량 분석에 대한 정보

• 고체 표면의 구조와 조성에 대한 정보

• 시료에 존재하는 원소의 동위원소비에 대한 정보

71 폴라로그래피에서 시료의 정성분석에 사용되는 파라미터는?

① 확산전류
② 반파전위
③ 잔류전류
④ 한계전류

해설

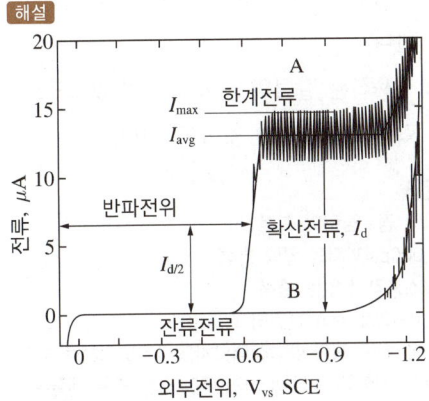

② 반파전위
  • 확산전류의 절반이 되는 전류에서의 전위
  • 용액 중의 성분 물질을 확인하는 데 유용하게 사용 가능(정성분석)
① 확산전류
  • 한계전류와 잔류전류의 차이
  • 분석 물질의 농도에 비례(정량분석)
③ 잔류전류 : 원하는 산화─환원 반응으로 인한 전류 외에 다른 원인에 의해 흐르는 미소 전류
④ 한계전류
  • 미소 전극 주위 이온이 모두 전해되었을 때 나타나는 전류
  • 반응물의 농도에 비례

72 머무름시간이 410초인 용질의 봉우리 너비는 바탕선에서 측정해 보니 13초이다. 다음의 봉우리는 430초에 용리되었고, 너비는 16초이다. 두 성분의 분리도는?

① 1.18
② 1.28
③ 1.38
④ 1.48

해설

관의 분리능 $R_s = \dfrac{2[(t_R)_B - (t_R)_A]}{W_A + W_B} = \dfrac{2(430-410)}{13+16} = 1.38$

73 질량분석계의 질량분석관(Analyzer)의 형태가 아닌 것은?

① 비행시간(TOF)형
② 사중극자(Quadrupole)형
③ 매트릭스지원탈착(MALDI)형
④ 이중초점(Double Focusing)형

해설

질량분석관
• 자기장부채꼴형
• 이중초점형
• 사중극자형
• 비행시간형
• 이온포착형

74 전압전류법(Voltammetry)에 대한 설명 중 틀린 것은?

① 반파전위는 정성분석을, 확산전류는 정량분석을 가능하게 한다.
② 폴라로그래피는 적하수은 전극을 이용하는 전압전류법이다.
③ 벗김분석이 아주 민감한 전압전류법인 이유는 분석물질이 농축되기 때문이다.
④ 측정하고자 하는 전류는 패러데이전류이고, 충전전류(Charging Current)는 패러데이전류를 생성시키게 하므로 최대화해야 한다.

해설
④ 충전전류는 잔류전류를 생성시킨다. 잔류전류는 확산전류의 정확한 측정을 방해하므로 최소화해야 한다.

75 전기량법 적정장치에서 반드시 필요로 하지 않는 것은?

① 적정전지
② 일정전류원
③ 기체발생장치
④ 정밀한 전자시계

해설

전기량법 적정장치는 일정전류 전원, 타이머, 종말점 검출기 및 적정전지로 이루어져 있다.

76 기체 크로마토그래피(GC)에 대한 설명으로 옳은 것은?

① 이동상은 항상 기체이다.
② 이동상은 액체일 수 있다.
③ 고정상은 항상 액체이다.
④ 고정상은 항상 고체이다.

해설

기체 크로마토그래피(GC)

기체화된 시료 성분들이 칼럼에 부착되어 있는 액체 또는 고체 정지상(고정상)과 기체 이동상 사이에서 분배되는 과정을 거쳐 분리

77 고성능 액체 크로마토그래피(HPLC)에서 사용되는 펌프시스템에서 요구되는 사항이 아닌 것은?

① 펄스충격이 없는 출력을 내야 한다.
② 흐름 속도의 재현성이 0.5% 또는 더 좋아야 한다.
③ 다양한 용매에 의한 부식을 방지할 수 있어야 한다.
④ 사용하는 칼럼의 길이가 길지 않으므로 펌핑 압력은 그리 크지 않아도 된다.

해설

HPLC 펌프장치의 조건

- 6,000psi까지의 압력 발생
- 펄스충격이 없는 출력
- 0.1~10mL/min 범위의 흐름 속도
- 흐름 속도 재현성의 상대오차를 0.5% 이하로 유지
- 부식–저항 부분장치(스테인리스스틸 또는 테플론)

78 크로마토그래피에서 단 높이(Plate Height)에 대한 설명으로 옳은 것은?

① 단 높이는 띠의 변화량(σ^2)과 띠가 이동한 거리 사이의 비례상수이다.

② 동일 길이의 칼럼에서 단 높이가 커질수록 분해능이 좋아진다.

③ 동일 길이의 칼럼에서 단 높이가 커질수록 피크의 폭(Peak Width)이 작아진다.

④ 칼럼의 길이가 길어지면 단 높이는 작아진다.

해설

- 단 높이 $H = \dfrac{L}{N}$

  여기서, L : 관의 충전길이
  N : 칼럼단수

- 칼럼단수 $N = 16 \left(\dfrac{t_R}{W} \right)^2$

  여기서, t_R : 두 개의 시간 측정값
  W : 봉우리 밑 너비

- 분해능 $R_s = \dfrac{2[(t_R)_B - (t_R)_A]}{W_A + W_B}$

- 분해능 R_s는 $\sqrt{N}$에 비례

② 동일 길이(L)의 칼럼에서 단 높이(H)가 커질수록 칼럼단수(N)는 작아진다. 따라서, 분해능(R_s)이 감소한다.

③ 동일 길이(L)의 칼럼에서 단 높이(H)가 커질수록 칼럼단수(N)는 작아진다. 따라서 봉우리 밑 너비(W)는 증가하고, 피크의 폭이 넓어진다.

④ 칼럼의 길이(L)가 길어지면 단 높이(H)는 증가한다.

79 얇은 층 크로마토그래피(TLC)에서 지연지수(Retardation Factor)에 대한 설명 중 틀린 것은?

① 항상 1 이하의 값을 갖는다.

② 1에 근접한 값을 가지면 이동상보다 정지상에 분배가 크다.

③ 시료가 이동한 거리를 이동상이 이동한 거리로 나눈 값이다.

④ 정지상의 두께가 지연지수 값에 영향을 준다.

해설

지연인자 $R_F = \dfrac{\text{시료가 이동한 거리}}{\text{용매가 이동한 거리}}$

② 1에 근접한 값을 가지면 정지상보다 이동상에 분배가 크다.

80 다음 질량분석계 중 자기장을 주로 이용하는 것은?

① 이온포집 질량분석계

② 비행시간 질량분석계

③ 사중극자 질량분석계

④ Fourier 변환 질량분석계

해설

④ Fourier 변환 질량분석계 : 자기장을 이용한 이온 사이클로트론 공명현상 이용

제1과목| 일반화학

01 땅에 매설한 연료탱크나 송수관의 강철을 녹슬지 않게 하는 데 철보다 활성이 큰 금속을 전선으로 연결한다. 이때 사용되는 금속과 방법이 알맞게 짝 지워진 것은 무엇인가?

① Al – 산화막 형성

② Mg – 음극보호

③ Ag – 도금 피막형성

④ Cu – 희생적 산화

해설

금속의 이온화 경향 : Mg > Fe

이온화 경향이 큰 금속일수록 더 좋은 환원제이므로 Mg은 Fe보다 더 산화되기 쉽다. 철보다 반응성이 큰 Mg, Al, Zn 등을 사용하여 철의 부식을 방지할 수 있다.

02 다음의 조건하에 있는 Zn/Cu 전지의 전위를 25℃에서 계산하면?(단, $E°_{Cu^{2+}/Cu} = 0.34V$, $E°_{Zn^{2+}/Zn} = -0.76V$ 이다)

$$Zn(s)\,|\,Zn^{2+}(0.50M)\,\|\,Cu^{2+}(0.030M)\,|\,Cu(s)$$

① 1.06V

② 1.63V

③ 2.12V

④ 3.18V

해설

Nernst식

$$E = E° + \frac{0.05916}{n}\log\frac{[Ox]}{[Red]}$$

$$E° = 0.34V - (-0.76V) = 1.10V$$

$$E = 1.10 + \frac{0.05916}{2}\log\frac{0.030}{0.50} = 1.06V$$

03 다음 중 수소의 질량 백분율(%)이 가장 큰 것은?

① HCl

② H_2O

③ H_2SO_4

④ H_2S

해설

② $\dfrac{2}{(2+16)} \times 100 \fallingdotseq 11\%$

① $\dfrac{1}{(1+35.5)} \times 100 \fallingdotseq 2.7\%$

③ $\dfrac{2}{\{2+32.06+(16\times4)\}} \times 100 \fallingdotseq 2.04\%$

④ $\dfrac{2}{(2+32.06)} \times 100 \fallingdotseq 5.9\%$

04 유기화합물에 대한 설명으로 틀린 것은?

① 벤젠은 방향족 탄화수소이다.

② 포화 탄화수소는 다중 결합이 없는 탄화수소를 말한다.

③ 알데하이드는 알코올을 산화시켜 얻을 수 있다.

④ 물과는 달리 알코올은 수소결합을 하지 못한다.

해설

수소결합

H 원자를 사이에 두고 F, O, N과 같이 전기음성도가 큰 두 원자가 결합할 때의 결합으로 알코올과 물은 수소결합을 한다.

05 0℃에서 액체 물의 밀도는 0.9998g/mL이고, K_w 값은 1.14×10^{-15}이다. 액체 물분자의 0℃에서의 해리 백분율은 얼마인가?

① $3.4 \times 10^{-8}\%$
② $3.4 \times 10^{-6}\%$
③ $6.1 \times 10^{-8}\%$
④ $7.5 \times 10^{-6}\%$

해설

$K_w = [H_3O^+][OH^-] = 1.14 \times 10^{-15}$

$\therefore [H_3O^+] = \sqrt{1.14 \times 10^{-15}} = 3.38 \times 10^{-8}\,mol/L$

물 0.9998g/mL →

$0.9998\,g/mL \times \dfrac{1\,mol}{18\,g} \times \dfrac{1,000\,mL}{L} = 55.54\,mol/L$

해리 백분율 $= \dfrac{3.38 \times 10^{-8}\,mol}{55.54\,mol} \times 100 = 6.1 \times 10^{-8}\,\%$

06 0.25M NaCl 용액 350mL에는 약 몇 g의 NaCl이 녹아 있는가?(단, 원자량은 Na 22.99g/mol, Cl 35.45g/mol이다)

① 5.11g
② 14.6g
③ 41.7g
④ 87.5g

해설

$0.25\,mol/L \times 58.44\,g/mol = 14.61\,g/L$

$0.35\,L \times 14.61\,g/L = 5.11\,g$

07 다음 중 파울리의 배타원리를 옳게 설명한 것은?

① 전자는 에너지를 흡수하면 들뜬 상태가 된다.
② 한 원자 안에 들어 있는 어느 두 전자도 동일한 네 개의 양자수를 가질 수 없다.
③ 부껍질 내에서 전자의 가장 안정된 배치는 평행한 스핀의 수가 최대인 배치이다.
④ 양자수는 주양자수, 각운동량 양자수, 자기 양자수, 스핀 양자수 4가지가 있다.

해설

파울리의 배타원리

각 오비탈에는 반드시 스핀이 반대인(스핀 양자수가 다른) 2개의 전자만이 들어갈 수 있다. 즉, 한 원자 안에 들어 있는 어느 두 전자도 동일한 네 개의 양자수를 가질 수 없다.

08 다음 중 사이클로알케인(Cycloalkane)의 화학식에 해당하는 것은?

① C_2H_6
② C_3H_8
③ C_4H_{10}
④ C_6H_{12}

해설

사이클로알케인(C_nH_{2n}) : 포화 탄화수소가 고리화합물일 경우
알케인(C_nH_{2n+2}) : 포화 탄화수소가 비고리화합물일 경우

09 알데하이드(Aldehyde)와 케톤(Ketone)에 관한 설명 중 옳지 않은 것은?

① 알데하이드들은 전반적으로 강한 냄새를 풍긴다.
② 폼알데하이드는 생물표본 보관에 흔히 사용되는 보존제이다.
③ 카보닐 작용기는 케톤에는 있으나 알데하이드에는 없다.
④ 케톤에는 카보닐 작용기에 두 개의 탄소가 결합되어 있다.

[해설]
카보닐 작용기 : $>C=O$
• 케톤 : $RCOR'$
• 알데하이드 : $RCHO$

10 산과 염기에 대한 설명 중 틀린 것은?

① 아레니우스 염기는 물에 녹으면 해리되어 수산화 이온을 내놓는 물질이다.
② 아레니우스 산은 물에 녹으면 해리되어 수소 이온을 내놓는 물질이다.
③ 염기는 리트머스의 색깔을 파란색에서 빨간색으로 변화시킨다.
④ 산은 마그네슘, 아연 등의 금속과 반응하여 수소 기체를 발생시킨다.

[해설]
③ 염기는 붉은색 리트머스 종이를 푸르게 변색시키고, 산은 푸른색 리트머스 종이를 붉게 변색시킨다.

11 다음 중 완충용량이 가장 큰 용액은?

① 0.01M 아세트산과 0.01M 아세트산나트륨의 혼합용액
② 0.1M 아세트산과 0.004M 아세트산나트륨의 혼합용액
③ 0.005M 아세트산과 0.1M 아세트산나트륨의 혼합용액
④ 1M 아세트산과 0.001M 아세트산나트륨의 혼합용액

[해설]
완충용량은 산과 그 짝염기의 비가 같을 때 가장 크다.

12 원자 내에서 전자는 불연속적인 에너지 준위에 따라 배치된다. 이러한 주에너지 준위 중에서 전자가 분포할 확률을 나타낸 공간을 무엇이라 부르는가?

① 원자핵
② Lewis 구조
③ 전위(Potential)
④ 궤도함수

[해설]
궤도함수
전자가 존재하는 확률을 나타낸 함수로, 전자를 발견할 확률이 높은 공간의 모양이다.

13 어떤 반응의 평형상수를 알아도 예측할 수 없는 것은?

① 평형에 도달하는 시간
② 어떤 농도가 평형조건을 나타내는지 여부
③ 주어진 초기 농도로부터 도달할 수 있는 평형의 위치
④ 평형조건에서 반응의 진행 정도

해설
평형상수
화학반응이 어떠한 특정온도에서 정반응 속도와 역반응 속도가 같을 때를 화학평형이라고 하며, 이때 반응물과 생성물의 농도관계를 나타낸 수를 평형상수라 한다. 평형상수는 온도의 함수로, 다른 요인에 의해서는 바뀌지 않는다.

14 원자구조에 대한 설명 중 틀린 것은?

① 원자의 구조는 중심에 핵이 있고 그 주위에 전자가 둘러싸고 있는 형태이다.
② 원자핵은 양성자와 중성자로 이루어져 있다.
③ 원자의 질량수는 양성자수와 전자수를 합친 것과 같다.
④ 원자번호는 원자핵에 있는 양성자수와 같다.

해설
③ 원자의 질량수는 양성자수와 중성자수를 합친 것과 같다.

15 다음 중 영구기체(상온에서 압축하여 쉽게 액화할 수 없는 기체)가 아닌 것은?

① 수 소
② 이산화탄소
③ 질 소
④ 아르곤

해설
영구기체 : 임계온도가 상온 이하이므로, 상온에서는 압축만으로는 액화되지 않는 기체
예 산소, 질소, 수소, 아르곤, 헬륨 등

16 유기화합물의 이름이 틀린 것은?

① $CH_3-(CH_2)_4-CH_3$: 헥세인
② C_2H_5OH : 에틸알코올
③ $C_2H_5OC_2H_5$: 다이에틸에테르
④ $H-COOH$: 벤조산

해설
폼산 : H-COOH

벤조산 :

17 나일론-6라 불리는 합성섬유는 탄소 63.68%, 질소 12.38%, 수소 9.80% 및 산소 14.14%의 원자별 질량비를 지니고 있다. 나일론-6의 실험식은?

① $C_5N_2H_{10}O$

② $C_6NH_{10}O_2$

③ $C_5NH_{11}O$

④ $C_6NH_{11}O$

해설

$C:N:H:O = \dfrac{63.68}{12} : \dfrac{12.38}{14} : \dfrac{9.8}{1} : \dfrac{14.14}{16} = 6:1:11:1$

$\therefore C_6NH_{11}O$

19 다음 산화환원 반응이 산성용액에서 일어난다고 가정할 때, (1), (2), (3), (4)에 알맞은 숫자를 순서대로 나열한 것은?

$$H_3AsO_4(aq) + (1)H^+(aq) + (2)Zn(s)$$
$$\rightarrow AsH_3(g) + (3)H_2O(l) + (4)Zn^{2+}(aq)$$

① 8, 16, 4, 16

② 8, 4, 4, 3

③ 6, 3, 3, 3

④ 8, 4, 4, 4

해설

$H_3AsO_4 + 8H^+ + 4Zn \rightarrow AsH_3 + 4H_2O + 4Zn^{2+}$

18 C_4H_8의 모든 이성질체의 개수는 몇 개인가?

① 4   ② 5

③ 6   ④ 7

해설

20 다음 중 화합물의 실험식량이 가장 작은 것은?

① $C_{14}H_8O_4$

② $C_{10}H_8OS_3$

③ $C_{15}H_{12}O_3$

④ $C_{12}H_{18}O_4N$

해설

실험식 : 화합물 중에 포함된 원소의 종류와 원자수를 가장 간단한 정수비로 나타낸 식

③ C_5H_4O – 실험식량 : 80

① $C_7H_4O_2$ – 실험식량 : 120

② $C_{10}H_8OS_3$ – 실험식량 : 240

④ $C_{12}H_{18}O_4N$ – 실험식량 : 240

21 플루오린화칼슘(CaF_2)의 용해도곱은 3.9×10^{-11}이다. 이 염의 포화용액에서 칼슘 이온의 몰농도는 몇 M인가?

① 2.1×10^{-4} ② 3.4×10^{-4}
③ 6.2×10^{-6} ④ 3.9×10^{-11}

해설
$CaF_2 \rightleftharpoons Ca^{2+} + 2F^-$
$[Ca^{2+}] = L_m$, $[F^-] = 2L_m$으로 두면
$K_{sp} = [Ca^{2+}][F^-]^2 = (L_m) \cdot (2L_m)^2 = 4L_m^3 = 3.9 \times 10^{-11}$
$\therefore [Ca^{2+}] = L_m = 2.1 \times 10^{-4}$

22 $100℃$에서 물의 이온곱 상수(K_w) 값은 49×10^{-14}이다. 0.15M NaOH 수용액의 온도가 $100℃$일 때 수산화 이온(OH^-)의 농도는 얼마인가?

① 7.0×10^{-7}M ② 0.021M
③ 0.075M ④ 0.15M

해설
수산화나트륨은 강염기이므로 모두 해리된다.
$NaOH \rightarrow Na^+ + OH^-$
$\therefore [OH^-] = 0.15M$

23 MnO_4^- 이온에서 망가니즈(Mn)의 산화수는 얼마인가?

① -1 ② $+4$
③ $+6$ ④ $+7$

해설
$Mn + (-2 \times 4) = -1$
$\therefore Mn = +7$

24 산-염기 적정에 대한 설명으로 옳은 것은?

① 산-염기 적정에서 당량점의 pH는 항상 14.00이다.
② 적정 그래프에서 당량점은 기울기가 최소인 변곡점으로 나타난다.
③ 다양성자 산(Multiprotic Acid)의 당량점은 1개이다.
④ 다양성자 산의 pK_a 값들이 매우 비슷하거나, 적정하는 pH가 매우 낮으면 당량점을 뚜렷하게 관찰하기 힘들다.

해설
① 당량점에서의 pH는 생성되는 염의 가수분해에 따라서 결정된다.
② 적정 그래프에서 당량점은 기울기가 최대인 변곡점으로 나타난다.
③ 다양성자 산의 해리는 단계적으로 일어나 당량점은 1개 이상이다.

25 활동도는 용액 속에 존재하는 화학종의 실제 농도 또는 유효 농도를 나타낸다. 다음 중 활동도 계수의 성질이 아닌 것은?(단, $a_i = f_i[i]$이고 a_i는 화학종 i의 활동도, f_i는 i의 활동도 계수, $[i]$는 i의 농도이다)

① 동일한 수화 이온 반지름을 갖는 경우 + 이온이든 − 이온이든 전하수가 같으면 f_i의 값은 같다.

② 수화된 이온의 반지름이 작으면 작을수록 f_i의 값도 작아진다.

③ 이온의 세기가 증가하면 f_i의 값도 증가한다.

④ 무한히 묽은 용액일 경우에는 $f_i = 1$이다.

26 순수하지 않은 옥살산 시료 0.7500g을 0.5066N NaOH용액 21.37mL로 2번째 당량점까지 적정하였다. 시료 중에 포함된 옥살산($H_2C_2O_4 \cdot 2H_2O$, 분자량 = 126)의 wt%는 얼마인가?

① 11%   ② 63%

③ 84%   ④ 91%

27 갈바니 전지(Galvanic Cell)에 대한 설명으로 틀린 것은?

① 볼타 전지는 갈바니 전지의 일종이다.

② 전기 에너지를 화학 에너지로 바꾼다.

③ 한 반응물은 산화되어야 하고, 다른 반응물은 환원되어야 한다.

④ 연료 전지는 전기를 발생하기 위해 반응물을 소모하는 갈바니 전지이다.

28 EDTA의 pK_1부터 pK_6까지의 값은 0.0, 1.5, 2.0, 2.66, 6.16, 10.24이다. 다음 EDTA의 구조식은 pH가 얼마일 때의 주요 성분인가?

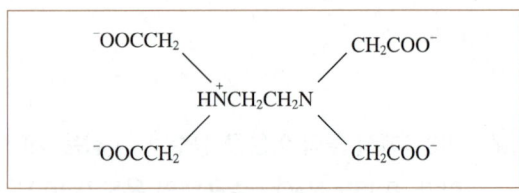

① pH 12   ② pH 7

③ pH 3   ④ pH 1

29 다음 각각의 반쪽 반응식에서 비교할 때 강한 산화제와 강한 환원제를 모두 옳게 나타낸 것은?

$$Ag^+ + e^- \rightleftharpoons Ag(s) \quad E^\circ = 0.799V$$
$$2H^+ + 2e^- \rightleftharpoons H_2(g) \quad E^\circ = 0.000$$
$$Cd^{2+} + 2e^- \rightleftharpoons Cd(s) \quad E^\circ = -0.402V$$

① 강한 산화제 : Ag^+, 강한 환원제 : $Ag(s)$

② 강한 산화제 : H^+, 강한 환원제 : $H_2(g)$

③ 강한 산화제 : Cd^{2+}, 강한 환원제 : $Ag(s)$

④ 강한 산화제 : Ag^+, 강한 환원제 : $Cd(s)$

> **해설**
> E°의 값이 클수록 환원이 잘 일어나 산화제로서 작용하고, E°의 값이 작을수록 산화가 잘 일어나 환원제로서 작용한다. 위의 반응식에서 왼쪽 물질은 전자를 얻어 환원되므로 산화제로, 오른쪽 물질은 환원제로 작용한다.

31 25℃에서 2.60×10^{-5}M HCl 수용액 속의 OH^- 이온의 농도는?

① 3.85×10^{-7}M

② 3.85×10^{-8}M

③ 3.85×10^{-9}M

④ 3.85×10^{-10}M

> **해설**
> HCl은 강산
> $HCl \rightarrow H^+ + Cl^-$
> $[H^+] = 2.60 \times 10^{-5}$
> 25℃에서 $K_w = [H^+][OH^-] = 1.0 \times 10^{-14}$
> $\therefore [OH^-] = \dfrac{1.0 \times 10^{-14}}{2.6 \times 10^{-5}} = 3.85 \times 10^{-10}$M

30 농도(Concentration)에 대한 설명으로 옳은 것은?

① 몰랄농도[m]는 온도에 따라 변하지 않는다.

② 몰랄농도는 용액 1kg 중 용질의 몰수이다.

③ 몰농도[M]는 용액 1kg 중 용질의 몰수이다.

④ 몰농도는 온도에 따라 변하지 않는다.

> **해설**
> ② 몰랄농도는 용매 1kg 중 용질의 몰수이다.
> ③ 몰농도는 용액 1L 중 용질의 몰수이다.
> ④ 몰농도는 온도에 따라 변한다.

32 미지 시료 중의 Hg^{2+} 이온을 정량하기 위하여 과량의 $Mg(EDTA)^{2-}$를 가하여 잘 섞은 다음 유리된 Mg^{2+}를 EDTA 표준용액으로 적정할 수 있다. 이때 금속-EDTA 착물 형성 상수(K_f : Formation Constant)의 비교와 적정법의 이름이 옳게 연결된 것은?

① $K_{f,\,Hg} > K_{f,\,Mg}$: 간접 적정

② $K_{f,\,Hg} > K_{f,\,Mg}$: 치환 적정

③ $K_{f,\,Mg} > K_{f,\,Hg}$: 간접 적정

④ $K_{f,\,Mg} > K_{f,\,Hg}$: 치환 적정

> **해설**
> 착물 형성 상수는 $K_{f,\,Hg} > K_{f,\,Mg}$이며, 치환 적정법이 이용된다.

33 옥살산($H_2C_2O_4$)은 뜨거운 산성 용액에서 과망가니즈산 이온(MnO_4^-)과 다음과 같이 반응한다. 이 반응에서 지시약 역할을 하는 것은?

$$5H_2C_2O_4 + 2MnO_4^- + 6H^+ \rightarrow 10CO_2 + 2Mn^{2+} + 8H_2O$$

① $H_2C_2O_4$ ② MnO_4^-
③ CO_2 ④ H_2O

34 1차 표준물질 KIO_3(분자량 = 214.0g/mol) 0.208g으로부터 생성된 I_2를 적정하기 위해서 다음과 같은 반응으로 $Na_2S_2O_3$가 28.5mL가 소요되었다. 적정에 사용된 $Na_2S_2O_3$의 농도는 몇 M인가?

$$IO_3^- + 5I^- + 6H^+ \rightarrow 3I_2 + 3H_2O$$
$$I_2 + 2S_2O_3^{2-} \rightarrow 2I^- + S_4O_6^{2-}$$

① 0.105M ② 0.205M
③ 0.250M ④ 0.305M

35 침전 적정에서 종말점을 검출하는 데 일반적으로 사용하는 사항으로 거리가 먼 것은?

① 전 극
② 지시약
③ 빛의 산란
④ 리트머스 시험지

36 0.05M 니코틴(B, pK_{b1} = 6.15, pK_{b2} = 10.85)을 0.05M HCl로 적정하면, 제1당량점은 뚜렷하게 나타나지만 제2당량점은 그렇지 않다. 다음 중 그 이유로 옳은 것은?

① BH_2^{2+}가 약산이기 때문이다.
② 강산으로 적정하였기 때문이다.
③ BH^+가 너무 약한 염기이기 때문이다.
④ $BH^+ \rightarrow BH_2^{2+}$ 반응이 잘 진행되기 때문이다.

37 40.00mL의 0.1000M I^-를 0.2000M Pb^{2+}로 적정하고자 한다. Pb^{2+}를 10.00mL 첨가하였을 때, 이 용액 속에서 I^-의 농도(M)는 약 얼마인가?(단, $PbI_2(s) \rightleftarrows Pb^{2+}(aq) + 2I^-(aq)$, $K_{sp} = 7.9 \times 10^{-9}$이다)

① 0.000013M   ② 0.0013M

③ 0.1000M   ④ 0.2000M

해설

I^-의 몰수 $= 40.00\,\text{mL} \times \dfrac{1\,\text{L}}{1,000\,\text{mL}} \times 0.100\,\text{mol/L}$

$\qquad\qquad = 4.00 \times 10^{-3}\,\text{mol}$

Pb^{2+}의 몰수 $= 10.00\,\text{mL} \times \dfrac{1\,\text{L}}{1,000\,\text{mL}} \times 0.200\,\text{mol/L}$

$\qquad\qquad = 2.00 \times 10^{-3}\,\text{mol}$

따라서 용액 속 I^-는 모두 PbI_2로 반응

$PbI_2(s) \rightleftarrows Pb^{2+}(aq) + 2I^-(aq)$에서

$K_{sp} = [Pb^{2+}][I^-]^2 = \dfrac{[I^-]}{2} \cdot [I^-]^2 = 7.9 \times 10^{-9}$

$\therefore [I^-] = 2.5 \times 10^{-3}\,\text{M}$

38 전기화학에 대한 설명으로 옳은 것은?

① 전자를 잃었을 때 산화되었다고 하며, 산화제는 전자를 잃고 자신이 산화된다.

② 전자를 얻게 되었을 때 산화되었다고 하며, 환원제는 전자를 얻고 자신이 산화된다.

③ 볼트(V)의 크기는 쿨롱(C)당 줄(J)의 양이다.

④ 갈바니 전지(Galvanic Cell)는 자발적인 화학 반응으로부터 전기를 발생시키는 영구기관이다.

해설

①, ② 전자를 잃었을 때 산화되었다고 하며, 전자를 얻었을 때 환원되었다고 한다. 산화제는 전자를 얻고 자신이 환원되는 것, 환원제는 전자를 잃고 자신이 산화되는 것을 말한다.

④ 갈바니 전지는 두 개의 반쪽 전지를 연결하여 자발적인 화학 반응에 의하여 전류가 흐르도록 구성한 전지로, 영구적이지 못하다.

39 질소와 수소로부터 암모니아를 만드는 반응에서 평형을 이동시켜 암모니아의 수득률을 높이는 방법이 아닌 것은?

$$N_2(g) + 3H_2(g) \rightleftarrows 2NH_3(g) + 22\text{kcal}$$

① 압력을 높인다.

② 질소의 농도를 증가시킨다.

③ 수소의 농도를 증가시킨다.

④ 암모니아의 농도를 증가시킨다.

해설

암모니아의 수득률을 높이기 위해서는 반응이 오른쪽으로 진행되어야 한다. 따라서 질소 또는 수소의 농도를 증가시키거나 압력을 높이면, 질소나 수소의 농도를 감소시키는 방향, 기체 몰수가 감소하는 방향인 오른쪽으로 반응이 진행되어 암모니아의 수득률은 높아지게 된다. 그러나 암모니아의 농도를 증가시키면 암모니아의 농도를 감소시키기 위해 반응은 왼쪽으로 진행하게 되고 결과적으로 암모니아의 수득률은 감소한다.

40 $pK_a = 4.76$인 아세트산 수용액의 pH가 4.76일 때 $\dfrac{[CH_3COO^-]}{[CH_3COOH]}$의 값은 얼마인가?

① 0.18   ② 0.36

③ 0.50   ④ 1.00

해설

$pH = pK_a + \log \dfrac{[CH_3COO^-]}{[CH_3COOH]}$

$4.76 = 4.76 + \log \dfrac{[CH_3COO^-]}{[CH_3COOH]}$

$\log \dfrac{[CH_3COO^-]}{[CH_3COOH]} = 0$

$\therefore \dfrac{[CH_3COO^-]}{[CH_3COOH]} = 1$

41 다음 중 측정된 분석 신호와 분석 농도를 연관짓기 위한 검정법이 아닌 것은?

① 검정 곡선법
② 표준물 첨가법
③ 내부 표준물법
④ 연속 광원 보정법

> **해설**
> **기기분석법의 검정법**
> • 표준물과 비교
> • 외부 표준물 검정법
> • 표준물 첨가법
> • 내부 표준물법

42 분광광도법으로 단백질을 분석하는 과정에 대한 설명으로 옳지 않은 것은?

① 분석 파장에서는 단백질에 존재하는 방향족 고리의 평균 흡광도가 나타난다.
② 단백질이 일정한 파장의 전자기 복사선을 흡수하는 성질을 이용한 방법이다.
③ 주로 280nm의 자외선 영역에서 분석한다.
④ 분석 파장에서 염이나 완충용액 등 일반 용질들은 흡광도를 거의 나타내지 않는다.

> **해설**
> ① 분석 파장에서는 평균 흡광도가 아닌, 단백질에 존재하는 방향족 고리의 흡광도가 나타난다.
> **단백질의 분석**
> • 단백질 용액은 주로 자외선 영역인 280nm에서 분석함
> • 단백질에 존재하는 방향족기가 280nm에서 최대 흡광도를 나타냄

43 방출 분광계의 바람직한 특성이 아닌 것은?

① 고분해능
② 빠른 신호 획득과 회복
③ 높은 세기의 미광 복사선
④ 정확하고 정밀한 파장 확인 및 선택

> **해설**
> 방출 분광계는 시료 자체가 방출체이므로 외부 복사선 광원이 필요 없다.

44 순차 측정기기 중 변속 – 주사(Slow-scan) 분광계에 대한 설명으로 틀린 것은?

① 분석선 근처 파장까지는 빠르게 주사하다가 그 다음 분석선에서는 주사 속도가 급격히 감소되어 일련의 작은 단계로 변화되면서 주사한다.
② 동시 다중채널 기기(Simultaneous Multichannel Instrument)보다 더 빠르고 더 적은 시료를 소모하는 장점이 있다.
③ 변속 주사는 유용한 데이터가 없는 파장영역에서 소비되는 시간을 최소화할 수 있다.
④ 회절발 작동이 컴퓨터 통제하에 이루어지며 변속을 아주 효과적으로 수행할 수 있다.

> **해설**
> **순차 측정기기의 특징**
> • 덜 복잡하며 값이 저렴
> • 스펙트럼선의 세기를 한 개씩 순차적으로 측정
> • 시료의 소모가 많으며 시간이 오래 걸리는 것이 단점

45 형광에 대한 설명으로 틀린 것은?

① 복잡하거나 단순한 기체, 액체 및 고체화학계에서 나타난다.

② 전자가 복사선을 흡수하여 들뜬 상태가 되었다가 바닥상태로 되돌아가며 흡수 파장과 같은 두 개의 복사선을 모든 방향으로 방출한다.

③ 흡수한 파장을 변화시키지 않고 그대로 재방출하는 형광을 공명 복사선 또는 공명 형광이라고 한다.

④ 분자 형광은 공명선보다 짧은 파장이 중심인 복사선 띠로 나타나는 경우가 훨씬 더 많다.

해설

분자 형광은 공명선보다 긴 파장이 중심인 복사선 띠로 나타나는 경우가 훨씬 더 많다.

46 장치가 고가임에도 불구하고 램프가 필요 없고 대부분의 원소에 대해 검출한계는 낮고 선택성은 높으며 정밀도와 정확도가 매우 우수한 특성을 고루 지닌 측정법은?

① 불꽃 원자 흡수법

② 전열 원자 흡수법

③ 플라스마 방출법

④ 유도쌍 플라스마-질량분석법

해설

④ 유도쌍 플라스마-질량분석법(ICPMS)은 대부분의 원소에 대해 검출 한계가 낮고, 선택성이 높고, 정밀도와 정확도가 좋다.

47 2×10^{-5}M $KMnO_4$ 용액을 1.5cm의 셀에 넣고 520nm에서 투광도를 측정하였더니 0.60을 보였다. 이때 $KMnO_4$의 몰흡광계수는 약 몇 L/cm·mol인가?

① 1.35×10^{-4} ② 5.0×10^{-4}
③ 7,395 ④ 20,000

해설

$A = \varepsilon bc, \ \varepsilon = \dfrac{A}{bc}$

$A = -\log T = -\log 0.60 \fallingdotseq 0.22$

$\therefore \ \varepsilon = \dfrac{0.22}{1.5\,\mathrm{cm} \times (2 \times 10^{-5}\,\mathrm{mol/L})} \fallingdotseq 7,395\,\mathrm{L/cm \cdot mol}$

48 NMR에서 흡수봉우리를 관찰해 보면 벤젠이나 에틸렌은 δ값이 상당히 큰 값이고 아세틸렌은 작은 쪽에서 나타남을 알 수 있다. 이러한 현상을 설명해 주는 인자는?

① 용매 효과

② 입체 효과

③ 자기 이방성 효과

④ McLafferty 이전반응 효과

해설

자기 이방성 효과(자기 비등방성 효과)

등방성 자기장을 가지는 지방족 수소와는 달리 이중결합 또는 삼중결합을 포함하는 화합물(벤젠고리, 카보닐기, 이중결합기 등)에서는 파이결합이 생기게 되고, 그에 따라 비등방성 자기장에 의한 벗겨짐 효과가 나타나게 되어 화학적 이동 δ값이 달라진다.

49 10 Å의 파장을 갖는 X선 광자 에너지 값은 약 몇 eV인가?(단, Plank 상수는 $6.63 \times 10^{-34} J \cdot s$, 1J $= 6.24 \times 10^{18} eV$이다)

① 12.50 ② 125
③ 1,250 ④ 12,500

해설

$E = h\nu = \dfrac{hc}{\lambda}$

여기서, h : Plank 상수
ν : 빛의 주파수
λ : 파장
c : 빛의 속도($2.998 \times 10^8 m/s$)

$1 Å = 10^{-10} m$

$E = \dfrac{hc}{\lambda} = \dfrac{(6.63 \times 10^{-34} J \cdot s) \times (2.998 \times 10^8 m/s)}{10 \times 10^{-10} m}$

$\times \dfrac{6.24 \times 10^{18} eV}{1J} = 1,240 \fallingdotseq 1,250 eV$

50 불꽃 원자 흡수 분광법(Flame Atomic Absorption Spectroscopy)에 비해 유도결합 플라스마(ICP) 원자 방출 분광법의 장점이 아닌 것은?

① 불꽃보다 ICP의 온도가 높아서 시료가 완전하게 원자화된다.
② 불꽃보다 ICP의 온도가 높아서 이온화가 많이 일어난다.
③ 광원이 필요없고 다원소(Multielement) 분석이 가능하다.
④ 불꽃보다 ICP의 온도가 균일하므로 자체흡수(Self-absorption)가 적다.

해설

불꽃보다 ICP의 이온화가 적게 일어나서 감도가 더 높다.

ICP 원자화 방법

• 원자들이 불꽃법에서 사용하는 온도보다 높은 온도에 머무르게 됨으로써 원자화가 더 잘 이루어지고 화학적 방해도 거의 없다.
• 플라스마 단면에서의 온도 분포가 균일하여 자체 흡수와 자체 반전 효과가 나타나지 않는다.
• 아르곤의 이온화로 생긴 전자 농도가 시료 성분의 이온화로 생기는 전자 농도에 비해 커서 이온화에 의한 방해효과가 작다.

51 원자 분광법에서 주로 고체 시료의 시료도입에 이용할 수 있는 장치는?

① 기체 분무기(Pneumatic Nebulizer)
② 초음파 분무기(Ultrasonic Nebulizer)
③ 전열 증발기(Electrothermal Vaporizer)
④ 수소화물 발생기(Hydride Generation Device)

해설

③ 전열 증발기 : 고체, 액체, 용액
① 기체 분무기 : 용액이나 슬러지
② 초음파 분무기 : 용액
④ 수소화물 발생기 : 몇 가지 원소 용액

52 X선 형광법의 장점에 해당하지 않는 것은?

① 감도가 우수하다.
② 스펙트럼이 비교적 단순하다.
③ 시료를 파괴하지 않고 분석이 가능하다.
④ 단시간 내에 여러 원소들을 분석할 수 있다.

해설

X선 형광 분석법의 단점

• 감도가 좋지 않다.
• 가벼운 원소를 측정할 때는 적당하지 않다.
  – 원자번호가 23(바나듐) 이하인 경우 적당하지 않다.
  – 부분적으로 Auger 방출이라고 하는 경쟁과정이 형광 세기를 감소시키기 때문이다.

53 양성자 NMR 기기는 4.69T의 자기장 세기를 갖는 자석을 사용한다. 이 자기장에서 수소핵이 흡수하는 주파수는 몇 MHz인가?(단, 양성자의 자기 회전비는 2.68×10^8 radianT^{-1}s^{-1}이다)

① 60 ② 100
③ 120 ④ 200

해설

자기장에서의 에너지 준위

$E = \dfrac{\gamma h}{2\pi} B_0 = h\nu_0$

$\therefore \nu_0 = \dfrac{\gamma B_0}{2\pi} = \dfrac{(2.68 \times 10^8\,\mathrm{T^{-1}s^{-1}}) \times 4.69\mathrm{T}}{2\pi} \fallingdotseq 2 \times 10^8\,\mathrm{Hz}$

$\fallingdotseq 200\mathrm{MHz}$

54 전형적인 분광기기는 일반적으로 5개의 부분장치로 이루어져 있다. 이에 해당하지 않는 것은?

① 광 원 ② 파장 선택기
③ 기체 도입기 ④ 검출기

해설

분광기기의 구성

• 안정한 복사에너지 광원
• 시료를 담는 용기
• 측정을 위해 제한된 스펙트럼 영역을 제공하는 장치
• 복사에너지를 유용한 신호(전기신호)로 변환시키는 복사선 검출기
• 변환된 신호를 계기눈금, 컴퓨터 화면, 디지털 계기 또는 다른 기록장치에 나타나도록 하는 신호처리장치 및 판독장치

55 원자흡수분광법에서 전열원자화장치가 불꽃원자화장치보다 원소 검출 능력이 우수한 주된 이유는?

① 시료를 분해하는 능력이 우수하다.
② 원자화장치 자체가 매우 정밀하다.
③ 전체 시료가 원자화장치에 도입된다.
④ 시료를 탈용매화시키는 능력이 우수하다.

해설

불꽃원자흡수분광법

• 많은 시료가 폐기통으로 빠져나가고, 개개의 원자가 불꽃의 빛살 진로에 머무는 시간이 짧아 시료 효율이 떨어져 시료가 많을 때 사용한다.
• 재현성의 측면에서는 효율이 좋으나, 감도면에서는 성능이 떨어진다.

전열원자흡수분광법

• 원자가 빛 진로에 평균적으로 머무는 시간이 길어 감도가 높고, 적은 양의 시료로 좋은 결과를 도출할 수 있다.
• 상대정밀도가 높다.
• 측정 농도 범위가 좁아 불꽃이나 플라스마 원자화장치가 적당한 검출 한계를 나타내지 못할 경우 사용한다.

56 다음 중 분자 분광기기가 아닌 것은?

① 적외선 분광기
② X선 형광 분광기
③ 핵자기 공명 분광기
④ 자외선/가시선 분광기

해설

② X선 형광 분광기는 원자 분광기에 해당한다.

57 적외선 분광법으로 검출되지 않는 비활성 진동 모드는?

① CO_2의 대칭 신축 진동
② CO_2의 비대칭 신축 진동
③ H_2O의 대칭 신축 진동
④ H_2O의 비대칭 신축 진동

해설

적외선을 흡수하기 위해서 분자는 진동이나 회전운동으로 인해 쌍극자 모멘트의 알짜 변화가 일어나야 한다. 따라서 대칭 구조로 쌍극자 모멘트의 변화가 없는 CO_2의 대칭 신축 진동은 IR 스펙트럼이 관측되지 않는다.

59 분광 분석법은 다음 중 어떤 현상을 바탕으로 측정이 이루어지는가?

① 분석 용액의 전기적인 성질
② 각종 복사선과 물질과의 상호작용
③ 복잡한 혼합물을 구성하는 유사한 성분으로 분리
④ 물질을 가열할 때 나타나는 물리적인 성질

해설

분광 분석법 : 물질에 의한 빛의 흡수나 복사를 분광계를 사용하여 스펙트럼으로 나누어 측정하고 해석하는 방법

58 일반적으로 사용되는 원자화방법(Atomization)이 아닌 것은?

① 불꽃 원자화(Flame Atomization)
② 초음파 원자화(Ultrasonic Atomization)
③ 유도쌍 플라스마(ICP ; Inductively Coupled Plasma)
④ 전열 증발화(Electrothermal Vaporization)

해설

② 초음파 분무화는 원자 분광법의 시료 도입 방법이다.
원자 분광법의 원자화 방법 : 불꽃, 전열 증발화, 유도쌍 아르곤 플라스마, 직류 아르곤 플라스마, 마이크로 유도 아르곤 플라스마, 글로 방전 플라스마, 전기 아크, 전기 스파크

60 자외선-가시선 흡수 분광계에서 자외선 영역의 연속적인 파장의 빛을 발생시키기 위해서 널리 쓰이는 광원은?

① 중수소등
② 텅스텐 필라멘트등
③ 아르곤 레이저
④ 제논 아크등

해설

자외선-가시선 흡수 분광계 광원
• 중수소등, 수소등 : 자외선 영역의 연속 스펙트럼
• 텅스텐 필라멘트등
  - 가장 일반적인 가시광선 및 근적외복사선의 광원
  - 350~2,500nm 파장영역에 이용
• 제논 아크등 : 250~600nm 사이에 걸쳐서 연속 스펙트럼

61 질량 분석계의 시료 도입장치가 아닌 것은?

① 배치식
② 연속식
③ 직접식
④ 모세관 전기이동

> **해설**
> 시료를 질량분석기 내부에 효율적으로 보내주는 역할을 하는 시료
> 도입장치에는 직접 도입장치, 배치식 도입장치, 크로마토그래피
> 도입장치 등이 사용된다.

62 시차주사 열량법(DSC)에 대한 설명 중 틀린 것은?

① 측정 속도가 빠르고 쉽게 사용할 수 있다.
② DSC는 정량 분석을 하는 데 이용된다.
③ 전력보상 DSC에서는 시료의 온도를 일정한 속도로 변화시키면서 시료와 기준으로 흘러 들어오는 열흐름의 차이를 측정한다.
④ 결정성 물질의 용융열과 결정화 정도를 결정하는 데 응용된다.

> **해설**
> ③ 열흐름 DSC에 대한 설명이다.

63 전기 분해할 때 석출되는 물질의 양에 비례하지 않는 것은?

① 전기화학 당량
② Faraday 상수
③ 전기량
④ 일정한 전류를 흘려 줄 때의 시간

> **해설**
> **패러데이 법칙**
> • 제1법칙 : 같은 전해질을 전기 분해할 때 소모되거나 석출되는 물질의 양은 통해 준 전하량(Q)에 비례한다.
> $Q(C) = I(A) \times t(s)$
> • 제2법칙 : 같은 전기량에 의해 석출되는 각 물질의 양은 화학 당량에 비례한다.

64 액체 크로마토그래피에서 보호(Guard) 칼럼에 대한 설명으로 틀린 것은?

① 분석하는 주칼럼을 오래 사용할 수 있게 해 준다.
② 시료 중에 존재하는 입자나 용매에 들어 있는 오염물질을 제거해 준다.
③ 정지상에 비가역적으로 붙은 물질들을 제거해 준다.
④ 잘 걸러주기 위하여 입자의 크기는 되도록 분석 칼럼보다 작은 것을 사용한다.

> **해설**
> **보호 칼럼** : 짧은 보호 칼럼을 분석 칼럼 앞에 도입하여 분석 칼럼의 수명을 연장시킴
> • 용매에 들어오는 입자성 물질과 오염 물질 제거
> • 이동상을 정지상으로 포화시켜 분석 칼럼에서 용매의 손실을 최소로 줄임
> • 충전제의 조성은 분석 칼럼과 같아야 함
> • 입자의 크기는 크고 압력 강하는 최소로 함

65 화학전지에 대한 설명으로 틀린 것은?

① 염다리의 양쪽 끝은 다공성 마개로 막혀 있다.
② 염다리는 포화 KCl 용액과 젤라틴 등으로 되어 있다.
③ 전자 이동은 두 전극에서 각각 일어날 수 있어야 한다.
④ 두 전지의 양쪽 용액이 잘 섞여야 한다.

해설
염다리를 이용해 두 전지의 양쪽 용액이 직접적으로 섞이지 않게 한다.

66 이온선택성 막전극의 종류 중 비결정질 막전극이 아닌 것은?

① 단일 결정
② 유 리
③ 액 체
④ 강체질 고분자에 고정된 측정용 액체

해설
이온선택성 막전극의 종류
• 결정질 막전극
 – 단일 결정
 – 다결정질 또는 혼합 결정
• 비결정질 막전극
 – 유 리
 – 액 체
 – 강체질 고분자에 고정된 측정용 액체

67 25℃에서 아이오딘화 납으로 포화되어 있고 아이오딘화 이온의 활동도가 정확히 1.00인 용액 중의 납전극의 전위는 얼마인가?(단, PbI_2의 $K_{sp} = 7.1 \times 10^{-9}$, $Pb^{2+} + 2e^- \rightleftarrows Pb(s)$, $E° = -0.350V$)

① $-0.0143V$
② $0.0143V$
③ $0.0151V$
④ $-0.591V$

해설

$$E = E° - \frac{0.0592}{n} \log \frac{1}{\alpha_{Pb^{2+}}}$$

$$\alpha_{Pb^{2+}} = \frac{K_{sp}}{\alpha_{I^-}}$$

$$\therefore E = E° - \frac{0.0592}{n} \log \frac{\alpha_{I^-}}{K_{sp}}$$

$$= -0.350 - \frac{0.0592}{2} \log \frac{1}{(7.1 \times 10^{-9})} = -0.591\,V$$

68 질량분석기의 이온화 방법에 대한 설명 중 틀린 것은?

① 전자충격 이온화 방법은 토막 내기가 잘 일어나므로 분자량의 결정이 어렵다.
② 전자충격 이온화 방법에서 분자 양이온의 생성 반응이 매우 효율적이다.
③ 화학 이온화 방법에 의해 얻어진 스펙트럼은 전자충격 이온화 방법에 비해 매우 단순한 편이다.
④ 전자충격 이온화 방법의 단점은 반드시 시료를 기화시켜야 하므로 분자량이 1,000보다 큰 물질의 분석에는 불리하다.

해설
전자충격 이온화 방법에서 분자 양이온의 생성 반응은 거의 일어나지 않는다.

69 시차주사열량법(DSC)이 갖는 시차열법분석법(DTA) 과의 근본적인 차이는 무엇인가?

① 온도 차이를 기록
② 에너지 차이를 기록
③ 밀도 차이를 기록
④ 시간 차이를 기록

해설
DSC와 DTA의 근본적 차이 : DSC는 에너지 차이를 측정하는 열량 법이고, DTA는 온도 차이를 기록하는 것이다.

70 기체 크로마토그래피(GC)에서 온도 프로그래밍 (Temperature Programming)의 효과로서 가장 거리가 먼 것은?

① 감도를 좋게 한다.
② 분해능을 좋게 한다.
③ 분석 시간을 단축시킨다.
④ 장비 구입 비용을 절약할 수 있다.

해설
온도 프로그래밍(Temperature Programming) : 끓는점이 넓은 영역에 걸쳐 있는 시료의 경우 사용한다. 관 온도는 분리가 진행되 는 동안 계속적, 단계적으로 증가한다.
• 감도 및 분해능의 향상
• 분석 시간의 단축

71 포화 칼로멜 전극의 구성이 아닌 것은?

① 다공성 마개(염다리)
② 포화 KCl 용액
③ 수 은
④ Ag선

해설
포화 칼로멜 전극 : 염화수은(I)을 포화시킨 포화 KCl 수용액을 전해질 용액으로 사용하는 칼로멜 전극

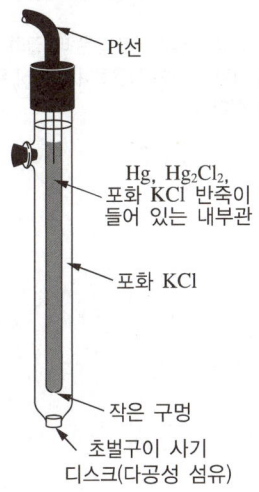

Pt선

Hg, Hg_2Cl_2, 포화 KCl 반죽이 들어 있는 내부관

포화 KCl

작은 구멍

초벌구이 사기 디스크(다공성 섬유)

72 질량 분석법에 대한 설명으로 틀린 것은?

① 분자이온 봉우리가 미지 시료의 분자량을 알려 주기 때문에 구조결정에 중요하다.
② 가상의 분자 ABCD에서 BCD^+는 딸-이온(Daugh- ter-Ion)이다.
③ 질량 스펙트럼에서 가장 큰 봉우리의 크기를 임 의로 100으로 정한 것이 기준 봉우리이다.
④ 질량 스펙트럼에서 분자이온보다 질량수가 큰 봉우리는 생기지 않는다.

해설
④ 이온과 분자 간 충돌로 인해 분자이온보다 질량수가 큰 봉우리 를 생성할 수 있다.
$ABCD \cdot^+ + ABCD \rightarrow (ABCD)_2 \cdot^+ \rightarrow BCD \cdot + ABCDA^+$
여기서, ·는 전자(라디칼)이다.

73 사중극자 질량 분석관에서 좁은 띠 필터로 되는 경우는?

① 고질량 필터로 작용하는 경우
② 저질량 필터로 작용하는 경우
③ 고질량과 저질량 필터가 동시에 작용하는 경우
④ 고질량 필터를 먼저 작용시키고, 그 다음 저질량 필터를 작용하는 경우

해설

사중극자 질량 분석관에서 좁은 띠 필터가 나타나려면 고질량과 저질량 필터가 동시에 작용하여 충분히 무겁거나 가벼운 이온을 제거해야 한다.

74 HPLC 펌프 장치의 필요조건이 아닌 것은?

① 펄스 충격 없는 출력
② 3,000psi까지의 압력 발생
③ 0.1~10mL/min 범위의 흐름 속도
④ 흐름속도 재현성의 상대오차를 0.5% 이하로 유지

해설

HPLC 펌프 장치의 조건
• 6,000psi까지의 압력 발생
• 펄스 충격 없는 출력
• 0.1~10mL/min 범위의 흐름 속도
• 흐름 속도 재현성의 상대오차를 0.5% 이하로 유지
• 부식-저항 부분장치(스테인리스스틸 또는 테플론)

75 액체 크로마토그래피 칼럼의 단수(Number of Plates) N만을 변화시켜 분리능(R_s)을 2배로 증가시키기 위해서는 어떻게 하여야 하는가?

① 단수 N이 2배로 증가해야 한다.
② 단수 N이 3배로 증가해야 한다.
③ 단수 N이 4배로 증가해야 한다.
④ 단수 N이 $\sqrt{2}$배로 증가해야 한다.

해설

$R_s \propto \sqrt{N}$ 이므로 분리능을 2배 증가시키기 위해 단수를 4배 증가해야 한다.

76 기체 크로마토그래피에서 사용되는 검출기 중 할로젠 물질에 대해 검출한계가 가장 좋은 검출기는?

① 불꽃 이온화 검출기(FID)
② 열전도도 검출기(TCD)
③ 전자 포획 검출기(ECD)
④ 불꽃 광도법 검출기(FPD)

해설

대표적인 기체 크로마토그래피 검출기

형 태	응용할 수 있는 시료
불꽃 이온화(FID)	탄화수소물
열전도도(TCD)	일반 검출기
전자 포획(ECD)	할로젠 화합물
질량 분석계(MS)	어떤 화학종에도 적용
열이온(TID)	질소화 인화합물
전해질 전도(Hall)	할로젠, 황, 질소를 포함한 화합물
광 이온화	UV 빛에 의한 이온화 화합물
Fourier 변환 IR(FTIR)	유기화합물

77 유리전극으로 pH를 측정할 때 영향을 주는 오차 요인으로 가장 거리가 먼 것은?

① 산 오차
② 알칼리 오차
③ 탈 수
④ 높은 이온세기

유리전극으로 pH를 측정할 때 영향을 주는 오차 요인
• 알칼리 오차
• 산 오차
• 탈 수
• 낮은 이온 세기
• 접촉 전위의 변화
• 표준완충용액

78 분리 분석법에 속하지 않는 분석법은?

① 흐름주입 분석법
② 모세관 전기이동법
③ 초임계 유체 크로마토그래피
④ 고성능 액체 크로마토그래피

① 흐름주입 분석법 : 자동화 분석방법

79 20.0cm 관으로 물질 A와 B를 분리한 결과 A의 머무름 시간은 15.0분, B의 머무름 시간은 17.0분 이었고, A와 B의 봉우리 밑 너비는 각각 0.75분, 1.25분이었다면 이 관의 분리능은 얼마인가?

① 1.0   ② 2.0
③ 3.5   ④ 4.5

분리능 $R_s = \dfrac{2[(t_R)_B - (t_R)_A]}{W_A + W_B} = \dfrac{2(17.0 - 15.0)}{0.75 + 1.25} = 2.0$

80 이온교환 크로마토그래피에서 용리액 억제 칼럼을 이용하여 방해물질을 제거하는 검출기는 무엇인가?

① 굴절률 검출기
② 전도도 검출기
③ 형광 검출기
④ 자외선 검출기

이온교환 크로마토그래피
• 비교적 낮은 이온교환 용량을 가지고 있는 칼럼에서 이온들을 분리
• 분석하고자 하는 시료에 있는 이온종과 정지상의 전하(시료와 반대 전하를 가짐)와의 상호작용을 이용하여 분리
• 용리액 억제 칼럼과 전도도 검출기를 이용하여 용리액의 높은 전도도에서 오는 문제 해결

제1과목 | 일반화학

01 질량백분율(Mass Percentage)을 옳게 나타낸 것은?

① $\dfrac{용질의\ 질량}{용액의\ 질량} \times 10^2$

② $\dfrac{용질의\ 질량}{용매의\ 질량} \times 10^2$

③ $\dfrac{용질의\ 질량}{용액의\ 몰수} \times 10^2$

④ $\dfrac{용질의\ 질량}{용매의\ 몰수} \times 10^2$

02 아레니우스의 정의에 따른 산과 염기에 대한 설명 중 옳지 않은 것은?

① 산이란 물에 녹였을 때 하이드로늄이온(H_3O^+)의 농도를 순수한 물에서보다 증가시키는 물질이다.

② 염기란 물에 녹였을 때 수산화이온(OH^-)의 농도를 순수한 물에서보다 증가시키는 물질이다.

③ 19세기에 도입된 이 정의는 잘 알려진 산/염기와 화학적으로 유사한 화합물에는 적용되지 않는다.

④ 순수한 물에는 적지만 같은 양의 수소이온(H^+)과 수산화이온(OH^-)이 존재한다.

> **해설**
> ③ 아레니우스의 정의는 잘 알려진 산/염기와 화학적으로 유사한 화합물에 잘 적용된다.

03 주기율표에 근거하여 제시된 다음의 설명 중 틀린 것은?

① NH_3가 PH_3보다 물에 더 잘 녹는 이유는 PH_3와 달리 NH_3가 수소결합을 할 수 있기 때문이다.

② 수용액 조건에서 HF, HCl, HBr, HI 중 가장 강산은 HI이다.

③ C는 O보다 전기음성도가 더 크므로 O-H 결합보다 C-H 결합이 더 큰 극성을 띠게 된다.

④ Na와 Cl은 공유결합을 통해 분자를 형성하지 않는다.

> **해설**
> ③ O는 C보다 전기음성도가 더 크므로 C-H 결합보다 O-H 결합이 더 큰 극성을 띤다.

04 다음 유기물의 명명법 중 틀린 것은?

① CH_3COOH : 아세트산

② $HOOCCOOH$: 옥살산

③ CCl_2F_2 : 클로로플루오로메테인

④ $CH_2=CHCl$: 염화비닐

> **해설**
> ③ CCl_2F_2 : 다이클로로다이플루오로메테인

05 다음 중 밑줄 친 물질의 용해도가 증가하는 것은?

① 기체 용질이 녹아 있는 용기의 부피를 증가시킨다.

② 황산나트륨(Na_2SO_4)이 녹아 있는 수용액의 온도를 60℃ 정도로 약간 올려 준다.

③ 황산바륨($BaSO_4$)이 들어 있는 수용액에 NaCl을 소량 첨가한다.

④ 염화칼륨(KCl) 포화 용액을 냉장고에 넣는다.

해설
① 기체의 용해도는 온도가 낮을수록, 압력이 높을수록 감소한다.
  ※ 저자의견 : 조건이 명확하게 주어지지 않아 단순하게 부피 증가만으로 용해도 변화를 확정지을 수 없다.
② 황산나트륨은 약 32℃ 이후에는 온도가 높을수록 용해도가 감소하는 물질이다.
④ 염화칼륨은 온도가 높을수록 용해도가 증가하는 물질이다.

06 다음 중 알코올에 대한 설명으로 틀린 것은?

① 일반적으로 탄소의 개수가 작은 경우 극성이다.

② 작용기는 −OR(R은 알킬기)이다.

③ 수소결합을 할 수 있다.

④ 분자량이 비슷한 다른 유기 분자보다 일반적으로 끓는점이 높다.

해설
② 알코올의 작용기는 −OH이다.

07 525℃에서 다음 반응에 대한 평형상수 K값은 3.35×10^{-3}이다. 이때 평형에서 이산화탄소 농도를 구하면 얼마인가?

$$CaCO_3(s) \rightarrow CaO(s) + CO_2(g)$$

① 0.84×10^{-3} mol/L

② 1.68×10^{-3} mol/L

③ 3.35×10^{-3} mol/L

④ 6.77×10^{-3} mol/L

해설
고체물질의 농도는 일정하므로, $K = [CO_2]$ 이다.
∴ CO_2의 농도 $= 3.35 \times 10^{-3}$ mol/L

08 주기율표에서의 일반적인 경향으로 옳은 것은?

① 원자반지름은 같은 족에서는 위로 올라갈수록 증가한다.

② 원자반지름은 같은 주기에서는 오른쪽으로 갈수록 감소한다.

③ 금속성은 같은 주기에서는 오른쪽으로 갈수록 증가한다.

④ 18족(0족)에서는 금속성 물질만 존재한다.

해설
① 같은 족에서는 아래로 내려갈수록(원자번호가 증가할수록) 전자껍질이 많아져 원자반지름이 증가한다.
③ 같은 주기에서는 오른쪽으로 갈수록 비금속성이 증가한다.
④ 0족 원소는 비활성 기체로 금속성을 띠지 않는다.

09 산-염기에 대한 Brønsted-Lowry의 모델을 설명한 것 중 가장 거리가 먼 것은?

① 산은 양성자(H^+ 이온)주개이다.
② 염기는 양성자(H^+ 이온)받개이다.
③ 염기에서 양성자가 제거된 화학종을 짝염기라고 한다.
④ 산염기 반응에서 양성자는 산에서 염기로 이동된다.

해설
③ 짝염기는 산에서 양성자가 제거된 화학종이다.

10 같은 질량의 산소 분자와 메탄올에 들어 있는 산소 원자 수의 비는?

① 산소 : 메탄올 = 5 : 1
② 산소 : 메탄올 = 2 : 1
③ 산소 : 메탄올 = 1 : 2
④ 산소 : 메탄올 = 1 : 1

해설
1g 기준
• 산소 분자(O_2) 속 산소 원자수 = $\dfrac{1g}{32g/mol\ O_2} \times 2$개/mol O_2
• 메탄올(CH_3OH) 속 산소 원자수
 = $\dfrac{1g}{32g/mol\ CH_3OH} \times 1$개/mol CH_3OH
∴ 산소 : 메탄올 = 2 : 1

11 $Ca(HCO_3)_2$에서 탄소의 산화수는 얼마인가?

① +2 ② +3
③ +4 ④ +5

해설
Ca^{2+}의 산화수는 +2이고, HCO_3^-의 산화수는 −1이다.
$(+1) + C + (-2) \times 3 = -1$
∴ C의 산화수 = +4

12 싸이오사이아네이트(Thiocyanate) 이온(SCN^-)의 가장 적합한 Lewis 구조는?

① $\left[\ddot{\underset{..}{S}} = C = \ddot{\underset{..}{N}} \right]^-$

② $\left[\ddot{\underset{..}{S}} - C - \ddot{\underset{..}{N}} \right]^-$

③ $\left[\ddot{\underset{..}{S}} - C \equiv N \right]^-$

④ $\left[\ddot{\underset{..}{S}} = C - \ddot{\underset{..}{N}} \right]^-$

해설
SCN^-의 구조
SCN^-의 전체 최외각 전자수 = 6+4+5+1 = 16
Octet을 이루기 위한 전자수 = 8×3 = 24
24 − 16 = 8이고 공유전자는 4쌍이다.
따라서 중심 원자가 Octet을 만족하도록 하고, 나머지 원자도 Octet을 만족하도록 비공유전자쌍을 나타내면 $\ddot{\underset{..}{S}} = C = \ddot{\underset{.}{N}}$의 구조가 완성된다.

13 배의 철 표면이 녹스는 것을 방지하기 위하여 종종 마그네슘 판을 붙인다. 이 작업을 하는 이유는?

① 마그네슘이 철보다 더 좋은 산화제이므로 마그네슘이 더 산화되기 쉽다.
② 마그네슘이 철보다 더 좋은 산화제이므로 마그네슘이 더 환원되기 쉽다.
③ 마그네슘이 철보다 더 좋은 환원제이므로 마그네슘이 더 산화되기 쉽다.
④ 마그네슘이 철보다 더 좋은 환원제이므로 마그네슘이 더 환원되기 쉽다.

해설
금속의 이온화 경향 : Mg > Fe
이온화 경향이 큰 금속일수록 더 좋은 환원제이므로, Mg은 Fe보다 더 산화되기 쉽다. 철보다 반응성이 큰 Mg, Al, Zn 등을 사용하여 철의 부식을 방지할 수 있다.

14 아세톤의 다른 명칭으로서 옳은 것은?

① Dimethylketone

② 1-propanone

③ Propanal

④ Methylethylketone

> **해설**
> ① Dimethylketone : 아세톤(CH_3COCH_3)
> ③ Propanal : 프로피온알데하이드

15 산소가 20mol%, 질소가 30mol%, 수소가 50mol% 로 구성된 기체 혼합물의 평균 분자량은 얼마인가?

① 8.3g/mol   ② 15.8g/mol

③ 28.5g/mol   ④ 37.6g/mol

> **해설**
> 평균 분자량(1몰 기준)
> $0.2 \times (32g/mol) + 0.3 \times (28g/mol) + 0.5 \times (2g/mol)$
> $= 15.8g/mol$

16 헬륨의 원자량은 4.0이다. 헬륨 원자 1g 속에 들어 있는 원자의 개수는 몇 개인가?

① 1.5×10^{23}개

② 6.02×10^{23}개

③ 2.4×10^{24}개

④ 4.8×10^{24}개

> **해설**
> $1g\ He \times \dfrac{1mol}{4.0g\ He} \times \dfrac{6.02 \times 10^{23}개}{1mol} = 1.5 \times 10^{23}개$

17 아보가드로수에 대한 설명 중 옳지 않은 것은?

① 아보가드로수는 일반적으로 6.02×10^{23}이다.

② 아보가드로수는 정확히 12g에 존재하는 ^{12}C 원자 의 숫자로 정의한다.

③ ^{12}C 원자 한 개의 질량은 1.99×10^{-24}g이다.

④ 아보가드로수는 실험실에서의 거시적 질량과 개 별 원자와 분자들의 미시적 질량 사이의 관련성 을 확립하기 위한 것이다.

> **해설**
> ③ ^{12}C 원자 한 개의 질량은 $\dfrac{12g}{6.02 \times 10^{23}개} = 1.99 \times 10^{-23}$g이다.

18 다음 두 반응의 평형상수 K 값은 온도가 증가하면 어떻게 되는가?

> (a) $N_2O_4(g) \rightarrow 2NO_2(g)$, $\Delta H° = 58kJ$
> (b) $2SO_2(g) + O_2(g) \rightarrow 2SO_3(g)$,
> $\Delta H° = -198kJ$

① (a), (b) 모두 증가

② (a), (b) 모두 감소

③ (a) 증가, (b) 감소

④ (a) 감소, (b) 증가

> **해설**
> (a) $\Delta H° > 0$이므로, 흡열반응 : 온도가 증가하면 정반응이 우세 하여 생성물의 농도가 높아지므로 K값은 증가한다.
> (b) $\Delta H° < 0$이므로, 발열반응 : 온도가 증가하면 역반응이 우세 하여 반응물의 농도가 높아지므로 K값은 감소한다.

19 0.10M NaCl 용액 20mL에 0.20M AgNO₃ 용액 20mL를 첨가하였다. 이때 생성되는 염 AgCl의 용해도(g/L)는?(단, AgCl의 $K_{sp} = 1.0 \times 10^{-10}$, 분자량은 143이다)

① 1.21×10^{-7} g/L   ② 2.86×10^{-7} g/L

③ 1.00×10^{-5} g/L   ④ 1.43×10^{-3} g/L

해설

$NaCl + AgNO_3 \rightarrow NaNO_3 + AgCl$
- NaCl : $0.1 mol/L \times 0.02L = 0.002mol$
- AgNO₃ : $0.2 mol/L \times 0.02L = 0.004mol$

NaCl이 한계 반응물로 작용하여 AgNO₃ 중 0.002mol만 반응에 참여하고, 나머지 0.002mol은 미반응으로 용액에 남아 있다. 염 AgCl에서 녹은 몰수를 x라 하면,

$$[Ag^+] = \frac{(0.002 + x)\,\text{mol}}{0.04\,L}, \quad [Cl^-] = \frac{x\,\text{mol}}{0.04\,L}$$

$$K_{sp} = [Ag^+][Cl^-] = \frac{(0.002 + x)}{0.04} \times \frac{x}{0.04} = 10^{-10}$$

$$\frac{0.002 \times x}{0.04^2} = 10^{-10} (\because (0.002 + x) \approx 0.002)$$

$$x = 0.8 \times 10^{-10}\,\text{mol}$$

$$\therefore 용해도 = \frac{0.8 \times 10^{-10}\,\text{mol}}{0.04\,L} \times \frac{143\,g}{\text{mol}} = 2.86 \times 10^{-7}\,g/L$$

20 C₆H₁₄의 분자식을 가지는 화합물은 몇 가지 구조이성질체가 가능한가?

① 3   ② 4

③ 5   ④ 6

해설

```
C-C-C-C-C-C,    C-C-C-C ,
                  |
                  C

C-C-C-C-C ,     C-C-C-C ,
    |               |
    C               C

C-C-C-C-C
    |
    C
```

(구조식 그림: 헥세인 및 그 이성질체들 — 첫 줄에 C-C-C-C-C-C와 위에 C가 붙은 C-C-C-C, 둘째 줄에 C-C-C-C-C(아래 C), 위에 C 붙은 C-C-C-C(아래 C), 셋째 줄 C-C-C-C-C(아래 C))

21 13.58g의 Tris(Hydroxymethyl) Aminomethane (분자량 = 121.14)와 5.03g의 Tris Hydrochloride (분자량 = 157.60)를 혼합한 수용액 1.00L에 1.00M 염산 10.0mL을 첨가하였을 때의 pH는 약 얼마인가?(단, Tris 짝산의 $pK_a = 8.072$이다)

① 7.43   ② 7.85

③ 8.46   ④ 9.27

해설

$Tris + H_2O \rightleftarrows TrisH^+ + OH^-$
$TrisH^+ + H_2O \rightleftarrows Tris + H_3O^+$
HCl을 첨가하면, Tris 일부가 TrisH⁺로 전환된다.
$Tris + H_3O^+ \rightarrow TrisH^+ + H_2O$

$$[Tris] = \frac{\left(13.58\,g \times \dfrac{1\,mol}{121.14\,g} - 0.01\,L \times \dfrac{1\,mol}{L}\right)}{1.01\,L} = 0.101\,M$$

$$[TrisH^+] = \frac{\left(5.03\,g \times \dfrac{1\,mol}{157.60\,g} + 0.01\,L \times \dfrac{1\,mol}{L}\right)}{1.01\,L}$$
$$= 0.0415\,M$$

Henderson-Hasselbalch 식을 이용하여 pH를 구한다.

$$\therefore pH = pK_a + \log \frac{[염기]}{[산]}$$
$$= pK_a + \log \frac{[Tris]}{[TrisH^+]}$$
$$= 8.072 + \log \frac{0.101}{0.0415} \fallingdotseq 8.46$$

22 산-염기 적정에서 사용하는 지시약이 용액 속에서 다음과 같이 해리한다고 한다. 만일 이 용액에 산을 첨가하여 용액의 액성을 산성이 되게 했다면 용액의 색깔은 어느 쪽으로 변화하는가?

$$HR(무색) \rightleftharpoons H^+ + R^-(적색)$$

① 적 색
② 무 색
③ 적색과 무색이 번갈아 나타난다.
④ 알 수 없다.

해설
용액을 산성으로 만들면 H^+가 증가하고 평형은 H^+가 감소하는 방향으로 이루어져 HR이 생성되기 때문에 무색이 된다.

23 EDTA 적정에 사용되는 Xylenol Orange와 같은 금속이온 지시약의 일반적인 특징이 아닌 것은?

① pH에 따라 색이 다소 변한다.
② 산화-환원제로서 전위(Potential)에 따라 색이 다르다.
③ 지시약은 EDTA보다 약하게 금속과 결합해야만 한다.
④ 금속이온과 결합하면 색깔이 변해야 한다.

해설
산화-환원 지시약은 전위에 따라 색이 변하며, 금속이온 지시약은 H^+가 금속과 치환함에 의하여 H^+의 해리에 기인하는 색소 분자의 공명구조 변화에 의해 변색한다.

24 pK_a가 5인 약산(HA) 1M 용액의 pH에 가장 가까운 것은?

① 2.3
② 2.5
③ 3.0
④ 3.3

해설

	HA	$\rightleftharpoons$	H^+	+	A^-
초 기	1mol		0		0
반 응	$-x\,mol$		$+x\,mol$		$+x\,mol$
최 종	$1-x\,mol$		$+x\,mol$		$+x\,mol$

$pK_a = 5$이므로, $K_a = 10^{-5}$이다.

$K_a = \dfrac{[H^+] \cdot [A^-]}{[HA]} = \dfrac{x \cdot x}{(1-x)} = 10^{-5}$

$x^2 = 10^{-5}$ ($\because$ HA가 약산이므로, $1-x \approx 1$)

$x = 10^{-25} = [H^+] = [A^-]$

$\therefore \ pH = -\log[H^+] = -\log 10^{-2.5} = 2.5$

25 0.1M KNO_3와 0.05M Na_2SO_4로 된 혼합 용액의 이온세기는 얼마인가?

① 0.2
② 0.25
③ 0.3
④ 0.35

해설
$KNO_3 + Na_2SO_4 \rightleftharpoons K^+ + NO_3^- + 2Na^+ + SO_4^{2-}$

이온세기 $= \dfrac{1}{2} \left[\{0.1 \times (+1)^2 \times 1\} + \{0.1 \times (-1)^2 \times 1\} \right.$
$\left. + \{0.05 \times (+1)^2 \times 2\} + \{0.05 \times (-2)^2 \times 1\} \right]$
$= 0.25$

26 산 해리상수(Acid Dissociation Constant)에 관한 설명으로 틀린 것은?

① $HA \rightleftharpoons H^+ + A^-$의 평형상수에 해당한다.

② $HA + H_2O \rightleftharpoons H_3O^+ + A^-$의 평형상수에 해당한다.

③ $\dfrac{[H^+][A^-]}{[HA]}$ 로 표현될 수 있다.

④ 산의 농도를 묽히면 산 해리상수는 작아진다.

> **해설**
> ④ 산 해리상수란 산의 이온화 평형의 평형상수이며, 산의 세기를 나타내는 척도로 값이 클수록 이온화 경향이 크다. 이온화가 여러 단계인 경우에는 각 단계마다 산 해리상수를 나타낼 수 있으며 온도에 의해서만 변한다.

27 다음 염(Salt)들 중에서 물에 녹았을 때, 염기성 수용액을 만드는 염을 모두 나타낸 것은?

> NaBr, CH₃COONa, NH₄Cl, K₃PO₄, NaCl, NaNO₃

① CH_3COONa, K_3PO_4

② CH_3COONa

③ $NaBr$, CH_3COONa, NH_4Cl

④ NH_4Cl, K_3PO_4, $NaCl$, $NaNO_3$

> **해설**
> 물에 녹았을 때 약산의 짝염기는 염기성, 약염기의 짝산은 산성을 띤다.
> • NaBr : 중성 수용액
> • CH₃COONa : 약산(CH₃COOH)의 짝염기(CH₃COO⁻)이므로 염기성 수용액
> • NH₄Cl : 약염기(NH₃)의 짝산(NH₄⁺)이므로 산성 수용액
> • K₃PO₄ : 약산(H₃PO₄)의 짝염기(PO₄³⁻)이므로 염기성 수용액
> • NaCl : 중성 수용액
> • NaNO₃ : 중성 수용액

28 미지시료 내 특정 물질의 양을 분석하는 방법으로 적정이 사용된다. 적정 요건으로 틀린 것은?

① 부반응이 없어야 한다.

② 반응이 진행되어 당량점 부근에서 완결되어야 한다.

③ 반응은 화학양론적이어야 한다.

④ 적정에서의 반응은 느려도 크게 상관없다.

> **해설**
> ④ 적정에서의 반응은 빠르고 완전하게 반응해야 한다.

29 분석물질이 EDTA를 가하기 전에 침전물을 형성하거나 적정조건에서 EDTA와 느리게 반응하거나, 지시약을 가로막는 분석물을 적정할 때 적합한 EDTA 적정법은?

① 직접적정

② 치환적정

③ 간접적정

④ 역적정

> **해설**
> 역적정을 사용하는 경우
> • 정량 목적의 금속이온에 의해서 예민하게 변색하는 지시약이 없는 경우
> • 적정의 최적 pH 범위에서 목적의 금속이온이 수산화물을 침전할 경우
> • 킬레이트 시약과 금속이온의 반응속도가 느릴 경우

30 용해도곱 상수와 공통이온 효과에 대한 설명으로 틀린 것은?

① 용해도곱 상수는 용해반응의 평형상수이다.
② 용해도곱이 클수록 잘 녹는다.
③ 고체 염이 용액 내에서 녹아 성분이온으로 나누어지는 반응에 대한 평형상수이다.
④ 성분이온들 중 같은 이온 하나가 이미 용액 중에 들어 있으면 공통이온 효과로 인해 그 염은 잘 녹는다.

해설
④ 성분이온들 중 같은 이온 하나가 이미 용액 중에 들어 있으면 공통이온 효과로 인해 그 염은 용해도가 감소한다.

31 이온선택전극에 대한 설명으로 옳은 것은?

① 이온선택전극은 착물을 형성하거나 형성하지 않은 모든 상태의 이온을 측정하기 때문에 pH값에 관계없이 일정한 측정 결과를 보인다.
② 금속이온에 대한 정량적인 분석 방법 중 이온선택전극 측정 결과와 유도결합 플라스마 결합 결과는 항상 일치한다.
③ 이온선택전극의 선택계수가 높을수록 다른 이온에 의한 방해가 크다.
④ 액체 이온선택전극은 일반적으로 친수성 막으로 구성되어 있으며 친수성 막 안에 소수성 이온 운반체가 포함되어 있다.

해설
③ 이온선택전극의 선택계수가 0에 가까울수록 다른 이온에 의한 방해가 작다.

32 산화 · 환원 적정에서 사용되는 $KMnO_4$에 대한 설명으로 틀린 것은?

① 진한 자주색을 띤 산화제이다.
② 매우 안정하여 일차표준물질로 사용된다.
③ 강한 산성 용액에서 무색의 Mn^{2+}로 환원된다.
④ 산성 용액에서 자체 지시약으로 작용한다.

해설
$KMnO_4$(과망가니즈산칼륨)은 미량의 이산화망가니즈를 포함하고 있어 순수한 상태가 아니기 때문에 일차표준물질로 사용할 수 없다. 과망가니즈산칼륨 용액은 일반적으로 $Na_2C_2O_4$과 같은 일차표준물질을 사용하여 표정(표준화)한다.

33 많은 종류의 이온성 침전물을 사용하여 무게분석을 할 때 순수한 물 대신에 전해질 용액으로 침전물을 세척하는 주된 이유는?

① 표면 전하를 중화시켜 침전 입자들의 표면에 반발력 때문에 생기는 풀림 현상을 방지한다.
② 침전 형성 시 내포된 불순물들을 효과적으로 제거한다.
③ 불순물 화학종이 침전되는 것을 방지하는 가림제의 역할을 한다.
④ 전해질 환경에서 입자의 삭임 과정이 촉진된다.

34 1atm의 값과 가장 거리가 먼 것은?

① 101.325kPa
② 1,013mbar
③ 760mmHg
④ 14.7N/m^2

해설
1atm = 101.325kPa = 1,013mbar = 760mmHg = 101,325N/m^2

35 성분이온 중 한 가지 이상이 용액 중에 들어 있는 경우 그 염의 용해도가 감소하는 현상을 공통이온 효과라고 한다. 다음 중 공통이온효과와 가장 관련이 있는 원리 또는 법칙은?

① 비어(Beer)의 법칙
② 패러데이(Faraday) 법칙
③ 파울리(Pauli)의 배타원리
④ 르샤틀리에(Le Chatelier) 원리

> **해설**
> 르샤틀리에의 원리는 가역 반응이 평형 상태에 있을 때 농도, 온도, 압력 중 어느 한 조건을 변화시키면 반응은 그 변화를 감소시키려는 방향으로 진행하여 새로운 평형 상태에 도달한다는 것으로, 약전해질의 전리는 공통되는 이온을 함유한 강전해질을 가하여 주면 현저하게 감소되는 공통이온효과와 관련 있다.

37 전기화학반응에 대한 설명 중 틀린 것은?

① 환원반응이 일어나는 전극을 캐소드전극(Cathode Electrode)이라 하며, 갈바니 전지에서는 (−)극이 된다.
② 염다리(Salt Bridge)에서는 전류가 이온의 이동에 의해서 흐르게 된다.
③ 반쪽전지의 전위를 나타내는 값으로 표준환원전위를 사용하며, 표준수소전극의 전위는 0.000V 이다.
④ 전극반응의 전압은 Nernst식으로 표시되며, 갈바니 전지에서는 표준환원전위가 큰 반쪽반응의 전극이 (+)극이 된다.

> **해설**
> **갈바니 전지**
> • 산화반응 : Anode 전극, (−)극
> • 환원반응 : Cathode 전극, (+)극

36 다음 염 중 용액의 pH를 낮추었을 때 용해도가 증가하지 않는 것은?

① $AgBr$
② $CaCO_3$
③ BaC_2O_4
④ $Mg(OH)_2$

> **해설**
> 약산의 짝염기인 음이온을 포함하는 모든 침전물은 높은 pH보다 낮은 pH에서 더 잘 녹는다. 반면, 강산의 짝염기인 음이온(예 Br^-)을 포함하는 침전물은 pH의 영향을 받지 않는다.
> ① $AgBr \rightleftharpoons Ag^+ + Br^-$
> ② $CaCO_3 \rightleftharpoons Ca^{2+} + CO_3^{2-}$
> ③ $BaC_2O_4 \rightleftharpoons Ba^{2+} + C_2O_4^{2-}$
> ④ $Mg(OH)_2 \rightleftharpoons Mg^{2+} + 2OH^-$

38 완충용액에 대한 설명 중 옳은 것으로만 모두 나열된 것은?

> ㉠ 약한 산과 그 짝염기를 혼합하여 만들 수 있다.
> ㉡ 완충용액은 이온세기와 온도에 의존한다.
> ㉢ $pH = pK_a$에서 완충용량이 최대가 된다.

① ㉢
② ㉠, ㉡
③ ㉠, ㉢
④ ㉠, ㉡, ㉢

> **해설**
> **완충용액**
> • 소량의 산이나 염기를 가해도 pH가 거의 일정하게 유지되는 용액이다.
> • 약전해질 용액과 그 공통이온을 포함한 염과의 혼합용액이다.
> • 완충용액의 pH는 이온세기와 온도에 의존한다.
> • 완충용량은 산이나 염기가 가해졌을 때 완충용액이 pH 변화에 얼마나 잘 저항하느냐의 척도로, 이 값이 클수록 pH 변화에 잘 견딘다.
> • $pH = pK_a$일 때 완충용량은 최대이다.

39 국제단위계(SI)의 기본단위가 아닌 것은?

① 줄(J)   ② 킬로그램(kg)

③ 초(s)   ④ 몰(mol)

해설

국제단위계(SI)의 기본단위
- 길이 : 미터(m)
- 질량 : 킬로그램(kg)
- 시간 : 초(s)
- 전류 : 암페어(A)
- 열역학 온도 : 켈빈(K)
- 물질량 : 몰(mol)
- 광도 : 칸델라(cd)

40 이온세기와 활동도, 활동도계수에 대한 설명으로 옳은 것은?

① 활동도 계수의 단위는 mol/L이다.
② 이온의 전하가 커질수록 활동도 보정은 필요 없게 된다.
③ 일반적으로 이온세기가 증가할수록 활동도계수는 감소한다.
④ 활동도계수는 이온이 갖는 전하 크기에 무관하다.

해설

③ 활동도계수는 자신이 참여하는 화학평형에 영향을 주는 척도를 나타내는 것으로, 묽은 용액에서 효과가 높아진다. 따라서 이온세기가 최소인 묽은 용액에서 활동도계수는 1이 된다.
① 활동도계수는 무차원이고, mol/L는 몰농도의 단위이다.
②·④ 이온의 전하가 커질수록 활동도계수가 1에서 벗어나는 정도가 더욱 커지므로 보정의 필요성이 증가한다.

41 FTIR(Fourier Transform Infrared ; FT 적외선) 분광기기를 사용하여 측정한 흡광도 스펙트럼의 신호 대 잡음비(Signal-to-Noise)가 4이었다. 신호 대 잡음비를 20으로 증가시키려면 스펙트럼을 몇 번 측정하여 평균해야 하는가?

① 400   ② 80

③ 25   ④ 20

해설

$\left(\dfrac{S}{N}\right)_n = \sqrt{n}\left(\dfrac{S}{N}\right)_i$ 이므로 신호 대 잡음비를 5배 증가시키기 위해서는 25회 반복 측정을 하여야 한다.

42 인광이 발생하는 조건으로 가장 옳은 것은?

① 들뜬 단일항 상태에서 바닥상태로 되돌아올 때
② 바닥 단일항 상태에서 들뜬 바닥상태로 되돌아 올 때
③ 바닥 삼중항 상태에서 들뜬 단일항 상태로 되돌아 올 때
④ 들뜬 삼중항 상태에서 바닥 단일항 상태로 되돌아 올 때

43 X선을 발생시키는 방법이 아닌 것은?

① 글로 방전등에서 이온화된 아르곤이온의 충돌에
　의해서
② 일차 X선에 물질을 노출시켜서
③ 방사성 동위원소의 붕괴 과정에 의해서
④ 고에너지 전자살로 금속 과녁을 충돌시켜서

해설
X선을 발생시키는 방법
• 고에너지 전자살로 금속 과녁을 충돌시킨다.
• X선 물질을 1차 X선 빛살에 노출하여 2차 형광 X선을 발생시킨다.
• 붕괴 과정에서 X선을 방출하는 방사성 광원을 이용한다.

44 원자분광법에서 고체 시료를 원자화하기 위해 도
입하는 방법은?

① 기체 분무기　　② 글로 방전
③ 초음파 분무기　　④ 수소화물 생성법

해설
시료 도입 방법에 따른 시료 형태
• 기체 분무기 : 용액 또는 슬러지
• 글로 방전 : 전도성 고체
• 초음파 분무기 : 용액
• 수소화물 생성법 : 원소 용액

45 NMR 분광법에서 할로젠화메틸(CH_3X)의 경우에
양성자의 화학적 이동값(δ)이 가장 큰 것은?

① CH_3Br　　② CH_3Cl
③ CH_3F　　④ CH_3I

해설
인접하고 있는 작용기의 전기음성도가 증가할수록 가려막기 효과
가 감소한다. 전기음성도의 크기는 I(2.16) < Br(2.68) < Cl(3.05)
< F(4.26) 순으로 CH_3F가 양성자의 화학적 이동값이 가장 크다.

46 다음 그래프와 같은 적외선 흡수스펙트럼을 나타
낼 수 있는 화합물을 추정하였을 때 가장 적합한
것은?

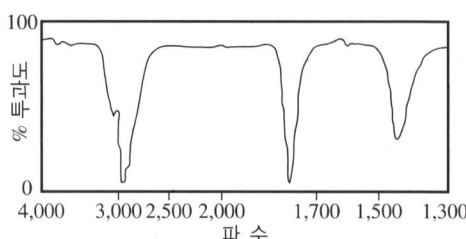

해설
유기 작용기가 IR을 흡수하는 대략의 주파수
• O–H : 3,650~3,590cm^{-1}
• C=O : 1,760~1,690cm^{-1}
• C–O : 1,300~1,050cm^{-1}
• C=C : 1,680~1,610cm^{-1}

47 불꽃 및 전열법과 비교한 ICP 원자화 방법의 특징
에 대한 설명으로 틀린 것은?

① 하나의 들뜸 조건에서 대부분 원소들의 좋은 방
　출스펙트럼을 얻을 수 있다.
② 원소 상호 간의 화학적 방해가 작다.
③ 저렴한 장비를 사용하고 유지비가 적게 든다.
④ 텅스텐, 우라늄, 지르코늄 같은 원소들의 낮은
　농도를 측정할 수 있다.

해설
ICP 원자화 방법
• 원자들이 불꽃법에서 사용하는 온도보다 높은 온도에 머무르게
됨으로써 원자화가 더 잘 이루어지고 화학적 방해도 거의 없다.
• 플라스마 단면의 온도분포가 균일하여 자체 흡수와 자체 반전
효과가 나타나지 않는다.
• 아르곤의 이온화로 생긴 전자 농도가 시료성분의 이온화로 생기
는 전자 농도에 비해 커서 이온화에 의한 방해 효과가 작다.

48 파장 500nm의 가시복사선의 광자 에너지는 약 몇 kJ/mol인가?(단, $h = 6.63 \times 10^{-34} \text{J} \cdot \text{s}$)

① 226kJ/mol

② 239kJ/mol

③ 269kJ/mol

④ 300kJ/mol

해설

$$E = h\nu = \frac{hc}{\lambda} = \frac{(6.63 \times 10^{-34} \text{J} \cdot \text{s}) \times (3.00 \times 10^8 \text{m/s})}{500 \times 10^{-9} \text{m}}$$

$$= 3.978 \times 10^{-19} \text{J/photon}$$

$$\therefore E = (3.978 \times 10^{-19} \text{J/photon}) \times \frac{6.02 \times 10^{23} \text{photon}}{\text{mol}}$$

$$\times \frac{1\text{kJ}}{10^3 \text{J}} = 239 \text{kJ/mol}$$

49 원자흡수분광법에서의 방해 중 스펙트럼 방해는 화학종의 흡수띠 또는 방출선이 분석선에 가까이 있거나 겹쳐서 발생한다. 스펙트럼 방해에 대한 설명으로 틀린 것은?

① 넓은 흡수띠를 갖는 연소생성물 또는 빛을 산란시키는 입자 생성물이 존재할 때 발생한다.

② 시료 매트릭스에 의해 흡수 또는 산란될 때 발생한다.

③ 낮은 휘발성 화합물 생성, 해리반응, 이온화와 같은 평형상태에서 발생한다.

④ 스펙트럼 방해를 보정하는 방법에는 두선 보정법, 연속 광원 보정법, Zeeman 효과에 의한 바탕 보정 등이 있다.

해설

③ 화학적 방해에 대한 설명이다.

50 투광도가 0.010인 용액의 흡광도는 얼마인가?

① 0.398

② 0.699

③ 1.00

④ 2.00

해설

$$A = -\log T$$

$$= -\log 0.010 (\because T = 0.010)$$

$$= 2.00$$

51 ㉮ 직경이 5.0cm이고 초점거리가 15.0cm인 렌즈 A의 스피드(f-number)와 ㉯ 직경이 30.0cm이고 초점거리가 15.0cm인 렌즈 B의 스피드를 계산하고, ㉰ 이 둘의 집광력을 비교한 것은?

① ㉮ FA = 0.3   ㉯ FB = 2
    ㉰ A가 B보다 6.7배 집광력이 좋다.

② ㉮ FA = 0.3   ㉯ FB = 2
    ㉰ B가 A보다 6.7배 집광력이 좋다.

③ ㉮ FA = 3.0   ㉯ FB = 0.5
    ㉰ A가 B보다 36배 집광력이 좋다.

④ ㉮ FA = 3.0   ㉯ FB = 0.5
    ㉰ B가 A보다 36배 집광력이 좋다.

해설

㉮ 렌즈 스피드 = 초점거리 / 렌즈의 직경 = 15.0 / 5.0 = 3.0
㉯ 렌즈 스피드 = 초점거리 / 렌즈의 직경 = 15.0 / 30.0 = 0.5
㉰ 집광력은 렌즈직경의 제곱에 비례한다.
    A : 5^2, B : 30^2 → 900 / 25 = 36

52 자외선–가시선 흡수분광법에서 사용하는 파장범위는?

① 0.1~100 Å
② 10~180nm
③ 190~800nm
④ 0.78~300 μm

53 전형적인 분광기기의 구성장치가 아닌 것은?

① 안정적인 복사 에너지 광원
② 시료 및 표준용액의 자동 이송장치
③ 제한된 스펙트럼 영역을 제공하는 장치
④ 복사 에너지를 신호로 변환시키는 복사선 검출기

해설
분광기기 구성장치
• 안정한 복사 에너지 광원
• 시료를 담는 투명한 용기
• 제한된 스펙트럼 영역을 제공하는 장치
• 복사 에너지를 신호로 변환시키는 복사선 검출기
• 신호처리장치와 판독장치

54 자외선–가시선 흡수분광법에서 일반적으로 사용되는 광원의 종류가 아닌 것은?

① 중수소 및 수소등
② 텅스텐 필라멘트등
③ 제논 아크등
④ 전극 없는 방전등

해설
자외선–가시선 흡수분광법의 광원
• 중수소 및 수소등
• 텅스텐 필라멘트등
• 제논 아크등
• 광–방출 다이오드

55 다음 어떤 경우에 원자가 가시광선 및 자외선 빛을 방출하는가?

① 전자가 낮은 에너지 준위에서 높은 에너지 준위로 뛸 때
② 원자가 기체에서 액체로 응축될 때
③ 전자가 높은 에너지 준위에서 낮은 에너지 준위로 뛸 때
④ 전자가 바닥상태에서 원자 궤도함수 안을 돌아다닐 때

해설
③ 들뜬 입자가 높은 에너지 준위에서 낮은 에너지 준위로 이완할 때 전자기 복사선을 방출한다.

56 정량분석 시 반드시 필요한 표준물 검정법 중 매트릭스 효과가 있을 가능성이 있는 복잡한 시료를 분석할 때 특히 유용한 방법은?

① 검정곡선법
② 표준물첨가법
③ 작업곡선법
④ 내부표준물법

해설
표준물첨가법 : 시료의 양이 제한되어 있을 때 같은 양의 시료용액에 표준용액을 각각 일정량씩 더해가면서 첨가하는 방법으로, 매트릭스 효과가 있을 가능성이 있는 복잡한 시료를 분석할 때 특히 유용한 방법이다.

57 I_2를 에탄올(CH_3CH_2OH)에 용해시켜 밀도가 0.8g/ cm^3인 용액을 제조하였다. 이 용액을 폭이 1.5cm 인 셀에 넣고 Mo의 Ka 광원의 복사선을 투과시키 니, 그 투과도가 25.0%였다. I, C, H, O의 각각의 질량흡수계수(cm^2/g)가 차례로 39.0, 0.70, 0.00, 0.50이라 할 때 이 용액의 I_2 함량을 구한 결과 가장 근사치인 것은?(단, 용매에 의한 흡수도 는 매우 낮으므로 무시한다)

① 0.65% ② 1.05%

③ 1.3% ④ 3.6%

해설

$A = -\log T = -\log 0.25 ≒ 0.602 = abc$

$0.602 = 39.0\,cm^2/g × 0.8\,g/cm^3 × 1.5\,cm × c$

$∴ \ c ≒ 0.0129 ≒ 1.3\%$

58 에틸알코올의 NMR 스펙트럼에서 메틸기의 다중 선 수는?

① 1개 ② 2개

③ 3개 ④ 4개

해설

두 개의 메틸렌 양성자가 가지는 스핀 조합
- 쌍을 이루어서 장에 반대로 배열
- 쌍을 이루어서 장에 나란히 배열
- 두 개의 스핀이 서로 반대로 배열

59 다음 중 NMR 용매로 가장 적합한 것은?

① H_2O ② CCl_4

③ HCl ④ H_2NO_3

해설

양성자를 포함하지 않는 클로로폼(CCl_4), 벤젠(C_6H_6)이 NMR 용매 로 적합하다.

60 원자방출분광법의 유도쌍 플라스마 광원에 대한 설명으로 틀린 것은?

① 광원은 헬륨 기체가 주로 이용된다.

② 전형적인 광원은 3개의 동심원통형 석영관으로 되어 있는 토치구조이다.

③ 시료도입 방법은 일반적으로 집중 유리분무기를 사용한다.

④ 플라스마 속으로 고체와 액체 시료를 도입하는 방법으로 전열증기화가 있다.

해설

① 광원으로는 아르곤 기체가 주로 이용된다.

제4과목 | 기기분석 Ⅱ

61 전기분해전지에서 구리가 석출되게 하였다. 1.0A 의 일정한 전류를 161분 동안 흐르게 하였다면 생 성물의 양은 약 몇 g인가?(단, 구리의 원자량은 64g/mol이다)

$$Cu^{2+} + 2e^- \rightleftarrows Cu(s)$$

① 1.6g ② 3.2g

③ 6.4g ④ 12.8g

해설

패러데이의 법칙

$Q(C) = I(A) × t(s) = 1.0\,A × 161 × 60\,s = 9,660\,C$

구리는 2당량이므로 1F로 0.5mol이 생성된다.

$∴ \ 9,660\,C × \dfrac{0.5\,mol}{96,500\,C} × \dfrac{64\,g}{mol} ≒ 3.2\,g$

62 고성능 액체 크로마토그래피에서 사용되는 칼럼에 대한 설명으로 틀린 것은?

① 용리액 세기가 증가할수록 용질은 칼럼으로부터 더욱 빨리 용리된다.

② 액체 크로마토그래피에서는 열린관 칼럼이 적당하다.

③ 정지상 입자의 크기가 작을수록 충전 칼럼의 효율은 증가한다.

④ 칼럼의 온도를 높이면 머무름 시간이 감소되고, 분리도를 향상시킬 수 있다.

> **해설**
> ② 열린관 칼럼은 기체 크로마토그래피에 적합하다.

63 액체 크로마토그래피에서 기울기 용리(Gradient Elution)란 어떤 방법인가?

① 칼럼을 기울여 분리하는 방법

② 단일 용매(이동상)를 사용하는 방법

③ 2개 이상의 용매(이동상)를 다양한 혼합비로 섞어 사용하는 방법

④ 단일 용매(이동상)의 흐름량과 흐름속도를 점차 증가시키는 방법

> **해설**
> ② 등용매 용리(Isocratic Elution) : 단일 용매 또는 일정한 조성을 갖는 용매 혼합물을 사용하는 분리법이다.
> ③ 기울기 용리(Gradient Elution) : 극성이 아주 다른 두 개(또는 그 이상)의 용매를 사용하여 분리하는 방법이다.

64 연산 증폭기(Operational Amplifier) 회로를 사용하여 작업전극에 흐르는 전류(Current) 신호를 전압(Voltage) 신호로 변환시켜 측정하고자 한다. 가장 적절한 회로는?

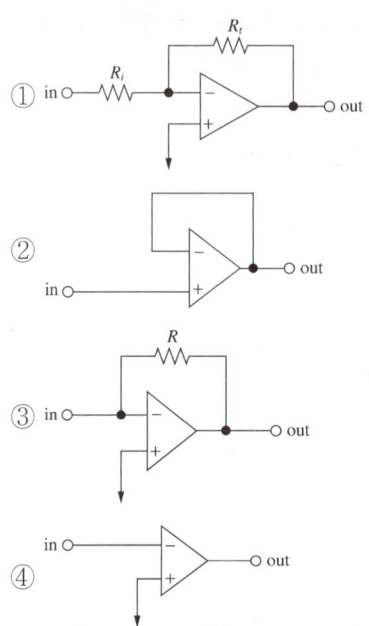

> **해설**
> 연산증폭기 전류-전압 변환회로
>
>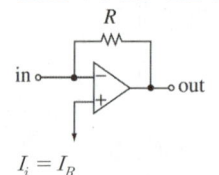
>
> $I_i = I_R$
> $V_o = RI_i$
> 출력전압은 입력전류에 비례한다.

65 얇은 층 크로마토그래피(TLC)에서 지연인자(R_f)에 대한 설명으로 틀린 것은?

① 단위가 없다.

② 0~1 사이의 값을 갖는다.

③ $\dfrac{\text{용질의 이동거리}}{\text{용매선의 이동거리}}$ 로 나타낸다.

④ R_f 값은 용매와 온도에 따라 같은 값을 가진다.

해설

지연인자

- $R_F = \dfrac{\text{시료가 이동한 거리}}{\text{용매가 이동한 거리}}$

- 온도, 용매의 pH 값 등에 따라 그 값이 변한다.

66 2-hexanone의 질량분석 토막패턴으로 검출되지 않는 화학종은?

① $CH_3 - C \equiv O^+$

② $CH_3 - CH = CH^{2+}$

③ $(CH_2)(CH_3)C = OH^+$

④ $CH_3 - CH_2 - CH_2 - CH_2^+$

해설

② $CH_3 - CH = CH^{2+}$ 는 토막패턴으로 분리되기 어려운 성분이다.

67 중합체 시료를 기준물질과 함께 가열하면서 두 물질의 온도 차이를 나타낸 다음의 시차 열분석도에 대한 설명이 옳은 것으로만 나열된 것은?

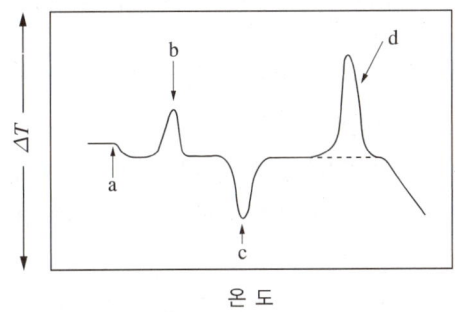

온 도

⊙ a에서 유리질 무정형 중합체가 고무처럼 말랑말랑해지는 특성인 유리전이 현상이 일어난다.

⊙ b, d에서는 흡열반응이, 그리고 c에서는 발열반응이 일어난다.

⊙ b는 분석물이 결정화되는 반응을 나타내고, c에서는 분석물이 녹는 반응을 나타낸다.

① ㉠, ㉡   ② ㉡, ㉢

③ ㉠, ㉢   ④ ㉠, ㉡, ㉢

해설

- a : 유리전환
- b : 결정화
- c : 녹음
- d : 산화

㉡ b, d에서는 발열반응, c에서는 흡열반응이 일어난다.

68 조절전위 전기분해에서 각각의 기능과 역할에 대한 설명으로 틀린 것은?

① 전류는 대부분 작업전극과 보조전극 사이에서 흐른다.

② 기준전극에는 무시할 수 있을 만큼 작은 전류가 흐른다.

③ 기준전극의 전위는 저항전위, 농도차 분극, 과전위의 영향을 받지 않게 되어 일정한 전위가 유지된다.

④ 일정전위기(Potentiostat)는 작업, 보조, 기준전극의 전위를 일정하게 하기 위해서 사용한다.

해설
④ 일정전위기는 기준전극에 대해서 작업전극의 전위를 일정하게 유지시켜 주는 장치이다.

69 시료의 분해반응 및 산화반응과 같은 물리적 변화 측정에 알맞은 열분석법은?

① DSC   ② DTA

③ TMA   ④ TGA

해설
TGA
• 조절된 환경 조건하에서 시료의 온도를 증가시키면서 시료의 무게를 시간 또는 온도의 함수로 기록한다.
• 온도에 따른 분석물의 질량 변화를 측정하기 때문에 주로 정량적인 정보를 얻을 수 있으나, 이것은 분해반응과 산화반응, 기화, 승화 및 탈착 등과 같은 물리적 변화에 주로 한정되어 있다.

70 크로마토그래피의 분류에 대한 설명으로 틀린 것은?

① 고정상 종류에 따라 액체 크로마토그래피와 기체 크로마토그래피로 분류한다.

② 초임계 유체 크로마토그래피는 분리관법으로 할 수 있다.

③ 이온교환 크로마토그래피의 정지상은 이온교환 수지이다.

④ 액체 크로마토그래피는 분리관법 또는 평면법으로 할 수 있다.

해설
① 크로마토그래피는 이동상 종류에 따라 액체 크로마토그래피와 기체 크로마토그래피로 분류한다.

71 질량분석법을 응용한 2차 이온 질량분석법(SIMS)에 대한 설명으로 틀린 것은?

① 고체 표면의 원자와 분자 조성을 결정하는 데 유용하다.

② 동적 SIMS는 표면 아래 깊이에 따른 조성 정보를 얻기 위하여 사용된다.

③ 통상적으로 사용되는 SIMS를 위한 변환기는 전자증배기, 패러데이컵 또는 영상검출기이다.

④ 양이온 측정은 가능하나 음이온 측정이 불가능한 분석법이다.

해설
④ SIMS는 양이온, 음이온 모두 측정 가능하다.

72 원자질량분석법에서 원자 이온원(Ion Source)으로 주로 사용되는 것은?

① Nd-YAG 레이저
② 광방출 다이오드
③ 고온 아르곤 플라스마
④ 전자 충격(Electron Impact)

해설
원자질량분석법에서 원자 이온원으로 주로 제논 또는 아르곤을 사용한다.

73 수소는 물을 전기분해하여 생성시킬 수 있다. 물의 표준생성자유에너지는 $\Delta G^{\circ}{}_{f} = -237.13\text{kJ/mol}$이다. 표준조건에서 물을 전기분해할 때 필요한 최소 전압은 얼마인가?

① 0.62V
② 1.23V
③ 2.46V
④ 3.69V

해설
$\Delta G^{\circ}{}_{f} = -nFE^{\circ}$
$2H_2O \rightarrow 2H_2 + O_2$
$4H^+ + 4e^- \rightarrow 2H_2$
$n = 2$이므로, 위의 식에 대입하면
$-237.13 \times 10^3 \text{J/mol} = -2 \times 96,500\,\text{C/mol} \times E^{\circ}$
$\therefore\ E^{\circ} = \dfrac{237.13 \times 10^3\,\text{J/mol}}{2 \times 96,500\,\text{C/mol}} \fallingdotseq 1.23\,\text{V}$

74 이온 억제 칼럼을 사용하는 이온 크로마토그래피에서 음이온을 분리할 때 사용하는 이동상은 어떤 화학종을 포함하고 있는가?

① NaCl
② $NaHCO_3$
③ $NaNO_3$
④ Na_2SO_4

해설
이온 억제 칼럼을 사용하는 이온 크로마토그래피에서 음이온 분리를 하는 경우 중탄산나트륨 또는 탄산나트륨을 사용한다.

75 순환전압전류법(Cyclic Voltammetry)에 의해 얻어진 순환전압전류곡선의 해석에 대한 설명으로 틀린 것은?

① 산화전극과 환원전극의 형태가 대칭성에 가까울수록 전기화학적으로 가역적이다.
② 산화봉우리 전류와 환원봉우리 전류의 비가 1에 가까우면 전기화학반응은 가역적일 가능성이 높다.
③ 산화 및 환원전류가 Nernst 식을 만족하면 가역적이며 전기화학반응은 매우 빠르게 일어난다.
④ 산화봉우리 전압과 환원봉우리 전압의 차는 가능한 한 커야 전기화학반응이 가역적일 가능성이 높다.

해설
④ 가역 전극반응에서는 산화봉우리 전류와 환원봉우리 전류가 거의 같고 봉우리 전위의 차이는 $\dfrac{0.0591}{n}$ V이다(여기서, n : 반응에 관계하는 전자의 수).

76 기준전극을 사용할 때 주의사항에 대한 설명으로 틀린 것은?

① 전극용액의 오염을 방지하기 위하여 기준전극 내부 용액의 수위를 시료의 수위보다 낮게 유지시켜야 한다.

② 수은, 칼륨, 은과 같은 이온을 정량할 때는 염다리를 사용하면 오차를 줄일 수 있다.

③ 기준전극의 염다리는 질산칼륨이나 황산나트륨 같이 전극전위에 방해하지 않는 물질을 포함하면 좋다.

④ 기준전극은 셀에서 IR 저항을 감소시키기 위하여 가능한 작업전극에 가까이 위치시킨다.

① 기준전극 내부 용액의 높이는 시료 용액의 높이보다 높아야 한다.

77 HPLC에 이용되는 검출기 중 가장 널리 사용되는 검출기의 종류는?

① 형광 검출기
② 굴절률 검출기
③ 자외선–가시선 흡수 검출기
④ 증발 광산란 검출기

자외선–가시선 흡수 검출기
• 검출기 중 가장 널리 사용된다.
• 이중결합, 삼중결합, 방향족 화합물 등의 불포화 결합을 갖는 물질의 빛에 대한 흡광도를 측정하여 성분 농도를 알 수 있다.

78 다음 그림은 푸리에 변환 질량분석기를 이용하여 얻은 $Cl_3C–CH_3Cl$(1,1,1,2–사염화에테인)의 스펙트럼이다. 각 스펙트럼의 X축을 주파수와 질량으로 나타내었다. 여기서 131 질량 피크는 $^{35}Cl_3CCH_2$ 이온 때문에 133 질량 피크는 $^{37}Cl^{35}Cl_2CCH_2$ 이온 때문에 나타난다. 이 스펙트럼에 대한 설명 중 틀린 것은?(단, 동위원소 존재비는 $^{35}Cl : ^{37}Cl = 100 : 33$, $^{12}C : ^{13}C = 100 : 1.1$, $^1H : ^2H = 100 : 0.02$이다)

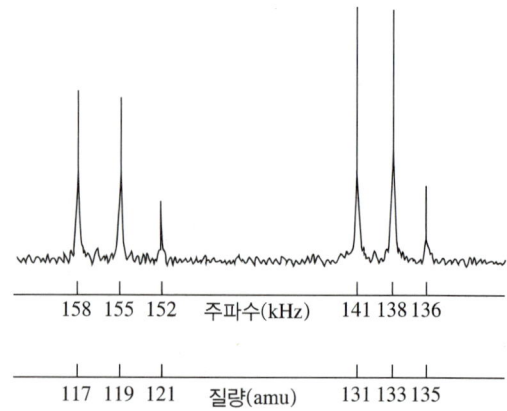

① 135amu 피크는 $^{33}Cl^{75}Cl_2^{13}C^{13}C^1H_2$ 이온 때문에 나타난다.

② 117amu 피크는 $^{35}Cl_3C$ 이온 때문에 나타난다.

③ 119amu 피크는 $^{37}Cl^{35}Cl_2C$ 이온 때문에 나타난다.

④ 121amu 피크는 $^{37}Cl_2^{35}ClC$ 이온 때문에 나타난다.

① 135amu 피크는 $^{37}Cl_2^{35}ClCCH_2^+$ 이온 때문에 나타난다.

79 고성능 액체 크로마토그래피(HPLC)에서 분석물질의 분리와 머무름 시간을 조절하는 가장 큰 변수는?

① 시료 주입량
② 이동상의 조성
③ 이동상의 유량
④ 칼럼의 온도

해설

머무름 시간

- 시료 주입으로부터 피크의 최고점까지 걸린 시간이다.
- 정지상과 이동상에서 소요된 시간의 합이다.
- 혼합가스가 물질을 통과하면서 머무름 시간이 짧은 성분부터 시간차를 두고 나온다.

80 기체 크로마토그래피(GC)에서 통상적으로 사용되지 않는 검출기는?

① 열전도도 검출기(TCD)
② 불꽃이온화 검출기(FID)
③ 전자포착 검출기(ECD)
④ 자외선 검출기(UV Detector)

해설

GC 검출기

형 태	응용할 수 있는 시료
불꽃 이온화(FID)	탄화수소물
열전도도(TCD)	일반 검출기
전자 포획(ECD)	할로젠 화합물
질량 분석계(MS)	어떤 화학종에도 적용
열이온(TID)	질소와 인화합물
전해질 전도(Hall)	할로젠, 황, 질소를 포함한 화합물
광이온화	UV 빛에 의한 이온화 화합물
Fourier 변환 IR(FTIR)	유기화합물

제1과목 | 일반화학

01 염화칼륨(KCl) 수용액에 질산은(AgNO₃) 수용액을 과량으로 가하여 백색 침전이 29.0g 생성되었다. 다음 중 백색 침전의 화학식과 양을 바르게 표기한 것은?(단, 각 원소의 원자량은 Ag : 108, N : 14, O : 16, K : 39, Cl : 35.5이다)

① KCl, 0.202몰
② KCl, 2.02몰
③ AgCl, 0.202몰
④ AgCl, 2.02몰

해설

$KCl + AgNO_3 \rightarrow KNO_3 + AgCl$

백색 침전

• 화학식 : $AgCl$

• 양 $= \dfrac{29.0\,g}{(108+35.5)\,g/mol} ≒ 0.202\,mol$

02 한 수저는 금으로 도금하고, 다른 수저는 구리로 도금하고자 한다. 만약 발전기에서 나오는 일정한 전류를 두 수저를 도금하는 데 사용하였다면, 어느 수저에 먼저 1g이 도금되고 그 이유는 무엇인가? (단, 금의 원자량은 197, 구리의 원자량은 63.5이며, 반쪽환원반응식은 다음과 같다)

$$Au^{3+}(aq) + 3e^- \rightarrow Au(s) \quad E° = 1.50$$
$$Cu^{2+}(aq) + 2e^- \rightarrow Cu(s) \quad E° = 0.34$$

① 금 수저 – 금의 원자량이 더 크기 때문이다.
② 금 수저 – 금이 더 많은 전자로 환원되기 때문이다.
③ 구리 수저 – 구리가 기전력이 더 낮기 때문이다.
④ 구리 수저 – 구리가 더 적은 전자로 환원되기 때문이다.

해설

전류를 1A 라 가정하면, 패러데이의 법칙 $Q = I \cdot t$ 에 의해

• 금 1g이 도금되는 데 걸리는 시간은

$t = \dfrac{96,500\,C/mol \cdot 3mol \cdot 1g}{1C/s \cdot 197g} ≒ 1,469.5s$

• 구리 1g이 도금되는 데 걸리는 시간은

$t = \dfrac{96,500\,C/mol \cdot 2mol \cdot 1g}{1C/s \cdot 63.5g} ≒ 3,039.3s$ 가 된다.

도금시간은 석출되는 금속의 당량(원자량 ÷ 원자가)에 반비례하므로 화학당량이 큰 금이 먼저 도금된다.

03 암모니아를 물에 녹여 0.101M의 용액 1.00L를 만들었다. 이 용액의 OH⁻의 농도는 1.0×10^{-3}M이라고 가정할 때, 암모니아의 이온화 평형상수 K_i는 얼마인가?

① 1.0×10^{-3} ② 1.0×10^{-4}

③ 1.0×10^{-5} ④ 1.0×10^{-6}

해설

$NH_3 + H_2O \rightarrow NH_4^+ + OH^-$ 이므로, $K_i = \dfrac{[NH_4^+][OH^-]}{[NH_3]}$ 이다.

- $[OH^-] = 1.0 \times 10^{-3}$M $= [NH_4^+]$
- $[NH_3] = 0.101$M $- (1.0 \times 10^{-3})$M

이 값을 위 식에 대입하면,

$$\therefore K_i = \frac{[NH_4^+][OH^-]}{[NH_3]} = \frac{(1.0 \times 10^{-3})^2 M}{0.101M - (1.0 \times 10^{-3}M)}$$
$$= 1.0 \times 10^{-5}$$

04 단위가 틀리게 연결된 것은?

① 전하량 – Coulomb(C)

② 전류 – Ampere(A)

③ 전위 – Volt(V)

④ 에너지 – Watt(W)

해설

④ W = J/s – 일률의 단위

05 다음 알케인의 IUPAC 이름은 무엇인가?

$$CH_3CH_2CH_2CH_2CH_2\overset{\displaystyle CH_3}{\underset{\displaystyle \underset{\displaystyle CH_3}{CH_2}\;CH_3}{C}}CH_2CHCH_3$$

① Ethyl−2,4−dimethyloctane

② 2−ethyl−2,4−dimethylnonane

③ 4−ethyl−2,4−dimethyloctane

④ 4−ethyl−2,4−dimethylnonane

해설

4번 탄소에 에틸기, 2,4번 탄소에 각각 메틸기가 붙은 탄소 9개인 알케인이다.

06 전기화학전지에 관한 패러데이의 연구에 대한 설명 중 옳지 않은 것은?

① 어떤 전지에서나 전극에서 생성되거나 소모된 물질의 양은 전지를 통해 흐른 전하의 양에 반비례한다.

② 일정한 전하량의 전지를 통하여 흐르게 되면 여러 물질들이 이에 상응하는 당량만큼 전극에서 생성되거나 소모된다.

③ 패러데이의 법칙은 전기화학 과정에 대한 화학양론을 요약한 것이다.

④ 패러데이 상수 $F = 96,485.34$C/mol이다.

해설

① 전극에서 생성되거나 소모된 물질의 양은 전자를 통해 흐른 전하의 양에 비례한다.

07 세로토닌은 신경전달물질이다. 세로토닌의 몰질량은 176g/mol이다. 5.31g의 세로토닌을 분석하여 탄소 3.62g, 수소 0.362g, 질소 0.844g, 산소 0.482g을 함유한다는 사실을 알았다. 세로토닌의 분자식으로 예상되는 것은?

① $C_{10}H_{12}N_2O$
② $C_{10}H_{26}NO$
③ $C_{11}H_{14}NO$
④ $C_9H_{10}N_3O$

해설

$C : H : N : O = \dfrac{3.62}{12} : \dfrac{0.362}{1} : \dfrac{0.844}{14} : \dfrac{0.482}{16} \fallingdotseq 10 : 12 : 2 : 1$

따라서, 실험식은 $C_{10}H_{12}N_2O$이다.

$(C_{10}H_{12}N_2O)x = 176$

$(120 + 12 + 28 + 16)x = 176$

$x = 1$이므로, 세로토닌의 분자식은 $C_{10}H_{12}N_2O$이다.

08 화합물 한 쌍을 같은 몰수로 혼합하는 다음 4가지 경우 중 염기성 용액이 되는 경우는 모두 몇 가지인가?

(a) $NaOH(K_b = 아주 큼) + HBr(K_a = 아주 큼)$
(b) $NaOH(K_b = 아주 큼) + HNO_3(K_a = 아주 큼)$
(c) $NH_3(K_b = 1.8 \times 10^{-5}) + HBr(K_a = 아주 큼)$
(d) $NaOH(K_b = 아주 큼) + CH_3CO_2H(K_a = 1.8 \times 10^{-5})$

---

① 4
② 3
③ 2
④ 1

해설

K_b가 K_a보다 큰 (d)의 경우만 염기성 용액이 된다.

09 다음 중 극성 분자가 아닌 것은?

① CCl_4
② H_2O
③ CH_3OH
④ HCl

해설

① CCl_4는 정사면체 구조로, 중앙의 C 중심을 지나는 평면을 기준으로 두 개의 Cl이 완전한 대칭구조가 되므로 비극성 분자이다.

10 메타-다이나이트로벤젠의 구조를 옳게 나타낸 것은?

①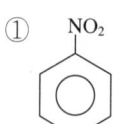
②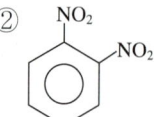
③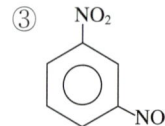
④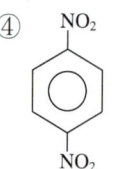

해설

③ meta-다이나이트로벤젠 :

② ortho-다이나이트로벤젠 :

④ para-다이나이트로벤젠 :

11 수용액의 산성도를 나타내는 pH에 대한 설명 중 옳지 않은 것은?

① pH 값은 pH = $-\log_{10}[H_3O^+]$로부터 구할 수 있다.

② pH가 7 보다 작은 경우를 산성 용액이라 한다.

③ 중성 용액의 pH는 14이다.

④ pH Meter를 이용하여 측정할 수 있다.

> **해설**
>
> ③
>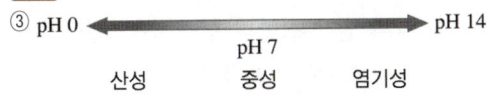
>
> pH 0 ←―――――――→ pH 14
>
> pH 7
>
> 산성　　중성　　염기성

12 11.99g의 염산이 녹아 있는 5.48M 염산 용액의 부피는 몇 mL인가?(단, 염산의 분자량은 36.45이다)

① 12.5　　　　② 17.8

③ 30.4　　　　④ 60.0

> **해설**
>
> $$\text{몰농도(M)} = \frac{\text{용질의 몰수(mol)}}{\text{용액의 부피(L)}}$$
>
> $$\therefore \text{용액의 부피} = \frac{\text{용질의 몰수(mol)}}{\text{몰농도(M)}}$$
>
> $$= \frac{1,000\text{mL}}{5.48\text{mol}} \times \frac{1\text{mol}}{36.45\text{g}} \times 11.99\text{g} ≒ 60.0\text{mL}$$

13 다음 작용기에 대한 설명 중 옳지 않은 것은?

① 알코올은 –OH 작용기를 가지고 있다.

② 페놀류는 –OH기가 방향족 고리에 직접 붙어 있는 화합물이다.

③ 에테르는 –O–로 나타내는 작용기를 가지고 있다.

④ 1차 알코올은 –OH기가 결합되어 있는 탄소 원자에 다른 탄소 원자가 2개 이상 결합되어 있는 것이다.

> **해설**
>
> OH가 결합한 탄소 원자에 결합된 R(알킬기)의 수에 따라 알코올을 분류할 수 있다. 1차 알코올은 –OH기가 결합되어 있는 탄소에 다른 탄소 1개가 결합된 알코올, 2차 알코올은 다른 탄소 2개, 3차 알코올은 다른 탄소 3개가 결합된 알코올이다.

14 핵이 분해하여 방사능을 방출하는 방사성 붕괴에 대한 설명으로 틀린 것은?

① 방사성 붕괴는 일반적으로 전형적인 1차 반응 속도식을 따른다.

② 베타 입자는 방사능의 일종으로 헬륨의 핵(Nucleus)이다.

③ 감마선은 방사능 가운데 유일하게 입자가 아닌 전자기파이다.

④ 반감기(Half–life)란 방사성 붕괴를 하는 핵종의 수가 처음 값의 반이 되는 데 필요한 시간이다.

> **해설**
>
> ② 헬륨의 핵은 알파 입자이다. 베타 입자는 전자를 나타낸다.

15 전자가 보어모델(Bohr Model)의 $n = 5$궤도에서 $n = 3$궤도로 전이할 때 수소 원자에서 방출되는 빛의 파장은 얼마인가?(단, 뤼드베리상수 $R_H = 1.9678 \times 10^{-2} nm^{-1}$)

① 434.5nm
② 486.1nm
③ 714.6nm
④ 954.6nm

해설

$\dfrac{1}{\lambda} = R_H\left(\dfrac{1}{m^2} - \dfrac{1}{n^2}\right)(n > m)$

$n = 5$, $m = 3$이므로, 위의 식에 대입하면

$\dfrac{1}{\lambda} = 1.9678 \times 10^{-2}\,nm^{-1}\left(\dfrac{1}{3^2} - \dfrac{1}{5^2}\right) ≒ 0.14 \times 10^{-2}\,nm^{-1}$

$\therefore \lambda ≒ 7.14 \times 10^2\,nm$

16 16.0M인 H_2SO_4 용액 8.00mL를 용액의 최종 부피가 0.125L가 될 때까지 묽혔다면, 묽힌 후 용액의 몰농도는 약 얼마가 되겠는가?

① 102M
② 10.2M
③ 1.02M
④ 0.102M

해설

처음 용액의 H_2SO_4 몰수를 계산하면,

$\dfrac{16mol}{L} \times 0.008L = 0.128mol$이다.

최종 부피가 0.125L가 될 때까지 묽혔다면 몰농도는

$M = \dfrac{0.128mol}{0.125L} ≒ 1.02M$이 된다.

17 기체 분자 운동론(Kinetic Molecular Theory)의 기본 가정으로 틀린 것은?

① 기체 입자의 부피는 무시할 수 있다.
② 기체 입자는 계속해서 움직이고 용기의 벽에 입자가 충돌하여 압력이 발생한다.
③ 기체 입자들 사이에는 인력이 작용하므로 압력 계산 시 고려해야 한다.
④ 기체 입자 집합의 평균 운동 에너지는 기체의 절대온도에 비례한다.

해설

기체 분자 운동론의 가정
• 입자는 입자 사이의 거리에 비해 매우 작아서 입자의 부피는 무시할 수 있다.
• 입자는 끊임없이 운동하고, 입자가 용기의 벽에 충돌하는 것이 기체에 의한 압력의 원인이 된다.
• 입자 간에 서로 힘이 작용하지 않는다고 가정한다. 즉, 입자는 서로 끌거나 반발하지 않는다고 가정한다.
• 기체 입자 집합의 평균 운동 에너지는 기체의 Kelvin 온도에 비례한다고 가정한다.

18 2M NaOH 30mL에는 몇 mg의 NaOH가 존재하는가?(단, Na의 원자량은 23이다)

① 1,200
② 1,800
③ 2,400
④ 3,600

해설

$x\,mol\ NaOH = \dfrac{2mol}{1,000mL} \times 30mL = 0.06mol$

NaOH의 분자량 $= 23 + 16 + 1 = 40$이므로

$0.06mol$의 NaOH는 $0.06mol \times \dfrac{40g}{1mol} \times \dfrac{1,000mg}{1g} = 2,400mg$이다.

19 다음 각 쌍의 2개 물질 중에서 물에 더욱 잘 녹을 것이라고 예상되는 물질을 1개씩 옳게 선택한 것은?

> • CH_3CH_2OH와 $CH_3CH_2CH_3$
> • $CHCl_3$와 CCl_4

① CH_3CH_2OH, $CHCl_3$

② CH_3CH_2OH, CCl_4

③ $CH_3CH_2CH_3$, $CHCl_3$

④ $CH_3CH_2CH_3$, CCl_4

해설

극성 물질은 극성 용매에 잘 녹고, 비극성 물질은 비극성 용매에 잘 녹는다. 물은 극성 용매이므로 보기에서 극성 물질을 찾으면 된다. $CH_3CH_2CH_3$(프로페인)과 CCl_4(사염화탄소)는 공유전자쌍이 (+), (−) 어느 쪽으로도 치우치지 않고 균형을 이루고 있는 비극성 분자이므로 물에 잘 녹지 않는다.

20 다음 유기화합물의 명칭 중 틀린 것은?

① $CH_2=CH_2$의 중합체는 폴리스타이렌이다.

② $CH_2=CH-CN$의 중합체는 폴리아크릴로나이트릴이다.

③ $CH_2=CHOCOCH_3$의 중합체는 폴리아세트산비닐이다.

④ $CH_2=CHCl$의 중합체는 폴리염화비닐이다.

해설

폴리스타이렌(Polystyrene)

• 화학식 : $[CH_2-CH(C_6H_5)]_n$

• 구조식

$$\left[CH_2 - \underset{\bigcirc}{CH} \right]_n$$

• 특징 : 비결정성 수지로 무색무취, 무독이고 열 안정성이 좋으며 우수한 내열성을 가지고 있어 가공이 용이하고 작업성이 좋다. 그러나 태양광선, 자외선을 받으면 열화하기 쉽다.

---

21 패러데이 상수는 전류량과 반응한 화합물의 양과의 관계를 알아내는 데 사용되는 값으로 96,485가 자주 사용되고 있다. 이러한 패러데이 상수의 단위(Unit)로 알맞은 것은?

① C/mol

② A/mol

③ C/g

④ A/g

해설

패러데이 상수는 1mol의 전자가 가진 전하량을 의미하므로 단위는 C/mol이다.

22 다음 반응식은 어떠한 평형상태인가?

> $$Ni^{2+} + 4CN^- \rightleftharpoons Ni(CN)_4^{2-}$$

① 약한 산의 해리

② 약한 염기의 해리

③ 착이온의 생성

④ 산화−환원 평형

해설

착이온은 중심 금속이온에 리간드가 배위결합하여 이루어진 이온으로, $Ni(CN)_4^{2-}$는 Ni^{2+}와 4개의 CN^-로 이루어진 착이온이다.

23 다음 ( ) 안에 가장 적합한 용어는?

> 금속이온은 수산화이온 OH^-와 침전물을 형성하기 쉬우므로 염기성 수용액에서 EDTA에 의한 금속이온 적정 시 일반적으로 ( ) 완충용액이 보조착화제로 쓰인다.

① 질산이온(NO_3^-)

② 암모니아(NH_3)

③ 황산이온(SO_4^{2-})

④ 메틸아민(CH_3NH_2)

해설
② 금속이온은 수산화이온과 침전물을 형성하기 쉬워 염기성 수용액에서 EDTA에 의한 금속이온 적정 시 일반적으로 암모니아 완충용액이 보조착화제로 쓰인다. 이때 생기는 금속의 암모니아 착물은 금속의 EDTA 착물보다 안정도가 낮고 EDTA의 킬레이트 생성반응을 방해하지 않는다.

24 EDTA에 대한 설명으로 틀린 것은?

① EDTA는 금속이온의 전하와는 무관하게 금속이온과 일정 비율로 결합한다.

② EDTA 적정법은 물의 경도를 측정할 때 사용할 수 있다.

③ EDTA는 Li^+, Na^+, K^+와 같은 1가 양이온들 하고만 착물을 형성한다.

④ EDTA 적정 시 금속-지시약 착화합물은 금속-EDTA 착화합물보다 덜 안정한다.

해설
EDTA는 2가 이상의 금속이온과 1 : 1의 비율로 결합하여 매우 안정한 구조를 가진다.

25 아스코브산을 아이오딘 용액으로 산화–환원 적정을 할 때 주로 사용할 수 있는 지시약은?

① 녹 말

② 페놀프탈레인

③ 아연이온

④ 리트머스

해설
아스코브산(Vitamin C)은 아이오딘을 환원시켜 아이오딘이온으로 만들며, 녹말은 아이오딘과 반응하여 착물을 형성하며 보라색을 나타낸다. 이러한 색상 변화를 이용하여 지시약으로 사용된다.

26 다음의 증류수 또는 수용액에 고체 $Hg_2(IO_3)_2$(K_{sp} $= 1.3 \times 10^{-18}$)를 용해시킬 때, 용해된 Hg_2^{2+}의 농도가 가장 큰 것은?

① 증류수

② 0.10M KIO_3

③ 0.20M KNO_3

④ 0.30M $NaIO_3$

해설
IO_3 이온 화합물을 용해시키면 Hg_2^{2+}가 줄어들고, $Hg_2(IO_3)_2$는 KNO_3에 가장 잘 녹기 때문에 ③번의 농도가 가장 클 것이다.

27 0.850g의 미지시료에는 KBr(몰질량 119g)과 KNO_3(몰질량 101g)만이 함유되어 있다. 이 시료를 물에 용해한 후 브로민화물을 완전히 적정하는 데 0.0500M $AgNO_3$ 80.0mL가 필요하였다. 이때 고체시료에 있는 KBr의 무게백분율은?

① 44.0%

② 47.5%

③ 54.1%

④ 56.0%

해설
반응식 $AgNO_3 + KBr \rightarrow KNO_3 + AgBr$
적정에 사용된 $AgNO_3$ 몰수 $= 0.05M \times 0.08L = 0.004mol$
반응식에서 $AgNO_3$ 1몰, KBr 1몰이 반응하므로 반응한 KBr의 몰수 $= 0.004mol$
$0.004mol$ KBr의 질량 $= 0.004mol \times 119g/1mol = 0.476g$
∴ KBr의 무게백분율 $= 0.476g/0.850g \times 100 = 56\%$

28 CaF_2의 용해와 관련된 반응식에서 과량의 고체 CaF_2가 남아 있는 포화된 수용액에서 $Ca^{2+}(aq)$의 몰농도에 대한 설명으로 옳은 것은?(단, 용해도의 단위는 mol/L이다)

$$CaF_2(s) \rightleftarrows Ca^{2+}(aq) + 2F^-(aq), \quad K_{sp} = 3.9 \times 10^{-11}$$
$$HF(aq) \rightleftarrows H^+(aq) + F^-(aq), \quad K_a = 6.8 \times 10^{-4}$$

① KF를 첨가하면 몰농도가 감소한다.

② HCl을 첨가하면 몰농도가 감소한다.

③ KCl을 첨가하면 몰농도가 감소한다.

④ H_2O를 첨가하면 몰농도가 증가한다.

해설
② HCl은 전해질이므로 몰농도는 증가한다.
③ KCl은 전해질이므로 몰농도는 증가한다.
④ H_2O는 아무런 영향을 미치지 않는다.

29 할로젠 음이온을 0.050M Ag^+ 수용액으로 적정하였다. AgCl, AgBr, AgI의 용해도곱은 각각 1.8×10^{-10}, 5.0×10^{-13}, 8.3×10^{-17}이다. 당량점이 가장 뚜렷하게 나타나는 경우는?

① 0.05M Cl^-

② 0.10M Cl^-

③ 0.10M Br^-

④ 0.10M I^-

해설
용해도곱이 작을수록 녹아나오기 힘들기 때문에 처음 가해진 은 이온은 아이오딘화은을 침전시킨다. 아이오딘화 이온의 침전이 거의 끝나갈 때 은 이온의 농도는 갑자기 증가한다. 은 이온의 농도가 충분히 높아지면 브로민화은이 침전하기 시작하고 은 이온의 농도는 다시 떨어진다. 브로민화 이온이 다 소모되면 은 이온 농도가 또 한 번 급격히 변화한다. 이런 과정으로 처음의 아이오딘화은의 당량점, 두 번째의 브로민화은의 당량점, 세 번째의 염화은의 당량점인 3개의 변환점이 나타난다. 이때 용해도곱의 간격이 크면 클수록 더 완전히 침전하므로 당량점은 더욱 뚜렷하게 나타난다.

30 활동도는 용액 중에서 그 화학종이 실제로 작용하는 반응능력을 말한다. 이에 비해 활동도계수는 이온들의 이상적 행동으로부터 벗어나는 정도를 나타낸다. 활동도계수에 대한 설명으로 가장 옳은 것은?

① 활동도계수는 무한히 묽은 용액에서 무한히 작아진다.

② 활동도계수는 공존하는 화학종의 종류보다는 용액의 이온세기에 따라 결정된다.

③ 이온의 전하가 커지면 활동도계수가 1로부터 벗어나는 정도가 작아진다.

④ 전하를 갖지 않는 중성 분자의 활동도계수는 이온세기와 무관하게 0이다.

해설
② 활동도계수는 이온세기에 의존한다. 이온세기가 낮아질수록 활동도계수값이 1에 접근한다.

31 황산알루미늄 용액에 여분의 염화바륨을 가하여 0.6978g의 황산바륨 침전을 얻었다. 시료용액에 녹아 있는 황산알루미늄의 무게는?(단, 황산알루미늄의 화학식 양은 342.23, 황산바륨의 화학식 양은 233.4이다)

$$Al_2(SO_4)_3 + 3BaCl_2 \rightleftarrows 3BaSO_4 + 2AlCl_3$$

① 0.1217g

② 0.3411g

③ 0.3651g

④ 0.4868g

해설
• 몰수비 → $Al_2(SO_4)_3 : BaSO_4 = 1 : 3$
• $BaSO_4 = 0.6978g \times \dfrac{mol}{233.4g}$
  $\fallingdotseq 2.99 \times 10^{-3} mol \fallingdotseq 0.003 mol$
• $Al_2(SO_4)_3 \fallingdotseq 0.001 mol \times 342.23 g/mol \fallingdotseq 0.342g$

32 어떤 유기산 10.0g을 녹여 100mL 용액을 만들면, 이 용액의 유기산의 해리도는 2.50%이다. 유기산은 일양성자산이며, 유기산의 K_a가 5.00×10^{-4}이었다면, 유기산의 화학식 양은?

① 6.40g/mol
② 12.8g/mol
③ 64.0g/mol
④ 128g/mol

해설

	HA	$\rightarrow$	H$^+$	+	A$^-$
초 기	x		0		0
반 응	$-0.025x$		$+0.025x$		$+0.025x$
최 종	$0.975x$		$0.025x$		$0.025x$

$$K_a = \frac{[H^+][A^-]}{[HA]} = \frac{(0.025x)^2}{0.975x} = 5.00 \times 10^{-4}$$

- 몰농도 $x = 0.78M = 0.78mol/L$
- 몰수 $= 0.78mol/L \times 0.1L = 0.078mol$

$\therefore$ 유기산의 화학식 양 $= \dfrac{10.0g}{0.078mol} = 128g/mol$

---

33 다음의 지시약에 대한 설명에서 옳은 것만으로 나열된 것은?

> ㉠ 산염기 지시약의 pH 변색범위는 대략 $pK_a \pm 1$이다.
> ㉡ 산화환원 지시약의 변색범위(볼트)는 대략 $E° \pm 1$이다.
> ㉢ 산염기 지시약은 자신이 강산이거나 또는 강한 염기이다.

① ㉠
② ㉠, ㉡
③ ㉡, ㉢
④ ㉠, ㉡, ㉢

해설

㉡ 산화환원 지시약의 변색범위(볼트)는 대략 $\left(E° \pm \dfrac{0.05916}{n}\right)V$이다.

㉢ 산염기 지시약은 자신이 약산이거나 약염기이다.

---

34 pH 10.00인 100mL 완충용액을 만들려면 NaHCO$_3$(FW 84.01) 4.00g과 몇 g의 Na$_2$CO$_3$(FW 105.99)를 섞어야 하는가?

> $H_2CO_3 \rightleftharpoons HCO_3^- + H^+$, $pK_{a1} = 6.352$
> $HCO_3^- \rightleftharpoons CO_3^{2-} + H^+$, $pK_{a2} = 10.329$

① 1.32g
② 2.09g
③ 2.36g
④ 2.96g

해설

- $pH = pK_a + \log\dfrac{[A^-]}{[HA]}$

$$10.00 = 10.329 + \log\frac{[CO_3^{2-}]}{[HCO_3^-]}$$

$$\frac{[CO_3^{2-}]}{[HCO_3^-]} = 10^{-0.329} \fallingdotseq 0.4688$$

- NaHCO$_3$ 4.00g의 몰수 $= 4.00g \times \dfrac{1mol}{84.01g} \fallingdotseq 0.0476mol$

$0.0476mol : x = [HCO_3^-] : [CO_3^{2-}] = 1 : 0.4688$

$x = 0.0476mol \times 0.4688 \fallingdotseq 0.0223mol$

$\therefore$ 섞어야 할 Na$_2$CO$_3$의 질량 $= 0.0223mol \times 105.99g/mol$
$\fallingdotseq 2.364g$

---

35 진한 황산의 무게백분율 농도는 96%이다. 진한 황산의 몰농도는 얼마인가?(단, 진한 황산의 밀도는 1.84kg/L, 황산의 분자량은 98.08g/mol이다)

① 9.00M
② 12.0M
③ 15.0M
④ 18.0M

해설

$$\frac{1mol}{98.08g} \times 0.96 \times \frac{1,840g}{L} = 18.0mol/L$$

36 1몰랄(m)농도 용액에 대한 설명으로 옳은 것은?

① 용액 1,000g에 그 용질 1몰이 들어 있는 용액

② 용매 1,000g에 그 용질 1몰이 들어 있는 용액

③ 용액 100g에 그 용질 1g이 들어 있는 용액

④ 용매 1,000g에 그 용질 1당량이 들어 있는 용액

해설
몰랄농도 : 용매 1kg 속에 녹아 있는 용질의 몰수이다.

37 양성자가 하나인 어떤 산(Acid)이 있다. 수용액에서 이 산의 짝산, 짝염기의 평형상수 K_a와 K_b가 존재할 때, 그 관계식으로 옳은 것은?(단, pK_w = 14.00이라고 가정한다)

① $K_a \times K_b = K_w$

② $K_a / K_b = K_w$

③ $K_b / K_a = K_w$

④ $K_a \times K_b \times K_w = 1$

38 $Cu(s) + 2Ag^+ \rightleftharpoons Cu^{2+} + 2Ag(s)$ 반응의 평형상수 값은 약 얼마인가?(단, 이들 반응을 구성하는 반쪽 반응과 표준전극전위는 다음과 같다)

> $Ag^+ + e^- \rightleftharpoons Ag(s)$ $E° = 0.799V$
> $Cu^{2+} + 2e^- \rightleftharpoons Cu(s)$ $E° = 0.337V$

① 2.5×10^{10}　　② 2.5×10^{12}

③ 4.1×10^{15}　　④ 4.1×10^{18}

해설
$E° = E°_+ - E°_- = 0.799V - 0.337V = 0.462V$

$\quad = \dfrac{0.05916}{n} \log K$

∴ 평형상수값 $K = 4.1 \times 10^{15}$

39 네른스트식은 어떤 양들 사이의 관계식인가?

① 농도, 전위차

② 농도, 삼투압

③ 온도, 평형상수

④ 엔탈피, 엔트로피, 자유에너지

해설
Nernst 식

$E = E° + \dfrac{RT}{nF} \ln \dfrac{[Ox]}{[Red]}$

40 용해도곱(Solubility Product)은 고체 염이 용액 내에서 녹아 성분이온으로 나뉘는 반응에 대한 평형상수로서 K_{sp}로 표시된다. PbI_2는 $PbI_2(s) \rightleftharpoons Pb^{2+}(aq) + 2I^-(aq)$과 같은 용해반응을 나타내고 K_{sp}는 7.9×10^{-9}일 때 다음 평형반응의 평형상수 값은?

> $Pb^{2+}(aq) + 2I^-(aq) \rightleftharpoons PbI_2(s)$

① 7.9×10^{-9}

② $1/(7.9 \times 10^{-9})$

③ $(7.9 \times 10^{-9}) \times (1.0 \times 10^{-14})$

④ $(1.0 \times 10^{-14})/(7.9 \times 10^{-9})$

해설
$K_{sp} = [Pb^{2+}][I^-]^2 = 7.9 \times 10^{-9}$

∴ $K = \dfrac{1}{[Pb^{2+}][I^-]^2} = \dfrac{1}{7.9 \times 10^{-9}}$

41 X선 회절법에 대한 설명으로 틀린 것은?

① 1912년 von Laue에 의해 발견되었다.
② 결정성 화합물을 편리하고 실용적으로 정성확인이 가능하다.
③ X선 분말(Powder) 회절법은 고체에 존재하는 화합물에 대한 정성적인 정보만 제공한다.
④ X선 분말 회절법은 각 결정 물질마다 X선 회절 무늬가 독특하다는 사실에 기초한다.

> **해설**
> ③ X선 분말 회절법은 고체시료 화합물에 대한 정성 및 정량적인 정보를 제공한다.

42 기기분석 방법의 정밀도를 나타내는 성능계수 용어가 아닌 것은?

① 평 균
② 평균치의 표준편차
③ 변동계수(CV)
④ 상대표준편차(RSD)

> **해설**
> 정밀도는 측정치의 오차 정도를 가리키는 것으로 표준편차 또는 상대표준편차(변동계수)로 나타낸다.

43 다음 중 전자전이가 일어나지 않는 것은?

① $\sigma - \sigma^*$
② $\pi - \pi^*$
③ $n - \pi^*$
④ $\sigma - \pi^*$

44 아세트산(CH_3COOH)의 기준진동방식의 수는?

① 16개
② 17개
③ 18개
④ 19개

> **해설**
> $3N - 6 = 3 \times 8 - 6 = 18$개
>
> [아세트산 구조식]

45 1.41T의 자기장을 걸어 주었을 때 수소 핵은 약 몇 MHz의 주파수에서 흡수하는가?(단, 질량수가 1인 수소의 자기회전비는 2.68×10^8/T·s이다)

① 30MHz
② 60MHz
③ 100MHz
④ 600Mhz

> **해설**
> **자기장에서의 에너지 준위**
> $$E = \frac{\gamma h}{2\pi} B_0 = h v_0$$
> $$v_0 = \frac{\gamma B_0}{2\pi} = \frac{(2.68 \times 10^8 \, T^{-1} \cdot s^{-1}) \times 1.41T}{2\pi} = 60MHz$$

46 단색화 장치의 성능을 결정하는 요소로서 가장 거리가 먼 것은?

① 복사선의 순도
② 근접파장 분해능력
③ 복사선의 산란효율
④ 스펙트럼의 띠 너비

> **해설**
> **단색화 장치의 성능을 결정하는 요소**
> • 분산되어 나오는 복사선의 순도
> • 근접파장을 분해하는 능력
> • 집광력
> • 스펙트럼의 띠 너비

47 적외선(IR) 흡수분광법에서 분자의 진동은 신축과 굽힘의 기본범주로 구분된다. 다음 중 굽힘진동의 종류가 아닌 것은?

① 가위질(Scissoring)

② 꼬임(Twisting)

③ 시프팅(Shifting)

④ 앞뒤 흔듦(Wagging)

해설

굽힘진동의 종류

• 가위질(Scissoring)

• 좌우 흔듦(Rocking)

• 앞뒤 흔듦(Wagging)

• 꼬임(Twisting)

48 Fourier 변환 적외선 흡수분광기의 장점이 아닌 것은?

① 신호/잡음비 개선

② 일정한 스펙트럼

③ 빠른 분석속도

④ 바탕 보정 불필요

해설

Fourier 변환분광법의 장점

• 기기의 분해능이나 검출기에 도달하는 빛의 양을 제한하는 슬릿이 없어 낮은 농도의 시료도 분석이 가능하다.

• 측정 시간이 신속하여 짧은 시간 내에 여러 번 반복 측정이 가능하다.

• 측정 파수의 정밀도가 우수하다.

• 열분해 또는 변질될 우려가 없다.

49 ^{13}C NMR의 장점이 아닌 것은?

① 분자의 골격에 대한 정보를 제공한다.

② 봉우리의 겹침이 적다.

③ 탄소 간 동종 핵의 스핀-스핀 짝지음이 관측되지 않는다.

④ 스핀-격자 이완시간이 길다.

해설

탄소-13 NMR의 장점

• 분자의 골격에 대한 정보를 제공한다.

• 봉우리의 겹침이 양성자 NMR보다 적다.

• 탄소 간 동종 핵의 스핀-스핀 짝지음이 일어나지 않는다.

• ^{13}C과 ^{12}C 간의 이종핵 스핀 짝지음도 후자의 스핀 양자수가 0이므로 일어나지 않는다.

50 다음 화합물 중 가장 높은 파장의 형광을 내는 것은?

① C_6H_5Br

② C_6H_5F

③ C_6H_6

④ C_6H_5Cl

해설

벤젠고리에 치환된 할로젠 원자번호가 커질수록 형광의 파장이 증가하며, Br이 원자번호가 가장 크다.

51 적외선분광법에서 한 분자의 구조와 조성에서의 작은 차이는 스펙트럼에서 흡수봉우리의 분포에 영향을 준다. 분자의 성분과 구조에서 특정 기능기에 따라 고유의 흡수 파장을 나타내는 영역을 무엇이라 하는가?

① 그룹 영역(Group Region)
② 원적외선 영역(Far IR Region)
③ 지문 영역(Fingerprint Region)
④ 근적외선 영역(Near IR Region)

해설
$1,200cm^{-1}$에서 $600cm^{-1}$까지의 지문 영역에서는 분자의 구조와 성분의 차이가 흡수봉우리 모양과 분포에 큰 변화를 주기 때문에 지문 영역에서 두 스펙트럼이 잘 일치하는지 파악하여 화합물을 확인할 수 있다.

52 인광에 대한 설명으로 틀린 것은?

① 계간전이를 통해서 발생
② 무거운 분자일수록 유리
③ $10^{-4} \sim 10$초 정도의 평균 수명
④ 산소와의 충돌이 감하면 계간전이 증가

해설
④ 산소와의 충돌이 증가할수록 계간전이가 증가한다.

53 원자흡수분광법과 원자형광분광법에서 기기의 부분 장치 배열에서의 가장 큰 차이는 무엇인가?

① 원자흡수분광법은 광원 다음에 시료잡이가 나오고 원자형광분광법은 그 반대이다.
② 원자흡수분광법은 파장선택기가 광원보다 먼저 나오고 원자형광분광법은 그 반대이다.
③ 원자흡수분광법에서는 광원과 시료잡이가 일직선상에 있지만 원자형광분광법에서는 광원과 시료잡이가 직각을 이룬다.
④ 원자흡수분광법은 레이저 광원을 사용할 수 없으나 원자형광분광법에서는 사용 가능하다.

해설
원자흡수분광법과 원자형광분광법은 모두 외부 복사선 광원을 필요로 한다. 그러나 원자흡수분광법의 경우 광원에서 나오는 빛이 파장 선택기를 통과해 일직선상의 시료잡이로 들어가지만, 원자형광분광법은 방출된 복사선이 광원방향에 대하여 90° 각도에 있다는 점이 다르다.

54 원자흡수분광법에서 휘발성이 적은 화합물 생성 등으로 인하여 화학적 방해가 발생한다. 이러한 방해를 방지하는 방법에 해당되지 않는 것은?

① 높은 온도의 불꽃 사용
② 보호제(Protective Agent)의 사용
③ 해방제(Releasing Agent)의 사용
④ 이온화 활성제(Ionization Activator)의 사용

해설
화학적 방해를 방지하는 방법
• 높은 온도의 불꽃을 사용한다.
• 해방제를 사용한다(우선적으로 방해물질과 반응하여 분석물질과 작용하는것을 방지).
• 보호제를 사용한다(분석물질과 안정하고 휘발성이 있는 화학종 형성).
• 이온화 억제제를 사용한다.

55 밀집된 상태에 있는 다원자 분자의 흡수스펙트럼에 포함되어 있는 에너지의 구성요소가 아닌 것은?

① 몇 개의 결합전자의 에너지 상태로부터 생기는 분자의 전자 에너지
② 들뜬 상태의 원자핵 분열과 관련된 양자 에너지
③ 원자 사이의 진동수와 관련된 전체 에너지
④ 한 분자 내의 여러 가지 회전운동과 관련된 에너지

해설

다원자 분자의 흡수 스펙트럼

$E = E_{전자} + E_{진동} + E_{회전}$

여기서,

$E_{전자}$: 몇 개의 결합전자의 에너지 상태로부터 생기는 분자의 전자 에너지

$E_{진동}$: 분자 화학종에 존재하는 원자 사이의 진동수와 관련된 전체 에너지

$E_{회전}$: 한 분자 내의 여러 가지 회전운동과 관련된 에너지

56 전자기 복사선 스펙트럼 영역을 나타낸 표에서 X에 해당하는 복사선은?

가시광선	적외선	X	라디오파

① 감마선　　　　② 자외선
③ 마이크로파　　④ X선

해설

전자기 복사선 스펙트럼 영역

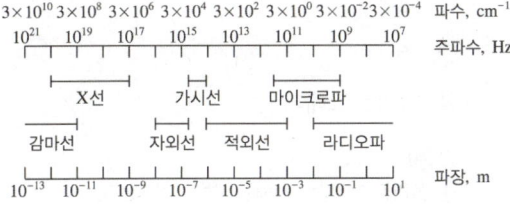

57 자외선-가시광선(UV-Vis) 흡수분광법에서 사용되는 광원이 아닌 것은?

① X선 관
② 중수소등
③ 광방출 다이오드
④ 텅스텐 필라멘트등

해설

UV-Vis 흡수분광법의 광원

• 중수소 및 수소등
• 텅스텐 필라멘트등
• 광방출 다이오드
• 제논 아크등

58 유도쌍 플라스마 광원(ICP)의 특징이 아닌 것은?

① 원자가 빛살 진로에 머무르는 시간이 짧다.
② ICPMS의 광원이 될 수 있으므로 충분한 이온화가 생긴다.
③ 광원의 온도가 높기 때문에 원소 상호 간에 방해가 적다.
④ 넓은 농도범위에 걸쳐 검정곡선이 성립된다.

해설

유도쌍 플라스마

• 아르곤의 이온화로 생긴 전자 농도가 시료 성분의 이온화로 생기는 전자 농도에 비해 엄청나게 크기 때문에 원자화가 고온에서 이루어져 이온화에 대한 방해효과가 거의 없다.
• 화학적으로 비활성인 환경에서 원자화가 일어나 분석물이 산화물을 형성하지 못하므로 원자의 수명이 길어진다.
• 자체 흡수와 자체 반전 효과가 나타나지 않는다.

59 적외선(IR) 흡수분광법에서의 진동 짝지음에 대한 설명으로 틀린 것은?

① 두 신축진동에서 두 원자가 각각 단독으로 존재할 때 신축진동 사이에 센 짝지음이 일어난다.
② 짝지음 진동들이 각각 대략 같은 에너지를 가질 때 상호작용이 크게 일어난다.
③ 두 개 이상의 결합에 의해 떨어져 진동할 때 상호작용은 거의 일어나지 않는다.
④ 짝지음은 같은 대칭성 화학종에서 진동할 때 일어난다.

해설
두 가지 진동에 공통 원자가 있을 때만 신축진동 간에 센 짝지음이 일어난다.

60 한 번 측정한 스펙트럼의 신호 대 잡음비가 6/1이다. 신호 대 잡음비를 30/1로 증가시키기 위해서는 몇 번 측정한 스펙트럼을 평균하여야 하는가?

① 5 ② 10
③ 20 ④ 25

해설
$\left(\dfrac{S}{N}\right)_n = \sqrt{n}\left(\dfrac{S}{N}\right)_i$ 이므로 신호 대 잡음비를 5배 증가시키기 위해서는 25번 반복 측정하여야 한다.

61 초임계 유체 크로마토그래피에 대한 설명으로 틀린 것은?

① 초임계 유체에서는 비휘발성 분자가 잘 용해되는 장점이 있다.
② 비교적 높은 온도를 사용하므로 분석물들의 회수가 어렵다.
③ 이산화탄소가 초임계 유체로 널리 사용된다.
④ 초임계 유체 크로마토그래피는 기체와 액체 크로마토그래피의 혼성방법이다.

해설
초임계 유체들은 기체 상태로 존재하므로 분석물 회수가 쉽다.

62 다음 중 분리분석법이 아닌 것은?

① 크로마토그래피
② 추출법
③ 증류법
④ 폴라로그래피

해설
④ 폴라로그래피는 전해분석법에 해당한다.

63 적하수은전극(Dropping Mercury Electrode)을 사용하는 폴라로그래피(Polarography)에 대한 설명으로 옳지 않은 것은?

① 확산전류(Diffusion Current)는 농도에 비례한다.

② 수은이 항상 새로운 표면을 만들어 내어 재현성이 크다.

③ 수은의 특성상 환원반응보다 산화반응의 연구에 유용하다.

④ 반파 전위(Half-wave Potential)로부터 정성적 정보를 얻을 수 있다.

해설
③ 수은은 쉽게 산화되어 산화전극으로 사용하기 곤란하기 때문에 산화반응의 연구에 적합하지 않다.

64 질량분석기로서 알 수 없는 것은?

① 시료물질의 원소의 조성

② 구성원자의 동위원소의 비

③ 생화학 분자의 분자량

④ 분자의 흡광계수

해설
질량분석법의 이용
• 시료 물질의 원소 조성에 대한 정보
• 유기물, 무기물 및 생화학 분자의 구조에 대한 정보
• 복잡한 혼합물의 정성 및 정량분석에 대한 정보
• 고체 표면의 구조 및 조성에 대한 정보
• 시료에 존재하는 원소의 동위원소비에 대한 정보

65 막 지시전극에 사용되는 이온선택성 막의 공통적인 특성에 대한 설명으로 틀린 것은?

① 이온선택성 막은 분석물질 용액에서 용해도가 거의 0이어야 한다.

② 막은 작아도 약간의 전기전도도를 가져야 한다.

③ 막 속에 함유된 몇 가지 화학종들은 분석물 이온과 선택적으로 결합할 수 있어야 한다.

④ 할로젠화은과 같은 낮은 용해도를 갖는 이온성 무기화합물은 막으로 사용될 수 없다.

해설
이온선택성 막의 성질
• 최소 용해도
• 전기전도도
• 분석물에 대한 선택적 반응성 : 이온교환, 결정화, 착물 형성

66 갈바니 전지에 대한 설명으로 틀린 것은?

① 전기를 발생하기 위해 자발적인 화학반응을 이용한다.

② 산화전극(Anode)은 산화가 일어나는 전극이다.

③ 전자는 산화전극에서 생성되어 도선을 따라 환원전극으로 흐른다.

④ 산화전극을 오른쪽에, 환원전극을 왼쪽에 표시한다.

해설
④ 갈바니 전지는 산화전극을 왼쪽에, 환원전극을 오른쪽에 표시한다.

67 폴리에틸렌의 등온 결정화 현상을 분석할 때 가장 알맞은 열분석법은?

① DTA   ② DSC

③ TG   ④ DMA

해설
시차주사 열량법(DSC)의 응용 : 결정형 물질의 용융열과 결정화 정도를 결정한다.

68 얇은 층 크로마토그래피(Thin Layer Chromato-graphy)에 대한 설명으로 틀린 것은?

① 얇은 층 크로마토그래피는 제품의 순도를 판별하는 중요한 분석법으로 사용되고 있다.

② 전개판에 시료를 점적하여 건조시킨 후 전개액에 시료가 잠기도록 해야 한다.

③ 전개상자를 이용해 시료를 분리시킬 때 뚜껑을 닫아 전개용매 증기로 상자가 포화되도록 해야 한다.

④ 지연인자(R_f)는 정지상의 두께, 온도, 시료의 크기에 의해 영향을 받는다.

해설
② 전개판의 한쪽 끝에 시료를 점적한 후, 시료와 전개액이 직접 접촉하지 않도록 전개판의 한쪽 끝을 전개액에 담근다.

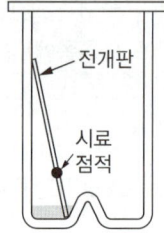

69 기체 크로마토그래피에서 기체-액체 크로마토그래피(GLC)의 물질분리의 가장 중요한 기전(평형의 종류)은 무엇인가?

① 흡 착

② 이온교환

③ 기체와 액체 사이의 분배

④ 서로 섞이지 않는 액체 사이의 분배

해설
기체-액체 크로마토그래피(GLC)
비활성 고체 충전물의 표면 또는 모세관 내부 벽에 고정시킨 액체 정지상과 기체 이동상 사이에서 분석물이 분배되는 원리를 이용하여 분석물을 분리한다.

70 액체 크로마토그래피에서 사용되는 굴절률 검출기에 대한 설명으로 틀린 것은?

① 다른 형태의 검출기보다 비교적 감도가 좋다.

② 거의 모든 용질에 감응한다.

③ 흐름의 속도에 영향을 받지 않는다.

④ 온도에 민감하여 일정한 온도가 필수적이다.

해설
① 굴절률 검출기는 다른 형태의 검출기보다 비교적 감도가 좋지 않다.

71 전기화학분석법에서 포화칼로멜 기준전극에 대하여 전극전위가 0.115V로 측정이 되었다. 이 전극전위를 포화 Ag/AgCl 기준전극에 대하여 측정하면 얼마로 나타나겠는가?(단, 표준수소전극에 대한 상대전위는 포화칼로멜 기준전극 = 0.244V, 포화 Ag/AgCl 기준전극 = 0.199V이다)

① 0.16V
② 0.18V
③ 0.20V
④ 0.22V

해설
풀이 1)
기준전극의 전위가 0.244V − 0.199V = 0.045V 낮아지므로 0.115V + 0.045V = 0.16V이다.
풀이 2)
$E = E_{환원} - E_{산화}$
$0.115V = E_{환원} - 0.244V$
$E_{환원} = 0.359V$
∴ $E = 0.359V - 0.199V = 0.16V$

72 질량분석법에서 분자의 전체 스펙트럼(Full Spectrum)을 알 수 있는 검출방법은?

① MRM 모드
② SCAN 모드
③ SIM 모드
④ SRM 모드

73 전기분해 효율이 100%인 전기분해전지가 있다. 산화전극에서는 산소 기체가, 환원전극에서는 구리가 석출되도록 0.5A의 일정 전류를 10분 동안 흘렸다. 석출된 구리의 무게는 약 얼마인가?(단, 구리의 몰질량은 63.5g/mol이다)

① 0.05g
② 0.10g
③ 0.20g
④ 0.40g

해설
$$Q(C) = I(A) \times t(s) = 0.5A \times 10 \times 60s = 300C$$
$$300C \times \frac{0.5\,mol}{96,500C} \times \frac{63.5g}{mol} ≒ 0.099g ≒ 0.10g$$

74 크로마토그래피 분석법에서 띠 넓힘에 영향을 주는 인자에 대한 설명으로 가장 옳은 것은?

① 다중통로에 의한 띠 넓힘은 분자가 충전관을 지나가는 통로가 다양하기 때문에 나타난다.
② 세로확산에 의한 띠 넓힘은 이동상과 정지상 사이의 평형이 매우 느릴 때 일어난다.
③ 상 사이의 질량이동에 의한 띠 넓힘은 이동상의 속도가 증가하면 감소하는 경향이 있다.
④ 세로확산에 의한 띠 넓힘은 이동상의 속도가 증가하면 증가하는 경향이 있다.

해설
② 세로확산에 의한 띠 넓힘은 이동상과 정지상 사이의 평형이 빠를 때 일어난다.
③ 상 사이의 질량이동에 의한 띠 넓힘은 이동상의 속도가 증가하면 증가한다.
④ 세로확산에 의한 띠 넓힘은 이동상의 속도에 반비례한다.

75 ICP를 이용한 질량분석장치에서 Space Charge 에 대한 설명으로 가장 거리가 먼 것은?

① 이것이 생기면 이온의 투과율이 감소한다.
② 이것을 감소시키기 위하여 시료를 희석시켜 측정한다.
③ 스펙트럼의 모양은 달라지나 질량의 편차는 거의 생기지 않는다.
④ 매트릭스에 의한 영향으로 일반적으로 신호가 줄어든다.

76 고분자량의 글루코스 계열 화합물을 분리하는 데 가장 적합한 크로마토그래피 방법은?

① 이온교환 크로마토그래피
② 크기별 배제 크로마토그래피
③ 기체 크로마토그래피
④ 분배 크로마토그래피

해설
① 이온교환 크로마토그래피
• 비교적 낮은 이온 교환 용량을 가지고 있는 칼럼에서 이온들을 분리한다.
• 분석하고자 하는 시료에 있는 이온종과 정지상의 전하(시료와 반대 전하를 가짐)와의 상호작용을 이용하여 분리한다.
③ 기체 크로마토그래피 : 기체화된 시료 성분들이 칼럼에 부착되어 있는 액체 또는 고체 정지상과 기체 이동상 사이에서 분배되는 과정을 거쳐 분리한다.
④ 분배 크로마토그래피(액체-액체)
• 액체 크로마토그래피 중 가장 널리 이용한다.
• 시료가 이동상과 정지상 액체의 용해도 차이에 따라 분배됨으로써 분리한다.

77 전기화학반응에서 일어나는 편극의 종류에 해당하지 않는 것은?

① 농도 편극
② 결정화 편극
③ 전하이동 편극
④ 전압강화 편극

해설
편극의 원인
• 농도 편극 : 반응 화학종이 전극 표면까지 이동하는 속도가 요구되는 전류를 유지시킬 수 있는 정도가 되지 못하는 경우에 발생한다.
• 반응 편극 : 반쪽전지반응은 중간체가 생기는 화학과정을 통해 이루어지는데, 이런 중간체의 생성 또는 분해 속도가 전류를 제한할 때 발생한다.
• 흡착, 탈착 또는 결정화 편극 : 흡착, 탈착 또는 결정화 같은 물리적 변화과정의 속도가 전류를 제한할 때 발생한다.

78 전기화학전지에 사용되는 염다리(Salt Bridge)에 대한 설명으로 틀린 것은?

① 염다리의 목적은 전지 전체를 통해 전기적 양성 상태를 유지하는 데 있다.
② 염다리는 양쪽 끝에 반투과성 막이 있는 이온성 매질이다.
③ 염다리는 고농도의 KNO_3를 포함하는 젤로 채워진 U자관으로 이루어져 있다.
④ 염다리의 농도가 반쪽전지의 농도보다 크기 때문에 염다리 밖으로의 이온의 이동이 염다리 안으로의 이온의 이동보다 크다.

해설
염다리는 KCl 같은 반응과 무관한 것으로 이루어져 있으며, 이온의 이동으로 전하의 축적을 상쇄하여 전기적 중성 상태를 유지하게 한다.

79 기체 크로마토그래피에서 할로겐과 같이 전기음성도가 큰 작용기를 포함하는 분자에 감도가 좋은 검출기는?

① 불꽃이온화 검출기(FID)
② 전자포착 검출기(ECD)
③ 열전도도 검출기(TCD)
④ 원자방출 검출기(AED)

해설
대표적인 기체 크로마토그래피 검출기

형 태	응용할 수 있는 시료
불꽃 이온화(FID)	탄화수소물
열전도도(TCD)	일반 검출기
전자 포획(ECD)	할로겐 화합물
질량 분석계(MS)	어떤 화학종에도 적용
열이온(TID)	질소와 인화합물
전해질 전도(Hall)	할로겐, 황, 질소를 포함한 화합물
광이온화	UV 빛에 의한 이온화 화합물
Fourier 변환 IR(FTIR)	유기화합물

80 시차주사열량법(DSC)에서 발열(Exothermic) 봉우리를 나타내는 물리적 변화는?

① 결정화(Crystallization)
② 승화(Sublimation)
③ 증발(Vaporization)
④ 용해(Melting)

해설

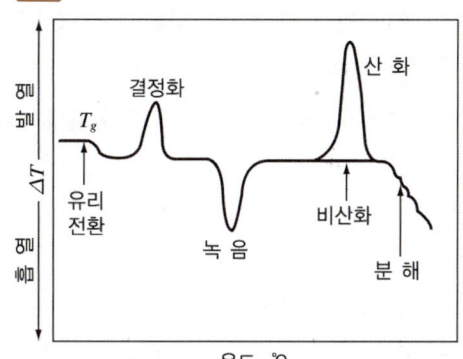

결정화 : 특정온도로 가열되면 무정형 중합체가 미세 결정으로 결정화되기 시작하면서 열을 방출한다.

2019년 제4회 과년도 기출문제

제1과목 | 일반화학

01 주어진 온도에서 $N_2O_4(g) \rightleftarrows 2NO_2(g)$의 계가 평형 상태에 있다. 이때 계의 압력을 증가시킬 때 반응의 변화로 옳은 것은?

① 정반응과 역반응의 속도가 함께 빨라져서 변함 없다.

② 평형이 깨어지므로 반응이 멈춘다.

③ 정반응으로 진행된다.

④ 역반응으로 진행된다.

> **해설**
>
> **르샤틀리에의 법칙(Le Chatelier's Principle)**
>
> 가역반응이 평형 상태에 있을 때 농도, 온도, 압력 중 어느 한 조건을 변화시키면, 반응은 그 변화를 감소시키려는 방향으로 진행하여 새로운 평형상태에 도달한다. 압력이 증가하면 부피를 늘리거나 몰수를 감소하는 역방향으로 평형이 이동한다.

02 2.5g의 살리실산과 3.1g의 아세트산 무수물을 반응시켰더니, 3.0g의 아스피린을 얻을 수 있었다. 아스피린의 이론적 수득량은 약 몇 g인가?(단, 살리실산의 분자량 : 138.12g/mol, 아세트산 무수물의 분자량 : 102.09g/mol, 아스피린의 분자량 : 180.16g/mol이고, 살리실산과 아세트산 무수물은 1 : 1로 반응하고 반응에서 역반응은 일어나지 않았다고 가정한다)

① 2.6   ② 2.8

③ 3.0   ④ 3.2

> **해설**
>
> • 살리실산 : 2.5g / (138.12g/mol) = 0.018mol
> • 아세트산 무수물 : 3.0g / (102.09g/mol) = 0.03mol
> 따라서 한계반응물은 살리실산이다.
> ∴ 아스피린의 이론적 수득량
>   = 0.018mol × (180.16g/mol) ≒ 3.2g

03 수소 연료전지에서 전기를 생산할 때의 반응식이 다음과 같을 때 10g의 H_2와 160g의 O_2가 반응하여 생성된 물은 몇 g인가?

$2H_2(g) + O_2(g) \rightarrow 2H_2O(g)$

① 90   ② 100

③ 110   ④ 120

> **해설**
>
> 수소와 산소는 1 : 8의 질량비로 반응하므로, 10g의 H_2와 80g의 O_2가 반응하여 90g의 H_2O가 생성된다.

04 다음 단위체 중 첨가중합체를 만드는 것은?

① C_2H_6 ② C_2H_4

③ $HOCH_2CH_2OH$ ④ $HOCH_2CH_3$

해설

첨가중합은 단위체의 이중결합 또는 삼중결합이 끊어지면서 중합하여 거대한 분자를 형성하는 반응으로, 이중결합을 가지는 단위체는 첨가중합반응을 한다.

② C_2H_4 : 에텐(에틸렌)

$$\begin{array}{c} H \diagdown \quad \diagup H \\ C = C \\ H \diagup \quad \diagdown H \end{array}$$

07 카보닐(Carbonyl)기를 가지고 있지 않은 것은?

① 알데하이드   ② 아마이드

③ 에스터   ④ 페 놀

해설

④ 페놀 : 벤젠고리에 직접 하이드록시기(–OH)가 결합된 화합물이다.

카보닐기($\diagdown$C=O)

① 알데하이드 : RCHO
② 아마이드 : CONH
③ 에스터 : RCOOR′

05 납 원자 2.55×10^{23}개의 질량은 약 몇 g인가?(단, 납의 원자량은 207.2이다)

① 48.8   ② 87.8

③ 488.2   ④ 878.8

해설

$$2.55 \times 10^{23}\,\text{개} \times \frac{1\text{mol}}{6.02 \times 10^{23}\,\text{개}} \times \frac{207.2\text{g Pb}}{1\text{mol}} ≒ 87.8\text{g Pb}$$

06 다원자 이온에 대한 명명 중 옳지 않은 것은?

① CH_3COO^- : 아세트산이온
② NO_3^- : 질산이온
③ SO_3^{2-} : 황산이온
④ HCO_3^- : 탄산수소이온

해설

③ SO_3^{2-} : 아황산이온, SO_4^{2-} : 황산이온

08 뷰테인이 공기 중에서 완전 연소하는 화학반응식은 다음과 같다. ( ) 안에 들어갈 계수들 중 a의 값은 얼마인가?

$$2C_4H_{10} + (a)O_2 \rightarrow (b)CO_2 + (c)H_2O$$

① 10   ② 11

③ 12   ④ 13

해설

$2C_4H_{10} + 13O_2 \rightarrow 8CO_2 + 10H_2O$이므로 a는 13이다.

09 일반적인 화학적 성질에 대한 설명 중 틀린 것은?

① 열역학적 개념 중 엔트로피는 특정 물질을 이루고 있는 입자의 무질서한 운동을 나타내는 특성이다.

② Albert Einstein이 발견한 현상으로, 빛을 금속 표면에 쪼였을 때 전자가 방출되는 현상을 광전효과라 한다.

③ 기체 상태의 원자에 전자 하나를 더하는 데 필요한 에너지를 이온화 에너지라 한다.

④ 같은 주기에서 원자의 반지름은 원자번호가 증가할수록 감소한다.

해설
이온화 에너지 : 기체 상태의 원자에서 최외각 전자 1개를 떼어내는 데 필요한 에너지를 말한다.

10 $H_2C_2O_4$에서 C의 산화수는?

① +1   ② +2

③ +3   ④ +4

해설
H는 1가 양이온이고 O는 2가 음이온이므로,
$(1 \times 2) + 2C + (-2 \times 4) = 0$
∴ C $= +3$

11 용액의 농도에 대한 설명이 잘못된 것은?

① 노르말농도는 용액 1L에 포함된 용질의 g 당량수로 정의한다.

② 몰분율은 그 성분의 몰수를 모든 성분의 전체 몰수로 나눈 것으로 정의한다.

③ 몰농도는 용액 1L에 포함된 용질의 양을 몰수로 정의한다.

④ 몰랄농도는 용액 1kg에 포함된 용질의 양을 몰수로 정의한다.

해설
④ 몰랄농도는 용매 1kg에 포함된 용질의 몰수로 정의한다.

12 산성비의 발생과 가장 관계가 없는 반응은?

① $Ca^{2+}(aq) + CO_3^{2-}(aq) \rightarrow CaCO_3(s)$

② $S(s) + O_2(g) \rightarrow SO_2(g)$

③ $N_2(g) + O_2(g) \rightarrow 2NO(g)$

④ $SO_3(g) + H_2O(l) \rightarrow H_2SO_4(aq)$

해설
$CaCO_3$을 이용한 산성화된 토양 중화
$CaCO_3 + H_2O \rightarrow Ca(OH)_2 + CO_2(g)$

9 ③   10 ③   11 ④   12 ①   정답

13 다음 산의 명명법으로 옳은 것은?

[HClO]

① 염소산
② 아염소산
③ 과염소산
④ 하이포아염소산

해설
① $HClO_3$
② $HClO_2$
③ $HClO_4$

14 어떤 과일 주스의 pH가 4.7이다. 용액의 OH^-이온 농도는 몇 mol/L인가?

① $10^{4.7}$
② $10^{-4.7}$
③ $10^{9.3}$
④ $10^{-9.3}$

해설
pH + pOH = 14
pOH = 14 − 4.7 = 9.3
$-\log[OH^-] = 9.3$
∴ $[OH^-] = 10^{-9.3}$

15 특정 온도에서 기체 혼합물의 평형농도는 H_2 0.13M, I_2 0.70M, HI 2.1M이다. 같은 온도에서 500.00mL 빈 용기에 0.20mol의 HI를 주입하여 평형에 도달하였다면 평형 혼합물 속의 HI의 농도는 몇 M인가?

① 0.045
② 0.090
③ 0.31
④ 0.52

해설
$H_2 + I_2 \rightleftharpoons 2HI$

$K = \dfrac{[HI]^2}{[H_2][I_2]} = \dfrac{2.1^2}{0.13 \times 0.70} \fallingdotseq 48.46$

	H_2	+	I_2	$\rightleftharpoons$	2HI
초 기					0.20mol
반 응	$+x$		$+x$		$-2x$
최 종	x		x		$0.20-2x$

$[HI] = \dfrac{0.20-2x}{0.5}$, $[H_2] = \dfrac{x}{0.5}$, $[I_2] = \dfrac{x}{0.5}$ 이므로,
위의 식에 대입하면 다음과 같다.

$K = \dfrac{2^2(0.10-x)^2}{x^2} = 48.46$

$11.115x^2 + 0.2x - 0.01 = 0$

$x = \dfrac{-0.2 \pm \sqrt{0.2^2 - 4 \times 11.115 \times (-0.01)}}{2 \times 11.115} \fallingdotseq 0.0223$

∴ $[HI] = \dfrac{(0.20 - 2 \times 0.0223)}{0.5} \fallingdotseq 0.31$

16 돌턴(Dalton)의 원자설에서 설명한 내용이 아닌 것은?

① 물질은 더 이상 나눌 수 없는 원자로 이루어져 있다.
② 원자가전자의 수는 화학결합에서 중요한 역할을 한다.
③ 같은 원소의 원자들은 질량이 동일하다.
④ 서로 다른 원소의 원자들이 간단한 정수비로 결합하여 화합물을 만든다.

해설
② Lewis : 화학결합에서 원자가전자가 중요한 역할을 한다.

17 다음 화학종 가운데 증류수에서 용해도가 가장 큰 화학종은 무엇인가?(단, 각 화학종의 용해도곱 상수는 괄호 안의 값으로 가정한다)

① $AgCl$ (10^{-10})

② AgI (10^{-16})

③ $Ni(OH)_2$ (6×10^{-16})

④ $Fe(OH)_3$ (2×10^{-39})

> **해설**
> 용해도곱 상수가 클수록 용해도가 크다.

18 0.1M H_2SO_4 수용액 10mL에 0.05M NaOH 수용액 10mL를 혼합하였다. 혼합 용액의 pH는?(단, 황산은 100% 이온화되며 혼합 용액의 부피는 20mL이다)

① 0.875 ② 1.125

③ 1.25 ④ 1.375

> **해설**
> $H_2SO_4 + 2NaOH \rightarrow 2H_2O + Na_2SO_4$
> • H_2SO_4 : $0.1M \times 0.01L = 0.001mol$
> • NaOH : $0.05M \times 0.01L = 0.0005mol$
> 따라서 NaOH가 한계반응물이며, H_2SO_4는 0.00025mol만 반응한다.
> $[H^+] = (0.00075mol \times 2) / 0.02L = 0.075M$
> ∴ $pH = -\log[H^+] = -\log 0.075 ≒ 1.125$

19 1.20g의 유황(S)을 15.00g의 나프탈렌에 녹였더니 그 용액의 녹는점이 77.88℃이었다. 이 유황의 분자량(g/mol)은?(단, 나프탈렌의 녹는점은 80.00℃이고, 나프탈렌의 녹는점 강하상수(K_f)는 −6.80℃/m이다)

① 80 ② 118

③ 258 ④ 560

> **해설**
> 녹는점 내림은 몰랄농도에 비례한다.
> $80.00 - 77.88 = 2.12℃$
>
> $2.12℃ \times \dfrac{m}{6.80℃} ≒ 0.31\,m$
>
> $0.31\,m = \dfrac{\text{용질의 몰수(mol)}}{\text{용매의 질량(kg)}} = \dfrac{\text{용질의 질량(g)/분자량}}{\text{용액의 질량(g)/1,000}}$
>
> $= \dfrac{1.2g/M_w}{15g/10^{-3}}$
>
> ∴ $M_w = \dfrac{1.2}{15 \times 0.31 \times 10^{-3}} ≒ 258$

20 주기율표에 대한 설명 중 옳지 않은 것은?

① 주기율표란 원자번호가 증가하는 순서로 원소들을 배열하여 화학적 유사성을 한눈에 볼 수 있도록 만든 표이다.

② 주기율표를 이용하면 화학정보를 체계적으로 분류, 해석, 예측할 수 있다.

③ 원소를 족(Group)과 주기(Period)에 따라 배열하고 있다.

④ 전이금속원소는 10개로 나뉘어져 있으며, 원자번호 51~71번을 악티늄족이라 부른다.

> **해설**
> ④ 악티늄족은 원자번호 89~103번이다.

21 EDTA 적정에서 역적정에 대한 설명으로 틀린 것은?

① 역적정에서는 일정한 소량의 EDTA를 분석용액에 가한다.

② EDTA를 제2의 금속이온 표준용액으로 적정한다.

③ 역적정법은 분석물질이 EDTA를 가하기 전에 침전물을 형성하거나, 적정 조건에서 EDTA와 너무 천천히 반응하거나 혹은 지시약을 막는 경우에 사용한다.

④ 역적정에서 사용되는 제2의 금속이온은 분석물질의 금속이온을 EDTA 착물로부터 치환시켜서는 안 된다.

해설
① 역적정에서는 과량의 EDTA를 시료 용액에 가한다.

22 0.05M Na₂SO₄ 용액의 이온세기는?

① 0.05M
② 0.10M
③ 0.15M
④ 0.20M

해설
$$Na_2SO_4 \leftrightarrows 2Na^+ + SO_4^{2-}$$

$$이온세기 = \frac{1}{2}\left[\{0.05 \times (+1)^2 \times 2\} + \{0.05 \times (-2)^2 \times 1\}\right]$$

$$= \frac{1}{2}(0.1 + 0.2) = 0.15M$$

23 침전과정에서 결정성장에 대한 설명으로 틀린 것은?

① 침전물의 입자크기를 증가시키기 위하여 침전물이 생성되는 동안에 상대 과포화도를 최소화하여야 한다.

② 핵심생성(Nucleation)이 지배적이라면 침전물은 매우 작은 입자로 구성된다.

③ 입자성장(Particle Growth)이 지배적이라면 침전물은 큰 입자들로 구성한다.

④ 핵심생성(Nucleation) 속도는 상대 과포화도가 감소함에 따라 직선적으로 증가한다.

해설
④ 입자성장(Particle Growth) 속도는 상대 과포화도에 따라 직선적으로 증가하며, 핵심생성(Nucleation) 속도는 입자의 성장 속도보다 상대 과포화도에 더 크게 의존한다.

24 그림과 같이 다이싸이올알케인의 전도도는 사슬의 길이가 길어질수록 기하급수적으로 감소하는 데 그 이유는 무엇인가?

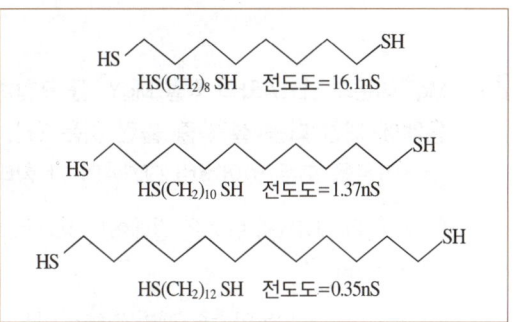

① 저항이 증가하기 때문에
② 저항이 감소하기 때문에
③ 전압이 증가하기 때문에
④ 전압이 감소하기 때문에

25 Pb^{2+}는 I^-와 반응하여 PbI_2 침전을 만들기도 하지만 PbI^+, $PbI_2(aq)$, PbI_3^-, PbI_4^{2-}의 착물을 형성하기도 한다. Pb^{2+}와 I^-의 착물 형성상수는 각각 $\beta_1 = 1.0 \times 10^2$, $\beta_2 = 1.4 \times 10^3$, $\beta_3 = 8.3 \times 10^3$, $\beta_4 = 3.0 \times 10^4$이고 $K_{sp}(PbI_2) = 7.9 \times 10^{-9}$일 때, 0.1M의 Pb^{2+} 수용액에 I^-를 1.0×10^{-4}M에서 5M 정도될 때까지 천천히 첨가할 경우에 대한 설명으로 옳지 않은 것은?

① 침전물의 양은 증가하다가 감소한다.

② 수용액 중 Pb^{2+}의 농도는 계속 감소한다.

③ 수용액 중 PbI_3^-의 농도는 계속 증가한다.

④ 수용액 중 녹아 있는 전체 Pb^{2+} 농도는 일정하다.

26 $S_4O_6^{2-}$ 이온에서 황(S)의 산화수는 얼마인가?

① 2

② 2.5

③ 3

④ 3.5

해설
$(S \times 4) + (-2 \times 6) = -2$
$\therefore \ S = 2.5$

27 Mg^{2+}이온과 EDTA와의 착물 MgY^{2-}를 포함하는 수용액에 대한 다음 설명 중 틀린 것은?(단, Y^{4-}는 수소이온을 모두 잃어버린 EDTA의 한 형태이다)

① Mg^{2+}와 EDTA의 반응은 킬레이트 효과로 설명할 수 있다.

② 용액의 pH를 높일수록 해리된 Mg^{2+}이온의 농도는 감소한다.

③ 해리된 Mg^{2+}이온의 농도와 Y^{4-}의 농도는 서로 같다.

④ EDTA는 산–염기 화합물이다.

28 다음 식 $HOCl \rightleftharpoons H^+ + OCl^-$은 $K_1 = 3.0 \times 10^{-8}$, $HOCl + OBr^- \rightleftharpoons HOBr + OCl^-$은 $K_2 = 15$로부터 반응 $HOBr \rightleftharpoons H^+ + OBr^-$에 대한 K값은?

① 2.0×10^{-9}

② 4.0×10^{-9}

③ 2.0×10^{-8}

④ 4.0×10^{-8}

해설
(3)식 = (1)식 − (2)식
$\therefore \ K = \dfrac{K_1}{K_2} = \dfrac{3 \times 10^{-8}}{15} = 2.0 \times 10^{-9}$

29 난용성 염 포화용액 성분의 M^{y+}와 A^{x-}를 포함하는 용액에서 두 이온의 농도곱을 용해도곱(Solubility Product ; K_{sp})이라고 한다. 이 값은 온도가 일정하면 항상 일정한 값을 갖는다. 이때 $[M^{y+}]^x$와 $[A^{x-}]^y$의 곱이 K_{sp}보다 클 때 용액에서 나타나는 현상은?

① 농도곱이 K_{sp}와 같아질 때까지 침전한다.

② 농도곱이 K_{sp}와 같아질 때까지 용해된다.

③ K_{sp}와 무관하게 항상 용해되어 침전하지 않는다.

④ 반응 종료 후 용액의 상태는 포화이므로 침전하지 않는다.

해설
$M_xA_y \rightleftharpoons M^{y+} + A^{x-}$
$K_{sp} = [M^{y+}] \cdot [A^{x-}]$
$K_{sp} < [M^{y+}] \cdot [A^{x-}]$일 때,
$[M^{y+}]$와 $[A^{x-}]$의 곱이 K_{sp}와 같아질 때까지 감소하므로 위의 반응에서 역반응이 우세하여 침전 양이 증가한다.

30 다음의 전기화학전지를 선 표시법으로 옳게 표시한 것은?

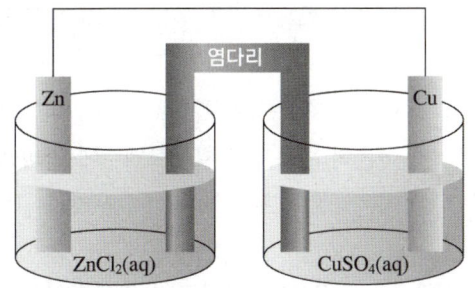

① $ZnCl_2(aq) \mid Zn(s) \parallel CuSO_4(aq) \mid Cu(s)$

② $Zn(s) \mid ZnCl_2(aq) \parallel Cu(s) \mid CuSO_4(aq)$

③ $CuSO_4(aq) \mid Cu(s) \parallel Zn(s) \mid ZnCl_2(aq)$

④ $Zn(s) \mid ZnCl_2(aq) \parallel CuSO_4(aq) \mid Cu(s)$

해설

전지의 표시법

산화전극 | 산화전지의 전해액 ∥ 환원전지의 전해액 | 환원전극

전지를 표시할 때는 산화전극을 왼쪽에, 환원전극을 오른쪽에 쓰고 접촉면은 | 로, 염다리는 ∥ 로 표시한다.

31 HgS는 산성과 알칼리성 H_2S 용액 모두에서 침전되고, ZnS는 알칼리성 H_2S 용액에서만 침전된다. 이로부터 알 수 있는 HgS와 ZnS의 용해도곱 상수의 크기는?

① HgS가 더 작다.

② ZnS가 더 작다.

③ 같다.

④ 알 수 없다.

해설

용해도곱이 작을수록 침전이 잘된다.

32 $pK_a = 7.00$인 산 HA가 있을 때 pH 6.00에서 $\dfrac{[A^-]}{[HA]}$의 값은?

① 1   ② 0.1

③ 0.01   ④ 0.001

해설

$pK_a = 7.00 \Rightarrow K_a = 10^{-7}$

$pH\ 6.00 \Rightarrow [H^+] = 10^{-6}$

$HA \rightleftharpoons H^+ + A^-$

$K_a = \dfrac{[H^+][A^-]}{[HA]} = \dfrac{10^{-6}[A^-]}{[HA]} = 10^{-7}$

$\therefore \dfrac{[A^-]}{[HA]} = 10^{-1}$

33 완충용액에 적용되는 Henderson-Hasselbalch Equation(헨더슨-하셀바흐식)은?

① $pH = -pK_a + \log([A^-]/[HA])$

② $pH = pK_a + \log([A^-]/[HA])$

③ $pH = pK_a - \log([A^-]/[HA])$

④ $pH = -pK_a - \log([A^-]/[HA])$

34 이온선택성 전극(Ion Selective Electrode)에 대한 설명으로 틀린 것은?

① 복합전극(Compound Electrode)에서는 은-염화은 전극은 기준전극으로 사용할 수 있다.

② 복합전극은 용액 중에 함유된 CO_2, NH_3 등의 기체의 농도를 측정하는 데 사용될 수 있다.

③ 고체상(Solid State) 이온선택성 전극에서 전극 내부의 충전용액은 분석하고자 하는 이온이 함유되어 있다.

④ 고체상 이온선택성 전극의 이온 감지 부분(Membrane Crystal)은 분석하고자 하는 이온만을 함유한 순수한 고체결정을 사용해야 한다.

해설

특정이온의 농도에 따라 전위가 변하는 전극을 이온선택성 전극이라고 한다. LaF_3은 F^- 이온 농도 측정에, AgS는 Ag^+ 또는 S^{2-} 농도 측정에 사용된다. 고체상 이온선택성 전극의 이온 감지 부분은 분석하고자 하는 이온만을 함유한 순수한 고체결정은 아니다.

35 농도가 19.5%로 표시되어 있는 술의 에탄올 농도는?(단, 농도는 부피비로 나타내었다고 가정하고, 물의 밀도는 1.00g/mL이고, 에탄올의 밀도는 0.789g/mL이며, 에탄올의 분자량은 46.0g/mol라고 가정한다)

① 3.34M ② 4.10M

③ 4.24M ④ 7.08M

해설

$$19.5\% = \frac{19.5\,mL}{100\,mL\,sol} \times \frac{0.789\,g}{mL} \times \frac{mol}{46\,g}$$

$$\fallingdotseq \frac{0.334\,mol}{100\,mL\,sol}$$

$$= \frac{0.334\,mol}{0.1\,L} = 3.34M$$

36 염(Salt) 용액에서 활동도(Activity)의 설명으로 옳은 것은?

① 이온의 활동도는 활동도계수의 제곱에 반비례한다.

② 이온의 활동도는 활동도계수에 비례한다.

③ 이온의 활동도는 활동도계수에 반비례한다.

④ 이온의 활동도는 활동도계수의 제곱에 비례한다.

해설

② $a_x = \gamma_x [X]$로, 이온의 활동도는 활동도계수에 비례한다.

37 이산화염소의 산화반응에 대한 화학반응식에서 ( ) 안에 적합한 화학반응계수를 차례대로 옳게 나타낸 것은?

$$( )\,ClO_2 + ( )\,OH^- \rightarrow$$
$$ClO_3^- + ( )\,H_2O + ( )\,e^-$$

① 1, 1, 1, 1 ② 1, 2, 1, 1

③ 2, 2, 2, 1 ④ 1, 2, 1, 2

해설

H_2O가 생성되므로 OH의 차수가 2가 되는 것을 이용하면, 화학반응을 완성하는 계수는 1, 2, 1, 1이다.

38 2003년 발생하여 우리나라에 막대한 피해를 입힌 태풍 매미의 중심기압은 910hPa이었다. 이를 토르(torr) 단위로 환산하면?(단, 1atm = 101,325Pa, 1torr = 133.322Pa이다)

① 643 ② 683

③ 743 ④ 763

해설

$$910\,hPa \times \frac{1\,torr}{133.322\,Pa} \times \frac{100\,Pa}{1\,hPa} \fallingdotseq 683\,torr$$

39 20℃에서 빈 플라스크의 질량은 10.2634g이고, 증류수로 플라스크를 완전히 채운 후의 질량은 20.2144g이었다. 20℃에서 물 1g의 부피가 1.0029 mL일 때, 이 플라스크의 부피를 나타내는 식은?

① $(20.2144 - 10.2634) \times 1.0029$

② $(20.2144 - 10.2634) \div 1.0029$

① $1.0029 + (20.2144 - 10.2634)$

① $1.0029 \div (20.2144 - 10.2634)$

해설
- 증류수의 질량 $= (20.2144 - 10.2634)\text{g}$
- 증류수 1g당 부피 $= 1.0029\text{mL}$
- $\therefore (20.2144 - 10.2634)\text{g} \times \dfrac{1.0029\text{mL}}{1\text{g}}$ 하면 부피를 알 수 있다.

40 0.050M Fe^{2+} 100.0mL를 0.100M Ce^{4+}로 산화환원 적정한다고 가정하자. $V_{Ce^{4+}} = 50.0$mL일 때 당량점에 도달한다면 36.0mL를 가했을 때의 전지 전압은?(단, $E^{\circ}_{+(Fe^{3+}/Fe^{2+})} = 0.767$V, $E^{\circ}_{-Calomel} = 0.241$V)

적정 반응 : $Fe^{2+} + Ce^{4+} \rightleftarrows Fe^{3+} + Ce^{3+}$

① 0.526V

② 0.550V

③ 0.626V

④ 0.650V

제3과목 | 기기분석 Ⅰ

41 복사선의 파장보다 대단히 작은 분자나 분자의 집합체에 의하여 탄성 산란되는 현상을 무엇이라 하는가?

① Stoke 산란

② Raman 산란

③ Rayleigh 산란

④ Anit-Stoke 산란

해설
Rayleigh 산란
복사선의 파장보다 대단히 작은 분자나 분자의 집합체에 의한 산란현상이다.

42 단색 X선 빛살의 광자가 K-껍질 및 L-껍질의 내부 전자를 방출시켜 방출된 전자의 운동 에너지를 측정하여 시료 원자의 산화 상태와 결합 상태에 대한 정보를 동시에 얻을 수 있는 전자분광법은?

① Auger 전자분광법(AES)

② X선 광전자분광법(XPS)

③ 전자에너지 손실분광법(EELS)

④ 레이저마이크로탐침 질량분석법(LMMS)

해설
X선 광전자분광법
X선을 시료에 쬐면 광전자들이 방출되는데 이때의 운동 에너지를 측정하여 그 물질의 원자 조성과 전자의 결합 상태 등을 분석하는 방법이다.

43 $CH_3CH_2CH_2OCH_3$ 분자는 핵자기공명(NMR) 스펙트럼에서 몇 가지의 다른 화학적 환경을 가지는 수소가 존재하는가?

① 1   ② 2
③ 3   ④ 4

$$\overset{\lor}{CH_3} - \overset{\lor}{CH_2} - \overset{\lor}{CH_2} - O - \overset{\lor}{CH_3}$$

44 일반적으로 신호 대 잡음비가 얼마 이하일 때 신호를 사람의 눈으로 관찰이 불가능해지는가?

① 1   ② 3
③ 5   ④ 10

일반적으로 S/N이 약 2~3보다 작으면 신호를 사람의 눈으로 관찰하기 불가능해진다.

45 복사선을 흡수하면 에너지 준위 사이에서 전자 전이가 일어나게 되는데 다음 전이 중 파장이 가장 짧은 복사선을 흡수하는 전자 전이는?

① $\sigma \rightarrow \sigma^*$ ② $\pi \rightarrow \pi^*$
③ $n \rightarrow \sigma^*$ ④ $n \rightarrow \pi^*$

흡수 에너지의 크기(파장에 반비례)

$$n \rightarrow \pi^* < \pi \rightarrow \pi^* < n \rightarrow \sigma^* < \sigma \rightarrow \sigma^*$$

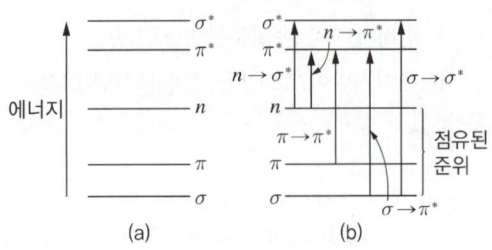

[전자 에너지 준위 및 전이]

46 UV/VIS를 이용하여 미지의 샘플을 10mm 용기(Cell)를 이용하여 흡광도를 측정했을 때, 흡광도가 0.1이면 같은 샘플을 50mm 용기(Cell)로 측정했다면 흡광도 값은?

① 0.2   ② 0.5
③ 1.0   ④ 1.5

$A = abc$

흡광도는 셀 길이에 비례하므로, 셀 길이가 5배 증가하면 흡광도도 5배 증가한다.

47 NMR 기기를 이루는 중요한 4가지 구성에 해당되지 않는 것은?

① 균일하고 센 자기장을 갖는 자석
② 대단히 작은 범위의 자기장을 연속적으로 변화할 수 있는 장치
③ 라디오파(RF) 발신기
④ 전파 송신기

NMR 기기의 구성
• 자 석
• 라디오파 발신기
• 라디오파 검출기
• 시료관 및 자기코일

48 분자의 들뜬 상태(Excited State)에 대한 설명으로 틀린 것은?

① 적외선이 분자의 진동을 유발한 상태
② X선이 분자를 이온화시킨 상태
③ 분자가 마이크로파의 복사선을 흡수한 상태
④ 분자가 광자를 방출하여 주변의 에너지 준위가 높아진 상태

> **해설**
> ④ 분자가 광자를 방출하면서 낮은 에너지 준위 상태에 있는 것을 바닥 상태라고 한다.

49 나트륨(Na) 기체의 전형적인 원자 흡수 스펙트럼을 옳게 나타낸 것은?

① 선(Line) 스펙트럼
② 띠(Bond) 스펙트럼
③ 선과 띠의 혼합 스펙트럼
④ 연속(Continuous) 스펙트럼

> **해설**
> 개개 원자의 들뜸으로 생기는 스펙트럼은 선 스펙트럼으로 기체 상태의 멀리 떨어진 원자 입자가 빛을 방출할 때 나타난다.

50 유도결합 플라스마(ICP) 원자방출분광법이 원자 흡수분광법과 비교하여 가지는 장점에 대한 설명으로 틀린 것은?

① 동시에 여러 가지 원소들을 분석할 수 있다.
② 낮은 온도에서 분석을 수행하므로 원소 간의 방해가 작다.
③ 일반적으로 더 낮은 농도까지 측정할 수 있다.
④ 잘 분해되지 않은 산화물들의 분석이 가능하다.

> **해설**
> ② 높은 온도에서 분석을 수행하므로 원소 간의 방해가 작다.

51 이산화탄소 분자는 모두 몇 개의 기준진동방식을 가지는가?

① 3 ② 4
③ 5 ④ 6

> **해설**
> 이산화탄소(CO_2)는 선형 분자이며, 선형 분자의 기준진동방식의 수는 $3N-5$(여기서, N : 원자수)의 식이 적용된다.
> ∴ $(3 \times 3) - 5 = 4$개

52 원자화 온도가 가장 높은 원자분광법의 원자화 장치는?

① 절연증발화(ETV)
② 마이크로-유도 아르곤 플라스마(MIP)
③ 불꽃(Flame)
④ 유도쌍 아르곤 플라스마(ICP)

> **해설**
> **원자분광법의 원자화 장치 형태**
>
> | 원자화 장치 형태 | 대표적 원자화 온도(℃) |
> |---|---|
> | 불 꽃 | 1,700~3,150 |
> | 전열증발화(ETV) | 1,200~3,000 |
> | 유도쌍 아르곤 플라스마(ICP) | 4,000~6,000 |
> | 직류 아르곤 플라스마(DCP) | 4,000~6,000 |
> | 마이크로-유도 아르곤 플라스마(MIP) | 2,000~3,000 |
> | 글로 방전 플라스마(GD) | 비 열 |
> | 전기 아크 | 4,000~5,000 |
> | 전기 스파크 | 40,000 |

53 유도결합 플라스마(ICP)를 이용하여 금속을 분석할 경우 이온화 효과에 의한 방해가 발생되지 않는 주된 이유는?

① 시료성분의 이온화 영향
② 아르곤의 이온화 영향
③ 시료성분의 산화물 생성 억제 효과
④ 분석원자의 수명 단축 효과

해설
② 아르곤의 이온화로 생긴 전자 농도가 시료성분의 이온화로 생기는 전자 농도에 비해 커서 이온화에 의한 방해 효과가 작다.

54 푸리에(Fourier) 변환을 이용하는 분광법에 대한 설명으로 틀린 것은?

① 기기들이 복사선의 세기를 감소시키는 광학부분 장치와 슬릿을 거의 가지고 있지 않기 때문에 검출기에 도달하는 복사선의 세기는 분산기기에서 오는 것보다 더 크게 되므로 신호 대 잡음비가 더 커진다.
② 높은 분해능과 파장 재현성으로 인해 매우 좁은 선들의 겹침으로 해서 개개의 스펙트럼의 특성을 결정하기 어려운 복잡한 스펙트럼을 분석할 수 있게 한다.
③ 광원에서 나오는 모든 성분 파장들이 검출기에 동시에 도달하기 때문에 전체 스펙트럼을 짧은 시간 내에 얻을 수 있다.
④ 푸리에 변환에 사용되는 간섭계는 미광(Stray Light)의 영향을 받으므로 시간에 따른 미광의 영향을 최소화하기 위하여 빠른 감응검출기를 사용한다.

해설
푸리에 변환에 사용되는 간섭계는 미광의 영향을 받지 않으므로 고려하지 않아도 된다.

55 X선분광법에 대한 설명으로 틀린 것은?

① 방사성 광원은 X선분광법의 광원으로 사용될 수 있다.
② X선 광원은 연속 스펙트럼과 선 스펙트럼을 발생시킨다.
③ X선의 선 스펙트럼은 내부 껍질 원자 궤도함수와 관련된 전자 전이로부터 얻어진다.
④ X선의 선 스펙트럼은 최외각 원자 궤도함수와 관련된 전자 전이로부터 얻어진다.

해설
X선 광자의 흡수는 원자로부터 최내각 전자 하나를 제거하여 들뜬 이온을 생성한다. 이 과정에서 복사선의 전체 에너지는 전자의 운동 에너지와 들뜬 이온의 위치 에너지 사이에 분배된다. 양자 에너지가 전자를 원자의 바로 주위로 제거하는 데 필요한 에너지와 정확히 같을 때(즉, 제거된 전자의 운동 에너지가 0이 될 때) 흡수가 일어날 가능성이 가장 크다.

56 Monochromator의 Slit Width를 증가시켰을 때 발생하는 현상으로 가장 옳은 것은?

① Resolution이 감소한다.
② Peak Width가 좁아진다.
③ 빛의 세기가 감소한다.
④ Grating 효율도가 증가한다.

해설
단색화 장치(Monochromator)의 경우 슬릿의 넓이와 해상도(Resolution)는 반비례한다.

57 X선 분석에서 Bragg 식은 다음 중 어떤 현상에 대해 나타낸 식인가?

① 회 절　　　　　② 편 광
③ 투 과　　　　　④ 복 사

해설
Bragg 법칙은 빛의 반사 및 회절에 관한 것이다.

58 원자분광법에서 액체 시료를 도입하는 장치에 대한 설명으로 틀린 것은?

① 기압식 분무기 : 용액 시료를 준비하여 분무기로 원자화 장치 안으로 불어 넣는다.
② 초음파 분무기 : 20kHz~수 MHz로 진동하는 소자를 이용한다. 이 소자의 표면에 액체 시료를 주입하면 균일한 에어로졸을 형성시킨 후 이를 원자화 장치 안으로 이동시킨다.
③ 전열 증기화 장치 : 전기방전이 시료 표면에서 상호작용하여 증기화된 입자 시료 집합체를 만든 다음 비활성 기체의 흐름에 의해 원자화 장치로 운반된다.
④ 수소화물 생성법 : 휘발성 수소화물을 생성시켜 이용하는 방법으로 $NaBH_4$ 수용액을 이용한다. 휘발성이 높아진 시료는 바로 도입이 가능하다.

59 다음 표에서 (　) 안에 알맞은 것은?

분광학이란 (　)와(과) 물질과의 상호작용을 다루는 과학에 대한 일반적인 용어이다.

① 원 자　　　　　② 분 자
③ 복사선　　　　　④ 전 자

60 N개의 원자로 이루어진 분자가 적외선(IR) 흡수분광법에서 나타내는 진동방식(Vibrational Mode)은 선형 분자의 경우 $3N-5$인데, 비선형 분자의 경우 $3N-6$이다. 이렇게 차이가 나는 주된 이유는?

① 선형 분자의 경우 자신의 축을 중심으로 회전하는 운동에서 위치 변화가 없기 때문에
② 선형 분자의 경우 양끝에서 당기는 운동에 관해서 쌍극자의 변화가 없기 때문에
③ 선형 분자의 경우 원자들이 동일한 방향으로 병진 운동하기 때문에
④ 선형 분자의 경우 에너지 준위 사이의 차이가 작기 때문에

해설
• 다원자 분자의 운동 = 진동 + 회전 + 병진
• 선형 분자의 경우 회전 운동에서 위치 변화가 없기 때문에 비선형 분자와 진동방식의 수에 차이가 있다.

61 전위차법에서 이온선택성 막의 성질로 인해 어떤 양이온이나 음이온에 대한 막 전극들의 감도와 선택성을 나타낸다. 이 성질에 해당하지 않는 것은?

① 최소 용해도
② 전기전도도
③ 산화·환원 반응
④ 분석물에 대한 선택적 반응성

해설
이온선택성 막의 성질
• 최소 용해도
• 전기전도도
• 분석물에 대한 선택적 반응성 : 이온교환, 결정화, 착물 형성

62 불꽃이온화 검출기(FID)에 대한 설명으로 틀린 것은?

① 버너를 가지고 있다.
② 사용 가스는 질소와 공기이다.
③ 불꽃을 통해 전기를 운반할 수 있는 전자와 이온을 만든다.
④ 유기화합물은 이온성 중간체가 된다.

해설
② 사용 가스는 수소와 공기이다.

63 상온에서 다음 전극계의 전극전위는 약 얼마인가?(단, 각 이온의 농도는 $Cr^{3+} = 2.00 \times 10^{-4}M$, $Cr^{2+} = 1.00 \times 10^{-3}M$, $Pb^{2+} = 6.50 \times 10^{-2}M$이다)

$$Pt \mid Cr^{3+}, \ Cr^{2+} \parallel Pb^{2+} \mid Pb$$
$$Cr^{3+} + e \leftrightarrow Cr^{2+} \ E° = -0.408V$$
$$Pb^{2+} + 2e \leftrightarrow Pb(s) \ E° = -0.126V$$

① −0.255V
② −0.288V
③ 0.255V
④ 0.288V

64 크로마토그래피에서 봉우리 넓힘에 기여하는 요인에 대한 설명으로 틀린 것은?

① 충전입자의 크기는 다중 통로 넓힘에 영향을 준다.
② 이동상에서의 확산계수가 증가할수록 봉우리 넓힘이 증가한다.
③ 세로확산은 이동상의 속도에 비례한다.
④ 충전 입자의 크기는 질량이동계수에 영향을 미친다.

해설
③ 세로확산 : 자연적 확산을 의미하며 이동상의 속도에 반비례한다.

65 기체 크로마토그래피 분리법에 사용되는 운반기체로 부적당한 것은?

① He
② N_2
③ Ar
④ Cl_2

해설
기체 크로마토그래피 분리법에서는 운반기체로 불활성 기체를 사용한다. 불활성 기체는 He, Ne, Ar, Kr, Xe, Rn, N_2 등을 말한다. Cl_2는 불활성 기체가 아니다.

66 액체 크로마토그래피에서 [보기]에서 설명하는 검출기는?

┌ 보기 ┐
- 이동상이 인지할 정도의 흡수가 없을 경우
- 이동상의 이온 전하는 낮아야 함
- 온도를 정밀하게 조절할 필요가 있음
└─────┘

① 전기전도도 검출기   ② 형광 검출기
③ 굴절률 검출기   ④ UV 검출기

해설
② 형광 검출기 : 빛이 시료를 통과하면 시료는 들뜬 상태가 되었다가 바닥 상태로 돌아오며 빛을 방출한다. 시료는 분자구조가 형광성을 띠거나 형광유도체를 만들었을 때 이용하며, 시료가 방출하는 빛은 시료의 농도에 비례한다.
③ 굴절률 검출기 : 빛이 시료가 흐르는 두 개의 구획을 가진 셀을 통과할 때 두 개 구획의 다른 매질에서 발생하는 굴절률 차이를 인지하여 검출한다.
④ 자외선–가시선 흡수 검출기 : 검출기 중 가장 널리 사용되는 것으로 이중결합, 삼중결합, 방향족 화합물 등의 불포화 결합을 갖는 물질의 빛에 대한 흡광도를 측정하여 성분 농도를 알 수 있다.

67 미셀 동전기 모세관 크로마토그래피에 대한 설명으로 틀린 것은?

① HPLC 보다 관 효율이 높다.
② 키랄 화합물을 분리하는 데 유용하다.
③ 겔 전기 이동으로 분리할 수 없는 작은 분자를 분리하는 데 유용하다.
④ 고압 펌프를 사용하여 전하를 띠지 않는 화학종을 분리할 수 있다.

해설
미셀 동전기 모세관 크로마토그래피(MECC)
계면활성제를 임계 미셀 농도 이상으로 가해 표면에 음전하를 띤 미셀이 형성되게 하여 분리하는 방법이다.

68 0.010M Cd^{2+} 용액에 담겨진 카드뮴전극 반쪽전지의 전위를 계산하면?(단, 온도는 25℃이고 Cd^{2+}/Cd의 표준환원전위는 −0.403V이다)

① −0.402V   ② −0.462V
③ −0.503V   ④ −0.563V

해설
$$E = E° + \frac{0.0591}{n} \log \frac{[Ox]}{[Red]}$$
$$= -0.403 + \frac{0.0591}{2} \log \frac{0.010}{1} ≒ -0.462\,V$$

69 분자질량분광법의 이온화 방법 중 사용하기 편리하고 이온전류를 발생시키므로 매우 예민한 방법이지만 열적으로 불안정하고 분자량이 큰 바이오물질들의 이온화원에는 부적당한 방법은?

① Electron Impact(EI)
② Electro Spray Ionization(ESI)
③ Fast Atom Bombardment(FAB)
④ Matrix−Assisted Lase Desorption Ionization (MALDI)

해설
전자충격 이온화의 장점
- 사용하기 편리하다.
- 높은 이온전류를 발생시킨다.
- 토막내기 과정이 잘 일어나 많은 봉우리가 생겨 분석물 확인이 편리하다.

전자충격 이온화의 단점
- 토막내기 과정으로 어미–이온 봉우리가 없어져 분자량을 알 수 없다.
- 시료를 기화해야 한다.
- 이온화가 일어나기 전에 분석물의 열분해가 일어날 수 있다.

70 자기장 부채꼴 질량분석기의 구성이 아닌 것은?

① 슬 릿   ② 펌 프

③ 거 울   ④ 필라멘트

해설

자기장 부채꼴 질량분석기

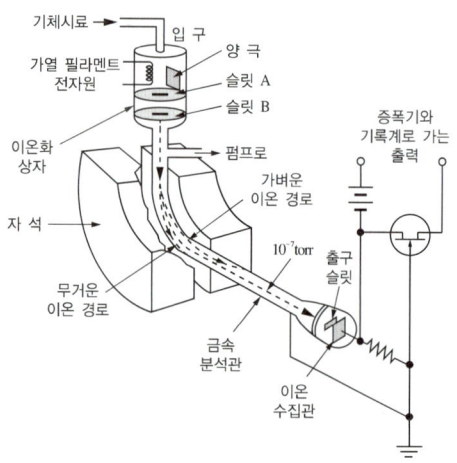

영구자석 또는 전기자석을 이용하여 이온살을 굴절시켜 180°, 90° 또는 60°의 원호형 통로를 따르게 한다.

71 작용기를 가지는 화합물은 하나 이상의 전압전류 파를 생성시킬 수 있다. 이런 활성 작용기에 해당하지 않는 것은?

① 카보닐기

② 대부분의 유기 할로젠기

③ 암모니아 화합물

④ 탄소-탄소 이중결합

해설

한 개 또는 그 이상의 전압전류파를 생성시키는 작용기

- 카보닐기
- 일부 카복실산
- 대부분의 과산화물과 에폭시 화합물
- 나이트로기, 나이트로소기, 산화아민 및 아조기
- 대부분의 유기 할로젠기
- 탄소-탄소 이중결합
- 하이드로퀴논과 메르캅탄

72 GC의 열린관 칼럼 중 유연성이 우수하고 화학적으로 비활성이며, 분리 효율이 아주 우수한 칼럼은?

① 벽도포 열린관 칼럼(WCOT)

② 용융실리카 벽도포 열린관 칼럼(FSWT)

③ 지지체도포 열린관 칼럼(SCOT)

④ Megabore 칼럼

73 HPLC에서 분배 크로마토그래피의 응용에 대한 설명으로 옳은 것은?

① 역상 충전(Reversed-Phase Packings) 칼럼을 사용하고 극성이 큰 이동상으로 용리하면 극성이 작은 용질이 먼저 용리되어 나온다.

② 정상결합상 충전물(Normal-Phase Bonded Packings)에서 실록산(Siloxane) 구조에 있는 R은 비극성 작용기가 일반적이다.

③ 이온쌍 크로마토그래피에서는 정지상에 큰 유기 상대이온을 포함하는 유기 염을 결합시켜 분리 용질과의 이온쌍 형성에 기초하여 분리한다.

④ 거울상을 가지는 키랄 화합물(Chiral Compounds)의 분리를 위해 키랄 크로마토그래피가 응용되는데 키랄 이동상 첨가제나 키랄 정지상을 사용하여 분리한다.

해설

① 역상 충전 칼럼을 사용하고 극성이 큰 이동상으로 용리하면 극성이 큰 용질이 먼저 용리되어 나온다.

② 정상결합상 충전물에서 실록산 구조에 있는 R은 C_8 사슬 또는 C_{18} 사슬이 일반적이다.

③ 이온쌍 크로마토그래피의 이동상은 유기 용매를 포함하는 수용성 완충용액 및 분석물과 반대로 하전된 반대이온으로 구성되어 있다. 반대이온은 분석물 이온과 결합하여 이온쌍을 만들고, 이에 기초하여 분리한다.

74 전기화학전지에 대한 설명으로 틀린 것은?

① 산화전극과 환원전극이 외부에서 금속 전도체로 연결된다.

② 두 개의 전해질 용액은 이온을 한쪽에서 다른 쪽으로 이동할 수 있게 간접적으로 접촉된다.

③ 두 개의 전극 각각에서 전자이동반응이 일어난다.

④ 용액 사이의 간접적 접촉을 통하여 산화반응에 의해 주어지는 전자가 환원반응이 일어나는 용액으로 이동한다.

해설
④ 전자는 도선을 통하여 산화전극에서 환원전극으로 이동한다.

75 질량분석법은 여러 가지 성분의 시료를 기체 상태로 이온화한 다음 자기장 혹은 전기장을 통해 각 이온을 질량/전하의 비에 따라 분리하여 질량스펙트럼을 얻는 방법이다. 질량분석기의 기기장치 중 진공으로 유지되어야 하는 부분이 아닌 것은?

① 도입계　　　　② 이온원

③ 검출기　　　　④ 신호처리기

해설
④ 신호처리기는 출력장치이므로 진공으로 유지될 필요가 없다.

76 중합체를 분석하는 시차주사열량법(DSC)에 대한 설명으로 틀린 것은?

① 시료와 기준물질 간의 온도 차이를 측정한다.

② 결정화 온도(T_c)는 발열 봉우리로 나타난다.

③ 유리전이 온도(T_g) 전후에는 열흐름(Heat Flow)의 변화가 생긴다.

④ 결정화 온도(T_c)는 유리전이 온도(T_g)와 녹는점 온도(T_m) 사이에 위치한다.

해설
① DSC는 시료와 기준 물질 간의 에너지 차이를 측정한다. 둘 사이의 온도 차이를 측정하는 것은 DTA이다.

77 질량분석법에서는 질량 대 전하의 비에 의하여 원자 또는 분자 이온을 분리하는 데, 고진공 속에서 가속된 이온들을 직류 전압과 RF 전압을 일정 속도로 함께 증가시켜 주면서 통로를 통과하도록 하여 분리하며 특히 주사시간이 짧은 장점이 있는 질량분석기는?

① 이중 초점 분석기(Double Focusing Spectrometer)

② 사중극자 질량분석기(Quadrupole Mass Spectrometer)

③ 비행시간 분석기(Time-Of-Flight Spectrometer)

④ 이온-포착분석기(Ion-Trap Spectrometer)

해설
사중극자 질량분석기
• 네 개의 평형 금속봉 가운데로 이온을 이동시킨다.
• 각 금속봉에 교류와 직류를 함께 걸어 준다.
• 이들의 비를 일정하게 유지하면서 증가시킨다.
• 특정 m/z 값을 갖는 이온들만 변환기에 도달하고, 나머지는 막대에 부딪혀 중성 분자로 변한다.

78 액체막(Liquid Membrane) 칼슘 이온선택성 전극을 이용하여 용액의 Ca^{2+} 농도를 결정하고자 한다. 미지시료 25.0mL에 칼슘 이온선택성 전극을 담가 전위를 측정하였더니 전위가 497.0mV이었다. 미지시료에 0.0500M 농도의 $CaCl_2$ 용액 2.00mL를 첨가하여 전위를 측정하였더니 전위가 512.0mV이었다. 이온선택성 전극이 Nernst 식을 따른다면 미지용액에서의 칼슘이온의 농도는?

① 0.00162M

② 0.00428M

③ 0.0187M

④ 1.124M

79 열무게법(TG)에서 전기로를 질소와 아르곤으로 환경기류를 만드는 주된 이유는?

① 시료의 환원 억제

② 시료의 산화 억제

③ 시료의 확산 억제

④ 시료의 산란 억제

해설
② 습기(H_2O) 혹은 산소 등으로 인한 분해·산화 반응을 억제하기 위해 질소와 아르곤을 전기로에 넣어 준다.

80 액체 크로마토그래피에서 극성이 서로 다른 혼합물을 가장 효과적으로 분리하는 방법으로서 기체 크로마토그래피에서 온도프로그래밍을 이용하여 얻은 효과와 유사한 효과가 있는 것은?

① 기울기 용리법

② 등용매 용리법

③ 온도 기울기법

④ 압력 기울기법

해설
기울기 용리
• HPLC에서 분리효율을 높이기 위해 사용한다.
• 극성이 다른 2~3가지 용매를 선택하여 조성을 단계적으로 변화시키며 사용하는 방법이다.
• 감도가 높다.
• 시료 내의 모든 용질에 대한 최대 분리능과 감도를 모두 얻을 수 있다.

제1과목 | 화학분석 과정관리

01 AA를 이용하여 시료 중의 납을 분석하여 얻은 결과가 다음과 같을 때, 결괏값을 분석한 것으로 틀린 것은?(단, 95% 신뢰구간의 Student's t값은 3.182이다)

측정횟수	측정값(ppm)
1	3.27
2	3.24
3	3.28
4	3.25

① 표준편차 : 0.018
② 상대표준편차 : 0.56
③ 분산 : 3.3×10^{-4}
④ 95% 신뢰구간 : 3.26 ± 0.02

해설

공학용 계산기 사용법

㉠ MODE 누르고 숫자 1 을 눌러 통계모드(STAT)로 전환한다.
㉡ 평균과 표준편차를 구하기 위해 숫자 0 을 입력한다(SD).
㉢ 주어진 데이터를 입력하고 M+ 를 누른다(4번 반복).
㉣ RCL 버튼을 누르고 숫자 4 를 입력하여 평균을 확인한다.
㉤ RCL 버튼을 누르고 숫자 5 를 입력하여 표준편차를 확인한다.

- 평균 : $\bar{x} = 3.26$
- 표준편차 : $s = 0.018$
- 분산 : $s^2 = 0.018^2 = 3.3 \times 10^{-4}$
- 상대표준편차 : $RSD = \dfrac{s}{x} \times 100 = \dfrac{0.018}{3.26} \times 100 = 0.55$
- 95% 신뢰구간 : $\bar{x} \pm t \cdot \dfrac{s}{\sqrt{n}} = 3.26 \pm 3.182 \times \dfrac{0.018}{\sqrt{4}}$
  $= 3.26 \pm 0.03$

※ SHARP EL-509 모델 기준

02 원자반지름이 작은 것부터 큰 순서로 나열된 것은?(단, 원자의 번호는 $_{15}$P, $_{16}$S, $_{33}$As, $_{34}$Se이다)

① P < S < As < Se
② S < P < Se < As
③ As < Se < P < S
④ Se < As < S < P

해설

- $_{15}$P, $_{16}$S : 2주기 원소
- $_{33}$As, $_{34}$Se : 3주기 원소

원자반지름은 주기가 클수록 크고, 같은 주기에서는 원자번호가 클수록 작다.
따라서, S < P < Se < As 순이다.

03 정량분석과정에 해당하지 않는 것은?

① 부피분석
② 관능기분석
③ 무게분석
④ 기기분석

해설

관능기분석은 정성분석에 해당한다.

04 돌턴(Dalton)의 원자론에 의하여 설명될 수 없는 것은?

① 화학평형의 법칙
② 질량보존의 법칙
③ 배수비례의 법칙
④ 일정성분비의 법칙

해설
화학평형의 법칙(= 질량작용의 법칙) : 온도가 일정할 때 화학평형 상태에서 반응물과 생성물은 항상 일정한 농도비를 이룬다.
돌턴의 원자론
• 모든 물질은 더 이상 쪼갤 수 없는 원자로 구성되어 있다.
• 같은 종류의 원자는 크기와 질량이 같으며, 다른 종류의 원자는 크기와 질량이 서로 다르다.
• 화학 반응이 일어날 때 새로운 원자가 생성되거나 소멸되지는 않으며, 단지 원자들 간의 결합이 끊어지고 생성되면서 원자가 재배열될 뿐이다.
• 화합물은 서로 다른 종류의 원자가 간단한 정수비로 결합하여 생성된다.

05 UV 분광광도법의 인증표준물질로서 이상적인 조건이 아닌 것은?

① 투과율이 파장에 따라 적합하게 변화할 것
② 투과율이 온도에 관계없이 일정할 것
③ 반사율이 작고 간섭현상이 없을 것
④ 형광을 내지 말 것

해설
UV 분광광도법의 인증표준물질로서 이상적인 조건
• 투과율이 파장에 관계없이 일정할 것
• 투과율이 온도에 관계없이 일정할 것
• 반사율이 작고 간섭 현상이 없을 것
• 형광을 내지 말 것
• 시간에 따른 변화가 없을 것

06 질소분자 1.07×10^{23}개는 약 몇 몰인가?

① 11.4
② 0.178
③ 6.85×10^{24}
④ 1.67×10^{21}

해설
$$1.07 \times 10^{23}개 \times \frac{1몰}{6.02 \times 10^{23}개} ≒ 0.178몰$$

07 헥세인(Hexane)이 가질 수 있는 구조이성질체의 수는?

① 3개
② 4개
③ 5개
④ 6개

해설

C – C – C – C – C – C,   C – C – C – C,   C – C – C – C – C
                                  C C   C

        C
C – C – C – C,   C – C – C – C – C
        C   C

08 물에 대한 용해도가 가장 높은 두 물질로 짝지어진 것은?

보기

CH_3CH_2OH, $CH_3CH_2CH_3$, $CHCl_3$, CCl_4

① CH_3CH_2OH, $CHCl_3$
② CH_3CH_2OH, CCl_4
③ $CH_3CH_2CH_3$, $CHCl_3$
④ $CH_3CH_2CH_3$, CCl_4

해설
물에 대한 용해도는 극성물질이 비극성물질보다 높다.
$CH_3CH_2CH_3$, CCl_4는 대칭구조로 비극성물질이다.

09 이황화탄소(CS_2) 100.0g에 33.0g의 황을 녹여 만든 용액의 끓는점이 49.2℃일 때, 황의 분자량은 몇 g/mol인가?(단, 이황화탄소의 끓는점은 46.2℃이고, 끓는점 오름상수(k_b)는 2.35℃/m이다)

① 161.5　　　　② 193.5
③ 226.5　　　　④ 258.5

해설

$$T_b' = T_b + k_b \cdot m$$

여기서, T_b' : 용액의 끓는점
$\qquad\quad T_b$: 용매의 끓는점
$\qquad\quad m$: 몰랄농도

$$\Delta T_b = T_b' - T_b = k_b \cdot m$$
$$3℃ = 2.35℃/m \times m$$
$$\therefore \ m ≒ 1.28\,m$$
$$1.28\,m = \frac{33.0\,g/(M\,g/mol)}{0.1\,kg}$$
$$\therefore \ M ≒ 258\,g/mol$$

10 표면분석장치 중 1차살과 2차살 모두 전자를 이용하는 것은?

① Auger 전자분광법
② X선 광전자분광법
③ 이차이온질량분석법
④ 전자미세탐침미량분석법

해설

Auger 전자분광법(AES ; Auger Electron Spectroscopy) : 시료의 표면에 전자 또는 X선을 조사하여 방출하는 물질에 오제 전자를 분광해 고체 표면을 분석하는 방법이다.
• 첫 번째 단계 : X선이나 전자살에 시료 물질을 노출시켜 전자적으로 들뜬 이온을 생성한다.
• 두 번째 단계 : Auger 전자가 방출된다.

11 브롬화이염화벤젠(Bromodichlorobenzene)이 가질 수 있는 구조이성질체의 수는?

① 3개　　　　② 4개
③ 5개　　　　④ 6개

해설

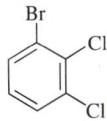

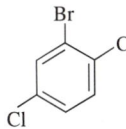

12 화합물 한 쌍을 같은 몰수로 혼합하는 다음 4가지 경우 중 염기성 용액이 되는 경우는 모두 몇 가지인가?

(A) NaOH(K_b = 아주 큼) + HBr(K_a = 아주 큼)
(B) NaOH(K_b = 아주 큼) + HNO$_3$(K_a = 아주 큼)
(C) NH$_3$(K_b = 1.8×10^{-5}) + HBr(K_a = 아주 큼)
(D) NaOH(K_b = 아주 큼) + CH$_3$CO$_2$H(K_a = 1.8×10^{-5})

① 1　　　　② 2
③ 3　　　　④ 4

해설

K_b가 K_a보다 큰 (D)의 경우만 염기성 용액이 된다.

13 다음 설명 중 틀린 것은?

① 훈트의 규칙에 따라 $_7N$에 존재하는 홀전자의 수는 3개다.

② 스핀 양자수는 자전하는 전자의 자전에너지를 결정하는 것으로, $-1/2$, 0, $+1/2$의 값으로 존재한다.

③ $n = 3$인 전자껍질에 들어갈 수 있는 총전자수는 18개이다.

④ $_{12}Mg$의 원자가전자의 수는 2개이다.

해설
스핀 양자수는 $-1/2$, $+1/2$의 값으로 존재한다.

14 기하이성질체가 가능한 화합물은?

① $(CH_3)_2C=CCl_2$

② $(CH_3)_3CCCl_3$

③ $CH_3ClC=CCH_3Cl$

④ $(CH_3)_2ClCCCH_3Cl_2$

해설
기하이성질체
• 이중결합의 탄소원자에 결합된 원자 또는 작용기의 공간적 위치가 다른 것이다.
• 종류로는 cis형, trans형이 있다.

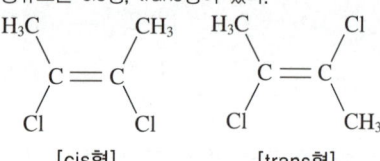

[cis형]　　　　[trans형]

15 표준상태에서 S_8 15g이 다음 반응식과 같이 완전 연소될 때 생성된 이산화황의 부피는 약 몇 L인가? (단, 기체는 이상기체이며 S_8의 분자량은 256.48g/mol이다)

$$S_8 + 8O_2(g) \rightarrow 8SO_2(g)$$

① 0.47　　　　② 1.31

③ 4.7　　　　④ 10.5

해설
$8 \times 22.4\,L/mol \times \dfrac{15\,g}{256.48\,g/mol} ≒ 10.48\,L$

16 헤테로원자에 선택적이며 일반적으로 FID보다 감도가 좋고 동적 범위가 작은 NPD 검출기에 사용되는 원소는?

① S　　　　② Cs

③ Ru　　　　④ Re

해설
NPD(Nitrogen Phosphorus Detector, 질소인 검출기)
• 불꽃이온화 검출기와 유사한 구성에 알칼리금속염(Rb, Cs)의 튜브를 부착한 것으로 운반기체와 수소기체의 혼합부, 조연기체 공급구, 연소노즐, 알칼리원, 알칼리원 가열기구, 전극 등으로 구성된다.
• 가열된 알칼리금속염은 촉매작용으로 질소나 인을 함유하는 화합물의 이온화를 증진시켜 유기질소 및 유기인 화합물을 선택적으로 검출할 수 있다.
• 질소인 검출기에서 질소나 인을 함유하는 화합물에 대한 감도는 일반 탄화수소 화합물에 대한 감도의 약 100,000배로 질소 또는 인화합물에 대한 선택성이 커서, 일반적으로 살충제나 제초제의 분석에 사용된다.

17 Kjeldahl법에 의한 질소의 정량에서, 비료 1.325g의 시료로부터 암모니아를 증류해서 0.2030N H_2SO_4 50mL에 흡수시키고, 과량의 산을 0.1908N NaOH로 역적정하였더니 25.32mL가 소비되었다. 시료 속의 질소의 함량(%)은?

① 2.6 ② 3.6
③ 4.6 ④ 5.6

- 초기 H_2SO_4의 총몰수 : $0.2030N \times 50mL = 10.15mmol$
- 미반응 H_2SO_4 적정에 필요한 NaOH 몰수 : $0.1908N \times 25.32mL$ ≒ 4.83mmol
- 증류시킨 NH_3의 양 : 10.15mmol − 4.83mmol ≒ 5.32mmol
  1mol의 질소는 1mol의 NH_3를 생성하므로, 시료에는 5.32mmol의 질소가 존재한다.
  질소의 무게 $= 5.32mmol \times (14 \times 10^{-3}g/mmol)$ ≒ 0.07448g
- ∴ 시료 속 질소의 함량(%) $= \dfrac{0.07448g}{1.325g} \times 100$ ≒ 5.62%

18 다음 설명에 가장 관련 깊은 것은?

> 원자궤도함수의 크기 및 에너지와 관련있고, n값이 커질수록 궤도함수가 커진다.

① 주양자수
② 부양자수(각운동량 양자수)
③ 자기양자수
④ 스핀양자수

주양자수
- 원자 내 전자 오비탈의 에너지와 크기를 결정한다.
- 증가할수록 오비탈의 에너지와 크기가 커진다.
- $n = 1, 2, 3, 4, \cdots$

19 분석계획수립 시 필요한 지식이 아닌 것은?

① 표준분석법에 대한 지식
② 시험기구의 종류에 대한 지식
③ 분석시험절차에 대한 지식
④ 동료 연구자에 대한 지식

분석계획서 작성 내용
- 접수 번호, 시료 번호 등 : 분석 시험의 접수 및 시험 절차에 따른 해당 번호를 기재한다.
- 품명 : 시험 대상 물질명, 제품명(공정별) 등을 기재한다.
- 시험 항목
- 분석 방법
- 시험 시작 및 완료 일정
- 시험 담당자
- 주의사항 : 시험 대상 물질(품목)의 시험 시 특별한 주의사항 등을 기재한다.

20 탄화수소 유도체를 잘못 나타낸 것은?

① R−OH : 알코올
② R−CO−R : 케톤
③ R−CHO : 에테르
④ R−$CONH_2$: 아마이드

에테르 : R−O−R′

21 pH = 0.3인 완충용액에서 0.02M Fe^{3+} 용액 10.0 mL를 0.010M 아스코브산 용액으로 적정할 때 당량점에서의 전지전압은 약 몇 V인가?(단, DAA : 디하이드로아스코브산, AA : 아스코브산의 약자이며, 전위는 백금전극과 포화칼로멜전극으로 측정하였으며, 포화칼로멜전극의 E = 0.241V이다)

$DAA + 2H^+ + 2e^- \rightleftharpoons AA + H_2O$ $E° = 0.390V$
$Fe^{3+} + e^- \rightleftharpoons Fe^{2+}$ $E° = 0.732V$

① 0.251V

② 0.295V

③ 0.342V

④ 0.492V

22 0.0100(±0.0001)mol의 NaOH를 녹여 1.000(±0.001)L로 만든 수용액의 pH 오차범위는?(단, $K_w = 1 \times 10^{-14}$는 완전수이다)

① ±0.013

② ±0.024

③ ±0.0043

④ ±0.0048

23 수용액의 예상 어는점을 낮은 것부터 높은 순서로 옳게 나열한 것은?

보기
A : 0.050m $CaCl_2$
B : 0.150m NaCl
C : 0.100m HCl
D : 0.100m $C_{12}H_{22}O_{11}$

① A < D < C < B

② D < A < C < B

③ B < C < A < D

④ B < C < D < A

해설

어는점 내림

· 용액의 총괄성 : 용액의 성질은 용질의 입자 수에 의해서 결정된다.

· 입자의 수가 많을수록 어는점 내림이 크며, 어는점 내림이 클수록 어는점이 낮다.

· '이온의 수×몰랄농도(m)'에 비례하여 증가한다.

　– A : 0.050m×3 = 0.150m

　– B : 0.150m×2 = 0.300m

　– C : 0.100m×2 = 0.200m

　– D : 0.100m

따라서, 어는점은 B < C < A < D 순이다.

24 두 이온의 표준환원전위($E°$)가 다음과 같을 때 보기 중 가장 강한 산화제는?

$Ag^+(aq) + e^- \rightleftharpoons Ag(s)$ $E° = 0.799V$
$Cd^{2+}(aq) + 2e^- \rightleftharpoons Cd(s)$ $E° = -0.402V$

① $Ag^+(aq)$　　　　② Ag(s)

③ $Cd^{2+}(aq)$　　　　④ Cd(s)

해설

$E°$값이 클수록 환원이 잘 일어나 강한 산화제로 작용한다.

25 다음 중 반응이 일어나기가 가장 어려운 것은?

① $F_2 + I^-$ ② $I_2 + Cl^-$

③ $Cl_2 + Br^-$ ④ $Br_2 + I^-$

해설

할로젠 원소는 원자번호가 작을수록 전자를 얻어 환원되려는 반응성(산화력)이 크다. 원자번호는 F < Cl < Br < I 이므로 반응성은 I < Br < Cl < F이며, 반응성이 낮은 물질이 이온으로 존재해야 반응이 잘 일어난다. 따라서, ②의 반응은 일어나기가 어렵다.

26 다음 중 원자분광법에서 화학적 간섭의 원인을 모두 선택한 것은?

┌─ 보기 ─┐

A : 저휘발성 화합물 생성
B : 해리평형 효과
C : 원자의 이온화
D : 도플러 효과

① A, B, D   ② A, B, C

③ A, C, D   ④ B, C, D

해설

화학적 방해

• 높은 온도의 불꽃에 의해 분석 원소가 이온화를 일으켜 중성 원자가 덜 생기는 방해를 말한다.
• 분석 원소보다 이온화를 잘 일으키는 해방제를 가해서 해결한다.
• 이온화 평형 : 온도가 낮을 때 원자의 이온화가 일어나 들뜬 상태로 되는데 필요한 에너지 때문에 흡광도가 감소하는 현상으로, 불꽃에 비교적 높은 농도의 전자를 제공하는 이온화 억제제를 가해 해결한다.

※ 도플러 효과

  • 원자분광법에서 원자선 너비의 선 넓힘의 원인이다.
  • 빠르게 움직이는 원자에 의해 흡수되거나 방출되는 복사선의 파장은 원자의 움직임이 검출기 쪽을 향하는 경우 감소하고, 원자들이 검출기로부터 멀어지면 증가한다.

27 0.10M KNO_3와 0.10M Na_2SO_4 혼합용액의 이온세기(M)는?

① 0.40   ② 0.35

③ 0.30   ④ 0.25

해설

이온세기 : $I = 0.5 \sum mz^2$

여기서, m : 각 이온의 농도, z : 각 이온의 전하이다.
혼합용액의 이온은 K^+, NO_3^-, $Na^+ \times 2$, SO_4^{2-}이므로,

$$I = 0.5 [\{0.10 \times (+1)^2 \times 1\} + \{0.10 \times (-1)^2 \times 1\}$$
$$+ \{0.10 \times (+1)^2 \times 2\} + \{0.10 \times (-2)^2 \times 1\}]$$
$$= 0.40$$

28 분광광도법에서 시약 바탕(Reagent Blank)측정의 주사용목적은?

① 시약 또는 오염물질로 의한 흡수의 보정

② 시약의 순도 확인

③ 분광광도계의 교정(Calibration)

④ 검출기의 감도시험

해설

시약바탕시료(Regent Blank)

• 시료를 사용하지 않고 추출, 농축, 정제 및 분석 과정에 따라 모든 시약과 용매를 처리하여 측정한 것이다.
• 실험절차, 시약 및 측정 장비 등으로부터 발생하는 오염물질을 확인할 수 있다.

29 $N_2O_4(g) \rightleftharpoons 2NO_2(g)$의 계가 평형상태에 있다. 이때 계의 압력을 증가시켰을 때의 설명으로 옳은 것은?

① 정반응과 역반응의 속도가 함께 빨라져서 변함 없다.

② 평형이 깨어지므로 반응이 멈춘다.

③ 정반응으로 진행된다.

④ 역반응으로 진행된다.

해설

④ 일정 온도에서 압력을 증가시키면 반응은 압력이 감소하는, 즉 기체 몰수가 감소하는 방향으로 진행된다. 따라서, 반응은 역반응으로 진행된다.

르샤틀리에의 법칙 : 가역 반응이 평형 상태에 있을 때 농도, 온도, 압력 중 어느 한 조건을 변화시키면 반응은 그 변화를 감소시키려는 방향으로 진행하여 새로운 평형 상태에 도달한다.

30 약산(HA)과 이의 나트륨염(NaA)으로 이루어진 완충용액에 대한 설명으로 틀린 것은?

① 완충용액의 $pH = pK_a + \log \dfrac{[A^-]}{[HA]}$ 이다.

② 완충용액을 희석하여도 pH 변화가 거의 없다.

③ 완충용액의 완충용량은 약산(HA)과 나트륨염 (NaA)의 농도에 무관하다.

④ 완충용액의 완충용량은 $\left| \log \dfrac{[A^-]}{[HA]} \right|$ 가 작을수록 크다.

해설

완충용량이란 뚜렷한 pH 변화를 일으키지 않는 범위에서 완충용액이 수용할 수 있는 산이나 염기의 양을 말하므로 산과 염기의 농도와 관련이 있다.

31 EDTA(Etylenediaminetetraacetic Acid, H_4Y)를 이용한 금속(M^{n+}) 적정 시 조건형성상수(Conditional Formation Constant) K_f'에 대한 설명으로 틀린 것은?(단, K_f'는 형성상수이고 [EDTA]는 용액 중의 EDTA 전체 농도이다)

① EDTA(H_4Y) 화학종 중 $[Y^{4-}]$의 농도분율을 $\alpha_{Y^{4-}}$로 나타내면, $\alpha_{Y^{4-}} = [Y^{4-}]/[EDTA]$이고 $K_f' = \alpha_{Y^{4-}} K_f$이다.

② K_f'는 특정한 pH에서 형성된 MY^{n-4}의 양에 관련되는 지표이다.

③ K_f'는 pH가 높을수록 큰 값을 갖는다.

④ K_f'를 이용하면 해리된 EDTA의 각각의 이온농도를 계산할 수 있다.

해설

④ Y^{4-}의 이온농도는 계산할 수 있지만 다른 이온들의 이온농도는 계산할 수 없다.

조건형성상수

• $K_f' = K_f a_{Y^{4-}} = \dfrac{[MY^{n-4}]}{[M^{n+}][EDTA]}$

• 착물형성에 관여하지 않는 EDTA는 모두 한 형태로 존재하는 것으로 취급할 수 있어서 편리하다.

• 낮은 pH에서 금속과 결합하는 Y^{4-}의 양이 적어져서 금속-EDTA 착물이 형성되는 정도는 더 작아진다.

32 원자흡수분광법과 원자형광분광법에서 기기의 부분 장치 배열에서의 가장 큰 차이는?

① 원자흡수분광법은 광원 다음에 시료가 나오고 원자형광분광법은 그 반대이다.
② 원자흡수분광법은 파장 선택기가 광원보다 먼저 나오고 원자형광분광법은 그 반대이다.
③ 원자흡광분광법과는 다르게 원자형광분광법에서는 입사광원과 직각 방향에서 형광선을 검출한다.
④ 원자흡수분광법은 레이저 광원을 사용할 수 없으나 원자형광분광법에서는 사용 가능하다.

> **해설**
> 원자흡수분광법과 원자형광분광법 모두 외부 복사선 광원을 필요로 한다. 그러나 원자흡수분광법의 경우 광원에서 나오는 빛이 파장 선택기를 통과해 일직선상의 시료잡이로 들어가지만, 형광법은 방출된 복사선이 광원 방향에 대하여 90° 각도에 있다는 점이 다르다.

33 갈바니(혹은 볼타) 전지에 대한 설명 중 틀린 것은?

① (+)극에서 환원이 일어난다.
② (−)극에서 산화가 일어난다.
③ 일회용 건전지는 갈바니 전지의 원리를 이용한 것이다.
④ 산화−환원반응을 통한 전기에너지를 화학에너지로 바꾼다.

> **해설**
> **갈바니 전지**
> • 자발적인 화학 반응으로부터 전기 에너지를 발생시킨다.
> • 환원 : (+)극
> • 산화 : (−)극
> • 전자의 이동 : (−)극 → (+)극
> • 전류의 이동 : (+)극 → (−)극
> • 염다리 : 이온의 이동으로 전하의 축적을 상쇄하여 전기적 중성 상태를 유지하게 한다.

34 25℃ 0.01M NaCl 용액의 pOH는?(단, 25℃에서 이온세기가 0.01M인 용액의 활동도계수는 γ_{H^+} = 0.83, γ_{OH^-} = 0.76이고, $K_w = 1.0 \times 10^{-14}$이다)

① 7.02　　② 7.00
③ 6.98　　④ 6.96

> **해설**
> $K_a \cdot K_b = [H^+] \times 0.83 \times [OH^-] \times 0.76 = 10^{-14}$
> $[H^+] = [OH^-]$이므로
> $[H^+] = \sqrt{\dfrac{10^{-14}}{0.83 \times 0.76}} = 1.25 \times 10^{-7}$
> ∴ $pOH = -\log([OH^-] \times 0.76) ≒ 7.02$

35 표준상태에서 산화−환원반응이 자발적으로 일어날 때의 조건으로 옳은 것은?

① $\Delta G°$: +, $K > 1$, $\Delta E°$: −
② $\Delta G°$: −, $K > 1$, $\Delta E°$: +
③ $\Delta G°$: −, $K < 1$, $\Delta E°$: +
① $\Delta G°$: +, $K < 1$, $\Delta E°$: −

> **해설**
> **자발적 반응**
> • $\Delta G° < 0$
> • $K > 1$
> • $\Delta E° > 0$

36 0.08364M 피리딘 25.00mL를 0.1067M HCl로 적정하는 실험에서 HCl 4.63mL를 가했을 때 용액의 pH는?(단, 피리딘의 $K_b = 1.59 \times 10^{-9}$이고, $K_w = 1.00 \times 10^{-14}$이다)

① 8.29　　② 5.71
③ 5.20　　④ 4.75

37 0.1M H_2SO_4 수용액 10mL에 0.05M NaOH 수용액 10mL를 혼합하였을 때 혼합용액의 pH는?(단, 황산은 100% 이온화된다)

① 0.875
② 1.125
③ 1.25
④ 1.375

해설
$H_2SO_4 + 2NaOH \rightarrow 2H_2O + Na_2SO_4$
• H_2SO_4 : 0.1M × 0.01L = 0.001mol
• NaOH : 0.05M × 0.01L = 0.0005mol
따라서 NaOH가 한계반응물이며, H_2SO_4는 0.00025mol만 반응한다.
$[H^+]$ = (0.00075mol × 2) / 0.02L = 0.075M
∴ pH = $-\log[H^+]$ = $-\log 0.075$ ≒ 1.125

39 패러데이상수의 단위(Unit)로 옳은 것은?

① C/mol
② A/mol
③ C/s · mol
④ A/s · mol

해설
패러데이상수
• F = 96,500C/mol
• 전기 분해 시 물질 1g 당량을 생성 또는 소모시킬 때 필요한 전하량이다.

38 NaCl 수용액에 AgCl(s)을 녹여 포화된 수용액에 대한 설명 중 틀린 것은?

① Cl^-이온을 공통이온이라 한다.
② NaCl을 더 가하면 AgCl(s)이 생성된다.
③ NaBr을 가하면 AgCl(s)이 증가한다.
④ 용액에 암모니아(NH_3)를 가하면 AgCl(s)의 용해도가 증가한다.

해설
공통 이온 효과 : 공통되는 이온을 함유한 강전해질을 가하여 주면 약전해질 염의 용해도는 현저하게 감소한다.

40 다음 표준환원전위를 고려할 때 가장 강한 산화제는?

$Cu^{2+} + 2e^- \rightleftharpoons Cu(s)$	$E° = 0.337V$
$Cd^{2+} + 2e^- \rightleftharpoons Cd(s)$	$E° = -0.402V$

① Cu^{2+}
② Cu(s)
③ Cd^{2+}
④ Cd(s)

해설
$E°$값이 클수록 환원이 잘 일어나 강한 산화제로 작용한다.

41 열중량분석기(TGA)에서 시료가 산화되는 것을 막기 위해 넣어주는 기체는?

① 산 소
② 질 소
③ 이산화탄소
④ 수 소

해설
질소 또는 아르곤 기체를 이용하여 시료가 산화되는 것을 막는다.

42 적외선흡수스펙트럼에서 흡수 봉우리의 파수는 화학결합에 대한 힘 상수의 세기와 유효질량에 의존한다. 다음 중 흡수 파수가 가장 큰 신축진동은?

① ≡C-H
② =C-H
③ -C-H
④ -C≡C-

해설
• 파수 $\bar{\nu} = \dfrac{1}{2\pi c}\sqrt{\dfrac{k}{m}}$
• 분자가 신축운동을 일으킬 때 주파수는 결합 세기에 비례하며, 질량에 반비례한다.
• 힘 상수의 세기(k) : C≡C > C=C > C-C
• 유효질량(m) : C-H < C-C < C-O < C-Cl
따라서, ①의 파수가 가장 크다.

43 고성능 액체 크로마토그래피의 검출기로 사용하지 않는 것은?

① 자외선-가시선 광도계
② 전도도 검출기
③ 전자포획 검출기
④ 전기화학적 검출기

해설
③ 전자포획 검출기(ECD)는 기체 크로마토그래피(GC)에 사용된다.
HPLC 검출기
• 자외선-가시선 흡수 검출기   • 굴절률 검출기
• 전기화학적 검출기   • 형광 검출기
• 전기전도도 검출기   • 질량분석 검출기
• 증발 광-산란 검출기

44 시차열법분석(DTA)으로 벤조산 시료 측정 시 대기압에서 측정할 때와 200psi에서 측정할 때 봉우리가 일치하지 않은 이유를 가장 잘 설명한 것은?

① 모세관법으로 측정하지 않았기 때문이다.
② 높은 압력에서 시료가 파괴되었기 때문이다.
③ 높은 압력에서 밀도의 차이가 생겼기 때문이다.
④ 높은 압력에서 끓는점이 영향을 받았기 때문이다.

해설
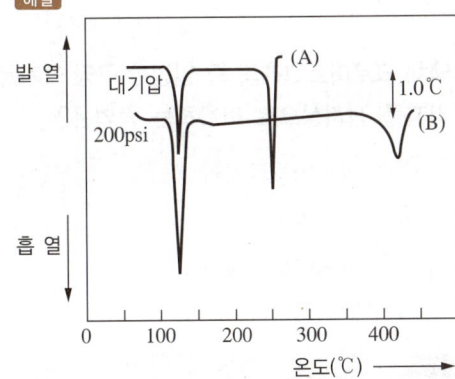
그림은 대기압(A)에서와 200psi(B)에서 벤조산의 DTA 곡선이다. 첫 번째 봉우리인 녹는점은 압력의 영향을 받지 않아 두 곡선이 일치하지만 두 번째 봉우리인 끓는점은 압력의 영향을 받아 높아진다. 때문에 200psi에서의 끓는점과 대기압에서의 끓는점은 일치하지 않는다.

45 다음 보기에서 기체 크로마토그래피(GC)의 이동상으로 쓰이는 것을 고르면?

┌ 보기 ┐

수소(H_2), 헬륨(He), 질소(N_2), 산소(O_2), 아르곤(Ar)

① 헬륨(He), 질소(N_2), 산소(O_2), 수소(H_2), 아르곤(Ar)
② 헬륨(He), 질소(N_2), 수소(H_2)
③ 질소(N_2), 산소(O_2), 수소(H_2)
④ 헬륨(He), 질소(N_2), 산소(O_2)

해설

가장 일반적으로 사용되는 이동상 기체는 헬륨, 수소, 질소, 아르곤 등이 있다. 이동상 기체는 비활성이고 불순물이 없이 순수해야 한다.

47 질량분석계를 이용하여 $C_2H_4^+$($m = 28.0313$)과 CH_2N^+($m = 27.9949$)이온을 분리하려면 분리능이 얼마나 되어야 하는가?

① 770
② 1,170
③ 1,970
④ 2,270

해설

질량분석기의 분리능

$$R = \frac{m}{\Delta m}$$

여기서, Δm : 겨우 분리된 가까운 두 봉우리 사이의 질량 차이
　　　　m : 첫 번째 봉우리의 명목상의 질량

$$\therefore R = \frac{27.9949}{28.0313 - 27.9949} \fallingdotseq 770$$

46 액체 크로마토그래피 중 일정한 구멍 크기를 갖는 입자를 정지상으로 이용하는 방법은?

① 분배 크로마토그래피
② 흡착 크로마토그래피
③ 이온 크로마토그래피
④ 크기배제 크로마토그래피

해설

크기배제 크로마토그래피(Gel 크로마토그래피)

• 고분자 화학종을 분리하는 데 적합하다.
• 시료를 크기별로 분리한다(크기가 작은 시료는 정지상의 작은 구멍까지 다 거쳐서 나오게 되므로 칼럼을 빠져나오는 데 시간이 많이 걸린다).

48 열중량분석기(TGA)의 구성이 아닌 것은?

① 단색화장치
② 온도감응장치
③ 저 울
④ 전기로

해설

열중량분석기(TGA)의 구성

• 열저울 : 1mg 이하부터 100g까지의 질량 범위를 갖는 시료에 대한 정량적인 정보를 제공해 주며, 일반적인 형태는 1mg에서 100mg까지의 범위를 가진 것이다.
• 전기로 : TGA에서 사용되는 전기로의 온도 범위는 실온부터 1,000℃ 정도까지이다.
• 시료 잡이 : 백금, 알루미늄 또는 알루미나로 만들어지며, 시료 접시의 부피는 400~500μL 이상까지이다.
• 비활성 환경기체를 넣어주기 위한 기체 주입장치
• 기기장치를 조절하고, 데이터를 얻고 처리해 주기 위한 컴퓨터

49 자기장 부채꼴 분석계에서 자기장의 세기가 0.1T $(0.1\,W/m^2)$, 곡면 반지름이 0.1m, 가속전위가 100V 라면 이온 수집관에 도달하는 +1가로 하전된 물질의 원자량은?

① 40.16 ② 44.16
③ 48.16 ④ 52.16

해설
자기장 부채꼴 분석기

$\dfrac{m}{z} = \dfrac{B^2 \cdot r^2 \cdot e}{2V}$

- $e = 1.60 \times 10^{-19}\,C$
- $m = \dfrac{(0.1\,W/m^2)^2 \times (0.1\,m)^2 \times (1.60 \times 10^{-19}\,C)}{2 \times 100\,V}$

  $= 8.0 \times 10^{-26}\,kg = 8.0 \times 10^{23}\,g$

∴ 원자량 $= (8.0 \times 10^{-23}) \times (6.02 \times 10^{23}) = 48.16\,g/mol$

50 초임계 유체 크로마토그래피에 대한 설명으로 틀린 것은?

① 초임계 유체에서는 비휘발성 분자가 잘 용해되는 장점이 있다.
② 비교적 높은 온도를 사용하므로 분석물들의 회수가 어렵다.
③ 이산화탄소가 초임계 유체로 널리 사용된다.
④ 액체 크로마토그래피보다 환경친화적인 분석방법이다.

해설
초임계 유체들은 기체 상태로 존재하므로 분석물 회수가 쉽다.

51 유리전극은 다음 중 어떤 이온에 대한 선택성 전극인가?

① 염소 음이온 ② 칼슘 양이온
③ 구리 양이온 ④ 수소 양이온

해설
유리전극은 수소이온에 선택적으로 감응하는 특성이 있다.

52 질량분석법에서 분자이온 봉우리를 확인하기 가장 쉬운 이온화 방법은?

① 전자충격 이온화법
② 장 이온화법
③ 장탈착 이온화법
④ 레이저탈착 이온화법

해설
탈착 이온화법은 여러 형태의 에너지를 고체나 액체 시료에 가해서 직접 기체이온을 형성하므로 스펙트럼이 매우 간단하다. 장탈착 이온화법은 수많은 마이크로방출침을 이용한 것으로 장 이온화 스펙트럼보다 더 간단한 스펙트럼을 얻을 수 있다.

53 FT−NMR에서 스캔수(N)가 10일 때 어떤 피크의 신호 대 잡음비(S/N Ratio)를 계산하였더니 40이었다. 스캔수(N)가 40일 때, 같은 피크의 S/N Ratio는?

① 160 ② 80
③ 40 ④ 10

해설

$\left(\dfrac{S}{N}\right)_n = \left(\dfrac{S}{N}\right)_i \sqrt{n}$

$40 = \left(\dfrac{S}{N}\right)_i \sqrt{10}$

$\left(\dfrac{S}{N}\right)_i = \dfrac{40}{\sqrt{10}}$

∴ $x = \dfrac{40}{\sqrt{10}} \times \sqrt{40} = 80$

54 고체 표면의 원소 성분을 정량하는 데 주로 사용되는 원자 질량분석법은?

① 양이온 검출법과 음이온 검출법
② 이차 이온질량분석법과 글로방전 질량분석법
③ 레이저 마이크로 탐침 질량분석법과 글로방전 질량분석법
④ 이차 이온질량분석법과 레이저 마이크로 탐침 질량분석법

해설
고체 표면의 원소 성분 정량분석법
• 이차 이온질량분석법(SIMS ; Secondary Ion Mass Spectrometry)
• 레이저 마이크로 탐침 질량분석법(LAMMA ; Laser Microprobe Mass Analysis)

55 조절환원전극 전기분해장치에서 일정하게 유지하는 전위는?

① 전지전위　　　② 산화전극전위
③ 환원전극전위　④ 염다리접촉전위

해설
환원전극전위를 일정하게 유지하여 전기분해의 선택성을 높인다.

56 적외선 흡수분광도법에서 사용되는 시료용기로 적당한 것은?

① 염화나트륨　　② 실리카
③ 유 리　　　　④ 석 영

해설
시료의 용기는 적외선을 통과시킬 수 있는 재질이어야 한다. 적외선 영역에서 사용하기에 적당한 재질은 NaCl, KBr, ZnSe 등이 있다. 이들은 적외선 영역에서 거의 흡수되지 않으며, 이들 중 NaCl이 가장 흔히 사용된다.

57 탄산철($FeCO_3$)의 용해도곱을 구하면?

$$FeCO_3(s) + 2e^- \rightleftharpoons Fe(s) + CO_3^{2-} \quad E° = -0.756V$$
$$Fe^{2+} + 2e^- \rightleftharpoons Fe(s) \quad\quad\quad\quad E° = -0.440V$$

① 2×10^{-10}　　② 2×10^{-11}
③ 2×10^{-12}　　④ 2×10^{-13}

해설

$$Fe(s) + CO_3^{2-} \rightleftharpoons FeCO_3(s) + 2e^- \quad E° = +0.756V$$
$$Fe^{2+} + 2e^- \rightleftharpoons Fe(s) \quad\quad\quad\quad\quad E° = -0.440V$$

$$Fe^{2+} + CO_3^{2-} \rightleftharpoons FeCO_3(s) \quad E° = +0.756V -0.440V$$
$$= +0.316V$$

$$E° = \frac{RT}{nF} \ln K$$

$$\ln K = E° \times \frac{nF}{RT} = 0.316 \times \frac{2 \times 96,500}{8.314 \times 298} ≒ 24.616$$

$$K = e^{24.616} ≒ 4.90 \times 10^{10}$$

$$FeCO_3(s) \rightleftharpoons Fe^{2+} + CO_3^{2-}$$

$$\therefore K_{sp} = \frac{1}{4.90 \times 10^{10}} ≒ 2.04 \times 10^{-11}$$

58 용액의 비전기전도도(Specific Electric Conductivity)에 대한 설명 중 틀린 것은?

① 용액의 비전기전도도는 이동도에 비례한다.
② 용액의 비전기전도도는 농도에 비례한다.
③ 용액 중의 이온의 비전기전도도는 하전수에 반비례한다.
④ 수용액의 비전기전도도는 0.10M KCl용액을 써서 용기상수(Cell Constant)를 구해 두면, 측정전도도값으로부터 계산할 수 있다.

해설
용액의 비전기전도도는 저항의 역수값을 가진다.

59 60MHz NMR에서 스핀-스핀 갈라짐이 12Hz인 짝지음상수(Coupling Constant)는 300MHz NMR에서 ppm 단위로 얼마인가?

① 0.04

② 0.12

③ 0.2

④ 12

제4과목 | 시험법 밸리데이션

61 검정곡선 작성방법에 대한 내용 중 옳은 것을 모두 고른 것은?

A : 표준물첨가법은 매트릭스를 보정해 줄 수 있으므로 항상 정확한 값을 얻을 수 있다.

B : 표준검량법은 표준물과 매트릭스가 맞지 않을 경우, 시료의 매트릭스를 제거하거나 표준물에 매트릭스를 매칭시켜 작성한다.

C : 표준검량법은 표준물첨가법에 비하여 시료 개수가 많은 경우, 측정시간이 더 오래 걸린다.

D : 내부표준물법은 시료측정 사이에 발생되는 시료 양이나 기기감응세기의 변화를 보정할 때 유용하다.

① A, B, C

② A, D

③ B, D

④ B, C, D

해설

• A : 표준물첨가법은 매트릭스 영향을 보정하여 검정곡선을 작성하므로 정확한 값이 아니다.

• C : 표준물첨가법은 미지 시료에 표준물질을 첨가하여 검정곡선을 작성하므로, 시료 개수가 많은 경우 측정시간이 오래 걸린다.

표준물첨가법

• 시료와 동일한 매질에 일정량의 표준물질을 첨가하여 검정곡선을 작성하는 방법이다.

• 매질효과가 큰 시험 분석방법에서 분석대상 시료와 동일한 매질의 표준시료를 확보하지 못한 경우에 매질효과를 보정하여 분석할 수 있는 방법이다.

---

60 표준수소전극(SHE)에 대한 설명으로 틀린 것은?

① 표준수소전극의 전위는 0이다.

② 표준수소전극의 전위는 용액의 수소이온 활동도에 의존한다.

③ 표준수소전극은 산화전극 또는 환원전극으로 작용한다.

④ 표준수소전극의 전위는 수소기체의 압력과는 무관하다.

해설

표준수소전극은 1기압의 수소기체를 기반으로 하므로 압력과 상관성이 높다.

---

62 편극성의 변화를 기초로 시료를 파괴하지 않고 측정하는 분석장비는?

① 라만 분광기
② 형광 분광기
③ FT-IR 현미경
④ 근적외선 분광기

해설
라만 분광기
• 라만(Raman) 효과를 이용한 분광기이다.
• 분자의 진동 스펙트럼을 측정하여 분자의 진동 구조를 파악하는 비파괴 분석법이다.
• 라만 효과 : 물질에 빛을 쪼여주면 산란관 속에 처음에 쪼여준 입사광과 같은 진동수의 빛뿐만 아니라 고유한 진동수와 결합한 다른 산란광도 나타나는 현상이다.

64 전처리과정에서 발생 가능한 오차를 줄이기 위한 시험법 중 시료를 사용하지 않고 기타 모든 조건을 시료분석법과 같은 방법으로 실험하는 방법은?

① 맹시험   ② 공시험
③ 조절시험   ④ 회수시험

해설
오차를 줄이기 위한 시험법
• 공시험 : 시료를 사용하지 않고 기타 모든 조건을 시료 분석법과 같은 방법으로 실험하는 것이다.
• 조절시험 : 시료와 가급적 같은 성분을 함유한 대조 시료를 만들어 시료 분석법과 같은 방법으로 여러 번 실험한 다음, 기지 함량값과 실제로 얻은 분석값의 차이만큼 시료분석값을 보정한다.
• 회수시험 : 시료와 같은 공존 물질을 함유하는 기지 농도의 대조 시료를 분석함으로써 공존 물질의 방해 작용 등으로 인한 분석값의 회수율을 검토하는 방법이다.
• 맹시험 : 예비 시험에 해당한다.
• 평행시험 : 같은 시료를 같은 방법으로 여러 번 되풀이하는 시험으로 계통오차를 제거하는 방법은 아니다.

63 유효숫자 표기방법에 의한 계산 결괏값이 유효숫자 2자리인 것은?

① $(7.6 - 0.34) \div 1.95$
② $(1.05 \times 10^4) \times (9.92 \times 10^6)$
③ $850,000 - (9.0 \times 10^5)$
④ $83.25 \times 10^2 + 1.35 \times 10^2$

해설
②, ④번의 유효숫자는 3개, ③번의 유효숫자는 1개이다.

65 밸리데이션 항목 중 Linearity시험 결과의 해석으로 틀린 것은?

No.	농도 (mg/mL)	Retention Time (min)	Peak Area
1	1.5	4.325	151.2
2	1.1	4.318	109.1
3	1.0	4.323	100.9
4	0.9	4.321	90.2
5	0.5	4.324	50.5

① Retention Time의 RSD% : 0.06%

② y절편 : 81.5

③ 기울기 : 100.46

④ 상관계수 : 0.9995

해설
- y절편(a) : -0.0815
- 기울기(b) : 100.46
- 상관계수(r) : 0.9998

공학용 계산기 사용법

㉠ MODE 누르고 숫자 1 을 눌러 통계모드(STAT)로 전환한다.

㉡ Linearity 결과를 구하기 위해 숫자 1 을 입력한다(LINE).

㉢ 주어진 데이터를 입력하고 STO , M+ 를 누른다.

㉣ RCL 버튼을 누르고 (를 입력하여 y절편(a)을 확인한다.

㉤ RCL 버튼을 누르고) 를 입력하여 기울기(b)를 확인한다.

㉥ RCL 버튼을 누르고 ÷ 를 입력하여 상관계수(r)를 확인한다.

※ SHARP EL-509 모델 기준

66 HPLC의 장비 및 소모품에 대한 설명으로 틀린 것은?

① 시료 주입용 주사기 : 시험 횟수와 바늘의 마모상태를 고려하여 교체주기를 결정해야 한다.

② HPLC 검출기 램프 : 예상하지 못한 상황에 대비하여 여분의 램프를 준비해 놓아야 한다.

③ HPLC 펌프 : 펌프 출력에 펄스가 없을 경우 교체한다.

④ HPLC 보호칼럼 : 주기적 교체를 통해 분석칼럼의 수명을 늘릴 수 있다.

67 시험장비 밸리데이션 범위에 포함되지 않는 것은?

① 설계 적격성 평가

② 설치 적격성 평가

③ 가격 적격성 평가

④ 운전 적격성 평가

해설
분석장비의 적격성 평가
- 설계 적격성 평가(DQ)
- 설치 적격성 평가(IQ)
- 운전 적격성 평가(OQ)
- 성능 적격성 평가(PQ)

68 확인시험(Identification)의 밸리데이션에서 일반적으로 필요한 평가 파라미터는?

① 정확성   ② 특이성

③ 직선성   ④ 검출한계

해설
확인시험의 밸리데이션에서는 특이성이 평가되어야 한다.

69 정량분석을 위해 분석물질과 다른 화학적으로 안정한 화합물을 미지시료에 첨가하는 것은?

① 절대검정곡선법
② 표준첨가법
③ 내부표준법
④ 분광간섭법

> **해설**
> **내부표준법** : 모든 시료, 바탕 분석의 검정 표준물에 일정량의 내부표준물을 가한다.

70 식품의약품안전처의 밸리데이션 표준수행절차 중 시험장비 밸리데이션 이력에 포함될 항목이 아닌 것은?

① 자산번호
② 장비명(영문)
③ 장비코드 변경내역
④ 밸리데이션 승인 담당자

> **해설**
> **시험장비 밸리데이션 이력 작성항목**
> • 장비명(국문)
> • 장비명(영문)
> • 장비코드
> • 장비코드 변경내역
> • 모델/제조사/제조국
> • 문서번호
> • 자산번호
> • 취득일
> • 장비 운용부서
> • 특이사항 등

71 화학분석 결과의 정확한 판정을 위해 필요한 유효숫자와 오차에 대한 설명 중 옳은 것은?

① 어떤 값에 대한 유효숫자의 수는 과학적인 표시법으로 값을 기록하는 데 필요한 최대한의 자릿수이다.
② 곱셈과 나눗셈에서 유효숫자의 수는 일반적으로 자릿수가 가장 큰 숫자에 의해서 제한된다.
③ 우연(불가측)오차는 주로 정밀도(재현성)에 영향을 주며, 약간의 우연오차는 항상 존재한다.
④ 계통(가측)오차는 주로 정확도에 영향을 미치며, 제거할 수 없는 오차이다.

> **해설**
> ① 어떤 값에 대한 유효숫자의 수는 과학적인 표시법으로 값을 기록하는 데 필요한 최소한의 자릿수이다.
> ② 덧셈과 뺄셈에서 유효숫자의 수는 일반적으로 자릿수가 가장 큰 숫자에 의해서 제한된다.
> ④ 계통(가측)오차는 보정이 가능한 오차이다.

72 표준수행절차(SOP)의 운전·성능 적격성 평가의 구성요소가 아닌 것은?

① 목적(Purpose)
② 적용범위(Scope)
③ 의무이행조건(Responsibilities)
④ 시험·교정(Test and Calibration)

> **해설**
> **운전·성능 적격성 평가의 구성요소**
> • 목적(Purpose)
> • 적용범위(Scope)
> • 의무이행조건(Responsibilities)
> • 수행배경(Background)
> • 운전·성능 적격성 평가 프로토콜(Operational/Performance Qualification Protocol)
> • 운전·성능 적격성 평가 결과 보고(Operational/Performance Qualification Report)
> • 기타 참고·첨부 자료(References·Appendix)

73 평균값이 4.74이고, 표준편차가 0.11일 때 분산계수(CV)는?

① 0.023% 　　② 2.3%

③ 4.3% 　　④ 43.09%

분산계수(CV) = $\dfrac{\text{표준편차}}{\text{평균}} \times 100$

$\therefore CV = \dfrac{0.11}{4.74} \times 100 ≒ 2.32\%$

74 검정곡선에서 y절편의 표준편차가 0.1, 기울기가 0.1일 때의 정량한계는?

① 10 　　② 1

③ 0.1 　　④ 3.3

정량한계(LOQ) = $10 \times \dfrac{\text{검정곡선의 기울기}}{\text{검정곡선의 표준편차}}$

$\therefore LOQ = 10 \times \dfrac{0.1}{0.1} = 10$

75 인증표준물질(CRM)을 이용하여 투과율을 8회 반복 측정한 결과와 T-table을 활용하여, 이 실험의 측정 신뢰도가 95%일 때 우연불확도로 옳은 것은?

┤측정값├

18.32%, 18.33%, 18.33%, 18.35%
18.33%, 18.32%, 18.31%, 18.34%

┤T-table├

Degree of Freedom	Amount of Area in One Tail		
	0.1	0.05	0.025
6	1.440	1.943	2.447
7	1.415	1.895	2.365
8	1.397	1.860	2.306
9	1.383	1.833	2.262
10	1.372	1.812	2.228

① $U = 0.00016 \times \dfrac{\sqrt{7}}{2.306}$

② $U = 0.00016 \times \dfrac{1.895}{7}$

③ $U = 0.012 \times \dfrac{2.365}{\sqrt{7}}$

④ $U = 0.012 \times \dfrac{\sqrt{7}}{2.365}$

76 방법검증(Method Validation)에 포함되는 정밀도가 아닌 것은?

① 최종 정밀도

② 중간 정밀도

③ 기기 정밀도

④ 실험실 간 정밀도

77 재현성에 관한 내용이 아닌 것은?

① 연구실 내 재현성에서 검토가 필요한 대표적인 변동요인은 시험일, 시험자, 장치 등이다.
② 연구실 간 재현성은 실험실 간의 공동실험 시 분석법을 표준화할 필요가 있을 때 평가한다.
③ 연구실 간 재현성이 표현된다면 연구실 내 재현성은 검증할 필요가 없다.
④ 재현성을 검증할 때는 분석법의 전 조작을 6회 반복 측정하여 상대표준편차값이 3% 이내가 되어야 한다.

> **해설**
> ④ 분석법의 전 조작을 적어도 6회 반복 측정하여 상대표준편차값 1.0% 이내가 되어야 한다.

78 단일-용액 표준물첨가법(Standard Addition to a Single Solution)에 관한 설명 중 틀린 것은?(단, x축 : $[S]_i^* \dfrac{V_S}{V_0}$, y축 : $I_{S+X}^* \dfrac{V}{V_0}$ 인 그래프를 기준으로 한다)

① 표준물을 첨가할 때마다 분석물 신호를 측정한다.
② 매트릭스를 변화시키지 않도록 가능한 한 작은 부피의 표준물을 첨가한다.
③ 묽힘을 고려하여 검출기 감응을 보정한 후 y축에 도시한다.
④ 보정된 감응 대 묽혀진 표준물 부피 그래프의 y절편이 미지 분석물의 농도이다.

> **해설**
> 보정된 감응 대 묽혀진 표준물 부피 그래프의 x절편이 미지 분석물의 농도이다.

79 이화학분석에 관련된 설명 중 틀린 것은?

① 시험에 필요한 유리기구를 세척, 건조해야 하며, 이때 이전에 사용한 시약 또는 분석대상물질이 남아 있지 않도록 분석이 완료된 후 철저히 세척해야 한다.
② 분석결과의 통계처리는 일반적으로 평균, 표준편차 및 상대표준편차가 많이 이용된다.
③ 정확성은 측정값이 참값에 근접한 정도를 말한다.
④ 정밀성은 데이터의 입출력력과 흐름을 추적하고 조작을 방지하는 시스템을 말한다.

> **해설**
> 정밀성은 각각의 측정값들 사이의 근접성(분산 정도)을 말한다.

80 의약품 제조 및 품질관리에 관한 규정상 시험방법 밸리데이션을 생략할 수 있는 품목으로 틀린 것은?

① 대한민국약전에 실려 있는 품목
② 식품의약품안전처장이 기준 및 시험방법을 고시한 품목
③ 밸리데이션을 실시한 품목과 주성분의 함량은 동일하나 제형만 다른 품목
④ 원개발사의 시험방법 밸리데이션 자료, 시험방법 이전을 받았음을 증빙하는 자료 및 제조원의 실험실과의 비교시험 자료가 있는 품목

> **해설**
> **의약품 제조 및 품질관리에 관한 규정 제4조(제조 및 품질관리 기준 실시에 관한 세부사항)**
> 다음 사항의 경우 적격성 평가 및 밸리데이션에 따른 시험방법 밸리데이션을 생략할 수 있다.
> • 대한민국약전에 실려 있는 품목
> • 식품의약품안전처장이 인정하는 공정서 및 의약품집에 실려 있는 품목
> • 식품의약품안전처장이 기준 및 시험방법을 고시한 품목
> • 밸리데이션을 실시한 품목과 제형 및 시험방법은 동일하나 주성분의 함량만 다른 품목
> • 원개발사의 시험방법 밸리데이션 자료, 시험방법 이전을 받았음을 증빙하는 자료 및 제조원의 실험실과의 비교시험 자료가 있는 품목

81 다음 설명에 해당하는 시료채취방법은?

> 전문적인 지식을 바탕으로 주관적인 선택에 따른 채취방법으로 선행 연구나 정보가 있을 때 현장 방문에 의한 시각적 정보, 현장 채수요원의 개인적인 지식과 경험을 바탕으로 채취지점을 선정하는 방법

① 유의적 샘플링
② 임의적 샘플링
③ 계통 표본 샘플링
④ 층별 임의 샘플링

해설
유의적 샘플링
• 전문적인 지식을 바탕으로 주관적인 선택에 따른 채취 방법이다.
• 선행 연구나 정보가 있을 경우 또는 현장 방문에 의한 시각적 정보, 현장 채수 요원의 개인적인 지식과 경험을 바탕으로 채취 지점을 선정하는 방법이다.
• 연구 기간이 짧고 예산이 충분하지 않을 때, 과거 측정 지점에 대한 조사 자료가 있을 때, 특정 지점의 오염 발생 여부를 확인하고자 할 때 선택한다.

82 산화-환원반응과 관련된 설명으로 틀린 것은?

① 산화제는 산화-환원반응에서 자신은 환원되면서 상대 물질을 산화시키는 물질이다.
② 환원제는 산화-환원반응에서 산화수가 증가한다.
③ 이산화황은 환원제이지만 더 환원력이 강한 황화수소 등과 반응할 때에는 산화제로 사용된다.
④ 같은 주기에서 알칼리토금속보다 알칼리금속이 더 환원되기 쉽다.

해설
같은 주기에서 알칼리토금속보다 알칼리금속이 더 산화되기 쉽다.

83 반응성이 매우 큰 물질로서 항상 불활성 기체 속에서 취급해야 하는 물질은?

① 트라이에틸알루미늄
② 하이드록실아민
③ 과염소산
④ 플루오린화수소

해설
트라이에틸알루미늄(TEA ; Tri-Ethyl Aluminium)
• 화학식은 $(C_2H_5)_3Al$이다.
• 제3류 위험물(알킬알루미늄)에 속한다.
• 무색 투명한 액체이다.
• 공기 또는 물과 접촉하여 자연발화한다.
　- 공기와 접촉 시 반응식 :
　　$(C_2H_5)_3Al + 21O_2 \rightarrow Al_2O_3 + 12CO_2 + 15H_2O$
　- 물과 접촉 시 반응식 : $(C_2H_5)_3Al + 3H_2O \rightarrow Al(OH)_3 + 3C_2H_6$
• 물 또는 알코올과 반응 시 에테인(C_2H_6)의 가연성 가스가 발생한다.
　- 에탄올과의 반응식 :
　　$(C_2H_5)_3Al + 3C_2H_5OH \rightarrow (C_2H_5O)_3Al + 3C_2H_6$
• 불활성 기체하에서 취급하고, 습기를 방지해야 한다.
• 저장 시에는 용기 상부에 질소(N_2) 또는 아르곤(Ar) 등의 불연성 가스를 봉입한다.

84 어떤 방사능 폐기물에서 방사능 정도가 12차 반감기가 지난 후에 비교적 무해하게 될 것이라고 가정한다. 이 기간 후 남아 있는 방사성 물질의 비는?

① 0.0144%
② 0.0244%
③ 0.0344%
② 0.0444%

해설
반감기 : 방사능 물질의 양이 처음의 반으로 줄어드는 데 걸리는 시간이다.
12차 반감기가 지난 후 방사성 물질의 양
$= \left(\dfrac{1}{2}\right)^{12} \times 100 ≒ 0.0244\%$

정답 81 ① 82 ④ 83 ① 84 ②

85 위험물안전관리법 시행령상 제1류 위험물과 가장 유사한 화학적 특성을 갖는 위험물은?

① 제2류 위험물

② 제4류 위험물

③ 제5류 위험물

④ 제6류 위험물

해설
위험물안전관리법 시행령 [별표 1] 위험물 및 지정수량
- 제1류 위험물 : 산화성 고체
- 제2류 위험물 : 가연성 고체
- 제3류 위험물 : 자연발화성 물질 및 금수성 물질
- 제4류 위험물 : 인화성 액체
- 제5류 위험물 : 자기반응성 물질
- 제6류 위험물 : 산화성 액체

86 대기환경보전법 시행규칙상 장거리이동대기오염물질이 아닌 것은?

① 미세먼지

② 납 및 그 화합물

③ 알코올류

④ 폼알데하이드

해설
대기환경보전법 시행규칙 [별표 6의5] 장거리이동대기오염물질

• 미세먼지(PM$_{10}$)	• 초미세먼지(PM$_{2.5}$)
• 납 및 그 화합물	• 칼슘 및 그 화합물
• 수은 및 그 화합물	• 비소 및 그 화합물
• 망가니즈화합물	• 니켈 및 그 화합물
• 벤 젠	• 폼알데하이드
• 염화수소	• 플루오린화물
• 사이안화물	• 사염화탄소
• 클로로폼	• 1,3-뷰타다이엔
• 다이클로로메테인	• 스틸렌
• 테트라클로로에틸렌	• 1,2-다이클로로에테인
• 에틸벤젠	• 트라이클로로에틸렌
• 염화비닐	

87 인화성 액체와 함께 보관이 불가능한 물질은?

① 염기류

② 산화제류

③ 환원제류

④ 모든 수용액

해설
제4류 위험물(인화성 액체)은 산화제류와 접촉 시 혼촉발화한다.

88 황린을 제외한 제3류 위험물 취급 시 유의사항으로 틀린 것은?

① 강산화제, 강산류 등과 접촉에 주의한다.

② 대기 중에서 공기와 접촉하여 자연발화하는 때도 있다.

③ 대량의 물을 주수하여 초기 냉각소화한다.

④ 보호액 속에 저장할 때는 위험물이 보호액 표면에 노출되지 않도록 주의한다.

해설
제3류 위험물의 소화방법
- 자연발화성 물질인 황린은 다량의 물로 냉각소화를 한다.
- 금수성 물질은 물뿐만 아니라 이산화탄소나 할론소화약제를 사용하면 가연성 물질인 탄소가 발생하여 폭발할 수 있으므로 절대 사용할 수 없고 마른 모래, 탄화수소류 분말소화약제를 사용하여 소화한다.

89 폐기물관리법 시행령상 지정폐기물에 해당되지 않는 것은?

① 고체상태의 폐합성 수지
② 농약의 제조 · 판매업소에서 발생되는 폐농약
③ 대기오염방지시설에서 포집된 분진
④ 폐유기용제

해설

폐기물관리법 시행령 [별표 1] 지정폐기물의 종류
① 특정시설에서 발생되는 폐기물
　㉠ 폐합성 고분자화합물
　　• 폐합성 수지(고체상태의 것은 제외한다)
　　• 폐합성 고무(고체상태의 것은 제외한다)
　㉡ 오니류(수분함량이 95% 미만이거나 고형물함량이 5% 이상인 것으로 한정한다)
　　• 폐수처리 오니(환경부령으로 정하는 물질을 함유한 것으로 환경부장관이 고시한 시설에서 발생되는 것으로 한정한다)
　　• 공정 오니(환경부령으로 정하는 물질을 함유한 것으로 환경부장관이 고시한 시설에서 발생되는 것으로 한정한다)
　㉢ 폐농약(농약의 제조 · 판매업소에서 발생되는 것으로 한정한다)
② 부식성 폐기물
　㉠ 폐산(액체상태의 폐기물로서 pH가 2.0 이하인 것으로 한정한다)
　㉡ 폐알칼리(액체상태의 폐기물로서 pH가 12.5 이상인 것으로 한정하며, 수산화칼륨 및 수산화나트륨을 포함한다)
③ 유해물질함유 폐기물(환경부령으로 정하는 물질을 함유한 것으로 한정한다)
　㉠ 광재(鑛滓)[철광 원석의 사용으로 인한 고로(高爐)슬래그(Slag)는 제외한다]
　㉡ 분진(대기오염방지시설에서 포집된 것으로 한정하되, 소각시설에서 발생되는 것은 제외한다)
　㉢ 폐주물사 및 샌드블라스트 폐사(廢砂)
　㉣ 폐내화물(廢耐火物) 및 재벌구이 전에 유약을 바른 도자기 조각
　㉤ 소각재
　㉥ 안정화 또는 고형화 · 고화 처리물
　㉦ 폐촉매
　㉧ 폐흡착제 및 폐흡수제[광물유 · 동물유 및 식물유{폐식용유(식용을 목적으로 식품 재료와 원료를 제조 · 조리 · 가공하는 과정, 식용유를 유통 · 사용하는 과정 또는 음식물류 폐기물을 재활용하는 과정에서 발생하는 기름을 말한다)는 제외한다}의 정제에 사용된 폐토사(廢土砂)를 포함한다]

④ 폐유기용제
　㉠ 할로젠족(환경부령으로 정하는 물질 또는 이를 함유한 물질로 한정한다)
　㉡ 그 밖의 폐유기용제(㉠ 외의 유기용제를 말한다)
⑤ 폐페인트 및 폐래커(다음의 것을 포함한다)
　㉠ 페인트 및 래커와 유기용제가 혼합된 것으로서 페인트 및 래커 제조업, 용적 5m³ 이상 또는 동력 3마력 이상의 도장(塗裝)시설, 폐기물을 재활용하는 시설에서 발생되는 것
　㉡ 페인트 보관용기에 남아 있는 페인트를 제거하기 위하여 유기용제와 혼합된 것
　㉢ 폐페인트 용기(용기 안에 남아 있는 페인트가 건조되어 있고, 그 잔존량이 용기 바닥에서 6mm를 넘지 아니하는 것은 제외한다)
⑥ 폐유[기름성분을 5% 이상 함유한 것을 포함하며, 폴리클로리네이티드바이페닐(PCBs)함유 폐기물, 폐식용유와 그 잔재물, 폐흡착제 및 폐흡수제는 제외한다]
⑦ 폐석면
　㉠ 건조고형물의 함량을 기준으로 하여 석면이 1% 이상 함유된 제품 · 설비(뿜칠로 사용된 것은 포함한다) 등의 해체 · 제거 시 발생되는 것
　㉡ 슬레이트 등 고형화된 석면 제품 등의 연마 · 절단 · 가공 공정에서 발생된 부스러기 및 연마 · 절단 · 가공 시설의 집진기에서 모아진 분진
　㉢ 석면의 제거작업에 사용된 바닥비닐시트(뿜칠로 사용된 석면의 해체 · 제거작업에 사용된 경우에는 모든 비닐시트) · 방진마스크 · 작업복 등
⑧ 폴리클로리네이티드바이페닐 함유 폐기물
　㉠ 액체상태의 것(1L당 2mg 이상 함유한 것으로 한정한다)
　㉡ 액체상태 외의 것(용출액 1L당 0.003mg 이상 함유한 것으로 한정한다)
⑨ 폐유독물질[화학물질관리법의 유독물질을 폐기하는 경우로 한정하되, ①의 ㉢의 폐농약(농약의 제조 · 판매업소에서 발생되는 것으로 한정한다), ②의 부식성 폐기물, ④의 폐유기용제, ⑧의 폴리클로리네이티드바이페닐 함유 폐기물 및 ⑪의 수은폐기물은 제외한다]
⑩ 의료폐기물(환경부령으로 정하는 의료기관이나 시험 · 검사기관 등에서 발생되는 것으로 한정한다)
⑪ 천연방사성제품폐기물[생활주변방사선 안전관리법에 따른 가공제품 중 안전기준에 적합하지 않은 제품으로서 방사능 농도가 g당 10Bq 미만인 폐기물을 말한다. 이 경우 가공제품으로부터 천연방사성핵종(天然放射性核種)을 포함하지 않은 부분을 분리할 수 있는 때에는 그 부분을 제외한다]
⑫ 수은폐기물
　㉠ 수은함유폐기물[수은과 그 화합물을 함유한 폐램프(폐형광등은 제외한다), 폐계측기기(온도계, 혈압계, 체온계 등), 폐전지 및 그 밖의 환경부장관이 고시하는 폐제품을 말한다]
　㉡ 수은구성폐기물(수은함유폐기물로부터 분리한 수은 및 그 화합물로 한정한다)

ⓒ 수은함유폐기물 처리잔재물(수은함유폐기물을 처리하는 과정에서 발생되는 것과 폐형광등을 재활용하는 과정에서 발생되는 것을 포함하되, 환경분야 시험·검사 등에 관한 법률에 따라 환경부장관이 고시한 폐기물 분야에 대한 환경오염공정시험기준에 따른 용출시험 결과 용출액 1L당 0.005mg 이상의 수은 및 그 화합물이 함유된 것으로 한정한다)

⑬ 그 밖에 주변환경을 오염시킬 수 있는 유해한 물질로서 환경부장관이 정하여 고시하는 물질

90 물과 접촉하면 위험한 물질로 짝지어진 것은?

① K, CaC₂, KClO₄
① K, CaC_2, $KClO_4$

② K_2O_2, $K_2Cr_2O_7$, CH_3CHO

③ K_2O_2, K, CaC_2

④ Na, $KMnO_4$, $NaClO_4$

해설

물반응성 물질 : 물과의 상호작용에 의하여 자연발화하거나 인화성 가스의 양이 위험한 수준으로 발생하는 고체·액체 상태의 물질이나 그 혼합물을 말한다.

• 금속 : 리튬(Li), 나트륨(Na), 칼륨(K), 마그네슘(Mg), 칼슘(Ca), 알루미늄 분말(Al)

• 금속의 수소화물 : 수소화리튬(LiH), 수소화나트륨(NaH), 수소화칼슘(CaH₂), 수소화알루미늄 리튬(LiAlH₄)

• 유기금속 화합물 : 뷰틸리튬(C₄H₉Li), 트라이에틸알루미늄((C₂H₅)₄Al), 트라이아이소뷰틸알루미늄(iso-(C₄H₉)₃Al), 트라이메틸알루미늄((CH₃)₃Al)

• 금속의 인화물, 탄화물 : 인화알루미늄(AlP), 탄화칼슘(CaC₂), 탄화알루미늄(Al₄C₃)

금수성 물질 : 물과 접촉하면 격렬한 발열반응, 화재 또는 폭발 등을 일으키는 물질을 말한다.

• 제1류 위험물 중 무기과산화물류(과산화나트륨, 과산화칼륨, 과산화마그네슘, 과산화칼슘, 과산화바륨, 과산화리튬, 과산화베릴륨 등)

• 제2류 위험물 중 마그네슘, 철분, 금속분, 황화인

• 제3류 위험물(칼륨, 나트륨, 알킬알루미늄, 알킬리튬, 알칼리금속 및 알칼리토금속류, 유기금속화합물류, 금속수소화합물류, 금속인화물류, 칼슘 또는 알루미늄탄화물류 등)

• 제6류 위험물(과염소산, 과산화수소, 황산, 질산)

• 특수인화물(다이에틸에테르, 콜로디온 등)

91 화학실험실에서 구비해야 하는 분말 소화기에는 소화분말이 포함되어 있다. 다음 중 소화분말의 화학반응으로 틀린 것은?

① $2NaHCO_3 \rightarrow Na_2CO_3 + CO_2 + H_2O$

② $2KHCO_3 \rightarrow K_2CO_3 + CO_2 + H_2O$

③ $NH_4H_2PO_4 \rightarrow HPO_3 + NH_3 + H_2O_2$

④ $2KHCO_3 + (NH_2)_2CO \rightarrow K_2CO_3 + 2NH_3 + 2CO_2$

해설

분말소화약제의 열분해반응식

• 제1종 분말소화약제
  – 1차(270℃) : $2NaHCO_3 \rightarrow Na_2CO_3 + CO_2 + H_2O$
  – 2차(850℃) : $2NaHCO_3 \rightarrow Na_2O + 2CO_2 + H_2O$

• 제2종 분말소화약제
  – 1차(190℃) : $2KHCO_3 \rightarrow K_2CO_3 + CO_2 + H_2O$
  – 2차(890℃) : $2KHCO_3 \rightarrow K_2O + 2CO_2 + H_2O$

• 제3종 분말소화약제
  – 1차(190℃) : $NH_4H_2PO_4 \rightarrow H_3PO_4 + NH_3$
  – 2차(215℃) : $2H_3PO_4 \rightarrow H_4P_2O_7 + H_2O$
  – 3차(300℃) : $H_4P_2O_7 \rightarrow 2HPO_3 + H_2O$
  – 완전분해 : $NH_4H_2PO_4 \rightarrow NH_3 + H_2O + HPO_3$

• 제4종 분말소화약제
  – $2KHCO_3 + (NH_2)_2CO \rightarrow K_2CO_3 + 2NH_3 + 2CO_2$

92 인화성 유기용매의 성질이 아닌 것은?

① 인화성 유기용매의 액체 비중은 대부분 물보다 가볍고 소수성이다.

② 인화성 유기용매의 증기 비중은 공기보다 작기 때문에 공기보다 높은 위치에서 확산된다.

③ 일반적으로 정전기의 방전 불꽃에 인화되기 쉽다.

④ 화기 등에 의한 인화, 폭발위험성이 있다.

해설

인화성 유기용매의 증기 비중은 공기보다 무겁다.

93 다음의 가스로 인한 상해로 가장 알맞은 것은?

> 염소, 염화수소, 일산화탄소, 아황산가스, 암모니아,
> 포스겐

① 부 식　　　　② 폭 발

③ 저온화상　　　④ 가스중독

해설

가스로 인한 상해
- 폭 발
  - 폭발성 가스의 누출 또는 발화로 발생한다.
  - 아세틸렌, 수소, 암모니아, LPG, LNG 등이 영향을 미친다.
- 가스중독
  - 독성가스의 누출로 발생한다.
  - 염소, 염화수소, 일산화탄소, 아황산가스, 암모니아, 포스겐
    등이 영향을 미친다.
- 질 식
  - 질식성 가스의 누출로 인해 발생한다.
  - 혈액 내 산소가 부족하여 호흡 곤란 문제가 발생한다.
  - 일산화탄소, 염소 등이 영향을 미친다.

94 분진 폭발을 일으키는 금속분말이 아닌 것은?

① 마그네슘

② 백 금

③ 타이타늄

④ 알루미늄

해설

분진 폭발을 일으키는 금속분말
- 알루미늄
- 철
- 마그네슘
- 아 연

95 화학물질 및 물리적 인자의 노출기준에 대한 설명 중 틀린 것은?

① 단시간노출기준(STEL)은 15분간의 시간가중평균노출값으로서 근로자가 STEL 이하로 유해인자에 노출되기 위해선 1회 노출 지속시간이 15분 미만이어야 하고, 1일 4회 이하로 발생해야 하며, 각 노출의 간격은 60분 이하이어야 한다.

② 최고 노출기준(C)은 근로자가 1일 작업시간 동안 잠시라도 노출되어서는 아니 되는 기준을 말하며, 노출기준 앞에 C를 붙여 표시한다.

③ 시간가중평균노출기준(TWA)은 1일 8시간 작업을 기준으로 하여 유해인자의 측정치에 발생시간을 곱하여 8시간으로 나눈 값을 말한다.

④ 특정 유해인자의 노출기준이 규정되지 않았을 경우 ACGIH의 TLVs를 준용한다.

해설

화학물질 및 물리적 인자의 노출기준 제2조(정의)
'단시간노출기준(STEL)'이란 15분간의 시간가중평균노출값으로서 노출농도가 시간가중평균노출기준(TWA)을 초과하고 단시간 노출기준(STEL) 이하인 경우에는 1회 노출 지속시간이 15분 미만이어야 하고, 이러한 상태가 1일 4회 이하로 발생하여야 하며, 각 노출의 간격은 60분 이상이어야 한다.

96 수소와 산소기체를 반응시켜 수증기를 형성하는 다양한 경로를 통해 측정되는 반응열에 대한 설명으로 틀린 것은?(단, 각 경로의 반응열 측정은 동일한 온도에서 측정하였다고 가정한다)

① 촉매 없이 반응을 천천히 진행시켜 54.6kcal/mol의 반응열을 측정하였다.

② 스파크를 가하여 폭발적인 반응을 진행시켜 54.6 kcal/mol의 반응열을 측정하였다.

③ 아연 가루를 촉매로 가하여 반응을 빠르게 진행시켰으며, 54.6kcal/mol의 반응열을 측정하였다.

④ 반응기에 백금선을 추가하여 반응을 대용량으로 진행시켰으며, 109.2kcal/mol의 반응열을 측정하였다.

해설

백금선은 촉매로 작용한다. 촉매는 활성화 에너지를 변화시키지만, 반응열은 달라지지 않는다.

97 화학물질의 분류·표시 및 물질안전보건자료에 관한 기준에서 물질안전보건자료 작성 시 혼합물의 유해성·위험성을 결정하는 방법으로 틀린 것은?(단, ATE는 급성독성추정값, C는 농도를 의미한다)

① 혼합물 전체로서 시험된 자료가 있는 경우에는 그 시험결과에 따라 단일물질의 분류기준을 적용한다.

② 혼합물 전체로서 시험된 자료는 없지만, 유사 혼합물의 분류자료 등을 통하여 혼합물 전체로서 판단할 수 있는 근거자료가 있는 경우에는 희석값을 대푯값으로 하여 적용·분류한다.

③ 혼합물 전체로서 유해성을 평가할 자료는 없지만, 구성성분의 유해성 평가자료가 있는 경우의 급성독성추정값 공식은 개별 성분의 농도/급성독성추정값의 조화평균이다.

④ 혼합물 전체로서 유해성을 평가할 자료는 없지만, 구성성분의 90% 미만 성분의 유해성 평가자료가 있거나 추정 가능할 경우 급성독성추정값 공식은 $\dfrac{100 - C_{\mathrm{Unknown}}}{ATE_{\mathrm{mix}}} = \sum_n \dfrac{C_i}{ATE_i}$ 이다.

해설

화학물질의 분류·표시 및 물질안전보건자료에 관한 기준 [별표 1] 화학물질 등의 분류

혼합물 전체로서 시험된 자료가 없지만, 유사 혼합물의 분류자료 등을 통하여 혼합물 전체로서 판단할 수 있는 근거자료가 있는 경우에는 희석, 배치(Batch), 농축, 내삽, 유사혼합물 또는 에어로졸 등의 가교원리를 적용하여 분류한다.

98 화학물질의 분류·표시 및 물질안전보건자료에 관한 기준에 따른 경고표지의 색상 및 위치에 대한 설명으로 옳은 것은?

① 경고표지 전체의 바탕은 흰색으로, 글씨와 테두리는 검정색으로 하여야 한다.

② 예방조치 문구를 생략해도 된다.

③ 비닐포대 등 바탕색을 흰색으로 하기 어려운 경우에는 그 포장 또는 용기의 표면을 바탕색으로 사용할 수 없다.

④ 그림문자는 유해성·위험성을 나타내는 그림과 테두리로 구성하며, 유해성·위험성을 나타내는 그림은 백색으로 한다.

화학물질의 분류·표시 및 물질안전보건자료에 관한 기준 제6조의2(경고표지 기재항목의 작성방법)
예방조치 문구는 경고표지의 기재항목에 따라 해당되는 것을 모두 표시한다. 다만, 다음의 어느 하나에 해당되는 경우에는 이에 따른다.
① 중복되는 예방조치 문구를 생략하거나 유사한 예방조치 문구를 조합하여 표시할 수 있다.
② 예방조치 문구가 7개 이상인 경우에는 예방·대응·저장·폐기 각 1개 이상(해당 문구가 없는 경우는 제외한다)을 포함하여 6개만 표시해도 된다. 이때 표시하지 않은 예방조치 문구는 물질안전보건자료를 참고하도록 기재하여야 한다.
화학물질의 분류·표시 및 물질안전보건자료에 관한 기준 제8조(경고표지의 색상 및 위치)
① 경고표지 전체의 바탕은 흰색으로, 글씨와 테두리는 검정색으로 하여야 한다.
② ①에도 불구하고 비닐포대 등 바탕색을 흰색으로 하기 어려운 경우에는 그 포장 또는 용기의 표면을 바탕색으로 사용할 수 있다. 다만, 바탕색이 검정색에 가까운 용기 또는 포장인 경우에는 글씨와 테두리를 바탕색과 대비색상으로 표시하여야 한다.
③ 그림문자(GHS에 따른 그림문자를 말한다)는 유해성·위험성을 나타내는 그림과 테두리로 구성하며, 유해성·위험성을 나타내는 그림은 검은색으로 하고, 그림문자의 테두리는 빨간색으로 하는 것을 원칙으로 하되 바탕색과 테두리의 구분이 어려운 경우 바탕색의 대비색상으로 할 수 있으며, 그림문자의 바탕은 흰색으로 한다. 다만, 1L 미만의 소량용기 또는 포장으로서 경고표지를 용기 또는 포장에 직접 인쇄하고자 하는 경우에는 그 용기 또는 포장 표면의 색상이 두 가지 이하로 착색되어 있는 경우에 한하여 용기 또는 포장에 주로 사용된 색상(검정색 계통은 제외한다)을 그림문자의 바탕색으로 할 수 있다.

④ 경고표지는 취급근로자가 사용 중에도 쉽게 볼 수 있는 위치에 견고하게 부착하여야 한다.

99 CO_2 소화기의 사용 시 주의사항으로 옳은 것은?

① 모든 화재에 소화효과를 기대할 수 있음

② 모든 소화기 중 가장 소화효율이 좋음

③ 잘못 사용할 경우 동상 위험이 있음

④ 반영구적으로 사용할 수 있음

CO_2 소화기
• 용기에 CO_2가 액화되어 충전되어 있으며, 공기보다 1.52배 무거운 가스가 방출하게 된다.
• 장점 : 자체적으로 이산화탄소를 포함하고 있으므로 별도의 추진 가스가 필요 없다.
• 단점 : 피부에 접촉 시 동상에 걸릴 수 있고 작동 시 소음이 심하다.

100 물질안전보건자료(GHS/MSDS)의 표시사항에서 폭발성 물질(등급 1.2)의 구분기준으로 옳은 것은?

① 대폭발의 위험성이 있는 물질, 혼합물과 제품
② 대폭발의 위험성은 없으나 발사 위험성(Projection Hazard)이 있는 물질, 혼합물과 제품
③ 대폭발의 위험성은 없으나 화재 위험성이 있고 약한 폭풍 위험성(Blast Hazard) 또는 약한 발사 위험성(Projection Hazard)이 있는 물질, 혼합물과 제품
④ 심각한 위험성은 없으나 발화 또는 기폭에 의해 약간의 위험성이 있는 물질, 혼합물과 제품

해설
화학물질의 분류·표시 및 물질안전보건자료에 관한 기준 [별표 1]
화학물질 등의 분류
폭발성 물질
• 정의 : 자체의 화학반응에 의하여 주위 환경에 손상을 입힐 수 있는 온도, 압력과 속도를 가진 가스를 발생시키는 고체·액체 상태의 물질이나 그 혼합물을 말한다. 다만, 화공물질의 경우 가스를 발생하지 않더라도 폭발성 물질에 포함된다.

• 분류

구 분	구분 기준
불안정한 폭발성 물질	일반적인 방법으로 취급, 운송 및 사용하기에 열역학적으로 불안정하거나 너무 민감한 폭발성 물질과 혼합물
등급 1.1	대폭발 위험성이 있는 물질, 혼합물과 제품
등급 1.2	대폭발 위험성은 없으나 분출 위험성(Projection Hazard)이 있는 물질, 혼합물과 제품
등급 1.3	대폭발의 위험성은 없으나 화재 위험성이 있고, 약한 폭풍 위험성(Blast Hazard) 또는 약한 분출 위험성이 있는 다음과 같은 물질, 혼합물과 제품 • 대량의 복사열을 발산하면서 연소하거나 • 약한 폭풍 또는 분출 영향을 일으키면서 순차적으로 연소
등급 1.4	심각한 위험성은 없으나 다음과 같이 발화 또는 기폭에 의해 약간의 위험성이 있는 물질, 혼합물과 제품 • 영향은 주로 포장품에 국한되고, 주의할 정도의 크기 또는 범위로 파편의 발사가 일어나지 않고, • 외부 화재에 의해 포장품의 거의 모든 내용물이 실질적으로 동시에 폭발을 일으키지 않음
등급 1.5	대폭발의 위험성은 있지만 매우 둔감하여 정상적인 상태에서는 기폭의 가능성 또는 연소가 폭굉으로 전이될 가능성이 거의 없는 물질과 혼합물
등급 1.6	극히 둔감한 물질 또는 혼합물만을 포함하여 대폭발 위험성이 없으며, 우발적인 기폭 또는 전파의 가능성이 거의 없는 제품

제1과목 | 화학분석 과정관리

01 일반적인 화학적 성질에 대한 설명 중 틀린 것은?

① 열역학적 개념 중 엔트로피는 특정 물질을 이루고 있는 입자의 무질서한 운동을 나타내는 특성이다.

② 빛을 금속 표면에 쪼였을 때 전자가 방출되는 현상을 광전효과라 하며, Albert Einstein이 발견하였다.

③ 기체 상태의 원자에 전자 하나를 더하는 데 필요한 에너지를 이온화 에너지라 한다.

④ 같은 주기에서 원자의 반지름은 원자번호가 증가할수록 감소한다.

해설

이온화 에너지
- 기체 상태의 원자에서 최외각 전자 1개를 떼어내는 데 필요한 에너지를 말한다.
- 이온화 에너지는 주기율표에서 오른쪽 위로 갈수록 증가한다.

02 텔루륨($_{52}$Te)과 아이오딘($_{53}$I)의 이온화 에너지와 전자친화도의 크기 비교를 옳게 나타낸 것은?

① 이온화 에너지 : Te < I, 전자친화도 : Te < I

② 이온화 에너지 : Te > I, 전자친화도 : Te > I

③ 이온화 에너지 : Te < I, 전자친화도 : Te > I

④ 이온화 에너지 : Te > I, 전자친화도 : Te < I

해설
- 이온화 에너지란 기체 상태의 원자에서 최외각 전자 1개를 떼어내는데 필요한 에너지이다. 같은 주기에서 원자번호가 커질수록 원자반지름이 작아지고, 원자핵과 최외각 전자 사이의 인력이 커져 이온화 에너지는 대체로 증가한다.
- 전자친화도는 기체 원자가 전자 1개를 받아들일 때 방출하는 에너지와 기체 음이온으로부터 전자 1개를 떼어내는 데 필요한 에너지로, 전자를 얻어 형성된 음이온이 원자보다 안정할수록 그 값이 커진다. 따라서 주기율표에서 전자친화도는 대체로 같은 주기에서는 원자번호가 커짐에 따라 커지고, 같은 족에서는 원자번호가 커짐에 따라 감소한다.

03 분석 작업 표준 지침서에 따라 표준 시료를 제조하는 다음의 설명 중 적합하지 않은 것은?(단, 표준 저장용액은 100mg/L의 농도를 조제하는 것을 기준으로 한다)

① 카드뮴(Cd)의 표준 저장용액은 4mL 진한 HNO_3에 카드뮴 금속 0.100g을 녹인 후 진한 HNO_3 5mL를 첨가하고, 증류수를 가하여 1,000mL로 만든다.

② 철(Fe)의 표준 저장용액은 10mL의 50% HCl과 5mL의 진한 HNO_3의 혼합물에 철 와이어 0.150g을 녹이고, 5mL 진한 HNO_3을 첨가한 후 증류수를 가하여 1,000mL로 만든다.

③ 납(Pb)의 표준 저장용액은 소량의 HNO_3에 $Pb(NO_3)_2$ 0.1598g을 녹이고, 증류수를 가하여 1,000mL로 만든다.

④ 나트륨(Na)의 표준 저장용액은 증류수에 NaCl 0.2542g을 녹이고, 10mL 진한 HNO_3을 첨가한 후 증류수를 가하여 1,000mL로 만든다.

해설

중금속 표준 저장용액 제조방법

• 카드뮴(Cd) : 4mL 진한 HNO_3에 카드뮴 금속 0.100g을 녹인 후 진한 HNO_3 5mL를 첨가하고, 증류수를 가하여 1,000mL로 만든다.

• 칼슘(Ca) : 증류수에 $CaCO_3$ 0.2497g을 넣고 50% HNO_3로 녹인다. 여기에 진한 HNO_3 10mL를 첨가하고, 증류수를 가하여 1,000mL로 만든다.

• 크로뮴(Cr) : 증류수에 CrO_3 0.1923g을 녹이고, 10mL 진한 HNO_3을 첨가한 후 증류수를 가하여 1,000mL로 만든다.

• 구리(Cu) : 2mL 진한 HNO_3에 구리 금속 0.100g을 녹이고, 10mL 진한 HNO_3을 첨가한 후 증류수를 가하여 1,000mL로 만든다.

• 철(Fe) : 10mL 50% HCl과 3mL 진한 HNO_3의 혼합물에 철 와이어 0.100g을 녹이고, 5mL 진한 HNO_3을 첨가한 후 증류수를 가하여 1,000mL로 만든다.

• 납(Pb) : 소량의 HNO_3에 $Pb(NO_3)_2$ 0.1598g을 녹이고, 증류수를 가하여 1,000mL로 만든다.

• 마그네슘(Mg) : 50% HNO_3 소량에 MgO 0.1658g을 녹이고, 10mL 진한 HNO_3을 첨가한 후 증류수를 가하여 1,000mL로 만든다.

• 망가니즈(Mn) : 1mL 진한 HNO_3을 혼합한 10mL 진한 HCl에 망가니즈 금속 0.100g을 녹이고, 증류수를 가하여 1,000mL로 만든다.

• 니켈(Ni) : 10mL의 뜨거운 진한 HNO_3에 니켈 금속 0.100g을 녹이고, 냉각 후 증류수를 가하여 1,000mL로 만든다.

• 칼륨(K) : 증류수에 0.1907g의 KCl을 녹인 후 증류수를 가하여 1,000mL로 만든다.

• 나트륨(Na) : 증류수에 NaCl 0.2542g을 녹이고, 10mL 진한 HNO_3을 첨가한 후 증류수를 가하여 1,000mL로 만든다.

• 주석(Sn) : 100mL 진한 HCl에 주석 금속 1.000g을 녹이고, 증류수를 가하여 1,000mL로 만든다.

• 아연(Zn) : 10mL 50% HCl에 아연 금속 1.000g을 녹이고, 증류수를 가하여 1,000mL로 만든다.

04 1.0mol의 산소와 과량의 프로페인(C_3H_8) 기체의 완전연소로 생성되는 이산화탄소의 몰수는?

① 0.3

② 0.4

③ 0.5

④ 0.6

해설

$C_3H_8 + 5O_2 \rightarrow 3CO_2 + 4H_2O$

한계 반응물은 산소 1mol이다.

반응물 O_2 몰수 : 생성물 CO_2 몰수 = 5 : 3 = 1mol : $x$mol

따라서, 생성되는 이산화탄소의 몰수(x)는 0.60이다.

05 금속이온과 불꽃반응색이 잘못 짝지어진 것은?

① 나트륨 - 노란색

② 리튬 - 빨간색

③ 칼륨 - 황록색

④ 구리 - 청록색

해설
③ 칼륨 - 보라색

06 기기분석법에서 분석방법에 대한 설명으로 가장 옳은 것은?

① 표준물첨가법은 미지의 시료에 분석하고자 하는 표준물질을 일정량 첨가해서 미지 물질의 농도를 구한다.

② 내부표준법은 시료에 원하는 물질을 첨가하여 표준 검정곡선을 이용하여 정량한다.

③ 정성분석 시 검정곡선 작성은 필수적이다.

④ 정량분석은 반드시 기기분석으로만 할 수 있다.

해설
② 내부표준법 : 검정곡선 작성용 표준용액과 시료에 동일한 양의 내부표준물질을 첨가하여 시험분석 절차, 기기 또는 시스템의 변동으로 발생하는 오차를 보정하기 위해 사용하는 방법이다.
③ 정성분석 : 시료 중에 포함되어 있는 물질종을 밝혀내는 분석방법이므로 검정곡선 작성은 필수적이지 않다.
④ 정량분석 : 부피분석, 무게분석, 기기분석 등을 통해 가능하다.

07 사이클로알케인류 탄화수소에 대한 설명 중 틀린 것은?

① 사이클로알케인은 탄소고리 모양을 갖고 있으며 일반식은 C_nH_{2n+2}로 나타낸다.

② 사이클로프로페인과 사이클로뷰테인은 결합각이 $109.5°$에서 크게 벗어나 있어 결합각 스트레인(Angle Strain)을 갖는다.

③ 사이클로헥세인의 Conformation은 크게 보트(Boat)형과 의자(Chair)형으로 구별되며 에너지 상태는 의자형이 낮다.

④ Methylcyclohexane의 메틸기와 하나 건너 탄소에 결합된 수소 원자 사이에 존재하는 입체 반발력을 1,3-이축방향 상호작용이라 부른다.

해설
① 사이클로알케인의 일반식은 C_nH_{2n} 이다.

08 0.10M KNO₃ 용액에 관한 설명으로 옳은 것은?

① 이 용액 0.10L에는 6.02×10^{22}개의 K^+이온들이 존재한다.

② 이 용액 0.10L에는 6.02×10^{23}개의 K^+이온들이 존재한다.

③ 이 용액 0.10L에는 0.010몰의 K^+이온들이 존재한다.

④ 이 용액 0.10L에는 1.0몰의 K^+이온들이 존재한다.

해설
①, ② 이 용액 0.10L에는 6.02×10^{21}개의 K^+이온들이 존재한다.
④ 이 용액 0.10L에는 0.01mol의 K^+이온들이 존재한다.

09 C_2H_5OH 8.72g을 얼렸을 때의 ΔH는 약 몇 kJ인가?(단, C_2H_5OH의 융해열은 4.81kJ/mol이다)

① +0.9
② -0.9
③ +41.9
④ -41.9

해설

$$\frac{4.81kJ}{1mol} \times \frac{1mol}{46g} \times 8.72g = 0.9kJ$$

엔탈피(ΔH)는 (-)값을, 반응열(Q)은 (+)값을 갖는다.
따라서 $\Delta H = -0.9kJ$이다.

10 다음 표준규격에 관한 설명 중에서 옳은 것으로만 짝지어진 것은?

> A. 국내 분석과 관련된 규격에는 국가표준과 단체표준이 있으며, 이 중에서 국가표준은 KS이다.
> B. ASTM은 미국에서 통용되고 있는 분석 관련 규격이다.
> C. ISO와 IEC는 국제표준화기구로서 국제표준을 제작한다.
> D. 전기전자제품을 수출할 때 유용한 유해물질 분석 규격인 RoHS는 ISO에서 제작한 국제표준이다.

① A, B
② A, B, C
③ A, C, D
④ A, B, C, D

해설

RoHS(Restriction of Hazardous Substances)
• 유럽연합(EU)에서 제정한 전기 및 전자장비 내에 특정유해물질 사용에 관한 제한 지침 기준이다.
• 전기전자제품에 납, 수은, 카드뮴, 6가크로뮴, 난연제(PBBs, PBDEs)와 같은 인체유해물질의 사용을 제한하는 유해물질 사용 제한 지침이다.

11 기체에 대한 설명 중 틀린 것은?

① 동일한 온도 조건에서는 이상기체의 압력과 부피의 곱이 일정하게 유지되며 이를 Boyle의 법칙이라 한다.
② 기체 분자 운동론에 의해 기체의 절대온도는 기체 입자의 평균 운동 에너지의 척도로 나타낼 수 있다.
③ Van der Waals는 보정된 압력과 보정된 부피를 이용하여 이상기체 방정식을 수정, 이상기체 법칙을 정확히 따르지 않는 실제기체에 대한 방정식을 유도하였다.
④ 기체의 분출(Effusion)속도는 입자 질량의 제곱근에 정비례하며 이를 Graham의 확산법칙이라 한다.

해설

Graham의 확산법칙
같은 온도와 압력에서 기체의 확산속도는 분자량의 제곱근에 반비례한다$\left(\frac{V_A}{V_B} = \sqrt{\frac{M_B}{M_A}} \right)$.

12 고분자의 생성 메커니즘(축합, 중합)이 나머지 셋과 다른 하나는?

① 나일론(Nylon)
② PVC(PolyVinyl Chloride)
③ 폴리에스터(Polyester)
④ 단백질(Protein)

해설

② 중합반응
①, ③, ④ 축합반응
PVC 생성반응

H H   H H
| | 중합반응 | |
C = C   →   { C-C }
| | | |
H Cl   H Cl n
염화비닐   폴리염화비닐

13 원소 및 원소의 주기적 특성에 대한 설명으로 옳은 것은?

① Mg의 1차 이온화 에너지는 3주기 원소들 중에 가장 작다.

② Cl이 염화이온(Cl⁻)이 될 때 같은 주기 원소 중 가장 많은 에너지를 흡수한다.

③ Na가 나트륨이온(Na^+)이 되면 반지름이 증가한다.

④ K의 원자반지름은 Ca의 원자반지름보다 크다.

해설
④ 같은 주기에서는 원자번호가 작을수록 원자반지름이 증가한다.
① 3주기 원소 중에서 1차 이온화 에너지가 가작 작은 원소는 Na이다.
② 3주기 원소 중에서 Cl이 전자친화도가 가장 크므로, Cl이 Cl⁻이 될 때 같은 주기 원소 중에서 가장 많은 에너지를 방출한다.
③ Na가 Na^+이 되면 전자껍질 수의 감소로 인해 반지름이 감소한다.

14 벤젠을 실험식으로 옳게 나타낸 것은?

① C_6H_6

② C_6H_5

③ C_3H_3

④ CH

해설
④ 벤젠의 분자식은 C_6H_6로, C와 H의 원자수의 비는 1 : 1이다. 따라서 벤젠의 실험식은 CH이다.
실험식 : 화합물 중에 포함된 원소의 종류와 원자수를 가장 간단한 정수비로 나타낸 식이다.

15 원자와 분자의 결합에 대한 다음 설명 중 옳은 것은?

① 어떤 원자가 양이온으로 변하는 과정은 그 원자가 전자에 대해 나타내는 전자친화도(Electron Affinity)와 관련이 있다.

② 어떤 원자가 음이온으로 변하는 과정은 그 원자가 전자에 대해 나타내는 전기음성도(Electronegativity)와 관련이 있다.

③ 어떤 이온결합이 극성결합인지의 여부는 그 결합에 참여한 원자들의 전기음성도(Electronegativity)와 관련이 있다.

④ 어떤 공유결합이 극성결합인지의 여부는 그 결합에 참여한 원자들의 전기음성도(Electronegativity)와 관련이 있다.

해설
① 어떤 원자가 양이온으로 변하는 과정은 그 원자가 전자를 잃는 과정에 대해 나타내는 이온화 에너지와 관련이 있다.
② 어떤 원자가 음이온으로 변하는 과정은 그 원자가 전자에 대해 나타내는 전자친화도와 관련이 있다.
③ 어떤 공유결합이 극성결합인지의 여부는 그 결합에 참여한 원자들의 전기음성도와 관련이 있다.

16 분석장비에 관한 설명 중 옳은 것은?

① 전류계는 분석물을 산화 또는 환원하는 데 필요한 전하를 공급하는 장치로 교류전원을 많이 사용한다.

② pH 미터는 가스전극을 사용하므로 취급에 각별히 주의하여야 한다.

③ 질량분석기는 분석물을 이온화하여 질량 대 전하비를 측정하는 장치이다.

④ GC는 GLC와 GSC로 나뉘는데 두 기기의 차이는 분석물의 상(Phase)이다.

해설
① 전류계는 전류의 크기를 측정하는 장치이며, 분석물을 산화 또는 환원하는 데 필요한 전하를 공급하는 장치는 전원 공급 장치이다.
② pH 미터는 유리전극을 사용하므로 취급에 각별히 주의해야 한다.
④ GLC와 GSC의 차이는 정지상의 상이다. GLC은 액체 정지상, GSC는 고체 정지상을 사용하며, 두 기기의 이동상은 모두 기체이다.

17 1.87g의 아연금속으로부터 얻을 수 있는 산화아연의 질량(g)은?(단, Zn : 65g/mol, 산화아연의 생성반응식 $2Zn(s) + O_2(g) \rightarrow 2ZnO(s)$이다)

① 1.17 　　② 1.50
③ 2.33 　　④ 4.66

해설
$2Zn(s) + O_2(g) \rightarrow 2ZnO(s)$

$1.87\,g \times \dfrac{1\,mol}{65\,g} ≒ 0.02877\,mol$

반응물 Zn 몰수 : 생성물 ZnO 몰수 = 1 : 1

∴ $0.02877\,mol \times 81g/mol ≒ 2.33g$

18 불포화 탄화수소에 속하지 않는 것은?

① Alkane 　　② Alkene
③ Alkyne 　　④ Arene

해설
탄화수소의 분류

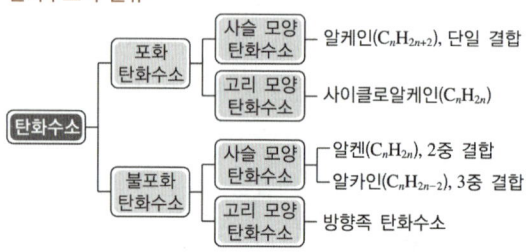

19 0.120mol의 $HC_2H_3O_2$와 0.140mol의 $NaC_2H_3O_2$가 들어 있는 1.00L 용액의 pH는?(단, $HC_2H_3O_2$의 $K_a = 1.8 \times 10^{-5}$이다)

① 3.81 　　② 4.81
③ 5.81 　　④ 6.81

해설

$pH = pK_a + \log\dfrac{[A^-]}{[HA]}$

$pK_a = -\log(1.8 \times 10^{-5}) ≒ 4.745$

$[HA] = 0.120\,mol/L, \ [A^-] = 0.140\,mol$

∴ $pH = 4.745 + \log\dfrac{0.140}{0.120} ≒ 4.812$

20 분광분석법이 아닌 것은?

① DTA
② Raman
③ UV/VIS
④ Chemiluminescence

해설
① DTA는 열분석법에 해당한다.

21 루미네선스(Luminescence) 방법의 특성이 아닌 것은?

① 검출한계가 낮다.
② 정량분석을 할 수 있다.
③ 흡수법에 비해 선형 농도 측정범위가 좁다.
④ 시료 매트릭스로부터 방해효과를 받기 쉽다.

해설
③ 선형 농도 측정범위가 흡수법에 비해 매우 넓다.
분자발광(Luminescence)법
• 분석 성분의 분자가 들뜬 후 방출 스펙트럼을 내어 정성 및 정량 분석을 한다.
• 검출한계가 흡수분광법보다 1~3승 더 낮고, 좋은 감도를 가진다.
• 선형 농도 측정범위가 흡수법에 비해 매우 넓다.
• 감도가 좋아 발광법으로 정량분석할 때 시료 매트릭스로부터 심각한 방해를 받기 쉽다. 따라서 크로마토그래피나 전기영동과 함께 사용한다.
• 많은 화학종들이 자외선-가시선 영역에서 광 발광을 나타내기 보다는 흡수하므로, 흡수법만큼 정량분석에 널리 사용되지는 않는다.

22 염이 녹은 수용액의 액성을 나타낸 것 중 틀린 것은?

① $NaNO_3$: 중성
② Na_2CO_3 : 염기성
③ NH_4Cl : 산성
④ NaCN : 산성

해설
④ NaCN : 염기성
NaCN의 가수분해
• $NaCN \rightarrow Na^+ + CN^-$
• $CN^- + H_2O \rightleftharpoons HCN + OH^-$

23 활동도계수(Activity Coefficient)에 대한 설명으로 옳은 것은?

① 이온의 전하가 같을 때 이온 크기가 증가하면 활동도계수는 증가한다.
② 이온의 크기가 같을 때 이온의 세기가 증가하면 활동도계수는 증가한다.
③ 이온의 크기가 같을 때 이온의 전하가 증가하면 활동도계수는 증가한다.
④ 이온의 농도가 묽은 용액일수록 활동도계수는 1보다 커진다.

해설
② 일반적으로 이온의 세기가 증가할수록 활동도계수는 감소한다.
③ 이온의 전하가 증가하면 활동도계수가 1에서 벗어나는 정도가 커진다.
④ 이온의 세기가 최소인 묽은 용액에서 활동도계수는 1이 된다.

24 다음 중 표준상태에서 가장 강한 산화제는?

① Cl_2
② HNO_2
③ H_2SO_3
④ MnO_2

해설
산화제
• 산화수가 높은 금속이나 비금속 단체를 가진 화합물이다.
• 전자를 얻는 성질이 클수록 강한 산화제이다.

25 $CuN_3(s) \rightleftharpoons Cu^+(aq) + N_3^-(aq)$의 평형상수가 K_1이고, $HN_3(aq) \rightleftharpoons H^+(aq) + N_3^-(aq)$의 평형상수가 K_2일 때, $Cu^+(aq) + HN_3(aq) \rightleftharpoons H^+(aq) + CuN_3(s)$의 평형상수를 옳게 나타낸 것은?

① $\dfrac{K_2}{K_1}$ ② $\dfrac{K_1}{K_2}$

③ $K_1 \times K_2$ ④ $\dfrac{1}{(K_1 + K_2)}$

해설

$K_1 = \dfrac{[Cu^+][N_3^-]}{[CuN_3]}$, $K_2 = \dfrac{[H^+][N_3^-]}{[HN_3]}$

$K = \dfrac{[H^+][CuN_3]}{[Cu^+][HN_3]} = \dfrac{K_2}{K_1}$

26 MnO_4^-에서 Mn의 산화수는 얼마인가?

① +2 ② +3
③ +5 ④ +7

해설

Mn의 산화수 + O_4의 산화수 = −1
$x + (−2 \times 4) = −1$
∴ $x = +7$

27 분자흡수분광법의 가시광선 영역에서 주로 사용되는 복사선의 광원은?

① 중수소등 ② 니크롬선등
③ 속 빈 음극등 ④ 텅스텐 필라멘트등

해설

가시광선 영역에서는 주로 텅스텐 필라멘트등을 사용한다.
분자흡수분광법의 광원
• 중수소 및 수소등
• 텅스텐 필라멘트등
• 광−방출 다이오드
• 제논 아크등

28 원자분광법에 사용되는 분무기 중 분무효율이 가장 좋은 것은?

① 중심관(Concentric) 분무기
② 바빙톤(Barbington) 분무기
③ 초음파(Ultrasonic) 분무기
④ 가로−흐름(Cross−Flow) 분무기

해설

초음파 분무기
• 20kHz~수 MHz의 진동수로 진동하는 압전기 결정의 표면으로 시료를 도입하는 분무기이다.
• 기압식 분무기보다 더 많고 균일한 에어로졸을 생산한다.

29 다음 중 가장 센 산화력을 가진 산화제는?(단, $E°$는 표준환원전위이다)

① 세륨 이온(Ce^{4+}), $E° = 1.44V$
② 크로뮴산 이온(CrO_4^{2-}), $E° = −0.12V$
③ 과망가니즈산 이온(MnO_4^-), $E° = 1.51V$
④ 중크로뮴산 이온($Cr_2O_7^{2-}$), $E° = 1.36V$

해설

③ $E°$의 값이 클수록 환원이 잘 일어나 강한 산화제로 작용한다.

30 아세트산(CH_3COOH)의 해리평형 반응이 다음과 같을 때 산 해리상수(K_a)를 올바르게 표현한 것은?

$$CH_3COOH(aq) \rightleftharpoons CH_3COO^-(aq) + H^+(aq)$$

① $\dfrac{[CH_3COO^-]}{[CH_3COOH]}$　② $\dfrac{[CH_3COOH]}{[CH_3COO^-]}$

③ $\dfrac{[CH_3COOH]}{[CH_3COO^-][H^+]}$　④ $\dfrac{[CH_3COO^-][H^+]}{[CH_3COOH]}$

해설
산 해리상수(K_a)

$$HA \rightleftharpoons H^+ + A^-, \quad K_a = \frac{[H^+][A^-]}{[HA]}$$

31 표준전극전위($E°$)의 특징을 설명한 것으로 틀린 것은?

① 전체 전지에 대한 표준전극전위는 환원전극의 표준전극전위에서 산화전극의 표준전극전위를 뺀 값이다.

② 반쪽반응에 대한 표준전극전위는 온도에 따라 변하지 않는다.

③ 균형 잡힌 반쪽반응물과 생성물의 몰수에 무관하다.

④ 전기화학전지의 전위라는 점에서 상대적인 양이다.

해설
표준전극전위($E°$)의 특성
• 표준전극전위는 산화전극(기준전극)전위를 임의로 0.000V로 정한 표준수소전극인 전기화학전지의 전위라는 면에서 상대적인 양이다.
• 표준전극전위는 표준수소전극에 대하여 반쪽반응의 모든 반응물과 생성물의 활동도가 1인 상태에서 반응물과 생성물이 평형활동도를 갖는 상태로 진행시키려는 상대적인 힘이다.
• 표준전극전위는 세기성질이므로 균형 잡힌 반쪽반응의 반응물과 생성물의 몰수와 무관하다.
• 반쪽반응의 표준전극전위는 온도의 영향을 받는다.

32 Mg^{2+}이온과 EDTA와의 착물 MgY^{2-}를 포함하는 수용액에 대한 다음 설명 중 틀린 것은?(단, Y^{4-}는 수소이온을 모두 잃어버린 EDTA의 한 형태이다)

① Mg^{2+}와 EDTA의 반응은 킬레이트 효과로 설명할 수 있다.

② 용액의 pH를 높일수록 해리된 Mg^{2+}이온의 농도는 감소한다.

③ 해리된 Mg^{2+}이온의 농도와 Y^{4-}의 농도는 서로 같다.

④ EDTA는 산–염기 화합물이다.

해설
MgY^{2-}은 Mg^{2+}와 Y^{4-}로 해리되며, Y^{4-}는 수용액에서 YH^{3-}와 OH^-로 해리된다.
• $MgY^{4-} \rightarrow Mg^{2+} + Y^{4-}$
• $Y^{4-} + H_2O \rightarrow YH^{3-} + OH^-$
따라서 해리된 Y^{4-}의 일부는 수용액에서 YH^{3-}와 OH^-로 해리되므로, Mg^{2+} 이온과 Y^{4-}이온의 농도는 같지 않다.
※ EDTA(Ethylenediaminetetraacetic Acid)
• 금속이온과 1:1 착물을 형성하는 여섯 자리 리간드이다.
• H_4Y로 표시되는 다양성자산이다.

33 어떤 염산용액의 밀도가 $1.19g/cm^3$이고 농도는 $37.2wt\%$일 때, 이 용액의 몰농도를 구하는 식으로 옳은 것은?(단, HCl의 분자량은 $36.5g/mol$이다)

① $1.19 \times 0.372 \times \dfrac{1}{36.5} \times 10^3$

② $1.19 \times 0.372 \times \dfrac{1}{36.5}$

③ $1.19 \times 0.372 \times 36.5 \times \dfrac{1}{10^3}$

④ $1.19 \times 0.372 \times 36.5$

해설
몰농도(M)

$= \dfrac{\text{용질의 몰수(mol)}}{\text{용액의 부피(L)}}$

$= 1.19 g/cm^3 \times 0.372 g\ HCl/g \times \dfrac{1}{36.5 g\ HCl/mol} \times 10^3\ cm^3/L$

34 난용성 고체염인 $BaSO_4$로 포화된 수용액에 대한 설명으로 틀린 것은?

① $BaSO_4$ 포화수용액에 황산 용액을 넣으면 $BaSO_4$가 석출된다.

② $BaSO_4$ 포화수용액에 소금을 첨가하면 $BaSO_4$가 석출된다.

③ $BaSO_4$의 K_{sp}는 온도의 함수이다.

④ $BaSO_4$ 포화수용액에 $BaCl_2$ 용액을 넣으면 $BaSO_4$가 석출된다.

> **해설**
> $BaSO_4(s) \leftrightharpoons Ba^{2+}(aq) + SO_4^{2-}(aq)$
> ② $BaSO_4$ 포화수용액에 소금을 첨가하면 $BaSO_4$가 석출되지 않는다.
> ※ $BaSO_4 + 2NaCl \rightarrow BaCl_2 + Na_2SO_4$

35 갈바니 전지와 관련된 설명 중 틀린 것은?

① 갈바니 전지의 반응은 자발적이다.

② 전자는 전위가 낮은 전극으로 이동한다.

③ 전지 전위는 양수이다.

④ 산화반응이 일어나는 전극을 Anode, 환원반응이 일어나는 전극을 Cathode라 한다.

> **해설**
> ② 전자는 산화 전극(Anode)에서 환원 전극(Cathode)로 흐른다.
> **갈바니 전지**
> • 자발적인 화학반응으로부터 전기를 발생시킨다.
> • 산화 : $Zn(s) \rightarrow Zn^{2+}(aq) + 2e^-$ [(−)극, Anode]
> • 환원 : $Cu^{2+}(aq) + 2e^- \rightarrow Cu(s)$ [(+)극, Cathode]
> • 전자의 이동 : (−)극 → (+)극
> • 전류의 이동 : (+)극 → (−)극

36 원자분광법에서 사용되는 시료 도입 방법 중 고체 형태의 시료에 적용시킬 수 없는 방법은?

① 기체 분무화

② 전열 증기화

③ 레이저 증발

④ 아크 증발

> **해설**
> **원자분광법의 시료 도입 방법**
>
> | 방 법 | 시료형태 |
> |---|---|
> | 기체 분무화 | 용액, 슬러지 |
> | 초음파 분무화 | 용 액 |
> | 전열 증기화 | 고체, 액체, 용액 |
> | 수소화물 생성법 | 몇 가지 원소용액 |
> | 직접 주입 | 고체, 가루 |
> | 레이저 증발 | 고체, 금속 |
> | 스파크나 아크 증발 | 전도성 고체 |
> | 글로 방전 튕김 | 전도성 고체 |

37 25℃, 0.100M KCl 수용액의 활동도계수를 고려한 pH는?(단, 25℃에서 H^+와 OH^-의 활동도계수는 각각 0.830, 0.760이며, 물의 이온화상수는 1.00×10^{-14}이다)

① 6.82   ② 6.90

③ 6.98   ④ 7.00

> **해설**
> $K_a \cdot K_b = [H^+] \times 0.830 \times [OH^-] \times 0.760 = 1.00 \times 10^{-14}$
> $[H^+] = [OH^-]$이므로
> $[H^+] = \sqrt{\dfrac{1.00 \times 10^{-14}}{0.830 \times 0.760}} = 1.25 \times 10^{-7}$
> ∴ $pH = -\log([H^+] \times 0.830) ≒ 6.98$

38 완충용액과 완충용량에 대한 설명으로 틀린 것은?

① 완충용액은 약산과 짝염기가 공존하기 때문에 pH 변화가 작다.

② 완충용량은 약산과 짝염기의 비율이 1:1일 경우 최대이다.

③ 완충용량이 작을수록 용액은 pH 변화에 더 잘 견딘다.

④ 완충용액의 pH는 용액의 이온세기에 의존한다.

해설

③ 완충용량이 클수록 pH 변화에 대한 용액의 저항이 커진다.

39 25℃에서 아연(Zn)의 표준전극전위가 다음과 같을 때 0.0600M $Zn(NO_3)_2$ 용액에 담겨 있는 아연 전극의 전위(V)는?

$$Zn^{2+} + 2e^- \rightleftarrows Zn(s) \quad E° = -0.763V$$

① −0.763
② −0.799
③ −0.835
④ −0.846

해설

$$E = E° + \frac{0.0591}{n} \log \frac{[Ox]}{[Red]}$$
$$= -0.763 + \frac{0.0591}{2} \log \frac{0.0600}{1} \fallingdotseq -0.799\,V$$

40 $4HCl(g) + O_2(g) + Heat \rightleftarrows 2Cl_2(g) + 2H_2O(g)$ 반응이 평형상태에 있을 때, 정반응이 우세하게 일어나게 하는 변화로 옳은 것은?

① Cl_2의 농도 증가
② HCl의 농도 감소
③ 반응온도 감소
④ 압력의 증가

해설

①, ②, ③ 역반응 우세

41 ¹H Nuclear Magnetic Resonance(NMR) 스펙트럼에서 $CH_3CH_2CH_2OCH_3$ 분자는 몇 가지의 다른 화학적 환경을 가지는 수소가 존재하는가?

① 1
② 2
③ 3
④ 4

해설

$$\overset{\vee}{CH_3} - \overset{\vee}{CH_2} - \overset{\vee}{CH_2} - O - \overset{\vee}{CH_3}$$

42 모세관 전기이동 분리도 방식에 해당하지 않는 것은?

① 모세관 띠 전기이동

② 모세관 겔 전기이동

③ 모세관 등전 집중

④ 모세관 변속 이동

해설

모세관 전기이동의 분리 방식
• 모세관 띠 전기이동 : 이온에 따라 전기이동 속도가 다르며, 양이온 > 중성 > 음이온 순서로 용리된다.
• 모세관 겔 전기이동 : 큰 분자는 겔을 통과하면서 이동 속도가 느려진다.
• 미셀 계면 동전기 모세관 크로마토그래피 : 미셀의 내부에 오래 머무르는 분자의 이동시간이 길어진다.

43 신소재 AOAS의 열분해곡선(TG)과 시차주사열계량법곡선(DSC)를 같이 나타낸 것이다. 이 곡선을 분석할 때 다음 중 옳은 설명은?

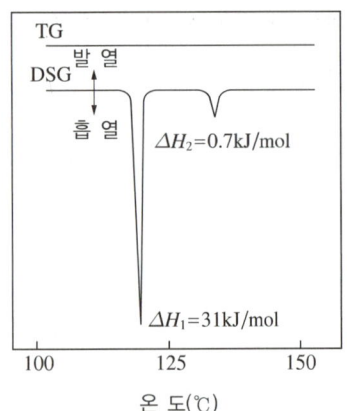

온 도(℃)

① AOAS는 비정질 고체로 일차 결정화 전이점이 118℃이고, 용융점이 135℃이다.
② AOAS는 액정(Liquid Crystal) 물질로 액정화 온도가 118℃이고, 액화온도가 135℃이다.
③ AOAS는 고분자로 유리전이점이 118℃이고, 기화점이 135℃이다.
④ 옳은 설명이 없다.

44 FT-IR 검출기로 주로 사용되는 검출기는?

① 골레이(Golay) 검출기
② 볼로미터(Bolometer)
③ 열전기쌍(Thermocouple) 검출기
④ 초전기(Pyroelectric) 검출기

해설
초전기 검출기(파이로전기 검출기, Pyroelectic Detector)
• 특별한 열적 및 전기적 성질을 가지고 있는 절연체인 파이로전기 물질의 단결정 웨이퍼로 구성되어 있다.
• 간섭계로부터 나오는 시간함수신호의 변화를 추적할 수 있도록 충분히 빠른 감응시간을 가진다.
• 이로 인하여 대부분의 Fourier 변환 적외선분광기는 초전기 검출기를 사용한다.

45 시차주사열량법(DSC ; Differential Scanning Calorimetry)에서 중합체를 측정할 때의 열량변화와 가장 관련이 없는 것은?

① 결정화
② 산 화
③ 승 화
④ 용 융

해설
시차주사열량법(DSC) : 주로 용융열, 유리전이온도(T_g), 결정화열, 결정화차수, 결정화온도(T_c), 경화도, 경화열과 같은 물리적 전이, 화학반응 거동 등을 파악하는 데 사용된다.

46 이온선택성 막전극에서 막 또는 막의 매트릭스 속에 함유된 몇 가지 화학종들은 분석물이온과 선택적으로 결합할 수 있어야 한다. 이때 일반적인 결합의 유형이 아닌 것은?

① 이온 교환
② 침전화
③ 결정화
④ 착물 형성

해설
이온선택성 막전극
• 분석물 용액에서 용해도가 거의 0이어야 한다(최소 용해도).
• 막은 작아도 전기전도도를 가져야 한다.
• 막 또는 막의 매트릭스 속에 함유된 몇 가지 화학종들은 분석물이온과 선택적으로 결합할 수 있어야 한다.
  – 이온 교환
  – 결정화
  – 착물 형성

47 전위차법에서는 전위 측정기(V-meter)와 측정용 전극의 내부저항 크기가 측정 오차를 결정하는 중요한 인자가 된다. 수용액에 용해된 CO_2 농도 측정용 막전극(Membrane Electrode)이 있다. 조건을 갖춘 검액 시료에 이 전극을 넣고 전위를 측정하니 1.00V로 측정되었다. 용액이 나타내는 실제 전위 (V)는?(단, 용액의 저항은 5.00Ω, 전극 내부저항은 $5.00 \times 10^7 \Omega$, 측정 장치의 저항은 $2.00 \times 10^8 \Omega$이다)

① 0.02 　　　 ② 0.20
③ 0.80 　　　 ④ 1.00

해설

$E_s = IR_s + IR_m$

전류 $I = 1.00\,\mathrm{V} / (5.00 \times 10^7 + 2.00 \times 10^8) = 0.04 \times 10^{-7}\,\mathrm{A}$

∴ 실제 전위 $V = (0.04 \times 10^{-7}) \times (2.00 \times 10^8) = 0.8\,\mathrm{V}$

48 질량분석법에서는 질량 대 전하의 비에 의하여 원자 또는 분자이온을 분리하는 데 고진공 속에서 가속된 이온들을 직류 전압과 RF 전압을 일정 속도로 함께 증가시켜 주면서 통로를 통과하도록 하여 분리하며 특히 주사시간이 짧은 장점이 있는 질량분석기는?

① 이중 초점 분석기(Double Focusing Spectro-meter)
② 사중극자 질량분석기(Quadrupole Mass Spect-rometer)
③ 비행시간 분석기(Time-Of-Flight Spectrome-ter)
④ 이온-포착분석기(Ion-Trap Spectrometer)

해설

사중극자 질량분석기
네 개의 평형 금속봉 가운데로 이온을 이동시킨다.
→ 각 금속봉에 교류와 직류를 함께 걸어준다.
→ 이들의 비를 일정하게 유지하면서 증가시킨다.
→ 특정 m/z값을 갖는 이온들만 변환기에 도달하고, 나머지는 막대에 부딪혀 중성 분자로 변한다.

49 화합물 $OH-CH_2-CH_2Cl$의 적외선 스펙트럼에서 관찰되지 않은 봉우리의 영역은?

① $800\,\mathrm{cm}^{-1}$
② $1,700\,\mathrm{cm}^{-1}$
③ $2,900 \sim 3,000\,\mathrm{cm}^{-1}$
④ $3,200\,\mathrm{cm}^{-1}$

해설

② $1,700\,\mathrm{cm}^{-1}$은 카보닐기(C=O) 신축진동에 의한 피크이다.

50 열분석은 물질의 특이한 물리적 성질을 온도의 함수로 측정하는 기술이다. 열분석 종류와 측정방법을 연결한 것 중 잘못된 것은?

① 시차주사열량법(DSC) - 열과 전이 및 반응온도
② 시차열분석(DTA) - 전이와 반응온도
③ 열중량분석(TGA) - 크기와 점도의 변화
④ 방출기체분석(EGA) - 열적으로 유도된 기체생성물의 양

해설

열중량분석(TGA) : 조절된 환경 조건하에서 시료의 온도를 증가시키면서 시료의 무게를 시간 또는 온도의 함수로 연속적으로 기록한다.

51 질량분석기의 분해능에 관한 설명 중 틀린 것은?

① 사중극자 질량분석기는 Unit Mass 분해능을 가지고 있다.

② Sector Mass는 고분해능으로 0.001amu 근처까지 실질적으로 분해하여 측정할 수 있다.

③ TOF는 이동시간에 따른 분해를 하므로, 시간 분해능이 좋아져서 실질적으로 100,000 이상의 분해능으로 측정할 수 있다.

④ FT 질량분석기는 고분해능으로 일반적으로 1,000,000 정도까지의 분해능을 얻을 수 있다.

해설
비행시간 분석기(Time Of Flight Analyzer)
- 전자의 짧은 펄스, 이차 이온 또는 레이저 광자로 충격을 가해 이온을 생성한다.
- 전기장 펄스로 이온을 가속시킨다.
- 가속된 입자는 상자 속으로 도입된다.
- 속도는 질량에 반비례하므로, 가벼운 입자는 무거운 입자보다 먼저 수집관에 도달한다.
- 이온화 에너지와 출발 위치의 변동이 피크를 넓게 하므로, 1,000 보다 작은 분리능을 가진다.
- 장점 : 비휘발성이나 열에 예민한 시료의 경우 직접 이온화장치에 쉽게 접근하여 도입할 수 있다.
- 단점 : 분리능, 재현성 또는 질량 확인의 용이성이 자기장이나 사중극자 기기보다 좋지 않다.

52 표면분석에 있어서 자주 접하게 되는 문제는 시료 표면의 오염 문제이다. 이러한 시료를 깨끗이 하는 방법을 설명한 것으로 틀린 것은?

① 높은 온도에서 시료를 구움

② 전자총에서 생긴 활성기체를 시료에 쪼여줌

③ 여러 용매 속에 시료를 넣어 초음파를 사용하여 씻음

④ 연마제를 사용하여 시료 표면을 기계적으로 깎거나 닦아줌

해설
- 기계적 전처리 방법
  - 분 쇄
  - 절 단
  - 진 탕
  - 혼합·교반(균일화)
- 물리적 전처리 방법
  - 경사법
  - 여 과
  - 원심분리
  - 재결정
  - 탈 수
  - 건 조
  - 증 류
  - 증 발
- 화학적 전처리 방법
  - 세 정
  - 회 화
  - 용 해
  - 희 석
  - 가 열
  - 농 축
  - 침 전
  - pH 조정

53 액체 크로마토그래피가 아닌 것은?

① 초임계 유체 크로마토그래피(Supercritical Fluid Chromatography)

② 결합 역상 크로마토그래피(Bonded Reversed-phase Chromatography)

③ 분자 배제 크로마토그래피(Molecular Exclusion Chromatography)

④ 이온 크로마토그래피(Ion Chromatography)

해설

① 초임계 유체 크로마토그래피(SFC)는 GC와 HPLC 각각의 장점을 결합시킨 혼성 방법으로, GC 또는 HPLC로 쉽게 분리되지 않는 화합물들을 분리할 수 있다.

54 중합체를 시차열법분석(DTA)을 통해 분석할 때 발열반응에서 측정할 수 있는 것은?

① 결정화 과정   ② 녹는 과정

③ 분해 과정   ④ 유리전이 과정

해설

중합체를 분석한 시차열법분석

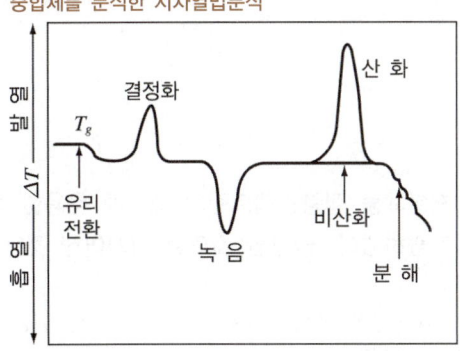

• 결정화 : 특정 온도로 가열되면 무정형 중합체가 미세결정으로 결정화되기 시작하면서 열을 방출한다. 결정형성의 결과는 발열 봉우리로 알 수 있다.

• 녹음 : 흡열 과정에 의한 것으로 발열 과정에서 형성된 미세결정이 녹으면서 나타난다.

• 산화 : 발열 반응에 기인한 것으로, 공기나 산소의 존재하에 가열할 때만 나타난다.

• 분해 : 중합체가 흡열 분해하여 다른 물질을 생성할 때 나타난다.

55 유리전극으로 pH 측정할 때 영향을 주는 오차의 요인이 아닌 것은?

① 높은 이온세기 용액의 오차

② 알칼리 오차

③ 산 오차

④ 표준완충용액의 pH 오차

해설

유리전극으로 pH를 측정할 때 영향을 주는 오차

• 알칼리 오차
• 산 오차
• 탈 수
• 낮은 이온세기
• 접촉전위의 변화
• 표준완충용액의 pH 오차
• 온도 변화에 따른 오차

56 전기화학분석법에서 포화칼로멜 기준전극에 대하여 전극 전위가 0.115V로 측정되었다. 이 전극전위를 포화 Ag/AgCl 기준전극에 대하여 측정하면 얼마로 나타나겠는가?(단, 표준수소전극에 대한 상대전위는 포화칼로멜 기준전극 = 0.244V, 포화 Ag/AgCl 기준전극 = 0.199V이다)

① 0.16V   ② 0.18V

③ 0.20V   ④ 0.22V

해설

0.115V − (0.199V − 0.244V) = 0.16V

57 얇은 막 크로마토그래피(TLC)에 관한 설명으로 옳은 것은?

① TLC는 유기화합물 합성에서 반응의 완결을 확인하는 데 유용하게 이용되기도 한다.

② TLC에서는 머무름인자를 얻는 것이 칼럼을 이용한 실험으로부터 얻는 것보다 어렵고 오래 걸린다.

③ TLC에서는 용매의 이동거리와 각 성분의 이동거리의 차를 지연인자로 삼는다.

④ TLC는 2차원(2-Dimensional) 분리가 불가능하다.

> **해설**
> ② TLC에서 머무름인자를 얻는 것은 칼럼을 이용한 실험으로부터 얻는 것보다 간단하고 빠르다.
> ③ 각 성분의 이동거리와 용매의 이동거리의 비를 지연인자로 삼는다.
> ④ 정사면체 전개판을 이용하여 2차원 분리가 가능하다.

58 보호관(Guard Column)의 사용 및 특성에 대해 설명한 것으로 틀린 것은?

① 분석관 뒤에 설치한다.

② 분석관의 수명을 연장시킨다.

③ 정지상에 비가역적으로 결합되는 시료성분을 제거한다.

④ 보호관 충전물의 조성은 분석관의 것과 거의 같아야 한다.

> **해설**
> **보호관(Guard Column)**
> • 짧은 보호관을 분석관 앞에 도입하여 분석관의 수명을 연장시킨다.
> • 용매에 들어오는 입자성 물질과 오염물질을 제거한다.
> • 이동상을 정지상으로 포화시켜 분석관에서 용매의 손실을 최소로 줄인다.
> • 충전제의 조성은 분석관과 같아야 한다.
> • 입자의 크기는 크고 압력강하는 최소로 한다.

59 질량분석법에서 시료의 이온화과정은 매우 중요하다. 전기장으로 가속시킨 전자 또는 음으로 하전된 이온을 시료분자에 충격하면 시료분자의 양이온을 얻을 수 있다. 2가로 하전된 이온(질량 3.32×10^{23} kg)을 10^4V의 전기장으로 가속시켜 시료분자에 충격하려 할 때, 다음 설명 중 틀린 것은?(단, 전자의 전하는 1.6×10^{-19}C이다)

① 이 이온의 운동에너지는 3.2×10^{-15}J이다.

② 이 이온의 속도는 1.39×10^4m/s이다.

③ 질량이 6.64×10^{-23}kg인 이온을 이용하면 운동에너지는 2배가 된다.

④ 같은 양의 운동에너지를 갖는다면 가장 큰 질량을 가진 이온이 가장 느린 속도를 갖는다.

> **해설**
> ③ 모든 입자는 같은 에너지를 가지고 있으므로 질량이 변화하여도 운동에너지는 일정하다($zeV = \frac{1}{2}mv^2$).

60 저분해능 질량스펙트럼의 해석에 유용한 정보를 기술하였다. 타당한 것으로 짝지어진 것은?

> A : 탄화수소에서 분자이온의 m/z 값은 항상 홀수이다.
> B : C, H, O로 구성된 분자이온의 m/z 값은 항상 홀수이다.
> C : C, H, N으로 구성된 분자이온의 N이 짝수 개이면 m/z는 항상 홀수이다.

① A

② B

③ B, C

④ 옳은 것 없음

61 다음의 설명에 해당하는 시험법은?

> 대부분의 실용 분석에서는 분석값이 어느 범위 내에서 서로 비슷하게 될 때까지 실험을 되풀이한다. 이때 얻어지는 처음의 분석값은 조작에 익숙하지 못하여 흔히 오차가 크게 나타나므로 그 결과를 버리는 경우가 많다. 때로는 그 결과에 따라 시험량과 시액 농도 등을 보다 합리적으로 개선할 수 있으므로 일종의 예비 시험에 해당한다.

① Blank Test
② Control Test
③ Recovery Test
④ Blind Test

해설

④ 맹시험(Blind Test)
- 실용 분석에서는 분석값이 어느 범위 내에서 서로 비슷하게 될 때까지 실험을 되풀이하는 것이 보통이다.
- 이때 얻어지는 처음 분석값은 조작에 익숙하지 못하여 흔히 오차가 크게 나타나므로 맹시험이라고 하며, 버리는 경우가 많다.
- 때로는 그 결과에 따라 시험량, 시액 농도 등을 보다 합리적으로 개선할 수 있으며, 따라서 일종의 예비 시험에 해당한다.

① 공시험(Blank Test)
- 실제 분석 대상 시료를 사용하지 않고 다른 모든 조건을 시료 분석법과 같은 방법으로 실험하는 것을 의미한다.
- 시약 중의 불순물로 인한 오차, 지시약 오차, 기타 분석 중 일어나는 여러 계통 오차의 대부분을 효과적으로 확인할 수 있다.

② 조절 시험(Control Test)
- 시료와 가급적 같은 성분을 함유한 대조 시료를 만들어 시료 분석법과 같은 방법으로 여러 번 실험한 다음, 기지 함량값과 실제로 얻은 분석값의 차만큼 시료 분석값을 보정한다.
- 보정값이 함량에 비례할 때에는 비례 계산하여 시료 분석값을 보정한다.

③ 회수 시험(Recovery Test)
- 시료와 같은 공존 물질을 함유하는 기지 농도의 대조 시료를 분석함으로써 공존 물질의 방해 작용 등으로 인한 분석값의 회수율을 검토하는 방법이다.
- 소변, 혈청, 생체 조직 등과 같이 공존 물질의 성분이 복잡할 때에는 시료에 일정량의 목적 성분을 추가하여 분석하고, 추가량에 대응하는 분석값의 증가량을 검토하는 방법을 이용한다.

※ 평행 시험(Parallel Test)
- 같은 시료를 같은 방법으로 여러 번 되풀이하는 시험이다.
- 우연 오차가 있는 매회 측정값으로부터 그 평균값과 표준편차 등을 얻기 위한 수단이다.
- 계통 오차를 제거하는 방법은 아니다.

62 X선 형광분석법(XRF ; X-Ray Fluorescence)은 고체나 액체 시료에 X선을 조사했을 때 발생하는 형광을 이용해 정성분석을 하는 분석기기이다. XRF 분석 시 필요한 소모품으로 가장 거리가 먼 것은?

① Liquid Cup and Thin Film
② He Gas
③ XRF Window
④ Probe

해설

XRF 소모품
- Liquid Cup : 분말, 액체 분석 시 사용한다.
- Thin Film : Liquid Cup과 결합하여 사용한다.
- XRF Window
- He Gas : 액체 분석 시 기화 방지를 위해 사용한다.
- Binder : Press Pellet 제작 시 시료가 뭉치지 않을 경우 사용한다.
- Flux : Glass Bead 제작 시 사용한다.
- 산화제
- 박리제

63 어떤 산의 pH가 5.53±0.02이라 할 때 이 산의 수소이온의 농도(M)와 불확정도는?

① $(2.7\pm0.3)\times10^{-6}$

② $(2.8\pm0.2)\times10^{-6}$

③ $(3.0\pm0.1)\times10^{-6}$

④ $(2.8\pm0.2)\times10^{-7}$

해설

- $[H^+] = 10^{-pH} = 10^{-(5.53\pm0.02)}$
- 10^x에 대한 불확정도

$$\frac{e_y}{y} = (\ln 10)e_x \fallingdotseq 2.3026\,e_x$$
$$= 2.3026\times0.02 = 0.046052$$

$y = 10^{-5.53} = 2.951\times10^{-6}$

$e_y = 2.951\times10^{-6}\times0.046052 = 1.35\times10^{-7}$

$\therefore [H^+] = 10^{-5.53}\pm1.35\times10^{-7} = (3.0\pm0.1)\times10^{-6}$

64 의약품의 시험방법 밸리데이션을 생략할 수 없는 경우는?

① 대한민국약전에 실려 있는 품목

② 식품의약품안전처장이 인정하는 공정서 및 의약품집에 실려 있는 품목

③ 식품의약품안전처장이 기준 및 시험방법을 고시한 품목

④ 원개발사 기준 및 시험방법이 있는 품목

해설

의약품 제조 및 품질관리에 관한 규정 제4조(제조 및 품질관리 기준 실시에 관한 세부사항)

다음 사항의 경우 적격성 평가 및 밸리데이션에 따른 시험방법 밸리데이션을 생략할 수 있다.

- 대한민국약전에 실려 있는 품목
- 식품의약품안전처장이 인정하는 공정서 및 의약품집에 실려 있는 품목
- 식품의약품안전처장이 기준 및 시험방법을 고시한 품목
- 밸리데이션을 실시한 품목과 제형 및 시험방법은 동일하나 주성분의 함량만 다른 품목
- 원개발사의 시험방법 밸리데이션 자료, 시험방법 이전을 받았음을 증빙하는 자료 및 제조원의 실험실과의 비교시험 자료가 있는 품목

65 시료를 반복 측정하여 다음의 결과를 얻었다. 이 결과에 대한 90% 신뢰구간을 올바르게 계산한 것은?(단, One Side Student의 t값은 90% 신뢰구간 : 1.533, 95% 신뢰구간 : 2.132이다)

12.6, 11.9, 13.0, 12.7, 12.5

① 12.5±0.04

② 12.5±0.4

③ 12.5±0.02

④ 12.5±0.2

해설

공학용 계산기 사용법 : 평균과 표준편차 계산

㉠ MODE 누르고 숫자 1 을 눌러 통계모드(STAT)로 전환한다.

㉡ 평균과 표준편차를 구하기 위해 숫자 0 을 입력한다(SD).

㉢ 주어진 데이터를 입력하고 M+ 를 누른다(5번 반복).

㉣ RCL 버튼을 누르고 숫자 4 를 입력하여 평균을 확인한다.

㉤ RCL 버튼을 누르고 숫자 5 를 입력하여 표준편차를 확인한다.

- 평균 $\bar{x} \fallingdotseq 12.5$
- 표준편차 $s \fallingdotseq 0.4037$

주어진 t값이 One Side Student t값이므로

$\therefore$ 90% 신뢰구간 : $\bar{x} \pm t \cdot \dfrac{s}{\sqrt{n}}$

$$= 12.5 \pm 2.132\times\frac{0.4037}{\sqrt{5}} \fallingdotseq 12.5\pm0.4$$

※ SHARP EL-509 모델 기준

66 정확성(Accuracy)에 대한 설명으로 옳은 것은?

① 측정값이 일반적인 참값(True Value) 또는 표준값에 근접한 정도

② 여러 번 채취하여 얻은 시료를 정해진 조건에 따라 측정하였을 때 각각의 측정값들 사이의 근접성

③ 시험방법의 신뢰도를 평가하는 지표

④ 분석대상물질을 선택적으로 평가할 수 있는 능력

해설

② 정밀성, ③ 완건성, ④ 특이성

67 ICH Guideline Q2(R1)에 의거한 정확성 검증을 위해 측정해야 하는 최소 반복 횟수는?

① 1
② 3
③ 6
④ 9

해설
정확성은 규정된 범위를 포함하여 최소한 3가지 종류의 농도에 대해서 시험방법의 전 조작을 적어도 9회 반복 측정한 결과로부터 평가해야 한다.

68 밸리데이션의 시험방법을 개발하는 단계에서 고려되어야 하는 평가항목이며, 분석조건을 의도적으로 변동시켰을 때의 시험방법의 신뢰성을 나타내는 척도로서 사용되는 평가항목은?

① 정량한계
② 정밀성
③ 완건성
④ 정확성

해설
완건성
• 시험방법을 개발하는 단계에서 고려되어야 하는 평가항목이다.
• 시험방법의 조건 중 일부가 의도적으로 변경되었을 때 측정값이 영향을 받지 않는지에 대한 척도를 말한다.
• 분석조건을 의도적으로 변동시켰을 때의 시험방법의 신뢰성을 나타낸다.
• 측정값이 분석조건 변경에 따라 영향을 받기 쉬운 경우라면, 분석조건을 적절히 관리하거나 시험방법 중에 주의 문구를 포함시킬 필요가 있다.
• 완건성을 평가함에 따라 시스템적합성에 관한 일련의 매개변수를 확립할 수 있다.
• 완건성의 대표적인 변동요인
  – 시험용액의 안정성
  – 추출 시간
• 액체크로마토그래피의 경우 대표적인 변동요인
  – 이동상의 pH 범위
  – 이동상 조성의 변경 범위
  – 칼럼의 변경(입도, 길이, 지름 등)
  – 온도(칼럼오븐온도)
  – 유량(유속)
• 기체크로마토그래피의 경우 대표적인 변동인자
  – 칼럼의 변경(길이, 충진물질 등)
  – 온도(칼럼오븐온도)
  – 유량(유속)

69 반복 데이터의 정밀도를 나타내는 것으로 관련이 적은 것은?

① 표준편차
② 절대오차
③ 변동계수
④ 분 산

해설
정밀도를 나타내는 방법
• 표준편차
• 평균의 표준오차
• 분 산
• 상대표준편차
• 변동계수
• 퍼짐(Spread) 또는 영역(Range)

70 견뢰성(Ruggedness)의 정의는?(단, USP(United States Pharmacopeia)를 기준으로 한다)

① 동일한 시험실, 시험자, 장치, 기구, 시약 및 동일 조건하에서 균일한 검체로부터 얻은 복수의 시료를 단기간에 걸쳐 반복시험하여 얻은 결괏값들 사이의 근접성

② 측정값이 이미 알고 있는 참값 또는 허용 참조값으로 인정되는 값에 근접하는 정도

③ 정상적인 시험 조건의 변화하에서 동일한 시료를 시험하여 얻어지는 시험결과의 재현성의 정도

④ 시험방법 중 일부 조건이 작지만 의도된 변화에 의해 영향을 받지 않고 유지될 수 있는 능력의 척도

해설
③ 견뢰성 : 정상적인 시험조건(시험실, 시험자, 시험기기 등)의 변화 하에서 동일한 시료를 분석하여 얻어지는 시험결과의 재현성의 정도이다. 즉, 시험법이 시험변수 및 환경변수의 영향을 받는 정도를 말한다.
① 반복성(병행정밀성, Repeatability)
② 정확성(Accuracy)
④ 완건성(Robustness)

71 미지시료에 농도 등을 알고 있는 물질을 첨가시킨 다음 증가된 신호로부터 원래 미지시료 중에 분석물질이 얼마나 함유되어 있는가를 측정하는 방법으로 시료의 매트릭스를 동일하게 만들기 어렵거나 불가능할 때 사용하는 분석법은?

① 표준물첨가법　　② 내부표준법
③ 외부표준법　　　④ 내부첨가법

해설

② 내부표준법 : 농도를 알고 있는 표준물질을 미지시료와 분석시료 모두에 동일한 양을 첨가하여 측정한 신호로부터 내부표준물질의 신호를 비교하는 방법으로, 미지시료를 취급하는 과정에서 시료의 손실이 일어날 가능성이 있을 때 유용한 분석법이다.
③ 외부표준법 : 시료에 직접 표준물질을 가하는 것이 아니라 용매에 분석하고자 하는 물질과 동일한 표준물질을 다른 양으로 첨가하여 서로 다른 농도를 갖는 표준용액을 제조된 표준물질의 농도에 대한 기기의 신호로부터 검정곡선 관계식을 얻는 방법이다.

73 자외선/가시광선 분광광도계의 장비사용설명서에 나타낸 장비사용 순서를 바르게 나열한 것은?

> ⊙ 용매를 넣은 사각 셀을 셀 홀더에 넣고 영점조절을 한다.
> ⓒ 측정하고자 하는 시료의 최대 흡수파장을 선택한다.
> ⓒ 시료용액을 셀에 넣고 흡광도를 측정한다.
> ⓔ 표준용액의 흡광도를 측정한다.
> ⓜ 농도와 흡광도의 관계 그래프를 그려 검정곡선을 작성한다.

① ⓒ → ⊙ → ⓒ → ⓜ → ⓔ
② ⓒ → ⊙ → ⓔ → ⓜ → ⓒ
③ ⊙ → ⓒ → ⓔ → ⓜ → ⓒ
④ ⓔ → ⓒ → ⊙ → ⓜ → ⓒ

해설

자외선/가시광선 분광광도계 조작법
• 광원, 검출기, 장치의 측정모드, 측정파장 또는 측정파장범위, 스펙트럼 폭, 파장주사속도 등을 선택하여 설정한다.
• 장치를 작동시켜 일정 시간 방치하고 장치가 안정되게 작동하는가를 확인한다.
• 검체광로의 셔터를 닫아 광을 차단하고 측정파장 또는 측정파장범위에서의 투과율의 지시값이 0%가 되도록 조정한다.
• 다시 셔터를 열고 측정파장 또는 측정파장범위의 투과율의 지시값이 100%(또는 흡광도가 0)가 되도록 조정한다.
• 표준용액을 넣은 셀을 광로에 넣는다.
• 측정하고자 하는 시료용액을 넣은 셀을 검체광로에 넣고 측정파장에서의 흡광도 또는 측정파장범위에서 흡수스펙트럼을 측정한다.

72 표준물첨가법 실험결과가 다음과 같고, 검출한계의 계산상수(k)를 3으로 할 때 검출한계값(μg/mL)은?(단, 시료의 바탕세기 값은 12(±2)이다)

(단위 : μg/mL)

표준첨가물농도	0	5	10	20
측정세기	201	998	2,010	3,990
오 차	±5	±26	±48	±101
회귀방정식	$Y = 191.5X + 111.8(R^2 = 0.9981)$			

① 0.05　　　　　② 0.08
③ 0.7　　　　　 ④ 1.05

74 정도관리에 대한 설명 중 틀린 것은?

① 상대차이백분율(RPD)은 측정값의 변이 정도를 나타내며, 두 측정값의 차이를 한 측정값으로 나누어 백분율로 표시한다.

② 방법검출한계(Method Detection Limit)는 99% 신뢰수준으로 분석할 수 있는 최소 농도를 말하는 데, 시험자나 분석기기 변경처럼 큰 변화가 있을 때마다 확인해야 한다.

③ 중앙값은 최솟값과 최댓값의 중앙에 해당하는 크기를 가진 측정값 또는 계산값을 말한다.

④ 회수율은 순수 매질 또는 시료 매질에 첨가한 성분의 회수 정도를 %로 표시한다.

> **해설**
> ① 상대차이백분율(RPD)은 측정값의 변이 정도를 나타내며, 두 측정값의 차이를 두 측정값의 평균으로 나누어 백분율로 표시한다.

75 대한민국약전상 유도결합 플라스마 발광분광분석계의 분광기에 대한 성능평가를 위해 특정원소의 분석선 스펙트럼의 반치폭이 일정값(nm) 이하로 규정하고 있다. 분광기 성능평가에 사용되는 원소와 파장으로 틀린 것은?

① 비소(As) — 193.696nm
② 망가니즈(Mn) — 257.610nm
③ 구리(Cu) — 324.754nm
④ 바륨(Ba) — 601.581nm

> **해설**
> 유도결합 플라스마 발광분광분석계의 분광기 성능평가에 사용되는 원소와 파장
> • 비소(As) : 193.696nm
> • 망가니즈(Mn) : 257.610nm
> • 구리(Cu) : 324.754nm
> • 바륨(Ba) : 455.403nm

76 두 실험자가 토양에서 추출한 염화이온을 함유한 수용액을 질산은 용액으로 각각 세 번씩 적정하여 다음의 결과를 얻었다. 참값이 $36.90\text{mg}_{Cl^-}/\text{g}_{시료}$일 때 다음의 보기 중 옳은 것은?

단위 : $\text{mg}_{Cl^-}/\text{g}_{시료}$

측 정	실험자 1	실험자 2
1	35.98	35.99
2	30.11	36.40
3	32.88	36.29

① 실험자 1이 더 정확한 분석을 실시하였다.
② 실험자 1의 표준편차 값이 더 작다.
③ 실험자 2가 더 정확히 실험하였으나 정밀하진 못하다.
④ 실험자 2가 더 정확하고 정밀한 분석을 실시하였다.

> **해설**
> **공학용 계산기 사용법** : 평균과 표준편차 계산
> ㉠ MODE 누르고 숫자 1 을 눌러 통계모드(STAT)로 전환한다.
> ㉡ 평균과 표준편차를 구하기 위해 숫자 0 을 입력한다(SD).
> ㉢ 주어진 데이터를 입력하고 M+ 를 누른다(3번 반복).
> ㉣ RCL 버튼을 누르고 숫자 4 를 입력하여 평균을 확인한다.
> ㉤ RCL 버튼을 누르고 숫자 5 를 입력하여 표준편차를 확인한다.
>
> | 구 분 | 실험자 1 | 실험자 2 |
> |-------|---------|---------|
> | 평 균 | 32.99 | 36.23 |
> | 표준편차 | 2.94 | 0.21 |
> | 오차(참값-평균) | 3.91 | 0.67 |
>
> • 정확도(Accuracy) : 측정값이 참값에 얼마나 근접하고 있는가를 나타낸다.
> • 정밀도(Precision) : 같은 양을 여러 번 측정할 때, 이들 측정값들이 서로 얼마나 근접하고 있는가를 나타낸다.
> ① 실험자 2의 오차가 더 작으므로, 더 정확한 분석을 실시하였다.
> ② 실험자 2의 표준편차 값이 더 작다.
> ③ 실험자 2의 표준편차가 더 작으므로, 더 정밀한 분석을 실시하였다.
> ※ SHARP EL-509 모델 기준

77 분석장비의 일반적인 검·교정 작성 방법에서 교정용 표준물질과 바탕시료를 사용해 그린 교정곡선의 허용범위로 옳은 것은?

① 곡선검증은 수시교정표준물질을 사용하여 교정한다. 검증된 값의 5% 이내에 있어야 한다.

② 교정검증표준물질은 사용해 교정하며 이는 교정용 표준물질과 같은 것을 사용해야 한다.

③ 분석법이 시료 전처리가 포함되어 있다면, 바탕시료와 실험실관리표준물질을 시료와 같은 방법으로 전처리하여 측정한다.

④ 10개의 시료를 분석하고 분석 후에 수시교정표준물질을 가지고 다시 곡선을 점검한다. 검증값의 5% 이내에 있어야 한다.

분석장비의 일반적인 검·교정 작성 방법
- 시험 방법에 따라 최적 범위 안에서 교정용 표준물질과 바탕시료를 사용해 교정곡선을 작성한다.
- 계산된 상관계수에 의해 곡선의 허용 또는 허용 불가를 결정한다.
- 곡선을 검증하기 위해 연속교정표준물질(CCS)을 사용해 교정한다. 검증된 값의 5% 내에 있어야 한다.
- 교정검증표준물질(CVS)을 사용해 교정한다.
  - 교정용 표준물질과 다른 것을 사용한다.
  - 초기 교정이 허용되기 위해서는 참값의 10% 내에 있어야 한다.
- 분석법이 시료 전처리가 포함되어 있다면, 바탕 시료와 실험실 관리 표준물질(LCS)을 분석 중에 사용한다. 그 결과는 참값의 15% 내에 있어야 한다.
- 10개의 시료를 분석하고 분석 후에 연속교정표준물질(CCS)을 가지고 다시 곡선을 점검한다. 검증값의 5% 내에 있어야 한다.
- 연속교정표준물질(CCS) 또는 교정검증표준물질(CVS)이 허용 범위에 들지 못했을 경우에는 작동을 멈추고, 다시 새로운 초기 교정을 실시한다.

78 A라는 회사의 세척검체 시험법 밸리데이션 절차를 수립하고자 할 때, 다음 중 밸리데이션 항목에 대한 설명으로 옳지 않은 것은?

① 분석 대상물의 선택성(Selectivity)을 확인하는 방법으로 특이성을 검증할 수 있다.

② 범위는 직선성, 정확성 및 정밀성 시험 결과로 산정할 수 있다.

③ 검출한계는 Signal to Noise가 2 : 1 이상인지 확인한다.

④ 직선성은 선형회귀분석을 실시하여 상관계수 R의 값으로 확인할 수 있다.

③ 일반적으로 3~2 : 1의 신호 대 잡음비가 산출되는 분석대상물질의 최저 농도를 검출한계로 한다.

79 'log(1324)'를 유효숫자를 고려하여 올바르게 표기한 것은?

① 3.12 ② 3.121
③ 3.1219 ④ 3.12189

log(1324)의 유효숫자가 4개이므로, 계산 결괏값의 소수점 뒤가 4자리가 되도록 한다.
∴ log(1324) = 3.1219

80 특정 화합물의 분석 시 재현성을 확인하기 위해 6회 반복하여 측정한 값이 다음과 같을 때, 상대표준편차(%)는?

> 측정값 : 97.5, 98.5, 99.5, 100.5, 101.5, 102.5

① 1.71　　② 1.83
③ 1.87　　④ 1.90

해설
공학용 계산기 사용법 : 평균과 표준편차 계산
㉠ MODE 누르고 숫자 1 을 눌러 통계모드(STAT)로 전환한다.
㉡ 평균과 표준편차를 구하기 위해 숫자 0 을 입력한다(SD).
㉢ 주어진 데이터를 입력하고 M+ 를 누른다(6번 반복).
㉣ RCL 버튼을 누르고 숫자 4 를 입력하여 평균을 확인한다.
㉤ RCL 버튼을 누르고 숫자 5 를 입력하여 표준편차를 확인한다.
• 평균 $\bar{x} = 100$
• 표준편차 $s \fallingdotseq 1.87$
∴ 상대표준편차 $RSD = \dfrac{s}{x} \times 100 = \dfrac{1.87}{100} \times 100 \fallingdotseq 1.87$
※ SHARP EL-509 모델 기준

제5과목 | 환경 · 안전관리

81 위험물안전관리법령상 특정옥외탱크저장소로 분류되기 위한 액체위험물 저장 또는 취급 최대수량 기준은?

① 50,000L 이상
② 100,000L 이상
③ 500,000L 이상
④ 1,000,000L 이상

해설
위험물안전관리법 시행규칙 [별표 6] 옥외탱크저장소의 위치 · 구조 및 설비의 기준
• 특정옥외탱크저장소 : 옥외탱크저장소 중 그 저장 또는 취급하는 액체위험물의 최대수량이 100만L 이상의 것
• 준특정옥외탱크저장소 : 옥외탱크저장소 중 그 저장 또는 취급하는 액체위험물의 최대수량이 50만L 이상 100만L 미만의 것

82 A 물질을 제조하는 공장의 근로자가 10시간 근무할 때 OSHA의 보정방법을 이용한 TWA-TLV(ppm)는?(단, A 물질의 TWA-TLV는 15ppm이다)

① 12　　② 15
③ 19　　④ 25

해설
시간가중평균농도(TWA-TLV)
• 1일 8시간 작업하는 동안 노출이 허용되는 유해물질의 평균농도이다.
• 1일 8시간 동안 반복 노출되어도 건강장해를 일으키지 않는 유해물질의 평균농도이다.

OSHA 보정 = 8시간 기준 TWA-TLV × $\dfrac{8시간}{1일\ 노출시간}$

$$= 15\,ppm \times \dfrac{8\,h}{10\,h} = 12\,ppm$$

83 산화성 가스를 나타내는 그림문자는?

①
②
③
④

GHS 유해화학물질 그림문자

GHS01	GHS02	GHS03
폭발성	인화성 자연발화성 자기발열성 물 반응성	산화성
GHS04	**GHS05**	**GHS06**
고압가스	금속 부식성 피부 부식성/자극성 심한 눈 손상/자극성	급성 독성
GHS07	**GHS08**	**GHS09**
경 고	호흡기 과민성 발암성 변이원성 생식 독성 표적 장기 독성 흡인 유해성	수생 환경 유해성

84 유해가스별 방독면 정화통 외부 측면의 표시색으로 잘못 연결된 것은?

① 암모니아용 – 녹색
② 아황산용 – 노란색
③ 황화수소용 – 백색
④ 유기화합물용 – 갈색

해설
유해가스별 방독면 정화통 외부 측면의 표시색
• 유기화합물용 : 갈색
• 할로젠용, 황화수소용, 사이안화수소용 : 회색
• 아황산용 : 노란색
• 암모니아용 : 녹색

85 산업안전보건법령상 연구실에서 사용하는 안전보건표지의 형태 및 색채에 관한 설명 중 옳은 것은?

① 금지표지 : 바탕–흰색, 기본모형–빨간색, 부호 및 그림–검은색
② 경고표지 : 바탕–노란색, 기본모형–검은색, 부호 및 그림–검은색
③ 지시표시 : 바탕–흰색, 부호 및 그림–녹색 또는 바탕–녹색, 부호 및 그림–흰색
④ 안내표시 : 바탕–파란색, 기본모형–흰색, 부호 및 그림–흰색

해설
산업안전보건법 시행규칙 [별표 7] 안전보건표지의 종류별 용도, 설치·부착 장소, 형태 및 색채
• 금지표지 : 바탕은 흰색, 기본모형은 빨간색, 관련 부호 및 그림은 검은색
• 경고표지
 – 바탕은 노란색, 기본모형·관련 부호 및 그림은 검은색
 – 인화성 물질 경고, 산화성 물질 경고, 폭발성 물질 경고, 급성독성 물질 경고, 부식성 물질 경고 및 발암성·변이원성·생식독성·전신독성·호흡기과민성 물질 경고의 경우 : 바탕은 무색, 기본모형은 빨간색(검은색도 가능)
• 지시표지 : 바탕은 파란색, 관련 그림은 흰색

- 안내표지
  - 바탕은 흰색, 기본모형 및 관련 부호는 녹색
  - 바탕은 녹색, 관련 부호 및 그림은 흰색
- 출입금지표시
  - 글자는 흰색 바탕에 흑색
  - 다음 글자는 적색
    - ⓐ ○○○제조/사용/보관 중
    - ⓑ 석면취급/해체 중
    - ⓒ 발암물질 취급 중

86 UN에서 정하는 화학물질의 분류 및 표시에 관한 세계조화시스템(GHS)의 대분류가 아닌 것은?

① 물리적 위험성(Physical Hazards)

② 화학적 위험성(Chemical Hazards)

③ 건강 유해성(Health Hazards)

④ 환경 유해성(Environmental Hazards)

해설
세계조화시스템(GHS)의 대분류
- 물리적 위험성(Physical Hazards)
- 건강 유해성(Health Hazards)
- 환경 유해성(Environmental Hazards)

87 화학물질의 분리 보관 요령 중 잘못된 것은?

① 인화성 액체 : 인화성 용액 전용 안전 캐비닛에 따로 보관

② 유기산 : 산 전용 안전 캐비닛에 따로 보관

③ 금수성 물질 : 건조하고 서늘한 장소에 보관

④ 산화제 : 목재 시약장에 따로 보관

해설
④ 산화제는 가연성 물질과 격리하여 건조하고 통풍이 잘되는 장소에 밀폐하여 보관한다.

88 비누화 반응과 관련된 설명 중 틀린 것은?

① 트라이글리세라이드의 에스터 결합을 수산화나트륨으로 처리하여 끊을 수 있다.

② 비누화 반응의 생성물은 글리세롤과 세 개의 지방산나트륨의 염이다.

③ 비누화 반응의 생성물인 비누는 극성인 머리와 무극성의 긴 꼬리로 구성되어 있다.

④ 비누화 반응으로 얻은 비누 분자의 머리 부분에 기름이 들러붙어 제거될 수 있다.

해설
④ 비누화 반응으로 얻은 비누 분자의 머리 부분은 친수성기, 꼬리 부분은 친유성기이다. 따라서 비누 분자의 꼬리 부분에 기름이 들러붙는다.

89 폭발성 반응을 일으키는 유해물질을 취급할 때에 관한 설명이다. 틀린 것은?

① 과염소산은 가열, 화기접촉, 마찰에 의해 스스로 폭발할 수 있다.

② 과염소산, 질산과 같은 강한 환원제는 매우 적은 양으로도 강렬한 폭발을 일으킬 수 있다.

③ 유기질소화합물은 가열, 충격, 마찰 등으로 폭발할 수 있다.

④ 미세한 마그네슘 분말은 물과 산의 접촉으로 수소가스를 발행하고 발열반응을 일으킨다.

해설
② 과염소산, 질산과 같은 강산화제는 매우 적은 양으로 강렬한 폭발을 일으킬 수 있으므로 방호복, 고무장갑, 보안경 및 보안면 같은 보호구를 착용하고 취급해야 한다.

90 고체의 연소에 관한 다음 설명 중 옳지 않은 것은?

① 표면연소는 물질 표면의 열분해로 생긴 가연성 가스가 산소와 반응하여 연소하는 것을 말한다.

② 분해연소는 물질의 열분해로 생긴 가연성 가스가 산소와 반응하여 연소하는 것을 말한다.

③ 증발연소는 물질이 용융–증발하여 생긴 기체가 산소와 반응하여 연소하는 것을 말한다.

④ 자기연소는 물질의 열분해로 산소가 발생시키면서 연소하는 것을 말한다.

해설
고체의 연소
- 표면연소 : 목탄, 코크스, 숯, 금속분 등이 열분해에 의하여 가연성 가스를 발생하지 않고 그 물질 자체가 연소하는 현상이다.
- 분해연소 : 석탄, 종이, 목재, 플라스틱 등의 연소 시 열분해에 의해 발생된 가스와 공기가 혼합하여 연소하는 현상이다.
- 증발연소 : 황, 나프탈렌, 왁스, 파라핀 등과 같이 고체를 가열하면 열분해는 일어나지 않고, 고체가 액체로 되어 일정 온도가 되면 액체가 기체로 변화하여 기체가 연소하는 현상이다.
- 자기연소(내부연소) : 제5류 위험물인 나이트로셀룰로스 등 그 물질이 가연물질과 산소를 동시에 가지고 있는 가연물이 연소하는 현상이다.

91 화학물질관리법령상 사고대비물질의 보관·저장 수량(kg) 기준이 틀린 것은?

① Formaldehyde : 200,000

② Hydrogen Cyanide : 15,000

③ Methylhydrazine : 10,000

④ Phosgene : 750

해설
화학물질관리법 시행규칙 [별표 3의2] 유해화학물질별 수량 기준
사고대비물질별 수량기준   (단위 : ton)

사고대비물질[영문명 및 화학물질 식별번호(CAS No.)]	하위 규정수량	상위 규정수량
폼알데하이드[Formalin ; Formaldehyde ; 50-00-0] 및 이를 1% 이상 함유한 혼합물	2	400
메틸하이드라진[Methylhydrazine ; 60-34-4] 및 이를 1% 이상 함유한 혼합물	1	20
사이안화수소[Hydrogen Cyanide ; 74-90-8] 및 이를 1% 이상 함유한 혼합물	0.6	3
포스겐[Phosgene ; 75-44-5] 및 이를 1% 이상 함유한 혼합물	0.3	1.5

※ 저자의견 : 해당 법이 개정되어 '보관·저장 수량(kg) 기준'이 '하위 규정수량(단위 : ton), 상위 규정수량(단위 : ton)'으로 위와 같이 변경되어 정답은 없다.

92 화재예방, 소방시설 설치·유지 및 안전관리에 관한 법령에 따른 소방안전관리대상물 중 특급 소방안전관리대상물의 기준에 해당하지 않는 것은?

① 지하층을 제외한 층수가 50층 이상인 아파트

② 지하층을 포함한 층수가 30층 이상인 특정소방대상물(아파트를 제외한다)

③ 지상으로부터 높이가 200m 이상인 아파트

④ 지상으로부터 높이가 100m 이상인 특정소방대상물(아파트를 제외한다)

해설
화재의 예방 및 안전관리에 관한 법률 시행령 [별표 4] 소방안전관리자를 선임해야 하는 소방안전관리대상물의 범위와 소방안전관리자의 선임 대상별 자격 및 인원기준
특급 소방안전관리대상물의 범위 : 소방시설 설치 및 관리에 관한 법률 시행령 [별표 2]의 특정소방대상물 중 다음의 어느 하나에 해당하는 것
㉠ 50층 이상(지하층은 제외한다)이거나 지상으로부터 높이가 200m 이상인 아파트
㉡ 30층 이상(지하층을 포함한다)이거나 지상으로부터 높이가 120m 이상인 특정소방대상물(아파트는 제외한다)
㉢ ㉡에 해당하지 않는 특정소방대상물로서 연면적이 100,000m² 이상인 특정소방대상물(아파트는 제외한다)
※ 저자의견 : 해당 법이 개정되어 법령명이 변경되었으며, 이에 따라 해당 조항의 내용도 위와 같이 변경되었다.

93 화학반응에 대한 설명 중 틀린 것은?

① 정촉매는 반응속도를 빠르게 하며 활성화에너지를 감소시키며, 부촉매는 반응속도를 느리게 하고 활성화에너지를 증가시킨다.

② 어떤 화학반응의 평형상수는 화학평형에서 정반응과 역반응의 속도가 같을 때로 정의할 수 있다.

③ 르샤틀리에의 원리란 가역반응이 평형에 있을 때 외부에서 온도, 농도, 압력의 조건을 변화시키면 그 조건을 감소시키는 방향으로 새로운 평형이 이동한다는 법칙이다.

④ 온도를 올리면 화학평형의 이동방향은 발열반응 쪽으로 향한다.

해설
④ 온도를 올리면 화학평형의 이동방향은 흡열반응 쪽으로 향한다.

94 다음 설명에 해당하는 화학물질은?(단, 화학물질 관리법령을 기준으로 한다)

> 화학물질 중에서 급성독성(急性毒性)·폭발성 등이 강하여 화학사고의 발생 가능성이 높거나 화학사고가 발생한 경우에 그 피해 규모가 클 것으로 우려되는 화학물질로서 화학사고 대비가 필요하다고 인정하여 제39조에 따라 환경부장관이 지정·고시한 화학물질

① 유독물질　　　　② 허가물질
③ 제한물질　　　　④ 사고대비물질

해설
화학물질관리법 제2조(정의)
- 유독물질 : 유해성이 있는 화학물질로서 대통령령으로 정하는 기준에 따라 환경부장관이 정하여 고시한 것을 말한다.
- 허가물질 : 위해성이 있다고 우려되는 화학물질로서 환경부장관의 허가를 받아 제조, 수입, 사용하도록 환경부장관이 관계 중앙행정기관의 장과의 협의와 화학물질의 등록 및 평가 등에 관한 법률에 따른 화학물질평가위원회의 심의를 거쳐 고시한 것을 말한다.
- 제한물질 : 특정 용도로 사용되는 경우 위해성이 크다고 인정되는 화학물질로서 그 용도로의 제조, 수입, 판매, 보관·저장, 운반 또는 사용을 금지하기 위하여 환경부장관이 관계 중앙행정기관의 장과의 협의와 화학물질의 등록 및 평가 등에 관한 법률에 따른 화학물질평가위원회의 심의를 거쳐 고시한 것을 말한다.
- 사고대비물질 : 화학물질 중에서 급성독성(急性毒性)·폭발성 등이 강하여 화학사고의 발생 가능성이 높거나 화학사고가 발생한 경우에 그 피해 규모가 클 것으로 우려되는 화학물질로서 화학사고 대비가 필요하다고 인정하여 제39조에 따라 환경부장관이 지정·고시한 화학물질을 말한다.

95 폐기물관리법령상 지정폐기물에 해당하지 않는 것은?

① 의료폐기물
② 폐수처리 오니
③ 생활폐기물
④ 폐유기용제

폐기물관리법 시행령 [별표 1] 지정폐기물의 종류

① 특정시설에서 발생되는 폐기물
  ㉠ 폐합성 고분자화합물
   • 폐합성 수지(고체상태의 것은 제외한다)
   • 폐합성 고무(고체상태의 것은 제외한다)
  ㉡ 오니류(수분함량이 95% 미만이거나 고형물함량이 5% 이상인 것으로 한정한다)
   • 폐수처리 오니(환경부령으로 정하는 물질을 함유한 것으로 환경부장관이 고시한 시설에서 발생되는 것으로 한정한다)
   • 공정 오니(환경부령으로 정하는 물질을 함유한 것으로 환경부장관이 고시한 시설에서 발생되는 것으로 한정한다)
  ㉢ 폐농약(농약의 제조·판매업소에서 발생되는 것으로 한정한다)
② 부식성 폐기물
  ㉠ 폐산(액체상태의 폐기물로서 pH가 2.0 이하인 것으로 한정한다)
  ㉡ 폐알칼리(액체상태의 폐기물로서 pH가 12.5 이상인 것으로 한정하며, 수산화칼륨 및 수산화나트륨을 포함한다)
③ 유해물질함유 폐기물(환경부령으로 정하는 물질을 함유한 것으로 한정한다)
  ㉠ 광재(鑛滓)[철광 원석의 사용으로 인한 고로(高爐)슬래그(Slag)는 제외한다]
  ㉡ 분진(대기오염방지시설에서 포집된 것으로 한정하되, 소각시설에서 발생되는 것은 제외한다)
  ㉢ 폐주물사 및 샌드블라스트 폐사(廢砂)
  ㉣ 폐내화물(廢耐火物) 및 재벌구이 전에 유약을 바른 도자기 조각
  ㉤ 소각재
  ㉥ 안정화 또는 고형화·고화 처리물
  ㉦ 폐촉매
  ㉧ 폐흡착제 및 폐흡수제[광물유·동물유 및 식물유{폐식용유(식용을 목적으로 식품 재료와 원료를 제조·조리·가공하는 과정, 식용유를 유통·사용하는 과정 또는 음식물류 폐기물을 재활용하는 과정에서 발생하는 기름을 말한다)는 제외한다}의 정제에 사용된 폐토사(廢土砂)를 포함한다]
④ 폐유기용제
  ㉠ 할로겐족(환경부령으로 정하는 물질 또는 이를 함유한 물질로 한정한다)
  ㉡ 그 밖의 폐유기용제(㉠ 외의 유기용제를 말한다)
⑤ 폐페인트 및 폐래커(다음의 것을 포함한다)
  ㉠ 페인트 및 래커와 유기용제가 혼합된 것으로서 페인트 및 래커 제조업, 용적 5m³ 이상 또는 동력 3마력 이상의 도장(塗裝)시설, 폐기물을 재활용하는 시설에서 발생되는 것
  ㉡ 페인트 보관용기에 남아 있는 페인트를 제거하기 위하여 유기용제와 혼합된 것
  ㉢ 폐페인트 용기(용기 안에 남아 있는 페인트가 건조되어 있고, 그 잔존량이 용기 바닥에서 6mm를 넘지 아니하는 것은 제외한다)
⑥ 폐유[기름성분을 5% 이상 함유한 것을 포함하며, 폴리클로리네이티드바이페닐(PCBs)함유 폐기물, 폐식용유와 그 잔재물, 폐흡착제 및 폐흡수제는 제외한다]
⑦ 폐석면
  ㉠ 건조고형물의 함량을 기준으로 하여 석면이 1% 이상 함유된 제품·설비(뿜칠로 사용된 것은 포함한다) 등의 해체·제거 시 발생되는 것
  ㉡ 슬레이트 등 고형화된 석면 제품 등의 연마·절단·가공 공정에서 발생된 부스러기 및 연마·절단·가공 시설의 집진기에서 모아진 분진
  ㉢ 석면의 제거작업에 사용된 바닥비닐시트(뿜칠로 사용된 석면의 해체·제거작업에 사용된 경우에는 모든 비닐시트)·방진마스크·작업복 등
⑧ 폴리클로리네이티드바이페닐 함유 폐기물
  ㉠ 액체상태의 것(1L당 2mg 이상 함유한 것으로 한정한다)
  ㉡ 액체상태 외의 것(용출액 1L당 0.003mg 이상 함유한 것으로 한정한다)
⑨ 폐유독물질[화학물질관리법의 유독물질을 폐기하는 경우로 한정하되, ①의 ㉢의 폐농약(농약의 제조·판매업소에서 발생되는 것으로 한정한다), ②의 부식성 폐기물, ④의 폐유기용제, ⑧의 폴리클로리네이티드바이페닐 함유 폐기물 및 ⑪의 수은폐기물은 제외한다]
⑩ 의료폐기물(환경부령으로 정하는 의료기관이나 시험·검사기관 등에서 발생되는 것으로 한정한다)
⑪ 천연방사성제품폐기물[생활주변방사선 안전관리법에 따른 가공제품 중 안전기준에 적합하지 않은 제품으로서 방사능 농도가 g당 10Bq 미만인 폐기물을 말한다. 이 경우 가공제품으로부터 천연방사성핵종(天然放射性核種)을 포함하지 않은 부분을 분리할 수 있는 때에는 그 부분을 제외한다]
⑫ 수은폐기물
  ㉠ 수은함유폐기물[수은과 그 화합물을 함유한 폐램프(폐형광등은 제외한다), 폐계측기기(온도계, 혈압계, 체온계 등), 폐전지 및 그 밖의 환경부장관이 고시하는 폐제품을 말한다]
  ㉡ 수은구성폐기물(수은함유폐기물로부터 분리한 수은 및 그 화합물로 한정한다)
  ㉢ 수은함유폐기물 처리잔재물(수은함유폐기물을 처리하는 과정에서 발생되는 것과 폐형광등을 재활용하는 과정에서 발생되는 것을 포함하되, 환경분야 시험·검사 등에 관한 법률에 따라 환경부장관이 고시한 폐기물 분야에 대한 환경오염공정시험기준에 따른 용출시험 결과 용출액 1L당 0.005mg 이상의 수은 및 그 화합물이 함유된 것으로 한정한다)
⑬ 그 밖에 주변환경을 오염시킬 수 있는 유해한 물질로서 환경부장관이 정하여 고시하는 물질

96 산·알칼리류를 다룰 때의 취급요령을 바르게 나타낸 것은?

① 과염소산은 유기화합물 및 무기화합물과 반응하여 폭발할 수 있으므로 주의를 한다.
② 산과 알칼리류는 부식성이 있으므로 유리용기에 저장한다.
③ 산과 알칼리류를 희석할 때 소량의 물을 가하여 희석한다.
④ 산이 눈이나 피부에 묻었을 때 즉시 염기로 중화시킨 후 흐르는 물로 씻어낸다.

해설

산·알칼리류 취급요령
- 희석용액을 제조할 경우에는 물에 산 또는 알칼리를 조금씩 가하면서 희석한다. 반대의 방법은 금지한다.
- 가능한 한 희석된 산, 염기를 사용한다.
- 강산과 강염기는 공기 중 수분과 반응하여 치명적인 증기를 생성하므로 사용하지 않을 때는 뚜껑을 닫아 놓는다.
- 강한 부식성이 있으므로 금속성 용기에 저장을 금하며, 적합한 보호구(내산성)를 반드시 착용한다.
- 산이나 염기가 눈이나 피부에 묻었을 때 즉시 흐르는 물에 15분 이상 씻어내고 도움을 요청한다.
- 플루오린화수소(HF)는 가스 및 용액이 극한 독성을 나타내며, 화상과 같은 즉각적인 증상 없이 피부에 흡수되므로 취급에 주의해야 한다.
- 과염소산($HClO_4$)은 강산의 특성을 띠며 유기화합물, 무기화합물과 반응하여 폭발할 수 있으며 가열, 화기와의 접촉, 충격, 마찰에 의해 스스로 폭발하므로 주의해야 한다.

97 수질오염공정시험기준에 의한 수질 항목별 시료를 채취 및 보존하기 위한 시료용기가 유리재질이 아닌 것은?

① 냄 새   ② 플루오린
③ 페놀류   ④ 유기인

해설

② '수질오염공정시험기준 ES 04130.1e 시료의 채취 및 보존방법'에 따르면 플루오린의 채취 및 보존 시료용기는 폴리에틸렌(Polyethylene)재질이다. 플루오린은 유리를 부식시키므로 유리용기는 사용할 수 없다.

98 화학물질관리법령상 유해화학물질 취급시설 자체 점검대상의 점검 항목으로 틀린 것은?

① 유해화학물질의 이송배관·접합부 및 밸브 등 관련 설비의 부식 등으로 인한 유출·누출 여부
② 유해화학물질의 보관용기가 파손 또는 부식되거나 균열이 발생했는지 여부
③ 액체·기체 상태의 유해화학물질을 완전히 개방된 장소에 보관하고 있는지 여부
④ 물반응성 물질이나 인화성 고체의 물 접촉으로 인한 화재·폭발 가능성이 있는지 여부

해설

화학물질관리법 제26조(취급시설 등의 자체 점검)
점검의 내용은 다음과 같다.
- 유해화학물질의 이송배관·접합부 및 밸브 등 관련 설비의 부식 등으로 인한 유출·누출 여부
- 고체 상태 유해화학물질의 용기를 밀폐한 상태로 보관하고 있는지 여부
- 액체·기체 상태의 유해화학물질을 완전히 밀폐한 상태로 보관하고 있는지 여부
- 유해화학물질의 보관용기가 파손 또는 부식되거나 균열이 발생하였는지 여부
- 탱크로리, 트레일러 등 유해화학물질 운반 장비의 부식·손상·노후화 여부
- 그 밖에 환경부령으로 정하는 유해화학물질 취급시설 및 장비 등에 대한 안전성 여부

화학물질관리법 시행규칙 제26조(취급시설 등의 자체 점검)
'환경부령으로 정하는 유해화학물질 취급시설 및 장비 등에 대한 안전성 여부'란 다음의 것을 말한다.
- 물반응성 물질이나 인화성 고체의 물 접촉으로 인한 화재·폭발 가능성이 있는지 여부
- 인화성 액체의 증기 또는 인화성 가스가 공기 중에 존재하여 화재·폭발 가능성이 있는지 여부
- 자연발화의 위험이 있는 물질이 취급시설 및 장비 주변에 존재함에 따라 화재·폭발 가능성이 있는지 여부
- 누출감지장치, 안전밸브, 경보기 및 온도·압력계기가 정상적으로 작동하는지 여부
- 개인보호장구가 본래의 성능을 유지하는지 여부
- 유해화학물질 저장·보관설비의 부식·손상·균열 등으로 인한 유출·누출이 있는지 여부

99 폐기물관리법령에 따라 사업장폐기물의 종류와 발생량 등을 특별자치시장, 특별자치도지사, 시장·군수·구청장에게 신고하여야 하는 '사업장폐기물배출자'의 기준으로 틀린 것은?

① 대기환경보전법에 따른 배출시설을 설치·운영하는 자로서 폐기물을 1일 평균 100kg 이상 배출하는 자
② 폐기물을 1일 평균 300kg 이상 배출하는 자
③ 사업장폐기물 공동처리 운영기구의 대표자
④ 건설공사 및 일련의 공사 또는 작업 등으로 인하여 폐기물을 10ton 이상 배출하는 자

해설

폐기물관리법 제17조(사업장폐기물배출자의 의무 등)
환경부령으로 정하는 사업장폐기물배출자는 사업장폐기물의 종류와 발생량 등을 환경부령으로 정하는 바에 따라 특별자치시장, 특별자치도지사, 시장·군수·구청장에게 신고하여야 한다. 신고한 사항 중 환경부령으로 정하는 사항을 변경할 때에도 또한 같다.
폐기물관리법 시행규칙 제18조(사업장폐기물배출자의 신고)
'환경부령으로 정하는 사업장폐기물배출자'란 지정폐기물 외의 사업장폐기물[생활폐기물로 만든 중간가공 폐기물 외의 중간가공 폐기물, 폐지, 고철(비철금속을 포함한다), 왕겨 및 쌀겨는 제외한다]을 배출하는 자로서 다음의 어느 하나에 해당하는 자를 말한다.
• 대기환경보전법·물환경보전법 또는 소음·진동관리법에 따른 배출시설(이하 '배출시설'이라 한다)을 설치·운영하는 자로서 폐기물을 1일 평균 100kg 이상 배출하는 자
• 영 제2조제1호부터 제5호까지의 시설을 설치·운영하는 자로서 폐기물을 1일 평균 100kg 이상 배출하는 자
• 폐기물을 1일 평균 300kg 이상 배출하는 자
• 건설공사 및 일련의 공사 또는 작업 등으로 인하여 폐기물을 5ton 이상 배출하는 자(공사의 경우에는 발주자로부터 최초로 공사의 전부를 도급받은 자를 포함한다)
• 사업장폐기물 공동처리 운영기구의 대표자(제21조제1항제7호 및 제8호에 해당하는 자는 제외한다)

100 화학물질의 분류 및 표시 등에 관한 규정 및 화학물질의 분류·표시 및 물질안전보건자료에 관한 기준상 유해화학물질의 표시 기준에 맞지 않는 것은?

① 5개 이상의 그림문자에 해당하는 물질의 경우 4개만 표시하여도 무방하다.
② '위험', '경고' 모두에 해당되는 경우 '위험'만 표시한다.
③ 대상 화학물질이름으로 IUPAC 표준 명칭을 사용할 수 있다.
④ 급성독성의 그림문자는 '해골과 X자형 뼈'와 '감탄부호' 두 가지를 모두 사용해야 한다.

해설

④ 해골과 X자형 뼈가 사용되는 경우에는, 감탄부호는 사용해서는 안 된다.

2020년 제4회 과년도 기출문제

제1과목 | 화학분석 과정관리

01 어떤 화합물의 질량백분율 성분비를 분석했더니 탄소 58.5%, 수소 4.1%, 질소 11.4%, 산소 26.0%와 같았다. 이 화합물의 실험식은?(단, 원자량은 C 12, H 1, N 14, O 16이다)

① $C_2H_5NO_2$

② $C_3H_7NO_2$

③ $C_5H_5NO_2$

④ $C_6H_5NO_2$

해설

$$C:H:N:O = \frac{58.5}{12} : \frac{4.1}{1} : \frac{11.4}{14} : \frac{26.0}{16}$$
$$= 5.99 : 5.03 : 1 : 1.99$$
$$= 6 : 5 : 1 : 2$$

∴ $C_6H_5NO_2$

02 주기율표에 대한 일반적인 설명 중 가장 거리가 먼 것은?

① 1A족 원소를 알칼리금속이라고 한다.

② 2A족 원소를 전이금속이라고 한다.

③ 세로열에 있는 원소들이 유사한 성질을 가진다.

④ 주기율표는 원자번호가 증가하는 순서로 원소를 배치한 것이다.

해설

② 2A족 원소를 알칼리토금속이라고 한다.

03 다음 중 기기 잡음이 아닌 것은?

① 열적 잡음(Johnson Noise)

② 산탄 잡음(Shot Noise)

③ 습도 잡음(Humidity Noise)

④ 깜빡이 잡음(Flicker Noise)

해설

기기 잡음
- 열적(Johnson) 잡음
- 산탄 잡음
- 깜빡이 잡음
- 환경 잡음

04 혼성궤도함수(Hybrid Orbital)에 대한 설명으로 틀린 것은?

① 탄소 원자의 한 개의 s 궤도함수와 세 개의 p 궤도함수가 혼성하여 네 개의 새로운 궤도함수를 형성하는 것을 sp^3 혼성궤도함수라 한다.

② sp^3 혼성궤도함수를 이루는 메테인은 C-H 결합 각이 109.5°인 정사면체 구조이다.

③ 벤젠(C_6H_6)을 분자궤도함수로 나타내면 각 탄소는 sp^2 혼성궤도함수를 이루며 평면구조를 나타낸다.

④ 사이클로헥세인(C_6H_{12})을 분자궤도함수로 나타내면 각 탄소는 sp 혼성궤도함수를 이룬다.

해설

④ 사이클로헥세인(C_6H_{12})의 각 탄소는 sp^3 혼성궤도함수를 이룬다.

05 다음 단위체 중 첨가중합체를 만드는 것은?

① C_2H_6

② C_2H_4

③ $HOCH_2CH_2OH$

④ $HOCH_2CH_3$

첨가중합은 단위체의 이중결합 또는 삼중결합이 끊어지면서 중합하여 거대한 분자를 형성하는 반응으로, 이중결합을 가지는 단위체는 첨가중합반응을 한다.

② C_2H_4 : 에텐(에틸렌)

$$\begin{array}{ccc} H & & H \\ & \diagdown \quad \diagup & \\ & C = C & \\ & \diagup \quad \diagdown & \\ H & & H \end{array}$$

06 광학 스펙트럼의 설명으로 틀린 것은?

① 연속 스펙트럼은 고체를 백열 상태로 가열했을 때 발생한다.

② 분자 흡수는 전자전이, 진동 및 회전에 의해 일어나므로 띠 스펙트럼이나 연속 스펙트럼을 나타낸다.

③ 스펙트럼에는 선 스펙트럼, 띠 스펙트럼 및 연속 스펙트럼이 있는데 자외선-가시선 영역의 원자 분광법에서는 주로 띠 스펙트럼을 이용하여 분석한다.

④ 들뜬 입자에서 발생되는 복사선은 보통 방출 스펙트럼에 의해 특정되며, 이는 방출된 복사선의 상대세기를 파장이나 진동수의 함수로서 나타낸다.

방출 스펙트럼
- 선 스펙트럼 : 자외선 또는 가시선 영역의 선 스펙트럼은 기체 상태에서 서로 멀리 떨어져 있는 각각의 원자 입자가 빛을 방출할 때 생기는 좁고 선명한 봉우리로 나타난다.
- 띠 스펙트럼 : 작은 분자 또는 라디칼에 의해 생기며, 몇몇 선들이 너무 조밀하게 모여 있어 완전히 분리되지 않는 밀집된 선들로 되어있다.
- 연속 스펙트럼 : 고체를 백열 상태로 가열하였을 때 발생하며, 가열된 고체는 적외선, 가시선 또는 긴 파장의 자외선 영역의 중요한 광원으로 쓰인다.

07 몰랄농도가 3.24m인 K_2SO_4 수용액 내 K_2SO_4의 몰분율은?(단, 원자량은 K 39.10, O 16.00, H 1.008, S 32.06이다)

① 0.551

② 0.36

③ 0.0552

④ 0.036

- K_2SO_4의 몰수 : $3.24\,\text{m }K_2SO_4 = \dfrac{3.24\,\text{mol }K_2SO_4}{1\,\text{kg }H_2O}$

- H_2O의 몰수 : $1\,\text{kg }H_2O \times \dfrac{1\,\text{mol }H_2O}{18.016\,\text{g }H_2O} \times \dfrac{10^3\,\text{g}}{1\,\text{kg}}$

  $\fallingdotseq 55.506\,\text{mol }H_2O$

∴ 몰분율 $= \dfrac{K_2SO_4의\ 몰수}{총몰수} = \dfrac{3.24\,\text{mol}}{(55.506 + 3.24)\text{mol}} \fallingdotseq 0.0552$

08 보기의 물질을 물과 사염화탄소로 용해시키려 할 때 물에 더욱 잘 녹을 것이라고 예상되는 물질을 모두 나타낸 것은?

┌ 보기 ┐

(a) CO_2

(b) CH_3COOH

(c) NH_4NO_3

(d) $CH_3CH_2CH_2CH_2CH_3$

① (a), (b)

② (b), (c)

③ (a), (b), (c)

④ (b), (c), (d)

물은 극성이고, 사염화탄소는 비극성이므로 물에 더 잘 녹는 물질은 극성인 (b), (c)이다.

09 X선 기기를 파장 분산형 기기와 에너지 분산형 기기로 분류할 때 구분 기준은?

① 스펙트럼 분해 방법
② 스펙트럼 패턴
③ 스펙트럼 영역
④ 스펙트럼 구조

해설
① X선 기기는 스펙트럼을 분리하는 방법에 따라 파장 분산형, 에너지 분산형 및 비분산형 기기로 나뉜다.

10 이온반지름의 크기를 잘못 비교한 것은?

① $Mg^{2+} > Ca^{2+}$
② $F^- < O^{2-}$
③ $Al^{3+} < Mg^{2+}$
④ $O^{2-} < S^{2-}$

해설
전하량이 같을 경우 원자 크기가 큰 이온의 반지름 크기가 더 크므로 $Mg^{2+} < Ca^{2+}$가 된다.

11 IR Spectroscopy로 분석 시 $1,640cm^{-1}$ 근처에서 약한 흡수를 보이는 물질의 화학식이 C_4H_8일 때 이 물질이 갖는 이성질체 수는?

① 2개
② 3개
③ 4개
④ 5개

해설
$1,640cm^{-1}$ 근처에서 약한 흡수를 보이므로, 이중결합(C=C)을 포함하는 물질이다.
이중결합을 포함하는 C_4H_8의 이성질체

12 다음 물질을 전해질의 세기가 강한 것부터 약해지는 순서로 나열한 것은?

보기
$NaCl$, NH_3, H_2O, CH_3COCH_3

① $NaCl > CH_3COCH_3 > NH_3 > H_2O$
② $NaCl > NH_3 > H_2O > CH_3COCH_3$
③ $CH_3COCH_3 > NH_3 > NaCl > H_2O$
④ $CH_3COCH_3 > NaCl > NH_3 > H_2O$

해설
수용액 상태에서 이온화가 많이 될수록 강한 전해질(강산, 강염기 등)이다.

13 유기화합물의 명칭이 잘못 연결된 것은?

① ▢ : 사이클로뷰테인
② (구조식) : 톨루엔
③ (구조식) : 아닐린
④ (구조식) : 페난트렌

해설
④ 안트라센
페난트렌
(구조식)

14 다음 화합물 중 Octet Rule을 만족하지 않는 것은?

① H_2O의 O
② CO_2의 C
③ PCl_5의 P
④ NO_3^-의 N

해설

③ PCl_5의 P는 공유전자 5쌍을 가진다.

옥텟규칙 : 원자의 최외각 전자껍질에 존재하는 원자가전자 수가 8개일 때 가장 안정하다는 규칙이다.

15 전자가 보어모델(Bohr Model)의 $n = 5$ 궤도에서 $n = 3$ 궤도로 전이할 때 수소 원자의 방출되는 빛의 파장(nm)은?(단, 뤼드베리 상수는 $1.9678 \times 10^{-2} nm^{-1}$이다)

① 434.5
② 486.1
③ 714.6
④ 954.6

해설

$$\frac{1}{\lambda} = R\left(\frac{1}{3^2} - \frac{1}{5^2}\right) = 1.9678 \times 10^{-2} nm^{-1} \times \left(\frac{1}{3^2} - \frac{1}{5^2}\right)$$
$$\fallingdotseq 0.14 \times 10^{-2} nm^{-1}$$

$\therefore \ \lambda \fallingdotseq 714nm$

16 비활성 기체로 채워진 관 안의 두 전극 사이에 발생한 기체 이온과 전자를 이용하는 분광법은?

① 원자 형광 분광법
② 글로 방전 분광법
③ 플라스마 방출 분광법
④ 레이저 유도 파괴 분광법

해설

글로 방전(Glow Discharge)
- 시료도입과 시료원자화를 동시에 수행한다.
- 250~1,000V로 유지되고 있는 두 전극 사이에 들어 있는 낮은 압력의 아르곤 기체에서 발생한다.
- 전압을 걸어주면 아르곤 기체는 양이온과 전자로 분리된다.

17 다음 중 1차 표준물질이 되기 위한 조건이 아닌 것은?

① 정제하기 쉬워야 한다.
② 흡수, 풍화, 공기 산화 등의 성질이 없어야 한다.
③ 반응이 정량적으로 진행되어야 한다.
④ 당량 중량이 적어서 측정오차를 줄일 수 있어야 한다.

해설

1차 표준물질이 되기 위한 조건
- 고순도(99.9% 이상)이어야 한다.
- 정제하기 쉬워야 한다.
- 흡수, 풍화, 공기 산화 등의 성질이 없고, 오랫동안 보관하여도 변질되지 않아야 한다.
- 공기 중이나 용액 내에서 안정해야 한다.
- 물, 산, 알칼리에 잘 용해되어야 한다.
- 반응이 정량적으로 진행되어야 한다.
- 비교적 큰 화학식 양을 가져서 측량오차를 줄일 수 있어야 한다.

18 다음 중 광학분광법에서 이용하지 않는 현상은?

① 형 광
② 흡 수
③ 발 광
④ 흡 착

해설

광학분광법은 발광, 흡수, 형광, 인광, 산란 현상에 바탕을 두고 있다.

14 ③ 15 ③ 16 ② 17 ④ 18 ④ **정답**

19 에탄올 50mL를 물 100mL과 혼합한 에탄올 수용액의 질량백분율은?(단, 에탄올의 비중은 0.79이다)

① 28.3   ② 33.3

③ 50.0   ④ 40.5

해설
- 에탄올의 질량 $= 50\,\mathrm{mL} \times 0.79\,\mathrm{g/mL} = 39.5\,\mathrm{g}$
- 물의 질량 $= 100\,\mathrm{mL} \times 1\,\mathrm{g/mL} = 100\,\mathrm{g}$

$$\therefore\ 질량백분율 = \frac{에탄올의\ 질량}{전체\ 질량} \times 100$$
$$= \frac{39.5\,\mathrm{g}}{(39.5 + 100)\mathrm{g}} \times 100$$
$$\fallingdotseq 28.3\mathrm{wt\%}$$

20 H_2 4g과 N_2 10g, O_2 40g으로 구성된 혼합가스가 있다. 이 가스가 25℃, 10L의 용기에 들어 있을 때 용기가 받는 압력(atm)은?

① 7.39   ② 8.82

③ 89.41   ④ 213.72

해설
이상기체상태방정식
$PV = nRT$
- $R = 0.082\,\mathrm{atm \cdot L/mol \cdot K}$
- 전체 몰수

$$n = \frac{4\mathrm{g}\ H_2}{2\mathrm{g/mol}} + \frac{10\mathrm{g}\ N_2}{28\mathrm{g/mol}} + \frac{40\mathrm{g}\ O_2}{32\mathrm{g/mol}} \fallingdotseq 3.61\,\mathrm{mol}$$

$$\therefore\ P = \frac{nRT}{V}$$
$$= \frac{3.61\,\mathrm{mol} \times 0.082\,\mathrm{atm \cdot L/mol \cdot K} \times (25 + 273)\mathrm{K}}{10\mathrm{L}}$$
$$\fallingdotseq 8.82\,\mathrm{atm}$$

21 전지의 두 전극에서 반응이 자발적으로 진행되려는 경향을 갖고 있어 외부 도체를 통하여 산화전극에서 환원전극으로 전자가 흐르는 전지 즉, 자발적인 화학반응으로부터 전기를 발생시키는 전지는?

① 전해 전지

② 표준 전지

③ 자발 전지

④ 갈바니 전지

해설
산화반응과 환원반응이 동시에 일어나면서 발생하는 화학적 에너지를 전기적 에너지로 변환한 것을 볼타 전지, 갈바니 전지 또는 다니엘 전지라고 한다.

22 불꽃원자분광법에서 화학적 방해의 주요 요인이 아닌 것은?

① 해리 평형

② 이온화 평형

③ 시료 원자의 구조

④ 용액 중에 존재하는 다른 양이온

해설
화학적 방해
- 낮은 휘발성 화합물 생성
  - 음이온 방해
  - 양이온 방해
- 해리 평형
- 이온화 평형

23 0.100M BH_2^{2+} 용액 20.0mL를 0.20M NaOH 용액으로 적정하는 실험에 대한 설명으로 옳은 것은? (단, BH_2^{2+}의 산 해리상수 K_{a1}과 K_{a2}는 각각 1.00×10^{-4}, 1.00×10^{-8}이고 물의 이온화곱상수는 1.00×10^{-14}이다)

① NaOH(aq) 5.00mL를 가했을 때 용액에는 BH_2^{2+}와 BH^+가 1 : 1의 몰비로 존재한다.

② NaOH(aq) 10.0mL를 가했을 때 용액의 pH는 5.0이다.

③ NaOH(aq) 15.0mL를 가했을 때 용액에서 B와 BH^+가 4 : 6의 몰수비로 존재한다.

④ NaOH(aq) 20.0mL를 가했을 때 용액의 pH를 결정하는 주화학종은 BH^+이다.

24 산화수에 관한 설명 중 틀린 것은?

① 원소 상태의 원자는 산화수가 0이다.

② 일원자 이온의 원자는 전하와 동일한 산화수를 갖는다.

③ 과산화물에서 산소 원자는 -1의 산화수를 갖는다.

④ C, N, O, Cl과 같은 비금속과 결합할 때 수소는 -1의 산화수를 갖는다.

해설
일반적으로 수소 원자의 산화수는 +1이고, 예외적으로 금속의 수소화합물에서 수소의 산화수는 -1이다.

25 $Cu(s) + 2Fe^{3+} \rightleftarrows 2Fe^{2+} + Cu^{2+}$ 반응의 25℃에서 평형상수는?(단, $E°$는 25℃에서의 표준환원전위이다)

$2Fe^{3+}(aq) + 2e^- \rightleftarrows 2Fe^{2+}(aq)$	$E° = 0.771V$
$Cu^{2+}(aq) + 2e^- \rightleftarrows Cu(s)$	$E° = 0.339V$

① 1×10^{14} ② 2×10^{14}

③ 3×10^{14} ④ 4×10^{14}

해설
$E° = E°_+ - E°_- = 0.771\,V - 0.339\,V = 0.432\,V$

$E° = \dfrac{0.0591}{n} \log K$

$0.432\,V = \dfrac{0.0591}{2} \log K$

$\therefore K ≒ 4.17 \times 10^{14}$

26 시료 중 칼슘을 정량하기 위해 시료 3.00g을 전처리하여 EDTA로 칼슘을 적정하였더니 15.20mL의 EDTA가 소요되었다. 아연금속 0.50g을 산에 녹인 후 1.00L로 묽혀서 만든 용액 10.00mL로 EDTA를 표정하였고, 이때 EDTA는 12.50mL가 소요되었다. 시료 중 칼슘의 농도(ppm)는?(단, 아연과 칼슘의 원자량은 각각 65.37g/mol, 40.08g/mol이다)

① 12.426 ② 124.26

③ 1,242.6 ④ 12,426

해설
• 아연 용액의 농도
$M_{Zn} = \dfrac{0.5\,g}{1\,L} \times \dfrac{1}{65.37\,g/mol} ≒ 7.65 \times 10^{-3}\,M$

• EDTA의 농도
$M_{Zn} \times V_{Zn} = M_{EDTA} \times V_{EDTA}$

$M_{EDTA} = 10\,mL \times (7.65 \times 10^{-3})\,M \times \dfrac{1}{12.50\,mL}$

$≒ 6.12 \times 10^{-3}\,M$

• 시료 중 칼슘의 양
$n_{Ca} = 6.12 \times 10^{-3}\,M \times 15.20 \times 10^{-3}\,L ≒ 9.3024 \times 10^{-5}\,mol$

$9.3 \times 10^{-5}\,mol \times 40.08\,g/mol ≒ 3.728 \times 10^{-3}\,g$

$\therefore$ 시료 중 칼슘의 농도 $= \dfrac{3.728\,mg}{3 \times 10^{-3}\,kg} ≒ 1,242.6\,ppm$

27 다음의 두 평형에서 전하균형식(Charge Balance Equation)을 옳게 표현한 것은?

> $HA^-(aq) \rightleftharpoons H^+(aq) + A^{2-}(aq)$
> $HA^-(aq) + H_2O(l) \rightleftharpoons H_2A(aq) + OH^-(aq)$

① $[H^+] = [HA^-] + [A^{2-}] + [OH^-]$

② $[H^+] = [HA^-] + 2[A^{2-}] + [OH^-]$

③ $[H^+] = [HA^-] + 4[A^{2-}] + [OH^-]$

④ $[H^+] = 3[HA^-] + [A^{2-}] + [OH^-]$

해설
위 반응식에서 화학종은 $[HA^-]$, $[H^+]$, $[A^{2-}]$, $[H_2A]$, $[OH^-]$이고, 여기서 $[H_2A]$는 중성이므로 제외한다. 또 $[A^{2-}]$는 전하가 2배이므로 다른 물질보다 두 배의 전하를 내어 놓는다. 따라서 ×2를 해야한다. 전체 용액이 전기적으로 중성이라 생각하면 용액 속에 존재하는 양이온의 농도와 음이온의 농도는 같다.
따라서 $[H^+] = [HA^-] + 2[A^{2-}] + [OH^-]$이다.

28 어떤 염의 물에 대한 용해도가 70℃에서 60g, 30℃에서 20g일 때, 다음 설명 중 옳은 것은?

① 70℃에서 포화 용액 100g에 녹아 있는 염의 양은 60g이다.

② 30℃에서 포화 용액 100g에 녹아 있는 염의 양은 20g이다.

③ 70℃에서 포화 용액을 30℃로 식힐 때 불포화 용액이 형성된다.

④ 70℃에서 포화 용액 100g을 30℃로 식힐 때 석출되는 염의 양은 25g이다.

해설
① 70℃에서 포화 용액 100g에 녹아 있는 염의 양
$160 : 60 = 100 : x$
$x = 37.5g$
② 70℃의 포화 용액을 30℃로 냉각시킬 때
$120 : 20 = 100 : x$
$x ≒ 16.67g$
30℃에서 녹아 있는 염의 양은 16.67g이다.
④ $160 : 120 = 100 : x$
$x = 75g$
석출되는 염의 양은 $100 - 75 = 25g$이다.

29 NH_4^+의 $K_a = 5.69 \times 10^{-10}$일 때 NH_3의 염기 해리 상수(K_b)는?(단, $K_w = 1.00 \times 10^{-14}$이다)

① 5.69×10^{-7} ② 1.76×10^{-7}

③ 5.69×10^{-5} ④ 1.76×10^{-5}

해설
$K_a \cdot K_b = K_w$
$\therefore K_b = \dfrac{K_w}{K_a} = \dfrac{1.00 \times 10^{-14}}{5.69 \times 10^{-10}} ≒ 1.76 \times 10^{-5}$

30 ppm과 ppb의 관계가 옳게 표현된 것은?

① 1ppm = 1,000ppb ② 1ppm = 10ppb

③ 1ppm = 1ppb ④ 1ppm = 0.001ppb

> **해설**
> • ppm(part per million) : 백만분의 일
> • ppb(part per billion) : 십억분의 일
> ∴ 1ppm = 1,000ppb

31 C-Cl 신축진동을 관측하기 위한 적외선 분광분석기의 창(Window) 물질로 적합하지 않은 것은?

① KBr ② CaF_2

③ NaCl ④ Mineral Oil + KBr

32 0.1M 약염기 B 100mL 수용액에 0.1M HCl 50mL 수용액을 가했을 때의 pH는?(단, $K_b = 2.6 \times 10^{-6}$ 이고 $K_w = 1.0 \times 10^{-14}$이다)

① 5.59 ② 7.00

③ 8.41 ④ 9.18

> **해설**
> 강산으로 약염기를 적정하는 경우이므로, 물속에 녹아 있는 약염기를 B라고 두면
>
> | | B | + | H_2O | → | BH^+ + | OH^- |
> |---|---|---|---|---|---|---|
> | 반응 전 | 0.1M × 100mL = 10mmol | | − | | − | − |
> | 반응 후 | 5mmol | | 5mmol | | 5mmol | |
>
> $K_a \cdot K_b = K_w$
>
> $K_a = \dfrac{K_w}{K_b} = \dfrac{1.0 \times 10^{-14}}{2.6 \times 10^{-6}} \fallingdotseq 3.85 \times 10^{-9}$
>
> $\therefore \ \text{pH} = \text{p}K_a + \log \dfrac{[\text{염}]}{[\text{산}]} = \text{p}K_a + \log \dfrac{[\text{B}]}{[\text{BH}^+]}$
>
> $\qquad = -\log(3.85 \times 10^{-9}) + \log \dfrac{5}{5} \fallingdotseq 8.41$

33 0.100M CH_3COOH 용액 50.0mL를 0.0500M NaOH로 적정할 때 가장 적합한 지시약은?

① 메틸오렌지

② 페놀프탈레인

③ 브로모크레졸그린

④ 메틸레드

> **해설**
> 약산을 강염기로 적정하면 당량점의 pH는 염기성 쪽에서 나타난다. 따라서 염기성에서 색이 변하는 페놀프탈레인이 지시약으로 적합하다.
> **지시약의 변색범위(pH)**
> • 메틸오렌지 : 3.1~4.4
> • 페놀프탈레인 : 8.3~9.6
> • 브로모크레졸그린 : 3.8~5.4
> • 메틸레드 : 4.4~6.3

34 이양성자성 산(BH_2^{2+})의 산 해리상수가 각각 pK_{a1} = 4, pK_{a2} = 9일 때 $[BH^+] = [BH_2^{2+}]$를 만족하는 pH는?

① 4 ② 5

③ 6.5 ④ 9

> **해설**
> $\text{pH} = \text{p}K_{a1} + \log \dfrac{[\text{BH}^+]}{[\text{BH}_2^{2+}]}$
>
> $[\text{BH}^+] = [\text{BH}_2^{2+}]$이므로
> $\therefore \ \text{pH} = \text{p}K_{a1} = 4$

35 다음 중 환원제로 사용되는 물질은?

① 과염소산

② 과망가니즈산칼륨

③ 폼알데하이드

④ 과산화수소

해설
③ 폼알데하이드의 경우 자신이 카복실산으로 산화되며 다른 물질을 환원시킨다.

환원제 : 자신은 산화되고 다른 물질을 환원시키는 물질이다. 따라서 쉽게 산화되는 물질들이 환원제로 사용된다.

예 폼알데하이드, 아세트알데하이드, 이산화황, 수소 기체, 수소화붕소나트륨($NaBH_4$), 수소화알루미늄리튬($LiAlH_4$) 등

36 전기화학전지에 관한 패러데이의 연구에 대한 설명 중 옳지 않은 것은?

① 전극에서 생성되거나 소모된 물질의 양은 전지를 통해 흐른 전하의 양에 반비례한다.

② 일정한 전하량이 전지를 통하여 흐르게 되면 여러 물질들이 이에 상응하는 당량만큼 전극에서 생성되거나 소모된다.

③ 패러데이 법칙은 전기화학 과정에서의 화학양론을 요약한 것이다.

④ 패러데이 상수(F)는 96,485.34C/mol이다.

해설
패러데이의 법칙
• 제1법칙
 – 같은 전해질을 전기 분해할 때 소모되거나 석출되는 물질의 양은 통해 준 전하량(Q)에 비례한다.
 – $Q(C) = I(A) \times t(s)$
• 제2법칙 : 전기 분해하는 물질이 다를 때 같은 전기량에 의해 석출되는 각 물질의 양은 화학당량에 비례한다.

37 Van Deemter식과 각 항의 의미가 다음과 같을 때, 다음 설명 중 틀린 것은?

$$H = A + \frac{B}{u} + Cu = A + \frac{B}{u} + (C_S + C_M)u$$

u : 이동상의 속도

하첨자 S : 고정상

M : 이동상

① A는 다중이동통로에 대한 영향을 말한다.

② $\frac{B}{u}$는 세로확산에 대한 영향을 말한다.

③ Cu 물질이동에 의한 영향을 말한다.

④ H는 분리단의 수를 나타내는 항이다.

해설
Van-Deemter식

$$H = A + \frac{B}{u} + (C_S + C_M)u$$

여기서, H : 단 높이(cm)

u : 이동상의 선형속도(cm/s)

A : 다중흐름통로계수

B : 세로확산계수

C_S : 정지상에 대한 질량이동계수

C_M : 이동상 중의 질량이동계수

38 용질의 농도가 0.1M로 모두 동일한 다음 수용액 중 이온세기(Ionic Strength)가 가장 큰 것은?

① NaCl(aq)　　　② Na_2SO_4(aq)

③ $Al(NO_3)_3$(aq)　　④ $MgSO_4$(aq)

해설
③ $Al(NO_3)_3 \rightarrow Al^{3+} + 3NO_3^-$

이온세기 $= \frac{1}{2}[\{0.1 \times (+3)^2 \times 1\} + \{0.1 \times (-1)^2 \times 3\}] = 0.6$

① $NaCl \rightarrow Na^+ + Cl^-$

이온세기 $= \frac{1}{2}[\{0.1 \times (+1)^2 \times 1\} + \{0.1 \times (-1)^2 \times 1\}] = 0.1$

② $Na_2SO_4 \rightarrow 2Na^+ + SO_4^{2-}$

이온세기 $= \frac{1}{2}[\{0.1 \times (+1)^2 \times 2\} + \{0.1 \times (-2)^2 \times 1\}] = 0.3$

④ $MgSO_4 \rightarrow Mg^{2+} + SO_4^{2-}$

이온세기 $= \frac{1}{2}[\{0.1 \times (+2)^2 \times 1\} + \{0.1 \times (-2)^2 \times 1\}] = 0.4$

39 원자흡수분광법에서 연속 광원 바탕 보정법에 사용되는 자외선 영역의 연속 광원은?

① 중수소등
② 텅스텐등
③ 니크롬선등
④ 속 빈 음극등

<u>해설</u>

연속 광원 보정법 : 중수소등과 또 다른 광원을 번갈아 연속으로 비추어 준 후 두 광원에서 나온 흡광도의 차이를 이용한 보정법이다.

40 다음과 같은 화학반응식의 평형이동에 관한 설명 중 틀린 것은?

$$2CO(g) + O_2(g) \rightleftharpoons 2CO_2(aq) + 열$$

① 반응계를 냉각할 경우 평형은 오른쪽으로 이동한다.
② 반응계에 $Ar(g)$를 가하면 평형은 왼쪽으로 이동한다.
③ $CO(g)$를 첨가할 경우 평형은 오른쪽으로 이동한다.
④ $O_2(g)$를 제거할 경우 평형은 왼쪽으로 이동한다.

<u>해설</u>

• 일정 부피의 반응계일 경우, 압력이 증가하면 반응은 기체 몰수가 감소하여 압력이 감소하는 방향으로 진행된다. 따라서 평형은 오른쪽으로 이동한다.
• 부피 제한이 없는 반응계일 경우, 미반응 물질로 인해 평형은 이동하지 않는다.

제3과목| 화학물질 구조분석

41 아주 큰 분자량을 갖는 극성 생화학 고분자의 분자량에 대한 정보를 알 수 있는 가장 유용한 이온화법은?

① 장 이온화(FI ; Field Ionization)
② 화학 이온화(CI ; Chemical Ionization)
③ 전자 충돌 이온화(Electron Impact Ionization)
④ 매트릭스 보조 레이저 탈착 이온화(MALDI ; Matrix Assisted Laser Desorption Ionization)

<u>해설</u>

매트릭스 보조 레이저 탈착 이온화(MALDI ; Matrix Assisted Laser Desorption Ionization)

• 분석물과 매트릭스를 균일하게 분산해 금속 시료판에 놓은 후 레이저 빔을 쪼이면, 레이저 빔이 시료를 때려 매트릭스, 분석물, 다른 이온들을 탈착시키는 방법이다.
• 고분자 물질에 대해 시료의 분해 없이 기화·이온화가 가능하다.
• 일반적으로 질량이 크고($m/z > 10,000$), 열에 불안정한 생체 고분자나 합성 고분자에 이상적인 방법이다.

42 카드뮴 전극이 0.010M Cd^{2+} 용액에 담가진 반쪽 전지의 전위(V)는?(단, 온도는 25℃이고 Cd^{2+}/Cd의 표준환원전위는 −0.403V이다)

① −0.40
② −0.46
③ −0.50
④ −0.56

<u>해설</u>

Nernst Equation

$$E = E° + \frac{0.0591}{n} \log \frac{[\text{Ox}]}{[\text{Red}]}$$

$$= -0.403 + \frac{0.0591}{2} \log \frac{0.010}{1} = -0.462$$

43 TLC에서 R_f 값을 구하는 식은?

① 분석물의 이동거리 ÷ 용매의 최대 이동거리
② 분석물의 이동거리 ÷ 표준물질의 최대 이동거리
③ 용매의 최대 이동거리 ÷ 분석물의 이동거리
④ 표준물질의 최대 이동거리 ÷ 분석물의 이동거리

해설
지연인자(R_f)

$$R_f = \frac{\text{시료가 이동한 거리}}{\text{용매가 이동한 거리}}$$

44 시차주사열량법(DSC ; Differential Scanning Calorimetry)에 대한 설명 중 틀린 것은?

① 온도변화에 따른 무게변화를 측정
② 시료물질과 기준물질의 열량 차이를 시료온도함수로 측정
③ 열흐름 DSC는 열흐름의 차이를 온도를 직선적으로 증가하면서 측정
④ 전력보상 DSC는 시료물질과 기준물질의 두 개의 다른 가열기로 가열

해설
① 시차주사열량법(DSC)은 시료물질과 기준물질을 시료잡이에 놓고 규정된 속도로 온도를 증가시키며, 두 물질 사이의 열흐름 차이를 측정한다.

45 Gas Chromatography(GC) 검출기 중 할로젠 원소에 대한 선택성이 큰 검출기는?

① 전자 포착 검출기(ECD ; Electron Capture Detector)
② 열전도 검출기(TCD ; Thermal Conductivity Detector)
③ 불꽃 이온화 검출기(FID ; Flame Ionization Detector)
④ 열이온 검출기(TID ; Thermionic Detector)

해설
기체 크로마토그래피(GC) 검출기

형 태	응용할 수 있는 시료
불꽃 이온화(FID)	탄화수소물
열전도도(TCD)	일반 검출기
전자 포획(ECD)	할로젠 화합물
질량 분석계(MS)	어떤 화학종에도 적용
열이온(TID)	질소와 인화합물
전해질 전도(Hall)	할로젠, 황, 질소를 포함한 화합물
광 이온화	UV 빛에 의한 이온화 화합물
Fourier 변환기 IR(FTIR)	유기화합물

46 Nuclear Magnetic Resonance(NMR)에서 이용하는 파장은?

① 적외선(Infrared)
② 자외선(Ultraviolet)
③ 라디오파(Radio Wave)
④ 마이크로웨이브(Microwave)

해설
NMR은 주로 파장이 긴 Radio Frequency를 사용하며, 파장의 길이는 에너지와 반비례하여 에너지가 낮은 빛을 사용하여 분석한다.

47 시차주사열량법(DSC ; Differential Scanning Calorimetry)은 전이 엔탈피와 온도 혹은 반응열을 측정할 수 있으므로 아주 유용하다. 다음 중 DSC의 응용 분야로서 가장 거리가 먼 것은?

① 상전이과정 측정
② 결정화 온도 측정
③ 고분자물 경화 여부 측정
④ 휘발성 유기성분 분석

해설
DSC의 응용 분야
• 유리전이온도 결정
• 결정성과 결정화 속도로부터 중합체의 성질 결정
• 반응 속도 측정

48 적외선 흡수분광기의 검출기로 사용할 수 있는 열검출기(Thermal Detector)가 아닌 것은?

① 열전기쌍(Thermocouple)
② 써미스터(Thermistor)
③ 볼로미터(Bolometer)
④ 다이오드 어레이(Diode Array)

해설
적외선 검출기의 종류
• 열의 전기변환 효과를 이용 : 열전쌍(Thermocouples), 열전변환기(Thermopiles)
• 저항의 변화를 이용 : 저항온도계(Bolometer), 미세저항온도계(Microbolometer)
• 볼로미터(Bolometer) : 열효과형 광검출기의 일종으로 복사선에 의한 온도의 측정에 이용
• 파이로 전기 검출기(Pyroelectric Detector)
• 광전도 검출기(Photoconductive Detector)
• 광전압 검출기(Photovoltaic Detector)

49 전기화학분석에 관한 설명에서 올바른 것은?

① 전기화학전지의 전위는 환원반응이 일어나는 환원전극의 전극전위에서 산화반응이 일어나는 산화전극의 전극전위를 빼주어 계산한다.
② IUPAC 규약에 의해서 전극전위를 산화반응에 대한 것은 산화전극전위라고 하고, 환원반응에 대한 것은 환원전극전위로 나타내어 사용하기로 한다.
③ 각 산화-환원 반응에 대한 전극전위는 0℃에서 표준수소전극전위를 0V로 놓고 이에 대한 상대적인 산화-환원력의 척도로 나타낸 것이다.
④ 형식전위(Formal Potential)는 활성도 효과와 부반응으로부터 오는 오차를 보상하기 위하여 반응용액에 존재하는 성분들의 농도가 1F(포말농도)에서의 표준전위를 말한다.

해설
② 산화가 일어나는 전극을 산화전극, 환원이 일어나는 전극을 환원전극이라고 한다.
③ 표준수소전극전위는 25℃, 1M에서 수소이온 수용액과 1기압의 수소 기체를 접촉시킬 때의 전위를 0V로 놓는다.
④ 형식전위(Formal Potential)는 반쪽반응에서 반응물과 생성물의 분석농도비가 정확하게 1M이고, 다른 용질의 몰농도가 규정될 때의 전극전위를 말한다.

50 니켈(Ni^{2+})과 카드뮴(Cd^{2+})이 각각 0.1M인 혼합용액에서 니켈만 전기화학적으로 석출하고자 한다. 카드뮴이온은 석출되지 않고, 니켈이온이 0.01%만 남도록 하는 전압(V)은?

$$Ni^{2+} + 2e^- \rightleftharpoons Ni(s) \quad E° = -0.250V$$
$$Cd^{2+} + 2e^- \rightleftharpoons Cd(s) \quad E° = -0.403V$$

① -0.2 ② -0.3

③ -0.4 ④ -0.5

해설

$$V = -0.250 - \frac{0.0591}{2}\log\frac{1}{[Ni^{2+}]}$$

니켈이온이 0.01%만 남으므로 $[Ni^{2+}] = 0.1 \times 0.01\% = 10^{-5}$

$$\therefore V = -0.250 - \frac{0.0591}{2}\log\frac{1}{10^{-5}} \fallingdotseq -0.398\,V$$

51 폴라로그래피에서 펄스법의 감도가 직류법보다 좋은 이유는?

① 펄스법에서는 패러데이 전류와 충전전류의 차이가 클 때 전류를 측정하기 때문

② 펄스법은 빠른 속도로 측정하기 때문

③ 직류법에서는 빠르게, 펄스법에서는 느리게 전압을 주사하기 때문

④ 펄스법에서는 비패러데이 전류가 최대이기 때문

해설

① 직류 폴라로그래피와 비교하였을 때 펄스 폴라로그래피의 감도가 더 좋은 이유는 패러데이 전류가 증가하고, 충전전류가 감소하기 때문이다.

52 얇은 층 크로마토그래피(TLC)의 일반적인 용도가 아닌 것은?

① 혼합물 중에 포함된 성분의 수를 결정

② 화학반응 중에 생성되는 중간체 확인

③ 혼합물의 화학결합 존재 여부 확인

④ 화합물의 순도 확인

해설

③ 얇은 층 크로마토그래피(TLC)는 분리분석방법이므로, 혼합물의 화학결합 존재 여부는 확인할 수 없다.

53 질량분석기에서 분석을 위해서는 분석물이 이온화되어야 한다. 이온화 방법은 분석물의 화학결합이 끊어지는 Hard Ionization 방법과 화학결합이 그대로 있는 Soft Ionization 방법이 있다. 다음 중 가장 Hard Ionization에 가까운 것은?

① 전자 충돌 이온화(Electron Impact Ionization)

② 전기 분무 이온화(ESI ; Electrospray Ionization)

③ 매트릭스 보조 레이저 탈착 이온화(MALDI ; Matrix Assisted Laser Desorption Ionization)

④ 화학 이온화(CI ; Chemical Ionization)

해설

• Hard Ionization
  - 전자 충격 이온화 방법
  - 하드 발생원에서 생성된 이온은 큰 에너지를 넘겨 받아 높은 진동에너지와 회전에너지 상태로 들뜨게 된다. 이 경우 많은 토막이 생기게 되고, 복잡한 질량 스펙트럼을 얻게 된다.
• Soft Ionization
  - 화학적 이온화 방법, 탈착 이온화 방법
  - 상대적으로 이온이 거의 들뜨지 않아 토막이 적게 일어나고, 스펙트럼이 간단하다.

54 자기장분석 질량분석기(Magnetic Sector Analyzer) 중 이중 초점 분석기에 대한 설명으로 틀린 것은?

① 이온다발의 방향과 에너지의 벗어나는 정도를 모두 최소화하기 위해 고안된 장치이다.

② 두 개의 Sector 중 하나는 정전기적 Sector이고, 다른 하나는 자기적 Sector이다.

③ 정전기적 Sector는 전기장을 걸어 주어 질량 대 전하비를 분리하고, 자기적 Sector는 자기장을 걸어 주어 운동에너지 분포를 좁은 범위로 제한한다.

④ 이론적으로 질량을 변화시켜 스캐닝하는 방법은 자기장, 가속전압 및 Sector의 곡률반경을 변경하는 것이다.

> **해설**
> ③ 정전기적 Sector는 전기장을 걸어 주어 운동에너지 분포를 좁은 범위로 제한하고, 자기적 Sector는 자기장을 걸어 주어 질량 대 전하비를 분리한다.

55 폭이 매우 좋은 KBr셀만을 적외선 분광기에 걸고 적외선 스펙트럼을 얻었다. 시료가 없기 때문에 적외선 흡수 밴드는 보이지 않고, 그림과 같이 파도 모양의 간섭파를 스펙트럼에 얻었다. 이 셀의 폭 (mm)으로 가장 알맞은 것은?

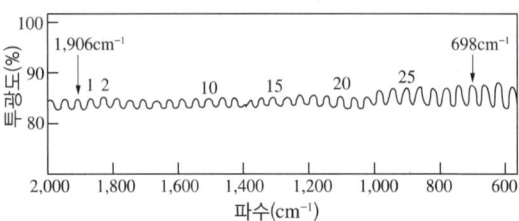

① 0.1242
② 12.42
③ 24.82
④ 248.4

> **해설**
> $$b = \frac{\Delta N}{2(\overline{\nu_1} - \overline{\nu_2})}$$
> $$= \frac{30}{2(1,906 - 698)\,cm^{-1}} \doteqdot 0.01242\,cm \doteqdot 0.1242\,mm$$

56 열무게분석법(TGA ; ThermoGravimetric Analysis)에서 전기로를 질소와 아르곤으로 분위기를 만드는 주된 이유는?

① 시료의 환원 억제
② 시료의 산화 억제
③ 시료의 확산 억제
④ 시료의 산란 억제

> **해설**
> ② 열무게분석법의 전기로는 질소 또는 아르곤의 바람을 통하여 시료가 산화되는 것을 막는다.

57 기체-고체 크로마토그래피(GSC)에 대한 설명으로 틀린 것은?

① 고체표면에 기체물질이 흡착되는 현상을 이용한다.
② 분포상수는 보통 GLC의 경우보다 적다.
③ 기체-액체 칼럼에 머물지 않는 화학종을 분리하는 데 유용하다.
④ 충전 칼럼과 열린관 칼럼 두 가지 모두 사용된다.

> **해설**
> ② 기체-고체 크로마토그래피(GSC)의 분포상수는 GLC보다 커서 공기, Hydrogen Sulfide, Carbon Disulfide, 질소산화물, 일산화탄소, 이산화탄소 같이 기체-액체 칼럼에는 머물지 않는 화학종들을 분리하는 데 유용하다.

58 열무게분석법(TGA ; ThermoGravimetric Analysis)으로 얻을 수 있는 정보가 아닌 것은?

① 분해반응
② 산화반응
③ 기화 및 승화
④ 고분자 분자량

> **해설**
> TGA는 온도에 따른 분석물의 질량 변화를 측정하는 것이기 때문에 주로 정량적인 정보를 얻을 수 있으나, 이것은 분해반응과 산화반응, 기화, 승화 및 탈착 등과 같은 물리적 변화에 주로 한정되어 있다.

59 원자 및 분자 질량(Atomic & Molecular Mass)에 대한 설명으로 틀린 것은?

① 원소들의 원자 질량은 탄소-12의 질량을 12amu 또는 Dalton으로 놓고 그것에 대한 상대 질량을 의미한다.
② 원자량은 자연에 존재하는 동위원소의 존재비와 질량으로 해서 평균한 질량을 말한다.
③ 화학식량은 자연에 가장 많이 존재하는 대표적인 동위원소의 질량을 화학식에 나타난 모든 원소의 합으로 나타낸 것이다.
④ 동위원소는 원자번호는 같으나 질량이 다른 원소를 의미하며 화학적 성질은 같다.

> **해설**
> ③ 원자량은 자연계에 존재하는 동위원소의 비율을 고려하여 평균값으로 나타낸 평균 원자량이다. 화학식량은 화학식에 나타난 모든 원소의 원자량의 합으로 나타낸 것이다.

60 Nuclear Magnetic Resonance(NMR)의 화학적 이동에 영향을 미치는 인자가 아닌 것은?

① 혼성 효과(Hybridization Effect)
② 도플러 효과(Doppler Effect)
③ 수소결합 효과(Hydrogen Bond Effect)
④ 전기음성도 효과(Electronegativity Effect)

> **해설**
> ② 도플러 효과는 원자분광법에서 유효선 너비의 넓힘 원인이며, NMR의 화학적 이동에 영향을 미치는 인자는 아니다.
> **도플러 효과(Doppler Effect)** : 파동을 발생시키는 파원과 그 파동을 관측하는 관측자 중 하나 이상이 운동하고 있을 때 발생하는 효과이다.

61 표준편차에 대해 올바르게 설명한 것은?

① 표준편차가 작을수록 정밀도가 더 크다.

② 표준편차가 클수록 정밀도가 더 크다.

③ 표준편차와 정밀도는 상호 관계가 없다.

④ 표준편차는 정확도와 가장 큰 상호 관계를 갖는다.

해설

표준편차는 정밀도와 큰 상호 관계를 가지며, 표준편차가 작을수록 정밀도가 더 크다.

표준편차

• 측정값이 평균으로부터 얼마나 분산되어 있는지를 나타낸다.
• 표준편차가 클수록 측정값들이 널리 퍼져 있음을 의미한다.

정밀도 : 실제 참값과 반복 시험 · 검사한 결과의 일치도, 즉 재현성을 의미한다.

정확도 : 시험 분석 결과가 참값에 얼마나 근접하는가를 나타내는 척도이다.

62 분석기기의 성능점검주기를 선정할 때 고려할 사항을 [보기]에서 모두 나열한 것은?

┌ 보기 ┐

A. 장비 유형
B. 제조사의 권고사항
C. 사용 범위 및 가혹한 정도
D. 노화 및 드리프트되는 정도
E. 환경조건(온도, 습도, 진동 등)
F. 다른 기준 표준으로 상호 점검 횟수

① A, B
② A, C, D
③ A, B, C, E
④ A, B, C, D, E, F

해설

교정대상 및 주기설정을 위한 지침 제5조(교정주기 설정을 위한 가이드)

분석기기의 성능점검

성능점검주기는 다음과 같이 여러 요인이 있으므로 점검에 대한 확고한 주기를 기술한다.

• 장비 유형
• 제조사의 권고사항
• 이전 성능점검 기록으로부터 얻어지는 추이 데이터
• 유지/수리의 이력 기록
• 사용 범위 및 가혹한 정도
• 노화 및 드리프트되는 정도
• 다른 기준 표준으로 상호 점검 횟수
• 환경조건(온도, 습도, 진동 등)
• 정확도와 허용오차 한계

63 ICH에서 공지한 대표적인 밸리데이션 항목에 포함되지 않는 것은?

① 재현성
② 특이성
③ 직선성
④ 정량한계

해설

ICH에서 공지한 대표적인 밸리데이션 항목

• 정확성
• 정밀성
  – 반복성
  – 실험실 내 정밀성
• 특이성
• 검출한계
• 정량한계
• 직선성
• 범 위

64 평균값과 표준편차를 얻기 위한 시험으로 계통오차를 제거하지 못하는 시험법은?

① 공시험 ② 조절시험
③ 맹시험 ④ 평행시험

해설

④ 평행시험(Parallel Test)
- 같은 시료를 같은 방법으로 여러 번 되풀이하는 시험이다.
- 우연오차가 있는 매회 측정값으로부터 그 평균값과 표준편차 등을 얻기 위한 수단이다.
- 계통오차를 제거하는 방법은 아니다.

① 공시험(Blank Test)
- 실제 분석대상 시료를 사용하지 않고 다른 모든 조건을 시료 분석법과 같은 방법으로 실험하는 것을 의미한다.
- 시약 중의 불순물로 인한 오차, 지시약 오차, 기타 조작 중 일어나는 여러 가지 계통오차의 대부분을 효과적으로 제거할 수 있다.

② 조절시험(Control Test)
- 시료와 가급적 같은 성분을 함유한 대조시료를 만들어 시료 분석법과 같은 방법으로 여러 번 실험한 다음, 기지 함량값과 실제로 얻은 분석값의 차만큼 시료 분석값을 보정한다.
- 보정값이 함량에 비례할 때에는 비례 계산하여 시료 분석값을 보정한다.

③ 맹시험(Blind Test)
- 실용분석에서는 분석값이 어느 범위 내에서 서로 비슷하게 될 때까지 실험을 되풀이하는 것이 보통이다. 이때 얻어지는 처음 분석값은 조작에 익숙하지 못하여 흔히 오차가 크게 나타나므로 맹시험이라고 하며, 버리는 경우가 많다.
- 때로는 그 결과에 따라 시험량, 시액농도 등을 보다 합리적으로 개선할 수 있으며, 따라서 일종의 예비시험에 해당한다.

65 화학분석의 일반적 단계를 설명한 내용 중 틀린 것은?

① 시료채취는 분석할 대표 물질을 선택하는 과정이다.
② 시료준비는 대표 시료를 녹여 화학분석에 적합한 시료로 바꾸는 과정이다.
③ 분석은 분취량에 들어 있는 분석물질의 농도를 측정하는 과정이다.
④ 보고와 해석은 대략적으로 작성하고, 결론 도출에서 명료하고 완전하며 책임질 수 있는 자료를 작성한다.

해설

④ 보고와 해석은 한계를 첨부하여 명료하고 완전하게 작성한다.

66 Linearity시험 결과 도표의 해석으로 틀린 것은? (단, 기준농도는 L3로 한다)

Level	Concentration (mg/mL)	Peak Area
L1	0.00068	23.36274
		23.20600
L2	0.00136	48.66348
		48.78643
L3	0.00346	128.23044
		128.27222
L4	0.00555	204.01082
		202.32767
L5	0.00833	305.3483
		306.50851
허용범위	상관계수(R) : ≥ 0.990	

① Linearity 결과 합격이다.
② 농도범위는 분석농도의 20~240%이다.
③ 농도와 Area에 대한 Linear Regression을 실시하여 $Y = 36,598.7X - 1.0$의 형태로 직선식을 구할 수 있다.
④ 위 시험결과를 최소자승법에 의한 회귀선의 계산을 통해 평가하였을 때 R값은 0.999이다.

67 투과율 눈금 교정 시 인증표준물질을 이용하여 6회 반복 측정한 실험결과 값으로부터 우연불확정도와 전체불확정도를 구하여 측정값으로 옳게 표시한 것은?(단, 평균값 ≒ 18.32%, 표준편차 = 0.011%, 인증표준물질의 불확도 = 0.1%, t값 = 2.65이다)

① 18.32%±0.1%

② 18.32%±0.2%

③ 18.32%±0.3%

④ 18.32%±0.4%

68 시험법이 정밀성, 정확성, 직선성이 적절한 수준임이 밝혀진 상태에서 검체 내 시험 대상물의 양 또는 농도의 상한 및 하한 농도 사이의 구간을 범위 (Range)라고 정의한다. 다음 중 최소로 규정하는 범위로 틀린 것은?

① 원료의약품의 정량시험 : 시험농도의 80~120%
② 완제의약품의 정량시험 : 시험농도의 90~110%
③ 함량 균일성 시험 : 시험농도의 70~130%
④ 용출시험 : 용출시험기준 범위의 ±20%

최소로 규정하는 범위
- 원료의약품 또는 완제의약품의 정량시험 : 일반적으로 시험농도의 80~120%
- 함량 균일성 시험 : 정량분무흡입제 등과 같이 제형의 특성에 근거하여 더 넓은 범위를 규정하여야 하는 경우를 제외하고는, 적어도 시험농도의 70~130%
- 용출시험 : 완제의약품의 기준 및 시험방법 중 설정된 용출시험 기준 범위의 ±20%
- 불순물의 정량시험 : 불순물의 보고수준부터 설정된 기준의 120%까지

69 생체시료효과에 대한 설명 중 틀린 것은?

① 생체시료효과란 생체시료 내의 물질이 직접 또는 간접적으로 분석물질 또는 내부표준물질의 반응에 미치는 영향을 말한다.
② 생체시료효과를 분석하기 위해서는 6개의 서로 다른 생체시료를 가지고 분석하나, 구하기 힘든 생체시료의 경우 6개보다 적은 수를 사용할 수 있다.
③ 생체시료효과상수를 계산하기 위한 실험 데이터를 활용하기 위해서는 품질관리시료의 농도값의 변동계수가 20% 이내여야 한다.
④ 생체시료효과상수는 생체시료의 유무에 따른 분석결과의 비율로서 계산한다.

③ 생체시료효과상수를 계산하기 위한 실험 데이터를 활용하기 위해서는 품질관리시료의 농도값의 변동계수가 15% 이내여야 한다.
생체시료효과(Matrix Effect)
- 생체시료 내의 물질이 직접 또는 간접적으로 분석물질 또는 내부표준물질의 반응에 미치는 영향을 말한다.
- 생체시료효과상수(MF ; Matrix Factor)를 계산하여 평가할 수 있다.
- 생체시료효과상수는 생체시료의 유무에 따른 분석결과의 비율로 계산할 수 있다.
- 분석 · 평가
  - 품질관리시료를 분석하여 평가한다 : 6개의 서로 다른 기원의 생체시료를 가지고 낮은 농도(최저 정량한계의 최대 3배)와 높은 농도(최고 정량한계 부근)의 품질관리시료를 측정하고 이때 구한 농도값의 변동계수(CV)는 15% 이내여야 한다.
  - 분석물질의 생체시료효과상수를 내부표준물질의 생체시료효과상수로 나누어 구한 내부표준물질 표준화 생체시료효과상수(IS Normalized MF)로도 평가할 수 있다 : 평가기준은 6개의 생체시료에서 구한 내부표준물질 표준화 생체시료효과상수의 변동계수가 15% 이내여야 한다.
  - 구하기 힘든 생체시료의 경우 6개보다 적은 수의 생체시료를 사용할 수 있다.
  - 대부분 시료처리 방법, 분석조건 변경 등을 통해 감소시킬 수 있다.

70 대한민국약전에 의거한 근적외부스펙트럼측정법 분광분석기의 적격성 평가에 대한 설명 중 틀린 것은?

① 수행 적격성 평가란 분석장비가 지속적으로 작동되는지 확인하는 것을 의미한다.
② 수행 적격성 평가는 최소 6개월에 한 번씩 실시한다.
③ 설치 적격성 평가 시 하드웨어 일련번호, 소프트웨어의 버전 등을 기록하는 작업이 포함된다.
④ 설치 적격성 평가는 장치의 설치 환경에 의한 기기의 정확성과 재현성을 검증하는 것을 의미한다.

> **해설**
> **근적외부스펙트럼측정법 분광분석기의 평가**
> - 설계 적격성(DQ ; Design Qualification)
>   - 장치가 적절히 설계되어 의도한 용도에 따라 작동되는가에 대한 증거를 제시한다.
>   - 장치의 여러 가지 영향인자를 시험하여 기기의 사양에 맞는지 확인해야 한다.
> - 설치 적격성(IQ ; Installation Qualification)
>   - 장치가 고안 및 명시된 사항에 따라 설치되는지 확인한다.
>   - 확인 중에 하드웨어의 일련번호, 소프트웨어의 버전 등을 기록하는 작업이 포함된다.
>   - 기기가 설치된 환경이나 시설 등이 적합한지 보고 장치의 조립 상태와 전력상태 등을 조사한다.
> - 조작 적격성(OQ ; Operational Qualification)
>   - 분광분석기를 선택할 때 썼던 방법, 즉 파장의 정확성 및 재현성, 광도계의 직선성 및 잡음 등을 확인하여 다시 한번 기기를 검증한다.
> - 수행 적격성(PQ ; Performance Qualification)
>   - 장치가 지속적으로 작동되는지 확인한다.
>   - OQ의 항목 중 일부를 적용하여 사용 전 또는 정기적(적어도 6개월에 한 번씩)으로 장치를 점검할 필요가 있다.
>   - 장치의 보수나 램프의 교환 시에도 반드시 실시한다.

71 시료분석 시의 정도관리 요소 중 바탕값(Blank)의 종류와 내용이 옳게 연결된 것은?

① 현장바탕시료(Field Blank Sample)는 시료채취 과정에서 시료와 동일한 채취과정의 조작을 수행하는 시료를 말한다.
② 운송바탕시료(Trip Blank Sample)는 시험 수행 과정에서 사용하는 시약과 정제수의 오염과 실험절차의 오염, 이상 유무를 확인하기 위한 목적에 사용한다.
③ 정제수 바탕시료(Reagent Blank Sample)는 시료채취과정의 오염과 채취용기의 오염 등 현장 이상 유무를 확인하기 위함이다.
④ 시험바탕시료(Method Blanks)는 시약 조제, 시료 희석, 세척 등에 사용하는 시료를 말한다.

> **해설**
> ① 현장바탕시료는 현장에서 만들어지는 깨끗한 시료로, 분석의 모든 과정(채취, 운송, 분석)에서 생기는 문제점을 찾는 데 사용된다.
> ② 운송바탕시료(Trip Blank Sample) : 시료채취 후 보관용기에 담아 운송 중에 용기로부터 오염되는 것을 확인하기 위한 바탕시료이다.
> ③ 정제수 바탕시료(Reagent Blank Sample)
>   - 시료를 사용하지 않고 추출, 농축, 정제 및 분석 과정에 따라 모든 시약과 용매를 처리하여 측정한 것이다.
>   - 실험절차, 시약 및 측정 장비 등으로부터 발생하는 오염물질을 확인할 수 있다.
> ④ 시험바탕시료(Method Blanks)
>   - 측정하고자 하는 물질이 전혀 포함되어 있지 않은 것이 증명된 시료이다.
>   - 시험·검사 매질에 시료의 시험방법과 동일하게 같은 용량, 같은 비율의 시약을 사용하고 시료의 시험·검사와 동일한 전처리와 시험절차로 준비하는 바탕시료이다.
>   - 매질, 실험절차, 시약 및 측정 장비 등으로부터 발생하는 오염물질을 확인할 수 있다.

72 일반적으로 전처리 과정에서 대상성분의 함량이 낮은 경우 더욱 고려해야 하는 검체의 특성은?

① 안전성　　　　② 균질성

③ 흡습성　　　　④ 용해도

② 전처리 과정에서 검체의 균질성은 대상성분의 함량이 낮은 경우 더 고려해야 한다.

73 분석물질의 직선성을 시험한 결과 도표를 완성할 때, 값이 틀린 것은?(단, 농도 범위는 분석농도의 80~120%이다)

Level	Concentration (mg/mL)	Peak Area
L1	A	160.3
L2	0.09	179.9
L3	0.10	200.2
L4	0.11	220.5
L5	0.12	240.6
Slope	B	
Correlation Coefficient(R)	C	
Y-Intercept	D	
Acceptance Criteria	Correlation Coefficient(R) : ≥ 0.990	

① A : 0.08　　　　② B : 2,012

③ C : 0.9999　　　④ D : 0.9

74 유효숫자를 고려하여 다음을 계산할 때, 얻어지는 값은?

$$2.15 + 1.244 =$$

① 3　　　　　　② 3.4

③ 3.39　　　　　④ 3.394

수학 계산에 필요한 유효숫자 규칙 : 덧셈이나 뺄셈의 경우, 계산에 이용되는 가장 낮은 정밀도의 측정값과 같은 소수 자리를 갖는다.
2.15 + 1.244 = 3.394
2.15와 소수 자리를 맞추면, 3.39이다.

75 수용액의 pH 측정에 관한 설명으로 틀린 것은?

① 전극이 필요하다.

② 광원이 필요하다.

③ 표준 완충용액이 필요하다.

④ 수용액의 수소이온농도를 측정한다.

수용액의 pH는 유리전극으로 된 pH 측정기(pH Meter)를 사용하여 측정한다. pH Meter는 정확한 pH값을 알고 있는 표준 완충용액을 이용하여 전극을 보정하며, 광원은 따로 필요하지 않다.

76 불꽃원자화기의 소모품 중 네뷸라이저(Nebulizer) 의 역할로 옳은 것은?

① 역화 방지
② 연소 기체 혼합
③ 에어로졸 생성
④ 연소로 인해 생성된 수분 제거

해설
③ 네뷸라이저(Nebulizer)는 분석용액이 불꽃에서 효과적으로 분해될 수 있도록 에어로졸 상태로 만들어 주는 역할을 한다.

77 분석업무지시서에 확인 가능한 검체 처리과정으로 틀린 것은?

① 검체 검증 분석의 시기 : 검체의 안정성이 확보 된 기간 내에서 최초 분석과 같은 날, 서로 다른 배치에서 실시
② 검체 검증 분석의 검체 수 : 전체 검체 수가 1,000 개 이하인 경우, 검체 검증 분석은 검체 수의 10%에 해당하는 수만큼 검체를 선정
③ 검체 검증 분석의 검체 수 : 전체 검체 수가 1,000 개 초과인 경우, 1,000개의 10%에 해당하는 수와 1,000개를 제외한 나머지의 5%에 해당하는 수만 큼 검체를 선정
④ 검체 검증 분석의 판정 기준 편차(%) :

$$\frac{\text{검체 검증 분석값} - \text{최초 분석값}}{\text{검체 검증 분석값과 최초 분석값의 평균값}} \times 100$$

해설
① 검체 검증 분석의 시기 : 검체의 안정성이 확보된 기간 내에 최초 분석과 서로 다른 날, 서로 다른 배치에서 실시한다.

78 약전에 수재(收載)되어 있는 분석법의 정밀성 평가 항목이 아닌 것은?

① 반복성
② 직선성
③ 실내 재현성
④ 실간 재현성

해설
정밀성의 평가항목
• 반복성
• 실내 정밀성
• 실간 정밀성

79 분석결과의 정밀성과 가장 밀접한 것은?

① 검출한계
② 특이성
③ 변동계수
④ 직선성

해설
③ 정밀성은 일련의 측정에 대하여 표준편차, 변동계수 등으로 표현한다.

80 최저 정량한계에서 추출한 시료의 신호 대 잡음비 를 계산한 값을 무엇이라 하는가?

① 정확성
② 회수율
③ 감 도
④ 정밀성

81 가연성 물질이 연소되기 위한 조건으로 가장 거리가 먼 것은?

① 산소와 반응해야 한다.
② 연소반응이 지속되기 위해서 산화반응이 발열반응이어야 한다.
③ 열전도율이 커야 한다.
④ 연소반응이 지속되기 위해 반응열이 충분히 방출되어야 한다.

해설
③ 열전도율은 물질이 가지고 있는 열을 다른 물질에 전달하는 것으로 열전도율이 작아야 한다.

82 다음의 유해화학물질의 건강 유해성의 표시 그림문자가 나타내지 않는 사항은?

① 호흡기 과민성
② 발암성
③ 생식독성
④ 급성 독성

해설
GHS 유해화학물질 그림문자

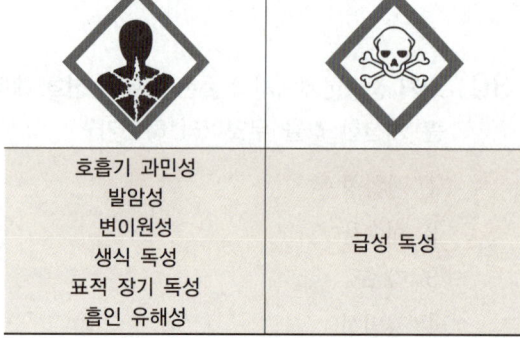

호흡기 과민성 발암성 변이원성 생식 독성 표적 장기 독성 흡인 유해성	급성 독성

83 대기오염방지시설 중 오염물질이 통과하는 관로(덕트)에 1.225kg/m³의 밀도를 갖는 공기가 20m/s의 속도로 통과할 때 동압(mmH₂O)은?

① 15
② 20
③ 25
④ 30

해설
동압(P_v)
- 정지 상태 유체를 어느 속도까지 가속하는 데 필요한 압력이다.
- $P_v = 0.5\rho \times v^2$
$P_v = 0.5 \times 1.225\,\mathrm{kg/m^3} \times (20\mathrm{m/s})^2 = 245\,\mathrm{kg/m \cdot s^2}$
표준대기압 $1\mathrm{atm} = 101,325\mathrm{Pa} = 101,325\,\mathrm{kg/m \cdot s^2}$
$\qquad\qquad = 10,332.275\mathrm{mmH_2O}$ 이므로
$245\,\mathrm{kg/m \cdot s^2} \times \dfrac{10,332.275\,\mathrm{mmH_2O}}{101,325\,\mathrm{kg/m \cdot s^2}} ≒ 25\mathrm{mmH_2O}$

84 실험실 환경에 대한 설명으로 틀린 것은?

① 환기 장치 가동 시 실험자가 소음으로 지장을 받지 않도록 가능한 한 90dB 이하가 되도록 해야 한다.
② 분석용 가스 저장능력은 가스의 종류와 무관하게 저장분의 1.0배 이하로 하여야 한다.
③ 분석실 내 배수관의 재질은 가능한 한 산성이나 알칼리성 물질에 잘 부식되지 않는 재질을 선택하여야 한다.
④ 기기 분석실에 안정적인 전원을 공급할 수 있도록 무정전 전원 장치(UPS) 또는 전압 조정 장치(AVR)를 설치해야 한다.

해설
① 환기 장치 가동 시 실험자가 소음으로 인한 지장을 받지 않도록 가능한 한 60dB 이하가 되도록 해야 한다.
② 분석용 가스 저장능력은 분석용 가스 저장분의 약 1.5배 이상이어야 한다.
※ 저자의견 : 환경실험실 운영관리 및 안전관리(국립환경과학원, 2015)에 따르면 ①번의 내용 중 '90dB 이하'가 '60dB 이하'로 나와 있으므로 ①, ②번 중복정답으로 보인다.

85 실험실에서 활용되는 다양한 화학물질에 대한 설명으로 틀린 것은?

① 실험실 청소에 활용되는 표백제는 하이포염소산나트륨(NaClO) 성분으로 구성되어 있으며, 암모니아와 섞으면 독가스가 형성되어 취급에 주의를 요한다.

② 플루오린산은 이온화 반응에서 약간만 이온화되는 약산으로 인체 위험도가 낮은 화학물질이다.

③ 염산은 이온화 반응에서 거의 100% 이온화되므로 강산이다.

④ 아세트산은 이온화 과정에서 1% 정도만 이온화되므로 약산이다.

② 플루오린화수소(HF)는 가스 및 용액이 극한 독성을 나타내며, 화상과 같은 즉각적인 증상 없이 피부에 흡수되므로 취급에 주의해야 한다.

86 물질안전보건자료의 작성 원칙이 아닌 것은?

① 한글로 작성하는 것을 원칙으로 하며, 외국 기관명 등 고유명사는 영어로 표기한다.

② 여러 형태의 자료를 활용하여 작성 시 제공되는 자료의 출처를 모두 기재할 필요가 없다.

③ 외국어로 작성된 MSDS를 번역하고자 하는 경우에는 자료의 신뢰성이 확보될 수 있도록 최초의 작성 기관명 및 시기를 함께 기재한다.

④ 함유량의 ±5% 범위 내에서 함유량의 범위로 함유량을 대신하여 표시할 수 있다.

MSDS 작성 원칙
- 언 어
  - 한글로 작성하는 것이 원칙이다.
  - 화학물질명, 외국 기관명 등의 고유명사는 영어로 표기할 수 있다.
  - 실험실에서 시험·연구 목적으로 사용하는 시약으로서 MSDS가 외국어로 작성된 경우에는 한국어로 번역하지 않을 수 있다.
- 자료의 신뢰성 : 해당 국가의 GLP(우수 실험실 기준) 및 KOLAS(국제공인시험기관 인정)에 따라 수행한 시험 결과를 우선적으로 고려하여야 한다.
- 제공되는 자료의 출처
  - 외국어로 되어 있는 MSDS를 번역하는 경우에는 자료의 신뢰성이 확보될 수 있도록 최초의 작성 기관명 및 시기를 함께 기재한다.
  - 다른 형태의 관련 자료를 활용하여 MSDS를 작성하는 경우에는 참고문헌의 출처를 기재하여야 한다.
  - 작성 단위는 계량에 관한 법률이 정하는 바에 의한다.
- 해당 자료가 없는 경우
  - 각 작성 항목은 빠짐없이 작성하여야 한다.
  - 부득이 어느 항목에 대해 관련 정보를 얻을 수 없는 경우에는 작성란에 '자료 없음'으로 기재한다.
  - 적용이 불가능하거나 대상이 되지 않는 경우에는 작성란에 '해당 없음'으로 기재한다.
- 구성 성분의 함유량 기재 : 함유량의 ±5%P 범위 내에서 범위(하한값~상한값)로 함유량을 대신하여 표시할 수 있다.

87 폐기물관리법령에 따라 '사업장폐기물배출자'가 폐기물처리를 스스로 처리하지 않고 폐기물처리업자 등에게 위탁할 때 그 위탁을 받은 자로부터 수탁처리능력 확인서를 제출받아야 하는 경우는?

① 지정폐기물인 오니를 월 평균 500kg 배출하는 경우
② 지정폐기물이 아닌 오니를 월 평균 500kg 배출하는 경우
③ 지정폐기물인 폐유기용제를 월 평균 100kg 배출하는 경우
④ 지정폐기물인 폐유독물질을 배출하는 경우

해설

폐기물관리법 시행규칙 제16조의8(위탁·수탁의 기준 및 절차)
집단급식소를 운영하는 자, 제18조제1항 및 제18조의2제1항의 어느 하나에 해당하는 자는 다음의 위탁·수탁의 기준 및 절차를 준수해야 한다.
• 다음의 서류를 포함한 수탁처리능력 확인서를 수탁자로부터 제출받을 것
  – 폐기물처리업 허가증 또는 폐기물처리 신고증명서 사본
  – 방치폐기물 처리이행보증을 확인할 수 있는 서류 사본

폐기물관리법 시행규칙 제18조의2(지정폐기물 처리계획의 확인)
'환경부령으로 정하는 지정폐기물을 배출하는 사업자'란 다음의 어느 하나에 해당하는 사업자(생활폐기물로 만든 중간가공 폐기물 외의 중간가공 폐기물을 배출하는 사업자는 제외한다)를 말한다.
• 오니를 월 평균 500kg 이상 배출하는 사업자
• 폐농약, 광재, 분진, 폐주물사, 폐사, 폐내화물, 도자기조각, 소각재, 안정화 또는 고형화처리물, 폐촉매, 폐흡착제, 폐흡수제, 폐유기용제 또는 폐유를 각각 월 평균 50kg 또는 합계 월 평균 130kg 이상 배출하는 사업자
• 폐합성고분자화합물, 폐산, 폐알칼리, 폐페인트 또는 폐래커를 각각 월 평균 100kg 또는 합계 월 평균 200kg 이상 배출하는 사업자
• 폐석면을 월 평균 20kg 이상 배출하는 사업자. 이 경우 축사 등 환경부장관이 정하여 고시하는 시설물을 운영하는 사업자가 5ton 미만의 슬레이트 지붕 철거·제거 작업을 전부 도급한 경우에는 수급인(하수급인은 제외한다)이 사업자를 갈음하여 지정폐기물 처리계획의 확인을 받을 수 있다.
• 폴리클로리네이티드바이페닐 함유폐기물을 배출하는 사업자
• 폐유독물질을 배출하는 사업자
• 의료폐기물을 배출하는 사업자
• 수은폐기물을 배출하는 사업자
• 천연방사성제품폐기물을 배출하는 사업자
• 영 별표 1 제12호에 따라 고시된 지정폐기물을 환경부장관이 정하여 고시하는 양 이상으로 배출하는 사업자
※ 저자의견 : 해당 법령에 따르면 ①, ④번 중복정답으로 보인다.

88 실험실에서 화재가 발생한 경우 적절한 조치가 아닌 것으로만 묶인 것은?

│ 보기 ├

ㄱ. 대피한 후 119에 신고한다.
ㄴ. 화학물질의 MSDS 확인 전 초동대응을 위하여 근방의 물과 소화기로 즉각 대응한다.
ㄷ. 화재 감지기의 경보음은 종종 오작동하므로 업무에 집중한다.
ㄹ. 근방의 수건이나 천 등을 적셔서 입을 가리고 낮은 자세를 유지하며 비상통로로 탈출한다.

① ㄱ, ㄴ   ② ㄴ, ㄷ
③ ㄷ, ㄹ   ④ ㄱ, ㄹ

해설
ㄴ. 화재 종류에 따라 소화 방법이 다르므로, 화학물질의 MSDS를 확인 후 적절한 소화 방법으로 대응해야 한다.

89 분자량이 70.9인 상온에서 황록색을 띠는 기체의 NFPA 건강위험성 코드 등급은?

① 1등급   ② 2등급
③ 3등급   ④ 4등급

해설
• 분자량이 70.9인 상온에서 황록색을 띠는 기체는 염소이다.
• 염소의 NFPA 건강위험성 코드 등급은 4등급이다(기체나 연기를 한두 모금 흡입하면 사망할 수 있음).

90 실험복 및 개인보호구 착의 순서로 옳은 것은?

① 긴 소매 실험복 → 마스크 → 보안면 → 실험장갑
② 긴 소매 실험복 → 보안면 → 실험장갑 → 마스크
③ 마스크 → 긴 소매 실험복 → 보안면 → 실험장갑
④ 실험장갑 → 긴 소매 실험복 → 마스크 → 보안면

해설
실험실 복장 착·탈의 순서 : 긴 소매 실험복 → 마스크, 호흡보호구 → 고글/보안면 → 실험장갑

91 화학물질을 취급할 때 주의해야 할 사항으로 적절한 것은?

① 모든 용기에는 약품의 명칭을 기재하는 것이 원칙이나 증류수처럼 무해한 약품은 기재하지 않는다.

② 사용할 물질의 성상, 특히 화재·폭발·중독의 위험성을 잘 조사한 후가 아니라면 위험한 물질을 취급해서는 안 된다.

③ 모든 약품의 맛 또는 냄새 맡는 행위를 절대로 금하고, 입으로 피펫을 빨아서 정확도를 높인다.

④ 약품의 용기에 그 명칭을 표기하는 것은 사용자가 약품의 사용을 빨리 하게 하려는 목적이 전부다.

① 모든 용기에는 약품의 명칭을 기재한다(증류수처럼 무해한 것도 포함).
③ 모든 약품의 맛 또는 냄새 맡는 행위를 절대로 금하고, 입으로 피펫을 빨지 않는다.
④ 약품 명칭이 없는 용기의 약품은 사용하지 않는다. 표기를 하는 것은 사용자가 즉각적으로 약품을 사용할 수 있다는 것보다는 화재, 폭발 또는 용기가 넘어졌을 때 어떠한 성분인지를 알 수 있도록 하기 위한 것이다.

92 분말소화기의 종류와 소화약제의 연결로 틀린 것은?

① 제1종 – 탄산수소나트륨
② 제2종 – 탄산수소칼륨
③ 제3종 – 제1인산암모늄
④ 제4종 – 요소와 탄산수소나트륨

분말소화기

구 분	주성분	화학식	화재 적용	착 색
제1종	탄산수소나트륨	$NaHCO_3$	B, C, F급	백 색
제2종	탄산수소칼륨	$KHCO_3$	B, C급	보라색
제3종	제1인산암모늄	$NH_4H_2PO_4$	A, B, C급	담홍색
제4종	탄산수소칼륨과 요소의 반응 생성물	$KHCO_3$ + $(NH_2)_2CO$	B, C급	회 색

93 다음 중 아세틸렌의 수소 첨가 반응에 해당하는 것은?

① $C_2H_2(g) + H_2(g) \rightarrow C_2H_4(g)$
② $C_2H_4(g) + H_2(g) \rightarrow C_2H_6(g)$
③ $2C_2H_2(g) + 5O_2(g) \rightarrow 4CO_2(g) + 2H_2O(l)$
④ $CaC_2(s) + 2H_2O(l) \rightarrow C_2H_2(g) + Ca(OH)_2(aq)$

② 에틸렌의 수소 첨가 반응
③ 아세틸렌의 연소 반응
④ 칼슘카바이드와 물의 반응을 통한 아세틸렌 제조 반응

94 위험물에 대한 소화방법으로 옳지 않은 것은?

① 염소산나트륨과 같은 제1류 위험물의 경우 물을 주수하는 냉각소화가 효과적이다.

② 제2류 위험물인 금속분, 철분, 마그네슘, 적린, 유황은 물에 의한 냉각소화가 적당하다.

③ 제3류 위험물 중 황린은 물을 주수하는 소화가 가능하다.

④ 제4류 위험물은 일반적으로 질식소화가 적합하다.

② 철분, 마그네슘, 금속분은 물과 접촉하면 수소가스를 발생하여 폭발하므로, 마른 모래 등으로 질식소화를 해야 한다.

95 위험물안전관리법령에 따른 위험물취급소의 종류에 해당하지 않는 것은?

① 이동취급소   ② 판매취급소
③ 일반취급소   ④ 이송취급소

위험물안전관리법 시행령 [별표 3] 위험물을 제조 외의 목적으로 취급하기 위한 장소와 그에 따른 취급소의 구분
취급소의 구분 : 주유취급소, 판매취급소, 이송취급소, 일반취급소

96 GHS 그림문자 표기 물질에 해당하는 것은?

① 산화성 물질
② 급성 독성 물질
③ 물반응성 물질
④ 호흡기 과민성 물질

해설

GHS 유해화학물질 그림문자

인화성 자연발화성 자기발열성 물반응성	산화성
급성 독성	호흡기 과민성 발암성 변이원성 생식 독성 표적 장기 독성 흡인 유해성

97 환경유해인자에 노출되는 기준에 대한 설명 중 틀린 것은?

① 소음기준은 1일 동안 노출시간이 길어지거나 노출횟수가 많아질수록 소음강도수준(dB(A))은 커진다.
② 시간가중평균노출기준(TWA)은 1일 8시간 작업을 기준으로 한다.
③ 단시간노출기준(STEL)의 단시간이란 1회 15분간 유해인자에 노출되는 것을 기준으로 한다.
④ 최고노출기준(C)은 1일 작업시간 동안 잠시라도 노출되어서는 아니 되는 기준을 말한다.

해설

① 소음기준은 1일 동안 노출시간이 길어지거나 노출횟수가 많아질수록 소음강도수준(dB(A))은 작아진다.

98 ㉠과 ㉡의 설명을 모두 만족하는 화학반응은?

> ㉠ 2개의 화합물이 2개의 새로운 화합물을 생성한다.
> ㉡ 어떤 반응물질의 양이온이 다른 반응물질의 음이온과 결합한다.

① 화합반응
② 산화환원반응
③ 이중치환반응
④ 분해반응

해설

이중치환반응(복분해반응)

• 두 종류의 화합물이 반응할 때 그들의 성분이 교환되어 새로운 두 종류의 화합물이 생기는 반응이다.
• 일반식 : AX + BY → AY + BX
• 대표적으로 침전반응, 산-염기반응이 이에 해당한다.

99 화학물질관리법령에 따라 검사 결과 취급시설의 구조물이 균열·부식 등으로 안전상의 위해가 우려된다고 인정되는 경우 검사 결과를 받은 날로부터 며칠 이내에 특별 안전진단을 받아야 하는가?

① 10일 　　　　② 15일
③ 20일 　　　　④ 30일

해설

화학물질관리법 시행규칙 제24조(안전진단 등)
유해화학물질 취급시설의 설치를 마친 자 또는 유해화학물질 취급시설을 설치·운영하는 자는 검사 결과 유해화학물질 취급시설의 구조물이나 설비가 침하(沈下)·균열·부식(腐蝕) 등으로 안전상의 위해가 우려된다고 인정되는 경우 검사 결과를 받은 날부터 20일 이내에 안전진단을 실시해야 한다.

100 실험실 폐액 처리 시 주의사항으로 틀린 것은?

① 원액 폐기 시 용기 변형이 우려되므로 별도로 희석 처리 후 폐기한다.
② 화기 및 열원에 안전한 지정 보관 장소를 정하고, 다른 장소로의 이동을 금지한다.
③ 직사광선을 피하고 통풍이 잘되는 곳에 보관하고, 복도 및 계단 등에 방치를 금한다.
④ 폐액통을 밀봉할 때에는 폐액을 혼합하여 용기를 가득 채운 후 압축 밀봉한다.

해설

④ 분류한 폐액 외에 다른 폐액의 혼합을 금지하며 기타 이물질의 투입 또한 금지한다. 폐액 수집량은 용기의 2/3를 넘기지 않는다.

제1과목 | 화학분석 과정관리

01 분광광도계에 반드시 포함해야 하는 부분 장치에 해당하지 않는 것은?

① Integrator

② Detecter

③ Readout

④ Monochromator

해설

① 적분기
② 검출기
③ 판독기
④ 단색화장치

분광광도계의 부분 장치

• 안정한 복사에너지 광원
• 시료를 담는 투명한 용기
• 측정을 위해 제한된 스펙트럼 영역을 제공하는 장치(Mono-chromator)
• 복사에너지를 유용한 신호로 변환시키는 복사선 검출기(Detector)
• 변환된 신호를 기록 장치에 나타나도록 하는 신호처리장치 및 판독장치(Readout)

02 0.195M H_2SO_4 용액 15.5L를 만들기 위해 필요한 18.0M H_2SO_4 용액의 부피(mL)는?

① 0.336 　　② 92.3

③ 168 　　④ 226

해설

$M \times V = M' \times V'$

$0.195M \times 15.5L = 18.0M \times V'$

$\therefore \ V' \fallingdotseq 0.168L \fallingdotseq 168mL$

03 다음 화합물의 이름은?

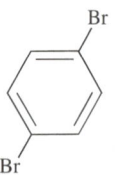

① o-dibromohexane

② p-dibromobenzene

③ m-dibromobenzene

④ p-dibromohexane

해설

② 벤젠고리에 두 개(di)의 −Br(bromo)이 para−형태로 결합한 화합물이다.
③ 벤젠고리에 두 개(di)의 −Br(bromo)이 meta−형태로 결합한 화합물이다.

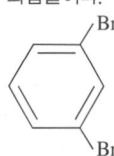

①·④ dibromohexane은 탄소 수가 6개인 사슬모양 탄화수소에 두 개의 −Br(bromo)이 결합한 화합물이다.

04 카보닐(Carbonyl)기를 가지고 있지 않은 것은?

① 알데하이드(Aldehyde)

② 아마이드(Amide)

③ 에스터(Ester)

④ 아민(Amine)

해설

카보닐(Carbonyl)기 :

$$\underset{A}{}\overset{\overset{\displaystyle O}{\parallel}}{C}\underset{B}{}$$

④ 아민 : R–NH₂

$$R-\overset{\overset{\displaystyle H}{|}}{\underset{\underset{\displaystyle H}{|}}{N}}$$

① 알데하이드(Aldehyde) : R–CHO

$$R\overset{\overset{\displaystyle O}{\parallel}}{-C}-H$$

② 아마이드(Amide) : R–CONR′–R″

$$R-\overset{\overset{\displaystyle O}{\parallel}}{C}-\overset{\overset{\displaystyle R''}{|}}{\underset{\underset{\displaystyle R'}{|}}{N}}$$

③ 에스터(Ester) : R–COO–R′

$$R-\overset{\overset{\displaystyle O}{\parallel}}{C}-OR'$$

05 16g 메테인과 16g의 산소가 연소하여 생성된 가스 중 초기공급가스 과잉분의 비율(mol%)은?(단, 공급된 가스는 완전연소하며, 생성된 수분은 응축되지 않았다고 가정한다)

① 13　　② 25

③ 50　　④ 75

해설

$CH_4 + 2O_2 \rightarrow CO_2 + 2H_2O$

• 16g CH_4 = 1mol

• 16g O_2 = 1mol

CH_4와 O_2는 1 : 2의 몰수비로 반응하므로, O_2가 한계 반응물이다. 따라서 CH_4는 1mol 중 0.25mol만 반응에 참여하고, 0.75mol은 과잉 공급분이다.

∴ 초기공급가스 과잉분의 비율(mol%)

$$= \frac{\text{과잉가스의 몰수(mol)}}{\text{초기공급가스의 전체 몰수(mol)}} \times 100$$

$$= \frac{0.75\text{mol}}{1.5\text{mol}} \times 100 = 50\text{mol}\%$$

06 다음 유기화합물의 명칭으로 옳은 것은?

① 3–메틸–4–헵탄올

② 5–메틸–4–헵탄올

③ 3–메틸–4–알코올헵탄

④ 2–메틸–1–프로필부탄올

해설

가장 긴 사슬의 탄소가 7개이며, 3번 탄소에 메틸기(–CH₃)와 4번 탄소에 하이드록시기(–OH)가 결합한 알코올이다.

07 일반적인 분석과정을 가장 잘 나타낸 것은?

① 문제 정의 → 방법 선택 → 대표시료 취하기 →
분석시료 준비 → 측정 수행 → 화학적 분리가
필요한 모든 것을 수행 → 결과의 계산 및 보고

② 문제 정의 → 방법 선택 → 대표시료 취하기 →
분석시료 준비 → 화학적 분리가 필요한 모든
것을 수행→ 측정 수행 → 결과의 계산 및 보고

③ 문제 정의 → 대표시료 취하기 → 방법 선택 →
분석시료 준비 → 화학적 분리가 필요한 모든
것을 수행 → 측정 수행 → 결과의 계산 및 보고

④ 문제 정의 → 대표시료 취하기 → 방법 선택 →
분석시료 준비 → 측정 수행 → 분리가 필요한
모든 것을 수행 → 결과의 계산 및 보고

08 분석용 초자기구에 대한 설명 중 옳은 것은?

> 가. 100mL, TC20℃라고 쓰여 있는 부피플라스크의
> 눈금에 용액을 맞추면 용기에 포함된 용액의 부
> 피가 20℃에서 100mL이다.
> 나. 10mL, TD20℃의 Transfer Pipet에 들어 있는
> 부피는 10mL이다.
> 다. 피펫으로 용액을 비커에 옮길 때, 용액이 피펫
> 끝에 조금이라도 남아 있으면, 오차가 생기므로
> 가급적 모두 비커에 옮기도록 하여야 한다.
> 라. 부피플라스크 및 피펫의 검정은 무게를 달아서
> 한다.

① 가, 다   ② 가, 라
③ 가, 나, 라   ④ 가, 나, 다, 라

> **해설**
> • TC(To Contain) : 해당 온도에서 부피 측정용기에 해당 부피를
> 담을 수 있음을 의미한다.
> • TD(To Deliver) : 해당 온도에서 부피 측정용기를 이용해 해당
> 부피를 옮길 수 있음을 의미한다.
> 나. 10mL Transfer Pipet에 TD20℃이라고 적혀있다면, '20℃에
> 서 10mL를 옮길 수 있음'을 의미한다.
> 다. Transfer Pipet의 경우 마지막 방울은 비커에 옮기지 않는다.

09 크로마토그래피의 이동상에 따른 구분에 속하지
않는 것은?

① 기체 크로마토그래피
② 액체 크로마토그래피
③ 이온 크로마토그래피
④ 초임계 유체 크로마토그래피

> **해설**
> **이동상에 따른 크로마토그래피의 구분**
> • 액체 크로마토그래피(LC ; Liquid Chromatography)
> • 기체 크로마토그래피(GC ; Gas Chromatography)
> • 초임계 유체 크로마토그래피(SFC ; Supercritical Fluid Chro-
> matography)

10 광학기기를 바탕으로 한 분석법의 종류가 아닌 것
은?

① GC   ② IR
③ NMR   ④ XRD

> **해설**
> **GC(Gas Chromatography, 기체 크로마토그래피)** : 기체화된
> 시료 성분들이 칼럼에 부착되어 있는 액체 또는 고체 정지상과
> 기체 이동상 사이에서 분배되는 과정을 거쳐 분리한다.

11 알켄의 친전자성 첨가반응의 한 예이다. 다음과 같은 결과를 설명할 수 있는 이론은?

> 3-Methyl-1-butene
> + HCl
> ─────────────────
> 2-Chloro-3-methylbutane(50%)
> 2-Chloro-2-methylbutane(50%)

① 카이랄 중심 이동(Chiral Center Shift)
② 수소음이온 이동(Hydride Shift)
③ 라디칼 반응(Radical Reaction)
④ 공명(Conjugation)

• Markovnikov 규칙 : 알켄에 HX(여기서, X는 할로젠)를 첨가하는 반응에서 수소(H)는 수소를 더 많이 가지고 있는 이중결합 탄소와 결합한다.
• 1,2-shift : 원자나 원자단이 결합 전자쌍과 함께 원래 붙어있던 원자로부터 근처에 위치한 전자가 부족한 원자로 이동하는 자리옮김이다.

$$CH_3CHCH{=}CH_2 + HCl \rightarrow CH_3CHCHCH_3 + CH_3CCH_2CH_3$$
(구조식: CH₃ 치환, Cl 치환 생성물 50%, 50%)

Markovnikov 규칙에 의해 예측 가능한 생성물은 2-Chloro-3-methylbutane이다.
이웃한 수소음이온이 2차 탄소양이온보다 더 안정한 3차 탄소양이온을 형성하기 위해 (+)쪽으로 이동하는 1,2-shift가 일어나 새로운 위치에 탄소양이온이 생기고, 이 결과 2-Chloro-2-methylbutane이 50% 얻어진다.

$$CH_3CCH-CH_3 + Cl^- \rightarrow CH_3CCH_2CH_3 + Cl^- \rightarrow CH_3CCH_2CH_3$$
(구조식: CH₃ 치환, Cl 치환)

12 $^{37}_{17}Cl$의 양성자, 중성자, 전자의 개수를 옳게 나열한 것은?

① 양성자 : 37, 중성자 : 0, 전자 : 37
② 양성자 : 17, 중성자 : 0, 전자 : 17
③ 양성자 : 17, 중성자 : 20, 전자 : 37
④ 양성자 : 17, 중성자 : 20, 전자 : 17

원소의 표현법 : $^{질량수}_{원자번호}$원소기호
• 양성자수 = 원자번호 = 전자수 = 17
• 중성자수 = 질량수 - 양성자수 = 37 - 17 = 20

13 계통 오차를 검출할 수 있는 방법이 아닌 것은?

① 바탕시험을 한다.
② 조성을 알고 있는 시료를 분석한다.
③ 동일한 조건으로 반복 실험을 한다.
④ 여러 가지 다른 방법으로 동일한 시료를 분석한다.

③ 동일한 조건으로 반복 실험을 하면 같은 결과가 재현될 수 있으므로, 계통 오차를 검출할 수 없다.
계통 오차 검출방법
• 인증표준물질과 같은 조성을 알고 있는 시료를 분석한다.
• 분석할 성분이 들어 있지 않은 바탕시료를 분석한다.
• 같은 양을 측정하기 위하여 여러 가지 다른 방법을 이용한다.
• 같은 시료를 각기 다른 실험실에서 다른 실험자가 같은 방법 또는 다른 방법을 이용하여 분석한다.

14 주족원소의 화학적 성질에 대한 설명이 틀린 것은?

① ⅠA족인 알칼리금속(Alkali Metal)은 비교적 부드러운 금속으로 Li, Na, K, Rb, Cs 등이 포함된다.

② ⅡA족인 알칼리 토금속(Alkaline Earth Metal)에는 Be, Mg, Sr, Ba, Ra 등이 포함된다.

③ ⅥA족인 칼코젠(Chalcogen)에는 O, S, Se, Te 등이 포함되며, 알칼리 토금속(Alkaline Earth Metal)과 2:1 화합물을 만든다.

④ ⅦA족인 할로젠(Halogen)에는 F, Cl, Br, I가 포함되며, 물리적 상태는 서로 상당히 다르다.

해설
③ ⅥA족인 칼코젠에는 O, S, Se, Te 등이 포함되며, 알칼리 토금속과 1:1 화합물(예 CaO, MgO)을 만들고, 알칼리 금속과 2:1 화합물을 만든다.

15 표준 온도와 압력(STP) 상태에서 이산화탄소 11.0g이 차지하는 부피(L)는?

① 5.6   ② 11.2
③ 16.8   ④ 22.4

해설
표준 온도와 압력(STP) 상태 : 0℃, 1기압
$PV = nRT$
$\therefore V = \dfrac{nRT}{P}$

$= \dfrac{11.0g}{44g/mol} \times 0.082atm \cdot L/mol \cdot K \times \dfrac{273K}{1atm}$

$\fallingdotseq 5.6L$

16 시료를 파괴하지 않으며 극미량(< 1ppm)의 물질을 분석할 수 있는 분석법은?

① 열분석
② 전위차법
③ X선형광법
④ 원자형광분광법

해설
③ X선형광법은 비파괴 분석법이나, 감도가 좋지 않아 ppm 이하의 농도는 측정하기 어렵다.

17 Rutherford의 알파입자 산란실험을 통하여 발견한 것은?

① 전 자   ② 전 하
③ 양성자   ④ 원자핵

해설
러더퍼드(Rutherford)의 α 입자 산란실험
• 실험 과정 : 강력한 에너지를 갖는 α 입자를 얇은 금박조각에 충돌시켜 α 입자들이 금박조각을 통과하면서 휘어지는 양을 측정한다.

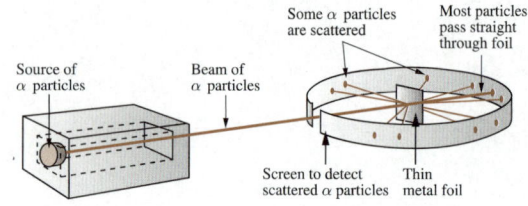

• 실험 결과 : 대부분의 α 입자가 금박을 그대로 투과하므로 원자의 상당부분이 비어 있고, 소수의 α 입자는 산란하므로 원자의 중심부에 양전하를 띤 원자핵이 있다.

18 X선회절법으로 알 수 있는 정보가 아닌 것은?

① 결정성 고체 내의 원자배열과 간격
② 결정성·비결정성 고체화합물의 정성분석
③ 결정성 분말 속의 화합물의 정성·정량분석
④ 단백질 및 비타민과 같은 천연물의 구조 확인

해설
② X선회절법은 결정질 화합물의 정성분석에 이용된다.

19 3.0M $AgNO_3$ 200mL를 0.9M $CuCl_2$ 350mL에 가했을 때 생성되는 염(Salt)의 양(g)은?(단, Ag, Cu, Cl의 원자량은 각각 107, 64, 36g/mol으로 가정한다)

① 8.58   ② 56.4
③ 85.8   ④ 564

해설
$2AgNO_3 + CuCl_2 \rightarrow 2AgCl + Cu(NO_3)_2$
• 3.0M $AgNO_3$ 200mL → Ag^+ : 3.0M × 0.2L = 0.6mol
• 0.9M $CuCl_2$ 350mL → Cl^- : 0.9M × 0.35L × 2 = 0.63mol
따라서, AgCl 0.6mol이 생성된다.
∴ 0.6mol AgCl = 0.6mol × (107 + 36)g/mol = 85.8g

20 전자들이 바닥 상태에 있다고 가정할 때, 질소 원자에 대한 전자배치로 옳은 것은?

① $1s^2 2s^2 3p^3$
② $1s^2 2s^1 2p^1$
③ $1s^2 2s^2 2p^6$
④ $1s^2 2s^2 2p^3$

해설
질소의 원자번호는 7번으로, 바닥 상태의 질소 원자는 전자 7개가 $1s < 2s < 2p$의 순서대로 채워진다.

제2과목 | 화학물질 특성분석

21 자외선 또는 가시선 영역의 스펙트럼으로서 진공 상태에서 잘 분리된 각각의 원자 입자에 빛을 쪼일 때 주로 나타나는 스펙트럼은?

① 띠 스펙트럼
② 선 스펙트럼
③ 연속 스펙트럼
④ 흑체복사 스펙트럼

해설
방출 스펙트럼
• 선 스펙트럼 : 자외선 또는 가시선 영역의 스펙트럼은 기체 상태에서 서로 멀리 떨어져 있는 각각의 원자 입자에서 빛을 방출함으로서 생기는 좁고 선명한 봉우리로 나타난다.
• 띠 스펙트럼 : 작은 분자 또는 라디칼에 의해 생기며 몇몇 선들이 너무 조밀하게 모여 있어 완전히 분리되지 않는 밀집된 선들로 되어 있다.
• 연속 스펙트럼 : 고체를 백열 상태로 가열하였을 때 발생하며, 가열된 고체는 적외선, 가시선 또는 긴 파장의 자외선 영역의 중요한 광원으로 쓰인다.

22 $3H_2(g) + N_2(g) \rightleftharpoons 2NH_3(g)$ 반응에서 압력을 증가시킬 때 평형의 이동으로 옳은 것은?

① 평형이 왼쪽으로 이동
② 평형이 오른쪽으로 이동
③ 평형이 이동하지 않음
④ 평형이 양쪽으로 이동

해설
② 일정 온도에서 압력을 증가시키면 반응은 압력이 감소하는, 즉 기체 몰수가 감소하는 방향으로 진행된다. 따라서 반응은 정반응으로 진행되고, 평형은 오른쪽으로 이동한다.
르샤틀리에의 법칙 : 가역 반응이 평형 상태에 있을 때 농도, 온도, 압력 중 어느 한 조건을 변화시키면 반응은 그 변화를 감소시키려는 방향으로 진행하여 새로운 평형 상태에 도달한다.

23 활동도계수의 변화를 설명한 것으로 틀린 것은?

① 활동도계수는 이온 세기에 의존한다.

② 이온 세기가 증가하면 활동도계수는 감소한다.

③ 이온 크기가 감소하면 활동도계수는 감소한다.

④ 이온 전하가 증가할수록 활동도가 1에 근접한다.

④ 이온의 전하가 증가할수록 활동도계수가 1에 벗어나는 정도가 커진다.

24 산성 용액에 해리되어 물을 생성하는 화합물만을 나열한 것은?

① CO_2, Cl_2O_7, BaO

② SO_3, N_2O_5, Cl_2O_7

③ Na_2O, Cl_2O_7, BaO

④ Al_2O_3, Na_2O, BaO

④ Na_2O(알칼리 금속의 산화물)과 BaO(알칼리 토금속의 산화물)는 염기성 산화물이며, Al_2O_3은 양쪽성 산화물에 해당한다.

25 0.04M Na_3PO_4 용액의 pH는?(단, 인산의 K_a는 4.5×10^{-13}이다)

$$PO_4^{3-} + H_2O \leftrightarrow HPO_4^{2-} + OH^-$$

① 8.43

② 10.32

③ 12.32

④ 13.32

$K_a \cdot K_b = 10^{-14}$

$$K_b = \frac{10^{-14}}{K_a} = \frac{10^{-14}}{4.5 \times 10^{-13}} \fallingdotseq 2.2 \times 10^{-2}$$

$$PO_4^{3-} + H_2O \leftrightarrow HPO_4^{2-} + OH^-$$
$$0.04 - x \qquad\qquad x \qquad x$$

$$K_b = \frac{[HPO_4^{2-}][OH^-]}{[PO_4^{3-}]} = \frac{x^2}{0.04 - x} = 2.2 \times 10^{-2}$$

$$x = \frac{-b \pm \sqrt{b^2 - 4ac}}{2a}$$

$$= \frac{-2.2 \times 10^{-2} + \sqrt{(2.2 \times 10^{-2})^2 + 4 \times 0.04 \times 2.2 \times 10^{-2}}}{2}$$

$$= [OH^-] \fallingdotseq 0.021$$

$$pOH = -\log 0.021 \fallingdotseq 1.68$$

$$\therefore \ pH = 14 - pOH \fallingdotseq 12.32$$

26 0.18M NaCl 용액에 담겨있는 은 전극의 전위(V)는?(단, 기준전극은 표준수소전극(SHE)이고, $Ag^+ + e^- \rightleftarrows Ag(s)$ $E° = 0.799V$, AgCl의 용해도곱상수는 1.8×10^{-8}이다)

① 0.085

② 0.385

③ 0.843

④ 1.21312

• $NaCl \rightarrow Na^+ + Cl^-$
  $\quad\qquad 0.18 \quad 0.18$
• $AgCl \rightarrow Ag^+ + Cl^-$
  $\qquad\qquad x \quad\ x$

$[Cl^-] = 0.18 + x$

$K_{sp} = [Ag^+][Cl^-] = x \times (0.18 + x) = 1.8 \times 10^{-8}$

여기서, $0.18 + x \approx 0.18$이므로

$K_{sp} = [Ag^+][Cl^-] \approx x \times 0.18 = 1.8 \times 10^{-8}$

$x = 1.0 \times 10^{-7}$

$\therefore \ E = E° + \dfrac{0.05916}{n} \log \dfrac{[Ox]}{[Red]}$

$\quad = 0.799 + 0.05916 \log \dfrac{1.0 \times 10^{-7}}{1} \fallingdotseq 0.385$

27 CuI(s)와 Cu^+의 반쪽반응식과 표준환원전위가 다음과 같을 때, 25℃에서 CuI(s)의 용해도곱상수(K_{sp})에 대한 표준환원전위 관계식으로 옳은 것은?

$$CuI(s) + e^- \rightleftarrows Cu(s) + I^- \quad E_1°$$
$$Cu^+ + e^- \rightleftarrows Cu(s) \quad E_2°$$

① $\log K_{sp} = \dfrac{E_2° - E_1°}{0.05916}$

② $\log K_{sp} = \dfrac{E_1° - E_2°}{0.05916}$

③ $\log K_{sp} = 0.05916 \times (E_2° - E_1°)$

④ $\log K_{sp} = 0.05916 \times (E_1° - E_2°)$

해설

$K_{sp} = [Cu^+][I^-]$

$$
\begin{array}{ll}
CuI(s) + e^- \rightleftarrows Cu(s) + I^- & E_1° = \dfrac{0.05916}{1}\log[I^-] \\[2mm]
Cu^+ + e^- \rightleftarrows Cu(s) & E_2° = \dfrac{0.05916}{1}\log\dfrac{1}{[Cu^+]}
\end{array}
$$

(두 번째 식에서 첫 번째 식을 뺀다)

$CuI(s) \rightleftarrows Cu^+ + I^- \qquad E_1° - E_2° = 0.05916\log K_{sp}$

$\therefore \ \log K_{sp} = \dfrac{E_1° - E_2°}{0.05916}$

---

28 흑연로 원자흡수분광기에 관한 설명 중 틀린 것은?

① 열분해 흑연으로 코팅한 흑연관의 전기저항으로 온도를 올린다.

② 탄소로 이루어진 것 때문에 불활성 기체를 사용하나, 회화단계에서는 일시적으로 산소를 사용할 수도 있다.

③ 원자화 단계에서는 온도와 가스의 흐름을 고정시키고 측정한다.

④ 흑연로 튜브는 여러 가지 모양이 있는데, Transverse 형태보다 Longitudinal 형태가 더 고른 온도 분포를 갖는다.

해설

④ Transverse(가로) 형태가 Longitudinal(세로) 형태보다 더 고른 온도 분포를 갖는다.

---

29 전이에 필요한 에너지가 가장 큰 것은?

① 분자 회전

② 결합 전자

③ 내부 전자

④ 자기장 내에서 핵스핀

해설

에너지의 크기 순서 : 내부 전자 > 결합 전자 > 분자 회전 > 자기장 내에서 핵스핀

---

30 원자흡수분광법(AAS)에서 주로 사용되는 연료가스는 천연가스, 수소, 아세틸렌이다. 또한 산화제로서 공기, 산소, 산화이질소가 사용된다. 가장 높은 불꽃온도를 내는 연료가스와 산화제의 조합은?

① 수소-산소
② 천연가스-공기
③ 아세틸렌-산화이질소
④ 아세틸렌-산소

> **해설**
> ④ 천연가스, 수소, 아세틸렌 순으로 온도가 증가하며, 같은 불꽃원료를 사용하더라도 산화제로 산소를 쓸 경우 공기보다 더 높은 온도를 낼 수 있다.

31 Br_2의 표준전극전위는 다음과 같이 상에 따라 다르다. 이와 관련한 설명으로 옳지 않은 것은?

$$Br_2(aq) + 2e^- \rightleftharpoons 2Br^- \quad E° = +1.087V$$
$$Br_2(L) + 2e^- \rightleftharpoons 2Br^- \quad E° = +1.065V$$

① $Br_2(aq)$에 대한 표준전극전위는 가상적인 값이다.
② $Br_2(L)$에 대한 표준전극전위는 포화된 용액에만 적용된다.
③ $Br_2(L)$에 대한 표준전극전위는 불포화된 용액에만 적용된다.
④ 과량의 $Br_2(L)$로 포화되어 있는 0.01M KBr 용액의 전극전위 계산 시 1.065V를 사용해야 한다.

> **해설**
> ③ $Br_2(L)$에 대한 표준전극전위는 포화된 용액에만 적용된다.

32 다음의 이온반응이 염기성 용액에서 일어날 때, 이온반응식이 올바르게 완결된 것은?

$$I^-(aq) + MnO_4^-(aq) \rightarrow I_2(aq) + MnO_2(s)$$

① $6I^- + 4H_2O + 2MnO_4^- \rightarrow 3I_2 + 2MnO_2 + 8OH^-$
② $6I^- + 2MnO_4^- \rightarrow 3I_2 + 2MnO_2 + 2O_2$
③ $4I^- + 2H_2O + 2MnO_4^- \rightarrow 2I_2 + 2MnO_2 + 8H^+$
④ $2I^- + 2H_2O + 2MnO_4^- \rightarrow 3I_2 + 2MnO_2 + 2OH^- + H_2$

> **해설**
> $MnO_4(aq) + 4H_2O + 3e^- \rightarrow MnO_2(s) + 2H_2O + 4OH^-$이므로 여기에 당량을 맞추면 다음과 같다.
> $6I^-(aq) + 4H_2O(l) + 2MnO_4^-(aq) \rightarrow 3I_2(aq) + 2MnO_2(s) + 8OH^-(aq)$

33 산성비의 발생과 가장 관계가 없는 것은?

① $Ca^{2+}(aq) + CO_3{}^{2-}(aq) \rightarrow CaCO_3(s)$
② $S(s) + O_2(g) \rightarrow SO_2(g)$
③ $N_2(g) + O_2(g) \rightarrow 2NO(g)$
④ $SO_3(g) + H_2O(L) \rightarrow H_2SO_4(aq)$

> **해설**
> $CaCO_3$을 이용한 산성화된 토양 중화
> $CaCO_3 + H_2O \rightarrow Ca(OH)_2 + CO_2(g)$

34 0.10M I⁻ 용액 50mL를 0.20M Ag⁺ 용액으로 적정하고자 한다. Ag⁺ 용액 25mL를 첨가하였을 때, I⁻의 농도(mol/L)를 나타내는 식은?(단, K_{sp}는 용해도곱상수를 의미한다)

$$AgI(s) \rightleftarrows Ag^+(aq) + I^-(aq), \ K_{sp} = 8.3 \times 10^{-17}$$

① $\sqrt{8.3 \times 10^{-17}}$

② $\dfrac{0.10 \times 0.05}{50.00 + 25.00}$

③ $\dfrac{\sqrt{8.3 \times 10^{-17}}}{50.00 + 25.00}$

④ $\dfrac{\sqrt{0.10 \times 8.3 \times 10^{-17}}}{50.00 + 25.00}$

[해설]

	I⁻(aq)	+	Ag⁺(aq)	→	AgI(s)
반응 전 몰수	0.1 × 50		0.2 × 25		
반응 몰수	−x		−x		+x
반응 후 몰수	5−x		5−x		+x

즉, $[Ag^+] = [I^-] = \dfrac{(5-x)\text{mmol}}{75\,\text{mL}}$

$K_{sp} = [Ag^+][I^-] = [I^-]^2 = 8.3 \times 10^{-17}$

∴ $[I^-] = \sqrt{8.3 \times 10^{-17}}$

35 어떤 산–염기 적정곡선이 다음과 같을 때, 적정물질을 가장 적절하게 설명한 것은?

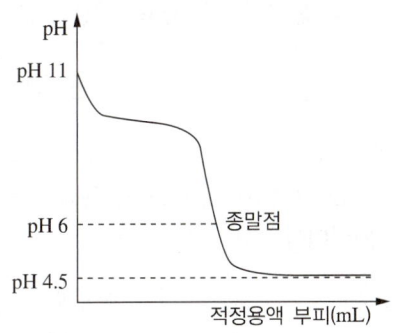

① 약산을 강염기로 적정
② 약염기를 강산으로 적정
③ 약염기를 약산으로 적정
④ 약산을 약염기로 적정

[해설]
② pH 11에서 시작하여 종말점이 pH 6인 약산이므로, 약염기를 강산으로 적정한 경우이다.

36 EDTA를 이용한 착물형성적정법에 대한 설명 중 틀린 것은?

① 여러 자리 리간드(Multidentate Ligand)인 EDTA는 적정 분석에서 많이 사용되는 시약이다.
② 금속과 리간드의 반응에 대한 평형상수를 형성상수(Formation Constant)라 한다.
③ EDTA는 H_6Y^{2+}로 표시되는 사양성자계이다.
④ EDTA는 대부분의 금속이온과 전하와는 무관하게 1 : 1 비율로 착물을 형성한다.

[해설]
③ EDTA는 H_6Y^{2+}로 표시되는 육양성자계이다.

37 NaF와 $NaClO_4$이 0.050M 녹아 있는 두 수용액에서 플루오린화칼슘(CaF_2)을 포화용액으로 만들었다. 각 용액에 녹은 칼슘이온(Ca^{2+})의 몰농도의 비율 $\left(\dfrac{[Ca^{2+}]_{NaClO_4}}{[Ca^{2+}]_{NaF}}\right)$는?(단, 용액의 이온 세기가 0.050M일 때, Ca^{2+}와 F^-의 활동도계수는 각 0.485, 0.81이고, CaF_2의 용해도곱상수는 3.9×10^{-11}이다)

① 28 ② 123

③ 1,568 ④ 6,383

• NaF 수용액

$NaF \rightarrow Na^+ + F^-$
    0.050 0.050

$CaF_2 \rightarrow Ca^{2+} + 2F^-$
      x $2x$

$[F^-] = 0.05 + 2x$

$K_{sp} = [Ca^{2+}][F^-]^2 = 0.485x \times \{0.81 \times (0.05 + 2x)\}^2$
$= 3.9 \times 10^{-11}$

여기서, $0.05 + 2x \approx 0.05$이므로

$K_{sp} = 0.485x \times (0.81 \times 0.05)^2 = 3.9 \times 10^{-11}$

$x = [Ca^{2+}]_{NaF} \fallingdotseq 4.9 \times 10^{-8}$

• $NaClO_4$ 수용액

$NaClO_4 \rightarrow Na^+ + ClO_4^-$
       0.050   0.050

$CaF_2 \rightarrow Ca^{2+} + 2F^-$
        y $2y$

$K_{sp} = [Ca^{2+}][F^-]^2 = 0.485y \times (0.81 \times 2y)^2 = 3.9 \times 10^{-11}$

$y = [Ca^{2+}]_{NaClO_4} \fallingdotseq 3.13 \times 10^{-4}$

∴ 몰농도의 비율 $\dfrac{[Ca^{2+}]_{NaClO_4}}{[Ca^{2+}]_{NaF}} = \dfrac{3.13 \times 10^{-4}}{4.9 \times 10^{-8}} \fallingdotseq 6,387.8$

38 용해도에 대한 설명 중 틀린 것은?

① 일정 압력하에서 물속에서 기체의 용해도는 온도가 증가함에 따라 증가한다.

② 액체 속 기체의 용해도는 기체의 부분압력에 비례한다.

③ 탄산음료를 차갑게 해서 마시는 것은 기체의 용해도를 증가시키기 위함이다.

④ 잠수부들이 잠수할 경우 받는 압력의 증가로 인해 혈액 속의 공기의 양은 증가한다.

① 일정 압력하에서 물속에서 기체의 용해도는 온도가 증가함에 따라 감소한다.

39 완충용액에 대한 설명으로 틀린 것은?

① 완충용액의 pH는 이온세기와 온도에 의존하지 않는다.

② 완충용량이 클수록 pH 변화에 대한 용액의 저항은 커진다.

③ 완충용액은 약염기와 그 짝산으로 만들 수 있다.

④ 완충용량은 산과 그 짝염기의 비가 같을 때 가장 크다.

① 활동도계수가 이온세기에 따라 달라지므로, 완충용액의 pH도 이온세기에 따라 달라진다. 또한 온도에 따라서도 pH값이 현저히 달라진다.

40 납축전지의 전체 반응식이 다음과 같을 때, 완결된 반응식의 $PbSO_4(s)$ 계수(γ)는?

> $Pb(s) + PbO_2(s) + \alpha H^+ + \beta SO_4^{2-} \rightarrow \gamma PbSO_4(s) + 2H_2O$

① 1　　　　　　② 2
③ 3　　　　　　④ 4

해설
계수를 맞춰 완성시킨 반응식은 다음과 같다.
$Pb(s) + PbO_2(s) + 4H^+(aq) + 2SO_4^{2-}(aq) \rightarrow 2PbSO_4(s) + 2H_2O$

42 시차열분석법(DTA ; Differential Thermal Analysis)에 대한 설명으로 틀린 것은?

① DTA는 시료와 기준물을 가열하면서 이 두 물질의 온도 차이를 온도함수로 측정하는 방법이다.
② 시차열분석도(DTA Thermogram)에서 봉우리 면적은 물리·화학적 엔탈피 변화에만 관계된다.
③ DTA로 중합체를 분석할 때, 유리 전이온도의 기준선 변화는 상평형에 따른 열용량의 변화에 기인된 것이다.
④ 중합체의 결정형성은 발열과정으로서 시차열분석도(DTA Thermogram)에서 최대 봉우리로 나타난다.

해설
② DTA 봉우리는 시료의 온도를 변화시킴으로써 일어나는 화학반응과 물리적 변화로부터 생긴 것이다.

제3과목 | 화학물질 구조분석

41 크기별 배제(Size Exclusion) 크로마토그래피에 대한 설명으로 틀린 것은?

① 분리시간이 비교적 짧고 시료 손실이 없다.
② 이성질체와 같이 비슷한 크기의 시료 분리에 적합하다.
③ 거대 중합체나 천연물의 분자량 또는 분자량 분포를 측정할 수 있다.
④ 분석물과 정지상(Stationary Phase) 사이에 화학적, 물리적 상호작용이 일어나지 않는다.

해설
② 이성질체, 동족체의 분리에 주로 사용되는 것은 흡착 크로마토그래피이다.

43 질량분석기 중 나노초의 레이저 펄스를 이용해 고분자량의 바이오시료 측정에 가장 유용한 것은?

① 사중극자(Quadrupole) 질량분석기
② Sector 질량분석기
③ TOF(Time Of Flight) 질량분석기
④ Orbitrap 질량분석기

44 HCl을 NaOH로 적정 시 Conductance의 변화를 바르게 나타낸 것은?

①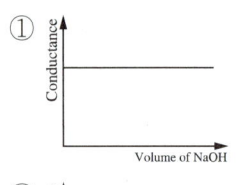

②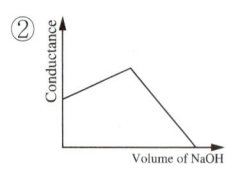

③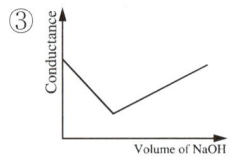

④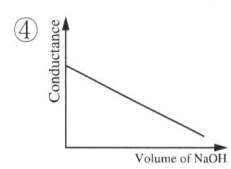

> **해설**
> HCl(aq) + NaOH(aq) → H₂O(l) + NaCl(aq)
> 적정이 진행될수록 H₂O 생성으로 인해 이온 농도가 감소하여 전기 전도도(Conductance)는 감소한다. 당량점 이후로는 NaOH 양이 증가할수록 전기전도도도 증가한다.

45 액체 크로마토그래피에서 사용되는 전치 칼럼(Pre-column)에 대한 설명으로 틀린 것은?

① 청소부 칼럼(Scavenger Column)은 분석 칼럼의 정지상의 손실을 최소화하기 위해 사용한다.

② 보호 칼럼(Guard Column)의 충전물 조성은 분석 칼럼의 조성과 동일한 정지상으로 충전된 것이 좋다.

③ 청소부 칼럼(Scavenger Column)은 이동상에 분석 칼럼의 충진물이 사전에 포화되지 않도록 조절하는 역할을 한다.

④ 보호 칼럼(Guard Column)은 보호 칼럼의 정지상에 강하게 잔류되는 화합물 및 입자성 물질과 같은 불순물로부터의 오염을 방지하는 역할을 한다.

46 열무게분석(TGA ; ThermoGravimetric Analysis) 기기의 일반적인 구성이 아닌 것은?

① 열저울　　　　　② 전기로

③ 열전기쌍　　　　④ 기체 주입장치

> **해설**
> **열무게분석(TGA)기기장치의 구성**
> • 열저울 : 1mg 이하부터 100g까지의 질량 범위를 갖는 시료에 대한 정량적인 정보를 제공해 주며, 일반적인 형태는 1mg에서 100mg까지의 범위를 가진 것이다.
> • 전기로 : TGA에서 사용되는 전기로의 온도 범위는 실온부터 1,000℃ 정도까지이다.
> • 시료 잡이 : 백금, 알루미늄 또는 알루미나로 만들어지며, 시료 접시의 부피는 400~500μL 이상까지이다.
> • 비활성 환경기체를 넣어 주기 위한 기체 주입장치
> • 기기장치를 조절하고, 데이터를 얻고 처리해 주기 위한 컴퓨터

47 기체 또는 액체 크로마토그래피에 응용되는 직접적인 물리적 현상으로 가장 거리가 먼 것은?

① 흡 착　　　　　② 극 성

③ 분 배　　　　　④ 승 화

> **해설**
> **크로마토그래피** : 이동상의 혼합물 유체를 정지상의 칼럼을 따라 이동시켜 혼합물의 여러 성분들이 각각 다른 속도로 이동하며 분리가 일어나는 현상을 이용하는 방법이다.

48 CH₃CH₂CH₂Cl을 ¹H Nuclear Magnetic Resonance ; NMR로 분석하였다. 가운데 탄소인 메틸렌에 있는 수소의 다중선의 수는?

① 3　　　　　　　② 5

③ 6　　　　　　　④ 12

> **해설**
> 오른쪽 H가 3개이므로 4중으로 갈라지고, 왼쪽 H가 2개이므로 한 번 더 3중으로 갈라져 12개의 봉우리로 나뉘게 된다.
> $(n+1) \times (m+1) = (3+1) \times (2+1) = 12$

49 열무게분석법(TGA ; ThermoGravimetric Analysis)을 이용하여 시료 $CaC_2O_4 \cdot H_2O$를 분석할 때, 서모그램상 두 번째로 높은 온도(420~660℃)에서 나타나는 수평영역에 해당하는 화합물은?(단, 분석조건은 비활성 기체 속에서 5℃/min 상승시키면서 980℃까지 온도를 올렸다 가정한다)

① $CaC_2O_4 \cdot H_2O$ ② $CaCO_3$
③ CaO ④ CaC_2O_4

해설
$CaC_2O_4 \cdot H_2O$의 열무게분석 서모그램

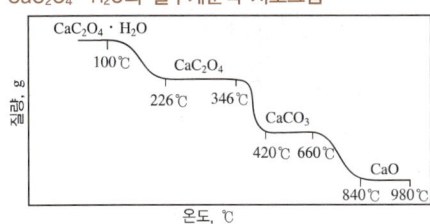

질량 변화가 없는 수평 영역은 칼슘화합물이 안정하게 존재하는 영역이다. TGA를 사용하여 순수한 화학종을 만드는 데 필요한 열적 조건을 알 수 있다.

50 시료물질과 기준물질을 조절된 온도프로그램으로 가열하면서 이 두 물질에 흘러 들어간 에너지 차이를 시료온도의 함수로 측정하는 열량분석법은?

① 시차주사열량법(DSC ; Differential Scanning Calorimetry)
② 열무게분석법(TGA ; ThermoGravimetric Analysis)
③ 시차열분석법(DTA ; Differential Thermal Analysis)
④ 직접주사엔탈피법(DIE ; Direct-Injection Enthalpimetry)

해설
① 시차주사열량법(DSC) : 시료물질과 기준물질 사이의 열흐름 차이를 측정하는 방법으로, 측정 속도가 빠르고 쉽게 사용이 가능하다.

51 유리전극을 사용하여 용액의 pH를 측정할 때 오차에 영향을 미치지 않는 것은?

① 접촉전위 오차
② 나트륨(Na^+) 오차
③ 평형시간 오차
④ 습도 오차

해설
유리전극으로 pH를 측정할 때 영향을 주는 오차
• 알칼리 오차 : 유리전극은 염기성 용액에서 수소이온의 농도뿐 아니라 알칼리 금속이온의 농도에도 감응한다.
• 산 오차 : pH가 0.5보다 작은 용액에서 알칼리 오차의 부호와는 반대인 오차를 나타낸다.
• 탈수 : 전극이 탈수되면 불안정한 기능을 하고 오차를 일으킨다.
• 낮은 이온세기
• 접촉전위의 변화
• 표준완충용액의 pH 오차
• 온도 변화에 따른 오차

52 분자질량분석법에서 분자량이 83인 $C_6H_{11}^+$의 분자량 M에 대한 M+1 봉우리 높이 비는?(단, 가장 많은 동위원소에 대한 상대 존재 백분율은 ^2H : 0.015, ^{13}C : 1.08이다)

① (M+1)/M = 6.65%
② (M+1)/M = 5.55%
③ (M+1)/M = 4.09%
④ (M+1)/M = 3.36%

해설
$(M+1)/M = (6 \times 1.08) + (11 \times 0.015) = 6.645\%$

53 비극성 유기시료를 HPLC를 이용하여 분리·분석 시 정지상에 비극성 물질을, 이동상에 극성 물질을 사용하는 크로마토그래피의 명칭은?

① 정상 크로마토그래피
② 역상 크로마토그래피
③ 결합상 크로마토그래피
④ 기울기 용리 크로마토그래피

해설

역상 크로마토그래피

• 비극성 칼럼(정지상)에 극성 이동상을 사용하는 방법이다.
• 극성 물질이 가장 먼저 용리되어 나오며, 시료의 비극성을 증가시켰을 때 머무름 시간이 길어진다.

54 25℃, 1기압에서 Ca^{2+} 이온의 농도가 10배 변할 때 Ca^{2+} 이온선택성 전극의 전위는?

① 2배 증가한다.
② 10배 증가한다.
③ 약 30mV 변화한다.
④ 약 60mV 변화한다.

해설

Nernst식

$$E = E° + \frac{0.05916}{n} \log\frac{[Ox]}{[Red]}$$

$$E_1 = E° + \frac{0.05916}{2} \log\frac{[Ca^{2+}]}{1}$$

Ca^{2+} 이온의 농도가 10배 변하면, $[Ca^{2+}]_2 = 10[Ca^{2+}]$

$$E_2 = E° + \frac{0.05916}{2} \log\frac{[Ca^{2+}]_2}{1}$$

$$= E° + \frac{0.05916}{2} \log\frac{10[Ca^{2+}]}{1}$$

$$= E° + \frac{0.05916}{2} \log\frac{[Ca^{2+}]}{1} + \frac{0.05916}{2} \log 10$$

$$= E_1 + 0.02958V$$

따라서, 약 30mV 변화한다.

55 $Ag_2SO_3 + 2e^- \rightleftarrows 2Ag + SO_3^{2-}$ 반쪽반응의 표준환원전위에 가장 가까운 값(V)은?(단, Ag_2SO_3의 용해도곱상수는 1.5×10^{-14}이고, 은 이온이 은 금속으로 환원되는 표준환원전위는 +0.799V이다)

① -0.019   ② +0.39
③ +0.80   ④ +1.21

해설

• $Ag_2SO_3 + 2e^- \rightleftarrows 2Ag + SO_3^{2-}$, $E° = x$
• $Ag^+ + e^- \rightleftarrows Ag$, $E° = +0.799V$

$E° = (x - 0.799)V$

$$E = E° + \frac{0.05916}{n} \log\frac{[Ox]}{[Red]}$$

평형상태에서 $E = 0$이므로

$$0 = E° + \frac{0.05916}{2} \log\frac{1}{K_{sp}}$$

$$0 = (x - 0.799) + \frac{0.05916}{2} \log\frac{1}{(1.5 \times 10^{-14})}$$

$$\therefore x = 0.799 + \frac{0.05916}{2} \log(1.5 \times 10^{-14}) \approx 0.39V$$

56 다음 중 시료의 분자량 측정에 가장 적합하지 않은 이온화 방법은?

① 빠른원자충격법(FAB ; Fast Atom Bombardment)
② 전자충격이온화법(EI ; Electron Impact Ionization)
③ 장탈착법(FD ; Field Desorption)
④ 장이온법(FI ; Field Ionization)

해설

② 전자충격이온화법(EI)은 토막내기 과정으로 어미-이온 봉우리가 없어져 분자량을 알 수 없다.

57 IR Spectroscopy의 적외선 변환기로 사용되지 않는 것은?

① 광전도 변환기
② 파이로 전기 변환기
③ 열 변환기
④ 광촉매 변환기

적외선흡수분광법의 적외선 검출기
• 열 변환기
• 열전기쌍
• 볼로미터
• 파이로 전기 변환기
• 광전도 변환기

58 100MHz로 작동되는 ^{1}H Nuclear Magnetic Resonance ; NMR에서 TMS로부터 130Hz 떨어져서 공명하는 신호의 화학적 이동값(ppm)은?

① 0.77   ② 1.3
③ 7.7   ④ 13.0

$$화학적\ 이동(ppm) = \frac{화학적\ 이동(Hz)}{자기장(MHz)}$$
$$= \frac{130\,Hz}{100\,MHz} = 1.3ppm$$

59 질량 스펙트럼의 세기는 이온화된 입자의 상대적 분포를 의미한다. 분포도가 가장 복잡하게 얻어지는 이온화 방법은?

① 전자이온화법(EI ; Electron Ionization)
② 장이온화법(FI ; Field Ionization)
③ 장탈착법(FD ; Field Desorption)
④ 화학이온화법(CI ; Chemical Ionization)

① 전자충격이온화법(EI)의 경우 토막내기 과정이 잘 일어나 많은 봉우리가 생겨 분포도가 복잡하게 얻어진다.

60 핵자기공명분광법에 대한 설명 중 옳지 않은 것은?

① 화학적 이동은 핵 주위를 돌고 있는 전자들에 의해서 생성되는 작은 자기장에 의해 일어난다.
② 스핀–스핀 갈라짐의 근원의 한 핵의 자기 모멘트가 바로 인접한 핵의 자기 모멘트와 상호작용하기 때문이다.
③ 사용하는 내부표준물은 연구대상 핵과 용매 시스템과 상관없이 일정하며, 주로 사용하는 화합물은 사메틸실란(TMS ; Tetramethyl Silane)이다.
④ NMR 스펙트럼의 가로축 눈금은 실험하는 동안 측정할 수 있는 내부표준물의 공명 봉우리에 대해 공명흡수 봉우리들의 상대적 위치로 나타내는 것이 편리하다.

③ 사용하는 내부표준물은 연구대상 핵과 용매 시스템에 의존한다. 가장 일반적으로 사용하는 화합물은 사메틸실레인(TMS), $(CH_3)_4Si$이다.

61 액체 크로마토그래피에서 정찰용(Scoutin) 기울기 용리를 시행하여 얻은 결과의 해석으로 틀린 것은?(단, Δt는 크로마토그램의 첫 번째 봉우리와 마지막 봉우리의 머무름시간의 차이이며, tG는 기울기 시간이다)

① $\Delta t/tG$ < 0.25이면, 등용매 용리를 사용한다.

② $\Delta t/tG$ < 0.40이면, 기울기 용리를 사용한다.

③ 0.25 < $\Delta t/tG$ < 0.40이면, 등용매 용리와 기울기 용리 둘 다 사용할 수 있으며, 장비의 가용성(Availability)과 시료의 복잡성에 따라 둘 중 하나를 선택한다.

④ 0.25 < $\Delta t/tG$ < 0.40이면, 정찰용 기울기 용리에서 tG의 0.4배 시점에서 해당하는 조성의 이동상을 사용하여 등용매 용리로 분리한다.

62 불꽃 이온화 검출기의 Base를 교체할 때 기기의 커버를 제거한 후에서 검출기 몸체를 제거하기 이전까지의 조작에서 제일 나중에 이루어지는 조작은?

① Insulator 제거

② Thermal Strap 제거

③ Collector Assembly 분리

④ 검출기 점화장치의 제거

해설

기기의 커버 제거 후 검출기 몸체를 제거하기 이전까지의 조작 순서 : ④-③-②-①

불꽃 이온화 검출기의 Base 교체 순서

• 기기 오른쪽 커버를 제거한다.

• Board 고정 나사를 제거한 후, 보드가 장착된 방향의 뒤로 밀어 빼낸다.

• 점화장치를 분리한다.

• Collector Assembly를 분리한다.

• Thermal Strap을 제거한다.

• Insulator를 제거한다.

• 가스 공급 튜브를 분리한다.

• 검출기 몸체를 분리한다.

• Heater/센서 카트리지를 분리한다.

• 수소와 공기 튜브를 분리한다.

• 새로운 불꽃 이온화 검출기 몸체에 Heater/센서를 장착한다.

• Insulator를 삽입한다.

• 수소와 공기 튜브를 연결한다.

• 불꽃 이온화 검출기의 분해된 부분을 역순으로 재장착한다.

• Board를 밀어 넣고 기기에 전원을 연결하여 스위치를 작동시킨다.

• 검출기 출구에 깨끗하고 작은 Driver를 넣어 쇼트(시그널 1,000,000)가 발생하는지 확인한다.

• 기기의 전원을 끈 후 점화장치를 연결하고, 커버를 고정시킨다.

63 실험실 내 정밀성 평가의 대표적인 변동요인이 아닌 것은?

① 시 약
② 시험일
③ 시험자
④ 시험장비

실험실 내 정밀성(Intermediate Precision)의 대표적인 변동요인
• 시험일
• 시험자
• 시험장비

64 빈 바이알의 질량이 76.99±0.03g이고 약 10g의 탄산칼슘을 넣고 잰 바이알의 질량이 87.36±0.03g이였을 때, 바이알에 담긴 탄산칼슘의 질량(g)은?

① 10.37±0.04
② 10.37±0.042
③ 10.370±0.04
④ 10.370±0.042

$87.36(\pm 0.03) - 76.99(\pm 0.03) = 10.37(\pm e)$

$e = \sqrt{e_1{}^2 + e_2{}^2} = \sqrt{(0.03)^2 + (0.03)^2} \fallingdotseq 0.0424$

유효숫자 자릿수를 맞추면 $e = 0.04$이다.

∴ 10.37 ± 0.04

※ 덧셈과 뺄셈의 불확정도 : $e = \sqrt{e_1{}^2 + e_2{}^2}$

65 실험결과의 의심스러운 측정값을 버릴 것인지 보유할 것인지를 판단하는 데 간단하며 널리 사용되고 있는 통계학적 시험법은?

① t-시험법
② Q-시험법
③ F-시험법
④ ANOVA-시험법

Q-시험법
• 의심스러운 실험결과를 버릴 것인지 보유할 것인지 판단하는 방법이다.
• $Q_{계산} = \dfrac{간격}{범위}$
  − 범위(Range) : 데이터의 전체 분산
  − 간격(Gap) : 의심스러운 실험결과와 가장 가까운 실험결과의 차이
• $Q_{계산} > Q_{표}$이면, 의심스러운 실험결과는 버린다.

66 분석방법의 유효성 평가에서 정확도를 높이기 위한 방법으로 모두 고른 것은?

A : 분석시료와 비슷하거나 같은 Matrix 인증기준물질을 사용한다.
B : 두 개 이상의 분석방법으로 결과를 비교한다.
C : 준비된 시료에 대하여 측정횟수를 늘려 분석한다.
D : 아는 농도가 첨가된 Blank 시료를 분석한다.
E : 같은 Matrix와 Blank 시료를 구할 수 없을 때는 표준물첨가법을 사용한다.

① A, B, C, D, E
② A, B, C, D
③ A, B, D, E
④ A, B, E

C는 정밀도를 높이기 위한 방법에 해당한다.
정확도 : 측정값이 일반적인 참값(True Value) 또는 표준값에 근접한 정도이다.

67 분석장비의 시험장비 밸리데이션 결과 문서에 포함되지 않는 밸리데이션 항목은?

① DQ(Design Qualification)

② CQ(Calibration Qualification)

③ OQ(Operational Qualification)

④ PQ(Performance Qualification)

해설
시험장비 밸리데이션 범위
• 설계 적격성 평가(DQ ; Design Qualification)
• 설치 적격성 평가(IQ ; Installation Qualification)
• 운전 적격성 평가(OQ ; Operational Qualification)
• 성능 적격성 평가(PQ ; Performance Qualification)
• 시험·교정(TC ; Test & Calibration)

68 정량한계를 산출하는 데 적당한 신호 대 잡음비는?

① 2 : 1 ② 3 : 1

③ 5 : 1 ④ 10 : 1

해설
④ 일반적으로 정량한계를 산출하는 신호 대 잡음비는 10 : 10이다.
①·② 일반적으로 3~2 : 1의 신호 대 잡음비가 산출되는 분석대상물질의 최저 농도를 검출한계로 한다.

69 전처리 과정의 정밀성 중 반복성은 시험농도의 100%에 상당하는 농도에서 검체의 열적인 분해가 없는 한, 단시간 간격에 걸쳐 분석법의 전 조작을 반복 측정하여 상대표준편차값이 1.0% 이내로 할 때 최소 반복측정 횟수는?

① 1 ② 2

③ 3 ④ 6

해설
반복성의 평가방법
• 평가방법 1 : 규정된 범위를 포함한 농도에 대해 시험방법의 전체 조작을 적어도 9회 반복하여 측정한다.
• 평가방법 2 : 시험농도의 100%에 해당하는 농도로 시험방법의 전체 조작을 적어도 6회 반복 측정한다.

70 밸리데이션 항목에 대한 설명 중 틀린 것은?

① 정확성 : 측정값이 일반적인 참값 또는 표준값에 근접한 정도

② 정밀성 : 균일한 검체로부터 여러 번 채취하여 얻은 시료를 정해진 조건에 따라 측정하였을 때 각각의 측정값들 사이의 분산 정도

③ 완건성 : 시험방법 중 일부 매개변수가 의도적으로 변경되었을 때 측정값이 영향을 받지 않는지에 대한 척도

④ 검출한계 : 검체 중 존재하는 분석대상물질의 함유량으로 정확한 값으로 정량되는 검출 가능 최소량

해설
검출한계(Detection Limit)
• 검체 중에 존재하는 분석대상물질의 검출 가능한 최소량이다.
• 반드시 정량 가능할 필요는 없다.

67 ② 68 ④ 69 ④ 70 ④ **정답**

71 분석시험의 정밀성을 평가하기 위해 다음과 같은 HPLC 측정값으로 회수율을 계산했을 때 회수율에 대한 상대표준편차(%RSD)는?

검채 채취량(mg)	측정값(Peak Area)	회수율(%)
20.0	9,284	99.6
20.0	9,293	99.7
20.0	9,255	99.3
20.0	9,284	99.6
20.0	9,269	99.5
20.0	9,251	99.3

① 0.166 ② 0.167
③ 0.168 ④ 0.169

해설

공학용 계산기 사용법 : 평균과 표준편차 계산
㉠ MODE 누르고 숫자 1 을 눌러 통계모드(STAT)로 전환한다.
㉡ 평균과 표준편차를 구하기 위해 숫자 0 을 입력한다(SD).
㉢ 주어진 데이터를 입력하고 M+ 를 누른다(6번 반복).
㉣ RCL 버튼을 누르고 숫자 4 를 입력하여 평균을 확인한다.
㉤ RCL 버튼을 누르고 숫자 5 를 입력하여 표준편차를 확인한다.
• 평균 $\overline{x} = 0.995$
• 표준편차 $s ≒ 0.00167$

∴ 상대표준편차 $\%RSD = \dfrac{s}{x} \times 100 = \dfrac{0.00167}{0.995} \times 100 ≒ 0.168$

※ SHARP EL-509 모델 기준

72 의약품 제조에서 시험법 재밸리데이션이 필요한 경우가 아닌 것은?

① 시험방법이 변경된 경우
② 주성분의 함량이 변경된 경우
③ 원료의약품의 합성방법이 변경된 경우
④ 원개발사의 밸리데이션 자료를 확보한 경우

해설

재밸리데이션(Revalidation) : 공정의 변경 또는 제조작업환경의 변화가 있는 경우에 공정의 성질과 제품의 품질에 나쁜 영향을 미치지 않는다는 것을 확인하기 위하여 실시한다.
재밸리데이션이 필요한 경우
• 원료의약품의 합성방법 변경
• 완제의약품의 조성 변경(주성분의 함량 변경)
• 시험방법의 과정 변경

73 다음 측정값의 변동계수는?

1, 3, 5, 7, 9

① 183% ② 133%
③ 63% ④ 13%

해설

공학용 계산기 사용법 : 평균과 표준편차 계산
㉠ MODE 누르고 숫자 1 을 눌러 통계모드(STAT)로 전환한다.
㉡ 평균과 표준편차를 구하기 위해 숫자 0 을 입력한다(SD).
㉢ 주어진 데이터를 입력하고 M+ 를 누른다(5번 반복).
㉣ RCL 버튼을 누르고 숫자 4 를 입력하여 평균을 확인한다.
㉤ RCL 버튼을 누르고 숫자 5 를 입력하여 표준편차를 확인한다.
• 평균 $\overline{x} = 5$
• 표준편차 $s ≒ 3.16$
변동계수(CV ; Coefficient of Variancer) : 백분율로 나타낸 상대표준편차이다.

∴ 변동계수 $CV = \dfrac{s}{x} \times 100 = \dfrac{3.16}{5} \times 100 ≒ 63.2\%$

※ SHARP EL-509 모델 기준

74 세 곳의 분석기관에서 측정된 농도가 다음과 같을 때, 가장 정밀도가 높은 기관은?

> A 기관 (40.0, 29.2, 18.6, 29.3) mg/L
> B 기관 (19.9, 24.1, 22.1, 19.8) mg/L
> C 기관 (37.0, 33.4, 36.1, 40.2) mg/L

① 모두 같다.

② A 기관

③ B 기관

④ C 기관

해설

실험실 간 정밀도는 상대표준편차를 이용하여 평가한다.

상대표준편차 : $\%RSD = \dfrac{s}{\overline{x}} \times 100$

여기서, $\overline{x}$: 평균, s : 표준편차

- A 기관 : $\overline{x} \fallingdotseq 29.3$, $s \fallingdotseq 8.74$, $\%RSD = \dfrac{8.74}{29.3} \times 100 \fallingdotseq 29.8\%$

- B 기관 : $\overline{x} \fallingdotseq 21.5$, $s \fallingdotseq 2.05$, $\%RSD = \dfrac{2.05}{21.5} \times 100 \fallingdotseq 9.53\%$

- C 기관 : $\overline{x} \fallingdotseq 36.7$, $s \fallingdotseq 2.80$, $\%RSD = \dfrac{2.80}{36.7} \times 100 \fallingdotseq 7.63\%$

따라서, 상대표준편차 값이 가장 작은 C 기관의 정밀도가 가장 높다.

75 불확정도 전파와 유효숫자를 고려하였을 때, 4.6(±0.05) × 2.11(±0.03) 계산 결과는?

① 9.7(±0.2)

② 9.71(±0.2)

③ 9.7(±0.06)

④ 9.706(±0.06)

해설

$4.6(\pm 0.05) \times 2.11(\pm 0.03) = 9.7(\pm e)$ ($\because$ 유효숫자 2개)

$(\%e) = \sqrt{\left(\dfrac{0.05}{4.6}\right)^2 + \left(\dfrac{0.03}{2.11}\right)^2} \fallingdotseq 0.0179$

$\%e = \dfrac{e}{9.7} \fallingdotseq 0.0179$

$e \fallingdotseq 0.17$

$\therefore$ 불확정도의 유효숫자 개수는 1개이므로, 계산 결과는 9.7(±0.2)이다.

곱셈과 나눗셈의 불확정도 전파
- 모든 불확정도를 상대 불확정도의 백분율로 변환시켜 이용한다.
- $\%e = \sqrt{(\%e_1)^2 + (\%e_2)^2}$

상대 불확정도
- 절대 불확정도를 관련된 측정의 크기와 비교하여 나타낸 것이다.
- 상대 불확정도 = $\dfrac{\text{절대 불확정도}}{\text{측정의 크기}}$

곱셈과 나눗셈의 유효숫자
- 유효숫자 개수에 의한 제한
- 유효숫자 개수가 가장 적은 측정값과 유효숫자가 같도록 한다.

76 분석장비의 소모품으로 탐침(Probe)이 필요한 장비는?

① NMR

② AA

③ EM

④ XPS

77 밸리데이션에서 사용하는 각 용어에 대한 설명으로 틀린 것은?

① 시험방법 밸리데이션 : 의약품 등 화학제품의 품질관리를 위한 시험방법의 타당성을 미리 확인하는 과정

② 확인시험 : 검체 중 분석대상물질을 확인하는 시험으로 물리화학적 특성을 표준품의 특성과 비교하는 방법을 일반적으로 사용

③ 역가시험 : 검체 중에 존재하는 분석대상물질의 역가를 정확하게 측정하는 것으로 주로 정성분석을 사용

④ 순도시험 : 검체 중 불순물의 존재 정도를 정확하게 측정하는 시험으로 한도시험이 있음

해설

역가시험

• 검체 중에 존재하는 분석대상물질의 역가를 정확하게 측정하는 시험이다.

• 원료 또는 제제 중의 주요성분이나 특성성분의 함량을 측정하는 정량분석을 사용한다.

78 정밀저울로 시료의 무게를 측정한 결과가 0.00570g일 때, 측정값의 유효숫자 자릿수는?

① 2자리　　　　② 3자리
③ 4자리　　　　④ 5자리

해설

0.00570g → 유효숫자 3자리

유효숫자

• 0이 아닌 정수는 항상 유효숫자이다.

• 소수자리 앞에 있는 숫자 0은 유효숫자에 포함되지 않는다.

• 0이 아닌 숫자 사이에 있는 0은 항상 유효숫자이다.

• 끝부분에 있는 0은 숫자에 소수점이 있는 경우에만 유효숫자로 인정한다.

79 프탈산수소칼륨(KHP) 시료 2.1283g을 페놀프탈레인 지시약을 사용하여 0.1084N 염기표준용액으로 적정하였더니 종말점에서 42.58mL가 소비되었을 때, 초기시료 중 KHP의 농도(wt%)는?(단, KHP의 분자량은 204.2g/mol이다)

① 34.46　　　　② 44.29
③ 54.25　　　　④ 64.18

해설

용액 중 프탈산수소칼륨(KHP)의 질량
= 0.1084mol KHP/L × 0.04258L × 204.2g KHP/mol KHP
≒ 0.94252g KHP

$$\therefore \frac{0.94252\,g\ \text{KHP}}{2.1283\,g} \times 100 ≒ 44.29\,wt\%$$

80 분석과정에서 생기는 오차 중 반응의 미완결, 부반응, 공침 등 화학반응계가 원인이 되어 나타나는 오차는?

① 방법 오차
② 조작 오차
③ 화학 오차
④ 기기 및 시약 오차

해설

① 방법 오차 : 침전물의 용해도, 반응의 미완결, 공침, 무게를 측정할 때 시료의 휘발성 또는 흡습성에 의한 부정확, 부반응 또는 유발 반응 등과 같이 분석과정의 화학반응에 원인이 있는 오차이다.

② 조작 오차 : 시료 채취 시 실수, 과도한 침전물 또는 불충분한 세척, 적절하지 못한 온도에서 침전물의 생성 및 가열 등과 같이 대부분 실험 조작의 잘못에서 유래하는 오차이다.

④ 기기 및 시약 오차 : 잘못 검정된 측정 기기나 기구, 시약 및 용매에 함유되어 있는 불순물 등으로 인해 나타나는 오차이다.

81 지정폐기물에 대한 설명으로 잘못된 것은?

① 처리방법으로는 주로 소각과 매립에 의해 처리한다.

② 폐기물의 종류에 따라 분리수거한 후 주로 위탁처리한다.

③ 지정폐기물 중 가장 많이 발생하는 것은 폐유기용제와 폐유이다.

④ 환경오염이나 인체에 위해를 줄 수 있는 해로운 물질로 대통령령으로 정하는 폐기물이다.

해설

폐기물관리법 제3조의2(폐기물 관리의 기본원칙)
폐기물은 소각, 매립 등의 처분을 하기보다는 우선적으로 재활용함으로써 자원생산성의 향상에 이바지하도록 하여야 한다.
④ 폐기물관리법 제2조(정의)

82 중화적정에 대한 설명으로 틀린 것은?

① 메틸오렌지는 강산과 강염기의 중화반응에 활용되는 지시약이다.

② 중화에 필요한 표준용액의 양으로부터 시료 중의 산 또는 염기의 농도를 알 수 있다.

③ 시료용액 중에 포함된 산이나 염기를 염기나 산의 표준용액으로 적정하는 것이다.

④ 산과 염기의 중화는 당량 대 당량으로 일어나므로, 완전중화는 산과 염기의 그램 당량수가 같아야 일어난다.

해설

④ 완전중화는 산과 염기의 그램 당량수가 아닌 당량수가 같아야 한다.

83 다음 중 황산이 사용되어 합성되는 화학물질이 아닌 것은?

① Acetamide
② Diethyl Ether
③ Ethyl Acetate
④ Potassium Sulfate

해설

① Acetamide :

$CH_3COONH_4 \xrightarrow{\triangle} CH_3CONH_2 + H_2O$
아세트산암모늄　아세트아미드　물

② Diethyl Ether :

$2C_2H_5OH \xrightarrow[\triangle]{진한 황산} C_2H_5OC_2H_5 + H_2O$
에탄올　　　　　　　　　다이에틸에테르

③ Ethyl Acetate :

$CH_3COOH + C_2H_5OH \xrightarrow[\triangle]{진한 황산} CH_3COOC_2H_5 + H_2O$
아세트산　에탄올　　　　　　　　　아세트산에틸

④ Potassium Sulfate(K_2SO_4)

$2KCl + H_2SO_4 \xrightarrow{\triangle} K_2SO_4 + 2HCl$
염화칼륨　진한 황산　황산칼륨　염산

84 고압가스 용기 색상 중 수소 가스를 나타내는 것은?

① 녹 색
② 백 색
③ 황 색
④ 주황색

해설

고압가스 안전관리법 시행규칙 [별표 24] 용기 등의 표시

구 분	가스 종류 및 용기 도색			
가연성 가스 및 독성 가스	액화석유가스	밝은 회색	액화암모니아	백 색
	수소	주황색	액화염소	갈 색
	아세틸렌	황 색	그 밖의 가스	회 색
의료용 가스	산소	백 색	질소	흑 색
	액화탄산가스	회 색	아산화질소	청 색
	헬륨	갈 색	사이클로프로페인	주황색
	에틸렌	자 색	그 밖의 가스	회 색
그 밖의 가스	산소	녹 색	액화탄산가스	청 색
	질소	회 색	그 밖의 가스	회 색
	소방용 용기	소방법에 따른 도색		

85 화합물의 안전관리에 대한 설명 중 틀린 것은?

① 과염소산, 과산화수소, 질산, 할로젠화합물 등은 산화제로서 적은 양으로 강렬한 폭발을 일으킬 수 있으므로 방호복, 고무장갑, 보안경 및 보안면 같은 보호구를 착용하고 취급하여야 한다.

② 나노입자 및 초미세 금속분말을 취급 시에는 폐질환, 호흡기 질환 등을 일으킬 수 있으므로 방진마스크 등의 보호구를 착용해야 한다.

③ 대부분의 미세한 금속분말은 물과 산의 접촉으로 수소 가스를 발생하고 발열한다. 특히 습기와 접촉할 때 자연발화의 위험이 있어 폭발할 수 있으므로 특별히 주의한다.

④ 질산에스터류, 나이트로화합물, 아조화합물, 하이드라진 유도체, 하이드록실아민 등은 연소속도가 느리나 가열, 충격, 마찰 등으로 폭발할 수 있으므로 주의해야 한다.

해설
④ 질산에스터류, 나이트로화합물, 아조화합물, 하이드라진 유도체, 하이드록실아민 등은 제5류 위험물(자기반응성 물질)에 해당하며, 연소속도가 빠르고 가열, 마찰, 충격 등으로 폭발할 수 있으므로 주의해야 한다.

86 화학물질 분석 중 물질에 대한 확인이 전제되지 않은 화재상황 시 다음 보기 중 적절한 대응으로 모두 나타낸 것은?

> ㄱ. 비치된 MSDS에 적절한 소화대응물품을 확인하여 대응한다.
> ㄴ. 최단시간 안에 물을 담아서 그대로 뿌린다.
> ㄷ. 긴급상황이므로 방독마스크 등의 보호구는 무시한다.

① ㄱ, ㄴ, ㄷ　　② ㄴ, ㄷ
③ ㄱ, ㄷ　　④ ㄱ

해설
ㄴ. 화재의 종류에 따라 사용 가능한 소화제를 사용해야 한다. 예를 들어, B급 화재는 물을 사용하면 연소면이 확대되기 때문에 물의 사용이 금지된다.
ㄷ. 방독마스크 등의 보호구를 사용하여 안전을 확보한다.

87 다음 중 유해폐기물 처리를 위한 무해화 기술이 아닌 것은?

① 고정화—유리화(Immobilization by Vitrification)

② 고정화—열경화성 캡슐화(Immobilization by Thermosetting Encapsulation)

③ 열분해 가스화(Gasification by Thermal Decomposition)

④ 플라스마 소각(Plasma Incineration)

88 소방시설법령상 1급 소방안전관리대상물의 소방안전관리자의 선임 자격이 아닌 것은?

① 소방설비기사 또는 소방설비산업기사의 자격이 있는 사람

② 산업안전기사 또는 산업안전산업기사의 자격을 취득한 후 2년 이상 2급 소방안전관리대상물 또는 3급 소방안전관리대상물의 소방안전관리자로 근무한 실무경력이 있는 사람

③ 소방공무원으로 5년 이상 근무한 경력이 있는 사람

④ 위험물기능장·위험물산업기사 또는 위험물기능사 자격으로 위험물안전관리자로 선임된 사람

해설

화재의 예방 및 안전관리에 관한 법률 시행령 [별표 4] 소방안전관리자를 선임해야 하는 소방안전관리대상물의 범위와 소방안전관리자의 선임 대상별 자격 및 인원기준

1급 소방안전관리대상물에 선임해야 하는 소방안전관리자의 자격 : 다음의 어느 하나에 해당하는 사람으로서 1급 소방안전관리자 자격증을 발급받은 사람 또는 특급 소방안전관리대상물의 소방안전관리자 자격증을 발급받은 사람

• 소방설비기사 또는 소방설비산업기사의 자격이 있는 사람
• 소방공무원으로 7년 이상 근무한 경력이 있는 사람
• 소방청장이 실시하는 1급 소방안전관리대상물의 소방안전관리에 관한 시험에 합격한 사람

※ 저자의견 : 확정답안은 ③번으로 발표되었으나 해당 법이 개정되어 법령명이 변경되었으며, 이에 따라 해당 조항의 내용도 위와 같이 변경되어 정답은 ②, ③, ④번이다.

89 다음 폐기물 중 지정폐기물을 모두 선택하여 나열한 것은?

> A : 액상의 유기용제
> B : 액상의 폐산, 폐알칼리 용액 및 이를 포함한 부식성 폐기물
> C : 액체상의 폐합성 수지 및 고무
> D : 고체상의 폐지, 고철, 병 및 목재
> E : 병리계 시험·검사 등에 사용된 폐시험관, 덮개 유리, 폐배지, 폐장갑
> F : 주사바늘, 파손된 유리시험기구
> G : 고체상의 생활폐기물

① A, B, C, D, E, F, G

② A, B, C, D, E, F

③ A, B, C, E, F

④ A, B, E, F

해설

• A : 폐유기용제
• B : 부식성 폐기물
• C : 폐합성 고분자화합물
• E, F : 의료폐기물

폐기물관리법 시행령 [별표 1] 지정폐기물의 종류

① 특정시설에서 발생되는 폐기물
 ㉠ 폐합성 고분자화합물
  • 폐합성 수지(고체상태의 것은 제외한다)
  • 폐합성 고무(고체상태의 것은 제외한다)
 ㉡ 오니(수분함량이 95% 미만이거나 고형물함량이 5% 이상인 것으로 한정한다)
  • 폐수처리 오니(환경부령으로 정하는 물질을 함유한 것으로 환경부장관이 고시한 시설에서 발생되는 것으로 한정한다)
  • 공정 오니(환경부령으로 정하는 물질을 함유한 것으로 환경부장관이 고시한 시설에서 발생되는 것으로 한정한다)
 ㉢ 폐농약(농약의 제조·판매업소에서 발생되는 것으로 한정한다)
② 부식성 폐기물
 ㉠ 폐산(액체상태의 폐기물로서 pH가 2.0 이하인 것으로 한정한다)
 ㉡ 폐알칼리(액체상태의 폐기물로서 pH가 12.5 이상인 것으로 한정하며, 수산화칼륨 및 수산화나트륨을 포함한다)
③ 유해물질함유 폐기물(환경부령으로 정하는 물질을 함유한 것으로 한정한다)
 ㉠ 광재(鑛滓)[철광 원석의 사용으로 인한 고로(高爐)슬래그(Slag)는 제외한다]

ⓛ 분진(대기오염방지시설에서 포집된 것으로 한정하되, 소각 시설에서 발생되는 것은 제외한다)

ⓒ 폐주물사 및 샌드블라스트 폐사(廢砂)

ⓔ 폐내화물(廢耐火物) 및 재벌구이 전에 유약을 바른 도자기 조각

ⓜ 소각재

ⓗ 안정화 또는 고형화·고화 처리물

ⓢ 폐촉매

ⓞ 폐흡착제 및 폐흡수제[광물유·동물유 및 식물유{폐식용 유(식용을 목적으로 식품 재료와 원료를 제조·조리·가공 하는 과정, 식용유를 유통·사용하는 과정 또는 음식물류 폐기물을 재활용하는 과정에서 발생하는 기름을 말한다)는 제외한다}의 정제에 사용된 폐토사(廢土砂)를 포함한다]

④ 폐유기용제
　ⓐ 할로젠족(환경부령으로 정하는 물질 또는 이를 함유한 물질 로 한정한다)
　ⓑ 그 밖의 폐유기용제(ⓐ 외의 유기용제를 말한다)

⑤ 폐페인트 및 폐래커(다음의 것을 포함한다)
　ⓐ 페인트 및 래커와 유기용제가 혼합된 것으로서 페인트 및 래커 제조업, 용적 5m³ 이상 또는 동력 3마력 이상의 도장 (塗裝)시설, 폐기물을 재활용하는 시설에서 발생되는 것
　ⓑ 페인트 보관용기에 남아 있는 페인트를 제거하기 위하여 유기용제와 혼합된 것
　ⓒ 폐페인트 용기(용기 안에 남아 있는 페인트가 건조되어 있 고, 그 잔존량이 용기 바닥에서 6mm를 넘지 아니하는 것은 제외한다)

⑥ 폐유[기름성분을 5% 이상 함유한 것을 포함하며, 폴리클로리 네이티드바이페닐(PCBs)함유 폐기물, 폐식용유와 그 잔재물, 폐흡착제 및 폐흡수제는 제외한다]

⑦ 폐석면
　ⓐ 건조고형물의 함량을 기준으로 하여 석면이 1% 이상 함유 된 제품·설비(뿜칠로 사용된 것은 포함한다) 등의 해체· 제거 시 발생되는 것
　ⓑ 슬레이트 등 고형화된 석면 제품 등의 연마·절단·가공 공정에서 발생된 부스러기 및 연마·절단·가공 시설의 집진기에서 모아진 분진
　ⓒ 석면의 제거작업에 사용된 바닥비닐시트(뿜칠로 사용된 석 면의 해체·제거작업에 사용된 경우에는 모든 비닐시트)· 방진마스크·작업복 등

⑧ 폴리클로리네이티드바이페닐 함유 폐기물
　ⓐ 액체상태의 것(1L당 2mg 이상 함유한 것으로 한정한다)
　ⓑ 액체상태 외의 것(용출액 1L당 0.003mg 이상 함유한 것으 로 한정한다)

⑨ 폐유독물질[화학물질관리법의 유독물질을 폐기하는 경우로 한정하되, ①의 ⓒ의 폐농약(농약의 제조·판매업소에서 발생 되는 것으로 한정한다), ②의 부식성 폐기물, ④의 폐유기용제, ⑧의 폴리클로리네이티드바이페닐 함유 폐기물 및 ⑪의 수은 폐기물은 제외한다]

⑩ 의료폐기물(환경부령으로 정하는 의료기관이나 시험·검사 기관 등에서 발생되는 것으로 한정한다)

⑪ 천연방사성제품폐기물[생활주변방사선 안전관리법에 따른 가공제품 중 안전기준에 적합하지 않은 제품으로서 방사능 농도가 g당 10Bq 미만인 폐기물을 말한다. 이 경우 가공제품 으로부터 천연방사성핵종(天然放射性核種)을 포함하지 않은 부 분을 분리할 수 있는 때에는 그 부분을 제외한다]

⑫ 수은폐기물
　ⓐ 수은함유폐기물[수은과 그 화합물을 함유한 폐램프(폐형 광등은 제외한다), 폐계측기기(온도계, 혈압계, 체온계 등), 폐전지 및 그 밖의 환경부장관이 고시하는 폐제품을 말한다]
　ⓑ 수은구성폐기물(수은함유폐기물로부터 분리한 수은 및 그 화합물로 한정한다)
　ⓒ 수은함유폐기물 처리잔재물(수은함유폐기물을 처리하는 과정에서 발생되는 것과 폐형광등을 재활용하는 과정에서 발생되는 것을 포함하되, 환경분야 시험·검사 등에 관한 법률에 따라 환경부장관이 고시한 폐기물 분야에 대한 환경 오염공정시험기준에 따른 용출시험 결과 용출액 1L당 0.005mg 이상의 수은 및 그 화합물이 함유된 것으로 한정 한다)

⑬ 그 밖에 주변환경을 오염시킬 수 있는 유해한 물질로서 환경부 장관이 정하여 고시하는 물질

폐기물관리법 시행령 [별표 2] 의료폐기물의 종류

위해의료폐기물
- 조직물류폐기물 : 인체 또는 동물의 조직·장기·기관·신체의 일부, 동물의 사체, 혈액·고름 및 혈액생성물(혈청, 혈장, 혈액 제제)
- 병리계폐기물 : 시험·검사 등에 사용된 배양액, 배양용기, 보관 균주, 폐시험관, 슬라이드, 커버글라스, 폐배지, 폐장갑
- 손상성폐기물 : 주사바늘, 봉합바늘, 수술용 칼날, 한방침, 치과 용 침, 파손된 유리재질의 시험기구
- 생물·화학폐기물 : 폐백신, 폐항암제, 폐화학치료제
- 혈액오염폐기물 : 폐혈액백, 혈액투석 시 사용된 폐기물, 그 밖에 혈액이 유출될 정도로 포함되어 있어 특별한 관리가 필요한 폐기물

90 어떤 반응계에서 화학반응이 진행되는 과정을 육안으로 확인할 수 있는 경우에 해당되지 않는 것은?

① 모든 화학반응에는 열과 빛이 발생하는 발열현상이 수반된다.
② 탄산수소나트륨과 시트르산이 반응하는 용액에서 기포 발생을 확인한다.
③ 황산구리 용액에 암모니아수를 넣으면 연한 청색이 진한 청색으로 변한다.
④ 두 가지 수용액이 혼합되어 고체 입자가 형성되는 반응에 의해 불용성 물질의 침전이 발생한다.

해설
기포 발생, 용액의 색 변화, 불용성 침전 생성의 경우 육안으로 반응의 진행을 확인할 수 있다.

91 분석 업무 중 폭발성 반응을 일으킬 수 있는 물질이 아닌 것은?

① 재
② 금속 분말
③ 유기질소화합물
④ 산 및 알칼리류

해설
폭발성 반응을 일으킬 수 있는 물질
• 산 및 알칼리류
• 산화제
• 금속 분말
• 질소를 함유한 유기질소화합물

92 지정수량 20배 이하의 위험물을 저장 또는 취급하는 옥내저장소가 갖추어야 할 조건이 아닌 것은?

① 저장창고의 벽·기둥·바닥·보 및 지붕이 내화구조여야 한다.
② 저장창고의 출입구에 수시로 열 수 있는 자동폐쇄방식의 갑종방화문이 설치되어 있어야 한다.
③ 저장창고에 창을 설치하지 않아야 한다.
④ 저장창고는 지면에서 처마까지의 높이가 6m 이상인 복층건물로 하고, 그 바닥을 지반면보다 낮게 하여야 한다.

해설
위험물안전관리법 시행규칙 [별표 5] 옥내저장소의 위치·구조 및 설비의 기준
• 옥내저장소는 규정에 준하여 안전거리를 두어야 한다. 다만, 다음에 해당하는 옥내저장소는 안전거리를 두지 아니할 수 있다.
  - 제4석유류 또는 동식물유류의 위험물을 저장 또는 취급하는 옥내저장소로서 그 최대수량이 지정수량의 20배 미만인 것
  - 제6류 위험물을 저장 또는 취급하는 옥내저장소
  - 지정수량의 20배(하나의 저장창고의 바닥면적이 $150m^2$ 이하인 경우에는 50배) 이하의 위험물을 저장 또는 취급하는 옥내저장소로서 다음의 기준에 적합한 것
    ⓐ 저장창고의 벽·기둥·바닥·보 및 지붕이 내화구조인 것
    ⓑ 저장창고의 출입구에 수시로 열 수 있는 자동폐쇄방식의 갑종방화문이 설치되어 있을 것
    ⓒ 저장창고에 창을 설치하지 아니할 것
• 저장창고는 지면에서 처마까지의 높이(이하 '처마높이'라 한다)가 6m 미만인 단층건물로 하고 그 바닥을 지반면보다 높게 하여야 한다.
※ 저자의견 : ①·②·③번은 지정수량의 20배 이하의 위험물을 저장 또는 취급하는 옥내저장소가 안전거리를 두지 않아도 되는 조건을 나열한 것이다. 문제에는 '안전거리를 두지 않아도 된다'는 조건이 누락되어 전항정답처리된 것으로 보인다.

93 물질안전보건자료(MSDS) 구성 항목이 아닌 것은?

① 화학제품과 회사에 관한 정보

② 화학제품의 제조방법

③ 취급 및 저장방법

④ 유해·위험성

해설

물질안전보건자료(MSDS) 구성 항목
- 화학제품과 회사에 관한 정보
- 구성 성분의 명칭 및 함유량
- 폭발·화재 시 대처방법
- 취급 및 저장방법
- 물리화학적 특성
- 독성에 관한 정보
- 폐기 시 주의사항
- 법적 규제 현황
- 유해성·위험성
- 응급조치 요령
- 누출 사고 시 대처방법
- 노출 방지 및 개인 보호구
- 안정성 및 반응성
- 환경에 미치는 영향
- 운송에 필요한 정보
- 그 밖의 참고 사항

94 위험물안전관리법령상 제2류 위험물인 가연성 고체로 분류되지 않는 것은?

① 유 황   ② 철 분

③ 나트륨   ④ 마그네슘

해설

③ 나트륨은 제3류 위험물(자연발화성 물질 및 금수성 물질)에 해당한다.

위험물안전관리법 시행령 [별표 1] 위험물 및 지정수량

위험물			지정수량
유 별	성 질	품 명	
제2류	가연성 고체	㉠ 황화린	100kg
		㉡ 적 린	100kg
		㉢ 유 황	100kg
		㉣ 철 분	500kg
		㉤ 금속분	500kg
		㉥ 마그네슘	500kg
		㉦ 그 밖에 행정안전부령으로 정하는 것	100kg 또는 500kg
		㉧ ㉠ 내지 ㉦의 1에 해당하는 어느 하나 이상을 함유한 것	
		㉨ 인화성 고체	1,000kg

95 다음 NFPA 라벨에 해당하는 물질에 대한 설명으로 틀린 것은?

① 폭발성이 대단히 크다.

② 물에 대한 반응성이 있다.

③ 일반적인 대기환경에서 쉽게 연소될 수 있다.

④ 노출 시 경미한 부상을 유발할 수 있으나 특별한 주의가 필요하진 않다.

해설

④ 건강 위험성(Health Hazards) 유해등급이 1이므로, 노출 시 경미한 부상을 유발할 수 있다.

NFPA Diamond

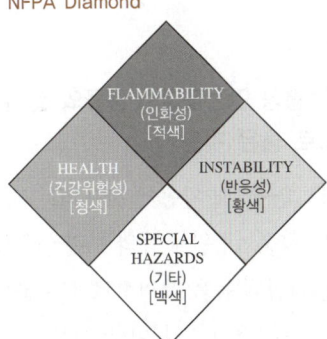

96 등유에 관한 설명 중 틀린 것은?

① 물보다 가볍다.

② 증기는 공기보다 가볍다.

③ 물에 용해되지 않는다.

④ 가솔린보다 인화점이 높다.

해설

② 증기는 공기보다 무겁다.

등 유

• 인화점 : 40~70℃

　※ 가솔린의 인화점 : −43~−20℃

• 증기비중 : 4~5(공기보다 무거움)

• 비중 : 0.75~0.78(물보다 가벼움)

• 비수용성이다.

• 여러 가지 유기용제와 잘 섞인다.

• 정전기 불꽃으로 인하여 화재 위험성이 있다.

97 연구실안전법령상 안전점검의 종류와 실시시기에 대한 설명으로 옳은 것은?

① 일상점검 : 연구개발활동에 사용되는 기계·기구·전기·약품·병원체 등의 보관상태 및 보호장비의 관리실태 등을 육안으로 실시하는 점검

② 정기점검 : 6개월에 1회 이상 실시

③ 특별안전점검 : 연구개발활동에 사용되는 기계·기구·전기·약품·병원체 등의 보관상태 및 보호장비의 관리실태 등을 안전점검기기를 이용하여 실시하는 세부적인 점검

④ 특별안전점검 : 저위험연구실 및 우수연구실인증에 종사하는 연구활동종사자가 필요하다고 인정하는 경우에 실시

해설

연구실 안전환경 조성에 관한 법률 시행령 제10조(안전점검의 실시 등)

안전점검의 종류 및 실시시기는 다음의 구분에 따른다.

• 일상점검 : 연구활동에 사용되는 기계·기구·전기·약품·병원체 등의 보관상태 및 보호장비의 관리실태 등을 직접 눈으로 확인하는 점검으로서 연구활동 시작 전에 매일 1회 실시. 다만, 저위험연구실의 경우에는 매주 1회 이상 실시해야 한다.

• 정기점검 : 연구활동에 사용되는 기계·기구·전기·약품·병원체 등의 보관상태 및 보호장비의 관리실태 등을 안전점검기기를 이용하여 실시하는 세부적인 점검으로서 매년 1회 이상 실시. 다만, 다음의 어느 하나에 해당하는 연구실의 경우에는 정기점검을 면제한다.

　– 저위험연구실

　– 안전관리 우수연구실 인증을 받은 연구실. 이 경우 정기점검 면제기한은 인증 유효기간의 만료일이 속하는 연도의 12월 31일까지로 한다.

• 특별안전점검 : 폭발사고·화재사고 등 연구활동종사자의 안전에 치명적인 위험을 야기할 가능성이 있을 것으로 예상되는 경우에 실시하는 점검으로서 연구주체의 장이 필요하다고 인정하는 경우에 실시

※ 해당 법령 전부 개정(20.10.20)으로 ①번의 내용이 위와 같이 변경되었다.

98 화학물질관리법령상 화학물질 보관·저장 관리대장의 작성 내용이 아닌 것은?

① 함 량　　　　② 위탁인

③ 독성농도　　　④ 제품(상품)명

해설

화학물질관리법 시행규칙 [별지 제76호서식] 화학물질 보관·저장 관리대장

작성 내용

• 제품(상품)명

• 주요용도

• 금지물질, 허가물질, 제한물질, 유독물질, 사고대비물질 함량

• 연월일

• 이월량

• 위탁인 : 상호(성명), 사업자등록번호, 주소, 입고량/출고량

• 재고량

99 물질들의 폭발에 대한 설명 중 틀린 것은?

① HF 가스 및 용액은 극한 독성을 나타내고 폭발할 수 있다.

② 과염소산은 고농도일 때 모든 유기화물과 반응하여 폭발할 수 있으나 무기화물과는 비교적 안정하게 반응한다.

③ 밀폐공간 내의 유화가루 및 금속분은 분진폭발의 위험이 있다.

④ 유기질소화합물은 가열, 충격, 마찰 등으로 폭발할 수 있다.

해설
② 과염소산($HClO_4$)은 강산의 특성을 띠며 유기화합물, 무기화합물과 반응하여 폭발할 수 있으며 가열, 화기와의 접촉, 충격, 마찰에 의해 스스로 폭발하므로 주의해야 한다.

100 할로젠화합물의 소화약제에서 할론 2402의 화학식은?

① CBr_2F_2

② $CBrClF_2$

③ $CBrF_3$

④ $C_2Br_2F_4$

해설
④ Halon 2402 : $C_2F_4Br_2$

할론 명명법
• 탄소(C)를 맨 앞에 두고 할로젠원소를 주기율표 순서(F → Cl → Br → I)의 원자수만큼 해당하는 숫자를 부여한다.
• 맨 끝의 숫자가 0일 경우에는 생략한다.

제1과목 | 화학분석 과정관리

01 어떤 화합물이 29.1wt% Na, 40.5wt% S, 30.4wt% O를 함유하고 있을 때, 이 화합물의 실험식은?(단, 원자량은 Na : 23.0amu, S : 32.06amu, O : 16.0amu이다)

① Na_2SO_2 ② $Na_2S_2O_3$

③ NaS_2O_3 ④ $Na_2S_2O_4$

해설

$Na : S : O = \dfrac{29.1}{23.0} : \dfrac{40.5}{32.06} : \dfrac{30.4}{16.0} ≒ 1.27 : 1.26 : 1.9 ≒ 2 : 2 : 3$

∴ $Na_2S_2O_3$

02 분석실험을 수행하기 앞서 각 실험 목적에 맞는 공인시험방법을 찾고 표준절차에 맞춰 수행하여야 한다. 다음 중 공인시험방법이 고지되어 있는 발행물과 발행처가 잘못 연결된 것은?

① USP – FDA

② 대한민국약전 – 식품의약품안전처

③ ISO – 국제표준화기구

④ 공정시험법 – 국립환경과학원

해설

USP(United States Pharmacopeia)
- 미국약전으로, 미국약전위원회(United States Pharmacopeial Convention)에서 발행한다.
- 약물의 기준을 나타내는 공인된 규격서이다.

FDA
- 미국 식품의약국이며, 미국 보건후생부의 산하 기관으로 독립된 행정기구이다.
- 미국 내에서 생산되는 식품, 의약품, 화장품 뿐만 아니라 수입품과 일부 수출품의 효능과 안전성을 주로 관리한다.
- 우리나라의 보건복지부에 해당한다.

03 돌턴(Dalton)의 원자론에 기여하지 않는 법칙은?

① 배수비례의 법칙

② 헨리의 법칙

③ 일정성분비의 법칙

④ 기체 결합부피의 법칙

해설

② 헨리의 법칙
- 온도와 기체의 부피가 일정할 때 액체 속에 들어 있는 기체의 용해도는 용매와 평형을 이루고 있는 그 기체의 분압에 비례한다.
- 물에 녹기 어려운 기체에 잘 적용된다.
  예 H_2, CO_2, O_2, N_2 등
- 물에 잘 녹는 극성 분자에는 잘 적용되지 않는다.
  예 NH_3, HCl 등
④ 기체 결합부피의 법칙(기체반응의 법칙)
- 온도와 압력이 일정할 때 기체 사이의 화학반응에서는 반응하는 기체와 생성되는 기체의 부피 사이에 간단한 정수비가 성립한다.
- 반응 기체의 부피와 생성 기체의 부피는 언제나 일정한 비율이 성립한다.
- 기체 결합부피의 법칙을 설명하기 위해서는 원자가 쪼개지는 모형이 되므로, 돌턴의 원자설에 위배된다. 이를 계기로 기체 물질은 몇 개의 원자가 결합된 분자로 존재한다는 개념이 도입되었다.

돌턴(Dalton)의 원자론
- 모든 물질은 더 이상 쪼갤 수 없는 원자로 구성되어 있다.
- 같은 종류의 원자는 크기와 질량이 같으며, 다른 종류의 원자는 크기와 질량이 서로 다르다.
- 화학반응이 일어날 때 새로운 원자가 생성되거나 소멸되지는 않으며, 단지 원자들 간의 결합이 끊어지고 생성되면서 원자가 재배열될 뿐이다.
- 화합물은 서로 다른 종류의 원자가 간단한 정수비로 결합하여 생성된다.
- 질량보존의 법칙, 일정성분비의 법칙, 배수비례의 법칙을 설명할 수 있다.
- 기체반응의 법칙을 설명하는 데 한계를 보인다.

04 다음 화합물의 올바른 IUPAC 이름은?

$$CH_3$$
$$|$$
$$CH_2$$
$$|$$
$$CH_2$$
$$|$$
$$CH_3 - CH_2 - CH - CH_2 - CH_2 - CH - CH_2 - \overset{\displaystyle CH_3}{\underset{\displaystyle CH_3}{C}} - CH_3$$
$$|$$
$$CH_3$$

① 2,2,4-트라이메틸-7-프로필노네인

　(2,2,4-Trimethyl-7-Propylnonane)

② 7-에틸-2,2,4-트라이메틸데케인

　(7-Ethyl-2,2,4- Trimethyldecane)

③ 3-프로필-6,8,8-트라이메틸노네인

　(3-Propyl- 6,8,8-Trimethylnonane)

④ 4-에틸-7,9,9-트라이메틸데케인

　(4-Ethyl-7,9,9- Trimethlydecane)

해설

가장 긴 사슬의 탄소 개수가 10개이고, $-CH_3$(methyl-)기가 2번 탄소에 2개, 4번 탄소에 1개 결합하고, 7번 탄소에 $-CH_2CH_3$ (ethyl-)기가 1개 결합한 사슬모양 탄화수소이다.

05 아크 광원의 특성을 설명한 것 중 틀린 것은?

① 아크의 전류는 전자의 흐름과 열이온화로 인해 생성된 이온에 의해 운반된다.

② 아크 틈새에서 양이온들의 이동에 대한 저항때문에 높은 온도가 발생한다.

③ 아크 온도는 플라스마의 조성, 즉 시료와 전극으로부터 원자 입자가 생성되는 속도에 따라 달라진다.

④ 직류 아크 광원에서 얻은 스펙트럼은 원자들의 센 선이 많고 이온들의 수가 많은 스펙트럼을 생성한다.

해설

④ 스파크 광원에 대한 설명이다.

아크 광원의 특성

• 아크의 전류는 전자의 흐름과 열이온화로 생긴 이온에 의해 운반된다.

• 아크 틈 사이에 있는 양이온들의 흐름에 대한 저항 때문에 높은 온도가 발생한다.

• 아크 온도는 플라스마의 조성에 따라 다르고, 플라스마의 조성은 시료와 전극에서 생긴 원자 입자의 생성속도에 따라 달라진다.

• 일반적으로 플라스마 온도는 4,000~5,000K이다.

• 다른 광원에 비해 정밀도는 낮지만, 미량 성분에 대한 감도는 높다.

• 온도가 높기 때문에 화학적 방해가 적게 나타난다.

06 살충제인 DDT($C_{14}H_9Cl_5$)의 합성반응이 다음과 같다. 225g의 클로로벤젠(C_6H_5Cl)과 157.5g의 클로랄(C_2HOCl_3)을 반응시켜 DDT를 합성할 때에 대한 다음 설명 중 틀린 것은?(단, 클로로벤젠 : 112.5g/mol, 클로랄 : 147.5g/mol, DDT : 354.5g/mol 이다)

$$2C_6H_5Cl + C_2HOCl_3 \rightarrow C_{14}H_9Cl_5 \rightarrow H_2O$$

① 이 반응의 한계시약(Limiting Reagent)은 클로로벤젠이다.

② 반응기에 남은 물질의 총질량은 372.5g이다.

③ 반응이 완전히 진행될 경우, 반응기에 남은 시약은 클로랄 10g과 DDT 354.5g이다.

④ DDT의 실제 수득량이 177.25g일 경우 수득률은 50%이다.

해설

$2C_6H_5Cl + C_2HOCl_3 \rightarrow C_{14}H_9Cl_5 + H_2O$

• 225g 클로로벤젠(C_6H_5Cl) = $\dfrac{225g}{112.5g/mol}$ = 2mol

• 157.5g 클로랄(C_2HOCl_3) = $\dfrac{157.5g}{147.5g/mol}$ ≒ 1.07mol

클로로벤젠과 클로랄은 1 : 2의 몰수비로 반응하므로, 클로로벤젠이 한계반응물이고 클로랄 10g(0.07mol)은 반응하지 않고 남는다.

② 반응기에 남은 물질은 DDT 1mol, H_2O 1mol, 그리고 미반응 클로랄 10g(0.07mol)이다.

∴ 354.5g + 18g + 10g = 382.5g

07 입체 이성질체의 분류에 속하는 것은?

① 배위권 이성질체

② 기하 이성질체

③ 결합 이성질체

④ 구조 이성질체

해설

입체 이성질체

• 구조식은 비슷하게 보이나 입체적인 배치가 다른 이성질체이다.

• 대표적인 종류로 기하 이성질체, 광학 이성질체가 있다.

08 Co의 바닥상태 전자배치로 옳은 것은?(단, 코발트(Co)의 원자번호는 27이다)

① $1s^22s^22p^63s^23p^63d^9$

② $1s^21p^62s^22p^63s^23p^63d^3$

③ $1s^22s^23s^22p^63p^63d^9$

④ $1s^22s^22p^63s^23p^64s^23d^7$

해설

④ 낮은 에너지의 오비탈부터 27개의 전자가 순차적으로 채워진다.

$1s < 2s < 2p < 3s < 3p < 4s < 3d < 4p \cdots$

09 레이저 발생과정에서 간섭성인 것은?

① 펌 핑

② 흡 수

③ 자극 방출

④ 자발 방출

해설

레이저 발생 메커니즘

㉠ 펌핑 : 레이저 활성 화학종이 전기방전, 전류 통과 또는 센 복사선의 조사 등과 같은 방법에 의해 들뜨게 되는 과정이다.

㉡ 자발 방출 : 들뜬 입자가 낮은 에너지 상태로 이완되어 여분의 에너지를 방출할 때, 광자가 방출하는 시간과 방출 방향이 들뜬 입자에 따라서 서로 다른 방출이다. 즉, 비간섭성 단색 복사선을 방출한다.

㉢ 유도 방출(자극 방출) : 들뜬 입자가 낮은 에너지 상태로 이완되면서, 그 과정을 유도한 광자와 정확하게 똑같은 에너지를 갖는 광자를 동시에 방출하는 과정이다. 즉, 위상과 방향이 정확히 일치하므로 들어오는 복사선과 간섭성이 된다.

㉣ 흡수 : 유도 방출과 경쟁하는 과정으로, 광자가 에너지를 흡수하여 준안정 들뜬 상태가 된다.

10 N_2O_4와 NO_2의 평형식과 실험 데이터가 다음과 같다. 데이터를 바탕으로 추론한 평형상수와 가장 가까운 값은?

$$N_2O_4(g) \rightleftharpoons 2NO_2(g)$$

농도 : M

실 험	초기[N_2O_4]	초기[NO_2]	평형[N_2O_4]	평형[NO_2]
1	0.0	0.0200	0.0016	0.0184
2	0.0	0.0300	0.0034	0.0266

① 0.125   ② 0.210

③ 0.323   ④ 0.422

해설

평형상수 $K = \dfrac{[NO_2]^2}{[N_2O_4]}$

• 실험 1 : $K_1 = \dfrac{0.0184^2}{0.0016} = 0.2116$

• 실험 2 : $K_2 = \dfrac{0.0266^2}{0.0034} \fallingdotseq 0.2081$

∴ K_1과 K_2의 평균값 $K \fallingdotseq 0.210$

11 다음 분자 중 cis와 trans 이성질체로 존재할 수 없는 것은?

① $(CH_3)_2C=CH_2$

② $(CH_3)HC=C(CH_3)H$

③ $FHC=CFCl$

④ $CH_3CH_2CH=CHCH_3$

해설

cis와 trans 이성질체로 존재하기 위해서는 회전이 불가능한 C=C 이중결합을 중간에 두고, 같은 쪽에 다른 모양의 알킬기 또는 작용기가 결합해야 한다.
① 같은 쪽에 같은 모양의 알킬기가 결합하고 있어 cis-, trans-이성질체가 존재할 수 없다.

12 원자에 공통적으로 있는 입자이며 단위 음전하를 갖고 가장 가벼운 양성자 질량의 약 1/2,000 정도로 매우 작은 질량을 갖는 것은?

① 중성자   ② 미립자

③ 전 자   ④ 원 자

13 유기재료의 화학특성을 분석하기 위한 분석기기로 거리가 먼 것은?

① HPLC(High Performance Liquid Chromatograph)

② LC/MS(Liquid Chromatograph/Mass Spectrometer)

③ GC/MS(Gas Chromatograph/Mass Spectrometer)

④ GF−AAS(Graphite Furnace−Atomic Absorption Spectrophotometer)

해설

GF−AAS(Graphite Furnace−Atomic Absorption Spectrophotometer)
• 무기금속재료 분석에 사용된다.
• Flame을 사용하지 않고, Furnace에서 시료를 태워 발색 파장을 보고 원소를 동정하는 방식이다.
• 미량금속원소의 분석(ppb~ppt 수준)에 사용된다.

유기재료 분석기기의 종류
• GPC(Gel Permeation Chromatograph), SEC(Size Exclusion Chromatograph) : 고분자의 분자량을 상대적으로 측정(RI, UV, ELSD 검출)
• HPLC(High Performance Liquid Chromatograph) : 저분자 물질의 분리에 이용(RI, UV, ELSD 검출)
• LC/MS(Liquid Chromatograph/Mass Spectrometer) : 저분자 물질의 분리에 이용(MS 검출)
• GC(Gas Chromatograph) : 용매, 단량체, 휘발성 물질의 분리에 응용(FID, ECD 검출)
• GC/MS(Gas Chromatograph/Mass Spectrometer) : 용매, 단량체, 휘발성 물질의 분리에 응용(MS 검출). 화합물의 Library 정성 분석

- TD-GC/MS(Thermal Desorption Gas Chromatograph/Mass Spectrometer)
  - 휘발성 물질을 흡착시킨 후 GC로 분석
  - 아웃 가스 분석에 이용
- Pyrolyzer-GC/MS(Pyrolyzer Gas Chromatograph/Mass Spectrometer)
  - 휘발하지 않는 물질을 태워서 GC로 분석
  - 고분자, 고무, 플라스틱의 정성 분석에 응용
- Headspace GC(Headspace Gas Chromatograph) : 시료를 가열하여 증발된 VOC를 GC로 분석하는 방법
- IC(Ion Chromatograph) : 음이온, 양이온 분석
- DSC(Differential Scanning Calorimeter) : 고분자의 열분석($-50{\sim}400℃$), 융점, 유리전이온도, 결정화 온도 등 분석
- TGA(ThermoGravimetric Analyzer) : 고분자의 열분해 거동 분석($RT{\sim}800℃$)
- TMA(ThermoMechanical Analyzer) : 고분자의 열팽창계수, 연화점 분석
- DMA(Dynamic Mechanical Analyzer) : 필름의 탄성률, 유리전이온도, $\tan\delta$
- TOC Analyzer(Total Organic Carbon Analyzer) : 수용액 중의 유기탄소, 무기탄소의 측정(TOC 4ppb$\sim$4,000ppm 가능)
- FT-IR/Micro-IR(현미경 IR, Fourier Transform Infra-Red Spectrophotometer) : 자외선을 이용한 유기물/고분자의 정성 분석, ATR Accessory
- UV-Vis(Ultra-Violet Spectrometer) : 염료나 안료의 자외선 분광(200$\sim$800nm)
- EA(Elemental Analyzer) : 유기물의 원소 함량 분석(C, H, N, S, O)

14 27℃ 실험실에서 빈 게이뤼삭 비중병의 질량이 10.885g, 5mL 피펫으로 비중병에 물을 가득 채웠을 때 질량이 61.135g이었다면, 비중병에 담겨있는 물의 부피(mL)는?(단, 27℃에서 공기의 부력을 보정한 물 1g의 부피는 1.0046mL이다)

① 49.791   ② 50.020
③ 50.481   ④ 50.250

해설
- 물의 질량 $= 61.135g - 10.885g = 50.25g$
- 물의 부피 $= 50.25g \times 1.0046mL/g \fallingdotseq 50.481mL$

15 우라늄(U) 동위원소의 핵분열 반응이 다음과 같을 때, M에 해당되는 입자는?

$$_{0}^{1}n + _{92}^{235}U \rightarrow _{56}^{139}Ba + _{36}^{94}Kr + 3M$$

① $_{0}^{1}n$ ② $_{1}^{1}P$
③ $_{1}^{0}\beta$ ④ $_{-1}^{0}\beta$

해설
반응 전후의 원자번호와 질량수는 같으므로 M에 해당되는 입자는 $_{0}^{1}n$ 이다.

16 다음과 같은 추출장치의 명칭은?

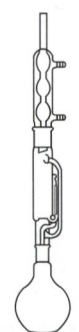

① 속슬렛 추출장치
② 진탕 추출장치
③ 필터여과 추출장치
④ 초임계 유체 추출장치

해설
속슬렛(속실렛) 추출장치
- 휘발성 용매를 사용하여 고체 속의 비휘발성 성분을 추출할 때 사용하는 기구이다.
- 용매 플라스크 위에 추출관, 그 위에 환류냉각기를 연결하여 사용한다.
- 고체-액체 추출에는 속슬렛 추출법이 주로 사용되며, 액체-액체 추출에는 분별 깔때기가 사용된다.

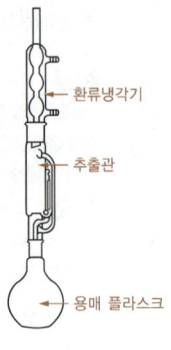

17 다이브로모벤젠의 구조 이성질체의 숫자로 옳은 것은?

① 5   ② 4

③ 3   ④ 2

다이브로모벤젠
- 육각형의 벤젠고리에 −Br기가 두 개 결합한 물질이다.
- ortho−, meta−, para−의 세 가지 구조 이성질체가 존재한다.

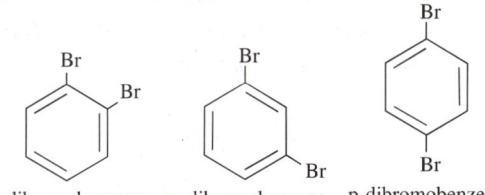

o-dibromobenzene   m-dibromobenzene   p-dibromobenzene

18 광학기기의 구성이 각 분광법과 바르게 짝지어진 것은?

① 흡수분광법 : 시료 → 파장 선택기 → 검출기 → 기록계 → 광원

② 형광분광법 : 광원 → 시료 → 파장 선택기 → 검출기 → 기록계

③ 인광분광법 : 광원 → 시료 → 파장 선택기 → 검출기 → 기록계

④ 화학발광법 : 광원과 시료 → 파장 선택기 → 검출기 → 기록계

① 흡수분광법 : 광원 → 파장 선택기 → 시료 → 검출기 → 기록계

19 카복실산과 알코올을 축합반응하여 생성하는 화합물 종류는?

① 알데하이드(Aldehyde)

② 케톤(Ketone)

③ 에스터(Ester)

④ 아마이드(Amide)

카복실산과 알코올의 축합반응
$$R-COOH + R'-OH \rightarrow R-COO-R' + H_2O$$
카복실산   알코올   에스터   물

20 탄소와 수소로만 이루어진 탄화수소 중 탄소의 질량 백분율이 85.6%인 화합물의 실험식은?(단, 원자량은 C : 12.01amu, H : 1.008amu이다)

① CH   ② CH_2

③ C_7H_7 ④ C_7H_{14}

$$C : H = \frac{85.6}{12.01} : \frac{14.4}{1.008} \fallingdotseq 7.13 : 14.3 \fallingdotseq 1 : 2$$

∴ CH_2

21 EDTA와 양이온이 결합하여 생성되는 화합물의 명칭은?

① 고분자

② 이온교환수지

③ 킬레이트 착물

④ 이온결합화합물

22 흡광도가 0.0375인 용액의 %투광도는?

① 3.75

② 26.67

③ 53.33

④ 91.73

> **해설**
>
> $A = -\log T$
>
> $\therefore \% T = 10^{-A} \times 100\% = 10^{-0.0375} \times 100\% ≒ 91.73$

23 25℃의 수용액에서 반응이 자발적으로 일어나는지의 예측결과로 옳은 것은?(단, 용해된 화학종들의 초기농도는 모두 1.0M이라고 가정한다)

> 가. $Ca(s) + Cd^{2+}(aq) \rightarrow Ca^{2+}(aq) + Cd(s)$
>
> 나. $Cu^{+}(aq) + Fe^{3+}(aq) \rightarrow Cu^{2+}(aq) + Fe^{2+}(aq)$
>
> $Ca^{2+}(aq) + 2e^{-} \rightarrow Ca(s)$ $E° = -2.87V$
>
> $Cd^{2+}(aq) + 2e^{-} \rightarrow Cd(s)$ $E° = -0.40V$
>
> $Cu^{2+}(aq) + e^{-} \rightarrow Cu^{+}(aq)$ $E° = +0.15V$
>
> $Fe^{3+}(aq) + e^{-} \rightarrow Fe^{2+}(aq)$ $E° = -0.77V$

① 가 : 자발적, 나 : 자발적

② 가 : 자발적, 나 : 비자발적

③ 가 : 비자발적, 나 : 자발적

④ 가 : 비자발적, 나 : 비자발적

> **해설**
>
> $\Delta E° > 0$인 경우 반응이 자발적으로 일어난다.
>
> 가. $(-0.40V) - (-2.87V) = 2.47V > 0$이므로 자발적 반응이 일어난다.
>
> 나. $(-0.77V) - (+0.15V) = -0.62V < 0$이므로 비자발적 반응이 일어난다.
>
> ※ 저자의견 : 실제 $Fe^{3+}(aq) + e^{-} \rightarrow Fe^{2+}(aq)$ 반응의 표준환원전위 $E°$값은 +0.77V로, 문제에 오류가 있어 ①, ②번 모두 정답 처리 된 것으로 보인다.

24 $Cu(s) + 2Fe^{3+} \rightleftarrows 2Fe^{2+} + Cu^{2+}$ 반응의 평형상수는?

> $Fe^{3+} + e^{-} \rightleftarrows Fe^{2+}$ $E° = 0.771V$
>
> $Cu^{2+} + 2e^{-} \rightleftarrows Cu(s)$ $E° = 0.339V$

① 2.0×10^{8} ② 4.0×10^{14}

③ 4.0×10^{16} ④ 2.0×10^{40}

> **해설**
>
> $E° = E°_{+} - E°_{-} = 0.771V - 0.339V = 0.432V$
>
> $E° = \dfrac{0.05916}{n} \log K$
>
> $0.432V = \dfrac{0.05916}{2} \log K$
>
> $\therefore K ≒ 4.0 \times 10^{14}$

25 전극전위와 관련한 설명으로 옳지 않은 것은?

① 전극전위는 해당 전극을 오른쪽, 표준수소전극을 왼쪽 전극으로 구성한다.

② 오랫동안 공통의 기준전극으로 사용된 것은 기체 전극이다.

③ 반쪽전지전위를 절대적인 값으로 측정할 수 있다.

④ 표준전극전위는 반응물과 생성물의 활동도가 모두 1일 때의 전극전위이다.

해설
③ 반쪽전지전위는 표준수소전극의 전위를 임의로 0으로 정하여 측정한 값으로, 절대적인 값은 아니다.

26 0.050M K_2CrO_4 용액의 Ag_2CrO_4 용해도(g/L)는?(단, Ag_2CrO_4의 $K_{sp} = 1.1 \times 10^{-12}$, 분자량은 331.73g/mol이다)

① 6.2×10^{-2}
② 7.8×10^{-4}
③ 2.5×10^{-4}
④ 2.3×10^{-6}

해설

$$Ag_2CrO_4(s) \rightleftarrows 2Ag^+(aq) + CrO_4^{2-}(aq)$$
$$-x \qquad\qquad +2x \qquad\quad 0.050+x$$

$K_{sp} = [Ag^+]^2 \cdot [CrO_4^{2-}] = (2x)^2 \cdot (0.050+x) = 1.1 \times 10^{-12}$

여기서, $0.050+x \approx 0.050$이므로 $(2x)^2 \cdot 0.050 = 1.1 \times 10^{-12}$ 이다.

∴ $x = 2.345 \times 10^{-6}$ mol/L

$\quad = (2.345 \times 10^{-6})$ mol/L $\times 331.73$ g/mol $\fallingdotseq 7.8 \times 10^{-4}$ g/L

27 산화납(PbO)의 환원반응으로 인한 납(Pb)의 산화수 변화를 옳게 나타낸 것은?

$$PbO + CO \rightarrow Pb + CO_2$$

① $+2 \rightarrow -1$
② $+1 \rightarrow 0$
③ $+2 \rightarrow 0$
④ $-2 \rightarrow 0$

해설
• PbO : Pb(+2), O(−2)
• Pb : Pb(0)

28 착물형성에 관한 다음 설명의 빈 칸에 들어갈 내용으로 바르게 짝지은 것은?

PbI^+, PbI_3^-와 같이 착이온에서 아이오딘화 이온은 Pb^{2+}의 (A)라고 한다. 이 착물에서 Pb^{2+}는 Lewis (B)로/으로 작용하고, 아이오딘화 이온은 Lewis (C)로/으로 작용한다. Pb^{2+}와 아이오딘화 이온 사이에 존재하는 결합을 (D)결합이라 부른다.

① A − 리간드, B − 산, C − 염기, D − 배위
② A − 리간드, B − 염기, C − 산, D − 공유
③ A − 매트릭스, B − 산, C − 염기, D − 배위
④ A − 매트릭스, B − 염기, C − 산, D − 공유

29 금이 왕수에서 녹을 때 미량의 금이 산화제인 질산에 의해 이온이 되어 녹으면 염소 이온과 반응해서 제거되면서 계속 녹는다. 이때 금 이온과 염소 이온 사이의 반응은?

① 산화−환원 반응
② 침전 반응
③ 산−염기 반응
④ 착물형성 반응

해설
왕수는 질산 1, 염산 3의 비율로 섞은 것으로 다음과 같은 반응식으로 반응한다.
$HNO_3 + 3HCl \rightleftharpoons NOCl$(염화나이트로실) $+ Cl_2 + 2H_2O$
NOCl이 생기므로 강력한 산화용해성을 지니며, 금 이온과 염소 이온 사이에서는 착화합물을 형성한다.

30 유기물의 질소 함량 결정을 위한 Kjeldahl 방법에 관한 설명 중 옳은 것을 모두 고른 것은?

> (가) 황산으로 전처리 후, 주로 산염기 역적정방법으로 질소 함량을 결정하여 정량하는 방법이다.
> (나) (3−)원자가상태의 질소에 적용 가능하며, 유기 Nitro, Azo화합물은 환원시킨 후 적용한다.
> (다) 끓는점을 높이거나 촉매를 더하면 시료 분해시간을 단축시켜 준다.
> (라) 붕산을 사용하면 직접적정이 가능하며, 종말점이 깨끗하여 0.1mL 이하의 소량 Blood 분석도 가능하다.

① (가)
② (나)
③ (가), (나), (다)
④ (가), (나), (다), (라)

31 0.10M NaCl 용액에 PbI_2가 용해되어 생성된 Pb^{2+} 농도(mg/L)는?(단, Pb^{2+}의 질량은 207.0g/mol, PbI_2의 용해도곱상수는 7.9×10^{-9}, 이온세기가 0.10M일 때 Pb^{2+}과 I^-의 활동도계수는 각각 0.36과 0.75이다)

① 0.221
② 0.442
③ 221
④ 442

해설

$$PbI_2(s) \rightleftharpoons Pb^{2+}(aq) + 2I^-(aq)$$
$$+x \qquad +2x$$
$$K_{sp} = [Pb^{2+}][I^-]^2 = (x \times 0.36)(2x \times 0.75)^2$$
$$7.9 \times 10^{-9} = (x \times 0.36)(2x \times 0.75)^2$$
$$x \fallingdotseq 2.14 \times 10^{-3} \, mol/L$$
$$\therefore \ [Pb^{2+}] = (2.14 \times 10^{-3}) \, mol/L \times 207.0 g/mol \times 1,000 mg/g$$
$$\fallingdotseq 442 mg/L$$

32 XRF의 특징에 대한 설명 중 틀린 것은?

① 비파괴 분석법이다.
② 다중원소의 분석이 가능하다.
③ Auger 방출로 인한 증강효과로 감도가 높다.
④ 스펙트럼이 비교적 간단하여 스펙트럼선 방해가 적다.

해설
③ Auger 방출로 인해 형광세기가 감소되므로, 감도가 좋지 않다.

33 pH 7.0인 암모니아 용액의 주화학종은?

① NH_2^-

② NH_3

③ NH_4^+

④ NH_3와 NH_4^+

해설

NH_3의 $K_b = 1.8 \times 10^{-5}$, $K_a = 5.56 \times 10^{-10}$

$$pOH = pK_b + \log \frac{[NH_4^+]}{[NH_3]}$$

$$7.0 = -\log(1.8 \times 10^{-5}) + \log \frac{[NH_4^+]}{[NH_3]}$$

$$10^{2.25} = \frac{[NH_4^+]}{[NH_3]}$$

$$\therefore 177.83 \times [NH_3] = [NH_4^+]$$

즉, 주화학종은 NH_4^+이다.

34 이온에 대한 설명 중 틀린 것은?

① 전기적으로 중성인 원자가 전자를 얻거나 잃어버리면 이온이 만들어진다.

② 원자가 전자를 잃어버리면 양이온을 형성한다.

③ 원자가 전자를 받아들이면 음이온을 형성한다.

④ 이온이 만들어질 때 핵의 양성자수가 변해야 한다.

해설

④ 이온이 만들어질 때 핵의 양성자수는 변하지 않고, 전자수가 변한다.

35 완충용량(Buffer Capacity)에 대한 설명으로 옳은 것은?

① 완충용액 1.00L를 pH 1단위만큼 변화시킬 수 있는 센 산이나 센 염기의 몰수

② 완충용액의 구성 성분이 약한 산 1.00L의 pH를 1단위만큼 변화시킬 수 있는 짝염기의 몰수

③ 완충용액 1.00L를 pH 1단위만큼 변화시킬 수 있는 약한 산 또는 그의 짝염기의 몰수

④ 완충용액 중 짝염기에 대한 산의 농도비가 1이 되는 데 필요한 약한 산의 몰수

해설

pH 1의 변화를 일으키지 않는 범위 내에서 완충용액이 수용할 수 있는 산이나 염기의 양을 완충용량이라고 하며, 완충용액의 $pH = pK_a$일 때 완충용량은 최대가 된다.

36 $pH = 3.00$이고 $P(AsH_3) = 1.00$mbar일 때 다음의 반쪽전지전위(V)는?

$$As(s) + 3H^+ + 3e^- \rightleftarrows AsH_3(g), \quad E^\circ = -0.238V$$

① -0.592　　② -0.415

③ -0.356　　④ -0.120

해설

Nernst 식

$$E = E^\circ + \frac{0.05916}{n} \log \frac{[Ox]}{[Red]}$$

$$= -0.238V + \frac{0.05916}{3} \log \frac{(10^{-3})^3}{10^{-3}} \fallingdotseq -0.356\,V$$

37 원자흡수분광기의 불꽃 원자화기에 공급하는 공기
－아세틸렌 가스를 아산화질소－아세틸렌 가스로
대체하는 주된 목적은?

① 불꽃의 온도를 올리기 위해서
② 불꽃의 온도를 내리기 위해서
③ 가스 연료의 비용을 줄이기 위해서
④ 시료의 분무 효율을 올리기 위해서

> **해설**
> 공기-아세틸렌 가스보다 산화이질소-아세틸렌 가스의 불꽃 온도
> 가 더 높기 때문에 불꽃의 온도를 올리기 위해서 사용한다.

39 산, 염기에 대한 설명으로 틀린 것은?

① Brønsted－Lowry산은 양성자 주개(Donor)이다.
② 염기는 물에서 수산화 이온을 생성한다.
③ 강산은 물에서 완전히 또는 거의 완전히 이온화
   되는 산이다.
④ Lewis산은 비공유 전자쌍을 줄 수 있는 물질이다.

> **해설**
> ④ Lewis산은 비공유 전자쌍을 받을 수 있는 물질이다.

38 수크로스($C_{12}H_{22}O_{11}$) 684g을 물에 녹여 전체 부피
를 4.0L로 만들었을 때 몰농도는?

① 0.25 ② 0.50
③ 0.75 ④ 1.00

> **해설**
> 몰농도(M) = $\dfrac{\text{용질의 몰수(mol)}}{\text{용액의 부피(L)}}$
>
> 수크로스($C_{12}H_{22}O_{11}$)의 분자량
> $= 12 \times 12 + 1 \times 22 + 16 \times 11 = 342\text{g/mol}$
>
> ∴ 몰농도 $= \dfrac{1}{4.0\text{L}} \times \dfrac{684\text{g}}{342\text{g/mol}} = 0.5\text{M}$

40 $CaCO_3(s) \rightleftarrows CaO(s) + CO_2(g)$ 반응에서 평형에
영향을 주는 인자만을 고른 것은?

① CaO의 농도, 반응온도
② CO_2의 농도, 반응온도
③ CO_2의 압력, CaO의 농도
④ $CaCO_3$의 압력, CaO의 농도

> **해설**
> 고체염의 농도는 평형에 영향을 주지 않는다.

41 질량분석법의 특징이 아닌 것은?

① 여러 원소에 대한 정보를 얻을 수 있다.

② 원자의 동위원소비에 대한 정보를 제공한다.

③ 같은 분자식을 지닌 이성질체를 구별할 수 있다.

④ 같은 분자량을 지닌 화합물은 분석할 수 없다.

해설

질량분석법의 특징

• 시료 물질의 원소 조성에 대한 정보

• 유기물, 무기물 및 생화학 분자의 구조에 대한 정보

• 복잡한 혼합물의 정성 및 정량분석에 대한 정보

• 고체 표면의 구조와 조성에 대한 정보

• 시료에 존재하는 원소의 동위원소비에 대한 정보

42 전해전지의 양극에서 산소, 음극에서 구리를 석출시키는 데에 0.600A의 일정한 전류가 흘렀다. 다른 산화-환원 반응이 일어나지 않는다고 가정하고 15분간 전해하였을 때 전하량(C)은?

① 536 ② 540

③ 546 ④ 600

해설

$Q(\mathrm{C}) = I(\mathrm{A}) \times t(\mathrm{s}) = 0.600\mathrm{A} \times 15\mathrm{min} \times 60\mathrm{s/min} = 540\mathrm{C}$

43 열분석법 중 시료물질과 기준물질을 조절된 온도 프로그램으로 가열하면서 이 두 물질에 흘러 들어간 열량의 차이를 시료온도의 함수로 측정하여 근본적으로 에너지의 차이를 측정하는 분석법은?

① 열무게분석법 ② 시차열분석법

③ 시차주사열계량법 ④ 열기계분석법

해설

③ 시차주사열량법(DSC) : 시료물질과 기준물질 사이의 열흐름 차이를 측정하는 방법으로, 측정 속도가 빠르고 쉽게 사용할 수 있다.

44 동일한 조건하에서 액체 크로마토그래피로 측정한 화합물 A, B, C의 머무름 시간 측정결과가 다음과 같을 때, 보기 중 틀린 것은?(단, C는 칼럼 충진물과의 상호작용이 전혀 없다고 가정한다)

> • A : 2.35min
> • B : 5.86min
> • C : 0.50min

① A의 조정된 머무름 시간은 1.85min이다.

② B의 조정된 머무름 시간은 5.36min이다.

③ B의 A에 대한 머무름비는 2.49이다.

④ 머무름비는 상대 머무름 값이라고도 한다.

해설

③ 머무름비 $\alpha = \dfrac{t_A - t_0}{t_B - t_0} = \dfrac{5.36\mathrm{min}}{1.85\mathrm{min}} \fallingdotseq 2.90$

① 2.35min − 0.50min = 1.85min

② 5.86min − 0.50min = 5.36min

45 ^{1}H Nuclear Magnetic Resonance(NMR)에서 유기화합물 분석에 사용할 수 있는 가장 적당한 용매는?

① $CDCl_3$ ② $CHCl_3$

③ C_6H_6 ④ H_3O^+

해설

① 용매는 측정하고자 하는 스펙트럼 영역 안에서 그 자체의 스펙트럼과 공명을 일으키면 안 된다. 유기화합물은 주로 중수소로 치환된 $CDCl_3$을 용매로 사용한다.

46 전위차법에서 S^{2-} 이온의 농도를 측정하기 위하여 주로 사용하는 지시전극은?

① 액체 막전극

② 결정성 막전극

③ 1차 금속 지시 전극

④ 3차 금속 지시 전극

> **해설**
> **이온선택성 막전극의 종류**
> • 결정성 막전극
> – 단일 결정 : F^-
> – 다결정 : S^{2-}
> • 비결정성 막전극
> – 유리 : Na^+, H^+
> – 액체 : Ca^{2+}, H^+

47 전자포획 검출기(ECD)에 대한 설명 중 틀린 것은?

① 살충제와 폴리클로로바이페닐 분석이 용이하다.

② 칼럼에서 용출된 시료가 방사성 β-방출기를 통과한다.

③ 방출기에서 발생한 전자는 시료를 이온화하고 전자 다발을 만든다.

④ 아민, 알코올, 탄화수소 화합물에는 감도가 낮다.

> **해설**
> ③ 방출기에서 발생한 전자는 운반기체를 이온화하고 전자 다발을 만든다.

48 적외선흡수분광계를 구성하는 장치가 아닌 것은?

① 이온원

② 적외선 광원

③ 검출기

④ 단색화 장치

> **해설**
> **적외선흡수분광계의 구성**
> • 적외선 광원
> • 시료용기
> • 단색화 장치
> • 검출기 및 기록계

49 다음의 질량분석계 중 일반적으로 분해능이 가장 낮은 것은?

① 자기장 질량분석계

② 사중극자 질량분석계

③ 이중 초점 질량분석계

④ 비행시간 질량분석계

> **해설**
> **비행시간 분석기(Time Of Flight Analyzer)**
> • 전자의 짧은 펄스, 이차이온 또는 레이저 광자로 충격을 가해 이온을 생성한다.
> • 전기장 펄스로 이온을 가속시킨다.
> • 가속된 입자는 상자 속으로 도입된다.
> • 속도는 질량에 반비례하므로, 가벼운 입자는 무거운 입자보다 먼저 수집관에 도달한다.
> • 이온화 에너지와 출발 위치의 변동이 피크를 넓게 하므로, 1,000보다 작은 분리능을 가진다.
> • 장점 : 비휘발성이나 열에 예민한 시료의 경우 직접 이온화장치에 쉽게 접근하여 도입할 수 있다.
> • 단점 : 분리능, 재현성 또는 질량 확인의 용이성이 자기장이나 사중극자 기기보다 좋지 않다.

50 $FeCl_3 \cdot 6H_2O$ 25.0mg을 0℃부터 340℃까지 가열하였을 때 얻은 열분해곡선(Thermogram)을 예측하고자 한다. 100℃와 320℃에서 시료의 질량으로 가장 타당한 것은?(단, $FeCl_3$의 열적 특성은 다음 표와 같다)

화합물	화학식량	용융점
$FeCl_3 \cdot 6H_2O$	270	37℃
$FeCl_3 \cdot 5/2H_2O$	207	56℃
$FeCl_3$	162	306℃

① 100℃ – 9.8mg, 320℃ – 0.0mg

② 100℃ – 12.6mg, 320℃ – 0.0mg

③ 100℃ – 15.0mg, 320℃ – 15.0mg

④ 100℃ – 20.2mg, 320℃ – 20.2mg

해설

- $FeCl_3 \cdot 6H_2O$ 몰수 : $25.0\text{mg} \times \dfrac{1\text{mol}}{270\text{g}} \times \dfrac{1\text{g}}{10^3\text{mg}}$

  $\fallingdotseq 9.26 \times 10^{-5}\text{mol}$

- $FeCl_3 \cdot 5/2H_2O$ 질량 : $(9.26 \times 10^{-5})\text{mol} \times \dfrac{207\text{g}}{1\text{mol}} \times \dfrac{10^3\text{mg}}{1\text{g}}$

  $= 19.17\text{mg}$

- $FeCl_3$ 질량 : $(9.26 \times 10^{-5})\text{mol} \times \dfrac{162\text{g}}{1\text{mol}} \times \dfrac{10^3\text{mg}}{1\text{g}} \fallingdotseq 15\text{mg}$

∴ 100℃는 56℃와 306℃ 사이의 값이므로, 질량이 19.17mg보다 작은 값을 가질 것으로 예측되며, 320℃는 $FeCl_3$의 용융점인 306℃ 이상의 온도이므로, 15mg 이하의 값을 가질 것으로 예측된다.

51 시차열분석(DTA ; Differential Thermal Analysis)에서 흡열 쪽으로 뾰족한 피크를 보이는 것은?

① 산화점　　　　② 녹는점

③ 결정화점　　　④ 유리전이온도

해설

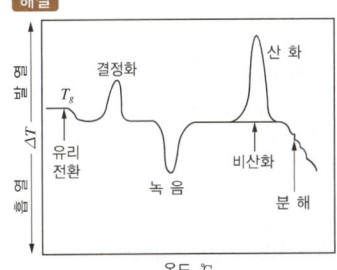

② 녹음 : 흡열 과정에 의한 것으로 발열 과정에서 형성된 미세결정이 녹으면서 생기는 것이다.

52 기체 크로마토그래피/질량분석법(GC/MS)의 이동상으로 가장 적절한 것은?

① He　　　　　② N_2

③ Ar　　　　　④ Kr

해설

① GC/MS의 이동상으로는 가벼운 헬륨(He)을 사용한다.

53 크로마토그래피에서 띠 넓힘에 기여하는 요인에 대한 설명으로 틀린 것은?

① 세로확산은 이동상의 속도에 비례한다.

② 충전입자의 크기는 다중 경로 넓힘에 영향을 준다.

③ 이동상에서의 확산계수가 증가할수록 띠 넓힘이 증가한다.

④ 충전입자의 크기는 질량이동계수에 영향을 미친다.

해설

① 세로확산 : 자연적 확산을 의미하며, 이동상의 속도에 반비례한다.

54 순환전압전류법(CV ; Cyclic Voltammetry)은 특정 성분의 전기화학적인 특성을 조사하는 데 기본적으로 사용된다. 순환전압전류법에 대한 설명으로 옳은 것은?

① 지지전해질의 농도는 측정시료의 농도와 비슷하게 맞추어 조절한다.
② 한 번의 실험에는 한 종류의 성분만을 측정한다.
③ 전위를 한쪽 방향으로만 주사한다.
④ 특정 성분의 정량 및 정성이 가능하다.

해설
① 지지전해질의 농도를 측정시료의 농도보다 크게 한다.
② 중간체도 존재한다.
③ 시료의 구성성분에 따라 주사는 음의 방향 또는 양의 방향이 될 수 있다.

55 질량분석법에서 순수한 시료가 시료도입장치를 통해 이온화실로 도입되어 이온화된다. 분자를 기체상태 이온으로 만들 때 사용하는 장치가 아닌 것은?

① EI ; Electron Impact
② FD ; Field Desorption
③ CI ; Chemical Ionization
④ CAI ; Chemical Attraction force Ionization

56 열무게분석기기(TGA ; ThermoGravimetric Analysis)의 검출기로서 작용하는 장치는?

① Syringe   ② Gas Injector
③ Weight Scale   ④ Electric Furnace

해설
열무게법(TGA) : 조절된 환경 조건하에서 시료의 온도를 증가시키면서 시료의 무게를 시간 또는 온도의 함수로 연속적으로 기록한다.

57 pH를 측정하는 데는 주로 유리전극이 사용된다. 유리전극 오차 원인으로 가장 거리가 먼 것은?

① 산에 의한 오차
② 탈수에 의한 오차
③ 압력에 의한 오차
④ 알칼리에 의한 오차

해설
유리전극으로 pH를 측정할 때 영향을 주는 오차
• 알칼리 오차 : 유리전극은 염기성 용액에서 수소이온의 농도뿐 아니라 알칼리 금속이온의 농도에도 감응한다.
• 산 오차 : pH가 0.5보다 작은 용액에서 알칼리 오차의 부호와는 반대인 오차를 나타낸다.
• 탈수 : 전극이 탈수되면 불안정한 기능을 하고 오차를 일으킨다.
• 낮은 이온세기
• 접촉전위의 변화
• 표준완충용액의 pH 오차
• 온도 변화에 따른 오차

58 분산형 IR 분광광도계의 특징으로 틀린 것은?

① 일반적으로 겹빛살(Double Beam)형을 사용한다.
② 높은 주파수의 토막내기(Chopper)를 가진다.
③ 복사선을 분산시키기 위하여 반사회절발(Grating)을 사용한다.
④ 광원의 낮은 세기 때문에 큰 신호 증폭이 필요하다.

해설
② 분산형 적외선 분광광도계는 낮은 주파수의 토막내기를 가진다.

59 200nm 파장에서 1.00cm 셀을 사용하여 페놀 수용액을 측정할 때, 측정된 투광도가 10~70% 사이에 관측될 페놀의 농도(c ; M) 범위로 옳은 것은? (단, 페놀 수용액의 200nm에서의 몰흡광계수는 $5.17 \times 10^3 Lcm^{-1}mol^{-1}$이다)

① $1.6 \times 10^{-5} < c < 1.5 \times 10^{-5}$
② $2.5 \times 10^{-4} < c < 1.5 \times 10^{-5}$
③ $1.7 \times 10^{-4} < c < 1.3 \times 10^{-4}$
④ $3.0 \times 10^{-5} < c < 1.9 \times 10^{-4}$

해설
• 흡광도 $A = \varepsilon bc$
• 투광도 $\%T = 10^{-A} \times 100\%$
$0.1 < 10^{-\varepsilon bc} < 0.7$
$\log 0.1 < -(5.17 \times 10^3) \times 1 \times c < \log 0.7$
$-\dfrac{\log 0.7}{5.17 \times 10^3} < c < -\dfrac{\log 0.1}{5.17 \times 10^3}$
$\therefore \ 3.0 \times 10^{-5} < c < 1.9 \times 10^{-4}$

60 유도결합 플라스마 분광법에서 광원(들뜸 원)의 설명 중 맞는 것은?

① 유도코일에는 주로 2.45GHz의 마이크로파를 사용한다.
② 탄소의 양극과 텅스텐 음극을 주로 사용한다.
③ 주로 불활성 기체인 헬륨(He)을 사용한다.
④ 이온화는 Tesla방전 코일에 의한 스파크로부터 시작된다.

해설
① 유도코일에는 주로 라디오파를 사용한다.
② 석영으로 된 3개의 원통을 사용한다.
③ 주로 아르곤(Ar)을 사용한다.

제4과목 | 시험법 밸리데이션

61 다음 중 Quality Assurance(QA)를 위한 Specification에 포함되어야 할 사항을 모두 고른 것은?

A. 정확도와 정밀도
B. 회수율
C. 선택성 및 감도
D. 시료채취 시 요구사항
E. QC 시료정보
F. 허용가능한 바탕값
G. 잘못된 결과 빈도수

① A, B, C, D, E, F, G
② A, C, D, F, G
③ A, B, D, F
④ A, B, C, D

62 검정곡선을 작성할 때에 대한 설명으로 옳은 내용을 모두 고른 것은?

A. 검출한계 및 정량한계를 얻을 수 있다.
B. 검정감도는 농도에 따라 변하지 않으나 분석감도는 농도에 따라 다를 수 있다.
C. 검정농도 직선 범위보다 벗어나면, Extrapolate 하여 정량한다.
D. 검정곡선에서 감도와 선택성을 얻을 수 있다.

① A, B
② A, D
③ A, B, C
④ A, C, D

63 다음에서 설명하는 화학 용어로 옳은 것은?

> 정량분석에서 부피분석을 위해 실시하는 화학분석법으로, 일정한 부피의 시료용액 내에 존재하는 알고자 하는 물질의 전량을, 이것과 반응하는 데 필요한 이미 알고 있는 농도의 시약의 부피를 측정하여 그 양으로부터 알고자 하는 물질의 양을 구하는 방법

① 적 정   ② 증 류
③ 추 출   ④ 크로마토그래피

해설
② 증류 : 상대휘발도의 차이를 이용하여 액체 상태의 혼합물을 분리하는 방법이다.
③ 추출 : 고체 또는 액체 형태의 원료 중에 함유된 가용성 성분을 용제로 용해하여 분리하는 조작이다.
④ 크로마토그래피 : 고정상과 이동상을 이용하여 혼합물을 이동 속도 차이에 따라 분리하는 방법이다.

64 방법검출한계에 대한 설명으로 잘못된 것은?

① 일반적으로 중대한 변화가 발생하지 않아도 6개월 또는 1년마다 정기적으로 방법검출한계를 재산정한다.
② 예측된 방법검출한계의 3~5배의 농도를 포함하도록 7개의 매질첨가 시료를 준비·분석하여 표준편차를 구한 후, 표준편차의 10배의 값으로 산정한다.
③ 방법검출한계는 시험방법, 장비에 따라 달라지므로 실험실에서 새로운 기기를 도입하거나 새로운 분석방법을 채택하는 경우 반드시 그 값을 다시 산정한다.
④ 어떤 측정항목이 포함된 시료를 시험방법에 의해 분석한 결과가 99% 신뢰수준에서 0보다 분명히 큰 최소 농도로 정의할 수 있다.

해설
② 예측된 방법검출한계의 3~5배 농도를 포함하도록 7개의 매질첨가시료를 준비·분석하여 표준편차를 구한 후, 표준편차의 3배의 값으로 산정한다.

65 바탕시료와 관련이 없는 것은?

① 오염 여부의 확인
② 반드시 정제수를 사용
③ 분석의 이상 유무 확인
④ 측정항목이 포함되지 않은 시료

해설
바탕시료(Blank Sample)
• 실험과정의 바탕값 보정과 실험과정 중 발생할 수 있는 오염을 파악하기 위해서 바탕시료를 측정한다.
• 용도에 따라서 다양한 바탕시료가 필요하다.
• 방법바탕시료, 현장바탕시료, 기구바탕시료, 세척바탕시료, 운반바탕시료, 전처리바탕시료, 매질바탕시료, 검정곡선바탕시료 등이 있다.
방법바탕시료(Method Blank Sample)
• 측정하고자 하는 물질이 전혀 포함되어 있지 않은 것이 증명된 시료이다.
• 시험·검사 매질에 시료의 시험방법과 동일하게 같은 용량, 같은 비율의 시약을 사용하고 시료의 시험·검사와 동일한 전처리와 시험절차로 준비하는 바탕시료이다.
• 시험·검사 수행으로부터 오염결과를 설명하기 위해 이용한다.
현장바탕시료(Field Blank Sample)
• 현장에서 만들어지는 깨끗한 시료이다.
• 분석의 모든 과정(채취, 운송, 분석)에서 생기는 문제점을 찾는 데 사용한다.
• 증류수를 사용한다.

66 검정곡선(Calibration Curve) 작성에 사용한 데이터의 개수를 2배로 늘리면 검정곡선의 기울기와 y절편의 표준 불확정도 변화비는?

① 2^2 ② $2^{\frac{1}{2}}$
③ 2^{-1} ④ $2^{-\frac{1}{2}}$

해설
④ 검정곡선 작성에 사용한 데이터의 개수를 2배로 늘리면 검정곡선의 기울기와 y절편의 표준 불확정도는 $\frac{1}{\sqrt{2}}$ 만큼 감소한다.

67 시스템 적합성 평가를 진행한 결과와 허용범위가 다음과 같을 때, 다음 설명 중 틀린 것은?

- Sampled Amount(mg) : 34.6
- Dilution Factor : 1.00
- Concentration(mg/mL) : 0.34600

〈허용범위〉
- Retention Time %RSD : ≤2.0%
- Peak Area %RSD : ≤2.0%
- Max. Tailing Factor : ≤1.5
- Min. S/N : ≥10.0

No.	Retention Time	Peak Area	Tailing Factor	S/N
1	7.608	23.36274	1.48264	15.2
2	7.610	23.20600	1.29834	18.3
3	7.612	23.27183	1.36374	14.8
4	7.612	23.16657	1.43264	17.0
5	7.615	23.37727	1.51498	16.6
6	7.619	23.27365	1.34894	13.9

① Retention Time은 합격이다.

② Tailing Factor는 합격이다.

③ Peak Area는 합격이다.

④ S/N는 합격이다.

해설

공학용 계산기 사용법 : 평균과 표준편차 계산

㉠ MODE 누르고 숫자 1을 눌러 통계모드(STAT)로 전환한다.

㉡ 평균과 표준편차를 구하기 위해 숫자 0을 입력한다(SD).

㉢ 주어진 데이터를 입력하고 M+를 누른다(6번 반복).

㉣ RCL 버튼을 누르고 숫자 4를 입력하여 평균을 확인한다.

㉤ RCL 버튼을 누르고 숫자 5를 입력하여 표준편차를 확인한다.

② Tailing Factor의 최댓값(Max)

Tailing Factor의 최댓값은 No.5의 1.514980이다.

∴ $1.51498 \leq 1.5$를 만족하지 않으므로, Tailing Factor는 불합격이다.

① Retention Time의 상대표준편차(%RSD)

$$\%RSD = \frac{s}{x} \times 100 = \frac{0.00388}{7.613} \times 100 = 0.051$$

여기서, 평균 $\overline{x} = 7.613$

표준편차 $s = 0.00388$

∴ $\%RSD = 0.051 \leq 2.0\%$이므로, Retention Time은 합격이다.

③ Peak Area의 상대표준편차(%RSD)

$$\%RSD = \frac{s}{x} \times 100 = \frac{0.0833}{23.276} \times 100 = 0.358$$

여기서, 평균 $\overline{x} = 23.276$

표준편차 $s = 0.0833$

∴ $\%RSD = 0.358 \leq 2.0\%$이므로, Peak Area는 합격이다.

④ S/N의 최솟값(Min)

S/N의 최솟값은 No.6의 13.9이다.

∴ $13.9 \geq 10.0$을 만족하므로, S/N는 합격이다.

※ SHARP EL-509 모델 기준

68 20% Pt 입자와 80% C 입자의 혼합물에서 임의의 10^3개 입자를 취했을 때, 예상되는 Pt 입자수와 표준편차는?

① 입자수 : 200, 표준편차 : 9.9

② 입자수 : 200, 표준편차 : 12.6

③ 입자수 : 800, 표준편차 : 11.2

④ 입자수 : 800, 표준편차 : 19.8

해설

- 입자수 $= 10^3 \times 0.2 = 200$
- 표준편차 $= \sqrt{1,000 \times 0.2 \times (1-0.2)} = 12.6$

69 정밀도와 정확도를 표현하는 방법이 바르게 짝지어진 것은?

① 정밀도 : 중앙값, 정확도 : 회수율
② 정밀도 : 중앙값, 정확도 : 변동계수
③ 정밀도 : 상대표준편차, 정확도 : 변동계수
④ 정밀도 : 상대표준편차, 정확도 : 회수율

해설
정밀도
• 실제 참값과 반복 시험·검사한 결과의 일치도, 즉 재현성을 의미한다.
• 상대표준편차(RSD)나 변동계수(CV)의 계산에 의해 표현된다.
정확도
• 측정값이 일반적인 참값(True Value) 또는 표준값에 근접한 정도를 말한다.
• 정제수 또는 시료 매질로부터 %회수율(%R)을 측정한다.

70 카페인 시료의 농도를 분광광도법으로 분석하여 다음의 표와 같은 데이터를 얻었을 때, 이 분광광도계의 최소 검출 가능 농도(mM)는?

시료의 흡광도 측정값 평균	0.1180
시료의 흡광도 표준편차	0.005927
바탕시료의 평균 흡광도	0.0182
검정곡선의 기울기	0.59mM^{-1}

① 0.0332
② 0.0409
③ 0.0697
④ 0.1180

해설
최소 검출 가능 농도란, 검출한계(LOD)를 의미한다.
검출한계 : 검출 가능한 최소량을 의미하며, 정량 가능할 필요는 없다.

$$LOD = 3.3 \times \frac{\sigma}{S} = 3.3 \times \frac{0.005927}{0.59} \fallingdotseq 0.0332$$

여기서, σ : 반응의 표준편차
S : 검정곡선의 기울기

71 다음 중 분석장비의 소모품이 아닌 것은?

① 원자흡광광도계(AAS)에서 음극램프(Cathode Lamp)
② HPLC-UV/Vis의 검출기에서 중수소램프(Deuterium Lamp)
③ 기체 크로마토그래프(GC)에서 시료주입기(Auto Sampler)
④ 분광광도계에서 시료 용액을 담는 셀(Cell)

해설
③ GC의 시료주입기는 소모품이 아니다.

72 내부표준에 관한 다음 설명 중 옳은 내용을 모두 고른 것은?

> 가. 감응인자는 아는 양의 분석물과 내부표준을 함유한 혼합을 사용하여 얻은 분석물과 내부표준의 검출기 감응을 사용하여 계산한다.
> 나. 기기 감응과 분석되는 시료의 양이 시간에 따라 변하는 경우에 유용하다.
> 다. 검출기 감응은 농도에 반비례한다.
> 라. 분석물과 내부표준의 검출기 감응비는 농도 범위에 걸쳐 일정하다고 가정한다.

① 다
② 가, 나
③ 가, 나, 라
④ 옳은 설명이 없다.

해설
다. 검출기 감응은 넓은 범위에서 대체로 일정하다.

73 분석장비의 노이즈 발생에 대한 다음 설명 중 옳은 내용을 모두 고른 것은?

> A. 온도가 증가하면 노이즈 전압은 증가한다.
> B. 주파수 띠 넓이가 증가하면 노이즈 전압은 증가한다.
> C. 주파수가 높을수록 환경 노이즈 스펙트럼에서 노이즈 세기는 증가한다.
> D. 락인(Lock-in) 증폭기는 노이즈를 줄이기 위한 하드웨어 장비이다.

① A, B, C
② A, B, D
③ A, C, D
④ B, C, D

---

74 HPLC의 밸리데이션을 위해 실험한 결과가 다음과 같을 때, 옳게 해석한 것은?

Peak Area	농도(mg/mL)
10	0.99
40	4.01
80	7.98
120	11.96
160	16.01
200	20.11

① HPLC의 직선성이 확보되지 않았으므로 재교정이 필요하다.
② 상관계수가 0.97인 직선식을 도출할 수 있다.
③ 측정한 데이터를 바탕으로 220Peak Area의 농도를 내삽하여 활용할 수 있다.
④ Peak Area가 100일 때의 농도는 10.01mg/mL이다.

해설

공학용 계산기 사용법
㉠ MODE 누르고 숫자 1 을 눌러 통계모드(STAT)로 전환한다.
㉡ Linearity 결과를 구하기 위해 숫자 1 을 입력한다(LINE).
㉢ 주어진 데이터를 입력하고 STO , M+ 를 누른다(6번 반복).

㉣ RCL 버튼을 누르고 (를 입력하여 y절편(a)을 확인한다.
㉤ RCL 버튼을 누르고) 를 입력하여 기울기(b)를 확인한다.
㉥ RCL 버튼을 누르고 ÷ 를 입력하여 상관계수(r)를 확인한다.
- y절편(a) : −0.0344
- 기울기(b) : 0.1004
- 상관계수(r) : 0.99998

① R^2의 값이 1에 가까울수록 직선성을 가진다고 판단된다.
② 직선식의 상관계수는 0.999980이다.
③ 220Peak Area는 Peak Area의 범위를 벗어나므로 내삽할 수 없다.
④ 실험결과의 직선식은 $y = 0.1004x - 0.0344$이므로, $x = 100$일 때의 농도 $y ≒ 10.01 \text{mg/mL}$이다.
※ SHARP EL-509 모델 기준

---

75 유효숫자를 고려하여 다음을 계산할 때, 얻어지는 값은?

> $1.22 × (1.11 + \log325) + 1.5525$

① 6.0
② 5.97
③ 5.971
④ 5.9712

해설

$\underset{㉢}{\underline{1.22 × \underset{㉡}{\underline{(1.11 + \underset{㉠}{\underline{\log325}})}} + 1.5525}}$

㉠ log325 : 가수(소수점 아래)의 유효숫자 개수 3개
㉡ 덧셈이므로 가장 적은 소수점 자리인 1.11의 소수 둘째자리까지 맞춘다.
㉢ 곱셈이므로 유효숫자 개수 3개에 맞춘다.
㉣ 덧셈이므로 가장 적은 소수점 자리(㉢의 결과)인 소수 둘째자리까지 맞춘다.
따라서, 결괏값은 5.970이다.

76 일반적으로 정밀도를 나타내는 2가지의 척도로 사용되는 것으로 옳게 짝지어진 것은?

① 정확성-직선성
② 직선성-재현성
③ 재현성-반복성
④ 반복성-정확성

해설
정밀도 : 우연 오차에 대한 측정으로, 일반적으로 반복성과 재현성이 정밀성을 나타내는 두 가지 척도로 사용된다.

분석법 종류 밸리데이션		확인시험	순도시험		정량시험 용출시험 중 정량시험에 한함 · 함량시험/효능시험
			정량시험	한도시험	
정확성		–	+	–	+
정밀성	반복성	–	+	–	+
	실험실 내 정밀성	–	+	–	+
특이성		+	+	+	+
검출한계		–	–	+	–
정량한계		–	+	–	–
직선성		–	+	–	+
범 위		–	+	–	+

• – : 일반적으로 평가할 필요가 없는 것
• + : 일반적으로 평가가 필요한 것

77 다음 중 시험법 밸리데이션에 대한 설명으로 옳지 않은 것은?

① 시험법 밸리데이션의 목적은 시험법이 사용목적에 맞게 정확하고 신뢰성 및 타당성이 있는지를 증명하는 문서화 과정이다.
② 시험목적에 맞게 적합한 밸리데이션 절차를 선택할 수 있으며 과학적 근거와 타당성이 있는 결과 해석이 필요하다.
③ 밸리데이션의 대상이 되는 모든 시험법은 모두 동일한 밸리데이션 항목으로 평가되어져야 한다.
④ 밸리데이션 대상 시험방법으로는 확인시험, 불순물의 정량 및 한도시험, 특정 성분의 정량시험이 있다.

해설
③ 시험방법별로 설정되어야 할 밸리데이션 파라미터가 다르다.

78 분석방법이 의도한 목적에 허용되는지 증명하는 검증방법에서 사용하는 용어에 대한 설명으로 옳지 않은 것은?

① 특이성이란 분석물질을 다른 것과 구별하는 능력이다.
② 직선성은 보통 규정 곡선의 상관계수의 제곱으로 측정된다.
③ 정밀도의 종류에는 병행정밀도, 실험실 내 정밀도, 실험실 간 정밀도가 있다.
④ 범위는 직선성, 정확도, 정밀도가 받아들일 수 있는 오차구간이다.

해설
④ 범위는 적절한 정밀성, 정확성 및 직선성을 충분히 제시할 수 있는 검체 중 분석대상물질 양(또는 농도)의 하한 및 상한값 사이의 영역이다.

79 분석장비의 검·교정 절차서를 작성하는 방법으로 적합하지 않은 것은?

① 시험방법에 따라 최적범위 안에서 교정용 표준물질과 바탕시료를 사용해서 교정곡선을 그린다.
② 계산된 표준편차로 교정곡선에 대한 허용 여부를 결정한다.
③ 검정곡선을 검증하기 위해서 교정검증표준물질(CVS)을 사용하여 교정한다.
④ 연속교정표준물질(CCS)과 교정검증표준물질(CVS)이 허용범위에 들지 못했을 경우, 초기교정을 다시 실시한다.

해설
② 계산된 상관계수에 의해 곡선의 허용 혹은 허용불가를 결정한다.

80 식품의약품안전처 지침 시험장비 밸리데이션 표준수행절차(SOP)의 '시험·교정(TC)' 서식에 포함되지 않는 항목은?

① 밸리데이션 수행자
② 성적서 발급일/확인일
③ 장비 제조사/제조국
④ 수행기관·업체 주소

해설
시험·교정(TC) 서식 항목
• 장비명(국문, 영문)
• 장비코드
• 모델/제조사/제조국
• 장비 운용부서
• 수행기관·업체 주소
• 성적서 발급일/확인일

81 폐기물관리법령상 지정폐기물이 아닌 것은?

① 폐 유
② 폐백신
③ 폐농약
④ 폐합성 수지

해설
폐기물관리법 시행령 [별표 1] 지정폐기물의 종류
① 특정시설에서 발생되는 폐기물
  ㉠ 폐합성 고분자화합물
    • 폐합성 수지(고체상태의 것은 제외한다)
    • 폐합성 고무(고체상태의 것은 제외한다)
  ㉡ 오니류(수분함량이 95% 미만이거나 고형물함량이 5% 이상인 것으로 한정한다)
    • 폐수처리 오니(환경부령으로 정하는 물질을 함유한 것으로 환경부장관이 고시한 시설에서 발생되는 것으로 한정한다)
    • 공정 오니(환경부령으로 정하는 물질을 함유한 것으로 환경부장관이 고시한 시설에서 발생되는 것으로 한정한다)
  ㉢ 폐농약(농약의 제조·판매업소에서 발생되는 것으로 한정한다)
② 부식성 폐기물
  ㉠ 폐산(액체상태의 폐기물로서 pH가 2.0 이하인 것으로 한정한다)
  ㉡ 폐알칼리(액체상태의 폐기물로서 pH가 12.5 이상인 것으로 한정하며, 수산화칼륨 및 수산화나트륨을 포함한다)
③ 유해물질함유 폐기물(환경부령으로 정하는 물질을 함유한 것으로 한정한다)
  ㉠ 광재(鑛滓)[철광 원석의 사용으로 인한 고로(高爐)슬래그(Slag)는 제외한다]
  ㉡ 분진(대기오염방지시설에서 포집된 것으로 한정하되, 소각시설에서 발생되는 것은 제외한다)
  ㉢ 폐주물사 및 샌드블라스트 폐사(廢砂)
  ㉣ 폐내화물(廢耐火物) 및 재벌구이 전에 유약을 바른 도자기 조각
  ㉤ 소각재
  ㉥ 안정화 또는 고형화·고화 처리물
  ㉦ 폐촉매
  ㉧ 폐흡착제 및 폐흡수제[광물유·동물유 및 식물유{폐식용유(식용을 목적으로 식품 재료와 원료를 제조·조리·가공하는 과정, 식용유를 유통·사용하는 과정 또는 음식물류 폐기물을 재활용하는 과정에서 발생하는 기름을 말한다)는 제외한다}의 정제에 사용된 폐토사(廢土砂)를 포함한다]

④ 폐유기용제
  ㉠ 할로겐족(환경부령으로 정하는 물질 또는 이를 함유한 물질로 한정한다)
  ㉡ 그 밖의 폐유기용제(㉠ 외의 유기용제를 말한다)
⑤ 폐페인트 및 폐래커(다음의 것을 포함한다)
  ㉠ 페인트 및 래커와 유기용제가 혼합된 것으로서 페인트 및 래커 제조업, 용적 5m³ 이상 또는 동력 3마력 이상의 도장(塗裝)시설, 폐기물을 재활용하는 시설에서 발생되는 것
  ㉡ 페인트 보관용기에 남아 있는 페인트를 제거하기 위하여 유기용제와 혼합된 것
  ㉢ 폐페인트 용기(용기 안에 남아 있는 페인트가 건조되어 있고, 그 잔존량이 용기 바닥에서 6mm를 넘지 아니하는 것은 제외한다)
⑥ 폐유[기름성분을 5% 이상 함유한 것을 포함하며, 폴리클로리네이티드바이페닐(PCBs)함유 폐기물, 폐식용유와 그 잔재물, 폐흡착제 및 폐흡수제는 제외한다]
⑦ 폐석면
  ㉠ 건조고형물의 함량을 기준으로 하여 석면이 1% 이상 함유된 제품·설비(뿜칠로 사용된 것은 포함한다) 등의 해체·제거 시 발생되는 것
  ㉡ 슬레이트 등 고형화된 석면 제품 등의 연마·절단·가공 공정에서 발생된 부스러기 및 연마·절단·가공 시설의 집진기에서 모아진 분진
  ㉢ 석면의 제거작업에 사용된 바닥비닐시트(뿜칠로 사용된 석면의 해체·제거작업에 사용된 경우에는 모든 비닐시트)·방진마스크·작업복 등
⑧ 폴리클로리네이티드바이페닐 함유 폐기물
  ㉠ 액체상태의 것(1L당 2mg 이상 함유한 것으로 한정한다)
  ㉡ 액체상태 외의 것(용출액 1L당 0.003mg 이상 함유한 것으로 한정한다)
⑨ 폐유독물질[화학물질관리법의 유독물질을 폐기하는 경우로 한정하되, ①의 ㉢의 폐농약(농약의 제조·판매업소에서 발생되는 것으로 한정한다), ②의 부식성 폐기물, ④의 폐유기용제, ⑧의 폴리클로리네이티드바이페닐 함유 폐기물 및 ⑪의 수은폐기물은 제외한다]
⑩ 의료폐기물(환경부령으로 정하는 의료기관이나 시험·검사 기관 등에서 발생되는 것으로 한정한다)
⑪ 천연방사성제품폐기물[생활주변방사선 안전관리법에 따른 가공제품 중 안전기준에 적합하지 않은 제품으로서 방사능 농도가 g당 10Bq 미만인 폐기물을 말한다. 이 경우 가공제품으로부터 천연방사성핵종(天然放射性核種)을 포함하지 않은 부분을 분리할 수 있는 때에는 그 부분을 제외한다]
⑫ 수은폐기물
  ㉠ 수은함유폐기물[수은과 그 화합물을 함유한 폐램프(폐형광등은 제외한다), 폐계측기기(온도계, 혈압계, 체온계 등), 폐전지 및 그 밖의 환경부장관이 고시하는 폐제품을 말한다]
  ㉡ 수은구성폐기물(수은함유폐기물로부터 분리한 수은 및 그 화합물로 한정한다)

  ㉢ 수은함유폐기물 처리잔재물(수은함유폐기물을 처리하는 과정에서 발생되는 것과 폐형광등을 재활용하는 과정에서 발생되는 것을 포함하되, 환경분야 시험·검사 등에 관한 법률에 따라 환경부장관이 고시한 폐기물 분야에 대한 환경오염공정시험기준에 따른 용출시험 결과 용출액 1L당 0.005mg 이상의 수은 및 그 화합물이 함유된 것으로 한정한다)
⑬ 그 밖에 주변환경을 오염시킬 수 있는 유해한 물질로서 환경부장관이 정하여 고시하는 물질

폐기물관리법 시행령 [별표 2] 의료폐기물의 종류
위해의료폐기물
- 조직물류폐기물 : 인체 또는 동물의 조직·장기·기관·신체의 일부, 동물의 사체, 혈액·고름 및 혈액생성물(혈청, 혈장, 혈액제제)
- 병리계폐기물 : 시험·검사 등에 사용된 배양액, 배양용기, 보관균주, 폐시험관, 슬라이드, 커버글라스, 폐배지, 폐장갑
- 손상성폐기물 : 주사바늘, 봉합바늘, 수술용 칼날, 한방침, 치과용 침, 파손된 유리재질의 시험기구
- 생물·화학폐기물 : 폐백신, 폐항암제, 폐화학치료제
- 혈액오염폐기물 : 폐혈액백, 혈액투석 시 사용된 폐기물, 그 밖에 혈액이 유출될 정도로 포함되어 있어 특별한 관리가 필요한 폐기물

82 석유화학공장에서 측정한 공기 중 톨루엔의 농도가 다음과 같을 때, 톨루엔에 대한 이 공장 근로자의 시간가중평균노출량(TWA ; ppm)은?

단위 : ppm

• 1차 측정(3시간) : 95.2
• 2차 측정(3시간) : 102.1
• 3차 측정(2시간) : 87.7

① 91.4 ② 93.1
③ 95.9 ④ 97.2

해설
시간가중평균노출기준(TWA)

$$TWA = \frac{C_1 T_1 + C_2 T_2 + \cdots + C_n T_n}{8}$$

$$= \frac{95.2 \times 3 + 102.1 \times 3 + 87.7 \times 2}{8} \fallingdotseq 95.9$$

83 연소의 3요소를 참고하여 소화의 종류별 소화원리에 대한 설명의 (　　) 안에 알맞은 용어가 순서대로 옳게 나열된 것은?

┌연소의 3요소├
ㄱ. 산 소
ㄴ. 점화에너지
ㄷ. 가연물

• 냉각소화는 인화점 및 발화점 이하로 낮추어 소화하는 방법으로 (　　)을/를 제거한다.
• 질식소화는 산소의 희석 및 산소 공급의 차단을 통하여 (　　)을/를 제거한다.
• 제거소화는 물질을 다른 위치로 이동시키거나 제거하여 (　　)을/를 제거한다.

① ㄱ, ㄱ, ㄴ 　　② ㄴ, ㄱ, ㄷ
③ ㄴ, ㄴ, ㄷ 　　④ ㄱ, ㄱ, ㄷ

해설
소화 원리

소화방법		내 용
물리적 소화	질식소화	산소공급원을 차단
	냉각소화	점화원, 점화에너지를 차단
	제거소화	가연물 제거 또는 차단
화학적 소화	억제소화	연쇄반응 차단

84 위험성 평가 절차가 다음의 도표와 같을 때, 4M 위험성 평가를 적용시키는 단계는?

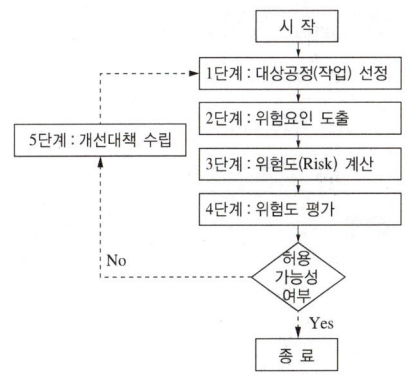

① 1단계 　　② 2단계
③ 3단계 　　④ 4단계

해설
위험성 평가 절차

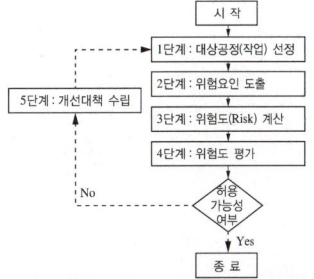

2단계 위험요인 도출 : 유해·위험요인 대상별 도출방법에 의하여 유해·위험요인을 도출한다.
• 유해·위험요인 대상
 – 사용기계·기구에 대한 위험요인의 확인
 – 사용물질에 대한 위험요인 확인
 – 예상되는 오사용 및 고장
 – 노출 등 작업환경
 – 작업 중 예상되는 근로자의 불안전한 행동
 – 무리한 동작을 유발하는 불안전한 공정
 – 작업간 물류 이동(운반)의 위험요인 확인
• 유해·위험요인 도출 방법 : 유해·위험요인을 4M[기계(Machine), 물질 및 환경(Media), 인적(Man), 관리(Management)] 4개 항목으로 구분 평가
 – 기계(Machine) : 모든 생산설비의 불안전 상태를 유발시키는 물적 위험 평가
 – 물질 및 환경(Media) : 소음, 분진, 유해물질 등 작업환경 평가
 – 인적(Man) : 작업자의 불안전 행동을 유발시키는 인적 위험 평가
 – 관리(Management) : 사고를 유발시키는 관리적인 결함사항 평가

85 산업안전보건법령상 관리대상 유해물질 중 상온 (15℃)에서 기체상인 물질은?

① Formic Acid

② Nitroglycerin

③ Methyle Amine

④ N,N-Dimethylaniline

③ 기체
① · ② · ④ 액체

86 응급처치 시 주의사항 중 가장 적절하지 않은 것은?(단, 과학기술인력개발원의 연구실 안전 표준 교재를 기준으로 한다)

① 무의식 환자에게 음식(물 포함)을 주어서는 안 된다.

② 응급처치 후 반드시 의료인에게 인계해 전문적 진료를 받도록 한다.

③ 아무리 긴급한 상황이라도 처치하는 자신의 안전과 현장 상황의 안전을 확보해야 한다.

④ 의료인의 지시를 받기 전에 의약품을 사용할 시 환자의 동의를 구하고 사용한다.

④ 의료인의 지시를 받기 전까지 원칙적으로 의약품을 사용하지 않는다.

87 우라늄-233이 알파 입자와 감마선을 내놓으며 붕괴되는 핵화학 반응에서 생성되는 물질은?

① 토륨(원자번호 90, 질량수 229)

② 라듐(원자번호 88, 질량수 228)

③ 납(원자번호 82, 질량수 205)

④ 악티늄(원자번호 89, 질량수 228)

알파 입자는 헬륨($_2^4$He)의 핵이므로 알파 입자 발생 시 원자번호 2, 질량수는 4가 감소된다. 따라서 우라늄($_{92}^{233}$U)이 핵화학 반응을 일으켜 토륨($_{90}^{229}$Th)이 된다. 감마선 발생은 원자번호, 질량수의 변화와 관계없다.

88 연구실 대상 소방안전관리에 관한 특별조사(소방특별조사) 시 소방특별조사를 연기할 수 있는 사유가 아닌 것은?

① 안전관리우수연구실 인증기간과 일정이 겹칠 경우

② 태풍, 홍수 등 재난이 발생하여 소방대상물을 관리하기가 매우 어려운 경우

③ 관계인이 질병, 장기출장 등으로 소방특별조사에 참여할 수 없는 경우

④ 권한 있는 기관에 자체점검기록부 등 소방특별조사에 필요한 장부·서류 등이 압수되거나 영치되어 있는 경우

화재의 예방 및 안전관리에 관한 법률 시행령 제9조(화재안전조사의 연기)
법 제8조제4항 전단에서 '대통령령으로 정하는 사유'란 다음의 어느 하나에 해당하는 사유를 말한다.

• 재난 및 안전관리 기본법 제3조제1호에 해당하는 재난이 발생한 경우
• 관계인의 질병, 사고, 장기출장의 경우
• 권한 있는 기관에 자체점검기록부, 교육·훈련일지 등 화재안전조사에 필요한 장부·서류 등이 압수되거나 영치(領置)되어 있는 경우
• 소방대상물의 증축·용도변경 또는 대수선 등의 공사로 화재안전조사를 실시하기 어려운 경우

- 제2항 : 소방관서장은 화재안전조사를 실시하려는 경우 사전에 관계인에게 조사대상, 조사기간 및 조사사유 등을 우편, 전화, 전자메일 또는 문자전송 등을 통하여 통지하고 이를 대통령령으로 정하는 바에 따라 인터넷 홈페이지나 전산시스템 등을 통하여 공개하여야 한다. 다만, 다음의 어느 하나에 해당하는 경우에는 그러하지 아니하다.
  - 화재가 발생할 우려가 뚜렷하여 긴급하게 조사할 필요가 있는 경우
  - 위의 경우 외에 화재안전조사의 실시를 사전에 통지하거나 공개하면 조사목적을 달성할 수 없다고 인정되는 경우
- 제4항 : 제2항에 따른 통지를 받은 관계인은 천재지변이나 그 밖에 대통령령으로 정하는 사유로 화재안전조사를 받기 곤란한 경우에는 화재안전조사를 통지한 소방관서장에게 대통령령으로 정하는 바에 따라 화재안전조사를 연기하여 줄 것을 신청할 수 있다. 이 경우 소방관서장은 연기신청 승인 여부를 결정하고 그 결과를 조사 시작 전까지 관계인에게 알려 주어야 한다.

재난 및 안전관리 기본법 제3조제1호

'재난'이란 국민의 생명·신체·재산과 국가에 피해를 주거나 줄 수 있는 것으로서 다음의 것을 말한다.

- 자연재난 : 태풍, 홍수, 호우(豪雨), 강풍, 풍랑, 해일(海溢), 대설, 한파, 낙뢰, 가뭄, 폭염, 지진, 황사(黃砂), 조류(藻類) 대발생, 조수(潮水), 화산활동, 소행성·유성체 등 자연우주물체의 추락·충돌, 그 밖에 이에 준하는 자연현상으로 인하여 발생하는 재해
- 사회재난 : 화재·붕괴·폭발·교통사고(항공사고 및 해상사고를 포함한다)·화생방사고·환경오염사고 등으로 인하여 발생하는 대통령령으로 정하는 규모 이상의 피해와 국가핵심기반의 마비, 감염병의 예방 및 관리에 관한 법률에 따른 감염병 또는 가축전염병예방법에 따른 가축전염병의 확산, 미세먼지 저감 및 관리에 관한 특별법에 따른 미세먼지 등으로 인한 피해

※ 저자의견 : 해당 법이 개정되어 법령명이 변경되었으며, 이에 따라 해당 조항의 내용도 위와 같이 변경되었다.

89 알코올은 화학실험실에서 빈번하게 사용되는 물질이지만, 메탄올과 같이 인체에 매우 유해한 종류도 있으므로 주의가 필요하다. 다음 중 알코올의 화학반응과 관련하여 잘못 설명한 것은?

① 치환반응을 통해 알코올의 작용기인 하이드록실기가 브로민으로 치환될 수 있다.
② 황산 분위기에서 탈수반응에 의해 에탄올을 반응시켜 에틸렌을 생성할 수 있다.
③ 황산 분위기에서 프로판올과 아세트산을 반응시켜 아세트산프로필을 생성할 수 있다.
④ 환원반응을 통해 에탄올을 아세트산으로 만들 수 있다.

> **해설**
> ④ 에탄올을 아세트산으로 만드는 반응은 산화반응이다.

90 산업안전보건법령상 유해화학물질의 물리적 위험성에 따른 구분과 정의에 관한 설명으로 틀린 것은?

① 인화성 가스란 20℃의 온도 및 표준압력 101.3kPa에서 공기와 혼합하여 인화범위에 있는 가스를 말한다.
② 인화성 고체란 쉽게 연소되는 고체나 마찰에 의해 화재를 일으키거나 화재를 돕는 고체를 말한다.
③ 고압가스란 200kPa 이상의 게이지압력 상태로 용기에 충전되어 있는 가스 또는 액화되거나 냉동액화된 가스를 말한다.
④ 자연발화성 액체란 적은 양으로도 공기와 접촉하여 3분 안에 발화할 수 있는 액체를 말한다.

> **해설**
> 산업안전보건법 시행규칙 [별표 18] 유해인자의 유해성·위험성 분류기준
> 자연 발화성 액체란 적은 양으로도 공기와 접촉하여 5분 안에 발화할 수 있는 액체를 말한다.

91 연구실안전법령상 안전점검 또는 정밀안전진단 대행기관의 기술인력이 받아야 하는 교육과 교육 시기·주기 및 시간이 옳게 짝지어진 것은?

① 신규교육 : 기술인력 등록 후 3개월 이내, 12시간
② 신규교육 : 기술인력 등록 후 6개월 이내, 18시간
③ 보수교육 : 신규교육 이수 후 매 1년이 되는 날 기준 전후 3개월, 12시간
④ 보수교육 : 신규교육 이수 후 매 1년이 되는 날 기준 전후 6개월, 18시간

해설

연구실 안전환경 조성에 관한 법률 시행규칙 [별표 2] 안전점검 및 정밀안전진단 대행기관 기술인력에 대한 교육의 시간 및 내용

구 분	교육 시기·주기	교육시간
신규교육	등록 후 6개월 이내	18시간 이상
보수교육	신규교육 이수 후 매 2년이 되는 날을 기준으로 전후 6개월 이내	12시간 이상
교육내용		

- 연구실 안전환경 조성 관련 법령에 관한 사항
- 연구실 안전 관련 제도 및 정책에 관한 사항
- 연구실 유해인자에 관한 사항
- 주요 위험요인별 안전점검 및 정밀안전진단 내용에 관한 사항
- 유해인자별 노출도 평가, 사전유해인자위험분석에 관한 사항
- 연구실사고 사례, 사고 예방 및 대처에 관한 사항
- 기술인력의 직무윤리에 관한 사항
- 그 밖에 직무능력 향상을 위해 필요한 사항

92 시료의 오염을 최소화하기 위한 시료채취 프로그램에 포함되어야 할 내용으로 가장 거리가 먼 것은?

① 시료 구분
② 시료 수집자
③ 시료채취 방법
④ 시료 보존 방법

해설

시료채취 프로그램 포함 항목
- 현장 확인(시료채취 지점과 위치 확인, 시료채취 위치는 분석하고자 하는 매체를 대표할 수 있는 시료를 포함한 곳이어야 한다)
- 시료 구분(지하수, 음용수, 지표수, 폐수, 퇴적물, 토양 등)

- 시료의 수량
- 조사 기간
- 시료채취 목적과 시험항목
- 시료채취 횟수(매달, 분기별 등)
- 시료채취 유형(단일시료, 혼합시료)
- 시료채취 방법(수동, 자동)
- 분석 물질(시험법 번호와 참고문헌 언급)
- 현장 측정
- 현장 정도관리 요건
- 시료 수집자

93 위험물안전관리법령상 제2류 위험물인 철분에 대한 상세 설명 중 A와 B에 들어갈 숫자는?

'철분'이라 함은 철의 분말로서 (A)μm의 표준체를 통과하는 것이 (B)wt% 미만인 것은 제외한다.

① A : 53, B : 50
② A : 150, B : 50
③ A : 53, B : 40
④ A : 150, B : 40

해설

위험물안전관리법 시행령 [별표 1] 위험물 및 지정수량
제2류 위험물
철분이라 함은 철의 분말로서 53μm의 표준체를 통과하는 것이 50wt% 미만인 것은 제외한다.

94 위험물안전관리법령상 위험물의 성질과 각 성질에 해당하는 위험물질의 연결이 틀린 것은?

① 가연성 고체 – 황린, 적린
② 산화성 고체 – 염소산나트륨, 질산칼륨
③ 인화성 액체 – 이황화탄소, 메틸알코올
④ 자연발화성 및 금수성 물질 – 나트륨, 칼륨

해설

위험물안전관리법 시행령 [별표 1] 위험물 및 지정수량
① 황린 – 자연발화성 및 금수성 물질
  적린 – 가연성 고체

95 산업안전보건법령상 물질안전보건자료 작성 시 포함되어야 할 항목이 아닌 것은?

① 재활용방안

② 응급조치 요령

③ 운송에 필요한 정보

④ 구성 성분의 명칭 및 함유량

> **해설**
> 화학물질의 분류·표시 및 물질안전보건자료에 관한 기준 제10조 (작성항목)
> • 화학제품과 회사에 관한 정보 • 유해성·위험성
> • 구성 성분의 명칭 및 함유량 • 응급조치 요령
> • 폭발·화재 시 대처 방법 • 누출 사고 시 대처 방법
> • 취급 및 저장 방법 • 노출 방지 및 개인 보호구
> • 물리화학적 특성 • 안정성 및 반응성
> • 독성에 관한 정보 • 환경에 미치는 영향
> • 폐기 시 주의사항 • 운송에 필요한 정보
> • 법적 규제 현황 • 그 밖의 참고 사항

96 산업안전보건법령상 물질안전보건자료(MSDS) 대상물질을 양도·제공하는 자가 이행해야 할 경고표지의 부착에 관한 내용 중 틀린 것은?

① 용기 및 포장에 경고표지를 부착할 수 없을 경우 경고표시를 인쇄한 꼬리표로 대체할 수 있다.

② UN의 위험물 운송에 관한 권고(RTDG)에 따라 드럼 등의 용기에 경고표시 할 경우 그림문자를 누락하여서는 안 된다.

③ 제공받은 위험물에 경고표지가 부착되어 있지 않을 경우 물질의 양도·제공자에게 경고표지의 부착을 요청할 수 있다.

④ 실험실에서 시험·연구목적으로 사용하는 시약은 외국어로 작성된 경고표지만 부착하여도 무방하다.

> **해설**
> 화학물질의 분류·표시 및 물질안전보건자료에 관한 기준 제5조 (경고표지의 부착)
> 포장하지 않는 드럼 등의 용기에 국제연합(UN)의 위험물 운송에 관한 권고(RTDG)에 따라 표시를 한 경우에는 경고표지에 그림문자를 표시하지 아니할 수 있다.

97 화학반응에 의해서 발생하는 열이 아닌 것은?

① 반응열 ② 연소열

③ 용융열 ④ 압축열

> **해설**
> ④ 압축열 : 가스가 압축될 때 발생하는 열이다.

98 산업안전보건법령상 물질안전보건자료의 작성에 관한 내용의 일부 중 밑줄 친 것에 해당하지 않는 것은?(단, 법령상 향수 등에 해당하는 물질에 관한 조건은 제외한다)

> 혼합물인 제품들이 <u>다음 각 호의 요건을 모두 충족하는 경우에는 해당 제품들을 대표하여 하나의 물질안전보건자료를 작성할 수 있다.</u>

① 각 구성성분의 함량변화가 10%P 이하일 것

② 혼합물로 된 제품의 구성성분이 같을 것

③ 주성분이 90% 이상일 것

④ 유사한 유해성을 가질 것

> **해설**
> 화학물질의 분류·표시 및 물질안전보건자료에 관한 기준 제12조 (혼합물의 유해성·위험성 결정)
> 혼합물인 제품들이 다음의 요건을 모두 충족하는 경우에는 해당 제품들을 대표하여 하나의 물질안전보건자료를 작성할 수 있다.
> • 혼합물인 제품들의 구성성분이 같을 것. 다만, 향수, 향료 또는 안료(이하 '향수 등'이라 한다) 성분의 물질을 포함하는 제품으로서 다음의 요건을 모두 충족하는 경우에는 그러하지 아니하다.
> – 제품의 구성성분 중 향수 등의 함유량(2가지 이상의 향수 등 성분을 포함하는 경우에는 총함유량을 말한다)이 5% 이하일 것
> – 제품의 구성성분 중 향수 등 성분의 물질만 변경될 것
> • 각 구성성분의 함유량 변화가 10%P 이하일 것
> • 유사한 유해성을 가질 것

99 화학물질관리법령상 유해화학물질관리자의 직무 범위에 해당하지 않는 것은?

① 유해화학물질 취급기준 준수에 필요한 조치
② 취급자의 개인보호장구 착용에 필요한 조치
③ 사고대비물질의 관리기준 준수에 필요한 조치
④ 취급자의 건강진단 등 건강관리에 필요한 조치

해설
화학물질관리법 시행령 제12조(유해화학물질관리자)
유해화학물질관리자의 직무범위는 다음과 같다.
• 유해화학물질 취급기준 준수에 필요한 조치
• 취급자의 개인보호장구 착용에 필요한 조치
• 유해화학물질의 진열·보관에 필요한 조치
• 유해화학물질의 표시에 필요한 조치
• 화학사고예방관리계획서의 작성·제출, 이행 및 지역사회 고지에 필요한 조치
• 유해화학물질 취급시설의 설치 및 관리기준 준수에 필요한 조치
• 유해화학물질 취급시설 등의 자체 점검에 필요한 조치
• 수급인의 관리·감독에 필요한 조치
• 사고대비물질의 관리기준 준수에 필요한 조치
• 화학사고 발생신고 등에 필요한 조치
• 그 밖에 유해화학물질 취급시설의 안전 확보와 위해 방지 등에 필요한 조치

100 폐기물관리법령상 폐기물처리시설의 개선기간 등에 관한 다음의 내용 중 (   ) 안에 들어갈 기간은?

> 시·도지사나 지방환경관서의 장이 폐기물처리시설의 개선 또는 사용중지를 명할 때에는 개선 등에 필요한 조치의 내용, 시설의 종류 등을 고려하여 개선명령의 경우에는 (a)의 범위에서, 사용중지명령의 경우에는 (b)의 범위에서 각각 그 기간을 정하여야 한다.

① a : 6개월, b : 1년
② a : 1년, b : 6개월
③ a : 3개월, b : 6개월
④ a : 6개월, b : 3개월

해설
폐기물관리법 시행규칙 제44조(폐기물처리시설의 개선기간 등)
시·도지사나 지방환경관서의 장이 폐기물처리시설의 개선 또는 사용중지를 명할 때에는 개선 등에 필요한 조치의 내용, 시설의 종류 등을 고려하여 개선명령의 경우에는 1년의 범위에서, 사용중지명령의 경우에는 6개월의 범위에서 각각 그 기간을 정하여야 한다.

정답 99 ④ 100 ②

제1과목 | 화학분석 과정관리

01 할로젠 원소의 특성을 설명한 것 중 틀린 것은?

① -1가 이온을 형성한다.
② 주로 이원자분자로 존재한다.
③ 주기가 커질수록 반응성이 증가한다.
④ 수소와 반응하여 할로젠화수소를 생성한다.

해설
③ 할로젠 원소는 주기가 작을수록 반응성이 크다.
할로젠 원소의 반응성 : $F_2 > Cl_2 > Br_2 > I_2$

02 유효숫자 계산이 정확한 것만 고른 것은?

> 가. $\log(3.2) = 0.51$
> 나. $10^{4.37} = 2.3 \times 10^4$
> 다. $3.260 \times 10^{-5} \times 1.78 = 5.80 \times 10^{-5}$
> 라. $34.60 \div 2.463 = 14.05$

① 가, 나
② 다, 라
③ 가, 다, 라
④ 가, 나, 다, 라

해설
가. $\log(3.2)$의 가수에 있는 유효숫자의 개수는 2개이다.
나. $10^{4.37}$의 가수에 있는 유효숫자의 개수는 2개이다.
다. 계산값 중 가장 적은 유효숫자의 개수는 3개이다.
라. 유효숫자의 개수는 4개이다.

03 C_7H_{16}의 구조 이성질체 개수는?

① 7개
② 8개
③ 9개
④ 10개

해설

04 분석방법에 대한 검증은 인증표준물질(CRM)과 표준물질(RM) 또는 표준용액을 사용하여 검증한다. 다음 중 분석방법에 대한 검증항목이 아닌 것은?

① 정량한계
② 안전성
③ 직선성
④ 정밀도

해설
분석방법에 대한 검증항목
• 정확성   • 정밀성
• 특이성   • 검출한계
• 정량한계   • 직선성
• 범 위

05 단색화 장치의 성능을 결정하는 요소로서 가장 거리가 먼 것은?

① 복사선의 순도

② 근접파장 분해능력

③ 복사선의 산란효율

④ 스펙트럼의 띠 너비

해설

단색화 장치의 성능을 결정하는 요소
- 분산되어 나오는 복사선의 순도
- 근접파장을 분해하는 능력
- 집광력
- 스펙트럼의 띠 너비

06 자외선-가시광선 분광기의 구성 요소가 아닌 것은?

① 광 원　　　　② 검출기

③ 지시전극　　　④ 시료 용기

해설

자외선-가시광선 분광기의 구성 요소
- 광 원
- 파장선택기
- 시료 용기
- 복사선 변환기
- 신호 처리장치와 판독 장치

07 폴리스타이렌(Polystyrene)에 대한 설명으로 틀린 것은?(단, 폴리스타이렌 단량체의 분자량은 104g/mol이다)

① 스타이렌이 1,000개 연결되어 생성된 폴리스타이렌은 1.04×10^5g/mol의 분자량을 가진다.

② 폴리스타이렌의 단량체는 페닐기를 포함한다.

③ 대표적인 열경화성 수지 가운데 하나이다.

④ 폴리스타이렌 생성 반응은 개시(Initiation), 생장(Propagation), 종결(Termination)의 세단계로 이루어진다.

해설

③ 폴리스타이렌은 대표적인 열가소성 수지이다.

② 페닐기 : 벤젠 고리에서 수소 1개를 제거해 유도되는 치환기($-C_6H_5$)이다.

폴리스타이렌(Polystyrene)

- 구조식

$$\left[CH_2 - CH \right]_n$$

- 특징 : 비결정성 수지로 무색무취, 무독이고 열 안정성이 좋으며 우수한 내열성을 가지고 있어 가공이 용이하고 작업성이 좋다. 그러나 태양광선, 자외선을 받으면 열화하기 쉽다.

08 $H_2(g) + I_2(g) \rightarrow 2HI(g)$ 반응의 평형상수(K_c)는 430℃에서 54.3이다. 이 온도에서 1L 용기 안에 들어 있는 각 화학종의 몰수를 측정하니 H_2는 0.2mol, I_2는 0.15mol이라면, HI의 농도(M)는?

① 1.28　　　　② 1.63

③ 1.81　　　　④ 3.00

해설

$$K_c = \frac{[HI]^2}{[H_2] \cdot [I_2]}$$

$$54.3 = \frac{[HI]^2}{0.2 \times 0.15}$$

$$\therefore [HI] ≒ 1.28$$

09 다음 유기화합물을 옳게 명명한 것은?

CH — O — CH₂ — COOH (구조식)

① 2,4-클로로페닐아세트산
② 1,3-디클로로벤젠아세트산
③ 2,4-디클로로페녹시아세트산
④ 1-옥시아세트산2,4-클로로벤젠

해설
③ 페녹시아세트산의 2,4번 탄소에 클로로기(–Cl)가 결합된 화합물이다.

10 일정한 온도와 압력에서 진행되는 다음의 연소반응에 관련된 내용 중 틀린 것은?

$$C(s) + O_2(g) \rightarrow CO_2(g)$$

① 0.5mol의 탄소가 0.5mol의 산소와 반응하여 0.5mol의 이산화탄소를 만든다.
② 1g의 탄소가 1g의 산소와 반응하여 1g의 이산화탄소를 만든다.
③ 이 반응에서 소비된 산소가 1mol이었다면, 생성된 이산화탄소의 몰수는 1mol이다.
④ 이 반응에서 1L의 산소가 소비되었다면, 생성된 이산화탄소의 부피는 1L이다.

해설
② 화학 반응식의 계수비는 물질의 몰수비 또는 같은 온도에서 부피비와 같고, 질량비와는 무관하다.

11 광도법 적정에서 $\varepsilon_a = \varepsilon_t = 0$이고, $\varepsilon_p > 0$인 경우의 적정곡선을 가장 잘 나타낸 것은?(단, 각각의 기호의 의미는 다음의 표와 같으며, 흡광도는 증가된 부피에 대하여 보정되어 표시한다)

몰흡광계수	기 호
시료(Analyte)	ε_a
적정액(Titrant)	ε_t
생성물(Product)	ε_p

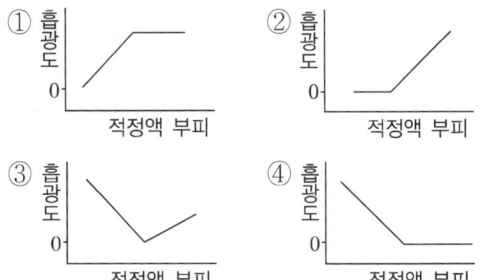

해설
① 시료의 몰흡광계수(ε_a)가 0이므로 흡광도는 0에서 시작하고, 생성물의 몰흡광계수(ε_p)가 0보다 크므로 반응이 진행되어 생성물이 생길수록 흡광도는 증가한다. 적정액의 몰흡광계수(ε_t)가 0이므로 적정이 완료된 후에는 적정액의 부피가 증가하더라도 흡광도가 변하지 않는다.

12 원자와 관련된 용어에 대한 설명 중 틀린 것은?
① 이온화 에너지는 양이온 생성 시 원자가 흡수하는 에너지이다.
② 전기 음성도는 결합 시 원자가 전자를 끌어당기는 정도를 나타내는 값이다.
③ 원자가전자란 원자의 최외각에 배치하여 화학결합에 관여하는 전자이다.
④ 전자 친화도는 음이온 생성 시 원자가 흡수하는 에너지이다.

해설
④ 전자 친화도는 음이온 생성 시 원자가 방출하는 에너지이다.

13 다음 중 질량이 가장 큰 것은?

① 산소 원자 0.01몰
② 탄소 원자 0.01몰
③ 273K, 1atm에서 이상기체인 He 0.224L
④ 이산화탄소 분자 0.01몰 내에 들어있는 총 산소 원자

해설

① $16 \times 0.01 = 0.16g$
② $12 \times 0.01 = 0.12g$
③ 273K, 1atm에서 이상기체 0.224L는 0.01몰이다. $4 \times 0.01 = 0.04g$
④ CO_2 분자 0.01몰 내에 들어있는 총 산소 원자는 0.02몰이다.
$16 \times 0.02 = 0.32g$

14 다음 중 원자의 크기가 가장 작은 것은?

① K ② Li
③ Na ④ Cs

해설

② 같은 족에서는 주기가 작을수록 원자의 크기가 작다.

15 11.99g의 염산이 녹아 있는 5.48M 염산용액의 부피(mL)는?(단, Cl의 원자량은 35.45g/mol이다)

① 12.5 ② 17.8
③ 30.4 ④ 60.0

해설

$$몰농도(M) = \frac{용질의 \ 몰수(mol)}{용액의 \ 부피(L)}$$

$$\therefore \ 용액의 \ 부피(mL) = \frac{11.99g \times 1,000mL/L}{5.48mol/L \times 36.45g/mol} = 60.0mL$$

16 11.33g의 암모니아 속에 들어 있는 수소 원자의 몰수(mol)는?

① 0.5 ② 1.0
③ 1.5 ④ 2.0

해설

암모니아(NH_3) 1mol에는 수소 원자 3mol이 들어 있다.

$$3 \times \frac{11.33g}{17g/mol} = 2.0mol$$

17 적외선 분광법의 시료용기 재료로 가장 부적합한 것은?

① AgBr ② CaF_2
③ KBr ④ SiO_2

해설

적외선 흡수분광기의 시료용기로 사용할 수 있는 재질은 NaCl, KBr 같은 이온성 물질이다. 유리나 플라스틱은 적외선을 흡수하므로 사용할 수 없다.

18 두 개의 탄화수소기가 산소 원자에 결합된 형태를 가진 분자이며, 두 개의 알코올 분자로부터 한 분자의 물이 탈수되어 생성되는 분자의 종류는?

① 알데하이드(Aldehyde)
② 카복실산(Carboxylic Acid)
③ 에터(Ether)
④ 아민(Amin)

해설

에테르(에터, Ether)
• R–O–R′
• R–OH + R′–OH → R–O–R′ + H_2O

19 국가표준기본법령상 제품 등이 국가표준, 국제표준 등을 충족하는지를 평가하는 교정, 인증, 시험, 검사 등을 의미하는 용어는?

① 표준인증심사유형

② 소급성평가

③ 적합성평가

④ 기술규정

해설

국가표준기본법 제3조(정의)

20 주기율표상에서 나트륨(Na)부터 염소(Cl)에 이르는 3주기 원소들의 경향성을 옳게 설명한 것은?

① Na로부터 Cl로 갈수록 전자 친화력은 약해진다.

② Na로부터 Cl로 갈수록 1차 이온화 에너지는 커진다.

③ Na로부터 Cl로 갈수록 원자 반경은 커진다.

④ Na로부터 Cl로 갈수록 금속성이 증가한다.

해설

① Na에서 Cl로 갈수록 전자 친화력은 증가한다.

③ Na로부터 Cl로 갈수록 원자 반경은 작아진다.

④ Na로부터 Cl로 갈수록 금속성이 감소한다.

21 N의 산화수가 4^+인 화합물은?

① HNO_3　　② NO_2

③ N_2O　　④ NH_4Cl

해설

① +5

② +4

③ +1

④ −3

22 Pb^{2+}와 EDTA의 형성상수(Formation Constant)가 1.0×10^{18}이고 pH 10에서 EDTA 중 Y^{4-}의 분율이 0.3일 때, pH 10에서 조건(Conditional)형성상수는?(단, 육양성자 형태의 EDTA를 H_6Y^{2+}로 표현할 때, Y^{4-}는 EDTA에서 수소가 완전히 해리된 상태이다)

① 3.0×10^{17}　　② 3.3×10^{13}

③ 3.0×10^{-19}　　④ 3.3×10^{-18}

해설

$K_f' = \alpha_{Y^{4-}} \cdot K_f = 1.0 \times 10^{18} \times 0.3 = 3.0 \times 10^{17}$

여기서, K_f : 형성상수

　　　　K_f' : 조건형성상수

　　　　$\alpha_{Y^{4-}}$: 전체 EDTA 화학종의 농도에 대한 Y^{4-}의 농도비

23 다음 중 $Hg_2(IO_3)_2(s)$를 용해시킬 때, 용해된 Hg_2^{2+}의 농도가 가장 큰 것은?(단, $Hg_2(IO_3)_2(s)$의 용해도곱상수는 1.3×10^{-18}이다)

① 증류수

② 0.10M KIO_3

③ 0.20M KNO_3

④ 0.30M $NaIO_3$

해설

IO_3 이온 화합물을 용해시키면 Hg_2^{2+}가 줄어들고, $Hg_2(IO_3)_2$는 KNO_3에 가장 잘 녹기 때문에 ③번의 농도가 가장 클 것이다.

24 산과 염기에 대한 설명 중 틀린 것은?

① 산은 물에서 수소 이온(H^+)의 농도를 증가시키는 물질이다.

② 산과 염기가 반응하여 물과 염을 생성하는 반응을 중화반응이라고 한다.

③ 염기성 용액에서는 H^+의 농도보다 OH^-의 농도가 더 크다.

④ 산성 용액은 붉은 리트머스 시험지를 푸르게 변색시킨다.

해설

④ 산성 용액은 푸른 리트머스 시험지를 붉게 변색시키고, 염기성 용액은 붉은 리트머스 시험지를 푸르게 변색시킨다.

25 활동도계수의 특성에 대한 설명으로 가장 거리가 먼 것은?

① 농도가 높지 않은 용액에서 주어진 화학종의 활동도계수는 전해질의 종류에 따라서만 달라진다.

② 용액이 무한히 묽어짐에 따라 주어진 화학종의 활동도계수는 1로 수렴한다.

③ 주어진 이온세기에서 같은 전하를 가진 이온들의 활동도계수는 거의 같다.

④ 전하를 띠지 않은 분자의 활동도계수는 이온세기에 관계없이 대략 1이다.

해설

① 활동도계수는 농도와 온도에 민감하기 때문에 농도가 높지 않은 용액이어도 달라진다.

26 0.1000M HCl 용액 25.00mL에 0.1000M NaOH 용액 25.10mL를 가했을 때의 pH는?(단, K_w는 10^{-14}이다)

① 11.60

② 10.30

③ 3.70

④ 2.40

해설

중화반응 후 남은 NaOH의 몰수는 0.1000M 농도의 0.10mL이다.

NaOH 몰수 $= 0.100M \times 0.1mL \times \dfrac{1L}{1,000mL} = 10^{-5}mol$

$[OH^-] = \dfrac{\text{NaOH 몰수}}{\text{전체 부피}} = \dfrac{10^{-5}mol}{(25.00+25.10)mL} \times \dfrac{1,000mL}{1L}$

$\qquad \fallingdotseq 2 \times 10^{-4}M$

$pOH = -\log[OH^-] = -\log(2 \times 10^{-4}) \fallingdotseq 3.7$

$\therefore \ pH = 14 - pOH = 14 - 3.7 \fallingdotseq 10.30$

27 0℃에서 액체 물의 밀도는 0.9998g/mL이고 이온화상수는 1.14×10^{-15}이다. 0℃에서 액체 물의 해리 백분율(mol%)은?

① 3.4×10^{-8} ② 3.4×10^{-6}

③ 6.1×10^{-8} ④ 7.5×10^{-6}

해설

- $K_w = [\text{H}_3\text{O}^+][\text{OH}^-] = 1.14 \times 10^{-15}$

  $[\text{H}_3\text{O}^+] = \sqrt{1.14 \times 10^{-15}} \fallingdotseq 3.38 \times 10^{-8}\text{mol/L}$

- $0.9998\text{g/mL} \times \dfrac{1\text{mol}}{18\text{g}} \times \dfrac{1,000\text{mL}}{1\text{L}} \fallingdotseq 55.54\text{mol/L}$

  $\therefore$ 해리 백분율 $= \dfrac{\text{해리된 몰수}}{\text{전체 몰수}} = \dfrac{3.38 \times 10^{-8}\text{mol}}{55.54\text{mol}} \times 100$

  $\qquad\qquad\quad = 6.1 \times 10^{-8}\%$

28 UV/Vis 흡수 분광법에 관한 설명 중 틀린 것은?

① 유기화합물의 UV-Vis 흡수는 n 또는 π 궤도에 있는 전자가 π^* 궤도로 전이하는 것에 기초를 두고 있다.

② $n \rightarrow \pi^*$ 전이에 해당하는 몰흡광계수는 비교적 작은 값을 갖는다.

③ $\pi \rightarrow \pi^*$ 전이에 해당하는 몰흡광계수는 대부분 큰 값을 갖는다.

④ 용매의 극성이 증가하면 $n \rightarrow \pi^*$ 전이에 해당하는 흡수 봉우리는 장파장 쪽으로 이동한다.

해설

④ 용매의 극성이 증가하면 $n \rightarrow \pi^*$ 전이에 해당하는 흡수 봉우리는 단파장 쪽으로 이동한다.

29 X선분광법에서 파장을 분리하는 단색화 장치에 이용되는 분산요소는?

① 프리즘   ② 결 정

③ 큐 벳   ④ 광전관

해설

② X선분광법에서 단색화 장치는 빛살 평행화장치와 분산요소로 구성되며, 빛살 평행화장치는 금속판, 분산요소는 결정이다.

30 이온세기와 이와 관련된 현상에 대한 설명 중 틀린 것은?

① 이온세기는 용액 중에 있는 이온의 전체 농도를 나타내는 척도이다.

② 염을 첨가하면, 이온 분위기가 형성되어 더 많은 고체가 녹는다.

③ 염을 증가시키면 이온 간 인력이 순수한 물에서보다 감소한다.

④ 이온세기가 클수록 이온 분위기의 전하는 작아진다.

해설

④ 용액의 이온세기가 클수록 이온 분위기의 전하가 커진다. 즉, 이온 분위기가 더해진 각 이온은 전하를 적게 가지게 되고, 특정 양이온과 음이온 사이의 인력이 줄어든다는 것을 의미한다.

31 약산 용액을 강염기 용액으로 적정할 때 적절한 지시약과 적정이 끝난 후 용액의 색이 올바르게 연결된 것은?

① 메틸레드 – 빨강
② 페놀레드 – 노랑
③ 메틸오렌지 – 노랑
④ 페놀프탈레인 – 빨강

해설

④ 약산을 강염기로 적정하면 당량점의 pH는 염기측에서 나타난다. 따라서 염기에서 색이 변하는 페놀프탈레인이 지시약으로 적합하다.

지시약	변색범위 (pH)	산성 용액에서 색깔	염기성 용액에서 색깔
메틸레드	4.8~6.0	빨 강	노 랑
페놀레드	6.4~8.0	노 랑	빨 강
메틸오렌지	3.1~4.4	노 랑	빨 강
페놀프탈레인	8.0~9.6	무 색	빨 강

32 다음의 전기화학전지에 대한 설명으로 틀린 것은?

Cu | Cu^{2+}(0.0200M) ‖ Ag^{+}(0.0400M) | Ag

① 한줄 수직선(|)은 전위가 발생하는 상 경계나 전위가 발생할 수 있는 접촉면이다.
② 이중 수직선(‖)은 염다리의 양 끝에 있는 두 개의 상 경계이다.
③ 0.0400M은 은이온(Ag^{+})의 농도이다.
④ 구리(Cu)는 환원전극이다.

해설

④ 구리는 산화전극이다. 전지를 표시할 때 산화전극은 왼쪽, 환원전극은 오른쪽에 표시한다.

33 0.050M 염화트라이메틸암모늄($(CH_3)_3NH^{+}Cl$)용액의 pH는?(단, 염화트라이메틸암모늄의 K_a는 1.59×10^{-10}이고, K_w는 1.0×10^{-14}이다)

① 4.55　　② 5.55
③ 6.55　　④ 7.55

해설

$$K_a=\frac{[H^+][A^-]}{[HA]}=\frac{x^2}{0.050}=1.59\times10^{-10}$$

$x=[H^+]\fallingdotseq 2.82\times10^{-6}$

$\therefore\ pH=-\log[H^+]=-\log(2.82\times10^{-6})\fallingdotseq 5.55$

34 황산구리(Ⅱ) 수용액으로부터 구리를 석출하기 위해 2A의 전류를 흘려주려고 한다. 1.36g의 구리를 석출하기 위해 필요한 시간(s)은?(단, 1F는 96,500 C/mol이며, 구리의 원자량은 63.5g/mol이다)

① 736　　② 1,033
③ 2,066　　④ 2,567

해설

패러데이의 법칙 : $Q(C)=I(A)\times t(s)$

$Cu^{2+}+2e^{-}\rightarrow Cu$

구리는 2당량이므로, 1F로 0.5mol이 생성된다.

1.36g 구리의 몰수 $=1.36g\times\frac{mol}{63.5g}\fallingdotseq 0.021mol$

$$\therefore\ t(s)=\frac{Q(C)}{I(A)}=0.021mol\times\frac{96,500C}{0.5mol}\times\frac{1}{2A}=2,026.5s$$

31 ④ 32 ④ 33 ② 34 ③ 정답

35 원자분광법에서 이온의 형성을 억제하기 위한 방법으로 적절한 것은?

① 불꽃 온도를 내리고 압력을 올린다.
② 불꽃 온도를 올리고 압력도 올린다.
③ 불꽃 온도를 내리고 압력을 내린다.
④ 불꽃 온도를 올리고 압력도 내린다.

해설
① 높은 불꽃 온도와 낮은 압력에서 이온의 분율이 높아진다. 따라서 이온의 형성을 억제하기 위해서는 불꽃 온도를 내리고 압력을 올린다.

36 Ag 및 Cd와 관련된 반쪽반응식과 표준환원전위가 다음과 같을 때, 25℃에서 다음 전지의 전위(V)?

> • 반쪽반응식, 표준환원전위
> $Ag^+ + e^- \rightleftarrows Ag(s)$ $E° = 0.799V$
> $Cd^{2+} + 2e^- \rightleftarrows Cd(s)$ $E° = -0.402V$
> • 전지반응식
> $Cd(s) \mid Cd(NO_3)_2(0.1M) \parallel AgNO_3(0.5M) \mid Ag(s)$

① −0.461   ② 0.320
③ 0.781   ④ 1.213

해설
Nernst 식
$$E = E° + \frac{0.05916}{n} \log \frac{[Ox]}{[Red]}$$
$$E° = 0.799 - (-0.402) = 1.201V$$
$$\therefore E = 1.201V + \frac{0.05916}{2} \log \frac{[Ag^+]^2}{[Cd^{2+}]}$$
$$= 1.201V + \frac{0.05916}{2} \log \frac{0.5^2}{0.1} ≒ 1.213V$$

37 철근이 녹슬 때 질량 변화는?

① 녹슬기 전과 질량 변화가 없다.
② 녹슬기 전에 비해 질량이 증가한다.
③ 녹슬기 전에 비해 질량이 감소한다.
④ 녹이 슬면서 일정 시간 질량이 감소하다가 일정하게 된다.

해설
$3Fe + 2O_2 \rightarrow Fe_3O_4$(사산화삼철)
철근이 녹슬 때 사산화삼철이 생성되므로, 철근의 질량은 증가한다.

38 온도가 증가할 때, 다음 두 반응의 평형상수 변화는?

> (a) $N_2O_4(g) \rightleftarrows 2NO_2(g) + 58kJ$
> (b) $2SO_2(g) + O_2(g) \rightleftarrows 2SO_3(g) - 198kJ$

① (a), (b) 모두 증가
② (a), (b) 모두 감소
③ (a) 증가, (b) 감소
④ (a) 감소, (b) 증가

해설
(a) 반응의 $\Delta H_a = -58kJ < 0$ … 발열반응
(b) 반응의 $\Delta H_b = 198kJ > 0$ … 흡열반응
온도가 증가하면 (a) 반응은 역반응 쪽으로 평형이 이동하고, (b) 반응은 정반응 쪽으로 평형이 이동한다. 따라서 평형상수는 (a) 반응의 경우 감소하고, (b) 반응의 경우 증가한다.

39 산-염기 적정에서 사용하는 지시약의 반응과 지시약의 형태에 따른 색상이 다음과 같다. 중성인 용액에 지시약과 산을 첨가하였을 때 혼합용액의 색깔은?

$$HR(무색) \rightleftharpoons H^+ + R^-(적색)$$

① 적 색
② 무 색
③ 알 수 없다.
④ 적색과 무색이 번갈아 나타난다.

해설
② 산을 첨가하면 H^+가 증가하고, H^+와 적색의 R^-가 결합하여 무색의 HR이 생성되는 역반응 쪽으로 평형이 이동한다. 따라서 혼합용액의 색은 무색이 된다.

40 높은 몰흡광계수를 갖는 시료를 분석할 때, 다음 중 Beer's Law가 가장 잘 적용될 수 있는 경우는?

① 분석물의 농도범위가 $10^{-4} \sim 10^{-3}$M일 때
② 분석물의 농도범위가 $10^{-3} \sim 10^{-2}$M일 때
③ 분석물의 농도범위가 $10^{-2} \sim 10^{-1}$M일 때
④ 분석물의 농도범위가 $10^{-1} \sim 10^0$M일 때

해설
① 진한 농도에서는 흡광 화학종 사이의 평균 거리가 가까워져 상호작용이 생기고, 이러한 상호작용으로 인해 복사선 파장을 흡수하는 능력에 영향을 주게 된다. 따라서 Beer's Law는 농도가 묽은 용액에서 잘 적용된다.

41 온도 변화에 따른 시료의 무게 감량을 측정하는 분석법은?

① FT-IR ② TGA
③ GPC ④ GC/MS

해설
열무게법(TGA) : 조절된 환경 조건하에서 시료의 온도를 증가시키면서 시료의 무게를 시간 또는 온도의 함수로 연속적으로 기록한다.

42 전압-전류법의 전압-전류 곡선으로부터 얻을 수 있는 정보가 아닌 것은?

① 용액의 밀도
② 정량 및 정성분석
③ 전극 반응의 가역성
④ 금속 착물의 안정도상수 및 배위수

43 원자질량분석법(Atomic Mass Spectrometry)의 이온화 방법으로 틀린 것은?

① 스파크(Spark)
② 글로 방전(Glow Discharge)
③ 장 이온화 방출침(Field Ionization Emitter)
④ 유도결합 플라스마(Inductively Coupled Plasma)

해설
원자질량분석법(Atomic Mass Spectrometry)의 이온화 방법
• 스파크 이온화법
• 유도결합 플라스마 이온화법
• 글로 방전 이온화법

44 Gas Chromatography(GC)에서 사용되는 검출기와 선택적인 화합물의 연결이 잘못된 것은?

① FID – 무기 계통 기체 화합물
② NPD – 질소(N), 인(P) 포함 화합물
③ ECD – 전자 포획 원자 포함 화합물
④ TCD – 운반기체와 열전도도 차이가 있는 화합물

해설
GC 검출기

형 태	응용할 수 있는 시료
불꽃 이온화(FID)	탄화수소물
열전도도(TCD)	일반 검출기
전자 포획(ECD)	할로젠, 과산화물, 퀴논, 나이트로기를 포함하는 화합물
질량 분석계(MS)	어떤 화학종에도 적용
열이온(TID)	질소와 인화합물
전해질 전도(Hall)	할로젠, 황, 질소를 포함한 화합물
광이온화	UV 빛에 의한 이온화 화합물
Fourier 변환 IR(FTIR)	유기화합물

45 핵자기공명(NMR ; Nuclear Magnetic Resonance) 분광법에서 사용 가능한 내부 표준물로 가장 적절한 것은?

① CH_3CN
② $(CH_3)_4Si$
③ C_9H_7NO
④ $[-C_2HC_6H_5-]_n$

해설
테트라메틸실레인(TMS ; Tetramethylsilane)
• 분자식 : $(CH_3)_4Si$
• 화학적으로 안정하고 활성이 작으며, 대부분의 유기용매와 잘 혼합된다.
• NMR에서 1개의 흡수선이 나타나고, 화합물 중 가장 고자장이어서 NMR의 표준물질로 많이 사용한다.

46 열무게분석법(TGA)의 주된 응용(연구)으로 거리가 먼 것은?

① 수화물의 결정수 결정 연구
② 중합체의 분해 메커니즘 연구
③ 중합체 분해반응의 속도론적 연구
④ 기화, 승화, 탈착과 같은 물리적 변화 연구

해설
③ 열무게분석법(TGA)의 결과만으로 속도론적 연구는 어렵다.
열무게분석법(TGA)의 이용
• 고분자의 열분해 온도
• 고분자 구조의 확인
• 용매나 수분의 조성
• 열 안정성 측정

47 핵자기공명(NMR ; Nuclear Magnetic Resonance) 분광법에 대한 설명으로 틀린 것은?

① 시료를 센 자기장에 놓아야 한다.
② 화학종의 구조를 밝히는 데 주로 사용된다.
③ 흡수과정에서 원자의 핵이 관여하지 않는다.
④ 4~900MHz 정도의 라디오 주파수 영역의 전자기 복사선의 흡수를 측정한다.

해설
③ 핵자기공명분광법(NMR)은 원자의 핵과 자기장의 관계로 분자 구조를 밝힌다.

48 전해질(0.1M KNO₃)만 있는 용액에서 적하수은전극(D.M.E.)에 −0.8V를 적용하고 측정한 잔류전류(Residual Current)는 $0.2\mu A$이다. 같은 전해질 용액 100mL에 포함된 Cd^{2+} 환원에 대한 한계전류(Limiting Current)는 $8.0\mu A$이다. 만약 1.00×10^{-2}M Cd^{2+} 표준용액 5mL를 이 용액에 가한 후 −0.8V에서 측정한 한계전류가 $11.0\mu A$라면, 이 용액에 포함된 Cd^{2+}의 농도(mM)는?(단, 측정 간 온도변화는 없다고 가정한다)

① 0.355   ② 0.494
③ 0.852   ④ 1.10

해설

확산전류
- 확산전류 = 한계전류 − 잔류전류
- 확산전류는 농도에 비례한다.
- ㉠ 전해질 용액 100mL + Cd^{2+}(농도 C_i)
  확산전류 = $8.0 - 0.2 = 7.8\mu A$
- ㉡ 용액 i + 1.00×10^{-2}M(= 1.00×10mM) Cd^{2+} 표준용액 5mL (농도 C_{ii})
  확산전류 = $11.0 - 0.2 = 10.8\mu A$

$$C_{ii} = \frac{100\text{mL} \times C_i\text{mM} + 5\text{mL} \times 10\text{mM}}{105\text{mL}}$$

$$\frac{C_{ii}}{C_i} = \frac{100 \times C_i + 5 \times 10}{C_i \times 105} = \frac{10.8}{7.8}$$

$$\therefore\ C_i = 1.10\text{mM}$$

49 전기량법에 관한 설명 중 옳은 것은?

① 전기량의 단위로 F(Faraday)가 사용되는데 1F는 96,485C/mol e⁻로 되는데 1C는 1V × 1A이다.

② 전기량법 적정은 전해전지를 구성한 분석용액에 뷰렛으로부터 표준용액을 가하면서 전류의 변화를 읽어서 종말점을 구한다.

③ 조절−전위 전기량법을 위한 전지는 기준전극(Reference Electrode), 상대전극(Counter Electrode) 및 작업전극(Working Electrode)으로 구성되는데 기준전극과 상대전극 사이의 전위를 조정한다.

④ 구리의 전기분해전지에서 전위를 일정하게 놓고 전기분해를 하면 시간에 따라 전류가 감소하는데 이는 구리 이온의 농도가 감소하고 환원전극 농도 편극의 증가가 일어나기 때문이다.

해설

① $Q(\text{C}) = I(\text{A}) \times t(\text{s})$
② 전기량법 적정은 분석물이 완전히 반응하였음을 알리는 지시계 신호가 있을 때까지 일정한 전류를 유지시킨다.
③ 조절−전위 전기량법은 일정전위기를 통하여 전위를 일정하게 유지시키고 전류−시간 곡선을 기록한다.

50 적외선 흡수 스펙트럼을 나타낼 때 가로축으로 주로 파수(cm⁻¹)를 쓰고 있다. 파장(μm)과의 관계는?

① 파수 × 파장 = 100
② 파수 × 파장 = 1,000
③ 파수 = 10,000/파장
④ 파수 = 1,000,000/파장

해설

$$\text{파수(cm}^{-1}) = \frac{1}{\text{파장(cm)}} = \frac{10^4}{\text{파장}(\mu\text{m})}$$

51 FT-IR에서 789cm⁻¹와 791cm⁻¹의 흡수밴드를 구별하기 위해 거울이 움직여야 하는 거리(cm)는?

① 0.5   ② 1.0
③ 5.0   ④ 10.0

해설

$$R = \frac{1}{\Delta} = \frac{1}{2l} = (791 - 789)\,\text{cm}^{-1} = 2\,\text{cm}^{-1}$$

$$\therefore \; l = \frac{1}{2 \times 2\,\text{cm}^{-1}} = 0.25\,\text{cm}$$

52 분자질량분석법의 이온화 방법 중 사용하기 편리하고 이온 전류를 발생시키므로 매우 예민한 방법이지만, 열적으로 불안정하고 분자량이 큰 바이오 물질들의 이온화원에는 부적당한 방법은?

① Electron Ionization(EI)
② Electro Spray Ionization(ESI)
③ Fast Atom Bombardment(FAB)
④ Matrix-Assisted Laser Desorption Ionization (MALDI)

해설

전자충격 이온화
• 장 점
 – 사용하기 편리하다.
 – 높은 이온전류를 발생시킨다.
 – 토막내기 과정이 잘 일어나 많은 봉우리가 생겨 분석물 확인이 편리하다.
• 단 점
 – 토막내기 과정으로 어미-이온 봉우리가 없어져 분자량을 알 수 없다.
 – 시료를 기화해야 한다.
 – 이온화가 일어나기 전에 분석물의 열분해가 일어날 수 있다.

53 HPLC에서 역상(Reversed-Phase) 크로마토그래피 시스템을 가장 잘 설명한 것은?

① 정지상이 극성이고 이동상이 비극성인 시스템
② 이동상이 극성이고 정지상이 비극성인 시스템
③ 분석 물질이 극성이고 정지상이 비극성인 시스템
④ 정지상이 극성이고 분석 물질이 비극성인 시스템

해설

역상 크로마토그래피
• 비극성 정지상에 극성 이동상을 사용하는 방법이다.
• 극성 물질이 가장 먼저 용리되어 나오며, 시료의 비극성을 증가시켰을 때 머무름 시간이 길어진다.

54 Gas Chromatography(GC)의 이상적인 검출기의 특징으로 틀린 것은?

① 안정성과 재현성이 좋아야 한다.
② 신뢰도가 높고 사용하기 편리해야 한다.
③ 검출기의 감도는 $10^{-8} \sim 10^{-15}$g 용질/s일 때 이상적이다.
④ 흐름 속도와 무관하게 긴 응답 시간을 가져야 한다.

해설

GC의 이상적인 검출기의 특징
• $10^{-8} \sim 10^{-15}$g 용질/s의 적당한 감도를 가져야 한다.
• 안정성과 재현성이 좋아야 한다.
• 분석물 범위 내에서 선형적인 감응을 나타내어야 한다.
• 실온부터 적어도 400℃까지의 온도범위를 가지고 있어야 한다.
• 흐름 속도와 무관하게 짧은 응답 시간을 가져야 한다.
• 신뢰도가 높고 사용이 편리해야 한다.
• 모든 분석물에 대한 감응도가 비슷하거나 한 종류 또는 그 이상의 분석물에 대하여 선택적인 감응을 보여야 한다.
• 시료를 파괴해서는 안 된다.

55 시료와 기준물질의 온도를 프로그램 하여 변화시킬 때, 두 물질 간의 온도차(ΔT)를 측정하여 분석하는 열분석법은?

① Thermal Gravimetric Analysis(TGA)
② Differential Thermal Analysis(DTA)
③ Differential Scanning Calorimetry(DSC)
④ Isothermal DSC

> **해설**
> 시차열법분석(DTA ; Differential Thermal Analysis) : 시료물질과 기준물질을 조절된 온도 프로그램으로 가열하면서 이 두 물질의 온도 차이를 온도함수로 측정하는 방법이다.

56 질량분석법으로 얻을 수 있는 정보가 아닌 것은?

① 분자량에 관한 정보
② 동위원소의 존재비에 관한 정보
③ 복잡한 분자의 구조에 관한 정보
④ 액체나 고체시료의 반응성에 관한 정보

> **해설**
> **질량분석법의 이용**
> • 시료 물질의 원소 조성에 대한 정보
> • 유기물, 무기물 및 생화학 분자의 구조에 대한 정보
> • 복잡한 혼합물의 정성 및 정량분석에 대한 정보
> • 고체 표면의 구조와 조성에 대한 정보
> • 시료에 존재하는 원소의 동위원소비에 대한 정보

57 칼럼의 길이가 30cm인 크로마토그래피를 사용하여 혼합물 시료로부터 성분 A를 분리하였다. 분리된 성분 A의 머무름 시간은 12분이었으며, 분리된 봉우리 밑변의 너비가 2.4분이었다면 이 칼럼의 단높이(cm)는?

① 7.5×10^{-2}
② 14×10^{-2}
③ 2.5
④ 12.5

> **해설**
> **단 높이**
> $$H = \frac{L}{N}$$
> 여기서, H : 단 높이
> L : 관의 충전길이
> N : 칼럼단수
> 칼럼단수 $N = 16\left(\frac{t_R}{W}\right)^2 = 16 \times \left(\frac{12}{2.4}\right)^2 = 400$
> 여기서, t_R : 두 개의 시간 측정값
> W : 봉우리 밑 너비
> $$\therefore H = \frac{30}{400} = 0.075 = 7.5 \times 10^{-2} \text{cm}$$

58 시차주사열계량법(DSC ; Differential Scanning Calorimetry)에 대한 설명으로 틀린 것은?

① 시료물질과 기준물질을 조절된 온도 프로그램에서 가열하면서 두 물질의 온도 차이를 온도의 함수로서 측정한다.
② 전력보상 DSC와 열흐름 DSC에서 제공하는 정보는 같으나 기기장치는 근본적으로 다르다.
③ 폴리에틸렌의 DSC 자료에서 발열 피크의 면적은 결정화 정도를 측정하는 데 이용된다.
④ DSC 단독 사용 시 물질종의 확인은 어려우나, 물질의 순도는 확인할 수 있다.

> **해설**
> ① 시차열법분석법(DTA)에 해당하는 설명이다.

59 ICP-MS의 작동 순서와 설명으로 틀린 것은?

① ICP를 켜기 전 냉각수 및 진공 상태를 확인한다.

② 플라스마를 켠 다음, 플라스마 작동조건을 최적화 시킨다.

③ 시료 도입 전에 바탕용액으로 잠깐 동안 시료 도입 장치의 조건을 맞춘다.

④ 실험이 끝나면 플라스마를 끄고, 약산으로 시료 도입 장치를 세척한다.

60 유리지시전극을 사용하여 용액의 pH를 측정할 때에 대한 설명으로 가장 적절하지 않은 것은?

① 선택계수($k_{H.B}$)는 1이어야 한다.

② 1개의 기준전극이 포함되어 있다.

③ 높은 pH에서는 알칼리 오차가 생길 수 있다.

④ 내부 용액의 수소이온농도를 정확히 알고 있어야 한다.

> **해설**
> ① 선택계수는 이온의 상대적 이동속도로, 공존 이온이 측정대상 이온의 전극 전위에 주는 영향의 비율을 나타낸 값이다. 이 값이 작을수록 성능이 우수하다.

제4과목 | 시험법 밸리데이션

61 원료의약품의 정량시험을 밸리데이션하는 과정에서 얻은 결과 중 틀린 것은?(단, 허용기준은 $R \geq 0.990$이다)

농도(mg/mL)	Peak Area
6	537.6
8	712.1
10	886.5
12	1,071.8
14	1,241.7

① 기울기 : 88.395

② y절편 : -5.99

③ Linearity시험 : 만족

④ 농도 Level : 60~140%

> **해설**
> **공학용 계산기 사용법**
> ㉠ MODE 누르고 숫자 1을 눌러 통계모드(STAT)로 전환한다.
> ㉡ Linearity 결과를 구하기 위해 숫자 1을 입력한다(LINE).
> ㉢ 주어진 데이터를 입력하고 STO, M+를 누른다(5번 반복).
> ㉣ RCL 버튼을 누르고 (를 입력하여 y절편(a)을 확인한다.
> ㉤ RCL 버튼을 누르고)를 입력하여 기울기(b)를 확인한다.
> ㉥ RCL 버튼을 누르고 ÷를 입력하여 상관계수(r)를 확인한다.
> - y절편(a) : 5.99
> - 기울기(b) : 88.395
> - 상관계수(r) : 0.99993
> ② y절편(a)은 5.99이다.
> ③ 상관계수 0.99993 ≥ 0.990이므로 Linearity 시험은 만족이다.
> ※ SHARP EL-509 모델 기준

62 검정곡선 작성에 관한 내용 중 틀린 것을 모두 고른 것은?

> A. 검정곡선은 정확성을 높이기 위하여 표준물질을 사용한다.
> B. 검정곡선의 직선성은 측정의 정밀도를 나타낸다.
> C. 검정곡선의 직선 범위보다 높은 세기를 나타내는 시료는 외삽법으로 농도를 정한다.
> D. 검정곡선의 직선범위보다 작은 세기를 나타내는 시료는 농축하여 다시 측정한다.

① A, B
② B, C
③ C, D
④ A, D

63 정밀성에 대한 설명이 아닌 것은?

① 동일 실험실 내에서 동일한 시험자가 동일한 장치와 기구, 동일제조번호와 시약, 기타 동일 조작조건하에서 균일한 검체로부터 얻은 복수의 검체를 짧은 기간차로 반복분석 실험하여 얻은 측정값들 사이의 근접성을 검토해야 한다.

② 동일한 실험실 내에서 다른 실험일, 다른 시험자, 다른 기구 또는 장비 등을 이용하여 분석 실험하여 얻은 측정값들 사이의 근접성을 검토해야 한다.

③ 일반적으로 표준화된 시험방법을 사용하여 서로 다른 실험실에서 하나의 동일한 검체로부터 얻은 측정값들 사이의 근접성을 검토해야 한다.

④ 분석대상물질의 양에 비례하여 일정 범위 내에 직선적인 측정값을 얻어낼 수 있는 능력을 검토해야 한다.

> **해설**
> ④ 직선성에 대한 설명이다.
> 정밀성은 반복성(병행정밀성), 실험실 내 정밀성 및 실험실 간 정밀성의 세 가지로 검토한다.
> ① 반복성(병행정밀성)
> ② 실험실 내 정밀성
> ③ 실험실 간 정밀성

64 광화학반응용기 및 전기영동법의 모세관 칼럼의 재질로 가장 많이 사용되는 물질은?

① 붕소규산염 유리
② 석영 유리
③ 자기 유리
④ 소다석회 유리

65 시험법 밸리데이션 계획서의 구성이 다음과 같을 때, 계획서에 대한 설명 중 틀린 것은?

> 1. 목 적
> 2. 적용범위
> 3. 책임사항
> 4. 물질정보
> 5. 상세시험법
> 6. 허용범위
> 7. 참고사항

① 시험에 사용되는 장비, 물질, 시험조건 등을 상세히 기술한다.

② 시험법 밸리데이션의 항목은 시험의 목적에 맞게 선택할 수 있다.

③ 허용범위는 시험 결과에 따라 달라질 수 있다.

④ 시험 용액의 제조 등과 같이 시험법과 관련된 내역을 상세히 기술한다.

> **해설**
> ③ 허용범위는 적절한 불확도 수준을 갖는 시험 결과를 얻을 수 있는 농도 범위를 말하며, 시험 결과에 따라 달라지는 것이 아니다.

66 Volumetric Karl Fischer를 사용하여 실험한 결과가 다음과 같을 때, 실험 결과의 해석 및 일반적인 장비관리절차를 기준으로 적절하지 않은 의견을 제시한 사람은?

1) 기기명 : Volumetric Karl Fischer
2) 시료명 : Toluene
3) 규격 : Not more than 500ppm
4) 시험결과

시료양	결 과
T1 0.5g	458ppm
T2 0.5g	465ppm
T3 0.5g	1,080ppm
평 균	668
표준편차	357

※ 결괏값의 변동성 허용범위는 %RSD가 30% 이내여야 한다.

① 이대리 : %RSD가 이상있으니 전극의 상태를 먼저 점검해볼 필요가 있어 보입니다.

② 류과장 : 그럼 교체주기와 사용이력 등을 먼저 확인해 보도록 합시다.

③ 김부장 : 장비에 문제가 발생하였다고 보여지면 외부의 업체에 의뢰하여 Calibration을 실시하는 것도 좋겠어요.

④ 권사원 : 외부에 의뢰할 예정이니 장비 유지보수 기록서는 별도로 기입하지 않겠습니다.

해설
④ 장비 유지보수 기록서는 기입해야 한다.

67 다음 측정값의 평균(A), 표준편차(B), 분산(C), 변동계수(D), 범위(E)는?

단위 : ppm

0.752, 0.756, 0.752, 0.751, 0.760

① A : 0.754, B : 0.004, C : 1.4×10^{-5}, D : 0.5%, E : 0.009

② A : 0.754, B : 0.003, C : 1.4×10^{-5}, D : 0.1%, E : 0.09

③ A : 0.754, B : 0.004, C : 1.4×10^{-6}, D : 0.5%, E : 0.09

④ A : 0.754, B : 0.003, C : 1.4×10^{-6}, D : 0.1%, E : 0.009

해설
공학용 계산기 사용법 : 평균과 표준편차 계산
㉠ MODE 누르고 숫자 1 을 눌러 통계모드(STAT)로 전환한다.
㉡ 평균과 표준편차를 구하기 위해 숫자 0 을 입력한다(SD).
㉢ 주어진 데이터를 입력하고 M+ 를 누른다(5번 반복).
㉣ RCL 버튼을 누르고 숫자 4 를 입력하여 평균을 확인한다.
㉤ RCL 버튼을 누르고 숫자 5 를 입력하여 표준편차를 확인한다.

• 평균 $\overline{x} = 0.754$
• 표준편차 $s \fallingdotseq 0.004$
• 분산 $s^2 \fallingdotseq 1.4 \times 10^{-5}$
• 변동계수 $CV = \dfrac{s}{x} \times 100 = \dfrac{0.004}{0.754} \times 100 \fallingdotseq 0.5\%$
• 범위 $R = |X_{max} - X_{min}| = |0.760 - 0.751| = 0.009$
※ SHARP EL-509 모델 기준

68 평균값이 ±4% 이내일 때, 95%의 신뢰도를 얻기 위한 2.8g 시료의 분석 횟수는?(단, 분석 불정확도는 시료 채취 불정확도보다 매우 작아 무시할 만하며, 주어진 조건에서 시료채취상수는 41g이다)

T-table	One-tail	
자유도	0.05	0.025
1	6.314	12.710
2	2.920	4.303
3	2.353	3.182
4	2.132	2.776
5	2.015	2.571
6	1.943	2.447
7	1.895	2.365
8	1.860	2.306
9	1.833	2.262
10	1.812	2.228
∞	1.645	1.960

① 2 ② 4
③ 6 ④ 8

69 시험분석기관의 부서를 사업 총괄부서와 시험장비 운용부서로 나눌 때, 사업 총괄부서의 시험장비 밸리데이션 관련 임무와 거리가 먼 것은?

① 사업 자문관 등을 지정한다.
② 시험장비의 변경 내용을 통보한다.
③ 소관기관 시험장비에 대한 밸리데이션 사업 시행에 필요한 예산을 확보한다.
④ 표준수행절차 및 표준서식 등을 정하고 필요·요구에 맞게 수정·보완한다.

해설
사업 총괄부서의 임무
• 식품의약품안전처(소관기관 포함) 시험장비에 대한 밸리데이션 사업수행을 총괄하며, 사업 시행에 필요한 예산을 확보한다.
• 시험장비 밸리데이션 사업 책임자, 사업 부책임자, 사업 담당자 및 사업 자문관 등을 지정하고 사업을 시행한다.

• 표준수행절차(SOP) 및 표준서식 등을 정하고 필요·요구에 따라 수정·보완한다.
• SOP 개정 등 사업 시행과 관련한 의견 수렴 및 사업 자문관회의 등은 필요시 수시 실시·개최하여 사업개선에 반영한다.

시험장비 운용부서의 임무
• 사업목적 달성, 예산절감 및 원활한 밸리데이션 사업 시행을 위하여 사업 총괄부서와 동반 책임을 갖고 사업수행에 적극 협조한다.
• 시험장비 운용부서 운용 책임자(부서장)는 운용 부책임자(해당될 경우)및 운용 담당자 등을 지정(업무분장)한다.
• 운용 중인 시험장비의 변경 사항(사용·관리전환/불용 등)이 발생 시(예정 포함) 사업 총괄부서에 해당 시험장비의 변경 내용을 통보하여 사업 시행에 변경 사항이 반영될 수 있도록 한다.

70 다음은 검출한계를 특정하는 여러 방법 중 한 가지이다. ( )에 들어갈 내용을 바르게 연결된 것은?

> 검출한계 내에 있는 분석대상물질을 포함한 검체를 사용하여 특이적인 검정곡선을 작성한다. 회귀 직선에서 ( )의 표준편차 또는 회귀직선에서 ( )의 표준편차를 표준편차 σ로서 이용할 수 있다.

① 잔차 - y절편
② 기울기 - y절편
③ 상관계수 - 잔차
④ 기울기 - 상관계수

해설
반응의 표준편차 계산방법
• 적당한 수의 바탕시험 시료를 분석하여 그 측정값의 표준편차를 계산함으로써 시험방법의 기본 감응 정도의 표준편차를 추정한다.
• 회귀직선에서 잔차의 표준편차 또는 회귀직선에서 y절편의 표준편차를 반응의 표준편차 σ로 이용할 수 있다.

71 Na$^+$을 포함하는 미지시료를 AES를 이용해 측정한 결과 4.00mV이고, 미지시료 95.0mL에 2.00M NaCl 표준용액 5.00mL를 첨가한 후 측정하였더니, 8.00mV였을 때, 미지시료 중에 함유된 Na$^+$의 농도(M)는?

① 0.95

② 0.095

③ 0.0095

④ 0.00095

73 분석을 시작하기 전 매트릭스가 혼재되어 있을 때 보조적인 시험방법을 추가로 고려해야 하는 지의 여부를 결정짓는 특성은?

① 정확성

② 견뢰성

③ 완건성

④ 특이성

72 분석의 전처리 과정에서 발생 가능한 오차에 대한 설명 중 적합하지 않은 것은?

① 측정에서 오차는 측정 조건에 따라 그 크기가 달라지지만 아무리 노력하더라도 오차를 완전히 없앨 수 없다.

② 우연 오차는 동일한 시험을 연속적으로 실시하여 보정이 가능하다.

③ 우연 오차에서는 평균값보다 큰 측정값이 얻어질 확률과 작은 값이 얻어질 확률이 같다.

④ 계통 오차의 발생 예는 교정되지 않은 뷰렛을 사용하여 부피를 측정하였을 때를 들 수 있다.

74 분석장비를 이용한 실험 준비 과정에 대한 설명 중 옳은 것을 모두 고른 것은?

A. 장비의 사용 전에는 실험실의 온도와 습도를 확인한다.
B. 장비는 사용하기 전에는 전력 저감을 위하여 워밍업 시간 없이 바로 튜닝을 하는 것이 좋다.
C. 시험 전에는 장비의 튜닝을 한 번 이상 실시하는 것이 좋다.
D. 튜닝 보고서는 장비의 최적화 과정의 결과이므로 잘 보관해둔다.

① A, B, C

② A, C, D

③ B, C, D

④ A, B, C, D

75 시험법 밸리데이션 과정에 일반적으로 요구되는 방법 검증 항목을 모두 고른 것은?

> A. 검정곡선의 직선성
> B. 특이성
> C. 정확도 및 정밀도
> D. 정량한계 및 검출한계
> E. 안정성

① A, B, C, D, E   ② A, C, D, E
③ A, B, C, D   ④ A, B, C

해설
시험방법 밸리데이션 파라미터
• 정확성   • 정밀성
• 특이성(선택성)   • 검출한계
• 정량한계   • 직선성
• 범 위   • 완건성
• 감 도   • 견뢰성

76 시험법 밸리데이션 항목 중 직선성 평가에 대한 설명으로 옳지 않은 것은?

① 적어도 5개 농도의 검체를 사용하는 것이 권장된다.
② 최소자승법에 의한 회귀직선의 계산과 같은 통계학적 방법을 이용해 측정 결과를 평가한다.
③ 농도 또는 함량에 대한 함수로 그래프를 작성하여 시각적으로 직선성을 평가한다.
④ 만약 시험결과가 허용범위에 만족하지 못하는 경우 해당 시험법은 밸리데이션 될 수 없다.

해설
④ 관계가 직선적이지 않다면 비직선형의 원인을 밝혀내거나 시험방법에서 직선성을 나타내는 범위로 측정을 제한한다.

77 시험, 교정 또는 샘플링 성적서에 관한 KS의 일부분이 다음과 같을 때, 밑줄 친 것에 해당하지 않는 것은?

> 오해나 오용의 가능성을 최소화하기 위해 시험 및 교정 기관이 다음을 따르지 못할 타당한 이유가 없는 한, 각 성적서에 적어도 다음 정보를 포함해야 한다.

① 성적서 의뢰 일자
② 사용한 방법의 식별
③ 시험 기관의 명칭 및 주소
④ 시험 기관 활동의 수행 일자

해설
시험성적서 및 교정성적(증명)서 항목
• 제 목
• 해당 기관의 명칭 및 주소, 시험 및/또는 교정을 이 주소와 다른 곳에서 실시한 경우, 그 위치
• 시험성적서 또는 교정성적(증명)서에 대한 독특한 식별 표시(예 일련 번호), 각 페이지 위에 이 페이지가 시험성적서 및 교정성적(증명)서의 일부임을 인식할 수 있도록 하기 위한 식별 표시, 시험성적서 또는 교정성적(증명)서의 끝에 대한 분명한 식별 표시
• 고객의 이름 및 주소
• 사용한 방법
• 시험 또는 교정을 실시한 품목에 대한 기술, 조건 및 명확한 확인
• 시험 또는 교정 품목의 인수 일자가 결과의 유효성 및 적용에 중요한 요소일 경우, 인수일자 및 시험 또는 교정의 실시 일자
• 샘플링 계획 및 절차가 결과의 유효성 또는 적용에 관련된 경우, 시험기관 및 교정기관 또는 다른 기관에서 사용한 샘플링 계호기 및 절차에 대한 언급
• 적절한 측정 단위로 나타낸 시험 또는 교정의 결과
• 성적서 또는 증명서에 대한 승인원자의 이름, 직위, 서명 또는 이와 유사한 표시
• 관련이 있는 경우, 결과는 시험 또는 교정을 실시한 품목에만 해당된다는 진술

78 GC–MS를 이용한 VOCs 실험에서 밸리데이션 실험 요소에 따른 평가기준 설정으로 적절하지 않은 것은?(단, 공정시험법을 기준으로 한다)

① 정량한계 근처의 농도가 되도록 분석물질을 첨가한 시료 7개를 준비하여 각 시료를 공정시험법 분석절차와 동일하게 추출하여 표준편차를 구한 후 표준편차의 3.14를 곱한 값을 방법검출한계로, 10을 곱한 값을 정량한계로 나타낸다.

② 검정곡선의 작성 및 검증은 정량범위 내의 3개 이상의 농도에 대해 검정곡선을 작성하고, 얻어진 검정곡선의 결정계수(R^2)가 0.98 이상이어야 한다.

③ 검정곡선의 작성 및 검증은 정량범위 내의 3개 이상의 농도에 대해 검정곡선을 작성하고, 얻어진 검정곡선의 상대표준편차가 25% 이내이어야 한다.

④ 정확도 기준은 정제수에 정량한계 농도의 2~10배가 되도록 표준물질을 첨가한 시료를 3개 이상 준비하여 공정시험법 분석절차와 동일하게 측정한 측정 평균값의 상대 백분율이 50~150% 이내이어야 한다.

> **해설**
> ④ 정확도 기준은 정제수에 정량한계 농도의 2~10배가 되도록 표준물질을 첨가한 시료를 4개 이상 준비하여 공정시험법 분석절차와 동일하게 측정한 측정 평균값의 상대 백분율이 75~125% 이내이어야 한다.

79 시험법 밸리데이션에 관한 설명 중 일반적인 수행 방법으로 가장 거리가 먼 것은?

① 시험법 밸리데이션의 목적은 시험방법이 목적에 적합함을 증명하는 것이다.

② 밸리데이션을 수행할 때는 순도가 명시된 특성 분석이 완료된 표준물질을 사용해야 한다.

③ 밸리데이션 시에 확보한 모든 관련 자료와 항목에 적용한 산출공식을 제출하고 적절하게 설명해야 한다.

④ 밸리데이션된 시험방법의 변경사항에 대한 기록은 생략 가능하다.

> **해설**
> ④ 밸리데이션의 과정에서 얻어진 모든 관련 데이터 및 밸리데이션 파라미터를 산출하기 위해 사용된 계산공식이 제출되어야 하며 적절히 설명되어야 한다.

80 분석 시료의 균질성을 확보하기 위한 방법으로 가장 거리가 먼 것은?

① 정제(알약)의 경우 무게와 크기가 표준품 규격에 일치하는 1정을 선별하여 분석 시료를 제조한다.

② 액제(물약)의 경우 시료 채취 전 충분히 교반 후 상·중·하층으로 나누어 채취 후 혼합하여 분석 시료를 제조한다.

③ 휘발성 물질의 경우 채취 중 외부와의 접촉을 최소화하며 분석 시료 보관 용기를 가득 채운다.

④ 지하수의 경우 물을 충분히 퍼낸 다음 새로 나온 물을 채취한다.

81 아연과 황산을 반응시키는 다음의 반응으로 생성되는 수소를 수상포집한다. 반응 종료 후 포집병 내부의 부피는 125mL, 전체압력은 838torr, 온도는 60℃일 때, 수소의 몰분율과 반응에 소모된 아연의 양(g)은?(단, 포집병 내부에는 수증기와 수소만 있다고 가정하며, 60℃의 수증기압은 150torr이고, 아연의 원자량은 65.37g/mol이다)

$$Zn(s) + H_2SO_4(aq) \rightarrow ZnSO_4(aq) + H_2(g)$$

① 0.821, 0.270g

② 0.241, 0.821g

③ 0.821, 0.121g

④ 0.241, 0.721g

해설

• 수소의 몰분율

$$x_{H_2O} = \frac{150torr}{838torr} \risingdotseq 0.179$$

포집병 내부에는 수증기와 수소만 있으므로

∴ 수소의 몰분율 $x_{H_2} = 1 - x_{H_2O} = 1 - 0.179 = 0.821$

• 반응에 소모된 아연의 양(g)

$PV = nRT$

수증기와 수소의 전체 몰수 n

$$= \frac{PV}{RT}$$

$$= \frac{838torr \times 1atm}{760torr} \times \frac{0.125L}{0.082atm \cdot L/mol \cdot K \times 333K}$$

$\risingdotseq 0.005mol$

$n_{H_2} = 0.005mol \times 0.821 = 0.004mol$

반응하는 Zn 몰수 : 생성된 H_2 몰수 = 1 : 1이므로, 반응에 소모된 아연은 0.004mol이다.

∴ $0.004mol\ Zn \times 65.37g/mol \risingdotseq 0.270g$

82 과학기술정보통신부의 연구실 설치·운영 가이드라인상 산화제와 같이 보관해서는 안 되는 화학물질은?

① 알칼리

② 무기산

③ 유기산

④ 산화성 산

해설

혼합해서는 안 되는 화학물질

구 분	무기산	산화성 산	유기산	알칼리	산화제	무기 독성	유기 독성	물 반응성	유기 용제
무기산			X	X		X	X	X	X
산화성 산			X	X		X	X	X	X
유기산	X	X		X				X	X
알칼리	X	X						X	X
산화제		X					X	X	X
무기 독성	X	X	X				X	X	X
유기 독성	X	X	X	X	X	X			
물 반응성	X	X	X	X		X			
유기 용제	X	X		X	X	X			

83 폐기물관리법령상 폐기물분석전문기관이 아닌 것은?(단, 그 밖에 환경부장관이 폐기물의 시험·분석 능력이 있다고 인정하는 기관은 제외한다)

① 한국환경공단
② 보건환경연구원
③ 산업안전보건공단
④ 수도권매립지관리공사

해설

폐기물관리법 제17조의2(폐기물분석전문기관의 지정)
환경부장관은 폐기물에 관한 시험·분석 업무를 전문적으로 수행하기 위하여 다음의 기관을 폐기물 시험·분석 전문기관(이하 '폐기물분석전문기관'이라 한다)으로 지정할 수 있다.
• 한국환경공단
• 수도권매립지관리공사
• 보건환경연구원
• 그 밖에 환경부장관이 폐기물의 시험·분석 능력이 있다고 인정하는 기관

84 실험실에서의 시약 사용 시 주의사항, 폐기물 처리 및 보관 수칙 중 틀린 것은?

① 시약은 필요한 만큼만 시약병에서 덜어내어 사용하고, 남은 시약은 재사용하지 않고 폐기한다.
② 폐시약을 수집할 때는 성분별로 구분하여 보관용기에 보관하며, 남은 폐시약은 물로 씻고 하수구에 폐기한다.
③ 폐시약 보관 용기는 통풍이 잘 되는 것으로 별도로 지정하여 보관한다.
④ 폐시약 보관 용기는 저장량을 주기적으로 확인하고 폐수 처리장에 처리한다.

해설

② 폐시약을 수집할 때는 성분별로 폐산, 폐알칼리, 폐할로겐, 폐비할로겐 유기용제, 폐유 등으로 구분하여 보관용기에 보관하며, 폐시약병은 내부를 세척제로 3회 이상 세척하여 냄새가 나지 않게 하고, 이물질이 없도록 하여 별도로 분리 배출한다. 남은 폐시약은 하수구에 폐기하지 않는다.

85 완전연소할 때 자극성이 강하고 유독한 기체를 발생하는 물질은?

① 벤 젠
② 에틸알코올
③ 메틸알코올
④ 이황화탄소

해설

이황화탄소(CS_2)
• 제4류 위험물 중 특수인화물에 해당한다.
• 무색 투명한 액체이다.
• 물에 녹지 않고, 유기용매에 잘 녹는다.
• 가연성 증기 발생을 억제하기 위하여 물속에 저장한다.
• 황을 함유하여 불쾌한 냄새가 난다.
• 연소 시 유독성의 아황산가스가 발생하며 파란 불꽃을 나타낸다 ($CS_2 + 3O_2 \rightarrow CO_2 + 2SO_2$).

86 화학물질 취급 종사자가 200ppm의 아세톤에 3시간, 100ppm의 n-헥세인에 2시간 동안 노출되었을 때, 이 근로자의 8시간 기준 시간가중평균노출기준(TWA ; ppm)은?

① 100
② 200
③ 300
④ 400

해설

시간가중평균노출기준(TWA)

$$TWA = \frac{C_1 T_1 + C_2 T_2 + \cdots + C_n T_n}{8}$$

$$= \frac{200 \times 3 + 100 \times 2}{8} = 100$$

87 화재발생 후 화재의 진행단계에 따른 실험실 종사자의 적절한 대응으로 이루어진 것은?

> ㄱ. 화재의 성장단계의 약 3~5분의 Golden Time에 소화기로 긴급 대응한다.
> ㄴ. 최성기에는 Flash-over, Backdraft 등 기현상을 관찰할 수 있으므로 화재현장에 다가간다.
> ㄷ. 최성기에 소방대응이 지연될 경우 방재복을 입고 직접 대응한다.
> ㄹ. 감쇠기 이후에도 잔여열이나 건축물의 붕괴 등의 추가 피해가 우려되므로 접근하지 않는다.

① ㄱ, ㄴ   ② ㄴ, ㄷ
③ ㄷ, ㄹ   ④ ㄱ, ㄹ

해설
ㄴ. Flash-over, Backdraft 등의 현상은 매우 위험하므로 화재현장에 다가가지 않는다.
ㄷ. 최성기에는 Backdraft 현상이 발생될 수 있어 위험하므로 직접 대응하지 않는다.

88 위험물안전관리법령상 질산에스터류, 나이트로화합물, 유기과산화물이 속하는 위험물 성질은?

① 자기반응성 물질
② 인화성 액체
③ 자연발화성 물질
④ 산화성 액체

해설
위험물안전관리법 시행령 [별표 1] 위험물 및 지정수량
제5류 위험물(자기반응성 물질)
• 자기반응성 물질이라 함은 고체 또는 액체로서 폭발의 위험성 또는 가열분해의 격렬함을 판단하기 위하여 고시로 정하는 시험에서 고시로 정하는 성질과 상태를 나타내는 것을 말한다.
• 유기과산화물, 질산에스터류, 나이트로화합물, 아조화합물 등이 있다.

89 산업안전보건법령상 자기반응성 물질 및 혼합물의 구분 형식 A~G 중 형식 A에 해당되는 것은?

① 포장된 상태에서 폭굉하거나 급속히 폭연하는 자기반응성 물질 또는 혼합물
② 50kg 포장물의 자기가속분해온도가 75℃보다 높은 물질 또는 혼합물
③ 분해열이 300J/g 미만인 물질 또는 혼합물
④ 폭발성 물질 또는 화약류 물질 또는 혼합물

해설
화학물질의 분류·표시 및 물질안전보건자료에 관한 기준 [별표 1]
화학물질 등의 분류
자기반응성 물질 및 혼합물

구 분	구분 기준
형식 A	포장된 상태에서 폭굉하거나 급속히 폭연하는 자기반응성 물질 또는 혼합물
형식 B	폭발성을 가지며 포장된 상태에서 폭굉도 급속한 폭연도 하지 않지만 그 포장물 내에서 열폭발을 일으키는 경향을 가지는 자기반응성 물질 또는 혼합물
형식 C	폭발성을 가지며 포장된 상태에서 폭굉도 폭연도 열폭발도 일으키지 않는 자기반응성 물질 또는 혼합물
형식 D	실험실 시험에서 다음 어느 하나의 성질과 상태를 나타내는 자기반응성 물질 또는 혼합물 • 폭굉이 부분적이고 빨리 폭연하지 않으며 밀폐상태에서 가열하면 격렬한 반응을 일으키지 않음 • 전혀 폭굉하지 않고 완만하게 폭연하며 밀폐상태에서 가열하면 격렬한 반응을 일으키지 않음 • 전혀 폭굉 또는 폭연하지 않고 밀폐상태에서 가열하면 중간 정도의 반응을 일으킴
형식 E	실험실 시험에서 전혀 폭굉도 폭연도 하지 않고 밀폐상태에서 가열하면 반응이 약하거나 없다고 판단되는 자기반응성 물질 또는 혼합물
형식 F	실험실 시험에서 공동상태(Cavitated State)하에서 폭굉하지 않거나 전혀 폭연하지 않고 밀폐상태에서 가열하면 반응이 약하거나 없는 또는 폭발력이 약하거나 없다고 판단되는 자기반응성 물질 또는 혼합물
형식 G	실험실 시험에서 공동상태하에서 폭굉하지 않거나 전혀 폭연하지 않고, 밀폐상태에서 가열하면 반응이 없거나 폭발력이 없다고 판단되는 자기반응성 물질 또는 혼합물. 다만, 열역학적으로 안정하고(50kg의 포장물에서 자기가속분해온도(SADT)가 60℃와 75℃ 사이), 액체 혼합물의 경우에는 끓는점이 150℃ 이상의 희석제로 둔화시키는 것을 조건으로 한다. 혼합물이 열역학적으로 안정하지 않거나 끓는점이 150℃ 미만의 희석제로 둔화되고 있는 경우에는 형식 F로 해야 한다.

90 GHS에 의한 화학물질의 분류에 있어 성상에 대한 설명으로 옳지 않은 것은?

① 가스는 50℃에서 증기압이 300kPa$_{Abs}$를 초과하는 단일 물질 또는 혼합물

② 고체는 액체 또는 가스의 정의에 부합되지 않는 단일 물질 또는 혼합물

③ 증기는 액체 또는 고체 상태로부터 방출되는 가스 형태의 단일 물질 또는 혼합물

④ 액체는 101.3kPa에서 녹는점이나 초기 녹는점이 25℃ 이하인 단일 물질 또는 혼합물

해설

④ 액체 : 50℃에서 증기압이 300kPa 이하이고, 20℃ 표준압력(101.3kPa)에서 완전히 가스 상태가 아니며, 표준압력(101.3kPa)에서 녹는점(또는 초기 녹는점)이 20℃ 이하인 물질

91 산업안전보건법령상 물질안전보건자료의 경고표시 기재항목의 작성방법으로 틀린 것은?

① 그림문자 : 5개 이상일 경우 4개만 표시 가능

② 신호어 : '위험' 또는 '경고' 표시 모두 해당하는 경우에는 '경고'만 표시 가능

③ 예방조치 문구 : 7개 이상인 경우에는 예방·대응·저장·폐기 각 1개 이상을 포함하여 6개만 표시 가능

④ 유해·위험 문구 : 해당 문구는 모두 기재하되, 중복되는 문구는 생략, 유사한 문구는 조합 가능

해설

화학물질의 분류·표시 및 물질안전보건자료에 관한 기준 제6조의2(경고표지 기재항목의 작성방법)
신호어는 '위험'과 '경고' 모두 해당되는 경우에는 '위험'만 표시한다.

92 C_2H_4를 합성하기 위한 반응은 다음과 같으며, C_2H_4의 수득률이 42.5%라면 C_2H_4 281g을 생산하기 위해 필요한 C_6H_{14}의 질량(g)은?

$$C_6H_{14} \xrightarrow{800℃} C_2H_4 + \text{다른 생성물}$$

① 2.03×10^3　　② 3.03×10^3

③ 4.03×10^3　　④ 5.03×10^3

해설

수득률(%) = $\dfrac{\text{실제 생성량}}{\text{이론적 생성량}} \times 100$

• C_2H_4 281g의 몰수 = $\dfrac{281g}{(12 \times 2 + 1 \times 4)g/mol} ≒ 10.04mol$

• C_2H_4 281g을 생산하기 위해 필요한 C_6H_{14}의 몰수

$42.5 = \dfrac{10.04mol}{\text{이론적 생성량}} \times 100$

이론적 생성량 = 23.6mol

∴ 반응하는 C_6H_{14} 몰수 : 생성되는 C_2H_4 몰수 = 1 : 1이므로 필요한 C_6H_{14}의 질량은
23.6mol $\times$ (12 $\times$ 6 + 1 $\times$ 14)g/mol ≒ 2.03×10^3g이다.

93 브뢴스테드에 의한 산/염기의 정의에 따라 다음 반응을 바르게 설명하지 못한 것은?

$$CH_3COOH + H_2O \rightarrow H_3O^+ + CH_3COO^-$$

① 정반응에서 아세트산은 양성자를 잃으므로 산에 속한다.

② 정반응에서 물은 양성자를 받아들이므로 염기에 속한다.

③ 역반응에서 하이드로늄 이온은 양성자를 잃으므로 산에 속한다.

④ 역반응에서 아세트산 이온은 양성자를 받아들이므로 산에 속한다.

해설

④ 역반응에서 아세트산 이온은 양성자를 받아들이므로 염기에 속한다.

94 화학 실험실 실험기구 및 장치의 안전 사용에 대한 설명으로 가장 거리가 먼 것은?

① 모든 플라스크류는 감압조작에 사용할 수 있다.

② 비커류에 용매를 넣을 때 크리프 현상을 주의하여야 한다.

③ 실험장치는 온도 변화에 따라 기계적 강도가 변할 수 있다.

④ 실험장치는 사용하는 약품에 따라 기계적 강도가 변할 수 있다.

해설

① 플라스크류는 압력 및 변형에 약하므로 직화에 의한 가열 및 감압 조작에 사용해서는 안 된다.

※ 크리프 현상 : 액이 벽면을 따라 상승하여 외측으로 나오는 것이다.

96 위험물안전관리법령상 화학분석실에서 발생하는 위험 화학물질의 운반에 관한 설명으로 틀린 것은?

① 위험물은 온도변화 등에 의하여 누설되지 않도록 하여 밀봉 수납한다.

② 하나의 외장 용기에는 다른 종류의 위험물을 같이 수납하지 않는다.

③ 액체위험물은 운반용기 내용적의 98% 이하로 수납하되 55℃의 온도에서도 누설되지 않도록 충분한 공간용적을 유지해야 한다.

④ 고체위험물은 운반용기 내용적의 98% 이하로 수납해야 한다.

해설

위험물안전관리법 시행규칙 [별표 19] 위험물의 운반에 관한 기준
고체위험물은 운반용기 내용적의 95% 이하의 수납율로 수납할 것

95 비점이 다른 성분의 혼합물인 원유나 중질유 등의 유류저장탱크에 화재가 발생하여 장시간 진행되어 형성된 열류층이 탱크 저부로 내려오며 탱크 밖으로 비산, 분출되는 현상은?

① BLEVE

② Boil-over

③ Flash-over

④ Backdraft

해설

② Boil-over : 중질유 탱크에서 장시간 조용히 연소하다가 탱크의 잔존기름이 갑자기 분출하는 현상이다.

① BLEVE(Boiling Liquid Expanding Vapour Explosion) : 액화가스 저장탱크의 누설로 부유 또는 확산된 액화가스가 착화원과 접촉하여 액화가스가 공기 중으로 확산, 폭발하는 현상이다.

97 위험물안전관리법령상 (   )에 해당하는 용어는?

다량의 위험물을 저장·취급하는 제조소 등으로서 대통령령이 정하는 제조소 등이 있는 동일한 사업소에서 대통령령이 정하는 수량 이상의 위험물을 저장 또는 취급하는 경우 당해 사업소의 관계인은 대통령령이 정하는 바에 따라 당해 사업소에 (   )를 설치하여야 한다.

① 의용소방대　　　　② 자위소방대

③ 자체소방대　　　　④ 사설소방대

해설

위험물안전관리법 제19조(자체소방대)
다량의 위험물을 저장·취급하는 제조소 등으로서 대통령령이 정하는 제조소 등이 있는 동일한 사업소에서 대통령령이 정하는 수량 이상의 위험물을 저장 또는 취급하는 경우 당해 사업소의 관계인은 대통령령이 정하는 바에 따라 당해 사업소에 자체소방대를 설치하여야 한다.

98 완충용액에 대한 설명으로 틀린 것은?

① 완충용액이란 외부에서 어느 정도의 산이나 염기를 가했을 때, 영향을 크게 받지 않고 수소이온농도를 일정하게 유지하는 용액이다.

② 약염기에 그 염을 혼합시킨 완충용액은 강염기를 소량 첨가하면 pH의 변화가 크다.

③ 약산에 그 염을 혼합시킨 완충용액은 강산을 소량 첨가해도 pH의 변화가 그다지 없다.

④ 완충용액은 피검액의 안정제나 pH 측정의 비교 표준액으로 사용된다.

② 약염기에 그 염을 혼합시킨 완충용액에 강염기를 소량 첨가해도 pH의 변화가 크지 않다.

99 위험물안전관리법령상 인화성 고체로 분류하는 1기압에서의 인화점 기준은?

① 20℃ 미만

② 30℃ 미만

③ 40℃ 미만

④ 60℃ 미만

위험물안전관리법 시행령 [별표 1] 위험물 및 지정수량
인화성 고체라 함은 고형알코올 그 밖에 1기압에서 인화점이 40℃ 미만인 고체를 말한다.

100 소방시설법령상 특급 소방안전관리대상물의 소방안전관리자로 선임할 수 있는 자격기준으로 옳지 않은 것은?

① 소방기술사 또는 소방시설관리사의 자격이 있는 사람

② 소방설비기사의 자격을 취득한 후 5년 이상 1급 소방안전관리대상물의 소방안전관리자로 근무한 실무경력이 있는 사람

③ 소방설비산업기사의 자격을 취득한 후 6년 이상 1급 소방안전관리대상물의 소방안전관리자로 근무한 실무경력이 있는 사람

④ 소방공무원으로 20년 이상 근무한 경력이 있는 사람

화재의 예방 및 안전관리에 관한 법률 시행령 [별표 4] 소방안전관리자를 선임해야 하는 소방안전관리대상물의 범위와 소방안전관리자의 선임 대상별 자격 및 인원기준
특급 소방안전관리대상물에 선임해야 하는 소방안전관리자의 자격 : 다음의 어느 하나에 해당하는 사람으로서 특급 소방안전관리자 자격증을 발급받은 사람
• 소방기술사 또는 소방시설관리사의 자격이 있는 사람
• 소방설비기사의 자격을 취득한 후 5년 이상 1급 소방안전관리대상물의 소방안전관리자로 근무한 실무경력(법 제24조제3항에 따라 소방안전관리자로 선임되어 근무한 경력은 제외한다)이 있는 사람
• 소방설비산업기사의 자격을 취득한 후 7년 이상 1급 소방안전관리대상물의 소방안전관리자로 근무한 실무경력이 있는 사람
• 소방공무원으로 20년 이상 근무한 경력이 있는 사람
• 소방청장이 실시하는 특급 소방안전관리대상물의 소방안전관리에 관한 시험에 합격한 사람
화재의 예방 및 안전관리에 관한 법률 제24조제3항
소방안전관리대상물 중 연면적 등이 일정규모 미만인 대통령령으로 정하는 소방안전관리대상물의 관계인은 소방안전관리업무를 대행하는 관리업자(소방시설 설치 및 관리에 관한 법률에 따른 소방시설관리업의 등록을 한 자를 말한다)를 감독할 수 있는 사람을 지정하여 소방안전관리자로 선임할 수 있다. 이 경우 소방안전관리자로 선임된 자는 선임된 날부터 3개월 이내에 교육을 받아야 한다.
※ 저자의견 : 해당 법이 개정되어 법령명이 변경되었으며, 이에 따라 해당 조항의 내용도 위와 같이 변경되었다.

제1과목 | 화학분석 과정관리

01 다음 표의 (ㄱ), (ㄴ), (ㄷ)에 들어갈 숫자를 순서대로 나열한 것은?

기 호	양성자수	중성자수	전자수	전 하
$^{238}_{92}U$	(ㄱ)			0
$^{40}_{20}Ca^{2+}$		(ㄴ)		2+
$^{51}_{23}V^{3+}$			(ㄷ)	3+

① (ㄱ) 92, (ㄴ) 20, (ㄷ) 20

② (ㄱ) 92, (ㄴ) 40, (ㄷ) 23

③ (ㄱ) 238, (ㄴ) 20, (ㄷ) 20

④ (ㄱ) 238, (ㄴ) 40, (ㄷ) 23

해설
(ㄱ) 92
(ㄴ) 중성자수 = 질량수 - 양성자수 = 40 - 20 = 20
(ㄷ) 전자수 = 양성자수 = 원자번호이며, 전자수 23에 3+가의 양
전하이므로 전자 3개를 잃어 23 - 3 = 20이다.

02 시료채취장비와 시료용기의 준비과정이 잘못된 것은?

① 스테인리스 혹은 금속으로 된 장비는 산으로 헹군다.

② 장비 세척 후 저장이나 이송을 위해서는 알루미늄 포일로 싼다.

③ 금속류 분석을 위한 시료채취용기로는 뚜껑이 있는 플라스틱 병을 사용한다.

④ VOCs, THMs의 분석을 위한 시료채취용기 세척 시 플라스틱 통에 든 세제를 사용하면 안 된다.

해설
① 스테인리스 혹은 금속으로 된 장비는 산으로 헹구면 부식될 수 있다.

03 어떤 학생의 NaOH 용액 제조과정 실험 레포트 중 잘못된 것을 모두 고른 것은?

> 목표 : 0.1M NaOH 100mL 제조
> ⓐ 100mL 부피플라스크에 0.4g의 NaOH를 넣은 후 표선까지 증류수로 채운다.
> ⓑ 이 반응은 흡열반응이므로 주의하도록 한다.
> ⓒ NaOH의 조해성을 주의하여 제조한다.
> ⓓ 시약을 조제할 때, 약수저에 시약이 남을 경우 버리지 않고 시약병에 다시 넣어둔다.

① ⓐ
② ⓐ, ⓑ
③ ⓑ, ⓓ
④ ⓐ, ⓑ, ⓓ

> **해설**
> ⓐ 100mL 부피플라스크에 0.4g의 NaOH를 넣은 후 부피플라스크 $\frac{1}{2}$ 정도의 증류수를 가해 NaOH를 완전히 용해시키고 상온까지 식힌 후, 부피플라스크의 표선까지 증류수로 채운다.
> ⓑ 이 반응은 발열반응이므로 주의하도록 한다.
> ⓓ 시약을 조제할 때, 약수저에 시약이 남을 경우 폐시약통에 버린다.

04 C_4H_8의 모든 이성질체의 개수는 몇 개인가?

① 4
② 5
③ 6
④ 7

> **해설**
>
> H-C=C-H (with H, H, C₂H₅)
> CH₃-C=C-H (with CH₃, H, H, CH₃)
>
> (구조식 그림)

05 다음 중 수소의 질량 백분율(%)이 가장 큰 것은?

① HCl
② H_2O
③ H_2SO_4
④ H_2S

> **해설**
> ② $\frac{2}{(2+16)} \times 100 \fallingdotseq 11\%$
> ① $\frac{1}{(1+35.5)} \times 100 \fallingdotseq 2.7\%$
> ③ $\frac{2}{\{2+32.06+(16\times4)\}} \times 100 \fallingdotseq 2.04\%$
> ④ $\frac{2}{(2+32.06)} \times 100 \fallingdotseq 5.9\%$

06 전자기 복사선 중 핵에 관계된 양자전이 형태를 이용하는 분광법은?

① X선 회절
② 감마선 방출
③ 자외선 방출
④ 적외선 흡수

> **해설**
> 핵은 알파입자와 베타입자를 방출한 후 들뜨게 되고, 들뜬 핵은 바닥 상태로 되돌아가면서 감마선을 방출한다.

07 1.6m의 초점거리와 지름이 2.0cm인 평행한 거울로 되어 있고, 분산장치는 1,300홈/mm의 회절발을 사용하고 있는 단색화장치의 2차 역선형 분산(D^{-1} ; nm/mm)은?

① 0.12
② 0.24
③ 0.36
④ 0.48

> **해설**
> **역선형 분산**
> $$D^{-1} = \frac{d}{nF}$$
> 여기서, d : 홈 사이의 거리
> n : 회절 차수
> F : 단색화장치의 초점거리
> $$\therefore D^{-1} = \frac{\frac{1mm}{1,300}}{2\times1.6m} = \frac{\frac{10^6 nm}{1,300}}{2\times1.6\times10^3 mm} \fallingdotseq 0.24 nm/mm$$

08 유기화합물의 작용기 구조를 나타낸 것 중 틀린 것은?

① 알코올 : R-OH
② 아민 : R-NH₂
③ 알데하이드 : R-CHO
④ 카복실산 : R-CO-R′

해설
④ 카복실산 : R-COOH

09 시료의 종류 및 분석내용에 따라 시험방법을 선택하려고 한다. 시험방법 선택을 위해 파악할 사항에 해당하지 않는 것은?

① 시험결과 통지를 확인한다.
② 이용 가능한 도구/기기를 파악한다.
③ 필요한 시료를 준비하고, 농도와 범위를 확인한다.
④ 이용할 수 있는 표준방법이 있는지 확인한다.

해설
① 시험결과 통지는 시험이 종료된 후의 과정이다.
시험방법 선택을 위해 파악할 사항
• 시료의 형태를 확인한다(고체, 액체, 기체시료).
• 시료의 크기를 확인한다.
• 필요한 시료를 준비하고, 농도와 범위를 확인한다.
• 필요한 정확도, 정밀도 등을 파악한다.
• 이용 가능한 도구, 기기를 파악한다.
• 전문적인 지식과 경험이 필요한지 파악한다.
• 분석 비용을 예산한다.
• 이용할 수 있는 표준방법이 있는지 확인한다.

10 아세틸화칼슘(CaC_2) 100g에 충분한 양의 물을 가하여 녹였더니 수산화칼슘과 에틸렌 28.3g이 생성되었다. 이 반응의 에틸렌 수득률(%)은?(단, Ca의 원자량은 40amu이다)

① 28.3%   ② 44.1%
③ 64.1%   ④ 69.7%

해설
※ 저자의견 : 본 문제는 아세틸화칼슘(CaC_2)과 물이 반응하여 수산화칼슘과 아세틸렌(C_2H_2)이 생성되는 반응을 의도하고 출제한 것으로 예상되나, 실제 문제에서 아세틸렌 대신 에틸렌(C_2H_4)으로 제시되어 문제의 오류가 있다. 해설에서는 에틸렌이 아닌 아세틸렌의 생성으로 가정하고 풀이하였다.

$$실제\ 수득률(\%) = \frac{실제\ 생성물의\ 양}{이론\ 생성물의\ 양} \times 100$$

$$CaC_2 + 2H_2O \rightarrow Ca(OH)_2 + C_2H_2$$
100g   28.3g

• 100g CaC_2의 몰수 $= 100g \times \dfrac{1mol}{64g} ≒ 1.56mol$

• 28.3g C_2H_2의 몰수 $= 28.3g \times \dfrac{1mol}{26g} ≒ 1.088mol$

$CaC_2 : C_2H_2 = 1 : 1$이므로, C_2H_2의 이론 생성물의 양은 1.56mol이다.

∴ C_2H_2의 실제 수득률(%) $= \dfrac{1.088mol}{1.56mol} \times 100 ≒ 69.7\%$

11 Li, Ba, C, F의 원자반지름(pm)이 72, 77, 152, 222 중 각각 어느 한 가지씩의 값에 대응한다고 할 때 그 값이 옳게 연결된 것은?

① Ba - 72pm   ② Li - 152pm
③ F - 77pm   ④ C - 222pm

해설
원자반지름의 크기 : F(72pm) < C(77pm) < Li(152pm) < Ba(222pm)
원자반지름
• 같은 족 : 원자번호가 증가할수록 전자껍질의 수가 많아져 원자반지름은 커진다.
• 같은 주기 : 원자번호가 증가함에 따라 원자핵의 양전하수는 증가하나, 전자껍질의 증가가 없기 때문에 핵 전하와 전하 사이의 쿨롱의 인력이 커져 원자반지름은 작아진다.

12 채취한 시료의 표준시료 제조에 대한 설명으로 틀린 것은?

① 고체시료의 경우 입자 크기를 줄이기 위하여 시료 덩어리를 분쇄하고, 균일성을 확보하기 위하여 분쇄된 입자를 혼합한다.

② 고체시료의 경우 분석작업 직전에 시료를 건조하여 수분의 함량이 일정한 상태로 만드는 것이 바람직하다.

③ 액체시료의 경우 용기를 개봉하여 용매를 최대한 증발시키는 것이 바람직하다.

④ 분석물이 액체에 녹아 있는 기체인 경우 시료용기는 대부분의 경우 분석의 모든 과정에서 대기에 의한 오염을 방지하기 위하여 제2의 밀폐용기 내에 보관되어야 한다.

13 화학식과 그 명칭을 잘못 연결한 것은?

① C_3H_8-프로페인
② C_4H_{10}-펜테인
③ C_6H_{14}-헥세인
④ C_8H_{18}-옥테인

해설

② C_4H_{10} - 뷰테인
　C_5H_{12} - 펜테인

14 시판되는 염산 수용액의 정보가 다음과 같을 때 염산 수용액의 농도(M)은?(단, HCl의 분자량은 36.5 g/mol이다)

- 밀도 : 1.19g/cm³
- 용질의 질량퍼센트 : 38%

① 12.39
② 0.01239
③ 32.60
④ 0.03260

해설

$$몰농도(M) = \frac{용질의\ 몰수(mol)}{용액의\ 부피(L)}$$

∴ 염산 수용액의 농도(M)

$$= 1.19\text{g/cm}^3 \times 0.38\text{g HCl/g} \times \frac{1}{36.5\text{g HCl/mol}} \times 10^3\text{cm}^3/\text{L}$$

$$\fallingdotseq 12.39M$$

15 다음 중 물에 용해가 가장 잘 되지 않을 것으로 예측되는 알코올은?

① 메탄올
② 에탄올
③ 부탄올
④ 프로판올

해설

알코올류는 탄소의 개수가 많을수록 물에 대한 용해도가 감소한다.
③ C_4H_9OH
① CH_3OH
② C_2H_5OH
④ C_3H_7OH

16 다음 원자 중 금속성이 가장 큰 것은?

① Mg
② Pb
③ Sn
④ Ba

해설

금속성
- 같은 족 : 아래쪽으로 갈수록 금속성이 증가한다.
- 같은 주기 : 오른쪽으로 갈수록 금속성이 감소한다.

17 물은 비슷한 분자량을 갖는 메테인 분자에 비해 끓는점이 훨씬 높다. 다음 중 이러한 물의 특성과 가장 관련이 깊은 것은?

① 수소결합

② 배위결합

③ 공유결합

④ 이온결합

해설

수소결합은 물 분자 사이의 강한 인력에 의한 결합으로, 이를 끊어내기 위해서는 많은 에너지가 필요하다. 따라서 물은 비슷한 분자량을 갖는 다른 물질들에 비해 끓는점이 높다.

18 원자가전자에 대한 설명 중 옳은 것은?

① 원자가전자는 최외각에 있는 전자이다.

② 원자가전자는 원자들 사이에서 물리결합을 형성한다.

③ 원자가전자는 그 원소의 물리적 성질을 지배한다.

④ 원자가전자는 핵으로부터 가장 멀리 떨어져 있어서 에너지가 가장 낮다.

해설

② 원자가전자는 원자들 사이에서 화학결합을 형성한다.

③ 원자가전자는 그 원소의 화학적 성질을 지배한다.

④ 원자가전자는 핵으로부터 가장 멀리 떨어져 있어서 에너지가 가장 높다.

19 뷰테인(C_4H_{10}) 1몰을 완전연소시킬 때 발생하는 이산화탄소와 물의 질량비에 가장 가까운 것은?

① 2.77 : 1

② 1 : 2.77

③ 1.96 : 1

④ 1 : 1.96

해설

뷰테인의 완전연소 반응식 : $C_4H_{10} + 6.5O_2 \rightarrow 4CO_2 + 5H_2O$

• CO_2 4mol의 질량 = 4mol × 44g/mol = 176g

• H_2O 5mol의 질량 = 5mol × 18g/mol = 90g

∴ CO_2와 H_2O의 질량비 = 176 : 90 ≒ 1.96 : 1

20 푸리에 변환기기를 사용하면 신호 대 잡음비의 향상이 매우 큰 분광영역은?

① 자외선

② 가시광선

③ 라디오파

④ 근적외선

21 0.1M 질산 수용액의 pH는?

① 0.1　　　　② 1
③ 2　　　　④ 3

해설

$HNO_3 + H_2O \rightleftarrows H_3O^+ + NO_3^-$

∴ $pH = -\log[H_3O^+] = -\log[H^+] = -\log10^{-1} = 1$

22 용해도에 대한 설명으로 틀린 것은?

① 용해도란 특정온도에서 주어진 양의 용매에 녹을 수 있는 용질의 최대량이다.
② 일반적으로 고체물질의 용해도는 온도 증가에 따라 상승한다.
③ 일반적으로 물에 대한 기체의 용해도는 온도 증가에 따라 감소한다.
④ 외부압력은 고체의 용해도에 큰 영향을 미친다.

해설

고체의 용해도는 외부압력에 크게 영향을 받지 않는 반면, 기체의 용해도는 압력에 비례한다.

23 약산을 강염기로 적정하는 실험에 대한 설명으로 틀린 것은?

① 약산의 농도가 클수록 당량점 근처에서 pH 변화폭이 크다.
② 당량점에서 pH는 7보다 크다.
③ 약산의 해리상수가 클수록 당량점 근처에서 pH 변화폭이 크다.
④ 약산의 해리상수가 작을수록 적정반응의 완결도가 높다.

해설

④ 약산의 해리상수가 작을수록 적정반응의 완결도가 낮다.

24 아이오딘산바륨($Ba(IO_3)_2$)이 녹아 있는 25℃의 수용액에서 바륨이온(Ba^{2+})의 농도가 $7.32 \times 10^{-4}M$일 때 아이오딘산바륨의 용해도곱상수는?

① 3.92×10^{-10}
② 7.84×10^{-10}
③ 1.57×10^{-9}
④ 5.36×10^{-7}

해설

$Ba(IO_3)_2 \rightleftarrows Ba^{2+} + 2IO_3^-$

$[Ba^{2+}] = L_m$ 이라 하면 $[IO_3^-] = 2L_m$ 이므로

∴ $K_{sp} = [Ba^{2+}][IO_3^-]^2 = L_m \cdot (2L_m)^2 = 4L_m^3$

$= 4 \times (7.32 \times 10^{-4})^3 ≒ 1.57 \times 10^{-9}$

25 원자흡수분광법에서 분석결과에 영향을 주는 인자와 관계없는 것은?

① 고주파 출력값

② 분광기의 슬릿폭

③ 불꽃을 투과하는 광속의 위치

④ 가연성 가스와 조연성 가스 종류 및 이들 가스의 유량과 압력

26 어떤 온도에서 다음 반응의 평형상수는 $50(K_c)$이다. 같은 온도에서 x몰의 $H_2(g)$와 2.5몰의 $I_2(g)$를 반응시켜 평형에 이르렀을 때 4몰의 $HI(g)$가 되었고, 0.5몰의 $I_2(g)$가 남아 있었다면, x의 값은?(단, 반응이 일어나는 동안 온도와 부피는 일정하게 유지되었다)

$$H_2(g) + I_2(g) \rightleftharpoons 2HI(g)$$

① 1.64 　　② 2.64

③ 3.64 　　④ 4.64

해설

문제의 내용을 표로 나타내면 다음과 같다.

	$H_2(g)$ +	$I_2(g)$ ⇌	$2HI(g)$
초기 몰수	x	2.5	0
반응 몰수	2	2	4
최종 몰수	$x-2$	0.5	4

$$K = \frac{[HI]^2}{[H_2][I_2]} = \frac{4^2}{(x-2) \times 0.5} = 50$$

$$\therefore x = 2.64$$

27 pH 10.00인 100mL 완충용액을 만들려면 $NaHCO_3$(FW 84.01) 4.00g과 몇 g의 Na_2CO_3(FW 105.99)를 섞어야 하는가?(단, FW는 Formula Weight를 의미한다)

$$H_2CO_3 \rightleftharpoons HCO_3^- + H^+ \cdots pK_{a1} = 6.352$$
$$HCO_3^- \rightleftharpoons CO_3^{2-} + H^+ \cdots pK_{a2} = 10.329$$

① 1.32 　　② 2.09

③ 2.36 　　④ 2.96

해설

• $pH = pK_a + \log \dfrac{[A^-]}{[HA]}$

$10.00 = 10.329 + \log \dfrac{[CO_3^{2-}]}{[HCO_3^-]}$

$\dfrac{[CO_3^{2-}]}{[HCO_3^-]} = 10^{-0.329} \fallingdotseq 0.4688$

• $NaHCO_3$ 4.00g의 몰수 $= 4.00g \times \dfrac{1mol}{84.01g} \fallingdotseq 0.0476mol$

$0.0476mol : x = [HCO_3^-] : [CO_3^{2-}] = 1 : 0.4688$

$x = 0.0476mol \times 0.4688 \fallingdotseq 0.0223mol$

∴ 섞어야 할 Na_2CO_3의 질량 $= 0.0223mol \times 105.99g/mol$

$\fallingdotseq 2.364g$

28 X선분광법에 대한 설명으로 틀린 것은?

① 방사성 광원은 X선분광법의 광원으로 사용될 수 있다.

② X선 광원은 연속 스펙트럼과 선 스펙트럼을 발생시킨다.

③ X선의 선 스펙트럼은 내부 껍질 원자 궤도함수와 관련된 전자 전이로부터 얻어진다.

④ X선의 선 스펙트럼은 최외각 원자 궤도함수와 관련된 전자 전이로부터 얻어진다.

해설

X선 광자의 흡수는 원자로부터 최내각 전자 하나를 제거하여 들뜬 이온을 생성한다. 이 과정에서 복사선의 전체 에너지는 전자의 운동 에너지와 들뜬 이온의 위치 에너지 사이에 분배된다. 양자 에너지가 전자를 원자의 바로 주위로 제거하는 데 필요한 에너지와 정확히 같을 때(즉, 제거된 전자의 운동 에너지가 0이 될 때) 흡수가 일어날 가능성이 가장 크다.

29 액성과 관련된 다음 식들 중 틀린 것은?

① $K_w = [H_3O^+][OH^-]$

② $pH + pOH = pK_w$

③ $pH = -\log[H_3O^+]$

④ $K_a = K_w \times K_b$

④ $K_w = K_a \times K_b$

30 원자흡수분광법의 광원으로 가장 적합한 것은?

① 수은등(Mercury Lamp)

② 전극등(Electron Lamp)

③ 방전등(Discharge Lamp)

④ 속 빈 음극등(Hallow Cathode Lamp)

원자흡수분광법에서 가장 흔히 사용되는 광원은 속 빈 음극등이다.

31 이온선택전극에 대한 설명으로 옳은 것은?

① 이온선택전극은 착물을 형성하거나 형성하지 않은 모든 상태의 이온을 측정하기 때문에 pH값에 관계없이 일정한 측정 결과를 보인다.

② 금속이온에 대한 정량적인 분석 방법 중 이온선택전극 측정 결과와 유도결합 플라스마 결합 결과는 항상 일치한다.

③ 이온선택전극의 선택계수가 높을수록 다른 이온에 의한 방해가 크다.

④ 액체 이온선택전극은 일반적으로 친수성 막으로 구성되어 있으며 친수성 막 안에 소수성 이온 운반체가 포함되어 있다.

③ 이온선택전극의 선택계수가 0에 가까울수록 다른 이온에 의한 방해가 작다.

32 La^{3+}이온을 포함하는 미지시료 25.00mL를 옥살산나트륨으로 처리하여 $La_2(C_2O_4)_3$의 침전을 얻었다. 침전 전부를 산에 녹여 0.004321M 농도의 과망가니즈산칼륨 용액 12.34mL로 적정하였다. 미지시료에 포함된 La^{3+}의 농도(mM)는?

① 0.3555

② 1.255

③ 3.555

④ 12.55

$2MnO_4^- + 5C_2O_4^{2-} + 16H^+ \rightarrow 2Mn^{2+} + 10CO_2 + 8H_2O$

• 옥살산이온 적정에 사용한 과망가니즈산칼륨의 몰수
0.004321mol/L × 12.34mL ≒ 0.05332mmol

• 옥살산이온의 몰수
$MnO_4^- : C_2O_4^{2-} = 2 : 5$의 몰수비로 반응하므로,

0.05332mmol × $\dfrac{5}{2}$ = 0.1333mmol

• $La_2(C_2O_4)_3$에서 La^{3+}의 몰수

0.1333mmol × $\dfrac{2}{3}$ ≒ 0.08887mol

∴ 미지시료의 부피가 25.00mL = 0.025L이므로

미지시료에 포함된 La^{3+}의 농도 = $\dfrac{0.08887\text{mmol}}{0.025\text{L}}$

≒ 3.555mM

33 1.0M 황산용액에 녹아 있는 0.05M Fe^{2+} 50.0mL 를 0.1M Ce^{4+}로 적정할 때 당량점까지 소비되는 Ce^{4+}의 양(mL)과 당량점에서의 전위(V)는?

┤1.0M 황산용액에서의 환원전위├

$Ce^{4+} + e^- \rightleftarrows Ce^{3+}$	$E° = 1.44V$
$Fe^{3+} + e^- \rightleftarrows Fe^{2+}$	$E° = 0.68V$

① 25.0, 2.12
② 25.0, 1.06
③ 50.0, 2.12
④ 50.0, 1.06

해설

$Ce^{4+} + Fe^{2+} \rightarrow Ce^{3+} + Fe^{2+}$

· Fe^{2+}의 몰수

0.05M × 50.0mL = 2.5mmol

· 당량점까지 소비되는 Ce^{4+}의 양

Fe^{2+}의 몰수 = Ce^{4+}의 몰수이므로,

$2.5mmol \times \dfrac{1}{0.1M} = 25mL$

· 당량점에서의 전위 = $\dfrac{(1.44 + 0.68)V}{2} = 1.06V$

34 $KMnO_4$은 산화–환원 적정에서 흔히 쓰이는 강산화제이다. $KMnO_4$을 사용하는 산화–환원 적정에 관한 다음 설명 중 옳은 것을 모두 고른 것은?

> Ⅰ. 강산성 용액에서 MnO_4^-이온의 반쪽반응
> $MnO_4^- + 8H^+ + 5e^- \rightleftarrows Mn^{2+} + 4H_2O$
> Ⅱ. 중성 또는 염기성 용액에서 MnO_4^-이온의 반쪽반응
> $MnO_4^- + 4H^+ + 3e^- \rightleftarrows MnO_2(s) + 2H_2O$
> Ⅲ. 아주 강한 염기성 용액에서 과망가니즈산이온의 반쪽반응
> $MnO_4^- + e^- \rightleftarrows MnO_4^{2-}$

① Ⅲ
② Ⅰ, Ⅱ
③ Ⅰ, Ⅲ
④ Ⅰ, Ⅱ, Ⅲ

35 암모니아 합성반응에서 정반응 진행을 증가시켜 암모니아 수율을 높이기 위한 조작이 아닌 것은?

$$N_2(g) + 3H_2(g) \rightleftarrows 2NH_3(g)$$

① 반응계에 $He(g)$를 첨가한다.
② 반응계의 부피를 감소시킨다.
③ 반응계에 질소가스를 추가한다.
④ 반응계에서 생성된 암모니아가스를 제거한다.

해설

일정 부피 반응계의 경우, 압력이 증가하면 기체의 몰수가 감소하는 방향으로 평형이 이동한다. 그러나 부피 제한이 없는 반응계의 경우, 미반응 물질로 인한 평형이동은 나타나지 않는다.

36 옥살산은 뜨거운 산성용액에서 과망가니즈산이온과 다음과 같이 반응한다. 이 반응에서 지시약 역할을 하는 것은?

$$5H_2C_2O_4 + 2MnO_4^- + 6H^+ \rightarrow 10CO_2 + 2Mn^{2+} + 8H_2O$$

① $H_2C_2O_4$
② MnO_4^-
③ CO_2
④ H_2O

해설

산성 용액하에서 $H_2C_2O_4$와 MnO_4^-를 반응시키면 $5H_2C_2O_4 + 2MnO_4^- + 6H^+ \rightarrow 10CO_2 + 2Mn^{2+} + 8H_2O$가 되고, 생성된 Mn^{2+}로 용액은 무색이 된다. 당량점 이후에는 $H_2C_2O_4$와 더 이상 반응을 하지 않으므로 과량으로 들어간 MnO_4^-의 자체 색인 자주색이 되고, 이로 종말점을 확인할 수 있다.

37 중크로뮴산 적정에 대한 설명으로 틀린 것은?

① 중크로뮴산 이온이 분석에 응용될 때 초록색의 크로뮴(Ⅲ) 이온으로 환원된다.

② 중크로뮴산 적정은 일반적으로 염기성 용액에서 이루어진다.

③ 중크로뮴산칼륨 용액은 안정하다.

④ 시약급 중크로뮴산칼륨은 순수하여 표준용액을 만들 수 있다.

해설

$$Cr_2O_7^{2-} + 14H^+ + 6e \leftrightarrows 2Cr^{3+} + 7H_2O$$

중크로뮴산 적정은 일반적으로 산성용액에서 이루어진다.

38 15℃에서 물의 이온화상수가 0.45×10^{-14}일 때, 15℃ 물의 H_3O^+ 농도(M)는?

① 1.0×10^{-7}

② 1.5×10^{-7}

③ 6.7×10^{-8}

④ 4.2×10^{-15}

해설

$K_w = [H_3O^+][OH^-] = 0.45 \times 10^{-14}$

$\therefore [H_3O^+] = \sqrt{0.45 \times 10^{-14}} = 6.7 \times 10^{-8}$ M

39 원자흡수분광법에 대한 설명으로 틀린 것은?

① 원자흡수분광법은 금속 또는 준금속원소를 정량할 수 있다.

② 전열원자흡수분광법은 소량의 시료에 대해 매우 높은 감도를 나타낸다.

③ 전열원자흡수분광법은 불꽃원자흡수분광법보다 5~10배 정도 더 큰 오차를 갖는다.

④ 전열원자흡수분광법은 전기로를 사용하므로 불꽃원자흡수분광법에 비해 원소당 측정시간이 빠르다.

해설

불꽃원자흡수분광법

• 많은 시료가 폐기통으로 빠져나가고, 개개의 원자가 불꽃의 빛살 진로에 머무는 시간이 짧아 시료 효율이 떨어져 시료가 많을 때 사용한다.

• 재현성의 측면에서는 효율이 좋으나, 감도면에서는 성능이 떨어진다.

전열원자흡수분광법

• 원자가 빛 진로에 평균적으로 머무는 시간이 길어 감도가 높고, 적은 양의 시료로 좋은 결과를 도출할 수 있다.

• 상대정밀도가 높다.

• 측정 농도 범위가 좁아 불꽃이나 플라스마 원자화장치가 적당한 검출 한계를 나타내지 못할 경우 사용한다.

40 다음의 반응에서 산화되는 물질은 무엇인가?

$$Cl_2(g) + 2Br^-(aq) \rightarrow 2Cl^-(aq) + Br_2(L)$$

① Br^-

② Cl_2

③ Br_2

④ Cl_2, Br_2

해설

산화수 : 0 → −1(환원)

$Cl_2(g) + 2Br^-(aq) \rightarrow 2Cl^-(aq) + Br_2(L)$

산화수 : −1 → 0(산화)

41 Cd | Cd^{2+} ‖ Cu^{2+} | Cu 전지에서 Cd^{2+}의 농도는 0.0100M, Cu^{2+}의 농도가 0.0100M이고 Cu 전극전위는 0.278V, Cd 전극의 전극전위는 −0.462V이다. 이 전지의 저항이 3.00Ω이라 할 때, 0.100A를 생성하기 위한 전위(V)는?

① 0.440

② 0.550

③ 0.660

④ 0.770

해설

$$E = E_+ - E_- + \frac{0.05916}{n} \log \frac{[\text{Ox}]}{[\text{Red}]}$$

$$= 0.278 - (-0.462) + \frac{0.05916}{2} \log \frac{0.0100}{0.0100} = 0.740V$$

$$V = IR = 0.100A \times 3.00\Omega = 0.300V$$

$$\therefore \ 0.740V - 0.300V = 0.440V$$

42 비활성 기체 분위기에서의 CaC$_2$O$_4$ · H$_2$O를 실온부터 980℃까지 분당 60℃의 속도로 가열한 열분해곡선(Thermogram)이 다음과 같을 때, 다음 설명 중 옳은 것은?

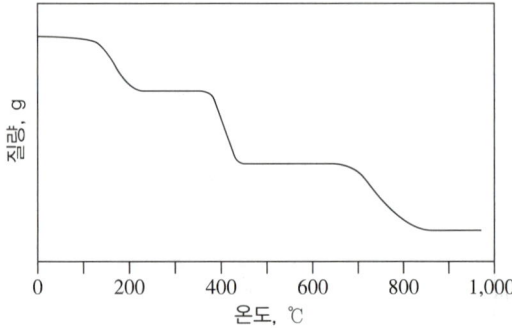

① CaCO$_3$의 직선범위는 220℃부터 350℃이고 CaO는 420℃부터 660℃이기 때문에 CaO가 열적 안정성이 높다.

② 840℃의 반응은 흡열반응으로 분자 내부에 결합되어 있던 H$_2$O를 방출시키는 반응이다.

③ 360℃에서의 반응은 CaC$_2$O$_4$ → CaCO$_3$ + CO로 나타낼 수 있다.

④ 약 13분 정도를 가열하면 무수옥살산칼슘을 얻을 수 있다.

해설

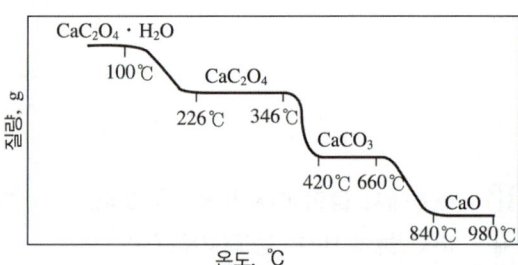

① CaCO$_3$의 직선범위는 420℃부터 660℃이고, CaO는 840℃부터 980℃이다.

② 840℃의 반응은 CO$_2$를 방출시키는 반응이다.

④ 분당 60℃의 속도이므로, $\frac{200℃}{60℃/분}$ ≒ 3.33분 정도를 가열하면 무수옥살산칼슘을 얻을 수 있다.

43 일반적인 질량분석기의 이온화장치와 다르게 상압에서 작동하는 이온화원은?

① 화학 이온화(CI)

② 탈착 이온화(DI)

③ 전기 분무 이온화(ESI)

④ 이차 이온 질량분석(SIMS)

③ 전기 분무 이온화(ESI)는 상온, 상압에서 작동한다.

45 적외선분광법(IR Spectroscopy)에서 카보닐(C=O)기의 신축진동에 영향을 주는 인자가 아닌 것은?

① 고리 크기 효과(Ring Size Effect)

② 콘주게이션 효과(Conjugation Effect)

③ 수소결합 효과(Hydrogen Bond Effect)

④ 자기 이방성 효과(Magentic Anisotropic Effect)

자기 이방성 효과 : NMR에서 등방성 자기장을 가지는 지방족 수소와는 달리 이중결합 또는 삼중결합을 포함하는 화합물(벤젠고리, 카보닐기, 이중결합기 등)에서는 파이결합이 생기게 되고, 그에 따라 비등방성 자기장에 의한 벗겨짐 효과가 나타나게 되어 화학적 이동 δ값이 달라진다.

44 분리분석법 중 고체표면에 기체물질이 흡착되는 현상에 근거를 두고 있으며, 통상 기체-액체 칼럼에는 머물지 않는 화학종을 분리하는 데 유용한 방법은?

① TLC

② LSC

③ GLC

④ GSC

① TLC(얇은 층 크로마토그래피) : 유리, 플라스틱 또는 금속을 사용하여 그 표면에 평평하고 비교적 얇은 층으로 물질을 도포시킨 크로마토그래피이다.

② LSC(액체-고체 크로마토그래피) : 액체 이동상과 고체 정지상 사이에서 시료 성분의 분포 차이를 근거로 한 분리법이다.

③ GLC(기체-액체 크로마토그래피) : 비활성 고체 충전물의 표면 또는 모세관 내부 벽에 고정시킨 액체 정지상과 기체 이동상 사이에서 분석물이 분배되는 과정을 거쳐 분리한다.

46 원자나 분자의 흡수 스펙트럼을 써서 정량분석하고자 스펙트럼을 얻어서 그림으로 나타낼 때 일반적으로 가로축에는 파장을 나타내지만, 세로축으로서 거의 쓰이지 않는 것은?

① 투과한 빛살의 세기

② 투광도의 -log값

③ 흡광도

④ 투광도

47 역상 크로마토그래피에서 메탄올을 이동상으로 하여 3가지 물질을 분리하고자 한다. 각 물질의 극성이 다음의 표와 같을 때, 머무름 지수가 가장 클 것으로 예측되는 물질은?

물 질	A	B	C
극 성	큼	중 간	작 음

① A

② B

③ C

④ 극성과 무관하여 예측할 수 없다.

역상 크로마토그래피는 비극성 칼럼에 극성 이동상을 사용하는 방법이다. 극성 물질이 이동상에 대한 용해도가 높아 가장 먼저 용리되어 나오며, 시료의 비극성을 증가시켰을 때 머무름 시간이 길어진다. 따라서 머무름 지수가 가장 클 것으로 예측되는 물질은 극성이 제일 작은 C이다.

48 적외선분광기를 사용하여 유기화합물을 분석하여 $1,600 \sim 1,700cm^{-1}$ 근처에서 강한 피크와 $3,000$ cm^{-1} 근처에서 넓고 강한 피크를 나타내는 스펙트럼을 얻었을 때, 분석시료로서 가능성이 가장 높은 화합물은?

① CH_3OH ② $C_6H_5CH_3$

③ CH_3COOH ④ CH_3COCH_3

CH_3COOH(아세트산)
• $C=O$의 신축진동 흡수피크 : $1,700 \sim 1,730cm^{-1}$에서 나타나며, 콘주게이션 효과의 영향을 받아 낮은 진동수 쪽으로 움직일 수 있다.
• $O-H$의 신축진동 흡수피크 : 수소결합으로 인해 $2,400 \sim 3,400$ cm^{-1} 영역에서 완만하게 나타난다.

49 칼로멜전극에 대한 설명으로 틀린 것은?

① 포화칼로멜전극의 전위는 온도에 따라 변한다.

② 반쪽전지의 전위는 염화포타슘의 농도에 따라 변한다.

③ 염화수은으로 포화되어 있고 염화포타슘 용액에 수은을 넣어 만든다.

④ 염화포타슘과 칼로멜의 용해도가 평형에 도달하는 데 짧은 시간이 걸린다.

④ 염화칼륨과 칼로멜의 용해도가 다시 평형에 도달하는 시간이 오래 걸리기 때문에, 온도가 변할 때 새로운 전위에 느리게 도달한다.

50 고체시료 분석 시 시료를 전처리 없이 직접 원자화 장치에 도입하는 방법이 아닌 것은?

① 전열 증기화법

② 수소화물 생성법

③ 레이저 증발법

④ 글로 방전법

수소화물 생성법
휘발성 수소화물을 생성시켜 이용하는 방법이다. $NaBH_4$ 수용액을 이용하며, 휘발성이 높아진 시료는 바로 도입이 가능하다.

51 무정형 벤조산(Benzoic Acid) 가루 시료의 시차열분석곡선(Differential Thermogram)이 다음과 같을 때, 다음 설명 중 옳은 것은?(단, A는 대기압, B는 200psi 조건에서 측정한 결과이다)

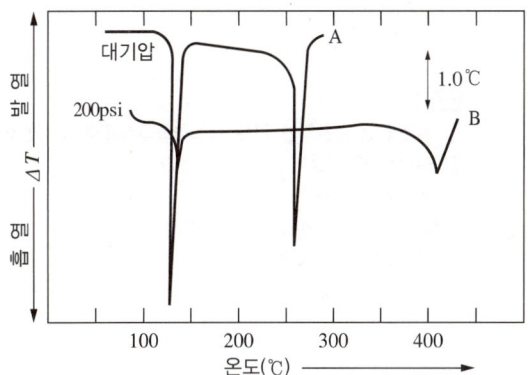

① 대기압에서 벤조산의 용융점은 140℃이다.
② 대기압에서 벤조산은 255℃에서 분해된다.
③ 벤조산은 압력이 높을수록 분해되는 온도가 높아진다.
④ 압력과 관계없이 시료가 분석 Cell에 흡착했음을 알 수 있다.

52 전압전류법의 이용 분야와 가장 거리가 먼 것은?

① 금속의 표면 모양 연구
② 산화-환원 과정의 기초적 연구
③ 수용액 중 무기이온 및 유기물질 정량
④ 화학변성 전극 표면에서의 전자이동 메커니즘 연구

53 Van Deemter식에서 정지상과 이동상 사이에 용질의 평형시간과 관련된 항을 모두 고른 것은?(단, Van Deemter식은 $H = A + B/u + Cu$ 이며 H는 단 높이, u는 흐름속도, A, B, C는 칼럼, 정지상, 이동상 및 온도에 의해 결정되는 상수이다)

① A
② Cu
③ B/u, Cu
④ A, B/u

54 적외선 광원으로부터 $4.54\mu\mathrm{m}$ 파장의 광선만을 얻기 위한 간섭 필터(Interference Filter)를 제조하려 한다. 이 필터의 굴절률(n)이 1.34라 할 때, 유전층(Dielectric Layer)의 두께($\mu\mathrm{m}$)는?

① 1.69 　　② 3.39

③ 6.08 　　④ 12.16

해설

$\lambda = 2dn$

여기서, λ : 파장

$\quad\quad\quad d$: 두께

$\quad\quad\quad n$: 굴절률

$\therefore d = \dfrac{\lambda}{2n} = \dfrac{4.54\mu\mathrm{m}}{2 \times 1.34} \fallingdotseq 1.69\mu\mathrm{m}$

56 질량분석계의 검출기로 주로 사용되지 않는 것은?

① 전자증배관 검출기

② 패러데이컵 검출기

③ 열전도도 검출기

④ 배열 검출기

해설

③ 열전도도 검출기는 기체 크로마토그래피에서 사용한다.

질량분석계의 검출기

• 전자증배관 검출기

• 패러데이컵(Faraday Cup) 검출기

• 배열 검출기(Array Detectors)

55 시차주사열량법(DSC ; Differential Scanning Calorimetry)에 대한 설명 중 틀린 것은?

① 기기의 보정은 용융열을 이용하여 실시한다.

② 탈수(Dehydration)반응은 흡열피크를 갖는다.

③ 온도를 변화시킬 때 시료와 기준물질 간의 흘러 들어간 열량의 차이를 측정한다.

④ 발열피크는 기준선에서 아래로 오목한 형태로 나타난다.

해설

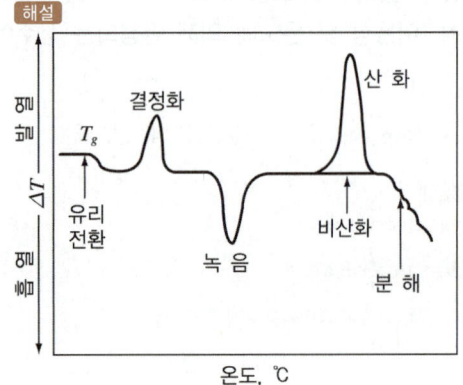

④ 발열피크는 기준선에서 위로 볼록한 형태로 나타난다.

57 시차주사열량법(DSC ; Differential Scanning Calorimetry)을 3가지로 구분할 때 나머지 2개의 장치와 구조적으로 다르며, 시료와 기준물질의 온도가 서로 동일하게 유지되며 새로운 온도 설정에 대한 빠른 평형이 필요한 동역학 연구에 적합한 장비는?

① 전력보상 DSC

② 열흐름 DSC

③ 변조 DSC

④ 압력 DSC

58 오른쪽 Cell에는 활동도가 0.5M인 ZnCl₂(aq)가, 왼쪽 Cell에는 활동도가 0.01M인 Cd(NO₃)₂(aq)가 있는 전지에 대한 다음 설명 중 옳은 것은?

$Cd^{2+} + 2e^- \rightleftarrows Cd(s)$	$E° = -0.402V$
$Zn^{2+} + 2e^- \rightleftarrows Zn(s)$	$E° = -0.706V$

① 전체 전지전위는 −0.25V이다.

② 산화전극의 전위는 0.71V이다.

③ 환원전극의 전위는 −0.46V이다.

④ 자발적으로 반응이 일어나지 않는다.

해설

$E°$값이 작은 전극이 산화전극, 큰 전극이 환원전극이다.

① 전체 전지전위

$$E = E_+ - E_- + \frac{0.05916}{n} \log\frac{[Ox]}{[Red]}$$

$$= -0.402 - (-0.706) + \frac{0.05916}{2} \log\frac{0.01}{0.5}$$

$$\fallingdotseq 0.25V$$

② 산화전극의 전위

$$E = -0.706 + \frac{0.05916}{2} \log\frac{0.5}{1} \fallingdotseq -0.71V$$

③ 환원전극의 전위

$$E = -0.402 + \frac{0.05916}{2} \log\frac{0.01}{1} \fallingdotseq -0.46V$$

④ 자발적인 반응이 일어난다.

59 0.2cm 셀에 들어 있는 1.03×10^{-4}M Perylene 용액의 440nm에서의 퍼센트 투광도는?(단, Perylene의 몰흡광계수는 440nm에서 34,000M⁻¹cm⁻¹이다)

① 15% ② 20%

③ 25% ④ 30%

해설

• 흡광도 $A = \varepsilon bc$

$$= (34,000M^{-1}cm^{-1}) \times 0.2cm \times (1.03 \times 10^{-4}M)$$

$$= 0.7004$$

• 투광도 $T = 10^{-A} = 10^{-0.7004} \fallingdotseq 0.199$

∴ 퍼센트 투광도 $= T \times 100\% = 0.199 \times 100 \fallingdotseq 20\%$

60 Polarogram으로부터 얻을 수 있는 정보에 대한 설명으로 틀린 것은?

① 확산전류는 분석물질의 농도와 비례한다.

② 반파전위는 금속의 리간드의 영향을 받지 않는다.

③ 확산전류는 한계전류와 잔류전류의 차이를 말한다.

④ 반파전위는 금속이온과 착화제의 종류에 따라 다르다.

해설

반파전위는 금속의 영향을 받는다.

제4과목 | 시험법 밸리데이션

61 측정값–유효숫자 개수를 짝지은 것 중 틀린 것은?

① 12.9840g – 유효숫자 6개

② 1,830.3m – 유효숫자 5개

③ 0.0012g – 유효숫자 4개

④ 1.005L – 유효숫자 4개

해설

③ 0.0012g – 유효숫자 2개

62 밸리데이션 통계적 처리를 위해 평균, 표준편차, 상대표준편차, 퍼센트 상대표준편차, 변동계수 등의 계산이 요구된다. 이때 통계 처리를 위한 반복 측정횟수로 옳지 않은 것은?

① 3가지 종류의 농도에 대해서 각각 2회 측정
② 시험방법 전체 조작을 10회 반복 측정
③ 시험농도의 100%에 해당하는 농도로 각각 6회 반복 측정
④ 시험농도의 100%에 해당하는 농도로 각각 10회 반복 측정

해설
①·② 규정된 범위를 포함한 농도에 대해 시험방법의 전체 조작을 적어도 9회 반복하여 측정해야 하므로, 3가지 농도에 대해서 각각 3회씩 반복 측정한다.
③·④ 시험농도의 100%에 해당하는 농도로 시험방법의 전체 조작을 적어도 6회 반복 측정한다.

63 밸리데이션 결과보고서에 포함될 사항이 아닌 것은?

① 요약 정보
② 시험장비 목록
③ 분석법 작업 절차에 관한 기술
④ 밸리데이션 항목 및 판단 기준

해설
밸리데이션 결과보고서의 항목
• 요약 정보
• 분석법 작업 절차에 관한 기술
• 분석법 밸리데이션 실험에 사용한 표준품 및 표준물질에 관한 자료 : 제조원, 제조번호, 사용(유효)기한, 시험성적서, 안정성, 보관 조건 등
• 밸리데이션 항목(정확성, 정밀성, 회수율, 선택성, 정량한계, 검정곡선 및 안정성) 및 판정 기준
• 밸리데이션 항목을 평가하기 위해 수행된 실험에 관한 기술과 그 결과
• 크로마토그램 등 시험기초자료
• 표준작업지침서, 시험계획서 등
• 참고문헌

64 분석시험법의 밸리데이션 항목이 아닌 것은?

① 특이성   ② 안전성
③ 완건성   ④ 직선성

해설
시험법 밸리데이션 파라미터
• 정확성
• 정밀성
• 특이성
• 검출한계
• 정량한계
• 직선성
• 범 위
• 완건성
• 감 도
• 견뢰성

65 정확도에 대한 설명 중 틀린 것은?

① 참값에 가까운 정도이다.
② 측정값과 인정된 값과의 일치되는 정도이다.
③ 반복시료를 반복적으로 측정하면 쉽게 얻어진다.
④ 절대오차 또는 상대오차로 표현된다.

해설
③ 정밀도에 관한 설명이다.

66 주기적인 교정의 일반적인 목적이 아닌 것은?

① 기준값과 측정기를 사용해서 얻어진 값 사이의 편차의 추정값을 향상시킨다.

② 측정기를 사용해서 달성할 수 있는 불확도를 재확인하는 것이다.

③ 경과기간 중에 얻어지는 결과에 대해 의심되는 측정기의 변화가 있는가를 확인하는 것이다.

④ 측정의 불확도를 증가시켜 측정의 질이나 서비스에서의 위험을 낮추기 위한 것이다.

해설

주기적인 교정의 일반적인 목적

• 기준값과 측정기를 사용해서 얻어진 값 사이의 편차의 추정값을 향상시키고, 측정기를 실제로 사용할 때 이러한 편차에서의 불확도를 향상시킨다.

• 측정기를 사용해서 달성할 수 있는 불확도를 재확인하는 것이다.

• 경과기간 중에 얻어지는 결과에 대해 의심되는 측정기의 변화가 있는가를 확인하는 것이다.

67 정량분석법 중 간접측정실험에 대한 설명으로 옳지 않은 것은?

① 무게법 : 분석물과 혹은 분석물과 관련 있는 화합물의 질량을 측정한다.

② 부피법 : 분석물과 정량적으로 반응하는 반응물 용액의 부피를 측정한다.

③ 전기분석법 : 전위, 전류, 저항, 전하량, 질량 대 전하의 비(m/z)를 측정한다.

④ 분광법 : 분석물과 빛 사이의 상호작용 또는 분석물이 방출하는 빛의 세기를 측정한다.

68 분석장비를 이용한 측정방법에 대한 설명 중 옳은 것을 모두 고른 것은?

A. 반복 측정을 수행하면 신호 대 잡음비가 측정횟수에 직선적으로 비례하여 증가한다.

B. 같은 신호세기도 바탕세기가 높으면 신호 대 잡음비가 감소한다.

C. 내부표준물을 사용하면 측정의 정밀성을 높일 수 있다.

D. 장비의 최적화를 위하여 검정 및 튜닝은 필수적이다.

① A, B, D ② A, C, D
③ B, C, D ④ A, B, C

해설

A. 신호 대 잡음비 $\left(\dfrac{S}{N}\right)_n = \sqrt{n}\left(\dfrac{S}{N}\right)_i$ 이므로, 측정횟수(n)의 제곱근에 비례한다.

69 Blank에 관한 설명 중 옳은 것을 모두 고른 것은?

A. 바탕(Blank)은 시료 내에 존재하는 다른 간섭물질 때문에 발생될 수 있다.

B. 바탕(Blank)은 시료처리과정에 사용되는 용액 내에 존재하는 미량의 분석물때문에 생길 수 있으므로 일정 규격 이상의 순도를 갖는 것을 사용한다.

C. 현장바탕(Field Blank)은 시료채취과정만 포함한다.

D. 방법바탕(Method Blank)은 시약바탕(Reagent Blank)보다 더 넓은 범위를 포함하며, 시료처리과정에서 발생되는 모든 것을 포함한다.

① A, B, C, D ② A, B, C
③ A, B, D ④ B, C, D

해설

현장바탕시료

• 현장에서 만들어지는 깨끗한 시료이다.

• 분석의 모든 과정(채취, 운송, 분석)에서 생기는 문제점을 찾는 데 사용한다.

70 측정값의 이상점(Outlier)을 버려야 할지, 취해야 할 지를 결정하기 위해 Grubbs 시험을 진행할 때, 이상점과 G의 계산값은?(단, 95% 신뢰수준에서 G의 임계값은 2.285이다)

> 10.2, 10.8, 11.6, 9.9, 9.4, 7.8,
> 10.0, 9.2, 11.3, 9.5, 10.6, 11.6

① 7.8, $G_{계산} = 2.33$

② 7.8, $G_{계산} = 2.12$

③ 11.6, $G_{계산} = 1.30$

④ 11.6, $G_{계산} = 1.23$

해설

Grubbs 시험

• 이상점(Outlier) : 측정값들의 분포 중 다른 점으로부터 멀리 떨어져 있는 자료이다.

• $G_{계산} = \dfrac{|\text{의심스러운 값} - \bar{x}|}{s}$ 값이 G의 임계값을 벗어나면 버려야 하는 측정값이다.

공학용 계산기 사용법 : 평균과 표준편차 계산

㉠ MODE 누르고 숫자 1 을 눌러 통계모드(STAT)로 전환한다.

㉡ 평균과 표준편차를 구하기 위해 숫자 0 을 입력한다(SD).

㉢ 주어진 데이터를 입력하고 M+ 를 누른다(12번 반복).

㉣ RCL 버튼을 누르고 숫자 4 를 입력하여 평균을 확인한다.

㉤ RCL 버튼을 누르고 숫자 5 를 입력하여 표준편차를 확인한다.

• 평균 $\bar{x} ≒ 10.158$

• 표준편차 $s ≒ 1.114$

∴ 이상점은 7.8이며, $G_{계산, 7.8} = \dfrac{|7.8 - 10.158|}{1.114} ≒ 2.12 < 2.285$ 이므로 측정값 7.8을 포함하여 계산하여야 한다.

※ SHARP EL-509 모델 기준

71 단백질이 포함된 탄수화물 함량을 5회 측정한 결과가 다음과 같을 때, 탄수화물 함량에 대한 90% 신뢰구간은?(단, 자유도 4일 때 t값은 2.132이다)

> ┤측정결과├
> 12.6 11.9 13.0 12.7 12.5

단위 : wt%(g탄수화물/100g단백질)

① 12.54±0.28wt%

② 12.54±0.38wt%

③ 12.54±0.48wt%

④ 12.54±0.58wt%

해설

• 평균 $\bar{x} = 12.54$

• 표준편차 $s ≒ 0.40$

∴ 90% 신뢰구간 : $\bar{x} ± t \cdot \dfrac{s}{\sqrt{n}} = 12.54 ± 2.132 × \dfrac{0.40}{\sqrt{5}}$

$≒ 12.54 ± 0.38$

72 검·교정 대상기구가 아닌 것은?

① 피 펫

② 뷰 렛

③ 부피플라스크

④ 삼각플라스크

해설

삼각플라스크는 부피 측정용 기구가 아니므로, 검·교정 대상이 아니다.

73 시료 전처리의 오차를 줄이기 위한 시험방법에 대한 설명으로 틀린 것은?

① 공시험(Blank Test)은 시료를 사용하지 않고 기타 모든 조건을 시료분석법과 같은 방법으로 실험하는 것이며 계통오차를 효과적으로 줄일 수 있다.

② 회수시험(Recovery Test)은 시료와 같은 공존물질을 함유하는 기지 농도의 대조 시료를 분석함으로써 공존물질의 방해작용 등으로 인한 분석값의 회수율을 검토하는 방법이다.

③ 맹시험(Blind Test)은 분석값이 어느 범위 내에서 서로 비슷하게 될 때까지 실험을 되풀이 하는 것이 보통이며 일종의 예비시험에 해당한다.

④ 평행시험(Parallel Test)은 같은 시료를 각기 다른 방법으로 여러 번 되풀이하는 시험으로써 계통오차를 제거하는 방법이다.

해설
평행시험
• 같은 시료를 같은 방법으로 여러 번 되풀이하는 시험이다.
• 우연오차가 있는 매회 측정값으로부터 그 평균값과 표준편차 등을 얻기 위한 수단이다.
• 계통오차를 제거하는 방법은 아니다.

74 정량한계와 이를 구하기 위한 방법에 대한 설명으로 옳지 않은 것은?

① 정량한계는 기지량의 분석대상물질을 함유한 검체를 분석하고 그 분석대상물질을 확실하게 검출할 수 있는 최저의 농도를 확인함으로써 결정된다.

② 정량한계는 기지농도의 분석대상물질을 함유하는 검체를 분석하고, 정확성과 정밀성이 확보된 분석대상물질을 정량할 수 있는 최저 농도를 설정하는 것이다.

③ 기지의 저농도 분석대상물질을 함유하는 검체와 공시험 검체의 신호를 비교하여 설정함으로써 정량한계를 산출하는 데 있어, 신호 대 잡음비는 일반적으로 10 : 1이 적당하다.

④ 정량한계는 $10 \times \sigma / S$로 구할 수 있으며, σ는 반응의 표준편차를, S는 검정곡선의 기울기를 말한다.

해설
① 검출한계에 관한 설명이다.

75 분석물질의 확인시험, 순도시험 및 정량시험 밸리데이션에서 중요하게 평가되어야 하는 항목은?

① 범 위
② 특이성
③ 정확성
④ 직선성

해설

시험방법별로 설정되어야 할 밸리데이션 파라미터

분석법 종류 / 밸리데이션	확인시험	순도시험 정량시험	순도시험 한도시험	정량시험 · 용출시험 중 정량시험에 한함 · 함량시험/효능시험
정확성	−	+	−	+
정밀성 반복성	−	+	−	+
정밀성 실험실 내 정밀성	−	+		+
특이성	+	+	+	+
검출한계	−	−	+	−
정량한계	−	+	−	−
직선성	−	+	−	+
범 위	−	+		+

• − : 일반적으로 평가할 필요가 없는 것
• + : 일반적으로 평가가 필요한 것

76 밸리데이션 된 시험방법이 가져야 할 정보가 다음과 같을 때, ( ) 안에 들어갈 용어는?

> 1. 원 리
> 2. 검 체
> 3. 분석장치 및 조건
> 4. 시약 및 시액
> 5. (A)
> 6. 시스템적합성시험
> 7. 표준액 조제
> 8. (B)
> 9. 시험과정
> 10. 계 산
> 11. 결과보고

① A : 표준품, B : 검액 조제
② A : 사용기간, B : 실행예시
③ A : 측정방법, B : 첨가액 조제
④ A : 가이드라인, B : 표준액 희석

해설

밸리데이션 된 시험방법이 가져야 할 정보
• 원리 : 시험방법의 원리를 설명한다.
• 검체 : 검체의 수, 검체 사용방법, 검체당 반복 분석 횟수 등을 기술한다.
• 분석장치 및 조건 : 사용된 기기 목록과 분석 조건을 포함한다. 일반적으로 사용되는 시험방법이 아닐 경우, 필요한 경우에 실험 구성을 보여 주는 그림을 제시한다.
• 시약 및 시액 : 시약 및 시액의 명칭 및 등급 목록을 포함한다. 시약 및 시액을 조제하여 사용한다면 조제법을 기재하여야 한다. 불안정하거나 위험성이 있는 시약의 경우에는 이를 명시해야 하며 보관 조건, 안전한 사용을 위한 주의사항, 사용기간에 대한 정보를 제시한다.
• 표준품 : 사용하는 표준품에 대한 사항을 기재한다.
• 시스템적합성시험 : 시스템적합성시험에 대한 사항을 기재한다.
• 표준액 조제 : 모든 표준액의 조제방법을 기재한다.
• 검액 조제 : 검액의 조제방법을 전처리과정을 포함하여 명확히 기술한다. 검액의 조제방법이 일반적이지 않은 경우 구체적으로 설명한다.
• 시험과정 : 시험과정을 단계별로 자세히 기술한다.
• 계산 : 기호와 수치를 포함하여 구체적으로 자세히 기술한다.
• 결과보고 : 보고대상의 유효숫자를 포함한 결과보고 형식을 제시한다.

77 시험·검사기관에서 사용하는 용어의 정의로 옳지 않은 것은?

① 장비 : 시험·검사를 수행하는 데 이용되는 소프 트웨어를 제외한 하드웨어

② 측정 불확도 : 측정량에 귀속된 값의 분포를 나타 내는 측정결과와 관련된 값으로써 측정결과를 합리적으로 추정한 값의 분산특성

③ 인증표준물질 : 국가 또는 공인된 기관이 발행한 문서가 있으며 유효한 절차에 의하여 추정된 불 확도와 소급성 정보 등 하나 이상의 특성값을 가지는 표준물질

④ 표준균주 : 특정 미생물 항목의 시험, 검사를 수 행할 때 검출된 미생물에 대한 생화학적 특성의 비교대상이 되는 균주 또는 생화학적 시험, 검사 에 필요한 균주

해설
① 장비 : 시험·검사를 수행하는 데 이용되는 분석(측정)장비, 소프트웨어, 측정표준 등과 그 집합

78 특정 업무를 표준화된 방법에 따라 일관되게 실시 할 목적으로 해당 절차 및 수행 방법 등을 상세하게 기술한 문서는?

① 표준작업지침서(SOP)

② 관리체계도(Chain-of Custody)

③ 프로토콜(Protocol)

④ 표준규격(Standard Document)

해설
표준작업지침서(SOP)
- 특정 업무를 표준화된 방법에 따라 일관되게 실시할 목적으로 해당 절차 및 수행 방법 등을 상세하게 기술한 문서이다.
- 특별한 업무를 수행하는 자에게 그 '표준작업'에 대한 상세한 지침을 제공하여 일관되게 업무를 수행하도록 하는 문서이다.
- 품질관리(Quality Control)가 필요한 모든 업무에 필요하다.
- 특히 여러 업무가 유기적으로 행해지고 여러 상황에서 각기 다른 자료가 얻어지는 복잡한 업무인 임상시험에서는 반드시 필요하다.
- 분석담당자 이외의 직원이 분석할 수 있도록 자세한 시험방법을 기술한 문서이다.

79 제작자의 규격, 교정성적서 혹은 다른 출처로부터 인용되고 인용된 불확도가 표준편차의 특정 배수 라는 것이 언급되어 있다면 표준 불확도 $U(x)$는 인용된 값을 그 배수로 나눈 값으로 한다. 명목상 1kg 스테인리스강 표준분동의 성적서에 질량과 불 확도가 다음과 같이 명시되어 있을 때, 표준분동의 표준 불확도(μg)는?

> - 표준분동의 질량 : 1,000.000325g
> - 질량값의 불확도 : $U = 260\mu g(2\sigma \text{ 수준})$

① 0.8

② 1.37

③ 130

④ 260

해설
표준분동의 표준 불확도 $U(x) = \dfrac{\text{인용된 값}}{\text{표준편차의 배수}}$

$$= \frac{260\mu g}{2} = 130\mu g$$

80 A회사의 시험결과 정리법과 B물질의 수분 측정 결괏값이 다음과 같을 때, 시험결과 정리법에 맞게 정리된 값은?(단, B물질의 수분 규격(기준)은 0.3% 이하이고 측정은 3회 실시하며 평균값으로 Reporting한다)

┌─ 시험결과 정리법 ─┐

1) 기준의 소수점 이하 자릿수가 n인 경우 $n+1$자리까지 구하고 반올림하여 자릿수를 정리한다.
2) 실험치가 $n+2$ 이상 자릿수까지 될 경우 $n+2$자리는 버리고 $n+1$자리에서 반올림한다.

└───────────┘

┌─ 수분 측정 결과 ─┐

- $T_1 = 0.24567\%$
- $T_2 = 0.25161\%$
- $T_3 = 0.24779\%$

└───────────┘

① 0.2 　　② 0.20

③ 0.24 　　④ 0.25

해설

제시된 기준은 0.3%이므로 소수점 이하 자릿수 $n=1$이며, 시험결과 정리법에 따라 다음과 같이 정리한다.
- 기준의 소수점 이하 자릿수가 $n=1$이므로 2자리까지 구하고 반올림하여 자릿수를 정리한다.
- 수분 측정 결과 실험치가 5자리이므로 $n+2=3$자리는 버리고 $n+1=2$자리에서 반올림한다.
이에 따라 측정값은 다음과 같이 정리할 수 있다.
- $T_1 = 0.24567\% \rightarrow 0.24\% \rightarrow 0.2\%$
- $T_2 = 0.25161\% \rightarrow 0.25\% \rightarrow 0.3\%$
- $T_3 = 0.24779\% \rightarrow 0.24\% \rightarrow 0.2\%$
- ∴ 시험결과의 평균값 $\bar{x} = \dfrac{0.2+0.3+0.2}{3} = 0.23\%(n+1=2$ 자리까지 구함)이고, 자릿수를 정리하면 0.2%이다.

81 Ether 화합물은 일반적으로 안정적인 화학물이나 일부는 공기 중 산소와 천천히 반응하여 O—O 결합이 포함된 폭발성이 있는 과산화물을 형성하여 저장에 주의가 필요하다. 이러한 Ether 화합물을 1차 알코올을 이용하여 제조하는 반응은?

① S_N1 　　② S_N2

③ E1 　　④ E2

82 산화수에 관련된 설명 중 틀린 것은?

① 과산화물에서 산소의 산화수는 −2이다.
② 화합물에서 수소의 산화수는 보통 +1이지만, 금속 수소화합물에서 수소의 산화수는 −1이다.
③ 이온결합성 화합물에서 각 원자의 산화수는 이온의 하전수와 같다.
④ 중성분자에서 각 산화수에 원자수를 곱한 값의 합은 0이다.

해설

① 과산화물에서 산소의 산화수는 −1이다.

83 폴리에틸렌의 첨가중합을 위해 필요한 단량체는?

① $H_2C=CH_2$

② $H_2C=CH-CH_3$

③ $H_2N(CH_2)_6NH_2$

④ $C_6H_4(COOH)_2$

해설
폴리에틸렌의 첨가중합을 위해서는 에틸렌($H_2C=CH_2$)이 필요하다.

84 자연발화의 방지조건으로 가장 적절한 것은?

① 저장실의 온도가 높고, 통풍이 안 되고 습도가 낮은 곳
② 저장실의 온도가 낮고, 통풍이 잘되고 습도가 높은 곳
③ 습도가 높고, 통풍이 안 되고 저장실의 온도가 낮은 곳
④ 습도가 낮고, 통풍이 잘되고 저장실의 온도가 낮은 곳

해설
자연발화 방지법
• 습도를 낮춘다.
• 저장온도를 낮춘다.
• 퇴적 및 수납 시 열이 쌓이지 않도록 한다.
• 통풍이 잘되도록 한다.

85 폐기물관리법령상의 용어 정의로 틀린 것은?

① 폐기물 : 쓰레기, 연소재, 오니, 폐유, 폐산, 폐알칼리 및 동물의 사체 등으로 사람의 생활이나 사업활동에 필요하지 아니하게 된 물질을 말한다.
② 의료폐기물 : 보건·의료기관, 동물병원, 시험·검사기관 등에서 배출되는 폐기물 중 인체에 감염 등 위해를 줄 우려가 있는 폐기물과 인체 조직 등 적출물, 실험 동물의 사체 등 보건·환경보호상 특별한 관리가 필요하다고 인정되는 폐기물을 말한다.
③ 처분 : 폐기물의 매립·해역배출 등의 중간처분과 소각·중화·파쇄·고형화 등의 최종처분을 말한다.
④ 지정폐기물 : 사업장폐기물 중 폐유·폐산 등 주변 환경을 오염시킬 수 있거나 의료폐기물 등 인체에 위해를 줄 수 있는 해로운 물질을 말한다.

해설
폐기물관리법 제2조(정의)
처분 : 폐기물의 소각·중화·파쇄·고형화 등의 중간처분과 매립하거나 해역으로 배출하는 등의 최종처분을 말한다.

86 화학물질의 분류·표시 및 물질안전보건자료에 관한 기준상 화학물질의 정의는?

① 원소와 원소간의 화학반응에 의하여 생성된 물질을 말한다.
② 두 가지 이상의 화학물질로 구성된 물질 또는 용액을 말한다.
③ 순물질과 혼합물을 말한다.
④ 동소체를 말한다.

해설
화학물질의 분류·표시 및 물질안전보건자료에 관한 기준 제2조 (정의)
① 화학물질이란 원소와 원소간의 화학반응에 의하여 생성된 물질을 말한다.
② 혼합물이란 두 가지 이상의 화학물질로 구성된 물질 또는 용액을 말한다.

87 위험물안전관리법령상 저장소의 구분에 해당되지 않는 것은?

① 일반저장소
② 암반탱크저장소
③ 옥내탱크저장소
④ 지하탱크저장소

해설
위험물안전관리법 시행령 [별표 2] 지정수량 이상의 위험물을 저장하기 위한 장소와 그에 따른 저장소의 구분
저장소의 구분 : 옥내저장소, 옥외탱크저장소, 옥내탱크저장소, 지하탱크저장소, 간이탱크저장소, 이동탱크저장소, 옥외저장소, 암반탱크저장소

88 농약의 유독성·유해성 분류와 분류기준이 잘못 연결된 것은?

① 급성독성 물질 – 입이나 피부를 통해 1회 또는 12시간 내에 수 회로 나누어 투여하거나 6시간 동안 흡입노출되었을 때 유해한 영향을 일으키는 물질
② 눈 자극성 물질 – 눈 앞쪽 표면에 접촉시켰을 때 21일 이내에 완전히 회복 가능한 어떤 변화를 눈에 일으키는 물질
③ 발암성 물질 – 암을 일으키거나 암의 발생을 증가시키는 물질
④ 생식독성 물질 – 생식 기능, 생식 능력 또는 태아 발육에 유해한 영향을 일으키는 물질

해설
화학물질관리법 시행규칙 [별표 3] 유해화학물질 표시를 위한 유해성 항목
급성독성 물질 : 입이나 피부를 통하여 1회 또는 24시간 이내에 수 회로 나누어 투여하거나 4시간 동안 흡입노출시켰을 때 유해한 영향을 일으키는 물질을 말한다.

89 폐기물관리법령상 위해의료폐기물에 해당하지 않는 것은?

① 조직물류폐기물
② 병리계폐기물
③ 손상성폐기물
④ 격리의료폐기물

해설
폐기물관리법 시행령 [별표 2] 의료폐기물의 종류
위해의료폐기물
• 조직물류폐기물 : 인체 또는 동물의 조직·장기·기관·신체의 일부, 동물의 사체, 혈액·고름 및 혈액생성물(혈청, 혈장, 혈액제제)
• 병리계폐기물 : 시험·검사 등에 사용된 배양액, 배양용기, 보관균주, 폐시험관, 슬라이드, 커버글라스, 폐배지, 폐장갑
• 손상성폐기물 : 주사바늘, 봉합바늘, 수술용 칼날, 한방침, 치과용 침, 파손된 유리재질의 시험기구
• 생물·화학폐기물 : 폐백신, 폐항암제, 폐화학치료제
• 혈액오염폐기물 : 폐혈액백, 혈액투석 시 사용된 폐기물, 그 밖에 혈액이 유출될 정도로 포함되어 있어 특별한 관리가 필요한 폐기물

90 가연성 가스인 C_4H_{10}인 LEL과 UEL이 각각 1.8%, 8.4%일 때 C_4H_{10}의 위험도(H)는?(단, LEL은 Lower Explosive Limit, UEL은 Upper Explosive Limit를 의미한다)

① 0.79
② 1.21
③ 3.67
④ 5.67

해설
위험도
$$H = \frac{UEL - LEL}{LEL} = \frac{8.4 - 1.8}{1.8} \fallingdotseq 3.67$$

91 소화기에 'A2', 'B3' 등으로 표기된 문자 중 숫자가 의미하는 것은?

① 소화기의 제조번호
② 소화기의 능력단위
③ 소화기의 소요단위
④ 소화기의 사용순위

해설
소화기에 표기된 문자 중 A, B, C는 화재의 종류를, 숫자는 소화기의 능력단위를 의미한다. 능력단위란 일반적으로 소화기 1개를 사용하여 불을 제압할 수 있는 능력을 말하며, C급 화재에서는 능력단위를 표기하지 않는다.

92 위험물안전관리법에 대한 내용으로 옳지 않은 것은?

① 유해성이 있는 화학물질로서 환경부장관이 정하여 고시한 유독물질을 다루는 법이다.
② 위험물은 인화성 또는 발화성 등의 성질을 가지는 것으로 대통령령으로 정한 물질이다.
③ 위험물의 저장·취급 및 운반과 이에 따른 안전관리에 관한 사항을 규정함으로써 위험물로 인한 위해를 방지하여 공공의 안전을 확보함을 목적으로 제정한 법이다.
④ 위험물에 대한 효율적인 안전 관리를 위하여 유사한 성상끼리 묶어 제1류~제6류로 구별하고 각 종류별로 대표적인 품명과 그에 따른 지정수량을 정한다.

해설
① 화학물질관리법 제2조(정의)
② 위험물안전관리법 제2조(정의)
③ 위험물안전관리법 제1조(목적)
④ 위험물안전관리법 시행령 [별표 1] 위험물 및 지정수량

93 위험물안전관리법령상 자연발화성 물질 및 금수성 물질에 해당되지 않는 것은?

① 유기금속화합물
② 알킬알루미늄
③ 산화성 고체
④ 알칼리금속

해설
위험물안전관리법 시행령 [별표 1] 위험물 및 지정수량

위험물		
유 별	성 질	품 명
제3류	자연발화성 물질 및 금수성 물질	㉠ 칼 륨
		㉡ 나트륨
		㉢ 알킬알루미늄
		㉣ 알킬리튬
		㉤ 황 린
		㉥ 알칼리금속(칼륨 및 나트륨을 제외한다) 및 알칼리토금속
		㉦ 유기금속화합물(알킬알루미늄 및 알킬리튬을 제외한다)
		㉧ 금속의 수소화물
		㉨ 금속의 인화물
		㉩ 칼슘 또는 알루미늄의 탄화물
		㉪ 그 밖에 행정안전부령으로 정하는 것
		㉫ ㉠ 내지 ㉪의 1에 해당하는 어느 하나 이상을 함유한 것

③ 산화성 고체는 제1류 위험물이다.

94 소화기의 장단점으로 옳은 것은?

> ㄱ. 분말소화기 : 거의 모든 화재에 소화효과를 기대
> 할 수 있으나 분말약제에 의한 오염이 발생할
> 수 있음
> ㄴ. CO_2 소화기 : 소화효율이 가장 좋고 약제 잔여물
> 이 없음
> ㄷ. 청정소화기 : 거의 모든 화재에 소화효과를 기대
> 할 수 있으나 가격이 비쌈
> ㄹ. 금속소화기 : 금수성 물질의 특성을 갖는 금속화
> 재에 대응할 수 있도록 기체로 충진되어 있어
> 무게가 가벼움

① ㄱ, ㄴ   ② ㄴ, ㄷ
③ ㄱ, ㄷ   ④ ㄷ, ㄹ

해설

ㄴ. CO_2 소화기는 진화 후 소화약제에 의한 오손이 없으나, 다른
소화약제에 비해 소화효과는 비교적 작다.

---

95 미세먼지의 발생원인 이산화황(SO_2) 175.8g이
SO_3로 전환될 때 발생하는 열(kJ)은?

> $$2SO_2(g) + O_2(g) \rightarrow 2SO_3(g)$$
> $$\Delta H = -198.2\text{kJ/reaction}$$

① −272.22   ② 272.22
③ −135.96   ④ 135.96

해설

SO_2 175.8g의 몰수 $= \dfrac{175.8\text{g}}{(32+16\times2)\text{g/mol}} \fallingdotseq 2.747\text{mol}$ 이며,

$\Delta H < 0$이면 발열반응이므로 SO_2 1몰당 $\dfrac{198.2}{2} = 99.1\text{kJ}$의 열이

발생한다.

∴ 이산화황 175.8g이 SO_3로 전환될 때 발생하는 열
    $= 2.747\text{mol} \times 99.1\text{kJ/mol} \fallingdotseq 272.22\text{kJ}$

---

96 위험물안전관리법령에 따른 위험물의 분류 중 산
화성 액체에 해당하지 않는 것은?

① 질 산   ② 에탄올
③ 과염소산   ④ 과산화수소

해설

위험물안전관리법 시행령 [별표 1] 위험물 및 지정수량

유 별	성 질	품 명		
제6류	산화성 액체	㉠ 과염소산		
		㉡ 과산화수소		
		㉢ 질 산		
		㉣ 그 밖에 행정안전부령으로 정하는 것		
		㉤ ㉠ 내지 ㉣의 1에 해당하는 어느 하나 이상을 함유한 것		

② 에탄올은 제4류 위험물이다.

---

97 실험실 내의 모든 위험물질은 안전보건표지를 설
치·부착하여야 하며, 표지의 색채는 산업안전보
건법령상 규정되어 있다. 다음 중 안전보건표지의
분류와 관련 색채의 연결이 옳은 것을 모두 고른
것은?

종 류		색 채	
		바탕색	기본모형색
A	사용금지	흰 색	빨간색
B	급성독성물질 경고	노란색	검은색
C	세안장치	녹 색	흰 색
D	안전복 착용	흰 색	녹 색

① A, B, D   ② A, C, D
③ A, C   ④ A, B

해설

**산업안전보건법 시행규칙 [별표 7] 안전보건표지의 종류별 용도,
설치·부착 장소, 형태 및 색채**

• 금지표지 : 바탕은 흰색, 기본모형은 빨간색, 관련 부호 및 그림은
  검은색 → A

- 경고표지
  - 바탕은 노란색, 기본모형·관련 부호 및 그림은 검은색
  - 인화성물질 경고, 산화성물질 경고, 폭발성물질 경고, 급성독성물질 경고, 부식성물질 경고 및 발암성·변이원성·생식독성·전신독성·호흡기과민성 물질 경고의 경우 : 바탕은 무색, 기본모형은 빨간색(검은색도 가능) → B
- 지시표지 : 바탕은 파란색, 관련 그림은 흰색 → D
- 안내표지
  - 바탕은 흰색, 기본모형 및 관련 부호는 녹색
  - 바탕은 녹색, 관련 부호 및 그림은 흰색 → C

99 B급 화재에 해당하는 것은?

① 일반화재   ② 전기화재
③ 유류화재   ④ 금속화재

해설

구 분	A급 화재	B급 화재	C급 화재	D급 화재
화재의 종류	일반화재	유류화재	전기화재	금속화재

98 대기환경보전법령상 대기오염방지시설이 아닌 것은?(단, 기타 시설은 제외한다)

① 중력집진시설
② 흡수에 의한 시설
③ 미생물을 이용한 처리시설
④ 가스교환을 이용한 처리시설

해설
대기환경보전법 시행규칙 [별표 4] 대기오염방지시설
- 중력집진시설
- 관성력집진시설
- 원심력집진시설
- 세정집진시설
- 여과집진시설
- 전기집진시설
- 음파집진시설
- 흡수에 의한 시설
- 흡착에 의한 시설
- 직접연소에 의한 시설
- 촉매반응을 이용하는 시설
- 응축에 의한 시설
- 산화·환원에 의한 시설
- 미생물을 이용한 처리시설
- 연소조절에 의한 시설

100 산업안전보건법령상 물질안전보건자료 작성 시 포함되어 있는 주요 작성항목이 아닌 것은?

① 응급조치요령
② 법적규제 현황
③ 폐기 시 주의사항
④ 생산책임자 성명

해설
화학물질의 분류·표시 및 물질안전보건자료에 관한 기준 제10조 (작성항목)
- 화학제품과 회사에 관한 정보
- 유해성·위험성
- 구성성분의 명칭 및 함유량
- 응급조치요령
- 폭발·화재 시 대처방법
- 누출사고 시 대처방법
- 취급 및 저장방법
- 노출방지 및 개인보호구
- 물리화학적 특성
- 안정성 및 반응성
- 독성에 관한 정보
- 환경에 미치는 영향
- 폐기 시 주의사항
- 운송에 필요한 정보
- 법적규제 현황
- 그 밖의 참고사항

2022년 제2회 **과년도 기출문제**

제1과목 | 화학분석 과정관리

01 기체상태의 수소화합물을 형성하는 원소 X의 수소화합물을 분석한 결과가 다음과 같을 때, X의 수소화합물 1mol에 포함된 수소원자의 질량(g)은?

> • 밀도 : 2g/L … 표준상태
> • 화합물 중 X의 백분율 : 82wt%

① 80.64   ② 8.064
③ 0.8064   ④ 0.08064

해설
1몰의 질량 = 2g/L × 22.4L = 44.8g
∴ H = 44.8g × (1 − 0.82) = 8.064g

02 분광분석기기에서 단색화장치에 대한 설명으로 가장 거리가 먼 것은?

① 필터, 회절발 및 프리즘 등을 사용한다.
② 연속적으로 단색광의 빛을 변화하면서 주사하는 장치이다.
③ 빛의 종류에 따라 단색화장치의 기계적 구조는 큰 차이를 갖는다.
④ 슬릿은 단색화장치의 성능특성과 품질을 결정하는 데 중요한 역할을 한다.

해설
③ 단색화장치의 기계적 구조는 빛의 종류와 관계없이 모두 비슷하다.

03 고성능 액체 크로마토그래피의 교정 시 확인사항이 아닌 것은?

① 바탕선 확인
② 시료채취장치의 확인
③ 표준물질의 스펙트럼 확인
④ 오븐과 운반가스 성능의 확인

해설
고성능 액체 크로마토그래피(HPLC) 교정 시 확인사항
• 바탕선의 확인
• 질량의 정확한 검출, 표준물질의 스펙트럼, 피크 분리 등의 확인
• 정기적인 정확도·정밀도, 검출기의 성능 확인
• 자동시료채취장치의 성능, 정확도·정밀도 확인

04 전자식 분석용 저울에서 가장 필요 없는 장치는?

① 코 일
② 영점 검출기
③ 전류 증폭장치
④ 저울대 고정장치

정답 1 ② 2 ③ 3 ④ 4 ④

05 분자량이 비슷한 다음의 물질 중 끓는점이 가장 높은 물질의 분자간 작용하는 힘의 종류를 모두 나열한 것은?

C₂H₆, H₂S, CH₃OH

① 분산력, 수소결합
② 공유결합, 수소결합
③ 공유결합, 쌍극자–쌍극자 인력
④ 쌍극자–쌍극자 인력, 수소결합

해설
문제에서 제시된 물질 중 끓는점이 가장 높은 물질은 CH₃OH(메탄올)이며, 분자간 작용하는 힘은 쌍극자–쌍극자 인력, 수소결합이다.

06 다음의 방향족 화합물을 올바르게 명명한 것은?

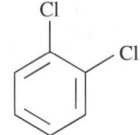

① ortho–dichlorobenzene
② meta–dichlorobenzene
③ para–dichlorobenzene
④ delta–dichlorobenzene

해설
②
③

07 다음 중 전자친화도가 가장 큰 원소는?

① B   ② O
③ Be   ④ Li

해설
전자친화도의 크기 : Li < Be < B < O (같은 주기)
전자친화도
• 같은 족 : 원자번호가 증가할수록 전자친화도는 감소한다.
• 같은 주기 : 원자번호가 증가할수록 전자친화도는 증가한다.

08 2.9g 뷰테인의 완전연소 반응으로 생성되는 이산화탄소의 부피(L at STP)는?

① 0.72   ② 0.96
③ 4.48   ④ 8.96

해설
뷰테인의 완전연소 반응식 : $C_4H_{10} + 6.5O_2 \rightarrow 4CO_2 + 5H_2O$
∴ 생성되는 이산화탄소의 부피
$$= 2.9g \times \frac{1mol}{58g} \times 4 \times 22.4L/mol = 4.48L$$

09 분광분석법에 사용하는 레이저에 대한 설명 중 틀린 것은?

① 레이저는 빛의 증폭현상의 인해 파장범위가 좁고, 센 복사선을 낸다.
② 색소 레이저를 이용하면 수십 nm 범위 정도에 걸쳐 연속적으로 파장을 변화시킬 수 있다.
③ Nd:YAG 레이저는 기체 레이저로서 다양한 실험에 널리 사용되고 있다.
④ 네단계 준위 레이저는 세단계 준위 레이저보다 적은 에너지를 이용하여 분포반전을 일으킬 수 있다.

해설
③ Nd:YAG 레이저는 가장 널리 사용되는 고체상태 레이저이다.

10 실험실에서 아마이드(Amide)를 만들기 위해 흔히 사용하는 것으로만 짝지어진 것은?

> a. 일차 아민과 할로젠화 아실
> b. 삼차 아민과 유기산
> c. 이차 아민과 할로젠화 아실
> d. 일차 아민과 알데하이드
> e. 삼차 아민과 할로젠화 아실

① a, c
② b, d
③ a, c, e
④ a, b, c, e

아마이드(Amide)
· 구조식 :

$$R-\overset{\overset{O}{\parallel}}{C}-\overset{\underset{R_2}{|}}{N}-R_1$$

· 1차 및 2차 아민은 할로젠화 아실과 친핵성 치환반응을 하여 아마이드를 생성한다(3차 아민은 아님).

a. $R_1-NH_2 + R-\overset{\overset{O}{\parallel}}{C}-X \longrightarrow R-\overset{\overset{O}{\parallel}}{C}-\overset{\underset{H}{|}}{N}-R_1 + HX$

c. $R_1R_2-NH + R-\overset{\overset{O}{\parallel}}{C}-X \longrightarrow R-\overset{\overset{O}{\parallel}}{C}-\overset{\underset{R_1}{|}}{N}-R_2 + HX$

11 바탕시료 분석을 통해 분석자가 확인할 수 있는 것은?

① 영 점
② 오 차
③ 처리시간
④ 매트릭스 바탕

실험과정의 바탕값 보정과 실험과정 중 발생할 수 있는 오염을 파악하기 위해서 바탕시료를 측정한다.

12 광자 검출기가 아닌 것은?

① 열전기전지
② 광전자증배관
③ 실리콘 다이오드
④ 전하 이동 검출기

광자 검출기(Photon Detector)
· 광전증배관
 - 하나의 광전자 방출 표면을 가지고 있으며 여기서 나오는 전자가 닿을 때 전자 다발을 방출하는 활성 표면도 여러 개 존재한다.
 - 자외선이나 가시선에서 매우 감도가 좋고, 매우 빠른 감응시간을 가진다.
· 규소 다이오드 검출기
 - 광자가 쪼여지면 전자-홀 쌍을 만들고 역방향 바이어스가 걸려 있는 pn 접촉을 가로질러 전도도를 증가시킨다.
 - 진공 광전관보다 감도가 좋으나, 광전증배관보다는 감도가 좋지 못하다.
· 전하 이동 검출기 : 규소 결정에 광자를 쪼일 때 생기는 전하를 모아 측정한다.

13 15wt% KOH 수용액 250g을 희석하여 0.1M 수용액을 만들고자 할 때, 희석 후 용액의 부피(L)는? (단, KOH의 분자량은 56g/mol이다)

① 0.97
② 3.35
③ 6.70
④ 10.05

KOH의 질량을 x라 하면

15wt% KOH $= \dfrac{x}{250\text{g}} \times 100$

$x = 37.5\text{g}$

$0.1\text{M} = \dfrac{37.5\text{g}}{V} \times \dfrac{1\text{mol}}{56\text{g}}$

$\therefore V ≒ 6.70\text{L}$

14 79.59g Fe와 30.40g O를 포함하고 있는 화합물 시료의 실험식은?(단, Fe의 원자량은 55.85g/mol 이다)

① FeO_2 ② Fe_3O_5
③ Fe_3O_4 ④ Fe_2O_4

해설

• Fe의 몰수 $= 79.59g \times \dfrac{1mol}{55.85g} \fallingdotseq 1.43mol$

• O의 몰수 $= 30.40g \times \dfrac{1mol}{16g} = 1.9mol$

$\therefore$ Fe : O $= 1.43 : 1.9 \fallingdotseq 1 : 1.3 \fallingdotseq 3 : 4 \to Fe_3O_4$

15 적정 실험에서 0.5468g의 KHP를 완전히 중화하기 위해서 23.48mL의 NaOH 용액이 소모되었다면, 사용된 NaOH 용액의 농도(M)는?(단, KHP는 $KHC_8H_4O_4$이며, K의 원자량은 39g/mol이다)

① 0.3042 ② 0.2141
③ 0.1142 ④ 0.0722

해설

$KHP + NaOH \to KNaP + H_2O$

KHP와 NaOH는 1:1의 몰수비로 반응한다.

KHP의 몰수 $= 0.5468g \times \dfrac{1mol}{(39+1 \times 5+12 \times 8+16 \times 4)g}$

$\fallingdotseq 0.00268mol$

$0.00268\,mol = 0.02348L \times x$

$\therefore x \fallingdotseq 0.1142M$

16 전자배치를 고려할 때, 짝짓지 않은 3개의 홀전자를 가지는 원자나 이온은?

① N ② O
③ Al ④ S^{2-}

해설

① N : $1s^2 2s^2 2p^3 \to 2p$ 오비탈의 p_x, p_y, p_z에 각각 1개씩 3개의 홀전자를 가진다.
② O : $1s^2 2s^2 2p^4 \to$ 2개의 홀전자를 가진다.
③ Al : $1s^2 2s^2 2p^6 3s^2 3p^1 \to$ 1개의 홀전자를 가진다.
④ S^{2-} : $1s^2 2s^2 2p^6 3s^2 3p^6 \to$ 홀전자가 없다.

17 원소의 성질을 설명한 것으로 틀린 것은?

① 0족 원소들은 불활성, 불연성이며 상온에서 기체이다.
② 1A족 원소들은 금속이며 염기성을 띤다.
③ 5A족에 속하는 질소(N)는 매우 다양한 산화수를 가진다.
④ 7A족은 할로젠족으로서 반응성이 크며 +1의 산화수를 가진다.

해설

④ 7A족은 할로젠족으로 −1의 산화수를 가진다.

18 탄화수소 화합물에 대한 설명으로 틀린 것은?

① 탄소−탄소 결합이 단일결합으로 모두 포화된 것을 Alkane이라 한다.
② 탄소−탄소 결합이 이중결합이 있는 탄화수소 화합물은 Alkene이라 한다.
③ 탄소−탄소 결합에 삼중결합이 있는 탄화수소 화합물은 Alkyne이라 한다.
④ 가장 간단한 Alkyne 화합물은 프로필렌이다.

해설

가장 간단한 Alkyne 화합물은 아세틸렌(에타인, C_2H_2)이다.

19 원자 내에서 전자는 불연속적인 에너지 준위에 따라 배치된다. 이러한 에너지 준위 중에서 전자가 분포할 확률을 나타낸 공간을 의미하는 용어는?

① 전위(Potential)
② 궤도함수(Orbital)
③ 원자핵(Atomic Nucleus)
④ Lewin 구조(Structure)

해설
궤도함수
전자가 존재하는 확률을 나타낸 함수로, 전자를 발견할 확률이 높은 공간의 모양이다.

20 크로마토그래피에 대한 설명 중 틀린 것은?

① 역상(Reversed Phase) 크로마토그래피는 이동상이 극성이고 정지상이 비극성이다.
② 정상(Normal Phase) 크로마토그래피에서 이동상의 극성을 증가시키면 용리시간이 길어진다.
③ 젤 투과 크로마토그래피(GPC)는 고분자 물질의 분자량을 상대적으로 측정하는 데 사용한다.
④ 고성능 액체 크로마토그래피(HPLC)는 비휘발성 또는 열적으로 불안정한 물질의 분석에 유용하다.

해설
정상 크로마토그래피는 이동상이 비극성이고 정지상이 극성이다. 따라서 이동상의 극성을 증가시키면 용리시간이 짧아진다.

제2과목 | 화학물질 특성분석

21 EDTA 적정방법 중 음이온을 과량의 금속이온으로 침전시키고, 침전물을 거르고 세척한 후 거른 용액 중에 들어 있는 과량의 금속이온을 EDTA로 적정하여 음이온의 농도를 구하는 방법은?

① 역적정
② 간접적정
③ 직접적정
④ 치환적정

22 원자분광법에서 시료 형태에 따른 시료 도입 방법으로 적절치 않은 것은?

① 고체 : 직접 주입
② 용액 : 기체 분무화
③ 고체 : 초음파 분무화
④ 전도성 고체 : 글로 방전 튕김

해설
③ 용액 : 초음파 분무화

23 0.10M 암모니아 용액의 pH는?(단, NH_3의 pK_b는 5이고, K_w는 1.0×10^{-14}이다)

① 9
② 10
③ 11
④ 12

해설
$NH_3 + H_2O \rightleftarrows NH_4^+ + OH^-$
$pK_b = 5$이므로 $K_b = 10^{-5}$이며,
$$K_b = 10^{-5} = \frac{[NH_4^+][OH^-]}{[NH_3]} = \frac{[OH^-]^2}{0.10}$$
$[OH^-] = 10^{-3}$
$pOH = 3$
∴ $pH = 14 - pOH = 14 - 3 = 11$

24 어느 일양성자산(HA) 용액의 pH가 2.51일 때, 산의 이온화 백분율(%)은?(단, HA의 K_a는 1.8×10^{-4}이다)

① 3.5   ② 4.5

③ 5.5   ④ 6.5

해설

$HA \rightleftarrows H^+ + A^-$

$pH = -\log[H^+] = 2.51$

$[H^+] = 10^{-2.51} = [A^-]$

$K_a = \dfrac{[H^+][A^-]}{[HA]} = 1.8 \times 10^{-4}$

∴ 산의 이온화 백분율 $= \dfrac{[H^+]}{[HA]} \times 100 = \dfrac{1.8 \times 10^{-4}}{[A^-]} \times 100$

$= \dfrac{1.8 \times 10^{-4}}{10^{-2.51}} \times 100 ≒ 5.8\%$

25 두 이온의 표준환원전위($E°$)가 다음과 같을 때 보기 중 가장 강한 산화제는?

$Na^+(aq) + e^- \rightleftarrows Na(s)$	$E° = -2.71V$
$Ag^+(aq) + e^- \rightleftarrows Ag(s)$	$E° = 0.80V$

① $Na^+(aq)$ ② $Ag^+(aq)$

③ $Na(s)$ ④ $Ag(s)$

해설

$E°$값이 클수록 환원이 잘 일어나 강한 산화제로 작용한다.

26 원자방출분광법에 이용되는 플라스마의 종류가 아닌 것은?

① 흑연 전기로(GFA)

② 직류 플라스마(DCP)

③ 유도결합 플라스마(ICP)

④ 마이크로파 유도 플라스마(MIP)

해설

원자방출분광법에 이용되는 플라스마

• 유도결합 플라스마(ICP)

• 직류 플라스마(DCP)

• 마이크로파 유도 플라스마(MIP)

27 0.10M NaNO₃를 포함하는 AgCl 포화용액에 대한 설명 중 옳은 것은?(단, AgCl의 $K_{sp} = 1.8 \times 10^{-10}$이다)

① 이온세기는 0.20M이다.

② Ag^+와 Cl^-의 농도는 일정하다.

③ Ag^+의 농도는 $\sqrt{1.8 \times 10^{-10}}$ M이다.

④ 이 용액에서 Ag^+의 활동도계수는 증류수에서보다 크다.

해설

② Ag^+와 Cl^-는 AgCl 포화용액에서 생성되므로 Ag^+와 Cl^-의 농도는 동일하다.

③ 주어진 AgCl 포화용액에는 다른 전해질이 녹아 있으므로, 증류수에서보다 더 많이 용해된다. 따라서 주어진 용액에서 Ag^+의 농도는 $\sqrt{1.8 \times 10^{-10}}$ M보다 크다(단, 증류수에 다른 전해질 없이 AgCl만 녹아 있을 경우에는 Ag^+의 농도는 $\sqrt{1.8 \times 10^{-10}}$ M이다).

④ 일반적으로 활동도계수는 이온세기가 클수록 감소한다. 주어진 용액에서 Ag^+의 용해도는 증류수에서보다 크기 때문에, 이온세기는 증류수에서보다 크고 활동도계수는 증류수에서보다 작다.

28 인산(H_3PO_4)의 단계별 해리평형과 산 해리상수(K_a)가 다음과 같을 때, 인산이온(PO_4^{3-})의 염기 가수분해상수(K_{b1})는?(단, K_w는 1.0×10^{-14}이다)

- $H_3PO_4(aq) \rightleftharpoons H^+(aq) + H_2PO_4^-(aq)$
  $K_{a1} = 7.11 \times 10^{-3}$
- $H_2PO_4^-(aq) \rightleftharpoons H^+(aq) + HPO_4^{2-}(aq)$
  $K_{a2} = 6.34 \times 10^{-8}$
- $HPO_4^{2-}(aq) \rightleftharpoons H^+(aq) + PO_4^{3-}(aq)$
  $K_{a3} = 4.22 \times 10^{-13}$

① 1.00×10^{-14}

② 1.41×10^{-12}

③ 1.58×10^{-7}

④ 2.37×10^{-2}

해설

$K_w = K_{a1} \times K_{b3} = K_{a2} \times K_{b2} = K_{a3} \times K_{b1}$

$\therefore\ K_{b1} = \dfrac{K_w}{K_{a3}} = \dfrac{1.0 \times 10^{-14}}{4.22 \times 10^{-13}} \fallingdotseq 2.37 \times 10^{-2}$

29 이온세기가 0.1M인 용액에서 중성분자의 활동도계수(Activity Coefficient)는?

① 0　　　　　　　② 0.1

③ 0.5　　　　　　④ 1

해설

중성분자의 활동도계수는 이온세기에 관계없이 대략 1이다.

30 $CH_3COOH(aq) + H_2O(l) \rightleftharpoons H_3O^+(aq) + CH_3COO^-(aq)$의 산 해리상수($K_a$)를 옳게 나타낸 것은?

① $K_a = \dfrac{[H_3O^+][CH_3COOH]}{[CH_3COO^-]}$

② $K_a = \dfrac{[H_3O^+][CH_3COO^-]}{[CH_3COOH]}$

③ $K_a = \dfrac{[H_2O][CH_3COOH]}{[CH_3COO^-]}$

④ $K_a = \dfrac{[H_2O][CH_3COO^-]}{[CH_3COOH]}$

해설

산 해리상수(K_a)

$HA \rightleftharpoons H^+ + A^-,\ K_a = \dfrac{[H^+][A^-]}{[HA]}$

31 원자분광법의 선 넓힘 원인이 아닌 것은?

① 불확정성 효과

② 지만(Zeeman) 효과

③ 도플러(Doppler) 효과

④ 원자들과의 충돌에 의한 압력 효과

해설

② 지만(Zeeman) 효과 : 원자 증기에 센 자기장을 걸어 원자의 전자 에너지 준위의 분리가 일어나는 현상을 이용하는 원자분광법의 바탕 보정법이다.

원자선 너비의 선 넓힘 원인
- 불확정성 효과
- 도플러 효과
- 같은 종류의 원자와 다른 원자들과의 충돌에 기인하는 압력 효과
- 전기장과 자기장 효과

32 용액의 농도에 대한 설명 중 틀린 것은?

① 몰농도는 용액 1L에 포함된 용질의 몰수로 정의한다.

② 몰랄농도는 용액 1L에 포함된 용매의 몰수로 정의한다.

③ 노르말농도는 용액 1L에 포함된 용질의 g 당량수로 정의한다.

④ 몰분율은 그 성분의 몰수를 모든 성분의 전체 몰수로 나눈 것으로 정의한다.

해설

② 몰랄농도는 용매 1kg에 포함된 용질의 몰수로 정의한다.

33 pH = 6인 완충용액을 만드는 방법으로 옳은 것을 모두 고른 것은?

┤보기├

㉠ pK_a = 6인 약산 HA를 물에 녹인다.

㉡ pK_a = 6인 약산 HA와 그 짝염기(NaA)를 1 : 1 몰비로 섞는다.

㉢ pK_b = 7.5인 약염기 NaA 용액에 강산을 가한다.

㉣ pK_a = 5.5인 약산 HA 용액에 강염기를 가한다.

① ㉠

② ㉠, ㉡

③ ㉡, ㉢

④ ㉡, ㉢, ㉣

해설

Henderson–Hasselbalch식

$$pH = pK_a + \log \frac{[염]}{[산]}$$

㉠ 완충용액은 약전해질 용액과 그 공통이온을 포함한 염의 혼합으로 만든다.

㉡ [염] = [산]이므로, $pH = pK_a + \log \frac{[염]}{[산]} = pK_a = 6$이다.

㉢ $pH = 14 - pK_b + \log \frac{[염]}{[산]} = 6.5 + \log \frac{[염]}{[산]}$

→ pH = 6이 되려면 $\log \frac{[염]}{[산]} = -0.5 < 0$이므로,

[염] < [산]을 만족해야 한다.

㉣ $pH = pK_a + \log \frac{[염]}{[산]} = 5.5 + \log \frac{[염]}{[산]}$

→ pH = 6이 되려면 $\log \frac{[염]}{[산]} = 0.5 > 0$이므로,

[염] > [산]을 만족해야 한다.

34 0.10M HOCH$_2$CO$_2$H를 0.050M KOH로 적정할 때 당량점에서의 pH는?(단, HOCH$_2$CO$_2$H의 K_a는 1.48×10^{-4}이고, K_w는 1.0×10^{-14}이다)

① 3.83

② 5.82

③ 8.18

④ 10.2

해설

HOCH$_2$COOH + KOH → HOCH$_2$COOK + H$_2$O

HOCH$_2$COOH의 부피를 1L로 가정하면

$MV = M'V'$

$0.10M \times 1L = 0.050M \times V'$

V'(KOH의 부피) = 2L이므로 당량점에서 용액의 전체 부피는 3L이며, 약산을 강염기로 적정했으므로 당량점은 염기성이다.

$$pOH = -\log \sqrt{K_b \cdot C} = -\log \sqrt{\frac{K_w}{K_a} \cdot C}$$

$$= -\log \sqrt{\frac{1.0 \times 10^{-14}}{1.48 \times 10^{-4}} \times \frac{0.1mol}{3L}}$$

$$\fallingdotseq 5.82$$

∴ $pH = 14 - pOH = 14 - 5.82 \fallingdotseq 8.18$

35 단색화장치를 사용하여 유효띠 너비가 0.05nm인 두 피크를 분리할 때 최대 슬릿 너비(μm)는?(단, 차수는 1차이고 단색화장치의 초점거리는 0.75m 이며 Groove수는 2,400Grooves/mm이다)

① 70   ② 80

③ 90   ④ 100

해설

유효띠 너비

$$\Delta\lambda_{eff} = wD^{-1} = \frac{wd}{nF}$$

여기서, w : 슬릿 너비

D^{-1} : 역선분산능

d : 홈 사이의 거리

n : 차수

F : 초점거리

$$\therefore w = \frac{\Delta\lambda_{eff}nF}{d}$$

$$= \frac{0.05\text{nm} \times 1 \times 750\text{mm}}{\dfrac{1\text{mm}}{2,400} \times \dfrac{10^6\text{nm}}{1\text{mm}}}$$

$$= 0.09\text{mm} = 90\mu\text{m}$$

37 pH가 10.0인 Zn^{2+} 용액을 EDTA로 적정하였을 때 당량점에서 Zn^{2+}의 농도가 1.0×10^{-14}M이었다. 용액의 pH가 11.0일 때 당량점에서의 Zn^{2+}의 농도 (M)는?(단, 암모니아 완충용액에서의 Zn^{2+}의 분율은 1.8×10^{-5}로 일정하며, Zn^{2+}-EDTA 형성상수는 3.16×10^{16}이고, pH 10.0 및 11.0에서 EDTA 중 Y^{4-}의 분율은 각각 0.36과 0.85이다)

① 2.36×10^{-14}

② 3.60×10^{-15}

③ 4.23×10^{-15}

④ 6.51×10^{-15}

36 전지에 대한 설명 중 틀린 것은?

① 볼타전지의 전지반응은 비자발적이다.

② 전지에서 산화가 일어나는 전극에서는 전자를 방출한다.

③ 볼타전지에서 산화가 일어나는 전극은 아연전극 이다.

④ 전해전지에서 산화·환원 반응을 일어나게 하기 위하여 전기에너지가 필요하다.

해설

① 볼타전지의 전지반응은 자발적이다.

38 물질의 성질과 관련된 다음의 정보를 얻기 위하여 수행하는 시험은?

> • 에멀션뿐만 아니라 Aerosol, Dispersion, Suspension을 포함하는 미립자계의 정보
> • Hiding Power, Tinting Strength 등 최종 물질의 물리·화학·기계적 성질 결정에 중요한 정보

① 분산도 및 인장강도

② 입자 크기 및 분산도

③ 입자 크기 및 표면분석

④ 표면분석 및 전기적 특성

39 정밀도는 대푯값 주위에 측정값들이 흩어져 있는 정도를 말한다. 다음 중 정밀도를 나타내는 지표는?

① 정확도
② 상관계수
③ 분포계수
④ 표준편차

해설

정밀도를 나타내는 방법
- 표준편차
- 평균의 표준오차
- 분 산
- 상대표준편차
- 변동계수
- 퍼짐(Spread) 또는 영역(Range)

40 전기화학의 기본 개념과 관련한 설명 중 틀린 것은?

① 1J의 에너지는 1A의 전류가 전위차가 1V인 점들 사이를 이동할 때 얻거나 잃는 양이다.
② 산화·환원 반응은 전자가 한 화학종에서 다른 화학종으로 이동하는 것을 의미한다.
③ 전지전압은 전기화학 반응에 대한 자유 에너지 변화(ΔG)에 비례한다.
④ 전류는 전기화학 반응의 반응속도에 비례한다.

해설
① 1J의 에너지는 1V의 전압과 1A의 전류가 1초 동안 흘렀을 때의 에너지이다.

41 메테인 분자의 일반적인 시료 분자(M)가 CH_5^+ 또는 $C_2H_5^+$와 충돌로 인하여 질량 스펙트럼상에서 볼 수 없는 이온의 종류는?

① $(M + H)^+$
② $(MH - H)^+$
③ $(MH + 29)^+$
④ $(MH + 12)^+$

해설
화학적 이온화 분석법에서 일반적으로 사용되는 시약은 메테인이다.

- 메테인은 강한 에너지 전자와 반응하면 CH_4^+, CH_3^+, CH_2^+ 등의 이온이 되며, 시료 분자 MH와 CH_5^+나 $C_2H_5^+$ 간의 충돌이 일어나 양성자 또는 수소화이온의 이전이 일어난다.
  - $CH_5^+ + MH \rightarrow MH_2^+ + CH_4$: 양성자 이동 → $(MH + H)^+$이온
  - $C_2H_5^+ + MH \rightarrow MH_2^+ + C_2H_4$: 양성자 이동 → $(MH + H)^+$이온
  - $C_2H_5^+ + MH \rightarrow M^+ + C_2H_6$: 수소화이온의 이동 → $(MH - H)^+$이온
- 분석 물질에 $C_2H_5^+$이온이 결합하면 $(MH + 29)^+$가 생긴다.

42 분자질량분석기기의 탈착 이온화(Desorption Ionization)에 적용되는 시료에 대한 설명으로 틀린 것은?

① 비휘발성 시료에 적용이 가능하다.
② 열에 예민한 생화학적 물질에 적용할 수 있다.
③ 액체시료를 증발시키지 않고 직접 이온화시킨다.
④ 분자량이 1,000,000Da 이하 화학종의 질량 스펙트럼을 얻기 위해 사용된다.

해설
탈착 이온화장치로 생화학적 물질과 분자량이 100,000Da보다 더 큰 화학종의 질량 스펙트럼을 알 수 있다.

43 분리분석에서 칼럼 효율에 미치는 변수로 가장 거리가 먼 것은?

① 머무름 인자

② 정지상 부피

③ 이동상의 선형속도

④ 정지상 액체막 두께

분리분석에서 칼럼 효율에 영향을 미치는 변수
- 이동상의 선형속도
- 이동상에서의 확산계수
- 정지상에서의 확산계수
- 머무름 인자
- 충진입자의 지름
- 정지상 액체막 두께

44 액체 크로마토그래피(LC)에서 주로 이용되는 기울기 용리(Gradient Elution)에 대한 설명으로 틀린 것은?

① 용매의 혼합비를 분석 시 연속적으로 변화시킬 수 있다.

② 분리 시간을 크게 단축시킬 수 있다.

③ 극성이 다른 용매는 사용할 수 없다.

④ 기체 크로마토그래피의 온도 프로그래밍과 유사하다.

기울기 용리는 고성능 액체 크로마토그래피에서 분리 효율을 높이기 위해 사용하며, 극성이 다른 2~3가지 용매를 선택하여 그 조성을 단계적으로 변화하며 사용하는 방법이다.

45 폴리에틸렌의 등온 결정화 현상을 분석할 때 가장 알맞은 열분석법은?

① DTA   ② DSC

③ TG   ④ DMA

시차주사열량법(DSC)의 응용 : 결정형 물질의 용융열과 결정화 정도를 결정한다.

46 백금(Pt)전극을 써서 수소이온을 발생시키는 전기량 적정법으로 염기 수용액을 정량할 때 전해용액으로서 가장 적당한 것은?

① 0.08M $TiCl_3$ 수용액

② 0.01M $FeSO_4$ 수용액

③ 0.10M Na_2SO_4 수용액

④ 0.10M $Ce_2(SO_4)_3$ 수용액

47 열무게분석장치에서 필요하지 않은 것은?

① 분석저울

② 전기로

③ 기체 주입장치

④ 회절발

열무게분석 장치
- 열저울
- 전기로
- 시료 잡이
- 기체 주입장치
- 컴퓨터

48 분석 시료와 시료 분석을 위해 사용할 수 있는 크로마토그래피의 연결로 가장 적절한 것은?

① 잉크나 엽록소 – 얇은 층 크로마토그래피(TLC)
② 무기 전해질 염 – 종이 크로마토그래피(PC)
③ 유기약산의 염 – 젤 투과 크로마토그래피(GPC)
④ 단백질이나 녹말 – 이온교환 크로마토그래피(IEC)

49 크로마토그래피의 띠(피크, 봉우리) 넓힘 현상에 대한 설명으로 가장 적절한 것은?

① 이동상이 관에 머무는 시간에 역비례한다.
② 용질이 관에 머무는 시간에 정비례한다.
③ 이동상이 흐르는 속도에 비례한다.
④ 이동상의 속도와 무관하다.

해설
①·③·④ 이동상의 흐름 속도에 역비례한다.

50 시차주사열량법(DSC)의 측정결과가 시차열분석법(DTA)의 결과와 차이가 나타나는 근본적인 원인은?

① 온도 차이
② 에너지 차이
③ 밀도 차이
④ 시간 차이

해설
DSC와 DTA의 근본적 차이 : DSC는 에너지 차이를 측정하는 열량법이고, DTA는 온도 차이를 기록하는 것이다.

51 적외선분광기의 회절발이 72선/mm의 홈(Groove)을 가지고 있을 때, 입사각이 30°이고 반사각이 0°라면 회절 스펙트럼의 파장(nm)은?(단, 회절차수는 1로 한다)

① 6,944 ② 7,944
③ 8,944 ④ 9,944

해설
$n\lambda = d(\sin i + \sin r)$
여기서, n : 회절차수
　　　　λ : 회절파장
　　　　d : 홈 사이의 거리
　　　　i : 입사각
　　　　r : 반사각
$\therefore \lambda = \dfrac{d}{n}(\sin i + \sin r)$

$= \dfrac{\frac{1mm}{72} \times \frac{10^6 nm}{1mm}}{1} \times (\sin 30° + \sin 0°) \fallingdotseq 6,944nm$

52 $CoCl_2 \cdot x H_2O$ 0.40g을 포함하는 용액을 완전히 전기분해시켰을 때 백금환원전극 표면에 코발트 금속이 0.10g 석출한다면, 시약에서 코발트 1몰과 결합하고 있는 물의 몰수(x ; mol)는?(단, Co와 Cl의 원자량은 각각 58.9amu, 35.5amu이다)

① 1 ② 2
③ 4 ④ 6

해설
- 코발트 금속의 몰수 $= 0.10g \times \dfrac{1mol}{58.9g} \fallingdotseq 0.0017mol$
- 염소의 몰수 $= 0.0017mol \times 2 = 0.0034mol$
- 염소의 질량 $= 0.0034mol \times 35.5g/mol \fallingdotseq 0.12g$
- 물의 질량 $= 0.40 - 0.10 - 0.12 = 0.18g$
- 물의 몰수 $= 0.18g \times \dfrac{1mol}{18g} = 0.01mol$
$\therefore CoCl_2 : H_2O = 0.0017mol : 0.01mol \fallingdotseq 1 : 5.9 \rightarrow x = 6$

53 액체 크로마토그래피 중 가장 널리 이용되는 방법으로써 고체 지지체 표면에 액체 정지상 얇은 막을 형성하여, 용질이 정지상 액체와 이동상 사이에서 나뉘어져 평형을 이루는 것을 이용한 크로마토그래피는?

① 흡착 크로마토그래피
② 분배 크로마토그래피
③ 이온교환 크로마토그래피
④ 분자배제 크로마토그래피

해설
분배 크로마토그래피
• 액체 크로마토그래피 중 가장 널리 이용된다.
• 시료가 이동상과 정지상 액체의 용해도 차이에 따라 분배됨으로써 분리한다.

54 적하수은전극에서 다음의 산화–환원 반응이 가역적으로 일어나며 pH 2.5인 완충용액에서 반파전위($E_{1/2}$)가 −0.35V라면, pH 7.0인 용액에서의 반파전위($E_{1/2}$; V)는?

Ox + 4H⁺ + 4e⁻ ⇌ Red

① −0.284   ② −0.416
③ −0.615   ④ −0.763

해설
pH 2.5인 완충용액의 반파전위를 이용해 먼저 $E°$를 계산한다.

$$E_{1/2} = -0.35\text{V} = E° - \frac{0.05916}{4} \log \frac{1}{(10^{-2.5})^4}$$

$$E° = -0.35 + \frac{0.05916}{4} \log \frac{1}{(10^{-2.5})^4} ≒ -0.202\text{V}$$

∴ pH 7.0인 용액의 반파전위

$$E_{1/2} = E° - \frac{0.05916}{4} \log \frac{1}{(10^{-7})^4}$$

$$= -0.202 - \frac{0.05916}{4} \log \frac{1}{(10^{-7})^4} ≒ -0.616\text{V}$$

55 전자충격 이온발생장치에서 1가로 하전된 이온을 10^3V로 가속하여 얻은 운동에너지(J)는?(단, 전자의 전하는 1.6×10^{-19}C이다)

① 1.6×10^{-16}
② 0.63×10^{-16}
③ 1.6×10^{-22}
④ 0.63×10^{-22}

해설
$$K_E = \frac{1}{2}mv^2 = zeV$$
$$= 1 \times (1.6 \times 10^{-19})\text{C} \times 10^3\text{V} = 1.6 \times 10^{-16}\text{J}$$

56 다음 중 형광의 상대적 크기가 가장 큰 벤젠 유도체는?

① Fluorobezene
② Chlorobezene
③ Bromobezene
④ Iodobezene

해설
형광의 상대적 크기 : ④ < ③ < ② < ①
할로젠 치환기의 원자번호가 증가할수록 형광의 상대적 크기가 감소한다.

57 $CaC_2O_4 \cdot H_2O$의 시료를 질소 분위기에서 열무게 분석법(TG)으로 측정할 때 1,000℃까지 열분해 과정을 거치면서 생성된 화합물의 변화를 순서대로 나열한 것은?

① $CaC_2O_4 \cdot H_2O \rightarrow CaCO_3 \rightarrow CaC_2O_4 \rightarrow CaO$

② $CaC_2O_4 \cdot H_2O \rightarrow CaC_2O_4 \rightarrow CaCO_3 \rightarrow CaO$

③ $CaC_2O_4 \cdot H_2O \rightarrow CaO \rightarrow CaC_2O_4 \rightarrow CaCO_3$

④ $CaC_2O_4 \cdot H_2O \rightarrow CaC_2O_4 \rightarrow CaO \rightarrow CaCO_3$

해설
$CaC_2O_4 \cdot H_2O$의 열분해 분석도

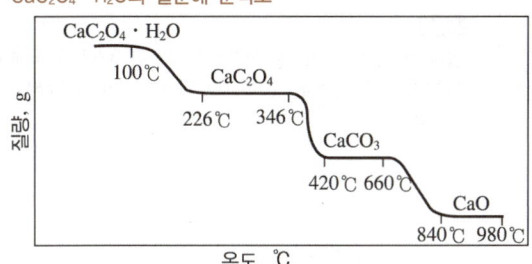

58 핵자기공명분광법(NMR ; Nuclear Magnetic Resonance) 스펙트럼의 특징으로 틀린 것은?

① 짝지음상수(J)의 단위는 Hz 단위로 나타낸다.
② 화학적 이동 파라미터 δ값은 단위가 없으나 ppm 단위로 상대적인 이동을 나타낸다.
③ 60MHz와 100MHz NMR 기기에서 각각의 δ와 J값은 다르다.
④ TetraMethylSilane을 내부표준물질로 사용한다.

해설
짝지음상수(J)는 가해준 자기장의 세기와 무관하다.

59 핵자기공명분광법(NMR ; Nuclear Magnetic Resonance)에서 화학적 이동을 보이는 이유에 대한 설명으로 틀린 것은?

① 외부에서 걸어주는 자기장을 다르게 느끼기 때문에
② 핵 주위의 전자밀도와 이의 공간적 분포의 차이 때문에
③ 핵 주위를 돌고 있는 전자들에 의해 생성되는 작은 자기장 때문에
④ 한 핵의 자기모멘트가 바로 인접한 핵의 자기모멘트와 작용하기 때문에

해설
화학적 이동은 핵 주위를 선회하는 전자들에 의해서 발생되는 작은 자기장에 의해 일어난다. 이로 인해 핵은 외부 자기장과 다른 자기장에 노출되어 화학적 이동을 보인다.

60 전압전류법의 검출한계가 낮아지는 순서로 정렬된 것은?

① 벗김법 > 사각파 전압전류법 > 전류 채취 폴라로그래피
② 벗김법 > 전류 채취 폴라로그래피 > 사각파 전압전류법
③ 사각파 전압전류법 > 전류 채취 폴라로그래피 > 벗김법
④ 전류 채취 폴라로그래피 > 사각파 전압전류법 > 벗김법

61 기체 크로마토그래피(GC) 분석 시 주입된 시료의 일부분만 분석하고 남은 시료를 우회시켜 배출하는 장치의 소모품은?

① 기체 샘-방지 주사기(Gas-Tight Syringe)
② 분할 벤트 포집장치(Split Vent Trap)
③ 보호칼럼(Guard Column)
④ 분리막 디스크(Septum Disc)

62 기체 크로마토그래피(GC)를 사용하여 12회 반복 측정한 결과가 다음과 같을 때, 측정값의 해석으로 틀린 것은?

┌측정결과├────────────────────────┐
57, 54, 54, 58, 54, 53, 52, 49, 54, 48, 57, 56
└──────────────────────────────────────┘

① 평균 : 53.83
② 분산 : 3.070
③ 표준편차 : 1.752
④ 자유도 : 12

해설

공학용 계산기 사용법 : 평균과 표준편차 계산
㉠ MODE 누르고 숫자 1 을 눌러 통계모드(STAT)로 전환한다.
㉡ 평균과 표준편차를 구하기 위해 숫자 0 을 입력한다(SD).
㉢ 주어진 데이터를 입력하고 M+ 를 누른다(12번 반복).
㉣ RCL 버튼을 누르고 숫자 4 를 입력하여 평균을 확인한다.
㉤ RCL 버튼을 누르고 숫자 5 를 입력하여 표준편차를 확인한다.
• 평균 : $\bar{x} \fallingdotseq 53.83$
• 분산 : $s^2 \fallingdotseq 9.424$
• 표준편차 : $s \fallingdotseq 3.070$
• 자유도 : $n - 1 = 11$
※ SHARP EL-509 모델 기준

63 정확성에 관한 내용 중 틀린 것은?

① 기존에 사용하는 분석법에 의한 분석값과 예상한 참값이 유사하다는 것을 표현하는 척도이다.
② 분석법이 규정하는 범위 전역에 걸쳐 입증되어야 한다.
③ 정확성은 규정하는 범위에서 최소 3회 측정으로 평가할 수 있다.
④ 정확성은 기지량의 분석대상물을 첨가한 검체의 양을 정량하는 경우에는 회수율로 나타낸다.

해설

정확성은 규정된 범위를 포함하여 최소한 3가지 농도에 대해서 시험방법의 전 조작을 적어도 9회 반복 측정한 결과로부터 평가해야 한다.

64 실험자가 시험실에서 감지하지 못하는 내부 변화를 찾아내고, 분석하여 생산되는 측정 분석값을 신뢰할 수 있게 하는 최선의 방법은?

① 내부정도평가
② 외부정도평가
③ 시험방법에 대한 정확한 이해
④ 측정분석 기기 및 장비에 대한 교정

해설

② 외부정도평가는 공동 시험·검사에의 참여, 동일 시료의 교환 측정, 외부 제공 표준물질의 분석 등으로 측정의 정확도를 확인할 수 있다.
① 내부정도평가는 내부표준물질, 분할시료(Split Sample), 첨가시료(Spiked Sample), 혼합시료를 이용한 측정시스템(시료채취, 측정절차 등)에서의 재현성 평가가 주목적이며 동일 시료를 나누어 사용(분할시료)함으로써 분석방법의 정밀도, 정확성을 확인할 수 있다.

65 밸리데이션 대상이 되는 시험 종류에 대한 설명으로 옳지 않은 것은?

① 확인시험은 검체 중 분석대상물질을 확인하기 위한 것이다.

② 불순물시험은 검체 중에 존재하는 불순물의 한도시험 또는 정량시험이 될 수 있다.

③ 한도시험과 정량시험에 요구되는 밸리데이션 항목은 같다.

④ 정량시험은 특정 검체 중의 분석대상물질을 측정하기 위한 것이다.

해설

시험방법별로 설정되어야 할 밸리데이션 파라미터

분석법 종류 밸리데이션	확인 시험	순도시험		정량시험 ·용출시험 중 정량시험에 한함 ·함량시험/효능시험
		정량 시험	한도 시험	
정확성	−	+	−	+
정밀성 반복성	−	+	−	+
정밀성 실험실 내 정밀성	−	+	−	+
특이성	+	+	+	+
검출한계	−	−	+	−
정량한계	−	+	−	−
직선성	−	+	−	+
범 위	−	+	−	+

· − : 일반적으로 평가할 필요가 없는 것
· + : 일반적으로 평가가 필요한 것

66 반복 측정하였을 때 유사한 값이 재현성 있게 측정되는 정도를 나타내는 척도는?

① 정확성 ② 정밀성
③ 특이성 ④ 균질성

해설

① 정확성 : 측정값이 참값이나 표준값이 근접한 정도를 나타내는 척도이다.
③ 특이성 : 불순물, 분해물 등의 혼재 상태에서 분석대상물질을 선택적으로 정확하게 측정할 수 있는 능력을 나타내는 척도이다.

67 밸리데이션 수행 순서 중 적합하지 못한 것은?

① 분석에 사용할 표준품의 규격 및 희석액의 제조 시 사용한 시약의 양 및 pH 결과 등을 상세히 기록한다.

② 정확성과 정밀성 평가를 위해 사용한 표준품의 양을 기록하고, 그 결과를 출력하여 부착한다.

③ 통계 프로그램을 이용하여 검정곡선의 작성 및 기울기와 y절편을 산출하여 정량한계 및 검출한계를 계산한다.

④ 계산된 검출한계와 정량한계는 따로 검증을 실시하지 않아도 된다.

해설

④ 계산에 의해 검출한계, 정량한계를 산출한 경우에는 검출한계, 정량한계 혹은 그 부근 농도로 조제한 적당한 수의 검체에 대한 분석을 실시하여 제출값의 타당성을 입증한다.

68 A회사의 시약에 관한 유효일 설정 기준은 다음과 같다. A회사에 2019년 1월 31일에 입고된 B시약의 공급자 정보에 유효일이 없고 2020년 6월 20일에 개봉하였다면 B시약의 유효일은?

> 유효일은 공급자 정보를 참조하여 정한다. 단, 공급자 정보로 유효일을 확인할 수 없는 경우, 개봉 전 입고일로부터 3년과 개봉일로부터 6개월 중 빠른 일자를 유효일로 설정한다.

① 2020년 1월 31일
② 2020년 12월 20일
③ 2021년 12월 20일
④ 2022년 1월 31일

해설
• 개봉 전 입고일로부터 3년 : 2022년 1월 31일
• 개봉일로부터 6개월 : 2020년 12월 20일
개봉 전 입고일로부터 3년의 일자보다 개봉일로부터 6개월의 일자가 더 빠르므로, B시약의 유효일은 2020년 12월 20일이다.

69 다음 중 장비 운영 및 이력관리 절차로 가장 적절하지 않은 것은?

① 장비담당자를 지정하여 장비 및 기구 운영현황에 대한 기록 관리를 수행해야 한다.
② 장비등록대장 관리항목으로는 담당자, 분석장비명, 수량, 용도 등이 있다.
③ 장비이력카드로 장비명, Serial No., 사용용도 및 교체부품 리스트와 수량, 보수내역에 대해 기록·관리한다.
④ 정기적인(3개월, 6개월) 소모품 교체에 관해서는 기록의 생략이 가능하다.

해설
④ 장비에 대한 소모품 및 부분품의 정기적인 교체, 고장수리 등 유지보수 이력을 기록하여 관리해야 한다.

70 전처리 과정에서 발생하는 계통오차가 아닌 것은?

① 기기 및 시약의 오차
② 집단오차
③ 개인오차
④ 방법오차

해설
계통오차(가측오차)의 종류
• 기기오차 : 측정 장치의 불완전성, 잘못된 검정 및 전력 공급기의 불안정성에 의해 발생한다.
• 방법오차 : 분석의 기초원리가 되는 반응과 시약의 비이상적인 화학적 또는 물리적 행동으로 발생한다.
• 개인오차 : 버릇, 습관, 편견, 선입관, 심리적 오차, 기록의 잘못, 눈금을 잘못 읽음, 실험의 숙련도 등 측정자 개인차에 따라 발생한다.
• 환경오차 : 온도, 습도, 진동, 기압 등 외부의 영향에 의해 발생한다.

71 식수 속 한 오염물질의 실제(참) 농도는 허용치보다 높은데, 오염물질의 농도 측정결과가 허용치보다 낮다면 이 측정결과에 대한 해석으로 옳은 것은?

① 양성(Positive) 결과이다.
② 가음성(False Negative) 결과이다.
③ 음성(Negative) 결과이다.
④ 가양성(False Positive) 결과이다.

해설
• 가양성(False Positive) : 실제로는 음성이나, 검사결과는 양성으로 나온다.
• 가음성(False Negative) : 실제로는 양성이나, 검사결과는 음성으로 나온다.

72 시료를 잘못 취하거나 침전물이 과도하거나 또는 불충분한 세척, 적절하지 못한 온도에서 침전물의 생성 및 가열 등과 같은 원인 때문에 발생하는 오차에 해당하는 것으로 가장 적합한 것은?

① 방법오차　　　② 계통오차
③ 개인오차　　　④ 조작오차

해설
① 방법오차 : 분석의 기초원리가 되는 반응과 시약의 비이상적인 화학적 또는 물리적 행동으로 발생하는 오차이다.
② 계통오차 : 반복적인 측정에서 일정하게 유지되거나 예측 가능한 방식으로 나타나는 측정오차로 종류로는 개인오차, 기기오차, 방법오차 등이 있다.
③ 개인오차 : 측정자 개인차에 따라 일어나는 오차이다.

73 분석물질만 제외한 그 밖의 모든 성분이 들어 있으며, 모든 분석절차를 거치는 시료는?

① 방법바탕(Method Blank)
② 시약바탕(Reagent Blank)
③ 현장바탕(Field Blank)
④ 소량첨가바탕(Spike Blank)

해설
① 방법바탕시료(Method Blank Sample)
 • 측정하고자 하는 물질이 전혀 포함되어 있지 않은 것이 증명된 시료이다.
 • 시험·검사 매질에 시료의 시험방법과 동일하게 같은 용량, 같은 비율의 시약을 사용하고 시료의 시험·검사와 동일한 전처리와 시험절차로 준비하는 바탕시료이다.
 • 매질, 실험절차, 시약 및 측정장비 등으로부터 발생하는 오염물질을 확인할 수 있다.
② 시약바탕시료(Reagent Blank Sample)
 • 시료를 사용하지 않고 추출, 농축, 정제 및 분석과정에 따라 모든 시약과 용매를 처리하여 측정한 것이다.
 • 실험절차, 시약 및 측정장비 등으로부터 발생하는 오염물질을 확인할 수 있다.
③ 현장바탕시료(Field Blank Sample)
 • 현장에서 만들어지는 깨끗한 시료이다.
 • 분석의 모든 과정(채취, 운송, 분석)에서 생기는 문제점을 찾는 데 사용한다.
 • 현장바탕시료와 일반시료를 동일한 방법으로 같이 다룬다.

74 다음 수치에 대한 변동계수(CV%)는?

621, 628, 635, 625

① 0.74　　　② 0.84
③ 0.94　　　④ 1.94

해설
공학용 계산기 사용법 : 평균과 표준편차 계산
㉠ MODE 누르고 숫자 1 을 눌러 통계모드(STAT)로 전환한다.
㉡ 평균과 표준편차를 구하기 위해 숫자 0 을 입력한다(SD).
㉢ 주어진 데이터를 입력하고 M+ 를 누른다(4번 반복).
㉣ RCL 버튼을 누르고 숫자 4 를 입력하여 평균을 확인한다.
㉤ RCL 버튼을 누르고 숫자 5 를 입력하여 표준편차를 확인한다.
• 평균 $\bar{x} = 627.25$
• 표준편차 $s ≒ 5.91$

∴ 변동계수 $CV\% = \dfrac{s}{x} \times 100 = \dfrac{5.91}{627.25} \times 100 ≒ 0.94$

※ SHARP EL-509 모델 기준

75 바탕선에 잡음이 나타나는 시험방법에서 정량한계의 신호 대 잡음비의 일반적인 비율은?

① 2 : 1
② 3 : 1
③ 10 : 1
④ 20 : 1

해설
바탕선에 잡음이 나타나는 시험방법에서 일반적으로 정량한계를 산출하는 신호 대 잡음비는 10 : 1이다.

76 ICP-MS를 이용하여 음료수에 포함된 납의 농도를 납의 동위원소(^{208}Pb)를 통해 분석할 수 있다. 음료수 시료 분석 과정과 결과가 다음과 같을 때, 시료의 ^{208}Pb의 농도(ppm)는?

1. 10.0ppb ^{208}Pb 표준용액에 20.0ppb ^{209}Bi 내부 표준물을 첨가하여 각각의 신호세기를 측정한 결과 ^{208}Pb는 12,000, ^{209}Bi는 60,000이었다.
2. 분석시료에 20.0ppb ^{209}Bi 내부표준물을 첨가하여 각각의 신호세기를 측정한 결과 ^{208}Pb는 6,028, ^{209}Bi는 60,010이었다.

① 0.1004   ② 0.5053
③ 2.008   ④ 5.022

해설

$$\frac{A_x}{[x]} = F \cdot \frac{A_s}{[s]}$$

여기서, A_x, A_s : 분석시료(x), 샘플(s)의 신호세기
  　　　$[x]$, $[s]$: 분석시료(x), 샘플(s)의 농도
  　　　F : 상수

실험 1에서 $\dfrac{12,000}{10.0} = F \cdot \dfrac{60,000}{20.0}$ 이므로, $F = 0.4$이다.

따라서, 실험 2에서 $\dfrac{6,028}{[x]} = 0.4 \times \dfrac{60,010}{20.0}$ 이므로 $x ≒ 5.022$ppb 이다.

※ 저자의견 : 문제에서 농도의 단위가 ppb가 아닌 ppm으로 잘못 제시되어 모두 정답으로 인정되었다.

77 정량한계 결정 시 설정한 정량한계가 타당함을 입증하는 방법은?

① 검출한계 부근의 농도로 조제된 적당한 수의 검체를 별도로 분석한다.
② 정량한계 부근의 농도로 조제된 적당한 수의 검체를 별도로 분석한다.
③ 검출한계 부근의 농도로 조제된 검체의 크로마토그램을 확인한다.
④ 정량한계 부근의 농도로 조제된 검체의 크로마토그램을 확인한다.

해설

② 정량한계 혹은 그 부근 농도로 조제된 적당한 수의 검체에 대해 분석을 실시하여 그 값의 타당함을 입증한다.

78 아스피린 알약의 순도를 결정하기 위하여 일련의 바탕용액 흡광도를 측정한 값으로부터 표준편차 0.0048과 아스피린 표준용액의 흡광도로부터 얻은 검정곡선의 기울기가 0.12흡광도단위/ppm이였을 때, 검출한계(ppm)는?

① 0.132   ② 0.0412
③ 0.151   ④ 0.500

해설

검출한계

$$LOD = \frac{3.3\sigma}{S} = \frac{3.3 \times 0.0048}{0.12/\text{ppm}} = 0.132\text{ppm}$$

여기서, σ : 반응의 표준편차
  　　　S : 검정곡선의 기울기

79 다음 중 오차를 줄일 수 있는 방법이 아닌 것은?

① 측정자의 훈련

② 측정기기와 기구의 보정

③ 다른 분석법과 비교분석

④ 동일한 조건으로 분석

해설

동일한 시료를 동일한 방법으로 여러 번 되풀이하는 시험으로는 오차를 줄일 수 없다.

80 조절된 환경 조건에서 시료의 온도를 증가시키면서 시료의 무게를 시간 또는 온도의 함수로 기록하는 분석법은?

① 시차주사열량법

② 시차열법분석법

③ 열무게분석법

④ 전기전도도법

해설

열무게분석법(TGA)

• 조절된 환경 조건하에서 시료의 온도를 증가시키면서 시료의 무게를 시간 또는 온도의 함수로 기록한다.

• 시간의 함수로 무게 또는 무게 백분율을 도시한 것을 열분석도, 열분해곡선이라고 한다.

제5과목 | 환경·안전관리

81 분진폭발이 대형화하는 경우가 아닌 것은?

① 분진 자체가 폭발성 물질일 때

② 밀폐공간 내 산소의 농도가 적을 때

③ 밀폐공간 내 고온, 고압의 상태가 유지될 때

④ 밀폐공간 내 인화성 가스 및 증기가 존재할 때

해설

분진폭발이 대형화하는 경우

• 밀폐공간 내 산소의 농도가 증가할 경우

• 밀폐공간 내 고온, 고압의 상태가 유지되는 경우

• 밀폐공간 내 인화성 가스 및 증기가 존재할 경우

• 분진 자체가 폭발성 물질인 경우

82 연구실 일상점검표상 화공안전에 관한 점검 내용으로 가장 거리가 먼 것은?

① MSDS 비치, 화학물질 성상별 분류 및 시약장 보관상태

② 실험폐액 및 폐기물 관리상태

③ 실험실 구역 관계자 외 출입금지 구분 및 손소독기 등 세척시설 설치 여부

④ 발암물질, 독성물질 등 유해화학물질의 격리보관 및 시건장치 사용 여부

해설

연구실 안전점검 및 정밀안전진단에 관한 지침 [별표 2] 일상점검 실시 내용

연구실 일상점검표

구 분	점검 내용
화공안전	유해인자 취급 및 관리대장, MSDS의 비치
	화학물질의 성상별 분류 및 시약장 등 안전한 장소에 보관 여부
	소량을 덜어서 사용하는 통, 화학물질의 보관함·보관용기에 경고표시 부착 여부
	실험폐액 및 폐기물 관리상태(폐액분류 표시, 적정용기 사용, 폐액용기 덮개체결 상태 등)
	발암물질, 독성물질 등 유해화학물질의 격리보관 및 시건장치 사용 여부

83 실험실에서 유해화학물질에 대한 안전 조치로 틀린 것은?

① 산은 물에 가하면서 희석한다.

② 과염소산은 유기화합물을 보호액으로 하여 저장한다.

③ 독성물질을 취급할 때는 체내에 들어가는 것을 막는 조치를 취한다.

④ 강산과 강염기는 공기 중 수분과 반응하여 치명적 증기를 생성하므로 사용하지 않을 때는 뚜껑을 닫아 놓는다.

해설
과염소산($HClO_4$)은 유기화합물 및 무기화합물과 반응하여 폭발할 수 있다.

84 실험실 화재 발생 시 대처 요령으로 적합하지 않은 것은?

① 신속히 주위에 있는 사람들에게 알리고 출입문과 창을 열어 유독가스를 유출시킨다.

② 근접한 화재경보기를 눌러 사이렌을 작동시킨 후 소방서 등에 신고한다.

③ 대피 시 젖은 손수건 등으로 입과 코를 가리고 숨을 짧게 쉬며 낮은 자세로 벽을 더듬어 이동한다.

④ 화재의 초기 진압이 어렵다고 판단될 경우, 가스 및 중간 밸브를 잠그고 즉시 대피한다.

해설
가스화재는 폭발성이 있으므로 갑자기 문을 열거나 전기 스위치 등을 조작하면 안 된다.

85 유독물질, 제한물질, 금지물질, 사고대비물질에 대한 법규는?

① 위험물안전관리법

② 화학물질관리법

③ 산업안전보건법

④ 생활화학제품 및 살생물제의 안전관리에 관한 법률

해설
② 화학물질관리법 제1조(목적), 제2조(정의)

① 위험물안전관리법 제1조(목적) : 이 법은 위험물의 저장·취급 및 운반과 이에 따른 안전관리에 관한 사항을 규정함으로써 위험물로 인한 위해를 방지하여 공공의 안전을 확보함을 목적으로 한다.

③ 산업안전보건법 제1조(목적) : 이 법은 산업 안전 및 보건에 관한 기준을 확립하고 그 책임의 소재를 명확하게 하여 산업재해를 예방하고 쾌적한 작업환경을 조성함으로써 노무를 제공하는 사람의 안전 및 보건을 유지·증진함을 목적으로 한다.

④ 생활화학제품 및 살생물제의 안전관리에 관한 법률 제1조(목적) : 이 법은 생활화학제품의 위해성(危害性) 평가, 살생물물질(殺生物物質) 및 살생물제품의 승인, 살생물처리제품의 기준, 살생물제품에 의한 피해의 구제 등에 관한 사항을 규정함으로써 국민의 건강 및 환경을 보호하고 공공의 안전에 이바지하는 것을 목적으로 한다.

83 ② 84 ① 85 ② **정답**

86 위험물의 운반용기 외부에 수납하는 위험물의 종류에 따라 표시해야 하는 주의사항이 옳게 짝지어진 것은?(단, 위험물안전관리법령상 표시해야 하는 주의사항이 다수일 경우, 주의사항을 모두 표기해야 한다)

① 철분 – 물기엄금
② 질산 – 화기엄금
③ 염소산칼륨 – 물기엄금
④ 아세톤 – 화기엄금

해설

위험물안전관리법 시행규칙 [별표 19] 위험물의 운반에 관한 기준

적재방법 : 위험물은 그 운반용기의 외부에 다음에 정하는 바에 따라 위험물의 품명, 수량 등을 표시하여 적재하여야 한다. 다만, UN의 위험물 운송에 관한 권고(RTDG ; Recommendations on the Transport of Dangerous Goods)에서 정한 기준 또는 소방청장이 정하여 고시하는 기준에 적합한 표시를 한 경우에는 그러하지 아니하다.

• 위험물의 품명 · 위험등급 · 화학명 및 수용성('수용성' 표시는 제4류 위험물로서 수용성인 것에 한한다)
• 위험물의 수량
• 수납하는 위험물에 따라 다음의 규정에 의한 주의사항
  – 제1류 위험물 중 알칼리금속의 과산화물 또는 이를 함유한 것에 있어서는 '화기 · 충격주의', '물기엄금' 및 '가연물접촉주의', 그 밖의 것에 있어서는 '화기 · 충격주의' 및 '가연물접촉주의' → ③
  – 제2류 위험물 중 철분 · 금속분 · 마그네슘 또는 이들 중 어느 하나 이상을 함유한 것에 있어서는 '화기주의' 및 '물기엄금', 인화성 고체에 있어서는 '화기엄금', 그 밖의 것에 있어서는 '화기주의' → ①
  – 제3류 위험물 중 자연발화성 물질에 있어서는 '화기엄금' 및 '공기접촉엄금', 금수성 물질에 있어서는 '물기엄금'
  – 제4류 위험물에 있어서는 '화기엄금' → ④
  – 제5류 위험물에 있어서는 '화기엄금' 및 '충격주의'
  – 제6류 위험물에 있어서는 '가연물접촉주의' → ②

87 폐기물에 관한 설명 중 틀린 것은?

① 지정폐기물의 불법처리를 막기 위해 전표제도를 실시하고 있다.
② 수소이온 농도지수가 2.0 이하 또는 12.5 이상인 액체상태의 폐기물은 부식성 폐기물이다.
③ 폐기물처리시설이란 폐기물의 중간처분시설, 최종처분시설 및 재활용시설로서 대통령령으로 정하는 시설을 말한다.
④ 천연방사성제품폐기물은 방사능 농도가 g당 100 Bq 미만인 폐기물을 말한다.

해설

폐기물관리법 시행령 [별표 1] 지정폐기물의 종류

천연방사성제품폐기물[생활주변방사선 안전관리법에 따른 가공제품 중 같은 법에 따른 안전기준에 적합하지 않은 제품으로서 방사능 농도가 g당 10Bq 미만인 폐기물을 말한다. 이 경우 가공제품으로부터 천연방사성핵종(天然放射性核種)을 포함하지 않은 부분을 분리할 수 있는 때에는 그 부분을 제외한다]

② 폐기물관리법 시행령 [별표 1] 지정폐기물의 종류
③ 폐기물관리법 제2조(정의)

88 폐기물관리법령상 폐기물 처리 담당자로서 환경부령으로 정하는 교육기관이 실시하는 교육을 받아야 하는 사람이 아닌 것은?(단, 그 밖에 대통령령으로 정하는 사람은 제외한다)

① 폐기물처리업에 종사하는 기술요원
② 폐기물처리시설의 기술관리인
③ 지정폐기물처리시설의 위험물안전관리자
④ 폐기물분석전문기관의 기술요원

해설

폐기물관리법 제35조(폐기물 처리 담당자 등에 대한 교육)

다음의 어느 하나에 해당하는 사람은 환경부령으로 정하는 교육기관이 실시하는 교육을 받아야 한다.

• 다음의 어느 하나에 해당하는 폐기물 처리 담당자
  – 폐기물처리업에 종사하는 기술요원
  – 폐기물처리시설의 기술관리인
  – 그 밖에 대통령령으로 정하는 사람
• 폐기물분석전문기관의 기술요원
• 재활용환경성평가기관의 기술인력

89 폐기물관리법령상 실험실 폐액 보관에 대한 설명 중 틀린 것은?

① 폐유기용제, 폐촉매는 보관이 시작된 날부터 60일을 초과하여 보관하지 않는다.

② 폐유기용제는 휘발되지 아니하도록 밀폐된 용기에 보관한다.

③ 지정폐기물과 지정폐기물이 아닌 것을 구분하여 보관한다.

④ 부득이한 사유로 장기보관할 필요성이 있다고 인정이 될 경우 및 지정폐기물의 총량이 3ton 미만일 경우 1년까지 보관할 수 있다.

> **해설**
>
> **폐기물관리법 시행규칙 [별표 5] 폐기물의 처리에 관한 구체적 기준 및 방법**
>
> 지정폐기물(의료폐기물은 제외한다)의 기준 및 방법–보관의 경우
>
> • 지정폐기물은 지정폐기물 외의 폐기물과 구분하여 보관하여야 한다.
>
> • 폐유기용제는 휘발되지 아니하도록 밀폐된 용기에 보관하여야 한다.
>
> • 지정폐기물배출자는 그의 사업장에서 발생하는 지정폐기물 중 폐산·폐알칼리·폐유·폐유기용제·폐촉매·폐흡착제·폐흡수제·폐농약, 폴리클로리네이티드비페닐 함유폐기물, 폐수처리 오니 중 유기성 오니는 보관이 시작된 날부터 45일을 초과하여 보관하여서는 아니 되며, 그 밖의 지정폐기물은 60일을 초과하여 보관하여서는 아니 된다. 다만, 폐기물의 처리 위탁을 중단해야 하는 경우로서 시·도지사나 지방환경관서의 장이 기간을 정하여 인정하는 경우 또는 천재지변이나 그 밖의 부득이한 사유로 장기보관할 필요성이 있다고 관할 시·도지사나 지방환경관서의 장이 인정하는 경우와, 1년간 배출하는 지정폐기물의 총량이 3ton(2013년 12월 31일까지는 4ton) 미만인 사업장의 경우에는 1년의 기간 내에서 보관할 수 있다.

90 어떤 화학물질 처리시설에서 A물질의 초기농도가 354ppm일 때, 이 물질이 처리기준 이하가 되기 위한 시간(s)은?(단, A물질의 반응은 1차 반응, 반감기는 20초이고, 처리기준은 1ppm이다)

① 151 ② 169
③ 227 ④ 309

> **해설**
>
> **1차 반응**
>
> • 반응속도가 반응물질의 농도에 비례한다.
>
> • $-\dfrac{d[A]_t}{[A]_0} = kt$, $\ln\dfrac{[A]_t}{[A]_0} = -kt$
>
> 여기서, $[A]_0$: 초기농도
>
> $[A]_t$: 시간 t에서의 A의 농도
>
> k : 반응속도상수
>
> t : 반응시간
>
> • 반감기 $t_{1/2} = \dfrac{\ln 2}{k}$
>
> A물질의 반응이 1차 반응이므로 $\ln\dfrac{[A]_t}{[A]_0} = -kt$이며,
>
> 반감기 $t_{1/2} = \dfrac{\ln 2}{k} = 20s$ 이므로 $k = \dfrac{\ln 2}{20s}$ 이다.
>
> 따라서 전체 반응속도식은 다음과 같다.
>
> $\ln\dfrac{[A]_t}{354} = -\dfrac{\ln 2}{20s}t$
>
> $\ln[A]_t = -\dfrac{\ln 2}{20s}t + \ln 354$
>
> $[A]_t \leq 1\text{ppm}$ 이면 $\ln[A]_t \leq 0$이 되므로,
>
> 이를 만족하는 t는 $\ln[A]_t = -\dfrac{\ln 2}{20s}t + \ln 354 \leq 0$를 만족한다.
>
> $\therefore\ t \fallingdotseq 169s$

91 유해화학물질의 유출·누출 사고 시 즉시 신고해야 하는 화학물질명-유출·누출량을 짝지은 것 중 옳지 않은 것은?

① 염산 – 50kg

② 황산 – 100kg

③ 염소 가스 – 5L

④ 페놀 – 500kg

화학사고 즉시 신고에 관한 규정 [별표 1] 화학사고 발생 시 즉시 신고 기준

화학사고의 상황별 신고 기준이 되는 유출·누출량–인체 및 환경 유해성과 이화학적 특성에 대한 충분한 자료가 확보된 다음의 물질

물질군	물질명	유출·누출량 (kg, L)
산	불산, 염산	50
	클로로설폰산, 질산, 황산	500
가스	염소, 플루오린, 포스겐, 사린, 산화에틸렌	5
유기용제	페놀, 톨루엔, 알릴 클로라이드, 나이트로벤젠, o-자일렌, m-자일렌, p-나이트로톨루엔	500

92 상압에서 인화점이 가장 높은 물질은?

① 아세트알데하이드

② 이황화탄소

③ 산화에틸렌

④ 아세트산

④ 아세트산(제4류 위험물 중 제2석유류) : 40℃
① 아세트알데하이드(제4류 위험물 중 특수인화물) : –40℃
② 이황화탄소(제4류 위험물 중 특수인화물) : –30℃
③ 산화에틸렌 : –20℃

위험물안전관리법 시행령 [별표 1] 위험물 및 지정수량
• '특수인화물'이라 함은 이황화탄소, 다이에틸에테르 그 밖에 1기압에서 발화점이 100℃ 이하인 것 또는 인화점이 –20℃ 이하이고 비점이 40℃ 이하인 것을 말한다.
• '제2석유류'라 함은 등유, 경유 그 밖에 1기압에서 인화점이 21℃ 이상 70℃ 미만인 것을 말한다. 다만, 도료류 그 밖의 물품에 있어서 가연성 액체량이 40wt% 이하이면서 인화점이 40℃ 이상인 동시에 연소점이 60℃ 이상인 것은 제외한다.

93 위험물안전관리법령에 따른 위험물의 유별과 성질이 맞게 짝지어진 것은?

① 제1류 – 산화성 액체

② 제2류 – 인화성 액체

③ 제3류 – 자연발화성 물질 및 금수성 물질

④ 제4류 – 자기반응성 물질

위험물안전관리법 시행령 [별표 1] 위험물 및 지정수량

위험물	
유 별	성 질
제1류	산화성 고체
제2류	가연성 고체
제3류	자연발화성 물질 및 금수성 물질
제4류	인화성 액체
제5류	자기반응성 물질
제6류	산화성 액체

94 할로젠은 독가스로 사용될 정도로 유독한 물질이다. 다음 중 할로젠과 알케인의 반응은?(단, 각 반응의 조건은 고려하지 않는다)

① $CH_4(g) + 2O_2(g) \rightarrow CO_2(g) + 2H_2O(L)$

② $C_2H_4(g) + Cl_2(g) \rightarrow CH_2Cl-CH_2Cl(g)$

③ $CH_4(g) + Cl_2(g) \rightarrow CH_3Cl(g) + HCl(g)$

④ $CH_3CH_2NH_2 + HCl \rightarrow CH_3CH_2NH_3{}^+Cl^-$

① 알케인의 연소반응
② 알켄의 할로젠 첨가반응
④ 아민과 산의 반응

95 26.3mM Ni^{2+} 100mL가 H^+형의 양이온 교환 칼럼에 부착되었을 때 방출되는 H^+의 당량(meq)은?

① 2.26

② 2.26×10^{-3}

③ 5.26

④ 5.26×10^{-3}

해설

$nMV = n'V'M'$

여기서, MV는 당량(eq)이므로

$2 \times 26.3\text{mM} \times 0.1\text{L} = 1 \times x\text{(meq)}$

$\therefore \ x = 5.26\text{meq}$

96 화학약품의 보관법에 관한 일반사항에 해당하지 않는 것은?

① 화학약품은 바닥에 보관한다.

② 특성에 따라 적절히 분류하여 지정된 장소에 분리 보관한다.

③ 유리로 된 용기는 파손 시를 대비하여 낮고 안전한 위치에 보관한다.

④ 환기가 잘되고 직사광선을 피할 수 있는 냉암소에 보관하도록 한다.

해설

① 화학약품은 바닥에 보관해서는 안 된다.

97 NFPA Hazard Class의 가~라에 해당하는 유해성 정보를 짝지은 것 중 틀린 것은?

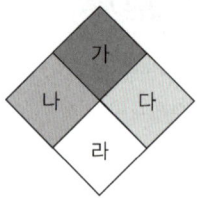

① 가 - 화재 위험성

② 나 - 건강 위험성

③ 다 - 질식 위험성

④ 라 - 특수 위험성

해설

③ 다 - 반응성

98 실험실별 특성에 맞는 안전보건관리 수칙이 있다. 다음 중 일반적인 실험실 수칙이 아닌 것은?

① 사고 시 연락 및 대피를 위해 출입구 벽면 등 눈에 잘 띄는 곳에 비상연락망 및 대피경로를 부착한다.

② 소화기는 눈에 잘 띄는 위치에 비치하고, 소화기 사용법을 숙지한다.

③ 취급하고 있는 유해물질에 대한 물질안전보건자료(MSDS)를 게시하고 이를 숙지한다.

④ 금지표지, 경고표지, 지시표지 및 안내표지 등 필요한 안전보건표지는 실험실 내부가 아닌 외부에 부착한다.

해설

④ 실험실 내에는 금지표지, 경고표지, 지시표지 및 안내표지 등 필요한 안전보건표지를 부착하여야 한다.

99 분말소화약제인 탄산수소나트륨 10kg이 1기압, 270℃에서 방사되었을 때 발생하는 이산화탄소의 양(m^3)은?(단, Na의 원자량은 23g/mol이다)

① 2.65 ② 26.5
③ 5.30 ④ 53.0

해설

분말소화약제의 열분해반응식(제1종 분말소화약제)
- 1차(270℃) : $2NaHCO_3 \rightarrow Na_2CO_3 + H_2O + CO_2$
- 2차(850℃) : $2NaHCO_3 \rightarrow Na_2O + H_2O + 2CO_2$

270℃에서 방사되었으므로, 1차 열분해반응식에 해당한다.

$NaHCO_3$ 10kg의 몰수 $= \dfrac{10,000g}{(23+1+12+16\times3)g/mol}$

$\fallingdotseq 119mol$ 이며, $NaHCO_3$ 1몰당 0.5몰의 CO_2가 발생하므로 CO_2

는 $\dfrac{119mol}{2} \fallingdotseq 59.5mol$ 이 발생한다.

$PV = nRT$ 이므로,

$\therefore V = \dfrac{nRT}{P}$

$= \dfrac{59.5mol \times 0.082atm \cdot L/mol \cdot K \times (270+273)K}{1atm}$

$\times \dfrac{1m^3}{1,000L}$

$\fallingdotseq 2.65m^3$

100 위험물안전관리법령상 위험물주유취급소에 설치하는 고정주유설비 또는 고정급유설비의 주유관의 길이는 몇 m 이내로 하여야 하는가?(단, 선단의 개폐밸브를 포함하되 현수식은 제외한다)

① 3 ② 5
③ 8 ④ 10

해설

위험물안전관리법 시행규칙 [별표 13] 주유취급소의 위치·구조 및 설비의 기준

고정주유설비 등 : 고정주유설비 또는 고정급유설비의 주유관의 길이(끝부분의 개폐밸브를 포함한다)는 5m(현수식의 경우에는 지면 위 0.5m의 수평면에 수직으로 내려 만나는 점을 중심으로 반경 3m) 이내로 하고 그 끝부분에는 축적된 정전기를 유효하게 제거할 수 있는 장치를 설치하여야 한다.

※ 2023년부터는 CBT(컴퓨터 기반 시험)로 진행되어 수험자의 기억에 의해 문제를 복원하였습니다. 실제 시행문제와 일부 상이할 수 있음을 알려드립니다.

제1과목 | 화학의 이해와 환경 · 안전관리

01 다음 중 가장 짧은 파장을 방출하는 전자 전이는?

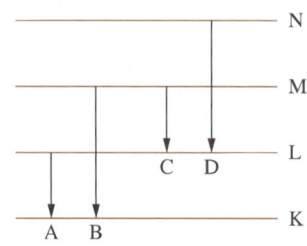

① A
② B
③ C
④ D

> **해설**
> 수소 원자 전자껍질 에너지 준위
>
> ──────── ∞
> ──────── $n = 4$(N)
> ──────── $n = 3$(M)
>
> ──────── $n = 2$(L)
>
> ──────── $n = 1$(K)
>
> 가장 짧은 파장을 방출하는 전자 전이는 가장 큰 에너지를 방출하며, 껍질 사이의 에너지 준위 차이는 모두 동일하지 않다. K 껍질($n = 1$)과 L 껍질($n = 2$) 사이의 에너지 차이가 가장 크고 n이 증가할수록 껍질 사이의 에너지 차이가 감소한다. 따라서 가장 큰 에너지를 방출하는 전자 전이는 B이다.

02 원자설에 대한 설명으로 옳지 않은 것은?

① 돌턴은 화학 반응이 일어날 때 원자의 배열만 바뀌고, 새로운 원자가 생성되거나 소멸되지는 않는다고 주장했다.
② 톰슨은 음극선 실험을 통해 중성자의 존재를 발견했다.
③ 러더퍼드는 α 입자 산란실험을 통해 원자의 대부분의 공간은 비어 있고, (+) 전하를 띤 원자핵이 가운데 존재한다고 주장했다.
④ 보어의 원자 모형은 전자의 위치와 속력을 동시에 정확히 알 수 없는 불확정성의 원리에 어긋난다.

> **해설**
> 톰슨은 음극선 실험을 통해 원자 속에 (−) 전하를 띤 전자가 있음을 발견하고, (+) 전하를 띤 푸딩 속에 (−) 전하를 띤 전자가 박혀 있는 푸딩 모형을 주장했다. 그러나 톰슨의 원자 모형으로 중성자의 존재는 설명할 수 없다.

03 원자 구조에 대한 설명으로 옳지 않은 것은?

① 원자를 구성하는 입자 중 가장 무거운 입자는 전자이다.
② 원자핵은 양성자와 중성자로 이루어져 있다.
③ 원자의 질량수는 양성자수와 중성자수를 합한 값이다.
④ 원자번호는 원자핵에 있는 양성자수와 같다.

> **해설**
> 전자는 원자를 구성하는 입자 중 가장 가벼운 입자이다.

04 한 원자에서 n, l, m_l, m_s의 네 가지 양자수가 똑같은 전자는 존재할 수 없음을 설명하는 원리는?

① 훈트 규칙(Hund's Rule)

② 쌓음 원리(Aufbau Principle)

③ 가리움 효과(Screening Effect)

④ 파울리의 배타원리(Pauli Exclusion Principle)

해설

① 에너지 준위가 같은 여러 개의 오비탈에 전자가 채워질 때, 홀전자 수가 많은 전자배치가 안정하다.

② 전자는 에너지 준위가 낮은 오비탈부터 차례대로 채워진다.

③ 다전자 원자에서 전자와 핵 사이의 인력이 전자 사이의 반발력에 의해 감소하는 현상이다.

05 탄소(C)의 전자배치 $1s^2 2s^2 2p_x^2$에 대한 설명으로 옳은 것은?

① 들뜬 상태, 짝짓지 않은 전자 존재

② 들뜬 상태, 전자는 모두 짝지었음

③ 바닥 상태, 짝짓지 않은 전자 존재

④ 바닥 상태, 전자는 모두 짝지었음

해설

탄소(C)의 안정한 전자배치 = $1s^2 2s^2 2p_x^1 2p_y^1$

$1s^2 2s^2 2p_x^2$의 전자배치는 p_x 오비탈에 전자 2개가 들어가 있는 상태이다. 전자는 모두 짝지어 있고 들뜬 상태로, 전자 간 반발력이 크다.

06 이온화 에너지에 대한 설명으로 옳은 것은?

① 기체 상태의 원자 1mol로부터 전자 1mol을 더하는 데 필요한 에너지

② 고체 상태의 원자 1mol로부터 전자 1mol을 더하는 데 필요한 에너지

③ 기체 상태의 원자 1mol로부터 전자 1mol을 떼어내는 데 필요한 에너지

④ 고체 상태의 원자 1mol로부터 전자 1mol을 떼어내는 데 필요한 에너지

07 2차 이온화 에너지가 가장 큰 것은?

① Mg ② Cl

③ S ④ Na

해설

Na은 $1s^2 2s^2 2p^6 3s^1$의 전자배치로 최외각 전자수를 1개 가지는데 전자를 하나 떼어내면(1차 이온화 에너지) 안정한 전자배치를 가지므로 2번째 전자를 떼어내는 데 필요한 2차 이온화 에너지의 값은 매우 커진다.

이온화 에너지

중성 원자에서 전자 1개를 떼어내는 데 필요한 에너지로 1개를 떼면 1차 이온화 에너지, 2개를 떼면 2차 이온화 에너지라고 한다. 일반적으로 차수가 높아질수록 이온화 에너지의 값도 높아지며 최외각 전자수가 많을수록 이온화 에너지값이 커진다.

08 지름의 크기를 옳게 비교한 것은?

① $O^{2-} < F < F^-$ 　　② $F < F^- < O^{2-}$

③ $O^{2-} < F^- < F$ 　　④ $F^- < O^{2-} < F$

해설

음이온은 전자를 많이 받을수록 서로 반발하여 크기가 커진다.

09 싸이오사이아네이트(Thiocyanate) 이온(SCN⁻)의 구조는?

① $\left[:\overset{..}{\underset{..}{S}}=C=\overset{..}{\underset{..}{N}}: \right]^-$ 　　② $\left[:\overset{..}{\underset{..}{S}}-C-\overset{..}{\underset{..}{N}}: \right]^-$

③ $\left[:\overset{..}{\underset{..}{S}}-C\equiv N: \right]^-$ 　　④ $\left[:\overset{..}{\underset{..}{S}}-C-\overset{..}{\underset{..}{N}}: \right]^-$

해설

SCN⁻의 구조

SCN⁻의 전체 최외각 전자수 $= 6+4+5+1 = 16$

옥텟 규칙을 이루기 위한 전자수 $= 8 \times 3 = 24$

$24-16 = 8$이고 공유전자는 4쌍이다.

따라서 중심 원자가 옥텟 규칙을 만족하도록 하고, 나머지 원자도 옥텟 규칙을 만족하도록 비공유전자쌍을 나타내면 $:\overset{..}{S}=C=\overset{..}{N}:$ 의 구조가 완성된다.

10 글라이신($C_2H_5O_2N$) 5.00g에 들어있는 질소 원자의 수는?

① 2.01×10^{22}개 　　② 4.01×10^{22}개

③ 6.01×10^{22}개 　　④ 8.01×10^{22}개

해설

글라이신의 분자량 $= 12 \times 2 + 1 \times 5 + 16 \times 2 + 14 \times 1$
$\qquad\qquad\qquad = 75g/mol$

글라이신 몰수 $= \dfrac{5.00g}{75g/mol}$

$\therefore \dfrac{5}{75}mol \times (6.02 \times 10^{23}개/mol) = 4.01 \times 10^{22}개$

11 Haber 공정에 따라 암모니아를 제조하려 한다. 질소 28g과 수소 8g을 반응시켜 암모니아 17g을 얻었을 때 이 반응에 대한 설명으로 옳은 것은?

① 질소는 1mol이 반응에 참여한다.

② 수소가 한계반응물이다.

③ 수득률은 30%이다.

④ 반응 후 반응기에 남은 물질의 총질량은 36g이다.

해설

$N_2 + 3H_2 \rightarrow 2NH_3$

① 생성된 암모니아가 17g(1mol)이므로, 반응한 질소는 0.5mol이고 수소는 1.5mol이다.

② 질소가 한계반응물이다.

③ 질소 1mol(28g)이 모두 반응할 경우, 수소 3mol(6g)이 반응하여 암모니아 2mol(34g)이 생성된다.

따라서 수득률 $= \dfrac{17g}{34g} \times 100\% = 50\%$이다.

④ 생성된 암모니아 17g + 미반응 질소14g + 미반응 수소 5g = 반응 후 총질량 36g

12 0℃, 1atm에서 0.495g의 알루미늄이 모두 반응할 때 발생하는 수소 기체의 부피(L)는?(단, 알루미늄의 원자량은 27g/mol이다)

$$2Al(s) + 6HCl(aq) \rightarrow 2AlCl_3(aq) + 3H_2(g)$$

① 0.033 　　② 0.308

③ 0.424 　　④ 0.616

해설

$2Al(s) + 6HCl(aq) \rightarrow 2AlCl_3(aq) + 3H_2(g)$

$27 \times 2g$ 　　　　　　　　　$3 \times 22.4L$

$0.495g$ 　　　　　　　　　xL

$\therefore x = \dfrac{3 \times 22.4L \times 0.495g}{27 \times 2g} = 0.616L$

13 2.5g의 살리실산과 3.1g의 아세트산 무수물의 반응으로 3.0g의 아스피린을 얻었다. 아스피린의 이론적 수득량은 약 몇 g인가?(단, 살리실산의 분자량 : 138.12g/mol, 아세트산 무수물의 분자량 : 102.09g/mol, 아스피린의 분자량 : 180.16g/mol이고, 살리실산과 아세트산 무수물은 1 : 1로 반응하며 반응에서 역반응은 일어나지 않았다고 가정한다)

① 2.6 　　　　② 2.8
③ 3.0 　　　　④ 3.2

해설
• 살리실산 : 2.5g ÷ (138.12g/mol) = 0.018mol
• 아세트산 무수물 : 3.1g ÷ (102.09g/mol) = 0.03mol
따라서 한계반응물은 살리실산이다.
∴ 아스피린의 이론적 수득량
　= 0.018mol × (180.16g/mol) ≒ 3.2g

14 NaOH 용액의 [OH⁻] 농도가 2.9×10^{-4}M일 때, 이 용액의 pH 값은?

① 2.9 　　　　② 3.54
③ 10.46 　　　④ 11.1

해설
$pOH = -\log[OH^-] = -\log(2.9 \times 10^{-4}) = 3.54$
$pH + pOH = 14$
∴ $pH = 14 - pOH = 14 - 3.54 = 10.46$

15 위험물안전관리법령상 제2류 위험물에 해당하는 유황의 순도 기준은?

① 30wt% 이상
② 36wt% 이상
③ 60wt% 이상
④ 63wt% 이상

16 화재의 종류에 따른 원인 물질로 옳지 않은 것은?

① A급 화재 – 플라스틱, 종이
② B급 화재 – 제4류 위험물
③ C급 화재 – 휘발유, 알코올
④ D급 화재 – 마그네슘, 리튬

해설
C급 화재(전기화재) : 전기에너지를 사용하는 기기 및 기구 등

17 Halon 1011에 함유되지 않은 원소는?

① H 　　　　② Cl
③ Br 　　　　④ F

해설
Halon 1011 = CH_2ClBr

18 유류소화에 사용되는 대형 소화기의 능력단위의 기준으로 옳은 것은?

① 10단위 이상
② 20단위 이상
③ 30단위 이상
④ 40단위 이상

해설
대형 소화기의 능력단위 수치
• A급 화재에 사용하는 소화기 : 10단위 이상
• B급 화재에 사용하는 소화기 : 20단위 이상이어야 한다.

19 산성용액에서 과망가니즈산 이온(MnO_4^-)의 환원 반응식으로 옳은 것은?

① $MnO_4^- + 6H^+ + 3e^- \rightleftharpoons MnO + 3H_2O$

② $MnO_4^- + 8H^+ + 5e^- \rightleftharpoons Mn^{2+} + 4H_2O$

③ $MnO_4^- + 6H^+ + 5e^- \rightleftharpoons MnO + 3H_2O$

④ $MnO_4^- + 8H^+ + 3e^- \rightleftharpoons Mn^{4+} + 4H_2O$

해설
- 산성용액 : $MnO_4^- + 8H^+ + 5e^- \rightleftharpoons Mn^{2+} + 4H_2O$
- 알칼리성 용액 : $MnO_4^- + 4H^+ + 3e^- \rightleftharpoons MnO_2 + 2H_2O$

20 기체분자운동론(Kinetic Molecular Theory)의 기본 가정으로 옳은 것은?

① 기체 입자의 부피는 무시할 수 없다.

② 기체 입자는 계속해서 움직이고, 용기의 벽에 입자가 충돌하여 압력이 발생한다.

③ 기체 입자들 사이에는 인력이 작용하므로 압력 계산 시 고려해야 한다.

④ 기체 입자 집합의 평균 운동에너지는 기체의 절대온도에 반비례한다.

해설
기체분자운동론의 가정
- 입자는 입자 사이의 거리에 비해 매우 작아서 입자의 부피는 무시할 수 있다.
- 입자는 끊임없이 운동하고, 입자가 용기의 벽에 충돌하는 것이 기체에 의한 압력의 원인이 된다.
- 입자 간에 서로 힘이 작용하지 않는다고 가정한다. 즉, 입자는 서로 끌거나 반발하지 않는다고 가정한다.
- 기체 입자 집합의 평균 운동에너지는 기체의 절대온도에 비례한다고 가정한다.

제2과목 | 분석계획 수립과 분석화학 기초

21 분석계획 수립 시 필요한 지식으로 옳지 않은 것은?

① 표준분석법에 대한 지식

② 시험기구의 종류에 대한 지식

③ 분석시험 절차에 대한 지식

④ 동료 연구자에 대한 지식

해설
분석계획서 작성 내용
- 접수 번호, 시료 번호 등
- 품 명
- 시험 항목
- 분석방법
- 시험 시작 및 완료 일정
- 시험 담당자
- 주의사항

22 단위 사이의 관계 중 틀린 것은?

① $1nm = 10^{-6}m$

② $1fm = 10^{-3}pm$

③ $1Å = 0.1nm$

④ $1\mu m = 10^{-3}mm$

해설

접두어	기 호	10^n
Deci–	d	10^{-1}
Centi–	c	10^{-2}
Milli–	m	10^{-3}
Micro–	μ	10^{-6}
Nano–	n	10^{-9}
Pico–	p	10^{-12}
Femto–	f	10^{-15}
Atto–	a	10^{-18}
Zepto–	z	10^{-21}
Yocto–	y	10^{-24}

23 사람은 20N의 힘으로 벽돌 50개를 2.4m 옮기는데 10분이 소요되었고, 지게차는 20N의 힘으로 벽돌 100개를 2.4m 옮기는 데 20초가 소요되었다. 사람과 지게차의 일률 차이는?

① 0W
② 236W
③ 14,160W
④ 849,600W

일률$(W, J/s) = \dfrac{\text{일의 양}}{\text{걸린 시간}} = \dfrac{\text{힘(N)} \times \text{이동 거리(m)}}{\text{걸린 시간(s)}}$

- 사람 : $\dfrac{20N \times 50개 \times 2.4m}{10min \times 60s/min} = 4W$

- 지게차 : $\dfrac{20N \times 100개 \times 2.4m}{20s} = 240W$

$\therefore 240W - 4W = 236W$

24 15ppb 벤젠 수용액의 몰 농도는?(단, 수용액의 밀도는 1g/mL로 계산한다)

① $1.92 \times 10^{-4}M$
② $1.92 \times 10^{-7}M$
③ $1.92 \times 10^{-10}M$
④ $1.92 \times 10^{-13}M$

- 벤젠(C_6H_6)의 분자량 $= (12 \times 6) + (1 \times 6) = 78g/mol$

- $15ppb = \dfrac{15g \text{ 벤젠}}{10^9 g \text{ 수용액}}$

$\therefore 15ppb = \dfrac{15g \text{ 벤젠}}{10^9 g \text{ 수용액}} \times \dfrac{1g}{1mL} \times \dfrac{1,000mL}{1L} \times \dfrac{1mol}{78g \text{ 벤젠}}$
$= 1.92 \times 10^{-7}M$

25 비중이 1.8이고, 순도가 96%인 황산용액의 몰농도는 약 몇 M인가?

① 5.4
② 17.6
③ 18.4
④ 35.2

$M = \dfrac{\text{용질의 몰수(mol)}}{\text{용액의 부피(L)}}$

$= 1.8g \times \dfrac{1mol}{98g} \times 1,000 \times 0.96 ≒ 17.6M$

26 헨리의 법칙이 가장 잘 적용되는 기체는?

① 산 소
② 염화수소
③ 암모니아
④ 플루오린화수소

헨리의 법칙은 난용성 기체에는 잘 적용되지만, 용해도가 높은 기체에는 잘 적용되지 않는다. 염화수소(HCl), 암모니아(NH_3), 플루오린화수소(HF)는 극성으로 물에 대한 용해도가 높으므로 헨리의 법칙을 잘 따르지 않는다.

27 세 번째 반응의 평형상수 K_3의 값은?

$CuN_3(s) \rightleftarrows Cu^+(aq) + N_3^-(aq)$	K_1
$HN_3(aq) \rightleftarrows H^+(aq) + N_3^-(aq)$	K_2
$Cu^+(aq) + HN_3(aq) \rightleftarrows H^+(aq) + CuN_3(s)$	$K_3 = ?$

① K_1/K_2
② K_2/K_1
③ $K_1 K_2$
④ $1/(K_1 + K_2)$

$K_1 = [Cu^+][N_3^-]$

$K_2 = \dfrac{[H^+][N_3^-]}{[HN_3]}$

$\therefore K_3 = \dfrac{[H^+]}{[Cu^+][HN_3]} = \dfrac{K_2}{K_1}$

28 엔트로피가 감소하는 반응은?

① $HCl(l) \rightarrow HCl(g)$

② $2Na(s) + 3H_2(g) \rightarrow 2NaCl(s)$

③ $NaCl(g) + H_2O(l) \rightarrow Na^+(aq) + Cl^-(aq)$

④ $2SO_3(g) \rightarrow 2SO_2(g) + O_2(g)$

해설
② 기체 반응물이 고체 생성물로 상태 변화하므로 엔트로피가 감소한다.
① 액체에서 기체로 상태 변화하므로 엔트로피가 증가한다.
③ 입자의 수가 증가하므로 엔트로피가 증가한다.
④ 반응 후 몰수가 증가하므로 엔트로피가 증가한다.

30 화학식이 M_2SO_4인 순수한 화합물 1.42g을 물에 녹인 뒤 과량의 $CaCl_2$ 수용액과 반응시켰다. 건조시킨 침전물의 무게가 1.36g이였을 때, 금속 M은?

① Li ② Na

③ K ④ Rb

해설
$M_2SO_4(aq) + CaCl_2(aq) \rightarrow 2MCl(aq) + CaSO_4(s)$

침전된 $CaSO_4$의 몰수 $= \dfrac{1.36g}{(40 + 32 + 4 \times 16)g/mol} = 0.01mol$

M_2SO_4와 $CaSO_4$의 반응비는 1 : 1이므로
M_2SO_4 1.42g = 0.01mol
M_2SO_4의 화학식량 $= 2 \times M + 32 + 4 \times 16 = 142$
∴ M = 23
금속 M은 원자량 23의 1가 양이온이므로 Na이다.

29 50.0mL의 0.1M I^-를 0.050M Ag^+로 적정하였다. Ag^+ 용액을 110.0mL 가했을 때 Ag^+의 농도는? (단, AgI의 용해도곱 상수는 8.3×10^{-17}이다)

① 0.050M

② 3.1×10^{-3}M

③ 5.0×10^{-10}M

④ 2.3×10^{-14}M

해설
• I^-의 mol수 $= 0.1mol/L \times 0.05L = 5.0 \times 10^{-3}mol = 5mmol$
• Ag^+의 mol수 $= 0.05mol/L \times 0.11L = 5.5 \times 10^{-3}mol$
  $= 5.5mmol$
• 반응 후 남은 Ag^+의 mol수 $= 5.5 - 5 = 0.5mmol$
Ag^+와 I^-는 1 : 1의 비로 반응하므로

∴ 반응 후 Ag^+의 농도 $= \dfrac{0.5mmol}{(50 + 110)mL} = 3.1 \times 10^{-3}$M

31 0.25M NH_3와 0.40M NH_4Cl이 들어있는 용액 1.0L에 HCl 0.10mol을 첨가했을 때의 pH는?(단, NH_3의 $K_b = 1.8 \times 10^{-5}$이다)

① 7.73 ② 8.73

③ 9.73 ④ 10.73

해설
문제에 주어진 용액은 완충용액이며, 첨가한 HCl의 H^+ 이온이 NH_3와 반응하여 제거된다.

	NH_3	+	H^+	$\rightarrow$	NH_4^+
반응 전	0.25M × 1.0L = 0.25mol		0.10mol		0.40M × 1.0L = 0.40mol
반 응	−0.10mol		−0.10mol		+0.10mol
반응 후	0.15mol		0		0.50mol

$[NH_3] = \dfrac{0.15\,mol}{1.0\,L} = 0.15\,M$

$[NH_4^+] = \dfrac{0.50\,mol}{1.0\,L} = 0.50\,M$

$pK_a = -\log \dfrac{K_w}{K_b} = -\log\left(\dfrac{1.0 \times 10^{-14}}{1.8 \times 10^{-5}}\right) = 9.25$

Henderson−Hasselbalch식에 대입하면,

∴ $pH = pK_a + \log\dfrac{[염기]}{[산]} = 9.25 + \log\left(\dfrac{0.15\,M}{0.50\,M}\right) = 8.73$

32 다음 중 부피분석으로 옳지 않은 것은?

① 아이오딘에 의한 아스코브산의 정량
② EDTA를 사용하는 납 이온 분석
③ 과망가니즈산칼륨에 의한 옥살산의 정량
④ 젤 투과에 의한 단백질 분석

해설
젤 투과에 의한 단백질 분석은 정성분석에 더 가까운 방법이다.
부피분석(Volumetric Analysis)
정량분석방법 중 하나로 용량분석이라고도 한다. 주로 지시약 등으로 반응의 종말점을 확인하여 정량하며 조작이 간편하여 널리 이용된다.

33 다음 중 가장 약한 산은?

① 염산(HCl)
② 질산(HNO_3)
③ 황산(H_2SO_4)
④ 붕산(H_3BO_3)

해설
염산, 황산, 질산 등은 강산이고 아세트산, 붕산, 인산 등 대부분의 산은 약산이다.

34 다음 산/염기에 대한 설명으로 옳지 않은 것은?

① 산은 용액 중에서 H_3O^+(Hydronium Ion) 농도를 증가시키는 물질이며, 염기는 H_3O^+의 농도를 감소시키거나 OH^-(수산화 이온)의 농도를 증가시키는 물질이다.
② 다염기성 산은 여러 개의 산 해리상수를 가지며, 해리상수가 클수록 강한 산성을 나타낸다.
③ 순수한 물의 경우 물의 해리상수($pK_w = 14$)로부터 pH를 계산할 수 있다.
④ 약산의 짝염기는 강한 산으로 완충용액의 제조에 이용된다.

해설
약산의 짝염기는 강염기, 강산의 짝염기는 약염기이다.

35 H^+와 OH^-의 활동도 계수는 이온세기가 0.05M 일 때는 각각 0.86과 0.81이고, 이온세기가 0.10M 일 때는 각각 0.83과 0.76이다. 25℃에서 0.10M KCl 수용액의 H^+의 활동도는 얼마인가?

① 1.03×10^{-7}　　② 1.05×10^{-7}
③ 1.15×10^{-7}　　④ 1.20×10^{-7}

해설
$K_w = \gamma_{H^+}[H^+] \cdot \gamma_{OH^-}[OH^-]$
$1.0 \times 10^{-14} = 0.83x \times 0.76x$
$x^2 = 1.585 \times 10^{-14}$
$x = 1.259 \times 10^{-7}$
∴ H^+의 활동도 $= \gamma_{H^+}[H^+] = 0.83 \times (1.259 \times 10^{-7})$
$= 1.045 \times 10^{-7} ≒ 1.05 \times 10^{-7}$

36 0.100M HCl로 0.100M 이양성자성 염기 B 10.0 mL를 적정했을 때, 제2당량점에서의 pH는?(단, 이양성자성 염기의 $pK_{b1} = 4.00$, $pK_{b2} = 9.00$ 이다)

① 3.24   ② 5.77

③ 8.23   ④ 10.76

해설
적정반응
- 제1당량점 : $B + H^+ \rightarrow BH^+$
- 제2당량점 : $BH^+ + H^+ \rightarrow BH_2^{2+}$

제2당량점에서의 적정 용액(HCl)의 부피 : 20.0mL
제2당량점에서의 pH는 BH_2^{2+}의 산해리상수(K_{a1})에 의해 결정된다.

$K_{b2} = 1.0 \times 10^{-9}$ 이므로, $K_{a1} = 1.0 \times 10^{-5}$

$$BH_2^{2+} \rightleftharpoons BH^+ + H^+$$

$0.100M \times \dfrac{10mL}{30mL} = 0.0333M$

$$-x \qquad\qquad +x \qquad +x$$
$$0.0333 - x \qquad\quad +x \qquad +x$$

$K_{a1} \cdot K_{b2} = K_w$

$K_{a1} = \dfrac{K_w}{K_{b2}} = \dfrac{x^2}{(0.0333 - x)} \approx \dfrac{x^2}{0.0333} = 1.0 \times 10^{-5}$

$\therefore\ x = 5.77 \times 10^{-4}$

$\therefore\ \text{pH} = -\log(5.77 \times 10^{-4}) = 3.24$

37 0.05M 니코틴(B, $pK_{b1} = 6.15$, $pK_{b2} = 10.85$)을 0.05M HCl로 적정하면, 제1당량점은 뚜렷하게 나타나지만 제2당량점은 그렇지 않다. 그 이유로 옳은 것은?

① BH_2^{2+}가 약산이기 때문이다.
② 강산으로 적정하였기 때문이다.
③ BH^+가 너무 약한 염기이기 때문이다.
④ $BH^+ \rightarrow BH_2^{2+}$ 반응이 잘 진행되기 때문이다.

해설
$K_{b2} = 10^{-10.85}$로 BH^+가 너무 약한 염기이므로, $BH^+ + H^+ \rightarrow BH_2^{2+}$ 반응이 잘 진행되지 않는다. 따라서, 제2당량점은 뚜렷하게 나타나지 않는다.

38 EDTA 적정에 사용되는 Xylenol Orange와 같은 금속이온 지시약의 설명으로 옳지 않은 것은?

① 금속이온 지시약은 PH에 따라 색이 변한다.
② 산화-환원제로서 전위(Potential)에 따라 색이 다르다.
③ 지시약은 EDTA보다 약하게 금속과 결합해야 한다.
④ 금속이온과 결합하면 색깔이 변해야 한다.

해설
산화-환원 지시약은 전위에 따라 색이 변하며, 금속이온 지시약은 H^+가 금속과의 치환으로 H^+의 해리에 기인하는 색소 분자의 공명 구조 변화에 따라 변색한다.

39 1mol의 과망가니즈산칼륨($KMnO_4$)이 산성용액에서 시료를 산화시킬 때, 몇 당량의 산화가 발생하는가?

① 1당량   ② 3당량
③ 5당량   ④ 7당량

해설
- 산성용액에서 MnO_4^- 이온의 환원반응식
  $MnO_4^- + 8H^+ + 5e^- \rightarrow Mn^{2+} + 4H_2O$
  $\therefore$ 5당량
- 염기성 용액에서 MnO_4^- 이온의 환원반응식
  $MnO_4^- + 2H_2O + 3e^- \rightarrow MnO_2 + 4OH^-$
  $\therefore$ 3당량

40 0.05M Fe^{2+} 100mL를 0.1M Ce^{4+}로 적정하며, Pt 전극과 Calomel 전극(SCE)을 이용하여 전위차를 측정하였다. 당량점에서의 두 전극의 전위차는?

$Ce^{4+} + e^- \rightarrow Ce^{3+}$	$E° = 1.70V$
$Fe^{3+} + e^- \rightarrow Fe^{2+}$	$E° = 0.76V$
$HgCl_2(s) + 2e^- \rightarrow 2Hg(l) + 2Cl^-$	$E° = 0.24V$

① 0.69V ② 0.99V
③ 1.23V ④ 1.47V

해설

Nernst 식

$$E = E^0 - \frac{0.05916}{n} \log \frac{[Red]}{[Ox]}$$

$$E = 1.70 - 0.05916 \times \log \frac{[Ce^{3+}]}{[Ce^{4+}]} \quad \cdots \text{㉠}$$

$$E = 0.76 - 0.05916 \times \log \frac{[Fe^{2+}]}{[Fe^{3+}]} \quad \cdots \text{㉡}$$

$Ce^{4+} + Fe^{2+} \rightarrow Ce^{3+} + Fe^{3+}$

당량점에서는 $[Ce^{4+}] = [Fe^{2+}]$, $[Ce^{3+}] = [Fe^{3+}]$

㉠에 $[Ce^{4+}] = [Fe^{2+}]$, $[Ce^{3+}] = [Fe^{3+}]$를 대입하면

$$E = 1.70 - 0.05916 \times \log \frac{[Fe^{3+}]}{[Fe^{2+}]}$$

$$㉠ + ㉡ = 2E = 2.46 - 0.05916 \times \log \frac{[Fe^{3+}][Fe^{2+}]}{[Fe^{2+}][Fe^{3+}]}$$

∴ $E = 1.23\,V$

Pt 전극과 칼로멜 전극을 사용했으므로,

∴ $E = 1.23V - 0.24V = 0.99V$

---

41 Gas Chromatography(GC)에서 인과 질소를 포함하는 유기화합물 분석을 위해 사용하는 검출기는?

① ECD ② NPD
③ FID ④ TCD

해설

GC 검출기

형 태	응용할 수 있는 시료
불꽃이온화(FID)	탄화수소물
열전도도(TCD)	일반 검출기
전자포획(ECD)	할로젠, 과산화물, 퀴논, 나이트로기를 포함하는 화합물
질량분석계(MS)	어떤 화학종에도 적용
열이온(TID)	질소와 인 화합물
전해질 전도(Hall)	할로젠, 황, 질소를 포함한 화합물
광이온화	UV 빛에 의한 이온화 화합물
Fourier 변환 IR(FTIR)	유기화합물

42 정량분석 과정으로 옳지 않은 것은?

① 관능기 분석
② 부피분석
③ 무게분석
④ 기기분석

해설

관능기 분석은 정성분석이다.

43 분석기기에서 발생하는 잡음 중 열적 잡음(Thermal Noise)에 대한 설명으로 옳지 않은 것은?

① 저항이 커지면 증가한다.

② 주파수를 낮추면 증가한다.

③ 온도가 올라가면 감소한다.

④ 백색 잡음(White Noise)이라고도 한다.

해설

열적 잡음

• 전자 또는 하전체가 저항, 커패시터, 복사선변환기, 전기화학전지, 기타 기기의 저항회로소자 속에서 열적진동으로 발생한다.

• 열적 잡음의 크기 : $\bar{v}_{rms} = \sqrt{4kTR\Delta f}$

  여기서, $\bar{v}_{rms}$: ΔfHz의 주파수 띠 너비 사이에 나타나는 잡음전압의 근평균 제곱

  k : Boltzman 상수(1.38×10^{-23}J/K)

  T : 절대온도

  R : 저항소자

  Δf : 주파수

44 기기적 잡음에 해당하지 않는 것은?

① 산탄(Shot) 잡음

② 열적(Thermal) 잡음

③ 깜박이(Flicker) 잡음

④ 열역학적(Thermodynamic) 잡음

해설

기기 잡음

• 열적 잡음(Johnson 잡음)

• 산탄 잡음

• 깜박이 잡음

• 환경 잡음

45 얇은 층 크로마토그래피(TLC)에서 시료 전개 시점부터 전개 용매가 이동한 거리가 7cm, 용질 A가 이동한 거리가 4.0cm라면 지연인자(R_F)의 값은?

① 0.57 ② 0.64

③ 1.6 ④ 2.5

해설

$$지연인자(R_F) = \frac{시료가 \ 이동한 \ 거리}{용매가 \ 이동한 \ 거리} = \frac{4.0}{7.0} = 0.57$$

46 Van Deemter식에 의한 이동상의 최적 유속의 값은?(단, 다중 흐름 통로 : 3.29μm, 세로 확산 : 1.26μm · mm/s, 질량 이동 : 0.745μm · s/mm)

① 1.30mm/s ② 2.60mm/s

③ 3.90mm/s ④ 4.20mm/s

해설

Van Deemter식

$$H = A + \frac{B}{u} + Cu$$

여기서, H : 단 높이

  A : 다중 흐름 통로

  B : 세로 확산

  C : 질량 이동

  u : 이동상의 선형 흐름속도

최적 선속도에서는 단 높이 H가 가장 낮고, 단수 N이 가장 크다. 세로 확산과 질량 이동에 의한 띠 넓어짐이 같을 때, H는 최소가 된다.

따라서, $\frac{B}{u} = Cu$일 때가 최적 유속이다.

$$u^2 = \frac{B}{C} = \frac{1.26\mu m \cdot mm/s}{0.745\mu m \cdot s/mm}$$

$$\therefore \ u = \sqrt{\frac{1.26}{0.745}} \ mm/s = 1.30 \, mm/s$$

47 30cm인 크로마토그래피의 분리관에 의하여 혼합물 시료의 성분 A를 분리하였다. 분리된 성분 A의 머무름시간은 12분이었으며, 분리된 봉우리 밑변의 너비가 2.4분이었다면 단 높이는 얼마인가?

① 7.5×10^{-2}cm
② 14×10^{-2}cm
③ 2.5cm
④ 12.5cm

단 높이 $H = \dfrac{L}{N}$

여기서, L : 관의 충전 길이
$\qquad N$: 단수

$N = 16 \left(\dfrac{t_R}{W} \right)^2$

여기서, t_R : 머무름시간
$\qquad W$: 봉우리 너비

$N = 16 \times \left(\dfrac{12}{2.4} \right)^2 = 400$

$\therefore H = \dfrac{L}{N} = \dfrac{30\,\text{cm}}{400} = 0.075\,\text{cm} = 7.5 \times 10^{-2}\,\text{cm}$

49 가스크로마토그래피에서 비누거품 유속계를 이용하여 유속을 측정하는 방법으로 옳은 것은?

① 비누거품 유속계를 유속제어기 바로 뒤에 연결하여 유속을 측정한다.
② 비누거품 유속계를 시료주입기 바로 앞에 연결하여 유속을 측정한다.
③ 비누거품 유속계를 관 바로 앞에 연결하여 유속을 측정한다.
④ 비누거품 유속계를 관 바로 뒤에 연결하여 유속을 측정한다.

48 다음 중 음이온 크로마토그래피에서 가장 먼저 용리되는 화학종은?

$$NO_3^-,\ Cl^-,\ SO_4^{2-}$$

① NO_3^-
② Cl^-
③ SO_4^{2-}
④ 모두 같이 용리된다.

음이온 교환수지와의 친화력
• 전하가 높을수록 친화력이 높다.
• 이온의 크기가 클수록 친화력이 높다.
따라서, 전하가 낮고 이온의 크기가 가장 작은 Cl^- 이온이 가장 빨리 용리된다.

50 기체크로마토그래피 검출기 중 니켈-63(63Ni)과 같은 β-선방사체를 사용하며, 할로젠과 같은 전기음성도가 큰 작용기를 지닌 분자에 감도가 좋고 시료를 크게 변화시키지 않는 검출기는?

① 불꽃이온화검출기(FID ; Flame Ionization Detector)
② 전자포착검출기(ECD ; Electron Capture Detector)
③ 원자방출검출기(AED ; Atomic Emission Detector)
④ 열전도도검출기(TCD ; Thermal Conductivity Detector)

전자포착검출기는 할로젠 원소에 대한 감응 선택성이 우수한 검출기이다.

51 기체-고체 크로마토그래피(GSC)에 대한 설명으로 옳지 않은 것은?

① 분포상수는 보통 GLC의 경우보다 작다.
② 충전 칼럼과 열린관 칼럼 두 가지 모두 사용된다.
③ 고체 표면에 기체물질이 흡착되는 현상을 이용한다.
④ 기체-액체 칼럼에 머물지 않는 화학종을 분리하는 데 유용하다.

해설

GSC(기체-고체 크로마토그래피)는 분포상수가 GLC(기체-액체 크로마토그래피)보다 커서 공기, Hydrogen Sulfide, Carbon Disulfied와 같은 기체-액체 칼럼에 머물지 않는 화학종들을 분리하기에 유용하다.

52 보호관(Guard Column)의 사용 및 특성에 대한 설명으로 옳지 않은 것은?

① 분석관 앞에 설치한다.
② 분석관의 수명을 연장시킨다.
③ 정지상에 비가역적으로 결합되는 시료성분을 제거한다.
④ 입자의 크기는 작고 충전물의 조성은 분석관의 조성과 달라야 한다.

해설

보호관(Guard Column)
• 짧은 보호관을 분석관 앞에 도입하여 분석관의 수명을 연장시킨다.
• 용매에 들어오는 입자성 물질과 오염물질을 제거한다.
• 이동상을 정지상으로 포화시켜 분석관에서 용매의 손실을 최소로 줄인다.
• 충전제의 조성은 분석관과 같아야 한다.
• 입자의 크기는 크고 압력 강하는 최소로 한다.

53 분자량이 50.00과 50.01인 물질을 질량분석기에서 분리하기 위하여 사용해야 하는 최소한의 질량분석기의 분리능은?

① 100.5
② 1,000.5
③ 5,000.5
④ 10,000.5

해설

질량분석기의 분리능

$$R = \frac{m}{\Delta m}$$

여기서, m : 첫 번째 봉우리의 명목상의 질량
Δm : 겨우 분리된 가까운 두 봉우리 사이의 질량 차이

$$R = \frac{m}{\Delta m} = \frac{(50.00 + 50.01) \times \frac{1}{2}}{50.01 - 50.00} = 5,000.5$$

54 원자질량 스펙트럼에서의 분광학적 방해에 해당하지 않는 것은?

① 다원자 이온 방해
② 동중핵 방해
③ 비휘발성 방해
④ 산화물 및 수산화물 화학종 방해

해설

질량분석법의 분광학적 방해
• 동중핵 이온
• 다원자 또는 첨가 생성물 이온
• 이중하전 이온
• 내화성 산화물 이온

55 질량분석계의 이온화방법 중 고성능액체크로마토그래피 또는 모세관 전기영동법과 연결하여 사용하는 데 가장 적합한 방법은?

① 장탈착법(FD ; Field Desorption)
② 빠른원자충격법(FAB ; Fast Atom Bombardment)
③ 전기분무이온화법(ESI ; Electrospray Ionization)
④ 이차이온질량분석법(SIMS ; Secondary Ion Mass Spectrometry)

ESI는 HPLC나 모세관 전기이동법으로부터 직접 시료를 도입할 수 있다.

56 탠덤질량분석기(MS/MS)에 대한 설명으로 옳은 것은?

① 첫 번째 분석계는 보통 강한 이온원을 가지고 있다.
② 두 번째 이온원은 자장을 걸고 헬륨과 같은 원자가 빨려 들어가는 충격실로 되어 있다.
③ 자기장 부채꼴, 정전기장 부채꼴, 사중극자 필터 분리기를 조합하여 만들어진다.
④ 첫 번째 분석계는 여러 혼합물 중의 한 가지를 분리하는 역할을 한다.

① 첫 번째 분석계는 보통 온건한 이온화법으로 장치되어 분자이온이나 양성자가 붙은 분자이온이 생성되도록 한다.
② 두 번째 분석계는 헬륨과 같은 원자 충격실로 되어 있고, 자장이 걸려 있지 않다.
④ 첫 번째 분석계는 혼합물의 여러 성분의 분자이온을 분리하는 역할을 한다.

57 다음 그래프는 1.0M KNO_3와 6.0mM의 $K_3Fe(CN)_6$가 녹아 있는 용액에 백금 전극을 이용하여 얻은 순환전압전류곡선이다. b지점에서 일어나는 전기화학반응은?

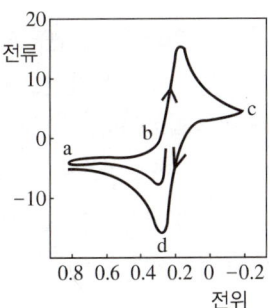

① $Fe^{2+} \rightleftarrows Fe^{4+} + 2e$
② $Fe(CN)_6^{4-} \rightleftarrows Fe(CN)_6^{2-} + 2e^-$
③ $Fe^{3+} + e^- \rightleftarrows Fe^{2+}$
④ $Fe(CN)_6^{3-} + e^- \rightleftarrows Fe(CN)_6^{4-}$

a에서 b지점까지는 산화 또는 환원될 수 있는 화학종이 없어 전류를 관찰할 수 없다. b지점에서 $Fe(CN)_6^{3-}$이 $Fe(CN)_6^{4-}$로 환원되면서 환원전류가 나타나고, 이때의 반응은 $Fe(CN)_6^{3-} + e^- \rightleftarrows Fe(CN)_6^{4-}$이다.

58 전기화학에서 사용되는 포화 칼로멜 기준 전극의 전극반응은?

① $2H^+ + 2e^- \rightleftarrows H_2(g)$
② $AgCl(s) + e^- \rightleftarrows Ag(s) + Cl^-$
③ $Fe(CN)_6^{3-} + e^- \rightleftarrows Fe(CN)_6^{4-}$
④ $Hg_2Cl_2(s) + 2e^- \rightleftarrows 2Hg(l) + 2Cl^-$

칼로멜 기준 전극은 염화수은(Hg_2Cl_2)으로 포화되어 있고 일정한 농도의 염화칼륨을 포함하는 용액에 수은을 넣어 만든 것이다.

59 전기화학분석법에서 화학적 편극의 원인으로 옳지 않은 것은?

① 전극반응물의 질량 이동이 불충분하여 전류를 제한할 때

② 화학종의 이동속도가 전류 유지에 필요한 속도보다 커져서 전류를 제한할 때

③ 화학반응에 참여하는 중간 생성물의 생성속도가 흡착으로 인해 전류를 제한할 때

④ 전극에서 산화화학종으로 전자 이동 속도가 느려서 전류를 제한할 때

> **해설**
> **편극** : 일정 전극전위에서 전지전위와 전류 사이에는 직선관계가 성립해야 하지만, 실제적으로는 직선관계가 성립하지 않는다. 이런 경우 전지를 편극되었다고 하는데 반응화학종이 전극 표면까지 이동하는 속도가 전류 유지에 필요한 속도가 되지 못하는 경우에 발생한다. 편극의 원인으로는 농도편극, 반응편극, 흡착, 탈착 또는 결정화 편극 등이 있다.

60 열분석 방법에 대한 설명으로 옳지 않은 것은?

① TGA : 비활성이나 반응성 대기하에서 온도와 시간에 따른 무게 변화를 측정한다.

② DMA : 온도와 시간에 따른 고체 물질의 점탄성을 측정한다.

③ TMA : 특정 대기하에서 온도에 따른 크기의 변화를 측정한다.

④ DSC : 물리적 혹은 화학적 변화과정에서 물질이 흡수·방출하는 열을 정성적으로 측정한다.

> **해설**
> ④는 DTA에 대한 설명이다.
> **DSC** : 물리적 혹은 화학적 변화과정에서 물질이 흡수·방출하는 열을 정량적으로 측정한다.

제4과목 | 화학물질 구조 및 표면분석

61 광학분광법에서 이용하지 않는 현상은?

① 흡 수　　② 발 광
③ 분 배　　④ 형 광

> **해설**
> 광학 분광법은 발광, 흡수, 형광, 인광, 산란 등의 현상을 바탕으로 한다.

62 $1.5\,\text{Å}$의 파장을 갖는 X-Ray의 진동수(Hz)는?

① $1.0 \times 10^{-2}\,\text{Hz}$

② $2.0 \times 10^{-2}\,\text{Hz}$

③ $1.0 \times 10^{18}\,\text{Hz}$

④ $2.0 \times 10^{18}\,\text{Hz}$

> **해설**
> $$\Delta E = h\nu = \frac{hc}{\lambda}$$
> $$\therefore \ \nu = \frac{c}{\lambda} = \frac{3.00 \times 10^8\,\text{m/s}}{1.5 \times 10^{-10}\,\text{m}} = 2.0 \times 10^{18}\,\text{s}^{-1} = 2.0 \times 10^{18}\,\text{Hz}$$

63 빛을 시료 셀에 통과시킨 후 빛의 세기가 100에서 90으로 줄었을 때 흡광도는?

① 0.046　　② 0.500
③ 0.954　　④ 1.000

> **해설**
> $$A = -\log T = -\log\left(\frac{I}{I_0}\right) = \log\left(\frac{I_0}{I}\right)$$
> 여기서, T : 투과도
> 　　　　I_0 : 시료를 통과하기 전 빛의 세기
> 　　　　I : 시료를 통과한 후 빛의 세기
> $$\therefore \ A = -\log\frac{90}{100} = 0.046$$

64 진한 농도의 시료용액 5mL를 50mL로 희석한 용액의 흡광도가 0.477일 때 원시료용액의 농도는? (단, 셀의 길이 1cm, 몰흡광계수 $6.32 \times 10^3 M^{-1} cm^{-1}$이다)

① $7.55 \times 10^{-2}M$

② $7.55 \times 10^{-3}M$

③ $7.55 \times 10^{-4}M$

④ $7.55 \times 10^{-5}M$

해설

시료용액을 $\frac{1}{10}$로 희석했으므로, 원시료용액의 농도를 c이라 하면

희석한 용액의 농도는 $\frac{1}{10}c$이다.

$A = \varepsilon bc$

여기서, A : 흡광도

$\quad\quad \varepsilon$: 몰 흡광계수

$\quad\quad b$: 셀의 길이

$\quad\quad c$: 용액의 농도

$0.477 = (6.32 \times 10^3 M^{-1} cm^{-1}) \times (1cm) \times \left(\frac{1}{10}c\right)$

$\therefore c = 7.55 \times 10^{-4} M$

65 X선 회절법으로 알 수 있는 정보가 아닌 것은?

① 결정성 고체 내의 원자 배열과 간격

② 결정성·비결정성 고체 화합물의 정성분석

③ 결정성 분말 속 화합물의 정성·정량분석

④ 단백질 및 비타민과 같은 천연물의 구조 확인

해설

X선 회절법으로 비결정성 고체 화합물의 분석은 불가능하다.

66 초점거리(F)가 0.50m인 단색화장치(Monochromator) 안에 1mm당 2,000개의 홈(Blase)이 새겨진 회절발(Echellette Grating)이 설치되어 있다. 이 단색화장치의 1차(First-order) 스펙트럼에 대한 역선분산능(Reciprocal Linear Dispersion, D^{-1})의 값은?

① 1.0nm/mm

② 100nm/mm

③ 1.0×10^3nm/mm

④ 1.0×10^6nm/mm

해설

역선형 분산

$D^{-1} = \dfrac{d}{nF}$

여기서, d : 홈 사이의 거리

$\quad\quad n$: 회절 차수

$\quad\quad F$: 초점거리

$d = \dfrac{1mm}{2,000홈}$

$n = 1$, $F = 0.5m$

$\therefore D^{-1} = \dfrac{1mm}{2,000홈} \times \dfrac{1}{1 \times 0.5m} \times \dfrac{10^6 nm}{1mm} \times \dfrac{1m}{10^3 mm}$

$\quad\quad = 1.0nm/mm$

67 질량분석계로 분석할 경우 상대 세기(Abundance)가 거의 비슷한 2개의 동위원소를 갖는 할로젠 원소는?

① Cl(Chlorine)

② Br(Bromine)

③ F(Fluorine)

④ I(Iodine)

해설

② $^{79}Br : ^{81}Br = 1 : 1$

① $^{35}Cl : ^{37}Cl = 3 : 1$

③, ④ 자연적으로 발생하는 F와 I의 동위원소는 없다.

68 원자흡수분광법으로 인산염을 포함하는 용액 중 칼슘염을 분석할 때 인산염의 화학적 방해를 제거하기 위해 사용되는 시약의 명칭과 이때 주로 사용되는 금속은?

① 해방제, Al
② 보호제, Cs
③ 해방제, La
④ 보호제, Mg

해설
란타넘은 고온에서 안정한 인산염을 형성하기 때문에 분석물에 인산염이 작용하는 것을 막을 수 있고, 이러한 역할을 하는 시약은 해방제이다.

70 원자화 원자분광광도계의 바탕보정방법이 아닌 것은?

① 중수소 바탕보정법
② 자체 반전(Smith-Hieftje) 바탕보정법
③ 계측법 바탕보정법
④ Zeeman 바탕보정법

해설
바탕보정방법
• 두 선 바탕보정법
• 연속 광원 바탕보정법
• Zeeman 효과에 의한 바탕보정법
• Smith-Hieftje 바탕보정법

69 원자흡수분광법(AAS)에서 주로 사용되는 연료가스는 천연가스, 수소, 아세틸렌이고 산화제로서 공기, 산소, 산화이질소가 사용된다. 가장 높은 불꽃 온도를 내는 연료가스와 산화제의 조합으로 옳은 것은?

① 천연가스-공기
② 수소-산소
③ 아세틸렌-산화이질소
④ 아세틸렌-산소

해설
천연가스, 수소, 아세틸렌 순으로 온도가 증가하며 같은 불꽃 원료를 사용하더라도 산화제로 산소를 사용하면 공기보다 더 높은 온도를 낼 수 있다.

71 어떤 물질의 스펙트럼을 나타낸 그림에서 A-B-C에 해당하는 메커니즘을 순서대로 나타낸 것은?

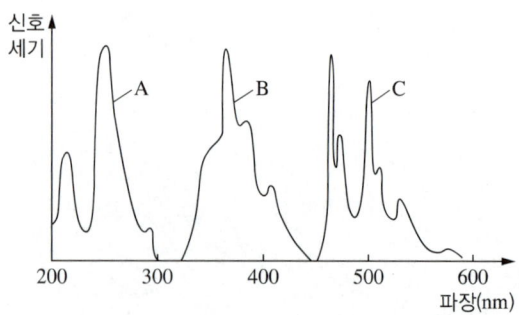

① 들뜸 – 형광 – 인광
② 들뜸 – 인광 – 형광
③ 형광 – 들뜸 – 인광
④ 형광 – 인광 – 들뜸

해설
들뜸 – 형광 – 인광 순으로 파장이 증가하고 에너지가 감소한다. A는 들뜸 스펙트럼, B는 형광 스펙트럼, 형광보다 수명이 길고 신호 세기가 작게 나타나는 C는 인광 스펙트럼이다.

72 시료 중의 금속 성분을 정성·정량분석할 수 있는 X-선 형광법(XRF)에 대한 설명으로 옳지 않은 것은?

① XRF는 수소와 불활성 기체를 제외한 모든 성분을 분석할 수 있다.

② XRF는 AAS나 ICP-AES와 같은 시료 전처리를 필요로 하지 않는다.

③ XRF로 분석 시 높은 정확도를 얻기 위해서는 시료의 매트릭스와 유사한 표준물질로 분석해야 한다.

④ XRF는 비파괴시험의 대표적인 예로서 시료 중의 대략적인 조성을 확인하고 Screening하는 데 사용된다.

해설
X-선 형광법과 X-선 흡수법은 주기율표상 소듐보다 큰 원자번호를 갖는 모든 원소의 정성 및 정량분석에 널리 사용된다.

73 가시광선, 근적외선 영역에 널리 이용되는 광원은?

① 제논(Xe) 아크등
② 수소등
③ 중수소등
④ 텅스텐 필라멘트등

해설
① 자외선, 가시광선 영역
②, ③ 자외선 영역

74 진공자외선(Vacuum UV)의 흡수로 일어나는 전자 전이는?

① $\sigma \rightarrow \sigma^*$　　② $n \rightarrow \sigma^*$
③ $n \rightarrow \pi^*$　　④ $\pi \rightarrow \pi^*$

해설
전자 전이 형태

전자 전이 형태	흡 수	파 장
$\sigma \rightarrow \sigma^*$	진공자외선	< 200nm
$n \rightarrow \sigma^*$	원자외선	~200nm
$n \rightarrow \pi^*$	근자외선 또는 가시선	200~800nm
$\pi \rightarrow \pi^*$	자외선	200~400nm

75 다음은 $CH_3COOCH_2CH_3$의 1H-NMR 스펙트럼이다. 각 피크를 나타낸 것으로 옳은 것은?

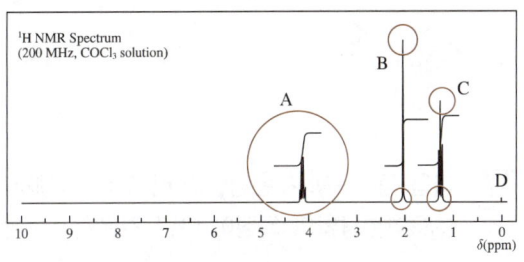

① A : TMS
② B : $\underline{CH_3}COOCH_2CH_3$
③ C : $CH_3COO\underline{CH_2}CH_3$
④ D : $CH_3COOCH_2\underline{CH_3}$

해설
A는 4중선, B는 단일선, C는 3중선이다. $(n+1)$ 규칙으로 해당하는 수소를 연결할 수 있다.
• A : 4중선이므로 $CH_3COO\underline{CH_2}CH_3$
• B : 단일선이므로 $\underline{CH_3}COOCH_2CH_3$
• C : 3중선이므로 $CH_3COOCH_2\underline{CH_3}$
• D : 화학적 이동값이 0ppm이므로 TMS로 인한 피크이다.

76 NMR 스펙트럼의 1차 스펙트럼 해석에 대한 규칙의 설명으로 옳지 않은 것은?

① 동등한 핵들은 다중 흡수 봉우리를 내주기 위하여 서로 상호작용하지 않는다.
② 짝지움 상수는 네 개의 결합 길이보다 큰 거리에서는 짝지움이 거의 일어나지 않는다.
③ 띠의 다중도는 이웃 원자에 있는 자기적으로 동등한 양성자의 수(n)에 의해 결정되며, n으로 주어진다.
④ 짝지움 상수는 가해준 자기장에 무관하다.

77 다음 중 ^{1}H-NMR 분광법과 비교한 ^{13}C 핵자기공명(NMR)분광법의 특징이 아닌 것은?

① 화학적 이동이 넓어서 봉우리의 겹침이 많이 일어난다.
② ^{1}H-NMR 분광법보다 감도가 좋지 못하다.
③ 분자 주위에 대한 정보보다 분자 골격에 대한 정보를 알려 준다.
④ 인접한 탄소끼리의 ^{13}C-^{13}C 짝지음이나 ^{13}C-^{12}C 짝지음이 거의 관찰되지 않는다.

78 FT-IR에서 789cm^{-1}와 791cm^{-1}의 흡수 밴드를 구별하기 위해 거울이 움직여야 하는 거리(cm)는?

① 0.25 ② 0.50
③ 2.50 ④ 5.00

79 분자흡수분광법과 비교하였을 때 분자발광(Luminescence)법의 가장 큰 장점은?

① 검출한계는 몇 ppb 정도로 낮은 범위이다.
② 모체효과(매트릭스, Matrix) 방해가 적다.
③ 선형 농도 측정 범위가 작다.
④ 흡수법보다 정량분석에 널리 응용한다.

80 표면분석장치 중 1차살과 2차살 전자를 모두 이용하는 것은?

① Auger 전자 분광법
② X선 광전자 분광법
③ 이차 이온 질량 분석법
④ 전자 미세 탐침 미량 분석법

2023년 제2회 최근 기출복원문제

제1과목| 화학의 이해와 환경 · 안전관리

01 원자 모형에 대한 설명으로 옳은 것은?

① 보어의 원자모형으로는 화학 결합을 정량적으로 설명할 수 없다.

② 수소 원자의 선 스펙트럼은 러더퍼드의 원자 모형으로 설명할 수 있다.

③ 보어의 원자 모형은 전자가 2개 이상인 원자에 대해서도 적용이 가능하다.

④ 러더퍼드의 α 입자 산란실험 결과는 톰슨의 원자 모형으로 입증이 가능하다.

해설

② 수소 원자의 선 스펙트럼은 보어의 원자 모형으로 설명할 수 있다.

③ 보어의 원자 모형은 전자가 2개 이상인 원자에 대해서는 적용이 불가능하다.

④ 러더퍼드의 α입자 산란실험 결과는 양성자를 띠는 원자핵의 존재로 설명할 수 있으므로, 톰슨의 푸딩 원자 모형으로는 설명할 수 없다.

02 전자가 보어모델(Bohr Model)의 $n=5$ 궤도에서 $n=2$ 궤도로 전이할 때 수소 원자에서 방출되는 빛의 파장은?(단, 뤼드베리 상수 $R_H = 1.9678 \times 10^{-2} \text{nm}^{-1}$)

① 242.0nm
② 714.6nm
③ 983.9nm
④ 1016.4nm

해설

$$\frac{1}{\lambda} = R_H \left(\frac{1}{m^2} - \frac{1}{n^2} \right) (n > m)$$

$n=5$, $m=2$이므로,

위의 식에 대입하면

$$\frac{1}{\lambda} = \left(1.9678 \times 10^{-2} \text{nm}^{-1} \right) \times \left(\frac{1}{2^2} - \frac{1}{5^2} \right) = 4.133 \times 10^{-3} \text{nm}^{-1}$$

$\therefore \lambda = 242.0 \text{nm}$

03 다음 중 전자가 가질 수 있는 양자수의 조합은?

① $n=2$, $l=1$, $m_l=1$, $m_s=0$

② $n=2$, $l=1$, $m_l=2$, $m_s=+\frac{1}{2}$

③ $n=3$, $l=2$, $m_l=0$, $m_s=-\frac{1}{2}$

④ $n=4$, $l=-4$, $m_l=-2$, $m_s=+\frac{1}{2}$

해설

• 양자수 $n=1, 2, 3, \cdots$

• 부양자수 $l=0, 1, 2, \cdots, (n-1)$

• 자기양자수 $m_l = -l, (-l+1), \cdots, (l-1), l$

• 스핀양자수 $m_s = +\frac{1}{2}, -\frac{1}{2}$

① m_s는 0이 될 수 없다.

② m_l은 $-l \sim +l$의 값을 가질 수 있다. m_l이 l보다 클 수 없다.

④ l은 $(n-1)$까지의 값을 가질 수 있다. $n=l$이므로 옳지 않은 양자수 조합이다.

04 ^{17}Cl의 전자배치로 옳은 것은?

① $[Ar]3s^23p^6$

② $[Ar]3s^23p^5$

③ $[Ne]3s^23p^6$

④ $[Ne]3s^23p^5$

> **해설**
>
> $[Ne]3s^23p^5 = 1s^22s^22p^63s^23p^5$
>
> $2+2+6+2+5 = 17$
>
> 원자번호 17번의 Cl 전자배치를 옳게 나타낸 것은 ④번이다.

06 텔루륨(Te)과 아이오딘(I)의 이온화 에너지와 전자 친화도의 크기 비교로 옳은 것은?

① 이온화 에너지 : Te < I, 전자 친화도 : Te < I

② 이온화 에너지 : Te < I, 전자 친화도 : Te > I

③ 이온화 에너지 : Te > I, 전자 친화도 : Te < I

④ 이온화 에너지 : Te > I, 전자 친화도 : Te > I

> **해설**
>
> 이온화 에너지란 기체 상태의 원자에서 최외각 전자 1개를 떼어내는 데 필요한 에너지이다. 같은 주기에서 원자번호가 커질수록 원자 반지름이 작아지고, 원자핵과 최외각 전자 사이의 인력은 커지므로 이온화 에너지는 증가한다.
>
> 전자 친화도는 기체 원자가 전자 1개를 받아들일 때 방출하는 에너지와 기체 음이온으로부터 전자 1개를 떼어내는 데 필요한 에너지로, 전자를 얻어 형성된 음이온이 원자보다 안정할수록 그 값이 커진다. 따라서 주기율표에서 전자 친화도는 대체로 같은 주기에서 원자번호가 커짐에 따라 커지고, 같은 족에서는 원자번호가 커짐에 따라 감소한다.

05 주기율표에 대한 설명으로 옳은 것은?

① 1A족 원소는 모두 금속원소이다.

② 2A족 원소를 전이 금속이라고 한다.

③ 같은 가로열에 있는 원소들이 유사한 성질을 가진다.

④ 주기율표는 양성자수가 증가하는 순서로 원소를 배치한 것이다.

> **해설**
>
> ① 수소는 비금속원소이다.
>
> ② 2A족 원소는 알칼리 토금속으로, 전형 원소이다. 전이 금속은 주기율표의 3~12족 원소들에 해당하며, d오비탈이나 f오비탈에 전자가 부분적으로 채워지는 원소이다.
>
> ③ 같은 세로열에 있는 원소들이 유사한 성질을 가지며, 같은 족으로 표현한다.

07 다음 중 격자에너지(Lattice Energy)가 가장 작은 것은?

① KF

② CsI

③ LiF

④ NaBr

> **해설**
>
> **격자에너지** : 분리된 기체 이온들이 이온 결합함으로써 이온성 고체를 형성할 때 발생하는 에너지이며, 결합세기를 나타내는 척도로 사용한다. 격자에너지는 이온 결합력이 클수록 커지며 이온 결합력은 쿨롱의 법칙을 따른다. 쿨롱의 법칙은 거리의 제곱에 반비례하므로, 보기 중에서 이온의 크기가 가장 큰 CsI의 격자에너지가 가장 작다.

08 원자 반지름의 크기 비교로 옳은 것은?(단, 원자의 번호는 $_{15}P$, $_{16}S$, $_{33}As$, $_{34}Se$이다)

① P < S < As < Se

② S < P < Se < As

③ As < Se < P < S

④ Se < As < S < P

해설
- $_{15}P$, $_{16}S$: 2주기 원소
- $_{33}As$, $_{34}Se$: 3주기 원소

원자 반지름은 주기가 클수록 크고, 같은 주기에서는 원자번호가 클수록 작다. 따라서, S < P < Se < As 순이다.

10 0.10M KNO_3용액에 관한 설명으로 옳은 것은?

① 이 용액 0.10L에는 1.0mol의 K^+이온들이 존재한다.

② 이 용액 0.10L에는 0.010mol의 K^+이온들이 존재한다.

③ 이 용액 0.10L에는 6.02×10^{23}개의 K^+이온들이 존재한다.

④ 이 용액 0.10L에는 6.02×10^{22}개의 K^+이온들이 존재한다.

해설
① 이 용액 0.10L에는 0.01mol의 K^+ 이온들이 존재한다.
③, ④ 이 용액 0.10L에는 6.02×10^{21}개의 K^+ 이온들이 존재한다.

09 루이스 구조식 중 옳지 않은 것은?

① H—A̤s—H
   |
   H

②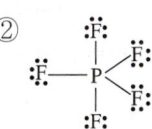

③ F̤—N—F̤
   |
   F̤

④ $[\ddot{I}—\ddot{I}—\ddot{I}]^-$

해설
I_3^-의 루이스 구조식

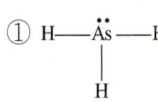

11 1.87g의 아연 금속을 완전연소하기 위해 필요한 이론 공기량(L)은 얼마인가?(단, 표준상태로 가정하며, 아연의 원자량은 65g/mol이다)

① 1.53L   ② 2.33L

③ 3.73L   ④ 4.63L

해설
$2Zn(s) + O_2(g) \rightarrow 2ZnO(s)$

- 아연 $1.87g \times \dfrac{1mol}{65g} = 0.0288mol$

- 필요한 산소의 몰수 : $0.0288mol \times \dfrac{1}{2} = 0.0144mol$

- 필요한 이론 공기량 : $\dfrac{0.0144mol \times 22.4L/mol}{0.21} = 1.534L$

12 카페인의 질량 백분율 성분비는 49.48% 탄소, 5.15% 수소, 28.87% 질소, 16.49%의 산소를 포함하고 있으며, 몰질량은 194.2g/mol이다. 카페인의 분자식은?

① $C_4H_5N_2O_1$

② $C_9H_{10}N_2O_3$

③ $C_8H_8N_3O_3$

④ $C_8H_{10}N_4O_2$

해설

$$C : H : N : O = \frac{49.48}{12} : \frac{5.15}{1} : \frac{28.87}{14} : \frac{16.49}{16}$$
$$= 4.12 : 5.15 : 2.06 : 1.03 = 4 : 5 : 2 : 1$$

카페인의 분자식 :
$$n(C_4H_5N_2O_1) = n \times (12 \times 4 + 1 \times 5 + 14 \times 2 + 16 \times 1)$$
$$= 194.2 g/mol$$
$$\therefore n = \frac{194.2}{97} = 2$$
$$\therefore C_8H_{10}N_4O_2$$

13 다음 중 물에 녹았을 때, 산성 수용액을 만드는 염은?

① NH_4Cl ② $NaNO_3$

③ $NaHCO_3$ ④ CH_3COONa

해설

염의 가수분해
- 강염기의 양이온이고, 강산의 음이온이면 중성염이다.
- 강염기의 양이온이고, 약산의 음이온이면 염기성 염이다.
- 약염기의 양이온이고, 강산의 음이온이면 산성 염이다.
① NH_4Cl : 약염기(NH_3)의 짝산(NH_4^+)으로 이루어진 염이므로 산성 염이다.
② $NaNO_3$: 중성염이다.
③ $NaHCO_3$: 약산(H_2CO_3)의 짝염기(HCO_3^-)로 이루어진 염이므로 염기성 염이다.
④ CH_3COONa : 약산(CH_3COOH)의 짝염기(CH_3COO^-)로 이루어진 염이므로 염기성 염이다.

14 다음 화합물의 명명법은?

$$[Ni(H_2O)_2(NH_3)_4]SO_4$$

① Diaquatetraaminenickel(Ⅱ) sulfide

② Nickel(Ⅱ)diaquatetraamine sulfate

③ Tetraaminediaquanickel(Ⅱ) sulfide

④ Tetraaminediaquanickel(Ⅱ) sulfate

해설

배위화합물의 명명법
- 양이온을 앞에, 음이온을 뒤에 명명한다(영문 명명의 경우).
- 착이온의 명명은 리간드를 먼저 명명하고, 금속 이온을 나중에 명명한다.
- 리간드의 수는 mono, di, tri, tetra 등의 접두사를 사용한다. 다만, 이미 리간드 이름에 해당 접두사가 포함되거나 복잡한 경우에는 괄호로 묶은 뒤 bis, tris, tetrakis 등의 접두사를 사용한다.
- 리간드는 알파벳 순서대로 표기한다.
- 음이온 리간드는 영문명 끝에 '-o'를 붙이고, 중성 리간드는 화학명만 표기한다.
- 금속 이온의 산화수는 해당 원소 뒤에 괄호로 로마 숫자를 묶어 표기한다.
- 착이온이 음전하를 띠면 '-ate'를 붙인다.

15 위험물안전관리법 시행령상 제1류 위험물과 가장 유사한 화학적 특성을 갖는 위험물은?

① 제2류 위험물

② 제4류 위험물

③ 제5류 위험물

④ 제6류 위험물

해설

- 제1류 위험물 : 산화성 고체
- 제2류 위험물 : 가연성 고체
- 제3류 위험물 : 자연발화성 물질 및 금수성 물질
- 제4류 위험물 : 인화성 액체
- 제5류 위험물 : 자기반응성 물질
- 제6류 위험물 : 산화성 액체

16 다음 중 고분자의 생성 메커니즘(축합, 중합)이 다른 것은?

① 나일론(Nylon)
② PVC(Polyvinyl Chloride)
③ 폴리에스터(Polyester)
④ 단백질(Protein)

② 중합반응
①, ③, ④ 축합반응
PVC 생성반응

18 Halon 1211의 화학식은?

① $CFClBr_2$
② $CFCl_2Br$
③ CF_2ClBr
④ CH_2ClBr

할론 XABC 명명법
• X : C의 원자 개수
• A : F의 원자 개수
• B : Cl의 원자 개수
• C : Br의 원자 개수

17 A물질을 제조하는 공장의 근로자가 10시간 근무할 때 OSHA의 보정방법을 이용한 TWA-TLV(ppm)는?(단, A물질의 TWA-TLV는 15ppm이다)

① 12
② 15
③ 18
④ 21

시간가중평균농도(TWA-TLV)
• 1일 8시간 작업하는 동안 노출이 허용되는 유해물질의 평균 농도이다.
• 1일 8시간 동안 반복 노출되어도 건강장해를 일으키지 않는 유해물질의 평균 농도이다.

$$OSHA \ 보정 = 8시간 \ 기준 \ TWA\text{-}TLV \times \frac{8시간}{1일 \ 노출시간}$$

$$= 15ppm \times \frac{8h}{10h} = 12ppm$$

19 질량수가 226이고, 양성자 수가 88개인 라듐이 알파 붕괴했을 때의 핵 반응식은?

① $^{226}_{88}Ra \rightarrow \ ^{222}_{86}Rn + \ ^{4}_{2}He$
② $^{226}_{88}Ra \rightarrow \ ^{224}_{87}Th + \ ^{2}_{1}H$
③ $^{226}_{88}Ra \rightarrow \ ^{225}_{88}Ra + \ ^{1}_{0}n$
④ $^{226}_{88}Ra \rightarrow \ ^{113}_{44}Nh + \ ^{113}_{44}Nh$

알파 붕괴는 방사성 원자의 핵이 α입자(He 원자핵, He^{2+})를 방출하는 과정이다.

20 배의 철 표면이 녹스는 것을 방지하기 위하여 종종 마그네슘 판을 붙인다. 이 작업을 하는 이유는?

① 마그네슘이 철보다 더 좋은 산화제이므로 마그네슘이 더 산화되기 쉽다.

② 마그네슘이 철보다 더 좋은 산화제이므로 마그네슘이 더 환원되기 쉽다.

③ 마그네슘이 철보다 더 좋은 환원제이므로 마그네슘이 더 산화되기 쉽다.

④ 마그네슘이 철보다 더 좋은 환원제이므로 마그네슘이 더 환원되기 쉽다.

> **해설**
> 이온화 경향 : Mg > Fe
> 이온화 경향이 큰 금속일수록 더 좋은 환원제이므로 Mg 은 Fe보다 더 산화되기 쉽다. 철보다 반응성이 큰 Mg, Al, Zn 등을 사용하여 철의 부식을 방지할 수 있다.

제2과목 | 분석계획 수립과 분석화학 기초

21 기기분석법에서 분석방법에 대한 설명으로 옳은 것은?

① 표준물 첨가법은 미지의 시료에 분석하고자 하는 표준물질을 일정량 첨가해서 미지 물질의 농도를 구한다.

② 내부표준법은 시료에 원하는 물질을 첨가하여 표준 검량선을 이용하여 정량한다.

③ 정성분석 시 검량선 작성은 필수적이다.

④ 정량분석은 반드시 기기분석으로만 할 수 있다.

> **해설**
> ② 내부표준법 : 검정곡선 작성용 표준용액과 시료에 동일한 양의 내부표준물질을 첨가하여 시험분석 절차, 기기 또는 시스템의 변동으로 발생하는 오차를 보정하기 위해 사용하는 방법이다.
> ③ 정성분석 : 시료 중에 포함되어 있는 물질종을 밝혀내는 분석방법이므로, 검량선 작성은 필수적이지 않다.
> ④ 정량분석 : 부피분석, 무게분석, 기기분석 등을 통해 가능하다.

22 $1.000 L \cdot atm \cdot mol^{-1} \cdot K^{-1}$을 $J \cdot mol^{-1} \cdot K^{-1}$로 환산한 값은?

① 1.013   ② 10.13
③ 101.3   ④ 1013

> **해설**
> $R = 0.082 L \cdot atm/mol \cdot K = 8.314 J/mol \cdot K$를 이용하여 환산하면 다음과 같다.
> $$\frac{1.000 L \cdot atm}{mol \cdot K} \times \frac{8.314 J/mol \cdot K}{0.082 L \cdot atm/mol \cdot K} = 101.3 J/mol \cdot K$$

23 농도 단위의 크기 비교로 옳은 것은?

① 1ppb < 1ppt < 1ppm

② 1ppt < 1ppb < 1ppm

③ 1ppb < 1ppm < 1ppt

④ 1ppm < 1ppb < 1ppt

> **해설**
> ppt는 1조분율, ppb는 1억분율, ppm은 1만분율이다.

24 다음 중 온도의 영향을 받지 않는 농도는?

① 부피 백분율

② 몰농도

③ 몰랄농도

④ 노르말농도

> **해설**
> 용매 또는 용액의 부피는 온도에 따라 변하기 때문에 부피를 이용한 농도 계산법은 온도의 영향을 받는다. 용매와 용질의 질량으로 측정하는 몰랄농도는 온도의 영향을 받지 않는다.

25 일정 온도에서 일정 부피의 액체 용매에 녹는 기체의 용해도는 용매와 평형을 이루는 기체의 압력에 비례한다는 법칙은?

① 헨리의 법칙(Henry's Law)
② 라울의 법칙(Raoult's Law)
③ 아보가드로의 법칙(Avogadro's Law)
④ 보일-샤를의 법칙(Boyle-Charles' Law)

해설
② 라울의 법칙(Raoult's Law) : 일정 온도에서 용액 속 용매의 증기압은 용매의 몰분율에 비례하며, 용매의 증기압 내림은 용질이 몰분율에 비례한다.
③ 아보가드로의 법칙(Avogadro's Law) : 같은 온도와 압력에서 부피가 같은 기체는 기체의 종류와 관계없이 입자 개수가 같다.
④ 보일-샤를의 법칙(Boyle-Charles' Law) : 일정량의 기체의 부피는 압력에 반비례하고, 절대온도에 비례한다.

26 다음 화학반응의 평형 이동에 대한 설명으로 옳지 않은 것은?

$$2SO_2(g) + O_2(g) \rightarrow 2SO_3(g),\ \Delta H = -198\,kJ$$

① SO_2를 첨가하면 평형은 오른쪽으로 이동한다.
② O_2를 제거하면 평형은 왼쪽으로 이동한다.
③ 압력을 감소시키면 평형은 왼쪽으로 이동한다.
④ 온도를 낮추면 평형은 왼쪽으로 이동한다.

해설
$\Delta H < 0$이므로 발열반응이다. 따라서 온도를 낮추면 오른쪽으로 평형이 이동한다.

27 25℃에서 0.0500M 트라이메틸암모늄 클로라이드(Trimethylammonium Chloride) 수용액의 pH는?(단, 25℃에서 $(CH_3)_3NH^+$의 K_a값은 1.58×10^{-10}이다)

① 5.55
② 6.55
③ 7.25
④ 8.25

해설
$$K_a = \frac{[H^+][A^-]}{[HA]} = \frac{x^2}{0.0500} = 1.58 \times 10^{-10}$$
$$x = [H^+] = \sqrt{7.9 \times 10^{-12}} = 2.81 \times 10^{-6}$$
$$\therefore\ pH = -\log[H^+] = -\log(2.81 \times 10^{-6}) = 5.55$$

28 Cd^{2+} 이온이 4분자의 암모니아(NH_3)와 반응하는 경우와 2분자의 에틸렌다이아민($H_2NCH_2CH_2NH_2$)과 반응하는 경우에 대한 설명으로 옳은 것은?

① 엔탈피 변화는 두 경우 모두 비슷하다.
② 엔트로피 변화는 두 경우 모두 비슷하다.
③ 자유에너지 변화는 두 경우 모두 비슷하다.
④ 암모니아와 반응하는 경우가 더 안정한 금속 착물을 형성한다.

해설
② 두 경우의 엔트로피 변화는 다르다.
③ 엔탈피 변화는 두 경우 모두 비슷하고, 엔트로피 변화는 다르기 때문에 자유에너지 변화는 다르다.
④ 에틸렌다이아민과 반응하는 경우 더 안정한 금속 착물을 형성한다.

29 산해리 상수(Acid Dissociation Constant)에 관한 설명으로 옳지 않은 것은?

① $HA \rightleftharpoons H^+ + A^-$의 평형 상수에 해당한다.

② $HA + H_2O \rightleftharpoons H_3O^+ + A^-$의 평형 상수에 해당한다.

③ $\dfrac{[H^+][A^-]}{[HA]}$로 표현할 수 있다.

④ 산의 농도를 묽히면 산해리 상수는 작아진다.

해설

산해리 상수란 산의 이온화 평형의 평형 상수이며, 산의 세기를 나타내는 척도로 값이 클수록 이온화 경향이 크다. 이온화가 여러 단계인 경우에는 각 단계마다 산해리 상수를 나타낼 수 있으며 온도에 의해서만 변한다.

30 0.50M 아세트산(CH_3COOH)과 0.50M 아세트산나트륨(CH_3COONa)이 들어 있는 용액의 pH는? (단, 아세트산의 $K_a = 1.8 \times 10^{-5}$이다)

① 2.54　　　　② 4.44

③ 4.74　　　　④ 6.04

해설

• 아세트산의 해리

$CH_3COOH \rightleftharpoons CH_3COO^-(aq) + H^+(aq)$

$$K_a = \frac{[CH_3COO^-][H^+]}{[CH_3COOH]} = 1.8 \times 10^{-5}$$

	CH_3COOH	$\rightleftharpoons$	CH_3COO^-	$+$	H^+
초기 농도	0.50		0.50		0
변화	$-x$		$+x$		$+x$
평형 농도	$0.50-x$		$0.50+x$		$+x$

$$K_a = \frac{(0.50+x)x}{0.50-x} \approx \frac{0.50x}{0.50} = 1.8 \times 10^{-5}$$

$$\therefore x \approx 1.8 \times 10^{-5}$$

$$\therefore pH = -\log(1.8 \times 10^{-5}) = 4.74$$

31 0.1M KNO_3와 0.05M Na_2SO_4로 된 혼합용액의 이온세기는?

① 0.2　　　　② 0.25

③ 0.3　　　　④ 0.35

해설

$KNO_3 + Na_2SO_4 \rightleftharpoons K^+ + NO_3^- + 2Na^+ + SO_4^{2-}$

$$이온세기 = \frac{1}{2}[\{0.1 \times (+1)^2 \times 1\} + \{0.1 \times (-1)^2 \times 1\}$$
$$+ \{0.05 \times (+1)^2\} \times 2\} + \{0.05 \times (-2)^2 \times 1\}]$$
$$= 0.25$$

32 옥살산나트륨의 제조과정에 대한 설명으로 옳지 않은 것은?

① $KMnO_4$ 용액을 표준화하기 위해 옥살산나트륨($Na_2C_2O_4$, 134.00g/mol) 0.3562g을 250.0mL 부피 플라스크에 녹여 만들었다. 옥살산 농도는 0.01063M이다.

② 옥살산($C_2O_4^-$) 5mol은 MnO_4^- 2mol과 반응한다.

③ 0.01063M $Na_2C_2O_4$ 10.00mL와 반응하는 $KMnO_4$ 몰수는 0.04252mmol이다.

④ 0.01063M $Na_2C_2O_4$ 10.00mL와 반응하는 $KMnO_4$ 량이 48.36mL이면 $KMnO_4$의 농도는 0.008792M이다.

해설

④ $KMnO_4$의 농도 $= \dfrac{4.252 \times 10^{-5}mol}{0.04836L}$

$\qquad = 8.792 \times 10^{-4}M = 0.0008792M$

① $\dfrac{0.3562g}{250mL} \times \dfrac{1mol}{134mg} \times \dfrac{10^3mL}{1L} = 0.01063M$

② $2MnO_4^- + 5C_2O_4^- + 16H^+ \rightarrow 2Mn^{2+} + 10CO_2 + 8H_2O$

③ 옥산살나트륨 10mL의 몰수 $= \dfrac{0.01063mol}{1L} \times 0.010L$

$\qquad = 1.063 \times 10^{-4}mol$

반응하는 $KMnO_4$의 몰수 $= 1.063 \times 10^{-4}mol \times \dfrac{2}{5}$

$\qquad = 4.252 \times 10^{-5}mol$

33 다음 중 물에 녹았을 때, 염기성 수용액을 만드는 염의 개수는?

> NaBr, CH$_3$COONa, NH$_4$Cl, K$_3$PO$_4$, NaCl, NaNO$_3$

① 1개   ② 2개
③ 3개   ④ 4개

해설

물에 녹아 염기성을 만드는 염은 CH$_3$COONa와 K$_3$PO$_4$이다.

---

34 어떤 유기산 10.0g을 녹여 만든 100mL 용액의 유기산의 해리도는 2.50%이다. 유기산은 일양성자산이며, 유기산의 K_a가 5.00×10^{-4}이었다면, 유기산의 화학식량은?

① 6.40g/mol   ② 12.8g/mol
③ 64.0g/mol   ④ 128g/mol

해설

	HA	$\rightarrow$	H$^+$	+	A$^-$
초 기	x		0		0
반 응	$-0.025x$		$+0.025x$		$+0.025x$
최 종	$0.975x$		$0.025x$		$0.025x$

$$K_a = \frac{[\text{H}^+][\text{A}^-]}{[\text{HA}]} = \frac{(0.025x)^2}{0.975x} = 5.00 \times 10^{-4}$$

$x = 0.78\,\text{M} = 0.78\,\text{mol/L}$

몰수 $= 0.78\,\text{mol/L} \times 0.1\,\text{L} = 0.078\,\text{mol}$

$\therefore$ 유기산의 화학식량 $= \dfrac{10.0\,\text{g}}{0.078\,\text{mol}} = 128\,\text{g/mol}$

---

35 완충용액(Buffer Solution)은 pH 변화를 억제하는 용액이다. 이때 pH 변화를 얼마나 잘 막는지에 대한 척도로서 사용하는 완충용량(Buffer Capacity)에 대한 설명으로 옳은 것은?

① 완충용액 1.00L를 pH 1단위만큼 변화시킬 수 있는 센 산이나 센 염기의 몰수
② 완충용액의 구성 성분이 약한 1.00L의 pH를 1단위만큼 변화시킬 수 있는 짝염기의 몰수
③ 완충용액 1.00L를 pH 1단위만큼 변화시킬 수 있는 약한 산 또는 그의 짝염기 몰수
④ 완충용액 중 짝염기에 대한 산의 농도비가 1이 되는 데 필요한 약한 산의 몰수

해설

pH 1의 변화를 일으키지 않는 범위 내에서 완충용액이 수용할 수 있는 산이나 염기의 양을 완충용량이라고 하며, 완충액의 pH $= pK_a$일 때 완충용량은 최대가 된다.

---

36 이양성자산(H$_2$A)의 pK_{a1}이 4.0이고, pK_{a2}는 8.0이다. 1.0M의 이양성자산(H$_2$A)의 pH는?

① 1.0   ② 2.0
③ 4.0   ④ 6.0

해설

pK_{a1}과 pK_{a2}의 차이가 10^{-3}배 이상이므로 pK_{a1}만 고려한다.

H$_2$A + H$_2$O $\rightleftharpoons$ H$_3$O$^+$ + HA$^-$

$$K_a = \frac{[\text{H}_3\text{O}^+][\text{HA}^-]}{[\text{H}_2\text{A}]} = \frac{x^2}{1.0} = 1 \times 10^{-4}$$

$\therefore x = 0.01$

$\therefore$ pH $= -\log[\text{H}_3\text{O}^+] = -\log(0.01) = 2.0$

37 Mn^{2+}가 들어 있는 시료용액 50mL를 0.1M EDTA 용액 100mL와 반응시켰다. 모든 Mn^{2+}와 반응하고 남은 여분의 EDTA를 금속 지시약을 사용하여 0.1M Mg^{2+}용액으로 적정하였더니 당량점까지 50mL가 소비되었다. 시료용액에 들어있는 Mn^{2+}의 농도는 몇 M인가?

① 0.1 ② 0.2
③ 0.3 ④ 0.4

처음 적정 시 EDTA는 0.01mol이고,

역정적 시 $\dfrac{0.1mol}{1L} \times 0.05L = 0.005mol$

시료용액에 들어 있는 Mn^{2+}의 농도는

$\therefore$ $[Mn^{2+}] = \dfrac{(0.01-0.005)mol}{0.05L} = 0.1M$

38 미지 시료 중의 Hg^{2+} 이온을 정량하기 위하여 과량의 $Mg(EDTA)^{2-}$를 가하여 잘 섞은 다음 유리된 Mg^{2+} EDTA 표준 용액으로 적정할 수 있다. 이때 금속-EDTA 착물형성상수(K_f ; Formation Constant)의 비교와 적정법의 이름으로 옳은 것은?

① $K_{f,Hg} > K_{f,Mg}$: 간접적정(Indirect Titration)
② $K_{f,Hg} > K_{f,Mg}$: 치환적정(Displacement Titration)
③ $K_{f,Mg} > K_{f,Hg}$: 간접적정(Indirect Titration)
④ $K_{f,Mg} > K_{f,Hg}$: 치환적정(Displacement Titration)

착물형성상수는 $K_{f,Hg} > K_{f,Mg}$이며, 치환적정법이 이용된다.

39 주석이온(Sn^{2+}) 0.1M과 주석이온(Sn^{4+}) 0.01M의 혼합용액에서 백금전극에 의하여 측정되는 전위(E)를 구하는 식으로 옳은 것은?(단, $E°$는 $Sn^{4+} + 2e^- \rightarrow Sn^{2+}$에서의 표준환원 전위이다)

① $E = E°$
② $E = E° + \dfrac{0.05916}{2}$
③ $E = E° + 0.05916$
④ $E = E° - \dfrac{0.05916}{2}$

Nernst 식

$E = E° - \dfrac{0.05916}{n}\log\dfrac{[Red]}{[Ox]}$

$E = E° - \dfrac{0.05916}{2}\log\dfrac{[Sn^{2+}]}{[Sn^{4+}]}$

$= E° - \dfrac{0.05916}{2}\log\dfrac{0.1}{0.01}$

$\therefore$ $E = E° - \dfrac{0.05916}{2}$

40 밸리데이션 항목의 정의로 옳은 것은?

① Accuracy : 균일한 재료로부터 다수의 검체를 시험했을 때 시험결과 간에 일치하는 정도이다.

② Sensitivity : 공존이 예측되는 불순물, 분해물, 배합성분 등의 존재하에서 이 성분들의 영향을 받지 않고 분석 대상물을 정확하고 특이적으로 측정할 수 있는 능력이다.

③ Robustness : 검체 중에 함유되어 있는 분석 대상물의 양 또는 농도에 대하여 직선적인 비례관계를 나타내는 능력이다.

④ Ruggedness : 정상적인 시험조건의 변화하에서 동일한 시료를 시험하여 얻어지는 시험결과의 재현성의 정도이다.

해설
① Precision(정밀도) : 균일한 재료로부터 다수의 검체를 시험했을 때 시험결과 간에 일치하는 정도이다.
  Accuracy(정확도) : 시험결과와 참값의 일치하는 정도이다.
② Specificity(특이성) : 공존이 예측되는 불순물, 분해물, 배합성분 등의 존재 하에서 이 성분들의 영향을 받지 않고 분석 대상물을 정확하고 특이적으로 측정할 수 있는 능력이다.
  Sensitivity(감도) : 농도의 미소 변화를 기록할 수 있는 시험법의 성능이다.
③ Linearity(직선성) : 검체 중에 함유되어 있는 분석대상물의 양 또는 농도에 대하여 직선적인 비례관계를 나타내는 능력이다.

제3과목 | 화학물질 특성분석

41 다음 중 분리분석법이 아닌 것은?

① 크로마토그래피
② 추출법
③ 증류법
④ 폴라로그래피

해설
폴라로그래피는 전해분석법에 해당한다.

42 분석계획 수립 시 필요한 지식이 아닌 것은?

① 동료 연구자에 대한 지식
② 표준분석법에 대한 지식
③ 분석시험 절차에 대한 지식
④ 시험기구의 종류에 대한 지식

해설
분석계획서 작성 내용
• 접수번호, 시료번호 등 : 분석시험의 접수 및 시험 절차에 따른 해당 번호
• 품 명
• 시험 항목
• 분석방법
• 시험 시작 및 완료 일정
• 시험 담당자
• 주의사항 : 시험 대상 물질(품목)의 시험 시 특별한 주의사항 등

43 기기 잡음을 줄이는 하드웨어적인 방법 중 신호대 잡음비가 1보다 작은 신호를 회수하는 데 가장 적당한 것은?

① 변조(Modulation)
② 아날로그 필터(Analog Filter)
③ 토막틀 증폭기(Chopper Amplifier)
④ 맞물린 증폭기(Lock-in Amplifier)

① 변조 : 변환기에서 나오는 저주파 또는 DC 신호를 $1/f$ 잡음으로 거의 방해받지 않는 고주파로 변환시키는 과정이다.
② 아날로그 필터 : 신호와 함께 들어오는 고주파 성분인 열적 잡음이나 산탄 잡음으로 생기는 잡음을 효과적으로 제거한다.

44 선택계수(Selectivity Coefficient, α)에 대한 설명으로 옳지 않은 것은?

① 항상 1보다 작다.
② 값이 클수록 두 성분의 분리는 증가한다.
③ 1에 가까우면 피크가 겹쳐서 나타난다.
④ 두 분석 물질 간의 상대적인 이동속도를 의미한다.

선택계수
• 두 분석 물질 간의 상대적인 이동속도
• $\alpha = \dfrac{K_B}{K_A}$
여기서, K_B : 더 세게 붙잡혀 있는 화학종 B의 분포상수
K_A : 더 약하게 붙잡혀 있거나 또는 더 빠르게 용리되는 화학종 A의 분포상수
• 선택계수 α는 항상 1보다 크다.
• 선택계수의 값이 클수록 두 성분의 분리는 증가한다.
• 선택계수의 값이 1에 가까우면 피크가 겹쳐서 나타난다.

45 30cm 칼럼에서 물질 A와 B의 머무름시간은 각각 16.40, 17.63분이고, A와 B의 봉우리 너비는 각각 1.11 및 1.21분이었다면 분리능 1.5를 얻는 데 필요한 칼럼의 길이는?

① 50cm
② 60cm
③ 70cm
④ 80cm

$$R_{s1} = \frac{2\left[(t_R)_B - (t_R)_A\right]}{W_A + W_B} = \frac{2(17.63 - 16.40)}{1.11 + 1.21} = 1.06$$

$$N = 16\left(\frac{t_R}{W}\right)^2 \text{ 에서,}$$

$$N_{A_1} = 16\left(\frac{16.40}{1.11}\right)^2 = 3,493, \quad N_{B_1} = 16\left(\frac{17.63}{1.21}\right)^2 = 3,397$$

$$N_1 = N_{av} = \frac{N_{A_1} + N_{B_1}}{2} = \frac{3,493 + 3,397}{2} = 3,445$$

$$\therefore H = \frac{L}{N_1} = \frac{30\,cm}{3,445} = 8.7 \times 10^{-3}\,cm$$

칼럼의 단수(N)와 길이(L)가 변해도 선택계수(α)는 변하지 않으므로

$$\frac{R_{s1}}{R_{s2}} = \frac{\sqrt{N_1}}{\sqrt{N_2}}$$

$$\frac{1.06}{1.5} = \frac{\sqrt{3,445}}{\sqrt{N_2}}$$

$$\therefore N_2 = 6,899$$

$$\therefore L' = N_2 H = 6,899 \times (8.7 \times 10^{-3}) = 60\,cm$$

46 크로마토그래피에서 봉우리의 띠 넓힘을 줄이는 방법으로 옳지 않은 것은?

① 지름이 큰 충진관을 사용한다.
② 이동상인 액체의 온도를 낮춘다.
③ 액체 정지상의 막 두께를 줄인다.
④ 고체 충진제의 입자 크기를 작게 한다.

봉우리의 띠 넓힘을 줄이는 방법
• 지름이 작은 충진관을 사용한다.
• 이동상 액체의 온도를 낮춘다.
• 충진제 입자 지름을 작게 한다.

47 정상 크로마토그래피에서 다이에틸에테르, 아세트산에틸, 나이트로뷰테인의 용리 순서는?

① 다이에틸에테르 → 아세트산에틸 → 나이트로뷰테인

② 다이에틸에테르 → 나이트로뷰테인 → 아세트산에틸

③ 아세트산에틸 → 다이에틸에테르 → 나이트로뷰테인

④ 아세트산에틸 → 나이트로뷰테인 → 다이에틸에테르

해설

정상 크로마토그래피에서는 극성이 작은 물질이 먼저 용리된다. 따라서 다이에틸에테르 → 아세트산에틸 → 나이트로뷰테인의 순으로 용리된다.

49 할로젠화합물, 과산화물, 퀴논 및 나이트로기와 같은 전기음성도가 큰 작용기를 포함하는 분자에 특히 예민하게 반응하는 가스크로마토그래피 검출기는?

① ECD ② FID

③ AED ④ TCD

해설

GC 검출기

형 태	응용할 수 있는 시료
불꽃이온화(FID)	탄화수소물
열전도도(TCD)	일반 검출기
전자포획(ECD)	할로젠, 과산화물, 퀴논, 나이트로기를 포함하는 화합물
질량분석계(MS)	어떤 화학종에도 적용
열이온(TID)	질소와 인 화합물
전해질 전도(Hall)	할로젠, 황, 질소를 포함한 화합물
광이온화	UV 빛에 의한 이온화 화합물
Fourier 변환 IR(FTIR)	유기화합물

48 HPLC 펌프장치의 필요조건이 아닌 것은?

① 펄스 충격이 없는 출력

② 6,000psi까지의 압력 발생

③ 10~50mL/min 범위의 흐름속도

④ 흐름속도 재현성의 상대오차를 0.5% 이하로 유지

해설

HPLC 펌프장치의 조건
• 6,000psi까지의 압력 발생
• 펄스 충격이 없는 출력
• 0.1~10mL/min 범위의 흐름속도
• 흐름속도 재현성의 상대오차를 0.5% 이하로 유지
• 부식-저항 부분장치(스테인리스스틸 또는 테플론)

50 기체-액체 크로마토그래피(GLC)는 기체크로마토그래피의 가장 흔한 형태로 이동상으로 기체를, 고정상으로는 액체를 사용하는 경우를 일컫는다. 이때 이동상과 고정상 사이에서 분석물의 분리에 기여하는 상호작용은?

① 분배(Partition)

② 흡착(Adsorption)

③ 흡수(Absorption)

④ 이온교환(Ion Exchange)

해설

기체-액체 크로마토그래피(GLC)
비활성 고체 충전물의 표면에 또는 모세관 내부 벽에 고정시킨 액체 정지상과 기체 이동상 사이에서 분석물이 분배(Partition)되는 과정을 거쳐 분리된다.

51 분자량이 큰 글루코스 계열의 혼합물을 분리하고자 할 때 가장 적합한 크로마토그래피는?

① 분배 액체 크로마토그래피
② 이온 교환 크로마토그래피
③ 흡착 액체 크로마토그래피
④ 겔 투과 액체 크로마토그래피

해설

크기별 배제 크로마토그래피(Gel 크로마토그래피)는 고분자 화학종의 분리에 적합한 방법이다.

52 질량분석기로 $C_2H_4^+$(MW = 28.0313)과 CO^+(MW = 27.9949)의 봉우리를 분리하는 데 필요한 분리능은?

① 770
② 1170
③ 1570
④ 1970

해설

질량분석기의 분리능

$$R = \frac{m}{\Delta m}$$

여기서, m: 첫 번째 봉우리의 명목상의 질량
Δm: 겨우 분리된 가까운 두 봉우리 사이의 질량 차이

$$\therefore R = \frac{(28.0313 + 27.9949) \times \frac{1}{2}}{28.0313 - 27.9949} \fallingdotseq 770$$

53 질량분석기를 검정하는 데 주로 사용되는 표준물질은?

① TBSI
② FAPP
③ PFTBA
④ MTBSTFA

해설

질량분석기 검정하는 데 Perfluorokerosene이나 Perfluorotri-n-butylamine(PFTBA)가 사용된다.

54 질량분석법에 사용되는 이온화법 중 기체상태에서 이온화시키는 방법이 아닌 것은?

① 전자충격 이온화(EI)
② 화학적 이온화(CI)
③ 장 이온화(FI)
④ 매트릭스 지원 탈착 이온화(MALDI)

해설

매트릭스 지원 탈착 이온화(MALDI)

• 고분자 물질에 대해 시료의 분해 없이 기화와 이온화가 가능한 방법
• 일반적으로 질량이 크고 열에 불안정한 생체 고분자가 합성 고분자에 이상적인 방법

55 전자충격이온화법(EI)에서 가장 일반적으로 사용하고 있으며, 얻어진 스펙트럼에 대해서 상업화된 Library Search가 가능한 이온화 에너지의 값은?

① 10eV
② 30eV
③ 70eV
④ 120eV

56 전해전지를 이용하여 환원전극에서 Cu를 석출하고자 한다. 2A의 전류가 48.25분 동안 흘렀을 때 석출된 Cu(63.5g/mol)는 몇 g인가?(단, Faraday 상수 F는 96,500C/mol·e$^-$이다)

① 0.952g ② 1.905g

③ 3.810g ④ 5.715g

해설

$Cu^{2+} + 2e^- \rightarrow Cu$

구리는 2당량이다.

$$\frac{63.5g/mol \times 2C/s \times 48.25min \times 60s/min}{96,500C/mol \cdot e^- \times 2e^-} = 1.905g$$

57 이상적인 기준전극이 가지는 성질로 옳지 않은 것은?

① 시간이 지나도 일정한 전위를 나타내어야 한다.
② 반응이 비가역적이어야 한다.
③ 온도가 주기적으로 변해도 과민반응을 나타내지 않아야 한다.
④ 작은 전류가 흐른 뒤에도 원래의 전위로 되돌아와야 한다.

해설

이상적인 기준전극

· 반응이 가역적이어야 한다.
· 분석물 용액에 감응하지 않아야 한다.
· 정확하고 일정한 전위를 가져야 한다.
· 간단하고 만들기 쉬워야 한다.
· 작은 전류를 흘려도 일정한 전위를 유지해야 한다.

58 전압전류법에서 세모파의 들뜸신호를 이용하는 것으로서, 유기화합물과 금속-유기화합물계의 산화-환원 반응속도 및 반응 메커니즘 연구에 대한 수단으로 주로 이용되는 방법은?

① 순환 전압전류법
② 네모파 전압전류법
③ 펄스 차이 폴라로그래피법
④ 폴라로그래피 선형주사 전압전류법

해설

② 제곱파 들뜸신호
③ 시차펄스 들뜸신호
④ 직선주사 들뜸신호

59 시차주사 열량법(DSC)으로부터 얻을 수 있는 정보가 아닌 것은?

① 결정화도
② 수분 함량
③ 시료의 순도
④ 유리전이 온도

해설

시차주사 열량법(DSC)의 응용

· 유리전이 온도
· 결정성과 결정화 속도
· 반응속도
· 시료의 순도

60 다음 표와 같은 열특성을 나타내는 $FeCl_3 \cdot 6H_2O$ 25.0mg을 0℃에서 340℃까지 가열하였을 때 얻은 열분해곡선(Thermogram)을 예측하였을 때, 100℃와 320℃에서 시료의 질량으로 옳은 것은?

화합물	화학식량	용융점
$FeCl_3 \cdot 6H_2O$	270	37℃
$FeCl_3 \cdot 5/2H_2O$	207	56℃
$FeCl_3$	162	306℃

① 100℃−9.8mg, 320℃−0.0mg

② 100℃−12.6mg, 320℃−0.0mg

③ 100℃−15.0mg, 320℃−15.0mg

④ 100℃−20.2mg, 320℃−20.2mg

해설

- $FeCl_3 \cdot 6H_2O$ 몰수 : $25.0mg \times \dfrac{1mol}{270g} \times \dfrac{1g}{10^3 mg}$

  $= 9.26 \times 10^{-5} mol$

- $FeCl_3$ 질량 : $9.26 \times 10^{-5} mol \times 162g/mol = 0.015g = 15mg$

제4과목 | 화학물질 구조 및 표면분석

61 빨간색을 띠는 가시복사선의 광자 에너지는?(단, Plank의 상수는 $6.63 \times 10^{-34} J \cdot s$이고, 빛의 속도는 $3.00 \times 10^8 m/s$이다)

① $1.87 \times 10^{-19} J$ ② $2.34 \times 10^{-19} J$

③ $3.05 \times 10^{-19} J$ ④ $4.00 \times 10^{-19} J$

해설

$\Delta E = \dfrac{hc}{\lambda}$

빨간색 가시광선의 파장범위는 약 620~750nm이다.
빨간색의 대표적인 파장 653nm를 이용해서 계산하면,

$\therefore E = \dfrac{(6.63 \times 10^{-34} J \cdot s) \times (3.00 \times 10^8 m/s)}{653nm \times (10^{-9} m/nm)}$

$= 3.05 \times 10^{-19} J$

62 방향족 탄화수소의 자외선 스펙트럼에서 나타나는 전형적인 전자 전이는?

① $\sigma \rightarrow \sigma^*$ ② $\pi \rightarrow \pi^*$

③ $n \rightarrow \sigma^*$ ④ $n \rightarrow \pi^*$

해설

방향족 탄화수소의 전형적인 자외선 스펙트럼 전자 전이는 $\pi \rightarrow \pi^*$이다.

63 용액이 담긴 큐벳에 세기가 100인 빛을 통과시켰더니 세기가 80으로 줄었다. 동일한 용액을 채운 큐벳 두 개를 통과한 후 빛의 세기는?

① 56 ② 60

③ 64 ④ 68

해설

흡광도

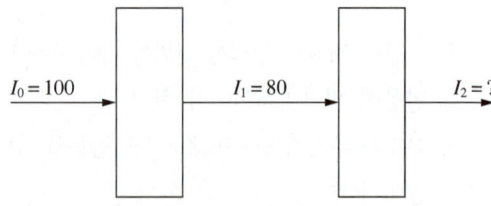

$A = -\log T = -\log\left(\dfrac{I}{I_0}\right) = \log\left(\dfrac{I_o}{I}\right)$

여기서, T : 투과도

I_0 : 시료를 통과하기 전 빛의 세기

I : 시료를 통과한 후 빛의 세기

$A = -\log\left(\dfrac{I_1}{I_0}\right) = -\log\left(\dfrac{I_2}{I_1}\right)$

$= -\log\left(\dfrac{80}{100}\right) = -\log\left(\dfrac{I_2}{80}\right)$

$\therefore I_2 = 64$

64 Lambert–Beer 법칙을 나타내는 다음 수식의 각 요소에 대한 설명 중 옳지 않은 것은?

$$A = \varepsilon b c$$

① ε는 몰흡수광계수이다.
② c는 빛의 속도를 나타낸다.
③ b는 시료의 두께를 나타낸다.
④ A는 흡광도를 나타내며 상수항이다.

해설
c는 시료의 농도를 의미한다.

65 분리능이 5,000인 이 회절발로 분리할 수 있는 1,000cm^{-1}에 가장 인접한 선의 파수의 차이는 얼마인가?

① 0.1cm^{-1}　　② 0.2cm^{-1}
③ 0.5cm^{-1}　　④ 5.0cm^{-1}

해설
분리능 $R = \dfrac{\lambda}{\Delta\lambda}$

여기서, λ : 파수
　　　　$\Delta\lambda$: 파수의 차이

$5,000 = \dfrac{1,000\,\text{cm}^{-1}}{\Delta\lambda}$

$\therefore \ \Delta\lambda = 0.2\,\text{cm}^{-1}$

66 분자 흡광도 측정에서 복잡한 스펙트럼을 분해하기 위한 가장 좋은 방법은?

① 좁은 슬릿 너비를 사용한다.
② 넓은 슬릿 너비를 사용한다.
③ 광원의 세기를 증가시킨다.
④ 광원의 세기를 감소시킨다.

해설
복잡한 스펙트럼을 분해하기 위해서는 좁은 슬릿 너비를 사용하여야 한다. 슬릿 너비가 큰 값으로 증가할 때 상세 구조의 스펙트럼이 사라지기 때문이다.

67 2개의 Cl을 포함하고 있는 유기화합물의 질량분석 스펙트럼에서 피크의 상대적 비 M$^+$: (M + 2)$^+$: (M + 4)$^+$는?

① 9 : 6 : 1　　② 9 : 3 : 1
③ 1 : 6 : 9　　④ 1 : 3 : 9

해설
존재비를 고려하지 않은 단순 비율은 다음과 같다.
(^{35}Cl + ^{35}Cl) : (^{35}Cl + ^{37}Cl) : (^{37}Cl + ^{37}Cl) = 1 : 2 : 1
자연계에서 Cl의 동위원소의 비율은 ^{35}Cl : ^{37}Cl = 3 : 1이므로, 이를 고려하여 계산하면
(^{35}Cl + ^{35}Cl) : (^{35}Cl + ^{37}Cl) : (^{37}Cl + ^{37}Cl)

$= 1 \times \left(\dfrac{3}{4}\right) \times \left(\dfrac{3}{4}\right) : 2 \times \left(\dfrac{3}{4}\right) \times \left(\dfrac{1}{4}\right) : 1 \times \left(\dfrac{1}{4}\right) \times \left(\dfrac{1}{4}\right)$

$= \dfrac{9}{16} : \dfrac{6}{16} : \dfrac{1}{16} = 9 : 6 : 1$

68 원자흡수분광법에 대한 설명으로 옳지 않은 것은?

① 광원으로는 주로 속빈 음극등(Hollow Cathode Lamp)을 사용한다.
② 고체 시료를 원자화하기 위해서 글로 방전(Glow Discharge)법을 사용할 수 있다.
③ 불꽃원자화장치는 시료효율, 감도면에서 전열 원자화장치보다 뛰어나다.
④ 원소의 화학적 형태에 의존하지 않으나, 한 번에 한 원소만 검출할 수 있는 경우가 많다.

해설
불꽃원자화장치는 시료효율, 감도가 좋지 않다.

69 찬-증기 원자흡수분광법(CVAAS)에 대한 설명으로 옳은 것은?

① 알킬수은 화합물은 전처리 없이 CVAAS로 직접 정량할 수 있다.

② CVAAS 분석을 위해 산류에 의한 전처리를 할 때 열판 위의 열린 상태에서 전처리를 하면 안 된다.

③ CVAAS는 수은(Hg) 증기 외에 수소화물도 생성시킬 수 있으므로 수소화물 생성법의 한 종류라고 할 수 있다.

④ 유기물을 전처리 시 $KMnO_4$나 $(NH_4)_2S_2O_8$ 등을 사용하는 데 유기물 분해 후 여분의 강산화제는 제거하지 않아도 CVASS분석에 영향이 없다.

해설
① 알킬수은 화합물의 정량은 전처리 과정이 필요하다.
③ CVAAS는 수은(Hg) 증기 외에 수소화물을 생성할 수 없다.
④ 유기물 분해 후 여분의 강산화제는 제거해야 한다.

70 원자분광법에서 원자선 너비의 선 넓힘 원인이 아닌 것은?

① 불확정성 효과
② 제이만(Zeeman)효과
③ 도플러(Doppler)효과
④ 원자들과의 충돌에 의한 압력효과

해설
원자선 너비의 선 넓힘 원인
• 불확정성 효과
• 도플러 효과
• 같은 종류의 원자와 다른 원자들과의 충돌에 기인하는 압력효과
• 전기장과 자기장의 효과

71 광원의 세기를 변화시킬 수 있는 형광분광계에서 시료의 형광세기를 측정하니 눈금이 9.0을 나타내었다. 이 형광분광계에서 광원의 세기를 원래의 2/3으로 하고 같은 시료의 농도를 1.5배로 할 때, 형광세기를 나타내는 눈금으로 옳은 것은?(단, 나머지 조건은 동일하며 시료농도는 충분히 묽다고 가정한다)

① 6.0
② 9.0
③ 13.5
④ 20.3

해설
형광 세기
$F = KI_0c = 9.0$
여기서, K : 비례상수
　　　　I_0 : 입사광의 세기
　　　　c : 농도
$\therefore F' = K \cdot \left(\dfrac{2}{3}I_0\right) \cdot (1.5c) = KI_0c = F = 9.0$

72 플라스마 광원의 방출 분광법 중 세 가지 형태의 고온 플라스마에 해당하지 않는 것은?

① 흑연전기로(GFA)
② 유도쌍 플라스마(ICP)
③ 직류 플라스마(DCP)
④ 마이크로파 유도 플라스마(MIP)

해설
플라스마 광원의 방출분광법
• 유도쌍 플라스마 광원
• 직류 플라스마 광원
• 플라스마 광원분광계

73 가시선이나 자외선 영역에서 주로 사용되는 시료 용기의 재질은?

① Quartz(석영)

② NaCl(염화나트륨)

③ KBr(브로민화칼륨)

④ TlI(아이오딘화탈륨)

> **해설**
> 석영 또는 용융 실리카는 자외선 영역(350nm 이하)과 가시선, 적외선 영역(3μm)에서 투명하여 가시선이나 적외선 영역에서 주로 사용되는 시료용기이다.

74 1.41T의 자기장을 걸어 주었을 때 수소 핵은 약 몇 MHz의 주파수에 흡수하는가?(단, 질량수가 1인 수소의 자기회전비는 2.68×10^8/T·s이다)

① 30MHz ② 60MHz

③ 100MHz ④ 600MHz

> **해설**
> **자기장에서의 에너지 준위**
> $$E = \frac{\gamma h}{2\pi} B_0 = h\nu_0$$
> $$\nu_0 = \frac{\gamma B_0}{2\pi} = \frac{(2.68 \times 10^8 \, T^{-1} \cdot s^{-1}) \times 1.41T}{2\pi} = 60 \, MHz$$

75 고분해능 NMR을 이용한 $CH_3\underline{CH_2}CH_2Cl$의 스펙트럼에서 밑줄 친 $-CH_2$기의 이론상 갈라지는 흡수봉우리(다중선)의 수는?

① 4 ② 6

③ 12 ④ 24

> **해설**
> $(3+1) \times (2+1) = 4 \times 3 = 12$

76 양성자와 ^{13}C 원자 사이에 짝풀림을 하는 여러 가지 방법 중 ^{13}C-NMR에 이용하는 짝풀림이 아닌 것은?

① Pulsed Decoupling

② Broadband Decoupling

③ Off-Resonance Decoupling

④ Homonuclear Spin Decoupling

> **해설**
> ^{13}C-NMR 양성자 짝풀림
> • 펄스 짝풀림(Pulsed Decoupling)
> • 넓은 띠 짝풀림(Broadband Decoupling)
> • 공명 비킴 짝풀림(Off-Resonance Decoupling)
> • 핵의 Overhuaser 효과(Nuclear Overhauser Effect)

77 $CH_3(CH_2)_3C{\equiv}CH$의 IR 흡수 스펙트럼에 대한 설명으로 옳은 것은?

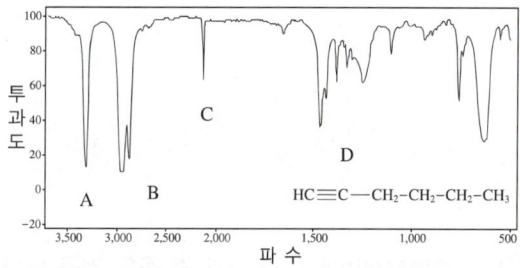

① A는 $-CH_3$로 인해 나타나는 피크이다.

② B는 $\equiv CH$의 수소로 인해 나타나는 피크이다.

③ C는 $C{\equiv}C$로 인해 나타나는 피크이다.

④ D는 분석시료가 오염됐음을 나타낸다.

> **해설**
>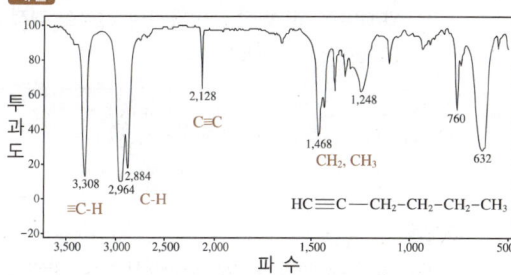

78 FT-IR검출기로 주로 사용되는 검출기는?

① 골레이(Golay)검출기

② 볼로미터(Bolometer)

③ 열전기쌍(Thermocouple)검출기

④ 초전기(Pyroelectric)검출기

초전기검출기(파이로 전기검출기, Pyroelectic Detector)
- 특별한 열적 및 전기적 성질을 가지고 있는 절연체인 파이로전기 물질의 단결정 웨이퍼로 구성되어 있다.
- 간섭계로부터 나오는 시간함수신호의 변화를 추적할 수 있도록 충분히 빠른 감응시간을 가진다.
- 이로 인하여 대부분의 Fourier 변환 적외선분광기는 초전기검출기를 사용한다.

79 표면분석법에 대한 설명 중 옳은 것을 모두 고른 것은?

> A. SEM-EDX는 표면의 구조와 화학적 성분을 확인할 수 있는 비파괴분석법이다.
> B. EMPA보다 XPS가 더 깊은 표면까지 분석 가능하다.
> C. XRD는 X-선 회절을 이용하여 시료의 결정구조를 확인할 수 있다.

① A, B   ② A, C

③ B, C   ④ A, B, C

B. XPS보다 EMPA가 더 깊은 표면까지 분석 가능하다.

80 복사선의 파장보다 매우 작은 분자나 분자의 집합체에 의하여 탄성 산란되는 현상은?

① Stokes 산란

② Raman 산란

③ Rayleigh 산란

④ Anti-Stokes 산란

교육은 우리 자신의 무지를 점차 발견해 가는 과정이다.

– 윌 듀란트 –

[법률 개정에 따른 수정사항]

개정 전	개정 후	위치
제1류 위험물 ㉧ 그 밖에 행정안전부령으로 정하는 것 　　지정수량 : 50kg, 300kg, 1,000kg	제1류 위험물 ㉧ 그 밖에 행정안전부령으로 정하는 것 　　지정수량 : 50kg, 300kg	p.139
핵심이론 43 안전진단(화학물질관리법 시행규칙 제24조) ②~④	② 법 제24조 제5항 제2호에서 "제4항 각 호에 해당하는 취급시설 등 기후에너지환경부령으로 정하는 취급시설"이란 다음에 해당하는 시설을 말한다. 　㉠ 법 제24조 제4항 각 호에 해당하는 취급시설 　㉡ 제23조 제2항 제4호 또는 제5호에 해당하는 취급시설 ③ 법 제24조 제5항 제2호에서 "기후에너지환경부령으로 정하는 기간이 지난 경우"란 제23조 제2항 및 제3항에 따른 네 번째 정기검사 기한(안전진단을 받은 자는 직전 안전진단 실시 후의 네 번째 정기검사 기한을 말한다)이 도래한 경우를 말한다. ④ 법 제24조 제5항에 따라 안전진단을 실시한 검사기관은 안전진단을 완료하면 지체 없이 별지 제37호 서식의 안전진단결과통지서에 안전진단결과보고서를 첨부하여 지방환경관서의 장에게 제출하여야 한다. 이 경우 지방환경관서의 장은 근로자의 보호를 위하여 안전 조치가 필요하다고 인정되는 경우에는 지방고용노동관서의 장에게 관련 내용을 통보하여야 한다. ⑤ ①부터 ④까지에서 규정한 사항 외에 안전진단의 항목 및 방법 등에 필요한 사항은 기후에너지환경부장관이 정하여 고시한다.	p.220
사고대비물질의 관리기준(화학물질관리법 시행규칙 [별표 9]) 환경부장관이 고시한 사고대비물질의 취급자는 다음의 사항을 준수해야 한다.	화학물질안전원장이 고시한 사고대비물질의 취급자는 다음의 사항을 준수해야 한다.	p.221
핵심예제 유해화학물질별 수량 기준(시행규칙 [별표 3의2])	핵심예제 유해화학물질별 수량 기준(시행규칙 [별표 3의2]) 삭제 〈2025. 8. 7.〉	
17년 제4회 6번 해설 탄소 : 수소 : 질소 = 6.12 : 8.7 : 1.24 6.12 : 8.7 : 1.24에서 1.24로 나눠주면 4.87 : 7.02 : 1	17년 제4회 6번 해설 탄소 : 수소 : 질소 = 6.17 : 8.7 : 1.24 6.17 : 8.7 : 1.24에서 1.24로 나눠주면 4.98 : 7.02 : 1	p.520
제2류 위험물 : 유황	제2류 위험물 : 황	관련 내용
환경부(장관)	기후에너지환경부(장관)	관련 내용

※ 법령 관련 문제는 잦은 개정으로 인하여 내용이 도서와 달라질 수 있으며,
　 가장 최신 법령의 내용은 국가법령정보센터(https://www.law.go.kr/)를 통해서 확인이 가능합니다.

PART

3

최근 기출복원문제

제1과목| 화학의 이해와 환경 · 안전관리

01 돌턴(Dalton)의 원자론에 의하여 설명될 수 없는 것은?

① 화학 평형의 법칙
② 질량 보존의 법칙
③ 배수 비례의 법칙
④ 일정 성분비의 법칙

해설
화학평형의 법칙(= 질량작용의 법칙)
온도가 일정할 때 화학평형 상태에서 반응물과 생성물은 항상 일정한 농도비를 이룬다.
돌턴의 원자론
• 모든 물질은 더 이상 쪼갤 수 없는 원자로 구성되어 있다.
• 같은 종류의 원자는 크기와 질량이 같으며, 다른 종류의 원자는 크기와 질량이 서로 다르다.
• 화학반응이 일어날 때 새로운 원자가 생성되거나 소멸되지는 않으며, 단지 원자들 간의 결합이 끊어지고 생성되면서 원자가 재배열될 뿐이다.
• 화합물은 서로 다른 종류의 원자가 간단한 정수비로 결합하여 생성된다.

02 바닥상태 전자배치를 나타낸 것 중 틀린 것은?

① K : $[Ar]4s^1$
② C : $1s^2 2s^2 2p^2$
③ O : $1s^2 2s^2 2p^4$
④ Sc : $[Ar]\ 4s^2 4p^1$

해설
다전자 원자 오비탈의 에너지 준위
$1s < 2s < 2p < 3s < 3p < 4s < 3d < 4p$
$4p$ 오비탈보다 $3d$ 오비탈에 전자가 먼저 채워진다.
④ Sc : $[Ar]\ 4s^2 3d^1$

03 전자쌍 반발 원리(VSEPR)를 통해 예측한 분자나 이온의 모양으로 옳지 않은 것은?

① NF_3 : 삼각뿔
② SF_6 : 정팔면체
③ SiF_4 : 삼각쌍뿔
④ CO_3^{2-} : 평면삼각형

해설
③ SiF_4 : 정사면체

04 스타이렌(Styrene)의 실험식은 CH이고, 분자량은 약 104.1g/mol이다. 스타이렌의 분자식은?

① C_4H_4
② C_6H_6
③ C_8H_8
④ $C_{10}H_{10}$

해설
실험식량 : 12 + 1 = 13
$\dfrac{104.1}{13} = 8$이므로, 분자식은 C_8H_8이다.

05 탄소 1mol을 100% 과잉공기로 연소시킬 때, 생성된 CO_2의 부피 백분율(vol%)은?

① 100vol% ② 24.2vol%

③ 10.5vol% ④ 3.8vol%

$C + O_2 \rightarrow CO_2$

$C : O_2 = 1 : 1$의 비로 반응한다.

따라서 C 1몰 연소에 필요한 O_2는 1몰이다.

100% 과잉공기이므로, O_2는 2몰 공급이다.

O_2 2몰을 포함한 공기의 몰수는

$\dfrac{2mol}{0.21} = 9.52mol$이다.

공급된 공기 4.76mol 중에서 1mol의 산소만 반응에 참여하고 나머지는 미반응 기체로 나온다.

$\dfrac{CO_2\ 부피}{반응\ 후\ 전체\ 부피}$

$= \dfrac{생성된\ CO_2\ 몰\ 수}{반응\ 후\ 전체\ 몰\ 수}$

$= \dfrac{1mol}{1mol CO_2 + (9.52-1)mol\ air} = 10.5\%$

06 단풍나무의 수액은 물에 설탕이 3.0wt%로 녹아 있는 용액으로 간주할 수 있다. 설탕이 수용액에서 해리되지 않으며 단풍나무는 연간 12gal의 수액을 생산한다고 할 때, 이 부피의 수액에 들어 있는 설탕은 약 몇 g인가?(단, 1gal은 3.785L이고 수액의 밀도는 $1.010g/cm^3$이다.)

① 1.16×10^3

② 1.38×10^3

③ 1.64×10^3

④ 1.82×10^3

$12\,gal \times \dfrac{3.785\,L}{1\,gal} \times \dfrac{1,000\,cm^3}{1\,L} \times \dfrac{1.010\,g}{cm^3} \times \dfrac{3g}{100g} = 1,376g$

$\therefore 1.38 \times 10^3 g$

07 산과 염기의 정의에 대한 설명 중 틀린 것은?

① 아레니우스 염기는 물에서 해리하여 수산화이온을 내놓는 물질이다.

② 브뢴스테드-로우리 산은 수소이온 주개로 정의한다.

③ 브뢴스테드-로우리 염기는 양성자 주개로 정의한다.

④ 아레니우스 산은 물에서 이온화되어 수소이온을 생성하는 물질이다.

③ 브뢴스테드-로우리 염기는 양성자 받개로 정의한다.

08 다음 중 염기로 작용하지 않는 것은?

① $H_2N-CH_2CH_2CH_3$

②
$$H_3C-\overset{\overset{\displaystyle CH_3}{|}}{\underset{\underset{\displaystyle CH_3}{|}}{N^+}}-CH_3$$

③
$$H_3C-\overset{\overset{\displaystyle CH_2CH_3}{|}}{\underset{\underset{\displaystyle CH_3}{|}}{N}}$$

④
$$HN-CH_2CH_3$$
$$\ \ |$$
$$CH_2CH_3$$

② 전자쌍을 받을 수 있으므로 산으로 작용한다.

산과 염기

• 산 : 전자쌍 받개

• 염기 : 전자쌍 주개

09 물질을 수용액에 녹였을 때의 성질로 틀린 것은?

① CO_2 – 산성

② Na_2O – 염기성

③ Na_2CO_3 – 산성

④ N_2O_5 – 산성

해설
③ Na_2CO_3 – 염기성

10 다음 반응에서 염기–짝산과 산–짝염기 쌍을 각각 옳게 나타낸 것은?

$$NH_3 + H_2O \rightleftharpoons NH_4^+ + OH^-$$

① $NH_3 - OH^-$, $H_2O - NH_4^+$

② $NH_3 - NH_4^+$, $H_2O - OH^-$

③ $H_2O - NH_3$, $NH_4^+ - OH^-$

④ $H_2O - NH_4^+$, $NH_3 - OH^-$

해설
NH_3(염기)가 H^+을 받아 NH_4^+(짝산)이 되고, H_2O(산)가 H^+을 내놓고 OH^-(짝염기)가 된다.

11 다음 중 카이랄성이 아닌 것은?

① toluene

② butan–2–ol

③ 3–methyhexane

④ 2–methycyclohexanone

해설
① 톨루엔은 카이랄 중심을 가지지 않는다.

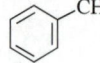

카이랄
• 분자가 거울상과 동일하지 않으면 카이랄성이라고 표현
• 카이랄성 중심 : 4개의 다른 기가 결합된 탄소 원자
• 카이랄성 중심을 가지면 카이랄성을 가짐

12 일반적으로 널리 사용되는 산화제인 MnO_4^-는 산성 조건에서 (1)과 같은 환원 반쪽반응을 하며 이때 Fe^{3+}의 환원 반쪽반응은 (2)와 같다. 두 반응이 결합하여 산화–환원반응이 일어난다면 정확한 산화–환원반응식은?

$$MnO_4^- + 8H^+ + ne^- \leftrightarrow Mn^{2+} + 4H_2O \quad \cdots\cdots \quad (1)$$
$$Fe^{3+} + me^- \leftrightarrow Fe^{2+} \quad \cdots\cdots\cdots\cdots\cdots\cdots \quad (2)$$

① $MnO_4^- + Fe^{2+} + H^+ \leftrightarrow Mn^{2+} + Fe^{3+} + H_2O$

② $MnO_4^- + 3Fe^{2+} + 4H^+ \leftrightarrow Mn^{2+} + 3Fe^{3+} + 2H_2O$

③ $MnO_4^- + 5Fe^{2+} + 8H^+ \leftrightarrow Mn^{2+} + 5Fe^{3+} + 4H_2O$

④ $MnO_4^- + 5Fe^{3+} + 8H^+ \leftrightarrow Mn^{2+} + 5Fe^{3+} + 4H_2O$

해설
(1)은 산화, (2)는 환원 반응식이므로 전체 반응식은 (1)–(2)이다.

$$\underset{+7}{MnO_4^-} + 8H^+ + \underset{+2}{Fe^{2+}} \leftrightarrow \underset{+2}{Mn^{2+}} + 4H_2O + \underset{+3}{Fe^{3+}}$$

-5 / $(+1) \times 5$

따라서, 전체 반응식은 $MnO_4^- + 5Fe^{2+} + 8H^+ \leftrightarrow Mn^{2+} + 5Fe^{3+} + 4H_2O$이다.

13 화학식의 이름이 틀린 것은?

① $HClO$: 하이포아염소산

② $HBrO_3$: 브로민산

③ H_2SO_4 : 황산

④ $Ca(ClO)_2$: 염소산칼슘

해설
④ $Ca(ClO)_2$: 차아염소산칼슘

14 아스피린에 존재하는 작용기가 아닌 것은?

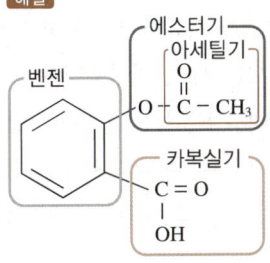

① 카복실기
② 아세틸기
③ 에스터기
④ 아미드기

에스터기
아세틸기
$$O$$
$$\|$$
$$O - C - CH_3$$
벤젠
카복실기
$$C = O$$
$$|$$
$$OH$$

15 이성질체에 대한 설명 중 틀린 것은?

① 동일한 분자식을 가진다.
② 실험식이 다른 물질이다.
③ 구조가 다른 물질이다.
④ 물리적 성질이 다른 물질이다.

② 이성질체는 화학식이나 실험식은 같지만, 구조가 다른 물질이다.

16 인슐린 10.0mg을 녹인 용액 5.00mL의 삼투압이 300K에서 6.25mmHg이다. 인슐린의 분자량(g/mol)은?

① 1,495
② 2,990
③ 4,485
④ 5,980

삼투압 $\pi = \dfrac{nRT}{V} = \dfrac{m}{M_w} \cdot \dfrac{RT}{V}$

(n : 몰 수, R : 기체상수, T : 절대 온도, m : 질량)

$$6.25\text{mmHg} = \frac{(10.0 \times 10^{-3})\text{g}}{M_w}$$

$$\cdot \frac{(0.082\,\text{atm} \cdot \text{L/mol} \cdot \text{K}) \cdot 300\text{K}}{(5.00 \times 10^{-3})\text{L}} \cdot \frac{760\text{mmHg}}{1\text{atm}}$$

$\therefore M_w = 5,982.72\text{g/mol} \fallingdotseq 5,980\text{g/mol}$

17 궤도함수 3p와 3s 사이의 에너지 차이는 2.107eV 이다. 3s 전자를 3p 상태로 들뜨게 하는 데 필요한 복사선의 파장은 약 몇 nm인가?(단, 1eV는 1.60 $\times 10^{-19}$J, 플랑크상수(h)는 6.63×10^{-34}J · s, 빛의 속도는 3.0×10^8m/s이다)

① 550
② 570
③ 590
④ 610

$$\triangle E = \frac{hc}{\lambda}$$

(h : 플랑크 상수, c : 빛의 속도, λ : 파장)

$$\lambda = \frac{(6.63 \times 10^{-34}\,\text{J} \cdot \text{s}) \times (3.00 \times 10^8\,\text{m/s})}{2.107 \times 1.60 \times 10^{-19}\,\text{J}} = 5.9 \times 10^{-7}$$

$\therefore \lambda = 5.9 \times 10^2\text{nm} = 590\text{nm}$

18 다음 중 원자가전자의 개수가 다른 하나는?

① O
② S
③ As
④ Te

③ As : 4주기 15족
① O : 2주기 16족
② S : 3주기 16족
④ Te : 5주기 16족

19 알코올류와 동식물유류의 지정수량의 합은?

① 5,400kg
② 5,400L
③ 10,400kg
④ 10,400L

> [해설]
> 제4류 위험물 지정수량
>
> | 품 명 | | 지정수량 |
> |---|---|---|
> | 특수인화물 | | 50L |
> | 제1석유류 | 비수용성 액체 | 200L |
> | | 수용성 액체 | 400L |
> | 알코올류 | | 400L |
> | 제2석유류 | 비수용성 액체 | 1,000L |
> | | 수용성 액체 | 2,000L |
> | 제3석유류 | 비수용성 액체 | 2,000L |
> | | 수용성 액체 | 4,000L |
> | 제4석유류 | | 6,000L |
> | 동식물유류 | | 10,000L |
>
> (제4류 위험물 : 인화성 액체)
>
> ∴ 400L + 10,000L = 10,400L

20 다음 유기화합물의 명명법이 아닌 것은?

$$\begin{array}{c} CH_3 \quad\quad H \\ \backslash \quad\quad / \\ C = C \\ / \quad\quad \backslash \\ H \quad\quad CH_2 - CH_3 \end{array}$$

① 1-Methyl-2-ethyl-ethane
② trans-2-pentene
③ (E)-2-pentene
④ (E)-pent-2-ene

> [해설]
> ① 1-Methyl-2-ethyl-ethane은 이중결합이 포함되지 않은 단일결합으로 이루어진 알케인이다.

21 모든 종류의 분석방법은 측정된 분석신호와 분석 농도를 연관 짓는 과정으로 검정이 필요하다. 일반적으로 사용되는 방법과 이에 대한 설명을 연결한 것 중 잘못된 것은?

① 검정곡선-정확한 농도의 분석물을 포함하고 있는 몇 개의 표준용액을 넣고 검정곡선을 얻어 사용한다.
② 표준물 첨가법-매트릭스 효과가 있을 가능성이 상당히 있는 복잡한 시료분석에 특히 유용하다.
③ 내부표준물법-모든 시료, 바탕용액과 검정 표준물에 일정량의 내부 표준물을 첨가하는 방식이다.
④ 표준물 첨가법-대부분 형태의 표준물 첨가법에서 시료 매트릭스는 각 표준물을 첨가한 후에 변화한다.

> [해설]
> 표준물 첨가법
> • 시료 용액을 먼저 넣은 후 표준물을 일정량씩 더하는 분석법
> • 화학적 방해나 간섭에 의한 분석 결과의 부정확성을 보완할 수 있음

22 10.0g tris(분자량 = 121.14)와 10.0g tris hydrochloride(분자량 = 157.60)를 혼합한 수용액 0.250L의 pH는 얼마인가?

① 7.18
② 8.18
③ 9.18
④ 10.18

> [해설]
> $$\frac{10.0g}{121.14g/mol} = 0.0825\,mol\,Tris$$
>
> $$\frac{10.0g}{157.60} = 0.0635\,mol\,Tris^+$$
>
> Henderson-Hasselbalch식을 이용하여 pH를 구한다.
>
> $$pH = pK_a + \log\frac{[짝염기]}{[짝산]}$$
>
> $$\therefore\ pH = 8.07 + \log\frac{0.0825}{0.0635} = 8.18$$

23 다음 한 자리 리간드 중 중성인 것은?

① Ammine
② Bromo
③ Cyano
④ Hydroxo

24 다음의 단위 변화에서 알맞은 숫자를 차례대로 나타낸 것은 무엇인가?

$$5.32cm = (\quad)millimeters$$
$$2.0femtoseconds = (\quad)microseconds$$
$$5.0L = (\quad)dm^3$$

① $0.532,\ 2.0 \times 10^9,\ 5.0$

② $53.2,\ 2.0 \times 10^9,\ 5.0 \times 10^{-3}$

③ $53.2,\ 2.0 \times 10^{-9},\ 5.0$

④ $53.2,\ 2.0 \times 10^{-9},\ 5.0 \times 10^{-3}$

25 미량의 아닐린($C_6H_5NH_2$)을 과량의 Br_2와 반응시켜서 정량분석하려 한다.
그 후 작업전극을 반대로 바꾸어 남아 있는 Br_2를 Cu(Ⅰ)로 정량한다.

$$Br_2 + 2Cu^+ \rightarrow 2Br^- + 2Cu^{2+}$$

1.51mA 전류를 생성하는 데 걸린 시간이 다음과 같을 때, 시료에 포함된 아닐린의 질량(μg)은 얼마인가?

작업전극	1.51mA 전류를 생성하는 데 걸린 시간
산화 전극	3.76min
환원 전극	0.270min

① 12.7
② 25.4
③ 50.8
④ 76.2

26 소금이나 설탕 등과 같은 고체화합물을 용액 속에서 용해할 때, 그 용해 속도를 증가시킬 수 있는 요인은?

① 용액의 교반과 냉각
② 용액의 가열과 교반
③ 용액의 제거와 냉각
④ 용액의 냉각과 고체 용질의 분쇄

해설

고체의 용해도
• 정의 : 용매 100g 속에 있는 용질의 g수
• 온도와 압력과의 관계
  – 온도가 높을수록 대체로 용해도는 커짐
  – 압력의 영향은 받지 않음
• 용해속도를 빠르게 하는 조건
  – 용매의 온도를 높임
  – 용질의 크기를 작게 함
  – 용매에 용질을 잘 혼합해 줌

27 과산화수소 50wt% 수용액의 밀도가 1.18g/mL라면 과산화수소수의 몰 농도는 약 몇 M인가?

① 1.74
② 2.88
③ 17.3
④ 28.8

해설

몰농도 : 용액 1L에 들어있는 용질이 몰 수
전체 용액 100g 가정

$$\frac{50\,\mathrm{g\,H_2O_2} \times \dfrac{1\,\mathrm{mol\,H_2O_2}}{34\,\mathrm{g\,H_2O_2}}}{100\,\mathrm{g} \times \dfrac{1\,\mathrm{mL}}{1.18\,\mathrm{g}} \times \dfrac{1\,\mathrm{L}}{10^3\,\mathrm{mL}}} = 17.3\,\mathrm{M}$$

28 n번 반복 측정한 결과값의 평균이 $\bar{x}$, 표준편차가 s일 때 신뢰구간으로 옳은 것은?(단, t는 Student t를 의미한다)

① $\bar{x} \pm \dfrac{ts}{\sqrt{n}}$

② $\bar{x} \pm \dfrac{ts}{n}$

③ $\bar{x} \pm \dfrac{tn}{s}$

④ $\bar{x} \pm \dfrac{tn}{\sqrt{s}}$

29 아세트산(CH_3COOH)은 약한 산으로, 산해리상수(K_a)값은 다음과 같은 평형식에서 구할 수 있다. $CH_3COOH \leftrightarrow CH_3COO^- + H^+$ K_a값을 나타내는 화학평형식으로 옳은 것은?

① $\dfrac{[CH_3COO^-]}{[CH_3COOH]}$

② $\dfrac{[CH_3COOH]}{[CH_3COO^-]}$

③ $\dfrac{[CH_3COOH]}{[CH_3COO^-][H^2]}$

④ $\dfrac{[CH_3COO^-][H^+]}{[CH_3COOH]}$

해설

$$산해리상수(K_a) = \frac{생성물의\ 농도}{반응물의\ 농도}$$

30 자유에너지 ΔG^0와 평형상수 K 사이의 관계에 대한 설명으로 옳은 것은?

① ΔG^0와 K는 서로 관계가 없다.
② ΔG^0가 양수이면, K는 1보다 작다.
③ ΔG^0가 음수이면, K는 0보다 작다.
④ ΔG^0가 음수이면, K는 0과 1 사이의 값을 갖는다.

31 CH₃COO⁻/CH₃COOH 완충용액의 pH가 4.98이고, 이때 [CH₃COO⁻] = 0.1M이다. 이 용액 200mL에 0.1M NaOH 용액 10mL를 가한 후의 완충용액의 pH는 얼마인가?(단, CH₃COOH의 $K_a = 1.75 \times 10^{-5}$이다)

① 4.98 ② 5.04

③ 5.98 ④ 6.04

Henderson-Hasselbalch식

$$pH = pK_a + \log\frac{[염]}{[산]}$$

$$4.98 = -\log(1.75 \times 10^{-5}) + \log\frac{0.1}{[CH_3COOH]}$$

[CH₃COOH] = 0.06M
처음 완충용액 200mL에는
CH₃COOH : 0.06M × 0.2L = 0.012mol
CH₃COO⁻ : 0.1M × 0.2L = 0.02mol
여기에 0.1M × 0.01L = 0.01mol NaOH가 첨가되면,
CH₃COOH : 0.012 − 0.001 = 0.011mol
CH₃COO⁻ : 0.02 + 0.001 = 0.021mol

$$\therefore pH = 4.757 + \log\frac{0.021}{0.011} = 5.04$$

32 다음 반응에서 평형 이동의 방향이 오른쪽이 아닌 것은?

HF(aq) ↔ h⁺(aq) + F⁻(aq)

① [HF]의 증가 ② [F⁻]의 감소

③ NaOH 첨가 ④ NaF 첨가

④ NaF를 첨가하면 F⁻ 이온의 증가로 평형이 왼쪽으로 이동한다.

33 산화·환원 지시약의 변색 범위로 옳은 것은?(단, E^0는 표준환원전위, n은 전자수이다)

① $E = E^0 \pm \dfrac{0.05916}{n}$ V

② $E = E^0 \pm \dfrac{1}{n}$ V

③ $E = E^0 \pm \dfrac{1}{n \times 0.05916}$ V

④ $E = E^0 \pm \dfrac{n \times 0.05916}{1}$ V

34 프탈산의 $K_1 = 1.12 \times 10^{-3}$이고, $K_2 = 3.90 \times 10^{-6}$이다. 0.050M 프탈산 30.0mL를 0.10M NaOH로 적정하였다. NaOH를 30.0mL 가했을 때의 pH는?

① 3.90 ② 5.90

③ 7.0 ④ 8.90

이양성자산 프탈산 = H₂A
0.01M NaOH 30.0mL를 첨가할 경우,
H₂A → HA⁻ → HA로 해리된다.
H₂A가 모두 바뀌었으니 몰수는 그대로고 부피만 2배로 늘었으므로
[A²⁻] = 0.025M

A²⁻ + H₂O ⇌ OH⁻ + HA⁻
0.025　　　　　x　　　x

$$K_b = \frac{[OH^-][HA^-]}{[A^{2-}]}$$

$$[A^{2-}]K_b = [OH^-][HA^-]$$

$$0.025K_b = [OH^-]^2$$

$$pOH = \frac{1}{2}(pK_a - \log 0.025)$$

$$14 - pH = \frac{1}{2}(14 - pK_a - \log 0.025)$$

$$\therefore pH = 8.9$$

35 EDTA 적정에 일반적으로 사용되는 금속이온 지시약으로만 되어 있는 것은?

① 페놀프탈레인, 메틸오렌지

② 페놀프탈레인, EBT(Eriochrome Black T)

③ EBT(Eriochrome Black T), 자일레놀오렌지 (Xylenol orange)

④ 자일레놀오렌지(Xylenol orange), 메틸오렌지

해설
금속이온 지시약
EBT(Eriochrome Black T), 자일레놀오렌지(Xylenol orange) 색소에 금속이온이 붙거나 떨어질 때 나타나는 변색으로 금속이온 농도를 알 수 있음

36 아이오딘 직접 적정에 대한 설명으로 옳지 않은 것은?

① 환원 상태의 분석 물질을 I_2로 적정하는 방법이다.

② 녹말 지시약은 적정을 시작할 때부터 첨가한다.

③ 녹말-아이오딘 착물의 형성은 온도에 의존한다.

④ 지시약으로 녹말을 사용하면, 당량점 이전의 청색이 당량점 이후에 무색으로 변한다.

해설
직접 아이오딘 적정
• 환원 상태 분석 물질을 I_2로 적정하는 방법이다.
• 아이오딘 적정액은 I_2에 과량의 I^-가 첨가된 용액을 사용한다는 것을 의미한다.
• 지시약으로 녹말을 사용하고, 녹말 지시약을 사용하면 검출 한계가 10배 낮아진다.
• 녹말 지시약은 적정을 시작할 때 첨가한다.
• 녹말 지시약을 사용했을 때, 무색에서 당량점 이후에 푸른색으로 변한다.
• 녹말-아이오딘 착물의 형성은 온도에 의존하므로, 최대의 감도가 필요할 경우 얼음물에서 식힌다.
• 유기 용매는 녹말에 대한 아이오딘의 친화력을 감소시켜 지시약의 효용성을 감소시킨다.

37 압력의 단위 파스칼(Pa)을 SI 기본 단위로 옳게 나타낸 것은?

① $kg/m \cdot s^2$

② $m \cdot kg/s^2$

③ $kg/m \cdot s$

④ $m^2 \cdot kg/s^2$

해설
$$Pa = N/m^2 = \frac{kg \cdot m}{s^2} \times \frac{1}{m^2} = kg/m \cdot s$$

38 $KMnO_4$ 5.00g을 물에 녹이고 500mL로 묶혀 $KMnO_4$ 용액을 준비하였다. Fe_2O_3를 24.5% 포함하는 광석 0.500g 속에 든 철은 몇 mL의 $KMnO_4$ 용액과 반응하는가?(단, $KMnO_4$의 분자량은 158.04 g/mol, Fe_2O_3의 분자량은 159.69g/mol이다)

① 2.45

② 4.90

③ 7.35

④ 19.60

해설
$$MnO_4^- + 5Fe^{2+} + 8H^+ \rightleftharpoons Mn^{2+} + 5Fe^{3+} + 4H_2O$$

$$MnO_4^-\text{의 농도} = \frac{5.00g}{0.5L} \times \frac{1\,mol}{158.04g} = 0.0633\,M$$

$$Fe^{2+}\text{의 몰 수} = 0.500g \times 0.245 \times 2 \times \frac{1\,mol}{159.69g}$$
$$= 1.55 \times 10^{-3}\,mol$$

MnO_4^-와 Fe^{2+}는 1:5의 몰수비로 반응한다.
$$0.0633M \times V_{KMnO_4} \times 5 = 1.55 \times 10^{-3}\,mol$$
$$\therefore V_{KMnO_4} = 4.90 \times 10^{-3}L = 4.90L$$

39 pH 10으로 완충된 0.1M Ca^{2+} 용액 20mL를 0.1M EDTA로 적정하고자 한다. 당량점($V_{EDTA} = 20mL$)에서의 Ca^{2+} 몰농도(mol/L)는 얼마인가?(단, CaY^{2-}의 $K_1 = 5.0 \times 10^{10}$이고 Y^{4-}로 존재하는 EDTA분율 $\alpha_{Y^{4-}} = \dfrac{[Y^{4-}]}{EDTA} = 0.35$이다)

① $1.7 \times 10^{-4}M$ ② $1.7 \times 10^{-5}M$

③ $1.7 \times 10^{-6}M$ ④ $1.7 \times 10^{-7}M$

> **해설**
>
> $Ca^{2+} + EDTA \rightleftharpoons CaY^{2-}$
>
> $\rightarrow [CaY^{2-}] = 초기농도 \times = \dfrac{CaY^{2-} \, 부피}{나중 \, 부피}$
>
> $= 0.1M \times \dfrac{20mL}{40mL} = 0.05M$
>
> | | Ca^{2+} | + | EDTA | $\rightleftharpoons$ | CaY^{2-} |
> |---|---|---|---|---|---|
> | 처음농도 | 0 | | 0 | | 0.05 |
> | 나중 농도 | x | | x | | $0.05 - x$ |
>
> $\rightarrow \dfrac{[CaY^{2-}]}{[Ca^{2+}][EDTA]} = \dfrac{0.05 - x}{x^2} = 1.75 \times 10^{10}$
>
> 여기서, $K_f' = \alpha_{Y^{2-}} \cdot K_f = 0.35 \times 5.0 \times 10^{10} = 1.75 \times 10^{10}$
>
> $0.05 - x \approx 0.05$
>
> $\dfrac{0.05}{x^2} = 1.75 \times 10^{10}$
>
> $\therefore \; x = 1.7 \times 10^6 M$

40 다음과 같은 전기화학전지에 대한 설명으로 틀린 것은?

> $Cu \mid Cu^{2+}(0.0200M) \parallel Ag^{+}(0.0400M)Ag$

① 한 줄 수직선(|)은 전위가 발생하는 상 경계나 전위가 발생할 수 있는 접촉면이다.

② 이중 수직선(‖)은 염다리의 양 끝에 있는 두 개의 상경계이다.

③ 0.0400M은 은이온(Ag^+)의 농도이다.

④ 구리(Cu)는 환원전극이다.

> **해설**
>
> ④ 구리(Cu)는 산화 전극이다.
>
> **전지의 표시**
> • 산화 전극 : 왼쪽
> • 환원 전극 : 오른쪽

---

41 머무름 시간이 630초인 용질의 봉우리 너비를 변곡점을 지나는 접선과 바탕선이 만나는 지점에서 측정해 보니 12초였다. 다음의 봉우리는 652초에 용리되었고 너비는 16초였다. 두 성분의 분리도는?

① 0.19   ② 0.36

③ 0.79   ④ 1.57

> **해설**
>
> $분리도 = \dfrac{2(t_B - t_A)}{W_A + W_B} = \dfrac{2(652 - 630)}{12 + 16} = 1.57$

42 다음 그림은 액체크로마토그래피에서 널리 이용되는 검출기의 구조이다. 어떤 검출기인가?

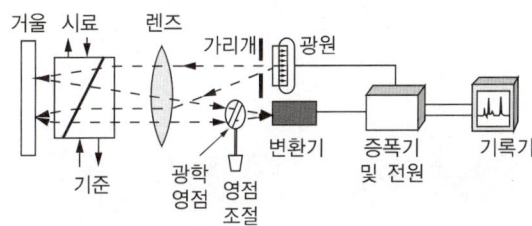

① 적외선흡수 검출기

② 형광 검출기

③ 굴절률 검출기

④ 전기화학 검출기

> **해설**
>
> **액체크로마토그래피 검출기**
> • 흡수 검출기
> • 형광 검출기
> • 굴절률 검출기
> • 증발 빛 산란 검출기
> • 전기화학 검출기
>
> **굴절률 검출기**
> • 용매의 굴절률과 분석 성분의 굴절률 차이를 이용하는 방법
> • 거의 모든 시료에 대해 검출 가능
> • UV 검출기에 비해 감도가 낮음
> • 온도에 예민하여 기울기 용리가 불가능함

---

43 단높이를 나타내는 Van Deemter식을 올바르게 나타낸 것은?(단, H = 단높이, A = 다중흐름통로, B = 세로확산, C = 질량이동, u = 이동상의 선형 흐름속도이다)

① $H = A + B + C$

② $H = \dfrac{A}{u} + Bu + C$

③ $H = A + \dfrac{B}{u} + \dfrac{C}{u}$

④ $H = A + \dfrac{B}{u} + Cu$

해설

Van Deemter식

$H = A + \dfrac{B}{u} + Cu$

44 유리전극으로 pH를 측정할 때 알칼리 오차의 원인은 무엇인가?

① pH 11~12보다 큰 용액 중에서 알칼리금속 이온에 감응하기 때문에

② pH를 측정할 때 생기는 근본적인 불확정성 때문에

③ 완충용액의 불확정성 때문에

④ 유기성분에 박테리아가 작용하기 때문에

해설

① 유리전극으로 pH를 측정할 때, 염기성 용액에서 수소이온의 농도뿐 아니라 알칼리금속 이온의 농도에 감응하여 알칼리 오차가 발생한다.

45 역상(reverse Phase) 액체크로마토그래피에서 용질의 극성이 A > B > C 순으로 감소할 때, 용질의 용출 순서를 빠른 것부터 바르게 나열한 것은?

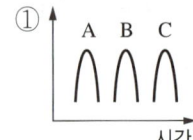
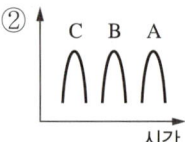
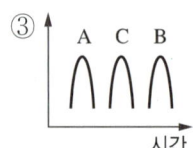
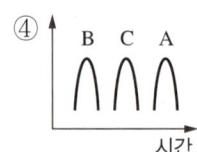

해설

역상 크로마토그래피는 극성 물질부터 용리되므로, 극성이 큰 A → B → C 순으로 용리되어 나온다.

크로마토그래피

	역상	정상
컬럼	비극성	극성
이동상	극성	비극성
용리 순서	극성 → 비극성	비극성 → 극성

46 열중량분석기(TGA)에서 시료가 산화되는 것을 막기 위해 넣어주는 기체는?

① 산소

② 질소

③ 이산화탄소

④ 수소

해설

② 질소 또는 아르곤 기체를 이용하여 시료가 산화되는 것을 막는다.

47 C18 컬럼을 사용하고 메탄올/아세토나이트릴 용매를 50 : 50 비율로 혼합하여 특정 화합물을 분리하려 한다. 이때 용리 속도가 너무 느려서 빠르게 하는 방법으로 다음 중 가장 적당한 것은?

① 메탄올의 혼합량을 증가시킨다.
② 아세토나이트릴의 혼합량을 증가시킨다.
③ 이동상의 용존 기체를 제거한다.
④ 이동상의 흐름량을 감소시킨다.

해설
② 역상에서는 정지상이 비극성이므로, 용리 시간이 느리다는 것은 비극성 물질과의 상호작용하는 힘이 강한 것을 의미한다. 따라서 이동상의 극성을 낮추고 비극성 정도를 올리면 비극성 물질과의 상호작용이 강해져 전체 용리 시간이 빨라진다. 메탄올과 아세토나이트릴의 극성은 메탄올 > 아세토나이트릴이므로, 용리 시간을 빠르게 하기 위해서는 아세토나이트릴의 혼합량을 증가시켜야 한다.

크로마토그래피(HPLC) 용리 순서와 용리 시간

항 목	정 상	역 상
정지상 극성	큼	작 음
이동상 극성	보통~작은	보통~큼
시료 용리 순서	비극성이 먼저 용리됨	극성이 먼저 용리됨
이동상의 극성을 증가시킬 때의 효과	용리 시간이 감소됨	용리 시간이 증가됨

- 액체 크로마토그래피 C18컬럼
- 역상크로마토그래피에 사용하는 비극성 컬럼
- 극성 이동상 사용

48 다음 중 질량분석계(mass spectrometer)의 이온화방법이 아닌 것은?

① 화학적 이온화(CI)
② 비행시간(Time Of Flight)법
③ 전자 충격(EI)
④ 빠른 원자충격(FAB)법

해설
② 비행시간법은 이온화방법이 아닌 검출방식에 따른 분류법이다.
질량분석계 이온화방법
- 전자충돌 이온화
- 화학적 이온화
- 빠른 원자충격 이온화
- 유도플라즈마 이온화

49 질량분석기의 이온화 방법에 대한 설명 중 틀린 것은?

① 전자충격이온화 방법은 토막 내기가 잘 일어나므로 분자량의 결정이 어렵다.
② 전자충격이온화 방법에서 분자 양이온의 생성 반응이 매우 효율적이다.
③ 화학이온화 방법에 의해 얻어진 스펙트럼은 전자충격이온화 방법에 비해 매우 단순한 편이다.
④ 전자충격이온화 방법의 단점은 반드시 시료를 기화시켜야 하므로 분자량이 1,000보다 큰 물질의 분석에는 불리하다.

해설
② 전자충격이온화 방법에서 분자 양이온의 생성 반응은 거의 일어나지 않는다.

50 광도법 적정에서 $\varepsilon_a = \varepsilon_t = 0$이고, $\varepsilon_p > 0$인 경우의 적정곡선을 가장 잘 나타낸 것은?(단, 각각의 기호의 의미는 아래의 표와 같으며, 흡광도는 증가된 부피에 대하여 보정되어 표시한다)

몰흡광계수	기 호
시료(Analyte)	ε_a
적정액(Titrant)	ε_t
생성물(Product)	ε_p

①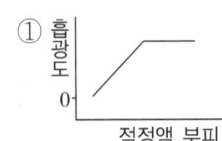
②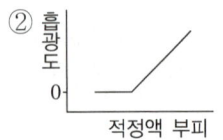
③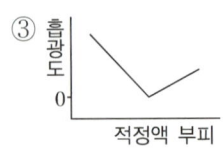
④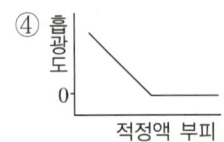

시료의 몰흡광계수(ε_a)가 0이므로 흡광도는 0에서 시작하고, 생성물의 몰흡광계수(ε_p)가 0보다 크므로 반응이 진행되어 생성물이 생길수록 흡광도는 증가한다. 적정액의 몰흡광계수(ε_t)가 0이므로 적정이 완료된 후에는 적정액의 부피가 증가하더라도 흡광도가 변하지 않는다.

51 질량분석기로 $CH_3CH_2^+$($m = 29.03858$)와 HCO^+($m = 29.00218$) 질량피크를 분리하려면 최소로 필요한 분해능은 약 얼마인가?

① 13.6
② 27.5
③ 800
④ 1.25×10^3

분해능 $R = \dfrac{m}{\Delta m}$

(m : 봉우리가 생기는 질량, Δm : 분리된 봉우리 사이의 질량 차이)

$R = \dfrac{29.00218}{29.03858 - 29.00218} \fallingdotseq 800$

52 분자질량 분석법을 활용하여 분석물질의 분자식을 결정하고자 한다. 정수 단위의 질량 차이만을 식별하는 낮은 분해능의 질량분석계를 이용하여 분자식을 결정할 때 사용할 수 있는 가장 유용한 방법은?

① 질량스펙트럼으로부터 분자이온의 검출
② 정확한 분자량으로부터 분자식 결정
③ 동위원소비를 비교하여 분자식 결정
④ 토막무늬 정보로부터 분자식 결정

③ 분해능이 낮으면 정수 단위의 질량 차이만을 분석하여 동위원소비로 분자식을 결정한다.

53 얇은 층 크로마토그래피(TLC)에 대한 설명 중 옳지 않은 것은?

① TLC의 층 분리는 미세한 입자의 얇고 접착성 층으로 입혀진 유리판 위에서 주로 이루어진다.
② TLC판에 전개된 점적(spot)의 면적을 기준물질의 그것과 비교하여 정량한다.
③ TLC판에 전개된 점적(spot)을 오려내어 질량을 측정하여 정량한다.
④ TLC판에 전개된 점적(spot)을 오려내어 고정상에 흡착된 시료를 추출하고 다른 적당한 방법으로 정량한다.

③ 존재하는 성분의 양을 측정하는 정량측정은 표준물질의 반점의 면적과 시료 반점의 면적을 측정 비교하여 구한다.

54 질량분석스펙트럼에서 동위원소 봉우리가 가장 큰 것은?

① 에탄
② 에탄올
③ 아세톤
④ 염화에틸

해설

질량분석 스펙트럼에서는 질량 대 전하비(m/z)가 분자이온 피크보다 더 큰 질량을 가지는 피크들이 검출된다. 이런 봉우리들은 분자 내의 원소들 중 동위원소를 가지는 분자들에 의해 생긴 것이며, 피크들의 상대적 크기는 동위원소의 자연적 존재비에 의해 결정된다. 동위원소를 가지는 대표적인 원자는 염소(1:3) 브로민(1:1) 등이므로 염소를 포함하고 있는 염화에틸이 동위원소 봉우리를 가진다. 괄호 안의 비율은 동위원소의 비율이다.

55 다음 중 질량분석기로 사용되지 않는 것은?

① 단일극자 질량분석기
② 이중초점 질량분석기
③ 이온포착 질량분석기
④ 비행-시간 질량분석기

해설

질량분석기의 종류
• 이중초점 질량분석기
• 이온포착 질량분석기
• 비행시간 질량분석기
• 사중극자 질량분석기
• 자기 부채꼴 질량분석기

56 사중극자 질량분석관에서 고질량통과 필터로 작용하는 경우는?

① 양직류 전위-저주파수 교류전위
② 양직류 전위-고주파수 교류전위
③ 음직류 전위-저주파수 교류전위
④ 음직류 전위-고주파수 교류전위

해설

고질량통과 필터는 양직류 전위-고주파수 교류 전위의 경우이다.

57 이온 사이클로트론 공명(Ion Cyclotron Resonance) 현상을 이용하는 질량분석기는?

① 사중극자(Quadrupole) 분석기
② 이온포착(Ion Trap) 분석기
③ 비행시간(Time-of-Flight) 분석기
④ 자기장 부채꼴(Magoeticsector)

해설

Fourier 변환(FT)기기

Fourier 변환기기는 신호대 잡음비를 개선하고 속도를 빠르게 하며 감도를 증진시키고 분리능을 높인다. Fourier 변환의 심장부는 이온이 한동안 일정한 궤도를 회전할 수 있는 이온포착기로 이것은 이온 사이클로트론 공명현상을 이용할 수 있게 설계되어 있다.

58 유도결합플라즈마질량분석법(ICPMS)에서 스펙트럼의 방해에 영향을 주지 않는 화학종은?

① 동중핵 이온(Isobaric Ion)
② 다원자 이온(Polyatomic Ion)
③ 이중 하전 이온(Doubly Charged Ion)
④ 중성의 아르곤 원자(Neutral Argon Atom)

해설

유도결합플라즈마 질량분석법의 분광학적 방해
• 동중핵 이온
• 다원자 또는 첨가 생성물 이온
• 이중하전 이온
• 내화성 산화물 이온

59 세 전극(기준, 작업, 보조) 전지의 조절 전위 전기분해에 대한 설명 중 옳지 않은 것은?

① 작업전극과 기준전극 사이의 전압은 일정 전위기(Potentiostat)에 의해서 일정하게 유지된다.

② 작업전극과 보조전극 간에는 무시할 수 있을 만큼의 작은 전류가 형성된다.

③ 세 전극전지를 쓰면 일정한 환원전극 전위 유지 및 전기분해의 선택성을 높일 수 있다.

④ 기준전극 전위는 저항전위, 농도차 분극, 과 전위의 영향을 받지 않는다.

해설
② 전류는 작업전극과 보조전극에서 흐르며 분석하고자 하는 물질이 반응해야 하므로 이들 간에 흐르는 전류는 커야 한다. 분석물의 농도가 클수록 전류는 더 크게 형성된다.

---

60 이온선택성 전극방법의 특징이 아닌 것은?

① 직선적 감응의 넓은 범위

② 파괴성

③ 짧은 감응시간

④ 색깔이나 혼탁도에 영향을 받지 않음

해설
이온선택성 전극의 특징
- 비파괴성
- 직선적 감응의 넓은 범위
- 짧은 감응시간
- 색이나 혼탁에 영향 없음

제4과목 | 화학물질 구조 및 표면분석

61 전자기 복사선의 파장이 긴 것부터 짧아지는 순서대로 옳게 나열된 것은?

① 라디오파 > 적외선 > 가시선 > 자외선 > X선 > 마이크로파

② 라디오파 > 적외선 > 가시선 > 자외선 > 마이크로파 > X선

③ 마이크로파 > 적외선 > 가시선 > 자외선 > 라디오파 > X선

④ 라디오파 > 마이크로파 > 적외선 > 가시선 > 자외선 > X선

해설

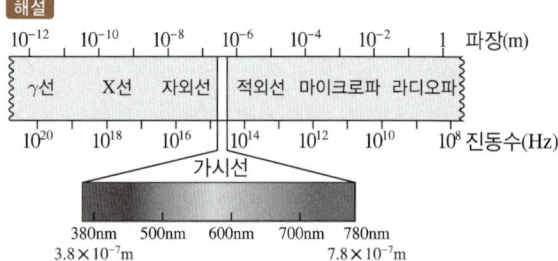

---

62 Larmor equation에 대한 설명으로 틀린 것은?

① 핵에 의해 흡수된 RF 복사선의 주파수와 자기장 상의 관계를 나타낸다.

② 1.41T 자기장에서 ^1H에 의해 흡수되는 복사 주파수는 60HMz이다.

③ Larmor 주파수는 세차운동의 주파수를 말한다.

④ 가해지는 RF 주파수와 세차운동의 속도가 같을 때, RF가 흡수되고 핵은 자기장과 같은 방향으로 나열하게 된다.

해설

④ 가해지는 RF 주파수와 세차운동의 속도가 같을 때, RF가 흡수되고 핵은 자기장과 반대 방향으로 나열하게 되어 들뜬 상태가 된다.

Larmor equation

• $\omega = \gamma B_0$ (ω : 주파수, γ : 자기 회전 비율, B_0 : 자기장의 세기)

• 핵은 가해진 자기장의 방향에 대해 특정한 방향으로 나열하게 되는데, 나열되는 방향은 에너지준위와 관련되어 양자화되어 있다.

• 낮은 에너지 상태는 자기장과 같은 방향으로 나열된 상태이다.

• 공명 : 복사에너지를 흡수하면 낮은 에너지 상태의 입자가 높은 에너지 상태로 전이된다.

• 세차운동 : 핵의 회전축은 외부 자기장의 축에 대하여 원운동 하는 형태로 회전하고 이 회전을 세차운동이라 한다.

• Larmor식은 흡수된 복사선의 주파수와 자기장의 관계를 나타내며, 여기서 주파수는 세차운동의 주파수를 말한다.

63 다음 중 Nuclear Magnetic Resonance(NMR)로 분석할 수 없는 것은?

① ^1H

② ^{12}C

③ ^{19}F

④ ^{31}P

해설

원자번호와 원자량이 모두 짝수를 갖는 핵종은 스핀 양자수가 0이 되어 자기 모멘트가 없고 NMR 현상이 없어, NMR로 분석할 수 없다.

64 분석기기에서 발생하는 잡음 중 열적잡음(thermal noise)에 대한 설명으로 틀린 것은?

① 온도가 올라가면 증가한다.

② 저항이 커지면 증가한다.

③ 백색 잡음(white noise)이라고도 한다.

④ 주파수를 낮추면 감소한다.

해설

④ 주파수 띠넓이가 증가하면 열적 잡음은 증가한다. 하지만 주파수와는 관련 없다.

열적 잡음의 크기 : $\nu_s = \sqrt{4kTR\Delta f}$

(k : 볼츠만 상수, T : 절대 온도, R : 저항, Δf : 주파수 띠넓이)

65 ^{13}C NMR 분석 결과 나타나는 peak의 위치를 0ppm에 가까운 순서대로 나열한 것은?

> sp^3, sp^2, sp, aromatic, aldehyde, carboxylic

① $sp^3 >sp^2 > sp >$ aromatic $>$ aldehyde $>$ carboxylic

② $sp^3 > sp > sp^2 >$ aromatic $>$ aldehyde $>$ carboxylic

③ $sp^3 > sp > sp^2 >$ aromatic $>$ carboxylic $>$ aldehyde

④ $sp^3 > sp > sp^2 >$ carboxylic $>$ aldehyde $>$ aromatic

해설

^{13}C NMR의 화학적 이동

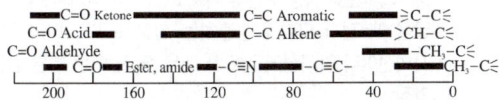

66 다음 중 형광을 발생하는 화합물은?

① Pyridine

② Furan

③ Pyrrole

④ Quinoline

> **해설**
>
> Quinoline(퀴놀린)
>
>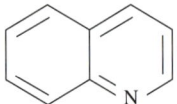
>
> 분자식 : C_9H_7N
> 접합 고리 구조를 가진 화합물로 형광을 발생시킬 수 있다.

67 다음 광자 변환기(Photon Transducer) 중 자외선 영역에 가장 좋은 감도를 나타내며, 감응시간이 매우 빠르나 열적방출로 인하여 냉각장치가 필요한 것은?

① 규소다이오드검출기(Silicon Diode Detector)

② 광전압전지(Photoboltaic Cell)

③ 전하-쌍 장치(Charge-Coupled Device)

④ 광전증배관(Photomultipller Tube)

> **해설**
>
> 광전증배관
> • 하나의 광전자방출 표면을 가지고 있으며 여기서 나오는 전자가 닿을 때 전자 다발을 방출하는 활성 표면도 여러 개 존재
> • 자외선이나 가시선에 감도가 매우 좋고, 매우 빠른 감응시간을 가짐

68 발광다이오드(LED, Light Emitting Diode)를 적당히 가공하면 반도체 레이저를 제조할 수 있다. 반도체 레이저는 대부분 적외선 영역의 파장을 갖기 때문에 분광학적 응용에는 매우 제한적이다. 따라서 진동수 배가장치를 이용하면 청색, 녹색 등의 파장을 낼 수가 있다. 다음 중 진동수 배가 장치는?

① 비선형 결정(Nonlinear Crystal)

② 에셀레 단색화기(Echelle Monochromator)

③ 광전 증배관(Photomultiplier Tube)

④ 색소 레이저(Dye Laser)

> **해설**
>
> ① 비선형 결정을 이용하면 진동수를 배가시켜 좀 더 다양한 응용이 가능하며, 일반적으로 굴절률이 큰 결정이 비선형 감수율이 크다.

69 0.5nm/mm의 역선 분산능을 갖는 회절발 단색화 장치를 사용하여 480.2nm와 480.6nm의 스펙트럼선을 분리하려면 이론상 필요한 슬릿너비는 얼마인가?

① 0.2mm ② 0.4mm

③ 0.6mm ④ 0.8mm

> **해설**
>
> $$\triangle\lambda_{eff} = \frac{1}{2}(480.6 - 480.2)\text{nm} = 0.2\,\text{nm}$$
>
> $$\therefore\ w = \frac{\triangle\lambda_{eff}}{D^{-1}} = \frac{0.2\,\text{nm}}{0.5\,\text{nm/mm}} = 0.4\,\text{mm}$$

70 AAS에서 가장 많이 사용하는 광원은?

① Laser

② Tungsten Filament Lamp

③ Hollow Cathode Lamp(HCL)

④ Deuterium Lamp

> **해설**
>
> AAS에서 사용되는 광원은 Hollow Cathode Lamp(속빈음극등)이다.

71 원자 분광법에서 비소, 안티몬, 주석, 셀레늄 등을 함유한 액체시료를 원자화 장치에 도입할 때 검출 한계를 10~100배 정도 향상시킬 수 있는 방법은?

① 수소화물 발생(Hydride generation)
② 레이저 용발(Laser ablation)
③ 스파크 용발(Spark ablation)
④ 글로우 방전(Glow discharge)

해설

수소화물 생성법
비소, 안티몬, 주석, 셀렌, 비스무트 및 납을 포함하는 시료를 기체 상태로 만들어 원자화장치에 도입하는 방법이다.
원소들의 검출 한계를 10~100배 정도 좋게 한다.

72 근적외선 분광법(NIR)의 시료 용기로 가장 적합한 것은?

① 석영   ② 유리
③ KBr   ④ NaCl

해설

근적외선 분광법의 시료용기는 석영 또는 용융 실리카가 가장 적합하다.
③ KBr, ④ NaCl : 중적외선 분광법에 적합한 시료용기이다.
근적외선 분광법(NIR)
• 근적외선 : 파장 770~2,500nm 영역
• 광원 : 텅스텐-할로젠 램프
• OH, NH, CH 결합을 가지는 고체, 액체 화합물의 정량 분석에 이용된다.
근적외선 분광법의 장점
• 시료의 두께에 큰 영향을 받지 않는다.
• 높은 농도의 측정이 가능하다.
• 시료 준비가 쉽다.
• 비파괴로 다성분을 신속하게 분석할 수 있다.

73 원자흡수분광법(AAS)에서 불꽃으로 사용되는 가스를 짝지은 것이다. 이 중 사용되지 않는 것은?

① 천연가스-공기
② 아세틸렌-산화이질소
③ 수소-공기
④ 수소-산화이질소

해설

AAS의 불꽃 온도

산화제\n연료	공기	산소	아산화질소
천연가스	1,700~1,900℃	2,700~2,800℃	–
수소	2,000~2,100℃	2,550~2,700℃	–
아세틸렌	2,100~2,400℃	3,050~3,150℃ (고온)	2,600~2,800℃

74 원자흡수분광법에서 사용하는 칼슘분석에서 인산 이온의 방해를 최소화하기 위하여 과량의 스트론튬이나 란탄을 사용한다. 이때 사용되는 스트론튬이나 란탄을 무엇이라 하는가?

① 보호제   ② 해방제
③ 이온화 억제제   ④ 흡수제

해설

원자의 이온화가 빨라지는 화학적 방해를 저지하기 위해 해방제를 이용한다.

75 250nm에서 A 시료의 자외선 분광분석을 하고자 한다. 이때 다음 용매 중 가장 부적합한 것은?(단, 모든 용매는 A에 대한 충분한 용해도를 갖고 있음)

① 물　　　　　② 메탄올

③ 벤젠　　　　④ 에탄올

해설

벤젠은 250nm에서 2차 흡수띠를 나타내기 때문에 용매로 부적합하다.

76 적외선 흡수분광법(IR)에서 이용하는 분자 에너지는?

① 진동 에너지　　② 전자 에너지

③ 병진 에너지　　④ 회전 에너지

해설

분자에 적외선을 가했을 때 분자의 진동수와 일치하는 진동수의 복사선을 흡수하고, 이에 따라 결합 진동의 진폭이 증가하는 진동에너지의 변화가 일어나게 된다.

77 안쪽 궤도함수의 전자가 여기상태로 전이할 때 흡수하는 복사선은?

① 초단파　　　　② 적외선

③ 자외선　　　　④ X-선

78 1H NMR 스펙트럼이다. 이 화합물로 가장 적절한 것은?

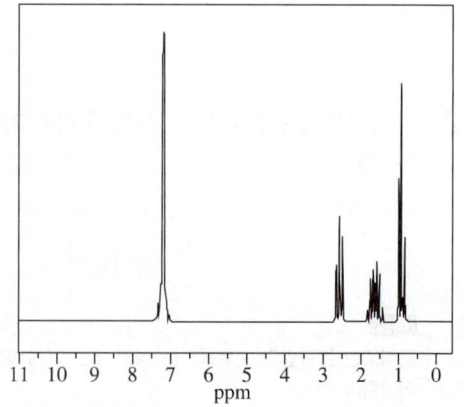

① propyl ether

② propyl benzene

③ ethylmethyl ether

④ ethylmethyl benzene

해설

7.2ppm에서 방향족 고리를 확인하고 3개의 다른 화학적 환경을 가지는 H를 확인할 수 있다. 다중선의 개수를 통해 ethlye methyl이 아닌, propyl benzene임을 알 수 있다.

79 X선형광법의 장점이 아닌 것은?

① 스펙트럼이 단순하여 방해효과가 적다.

② 비파괴 분석법이다.

③ 감도가 다른 분광법보다 아주 우수하다.

④ 실험 과정이 빠르고 간편하다.

해설

X선형광법은 감도가 우수하지 못하다.

80 UV-VIS 흡수 분광법에서 Beer-Lambert 법칙에 대한 설명으로 옳지 않은 것은?

① 흡광도는 단위가 없다.

② Beer-Lambert 법칙은 분석 성분의 농도가 0.01mol/L 이하의 낮은 농도에서 잘 성립한다.

③ Beer-Lambert 법칙에서 몰흡광계수의 값이 클수록 분석 성분의 높은 농도까지 분석이 가능하다.

④ Beer법칙은 흡광도는 농도에 비례함을 나타내고, Lambert 법칙은 흡광도는 셀의 길이에 비례함에 기초를 둔 법칙이다.

해설

농도가 0.01M 이상으로 진해지면 흡수 화학종 사이의 평균 거리가 가까워지므로 서로의 전자 분포 상태에 영향을 주게 되어 편차를 가져오게 된다. Beer-Lambert 법칙은 농도가 묽은 용액에서 잘 성립한다.

2024년 제2회 **최근 기출복원문제**

제1과목 | **화학의 이해와 환경 · 안전관리**

01 다음 중에서 격자에너지(lattice energy)가 가장 작은 것은?

① KF
② LiF
③ CsI
④ NaBr

해설

전하가 같으므로, 이온반지름의 크기가 가장 큰 CsI의 격자에너지가 가장 작다.

격자에너지

분리된 기체 이온들이 이온결합으로 이온성 고체를 형성할 때 발생하는 에너지이다.

결합 세기를 나타내는 척도로 사용된다.

이온결합 세기가 클수록 격자에너지가 크다.

결합 세기는 (거리)^{2}에 반비례한다.

02 NFPA 라벨에 대한 설명으로 틀린 것은?

① A에는 건강에 위험한 정도를 나타내는 코드를 기입한다.
② B에는 인화성 관련 코드를 기입한다.
③ C에는 화학적 반응성과 관계된 코드를 기입한다.
④ D에 기입된 W는 물질 누출 시 물을 뿌려 대처해야 한다는 의미이다.

해설

D에는 특수 위험성과 관련한 정보를 기입하며, W는 물과 반응 시 심각한 위험을 수반할 수 있다는 의미이다.

03 $C_4H_{10}O$로 존재하는 알코올의 구조이성질체 개수는?

① 3
② 4
③ 5
④ 6

해설

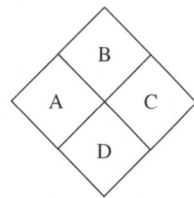

04 다음 화합물의 명명법은?

$$(NH_4)_2S$$

① Ammonia sulfide
② Ammonia sulfate
③ Ammonium sulfide
④ Ammonium sulfate

1 ③ 2 ④ 3 ② 4 ③ **정답**

05 수용액의 예상 어는점을 낮은 것부터 높은 순서로 옳게 나열한 것은?

> A : 0.050m CaCl₂
> B : 0.150m NaCl
> C : 0.100m HCl
> D : 0.100m C₁₂H₂₂O₁₁

① A < D < C < B

② D < A < C < B

③ B < C < A < D

④ B < C < D < A

해설
어는점 내림
- 용액의 총괄성 : 용액의 성질은 용질의 입자 수에 의해서 결정된다.
- 입자의 수가 많을수록 어는점 내림이 크며, 어는점 내림이 클수록 어는점이 낮다.
- '이온의 수 × 몰랄농도(m)'에 비례하여 증가한다.
  - A : $0.050m \times 3 = 0.150m$
  - B : $0.150m \times 2 = 0.300m$
  - C : $0.100m \times 2 = 0.200m$
  - D : $0.100m$
따라서, 어는점은 B < C < A < D 순이다.

06 KH₂PO₄와 KOH로 구성된 혼합용액의 전하균형식으로 옳은 것은?

① $2[H^+] + [K^+] = [PO_4^{3-}]$

② $[H^+] + [K^+] = [OH^-] + [H_2PO_4^-] + [HPO_4^{2-}] + 3[PO_4^{3-}]$

③ $[H^+] + [K^+] = [OH^-] + [H_2PO_4^-] + 2[HPO_4^{2-}] + 3[PO_4^{3-}]$

④ $2[H^+] + [K^+] = [OH^-] + [H_2PO_4^-] + 2[HPO_4^{2-}] + 3[PO_4^{3-}]$

해설

$KH_2PO_4 \rightarrow K^+ + H_2PO_4^-$
$H_2PO_4^- \rightarrow H^+ + HPO_4^{2-}$
$HPO_4^{2-} \rightarrow H^+ + PO_4^{3-}$
$KOH \rightarrow K^+ + OH^-$

KH₂PO₄와 KOH로 구성된 혼합용액에서 해리할 수 있는 이온은 $[H^+]$, $[K^+]$, $[OH^-]$, $[H_2PO_4^-]$, $[HPO_4^{2-}]$, $[PO_4^{3-}]$이고, 각 전하수만큼 곱해야 한다.
즉, 전하 균형식은 $[H^+] + [K^+] = [OH^-] + [H_2PO_4^-] + 2[HPO_4^{2-}] + 3[PO_4^{3-}]$이다.

07 카프로산은 C, H, O로 구성되어 있다. 0.450g의 카프로산을 완전연소시켰더니 H₂O 0.418g과 CO₂ 1.023g이 발생했다. 카프로산의 분자식은?(단, 카프로산의 분자량은 116amu이다)

① C_3H_6O

② $C_5H_8O_3$

③ $C_7H_{16}O$

④ $C_6H_{12}O_2$

해설

CO₂에서 C 몰수 : $\dfrac{1.023g}{44g/mol} = 0.02325molC$

H₂O에서 H 몰수 : $\dfrac{0.418g}{18g/mol} \times 2 = 0.04644molH$

0.450g 카프로산 중
C의 질량 : $0.02325molC \times 12g/mol = 0.279gC$
H의 질량 : $0.04644molH \times 1g/mol = 0.04644gH$
O의 질량 : $0.450g - (0.279gC + 0.04644gH) = 0.12456gO$

$C : H : O = \dfrac{0.279g}{12g/mol} : \dfrac{0.04644g}{1g/mol} : \dfrac{0.12456g}{16g/mol}$

$= 0.02325 : 0.04644 : 0.007785$

$= 3 : 6 : 1$

실험식은 C₃H₆O이며 실험식량은 58amu이다.
분자량이 116amu이므로, 분자식은 C₆H₁₂O₂이다.

08 다음 중 물에 용해가 가장 잘 되지 않을 것으로 예측되는 것은?

① CH_3OH

② C_2H_5OH

③ C_3H_7OH

④ C_4H_9OH

해설
알코올의 알킬기가 길어질수록 물에 대한 용해도가 감소한다.

09 7.22g의 고체 철(몰 질량 = 55.85)을 산성용액 속에서 완전히 반응시키는 데 미지 농도의 $KMnO_4$ 용액 187mL가 필요하였다. $KMnO_4$ 용액의 몰농도(M)는?(단, 이때 미완결 반응식은 $H^+(aq) + Fe(s) + MnO_4^-(aq) \rightarrow Fe^{3+}(aq) + Mn^{2+}(aq) + H_2O(L)$ 이다)

① 0.42

② 0.68

③ 0.82

④ 1.23

해설

$$\text{(환원 : } -5) \times 3$$
$$H^+ + \underset{0}{Fe} + \underset{+7}{MnO_4^-} \rightarrow \underset{+3}{Fe^{3+}} + \underset{+2}{Mn^{2+}} + H_2O$$
$$\text{(산화 : } +3) \times 5$$

따라서, 완결반응식은
$24H^+ + 5Fe + 3MnO_4^- \rightarrow 5Fe_3^+ + 3Mn^{2+} + 12H_2O$
$Fe : MnO_4^- = 5 : 3$의 몰수비로 반응한다.

7.22g의 고체 철 몰수 : $\dfrac{7.22g}{55.85g/mol} = 0.13mol$

$0.13mol : (x\,mol/L) \times 0.187L = 5 : 3$

$\therefore x\,M(mol/L) = \dfrac{3 \times 0.13}{5 \times 0.187} = 0.42M$

10 $S_2O_6^{2-}$에서 S의 산화수는?

① +2.5

② +5

③ +10

④ −2.5

해설
$S \times 2 + (-2) \times 6 = -2$
$2S = -10$
$\therefore S = +5$

11 다음 산화−환원 반응에 대한 설명 중 틀린 것은?

① 산화−환원 반응은 전자가 한 화학종에서 다른 화학종으로 이동하는 반응이다.

② 산화는 전자를 잃는 반응이다.

③ 환원제는 다른 화학종으로부터 전자를 받는다.

④ 산화−환원 반응에 관계된 전자를 전기회로를 통해 흐르게 하면 측정된 전압과 전류로부터 반응에 대한 정보를 얻을 수 있다.

해설
③ 환원제는 자신은 산화가 되고 다른 화학종을 환원시키는 물질이므로, 다른 화학종으로 전자를 내어준다.

12 전자 1개를 제거할 때 필요한 에너지가 가장 큰 것은?

① Cl^-

② Ne

③ Na^+

④ Mg^{2+}

해설
Cl^-를 제외하고 나머지는 등전자 이온이므로, 양성자의 수(원자번호)가 가장 큰 물질이 핵과 전자 사이의 정전기적 인력이 강해 이온화 에너지가 가장 크다.
Cl^-의 경우에는 양성자의 수보다 전자의 수가 더 많으므로, 전자를 제거할 때 큰 에너지가 필요하지 않다.
따라서 가장 큰 에너지가 필요한 것은 Mg^{2+}이다.

13 이온반지름의 크기를 작은 것부터 큰 순서로 나열한 것은?

① $Sr^{2+} < Rb^+ < Br^- < Se^{2-}$

② $Br^- < Se^{2-} < Sr^{2+} < Rb^+$

③ $Se^{2-} < Br^- < Rb^+ < Sr^{2+}$

④ $Rb^+ < Sr^{2+} < Se^{2-} < Br^-$

- $_{34}Se$: 4주기 16족
- $_{35}Br$: 4주기 17족
- $_{37}Rb$: 5주기 1족
- $_{38}Sr$: 5주기 2족

모두 등전자 이온이므로, 원자번호가 클수록(양성자 수가 많을수록) 인력이 강해지므로 이온반지름의 크기가 작아진다.
따라서, 등전자 이온에서 원자번호가 작을수록 이온반지름이 커진다.
$Sr^{2+} < Rb^+ < Br^- < Se^{2-}$

14 2,3-Dichloroacrylonitrile에서 σ결합과 π결합의 개수는?

① σ결합 : 3개, π결합 : 6개

② σ결합 : 4개, π결합 : 5개

③ σ결합 : 5개, π결합 : 4개

④ σ결합 : 6개, π결합 : 3개

- 단일결합 : 1개의 σ결합
- 다중결합 : 1개의 σ결합 + 나머지 π결합

$$H-C=C-C\equiv N$$
$$\quad\ \ |\ \ \ |$$
$$\quad\ \ Cl\ \ Cl$$

단일결합 4개, 이중결합 1개, 삼중결합 1개이다.
σ결합 : $4+1+1=6$개
π결합 : $1+2=3$개

15 VSEPR에 따른 PCl_5의 분자 구조는?

① 정사면체

② 삼각쌍뿔

③ 정팔면체

④ 삼각피라미드

16 주기율표에 근거한 다음의 설명 중 틀린 것은?

① Na와 Cl은 공유결합을 통해 분자를 형성하지 않는다.

② 수용액 조건에서 HF, HCl, HBr, HI 중 가장 강산은 HI이다.

③ C는 O보다 전기음성도가 더 크므로 O–H 결합보다 C–H 결합이 더 큰 극성을 띤다.

④ NH_3가 PH_3보다 물에 더 잘 녹는 이유는 NH_3가 PH_3와 달리 수소결합을 할 수 있기 때문이다.

③ C는 O보다 전기음성도가 더 작으므로 O–H 결합이 더 큰 극성을 띤다.

17 반쪽 반응식을 이용하여 산화환원반응의 계수를 맞추는 방법에 대한 설명 중 틀린 것은?

① 산화 및 환원 반쪽반응의 원자량을 맞춘다.

② 산화와 환원의 반쪽반응을 모두 쓴다.

③ 계수를 사용하여 각 반쪽반응에 원자의 개수를 맞춘다.

④ 잃은 전자의 숫자와 얻은 전자의 숫자가 같도록 산화 및 환원 반쪽반응에 정수배한다.

해설
① 산화 및 환원 반쪽반응의 산화수 변화를 맞춘다. 원자량을 맞출 필요는 없다.

18 다음 중 옳은 것은?

① 주양자수(n)가 같은 오비탈은 모양이 같다.

② 방위양자수(l)는 오비탈의 에너지를 결정한다.

③ 주양자수(n)가 클수록 스핀양자수의 크기도 커진다.

④ 네 가지 양자수가 모두 같은 전자는 존재할 수 없다.

해설
④ 파울리의 배타원리에 따르면 네 가지 양자수가 모두 같은 전자는 존재할 수 없다.
① $2s$와 $2p$의 주양자수는 2로 같지만, $2s$는 구형, $2p$는 아령형이다.
② 방위양자수는 오비탈의 모양을 결정하고, 오비탈의 에너지를 결정하는 것은 주양자수이다.
③ 주양자수의 크기와 관계없이 스핀양자수는 $+\frac{1}{2}$과 $-\frac{1}{2}$의 두 가지만 갖는다.

19 실험실 내 문제 발생 시 대처 방법으로 틀린 것은?

① 알칼리금속이 피부에 닿았을 때, 재빨리 물로 씻는다.

② 강산을 쏟았을 경우, 탄산나트륨 혹은 탄산수소나트륨을 뿌려서 중화시킨다.

③ 적은 양의 아이오딘이 누출된 경우, 물에 살짝 적신 종이 티슈로 닦아내고 티슈는 밀봉하여 폐기물 처리한다.

④ 아세톤이 유출되면, 열원을 차단하여 추가 피해를 방지한다.

해설
알칼리금속은 물과 닿으면 위험하다.

20 다음 중 훈트의 규칙에 어긋나는 전자배치는?

① $1s$ [↑↓] $2s$ [↑↓] $2p$ [↑↓][ ][ ]

② $1s$ [↑] $2s$ [↑] $2p$ [↑][↑][↑]

③ $1s$ [↑↓] $2s$ [↑↓] $2p$ [↑][ ][↑]

④ $1s$ [↑↓] $2s$ [↑↓] $2p$ [↑][↑↓][↑]

해설
훈트의 규칙(Hund's rule) : 짝짓지 않은 전자의 수가 최대가 되도록 채운다.

21 바탕선에 잡음이 나타나는 시험방법에서 정량한계의 신호 대 잡음비의 일반적인 비율은?

① 2 : 1   ② 3 : 1

③ 10 : 1   ④ 20 : 1

해설
③ 바탕선에 잡음이 나타나는 시험방법에서 일반적으로 정량한계를 산출하는 신호 대 잡음비는 10 : 1이다.

22 390ppm을 mg/m^3으로 환산하면 얼마인가?

① $3.9 \times 10^3 mg/m^3$

② $3.9 \times 10^5 mg/m^3$

③ $3.9 \times 10^7 mg/m^3$

④ $3.9 \times 10^9 mg/m^3$

해설

$$\frac{390\,mg}{L} \times \frac{10^3 L}{1m^3} = 3.9 \times 10^5 mg/m^3$$

23 구리이온을 전기석출하기 위하여 0.800A를 15.2분 동안 유지하였다. 음극에서 석출된 구리의 질량과 양극에서 발생한 산소의 질량을 계산한 것은?(단, 구리 원자량은 63.5g, 산소 원자량은 16.0g이다)

① 구리(Cu) = 2.40g, 산소(O_2) = 0.0605g

② 구리(Cu) = 2.40g, 산소(O_2) = 0.605g

③ 구리(Cu) = 0.240g, 산소(O_2) = 0.605g

④ 구리(Cu) = 0.240g, 산소(O_2) = 0.0605g

해설

전기 분해에 의해 석출되는 화학물질의 양은 전기량에 비례한다.

$$\frac{0.800\,C}{s} \times 15.2\,min \times \frac{60\,s}{1\,min} = 729.6\,C$$

$$729.6\,C \times \frac{1\,mol}{96,500\,C} = 7.56 \times 10^{-3}\,mol$$

구리와 산소는 2당량이다.

$$\therefore\ Cu : 7.56 \times 10^{-3}\,mol \times \frac{31.75\,g}{mol} = 0.24\,g$$

$$O_2 : 7.56 \times 10^{-3}\,mol \times \frac{8\,g}{1\,mol} = 0.0605\,g$$

24 세 곳의 분석기관에서 측정된 농도가 다음과 같을 때, 정밀도가 가장 높은 기관은?

(단위 : mg/L)

분석기관	1회	2회	3회	4회
A	19.9	24.1	22.1	19.8
B	37.0	33.4	36.1	40.2
C	40.0	29.2	18.6	29.3

① A

② B

③ C

④ 주어진 정보로 알 수 없음

해설

정밀도는 상대표준편차(%RSD)를 비교하여 평가한다.

상대표준편차(%RSD)

• $\%RSD = \frac{s}{\overline{x}} \times 100$ (s : 표준편차, $\overline{x}$: 평균)

• %RSD의 값이 작을수록 정밀도가 높다.

– A 분석기관 : $\overline{x} \fallingdotseq 21.5$, $s \fallingdotseq 2.05$, $\%RSD = \frac{2.05}{21.5} \times 100$

$\fallingdotseq 9.53\%$

– B 분석기관 : $\overline{x} \fallingdotseq 36.7$, $s \fallingdotseq 2.80$, $\%RSD = \frac{2.80}{36.7} \times 100$

$\fallingdotseq 7.63\%$

– C 분석기관 : $\overline{x} \fallingdotseq 29.3$, $s \fallingdotseq 8.74$, $\%RSD = \frac{8.74}{29.3} \times 100$

$\fallingdotseq 29.8\%$

25 0.10M 황산 용액 1L를 제조하는 데 94%(wt/wt), 밀도 1.831g/mL인 진한 황산 몇 mL를 물과 섞어 희석시켜야 하는가?

① 0.0057   ② 0.057

③ 0.57   ④ 5.7

해설

$x\,\text{mL} \times 0.94 \times 1.831\text{g/mL} = 98\text{g/mol} \times 0.1\text{mol}$

$\therefore\ x = 5.7\text{mL}$

26 활동도계수(Activity Coefficient)에 대한 설명으로 옳은 것은?

① 이온의 크기가 같을 때 이온세기(Ionic Strength)가 증가하면 활동도 계수는 증가한다.

② 이온의 크기가 같을 때 이온의 전하가 증가하면 활동도 계수는 증가한다.

③ 이온의 전하가 같을 때 수화된(Hydrated) 이온 크기가 증가하면 활동도 계수는 증가한다.

④ 이온의 농도가 묽은 용액일수록 활동도 계수는 1보다 커진다.

해설

① 이온세기가 증가하면 활동도 계수는 감소한다.
② 이온세기가 전하량과 활동도 계수와 비례하므로 이온의 전하가 증가하면 활동도 계수는 감소한다.
④ 이온의 세기가 매우 작은 묽은 용액일 경우 활동도 계수는 1에 가깝다.

활동도 계수
• 어떤 물질의 농도에 대한 화학적 활동도의 비
• 중성분자는 이온의 세기가 0.1M보다 작을 경우 1로 정의한다.

27 다음 중 압력의 크기가 작은 값부터 큰 순서대로 옳게 표시된 것은?

① 1atm < 1Pa < 1mmHg < 1bar

② 1Pa < 1mmHg < 1bar < 1atm

③ 1mmHg < 1bar < 1atm < 1Pa

④ 1Pa < 1atm < 1mmHg < 1bar

해설

• $1\text{Pa} = \text{P}_a \times \dfrac{1\,\text{atm}}{101{,}325\,\text{Pa}} = 9.87 \times 10^{-6}\text{atm}$

• $1\text{mmHg} = 1\text{mmHg} \times \dfrac{1\,\text{atm}}{760\,\text{mmHg}} = 1.32 \times 10^{-3}\text{atm}$

• $1\text{bar} = 1\text{bar} \times \dfrac{1\,\text{atm}}{1.01325\,\text{bar}} = 0.987\text{atm}$

$\therefore\ 1\text{Pa} < 1\text{mmHg} < 1\text{bar} < 1\text{atm}$

28 예비 산화제로 적합하지 않은 것은?

① $S_2O_8^-$

② AgO

③ H_2O_2

④ $SnCl_2$

해설

예비 산화[환원] : 산화·환원 적정에서 적정하기 전에 분석물의 산화[환원] 상태를 조절하는 과정
• 예비 산화제
  – 과산화이황산 이온($S_2O_8^-$)
  – 산화 은(AgO)
  – 비스무트산 소듐($NaBiO_3$)
  – 과산화수소(H_2O_2)
• 예비 환원제
  – 염화 주석($SnCl_2$)
  – 염화 크로뮴($CrCl_2$)
  – 이산화 황(SO_2)
  – 황화 수소(H_2S)

29 전기화학분석법에서 포화칼로멜 기준전극에 대하여 전극 전위가 0.115V로 측정되었다. 이 전극 전위를 포화 Ag/AgCl 기준전극에 대하여 측정하면 얼마로 나타나겠는가?(단, 표준수소전극에 대한 상대전위는 포화칼로멜 기준전극 = 0.244V, 포화 Ag/AgCl 기준전극 = 0.199V이다)

① 0.16V   ② 0.18V
③ 0.20V   ④ 0.22V

해설

$E = E_{환원} - E_{산화}$
$0.115V = E_{환원} - 0.244V$
$E_{환원} = 0.359V$
$\therefore E = 0.359V - 0.199V = 0.16V$

31 염의 용해도에서 0.10M Na_2SO_4 용액의 이온세기(Ionic Strength)는?

① 0.10M
② 0.20M
③ 0.25M
④ 0.30M

해설

$Na_2SO_4 \rightleftarrows 2Na^+ + SO_4^{2-}$

$이온세기 = \frac{1}{2} \left[\{0.1 \times (+1)^2 \times 2\} + \{0.1 \times (-2)^2 \times 1\} \right]$
$= \frac{1}{2} \times (0.2 + 0.4)$
$= 0.30M$

30 1.0M 황산용액에 녹아있는 0.05M Fe^{2+} 50.0mL를 0.1M Ce^{4+}로 적정할 때 당량점까지 소비되는 Ce^{4+}의 양(mL)과 당량점에서의 전위(V)는?

> [1.0M 황산용액에서의 환원전위]
> $Ce^{4+} + e^- \rightleftarrows Ce^{3+}$ ········ $E° = 1.44V$
> $Fe^{3+} + e^- \rightleftarrows Fe^{2+}$ ········ $E° = 0.68V$

① 25.0, 2.12   ② 25.0, 1.06
③ 50.0, 2.12   ④ 50.0, 1.06

해설

$Ce^{4+} + Fe^{2+} \rightarrow Ce^{3+} + Fe^{2+}$
- Fe^{2+}의 몰 수 : 0.05M × 50.0mL = 2.5mmol
- 당량점까지 소비되는 Ce^{4+}의 양
  Fe^{2+}의 몰 수 = Ce^{4+}의 몰수이므로,
  $2.5\,mmol \times \frac{1}{0.1M} = 25\,mL$

$\therefore$ 당량점에서의 전위 $= \frac{(1.44 + 0.68)V}{2} = 1.06V$

32 표준상태에서 산화−환원반응이 자발적으로 일어날 때의 조건으로 옳은 것은?

① $\Delta G°$: +, $K > 1$, $\Delta E°$: −
② $\Delta G°$: −, $K > 1$, $\Delta E°$: +
③ $\Delta G°$: −, $K < 1$, $\Delta E°$: +
④ $\Delta G°$: +, $K < 1$, $\Delta E°$: −

해설

자발적 반응
- $\Delta G° < 0$
- $K > 1$
- $\Delta E° > 0$

33 HClO₄와 HCl에 대한 설명으로 옳은 것을 모두 고르면?

> ㄱ. HClO₄와 HCl은 모두 강산이다.
> ㄴ. HClO₄는 HCl보다 더 센 산이다.
> ㄷ. 수용액에서는 평준화 효과로 HClO₄와 HCl의 산의 세기를 명확히 구별할 수 있다.

① ㄱ

② ㄱ, ㄴ

③ ㄴ, ㄷ

④ ㄱ, ㄴ, ㄷ

해설

$HClO_4$: 과염소산, HCl : 염산
- 강산의 종류 : $HClO_4$, HI, HBr, HCl, H_2SO_4, HNO_3
- $HClO_4$는 Super Acid(초강산)에 해당하며, HCl보다 훨씬 센 산이다.
- $HClO_4$와 HCl은 모두 강산으로 수용액에서 거의 100% 해리되므로 산의 세기를 명확히 구별할 수 없다.

35 정상적인 시험 조건의 변화하에서 동일한 시료를 시험하여 얻어지는 시험 결과의 재현성 정도를 이르는 밸리데이션 항목은?

① Robustness

② Sensitivity

③ Ruggedness

④ Specificity

해설

③ 견뢰성(Ruggedness)의 정의이다.
① Robustness : 완건성
② Sensitivity : 감도
④ Specificity : 특이성

34 EDTA를 활용한 적정법 중에서 충분한 양의 EDTA를 분석용액에 가한 뒤 과량의 EDTA를 제2의 금속이온 표준용액으로 적정하는 방법은?

① 직접적정

② 역적정

③ 치환적정

④ 간접적정

해설

역적정
- 직접 적정법으로 적정하였을 때 반응이 너무 느리게 진행되거나, EDTA를 첨가하기 전에 침전을 생성하는 경우에 사용
- 과량의 EDTA를 넣어준 다음 남아있는 EDTA를 다른 금속이온 표준용액으로 적정하는 방법

36 0.40M CH₃COOH 50mL와 0.40M CH₃COONa 50mL를 혼합한 용액의 pH는?(단, CH₃COOH의 Kₐ는 2.8×10^{-5}이다)

① 3.55

② 4.55

③ 5.55

④ 6.55

해설

CH_3COOH의 몰 수 = CH_3COONa의 몰 수

$$= \frac{0.40\,mol}{L} \times 50\,mL \times \frac{1\,L}{1,000\,mL}$$

$$= 0.02\,mol$$

Henderson–Hasselbalch식

$$pH = pK_a + \log\frac{[짝염기]}{[짝산]}$$

$$\therefore\ pH = -\log(2.8 \times 10^{-5}) + \log\frac{0.02}{0.02} = 4.55$$

37 역적정이 EDTA 적정에서도 사용되어 과량의 EDTA를 금속 시료용액에 첨가하고 남아있는 EDTA를 역적정한다. 이때 사용되는 역적정 금속이온으로 가장 적당한 것은?

① $Ca^{2+}(K_f = 5.0 \times 10^{10})$

② $Cu^{2+}(K_f = 6.3 \times 10^{18})$

③ $Mg^{2+}(K_f = 4.9 \times 10^8)$

④ $Mn^{2+}(K_f = 6.2 \times 10^{13})$

해설
③ 금속이온의 EDTA 착물의 안정도가 너무 커서 적당한 지시약이 존재하지 않을 경우에는 과량의 EDTA를 가하고, Zn^{2+}, Mg^{2+}로 역적정한다.

38 pH 10.00인 50.00mL의 0.0400M Ca^{2+}를 0.0800M EDTA로 적정하고자 한다. 6.00mL EDTA가 첨가되었을 때 남아있는 Ca^{2+}의 몰농도(M)는?

① 0.00271

② 0.00542

③ 0.0271

④ 0.0542

해설
초기 Ca^{2+}의 몰 수 0.40M × 0.05L = 0.002mol
여기에 0.08M × 0.006L = 4.8×10^{-4}mol의 EDTA를 첨가하면
Ca^{2+}와 EDTA는 1 : 1로 반응하므로
나중 Ca^{2+}의 몰 수 = 0.002 − (4.8×10^{-4}) = 0.00152mol
∴ $[Ca^{2+}] = \dfrac{0.00152\,\text{mol}}{(0.05 + 0.006)\text{L}} = 0.0271\text{M}$

39 EDTA를 이용한 금속이온 적정에서 보조 착염제(Auxiliary Complexing Agent)에 대한 설명 중 틀린 것은?

① 주로 알칼리성 용액에서 적정할 때 사용한다.

② EDTA가 없을 때 금속이온이 수산화물로 침전되는 것은 막아준다.

③ 보조 착염제와 금속이온과의 형성상수가 EDTA와 금속이온의 형성상수보다 커야 한다.

④ 암모니아가 보조 착염제로 많이 사용된다.

해설
③ EDTA와 금속이온의 형성상수가 보조 착염제와 금속이온의 형성상수보다 커야 한다.

40 산화−환원 적정법에서 과망가니즈산염을 이용할 때 종말점의 색에 가장 가까운 것은?

① 분홍색

② 연청색

③ 흑색

④ 백색

해설
산화−환원 반응 시 $KMnO_4$의 MnO_4^- 이온이 환원되면 원래의 짙은 자주색이 사라지게 되며, 여기에 무색인 $Na_2C_2O_4$ 용액이나 H_2O_2 용액에 $KMnO_4$ 용액을 떨어뜨리면, 종말점에서는 용액 속의 $KMnO_4$의 옅은 자주색이 나타나므로 이를 이용하여 종말점을 찾는다.

41 30cm의 컬럼을 이용하여 물질 A와 B를 분리할 때 머무름시간이 각각 16.40분과 17.63분이었다. A와 B의 봉우리 밑 너비는 1.11분과 1.21분이었다. 컬럼의 성능을 나타내는 컬럼의 평균단수(N)와 단 높이(H)는 각각 얼마인가?

① $N = 3.44 \times 10^3$, $H = 8.7 \times 10^{-3}$ cm
② $N = 1.72 \times 10^3$, $H = 8.7 \times 10^{-3}$ cm
③ $N = 3.44 \times 10^3$, $H = 19.4 \times 10^{-3}$ cm
④ $N = 1.72 \times 10^3$, $H = 19.4 \times 10^{-3}$ cm

해설

$N = 16\left(\dfrac{t_R}{W}\right)^2$, $N = \dfrac{L}{H}$

(N : 단수, t_R : 머무름 시간, W : 봉우리 밑 너비, L : 관의 충전길이, H : 단 높이)

$N_A = 16\left(\dfrac{16.40}{1.11}\right)^2 = 3,493$

$N_B = 16\left(\dfrac{17.63}{1.21}\right)^2 = 3,397$

$N_{av} = \dfrac{N_A + N_B}{2} = \dfrac{3,493 + 3,397}{2} = 3,445 ≒ 3.44 \times 10^{-3}$ cm

$H = \dfrac{L}{N} = \dfrac{30\,\text{cm}}{3,445} = 8.71 \times 10^{-3}$ cm

42 이중-초점 질량분석기(Double-Focusing Mass Spectrometer)에 대한 설명으로 틀린 것은?

① 전기 부채꼴과 자기 부채꼴 기기를 결합한 방식이다.
② 자기적 sector에서는 자기장을 걸어 질량 대 전하비를 분리한다.
③ 정전기적 sector에서는 전기장을 걸어 이온의 속도를 느리게 조절한다.
④ 이온 다발의 방향과 에너지의 벗어나는 정도를 모두 최소화하기 위하여 고안된 장치이다.

해설

③ 정전기적 sector에서는 전기장을 걸어 운동에너지의 분포를 좁은 범위로 제한한다.

43 산화형 벗김 전압전류법에 대한 설명으로 틀린 것은?

① 전기분해 과정을 통해 분석물이 농축되므로 감도가 좋고 ppb 단위의 미량 중금속 분석에 유용한 방법이다.
② 수은전극을 작업전극으로 사용할 경우 시료의 금속이온은 아말감을 형성한다.
③ 농축 단계에서 전위 제어를 통해 화학종의 선택이 가능하다.
④ 산화 반응을 통해 분석물을 농축시키고, 역반응인 환원 반응을 통해 농축된 분석물질을 다시 전해질 속으로 녹여내서 분석한다.

해설

④ 환원 반응을 통해 분석물을 농축시키고, 역반응인 산화 반응을 통해 농축된 분석물질을 다시 전해질 속으로 녹여내서 분석한다.

산화형 벗김 전압전류법
• 환원형 벗김 분석 방법보다 산화형 벗김 분석을 주로 사용한다.
• ppb 단위의 미량 중금속 분석에 유용한 방법이다.
• 전기분해 과정을 통해 분석물이 농축되므로 감도가 좋다.
• 수은전극을 작업전극으로 사용할 경우 시료의 금속이온은 아말감을 형성한다.
• 농축 단계에서 전위 제어를 통해 화학종의 선택이 가능하다.
• 환원 반응을 통해 분석물을 농축시키고, 역반응인 산화 반응을 통해 농축된 분석물질을 다시 전해질 속으로 녹여내서 분석한다.
• 분석 결과로 전류-전압 그래프를 얻을 수 있다.
• 전류-전압 그래프의 봉우리 면적은 시료의 농도에 비례한다.

44 전위차법에서 주로 사용하는 기준전극이 아닌 것은?

① Glass Electrode
② Calomel Electrode
③ Standard Hydrogen Electrode
④ Silver/Silver Chloride Electrode

46 얇은 층 크로마토그래피(TLC)에서 머무름 인자(k)와 지연 인자(R_f)의 관계식은?

① $k = \dfrac{1 - R_f}{R_f}$

② $k = \dfrac{R_f}{1 - R_f}$

③ $k = \dfrac{1 + R_f}{R_f}$

④ $k = \dfrac{R_f}{1 + R_f}$

45 Tandem MS에 대한 설명으로 틀린 것은?

① 1차 이온화 과정에서 생성된 이온 중에서 Precursor ion을 선택한다.
② 1차 이온화 과정에서 선택된 전구체 이온을 글리세롤 용매에 녹여 Product ion을 생성한다.
③ Product ion의 m/z를 분석함으로써 향상된 감도로 분석할 수 있는 방법이다.
④ 화학구조 분석, 대사체 규명 등에 유용하게 활용되는 분석 방법이다.

47 다음 질량스펙트럼에서 관찰되는 화합물의 실험식은?

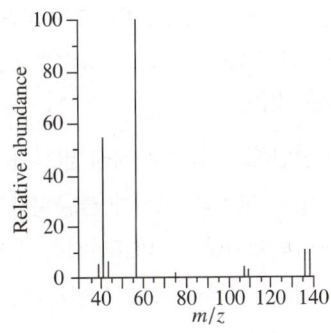

① C_4H_9Br
② $C_5H_{12}O_4$
③ $C_5H_6C_{12}$
④ $C_7H_8NO_2$

48 다음 보기의 특징을 가지는 이온화 방법은?

> • 분자량이 크고 극성인 화학종을 이온화시킨다.
> • 글리세롤 용액 매트릭스를 사용한다.
> • 큰 에너지의 아르곤 등을 사용하여 시료를 이온화
>   시킨다.
> • 분자향이 크거나 열적으로 불안정한 시료에 대해
>   서도 적용이 가능하다.

① 전기분무 이온화
② 전자충격 이온화
③ 빠른 원자충격 이온화
④ 매트릭스지원 레이저 탈착/이온화

해설
빠른 원자충격 이온화법에 대한 설명으로, 유기나 생화학 화합물
등 분자량이 크거나 열적으로 불안정한 시료의 이온 조각과 많은
양의 분자이온을 얻을 수 있다.

49 GLC(기체-액체크로마토그래피)에 사용되는 고체
지지체 물질(Solid Support)의 조건으로 적합하지
않은 것은?

① 단단해서 쉽게 깨지지 않아야 한다.
② 입자 모양과 크기가 불균일하여야 한다.
③ 단위체적당 큰 비표면적을 가져야 한다.
④ 액체 정지상을 쉽고 균일하게 도포할 수 있어야
   한다.

해설
GLC 고체지지체 물질의 조건
• 작고 균일한 구형 입자
• 우수한 기계적 강도
• 단위체적당 큰 비표면적
• 고온에서 비활성
• 액체 정지상으로 쉽고 균일하게 도포

50 DSC(시차주사열량법 : Differential Scanning
Calorimetry)에서 시료물질과 기준물질로 열을 전
달하는 데 사용되는 열전기판인 Constantan의 주
성분은?

① Zn + Cu
② Sn + Cu
③ Ni + Cr
④ Cu + Ni

해설
콘스탄탄(Constantan)은 Cu/Ni 합금이다.

51 GSC(기체-고체 크로마토그래피)와 GLC(기체-
액체 크로마토그래피)에서 성분의 분리에 이용되
는 이동상과 고정상 사이의 상호작용으로 옳은 것
은?

① GSC-분배, GLC-흡착
② GSC-흡착, GLC-분배
③ GSC-흡수, GLC-분배
④ GSC-흡착, GLC-이온교환

52 역상분리를 하였을 때 다음 물질들의 용리 순서를 예측하면?

> n-Hexane, n-Hexanol, Benzene

① Benzene → n-Hexanol → n-Hexane

② n-Hexane → Benzene → n-Hexanol

③ n-Hexane → n-Hexanol → Benzene

④ n-Hexanol → Benzene → n-Hexane

해설

크로마토그래피

	역상	정상
컬럼	비극성	극성
이동상	극성	비극성
용리 순서	극성 → 비극성	비극성 → 극성

제시된 물질들의 극성 순서

n-Hexanol > Benzene > n-Hexane

54 카드뮴 전극이 1.0M Cd^{2+}(반쪽전위 $E° = -0.40V$) 용액에 담긴 반쪽전위의 전위는 얼마인가?

① $-0.2V$ ② $-0.4V$

③ $-2.0V$ ④ $-4.0V$

해설

1.0M의 용액이므로 문제에 주어진 $-0.4V$ 그대로 반쪽전위가 된다.

$$E = -0.4 - \frac{0.0591}{2} \log \frac{1}{1} = -0.4$$

53 유리전극에 대한 설명으로 틀린 것은?

① 이온 선택성 전극의 한 종류이다.

② 수소이온에 선택적으로 감응하는 특성이 있다.

③ 복합전극은 두 개의 기준전극이 필요하다.

④ 선택계수가 클수록 성능이 우수한 전극이다.

해설

④ 선택계수는 이온의 상대적 이동 속도로, 공존 이온이 측정 대상 이온의 전극전위에 주는 영향의 비율을 나타낸 값으로, 값이 작을수록 성능이 우수하다.

55 두 개 용질의 분리인자(γ)가 1.06일 때 분리도 1.0을 얻기 위하여 필요한 이론단수는?

① 3,333

② 4,444

③ 5,555

④ 6,666

해설

분리도 $= \dfrac{\sqrt{N}}{4}(\gamma - 1)$

$\therefore N = 4^2 \times \left(\dfrac{1.0}{1.06-1}\right)^2 = 4,444.44$

56 중합체 시료를 기준물질과 함께 가열하면서 두 물질의 온도 차이를 나타낸 다음의 시차 열분석도이다. a에서 일어나는 현상은?

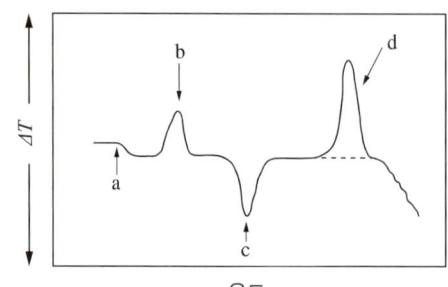

① 유리전이　　　② 결정화
③ 녹음　　　　　④ 산화

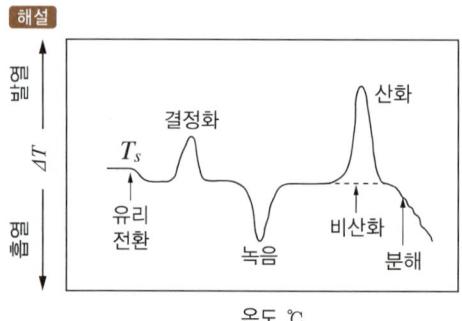

57 은 과녁의 X-선관에 62,000볼트(V)를 가했을 때 생성되는 연속 X-선의 단파장 한계(Short-Wavelength Limit)는 몇 옹스트롬(Å)인가?

① 0.2　　　　　② 0.4
③ 0.6　　　　　④ 0.8

Duane-Hunt 법칙

$$\lambda_0[Å] = \frac{12,398}{V[V]} = \frac{12,398}{62,000} = 0.2 \ Å$$

58 자기장 부채꼴 질량분석기에서 자기장의 세기가 0.240T이고, 가속전압이 2.49×10^3V라면, +1로 하전된 물이 지나는 곡선 반경(m)은?

① 0.127m　　　② 12.7m
③ 80.8m　　　　④ 161.6m

$$\frac{m}{z} = \frac{B^2 \cdot r^2 \cdot e}{2V}$$

$$r = \left(\frac{m}{z} \times \frac{2V}{B^2 \cdot e}\right)^{1/2}$$

$$m = \frac{18\,g/mol}{6.02 \times 10^{23}\,개/mol} \times \frac{1\,kg}{10^3\,g} = 2.99 \times 10^{-26}\,cm$$

$$B = 0.240\,T = 0.240\,W/m^2$$

$$e = 1.60 \times 10^{-19}\,C$$

$$V = 2.49 \times 10^3\,V$$

$$\therefore \ r = \left(\frac{(2.99 \times 10^{-26}\,kg) \times 2 \times (2.49 \times 10^3\,V)}{(0.240\,W/m^2)^2 \times (1.60 \times 10^{-19}\,C)}\right)^{1/2}$$

$$= 1.27 \times 10^{-2}\,m$$

59 열무게분석법(Thermo Gravimetric Analysis ; TGA)을 이용하여 시료 $CaC_2O_4 \cdot H_2O$를 분석할 때, 서모그램상 두 번째로 높은 온도(420~660℃)에서 나타나는 수평영역에 해당하는 화합물은? (단, 분석조건은 비활성 기체 속에서 5℃/min 상승시키면서 980℃까지 온도를 올렸다 가정한다)

① $CaC_2O_4 \cdot H_2O$　　② $CaCO_3$
③ CaO　　　　　　　　④ CaC_2O_4

$CaC_2O_4 \cdot H_2O$의 열무게분석 서모그램

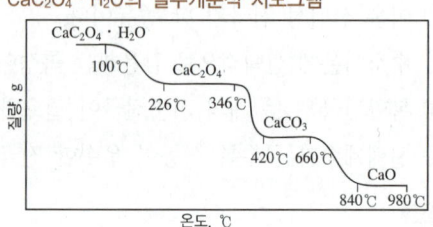

질량변화가 없는 수평 영역은 칼슘화합물이 안정하게 존재하는 영역이다. TGA를 사용하여 순수한 화학종을 만드는 데 필요한 열적 조건을 알 수 있다.

60 액체 크로마토그래피에서 정찰용(Scouting) 기울기 용리를 시행하여 얻은 결과의 해석으로 틀린 것은?(단, Δt는 크로마토그램의 첫 번째 봉우리와 마지막 봉우리의 머무름시간의 차이이며, tG는 기울기 시간이다)

① $\Delta t/tG < 0.25$이면, 등용매 용리를 사용한다.

② $\Delta t/tG > 0.40$이면, 기울기 용리를 사용한다.

③ $0.25 < \Delta t/tG < 0.40$이면, 등용매 용리와 기울기 용리 둘 다 사용할 수 있으며, 장비의 가용성(availability)과 시료의 복잡성에 따라 둘 중 하나를 선택한다.

④ $0.25 < \Delta t/tG < 0.40$이면, 정찰용 기울기 용리에서 tG의 0.4배 시점에 해당하는 조성의 이동상을 사용하여 등용매 용리로 분리한다.

해설

HPLC 기울기 용리
$\Delta t/tG < 0.25$: 등용매 용리 사용
$\Delta t/tG < 0.40$: 기울기 용리 사용
$0.25 < \Delta t/tG < 0.40$: 등용매 용리, 기울기 용리 둘 다 사용 가능(더 효율적인 방법으로 사용)
등용매 용리를 사용할 때는, Δt의 절반 정도 지난 시점에서의 용매를 사용

제4과목 | 화학물질 구조 및 표면분석

61 적외선 흡수분광법에서 결합에 따른 흡수 peak의 파수를 나타낸 것으로 틀린 것은?

① C=C : $1,650\text{cm}^{-1}$

② C≡C : $2,200\text{cm}^{-1}$

③ C−C : $3,000\text{cm}^{-1}$

④ C=O : $3,400\text{cm}^{-1}$

해설

④ C=O : $1,680 \sim 1,750\text{cm}^{-1}$

62 복사에너지(파장)를 이용한 기기분석에서 이용되는 파장과 기기분광법이 잘못 연결된 것은?

① 60cm~10m – 핵자기공명분광법

② $0.78 \sim 300\mu m$ – 라만 산란분광법

③ 180~780nm – 자외선흡수분광법

④ $100 \sim 0.1\text{Å}$ – 적외선흡수분광법

해설

④ $100 \sim 0.1\text{Å}$: X−선 흡수, 방출, 형광 및 회절을 이용한다.

63 NMR 분석에서 이웃한 탄소에 결합한 양성자의 수에 따른 피크의 개수와 면적비로 틀린 것은?

	양성자 수	피크의 수	면적비
①	1	2	1 : 1
②	2	3	1 : 2 : 1
③	3	4	1 : 3 : 3 : 1
④	4	5	1 : 5 : 10 : 5 : 1

해설

양성자 수	피크의 수	면적비	다중선 이름	기 호
0	1	1	singlet	s
1	2	1 : 1	doublet	d
2	3	1 : 2 : 1	triplet	t
3	4	1 : 3 : 3 : 1	quartet	q
4	5	1 : 4 : 6 : 4 : 1	quintet	quint

64 핵자기공명(NMR)분광기에서 ^{13}C를 사용하는 이유에 대한 설명으로 틀린 것은?

① ^{13}C의 자연계 존재비가 매우 낮다.
② ^{13}C핵의 자기회전 비율이 수소보다 작아서 ^{13}C핵은 proton보다 낮은 주파수에서 공명한다.
③ 탄소간 동종핵의 스핀-스핀 짝지음이 일어나지 않는다.
④ ^{13}C는 화학적 이동이 없기 때문에 이용한다.

해설
④ TMS에 대한 설명이다.

65 기기 잡음을 줄이는 하드웨어적인 방법 중 신호대 잡음비가 1보다 작은 신호를 회수하는 데 가장 적당한 것은?

① 변조(Modulation)
② 아날로그 필터(Analog Filter)
③ 토막틀 증폭기(Chopper Amplifier)
④ 맞물린 증폭기(Lock-in Amplifier)

해설
① 변조(Modulation) : 변환기에서 나오는 저주파 또는 DC 신호를 1/f 잡음으로 거의 방해받지 않는 고주파로 변환시키는 과정
② 아날로그 필터(Analog Filter) : 신호와 함께 들어오는 고주파 성분인 열적 잡음이나 산탄 잡음으로 생기는 잡음을 효과적으로 제거
③ 토막틀 증폭기(Analog Filter) : 입력신호를 네모파로 변환해 증폭시키는 방법

66 1몰(mol)의 분자가 파장이 600nm인 가시광선을 흡수했을 때 증가하는 에너지의 양은 약 몇 J/mol 인가?(단, 빛의 속도는 2.998×10^6m/s, 플랑크상수는 6.626×10^{-34} J·s로 한다)

① 1.19×10^5
② 1.99×10^5
③ 3.31×10^5
④ 5.52×10^5

해설

$\triangle E = h\nu = h\dfrac{c}{\lambda}$

(h : 플랑크상수, ν : 진동수, c : 빛의 속도, λ : 파장)

$\triangle E = (6.626 \times 10^{-34} \text{J} \cdot \text{s}) \times \dfrac{(2.998 \times 10^6 \text{m/s})}{600 \text{nm}} \times \dfrac{10^{-9}\text{nm}}{1\text{m}}$

$\qquad \times \dfrac{6.02 \times 10^{23}\text{개}}{1\text{mol}}$

$\quad = 1.99 \times 10^5 \text{J/mol}$

67 불꽃 원자분광법에서 휘발성이 낮은 화학종의 생성에 의한 방해를 줄일 수 있는 방법이 아닌 것은?

① 가능한 한 높은 온도의 불꽃을 사용한다.

② 해방제를 사용한다.

③ 복사선 완충제를 사용한다.

④ 보호제를 사용한다.

해설

휘발성이 낮은 화학종이 생성에 의한 방해

• 높은 온도의 불꽃을 사용하여 제거

• 방해물질과 우선적으로 반응하여 방해물질이 분석물과 반응하는 것을 막을 수 있는 양이온인 해방제 사용

• 분석물과 반응하여 안정하고 휘발성이 있는 화학종을 형성하여 방해를 피할 수 있는 보호제 사용

68 다음 중 시료의 온도 변화에 가장 예민한 분석 방법은?

① 적외선 분광법

② 분자 흡수 분광법

③ 원자 흡수 분광법

④ 원자 방출 분광법

해설

온도 변화가 생기면 들뜬 상태로 변화하는 원자의 수가 크게 달라지므로, AES는 온도 변화에 매우 민감하다.

69 다음 IR spectrum의 화합물을 추정하였을 때, 가장 적합한 것은?

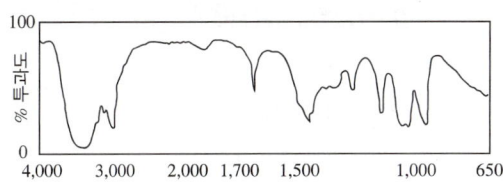

① Acetone

② Benzene

③ Propane

④ Allyl alcohol

해설

• 1,700cm^{-1} 영역에서 피크 없음 : C = O 결합을 포함하지 않음

• 3,400cm^{-1} 영역에서 넓은 피크 : −OH 포함

• 1,650cm^{-1} 영역 피크 : C = C 결합 존재

70 용액 중에 산소가 용해되어 있는 경우 형광의 세기가 감소하게 된다. 이와 관련이 있는 비활성 과정은?

① 진동이완

② 내부전환

③ 유발분해

④ 계간전이

해설

계간전이

• 들뜬분자가 바닥 상태로 되돌아가는 과정 중에서 전자의 스핀이 반대 방향으로 되어 분자의 다중도가 변화는 과정

• 형광측정법에서 유리 산소에 의한 계간전이 현상이 발생

71 적외선분광법에서 사용되는 광원 중 광검출과 라이더(Lidar)와 같은 원격제어 감응을 하는 용도로 널리 사용되는 광원은?

① Globar 광원
② 수은 아크 광원
③ 텅스텐 필라멘트등
④ 이산화탄소 레이저 광원

해설
이산화탄소 레이저 광원
• 대기오염물의 농도 측정, 수용액 중 흡광 화학종을 정량하기 위한 광원
• 100개 정도의 밀접한 불연속선으로 구성된 $1,100\sim900cm^{-1}$ 영역의 복사선 띠를 방출

72 어떤 금속(M)-리간드(L) 착화합물의 해리는 다음과 같이 진행된다(전하 생략). M농도가 2.30×10^{-5} M이고 과량의 L을 가하여 모든 M이 착물(ML_2)로 존재할 때 흡광도(A)가 0.780이었다. 같은 양의 M을 화학양론적 양의 L과 혼합한 용액의 흡광도(A)가 0.520이었다면 이때, 착화합물의 해리도(%)는 얼마인가?

$$ML_2 > M + 2L$$

① 66.5   ② 33.5
③ 16.8   ④ 1.68

해설
흡광도 $A = \log\left(\dfrac{I_0}{I}\right) = \varepsilon c L$
모든 M이 ML_2로 존재할 때의 흡광도 $A_1 = 0.780$
일부가 해리되고 남은 ML_2의 흡광도 $A_2 = 0.520$
∴ 해리된 $ML_2 = A_1 - A_2 = 0.780 - 0.520 = 0.260$
흡광도는 농도에 비례하므로,
∴ 해리도(%) $= \dfrac{A_1 - A_2}{A_1} = \dfrac{0.260}{0.780} \times 100 = 33.3\%$

73 적외선 분광법에서 $1,600\sim1,700cm^{-1}$ 근처에서 강한 피크와 $3,000cm^{-1}$ 근처에서 넓고 강한 피크를 갖고 있는 스펙트럼을 얻었다. 다음 중 가능성이 가장 높은 화합물은?

① $C_6H_5CH_3$
② CH_3COCH_3
③ CH_3COOH
④ CH_3OH

해설
CH_3COOH
• C=O의 신축진동 흡수피크 : $1,700\sim1,730cm^{-1}$에서 나타나며, 콘쥬게이션 효과의 영향을 받아 낮은 진동수 쪽으로 움직일 수 있다.
• O-H의 신축진동 흡수피크 : 수소결합으로 인해 $2,400\sim3,400$ cm^{-1} 영역에서 완만하게 나타난다.

74 $n \rightarrow \pi^*$ 전이의 경우 흡수 봉우리는 용매의 극성 증가에 따라 파장이 어느 쪽으로 하는지와 이동의 명칭을 옳게 나타낸 것은?

① 짧은 파장 쪽, 적색 이동
② 짧은 파장 쪽, 청색 이동
③ 긴 파장 쪽, 적색 이동
④ 긴 파장 쪽, 청색 이동

해설
극성 증가에 따라 파장은 짧은 쪽으로 이동한다. 짧은 파장은 청색이므로 청색 이동이라고 한다.

75 형광분광기에서 들뜸스펙트럼(Excitation spectrum)을 얻는 방법은?

① 들뜸파장을 변화시키면서, 일정한 파장에서 발광세기를 측정한다.
② 들뜸파장과 파장을 동시에 변화시키면서 발광세기를 측정한다.
③ 들뜸파장을 고정시키고, 일정한 파장에서 발광세기를 측정한다.
④ 들뜸파장을 고정시키고, 파장을 변화시키면서 발광세기를 측정한다.

해설
① 들뜸 스펙트럼을 얻기 위해서는 들뜸파장을 변화시키고 하나의 고정된 파장에서 발광의 세기를 측정해야 한다.

77 Fourier 변환 분광기에서 0.2cm^{-1}의 분해능을 얻으려면 거울이 움직여야 하는 거리는 몇 cm가 되어야 하는가?

① 0.25
② 2.5
③ 5
④ 10

해설
$$R = \frac{1}{\triangle} = \frac{1}{2l} = 0.2cm^{-1}$$

∴ 거울 이동거리 $l = \frac{1}{0.4} = 2.5cm$

78 분자의 형광 및 인광에 대한 설명으로 틀린 것은?

① 전자스핀이 짝지어 있는 분자의 들뜸 상태를 단일항(singlet) 상태라고 한다.
② 전자스핀이 평행한 들뜸 상태를 삼중항(triplet) 상태라고 한다.
③ 형광은 들뜬 삼중항 상태에서 바닥의 단일항 상태로, 인광은 들뜬 단일항 상태에서 바닥의 단일항 상태로의 전이이다.
④ 단일항–삼중항 상태의 전이는 단일항–단일항 상태 전이 보다 일어날 가능성이 더 작다.

해설
③ 형광은 들뜬 단일항 상태에서 바닥의 단일항 상태로, 인광은 들뜬 삼중항 상태에서 바닥의 단일항 상태에로의 전이이다.

76 Vinyl acetate의 NMR spectrum에서 메틸기의 다중선 수는?

① 1
② 3
③ 6
④ 12

해설
vinyl acetate
$$H_3C - \overset{\overset{O}{\|}}{C} - O - CH = CH_2$$

79 그림은 X-선 분광법 중 한 가지 방법을 나타낸 것이다. 결정물질 중의 원자배열과 원자간 거리에 대한 정보를 제공하며, 스테로이드, 비타민, 항생물질과 같은 복잡한 물질구조의 연구, 결정질 화합물의 확인에 주로 응용되고 있는 이 방법은?

① X-선 형광분광법
② X-선 흡수분광법
③ X-선 회절분광법
④ X-선 방출분광법

해설

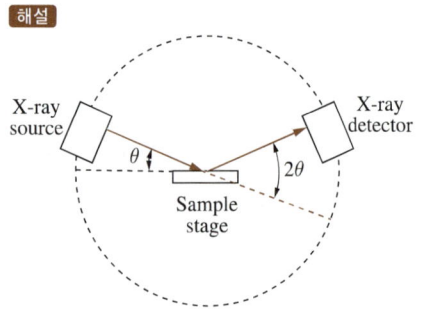

80 가시광선과 근적외선 영역에서 동시에 사용할 수 있는 광원은?

① 텅스텐 필라멘트등
② 제논(Xe) 아크등
③ 중수소등
④ 수소등

제1과목| 화학의 이해와 환경ㆍ안전관리

01 주기율표에 근거하여 제시된 설명으로 옳지 않은 것은?

① 수용액 조건에서 HF, HCl, HBr, HI 중 가장 강산은 HI이다.

② C는 O보다 전기음성도가 더 크므로 O–H 결합보다 C–H 결합이 더 큰 극성을 띠게 된다.

③ Na와 Cl은 공유결합을 통해 분자를 형성하지 않는다.

④ NH_3가 PH_3보다 물에 더 잘 녹는 이유는 PH_3와 달리 NH_3가 수소결합을 할 수 있기 때문이다.

해설

② O는 C보다 전기음성도가 더 크므로 O–H 결합의 극성이 C–H 결합보다 크다.

02 10wt% NaCl 수용액의 몰랄농도(m)는 얼마인가?

① 0.171m ② 0.19m

③ 1.71m ④ 1.9m

해설

10wt% → 100g 용액 중 용질 10g, 용매 90g

$$\text{몰랄농도(m)} = \frac{\text{용질의 몰 수}}{\text{용매의 질량(kg)}}$$

$$= \frac{10g}{90g} \times \frac{1mol}{58.5g/mol} \times \frac{1,000g}{1kg}$$

$$= 1.90m$$

03 다음 중 전자가 가질 수 없는 양자수의 조합은?

① $n = 1$, $l = 1$, $m_l = 0$, $m_s = +\frac{1}{2}$

② $n = 2$, $l = 0$, $m_l = 0$, $m_s = -\frac{1}{2}$

③ $n = 3$, $l = 2$, $m_l = -2$, $m_s = +\frac{1}{2}$

④ $n = 4$, $l = 3$, $m_l = +2$, $m_s = -\frac{1}{2}$

해설

주양자수 $n = 1$일 때, 가능한 부양자수 l은 0뿐이다.

양자수	기 호	허용 범위	의 미
주양자수	n	1, 2, 3, …	전자껍질의 에너지 준위
부양자수	l	$0 \leq l \leq n-1$	오비탈의 에너지 준위 (s, p, d, f)
자기 양자수	m_l	$-l \leq m_l \leq l$	오비탈의 방향
스핀 양자수	m_s	$\pm\frac{1}{2}$	전자 스핀

04 제2류 위험물에 속하는 황(S)의 순도 기준(wt%)으로 옳은 것은?

① 50wt% ② 60wt%

③ 70wt% ④ 80wt%

해설

제2류 위험물 중 황(S)은 순도 60중량퍼센트(wt%) 이상인 것을 말한다.

05 20wt% NaOH 용액으로 1M NaOH 용액 100mL를 만들려고 할 때 다음 중 가장 옳은 방법은?

① 20% 용액 20g에 60g의 물을 가한다.

② 20% 용액 20mL에 물을 가해 100mL로 만든다.

③ 20% 용액 20g에 물을 가해 100mL로 만든다.

④ 20% 용액 20mL에 80mL의 물을 가한다.

해설
- 필요한 NaOH의 몰수 : $1M \times 0.1L = 0.1mol$
- 0.1mol NaOH의 질량 : 4g
- 20wt% NaOH = 용액 100g 당 NaOH 20g
- → 필요한 20wt% 용액의 질량 = 20g

따라서, 20wt% 용액 20g에 물을 가해 100mL로 만든다.

06 금속 이온과 불꽃반응색이 잘못 짝지어진 것은?

① 나트륨 - 노란색

② 리튬 - 빨간색

③ 칼륨 - 황록색

④ 구리 - 청록색

해설
③ 칼륨 - 보라색

07 바닥상태의 질소 원자에 대한 항기호(Term Symbol)로 옳은 것은?

① $^1D_0$

② $^4S_{3/2}$

③ $^2P_2$

④ $^1S_{1/2}$

해설
- 항기호(Term Symbol)
  - 원자의 전자 상태를 명시하기 위한 기호로, 하나의 항기호는 하나의 전자 상태에만 대응한다.
  - 다전자 원자의 에너지 준위, 각운동량, 스핀다중도의 정보를 포함한다.
  - 바닥상태 원자의 항기호는 훈트 규칙(Hund's rules)을 적용해 결정한다.
- 항기호(Term Symbol)의 표시 : $^{2S+1}L_J$

  여기서, S : 총 스핀양자수 (여기서, 2S + 1 = 다중도)

  L : 총 궤도 각운동량(S = 0, P = 1, D = 2, F = 3 ⋯)

  J : 전체 각운동량
- 바닥상태 질소의 전자배치 = $1s^2 2s^2 2p^3$
  - 채워진 부껍질 전자들은 고려할 필요가 없으므로, $2p$ 오비탈에 채워진 3개의 전자를 확인한다.
  - 전자 3개가 각 오비탈(p_x, p_y, p_z)에 한 개씩 같은 스핀 방향으로 들어 있으므로, $S = \frac{1}{2} + \frac{1}{2} + \frac{1}{2} = \frac{3}{2}$

  마찬가지로 $p_x + p_y + p_z = -1 + 0 + 1 = 0$이므로, $L = 0 \rightarrow S$

  p 오비탈은 최대 6개의 전자가 찰 수 있으며, 바닥상태 N은 반이 채워진 상태이므로

  $J = S = \frac{3}{2}$

  $\therefore$ $^4S_{3/2}$

08 아스피린에 존재하는 작용기를 모두 옳게 나타낸 것은?

① 카복실기, 아민기
② 카복실기, 에스터기
③ 아민기, 하이드록시기
④ 아마이드기, 에스터기

해설
카복실기 : −COOH, 에스터기 : −COO−
① 아민기 : −NH$_2$
③ 하이드록시기 : −OH
④ 아마이드기 : −CONH−

09 노말 알케인(Normal Alkane)의 일반식은?

① C_nH_{2n-2}
② C_nH_{2n}
③ C_nH_{2n+1}
④ C_nH_{2n+2}

해설
① C_nH_{2n-2} : 알카인(alkyne)의 일반식
② C_nH_{2n} : 사이클로알케인(cycloalkane) 또는 알켄(alkene)의 일반식
③ C_nH_{2n+1} : 알킬(alkyl)의 일반식

10 $1s^22s^22p^63s^23p^3$의 전자배치를 갖는 원소는?

① Al
② Si
③ P
④ S

해설
3주기 15족에 해당하는 P의 전자배치이다.

11 다음 중 폭발성이 커서 Ar, N$_2$ 등의 불활성 기체 하에서 보관해야 하는 물질은?

① 브로민(Br$_2$)
② 질산(HNO$_3$)
③ 과염소산(HClO$_4$)
④ 트리에틸알루미늄[Al(C$_2$H$_5$)$_3$]

해설
트리에틸알루미늄[Al(C$_2$H$_5$)$_3$]은 공기 중에서 자연발화·폭발의 위험이 있는 제5류 위험물 물질이며, 불활성 기체(Ar, N$_2$) 하에서 보관해야 한다.

12 다음 중 물에 녹였을 때 Na$_2$CO$_3$ 수용액과 같은 액성을 나타내는 것은?

① NaCl
② NH$_4$Cl
③ NaNO$_3$
④ Na$_3$PO$_4$

해설
Na$_2$CO$_3$와 Na$_3$PO$_4$는 물에 녹았을 때 염기성 용액을 형성한다.
① 중 성
② 산 성
③ 중 성

13 다음 중 이성질체에 대한 설명으로 옳은 것은?

① 이성질체는 서로 다른 분자식을 가지는 화합물이다.

② 구조가 같더라도 원자 배열의 공간적 차이에 따라 입체이성질체가 될 수 있다.

③ 모든 탄화수소는 cis, trans 기하이성질체를 형성할 수 있다.

④ 구조이성질체는 거울상 관계에 있는 탄화수소이다.

해설
입체이성질체는 동일한 분자식과 결합 구조를 가지지만 원자의 공간적 배열이 다른 이성질체이다.
① 이성질체는 동일한 분자식을 가진 서로 다른 물질이다.
③ 모든 탄화수소가 기하이성질체를 가지는 것은 아니다. 이중결합을 가진 탄화수소 중 양쪽 탄소가 서로 다른 치환기를 가질 때 기하이성질체를 가질 수 있다.
④ 거울상 관계에 있는 이성질체는 광학이성질체이다.

15 $Zn + Cu^{2+} \rightarrow Zn^{2+} + Cu$의 화학반응에서 반쪽반응식과 그에 따른 표준전극전위($E°$)가 다음과 같을 때 전지 반응의 표준전지전위를 계산하고, 자발적인 반응인지 예측한 것으로 옳은 것은?

$$Zn^{2+} + 2e^- \rightarrow Zn, \ E° = -0.76V$$
$$Cu^{2+} + 2e^- \rightarrow Cu, \ E° = +0.34V$$

① 1.10V, 자발적

② 1.10V, 비자발적

③ −1.10V, 자발적

④ −1.10V, 비자발적

해설
표준전지전위 : $E°_{cell} = E°_{양극} - E°_{음극}$
$= (+0.34) - (-0.76)$
$= +1.10V$
$E°_{cell} = +1.10V > 0$이므로 자발적 반응이다.

14 전자쌍 반발 이론(VSEPR)에 기초한 PCl_5의 분자 구조로 옳은 것은?

① 삼각쌍뿔(Trigonal bipyramidal)

② 정팔면체(Octahedral)

③ 정사면체(Tetrahedral)

④ 삼각뿔(Trigonal pyramidal)

해설
PCl_5는 AX_5의 구조이다. 인(P)을 중심으로 3개의 Cl은 평면상에서 삼각형을 이루고, 나머지 2개의 Cl은 축 방향으로 배치된 삼각쌍뿔형 구조이다.

16 다음 중 할로젠화합물 소화약제와 화학식의 연결이 옳은 것은?

① Halon 1301 − CBr_3F

② Halon 1211 − CF_2ClBr

③ Halon 1011 − CCl_2Br_2

④ Halon 2402 − CF_2Br_2

해설
① Halon 1301 − CF_3Br
③ Halon 1011 − CH_2ClBr
④ Halon 2402 − $C_2F_4Br_2$

17 다음 중 산화와 환원의 정의에 대한 설명으로 옳은 것은?

① 산화란 수소를 얻는 반응이고, 환원은 수소를 잃는 반응이다.

② 산화란 전자를 얻는 반응이고, 환원은 전자를 잃는 반응이다.

③ 산화란 산소를 잃거나 전자를 얻는 반응이다.

④ 산화란 전자를 잃는 반응이며, 환원은 전자를 얻는 반응이다.

해설
① 산화란 수소를 잃는 반응이고, 환원은 수소를 얻는 반응이다.
② 산화란 전자를 잃는 반응이고, 환원은 전자를 얻는 반응이다.
③ 산화란 산소를 얻거나 전자를 잃는 반응이다.

18 다음 반응식이 산성 분위기에서 일어날 때, 밑줄 친 화합물의 계수를 순서대로 나타낸 것으로 옳은 것은?

$$H_3AsO_4(aq) + \underline{H^+}(aq) + \underline{Zn}(s)$$
$$\rightarrow AsH_3(g) + \underline{H_2O}(l) + \underline{Zn^{2+}}(aq)$$

① 6, 3, 3, 3   ② 8, 4, 4, 3
③ 8, 4, 4, 4   ④ 8, 16, 4, 16

해설

환원 : −8

$$\overset{+3}{\underset{+5}{H_3\underline{As}O_4}} + H^+ + \underset{0}{\underline{Zn}} \rightarrow \underset{-3}{As\underline{H_3}} + H_2O + \underset{+2}{\underline{Zn^{2+}}}$$

(산화 : +2)×4

반응 전·후 원소의 개수를 맞추면,
$H_3AsO_4 + ⓐH^+ + 4Zn \rightarrow AsH_3 + ⓑH_2O + 4Zn^{2+}$
여기서, 반응 전 H : 3+ⓐ
　　　　　반응 후 H : 3+2ⓑ
　　　　　반응 전 O : 4
　　　　　반응 후 O : ⓑ
∴ ⓐ=8, ⓑ=4
⇒ 전체반응식 : $H_3AsO_4 + 8H^+ + 4Zn \rightarrow AsH_3 + 4H_2O + 4Zn^{2+}$

19 다음 중 2차 이온화 에너지가 가장 큰 것은?

① Mg
② Cl
③ S
④ Na

해설
Na은 최외각 전자가 1개이고, 전자를 하나 잃으면 최외각 전자 8개의 안정한 전자배치를 가진다. 따라서 이 상태에서 전자 1개를 다시 떼어내는 데 필요한 2차 이온화 에너지의 값이 매우 크다.
이온화 에너지
• 중성원자에서 전자 1개를 분리할 때 필요한 에너지
• 1차 이온화 에너지 : 중성원자에서 전자 1개를 제거할 때 필요한 에너지
• 2차 이온화 에너지 : 1가 양이온에서 전자 1개를 다시 제거할 때 필요한 에너지

20 다음 중 짝산–짝염기 쌍인 것은?

① $HCl - OCl^-$
② $H_2SO_4 - SO_4^{2-}$
③ $NH_4^+ - NH_3$
④ $H_3O^+ - OH^-$

해설
짝산–짝염기 : 양성자의 이동에 의해 산과 염기로 되는 한 쌍의 물질
① $HCl - Cl^-$
② $H_2SO_4 - HSO_4^-$

21 1L 용기에서 $H_2(g) + CO_2(g) \rightleftarrows H_2O(g) + CO(g)$ 의 반응이 일어난다. H_2 기체와 CO_2 기체를 각각 0.5mol씩 넣었을 때 평형상태에서 생성된 일산화탄소(CO)의 몰수는?(단, 반응의 평형상수 $K = 4.2$이고, 기체는 이상기체로 가정한다)

① 0.164mol
② 0.197mol
③ 0.336mol
④ 0.404mol

해설

	H_2	+	CO_2	$\rightleftarrows$	H_2O	+	CO
처음 농도	0.5		0.5		0		0
반응	$-x$		$-x$		$+x$		$+x$
평형 농도	$0.5-x$		$0.5-x$		$+x$		$+x$

$$K = \frac{[H_2O][CO]}{[H_2][CO_2]} = \frac{x^2}{(0.5-x)^2} = 4.2$$

$$\therefore \ x = 0.336mol$$

22 $KMnO_4$와 H_2O_2의 산화·환원 반응식을 바르게 나타낸 것은?

① $MnO_4^- + 2H_2O_2 + 4H^+ \rightarrow MnO_2 + 4H_2O + O_2$
② $2MnO_4^- + 2H_2O_2 \rightarrow 2MnO + 2H_2O + 2O_2$
③ $2MnO_4^- + 5H_2O_2 + 6H^+ \rightarrow 2Mn^{2+} + 8H_2O + 5O_2$
④ $2MnO_4^- + 5H_2O_2 \rightarrow 2Mn^{2+} + 5H_2O + \dfrac{13}{2}O_2$

23 산화-환원적정에서 산화제 자신이 지시약으로 작용하는 산화제는?

① 다이크로뮴산 이온($Cr_2O_7^{2-}$)
② 과망가니즈산 이온(MnO_4^-)
③ 아이오딘(I_2)
④ 세륨 이온(Ce^{4+})

해설

과망가니즈산 이온(MnO_4^-)은 MnO_4^-(적자색)에서 Mn^{2+}(무색)으로 환원되므로, 자신의 색 변화로 종말점을 알 수 있다.

24 다음 중 평형상수(K)의 증가와 관계없는 것은?

① 흡열반응에서 온도를 높인 경우
② 평형에 도달하는 시간이 빠른 경우
③ $\Delta G°$가 더 음(−)의 값으로 감소하는 경우
④ 생성물의 농도가 증가하는 쪽으로 평형이 이동하는 경우

해설

평형상수(K)는 온도에 의존하고, 반응 속도나 평형 도달 시간과는 무관하다.
① 흡열반응에서 온도를 높이면 평형이 생성물 쪽으로 이동하여 생성물의 농도가 증가, 평형상수가 증가한다.
③ $\Delta G° = -RT\ln K$에서 $\Delta G°$값이 더 음의 값으로 감소하는 것은 평형상수(K)의 증가를 의미한다.

25 0.400M 코카인 수용액 100mL를 0.200M 질산 수용액으로 적정하였다. 당량점을 지난 후 질산 용액 10.0mL를 과량으로 첨가했을 때 용액의 pH는 얼마인가?(단, 코카인과 질산은 1:1의 비율로 반응하며, 코카인의 pK_a는 5.59이다)

① 1.70
② 2.00
③ 2.19
④ 3.40

해설

코카인과 질산은 1:1로 반응하므로 당량점까지 필요한 질산의 부피는 200mL이다.
$$0.400M \times 100mL = 0.200M \times V_{HNO_3}$$
$$\therefore \ V_{HNO_3} = 200mL$$

· 코카인 : $0.400M \times 0.100L = 0.0400mol$
· 질산 : $0.200M \times 0.210L = 0.0420mol$
· $[H^+] = \dfrac{0.200M \times 0.010L}{0.310L} = 6.45 \times 10^{-3}M$

$$\therefore \ pH = -\log(6.45 \times 10^{-3}) = 2.19$$

26 CaF₂로 포화된 0.25M NaF 용액에서 이루어지는 화학반응이 아닌 것은?

① $NaF \rightarrow Na^+ + F^-$

② $NaF + H_2O \rightarrow NaOH + HF$

③ $F^- + H_2O \rightleftharpoons HF + OH^-$

④ $CaF_2 \rightleftharpoons Ca^{2+} + 2F^-$

해설
① NaF의 해리 반응
③ F⁻의 가수분해 반응
④ CaF₂의 용해 평형 반응

27 0.1M 약산 HA 용액 10mL에 0.1M A⁻ 용액 20mL를 혼합하였다. 이 용액의 pH는 얼마인가?(단, $pK_a = 6.00$이다)

① 5.70   ② 6.00

③ 6.18   ④ 6.30

해설

$$[HA] = \frac{0.1M \times 0.010L}{0.030L} = 0.0333M$$

$$[A^-] = \frac{0.1M \times 0.020L}{0.030L} = 0.0667M$$

Henderson–Hasselbalch식을 적용하면,

$$pH = pK_a + \log\frac{[A^-]}{[HA]} = 6.00 + \log\frac{0.0667}{0.0333} = 6.30$$

28 다음 중 표준물첨가법에 대한 설명으로 옳은 것은?

① 검출한계 이하의 미량 시료를 농축하여 측정하는 방법이다.

② 검정곡선을 작성하여 외부표준으로 시료 농도를 구하는 방법이다.

③ 내부표준물의 농도를 일정하게 하여 기기 감도의 변화를 보정하는 방법이다.

④ 시료에 일정량의 표준용액을 첨가하여 신호 변화로부터 원래의 농도를 계산하는 방법이다.

해설
표준물첨가법
• 같은 양의 시료에 표준용액을 각각 일정량씩 더해가면서 신호의 증가량을 이용하여 시료의 실제 농도를 구하는 방법이다.
• 시료 내 매트릭스에 의해 신호가 영향을 받을 때 그 영향을 보정하기 위해 사용한다.

29 다니엘 전지에 대한 설명으로 옳지 않은 것은?

① 구리 전극에서는 환원 반응이 일어난다.

② 염다리는 전하의 불균형을 보정해준다.

③ 전자는 구리 전극에서 도선을 따라 아연 전극으로 이동한다.

④ 아연 전극은 산화가 일어나므로 음극(Anode)이다.

해설
③ 전자는 아연 전극(산화 전극, Anode)에서 구리 전극(환원 전극, Cathode)으로 이동한다.

다니엘전지

구 분	아연(Zn) 전극	구리(Cu) 전극
전 극	Anode, (−)	Cathode, (+)
반 응	$Zn(s) \rightarrow Zn^{2+} + 2e^-$	$Cu^{2+} + 2e^- \rightarrow Cu(s)$
산화·환원	산화	환원
전자 이동	Zn → Cu	
염다리	전하 균형 유지	

30 다음은 Potassium Tartrate의 용해도가 첨가물의 농도에 따라 어떻게 변화되는가를 나타내는 그림이다. 그림의 (a), (b), (c)는 각각 어떤 첨가물로 예상할 수 있는가?(단, 첨가물은 NaCl, Glucose, KCl이다)

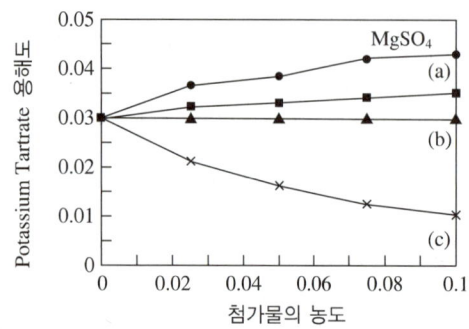

	(a)	(b)	(c)
①	NaCl	Glucose	KCl
②	NaCl	KCl	Glucose
③	KCl	NaCl	Glucose
④	Glucose	KCl	NaCl

해설

전해질인 $MgSO_4$의 농도가 클수록 Potassium Tartrate의 용해도는 높아진다. 따라서 전해질인 NaCl이 (a)곡선, 비전해질인 Glucose가 (b)곡선임을 알 수 있다. 또한 약전해질의 전리는 공통되는 이온을 함유한 강전해질을 가하였을 때 현저히 감소하므로 (c)는 KCl임을 알 수 있다.

31 EDTA 적정에 일반적으로 사용되는 금속이온 지시약으로만 되어 있는 것은?

① EBT(Eriochrome Black T), 자일레놀오렌지(Xylenol orange)
② 자일레놀오렌지(Xylenol orange), 메틸오렌지
③ 페놀프탈레인, EBT(Eriochrome Black T)
④ 페놀프탈레인, 메틸오렌지

해설

페놀프탈레인, 메틸오렌지는 산·염기 적정에 사용하는 지시약이다.

32 EDTA(Ethylenediaminetetraacetic acid, H_4Y)를 이용한 금속이온 적정에 대한 설명 중 옳은 것은?

① EDTA(H_4Y) 착물형성 반응에 pH와 관계없이 관여하는 화학종은 H_2Y^{2-}이다.
② EDTA(H_4Y) 착물형성 반응에 관여하는 화학종은 Y^{4-}이다.
③ EDTA(H_4Y) 착물형성 반응은 pH가 낮을 경우에만 화학종 Y^{4-}이 관여한다.
④ EDTA(H_4Y) 착물형성 반응은 pH가 높을 경우에만 화학종 H_2Y^{2-}이 관여한다.

해설

금속이온과 안정한 1:1 착화합물을 형성하는 것은 Y^{4-}이다. 따라서 착물형성 반응은 pH가 충분히 높아 EDTA가 대부분 Y^{4-} 형태로 존재할 때 효과적으로 일어난다.
$$H_4Y \rightleftharpoons H_3Y^- \rightleftharpoons H_2Y^{2-} \rightleftharpoons HY^{3-} \rightleftharpoons Y^{4-}$$
$$\longrightarrow$$
pH 증가
① EDTA(H_4Y)는 pH에 따라 여러 화학종으로 존재하므로, pH와 무관하게 존재하는 화학종은 없다.
③ pH가 높을수록 Y^{4-}의 농도가 증가한다
④ H_2Y^{2-}은 중성 부근의 pH에서 주로 존재한다.

33 메틸아민(CH_3NH_2)의 염기 해리상수(K_b)에 대한 식으로 옳은 것은?

① $K_b = \dfrac{[CH_3NH_3^+][OH^-]}{[CH_3NH_2]}$

② $K_b = \dfrac{[CH_3NH_3^+]}{[CH_3NH_2][OH^-]}$

③ $K_b = \dfrac{[CH_3NH_2]}{[CH_3NH_3^+][OH^-]}$

④ $K_b = \dfrac{[CH_3NH_2][H_2O]}{[CH_3NH_3^+][OH^-]}$

해설

$CH_3NH_2 + H_2O \rightleftharpoons CH_3NH_3^+ + OH^-$
$$\therefore K_b = \frac{[CH_3NH_3^+][OH^-]}{[CH_3NH_2]}$$

34 금속 킬레이트에 대한 설명으로 옳은 것은?

① 금속은 루이스(Lewis) 염기이다.

② 리간드는 루이스(Lewis) 산이다.

③ 한 자리(Monodentate) 리간드인 EDTA는 6개의 금속과 반응한다.

④ 여러 자리(Multidentate) 리간드가 한 자리(Monodentate) 리간드보다 금속과 강하게 결합한다.

35 어떤 아민의 pK_b가 5.80이라면, 0.2M 아민 용액의 pH는 얼마인가?

① 2.25   ② 4.25

③ 10.75   ④ 11.75

36 산–염기 적정에 대한 설명으로 옳은 것은?

① 산–염기 적정에서 당량점의 pH는 항상 14.00 이다.

② 적정 그래프에서 당량점은 기울기가 최소인 변곡점으로 나타난다.

③ 다양성자 산(Multiprotic acid)의 당량점은 1개이다.

④ 다양성자 산의 pK_a값들이 매우 비슷하거나, 적정하는 pH가 매우 낮으면 당량점을 뚜렷하게 관찰하기 힘들다.

37 사람은 20N의 힘으로 벽돌 50개를 2.4m 옮기는 데 10분이 소요되었고, 지게차는 20N의 힘으로 벽돌 100개를 2.4m 옮기는 데 20초가 소요되었다. 사람과 지게차의 일률 차이는?

① 0W   ② 236W

③ 14,160W   ④ 849,600W

38 0.122M인 약산(HA, $pK_a = 9.747$) 59.6mL 용액에 0.0431M의 NaOH 용액 몇 mL를 첨가하면 pH 8.00 용액을 만들 수 있는가?

① 29.9

② 2.99

③ 0.299

④ 0.0299

해설

Henderson–Hasselbalch 식

$$pH = pK_a + \log\frac{[A^-]}{[HA]}$$

$HA + OH^- \rightarrow A^- + H_2O$

NaOH를 V(L) 첨가했다고 가정, V(L) 속 몰 수 $x$mol이라 한다.

$$8.00 = 9.747 + \log\frac{[A^-]}{[HA]}, \quad \frac{[A^-]}{[HA]} = 0.018$$

HA의 몰 수 : $0.122M \times (59.6 \times 10^{-3})L - x$mol

$= (7.2712 \times 10^{-3} - x)$mol

A^-의 몰 수 : $x$mol

$$\frac{x}{7.2712 \times 10^{-3} - x} = 0.018, \quad x = 1.29 \times 10^{-4}\text{mol}$$

$$\text{NaOH } 0.0431M = \frac{x\text{mol}}{V} = \frac{1.29 \times 10^{-4}\text{mol}}{V}$$

$$\therefore V = 2.99 \times 10^{-3}L = 2.99\text{mL}$$

39 농도의 크기를 비교한 것으로 옳은 것은?

① 1ppb > 1ppt > 1ppm

② 1ppm > 1ppb > 1ppt

③ 1ppt > 1ppm > 1ppb

④ 1ppt > 1ppb > 1ppm

해설

$1ppm = 10^{-6}$, $1ppb = 10^{-9}$, $1ppt = 10^{-12}$

40 용해도가 증가하는 경우에 해당하는 것은?

① 고체의 용해가 발열 반응일 때 온도를 높인 경우

② 기체의 용해에서 온도를 높인 경우

③ 기체의 용해에서 압력을 높인 경우

④ 기체의 용해에서 부피를 증가시킨 경우

해설

Henry의 법칙 : 압력이 증가하면 기체의 용해도가 증가한다.

제3과목 | 화학물질 특성분석

41 어떤 회절발의 분리능은 5,000이다. 이 회절발로 분리할 수 있는 1,000cm^{-1}에 가장 인접한 선의 파수의 차이는?

① 0.1cm^{-1}

② 0.2cm^{-1}

③ 0.5cm^{-1}

④ 5.0cm^{-1}

해설

회절발의 분리능

$$R = \frac{\lambda}{\Delta\lambda} = \frac{\nu}{\Delta\nu}$$

여기서, λ : 파장

ν : 중심 파수

$\Delta\nu$: 분리 가능한 최소 파수 차이

$$\Delta\nu = \frac{\nu}{R} = \frac{1,000\text{cm}^{-2}}{5,000} = 0.2\text{cm}^{-1}$$

42 정량분석 과정에 해당하지 않는 것은?

① 부피분석

② 관능기분석

③ 무게분석

④ 기기분석

해설

관능기분석은 정성분석에 해당한다.

43 그래프는 용액 속의 X^{2+}, Y^{2+}를 음극 벗김법으로 분석한 결과를 전류-전위 곡선으로 나타낸 것이다. 두 이온의 표준 환원전위가 다음과 같을 때, 그래프를 해석한 내용으로 옳지 않은 것은?

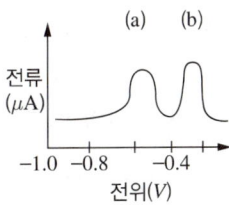

$$X^{2+} + 2e^- \rightarrow X, \ E^\circ = -0.60V$$
$$Y^{2+} + 2e^- \rightarrow Y, \ E^\circ = -0.30V$$

① (a) 피크는 X^{2+}, (b) 피크는 Y^{2+}이다.
② 피크의 크기는 농축된 금속량에 비례한다.
③ 벗김 단계에서 X는 산화되고, Y는 환원된다.
④ 벗김 피크는 전극에 석출된 금속의 산화에 의해 형성된다.

해설
벗김 단계에서는 둘다 X와 Y 모두 산화되고, 환원은 농축단계에서 일어난다.

44 이온선택성 막전극이 갖추어야 할 성질로 옳지 않은 것은?

① 약간의 전기전도도를 가져야 한다.
② 분석물 용액에 잘 용해되어야 한다.
③ 분석물 이온과 선택적 반응성을 가져야 한다.
④ 이온교환, 결정화 및 착물 형성 등의 방법으로 분석물과 결합할 수 있어야 한다.

해설
이온선택성 막전극의 조건
• 이온의 이동이 가능해야 하므로 약간의 전기전도성이 있어야 한다.
• 분석 이온에 대해 선택적 반응성을 가져야 한다.
• 막은 분석 용액에 불용성이어야 한다.
• 이온교환, 침전, 착물 형성 등의 선택적 결합이 가능해야 한다.

45 기체크로마토그래피 검출기 중 니켈-63(^{63}Ni)과 같은 β-선 방사체를 사용하며, 할로젠과 같은 전기 음성도가 큰 작용기를 지닌 분자에 특히 감도가 좋고 시료를 크게 변화시키지 않는 검출기는?

① 불꽃 이온화 검출기(FID ; Flame Ionization Detector)
② 전자 포착 검출기(ECD ; Electron Capture Detector)
③ 원자 방출 검출기(AED ; Atomic Emission Detector)
④ 열전도도 검출기(TCD ; Thermal Conductivity Detector)

해설
전자 포착 검출기는 할로젠 원소에 대한 감응선택성이 우수한 검출기이다.

46 역상 크로마토그래피에 대한 설명으로 옳지 않은 것은?

① 비극성 정지상과 극성 이동상을 사용한다.
② 용매의 극성이 강할수록 용리 시간은 짧아진다.
③ 이동상으로 메탄올-물, 아세토나이트릴-물 혼합 용액이 사용된다.
④ 비극성 물질이 극성 물질보다 더 늦게 용출된다.

해설
용매의 극성이 강할수록 비극성 분석 물질은 용매에 잘 녹지 못해 정지상에 오래 머무르게 되므로 용리 시간이 길어진다.
역상 크로마토그래피
• 정지상은 비극성, 이동상은 극성이다.
• 이동상으로는 메탄올-물, 아세토나이트릴-물 혼합 용액 등을 사용한다.
• 극성이 큰 물질은 정지상과 상호작용이 약해 먼저 용출된다.
• 극성이 작은 물질(비극성 물질)은 정지상과 상호작용이 강해 늦게 용출된다.

47 질량분석법에서는 질량 대 전하의 비에 의하여 원자 또는 분자 이온을 분리하는데 고진공 속에서 가속된 이온들을 직류 전압과 RF 전압을 일정속도로 함께 증가시켜주면서 통로를 통과하도록 하여 분리하며 특히 주사시간이 짧은 장점이 있는 질량 분석기는?

① 이중 초점 분석기(Double Focusing Spectrometer)

② 사중극자 질량분석기(Quadrupole Mass Spectrometer)

③ 비행시간 분석기(Time-Of-Flight Spectrometer)

④ 이온-포착분석기(Ion-Trap Spectrometer)

> **해설**
> **사중극자 질량분석기(Quadrupole Mass Spectrometer)**
> • 구조 : 네 개의 평행한 금속봉 가운데로 이온을 이동시킨다.
> • 원리 : 각 금속봉에 직류(DC)와 교류(RF)를 동시에 걸고, 이들의 비를 일정하게 유지한 채 크기를 증가시키면 특정 m/z 값을 갖는 이온들만 검출기에 도달하고, 나머지 이온은 막대에 부딪혀 중성 분자로 변한다.
> • 장점 : 주사시간이 짧고 내구성이 좋다.

49 기체크로마토그래피(GC)에서 정성분석에 이용되는 화합물의 머무름 지수(I, Retention Index)가 옳은 것은?

① $n-C_2H_6$: 200 ② C_3H_5 : 250
③ $n-C_4H_{10}$: 300 ④ C_4H_8 : 350

> **해설**
> n-알케인(n-alkane)의 머무름 지수(I, Retention Index) : 탄소수 $\times$ 100
> ② C_3H_5은 n-알케인이 해당하지 않는다.
> ③ $n-C_4H_{10}$의 머무름 지수는 $4 \times 100 = 400$이다.
> ④ C_4H_8은 알켄이므로 n-알케인의 머무름 지수 계산식이 적용되지 않으며, 조건에 따라 값이 달라진다.

48 전자포획 검출기(ECD)에 대한 설명 중 틀린 것은?

① 살충제나 폴리클로리네이티드바이페닐(PCB) 등 할로젠 화합물 분석에 감도가 높다.

② 컬럼에서 용출된 시료가 방사성 β-선 방출기를 통과한다.

③ 방출기에서 발생한 전자는 시료를 이온화시켜 전자 다발을 만든다.

④ 황산, 아민, 알코올, 탄화수소류 등에는 감도가 낮다.

> **해설**
> ③ 방출기에서 발생한 전자는 운반기체를 이온화하고 전자 다발을 만든다.

50 크로마토그래피에서 사용하는 용어의 정의 중 틀린 것은?

① 선택 인자(α)는 항상 1보다 작다.

② 이론단수(N)는 분리 효율을 나타내는 지표로, 클수록 분리가 잘 이루어진다.

③ 분배계수(k)는 정지상에 대한 용질의 농도를 이동상에 대한 농도로 나눈 값이다.

④ 용질의 머무름 인자(k)는 용질이 정지상에 머무른 시간의 상대적인 비율을 나타낸다.

> **해설**
> 선택인자(α)는 두 물질 A, B의 머무름 인자(k)의 비로서 항상 1보다 크고, 값이 클수록 두 물질의 분리능이 좋음을 의미한다.

51 다음 중 미세전극에 대한 설명으로 틀린 것은?

① 미세전극은 크기가 작아 생체세포나 혈액 등에 직접 사용할 수 있다.

② 빠른 전압 주사로 수명이 짧은 화학종의 연구가 가능하다.

③ 용액 저항의 영향이 작아 전도도가 낮은 용액에서도 사용이 가능하다.

④ 충전 전류가 커서 보통의 전극보다 약 1,000배 검출한계를 낮출 수 있다.

해설
미세전극은 전극의 표면적이 매우 작아 충전 전류가 작다. 그 결과 신호 대 잡음비(S/N)가 향상되어 검출한계가 낮아진다.

52 분자량이 10,000 이상인 고분자 화합물을 모세관 전기이동법으로 분리할 때 가장 적합한 방법은?

① 모세관 띠 전기이동(CZE)

② 모세관 젤 전기이동(CGE)

③ 모세관 등전 집중(CIEF)

④ 모세관 변속 이동(CITP)

해설
모세관 전기이동법

구 분	적 용
띠 전기이동(CZE)	저분자 이온, 단순 혼합물
젤 전기이동(CGE)	분자량 10,000 이상 고분자 화합물
등전 집중(CIEF)	단백질, 펩타이드 등
변속 이동(CITP)	이온 농축 및 예비 분리용

53 불꽃이온화검출기(FID)에 대한 설명 중 틀린 것은?

① 연소하지 않는 기체는 감응도가 크다.

② 선형감응 범위가 10^7 정도로 넓다.

③ CO_2는 분석이 불가능하다.

④ 탄소 원자의 수에 비례하여 감응한다.

해설
① 연소하지 않는 기체에는 거의 응답하지 않는다.
불꽃이온화검출기(FID)의 특징
• 유기화합물(탄화수소)이 불꽃에서 연소할 때 생성되는 이온 전류의 크기를 측정한다.
• 유기화합물에 높은 감응도를 보인다.
• 연소되지 않는 기체(N_2, O_2, CO_2, H_2O 등)에는 감응이 거의 없다.
• 선형 감응 범위(약 10^7 정도)가 넓어 정량분석에 적합하다.
• 감응도는 대체로 탄소 원자의 수에 비례한다.

54 전자포획검출기(ECD)에 대한 설명 중 틀린 것은?

① 살충제나 폴리클로리네이티드바이페닐(PCB) 등의 분석에 이용된다.

② 컬럼에서 용출된 시료는 방사성 β 방출기를 통과한다.

③ 전자는 시료 분자와의 반응을 통해 포획되어 전류 감소로 검출된다.

④ 할로젠 원소를 포함한 화합물에는 감도가 낮다.

해설
전자포획검출기(ECD)는 할로젠 원소를 포함한 화합물에 감도가 매우 높다.

55 다음 중 고성능 액체 크로마토그래피(HPLC)에서 사용하는 검출기가 아닌 것은?

① 불꽃 이온화 검출기(FID)
② 자외선-가시선(UV-Vis) 검출기
③ 적외선(IR) 검출기
④ 굴절률 검출기

> **해설**
> 불꽃 이온화 검출기(FID)는 기체 크로마토그래피(GC)에서 사용하는 검출기이다.
> **HPCL 검출기**
> • 굴절률 검출기
> • 자외선-가시선(UV-Vis) 검출기
> • 적외선(IR) 검출기
> • PDA(Photo Diode Array) 검출기
> • 형광(FLD) 검출기
> • 전기화학(ECD) 검출기
> • 증발광산란(ELSD) 검출기

57 시차주사열량법(DSC) 기기의 구성 요소가 아닌 것은?

① 전기로
② 열전기쌍
③ 시료 용기
④ 시차 증폭기

> **해설**
> **DSC의 구성 요소**
> • 전기로
> • 시료 용기
> • 기준 용기
> • 열전기쌍
> • 검출기
> • 기록계

56 열무게분석법(TGA ; ThermoGravimetric Analysis)으로 얻을 수 있는 정보가 아닌 것은?

① 분해반응   ② 산화반응
③ 기화 및 승화   ④ 고분자 분자량

> **해설**
> TGA는 온도 변화에 따른 시료의 질량 변화를 측정하는 열분석법이기 때문에 분자량 자체를 측정할 수 없다. 고분자 분자량은 일반적으로 젤 투과 크로마토그래피 등을 이용하여 구할 수 있다.
> **열무게분석법(TGA)으로 얻을 수 있는 정보**
> • 분해반응
> • 산화반응
> • 기화 및 승화
> • 흡·탈착 반응

58 크로마토그래피에서 공기가 필요한 검출기는?

① 질소-인 검출기(NPD)
② 전자포획 검출기(ECD)
③ 열전도도 검출기(TCD)
④ 불꽃이온화검출기(FID)

> **해설**
> 불꽃이온화검출기(FID)는 수소-공기 불꽃을 사용하여 시료를 연소시키고, 이때 생성되는 이온 전류를 측정하여 유기화합물을 검출하는 검출기이다.

59 질량분석법에서 순수한 시료가 시료도입장치를 통해 이온화실로 도입되어 이온화된다. 분자를 기체상태 이온으로 만들 때 사용하는 장치가 아닌 것은?

① EI ; Electron Impact
② FD ; Field Desorption
③ CI ; Chemical Ionization
④ CAI ; Chemical Attraction force Ionization

60 이상적인 기준전극이 가지는 성질로 틀린 것은?

① 비가역적이고 Nernst식에 따라야 한다.
② 시간이 지나도 일정 전위를 유지해야 한다.
③ 온도가 주기적으로 변해도 과민반응을 나타내지 않아야 한다.
④ 작은 전류 후에도 원래 전위로 되돌아와야 한다.

해설
기준전극은 가역적이고 Nernst식을 따라야 한다.
이상적인 기준전극의 조건
• 반응이 가역적이어야 한다.
• 분석물 용액에 감응하지 않아야 한다.
• 정확하고 일정한 전위를 가져야 한다.
• 간단하고 만들기 쉬워야 한다.
• 작은 전류를 흘려도 일정한 전위를 유지해야 한다.

제4과목 | 화학물질 구조 및 표면분석

61 적외선(IR) 흡수분광법에서 분자의 진동은 신축과 굽힘의 기본범주로 구분된다. 다음 중 굽힘진동의 종류가 아닌 것은?

① 가위질(Scissoring)
② 꼬임(Twisting)
③ 시프팅(Shifting)
④ 앞뒤 흔듦(Wagging)

해설
굽힘진동의 종류
• 가위질(Scissoring) : 두 결합이 마주 보며 오므라들고 벌어지는 평면 내 굽힘
• 흔들림(Rocking) : 결합이 같은 방향으로 좌우로 함께 흔들리는 평면 내 굽힘
• 앞뒤 흔듦(Wagging) : 두 결합이 분자 평면 밖에서 같은 방향으로 앞뒤로 흔들리는 평면 외 굽힘
• 꼬임(Twisting) : 두 결합이 평면 밖에서 서로 반대 방향으로 비틀리는 평면 외 굽힘

62 복사선을 흡수하면 에너지 준위 사이에서 전자 전이가 일어나게 되는데 다음 전이 중 파장이 가장 짧은 복사선을 흡수하는 전자 전이는?

① $\sigma \rightarrow \sigma^*$
② $\pi \rightarrow \pi^*$
③ $n \rightarrow \sigma^*$
④ $n \rightarrow \pi^*$

해설
흡수 에너지의 파장 비교(에너지에 반비례)
$n \rightarrow \pi^* > \pi \rightarrow \pi^* > n \rightarrow \sigma^* > \sigma \rightarrow \sigma^*$

63 ^{13}C NMR에서 탄소에 결합된 수소 원자의 수를 구분하는 데 사용하는 방법은?

① DEPT   ② COSY

③ NOE   ④ HSQC

해설
① DEPT : 탄소에 결합된 수소의 개수(CH_3, CH_2, CH, C)를 구별하는 ^{13}C NMR 보조 기법
② COSY : ^{1}H NMR에서 H–H 스핀–스핀 짝지음을 확인하는 방법
③ NOE : 주로 ^{1}H NMR에서 입체 구조 해석에 사용하는 방법
④ HSQC : 이종핵 NMR의 ^{1}H–^{13}C 결합 신호를 2차원으로 표시하는 방법

64 원자화 방법 중 불꽃 원자화 광원과 비교한 플라스마 원자화 광원의 장점에 대한 설명으로 옳지 않은 것은?

① 높은 온도에서 시료를 효율적으로 원자화할 수 있다.
② 플라즈마의 화학적 활성도가 커서 시료 성분과 반응이 용이하다.
③ 플라즈마의 온도가 균일하여 재현성과 정밀도가 우수하다.
④ 광원이 필요 없으며 다원소 동시 분석이 가능하다.

해설
플라즈마 광원은 화학적 활성도가 낮다.

65 용액 중에 산소가 용해되어 있는 경우 형광의 세기가 감소하게 된다. 이와 관련이 있는 비활성 과정은?

① 진동이완   ② 내부전환
③ 유발분해   ④ 계간전이

해설
형광측정법에서 유리 산소에 의해 계간전이 현상이 발생하여 형광 세기가 감소한다.

66 복사선의 파장보다 대단히 작은 분자나 분자의 집합체에 의하여 탄성 산란되는 현상을 무엇이라 하는가?

① Stoke 산란   ② Raman 산란
③ Rayleigh 산란   ④ Anti–Stoke 산란

해설
Rayleigh 산란은 빛의 파장보다 작은 입자에 의해 일어나는 탄성 산란이다.

67 ^{1}H NMR 스펙트럼의 피크가 TMS로부터 가까운 쪽에 나타나는 순서로 옳은 것은?

① $sp^3 > sp > sp^2 >$ aromatic ring $>$ aldehyde $>$ carboxylic acid

② $sp^3 > sp^2 > sp >$ aromatic ring $>$ aldehyde $>$ carboxylic acid

③ $sp^3 >$ aromatic ring $> sp > sp^2 >$ carboxylic acid $>$ aldehyde

④ $sp^3 > sp >$ aromatic ring $>$ carboxylic acid $>$ aldehyde $> sp^2$

해설
^{1}H NMR에서 화학적 이동(δ)은 전자 차폐(Shielding)가 클수록 작아진다. 즉, 전자밀도가 높은 수소일수록 TMS에 가까운 쪽에 나타난다.

68 이산화탄소 분자는 모두 몇 개의 기준진동 방식을 가지는가?

① 3 ② 4
③ 5 ④ 6

해설
이산화탄소(CO_2)는 선형분자이며, 선형분자의 기준진동 방식의 수는 $3N-5$(여기서, N : 원자수)의 식이 적용된다.
∴ $(3 \times 3) - 5 = 4$

69 전자전이에 의해 방출되는 복사선 중 내부 전자 전이에 의해 발생하는 것은?

① 자외선(UV)
② 가시광선(Visible)
③ 적외선(IR)
④ X선(X-ray)

해설
내부 전자 전이로 발생하는 복사선은 파장이 짧고 에너지가 높은 X선이다.

70 적외선 흡수분광법에서 지문영역의 범위로 옳은 것은?

① $1,200 \sim 600 cm^{-1}$
② $1,800 \sim 1,200 cm^{-1}$
③ $2,800 \sim 1,800 cm^{-1}$
④ $3,600 \sim 2,800 cm^{-1}$

해설
적외선 흡수분광법(IR)의 지문영역은 $1,200 \sim 600 cm^{-1}$이다.

71 다음은 Morpholine의 구조이다. ^1H NMR 스펙트럼에서 (a) H의 화학적 이동(δ)이 약 2.6ppm일 때, 나머지 수소의 화학적 이동(δ)을 예측한 것으로 옳지 않은 것은?

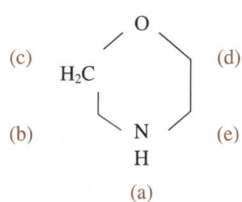

① (b) − 2.8ppm
② (c) − 3.7ppm
③ (d) − 3.6ppm
④ (e) − 3.9ppm

해설
산소와 질소는 전기 음성도가 크므로, 이 원소에 가까운 위치일수록 전자 차폐(Shielding) 효과가 약해서 화학적 이동 값이 커진다. 산소의 전기 음성도가 질소보다 크므로, (c), (d)의 수소 전자 밀도가 더 낮아 화학적 이동 값이 더 크다.

72 적외선 흡수 스펙트럼을 나타낼 때 가로축으로 주로 파수(cm^{-1})를 쓰고 있다. 파장(μm)과의 관계는?

① 파수 × 파장 = 100
② 파수 × 파장 = 1,000
③ 파수 = 10,000/파장
④ 파수 = 1,000,000/파장

해설
$$파수(cm^{-1}) = \frac{1}{파장(cm)} = \frac{10^4}{파장(\mu m)}$$

73 빛 에너지와 파장 사이의 관계를 옳게 나타낸 것은?(단, E : 빛 에너지, h : 플랑크 상수, c : 빛의 속도, λ : 파장이다)

① $E = hc\lambda$

② $E = \dfrac{h}{\lambda c}$

③ $E = \dfrac{hc}{\lambda}$

④ $E = \dfrac{\lambda}{hc}$

해설

빛 에너지와 파장 사이의 관계

$E = \dfrac{hc}{\lambda}$

74 원자흡수 또는 원자방출분광법에서 시료의 원자화 과정과 들뜬 상태를 연결한 것으로 옳지 않은 것은?

① 원자화 – 들뜬 원자

② 이온화 – 들뜬 이온

③ 기체 분자 – 들뜬 분자

④ 에어로졸 – 들뜬 원자

75 불꽃을 사용하는 원자화 단계에서 불꽃의 온도가 높을수록 원자화가 잘 일어나지만, 너무 온도가 높으면 중성원자가 양이온과 전자로 이온화되어 흡광도가 떨어진다. 이러한 이온화를 억제하기 위해 첨가하는 이온화 억제제로 가장 적당한 것은?

① Mg

② Ca

③ Cs

④ W

해설

이온화 에너지가 낮아 쉽게 전자를 방출하는 알칼리 금속을 이온화 억제제로 과량 첨가하면, 불꽃 내 자유전자 농도를 높이고 분석 원소의 이온화를 억제하여 흡광도 감소를 방지할 수 있다. 특히, Cs은 알칼리 금속 중에서도 이온화 에너지가 매우 낮아 이온화 억제제로 가장 효과적이다.

76 전열원자화 장치의 특징으로 옳지 않은 것은?

① 전열원자화 장치의 가열 순서는 건조, 원자화, 회화단계 순서이다.

② 전열원자화 장치는 작업부, 전력부, 비활성 기체 공급조절부로 구성된다.

③ 전열원자화 장치의 로(Furnace) 주변은 물로 냉각하여 온도를 유지한다.

④ 고온에서 흑연의 산화방지를 위해 비활성 기체(아르곤) 분위기에서 측정한다.

해설

전열원자화 장치의 가열은 건조 → 회화 → 원자화 순이다.

77 파장이 10Å인 X선의 진동수(Hz)는?(단, 빛의 속도 $c = 3.0 \times 10^8 \text{m/s}$이다)

① $3.0 \times 10^{15} \text{Hz}$　　② $3.0 \times 10^{16} \text{Hz}$

③ $3.0 \times 10^{17} \text{Hz}$　　④ $3.0 \times 10^{18} \text{Hz}$

해설

$\nu = \dfrac{c}{\lambda}$

여기서, ν : 진동수[Hz]

　　　　c : 빛의 속도[m/s]

　　　　λ : 파장[m]

$10\text{Å} = 10 \times 10^{-10}\text{m} = 10^{-9}\text{m}$

$\therefore \ \nu = \dfrac{3.0 \times 10^8 \text{m/s}}{10^{-9}\text{m}} = 3.0 \times 10^{17}\text{Hz}$

78 ^{1}H NMR 스펙트럼에서 스핀–스핀 상호작용에 의한 피크 갈라짐과 상대적 세기의 비가 옳지 않은 것은?

① 두 개의 피크로 갈라질 때 세기 비는 1 : 1이다.

② 세 개의 피크로 갈라질 때 세기 비는 1 : 2 : 1이다.

③ 네 개의 피크로 갈라질 때 세기 비는 1 : 4 : 4 : 1이다.

④ 다섯 개의 피크로 갈라질 때 세기 비는 1 : 4 : 6 : 4 : 1이다.

해설

세기의 비는 파스칼의 삼각형 법칙에 따라 결정된다. 그러므로 네 개의 피크로 갈라질 때 세기 비는 1 : 3 : 3 : 1이다.

79 광자 변환기(Photon Transducer)의 종류가 아닌 것은?

① 광전압전지

② 광전증배관

③ 규소다이오드 검출기

④ 볼로미터(bolometer)

해설

볼로미터(Bolometer) : 열효과형 광검출기의 일종으로 복사선에 의한 온도의 측정에 이용된다.

80 형광분석법에서 형광 측정 시 방해 요인으로 작용하는 것은?

① 공명 밴드

② 형광 밴드

③ 인광 밴드

④ 라만 밴드

해설

라만 밴드 : 시료 용매나 매질의 라만 산란광이 형광 파장 부근에서 관찰되어 형광 신호에 간섭을 일으킨다.

2025년 제2회 최근 기출복원문제

제1과목 | 화학의 이해와 환경·안전관리

01 몰랄농도가 3.24m인 K_2SO_4 수용액 내 K_2SO_4의 몰분율은?(단, 원자량은 K 39.01, O 16.00, H 1.008, S 32.06이다)

① 0.36

② 0.036

③ 0.551

④ 0.0552

해설

- K_2SO_4의 몰수 : $3.24m\ K_2SO_4 = \dfrac{3.24mol\ K_2SO_4}{1kg\ H_2O}$

- H_2O의 몰수 : $1kg\ H_2O \times \dfrac{1mol\ H_2O}{18.016g\ H_2O} \times \dfrac{10^3g}{1kg}$

  $\fallingdotseq 55.506mol\ H_2O$

- $\therefore$ 몰분율 $= \dfrac{K_2SO_4의\ 몰수}{총몰수} = \dfrac{3.24mol}{(55.506+3.24)mol} \fallingdotseq 0.0552$

02 백금 원자 1개의 질량은 몇 g인가?(단, 백금의 원자량은 195.09g/mol이다)

① 3.24×10^{-23}

② 3.24×10^{-22}

③ 1.62×10^{-23}

④ 1.62×10^{-22}

해설

$\dfrac{195.09g/mol}{6.02 \times 10^{23}개/mol} = 3.24 \times 10^{-22}g/개$

03 탄소 1몰이 100% 과잉공기와 완전연소할 때, 생성된 CO_2의 부피 백분율(vol %)은?

① 8.7

② 9.1

③ 10.5

④ 17.2

해설

$C + O_2 \rightarrow CO_2$

이론 공기는 산소 1몰을 포함하는 공기량이다.

이론 공기량 $= 1mol\ O_2 + \dfrac{0.79}{0.21}mol\ N_2 = 4.76mol\ Air$

100% 과잉 공기량 $= 4.76 \times 2mol = 9.52mol\ Air$

반응 후 전체 기체 몰 수 $= CO_2\ 1mol + 미반응\ O_2\ 1mol + N_2\ 7.52mol$

$= 9.52mol$

$\therefore\ CO_2$의 부피 백분율(vol %) $= \dfrac{CO_2\ 몰\ 수}{전체\ 몰\ 수} \times 100\%$

$\fallingdotseq \dfrac{1mol}{9.52mol} \times 100\%$

$= 10.5\%$

04 다음 반응식에서 밑줄 친 화합물의 계수를 순서대로 나타낸 것은?(단, n은 정수이다)

$$Cu + \underline{H^+} + \underline{NO_3^-} \rightarrow Cu^{2+} + \underline{NO_2} + nH_2O$$

① 2, 2, 2

② 2, 3, 3

③ 4, 2, 2

④ 4, 2, 3

해설

$$\underset{0}{Cu} + H^+ + \underset{+5}{NO_3^-} \rightarrow \underset{+2}{Cu^{2+}} + \underset{+4}{NO_2} + nH_2O$$

(환원 : −1)×2

산화 : +2

반응 전·후 원소의 개수를 맞추면,

$Cu + ⓐH^+ + 2NO_3^- \rightarrow Cu^{2+} + 2NO_2 + nH_2O$

여기서, 반응 전 H : ⓐ, 반응 후 H : $2n$

반응 전 O : 6, 반응 후 O : $4+n$

$\therefore$ ⓐ = 2, $n=4$

⇒ 전체반응식 : $Cu + 4H^+ + 2NO_3^- \rightarrow Cu^{2+} + 2NO_2 + 2H_2O$

05 원자설에 대한 설명으로 옳지 않은 것은?

① 돌턴은 화학 반응이 일어날 때 원자의 배열만 바뀌고, 새로운 원자가 생성되거나 소멸되지는 않는다고 주장했다.

② 톰슨은 음극선 실험을 통해 양성자의 존재를 발견했다.

③ 러더퍼드는 α 입자 산란실험을 통해 원자의 대부분의 공간은 비어 있고, (+) 전하를 띤 원자핵이 가운데 존재한다고 주장했다.

④ 보어의 원자 모형은 전자의 위치와 속력을 동시에 정확히 알 수 없는 불확정성의 원리에 어긋난다.

해설

톰슨은 음극선 실험을 통해 원자 속에 (−) 전하를 띤 전자가 있음을 발견하고, (+) 전하를 띤 푸딩 속에 (−) 전하를 띤 전자가 박혀 있는 푸딩 모형을 주장했다.

06 기체분자운동론(Kinetic Molecular Theory)에 대한 설명으로 틀린 것은?

① 기체 입자의 부피는 무시할 수 있다.

② 기체 입자들은 완전탄성충돌을 한다.

③ 기체 입자의 평균 운동에너지는 절대 온도에 비례한다.

④ 압력 계산 시 기체 입자 사이의 인력을 고려하여 계산한다.

해설

기체분자운동론(Kinetic Molecular Theory)

• 기체 입자는 입자 사이의 거리에 비해 매우 작아서 입자의 부피는 무시할 수 있다.

• 입자는 끊임없이 운동하고, 입자가 용기의 벽에 충돌하는 것이 기체에 의한 압력의 원인이 된다.

• 입자 간에 서로 힘이 작용하지 않는다고 가정한다. 즉, 입자 사이에는 인력이나 반발력이 미치지 않는다고 가정한다.

• 기체 입자 집합의 평균 운동 에너지는 기체의 절대 온도에 비례한다.

• 입자는 완전탄성충돌을 하고, 충돌 시에도 운동에너지가 손실되지 않는다.

07 위험물안전관리법령상 제4류 위험물 중 알코올류와 동식물유류의 지정수량의 합은?

① 200L ② 400L

③ 10,200L ④ 10,400L

해설

알코올류 400L + 동식물유류 10,000L = 10,400L

제4류 위험물(인화성 액체)

품 명		지정수량
특수인화물		50L
제1석유류	비수용성	200L
	수용성	400L
알코올류		400L
제2석유류	비수용성	1,000L
	수용성	2,000L
제3석유류	비수용성	2,000L
	수용성	4,000L
제4석유류		6,000L
동식물유류		10,000L

08 비중이 1.84이고 순도가 96wt%인 진한 황산 용액의 몰랄농도는 약 몇 m인가?(단, 원자량은 K 39.10, O 16.00, H 1.008, S 32.06이다)

① 20 ② 135

③ 200 ④ 245

해설

96wt% 황산 용액 → 100g 용액 중 용매(H_2O) 4g, 용질(H_2SO_4) 96g

$$몰랄농도(m) = \frac{용질의\ 몰\ 수(mol)}{용매의\ 질량(kg)}$$

$$= \frac{96g\ H_2SO_4}{4g\ H_2O} \times \frac{1mol\ H_2SO_4}{98.076g\ H_2SO_4} \times \frac{1,000g}{1kg}$$

$$= 244.7m$$

09 35℃에서 KCl의 용해도는 40g이다. 35℃에서 20g의 물속에 KCl이 5g 녹아있다면 이 용액의 상태는?

① 불포화
② 포 화
③ 과포화
④ 초임계

해설

35℃에서 용해도 40g이란 100g 물에 KCl 40g이 용해한다는 의미이다.
35℃에서 물 20g에 최대로 용해되는 KCl은 8g이므로, 물 20g에 5g이 녹아있는 용액은 불포화 상태이다.

10 다음 중 CO_2 소화기에 대한 설명으로 옳은 것은?

① 전기화재에는 사용할 수 없다.
② 사용 후 잔류물이 남아 기기용 화재에 부적합하다.
③ 분말을 방출하여 부촉매 효과로 소화한다.
④ 사용 시 동상의 위험이 있다.

해설

이산화탄소(CO_2) 소화기
• 산소 농도를 낮춰 질식효과와 기화 시 냉각효과로 소화한다.
• 전기화재에 사용 가능하다.
• 소화 후 잔류물이 남지 않는다.
• 분사 노즐에 손이 닿으면 동상의 위험이 있다.

11 O^{2-}, F, F^-를 지름이 큰 것부터 작은 순서로 나열한 것은?

① $O^{2-} > F > F^-$
② $O^{2-} > F^- > F$
③ $F^- > O^{2-} > F$
④ $F > O^{2-} > F^-$

해설

등전자 이온일 경우, 양성자의 수가 작을수록 반지름이 크다.

12 sp^3 혼성궤도함수가 참여한 결합을 가진 물질은?

① C_6H_6
② C_2H_2
③ CH_4
④ C_2H_4

해설

sp^3 혼성화는 한 개의 s 오비탈과 세 개의 p 오비탈이 혼성화되어 σ결합(단일결합)을 형성한다.

13 다음 중 산과 염기의 정의에 대한 설명으로 옳은 것은?

① 아레니우스 산은 수용액에서 수산화이온(OH^-)을 내놓는 물질이다.
② 브뢴스테드-로우리 산은 수소이온(H^+)을 받는 물질이다.
③ 아레니우스 염기는 수용액에서 수소이온(H^+) 농도를 증가시키는 물질이다.
④ 브뢴스테드-로우리 염기는 수소이온(H^+)을 받는 물질이다.

해설

아레니우스 산·염기
• 아레니우스 산 : 물에 녹아 H^+를 내놓는 물질
• 아레니우스 염기 : 물에 녹아 OH^-를 내놓는 물질
브뢴스테드-로우리 산·염기
• 브뢴스테드-로우리 산 : 양성자(H^+)를 주는 물질
• 브뢴스테드-로우리 염기 : 양성자(H^+)를 받는 물질

14 다음 중 산의 세기가 가장 강한 것은?

① HClO
② HF
③ CH_3COOH
④ HCl

해설

④ 강산
①, ②, ③ 약산

15 그림은 p 오비탈에 전자가 배치된 모형을 나타낸 것이다. 이 중 가장 안정한 전자배치를 설명하는 법칙은?

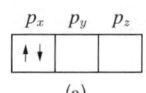　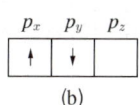　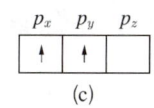

① Pauli의 배타원리
② Aufbau의 원리
③ Hund의 규칙
④ Heisenberg의 불확정성 원리

16 다음 중 유해화학물질이 누출되었을 때의 대응 방법으로 옳은 것은?

① 알칼리가 피부에 닿았을 때는 산으로 닦아낸다.
② 하이드라진이 누출되었을 때는 물로 중화한다.
③ 브로민이 누출되었을 때는 티오황산나트륨 5~10% 용액으로 중화한다.
④ 브로민은 폭발 위험이 있으므로 암모늄 수용액과 함께 저장한다.

17 아이소프로필알코올(Isopropyl Alcohol)을 옳게 나타낸 것은?

① CH_3-CH_2-OH
② $CH_3-CH(OH)-CH_3$
③ $CH_3-CH(OH)-CH_2-CH_3$
④ $CH_3-CH_2-CH_2-OH$

18 위험물안전관리법령상 벽·기둥·바닥이 내화구조로 된 옥내저장소에서 취급하는 위험물의 수량이 지정수량의 20배 초과 50배 이하인 경우의 공지의 너비는?

① 1m 이상
② 2m 이상
③ 3m 이상
④ 5m 이상

19 철은 철광석으로부터 다음 반응에 의해 형성된다고 할 때 $Fe(s)$ 1mol을 형성하기 위해 필요한 $O_2(g)$의 mol수는?

> $2C(s) + O_2(g) \rightarrow 2CO(g)$
> $Fe_2O_3(s) + 3CO(g) \rightarrow 2Fe(s) + 3CO_2(g)$

① 0.5
② 0.75
③ 1
④ 1.5

해설
$CO : Fe = 3 : 2$이고, $O_2 : CO = 1 : 2$이므로
$O_2 : CO : Fe = 3 : 6 : 4$이다.
따라서 1몰의 Fe가 생성되기 위해서 O_2는 $3/4mol = 0.75mol$이 필요하다.

20 0.120mol의 $HC_2H_3O_2$와 0.140mol의 $NaC_2H_3O_2$가 들어 있는 1.00L 용액의 pH는 얼마인가?(단, $HC_2H_3O_2$의 $K_a = 1.8 \times 10^{-5}$이다)

① 3.81
② 4.81
③ 5.81
④ 6.81

해설
Henderson–Hasselbalch 식

$$pH = pK_a + \log\frac{[A^-]}{[HA]}$$

$$pH = -\log(1.8 \times 10^{-5}) + \log\frac{0.140}{0.120} \fallingdotseq 4.81$$

제2과목 | 분석계획 수립과 분석화학 기초

21 다음 중 예비 산화제로 사용하는 것이 아닌 것은?

① H_2O_2
② AgO
③ $S_2O_8^{2-}$
④ Sn^{2+}

해설
$SnCl_2(Sn^{2+})$는 예비 환원제로 사용한다.
- 예비 산화제
  산화·환원 적정 전에 시료 속의 성분을 더 높은 산화 상태로 전환시켜 정확도를 높이기 위해 사용하는 산화제
  예 H_2O_2, AgO, $S_2O_8^{2-}$, Br_2, HNO_3, $KMnO_4$ 등
- 예비 환원제
  산화·환원 적정 전에 시료 속의 성분을 더 낮은 산화 상태로 전환시켜 정확도를 높이기 위해 사용하는 산화제
  예 $SnCl_2$, 황산제일철암모늄, $TiCl_3$, $NaHSO_3$ 등

22 용액의 pH를 낮추었을 때 용해도가 증가하지 않는 것은?

① $AgBr$
② $Mg(OH)_2$
③ BaC_2O_4
④ $CaCO_3$

해설
강산의 짝염기인 음이온(Br^-)을 포함하므로 H^+와 반응하지 않아 pH의 영향을 받지 않는다.
약산의 짝염기인 음이온(OH^-, CO_3^{2-}, $C_2O_4^{2-}$ 등)을 포함하는 침전물은 낮은 pH에서 더 잘 녹는다.
② $Mg(OH)_2 \rightleftharpoons Mg^{2+} + 2OH^-$
③ $BaC_2O_4 \rightleftharpoons Ba^{2+} + C_2O_4^{2-}$
④ $CaCO_3 \rightleftharpoons Ca^{2+} + CO_3^{2-}$

23 갈바니 전지(galvanic cell)의 염다리에 관한 설명 중 틀린 것은?

① 염다리는 KCl, KNO₃, NH₄Cl과 같은 염으로 채워져 있다.

② 염다리를 통하여 갈바니 전지는 전체적으로 전기적 중성이 유지된다.

③ 염다리의 염용액 농도는 매우 낮다.

④ 염다리에는 다공성 마개가 있어 서로 다른 두 용액이 서로 섞이는 것을 방지한다.

해설
염다리는 보통 고농도의 전해질 용액으로 채워져 있다.

24 Mn^{2+}가 들어 있는 시료 용액 50mL를 0.1M EDTA 용액 100mL와 반응시켰다. 모든 Mn^{2+}와 반응하고 남은 여분의 EDTA를 금속지시약을 사용하여 0.1M Mg^{2+} 용액으로 적정하였더니 당량점까지 50mL가 소비되었다. 시료 용액에 들어있는 Mn^{2+}의 농도는 몇 M인가?

① 0.1 ② 0.2

③ 0.3 ④ 0.4

해설
• 처음 넣은 EDTA 몰수 : 0.1M × 0.100L = 0.010mol
• 역적정에 반응한 EDTA 몰수 : 0.1M × 0.050L = 0.005mol
따라서, Mn^{2+}와 반응한 EDTA 몰수 = 0.010mol − 0.005mol = 0.005mol이다.
EDTA와 Mn^{2+}는 1 : 1로 반응하므로, Mn^{2+}의 몰수도 0.005mol이다.

$$\therefore \frac{0.005mol}{0.050L} = 0.1M$$

25 다음 반응식은 어떠한 평형상태인가?

$$Ni^{2+} + 4CN^- \rightleftharpoons Ni(CN)_4^{2-}$$

① 약한 산의 해리 ② 약한 염기의 해리
③ 착이온의 생성 ④ 산화−환원 평형

해설
착이온은 중심 금속이온에 리간드가 배위결합하여 이루어진 이온으로, $Ni(CN)_4^{2-}$는 Ni^{2+}와 4개의 CN^-로 이루어진 착이온이다.

26 AgBr, AgCl, Ag₂CrO₄의 K_{sp} 값은 다음과 같다. 0.01M의 Br^-, Cl^-, CrO_4^{2-}를 포함하는 용액에 AgNO₃ 용액을 서서히 가할 때, AgBr, AgCl, Ag₂CrO₄의 석출 순서로 옳은 것은?

• $K_{sp}(AgBr) = 5.0 \times 10^{-13}$
• $K_{sp}(AgCl) = 1.8 \times 10^{-10}$
• $K_{sp}(Ag_2CrO_4) = 1.1 \times 10^{-12}$

① $AgCl \rightarrow AgBr \rightarrow Ag_2CrO_4$

② $AgBr \rightarrow AgCl \rightarrow Ag_2CrO_4$

③ $AgCl \rightarrow Ag_2CrO_4 \rightarrow AgBr$

④ $AgBr \rightarrow Ag_2CrO_4 \rightarrow AgCl$

해설
각각 석출되기 시작하는 Ag^+의 농도를 계산하면 다음과 같다.
• AgBr : $K_{sp}(AgBr) = [Ag^+][Br^-] = 5.0 \times 10^{-13}$

$$\therefore [Ag^+]_{AgBr} = \frac{5.0 \times 10^{-13}}{0.01} = 5.0 \times 10^{-11}$$

• AgCl : $K_{sp}(AgCl) = [Ag^+][Cl^-] = 1.8 \times 10^{-10}$

$$\therefore [Ag^+]_{AgCl} = \frac{1.8 \times 10^{-10}}{0.01} = 1.8 \times 10^{-8}$$

• Ag₂CrO₄ : $K_{sp}(Ag_2CrO_4) = [Ag^+]^2[CrO_4^-] = 1.1 \times 10^{-12}$

$$\therefore [Ag^+]_{AgCrO_4} = \sqrt{\frac{1.1 \times 10^{-12}}{0.01}} = 1.05 \times 10^{-5}$$

석출이 시작되는 Ag^+의 농도가 가장 작은 염이 먼저 석출되므로, 석출 순서는 $AgBr \rightarrow AgCl \rightarrow Ag_2CrO_4$이다.

27 유효측정범위(Dynamic range)의 정의로 옳은 것은?

① 검출한계부터 정량한계까지의 농도 범위
② 검출한계부터 선형한계까지의 농도 범위
③ 정량한계부터 선형한계까지의 농도 범위
④ 검출감도가 일정하게 유지되는 농도 범위

해설
유효측정범위(Dynamic range)는 분석 기기의 정량 가능한 하한에서 직선성이 유지되는 상한까지를 의미한다.
• 검출한계(LOD) : 분석물 검출이 가능한 최소 농도
• 정량한계(LOQ) : 정량 가능한 최소 농도
• 선형한계(Linearity limit) : 응답과 농도가 비례하는 최대 농도
• 유효측정범위(Dynamic range) : 정량한계에서 선형한계까지의 구간

28 $FeCl_3 \cdot 6H_2O$를 가열하면 400℃에서 탈수 및 탈염소 반응이 일어난다. $FeCl_3 \cdot 6H_2O$ 13.5mg을 가열했을 때 400℃에서의 철의 질량(mg)은?(단, Fe의 원자량은 55.85이고 Cl의 원자량은 35.50이다)

① 2.1mg
② 2.8mg
③ 4.0mg
④ 8.1mg

해설
400℃에서 탈수 및 탈염소 반응이 일어나 Fe만 남는다.
• $FeCl_3 \cdot 6H_2O$의 분자량 = 270.35
• 화합물 중 Fe의 질량 분율 = $\frac{55.85}{270.35}$ = 0.207
∴ 철의 질량 = 13.5mg × 0.207 = 2.8mg

29 HCl을 NaOH로 적정할 때 용액의 전기전도도 변화를 바르게 설명한 것은?

① 일정하다.
② 계속 감소한다.
③ 증가하다가 감소한다.
④ 감소하다가 증가한다.

해설
HCl 용액은 강전해질로 적정하기 전에는 전기전도도가 매우 높다. NaOH를 가하면 H^+가 OH^-에 의해 중화되어 H_2O가 생성되면서 전기전도도가 급격하게 감소한다. 당량점 이후에는 Na^+와 OH^-의 농도가 증가하면서 전기전도도가 다시 증가한다.

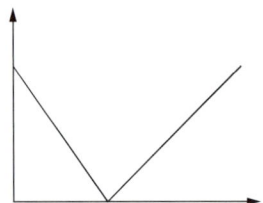

30 25℃ 0.01M NaCl 용액의 pOH는?(단, 25℃에서 이온 세기가 0.01M인 용액의 활동도 계수는 $\gamma_{H^+} = 0.83$, $\gamma_{OH^-} = 0.76$이고, $K_w = 1.0 \times 10^{-14}$이다)

① 7.02
② 7.00
③ 6.98
④ 6.96

해설
$K_a \times K_b = [H^+] \times 0.83 \times [OH^-] \times 0.76 = 10^{-14}$
$[H^+] = [OH^-]$이므로,
$[H^+] = [OH^-] = \sqrt{\dfrac{10^{-14}}{0.83 \times 0.76}} = 1.26 \times 10^{-7}$
∴ pOH = $-\log([OH^-] \times 0.76) = 7.02$

31 다음 중 반응지수 Q와 평형상수 K에 대한 설명으로 틀린 것은?

① $Q < K$이면, $Q = K$가 될 때까지 역반응이 자발적으로 진행된다.

② 평형상태에서 반응물을 첨가하면 Q값이 작아져 $Q < K$가 되고, 정반응이 우세하다.

③ K는 온도의 함수로 온도가 변하면 값이 변한다.

④ $Q = K$이면 정반응과 역반응의 속도가 같다.

> **해설**
> ① $Q < K$이면 $Q = K$가 될 때까지 정반응이 자발적으로 진행된다.

32 EDTA 적정 시 pH가 높은 경우에는 EDTA를 넣기 전에 수산화물인 $M(OH)_n$의 침전물이 형성되는 경우가 있으며 이런 경우에는 많은 오차가 발생한다. 다음 중 이를 방지하기 위한 가장 적절한 방법은?

① 암모니아 완충용액을 가한다.

② 침전물을 거른 후 적정한다.

③ pH를 낮춘다.

④ 적정 전에 용액을 끓인다.

> **해설**
> EDTA와 안정한 착물을 만드는 경우에는 약한 산성 상태에서도 적정이 가능하지만 안정도가 낮은 금속이온의 경우에는 반응액의 pH를 10 정도로 유지해야 하는데 이때에는 금속이온이 수산화물 또는 알칼리성 산화물로 되어 침전하게 된다. 그러므로 킬레이트 적정 시에는 이러한 침전반응을 방지하고 반응액의 pH를 알칼리성으로 유지하기 위하여 암모니아-암모늄 완충용액을 사용한다. 이때 생성되는 금속 암모니아 착물은 EDTA 착물보다 안정도가 낮기 때문에 EDTA의 킬레이트 생성반응을 방해하지 않는다.

33 다음 중 분석시험법 밸리데이션(Validation) 항목에 해당하지 않는 것은?

① 특이성(Specificity) ② 정확성(Accuracy)

③ 안전성(Safety) ④ 직선성(Linearity)

> **해설**
> **밸리데이션(Validation) 항목**
>
> | 항 목 | 설 명 |
> | --- | --- |
> | 특이성 (Specificity) | 분석대상 물질을 간섭물질로부터 명확히 구분하는 능력 |
> | 정확성 (Accuracy) | 측정값이 참값에 근접한 정도 |
> | 정밀성 (Precision) | 동일 시료를 반복 측정했을 때의 일치 정도 |
> | 직선성 (Linearity) | 농도와 신호값 사이의 비례 관계 |
> | 검출한계(LOD) | 검출 가능한 최소량 |
> | 정량한계(LOQ) | 정량 가능한 최소량 |
> | 범위(Range) | 정확성·정밀성·직선성이 확보된 농도 범위 |
> | 완건성 (Robustness) | 실험 조건 변화에도 결과가 일관되게 유지되는 정도 |

34 분석계획 수립 시 필요한 지식이 아닌 것은?

① 표준분석법에 대한 지식

② 시험기구의 종류에 대한 지식

③ 분석시험 절차에 대한 지식

④ 동료 연구자에 대한 지식

> **해설**
> 동료 연구자에 대한 지식은 분석계획과 직접적인 관련이 없다.

35 수화 시 엔탈피 변화가 가장 큰 것은?

① Cu^{2+} ② Be^{2+}

③ Li^+ ④ Cs^+

> **해설**
> 수화엔탈피는 $\dfrac{\text{전하}^2}{\text{이온 반지름}}$에 비례한다. 따라서 보기에 주어진 이온의 수화엔탈피 크기는 $Be^{2+} > Cu^{2+} > Li^+ > Cs^+$이다.

36 0.10M Na_2SO_4 용액의 이온세기(Ionic Strength)는?

① 0.10M　　　　② 0.20M
③ 0.25M　　　　④ 0.30M

해설

이온세기(Ionic Strength)

$I = 0.5 \sum mz^2$

여기서, m : 각 이온의 농도
　　　　z : 각 이온의 전하

$Na_2SO_4 \rightarrow 2Na^+ + SO_4^{2-}$

$I = \dfrac{1}{2}\{0.2 \times (+1)^2 + 0.1 \times (-2)^2\} = 0.30$

37 반복 측정하였을 때, 유사한 값이 재현성 있게 측정되는 정도를 나타내는 척도는?

① 정확성　　　　② 정밀성
③ 특이성　　　　④ 균질성

해설

① 정확성 : 참값에 근접한 정도
③ 특이성 : 목적 성분만 측정 가능한 능력
④ 균질성 : 물질의 성분이 일정하게 분포된 정도

38 전처리 과정에서 발생 가능한 오차를 줄이기 위한 시험법 중 시료를 사용하지 않고 기타 모든 조건을 시료 분석법과 같은 방법으로 실험하는 방법은?

① 맹시험　　　　② 공시험
③ 조절시험　　　　④ 회수시험

해설

공시험(Blank Test)은 시료를 넣지 않고 시약, 기기, 온도 등 기타 모든 조건을 실제 분석과 동일하게 수행하는 시험 방법으로, 시약이나 용기 등에서 기인하는 배경 오차를 보정하기 위해 사용된다.
① 맹시험(Control Test) : 특정 인자의 영향을 확인하기 위해 해당 인자를 제외한 후 실험하여 비교하는 시험 방법
③ 조절시험(Adjustment Test) : 기기, 시약 등의 보정 및 검·교정용 시험 방법
④ 회수시험(Recovery Test) : 분석 정확도를 검증하기 위해 시료에 표준물을 첨가하여 회수율을 확인하는 시험 방법

39 다음과 같이 구성된 전지의 측정된 전압이 25℃에서 1.05V이었다. $E°_{cell} = 0.80V$일 때, 백금전극이 담긴 용액의 pH 값은?(단, $Ag^+(aq) + e^- \rightarrow Ag(s)$, $E° = 0.80V$)

$$Pt(s)\,|\,H_2(1.0atm)\,H^+\,\|\,Ag^+(1.0M)\,|\,Ag(s)$$

① 2.1　　　　② 3.2
③ 4.2　　　　④ 8.4

해설

$E = E° - \dfrac{RT}{nF}\log Q$

• 환원 전극 : $E_{Ag} = E° - \dfrac{0.05916}{1}\log\dfrac{1}{[Ag^+]} = 0.80V$

• 산화 전극 : $E_H = 0 - \dfrac{0.05916}{2}\log\dfrac{P_{H_2}}{[H^+]^2}$

$\qquad\qquad = 0.05916\log[H^+]$

$\qquad\qquad = 0.05916 \times pH$

• 전지 전위 : $E_{cell} = E_{환원} - E_{산화} = E_{Ag} - E_H$

$\qquad\qquad = 0.80 + 0.05916 \times pH$

$\qquad\qquad = 1.05V$

∴ pH = 4.22

40 다음 중 염기로 작용하지 않는 것은?

① $H_2N-CH_2CH_2CH_3$

② $H_3C-\overset{\displaystyle CH_3}{\underset{\displaystyle CH_3}{N^+}}-CH_3$

③ $H_3C-\overset{\displaystyle CH_2CH_3}{\underset{\displaystyle CH_3}{N}}$

④ $HN-CH_2CH_3$　　CH_2CH_3

해설

N이 양전하를 띠고 있어 줄 수 있는 전자가 없으므로 염기로 작용하지 않는다.

산과 염기

• 산 : 전자를 받을 수 있는 것
• 염기 : 전자를 줄 수 있는 것

①1차 아민, ③3차 아민, ④2차 아민으로 모두 N에 비공유 전자쌍을 가지고 있어 염기로 작용한다.

41 다음 중 X선 회절(X-ray Diffraction)로 알 수 있는 것은?

① 굴절률 ② 결정 구조
③ 발색단 구조 ④ 분자 진동수

해설

X선 회절법(XRD)을 통해 결정 구조, 격자 상수, 원자 배열 등을 알 수 있다.

42 어떤 크로마토그래피 컬럼의 단수가 7.36×10^4, 컬럼의 길이가 30cm일 때 분리능이 1.0이었다. 분리능을 1.5로 향상시키기 위한 컬럼의 길이는?

① 45.0cm ② 55.0cm
③ 67.5cm ④ 80.0cm

해설

분리능과 컬럼 길이의 관계

$R_s \propto \sqrt{N}$, $N \propto L$

여기서, R_s : 분리능
$\qquad N$: 컬럼의 단수
$\qquad L$: 컬럼의 길이

$$\frac{R_{s2}}{R_{s1}} = \sqrt{\frac{L_2}{L_1}}$$

$$L_2 = L_1 \times \left(\frac{R_{s2}}{R_{s1}}\right)^2 = 30\text{cm} \times \left(\frac{1.5}{1.0}\right)^2 = 67.5\text{cm}$$

43 Van Deemter 식이 다음과 같을 때, B/u 항의 의미는?

$$H = A + \frac{B}{u} + Cu = A + \frac{B}{u} + (C_S + C_M)u$$

① 질량 이동 ② 세로 확산
③ 이동상의 속도 ④ 다중 이동 통로

해설

Van Deemter 식

$$H = A + \frac{B}{u} + Cu = A + \frac{B}{u} + (C_S + C_M)u$$

항	의 미
H	이론 단높이
A	다중이동통로 효과
B/u	세로 확산에 의한 영향
Cu	질량 이동에 의한 영향
u	이동상의 속도

여기서, 하첨자 S : 고정상, 하첨자 M : 이동상

44 비행시간 질량분석기(TOF-MS)에 대한 설명으로 옳은 것은?

① 가장 널리 사용되는 질량분석기이다.
② 가벼운 이온이 무거운 이온보다 먼저 검출기에 도달한다.
③ 4개의 금속 막대를 사용하여 특정 질량의 이온을 검출한다.
④ 질량분석기 중 일반적으로 가장 높은 분해능을 갖는다.

해설

① 가장 널리 사용되는 질량분석기는 사중극자 질량분석기이다.
③ 사중극자 질량분석기에 대한 설명이다.
④ 비행시간 질량분석기는 일반적으로 분해능이 낮은 편에 속한다.

45 HPLC 펌프 장치의 필요조건이 아닌 것은?

① 펄스 충격 없는 출력

② 60psi까지의 압력 발생

③ 0.1~10mL/min 범위의 흐름 속도

④ 흐름속도 재현성의 상대오차를 0.5% 이하로 유지

> **해설**
> **HPLC 펌프 장치의 조건**
> • 6,000psi까지의 압력 발생
> • 펄스 충격이 없는 출력
> • 0.1~10mL/min 범위의 흐름 속도
> • 흐름속도 재현성의 상대오차를 0.5% 이하로 유지
> • 부식-저항 부분 장치(스테인리스스틸 또는 테플론)

46 질량분석법에서 순수한 시료가 시료도입장치를 통해 이온화실로 도입되어 이온화된다. 분자를 기체 상태 이온으로 만들 때 사용하는 장치가 아닌 것은?

① 전자충격장치(Electron Impact Source ; EI)

② 화학적 이온화장치(Chemical Ionization Source ; CI)

③ 장탈착장치(Field Desorption ; FD)

④ 이중초점 분석기(Double Focusing ; DF)

> **해설**
> 이중초점 분석기는 질량분석기의 종류로, 이온화 장치에 해당하지 않는다.
> **질량분석법의 이온화장치**
>
> | 기체 시료 | 액체 시료 | 고체 · 고분자 시료 |
> |---|---|---|
> | • 전자충격 이온화 (EI) | • 전기분무 이온화 (ESI) | • 장탈착 이온화(FD) |
> | • 화학적 이온화(CI) | • APCI | • MALDI |
> | • 장 이온화(FI) | • APPI | • FAB |

47 시차주사열량법(DSC)과 시차열분석법(DTA)의 그래프에서 Y축에 해당하는 물리량은?

① DSC : 열흐름, DTA : 온도차

② DSC : 온도차, DTA : 무게차

③ DSC : 무게차, DTA : 온도차

④ DSC : 무게차, DTA : 열흐름

> **해설**
> **DSC(Differential Scanning Calorimetry)**
> • 시료와 기준물질 사이의 열흐름을 온도의 함수로 나타냄
> • X축 : 온도, Y축 : 열흐름
> **DTA(Differential Thermal Analysis)**
> • 시료와 기준물질의 온도차를 온도의 함수로 나타냄
> • X축 : 온도, Y축 : 온도차

48 질량분석법의 특징에 대한 설명으로 틀린 것은?

① 시료의 원소 조성에 관한 정보

② 시료 분자의 구조에 대한 정보

③ 시료의 열적 안정성에 관한 정보

④ 시료에 존재하는 동위원소의 존재비에 대한 정보

> **해설**
> 시료의 열적 안정성은 TGA, DTA 등으로 분석 가능하다.
> **질량분석법의 응용**
> • 시료 물질의 원소조성에 대한 정보
> • 유기물, 무기물 및 생화학 분자의 구조에 대한 정보
> • 복잡한 혼합물의 정성 및 정량 분석에 대한 정보
> • 고체 표면의 구조와 조성에 대한 정보
> • 시료에 존재하는 원소의 동위원소비에 대한 정보

49 전압전류법에서 벗김법(Stripping Method)에 대한 설명으로 틀린 것은?

① 전극은 적하수은전극을 사용한다.

② 농도가 작을수록 석출시간이 길어진다.

③ 예비 농축과정이 포함되므로 감도가 좋다.

④ 석출할 때는 작업전극의 전위를 일정하게 유지한다.

> **해설**
> 일반적으로 사용되는 미소전극은 매달린 수은방울전극(HMDE)이다.

50 시차주사열량법(DSC)을 사용하여 산소 분위기에서 고분자물질을 분석하여 그림과 같은 결과를 얻었다. 실험 결과를 설명한 내용 중 옳지 않은 것은?

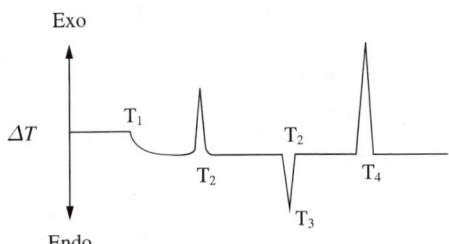

① T_1은 고분자물질의 유리전이 온도이다.

② T_2는 고분자의 결정화 과정에서 나타나는 발열 과정이다.

③ T_3은 결정화된 고분자의 녹는 과정을 나타내는 흡열 과정이다.

④ T_4는 고분자물질이 고온에서 분해되어 다양한 생성물을 생성하는 발열 과정이다.

> **해설**
> T_4는 공기나 산소의 존재 하에 가열할 때 발열 산화반응으로 인해 생기는 것이다.

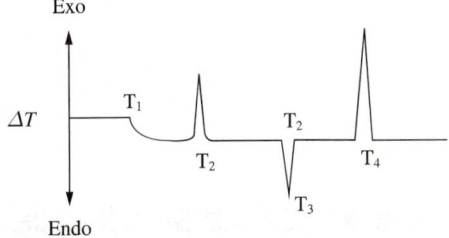

T_1	유리전이온도	봉우리는 나타나지 않고, 기준선이 살짝 낮아짐
T_2	결정화	발 열
T_3	녹 음	흡 열
T_4	산 화	발열(공기나 산소의 존재 하에 가열할 때만 나타남)

51 기체크로마토그래피 검출기 중 니켈-63(63Ni)과 같은 β선 방사체를 사용하며, 할로젠과 같은 전기음성도가 큰 작용기를 지닌 분자에 특히 감도가 좋고 시료를 크게 변화시키지 않는 검출기는?

① 불꽃 이온화 검출기(FID ; flame ionization detector)

② 전자 포착 검출기(ECD ; electron capture detector)

③ 원자 방출 검출기(AED ; atomic emission detector)

④ 열전도도 검출기(TCD ; thermal conductivity detector)

> **해설**
> 전자 포착 검출기(ECD ; electron capture detector)는 할로젠 원소에 대한 감응선택성이 우수한 검출기이다.

52 다음 중 음이온 크로마토그래피에서 가장 먼저 용리되어 나오는 것은?

① Cl^-
② SO_4^{2-}
③ NO_3^-
④ F^-

> **해설**
> F^-는 이온 자체는 작지만, 물이 강하게 달라붙어 수화 반지름이 가장 크므로 가장 먼저 용리된다. 용리 순서는 $F^- \rightarrow Cl^- \rightarrow NO_3^- \rightarrow SO_4^{2-}$이다.
>
> **음이온 크로마토그래피**
> • 정지상이 양이온을 띔
> • 시료 중 음이온이 정지상의 양전하와 정전기적 인력에 의해 머무름
> • 시료 중 음이온이 정지상의 양전하와 얼마나 강하게 결합하느냐에 따라 용리 속도가 달라짐
> • 용리 속도에 영향을 주는 인자
>   – 전하의 크기 : 전하가 클수록 늦게 용리
>   – 수화 반지름의 크기 : 수화 반지름이 크면 정지상과 접촉이 어려우므로 빨리 용리
>   – 분극성 : 분극성이 클수록 늦게 용리

53 컬럼의 길이가 10cm인 액체크로마토그래피에서 가장 높은 봉우리의 피크 폭이 1분이였다. 다른 조건을 동일할 때, 20cm 컬럼에서의 피크 폭은?

① 0.5분 　　② 1.4분

③ 2.0분 　　④ 2.8분

컬럼의 길이(L)와 피크 폭(w)의 관계

$w \propto \sqrt{L}$

$\dfrac{w_2}{w_1} = \sqrt{\dfrac{L_2}{L_1}}$ 이므로

$\dfrac{w_2}{1\,\mathrm{min}} = \sqrt{\dfrac{20\,\mathrm{cm}}{10\,\mathrm{cm}}} = \sqrt{2}$

$\therefore \ w_2 = 1.4\,\mathrm{min}$

55 전위차법에서 지시전극은 분석물의 농도에 따라 전극전위의 값이 변하는 전극이다. 지시전극에는 금속 지시전극과 막 지시전극이 있다. 다음 중 막 지시전극에 해당하는 것은?

① 은/염화은 전극

② 산화-환원 전극

③ 유리전극

④ 포화칼로멜전극

대표적인 막 지시전극으로는 pH 측정용 유리 전극이 있다.
① 은/염화은 전극 : 기준전극으로 주로 사용
② 산화-환원 전극 : 금속 지시전극
④ 포화칼로멜전극 : 기준전극으로 주로 사용

54 가스크로마토그래피에서 비누거품 유속계를 이용하여 유속을 측정하는 방법을 옳게 설명한 것은?

① 비누거품 유속계를 시료주입기 바로 앞에 연결하여 유속을 측정한다.

② 비누거품 유속계를 유속제어기 바로 뒤에 연결하여 유속을 측정한다.

③ 비누거품 유속계를 관 바로 앞에 연결하여 유속을 측정한다.

④ 비누거품 유속계를 관 바로 뒤에 연결하여 유속을 측정한다.

GC에서 비누거품 유속계는 관 바로 뒤에 연결하여 유속을 측정한다.

56 다음 중 열분석법과 이를 통해 얻을 수 있는 정보를 짝지은 것으로 옳은 것은?

① TGA : 고분자의 결정화 속도

② DSC : 고분자의 유리전이온도

③ TMA : 시료의 열분해 시 질량 변화

④ DTA : 시료의 열팽창계수

② DSC(Differential Scanning Calorimetry) : 고분자의 유리전이온도, 결정화 온도, 용융 온도 등
① TGA(Thermogravimetric Analysis) : 열분해 온도, 열안정성 등
③ TMA(Thermomechanical Analysis) : 열팽창계수, 연화점 등
④ DTA(Differential Thermal Analysis) : 전이온도 및 흡·발열 여부 파악

57 1차 이온화 과정에서 생성된 이온들 중에서 한 분자 이온을 선택한 후 2차 이온화시킴으로써 화학구조 분석, 화학반응 연구, 대사체 규명 등에 가장 유용하게 활용되는 연결(Hyphenated) 질량분석법은?

① GC/MS　　　　② ICP/MS
③ LC/MS　　　　④ MS/MS

> **해설**
> 보통은 1차 이온화를 통해서 이온을 전하대 질량비로 검출한다. 하지만 MS/MS는 1차 이온화로 생성된 이온을 CID에서 비활성 기체로 쏘아 2차 이온화를 한다. 이렇게 처음 이온화된 이온을 또 다시 이온화하여 검출하는 방법을 MS/MS라고 한다.

58 ICP를 이용한 질량분석장치에서 Space Charge에 대한 설명으로 가장 거리가 먼 것은?

① 이것이 생기면 이온의 투과율이 감소한다.
② 이것을 감소시키기 위하여 시료를 희석시켜 측정한다.
③ 스펙트럼의 모양은 달라지나 질량의 편차는 거의 생기지 않는다.
④ 매트릭스에 의한 영향으로 일반적으로 신호가 줄어든다.

> **해설**
> ③ 질량의 편차가 발생한다.
> **Space Charge(공간 전하)**
> • ICP-MS의 이온 빔 내에서 양이온들이 서로 정전기적 반발력을 일으켜 이온의 에너지가 불안정해지는 현상이다.
> • 이로 인해 이온의 투과율 감소, 감도 저하 및 신호 불안정, 매트릭스의 영향으로 인한 신호 왜곡, 질량 편차 등이 발생한다.
> • 고농도 시료일수록 이온 간 반발이 커지므로, 시료를 희석하여 측정하면 완화할 수 있다.

59 불꽃을 사용하는 원자화 단계에서 불꽃의 온도가 높을수록 원자화가 잘 일어나지만, 너무 온도가 높으면 중성원자가 양이온과 전자로 이온화되어 흡광도가 떨어진다. 이러한 이온화를 억제하기 위해 첨가하는 이온화 억제제로 가장 효과적인 것은?

① Cs　　　　② K
③ Na　　　　④ W

> **해설**
> 원자화 단계에서 불꽃의 온도가 증가하면 들뜬 원자의 수가 증가하나, 온도가 너무 높으면 중성 원자가 이온화되어 흡광도가 오히려 감소하는 효과가 나타난다. 이때 불꽃에 전자를 많이 공급하는 알칼리 금속(K, Rb, Cs)을 첨가하면, 이들이 먼저 이온화되어 전자 농도를 증가시킴으로써 분석 원소의 이온화 평형이 중성 원자쪽으로 이동하게 된다. 그 결과, 분석 원소의 이온화가 억제되어 흡광도가 안정화된다. 1족 원소 중에서도 Cs은 이온화에너지가 가장 낮기 때문에 가장 효과적인 이온화 억제제로 작용한다.

60 불꽃, 전열, 플라스마 원자화 장치의 특징에 대한 설명으로 틀린 것은?

① 플라스마의 경우 원자화 온도는 보통 4,000~6,000℃ 정도이다.
② 불꽃 원자화는 재현성은 좋으나 시료 효율, 감도는 좋지 않다.
③ 전열 원자화 장치가 불꽃 원자화 장치보다 많은 양의 시료를 필요로 한다.
④ 전열 원자화 장치의 경우 중앙에 구멍이 있는 원통형 흑연관에서 원자화가 일어난다.

> **해설**
> 불꽃 원자화 장치는 시료의 대부분이 불꽃 속에서 완전히 원자화되기 전에 배출되므로 시료 효율과 감도가 낮다. 또한 개개의 원자가 불꽃에 머무는 시간이 짧기 때문에 짧은 측정 시간에 적은 흡광 신호를 보인다. 반면 전열 원자화 장치는 원자들이 빛의 진로에 오래 머물고 시료 손실이 거의 없어 감도가 높다. 따라서 전열 원자화 장치는 소량의 시료로 정밀한 분석이 가능하다.

61 다음 중 적외선 흡수 스펙트럼이 관찰되지 않는 분자는?

① H_2O

② CO_2

③ N_2

④ HCl

해설

쌍극자 모멘트의 변화를 발생할 수 없는 N_2, O_2, Cl_2와 같은 동일 이핵종 분자는 적외선 분광법을 이용하여 측정하는 것이 불가능하다.

62 고분해능 ^1H NMR을 이용한 $CH_3CH_2OCH_3$의 스펙트럼에서 밑줄 친 $-CH_3$기의 이론상 갈라지는 피크 봉우리의 수는?

① 1

② 3

③ 4

④ 6

해설

인접한 수소가 없으므로 1개의 피크 봉우리를 가진다.

63 다음 중 진공자외선 영역에서 주로 관찰되는 전자 전이는?

① $n \to \pi^*$

② $n \to \sigma^*$

③ $\sigma \to \sigma^*$

④ $\pi \to \pi^*$

해설

$\sigma \to \sigma^*$은 파장 200nm 이하의 진공자외선 영역에서 주로 관찰되는 전자 전이이다.

전자 전이	흡수 파장 영역	파 장	에너지
$\sigma \to \sigma^*$	< 200nm	작 음 ↓ 큼	큼 ↑ 작 음
$n \to \sigma^*$	150~250nm		
$\pi \to \pi^*$	200~300nm		
$n \to \pi^*$	250~600nm		

64 0.5nm/mm의 역선 분산능을 갖는 회절발 단색화 장치를 사용하여 480.2nm와 480.6nm의 스펙트럼선을 분리하려면 이론상 필요한 슬릿 너비는 얼마인가?

① 0.2mm

② 0.4mm

③ 0.6mm

④ 0.8mm

해설

$\Delta\lambda = D^{-1} \times w$

여기서, λ : 파장

D^{-1} : 역선 분산능

w : 슬릿 너비

$\therefore w = \dfrac{\Delta\lambda}{D^{-1}} = \dfrac{0.4nm}{0.5nm/mm} = 0.8mm$

65 적외선 흡수 스펙트럼에서 작용기의 피크 위치를 높은 파수(cm^{-1})에서 낮은 파수(cm^{-1})의 순서로 옳게 나타낸 것은?

① $O-H > C\equiv C > C=C > C-C$

② $C-C > C=C > C\equiv C > O-H$

③ $C=C > O-H > C-C > C\equiv C$

④ $C-C > C\equiv C > C=C > O-H$

해설

IR 흡수 피크의 위치

작용기	파수(cm^{-1})
O-H	3,600~3,200
$C\equiv C$	2,300~2,100
C=C	1,650
C-C	1,200 이하

66 분자흡수분광법의 가시광선 영역에서 주로 사용되는 복사선의 광원은?

① 중수소등
② 니크롬선등
③ 속 빈 음극등
④ 텅스텐 필라멘트등

가시광선 영역에서는 주로 텅스텐 필라멘트등을 사용한다.

UV-Vis 분광광도계의 광원

광 원	영 역
중수소등(Deuterium lamp)	자외선
텅스텐 필라멘트등(Tungsten lamp)	가시광선
제논 아크등(Xenon arc lamp)	전 영역
광-방출 다이오드(LED)	가시~근적외선

② 니크롬선등 : 적외선 분광계에서 사용
③ 속 빈 음극등 : 원자흡수분광법(AAS)에서 사용

67 형광분광기에서 들뜸스펙트럼(Excitation Spectrum)을 얻는 방법은?

① 들뜸 파장을 변화시키면서, 일정한 파장에서 발광 세기를 측정한다.
② 들뜸 파장과 파장을 동시에 변화시키면서 발광 세기를 측정한다.
③ 들뜸 파장을 고정시키고, 일정한 파장에서 발광 세기를 측정한다.
④ 들뜸 파장을 고정시키고, 파장을 변화시키면서 발광 세기를 측정한다.

들뜸스펙트럼을 얻기 위해서는 들뜸 파장을 변화시키면서, 일정한 파장에서 발광 세기를 측정해서 형광을 가장 세게 만드는 들뜸 파장을 확인한다.

형광 분광기의 스펙트럼

스펙트럼	방 법	측 정
들뜸 스펙트럼 (Excitation Spectrum)	발광 파장(λ_{em})을 일정하게 고정하고, 들뜸 파장(λ_{ex})을 변화시키며 형광 세기 측정	어떤 들뜸 파장에서 형광이 가장 강하게 나타나는지 확인
형광 스펙트럼 (Emission Spectrum)	들뜸 파장(λ_{ex})을 일정하게 고정하고, 발광 파장(λ_{em})을 변화시키며 형광세기 측정	들뜬 분자가 어떤 파장에서 빛을 방출하는지 확인

68 다음 중 일반적으로 광원의 세기에 비례하지 않는 것은?

① 인광의 세기
② 라만 산란광의 세기
③ 형광의 세기
④ 흡광도

흡광도는 광원의 세기에 의존하지 않는다.
흡광도 $A = abc$
여기서, a : 몰 흡광계수
b : 시료의 두께
c : 시료의 농도

69 표면분석법에 대한 설명 중 옳은 것을 모두 고른 것은?

A. SEM-EDX는 표면의 구조와 화학적 성분을 확인할 수 있는 비파괴분석법이다.
B. EMPA보다 XPS가 더 깊은 표면까지 분석 가능하다.
C. XRD는 X-선 회절을 이용하여 시료의 결정구조를 확인할 수 있다.

① A, B
② A, C
③ B, C
④ A, B, C

B. XPS보다 EMPA가 더 깊은 표면까지 분석 가능하다.

70 UV-Vis 분광법의 흡광 원리로 옳지 않은 것은?

① 전하이동 흡수

② 전자 에너지 준위 전이

③ 다중항 에너지 준위 전이

④ d-d 전이

다중항 에너지 준위 전이는 UV-Vis 흡광 원리가 아니다.
UV-Vis 분광법의 흡광 원리

• $\sigma \rightarrow \sigma^*$

• $\pi \rightarrow \pi^*$

• $n \rightarrow \sigma^*,\ n \rightarrow \pi^*$

• d-d 전이

• 전하 이동

71 파장이 $15\mu m$인 단색 적외선 광선을 저주파 신호로 변조시키기 위해 0.30cm/s로 움직이는 거울을 사용하는 미켈슨 간섭계를 사용하였다, 이때 변조된 저주파 신호의 주파수(Hz)는?

① 100Hz

② 200Hz

③ 300Hz

④ 400Hz

변조 신호의 주파수 $f = \dfrac{2v}{\lambda}$

(여기서, v : 이동 거울의 속도, λ : 파장)

$\therefore f = \dfrac{2 \times 0.30\text{cm/s}}{15 \times 10^{-6}\text{m}} \times \dfrac{1\text{m}}{10^2\text{cm}} = 400\text{Hz}$

72 원자흡수분광법(AAS)에서 농도 1ppm의 시료의 흡광도가 0.60을 나타냈다. 감도는 분석물이 1%의 빛을 흡수할 때의 농도를 의미할 때, 이 시료의 감도(ppm)는?

① 0.073ppm

② 0.044ppm

③ 0.0073ppm

④ 0.0044ppm

흡광도 $A = -\log T$(여기서, T : 투과도)

1%의 빛을 흡수할 때 투과도 $T = 99\% = 0.99$

$\therefore A = -\log 0.99 = 0.0044$

흡광도는 농도에 비례하므로,

$\dfrac{C_1}{A_1} = \dfrac{C_2}{A_2}$

$C_1 = 1.0\text{ppm},\ A_1 = 0.60,\ C_2 = 0.0044\text{ppm}$

$\therefore C_2 = \dfrac{C_1}{A_1} \times A_2 = \dfrac{1.0\text{ppm}}{0.60} \times 0.0044 = 0.0073$

73 다음 중 C=O 결합의 신축진동에 영향을 주는 인자가 아닌 것은?

① 공명 효과

② 유도 효과

③ 수소결합

④ 공유결합

• C=O 신축진동은 결합의 세기와 주변의 전자적 환경에 영향을 받는다.

• C=O 결합의 신축진동에 영향을 주는 인자

① 공명 효과 : 전자 비편재화로 C=O 결합 차수가 감소하여 신축진동 감소

② 유도 효과 : 전기음성도가 큰 치환기로 인해 결합이 강화되어 신축진동 증가

③ 수소결합 : 수소결합 형성 시 C=O 결합 약화로 신축진동 감소

74 CH₃COOCH₂C≡CH의 적외선 흡수스펙트럼을 얻은 후 관찰 결과에 대한 설명으로 틀린 것은?

① $3,300cm^{-1}$ 영역의 흡수대 → ≡C–H 구조를 나타낸다.

② $2,960 \sim 2,850cm^{-1}$ 영역의 흡수대 → –CH₃, –CH₂– 구조를 암시한다.

③ $2,400 \sim 2,100cm^{-1}$ 영역의 흡수대 → –C–O– 구조를 암시한다.

④ $1,750 \sim 1,735cm^{-1}$ 영역의 흡수대 → C=O 구조의 존재를 나타낸다.

해설
–C–O– 구조의 흡수피크는 $1,300 \sim 1,000cm^{-1}$ 영역에서 확인할 수 있다.
CH₃COOCH₂C≡CH의 IR 흡수피크

영 역	구 조
$\sim 3,300cm^{-1}$	≡C–H
$2,960 \sim 2,850cm^{-1}$	C–H
$2,100 \sim 2,140cm^{-1}$	C≡C
$1,740cm^{-1}$	C=O
$1,300 \sim 1,000cm^{-1}$	C–O

75 원자 방출 분광법에 이용되는 플라스마의 종류가 아닌 것은?

① 흑연 전기로(GFA)

② 직류 플라스마(DCP)

③ 유도 결합 플라스마(ICP)

④ 마이크로파 유도 플라스마(MIP)

해설
흑연 전기로는 원자흡수분광법(AAS)의 원자화 장치이다.
원자방출분광법에 이용되는 플라스마
• 유도결합 플라스마(ICP)
• 직류 플라스마(DCP)
• 마이크로파 유도 플라스마(MIP)

76 어떤 금속(M)–리간드(L) 착화합물의 해리는 다음과 같이 진행된다(전하 생략). M 농도가 2.30×10^{-5}M이고 과량의 L을 가하여 모든 M이 착물(ML₂)로 존재할 때 흡광도(A)가 0.780이었다. 같은 양의 M을 화학양론적 양의 L과 혼합한 용액의 흡광도(A)가 0.520이었다면 이때 착화합물의 해리도(%)는 얼마인가?

ML₂ > M + 2L

① 66.5   ② 33.5

③ 16.8   ④ 1.68

해설
Beer–Lambert 법칙
$A = abc$
(여기서, A : 흡광도, a : 몰흡광계수, b : 시료의 길이, c : 농도)
$0.780 = a \times 1cm \times (2.30 \times 10^{-5})$M
$\therefore a = 33,913.04$
$0.520 = 33,913.04 \times 1cm \times c$
$\therefore c = 1.53 \times 10^{-5}$M

$$해리도(\%) = \frac{c_0 - c}{c_0} \times 100$$

$$= \frac{(2.30 \times 10^{-5}) - (1.53 \times 10^{-5})}{2.30 \times 10^{-5}} \times 100$$

$$= 33.5\%$$

77 아스피린을 펠릿법으로 적외선 흡수 스펙트럼을 측정하기 위해서 필요한 물질은?

① KBr

② Na₂CO₃

③ NaHCO₃

④ NaOH

해설
고체시료를 가지고 적외선 흡수 스펙트럼을 측정할 때는 KBr 펠릿이 가장 널리 사용된다.

78 자외선 영역에서 주로 사용되는 시료용기의 재질은?

① TlI(아이오딘화칼륨)

② KBr(브로민화칼륨)

③ NaCl(염화나트륨)

④ Quartz(석영)

해설

자외선 영역에서 사용할 수 있는 시료 용기는 석영(Quartz) 셀이다.

79 광원의 세기를 변화시킬 수 있는 형광분광계에서 시료의 형광 세기를 측정하니 눈금이 9.0을 나타냈다. 이 형광분광계에서 광원의 세기를 원래의 2/3로 하고 같은 시료의 농도를 1.5배로 할 때, 형광세기를 나타내는 눈금을 옳게 예측한 것은?(단, 나머지 조건은 동일하며 시료 농도는 충분히 묽다고 가정한다)

① 6.0   ② 9.0

③ 13.5   ④ 20.3

해설

형광 세기

$F = KI_0c$

여기서, F : 형광 세기

K : 상수

I_0 : 입사광의 세기

c : 농도

• 처음 형광의 세기

$F_1 = K \times I_0 \times c = 9.0$

• 조건 변경 후 형광의 세기

$F_2 = K \times \left(\dfrac{2}{3}I_0\right) \times (1.5c) = K \times I_0 \times c = F_1 = 9.0$

80 핵자기공명분광법(NMR)에서 기준물질로 테트라메틸실레인(TMS ; Tetramethylsilane)을 사용하는 이유로 옳지 않은 것은?

① 휘발성이 크고 시료와 화학적으로 반응하지 않는다.

② 모든 수소가 동일한 화학적 환경에 있어 단일선(singlet)으로 나타난다.

③ 가리움 효과가 작아서 0ppm 근처에서 신호가 나타난다.

④ 대부분의 유기용매에 잘 녹아 시료와 쉽게 혼합된다.

해설

가리움 효과가 커서 0ppm 근처에서 신호가 나타난다.

TMS(Tetramethylsilane)

• TMS에서 기준물질로 사용된다.

• 화학적으로 비활성이며, 대부분의 용매와 반응하지 않는다.

• 모든 수소가 동일한 화학적 환경에 있어 단일선(singlet)으로 나타난다.

• 가리움 효과가 커서 화학적 이동값이 0ppm이다.

• 휘발성이 커서 분석 후 시료로부터 쉽게 제거된다.

참 / 고 / 문 / 헌

- 교정대상 및 주기설정을 위한 지침, KOLAS, 2015

- 기기분석, 녹문당, 2006

- 기기분석, 자유아카데미, 2018

- 기기분석의 이해, 사이플러스, 2008

- 물질안전보건자료 작성지침, 한국산업안전보건공단, 2020

- 분석법 밸리데이션 지침서, 식품의약품안전청, 2009

- 분석화학(제10판), 자유아카데미, 2021

- 분석화학, 학문당, 2003

- 생체시료 분석법 밸리데이션 가이드라인, 식품의약품안전처, 2013

- 시험방법 밸리데이션: 이론 및 방법-Q2(R1)-, 식품의약품안전처, 2014

- 시험장비 밸리데이션 표준수행절차(SOP), 식품의약품안전청, 2011

- 실험실 안전보건에 관한 기술지침, 한국산업안전보건공단, 2018

- 위험물 산업기사, 시대고시기획, 2020

- 의약품 등 시험방법 밸리데이션 가이드라인, 식품의약품안전평가원, 2015

- 일반화학, 탐구당, 2006

- 표준작업지침서(CRA), 식품의약품안전청

- 화학물질의 분류 및 표지에 관한 세계조화시스템(GHS)

- 화학적 시험방법의 유효성 확인을 위한 지침, KOLAS, 2012

- 환경시험·검사 QA/QC 핸드북, 국립환경과학원, 2011

- 환경실험실 운영관리 및 안전, 국립환경과학원, 2015

- 환경측정분석사 대기분야, 시대고시기획, 2019

- 환경측정분석사 수질분야, 시대고시기획, 2019

참 / 고 / 사 / 이 / 트

- NCS(국가직무능력표준) 학습모듈

  https://www.ncs.go.kr/unity/th03/ncsSearchMain.do

  – 화학·바이오 → 화학물질·화학공정관리 → 화학물질관리 → 화학물질분석

  – 화학·바이오 → 화학물질·화학공정관리 → 화학물질관리 → 화학물질취급관리

- 국가법령정보센터

  https://www.law.go.kr/

  – 대기환경보전법, 시행령, 시행규칙

  – 산업안전보건법, 시행령, 시행규칙

  – 위험물안전관리법, 시행령, 시행규칙

  – 유해화학물질공정시험기준

  – 의약품 등 밸리데이션 실시에 관한 규정

  – 의약품 제조 및 품질관리에 관한 규정

  – 폐기물관리법, 시행령, 시행규칙

  – 화학물질 및 물리적 인자의 노출기준

  – 화학물질관리법, 시행령, 시행규칙

  – 화학물질의 등록 및 평가 등에 관한 법률

  – 화학물질의 분류 및 표시 등에 관한 규정

  – 화학물질의 분류·표시 및 물질안전보건자료에 관한 기준

Win-Q 화학분석기사 필기

개정15판2쇄 발행	2026년 01월 05일 (인쇄 2026년 01월 15일)
초 판 발 행	2011년 01월 20일 (인쇄 2010년 09월 17일)
발 행 인	박영일
책 임 편 집	이해욱
편 저	박지은
편 집 진 행	윤진영, 김지은
표지디자인	권은경, 길전홍선
편집디자인	정경일
발 행 처	(주)시대고시기획
출 판 등 록	제10-1521호
주 소	서울시 마포구 큰우물로 75 [도화동 538 성지 B/D] 9F
전 화	1600-3600
팩 스	02-701-8823
홈 페 이 지	www.sdedu.co.kr
I S B N	979-11-434-0414-5(13570)
정 가	36,000원

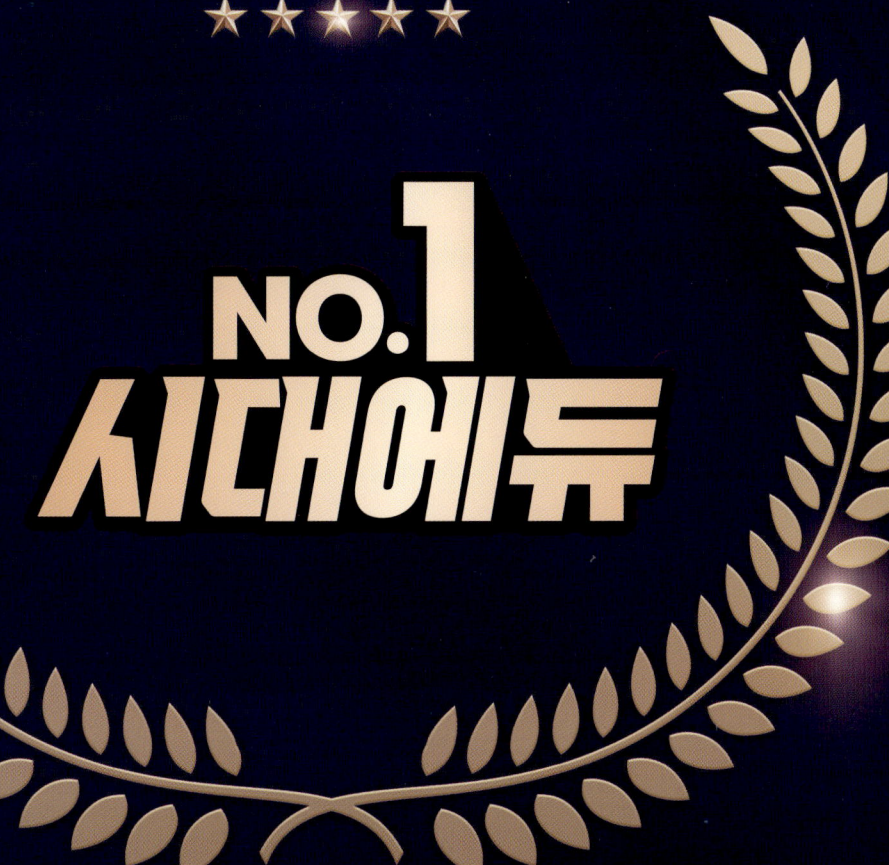

기능사 / 기사 · 산업기사 / 기능장 / 기술사

단기합격을 위한 **완전 학습서**

Win-Q
윙크시리즈
WIN QUALIFICATION

Win-Q
승강기기능사
필기+실기

Win-Q
전기기능사
필기

Win-Q
피복아크용접기능사
필기

Win-Q
컴퓨터응용선반 · 밀링기능사
필기

Win-Q
설비보전기능사
필기+실기

Win-Q
자동화설비기능사
필기

Win-Q
전산응용기계제도기능사
필기

Win-Q
화학분석기능사
필기+실기

자격증 취득에 승리할 수 있도록 **Win-Q시리즈**가 완벽하게 준비하였습니다.

Win-Q
위험물기능사
필기

Win-Q
환경기능사
필기+실기

Win-Q
화훼장식기능사
필기

Win-Q
원예기능사
필기+실기

Win-Q
공조냉동기계산업기사
필기

Win-Q
화학분석기사
필기

Win-Q
위험물산업기사
필기

Win-Q
소방설비기사[전기편]
필기

Win-Q
설비보전산업기사
필기+실기

Win-Q
가스산업기사
필기

Win-Q
에너지관리기사
필기

Win-Q
실내건축산업기사
필기

※ 도서의 이미지 및 구성은 변경될 수 있습니다.